谨呈本书纪念叶企孙先生诞辰
120 周年和逝世 40 周年！

国家科学技术学术著作出版基金资助出版

铁磁学(第二版)

(下册)

钟文定 著

科学出版社

北京

内 容 简 介

《铁磁学》(第二版) 下册共七章（第 7～13 章)，系统论述了静态和动态的技术磁化理论。从分析影响强磁性的五种物理现象和磁畴的各种形态出发，根据总能量极小原理，对强磁性的各类现象作出公式化的处理。书中详细讨论了磁导率和矫顽力的各种理论、低温下的巨大矫顽力、动态过程的能量损耗和旋磁效应的机制以及磁性的时间效应等。对一块畴壁移动和一个单畴内磁矩转向的电磁性质、磁宏观量子效应、纳米磁性、巨磁电阻效应、交换（作用）长度、无规各向异性、自旋电子学、巨磁性、磁记录等近期的进展也作了评述和说明。

书中结合常用的磁性材料，在相关章节论述了理论与实际的联系及在研制和生产中的指导作用，以期触发创新思维，提出新的方案。最后一章为磁路设计，以便合理利用磁性材料，发挥各产品的最大优势。

本书可供大专院校、工矿、研发单位等从事磁学和磁性材料以及相关领域的人员阅读和参考。

图书在版编目(CIP)数据

铁磁学．下册 / 钟文定著．—2 版．—北京：科学出版社，2017.10
ISBN 978-7-03-053040-0

Ⅰ.①铁…　Ⅱ.①钟…　Ⅲ.①铁磁学　Ⅳ.①TG111.92

中国版本图书馆 CIP 数据核字（2017）第 117779 号

责任编辑：钱　俊/责任校对：邹慧卿
责任印制：赵　博/封面设计：无极书装

科学出版社出版
北京东黄城根北街 16 号
邮政编码：100717
http://www.sciencep.com
北京凌奇印刷有限责任公司印刷
科学出版社发行　各地新华书店经销
*
1987 年 6 月第 一 版　开本：720×1000　B5
2017 年 10 月第 二 版　印张：43 1/4
2025 年 1 月第七次印刷　字数：846 000

定价：198.00 元

（如有印装质量问题，我社负责调换）

第二版前言

叶企孙（1898.7.16—1977.1.13）先生是我国开展现代磁学研究的第一位学者，是北京大学磁学学科的奠基人①。他指导的我国第一位磁学毕业的研究生（钟文定）谨呈《铁磁学》（第二版）下册纪念叶企孙老师诞辰120周年和逝世40周年！

《铁磁学》的初版分上、中、下三册于1987年发行，距今已三十年。期间上册和中册已重印了五次，特别是中册，是《磁性材料和器件》期刊论文作者引用最多的专著（该刊1993～1997年统计）。由于高等院校学制的变化，专业的调整和学科内容的发展，《铁磁学》内容需作必要的调整和补充。第二版的《铁磁学》分上、下两册发行。

上册内容除保留全部原有的章节和极少量文字修改外，增加了三方面的内容。一是比较系统地从微观角度分析磁晶各向异性的机制；二是基于分子场理论，讨论非晶态金属合金具有自发磁化的可能和随温度变化的特点；三是基于能带理论，讨论半金属合金和氧化物铁磁体的能带结构和磁性。比初版上册的篇幅增加1/4左右。考虑到便于读者扩大对本学科基本理论和实验技术的了解，在第二版书上册的前言之后列出了不同时期的重要专著。本书最后列出了"几个常用磁学单位的由来和换算"。有关"磁晶各向异性的微观机制"部分与李伯臧教授作了详细讨论。

下册的内容为静态和动态的技术磁化理论，以及磁路设计。与初版的中册相比，除了将磁晶各向异性的微观理论移到第二版的上册以外，保留了原有的内容和初版下册的动态磁性的基本内容，同时增加了三十年来发现的新现象、新原理和新数据、新材料，因此内容和篇幅都有较大的变化，就篇幅的数字而言比初版的中册增加了3/4，详细内容请看第二版的内容简介。

欢迎读者对书中的不足和遗漏之处批评指正。

《铁磁学》第二版的出版得到"国家科学技术学术著作出版基金"的资助，以及责任编辑钱俊的辛勤付出，在此深表感谢。

作 者

2016年9月

---

① 钟文定，北京磁学学科的奠基人——叶企孙，见萧超然主编《巍巍上痒百年星辰——名人与北大》，北京大学出版社，1998年，694页。

初版前言

我们在 1976 年编写出版了《铁磁学》，目的是使具有中专以上水平的、有实践经验的读者通过学习该书，能对一些与生产实践有密切联系的基本理论有一个初步的全面了解，并用来指导实践，所以重点讨论了磁化的基本机制及其物理概念，略去了复杂的数学推导。由于铁磁学是研究物质磁性的来源，及在外界因素（如磁场、温度、应力等）作用下磁性发生变化的基本规律的学科，因此，本书应以阐述铁磁体磁性的实验规律、基本理论和磁化机制为主，并在物理图像和概念上，以及主要理论分析上给予简明的叙述和数学推导，考虑到近几年来教学、科研和生产水平的提高，以及社会上对本学科的需求，我们在多次教学实践的基础上，对 1976 年出版的《铁磁学》一书进行了全面的修改。在修改时注意保留了原书的一些特点，同时增补了较大的篇幅，希望做到在内容上能反映近代比较成熟的磁性理论和实验结果。

修改后的内容分为三部分，即自发磁化的基本现象和理论、技术磁化的机制和理论、交流磁化与磁共振的基本现象和理论。这三部分内容互有联系，又具有相对独立性，而且各自都有相当大的篇幅，所以分为上、中、下三册出版。

上册专门讨论物质磁性的起源及其随温度的变化，分别从经典和量子力学原理、由浅入深地讨论了铁磁物质自发磁化的原因；详细地分析了局域电子模型和巡游电子模型的物理基础，并给出了各种理论结果的具体推导；最后介绍了格林函数方法及其对铁磁性的讨论。

中册主要介绍技术磁化理论与磁路设计原理。前者主要是在磁畴理论①的框架内，论述磁性材料的静态磁化和反磁化过程，即从唯象理论的角度对磁性材料的技术特性给予阐述；后者属于磁性材料的应用问题。将磁性材料技术性能的理论阐述与材料的使用设计放在铁磁学内，这是一种尝试，其目的就是为使研制与设计人员都能掌握这两部分内容。此外，关于磁晶各向异性的微观理论、矫顽力新理论、低温下的特异磁性和非晶态磁性等磁学和磁性材料方面的一些新进展，在本书中也有所论述。

下册主要介绍交流磁化理论和磁共振理论。在交流磁化部分，主要阐述铁磁物质在交变电磁场中的性质、磁化机制和理论分析方法。在磁共振部分，对以磁矩一致进动为基础的铁磁共振理论、磁矩非一致进动为基础的自旋波激发和共振

---

① 从前，技术磁化理论只有磁畴理论；现在，却有另一分支，称为微磁学（micromagnetics）。后者在原则上比前者进了一步，但许多实际问题仍无法处理，因此，就目前情况而言，它们是相互补充的。

理论，以及亚铁磁共振和反铁磁共振理论均有详细讨论。最后阐述了在雷达技术中广泛应用的主要器件的工作原理。

书中均采用国际通用的（SI）单位制：米、千克、秒、安培。为了便于对比，有些公式还列出了在CGS电磁单位制中的表示式。书末还附有两种单位制中一些磁学量的数值关系表、磁学公式对照表和常用的物理常数表，以便查对。

本书上册由戴道生、钱昆明执笔，中册由钟文定执笔，下册由廖绍彬执笔。全书经郭贻诚教授审阅，并提出了许多宝贵意见，特此致谢。

《铁磁学》上册分工如下：第四、六章由钱昆明执笔，并经章立源同志读了手稿；其余四章由戴道生执笔，并经李伯臧、方瑞宜读了手稿；钟文定同志允许采用其编写的“铁磁性和反铁磁性唯象理论”讲义的部分内容；此外，有关的同志对本书的内容提出了许多宝贵的意见，在此一并表示感谢。此外，我们还感谢天津磁性材料总厂对本书第二次印刷的大力支持。

著　者

目　录

下　册

上　册

绪　论

《铁磁学》（第二版）下册讨论静态和动态的技术磁化理论和磁路设计。技术磁性指的是技术上和高新技术上使用磁性材料时，材料表现出的磁学性质（忽略强磁性来源的交换作用理论）。这些性质或性能有动态和静态两类，前者是交变磁场（频率由工业频率直至高频、超高频、极高频）下表现的磁性能，如复数磁导率、张量磁导率、损耗、铁磁共振线宽等；后者是在恒定磁场（直流磁场）下表现的磁性能，如磁导率、矫顽力、最大磁能积、剩余磁化强度及其温度系数等。此外还有脉冲磁场和交直流磁场叠加或者几个不同形式的磁场作用下，材料表现的磁学性能，它们大多都是为一特定目的而使用的。本书中讨论的主要是静态和动态的磁学性能，因为它们不但是区分和制造磁性材料及提高品质的依据，也是了解和认识量子、脉冲等磁性的基础。另外，磁性材料的合理利用离不开磁路设计，所以对它也作了简介。

磁性材料的应用范围很广，种类繁多，而且随着科学技术的发展和实用的需要还在不断扩大和增加。20 世纪末，有人把磁性材料的个人占有量作为个人生活品质等级和国家工业化水平高低的标志，这一看法在 21 世纪必将为人们所共识。习惯上，把所有材料按物质属性分为三大门类：金属（合金）、有机高分子、无机非金属（陶瓷、半导体及其他），以及它们的复合材料，这三大门类中都包含着磁性材料。从晶体结构上看，磁性材料已从晶态到非晶态、准晶态和纳米晶态。从尺寸形状上看，磁性材料有块体、薄带、微粉、薄膜等。若把所有材料按使用时的性能侧重点来分类的话，则又可把材料分为结构材料和功能材料两大门类。前者主要用于产品或工程的结构部件，着重点是材料的强度、韧性等力学性质；后者侧重利用材料的电、磁、光、声、热等的特性和效应来实现某种功能。磁性材料由于是利用磁特性及其效应来实现电能的产生、传输、应用，信息的记录、传输、应用，作用力的产生与转换，光、热、电之间通过磁的直接转换以及医疗上的应用等的，所以磁性材料属于功能材料。磁性材料从性能和应用的角度又可大致分为 9 类：软磁材料、永（硬）磁材料、巨磁（磁存储）材料、磁记录材料、旋磁材料、压磁材料、半硬磁材料、磁电子学材料、其他材料（磁致冷、蓄冷、贮氢）等。较详的叙述可见第 12 章。

尽管磁性材料的静态性能各异，但阐明其本质的理论只有技术磁性理论。它又分为两支，一支为磁畴理论，即在磁畴存在的前题下，讨论磁畴的结构及其运动变化，结果使出现静态和动态的各项磁性参数；另一支为微磁学，它认为磁矩在空间的连续缓变分布是各种物理现象作用的必然结果，因此磁畴（包括畴壁）的存在不是前提而是结果。微磁学在原则上比磁畴理论前进了一步，但许多实际问题无法处理，还须依靠磁畴理论，所以，就目前情况而论，这两支理论是互补的。本书第7～12章论述的是磁畴理论的基础及近期的进展，基础部分只是纲要性的，进展部分在有关章节加入。

磁畴理论又称技术磁化理论，它是在磁畴和畴壁的前题下，通过对磁矩取向有影响的各种物理现象的作用，讨论磁畴结构的形成和在各种外界条件（如外磁场、外应力、温度、湿度和时间等）下的运动变化，从而得出各种静态和动态磁性参数与表征各种影响磁矩取向的物理常数之间的关系，为改善和发展材料性能指出方向。诚然，欲改善磁性材料的性能，还涉及晶体化学、冶金学和固体物理等方面的知识和生产技术经验，但磁畴理论所指出的方向却是比较本质的。为了解室温下已达到的磁性最佳值及其相应的材料，现列出主要的有关实例，如表1所示。

表1 磁性材料在室温下的最佳值

磁特性及数值	相应材料	磁特性及数值	相应材料
饱和磁极化强度 J_s 2.90T	$Fe_{16}N_2$	矫顽力 H_C 15×10^{-2} A/m	4Mo－79Ni－Fe合金
2.43T	35%Co－Fe合金	4×10^6 A/m	$SmCo_5$ 合金
磁晶各向异性常数 K_1 17.2MJ/m^3	$SmCo_5$ 合金	初始磁导率 μ_i 15×10^4	4Mo－79Ni－Fe合金
饱和磁致伸缩常数 λ_S 1720×10^{-6}	$TbFe_2$ 化合物	最大磁导率 μ_m 3.8×10^6	3Si－Fe合金单晶
最大磁能积 $(B\cdot H)_{max}$ 461kJ/m^3	Nd—Fe—B合金	剩磁 B_r 1.3T	AlniCo8合金
居里点 T_C 1130℃	金属Co	1.43T	Nd—Fe—B合金

磁性材料的技术特性，往往集中表现在磁化曲线和磁滞回线的形状和面积上，不同的磁化曲线和磁滞回线可以满足应用上的不同需要。磁性现象的利用是从天然磁石开始的，时间可以追溯到两千多年前，我国在这方面曾有过许多重要的贡献（如制造了最早的指南器“司南”、发明了指南针，并最早用于航海，最早用天然磁石治病等等)。磁化曲线和磁滞回线的测定则较晚（1871年斯托列托夫测定了铁的磁化曲线，1880年瓦堡（E. G. Warburg）测量了铁丝的磁滞回线)，这是一类比较复杂的现象，直到目前为止，磁滞回线的形状大体有六种形式（图1)：①狭长型；②肥胖型；③长方型；④退化型（近似平行线)；⑤蜂腰型；⑥不对称型。这六种形式的回线，其形状虽然不同，应用范围也有所差别，

但它们却有一个共同的特点，即随着磁场的往复变化，磁化强度的变化是按图 2（a）的箭头方向进行的。可是在 Gd－Co 的非晶态薄膜中，却发现有一种磁滞回线是颠倒了的[1]，即随着磁场的往复变化，其磁化强度的变化如图 2（b）所示，恰好与图 2（a）相反。如果把图 2（a）的回线看成是正规的回线，则图 2（b）的回线便是颠倒的回线了。

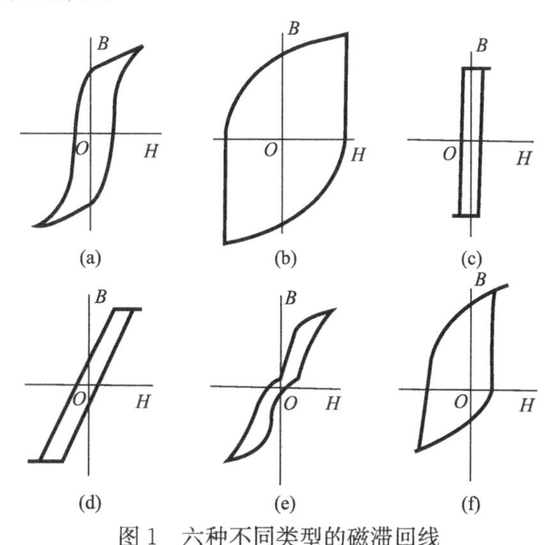

图 1　六种不同类型的磁滞回线

（a）狭长型；（b）肥胖型；（c）长方型；（d）退化型；（e）蜂腰型；（f）不对称型

由此可见，磁滞回线的形状是比较复杂的，在普遍情况下，欲从理论上算出某种材料的磁滞回线，目前仍不可能。但是，在某些特定情况下，理论计算仍是可能的。处理这类问题的方法是“自由能极小原理”，即从体系的自由能（影响磁矩方向的各项能量之和）极小中，求各物理量之间的关系。为此，在这一部分理论里，我们首先研究各种与磁矩取向有关的基本现象及其能量的表述，然后再讨论各种磁特性。着重讨论软磁和永磁材料的特性，以及提高这些材料的理论和思路，因为它们是说明其他磁性材料性能的基础。

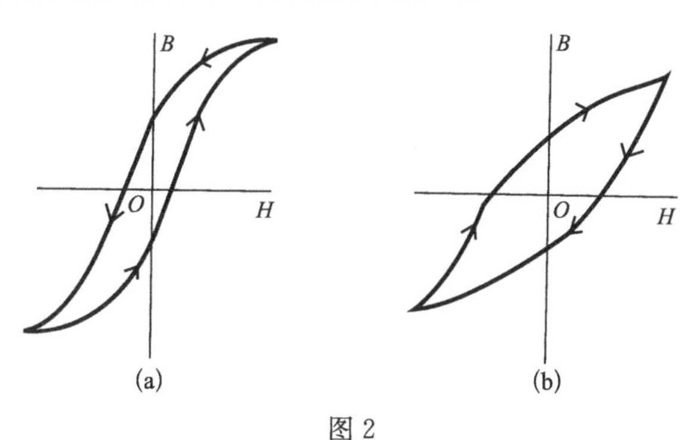

图 2

（a）正规的磁滞回线；（b）颠倒的磁滞回线

20 世纪是磁畴理论建立和完善的世纪，同时又发现了一些新的磁性现象是旧理论所不能完全阐释的，这些新的现象已经或即将成为 21 世纪磁性材料应用的新领域。为了扼要说明 20 世纪末研究和发现的磁性新现象，本书的第 12 章论述了一些新的内容，详情可参阅文献［2］。由于物质磁性范围很广，小至基本粒子，大至宇宙空间都有磁性，只是磁性大小和表现特征不同而已。为了理解这一见解，本书第 12 章概述了物质磁性和磁性材料的分类。最后本书的第 13 章论述了磁路设计原理，以期人们合理地使用磁性材料，最大限度地发挥材料的性能。

本书的初版分上、中、下三册，现在的第二版改为上、下两册。初版下册的交流磁性、旋磁性的部分内容放到第二版的下册中，因此第二版的下册包括了静态和动态的技术磁化理论。第二版的下册还将初版中册的磁晶各向异性的微观理论内容移到上册，并增加了新的现象和新的磁性材料，如四类新的磁各向异性现象、交换长度、纳米磁性、磁宏观量子效应、元磁化磁性、巨磁电阻、磁记录、纳米晶软磁、钕铁硼永磁等。此外，加强了理论对实践指导作用的说明，除保留了初版对坡莫合金和硅钢片的说明外，还增加了对永磁铁氧体和钕铁硼永磁的说明。另外，对巨磁致伸缩的利用和磁力显微镜的使用也有扼要评述。

总之，《铁磁学》（第二版）下册与初版的中册相比，篇幅有较大变化，内容也较多，读者可根据需要作出选择参考，欢迎批评、指正。

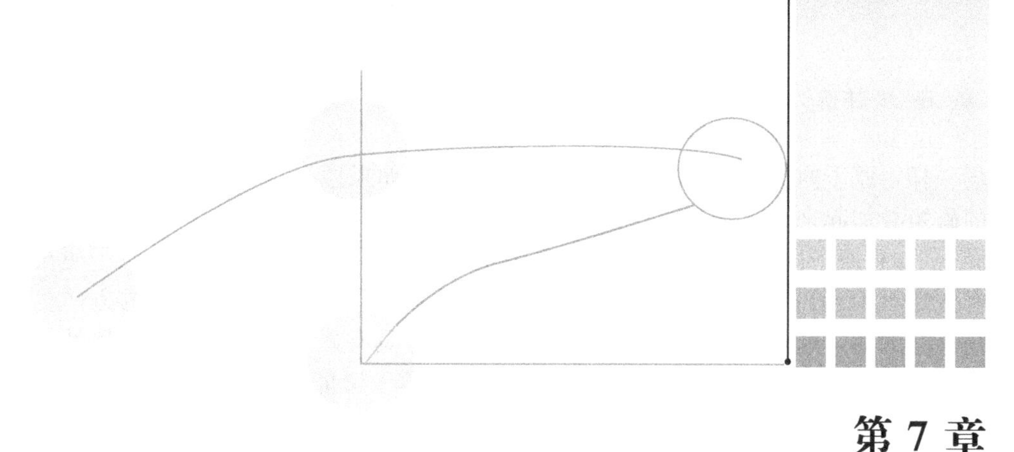

第7章 铁磁（亚铁磁）性的特点和基本现象

磁性材料和器件的应用非常广泛，在国民经济的各个部门和日常生活中，几乎都离不开它。磁性材料及器件的应用，就其本质而言，是利用它的铁磁性（包括亚铁磁性）；因此，需要深入理解**铁磁性的特点和基本现象**。

我们认识事物的方法是由表及里，从现象到本质，从具体到抽象。这里最重要的是把握事物的特点，分析事物的特殊矛盾。铁磁性物质大都是固体，从物质的气、液、固三态来说，它与其他固体并没有什么区别。铁磁性物质可以是导体（如金属或合金的磁性材料），也可以是电介质（如铁氧体）；从电导的角度来说，它与其他导体或电介质没有什么质的区别。铁磁性物质的每一个原子或分子都具有磁矩，从这一点上来看，它与顺磁物质又没有什么区别。还可以举出一些铁磁性物质与其他物质的共同点来，但这些都不能说明他们之间的区别。只有注意了铁磁性的特点，就是说，抓住了它与其他运动形式的质的区别，才能认识铁磁性。铁磁性的特点是什么呢？简言之，就是**自发磁化**和**磁畴**。有关于它们的物理内容，将在下节中阐述。

7.1 铁磁（亚铁磁）性的特点——自发磁化和磁畴

当你在寻找细微的物体而感到困惑时，常会浮现海底捞针的念头。当你把细小的钢珠掉在地上时，马上用一块磁铁（吸铁石）在地面上来回转动一下，小钢珠便会附着在磁铁上，“针”也就从“海底”捞上来了。这种磁石吸铁的现象，虽然在三千多年前就知道，但对其本质的认识，只有在20世纪30年代，对铁磁性的特点搞清楚了以后，才真正达到。

7.1.1 自发磁化和磁矩排列的多样性

下面从微观的尺变来阐述铁磁性的特点。大家知道，物质是由原子组成的。原子又是由原子核和围绕原子核运动的电子组成的，正像电流能够产生磁场一样，原子内部电子的运动也要产生磁矩①。如果原子内部，不同电子产生的磁矩叠加起来，不等于零，则该原子便具有磁矩 μ（忽略原子核的磁矩，下同）。如果原子内部，不同电子产生的磁矩叠加起来，等于零，则该原子便没有磁矩（$\mu=0$）。尽管某种物质的原子磁矩不等于零，但各原子磁矩的方向仍是紊乱的话，这种物质的任一小区域内还是不会具有磁矩的，这就是顺磁性的图像（图 7.1.1（a）），只有原子的磁矩既不为零，又能在任一小区域内使所有原子的磁矩按一定的规则排列起来的话，这个小区域才具有磁矩。

因此，由于物质内部自身的力量，任一小区域内的所有原子磁矩都按一定的规则排列起来的现象，称为**自发磁化**。

设箭头表示原子磁矩的方向，其长度代表原子磁矩的数量。那么，在某一小区域内，由于物质内部自身的力量，使所有原子磁矩都朝一个方向排列的现象，便称为**铁磁性**（图 7.1.1（b））。如果相邻的原子磁矩，排列的方向相反，但由于它们的数量不同，不能相互抵消，结果在某一方向仍显示了原子磁矩同向排列的效果，这种现象称为**亚铁磁性**（图 7.1.1（d））。如果相邻原子磁矩的数值相等，排列的方向又相反，则原子间的磁矩完全抵消，这种现象便称为**反铁磁性**（图 7.1.1（c））。还有磁矩分布在空间各个方向上，其中某些方向较多、磁化强度不为零的称为**散铁磁性**（asperomagnetism）；磁短之间反方向排列，但分布在空间各个方向上，磁化强度为零的称为**散反铁磁性**（speromagnetism）；磁矩之间反方向排列，但数值不同且分布在空间各个方向上，其中某些方向较多，磁化强度不为零的称为**散亚铁磁性**（sperimagnetism）。此外，磁矩还可以排列成螺旋形、正弦形、方波形等形式。

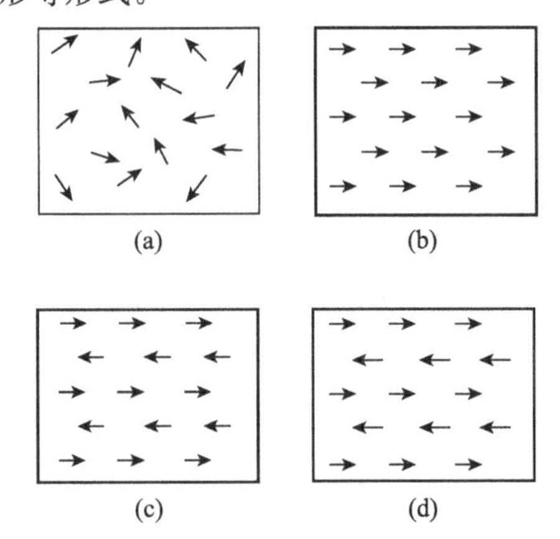

图 7.1.1 小区域内原子磁矩的自发排列形式

（a）顺磁性；（b）铁磁性；（c）反铁磁性；（d）亚铁磁性

① 一个靠近原子核的电子，绕原子核运动时，约相当于形成 38A 的环形电流。这个环形电流的磁矩称为**玻尔磁子**（微观磁矩的单位）$\mu_B=\frac{e\hbar}{2m}=9.274\times10^{-24}\,\mathrm{A\cdot m^2}$，单位 J/T。

由此可见，在铁磁性物质、亚铁磁性物质和反铁磁性物质及其他上述三种物质内都存在着**自发磁化**，只不过相邻原子的磁矩，排列方式不同罢了。

导致自发磁化的力量是非常强大的，相当于数百万奥斯特的磁场强度。由$H_{分子} \cdot \mu = k_B \cdot T_C$，算出Fe金属的交换作用相当于$705/4\pi\ kA \cdot m^{-1}$（705万奥斯特）的磁场。

7.1.2　交换作用能量

目前已经十分清楚，自发磁化的原因是由于相邻原子中电子之间量子力学性质的交换作用，这一作用直接与电子自旋之间的相对取向有关．设i原子的总自旋角动量为$\boldsymbol{S}_i$，j原子的总自旋角动量$\boldsymbol{S}_j$，则根据量子力学，i，j原子的交换作用能为

$$E_{ij} = -2J_{ij}\boldsymbol{S}_i \cdot \boldsymbol{S}_j \tag{7.1.1}$$

其中J_{ij}为i，j原子的电子之间的交换积分。

如果i原子在磁场$\boldsymbol{H}$的作用下，则作用能力为

$$E = -2\mu_B\boldsymbol{S}_i \cdot \boldsymbol{H} \tag{7.1.2}$$

式中μ_B是玻尔磁子，把式（7.1.1）和式（7.1.2）相比较时则可以看出，交换作用在形式上好像总自旋角动量$\boldsymbol{S}_i$与下列磁场$\boldsymbol{H}_m$的作用等效，即

$$\boldsymbol{H}_m = \sum_j \frac{J_{ij}\boldsymbol{S}_j}{\mu_B}, \tag{7.1.3}$$

而$\boldsymbol{H}_m$就是外斯的分子场，它不是真正的磁场，而是与交换作用相联系的静电场。

设i原子的近邻数为z，且近邻间交换积分都等于J_e，则

$$\boldsymbol{H}_m = \sum_j \frac{J_{ij}\boldsymbol{S}_i}{\mu_B} = \frac{J_e}{\mu_B} z\boldsymbol{S} \tag{7.1.4}$$

若把磁化看作是均匀的（虽然在原子尺寸下磁化不是均匀的），则总自旋角动量的平均值为

$$\boldsymbol{S} = \frac{\boldsymbol{M}}{2n\mu_B} \tag{7.1.5}$$

$\boldsymbol{M}$为自发磁化强度，n为单位体积的原子数。将式（7.1.5）代入式（7.1.4），得

$$\boldsymbol{H}_m = \frac{J_e}{\mu_B}\frac{z\boldsymbol{M}}{2n\mu_B} = \frac{zJ_e}{2n\mu_B^2}\boldsymbol{M} \tag{7.1.6}$$

若令$\lambda = zJ_e/2n\mu_B^2$则式（7.1.6）正是外斯引进的**“分子场”**与自发磁化强度成正比的公式（注意这里的J_e为交换积分）。

由式(7.1.1)可见，当$J_{ij} \geqslant 0$时，$\boldsymbol{S}_i$和$\boldsymbol{S}_j$平行排列的能量E_{ij}最小，即物质出现铁磁性。当$J_{ij} < 0$时，$\boldsymbol{S}_i$和$\boldsymbol{S}_j$反平行排列的能量最小，即出现反铁磁性。王永忠

等[3] 把$\sum J_{ij}$看成两项之和：$\sum J_{ij}=J_1-|J_2|$，并提出冷无序的概念。当$J_1>|J_2|$，即$\sum J_{ij}>0$时，J_1为无序作用，J_2为冷无序作用；当$J_1<|J_2|$时（$\sum J_{ij}<0$），J_2为有序作用，J_1为冷无序作用。据此可得铁磁性、反铁磁性、自旋玻璃出现或共存的条件。

人们不禁要问：既然铁磁物质的任一小区域内，由于自发磁化，所有原子磁矩都朝一个方向排列了，为什么除了磁铁（吸铁石）以外的其他大块的铁磁物质却不具有自发吸铁的本领呢？换句话说，这些铁磁物质的总磁矩，为什么不显示出来呢？

这是因为铁磁物体的内部，分成了许多小的区域。虽然每一个小区域内的原子磁矩都整齐地排列起来了，但这些小区域的磁矩，可以分别取不同的方向，因此，所有小区域的磁矩叠加起来仍然为零。所以，从铁磁体的整体来看，磁化强度为零，对外并不显示磁性。

铁磁体内分成的这些小区域，称为**磁畴**。图 7.1.2 为磁铁的某一截面上的磁畴示意图（箭头代表一个磁畴的磁矩方向）。

用金相显微镜能观察到磁畴的形状。其宽度约为 10^{-3} cm，体积约为 10^{-9} cm^3。磁畴与磁畴之间有一过渡层，称为**畴壁**。畴壁的厚度约 10^{-5} cm（约 100nm）。我们若把一个原子的体积算作 10^{-23} cm^3，则在一个磁畴内，包含的原子便有百万亿个（10^{14}），也就是说，交换作用使这百万亿个原子的磁矩部整齐地排列起来了。

磁畴的形状、大小及它们之间的搭配方式，统称为**磁畴结构**．磁性材料的技术性能都是由磁畴结构的变化决定的，从理论上研究磁畴结构的形式和变化，对材料磁性的改善起着指导性的作用。

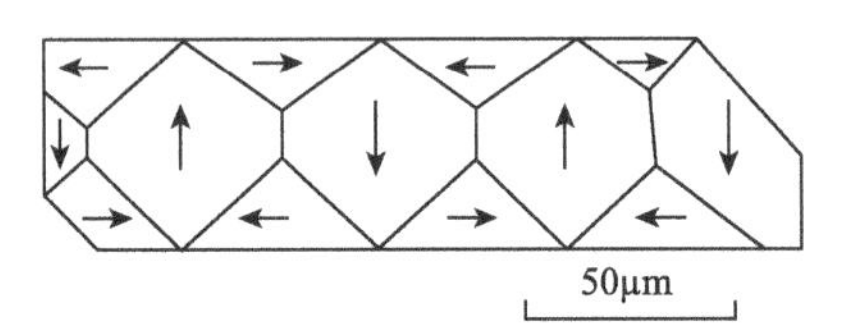

图 7.1.2 铁晶须的磁畴结构

7.2 磁性材料中的基本现象及能量表述

7.1 节指出，铁磁性的特点是自发磁化和磁畴。本节要说明的一些现象是除交换作用现象外的基本现象，这些现象的强弱可使磁性材料的性能发生千差万别。这些基本现象是：磁各向异性、磁致伸缩、退磁作用和居里点等。

当温度高于某一数值时，自发磁化被破坏，铁磁性消失，这一温度称为**居里点**。换句话说，居里点就是铁磁材料使用温度的最高极限。表 7.1 列出一些磁性物质的**居里点**和**饱和磁化强度**。

表 7.1　一些磁性物质的居里点和饱和磁化强度

物质	居里点/K	饱和磁化强度/（$\times10^3$A/m）		原子或分子磁矩 μ_B
		室温	0K	
Fe	1044±2	1707	1740	2.22
Co	1388±2[2)]	1400	1430	1.72
Ni	627.4±0.3	485	510	0.606
Gd	293.4		2010	7.98
Tb	219.5			9.77
Dy	89		2920	10.83
Cu_2MnAl	710	500		
MnBi	633	620	720	3.84
CrO_2	393	390		2.03
CrTe	339	247		2.5
$MnFe_2O_4$	573	410		5
$NiFe_2O_4$	858	270		2.4
$CoFe_2O_4$	793	400		3.7
$MgFe_2O_4$	713	110		1.1
$Gd_3Fe_5O_{12}$	564	0[1)]	605	16
$Y_3Fe_5O_{12}$	560	140		
Fe-4%Si	999	1570		
Copt	840	788		
AlNiCo-5	1163	915		
$Sm_2Fe_{17}N_3$	749	1230		
$SmCo_5$	1020	855		
Sm_2Co_{17}	1190	990		
$Nd_2Fe_{14}B$	588	1280		
$BaFe_{12}O_{19}$	740	380		

1）$Gd_3Fe_5O_{12}$的抵消点为 286K，故室温的 M_S 接近于零。2）指 FCC 时的值，Co 在室温下为 hcp 结构，T_C 为 1360K

除居里点以外的其他基本现象，对磁性的影响，往往都是通过改变磁畴结构及其运动方式显示出来。磁性材料制造工艺上的重大革新，许多都是利用了这些现象。下面分别说明这些基本现象的物理意义及应用实例。

7.2.1　磁晶各向异性及其他磁各向异性

在测量单晶体的磁化曲线时，发现磁化曲线的形状与单晶体的晶轴方向有关。图 7.2.1～图 7.2.3 分别表示 Fe，Co，Ni 的单晶体在室温下不同晶轴方向上的磁化曲线。由图可见，磁化曲线随晶轴方向的不同而有所差别，即磁性随晶轴方向显示各向异性，这种现象存在于任何铁磁晶体中，故称为**磁晶各向异性**，或**天然各向异性**。

在同一个单晶体内，由于磁晶各向异性的存在，磁化强度随磁场的变化便因

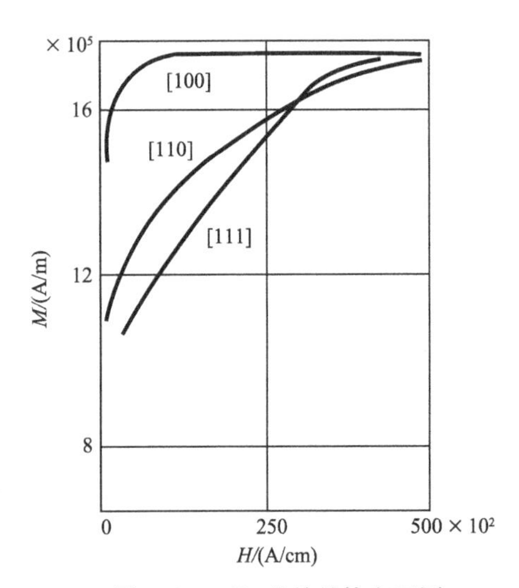

图 7.2.1　Fe 的单晶体在不同主晶轴上的磁化曲线

方向不同而有所差别。也就是说，在某些方向容易磁化，在另一些方向上则不容易磁化。容易磁化的方向称为易磁化方向，或易轴（一个易轴包含正反两个方向，下同）；不容易磁化的方向称为难磁化方向，或难轴。从图 7.2.1～图 7.2.3 中可看出，铁单晶的易磁化方向为〈100〉，难磁化方向为〈111〉；镍单晶的情况恰巧与铁相反，易轴为〈111〉，难轴为〈100〉；钴单晶的易磁化方向为［0001］，难磁化方向为与易轴垂直的任一方向（如［1010］），关于晶体中晶面和晶轴的表示方法见附注 1。

运用能量的概念，可以很方便地将磁晶各异性的现象，用数学式子表示出来。

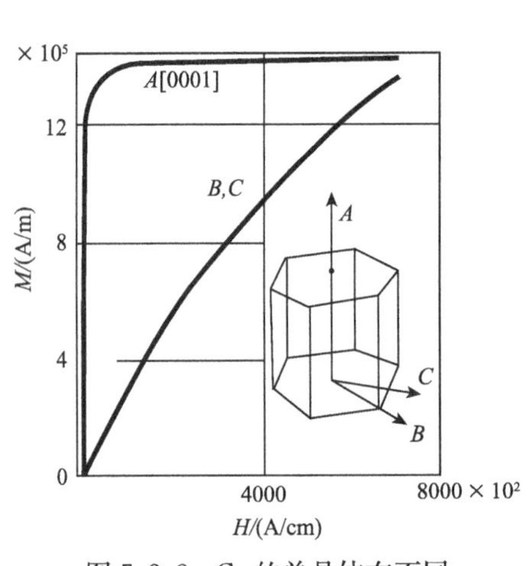

图 7.2.2　Co 的单晶体在不同主晶轴上的磁化曲线

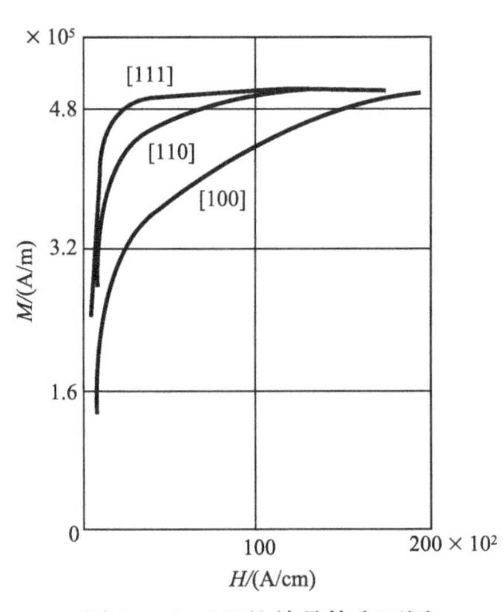

图 7.2.3　Ni 的单晶体在不同主晶轴上的磁化曲线

7.2.1.1　六角晶体的磁晶各向异性

六角晶体的易磁化轴如果就是晶体的六重对称轴，那么，易磁化轴就只有一个，故又称为**单轴晶体**，单轴晶体有两个易磁化方向，它们的磁化曲线是一样的，磁晶各向异性能也是一样的。并且易轴上的磁晶各向异性能，要小于难轴上的磁晶各向异性能。根据这些考虑，单轴晶体的磁晶各向异性能量的表达式为

$$E_K = K_{u1}\sin^2\theta + K_{u2}\sin^4\theta \tag{7.2.1}$$

式中，θ 为自发磁化强度与［0001］方向之间的夹角；K_{u1} 和 K_{u2} 为磁晶各向异性常数，它表示磁晶各向异性能量高低的程度。

由式（7.2.1）推得，若 K_{u1} 和 K_{u2} 都是正值，则易磁化方向就在六角轴上；若 K_{u1} 和 K_{u2} 都是负值，则易磁化方向就是在与六角轴垂直的平面内的任何方向，这种各向异性又称为**面各向异性**。

7.2.1.2　立方晶体的磁晶各向异性

铁的晶体结构为**体心立方**（bcc），镍的晶体结构为**面心立方**（fcc），它们都属于立方晶系。立方晶系的对称性是很高的，如果将晶体旋转 90°，翻转 180°，或镜面反射以后，晶体的形状和位置都不变，既然磁晶各向异性能量是方向的函数，它的表达式就必须满足晶体对称性的要求，或者说，对称操作不能改变磁晶各向异性能量。

由于晶体的对称性，晶体内存在着磁性等效的方向，也就是说，沿着等效的方向磁化，得出的磁性是一样的。在只考虑磁晶各向异性的情况下，等效方向上的磁晶各向异性能量是相同的。在立方晶体中，等效方向有：$[\bar{1}00]$ 和 $[100]$，$[010]$ 和 $[0\bar{1}0]$，$[001]$ 和 $[00\bar{1}]$，即某一方向和它的相反方向是等效的。若令方向余弦 α_1，α_2，α_3 代表空间某一方向，则磁晶各向异性能量 E_K 只能是 α_i 的偶函数。立方晶体中还有一类等效的方向是［100］，［010］，［001］；［110］，［101］，［011］；［120］，［210］，［102］等，即在三个方向余弦中，将任意两个相互对调以后，磁晶各向异性能量不变。这就要求 E_K 的表达式必须是 α_1，α_2，α_3 的轮换对称式，综合上述要求，立方晶系的磁晶各向异性能量的表达式可写成

$$\begin{aligned} E_K = {} & B_0 + B_1(\alpha_1^2+\alpha_2^2+\alpha_3^2) + B_2(\alpha_1^2\alpha_2^2+\alpha_2^2\alpha_3^2+\alpha_3^2\alpha_1^2) \\ & + B_3(\alpha_1^4+\alpha_2^4+\alpha_3^4) + B_4(\alpha_1^2\alpha_2^2\alpha_3^2) \\ & + B_5(\alpha_1^4\alpha_2^2+\alpha_2^4\alpha_3^2+\alpha_3^4\alpha_1^2+\alpha_2^4\alpha_1^2 \\ & + \alpha_3^4\alpha_2^2+\alpha_1^4\alpha_3^2) + B_6(\alpha_1^6+\alpha_2^6+\alpha_3^6) + \cdots \end{aligned}$$

式中，B_i 是与具体材料有关的系数，有些系数可以简化合并，经简单归并后，得（见附注2）

$$E_K = K_1(\alpha_1^2\alpha_2^2+\alpha_2^2\alpha_3^2+\alpha_3^2\alpha_1^2) + K_2\alpha_1^2\alpha_2^2\alpha_3^2 \tag{7.2.2}$$

式中，K_1，K_2 表示立方晶系的磁晶各向异性常数，其数值的大小随不同材料而异，并且从式（7.2.2）可推得三种类型的易磁化轴与 K_1、K_2 值的关系。表 7.2 列出三种类型的易磁化轴对 K_1，K_2 数值变化的要求。

表 7.2　立方晶系中三种类型的易磁化轴对 K_1，K_2 的要求

易轴	〈100〉	〈110〉	〈111〉
K_1，K_2 的数值变化	$K_1>0$ 和 $K_1>-\frac{1}{9}K_2$	$0>K_1>-\frac{4}{9}K_2$	$K_1<0$ 和 $K_1<-\frac{4}{9}K_2$ 或 $0<K_1<-\frac{1}{9}K_2$

另外，从式（7.2.1）也可推得六角晶系的三种类型的易磁化轴与 K_{u1} 和 K_{u2}

数值的关系，其结果见表 7.3。

表 7.3　六角晶系中三种类型的易轴对 K_{u1} 和 K_{u2} 的要求

易磁化方向	[0001]	在（0001）面内	在 $\sin^2\theta=-K_{u1}/2K_{u2}$ 的圆锥面上
K_{u1} 和 K_{u2} 的数值变化	$K_{u1}>0$ 和 $K_{u1}+K_{u2}>0$	$0\leqslant K_{u1}<-K_{u2}$，或 $K_{u1}<0$，$-K_{u1}>2K_{u2}$	$0<-K_{u1}<2K_{u2}$

一般来说，磁晶各向异性常数大的物质，适于作永磁材料；磁晶各向异性常数小的物质，适于作软磁材料。同时，在制备材料的过程中，如能有意识地将所有晶粒的易磁化方向都排列在同一特定方向的话，则该方向的磁性便会显著提高。硅钢片在生产工艺上的冷轧退火，铝镍钴生产中的定向浇铸（柱晶取向）和磁场热处理，以及其他永磁材料生产中的磁场成型，都是为了实现这一目的而采取的方法。表 7.4 列出了一些材料的磁晶各向异性常数。

表 7.4　不同材料在室温下的磁晶各向异性常数

材料名称	晶体结构	$K/$（$\times10^3$J/m^3，$\times10^4$erg/cm^3）	
		K_1	K_2
Fe	立方	+48.1	+12
Ni	立方	−5.48	−2.47
超坡莫合金	立方	+0.15	—
坡莫合金（70%Ni）	立方	+0.70	−1.7
Fe−4%Si	立方	+32	—
Fe_3O_4	立方	−11.8	−28
$Mn_{0.45}Zn_{0.55}Fe_2O_4$	立方	−0.38	
$MnFe_2O_4$	立方	−3.79	≈0
$Mn_{0.52}Zn_{0.40}Fe_{2.08}O_4$	立方	−0.10	
$NiFe_2O_4$	立方	−7.0	—
$CuFe_2O_4$	立方	−6.3	—
$CoFe_2O_4$	立方	+270	+300
$MgFe_2O_4$	立方	−3.75	—
$Li_{0.5}Fe_{2.5}O_4$	立方	−8.5	—
材料名称	晶体结构	$K/$（$\times10^3$J/m^3，$\times10^4$erg/cm^3）	
		K_{u1}	K_{u2}
Co	六角	+412	+143
$BaFe_{12}O_{19}$	六角	+330	—
$Co_2BaFe_{16}O_{27}$	六角	−186	+75
$Co_2Ba_3Fe_{24}O_{41}$	六角	−180	（$K_{u1}+2K_{u2}$）

续表

材料名称	晶体结构	K/（$\times10^3$J/m^3，$\times10^4$erg/cm^3）	
		K_{u1}	K_{u2}
$CoMnO_3$	六角	−1400	（$K_{u1}+2K_{u2}$）
$NiMnO_3$	六角	−260	（$K_{u1}+2K_{u2}$）
MnBi	六角	+910	+260
YCo_5	六角	+5700	~0
$SmCo_5$	六角	+17200	—
Y_2Co_{17}	六角	−290	3
Sm_2Co_{17}	六角	+3300	—
Gd_2Co_{17}	六角	−300	—
Nd−Fe−B	四方	+4200	

从晶体的宏观对称性出发可推导出磁晶各向异性能量的表达方式，这种分析问题的办法，通常称为磁晶各向异性的唯象理论。从晶体的原子排列和原子内部的电子自旋与轨道相互作用的图像出发，计算磁晶各向异性能量的方法，通常称为磁晶各向异性的微观理论。唯象理论把磁性与方向的关系，表达得直观明了，但没有进一步说明磁晶各向异性的起因，说明这种起因要用磁晶各向异性的微观理论见本书上册。

关于磁晶各向异性的更详细的唯象表达式见附注 3。

［附注 1］　单晶体内晶面和方向的标记方法

在阅读有关书刊资料时，常常见到不同晶面或方向的记号，如［001］，(001)，⟨110⟩，{001} 等，这里的括弧和括弧内的数字代表什么意思呢？括弧的用法是这样规定的：方括弧［　］代表一个方向，尖括弧⟨　⟩代表一族同类型的方向；圆括弧（　）代表一个晶面，大括弧{　}代表一族同类型的晶面。

括弧内的数字代表具体的晶面或方向，在立方晶系内，表示晶面的数字是从直角坐标轴上的截距得来的。若在 x 轴上有一点 x_1，y 轴上有一点 y_1，z 轴上有一点 z_1，则将这三点联结起来，便决定了一个平面，这个平面与三个坐标轴的截距分别为 x_1，y_1 和 z_1。设 $x_1=3$，$y_1=2$，$z_1=1$，则这个平面的表示方法，就是将截距的倒数写在一起，加上圆括弧，并化简为最小的整数，即$\left(\frac{1}{3}\ \frac{1}{2}1\right)$化简为（236）。所以截距为 $x_1=3$，$y_1=2$，$z_1=1$ 的晶面，就表示为（236）面。同理，截距为 $x_1=1$，$y_1=\infty$，$z_1=\infty$的晶面，就表示为$\left(1\ \frac{1}{\infty}\ \frac{1}{\infty}\right)$化简后的（100）面，其余类推。

立方晶系内某一方向的表示，也是在括弧内用三个数字。如［111］方向，指的就是连接从直角坐标轴的原点至 $x=y=z=l$ 的点之间的矢量的方向。由于同一方向的矢量，在三个坐标轴上的分量的比率彼此相等，所以［111］与［222］或［333］指的都是同一方向（它们在三个坐标轴上的分量的比率相等：

$x:y:z=1:1:1=2:2:2=3:3:3$)。同理，[112] 与 [224] 指的也是同一方向。如果坐标中出现负值，则在相应的数字上端划一横。譬如从坐标原点至 $x=-1$，$y=2$，$z=1$ 点的方向便表示为 $[\bar{1}21]$，立方晶系中任一方向 $[hkl]$，与数字相同的晶面 (hkl)，彼此正交，如 [120] 方向与 (120) 面正交，[100] 与 (100) 正交，这一性质在其他晶系中并不成立。

对于六角晶系中晶面和方向的表示，与立方晶系稍有不同。尽管括弧的使用是一样的，但括弧内的数字，在六角晶系中却要四个。它们是这样得来的：在平面上画夹角 120°的、交于一点的三根线 a_1，a_2，a_3，然后过交点再作一根与 a_1，a_2，a_3 相垂直的直线 c。六角晶系中的任一方向或任一晶面，可以很方便地用 a_1，a_2，a_3，c 四根线上的数字表示出来，如 [0001] 方向就是在 a_1，a_2，a_3 上的数值为零，c 上的数值为 1 的那一点，与原点（指 a_1，a_2，a_3，c 的交点）之间连接的方向。$[10\bar{1}0]$ 方向指的是由原点至 $a_1=1$，$a_2=0$，$a_3=-1$，$c=0$ 那一点之间连接的方向。(0001) 面指的是与 a_1，a_2，a_3 的截距为无穷，与 c 的截距为 1 的面，其余类推。

[附注 2] 令 $s=\alpha_1^2\alpha_2^2+\alpha_2^2\alpha_3^2+\alpha_3^2\alpha_1^2$，$p=\alpha_1^2\alpha_2^2\alpha_3^2$，则由 $\alpha_1^2+\alpha_2^2+\alpha_3^2=1$，可推出$\alpha_1^4+\alpha_2^4+\alpha_3^4=1-2s$，$\alpha_1^6+\alpha_2^6+\alpha_3^6=1-3s+3p$，$\alpha_1^4\alpha_2^2+\alpha_2^4\alpha_3^2+\alpha_3^4\alpha_1^2+\alpha_2^4\alpha_1^2+\alpha_3^4\alpha_2^2+\alpha_1^4\alpha_3^2=s-3p$，将以上结果代入含 B_i 系数的式子中，便得简化合并后的式 (7.2.2)。

[附注 3]　磁晶各向异性更详细的唯象表达式

对于立方晶系各向异性能密度可表示为

$$E_k=K_0+K_1(a_1^2a_2^2+a_2^2a_3^2+a_3^2a_1^2)+K_2(a_1a_2a_3)^2+K_3(a_1^2a_2^2+a_2^2a_3^2+a_3^2a_1^2)^2+\cdots \tag{7.2.2$'$}$$

对于六角晶系磁晶各向异性能密度可表示为

$$E_K=K_0+K_{u1}\sin^2\theta+K_{u2}\sin^4\theta+K_{u3}\sin^6\theta+K_{u4}\sin^6\theta\cos6\phi+\cdots \tag{7.2.1$'$}$$

式中，θ 为磁化强度矢量与六角轴之间的夹角，ϕ 为磁化强度矢量在基面上的分量与 a 轴间的角度。式 (7.2.1′) 亦可用于圆柱对称的晶系，但表达式中只取到 K_{u3} 那一项。

7.2.1.3　用转矩磁强计测量磁晶各向异性的原理

磁晶各向异性可以用不同的实验方法进行测量，前面我们看到，通过对单晶体磁化曲线的测量及分析，可以知道磁晶各向异性的存在及数值，此外，通过铁磁共振和趋近饱和定律也可以测定磁晶各向异性常数，这里简单介绍一种测量磁晶各向异性的方法——转矩法，图 7.2.4 中 Oa 表示一个铁磁单晶体的易磁化方向。在未加磁场时，设磁矩集中在这个易磁化方向，现在，在 OH 方向加一个足够强的磁场，使磁矩转到接近磁场的方向。磁场对磁矩做了功，所以磁矩才能从能量最低的易磁化方向转到磁晶各向异性能量较高的方向。

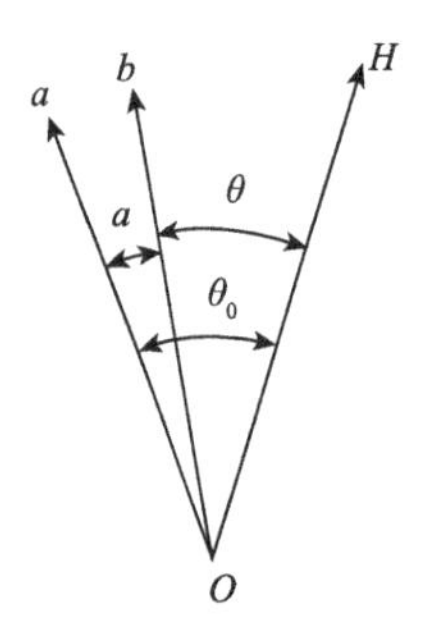

图 7.2.4　转矩法示意

如果这时把磁场强度降到零，磁矩又会退回到 Oa 方向上去，好像晶体对磁矩有一个力矩把它转回去。那么刚才磁场的作用是反抗晶体的力矩把磁矩拉到 OH 方向来。磁矩在接近 OH 方向时，晶体对磁矩的力矩仍存在，只是被磁场的力矩平衡着，使磁矩不能转回去罢了。根据动力学原理，晶体对磁矩既有一力矩，那么磁矩对晶体有同样大小而转向相反的力矩。这个力矩实际是磁场通过磁矩对晶体的作用表现出来的；磁场拉住磁矩，磁矩以同样大小的力矩拉住晶体。

如果晶体是受一个弹性体支持着的（我们不详细叙述实验仪器的装置），那么晶体受到上述力矩时（又称转矩），就会转动一个角度 α，即易磁化轴从 Oa 方向转到 Ob。这时，因晶体转向，弹性体被扭转，于是便产生了它内部的弹性应力；这样，弹性体对晶体就有一个转矩。这个弹性转矩是与扭转角 α 成正比的，但它的作用方向是要 α 减小。而磁场作用在晶体上的转矩要 α 增加。当这两个转矩平衡时，晶体就稳定在某一个 α 值上，所以通过测定 α 的大小就知道弹性转矩的大小，这等于磁场对晶体转矩的大小。如果对不同的 θ_0 角（图 7.2.4），测得对应的 α 角，这样就得到不同的 θ（$\theta=\theta_0-\alpha$）角时转矩的大小。而转矩的大小随 θ 角的变化是磁晶各向异性能变化的反映。

图 7.2.5 示出单轴各向异性单晶体在磁场作用下的转矩 L 与 θ 角的关系。θ 为磁化方向与易磁化方向的夹角。从这里可看出，转矩是随 θ 作周期变化的，θ 从 0° 到 180°是变化的一个周期，这正是单轴各向异性的情况。下面我们要讨论怎样从这个实验结果推算磁晶各向异性能量的变化。

表 7.4（续）　不同材料在 4.2K 和室温下的磁晶各向异性常数 K_1 和 K_2

（单位：erg/cm³）

	T=4.2K		室温	
	K_1	K_2	K_1	K_2
3d 金属				
Fe	5.2×10^5	-1.8×10^5	4.8×10^5	-1.0×10^5
Co^u	7.0×10^6	1.8×10^6	4.1×10^6	1.5×10^6
Ni	-12×10^5	3.0×10^5	-4.5×10^4	-2.3×10^4
$Ni_{80}Fe_{20}$	—	—	-3×10^3	—
$Fe_{50}Co_{50}$			-1.5×10^5 2)	
4f 金属				
Gd^u 1)	-1.2×10^6	$+8.0\times10^5$	$+1.3\times10^5$	—
Tb^u	-5.65×10^8	-4.6×10^7	—	—
Dy^u	-5.5×10^8	-5.4×10^7	—	—
Er^u	$+1.2\times10^8$	-3.9×10^7	—	—
尖晶石铁氧体				
Fe_3O_4	-2×10^5	—	-0.9×10^5	—
$NiFe_2O_4$	-1.2×10^5	—	-0.7×10^5	—
$MnFe_2O_4$	$\approx-4\times10^5$	$\approx-3\times10^5$	-3×10^4	—
$CoFe_2O_4$	$+10^7$	—	2.6×10^6	—

续表

	$T=4.2K$		室温	
	K_1	K_2	K_1	K_2
		柘榴石铁氧体		
YIG	-2.5×10^4	—	1×10^4	—
GdIG	-2.3×10^5	—	—	—
		永磁体		
$BaO\cdot6Fe_2O_3^u$	4.4×10^6	—	3.2×10^6	—
$SmCo_5^u$	7×10^7	—	$1.1-2.0\times10^8$	—
$NdCo_5^u$	-4.0×10^8	—	1.5×10^8	—
$Fe_{14}Nd_2B^u$	-1.25×10^8 3)	—	5×10^7	—
$Sm_2Co_{17}^u$	—	—	3.2×10^7	—
$TbFe_2$	—	—	-7.6×10^7	—

1) u 表示单轴材料，其 K_{u1} 和 K_{u2} 的值列在 K_1 和 K_2 中，$K_1>0$ 即表示易轴为单轴

2) 此值为无序时，有序相的 $K_1\approx0$

3) 净磁矩由［001］向［110］倾斜约 30°

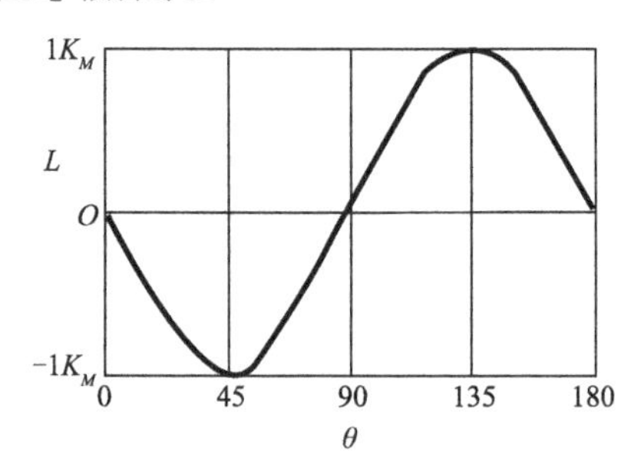

图 7.2.5 单轴各向异性单晶体的转矩

图 7.2.5 示出的曲线很近似一个正弦曲线，所以可近似地用下列简单公式来表示，即

$$L=-K_u\sin2\theta \tag{7.2.3}$$

这里必须注意，图 7.2.5 中的 L 值的变化从 $\theta=0°$ 到 $\theta=\pi$ 已完成一个周期，而正弦函数的周期是 0°到 2π，所以上式中写 $\sin2\theta$，式中的 L 代表晶体对磁矩的转矩，式中负号表示当 θ 从 0°增加时，L 也从 0 增加，但它的作用同 θ 相反。我们参看图 7.2.4，当 θ 向右增加时，晶体作用在磁矩上的转矩使它向左转，所以从零起，α 为正时，L 为负。

根据力学的原则，得

$$位能的增加=-力\times位移$$

同理，有

$$位能的增加=-力矩\times角移$$

这就是

$$dE=-L\times d\theta$$

把式（7.2.3）代入上式，得出

$$dE_K=K_u\sin2\theta d\theta,$$

$$E_K=K_u\int_0^\theta \sin2\theta d\theta,$$

$$E_K=K_u\sin^2\theta, \tag{7.2.4}$$

这是单轴各向异性能的近似表达式。我们把实验测得的转矩曲线近似地用正弦函数来表示，从而推得的式（7.2.4）必然是近似的，实际情况还不是那么简单，但这个公式已经把单轴磁晶各向异性能的主要部分表示出来了。如果把实验数据分析更细致一些，就可以获得更准确的能量公式（7.2.1）。

7.2.1.4　磁晶各向异性的等效场——各向异性场

在晶体中由于磁晶各向异性的存在，无外场时磁畴内的磁矩倾向于沿易磁化方向取向，这好像在易磁化方向有一个磁场，把磁矩拉了过去那样。这个来源于磁晶各向异性的场，称为磁晶各向异性的等效磁场或**各向异性场**。它对有些问题的处理是很有用的。下面进行等效磁场的计算。

（1）**单轴磁晶各向异性的等效磁场**　由式（7.2.1），单轴磁晶各向异性能量可以简化为

$$E_K=K_{u1}\sin^2\theta\simeq K_{u1}\theta^2(\text{当}\ \theta\ \text{小时}) \tag{7.2.5}$$

设在易磁化方向的等效磁场强度是 H_K，那么根据电磁学，H_K 与磁矩的作用能量为

$$E=-J_sH_K\cos\theta \tag{7.2.6}$$

这里 J_s 为单位体积中的饱和磁极化强度。式（7.2.5）和式（7.2.6）中的 θ 都是磁矩方向与易磁化方向的夹角。式（7.2.6）中的 $E=0$ 是在 $\theta=90°$处，为了同式（7.2.5）进行比较，要求 $E=0$ 落 $\theta=0°$上。把式（7.2.6）改为

$$E=J_sH_K\ (1-\cos\theta) \tag{7.2.6′}$$

这就符合 $\theta=0°$时 $E=0$ 的要求了。此式可以写成

$$E=J_sH_K\cdot 2\sin^2\frac{\theta}{2}\simeq\frac{J_sH_K}{2}\theta^2\ (\text{当}\ \theta\ \text{小时}) \tag{7.2.7}$$

由于式（7.2.5）和式（7.2.7）等效，所以

$$K_{u1}=\frac{J_sH_K}{2}=\frac{\mu_0M_sH_K}{2}$$

由此可给出，单轴磁晶各向异性的等效磁场强度为

$$H_K=\frac{2K_{u1}}{\mu_0M_s} \tag{7.2.8}$$

（2）**立方晶系磁晶各向异性的等效磁场**　在立方晶体中，磁晶各向异性能量的公式是

$$E_K = K_1 (\alpha_1^2\alpha_2^2 + \alpha_2^2\alpha_3^2 + \alpha_3^2\alpha_1^2) \tag{7.2.9}$$

把这个式子改用极坐标表示。由图 7.2.6 可得下列关系：

$$\begin{cases} \alpha_1 = \cos\theta_1 = \dfrac{X}{R} = \dfrac{X}{r} \cdot \dfrac{r}{R} = \cos\phi\sin\theta \\ \alpha_2 = \cos\theta_2 = \dfrac{Y}{R} = \dfrac{Y}{r} \cdot \dfrac{r}{R} = \sin\phi\sin\theta \\ \alpha_3 = \cos\theta_3 = \dfrac{Z}{R} = \cos\theta \end{cases} \tag{7.2.10}$$

现在考虑 $K_1 \geqslant 0$，Z 轴上等效场的情况。当 $\theta = \theta_3$ 很小时，上列关系简化为

$$\alpha_1 = \theta\cos\phi, \quad \alpha_2 = \theta\sin\phi$$

$$\alpha_3 = \cos\theta = 1 - 2\sin^2\frac{\theta}{2} = 1 - \frac{\theta^2}{2}$$

代入式（7.2.9），并简化为

$$E_K = K_1\theta^2\left[\theta^2\sin^2\phi\cos^2\phi + \left(1 - \frac{\theta^2}{2}\right)^2\right]$$

当 θ 很小时，括号内的含 θ 诸项比 1 要小很多，故可以忽略，括号内的数值趋于 1，所以

$$E_K = K_1\theta^2$$

此式与等效磁场作用能的式（7.2.7）等效，所以

$$K_1 = \frac{J_s H_K}{2}$$

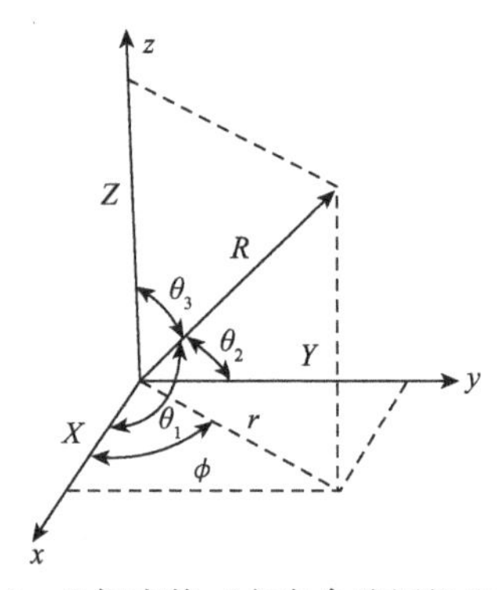

图 7.2.6 坐标变换（方向余弦用极坐标表示）

由此得出在立方晶体中，当 $K_1 > 0$ 时的磁晶各向异性等效磁场强度是

$$H_K = \frac{2K_1}{\mu_0 M_s} \tag{7.2.11}$$

对 $K_1 < 0$，易磁化方向在［111］。现在考虑这个方向的等效磁场。在这个方向上采用极坐标时，式（7.2.10）中 $\phi = 45°$，$\cos\phi = \sin\phi = 1/\sqrt{2}$；$\theta = \cos^{-1}\dfrac{1}{\sqrt{3}}$，我们

暂称这个 θ 角为 θ_0，现在考虑很接近［111］的一个方向的能量。以 $\phi=45°$，$\theta=\theta_0+\delta$ 表示这个方向，式（7.2.10）可简化为

$$\alpha_1=\frac{1}{\sqrt{2}}\sin(\theta_0+\delta),\quad \alpha_2=\frac{1}{\sqrt{2}}\sin(\theta_0+\delta),\quad \alpha_3=\cos(\theta_0+\delta)$$

代入式（7.2.9），并简化，得出

$$E_K=K_1\left[\sin^2(\theta_0+\delta)-\frac{3}{4}\sin^4(\theta_0+\delta)\right]$$

这里 θ_0 为［111］方向与 Z 轴的夹角，$\cos\theta_0=1/\sqrt{3}$，δ 为偏离［111］轴很小的一个角，按这里提到的情况把上式进一步简化，就有

$$E_K=\frac{K_1}{3}-\frac{2}{3}K_1\delta^2$$

此式右侧第一项是易磁化方向上的能量，那么

$$E_K-\frac{K_1}{3}=-\frac{2}{3}K_1\delta^2 \tag{7.2.12}$$

就是离易磁化方向很近的一个方向的能量同易磁化方向上能量之差，而等效磁场与磁矩的作用能就是当磁矩离易磁化方向一个小角度 θ 时的数值，由式（7.2.7）得出

$$E=\frac{J_sH_K}{2}\theta^2$$

这个 θ 就是偏离易磁化方向的角度，因此也就是式（7.2.12）中的 δ，此式与式（7.2.12）等效．所以

$$\frac{J_sH_K}{2}=-\frac{2}{3}K_1$$

由此得到在立方晶体中，当 $K_1<0$ 时的磁晶各向异性等效磁场强度是

$$H_K=-\frac{4}{3}\frac{K_1}{J_s}=+\frac{4}{3}\ \frac{|K_1|}{\mu_0M_5} \tag{7.2.13}$$

这里 $K_1<0$，所以 H_K 是正值。

7.2.1.5　磁场感生的磁各向异性

在合金或化合物中，无论晶态或非晶态，通过低于居里点下的外磁场退火，使两种不同原子在某一方向形成同类原子对或更多的同类原子链，从而出现的磁各向异性称为**磁场感生的磁各向异性**，用 K_u 表示此磁各向异性的大小。

图 7.2.7 为 21.5Ni－Fe 玻莫合金在 600℃的磁场热处理后的磁化曲线。三条曲线形状各异，平行于退火磁场的方向最容易磁化，垂直于退火磁场的方向最难磁化，未加磁场的居中。

图 7.2.8 为 50Ni－Fe 基非晶态合金在磁场热处理后的磁滞回线的上半部分。由图可见显示明显的磁场退火效应：平行于退火磁场方向的 Z 回线为矩形回线；垂直于退火磁场方向的 F 回线为扁形回线，其剩磁 B_r 很低，通常到约占饱和 B_s

的 10%；未加磁场的 R 回线为圆弧状回线，其 B_r 接近于 B_s 的 50%。由图 7.2.7 和图 7.2.8 可得出磁场感生的磁各向异性是单轴型的。

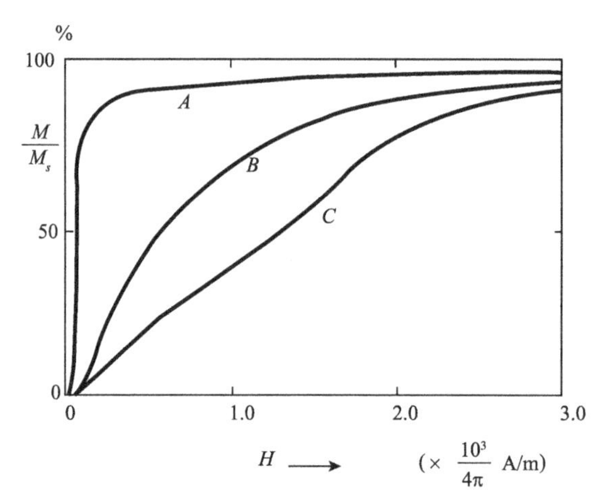

图 7.2.7 21.5Ni - Fe 玻莫合金的磁场热处理效应

A 平行于磁场；C 垂直于磁场；B 未加磁场

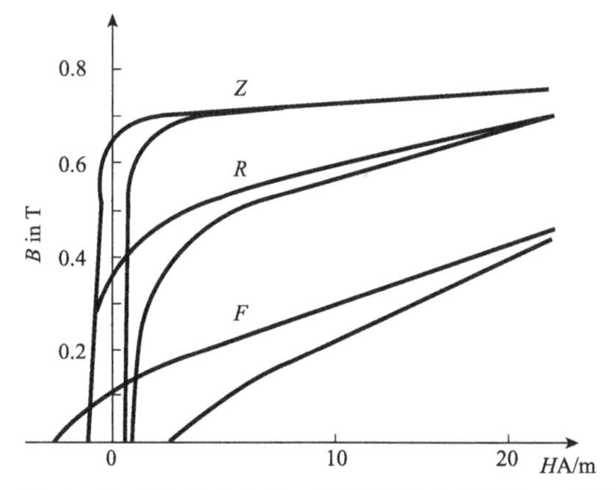

图 7.2.8 50%Ni - Fe 基非晶态合金，因不同退火得到的三种类型磁滞回线：平行和垂直于磁场退火得到的 Z 型回线和 F 型回线，以及不加磁场退火的 R 型回线

用原子结成对和结成链的方向有序理论[6,7]，可成功解释磁场感生的磁各向异性。图 7.2.9 为方向有序的二维示意图。晶格中原子排列的有序和无序，分别从图 7.2.9 (b) 和 (a) 看出，但相邻原子结成同类原子对的数目，在空间的分布是相近的。只有图 7.2.9 (c) 的原子排列，虽然也是无序，但同类原子结成对的数目，在空间的分布却有很大差别，这就是方向有序。利用原子对之间的赝偶极矩相互作用，可得出磁场感生的磁各向异性能量

$$E_u = K_u \sin^2\theta \tag{7.2.14}$$

$$K_u = \frac{ZNl_0 l_0^a}{5k_B T_a} C_b^2 \qquad (7.2.15)$$

式中，θ 为自发磁化强度与感生的各向异性轴的夹角，Z 为最近邻数，N 为单位体积原子数，C_b 为 B 原子的浓度，T_a 为退火温度，k_B 为玻尔兹曼常数，l_0 为偶极矩的相互作用系数、与交换积分、自旋-轨道耦合以及轨道激发态与基态之间的能级差有关，l_0^a 为 l_0 在磁场退火时的值。

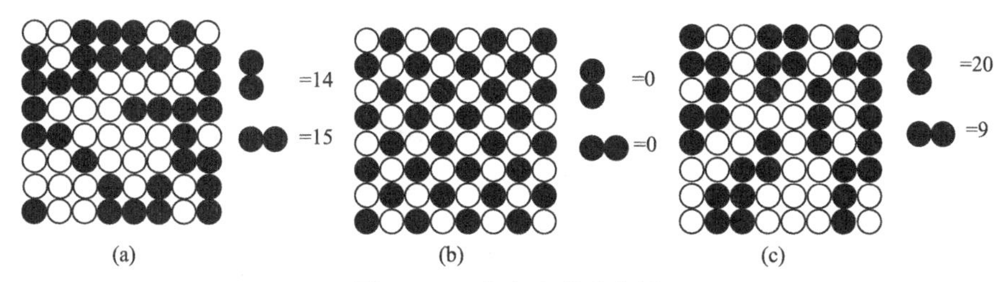

图 7.2.9　方向有序示意图

由式（7.2.14）和式（7.2.15）可见：①磁场感生各向异性为单轴性。②K_u 正比于合金浓度的平方，故纯金属没有磁感生各向异性。但在薄膜中，由于制备过程会吸附气体或形成空穴等缺陷，故 Fe、Co、Ni 的薄膜也产生磁感生各向异性。③K_u 随退火温度 T_a 的降低而增大，不仅因为 T_a 出现在分母中，而且 l_o^a 也因 T_a 的降低而增大。

7.2.1.6　应力和辊轧感生的各向异性

应力和辊轧产生的各向异性是与塑性形变有关的，它不取决于磁致伸缩（见下）。塑性形变可使原子键的择优取向，通过退火冷却而冻结下来。在磁致伸缩非常小的 Co 基非晶合金带中，机械应力及其退火冻结可使矩形回线转变为扁平回线，如图 7.2.10 所示[8]。

辊轧也可产生单轴各向异性，这是因为沿轧制方向产生了原子对的链或点阵缺陷对的链。例如对 50% Ni - Fe 合金，在冷轧得到立方织构后再作重结晶退火，然后再冷轧。这样，其易磁化方向便与带的方向垂直，使原来沿带方向的矩形回线变为扁平回线，并显示较大的矫顽力。

除上述感生各向异性外，还有磁致弹性各向异性（见磁致伸缩的章节）、生长感生各向异性、相变感生各向异性、光感生各向异性等不一一叙述。

又如 $SrFe_{12}O_{19}$ 磁粉因轧制产生各向异性，使粘结带的性能大大提高见表 7.5。

表 7.5　$SrFe_{12}O_{19}$ 磁粉在轧制前后的磁性

性能	B_r/G	H_{cb}/Oe	H_{cj}/Oe	(B·H) / (m/MG·Oe)
轧制前	1450～1550	1250～1380	3500～3900	0.45～0.55
轧制后	2500～2600	2300～2400	3100～3500	1.45～1.65

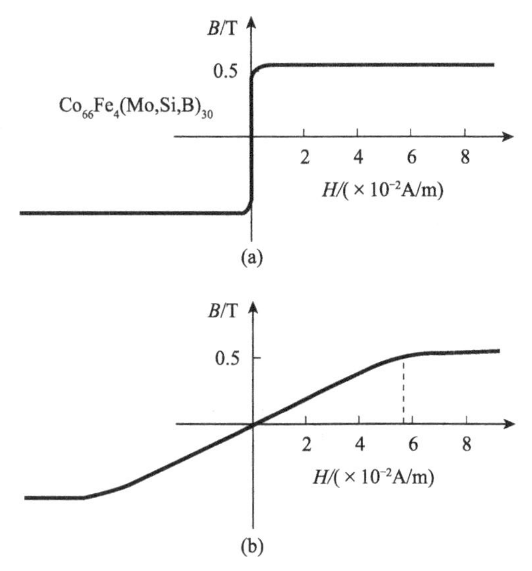

图 7.2.10 Co 基非晶态合金带的磁化曲线

(a) 不加应力退火；(b) 在张应力下退火

7.2.1.7 交换各向异性

交换各向异性又称**单向各向异性**，它来源于铁磁和反铁磁界面上的交换作用，这一现象在 20 世纪 50 年代发现[10]，近来在多层薄膜和合金中均能观察到并被应用[11]。交换各向异性能量为

$$E_{ex}^{k}=-K_{ex}\cos\theta \tag{7.2.16}$$

式中，K_{ex} 为交换各向异性常数，θ 为自发磁化强度与各向异性轴的夹角。由式 (7.2.16) 可见，在 360°的范围，只有 $\theta=0$ 才是交换各向异性能量极小，因此称为单向各向异性，不同于单轴（两个方向）各向异性。下面以钴的超细微粒（直径 10～100mm）为例，说明交换各向异性的来源及磁滞回线的偏移。

将超细钴微粒进行轻度的表面氧化，便得到表面层为 CoO、核心为纯 Co 的微粒。当粒子在外磁场中冷却至 $T_N=293K$ 以下时，铁磁性的金属 Co 沿易磁化方向磁化，而反铁磁性的 CoO 呈反铁磁排列。由于 Co/CoO 界面上的正交换作用，使 CoO 最内侧的 Co 原子磁矩与金属 Co 外侧的 Co 原子磁矩平行排列如图 7.2.11 (a) 所示①。若外磁场反向，使金属 Co 的原子磁矩反转 180°，由于界面交换作用，CoO 内侧的 Co 原子磁矩也发生转向，但离界面较远的 CoO 中的 Co 原子磁矩仍保持原来的反铁磁排列（图 7.2.11 (b)）。若外磁场逐渐降低并再回到正向时，金属 Co 的原子磁矩也返回正向，CoO 中的 Co 原子磁矩由于界面交换作用便回至起始状态（图 7.2.11 (c)）。通过外磁场的一个循环，便得到如图

① 后来发现这种排列并不是能量最低状态，详见 11.3.1 节。

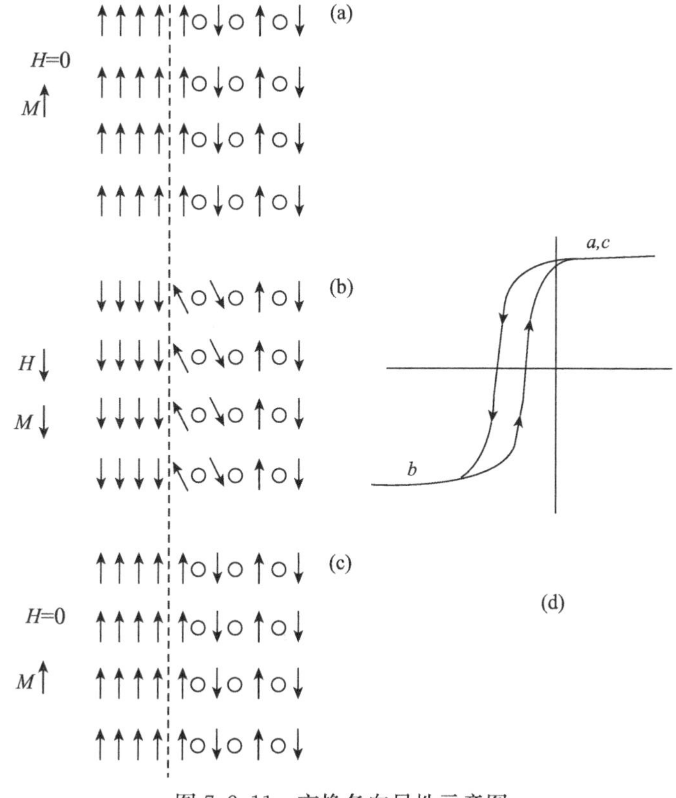

图 7.2.11 交换各向异性示意图

7.2.11（d））所示的偏移磁滞回线。

7.2.1.8 表面和界面磁各向异性

奈耳指出，表面或界面处，近邻数减少和对称性降低，可引起**面磁各向异性**。显然，表面和界面法线为一个对称轴。因此单位面积的表面或界面磁各向异性能可表为

$$E_s = K_s \sin^2\theta \qquad (7.2.17)$$

在 cgs 单位中 K_s 的单位为 erg/cm^2，θ 为 M_s 与界面法线的夹角。$K_s>0$ 时，易磁化方向沿法线，称为垂直磁各向异性。$K_s<0$ 时，易磁化方向在平面中。薄膜还有一个来源于界面的磁各向异性，即层间应力引起的磁各向异性，其能量密度可近似地表为

$$E_r = K_\sigma \sin^2\theta \qquad (7.2.18)$$

$K_\sigma = -\dfrac{3}{2}\lambda\sigma$，$K_\sigma>$或$<0$ 决定于磁致伸缩系数 λ_s 及应力 σ 的符号，σ 来源于层间晶格失配及工艺过程中由于相邻两种金属的热膨胀系数不同引起的热应力。

在超薄膜和多层膜中还有两种磁各向异性。其一为与退磁场能相关的**形状各向异性**，近似地有

$$E_M = -2\pi M_s^2 \sin^2\theta \quad (\text{CGS 单位}) \tag{7.2.19}$$

最后是大块材料的磁晶各向异性在薄膜中的表现，近似地为

$$E_K = K_c \sin^2\theta \tag{7.2.20}$$

因此，总的磁各向异性能可有

$$E_A = [2K_s/t + (K_v - 2\pi M_s^2)] \sin^2\theta = K_{\text{eff}} \sin^2\theta \tag{7.2.20$'$}$$

薄膜的有效各向异性常数 $K_{\text{eff}} = 2K_s/t + K_v - 2\pi M_s^2$，其中 $K_v = K_\sigma + K_c$. $K_{\text{eff}} > 0$ 或 $K_{\text{eff}} < 0$，这要依赖于其中各种贡献的竞争。当 $K_{\text{eff}} > 0$ 时，易磁化方向垂直于膜面。这种垂直磁化的性能是薄膜用作磁光记录或垂直磁记录的必要条件。因此，颇受重视。在厚单层膜中，$2K_s/t$ 常可略去，$K_{\text{eff}} > 0$ 常求助于大的正值的 K_v。在多层膜中，若有足够大的正的 K_s，当铁磁层厚度 t 足够小时可得到正的 K_{eff}。根据公式（7.2.20$'$），使 $K_{\text{eff}} > 0$ 的铁磁层临界厚度 t_c 为

$$t_c = \frac{2K_s}{2\pi M_s^2 - K_v} \tag{7.2.21}$$

图 7.2.12 及图 7.2.13 分别示出 Co/Au，Co/Cu 和 Co/Pt 多层膜的 λK_{eff} 及 $t_{\text{Co}} K_{\text{eff}}$ 与 t_{Co} 的实验关系。当 t_{Co} 约大于 1nm 时，数据近似为直线，从其斜率及截距可求出 K_v 和 K_s 的数值，图 7.2.12 中的 λ 为多层膜的双层膜厚，$\lambda = t_{\text{Co}} + t_{\text{NM}}$。当 t_{Co} 小于 1nm 时，数据渐偏离直线，出现 λK_{eff} 的极大然后随 $t_{\text{Co}} \to 0$ 而趋于零。这可理解为，由于 t_{Co} 很小，多层膜逐渐失去明确的界面，甚至失去晶态转变为非晶的成份调制膜所致。实验发现，退火对 Co/Au 多层膜各向异性有一定影响。低温退火使 K_s 增高。这可能是由于界面更加清晰所致。表 7.6 列出一些多层膜的界面磁各向异性常数 K_s 的实验结果。

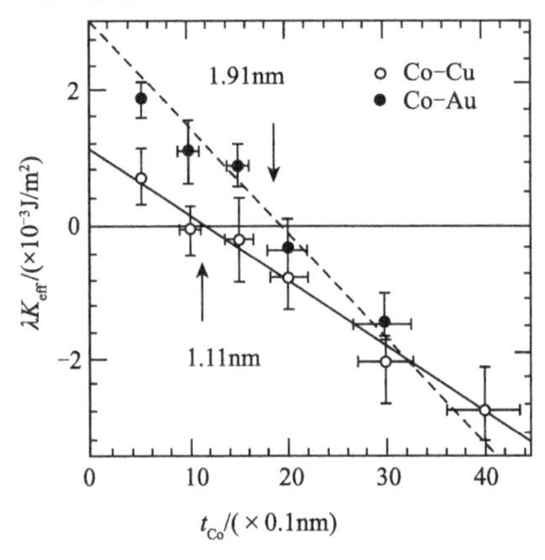

图 7.2.12　含 Co 多层膜的磁各向异性

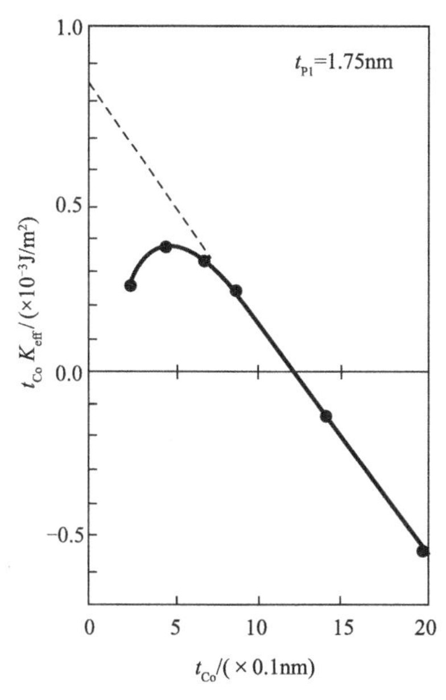

图 7.2.13　Co/Pt 多层膜的磁各向异性

表 7.6　一些多层膜的界面各向异性 K_s 的数值

系统	制备方法[1)]	T/K[2)]	K_s/（$\times10^{-3}$J/m²）
Mo - Ni（111）	S	30	−0.54
Cu - Ni（111）	S	4.2	−0.12
Cu - Ni（100）	S	4.2	−0.23
Pd - Co（111）	S	300	+0.16
Pd - Co（111）	V	300	+0.26
Pd - Co（111）	V	300	+0.55
Au - Co（001）	S	300	+0.1−0.5
Au - Co（001）	MBE	300	+1.3
Pt - Co（001）	V	300	+0.42
Cu - Co（f. c. c.）	MBE	300	+0.55
Nd - Fe	S	300	+0.18
Dy - Fe	S	300	+2.5
Dy - Co	S	300	+0.4−0.8
Tb - Co	S	300	>0
Er - Fe	S	300	~0
Gd - Fe	S	300	~0
Gd - Co	S	300	~0

1）S代表溅射；V代表蒸发；MBE代表分子束外延；2）表示测量温度

对金属超薄膜和多层膜中表面和界面磁各向异性的理论解释还不成熟，原则上，K_s 来源于轨道一自旋耦合对金属中磁性电子能量的微扰，因而 K_s 依赖于界面金属成分和晶格对称性以及界面状态，如粗糙度和合金化等，表 7.7 列出弗里曼小组对几种单原子层及覆盖层超薄膜的 K_s 的数值计算的结果。其数值与实际观察值相符不理想，只能作定性参考，其各向异性能对 M_s 方向角 θ 的依赖关系服从 $\sin^2\theta$ 规律。表 7.8 为几种磁性材料的磁各向异性的大小，对材料性能的预测和分析有帮助。

表 7.7 对 Fe 及 Co 系统磁各向异性能的计算值 （单位：meV）

系统 K_s	Fe（ml）$-0.03\sim-0.04$	Fe/Ag（001）0.06	Fe/Au（001）0.57	Fe/Pd（001）0.35
系统 K_s	Co（ml）（正方）-0.03	Co/Cu（001）0.05	Co（ml）（六角）-0.65	Co/Pt（111）0.45

表 7.8 几种磁性材料的磁各向异性及其大小数量级

材料名称	材料类型	磁各向异性的种类	磁各向异性常数（典型值量级）/kJ/m^3
纯铁	晶态	磁晶各向异性	$K_1=46$
纯镍	晶态	磁晶各向异性	$K_1=-5$
80Ni-20Fe	晶态	磁晶各向异性	$K_1=0.4$
$(Fe, Ni)_{80}B_{20}$	非晶态	磁场感生各向异性	$K_u=0.6$
Co 基合金	非晶态	磁场感生各向异性	$K_u=0.01-0.4$
60Ni-40Fe	晶态	磁场感生各向异性	$K_u=2$
Co 基合金	非晶态	应力退火感生各向异性	$K_\sigma=0.1-1$
$Fe_{78}(B, Si)_{22}$	非晶态	弹性压力经表面退火感生各向异性	$K_{el}=3$
CoO·Co 微粒	晶态	交换各向异性	$K_{ex}=500$

7.2.1.9 无规各向异性

非晶态的强磁金属和合金中的原子没有有序的点阵结构，因而就没有晶粒或颗粒边界；但原子却可以存在短程序或构成团簇。尽管如此，非晶态的强磁金属和合金的磁结构却是长程有序的，但这种有序受到原子排列无序的影响，出现了无规的各向同性的交换作用和**无规的各向异性**（random anisotropy）。

R. Alben 等[12']提出了非晶合金中的无规各向异性模型，并由此解释了非晶合金的软磁性能。

设非晶合金中空间任一点 $\boldsymbol{r}$ 处的能量为 $E(\boldsymbol{r})$，则此处的磁化强度取向和大小受局域的交换作用和局域的各向异性的影响，其表达式为

$$E(\boldsymbol{r})=A[\nabla\boldsymbol{m}(\boldsymbol{r})]^2-K_{loc}\left\{[\boldsymbol{m}(\boldsymbol{r})\cdot\boldsymbol{n}(\boldsymbol{r})]^2-\frac{1}{3}\right\} \qquad (7.2.22)$$

式中第一项为交换作用能量，A 为交换作用常数，$\boldsymbol{m}(\boldsymbol{r})=\boldsymbol{M}(\boldsymbol{r})/M_s$ 表示局域约化磁化强度，M_s 为饱和磁化强度；第二项为局域各向异性能量，这项能量是无规的，由随机单位矢量 $\boldsymbol{n}(\boldsymbol{r})$ 决定，K_{loc} 为局域各向异性常数。若局域各向异性改变的相关长度（结构相关长度）为 l，局域磁矩方向发生明显改变的相关长度（交换作用长度）为 L；则根据无规行走的方法，非晶合金的各向异性 K 是局域各向异性 K_{loc} 的平均值

$$K=\frac{K_{loc}}{\sqrt{N}},\qquad N=\frac{L^3}{l^3}\tag{7.2.23}$$

N 为交换作用长度范围内，局域各向异性的数目。

图 7.2.14 为局域各向异性易轴和磁化强度随空间变化的一维图示，局域各向异性易轴是无规的，磁化强度的变化在局域各向异性强时密切服从各向异性，在局域各向异性弱时 $M(x)$ 是 x 的光滑函数。

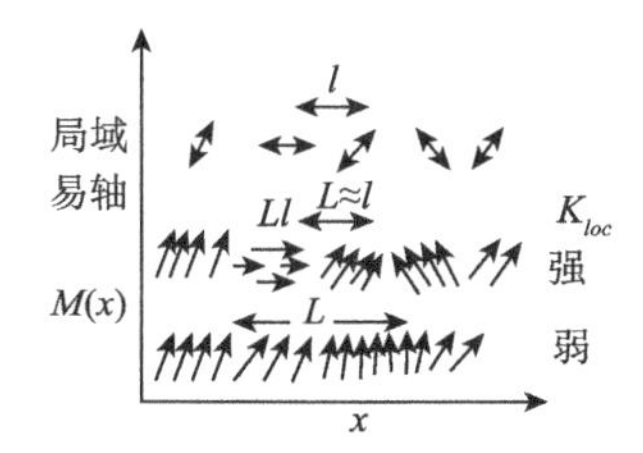

图 7.2.14　局域各向异性易轴和磁化强度随 x 的变化

7.2.1.10　磁晶各向异性常数与温度的关系

磁晶各向异性常数 K_1、K_2 或 K_{u1}、K_{u2} 随温度的变化与饱和磁化强度 M_s 随温度的变化很相似，都是随温度的升高而下降，直至居里点时消失，只不过磁晶各向异性常数消失得更快。

图 7.2.15～图 7.2.17 分别为 Fe、Co、Ni 的磁晶各向异性常数随温度的变化，图中示出理论计算与实验值的对比，两者的变化趋势是一致的，特别是 Fe 的磁晶各向异性常数 $K_1(T)$，计算值与实验值符合得很好（图 7.2.18）。

唯象理论和量子理论（指单离子各向异性）都认为磁晶各向异性常数随温度的变化遵守下述公式[13]：

$$\frac{K_1(T)}{K_1(0)}=\left[\frac{M_s(T)}{M_s(0)}\right]^{10}\quad（立方晶系）\tag{7.2.24}$$

$$\frac{K_{u1}(T)}{K_{u1}(0)}=\left[\frac{M_s(T)}{M_s(0)}\right]^{3}\quad（单轴晶系）\tag{7.2.25}$$

但是实际情况并没有这样简单，除了 Fe 的 $K_1(T)$ 的实验结果与式（7.2.24）的计算值比较符合外（图 7.2.18），Ni 和 Co 的实验值都与式（7.2.24）和式（7.2.25）不太符合。图 7.2.19（a）为铽（Tb）的磁晶各向异性常数随温度的变化，由图可见其第一磁晶各向异性常数 K_1 的实验值（空心圆）与计算曲线不符，第二磁晶各向异性常数 K_2 实验值与计算值较符合。（b）为 $SmCo_5$ 和 $NdCo_5$ 的磁晶各向异性常数随温度的变化，其中 $SmCo_5$ 的 $K_1(T)$ 是随温度的升高而增大，这表现出反常行为。

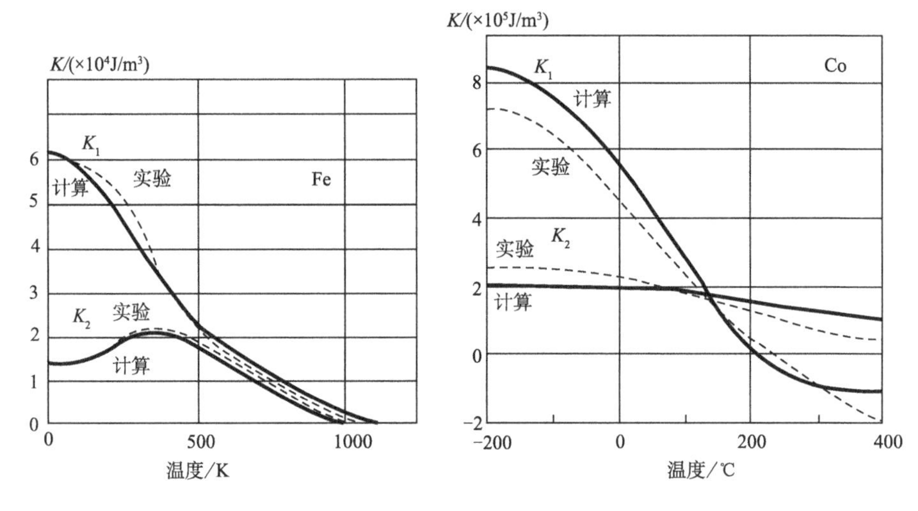

图 7.2.15 铁的 K_1，K_2 随温度的变化　　图 7.2.16 钴的 K_{u1}，K_{u2} 随温度的变化

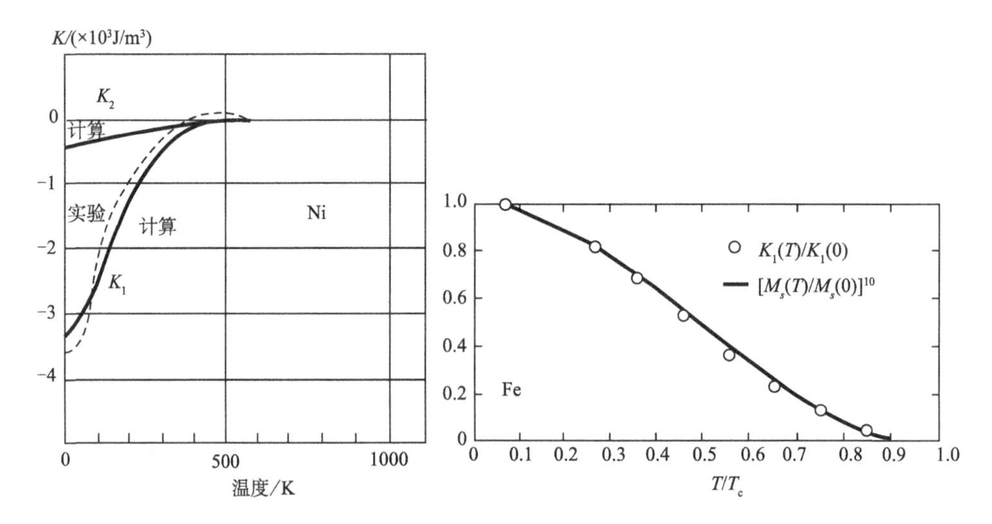

图 7.2.17 镍的 K_1，K_2 随温度的变化　　图 7.2.18 铁的 K_1（T）与 M_s（T）的关系

7.2.1.11 磁晶各向异性的微观机制

本书的上册已详细讨论了磁晶各向异性的微观理论，这里只简单介绍一下微观的物理图像。自发磁化强度为什么会与晶轴方向发生关系？原因是晶场具有低的对称性，晶场通过电子的自旋-轨道耦合，使磁矩沿晶体的某一特殊的方向取向。因此出现磁晶各向异性的条件是：①晶场具有不对称性，②占领最高能态的电子，轨道角动量不为零，使轨道具有晶场的对称性，③自旋-轨道相互作用不为零，使晶场与自旋相耦合。下面介绍磁晶各向异性的三种微观物理图像。

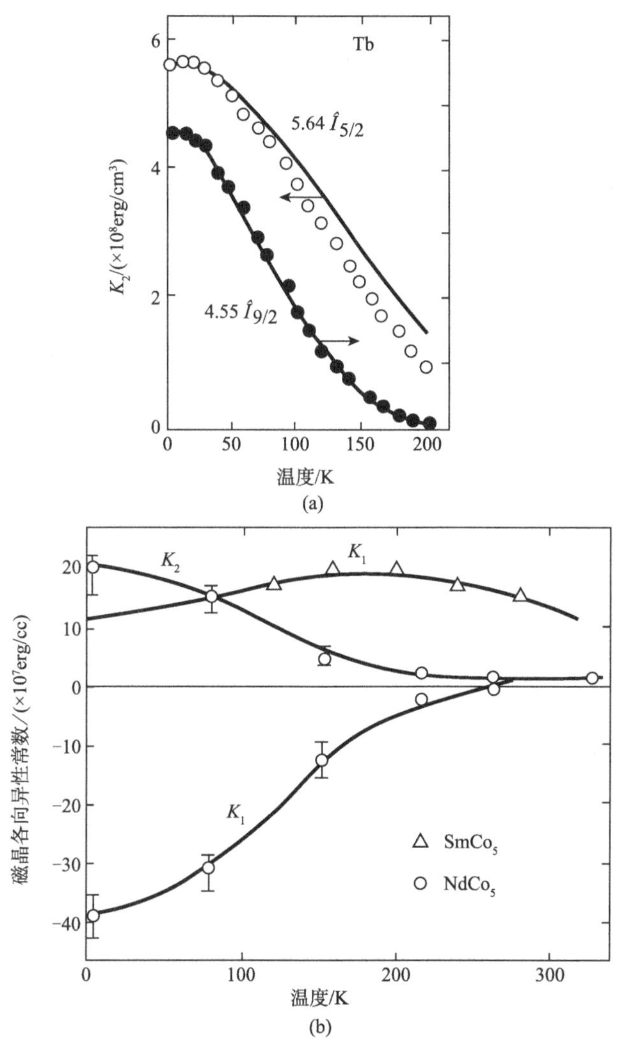

图 7.2.19 (a) Tb的磁晶各向异性常数随温度的变化（○—K_2，•—K_4，$\hat{I}_{l+1/2}$是l阶的修正的Bessel函数）；(b) $SmCo_5$ 和 $NdCo_5$ 的磁晶各向异性常数随温度的变化

1）单离子模型

单离子模型认为宏观磁晶各向异性来源于微观的单个磁性离子的磁晶各向异性的统计平均值。单个磁性离子的电子云在晶场的作用下出现各向异性的能量，这种能量通过自旋-轨道耦合传递给离子的磁矩，使磁矩与晶轴方向发生关联，故简单说单离子模型的磁晶各向异性来源于晶体电场和自旋-轨道耦合的联合作用，宏观各向异性常数是单个离子微观各向异性常数的求和。例如，一个单轴晶体每立方米有 $n=2\times10^{28}$ 个离子，用 DS_z^2 自旋哈密顿量描述，并设 $D/k_B=1$K 和 $S=2$，则各向异性常数 $K_{u1}=nDS^2=1.1\times10^6$ J • m^{-3}。

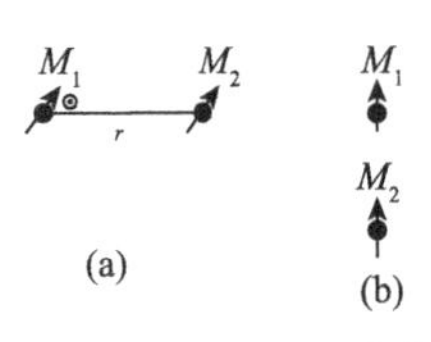

图 7.2.20 一对磁偶极子的两种排列
(a) 并排排列；
(b) 首尾排列

单离子模型是局域磁性方面比较好的模型，它不但能说明铁氧体中 3d、4d 和 5d 金属离子的各向异性，而且也能说明稀土金属和合金，稀土和过渡族金属的化合物中 4f 离子的各向异性。

2) 双离子模型

双离子模型早在 20 世纪的 30 年代便以磁偶极子相互作用的能量来说明磁晶各向异性的来源。一对磁偶极子的排列方式如图 7.2.20 所示，磁偶极子之间的相互作用能量 E_d 为

$$E_d=\frac{1}{4\pi}\left[\frac{\boldsymbol{\mu}_1\cdot\boldsymbol{\mu}_2}{r^3}-\frac{3(\boldsymbol{\mu}_1\cdot\boldsymbol{r})(\boldsymbol{\mu}_2\cdot\boldsymbol{r})}{r^5}\right] \quad (7.2.26)$$

若 $\mu_1=\mu_2$，且两者平行，则

$$E_d=\frac{\mu^2}{4\pi r^3}(1-3\cos^2\theta) \quad (7.2.26')$$

θ 为 μ 与 r 间的角度。磁偶极子并排排列和首尾排列的能量不同，后者的能量较低，两者相差 $3\mu^2/4\pi r^3$。式（7.2.27）为一对离子的各向异性能量，宏观的磁晶各向异性能量就是此式按晶体结构中原子对的排列求和，即

$$E_K=\sum\frac{\mu^2}{4\pi r_{ij}^3}(1-3\cos^2\theta_{ij}) \quad (7.2.27)$$

在立方对称的晶体中，上式求和为零，即磁偶极相互作用对磁晶各向异性的贡献没有，但对不是立方对称的晶体，如六角或四方晶体，磁偶极相互作用虽有一定贡献，但离实验值还差很大（对 Co 而言只有实验值的约 1/4）。

比较好的双离子模型是需要考虑交换作用的各向异性[14]，通常的交换作用理论不考虑自旋-轨道耦合，因而交换作用是各向同性的，交换能量只依赖于相邻原子自旋间的夹角而与自旋取向无关。若考虑了自旋-轨道耦合便把自旋与非球形对称的轨道电子云联系在一起，当自旋改变方向时，轨道也随之变化，因而引起近邻电子云的重叠和交换积分的变化，导致交换作用的各向异性，从而出现磁晶各向异性。这种模型基本上仍是局域的唯象模型，在金属、合金及一些铁氧体中仍是适用的。

3) 巡游电子模型

磁晶各向异性的**巡游电子模型**是 20 世纪 60 年代以后自发磁化强度的巡游电子磁性理论日益被接受、比较精确地计算过渡金属的能带结构成为可能后才实现的。

磁晶各向异性的巡游电子模型，其核心是自旋-轨道耦合对能带结构的影响。过渡金属原子的 d 轨道存在五重简并，自旋-轨道耦合使这种简并能级劈裂。形成金属后，铁、钴、镍的 $3d$ 能带中也存在简并能级，自旋-轨道耦合也使能带中的简并能级劈裂。这里需要特别指出的是费米面附近的能级劈裂发生的重要影响：费米面能级的一部分降低到费米面之下，另一部分升高到费米面之上，从而

使费米面上的能态密度减小、费米面下的能态密度增大，能带中的高能电子将转移到低能态中，使系统的总能量降低，这种情况见示意图 7.2.21。自旋-轨道耦合导致的能级劈裂的大小与自旋的方向有关，劈裂量最大的方向，因巡游电子转移所造成的晶体能量的下降最大，能量最低，因此这一方向便成为易磁化方向。**这便是磁晶各向异性巡游电子模型的物理图像**。森信郎等[15]用紧束缚近似、处理自旋-轨道耦合，对铁、钴、镍的磁晶各向异性常数 K_1 和 K_2 随温度的变化进行了计算，计算值与实验颇为一致，见图 7.2.15～图 7.2.18。

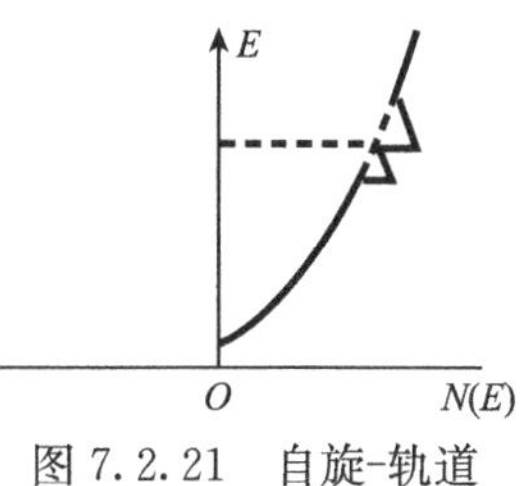

图 7.2.21　自旋-轨道耦合使能带发生变化

为比较各种磁各向异性数值的大小，表 7.9 列出了一些材料的数量级值。

表 7.9　一些材料的磁各向异性常数数量级的比较

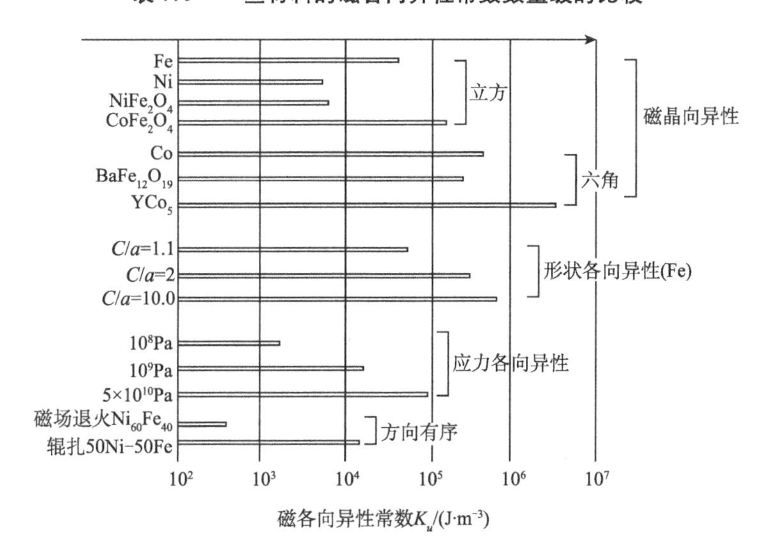

7.2.2　磁致伸缩及磁弹性能量表述

铁磁材料和亚铁磁材料由于磁化状态的改变，其长度和体积都要发生微小的变化，这种现象统称为**磁致伸缩**，其中长度的变化是 1842 年由焦耳（Joule）发现的，称为**焦耳效应**或**线性磁致伸缩**，以区别于由于体积变化的**体积磁致伸缩**。若在铁磁和亚铁磁材料的棒或丝上加一旋转磁场，则这些样品会发生扭曲，这是**广义的磁致伸缩**，称为**魏德曼（Wiedemann）效应**。

体积磁致伸缩比起线性磁致伸缩来还要微弱得多，用途又少，因此本节所讨论的都是线性磁致伸缩，简称磁致伸缩。

磁致伸缩的长度改变是很微小的，相对变化只有百万分之一至千分之一的数量级，属于弹性形变，而且改变的数值随磁场的增加而增加，最后达到饱和，图

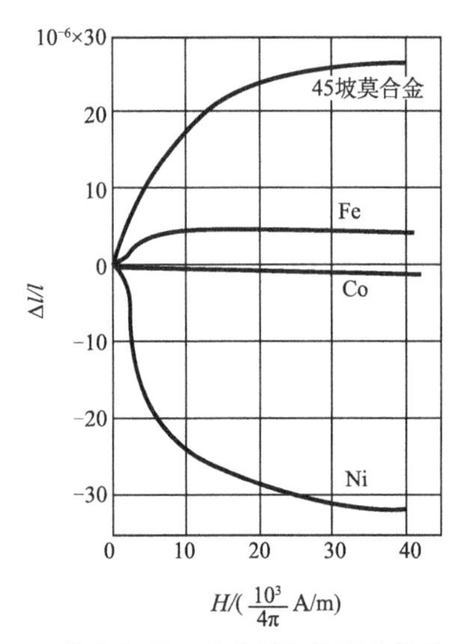

图 7.2.22　几种材料的磁致伸缩

7.2.22 是几种材料在磁场方向的长度变化与磁场的关系。由图可见，纯镍的磁致伸缩是负的，即在磁场方向上的长度变化是缩短的；45%Ni 坡莫合金的磁致伸缩是正的，即在磁场方向上的长度变化是伸长的。

既然磁致伸缩是由于材料内部磁化状态的改变而引起的长度变化，反过来，如果对材料施加一个压力或张力（拉力），使材料的长度发生变化的话，则材料内部的磁化状态亦随之变化。这是磁致伸缩的逆效应，通常称为**压磁效应**，简称**压磁性**。

磁致伸缩不但对材料的磁性有很重要的影响（特别是对起始磁导率，矫顽力等），而且效应本身在实际中的应用上也是很重要的。利用材料在交变磁场作用下长度的伸长和缩短，可以制成超声波发生器和接收器，以及力、速度、加速度等的传感器、延迟线、滤波器、稳频器和磁声存贮器等。在这些应用中，对材料的性能要求是：磁致伸缩系数 λ_s 要大，灵敏度 $\left(\frac{\partial B}{\partial \sigma}\right)_H$ 要高（在一定磁场 H 下，磁感 B 随应力 σ 的变化要大），磁-弹耦合系数 K_c 要大①。表 7.10 中列出了一些材料的数据，其中铽铁金属互化物（$TbFe_2$，$TbFe_3$）是大力研究中的稀土材料。任何事物都是一分为二的，以上只说明了磁致伸缩的有利方面；磁致伸缩还有有害的一面，这就是诸如变压器、镇流器等器件在使用时，由于磁致伸缩的影响会发出振动噪声。减小噪声的有效途径就是如何降低磁致伸缩系数，这已是目前硅钢片研制中的重要课题，还有一种现象就是磁化的丝通过电流时，丝本身发生扭曲，这也称为磁致伸缩，此处暂不讨论。下面扼要讨论线性磁致伸缩的测量原理和理论说明。

表 7.10　若干压磁材料的主要性能

材料名称（多晶）	λ_s/（$\times 10^{-6}$）	$\left(\frac{\partial B}{\partial \sigma}\right)_H$ /（$\times 10^{-6}$）	K_c	居里点 T_c/℃	$4\pi M_s$ /（$\times 10^3$ A/m）
Ni	−33	1.5～6.1	0.14～0.30	358	6080
45 坡莫合金	+27		+0.11～0.17	～440	16000

① 磁-弹耦合系数亦称为磁机电耦合系数或磁机械耦合因子，它是衡量磁致伸缩材料中磁能转换成机械能效率的常数，当样品处于自由振动状态而其工作频率远低于共振频率时，K_c^2 = 转换成机械能的磁能/材料中的总磁能。

续表

材料名称（多晶）	λ_s/（$\times10^{-6}$）	$\left(\frac{\partial B}{\partial \sigma}\right)_H$ /（$\times10^{-6}$）	K_c	居里点 T_c/℃	$4\pi M_s$ /（$\times10^3$ A/m）
Ni-Co（4%Co）	−31	13.5	0.34～0.51	410	6800
Fe-Al（13%Al）	+40	—	0.19～0.26	～500	13000
Fe-Co-V(2%V,49%Co)	+70	3.6	0.19～0.76	980	24000
$TbFe_2$	+1905	—	0.35	432	
$TbFe_3$	+1040	—	—	375	
$NiFe_2O_4$	−27	—	0.14～0.20	590	3000
$Ni_{0.35}Zn_{0.65}Fe_2O_4$	−5	−3.4	0.06～0.10	190	4000
Mn-Zn铁氧体	−0.5				
$Ni_{0.98}Co_{0.02}Fe_2O_4$	−26	—	0.22～0.25	590	3300
Fe_3O_4	40				
$SmFe_2$	−1560	—	0.35	403	—
$Dy_{0.73}Tb_{0.27}Fe_2$（取向）	1130		0.63～0.74		

7.2.2.1 磁致伸缩的测量原理

用干涉仪测量磁致伸缩的仪器装置简图如图7.2.23所示，棒形的样品A置于磁化线圈S内，样品两端通过黄铜做的伸长件B及B'夹紧于C_1并支持于C_2之上，迈克耳孙干涉仪（Michelson interferometer）的反射镜M装在B'的末端。当A被磁化而伸长或缩短时，干涉条纹便在视场中移动，从移动通过去的条纹数目n便可以算出磁致伸缩，即

$$\frac{\Delta l}{l}=\frac{n}{l}\frac{\lambda}{2},$$

l为样品原来的长度，λ为单色光的波长。测量时必须置样品于均匀磁场内，否则磁力会使样品沿S轴上有移动的趋势，从而使样品受到应力；为了保持在测量过程中样品的温度恒定，S应绕在能通水冷却的铜管上；若地磁场的水平分量未抵消，则S的放置必须垂直于磁子午线。

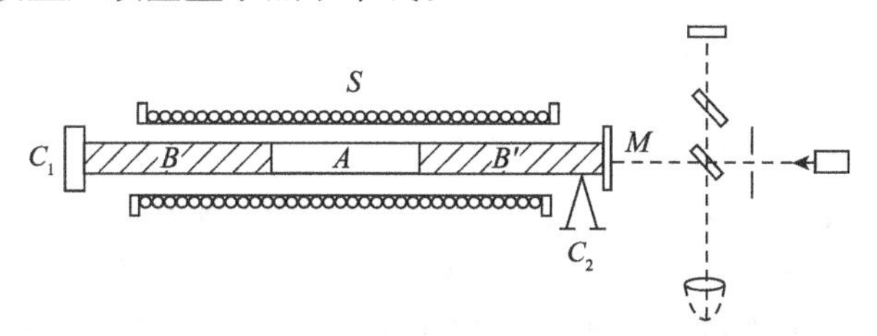

图7.2.23 用迈克耳孙干涉仪测量磁致伸缩的装置

A：样品，B，B'：黄铜夹件，S：螺线管，M：干涉仪的反射镜，C_1，C_2：支架

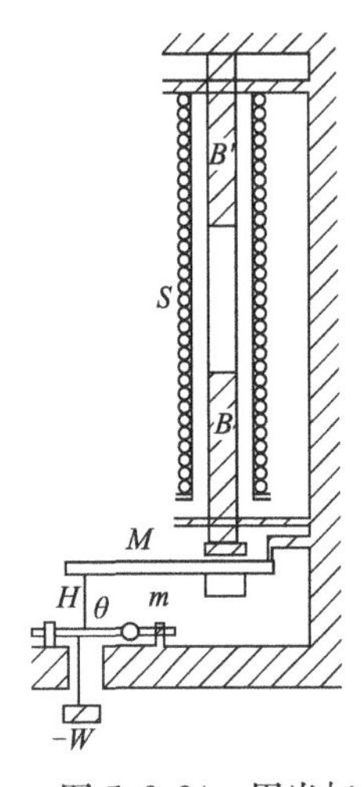

图 7.2.24 用光杠杆和机械杠杆测磁致伸缩的装置

光杠杆和机械杠杆的联合使用也可用来测量磁致伸缩，其设备简图见图 7.2.24。放在螺线管 S 内的样品 A，两端以黄铜杆 B 和 B'固定。当 A 被磁化而伸长或缩短时，通过 B 的一端而使杠杆 M 连动，从而使悬线 H 所带动的光杠杆 θ转动，这种转动便使固定在 θ 上的镜子 m 偏转，通过光点位置的变化便可求得磁致伸缩，图中 W 为悬重。

此外，用形变电阻的方法也可测量磁致伸缩，形变电阻是建筑工程上测量应力、应变所常用的元件，它由直径为 15～30μm 的康铜或镍铬丝绕成片状，贴在欲测的样品上，当样品发生形变时，形变电阻的电阻值会改变，由此可求出样品的长度变化$\frac{\Delta l}{l}=C\frac{\Delta R}{R}$，$C$ 为形变电阻的结构参数，R 为形变电阻原来的电阻值。

图 7.2.25 和图 7.2.26 示出铁、镍单晶体的不同晶轴上的磁致伸缩与样品磁化状态的关系曲线。由图 7.2.25 可见，铁单晶的［100］是伸长的，［111］是缩短的，［110］则先伸长后缩短。

由图 7.2.26 看出镍单晶在任何方向都是缩短的。

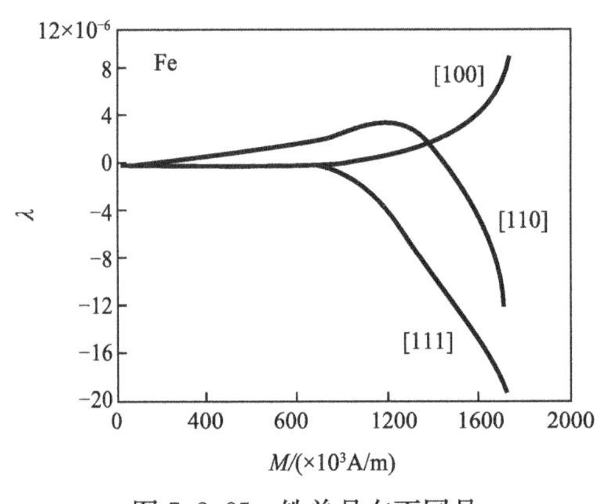

图 7.2.25 铁单晶在不同晶轴上的磁致伸缩

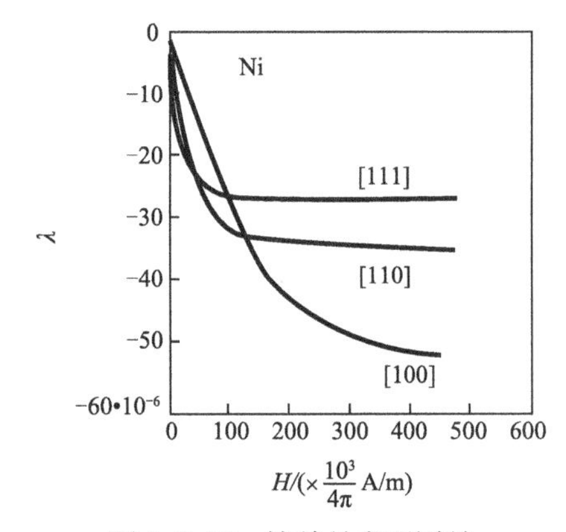

图 7.2.26 镍单晶在不同晶轴上的磁致伸缩

7.2.2.2 磁致伸缩的唯象理论说明

从上面的图表中可以看到磁致伸缩是相当复杂的现象，它不仅与磁场强度有关，而且与测量方向有关。理论的任务就是要说明：①为什么会产生磁致伸缩；②它与磁场和测量方向的关系如何，以下就是简要的说明。至于磁致伸缩的数值，目前的理论仍无法具体算出。

从自由能极小的观点来看，磁性材料的磁化状态发生变化时，其自身的形状和体积都要改变，因为只有这样才能使系统的总能量最小。具体来说，有下述三个原因导致样品的形状和体积的改变。

1）自发形变

自发形变（自发的磁致伸缩）这是由交换力所引起的。假想有一单畴的晶体，在居里温度以上是球形的，当它自居里温度以上冷却下来以后，由于交换作用力使晶体自发磁化，与此同时，晶体也就改变了形状（图7.2.27），这就是“自发”的变形。从交换作用与原子距离的关系很容易说明自发形变，在《铁磁学》上册[16]中已经知道，交换积分J与$\frac{d}{r_n}$的关系是一曲线（Slater-Bethe曲线，图7.2.28），d为近邻原子间的距离，r_n为原子中未满壳层的半径。设球形晶体在居里温度以上原子间的距离为d_1。当晶体冷至居里温度以下时，若距离仍为d_1（相应于图7.7.28曲线上的“1”点）则交换积分为J_1，若距离增至d_2（相应于图7.2.28的“2”点）则交换积分为J_2（$J_2>J_1$），根据式（7.1.1），交换积分越大则交换能越小，由于系统在变化过程中总是力图使交换能变小，所以球形晶体在从顺磁状态变到铁磁状态时，原子间的距离不会保持在d_1，而必须变为d_2，因此晶体的尺寸便增大了。同理，若某铁磁体的交换积分与$\frac{d}{r_n}$的关系是处在曲线下降一段上的话（如图7.2.28中的“3”），则该铁磁体在从顺磁状态转变到铁磁状态时就会发生尺寸的收缩，（收缩才能使交换积分增加，交换能减小）。

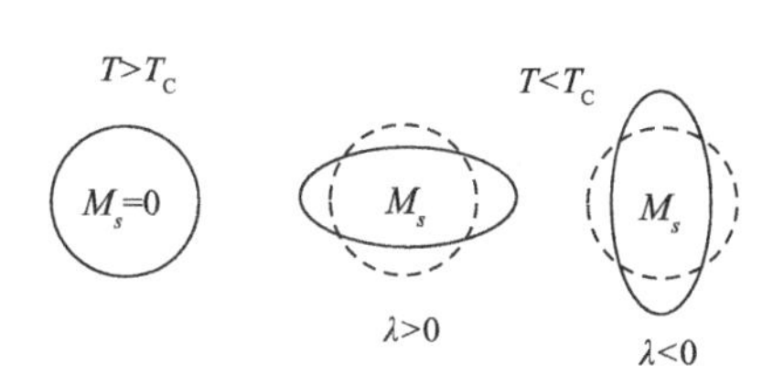

图7.2.27 解释自发形变的图形

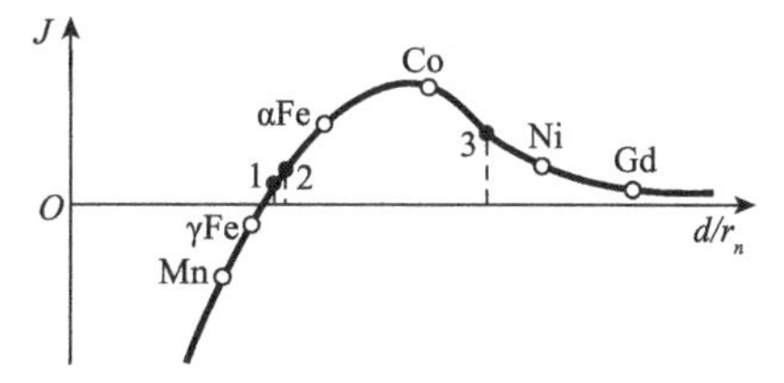

图7.2.28 交换积分与晶格原子结构的关系（Slater曲线）

d：晶格常数；r_n：未满壳层的半径

2）场致形变

前面已谈到，磁性材料在磁场的作用下显示形状和体积的改变，称为磁致伸缩，随着所加磁场的大小不同，形变也可以不同，当磁场比饱和磁化场H_s小时，样品的形变主要是长度的改变（线性磁致伸缩），而体积几乎不变；当磁场大于H_s时，样品的形变主要是体积的改变，即所谓体积磁致伸缩。图7.2.29表示出铁的磁化曲线、磁致伸缩与外磁场的关系的示意图。

从图7.2.29中可看出，体积磁致伸缩在磁场大于H_s时才发生，这时样品内的磁化强度已大于自发磁化强度了，我们知道，自发磁化强度的产生及变化是与交换作用有关的，所以体积磁致伸缩是与交换力有关的。从图上可见，线性磁致伸缩与磁化过程密切相关，并且表现出各向异性（图 7.2.25 和图 7.2.26），目前，认为引起线性磁致伸缩的原因是轨道耦合和自旋-轨道耦合相叠加的结果。

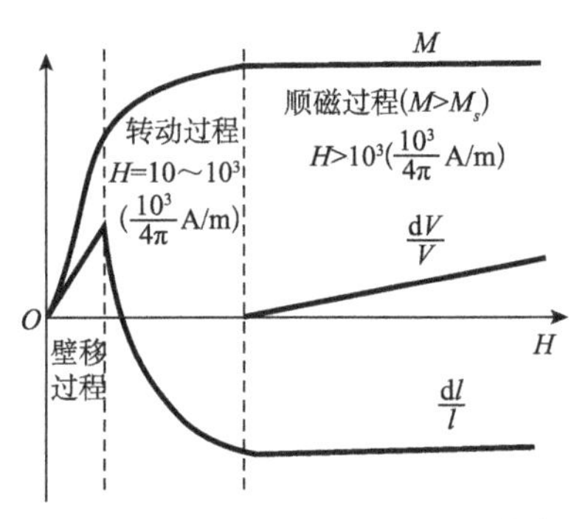

图 7.2.29　铁的磁化曲线和磁致伸缩曲线示意图

3）形状效应

设一个球形的单畴样品，想象它的内部没有交换作用和自旋-轨道的耦合作用，而只有退磁能$\frac{1}{2}NM_s^2V$，为了降低退磁能，样品的体积V要缩小，并且在磁化方向要伸长以减小退磁因子N，这便是**形状效应**，其数量比其他磁致伸缩要小。

7.2.2.3　立方晶系中磁致伸缩的唯象表述

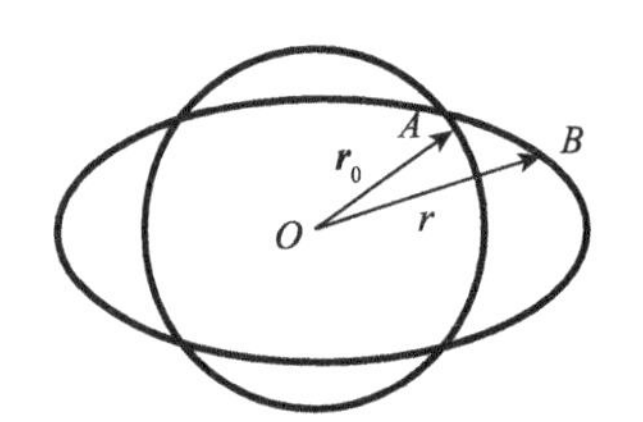

图 7.2.30　球形铁磁体的形变

利用弹性力学的知识，可求出任意方向上的长度变化，如图 7.2.30 所示，球形铁磁体上的任一点A（x_0，y_0，z_0）在形变后变至B（x，y，z）。设$\boldsymbol{r}_0$，$\boldsymbol{r}$，表示OA和OB的径矢量，则形变前后的长度变化为

$$\frac{dl}{l}=\frac{\boldsymbol{r}-\boldsymbol{r}_0}{\boldsymbol{r}_0} \tag{7.2.28}$$

若长度变化是由于磁性状态的改变引起的，则式（7.2.28）便表示在r_0方向上的磁致伸缩$\lambda=\frac{dl}{l}$。由实验可知，磁致伸缩的数量很小（$10^{-4}-10^{-6}$），所以这种形变是弹性的小形变，根据弹性力学中的应变分析，可写出下列线性变换：

$$\begin{cases} x=x_0+A_{11}x_0+A_{12}y_0+A_{13}z_0 \\ y=y_0+A_{21}x_0+A_{22}y_0+A_{23}z_0 \\ z=z_0+A_{31}x_0+A_{32}y_0+A_{33}z_0 \end{cases} \tag{7.2.29}$$

（x_0，y_0，z_0）是A点的坐标，（x，y，z）是B点的坐标，A_{ij}表示应变分量，它是一个二级张量，在立方晶系中，$A_{ij}=A_{ji}$。设r_0的方向余弦为β_1，β_2，β_3，则在略去A_{ij}^2项的情况下，式（7.2.29）写为

$$\begin{cases} x^2 = r_0^2 \ (\beta_1^2 + 2A_{11}\beta_1^2 + 2A_{12}\beta_1\beta_2 + 2A_{13}\beta_1\beta_3) \\ y^2 = r_0^2 \ (\beta_2^2 + 2A_{21}\beta_1\beta_2 + 2A_{22}\beta_2^2 + 2A_{23}\beta_2\beta_3) \\ z^2 = r_0^2 \ (\beta_3^2 + 2A_{31}\beta_1\beta_3 + 2A_{32}\beta_3\beta_2 + 2A_{33}\beta_3^2) \end{cases} \tag{7.2.30}$$

而

$$r^2 = x^2 + y^2 + z^2 = r_0^2 \Big(1 + 2\sum_{i,j=1}^{3} A_{ij}\beta_i\beta_j\Big) \tag{7.2.31}$$

由式（7.2.28），得出

$$\frac{\mathrm{d}l}{l} = \frac{(\boldsymbol{r} - \boldsymbol{r}_0)\ (\boldsymbol{r} + \boldsymbol{r}_0)}{\boldsymbol{r}_0\ (\boldsymbol{r} + \boldsymbol{r}_0)} = \frac{r^2 - r_0^2}{2r_0^2} \tag{7.2.32}$$

在得到式（7.2.32）时是认为形变很小。将式（7.2.31）代入式（7.2.32），得到

$$\frac{\mathrm{d}l}{l} = \sum_{i,j=1}^{3} A_{ij}\beta_i\beta_j \tag{7.2.33}$$

由式（7.2.33）可见，若知道了应变各分量 A_{ij}，则便可求得 $\boldsymbol{r}_0$ 上的磁致伸缩。从满足系统总能量极小的原则出发，可以求得 A_{ij}（具体的计算详见下面）。在没有外应力和外磁场作用的立方晶系中，A_{ij}^0 与自发磁化强度 M_s 的方向余弦 α_1，α_2，α_3 有简单的关系（只算到 α_i 的平方项）

$$\begin{cases} A_{ii}^0 = h_0 + h_1\alpha_i^2 \\ A_{ij}^0 = h_2\alpha_i\alpha_j \quad (i \neq j) \end{cases} \tag{7.2.34}$$

式中 h_i 为磁致伸缩系数。将式（7.2.34）代入式（7.2.33），得到

$$\begin{aligned} \lambda = \frac{\mathrm{d}l}{l} &= A_{11}^0\beta_1^2 + A_{22}^0\beta_2^2 + A_{33}^0\beta_3^2 + 2A_{12}^0\beta_1\beta_2 + 2A_{23}^0\beta_2\beta_3 + 2A_{31}^0\beta_3\beta_1 \\ &= h_0 + h_1\ (\alpha_1^2\beta_1^2 + \alpha_2^2\beta_2^2 + \alpha_3^2\beta_3^2) + 2h_2\ (\alpha_1\alpha_2\beta_1\beta_2 + \alpha_2\alpha_3\beta_2\beta_3 + \alpha_3\alpha_1\beta_3\beta_1) \end{aligned} \tag{7.2.35}$$

对于单畴的球形单晶体来说，当自居里温度冷下来以后，在 β_i 方向的长度改变是

$$\lambda_{\beta_i} = h_0 + h_1\beta_i^2 \qquad (\text{对 Fe 型晶体}) \tag{7.2.36}$$

或

$$\lambda_{\beta_i} = h_0 + \frac{h_1}{3} \pm \frac{2h_2}{3}\ (\beta_1\beta_2 + \beta_2\beta_3 + \beta_3\beta_1) \qquad (\text{对于 Ni 型晶体}) \tag{7.2.37}$$

因为 Fe 型晶体的易磁化轴是［100］型，Ni 型的易轴是［111］型，所以对单畴的单晶体来说，α_i 是已知的，将它代入式（7.2.35）后便得到了式（7.2.36）和式（7.2.37）。式（7.2.37）第三项的正负号，不一定表示后面的 $\beta_i\beta_j$ 都为正或负，而是有些为＋，有些为－。如对［$\bar{1}$11］方向而言 $\beta_1\beta_2$，$\beta_3\beta_1$ 为负，$\beta_2\beta_3$ 为正（详情见表 7.11）。

对于多畴的球形单晶体来说，自居里温度冷下来以后，由于每一个畴都要自

发形变，所以整个晶体的体积就要发生改变，但形状仍保持球形，这时若加一强磁场使其饱和磁化的话，晶体才改变了形状，图 7.2.31 示出了这一变化过程。从式（7.2.35）出发，很容易求出多畴的单晶体的磁致伸缩。假设单晶体内各类磁畴所占的体积是相等的，那么在自发形变时（图 7.2.31（b）每类畴对 β_i 方向长度变化贡献见表 7.11。

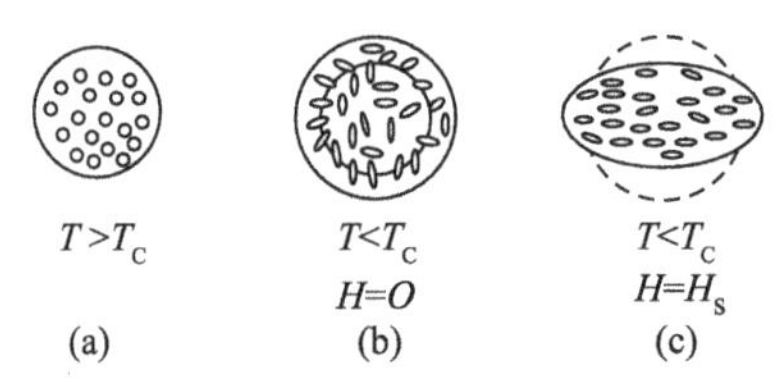

图 7.2.31 多畴的球形晶体磁致伸缩示意图

表 7.11 多畴的单晶体中各类畴对任一方向长度变化的贡献

对于 Fe 型晶体		对于 Ni 型晶体	
畴的类型	对 β_i 方向长度改变的贡献	畴的类型	对 β_i 方向长度改变的贡献
[100]	$h_0+h_1\beta_1^2$	[111]	$h_0+\frac{h_1}{3}+\frac{2h_2}{3}(\beta_1\beta_2+\beta_2\beta_3+\beta_3\beta_1)$
[$\bar{1}$00]	$h_0+h_1\beta_1^2$	[$\bar{1}$11]	$h_0+\frac{h_1}{3}+\frac{2h_2}{3}(-\beta_1\beta_2+\beta_2\beta_3-\beta_3\beta_1)$
[010]	$h_0+h_1\beta_2^2$	[1$\bar{1}$1]	$h_0+\frac{h_1}{3}+\frac{2h_2}{3}(-\beta_1\beta_2-\beta_2\beta_3+\beta_3\beta_1)$
[0$\bar{1}$0]	$h_0+h_1\beta_2^2$	[11$\bar{1}$]	$h_0+\frac{h_1}{3}+\frac{2h_2}{3}(+\beta_1\beta_2-\beta_2\beta_3-\beta_3\beta_1)$
[001]	$h_0+h_1\beta_3^2$	[$\overline{111}$]	$h_0+\frac{h_1}{3}+\frac{2h_2}{3}(\beta_1\beta_2+\beta_2\beta_3+\beta_3\beta_1)$
[00$\bar{1}$]	$h_0+h_1\beta_3^2$	[1$\bar{1}\bar{1}$]	$h_0+\frac{h_1}{3}+\frac{2h_2}{3}(-\beta_1\beta_2+\beta_2\beta_3-\beta_3\beta_1)$
		[$\bar{1}$1$\bar{1}$]	$h_0+\frac{h_1}{3}+\frac{2h_2}{3}(-\beta_1\beta_2-\beta_2\beta_3+\beta_3\beta_1)$
		[$\bar{1}\bar{1}$1]	$h_0+\frac{h_1}{3}+\frac{2h_2}{3}(\beta_1\beta_2-\beta_2\beta_3-\beta_3\beta_1)$

由表 7.11 可得，多畴的单晶体中各类畴对 β_i 方向长度变化的总贡献是

$$\begin{cases}\bar{\lambda}=\dfrac{6h_0+2h_1(\beta_1^2+\beta_2^2+\beta_3^2)}{6}=h_0+\dfrac{1}{3}h_1 & (\text{对于 Fe 型})\\[2ex] \bar{\lambda}=\dfrac{8h_0+\dfrac{8h_1}{3}+\dfrac{2h_2}{3}(0)}{8}=h_0+\dfrac{1}{3}h_1 & (\text{对于 Ni 型})\end{cases}\tag{7.2.38}$$

式（7.2.38）说明多畴的单晶体在各个方向的自发形变都是一样的（自发形变与 β_i 无关，它是一常数$\left(h_0+\dfrac{h_1}{3}\right)$）。这就是说，居里温度以下仍为球形，只不过球的半径改变而已，这时若加一强磁场使晶体饱和磁化，那么晶体的形状便不再是

球形了（图 7.2.31（c）），它在 β_i 方向的长度变化是式（7.2.35）与式（7.2.38）之差，即

$$\lambda_s=\lambda-\bar{\lambda}=h_1\left(\alpha_1^2\beta_1^2+\alpha_2^2\beta_2^2+\alpha_3^2\beta_2^2-\frac{1}{3}\right)+2h_2\ (\alpha_1\alpha_2\beta_1\beta_2+\alpha_2\alpha_3\beta_2\beta_3+\alpha_3\alpha_1\beta_3\beta_1)\tag{7.2.39}$$

其中，λ_s 表示饱和磁致伸缩，α_i 为饱和磁化强度的方向余弦（外磁场足够强时，就是外磁场的方向），β_i 为测量方向的方向余弦（坐标的选择是以 Fe 的易磁化轴为直角坐标轴）。

若强磁场方向和测量方向一致，即 $\alpha_i=\beta_j$，则〈100〉和〈111〉方向的饱和磁致伸缩 λ_{100}，λ_{111} 分别为

$$\begin{cases}\lambda_{100}=\dfrac{2}{3}h_1 & (\alpha_1=\beta_1=1,\ \alpha_2=\beta_2=0,\ \alpha_3=\beta_3=0)\\ \lambda_{111}=\dfrac{2}{3}h_2 & \left(\alpha_1=\beta_1=\alpha_2=\beta_2=\alpha_3=\beta_3=\dfrac{1}{\sqrt{3}}\right)\end{cases}\tag{7.2.40}$$

可见 h_1，h_2 是与单晶体在〈100〉、〈111〉方向的饱和磁致伸缩相联系的，将式（7.2.40）代入式（7.2.39），得出

$$\lambda_s=\frac{3}{2}\lambda_{100}\left(\alpha_1^2\beta_1^2+\alpha_2^2\beta_2^2+\alpha_3^2\beta_3^2-\frac{1}{3}\right)+3\lambda_{111}\ (\alpha_1\alpha_2\beta_1\beta_2+\alpha_2\alpha_3\beta_2\beta_3+\alpha_3\alpha_1\beta_3\beta_1)\tag{7.2.41}$$

对于磁致伸缩是各向同性的铁磁材料，$\lambda_{100}=\lambda_{111}=\lambda$，式（7.2.41）可化简为

$$\lambda_s(\theta)=\frac{3}{2}\lambda\left(\cos^2\theta-\frac{1}{3}\right)\tag{7.2.42}$$

而

$$\cos\theta=\alpha_1\beta_1+\alpha_2\beta_2+\alpha_3\beta_3$$

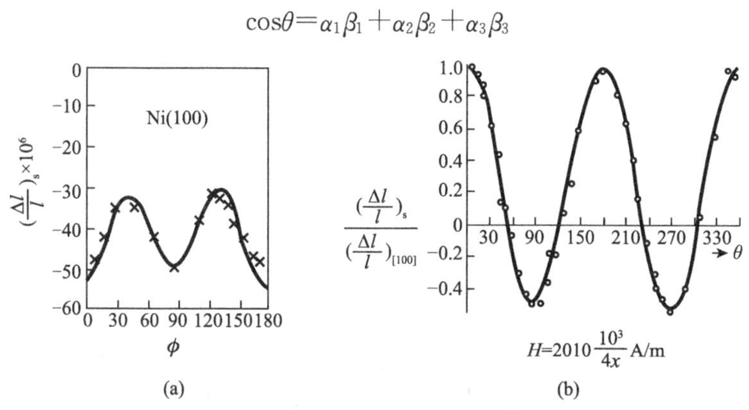

图 7.2.32 单晶和多晶的 Ni 的饱和磁致伸缩值与理论的比较

(a) Ni 单晶；(b) Ni 多晶

式（7.2.41）和式（7.2.42）能很好地描述磁致伸缩的实验结果，图 7.2.32 示出 Ni 单晶和多晶的磁致伸缩实验值与理论的比较，理论曲线与实验点子符合很好。

多晶体的磁致伸缩常数与单晶体磁致伸缩常数的关系

假设多晶体中的晶粒方向是均匀分布的，任一方向的磁致伸缩是各晶粒在这一方向的磁致伸缩的平均值。若 θ 仍表示测量方向和磁场方向的夹角，则由式（7.2.41）可推得，多晶体中任一方向的磁致伸缩与 θ 有如下关系：

$$\overline{\left(\frac{\Delta l}{l}\right)}=\frac{3}{2}\bar{\lambda}_0\left(\cos^2\theta-\frac{1}{3}\right) \tag{7.2.43}$$

当 $\theta=0$ 时，$(\Delta l/l)_{\theta=0}=\bar{\lambda}_0$，这是外磁场方向的饱和磁致伸缩，所以 $\bar{\lambda}_0$ 为多晶体的磁致伸缩常数。对一块多晶体来说，不论磁场在什么方向，测得的 $\bar{\lambda}_0$ 应该是相同的，虽然多晶体的每一个晶粒是各向异性的，但大块的多晶体则是各向同性的。

可以证明，多晶体的磁致伸缩常数与单晶的常数有如下关系：

$$\bar{\lambda}_0=\frac{2\lambda_{100}+3\lambda_{111}}{5} \tag{7.2.44}$$

下面说明证明的步骤。

由于就在磁场方向测量磁致伸缩，所以在多晶体的各单个晶粒中被测伸缩的方向就是磁场方向；即式（7.2.41）中的 $\alpha_1=\beta_1$，$\alpha_2=\beta_2$，$\alpha_3=\beta_3$，此式简化为

$$\left(\frac{\Delta l}{l}\right)_\alpha=\frac{3}{2}\lambda_{100}\left(\alpha_1^4+\alpha_2^4+\alpha_3^4-\frac{1}{3}\right)+3\lambda_{111}\ (\alpha_1^2\alpha_2^2+\alpha_2^2\alpha_3^2+\alpha_3^2\alpha_1^2)$$

用下列关系

$$(\alpha_1^2+\alpha_2^2+\alpha_3^2)^2=1=\alpha_1^4+\alpha_2^4+\alpha_3^4+2\ (\alpha_1^2\alpha_2^2+\alpha_2^2\alpha_3^2+\alpha_3^2\alpha_1^2)$$

消去上式中的 $(\alpha_1^4+\alpha_2^4+\alpha_3^4)$，并进行简化，就得出

$$\left(\frac{\Delta l}{l}\right)_\alpha=\lambda_{100}+3\ (\lambda_{111}-\lambda_{100})\ (\alpha_1^2\alpha_2^2+\alpha_2^2\alpha_3^2+\alpha_3^2\alpha_1^2)$$

按照图 7.2.6，换成极坐标

$$\begin{cases}\alpha_1=\cos\phi\sin\theta,\\ \alpha_2=\sin\phi\sin\theta,\\ \alpha_3=\cos\theta,\end{cases}$$

上式就成为

$$\lambda_\alpha=\left(\frac{\Delta l}{l}\right)_\alpha=\lambda_{100}+3\ (\lambda_{111}-\lambda_{100})\ (\sin^4\theta\cos^2\phi\sin^2\phi+\sin^2\theta\cos^2\theta) \tag{7.2.45}$$

尽管在单晶体中测量方向与 M_s 方向一致，但在多晶体中，测量方向相对于各晶粒却有很多不同方向，因为各晶粒的自发磁化强度有很多不同取向，这就是说有很多不同的 θ 值和不同的 ϕ 值。从图 7.2.6 中可知，要包括所有的方向，ϕ 的变化范围需从 0 到 2π，θ 从 0 到 π。因此，多晶体在磁场方向的饱和伸缩是上式 λ_α 对方向的平均值。数学处理就是将上式对 θ 和 ϕ 积分，并除以总立体角 4π，即

$$\bar{\lambda}_0=\frac{1}{4\pi}\int\lambda_\alpha\mathrm{d}\Omega=\frac{1}{4\pi}\int_0^{2\pi}\int_0^{\pi}\lambda_\alpha\sin\theta\mathrm{d}\theta\mathrm{d}\phi$$

把式（7.2.45）代入此式，进行积分并简化，就得出

$$\bar{\lambda}_0=\frac{2\lambda_{100}+3\lambda_{111}}{5}$$

表 7.12 中右边一行的 $\bar{\lambda}_0$ 就是按照这个公式从表中的 λ_{100} 和 λ_{111} 值算出的。必须注意，表中 Fe—Ni 合金、锰锌铁氧体和镍锌铁氧体的 λ_0 值都很小，但锰铁氧体中的锰成分对 $\bar{\lambda}_0$ 的影响显然很大。表 7.12 下半部列出了一些实测的 $\bar{\lambda}_0$ 值。由于成分同上半部开列的材料不完全相同，所以分别列出。我们可以注意到，Fe_3O_4 的实测 $\bar{\lambda}_0$ 值同计算值很符合。其他 $NiFe_2O_4$，$CoFe_2O_4$，$MnFe_2O_4$ 的实测值和计算值也接近。但由于成分不完全相同，实测值和计算值当然不能很符合。有一种锰锌铁氧体的 $\bar{\lambda}_0$ 值特别低，这是值得注意的。这里提到的一些情况对控制材料的性能具有参考价值。

以上讨论了立方晶系的磁致伸缩，对六角晶系的磁致伸缩，原则上亦可采取同样的方法加以讨论，但其数学处理比较复杂，下面仅列出有关的表达式，以资查考。

表 7.12　一些材料在室温下的磁致伸缩常数

单晶材料	λ_{100}	λ_{111}	$\bar{\lambda}_0=[(2\lambda_{100}+3\lambda_{111})/5]$
Fe	20.7×10^{-6}	-21.2×10^{-6}	-4.4×10^{-6}
Ni	−45.9	−24.3	−33
Fe—Ni（85%Ni）	−3	−3	−3
Fe—Co（40%Co）	146.6	8.7	64
Fe_3O_4	−20	78	39
$Mn_{0.1}Fe_{2.9}O_4$	−16	75	39
$Mn_{0.6}Fe_{2.4}O_4$	−5	45	25
$Mn_{1.05}Fe_{1.95}O_4$	−28	4	−8.8
$Mn_{0.6}Zn_{0.1}Fe_{2.1}O_4$	−14	14	3
$Mn_{0.8}Co_{0.3}Fe_{2.0}O_4$	−200	65	−40
$Ni_{0.8}Fe_{2.2}O_4$	−36	−4	−17
$Ni_{0.3}Zn_{0.45}Fe_{2.25}O_4$	−15	11	0.6
$Co_{0.8}Fe_{2.2}O_4$	−590	120	−164
$Co_{0.3}Zn_{0.2}Fe_{2.2}O_4$	−210	110	−18

多晶材料	$\bar{\lambda}_0$（测定值）
Fe_3O_4	40×10^{-6}
$MnFe_2O_4$	−5
$NiFe_2O_4$	−27
$CoFe_2O_4$	～−200
$Li_{0.5}Fe_{2.5}O_4$	−8
Mn—Zn 铁氧体	−0.5
$Ni_{0.35}Zn_{0.65}Fe_2O_4$	−5
$Ni_{0.98}Zn_{0.02}F_2O_4$	−26
$BaFe_{12}O_{19}$	～−5
$Fe_{72.5}Ga_{27.5}$	271

选六角晶系的 [0001]，$[10\bar{1}0]$，$[\bar{1}2\bar{1}0]$ 为笛卡儿坐标的 z，x，y 轴，若 α_i 表示 M_s 的方向余弦，β_i 表示磁致伸缩测量方向的方向余弦，则单轴各向异性（易磁化轴为〈0001〉）的六角晶系的饱和磁致伸缩的表达式为（只算到 α_i 的平方项）

$$\lambda_{\alpha_i,\beta_i} = (R_2 + R_3\beta_3^2)(1-\alpha_3^2) + [R_4\alpha_3\beta_3 + R_5(\alpha_1\beta_1+\alpha_2\beta_2)](\alpha_1\beta_1+\alpha_2\beta_2) \tag{7.2.46}$$

表 7.12（续） 一些材料在 4.2K 和室温下的磁致伸缩常数 λ_{100} 和 λ_{111}（$\times10^6$）

	(T=4.2K)		（室温）		
	λ_{100} ($\lambda^{\gamma,2}$)	λ_{111} ($\lambda^{\varepsilon,2}$)	λ_{100} ($\lambda^{\gamma,2}$)	λ_{111} ($\lambda^{\varepsilon,2}$)	多晶 λ_s
			3d 金属		
BCC—Fe	26	−30	21	−21	−7
HCP—Co^u	(−150)	(45)	(−140)	(50)	(−62)
FCC—Ni	−60	−35	−46	−24	−34
BCC—FeCo	—	—	140	−30	—
a—$Fe_{80}B_{20}$	48（各向同性）	—	—	—	+32
a—$Fe_{40}Ni_{40}B_{20}$	+20	—	—	—	+14
a—$Co_{80}B_{20}$	−4	—	—	—	−4
			4f 金属/合金		
Gd^u	(−175)	(105)	(−10)	0	—
Tb^u	—	(8700)	—	(30)	—
$TbFe_2$	—	4400	—	2600	1753
$Tb_{0.3}Dy_{0.7}Fe_2$	—	—	—	1600	1200
			尖晶石铁氧体		
Fe_3O_4	0	50	−15	56	+40
$MnFe_2O_4^u$	—	—	(−54)	(10)	—
$CoFe_2O_4$	—	—	−670	120	−110
			石榴石		
YIG	−0.6	−2.5	−1.4	−1.6	−2
			永磁体		
$Fe_{14}Nd_2B^u$	—	—	—	—	—
$BaO\cdot 6Fe_3O_4^u$	—	—	(13)	—	—

1）列出了一些多晶材料的室温值。符号 a—表示非晶材料，u 表示单轴材料

若易磁化方向是在与六角轴垂直的平面上（面各向异性），则六角晶系的饱和磁致伸缩为

$$\lambda_{\alpha_i,\beta_i}=(R_2+R_3\beta_3^2)(-\alpha_3^2)-\frac{1}{2}R_5(1-\beta_3^2)$$
$$+[R_4\alpha_3\beta_3+R_3(\alpha_1\beta_1+\alpha_2\beta_2)](\alpha_1\beta_1+\alpha_2\beta_2) \quad (7.2.47)$$

式（7.2.46）和式（7.2.47）中的 R_2，R_3，R_4，R_5 是与材料有关的常数，对于钴单晶，这些数值为

$$R_2=-95\times10^{-6},\ R_3=205\times10^{-6},\ R_4=-465\times10^{-6},\ R_5=50\times10^{-6}$$

对于钡铁氧体单晶（$BaFe_{12}O_{19}$），这些数值为

$$R_2=16\times10^{-6},\ R_3=-5\times10^{-6},\ R_4=-48\times10^{-6},\ R_5=-31\times10^{-6}$$

由于 R_2，…，R_5 并不代表某一方向的磁致伸缩，因此求各向同性的六角晶系的磁致伸缩时，不能把 $R_2=R_3=R_4=R_5$ 后代入式（7.2.46）或式（7.2.47）中去求。

7.2.2.4　立方晶系中的磁弹性能量、弹性能量和应力能量

前面提到线性磁致缩来源于原子中电子自旋和轨道的耦合作用，以及轨道之间的耦合作用，同时导出了某一方向的磁致伸缩公式（7.2.41），可见线性磁致伸缩不但与测量方向 β_i 有关，而且与自发磁化强度的取向 α_i 有关，下面我们从奈耳的理论[17]出发，进一步讨论磁致伸缩的机理，这个理论原是用来解释表面各向异性和磁场热处理后所产生的各向异性的。

设任意两个邻近原子间的相互作用能可表示为

$$\omega(r,\cos\phi)=g(r)+l(r)\left(\cos^2\phi-\frac{1}{3}\right)$$
$$+q(r)\left(\cos^4\phi-\frac{6}{7}\cos^2\phi+\frac{3}{35}\right)+\cdots \quad (7.2.48)$$

r 表示原子间的距离，ϕ 为原子磁矩与 r 间的夹角（图 7.2.33），g，l，q 是 r 的函数。从原则上说，任何函数都可以展成式（7.2.48）的勒让德（Legendre）多项式，但是实际计算时必须根据物理图像来化简，假定式（7.2.48）的第一项是与交换作用能有关的项，它与磁矩的取向无关，因此在考虑线性磁致伸缩时可以忽略；第二项表示与自旋-轨道以及轨道间的作用有关的能量，它是线性磁致伸缩的主要来源；其余各项虽然也对磁致伸缩有贡献，但比起第二项来要小$\left(\text{根据具体的计算，约小}\frac{1}{1000}\sim\frac{1}{10000}\right)$，故亦可以忽略。这样，式（7.2.48）便简化为

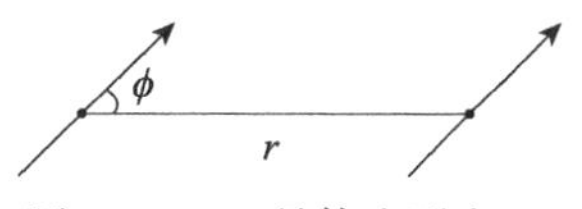

图 7.2.33　晶体未形变

$$\omega(r,\phi)=l(r)\left(\cos^2\phi-\frac{1}{3}\right) \quad (7.2.49)$$

假定晶体发生了形变，原子间的距离从 r_0 变至 $r_0+\delta r$，相应的方向余弦由 β_1，β_2，β_3 变至 β_1'，β_2'，β_3'，但磁矩的方向余弦仍是 α_1，α_2，α_3（图 7.2.34）由式（7.2.49）可得晶体在形变前后的能量差是

$$\Delta\omega=\omega_1-\omega_2=\left[l+\frac{\partial l}{\partial r}\delta r\right]\left[\cos^2\phi+\delta\ (\cos^2\phi)\ -\frac{1}{3}\right]$$
$$-l\left(\cos^2\phi-\frac{1}{3}\right)=\frac{\partial l}{\partial r}\delta r\left(\cos^2\phi-\frac{1}{3}\right)+l\delta\ (\cos^2\phi)$$
(7.2.50)

$$\begin{cases}\cos^2\phi'=(\alpha_1\beta_1'+\alpha_2\beta_2'+\alpha_3\beta_3')^2=(\sum_i\alpha_i\beta_i')^2\\ \cos^2\phi=(\alpha_1\beta_1+\alpha_2\beta_2+\alpha_3\beta_3)^2=(\sum_i\alpha_i\beta_i)^2\quad(i=1,2,3)\end{cases}\tag{7.2.51}$$

$$\delta(\cos^2\phi)=(\alpha_1\beta_1'+\alpha_2\beta_2'+\alpha_3\beta_3')^2-(\alpha_1\beta_1+\alpha_2\beta_2+\alpha_3\beta_3)^2$$
$$=(\sum\alpha_i\beta_i')^2-(\sum\alpha_i\beta_i)^2。\tag{7.2.52}$$

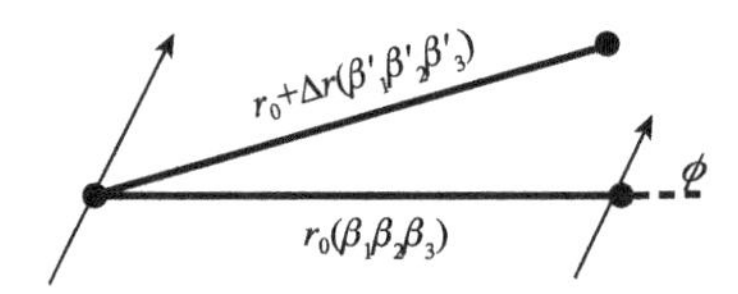

图 7.2.34 晶体发生形变

又由式（7.2.33）可知

$$\frac{\delta r}{r_0}=\sum_{i,j}A_{ij}\beta_i\beta_j\tag{7.2.53}$$

将式（7.2.51）至式（7.2.53）的式子代入式（7.2.50），得到

$$\Delta w=\frac{\partial l}{\partial r}r_0\sum_{i,j}A_{ij}\beta_i\beta_j\left[(\sum\alpha_i\beta_i)^2-\frac{1}{3}\right]+l\left[(\sum\alpha_i\beta_i')^2-(\sum\alpha_i\beta_i)^2\right]$$
(7.2.54)

利用式（7.2.29）的坐标变换，得出

$$\beta_i'=(\beta_i+\sum_j A_{ij}\beta_j)C\tag{7.2.55}$$

$$\beta_i'^2=C^2(\beta_i+\sum_j A_{ij}\beta_j)^2=C^2(\beta_i^2+2\beta_i\sum_j A_{ij}\beta_j+\cdots)$$

$$\sum_i\beta_i'^2=C^2(\sum_i\beta_i^2+2\sum_i\beta_i\sum_j A_{ij}\beta_j)=C^2(1+2\sum_{i,j}A_{ij}\beta_i\beta_j)$$

故得到

$$C=(1+2\sum_i\beta_i\sum_j A_{ij}\beta_j)^{-\frac{1}{2}}=1-\sum A_{ij}\beta_i\beta_j\tag{7.2.56}$$

将式（7.2.56）代入式（7.2.55），得出

$$\beta_i'=(1-\sum_i\beta_i\sum_j A_{ij}\beta_j)(\beta_i+\sum_j A_{ij}\beta_j)$$
$$=\beta_i-\beta_i\sum_{i,j}A_{ij}\beta_i\beta_j+\sum_j A_{ij}\beta_j+\text{略去 }A_{ij}^2\text{ 项}\tag{7.2.57}$$

$$\alpha_i\beta_i'=\alpha_i\beta_i-\alpha_i\beta_i\sum_{i,j}A_{ij}\beta_i\beta_j+\alpha_i\sum_j A_{ij}\beta_j\tag{7.2.58}$$

$$\left(\sum_i \alpha_i \beta_i'\right)^2 - \left(\sum_i \alpha_i \beta_i\right)^2 = -2\left(\sum_i \alpha_i \beta_i\right)^2 \sum_{i,j} A_{ij}\beta_i\beta_j + 2\sum_i \alpha_i\beta_i \sum_{i,j} A_{ij}\alpha_i\beta_j + \text{略去 } A_{ij}^2 \text{ 项} \tag{7.2.59}$$

将式（7.2.59）代入式（7.2.54），然后将近邻的一对原子求平均（即对 β_i 求平均），从而可求得任一对原子的互作用能的平均值$\overline{\Delta w}$。单位体积内所有近邻原子对的能量是 F_{ms}，即

$$F_{ms} = \frac{zN}{2V}\overline{\Delta w}, \tag{7.2.60}$$

z 为配位数，N 为原子的总数，V 为 N 个原子所占的体积，用求得的$\overline{\Delta w}$代入式（7.2.60），得出

$$F_{ms} = \frac{zN}{2V}\overline{\Delta w} = B_1 \sum_i A_{ii}\left(\alpha_i^2 - \frac{1}{3}\right) + 2B_2 \sum_{i \neq j} A_{ij}\alpha_i\alpha_j + \text{略去与 } \alpha_i \text{ 无关的项}, \tag{7.2.61}$$

其中，B_1，B_2 为磁弹性耦合系数，即

$$\begin{cases} B_1 = \dfrac{zN}{2V}\left[\dfrac{\partial l}{\partial r} r_0 \left(\overline{\beta_i^4} - \overline{\beta_i^2\beta_j^2}\right) + 2l\left(\overline{\beta_i^2} - \overline{\beta_i^4} + \overline{\beta_i^2\beta_j^2}\right)\right] \\ B_2 = \dfrac{zN}{2V}\left[\dfrac{\partial l}{\partial r} r_0 \overline{\beta_i^2\beta_j^2} - l\left(\overline{2\beta_i^2\beta_j^2} - \overline{\beta_j^2}\right)\right] \end{cases} \tag{7.2.62}$$

式（7.2.61）所代表的能量 F_{ms}就是立方晶系中单位体积的磁致伸缩能，又称为**磁弹性能**（magnetoelastic energy），它是与晶体的形变 A_{ij} 和自发磁化强度的取向 α_i 有关的一项能量，由于立方晶系中配位数的不同，所以 β_i 的平均值也不同，不同晶胞中 β_i 的平均值见表 7.13。由表 7.13 可求出 B_1 和 B_2。

表 7.13　立方晶系中 β_i 的平均值

	各向同性	简单立方	体心立方	面心立方
$\overline{\beta_i^2}$	1/3	1/3	1/3	1/3
$\overline{\beta_i^4}$	1/5	1/3	1/9	1/6
$\overline{\beta_i^2\beta_j^2}$	1/15	0	1/9	1/12

由于磁致伸缩的存在，自发磁化强度的方向要发生变化（与无形变相比较），反过来，自发磁化强度方向的改变也会影响到样品形状或体积的改变。既和晶体形变有关，也和自发磁化强度方向有关的能量称为**磁弹性能**，根据式（7.2.61），立方晶系的磁弹性能为

$$F_{ms} = B_1 \sum_i A_{ii}\left(\alpha_i^2 - \frac{1}{3}\right) + 2B_2 \sum_{i \neq j} A_{ij}\alpha_i\alpha_j \tag{7.2.63}$$

晶体的弹性形变使得晶体内的原子位置发生改变，这种改变通常可用**弹性能**来表示，根据弹性力学，弹性能可表示为

$$F_{el}=\frac{1}{2}C_1\ (A_{11}+A_{22}+A_{33})^2+C_2\ (A_{11}^2+A_{22}^2+A_{33}^2)\ +2C_3\ (A_{12}^2+A_{23}^2+A_{31}^2)$$

(7.2.64)

由上述可知，当晶体未受外应力和外磁场的作用时，与磁化状态有关的能量为

$$F=F_k+F_{ms}+F_{el} \tag{7.2.65}$$

在式（7.2.65）中自变量是 A_{ij} 和 α_i，根据“实际存在的状态必定是能量最小的状态”的原理，我们可以推知，将 A_{ij} 和 α_i 的实际数值代入式（7.2.65）后一定会使总能量 F 最小，换句话说，从下列两组方程中我们可解出满足能量极小的 A_{ij} 和 α_i：

$$\frac{\partial F}{\partial A_{ij}}=0 \tag{7.2.66}$$

$$\frac{1}{\alpha_1}\frac{\partial F}{\partial \alpha_1}=\frac{1}{\alpha_2}\frac{\partial F}{\partial \alpha_2},\quad \frac{1}{\alpha_3}\frac{\partial F}{\partial \alpha_3}=\frac{1}{\alpha_1}\frac{\partial F}{\partial \alpha_1} \tag{7.2.67}$$

由式（7.2.66）具体算得没有外应力和外磁场的形变为 A_{ij}^0，即

$$\begin{cases} A_{ii}^0=-\dfrac{B_1}{2C_2}\left(\alpha_i^2-\dfrac{1}{3}\right)=h_0+h_1\alpha_i^2 \\ A_{ij}^0=-\dfrac{B_2}{2C_3}\alpha_i\alpha_j=h_2\alpha_i\alpha_j \qquad (i\neq j) \end{cases} \tag{7.2.68}$$

式（7.2.68）就是我们以前所引用过的式（7.2.34）。

设晶体受一外应力 σ_{ik}，则晶体的总能量密度为

$$\Phi=F_k+F_{ms}+F_{el}-\sum\sigma_{ik}A_{ik} \tag{7.2.69}$$

运用式（7.2.66）的条件可求出满足总能量极小的形变

$$\begin{cases} A_{ij}=-\dfrac{B_2}{2C_3}\alpha_i\alpha_j+\dfrac{1}{2C_3}\sigma_{ij}=A_{ij}^0+A_{ij}^\sigma \\ A_{ii}=-\dfrac{B_1}{2C_2}\left(\alpha_i^2-\dfrac{1}{3}\right)-\dfrac{C_1}{2C_2}\dfrac{\sigma_{11}+\sigma_{22}+\sigma_{33}}{3C_1+2C_2} \\ \dfrac{\sigma_{ii}}{2C_2}=A_{ii}^0+A_{ii}^\sigma \end{cases} \tag{7.2.70}$$

将式（7.2.70）代入式（7.2.69），可得（略去 σ_{ik} 的平方项）

$$\Phi=F_k^0+F_{ms}^0+F_{el}^0-F_\sigma \tag{7.2.71}$$

符号“0”代表未加应力时的能量，而 F_σ 代表加上外应力后晶体内增添的能量，因此 F_σ 称为**应力能**，由式（7.2.71）得

$$F_\sigma=\frac{B_1}{2C_2}\ (\alpha_1^2\sigma_{11}+\alpha_2^2\sigma_{22}+\alpha_3^2\sigma_{33})\ +\frac{B_2}{C_3}\ (\alpha_1\alpha_2\sigma_{12}+\alpha_2\alpha_3\sigma_{23}+\alpha_3\alpha_1\sigma_{31})$$

(7.2.72)

利用式（7.2.40）和式（7.2.68）的关系，上式变为

$$F_\sigma=-\frac{3}{2}\lambda_{100}\left(\alpha_1^2\sigma_{11}+\alpha_2^2\sigma_{22}+\alpha_3^2\sigma_{33}\right)-3\lambda_{111}\left(\alpha_1\alpha_2\sigma_{12}+\alpha_2\alpha_3\sigma_{23}+\alpha_3\alpha_1\sigma_{31}\right) \tag{7.2.73}$$

设外应力是均匀的拉力或压力，即 $\sigma_{ik}=\sigma\gamma_i\gamma_k$，$\gamma_i$ 是应力的方向余弦，则

$$F_\sigma=-\frac{3}{2}\lambda_{100}\sigma\left(\alpha_1^2\gamma_1^2+\alpha_2^2\gamma_2^2+\alpha_3^2\gamma_3^2\right)-3\lambda_{111}\sigma\left(\alpha_1\alpha_2\gamma_1\gamma_2+\alpha_2\alpha_3\gamma_2\gamma_3+\alpha_3\alpha_1\gamma_3\gamma_1\right)+\frac{1}{2}\lambda_{100}\sigma \tag{7.2.74}$$

对于磁致伸缩各向同性的材料，即 $\lambda_{100}=\lambda_{111}=\lambda_s$ 时，上式可进一步简化为

$$F_\sigma=-\frac{3}{2}\lambda_s\sigma\cos^2\theta,\quad \cos\theta=\alpha_1\gamma_1+\alpha_2\gamma_2+\alpha_3\gamma_3 \tag{7.2.75}$$

式（7.2.75）就是存在应力时各向同性磁致伸缩材料中的应力能。当 $\lambda_s>0$ 时，$\theta=0^\circ$或 π 都将使应力能最小，这就是说，对于磁致伸缩为正的材料而言，施加张力（拉力）将使材料的磁化强度沿着张力的方向。同理，当 $\lambda_s<0$ 时，则 $\theta=\frac{\pi}{2}$或 $3\pi/2$ 才能使应力能最小；换言之，在负磁致伸缩的材料中，张力将使材料的磁化强度垂直于张力的方向。如果所用的应力不是张力而是压力，则和上述讨论相似，从而得出下述结论：在 $\lambda_s>0$ 的材料中，压力将使它的磁化强度垂直于压力的方向；在 $\lambda_s<0$ 的材料中，压力将使材料的磁化强度沿着压力的方向。

由此可见，应力对磁化强度的方向将发生影响，使得磁化强度的方向不能任意取向，如果只有应力的作用，则视磁致伸缩常数的不同，磁化强度必须在与应力平行或垂直的方向上。这种由于应力而造成的各向异性称为应力各向异性或磁弹性各向异性，在改善材料的磁性时，这种效应也是必须要仔细考虑的。

根据应力各向异性的概念，便很容易理解张力使坡莫合金容易磁化，使镍磁化困难的实验事实了。因为坡莫合金（68%Ni）的 $\lambda_s>0$，故张力将使其磁化强度沿着张力的方向，即张力的方向是易磁化方向，所以在此方向上容易磁化。同理，镍的 $\lambda_s<0$，张力将使其磁化强度垂直于张力的方向，那么在张力的方向上磁化就困难了（与其他方向相比，在同样的磁场下得到的磁化强度却是较小的）。图 7.2.35 示出张力对磁性的影响。

前已述及，目前实用上的最大磁致伸缩材料为 $Tb_{0.27}Dy_{0.73}Fe_{1.9}$，商品牌号为 Terfenol-D 或 Magmek86 其多晶的饱和磁致伸缩常数 λ_s 在室温和 5kOe 下为 1130×10^{-6}。单晶的 λ_s 在室温和 200Oe 下可达 1250×10^{-6}。

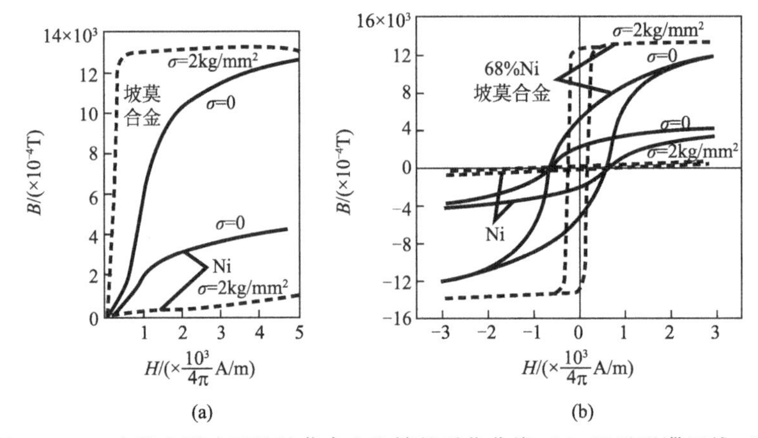

图 7.2.35 在张力影响下的坡莫合金和镍的磁化曲线（a）以及磁滞回线（b）

（测量时最大磁场为 $20\ \frac{10^3}{4\pi}$A/m），图中 σ 为张力

7.2.2.5 磁弹性耦合系数 K_c 和强制磁致伸缩系数 d_{33}

磁致伸缩材料的另一重要特性是磁弹耦合系数 K_c 或 K，它是衡量材料的磁能转换成机械能（弹性能）的常数，其定义为

$$K_c^2=\frac{W_{\text{ela}}}{W_{\text{mag}}} \tag{7.2.76}$$

式中，W_{mag} 为输入的总磁能，W_{ela} 为转换为机械能的磁能。通常又用与材料形状有关的机电耦合因子 K_{33} 代表磁弹耦合系数 K，K_{33} 与 K 的关系式为

$$K_{33}=K \quad （对圆环形试样） \tag{7.2.77}$$

$$K_{33}=\frac{\pi}{\sqrt{8}}K \quad （对细长的圆棒试样） \tag{7.2.78}$$

用共振法很容易测定[18]：

$$K=\left[1-\left(\frac{f_r}{f_a}\right)^2\right]^{0.5} \tag{7.2.79}$$

式中，f_r 为共振峰频率，f_a 为反共振频率。

磁致伸缩常数随磁场的变化称为强制磁致伸缩（forced magnetostriction）系数 d_{33}，它也是磁致伸缩材料的特性之一，定义为[19]

$$d_{33}=\frac{\mathrm{d}\lambda}{\mathrm{d}H}=\frac{1}{l}\left(\frac{\mathrm{d}l}{\mathrm{d}H}\right) \tag{7.2.80}$$

在多晶的 $Tb_{0.27}Dy_{0.73}Fe_x$（$1.7\leqslant x\leqslant 2.3$）合金中，$\lambda_s$ 随 x 的变化只有 20%，但 d_{33} 随 x 的变化却超出 2 倍，说明磁化过程中，磁畴结构的变化对 d_{33} 的影响更大[20]。

7.2.2.6 磁致伸缩优质材料 Terfenol-D 的应用与设计要点

由于 Terfenol-D 的磁致伸缩系数很大，又能在高效率大功率的水平上产生巨大的力和进行快速精密的运动，而且它的机电耦合系数大，意味着电能与机械能相互转换的效率高。基于这些特性，使这一材料适合于多种用途，如有源减震、燃料喷射系统、液体和阀门控制、微定位、机械传动装置、振子和声呐等。文献[21,22]中报道了利用 Terfenol-D 制作各种组件的设计资料，这些组件包括：水中听音器、竖桩式换能器、各种形式的伸缩运动放大机构、燃料注入阀和液滴注入器等。

20 世纪 90 年代又利用 Terfenol-D 与激光管相组合，制出了磁致伸缩激光磁强计[23,24]，其测量磁场的极限灵敏度为 160.5×10^{-6} A/m（$\sim2\times10^{-6}$ Oe），可作为人体磁场的监视和检测。还有用磁致伸缩直接驱动的旋转马达也已开发成功[25]，此马达的突出优点是力矩大、自动刹车、微弧度级的精密步进和能够双向运动等。

尽管 Terfenol-D 的用途很广，形式多样，但在设计时需要共同注意下述要点：

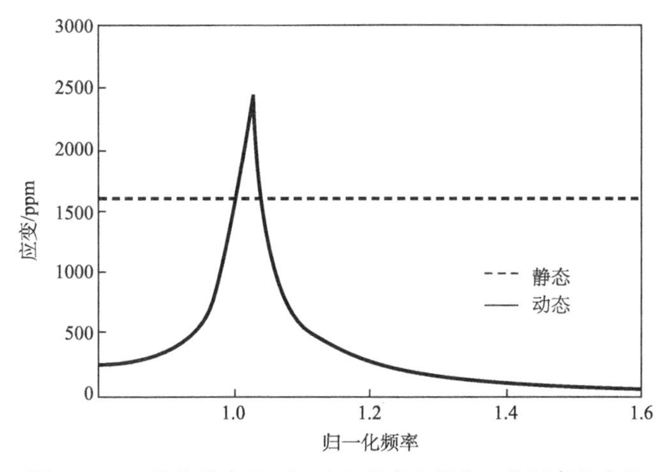

图 7.2.36　换能器中 Terfenol-D 的应变随归一化频率的变化

实线代表动态形变总振幅，虚线代表静态的典型最大值

1. 关于动态磁致伸缩系数的选择

许多应用都涉及交变磁场作用下的**动态磁致伸缩**，过去以为动态磁致伸缩受静态磁致伸缩的限制，最近的研究指出，在共振频率下，动态磁致伸缩的数值大于静态磁致伸缩[26]。如图 7.2.36 所示，当 Terfenol-D 受到 43.5MPa 的压缩应力、160kA/m 的偏置磁场和 12kA/m 的交变磁场作用时，在共振频率下，其总振幅可达 2440ppm①，即比静态磁致伸缩 1600ppm 大 50%。实验显示，动态磁致伸缩不受静态值的限制，它只受偏置磁场和压缩应力的限制。因此在 65MPa 的压力极限下，有可能使动态磁致伸缩的总振幅达到 4000ppm，此值远远超过压

① ppm$=10^{-6}$，下同。

电陶瓷，无疑对许多器件带来极大好处。

2. 关于偏置磁场

由于 Terfenol-D 在正反向磁场作用下都是伸长的，由此产生的机械运动频率将是外加电流频率的 2 倍。为了克服这一非线性效应，需要加一恒定的偏置磁场 H_0 与交流磁场 H 共同作用于 Terfenol-D 上。图 7.2.37 为为 Terfenol-D 在 H_0+H 作用下的应变示意图，恒定的偏置磁场 H_0，使 Terfenol-D 有一起始位移 Δl_0 $\left(\frac{\Delta l_0}{l}\sim 800\text{ppm}\right)$，叠加交流磁场 H 后引起附加位移 Δl_i，当交流磁场为正时，Δl_i 为正；当交流磁场为负时，Δl_i 为负。结果是位移运动频率与交流磁场频率完全一致，克服了非线性效应。恒定的偏置磁场可由永磁体或直流线圈提供，其数值随要求不同，可在很大范围内变化。

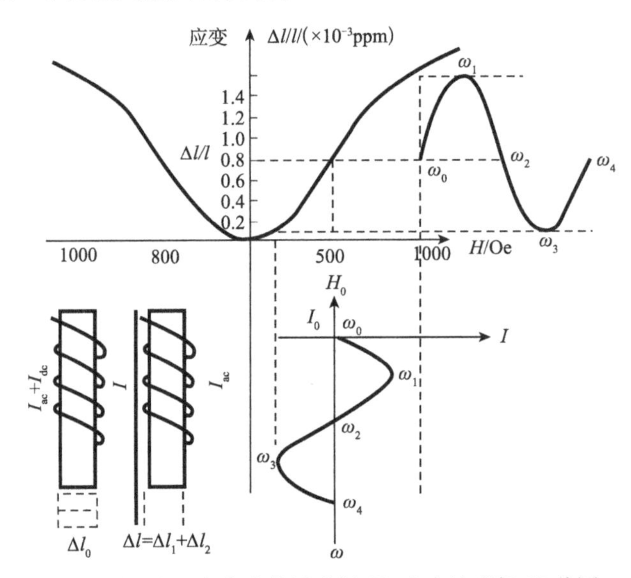

图 7.2.37 Terfenol-D 在直流偏置磁场 H_0 和交流磁场 H 共同作用下的应变频率与交流磁场频率相同的示意图
左下角图表示棒的长度变化

3. 关于预加压力

对 Terfenol-D 施加一定的压缩应力能够改善磁致伸缩特性。另外，由于 Terfenol-D 的机械性能硬而脆，容易断裂，因此不能承受剪应力和挠曲负载。为了变不利因素为有利因素，需要对 Terfenol-D 预先加一压缩应力，使它在工作时不受拉伸张力的作用。对 Terfenol-D 而言，压缩应力的最佳值为 10～12MPa，但也不是绝对的，有时为了提高动态磁致伸缩，往往需要增加压缩应力，其关系式为[26]

$$S_{pp}=2T_0/Y^H \tag{7.2.81}$$

式中，S_{pp}为共振时动态伸缩的峰-峰值，T_0 为压力，Y^H 为杨氏模量。表7.14为区溶法制备的Terfenol-D商品，在压力43.5MPa和偏置磁场160kA/m下的有关参数。最近的模拟实验还表明，即使压力和磁场并不均匀，Terfenol-D棒内的运动也可以是一致的[27]。

表7.14 Terfenol-D区溶商品在压力43.5MPa和偏置磁场160kA/m下的有关参数

机电耦合因子 k_{33}	58%
恒定磁场下的杨氏模量 Y^H	35.6GPa
恒定应力下的磁导率 μ^T	$2.5\mu_0$
机械品质因子 Q^H	19
强制磁致伸缩系数 d_{33}	0.54×10^{-8}m/A

最后需要特别指出的是，特大磁致伸缩材料是实现磁能与机械能直接转换的功能材料，即材料内磁状态的改变，同时引起材料本身长度的变化。利用材料自身长度的这种变化，可以满足多方面的应用，并且正在开发其他新的应用，相信不久的将来，稀土压磁材料以及21世纪初发现的Fe－Ga合金等压磁材料，可能会与软磁、永磁材料一样形成新的产业。

7.2.3 磁荷（极）与自退磁及退磁能量表述

上面讨论了磁性材料内的三个基本现象，即交换作用、磁各向异性和磁致伸缩。它们都是影响材料性能的内部因素，也就是说，材料在生产过程中的各种工艺都将程度不同地通过这三个内部因素发生作用，从而导致磁性的改善或恶化。

在讨论或改善磁性材料的性能和使用磁性材料时，还有一个很重要的现象就是**磁荷（极）与自退磁**，这两个概念在普通物理课中已经学过，这里只简单复习一下。

7.2.3.1 退磁场的产生

当研究磁性材料被磁化以后的磁学性质时，历史上存在着两种不同的观点，即**分子电流**的观点和磁荷的观点，它们是从不同的角度去描述同一现象，在处理磁化问题时，各有优点，但所得到的结论是一样的。

磁性材料被磁化以后，只要材料的形状不是闭合形的或不是无限长的，则材料内的总磁场强度 H 将小于外磁场强度 H_e。这是因为这些材料被磁化以后要产生一个**退磁场强度** H_d，当磁化均匀时，H_d 的方向在材料内部总是与 H_e 和 M 的方向相反的，其作用在于削弱外磁场，所以称为自身的退磁场简称为退磁场。因此，材料内的总磁场强度是外磁场强度和退磁场强度的矢量和，即

$$\boldsymbol{H}=\boldsymbol{H}_e+\boldsymbol{H}_d \tag{7.2.82}$$

写成数量的表达式便为

$$H=H_e-H_d \tag{7.2.83}$$

在磁性测量和磁性材料的设计和使用中，考虑退磁场的影响是十分重要的。譬如，在软磁材料中（如纯铁或硅钢片），为什么当材料被磁化以后，再将外磁场去掉时，材料的磁性便不能保持？为什么在永磁材料中（如钕铁硼合金，钡铁氧体），当材料被磁化以后，再将外磁场去掉时，材料的磁性却能保持？为什么在永磁材料的使用设计时，必须选择一定的形状（不是随便任意的形状）才能发挥材料的优点？等等。所有这些问题的回答都必须应用退磁场的知识。此外，更重要的是材料内部的磁畴结构的形式直接受到退磁场的制约，因而直接影响着材料的一系列性能。

退磁场强度 H_d 的计算是一个很复杂的问题，理论上只能对某些特殊形状的样品严格求解，至于任意形状的样品则只能从实验上进行测定，而不能从理论上严格计算。

对于某些特殊形状（如椭球）的样品，虽然从分子电流的观点和磁荷的观点都可以计算退磁场，但比较起来还是采用磁荷的观点更直观，因为它能直接与电荷产生的电场类比。因此，在本书中都采用磁荷的观点来处理问题。

按照磁荷的观点看来，磁性材料的被磁化，就是把其中的磁偶极子整齐排列起来。由于材料内部的磁偶极子间首尾衔接，正负极互相抵消，所以只是在材料的端面上才分别出现 N，S 极或正、负磁荷（图 7.2.38）。

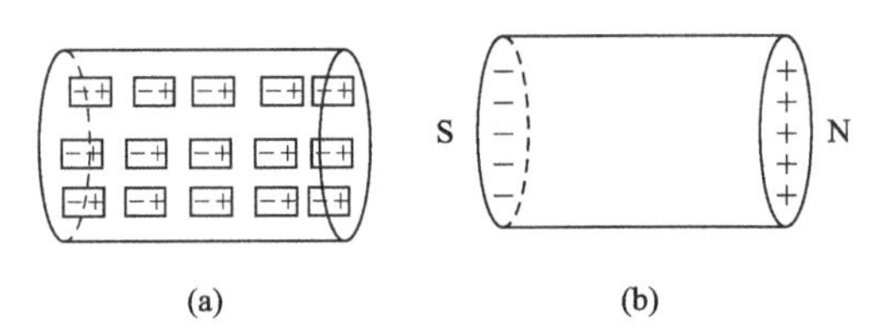

图 7.2.38　棒的磁化示意

(a) 磁偶极子的定向排列；(b) 棒端面上的磁荷

磁荷产生的磁场是由正到负的，其磁力线的分布如图 7.2.39 所示，所以在材料内部磁荷产生的磁场总是与磁化强度的方向相反，即其作用是使磁化减弱，故称为退磁场，退磁场的大小不但与磁荷的数值有关，而且与材料的形状有关，同时又由于磁荷由磁偶极子产生的，所以它也一定与磁化强度有关，因此，材料内的退磁场可以写成

$$H_d=-NM \tag{7.2.84}$$

其中，N 为退磁因子，当材料均匀磁化时，它是只与样品尺才有关的因子，在 MKSA 制中其数值从 0 变到 1。(在 CGS 制中从 0 变到 4π)，当材料不是均匀磁化时材料内的磁化强度随位置发生变化，退磁场也就是不均匀的（图 7.2.39(a)），这时，退磁因子 N，不但与样品尺寸有关，而且与磁导率有关，直到目前为止，理论上仍无法严格计算任意形状的 N。但退磁因子 N 的近似计算，可参考本书第 13.2.3 节。

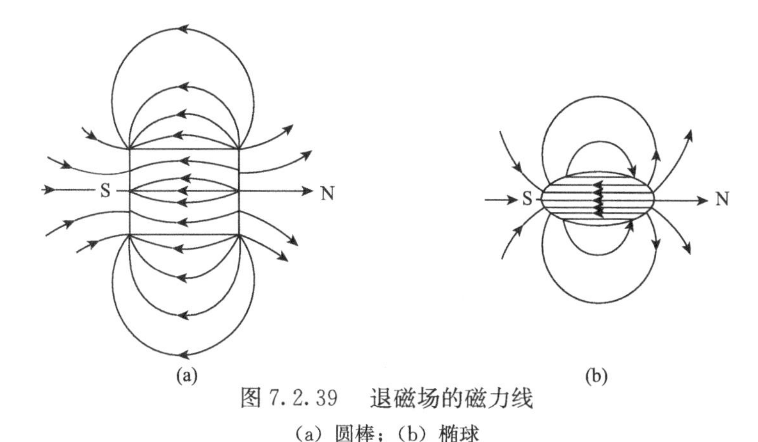

图 7.2.39 退磁场的磁力线

（a）圆棒；（b）椭球

由此可见，磁荷与退磁是互为因果的现象，磁荷是产生退磁场的原因，退磁是磁荷出现的必然结果，这是从磁荷观点导出来的结论。现在要问：既然磁荷是一个假想的概念，实际上并未发现有真正的磁荷，即并未发现有像电荷一样的、单独存在的正磁荷或负磁荷，那么退磁场是否存在呢？要回答这个问题，需要从两方面来看，一方面是磁荷（即能够分开的正、负磁荷）是否存在的问题；另一方面是退磁场是否存在的问题。关于第一个问题，目前正在积极进行研究，虽然理论上预言了它的存在，但实验上尚未找到确凿的证据，即到目前为止，实验上还未发现单独存在的正磁或负磁荷。关于第二个问题的回答是肯定的，即退磁场在一般情况下（除无限长的棒的轴线上或闭合形状样品的圆周线上以外）是存在的。完全不用磁荷的观点，而用分子电流的观点，也可以证明它是存在的。可是坚持磁荷观点的人会反驳说：只要有退磁场存在，便一定能找到假想的，同时出现的正、负磁荷（磁偶极子），这也是确定无疑的。此外，还应指出的是，尽管分子电流和磁荷的观点，在处理磁化问题时得到了正确的结果，但这两个观点却不符合现代磁学关于磁化和磁性来源的认识。(详情见交换作用及以后的章节)。

7.2.3.2 运用磁荷观点计算球体的退磁场

设球在外磁场中沿 z 轴方向被磁化（图 7.2.40）。求球心一点的退磁场 H_d。按磁荷的观点，球被磁化以后，在球的表面上要出现磁荷，球的上半边是正磁荷，下半边是负磁荷，可是由于磁化强度 M 与球的外法线（表面法线）n 所成的角度不同，磁荷在表面上的分布也不同，若用磁荷的面密度 σ_m 代表单位表面上的磁荷，则

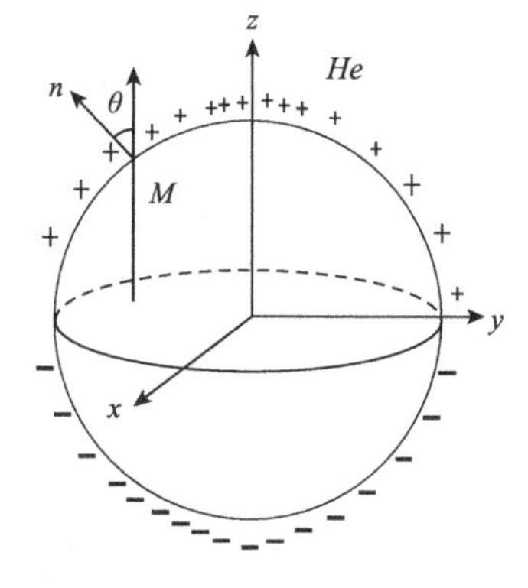

图 7.2.40 均匀磁化的球

$$\sigma_m = \frac{q_m}{S} \qquad (7.2.85)$$

q_m 为 S 面上的总磁荷，另外 S 面上的总磁荷又可表示为

$$q_m = J_n S \qquad (7.2.86)$$

J_n 为与 S 面垂直的磁极化强度，若磁极化强度 J 与 S 面并不垂直，而是与 S 面的外法线 n 成一角度 θ，则 $J_n=J\cos\theta=\mu_0 M\cos\theta$（在 CGS 单位中 $J=M$），代入式（7.2.86）便得

$$q_m=\mu_0 M\cos\theta\cdot S \tag{7.2.87}$$

由式（7.2.87）和式（7.2.85）便得

$$\sigma_m=\mu_0 M\cos\theta \tag{7.2.88}$$

式（7.2.88）表示球面上的磁荷面密度随位置不同而异，在两极附近（即 $\theta=0°$ 和 $\theta=180°$的附近）面密度最大，在赤道面上（即 $\theta=90°$时）面密度为零。球面上的磁荷分布知道以后，进一步便可计算磁荷在球心产生的磁场，这个磁场就是球面各点的所有磁荷在球心产生的磁场的矢量和。

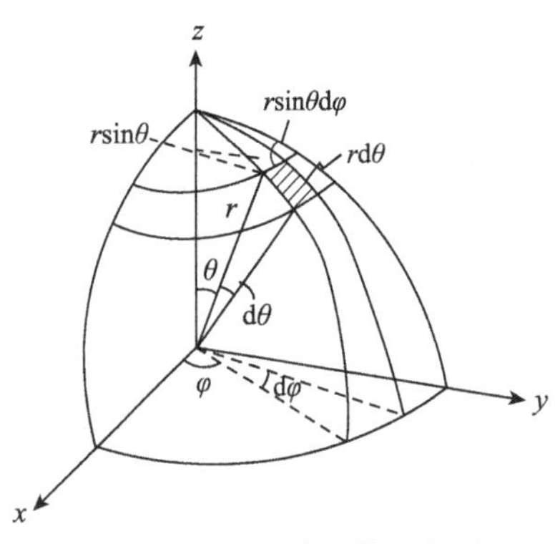

图 7.2.41 球上的面积元

设在球面上任取一个面积元 ds，采用球坐标系，ds 的表示可看图 7.2.41。令球坐标系的原点即为球心，矢量 r 即为球的半径，则 ds 可表示（图 7.2.41 的阴影部分）为

$$\mathrm{d}s=r\mathrm{d}\theta\cdot r\sin\theta\mathrm{d}\varphi=r^2\sin\theta\mathrm{d}\theta\mathrm{d}\varphi$$

在 ds 面积元上的磁荷 dq_m 为

$$\mathrm{d}q_m=\sigma_m\cdot\mathrm{d}s=\mu_0 M\cos\theta\cdot r^2\sin\theta\mathrm{d}\theta\mathrm{d}\varphi.$$

若在球心放一单位磁荷 q_1，则它与 dq_m 的作用力 f 服从库仑定律

$$f=\frac{q_1\mathrm{d}q_m}{r^2 4\pi\mu_0}$$

根据定义，这时球心的磁场 dH 就是单位磁荷 q_1 所受的力，即

$$\mathrm{d}H=\frac{f}{q_1}=\frac{q_1\mathrm{d}q_m}{q_1 r^2 4\pi\mu_0}=\frac{M\cos\theta\cdot r^2\sin\theta\mathrm{d}\theta\mathrm{d}\varphi}{4\pi r^2}=M\cos\theta\sin\theta\mathrm{d}\theta\mathrm{d}\varphi/4\pi \tag{7.2.89}$$

式（7.2.89）表示的磁场就是球面元 ds 上的磁荷 dq_m 在球心所产生的磁场，它的方向与 ds 的外法线 n 相反（若试探磁荷 q_1 是正的，则它与 dq_m 的作用是排斥的），故 dH 在 z 方向的投影为（参看图 7.2.42）

$$\mathrm{d}H_z=\mathrm{d}H\cos\ (\pi-\theta)\ =-\cos\theta\mathrm{d}H$$

整个球面上的磁荷在球心产生的磁场的 z 分量就是上式的叠加

$$\begin{aligned}H_z&=\oint\mathrm{d}H_z=-\oint\cos\theta\mathrm{d}H=-\frac{M}{4\pi}\int_0^{\pi}\cos^2\theta\sin\theta\mathrm{d}\theta\int_0^{2\pi}\mathrm{d}\varphi\\&=+\frac{M}{4\pi}\int_0^{\pi}\cos^2\theta\mathrm{d}(\cos\theta)\int_0^{2\pi}\mathrm{d}\varphi=\frac{M}{12\pi}\cos^3\theta\Big|_0^{\pi}\int_0^{2\pi}\mathrm{d}\varphi\\&=-\frac{1}{3}M\end{aligned} \tag{7.2.90}$$

式中的负号代表磁荷产生的磁场与 M 的方向是相反的，所以称为退磁场，即球的退磁场 H_d 为

$$H_d = H_z = -\frac{1}{3}M \tag{7.2.91}$$

$\frac{1}{3}$就是球体的退磁因子（在 CGS 制中，球体的退磁因子为$\frac{4\pi}{3}$）。

由于球面上的磁荷分布，只与极坐标的极角 θ 有关，所以磁荷产生的磁场在 x 和 y 上的分量都等于零。这从式（7.2.89）在 x 和 y 的分量的积分中也可得出此一结论。因此，球体的退磁场，只有 z 的分量，可以证明其数值在球内各点都是$-\frac{1}{3}M$。

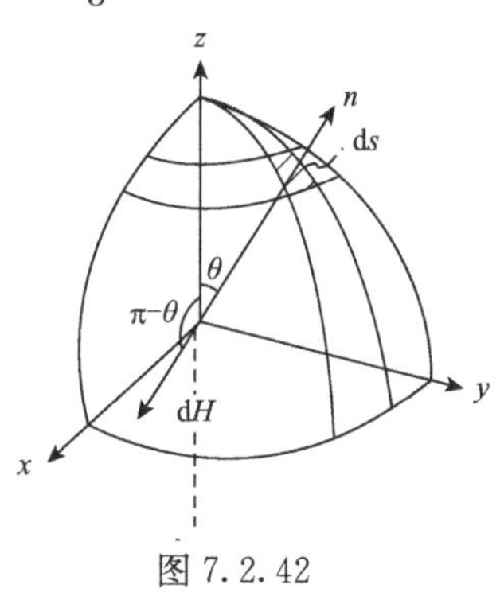

图 7.2.42

以上就是关于球体被磁化以后，退磁场的计算。球体可以看成是椭球的特例。但是椭球的退磁场的计算，则是比较复杂的，下面只写出最后的结果。

设椭球的三个主轴长度分别为 a，b，c，相应的退磁因子为 N_a，N_b，N_c，则它们之间有如下关系：

$$N_a + N_b + N_c = 1 \tag{7.2.92}$$

若椭球是长旋转椭球，即 $a=b<c$，则在 c 轴方向磁化时，c 轴上的退磁因子 N_c 为

$$N_c = \frac{1}{k^2-1}\left[\frac{k}{\sqrt{k^2-1}}\ln\left(k+\sqrt{k^2-1}\right) - 1\right]$$

$$k = \frac{c}{a} \tag{7.2.93}$$

当 $k \gg 1$ 时，有

$$N_c = \frac{1}{k^2}\left[\ln(2k) - 1\right] \tag{7.2.94}$$

对一个扁旋转椭球，$a<b=c$，若磁化仍是在 c 轴方向上，可以证明

$$N_c = \frac{1}{2}\left[\frac{k^2}{(k^2-1)^{3/2}}\sin^{-1}\frac{\sqrt{k^2-1}}{k} - \frac{1}{k^2-1}\right]$$

$$k = \frac{c}{a} \tag{7.2.95}$$

当 $k \gg 1$ 时，有

$$N_c = \frac{\pi}{4k}\left[1 - \frac{2}{\pi k}\right] \tag{7.2.96}$$

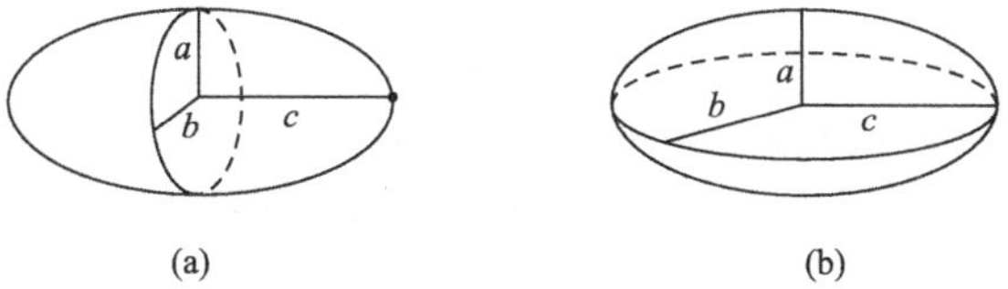

(a)　　(b)

图 7.2.43　(a) 长旋转椭球 $a=b<c$；(b) 扁旋转椭球 $b=c>a$

下面讨论几种特例：

若样品是球，即 $a=b=c$。那么 N_a，N_b，N_c，根据式（7.2.92）便得球的退磁因子

$$N_a=N_b=N_c=N=\frac{1}{3}$$

这正和前面已证明的式（7.2.90）的结果是相符合的。由此也可以推知，尽管我们对式（7.2.92）没有证明，但它的正确性是无疑的。

若样品是细长的圆棒，则可以看成 $c/a\gg1$，在 c 轴方向的退磁场便很弱（因为两端的磁荷离中心很远），$H_d\approx0$，那么根据式（7.2.92）便得

$$N_a=N_b=\frac{1}{2} \tag{7.2.97}$$

若样品是无限大的薄片，则可把 $c=b$ 看成是无限大，所以 c，b 轴上的退磁因子 $N_c=N_b=0$，由式（7.2.92）便得 a 轴的退磁因子 N_a

$$N_a=1。 \tag{7.2.98}$$

在测量磁性材料的参数时，选择样品的形状和尺寸，必须考虑退磁场的影响，否则测量结果的可靠程度便无法保证。表 7.15 是按式（7.2.93）和式（7.2.95）计算得到的数值，以及圆柱体在长轴上的退磁因子的实验值。

表 7.15　在长轴上磁化的椭球和圆柱体的退磁因子 N*

k	长椭球	扁椭球	圆柱体（实验）
0	1.0	1.0	1.0
1	0.333	0.333	0.27
1.5	0.233	0.329	—
2	0.1735	0.2364	0.14
5	0.0558	0.1248	0.040
10	0.0203	0.0696	0.0172
20	0.00675	0.0369	0.00617
50	0.00144	0.01472	0.00129
100	0.000430	0.00776	0.00036
200	0.000125	0.00390	0.000090
500	0.0000236	0.001567	0.000014
1000	0.0000066	0.000784	0.0000036
2000	0.0000019	0.000392	0.0000009

* 换算为 CGS 单位时需乘 4π

7.2.3.3　外磁场能量和退磁场能

磁极化强度为 $\boldsymbol{J}$ 的物体，在外磁场 $\boldsymbol{H}$ 的作用下，有一力矩 $\boldsymbol{L}=\boldsymbol{J}\times\boldsymbol{H}$。如果把物体转动，使 J 与 H 之间的角度 θ 增加 $\mathrm{d}\theta$，那就因需要反抗力矩而对磁性物体做功，因而它的能量增加，设角度由 0 增到 θ，则物体在外磁场中的能量为

$$E_H=\int L\mathrm{d}\theta=\int JH\sin\theta\mathrm{d}\theta=-JH\cos\theta+C \tag{7.2.99}$$

C 为常数。通常选择 $\theta=90°$ 时为能量 E_H 的零点，这样做可使表示式简化，而不影响能量 E_H 随角度 θ 变化的规律，亦即 $C=0$。式（7.2.99）便成为磁极化强度 J 的物体在外磁场 H 作用下的能量，简称**外磁场能**

$$E_H=-JH\cos\theta=-\boldsymbol{J}\cdot\boldsymbol{H}=-\mu_0\boldsymbol{M}\cdot\boldsymbol{H} \tag{7.2.100}$$

由于 M 是单位体积的磁矩，故上式是单位体积的能量。

下面讨论**退磁能**。由于退磁场作用在物体的磁矩上，就有退磁能的存在。这与外场作用下的外磁能的情形相类似。单位体积中的退磁能，用 E_d 表示，可以按照式（7.2.100）的原则进行计算。但这里退磁场强度 H_d 是随着 M 而变的，而外磁场 H 是不受 M 的影响。因此，在计算退磁能时是考虑物体的磁化强度从零增加到 M 的，物体的能量变化，所以应该用积分计算。按照式（7.2.100）的原则，退磁能为

$$E_d=-\int_0^J H_d\mathrm{d}J=-\mu_0\int_0^M H_d\mathrm{d}M$$

再根据式（7.2.84）$H_d=-NM$。H_d 和 M 方向相反，这式中的负号表示了式（7.2.100）中的 $\cos180°$。代入上式，得出

$$E_d=\mu_0\int_0^M NM\mathrm{d}M=\frac{1}{2}\mu_0 NM^2 \tag{7.2.101}$$

对磁化后的物体，如果知道它的退磁因子和磁化强度，就可以按上式计算出退磁能。形状不均匀的物体，在不同方向磁化时，相应的退磁能是不一样的，即磁化强度沿不同方向取向时，退磁能是不同的。这种由形状引起的能量各向异性称为形状各向异性能。它对材料的磁性影响很大。

本节讨论了磁性材料中的基本现象。除了对现象本身的物理图像给予说明以外，还对如何从能量的观点去表述这些现象作了仔细的说明。此外，对测量这些现象的方法以及它们对磁性材料性能的可能影响，也作了简要的论述。

合理地利用交换作用、磁各向异性、磁致伸缩、退磁作用等这些基本现象，可以在某些特定方向改善磁性材料的性能。由此引起的磁性各向异性，分别称为交换各向异性、磁各向异性、应力各向异性和形状各向异性材料。另外，对于某些合金或铁氧体在居里温度以下通过磁场或应力热处理以后，在磁场或应力处理的轴向上，其性能亦能改善。这种各向异性称为感生各向异性。

在处理磁化和反磁化的具体问题时，需要全面考虑这些基本现象和能量表述。为了对各种能量有个数量的概念，表 7.16 列出了它们的对比。

表 7.16　铁磁体中基本现象相应的各项能量的对比

（单位：$\mathrm{kJ\cdot m^{-3}}$）

项目	符号	数量
交换作用能量	$-2nJZS^2$	$10^3\sim10^5$
磁各向异性能量	K_u，K_1	$10^{-1}\sim10^4$

续表

项目	符号	数量
退磁能量	E_d	$0\sim2\times10^3$
外磁场能量（在1T时）	μ_0HM	$10^2\sim10^3$
外应力能量	$\sigma\lambda$	$1\sim10^2$
（在1GPa下）磁致伸缩能量	$C\lambda^2$	$0\sim1$

习题

1. 试说明自发磁化区域和磁畴的异同。

2. 求证表 7.2 和表 7.3 的结论。

3. 磁晶各向异性的等效场是什么？为什么立方晶系的磁晶各向异性的等效场，在 $K_1>0$ 和 $K_1<0$ 时的表达式（7.2.11）和式（7.2.13）差别如此之大？

4. 若立方晶系的磁晶各向异性能简写为

$$E_K=K_1\left(\alpha_1^2\alpha_2^2+\alpha_2^2\alpha_3^2+\alpha_3^2\alpha_1^2\right),$$

试推出 E_K 在 xy 平面上随方向变化的表达式，并作图表示变化情况。

5. 在单轴晶体晶轴的垂直方向加磁场 H，使自发磁化强度从易轴转到某一方向，试推出转向角与磁场 H 的关系式，将此关系用于钴的单晶上，求偏转 30°，60°和 90°时所需的磁场强度，已知钴的 $K_{u1}=4.12\times10^6\,\mathrm{erg/cm^3}$，$M_s=1410\mathrm{Gs}$。

6. 什么是磁致伸缩？在磁致伸缩各向同性的材料中若测得的饱和磁致伸缩系数是负的或正的，试分别说明材料的长度变化是什么？

7. 既然是磁致伸缩各向同性的材料，为什么在式（7.2.42）式中又出现角度 θ，试说明其物理意义。

$$\lambda_s=\frac{3}{2}\lambda\left(\cos^2\theta-\frac{1}{3}\right)$$

8. 在磁致伸缩各向同性的材料中，应力所产生的各向异性与磁晶各向异性有类似的作用，试作简要讨论，并证明 $\frac{3}{2}\lambda_s\sigma$ 与 K_{u1} 等效。

9. 什么是退磁场？在测试磁性样品时如何考虑退磁场的影响？

10. 试证明在极轴上离球心 z 处的退磁场为 $H_d=-\frac{1}{3}M$。

11. 设有一长度和半径之比为 1 的圆柱样品，经过磁化后，再将外磁场去掉，这时测得样品内的磁感应强度为 5000Gs（0.5T），试求样品的退磁场强度和磁化强度各是多少？用 CGS 和 MKS 两种单位制分别算出）。

12. 简述磁晶各向异性的微观机理。

13. 已知的磁各向异性有几种？它们对磁性能的改善请举例说明。

附录 术语和单位制

在研讨和应用磁性材料时，要涉及专业术语和使用单位。由于我国出版物规定使用国际（SI）单位，而磁性材料行业又常用旧的单位（高斯单位、CGS单位、emu单位），新旧单位的交叉和换算若不清楚，往往造成麻烦。因此本节讨论最基础的术语及相应的单位，并列出新旧单位的换算表。

磁矩 $\boldsymbol{\mu}$[①] 磁矩亦称磁面积矩或磁偶极子的磁矩，它是一个矢量，在电流 i 的闭合回路 $\boldsymbol{S}$ 中，磁矩的数值等于 i 与 $\boldsymbol{S}$ 的乘积，即

$$\boldsymbol{\mu}=i\boldsymbol{S} \tag{0.1.1}$$

磁偶极矩 $\boldsymbol{p}$ 磁偶极矩是磁矩的力矩，又称磁偶极子的力矩，即把磁矩看成带有正负磁极 q_m 的小磁体，正负磁极间的距离 $\boldsymbol{r}$ 与磁极 q_m 的乘积便是磁偶极矩：

$$\boldsymbol{p}=q_m\boldsymbol{r} \tag{0.1.2}$$

磁偶极矩与磁矩的关系为

$$\boldsymbol{p}=\mu_0\boldsymbol{\mu} \tag{0.1.3}$$

式中，μ_0 为磁（性）常数，又称真空磁导率。在SI单位制中 $\mu_0=4\pi\times10^{-7}$（亨[利]·米$^{-1}$，H·m^{-1}；韦[伯]·安$^{-1}$·米$^{-1}$，Wb·A^{-1}·m^{-1}；牛[顿]安$^{-2}$，N·A^{-2}）；（韦[伯]为磁极（通量）的单位，是特[斯拉]·平方米（T·m^2）的专有名称）。在CGS单位制中 $\mu_0=1$。由式（0.1.3）可见，在SI单位制中磁偶极矩 $\boldsymbol{p}$ 与磁矩 $\boldsymbol{\mu}$ 的数值是不同的，但在CGS单位制中磁偶极矩与磁矩的数值是相同的。

磁化强度 $\boldsymbol{M}$ 单位体积的磁矩称为磁化强度，将体积 V 内的所有磁矩求和并被 V 去除便得

$$\boldsymbol{M}=\frac{\sum\boldsymbol{\mu}}{V} \quad (\text{SI单位}: \mathrm{A\cdot m^{-1}}) \tag{0.1.4}$$

磁极化强度 $\boldsymbol{J}$ 单位体积的磁偶极矩称为磁极化强度，将体积 V 内的所有磁偶极矩求和并被 V 去除便为

$$\boldsymbol{J}=\frac{\sum\boldsymbol{p}}{V} \quad (\text{SI单位}: \text{特[斯拉]T}) \tag{0.1.5}$$

磁极化强度与磁化强度的关系为

$$\boldsymbol{J}=\mu_0\boldsymbol{M} \tag{0.1.6}$$

式中，μ_0 为磁（性）常数。由于 μ_0 在SI单位制中的数值与CGS单位制中不同，故 $\boldsymbol{J}$ 与 $\boldsymbol{M}$ 的数值在SI单位制中不同，但在CGS单位制中是相同的。

---

① 注意这里的磁矩 $\boldsymbol{\mu}$ 与下面表示磁导率的 μ 的区别。

磁场强度 $\boldsymbol{H}$ 运动的电荷在空间产生磁场，其数值用磁场强度 $\boldsymbol{H}$ 表示。根据毕奥-萨伐尔定律（安培定律），电流 i 通过导线元 $\mathrm{d}\boldsymbol{l}$ 时，在距离 $\boldsymbol{r}$ 处的磁场 $\mathrm{d}\boldsymbol{H}$ 可由下式求出：

$$\mathrm{d}\boldsymbol{H}=\frac{1}{4\pi}\frac{i\mathrm{d}\boldsymbol{l}\times\boldsymbol{r}}{r^3} \qquad (\text{单位：A}\cdot\text{m}^{-1}) \tag{0.1.7}$$

磁感应强度 $\boldsymbol{B}$ 磁感应强度又称磁通密度，它表示单位面积上通过的磁通量。若在面积 $\boldsymbol{S}$ 上通过的磁通量为 Φ，则磁感应强度为

$$\boldsymbol{B}=\frac{\Phi}{\boldsymbol{S}} \qquad (\text{SI 单位：T}) \tag{0.1.8}$$

由式（0.1.5）和式（0.1.8）可见，磁极化强度 $\boldsymbol{J}$ 和磁感应强度 $\boldsymbol{B}$ 的单位都是特[斯拉] T，但这两者却是不同的概念。在电磁学中，磁感应强度 $\boldsymbol{B}$，是从电流间的相互作用来定义的，它的单位为牛[顿]·安[培]$^{-1}$·米$^{-1}$（$\mathrm{N}\cdot\mathrm{A}^{-1}\cdot\mathrm{m}^{-1}$），这个单位有一专门名称叫特[斯拉]（T）。

$\boldsymbol{B}$，$\boldsymbol{J}$，$\boldsymbol{H}$，$\boldsymbol{M}$ 之间的关系 根据电磁学知识，$\boldsymbol{B}$，$\boldsymbol{J}$，$\boldsymbol{H}$，$\boldsymbol{M}$ 虽然是不同的概念，但它们之间的联系是

$$\boldsymbol{B}=\boldsymbol{J}+\mu_0\boldsymbol{H}=\mu_0(\boldsymbol{M}+\boldsymbol{H}) \tag{0.1.9}$$

磁导率 μ 磁感应强度与磁场强度之比称为磁导率 μ，有

$$\mu=\frac{\boldsymbol{B}}{\mu_0\boldsymbol{H}} \text{ 或 } \boldsymbol{B}=\mu_0\mu\boldsymbol{H} \tag{0.1.10}$$

在 SI 制和 CGS 制中，尽管 $\boldsymbol{B}$ 的单位分别为特[斯拉]和高斯，$\boldsymbol{H}$ 的单位分别为安·米$^{-1}$和奥斯特，但是同一材料的磁导率却是一致的。换句话说，同一材料的磁导率在 SI 单位制中为 3000 时，在 CGS 单位制中也为 3000。

许多作者常把 $\boldsymbol{B}$ 代表磁场，而且把磁场的大小称为几个特[斯拉]，甚至把测量磁场的仪表称为特斯拉计，严格地说这是不正确的。究其原因，他们是把没有磁性材料时的 $\boldsymbol{B}$ 看成磁场，因为这时的 $\boldsymbol{J}=0$，而根据式（0.1.9）便得 $\boldsymbol{B}=\mu_0\boldsymbol{H}$。

磁性参数在 SI 单位制和 CGS 单位制中的换算 所有物理量的定义不因单位制的不同而改变，只是数值的表述有所不同而已。因此，同一磁性材料的性能数值，可在两种单位制中互相转换。例如，磁矩在 SI 单制中的单位为 $\mathrm{A}\cdot\mathrm{m}^2$，在 CGS 单位制中的单位为 emu（electric magnetic unit）。由于 CGS 电磁单位制中电流的单位为 10A、面积的单位为 cm^2，故

$$1\mathrm{emu}=10\mathrm{A}\cdot1\mathrm{cm}^2=10\mathrm{A}\cdot10^{-4}\mathrm{m}^2=10^{-3}\mathrm{A}\cdot\mathrm{m}^2 \tag{0.1.11}$$

同理，在 CGS 单位制中，磁化强度的定义仍是单位体积的磁矩（矢量和），但其单位的名称叫高斯（G），故

$$1\mathrm{G}=\frac{1\mathrm{emu}}{1\mathrm{cm}^3}=\frac{10^{-3}\mathrm{A}\cdot\mathrm{m}^2}{10^{-6}\mathrm{m}^3}=10^3\mathrm{A}\cdot\mathrm{m}^{-1} \tag{0.1.12}$$

其他磁性参数都可照上法类推。为便于换算，表 0.1.1 列出各磁性参数（不是全

部）的换算关系，由CGS单位到SI单位的变换，需将CGS的量值乘第2列的换算因子的数值。

表 0.1.1　磁性参数在两种单位制中的换算

CGS制中的名称和符号、单位		换算因子	SI制中的名称和符号、单位	
1　磁感应强度（磁通密度）B	高斯（G）	$\times10^{-4}$	磁感应强度（磁通密度）B	特［斯拉］（T）
2　磁场强度 H	奥斯特（Oe）	$\times10^{3}/4\pi$	磁场强度 H	安·米$^{-1}$（$A\cdot m^{-1}$）
3　磁化强度 M	高斯（G）	$\times10^{3}$	磁化强度 M	安·米$^{-1}$（$A\cdot m^{-1}$）
4　磁化强度 M	高斯（G）	$\times4\pi\times10^{-4}$	磁极化强度 J	特［斯拉］（T）
5　比磁化强度 σ	（$emu\cdot g^{-1}$）	$\times1$	比磁化强度 σ	（$A\cdot m^{2}\cdot kg^{-1}$）
6　最大磁能积 $(\boldsymbol{B}\cdot\boldsymbol{H})_{max}$	兆高奥（MGOe）	$\times10^{2}/4\pi$	最大磁能积 $(\boldsymbol{B}\cdot\boldsymbol{H})_{max}$	千焦·米$^{-3}$（$kJ\cdot m^{-3}$）
7　磁矩 $\boldsymbol{\mu}$	（emu）	$\times10^{-3}$	磁矩 $\boldsymbol{\mu}$	安·米^{2}（$A\cdot m^{2}$）
8　磁各向异性常数 K	尔格·厘米$^{-3}$（$erg\cdot cm^{-3}$）①	$\times10^{-1}$	磁各向异性常数 K	焦［耳］·米$^{-3}$（$J\cdot m^{-3}$）
9　磁矩 $\boldsymbol{\mu}$	（emu）	$\times4\pi\times10^{-10}$	磁偶极矩 $\boldsymbol{p}$	韦［伯］·米（$Wb\cdot m$）
10　退磁因子 N		$\times1/4\pi$	退磁因子 N	
11　磁通量 ϕ	麦克斯韦（Mx）	$\times10^{-8}$	磁通量 Φ	韦［伯］（Wb）
12　磁极（荷）强度 q_m	（emu）	$\times4\pi\times10^{-8}$	磁极（荷）强度 q_m	韦［伯］（Wb）
13　磁导率 μ		$\times1$	磁导率 μ	
14　磁化率 χ		$\times4\pi$	磁化率 χ	
15　磁致伸缩常数 λ		$\times1$	磁致伸缩常数 λ	
16　能量（密度）E	尔格·厘米$^{-3}$（$erg\cdot cm^{-3}$）	$\times10^{-1}$	能量（密度）E	焦［耳］·米$^{-3}$（$J\cdot m^{-3}$）
17　磁（性）常数（真空磁导率）μ_0		$\times4\pi\times10^{-7}$	磁（性）常数（真空磁导率 μ_0	韦·安$^{-1}$·米$^{-1}$（$Wb\cdot A^{-1}\cdot m^{-1}$）

参考文献

［1］Lutes et al. Inverted and biased loop in amorphous Gd-Co films. IEEE. Trans，1977，MAG-13，(N5)：1615

［2］钟文定．技术磁学（下册）．北京：科学出版社，2009

① $1erg=10^{-7}J$。

[3] 王永忠，张志东．物理学报，2002，51（N2）：410

[4] 翟宏如．金属磁性．北京：科学出版社，1998

[5] Boll R. 赵见高译校．软磁金属与合金：材料科学与技术丛书：金属与陶瓷的电子及磁学性质Ⅱ（第 3 B 卷）．北京：科学出版社，2001

[6] Néel L. Comp. Rend.，1953，237：1613

[7] Jr Graham C D. in：Magqnetic Properties of Metal amd Alloys. Cleveland，OH：ASM，288—329

[8] Hilzinger H R. Proc. 4th. Int. Conf. on Rapidly Quenched Metals. Sendai，Jpn.，791

[9] 同 [4] p486

[10] Meiklejohn W H，Bean C P，Phys. Rev.，1956，102：S1413

[11] Dupas C，et al. J. Appl. Phys.，1990，68：5680

[12] Jungblut R，et al. Orientational dependence of the exchage biasing in molecular-beam-epitaxy-grown $Ni_{80}Fe_{20}/Fe_{50}Mn_{50}$ bilayers（invited）. J. Appl. phys. 1994，75：6659

[12′] Alben B，Becker J J，Chi M C. Random anisotropy in amorphous ferromeynets J. Appl. phys. 1978，49：1653

[13] Akulov N. Z. Phys.，1936，100197；Zener C. Phys. Rev.，1954，96：1335；Callen H B，Callen E J. Phys. Chem. Solids，1996，27：1271

[14] Van Vlech J H. Phys. Rev.，1937，52：1178

[15] 森信郎鹈饲武．固体物理（日）．1974，9：578

[16] 戴道生，钱昆明．铁磁学（上册）．北京：科学出版社，1987

[17] Néel L. J. Phys. Radium，1954，15：227

[18] Jenner A G I，et al. IEEE Trans. Magn.，1988，24：1865

[19] 近角聪信等．磁性体手册（下册）．北京：冶金工业出版社，1985：133

[20] Joyce V，et al. J. Magn. Magn. Mater.，1986，54—57：877

[21] 唐与谌．稀土，1990，2（34）；蒋志红等．稀土，1991，19：39

[22] Fahlander M，et al. in：Proc. 10th Int. Workshop RE magnets & Their Applications，part，1989，1289

[23] Chung R，et al. IEEE Trans，Magn.，1991，MAG-27：5358

[24] ibid. J. Magn. Magn. Mater. 1992，104—107：1455

[25] Vranish J M，et al. IEEE Trans. Magn.，1991，MAG-27：5355

[26] Claeyssen F，et al. ibid.，1991，5343

[27] Kvarnsjo L，Engdahl G. ibid，1991，5349

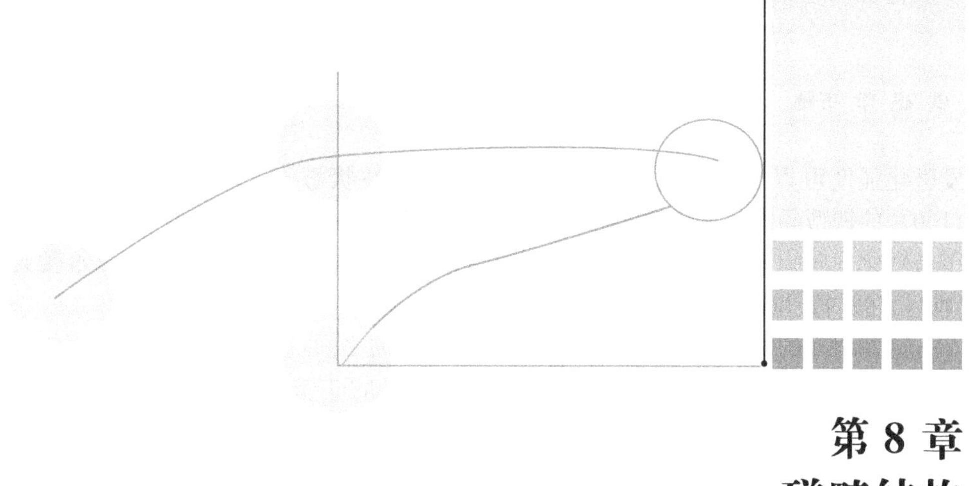

第8章 磁畴结构

通常情况下，材料内部出现磁畴结构（多畴），是为了降低退磁能。实验事实证明，磁畴结构的型式以及这种形式在外部因素（磁场、应力等）作用下的变化，直接决定了磁性材料技术性能的好坏。如果磁畴结构在外磁场作用下的形式完全清楚的话，则从理论上便可推得磁性材料的性能。可惜到目前为止，还不能得到对任意材料在任何情况下的畴结构的清晰图像；或者虽然得到清晰的图像，但它们的能量关系，特别是退磁能的表达式写不出来；所以，完全从理论上算出材料在任何情况下的技术性能，目前还不可能办到。

从能量的角度来看，实际上存在的磁畴结构，一定是能量最小的。因此，目前有关磁畴结构的理论（微磁学理论除外），往往都是先假想一种磁畴结构的形式，然后讨论这种形式在什么条件下能量最小。利用这一方法，至少能够在定性上说明实际存在的（实验上观察到的）各种各样形式的磁畴结构。

本章主要讨论**磁畴结构的理论型式**，即从理论上来看，磁畴结构大体上有几种型式；对于一个具体的材料和具体形状的样品，它可能出现哪一种形式的结构。通过典型结构的分析，使我们不但对磁畴的大小和形状，有进一步的了解，而且对各类物质将出现何种类型的磁畴结构，提供一个梗概。为了要讨论磁畴的大小和形状，必须了解畴与畴之间的过渡层，即**畴壁的结构和能量**。因此，本章首先讨论畴壁的分类、能量和厚度，然后再讨论磁畴结构的理论型式。最后对观察磁畴结构的方法也作简要的叙述。

8.1 畴　　壁

前面已经谈到，磁畴是磁性材料的特点之一，为了讨论材料的技术特性，还必须了解畴壁的结构、厚度和能量。

相邻磁畴之间的过渡层称为**畴壁**，其厚度约等于几百个原子间距（近年来又提出只有几个原子间距的薄畴壁）。由于材料的易磁化方向不同，相邻磁畴的自发磁化强度可以形成几种不同的角度。在磁中性状态下，对于易磁化方向为〈100〉的铁型晶体，相邻磁畴的自发磁化强度之间的角度可以为180°和90°；对于易磁化方向为〈111〉的镍型晶体，相邻磁畴的自发磁化强度之间的角度为180°，109.47°和70.53°。

这些角度的确定，很容易从不同的易磁化方向之间，在空间所成的角度中求出。与此相应的畴壁，称为180°壁109.47°壁和70.53°壁等。

若把畴壁的法线方向规定为畴壁的方向，则需采用角度和方向两种符号才能把畴壁的确切方式表示出来。如［001］180°壁，是指相邻磁畴的磁矩形成180°，畴壁的方向是［001］方向的畴壁。图8.1.1和图8.1.2分别示出铁型和镍型晶体内的几种不同角度的畴壁。由图可见，在相邻磁畴磁矩的交角不变的情况下，畴壁的方向可以很多。如图8.1.1（a）的90°畴壁，便可以有许多方向，有［110］，［111］，［112］，［113］，…，［11l］，l是任意整数；也就是说，畴壁的法线可以在$(1\bar{1}0)$面内的任一方向。

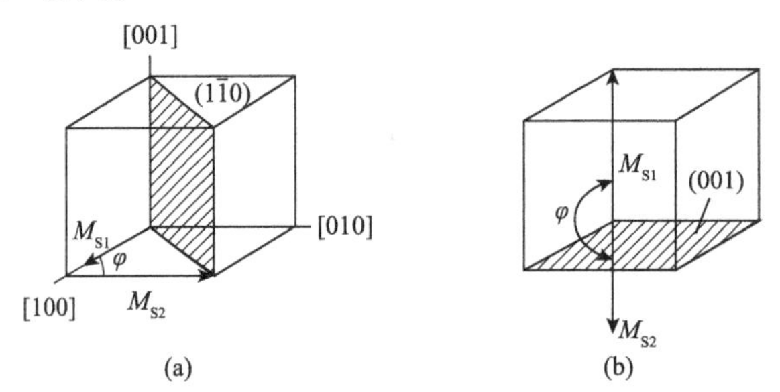

图8.1.1 铁型晶体内的畴壁取向（阴影为畴壁法线组成的平面）

（a）90°型的畴壁方向；（b）180°型的畴壁方向

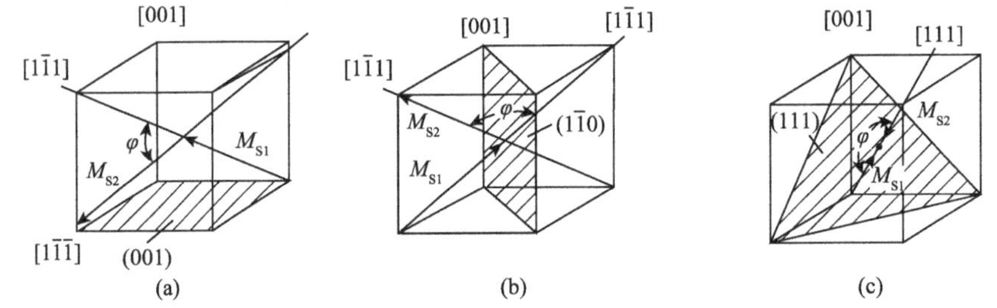

图8.1.2 镍型晶体内的畴壁取向（阴影为畴壁法线组成的平面）

（a）70.53°型的畴壁方向；（b）109.47°型的畴壁方向；（c）180°型的畴壁方向

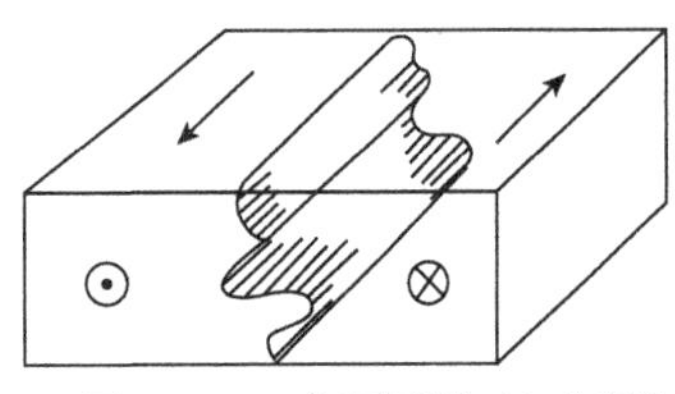

图8.1.3 曲面型的180°畴壁

在许多情况下，假定畴壁都是刚性的平面，所以讨论它的方向才有意义。当然，也可以有如图8.1.3所示的曲面型的畴壁，特别是当畴壁移动时更是如此。既然相邻磁畴的磁矩形成一定的角度，那么从这一磁畴的磁矩方向变到相邻磁畴的磁矩方向，是怎样变化的呢？换句话说，畴壁内的原子磁矩是怎样排列的呢？要解决这个问题，需要假定在大块样品内，畴壁的表面和内部都不出现磁荷（因为磁荷的出现会使畴壁的能量大大增加）。根据这个假定，畴壁内的原子磁矩，只能采取特殊的方式排列。这种特殊的方式就是：畴壁内的每一原子磁矩，在畴壁法线方向的分量都必须相等。图 8.1.4 示出［001］180°畴壁内的原子磁矩的排列方式。由图可见，所有原子磁矩都只在与畴壁平行的原子面上改变方向，而且同一原子面的磁矩方向都相同，所以它们在畴壁法线方向的分量为零，这就符合前面所提出的条件。

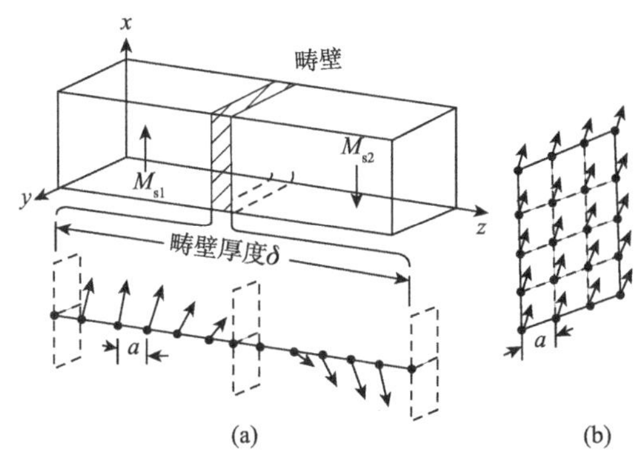

图 8.1.4　180°的畴壁内原子磁矩方向改变的示意图（a）；某一原子面的磁矩排列（b）

图 8.1.5 示出［110］90°畴壁内部原子磁矩方向的变化，其中 M_{s1} 与［010］平行，M_{s2} 与［100］平行，彼此形成 90°。畴壁的法线方向是［110］方向，畴壁内原子磁矩的方向改变是与［110］方向成固定的 45°的角度下进行的，因此所有原子磁矩在［110］方向的分量相等，这也符合前面所提出的条件。

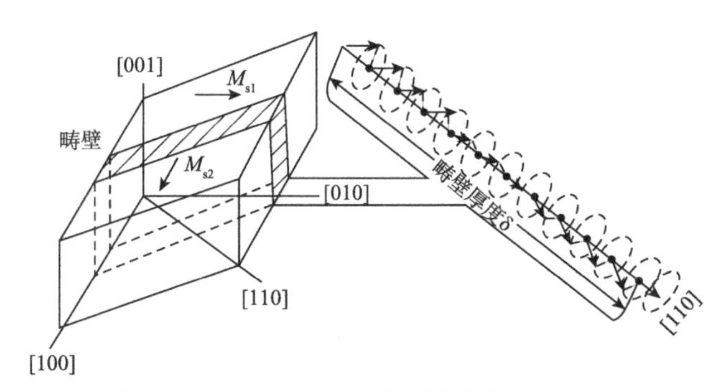

图 8.1.5　90°的畴壁内原子磁矩的方向变化

以上所述的畴壁，其内部原子磁矩的方向改变，都是保证在畴壁的内部和平面上不出现磁荷的。这样的畴壁又称为**布洛赫壁**。它与后面所要讲到的**奈耳壁**是不同的。下面先讨论布洛赫壁的能量和厚度。

8.1.1 单轴晶体内的180°畴壁

畴壁的特性是它的**厚度**和**表面能**，因为它们对畴结构的形成和变化起着重要的作用；而畴壁的特性又是受畴壁内原子磁矩的转向方式所决定的。以下讨论180°畴壁的厚度和能量。

设我们讨论的是单轴晶体的180°畴壁（图8.1.4），选直角坐标的z轴与畴壁法向一致，则xy面就是畴壁的平面。为了满足不出现磁荷的假定，磁矩必须躺在xy面上，即磁矩在z方向的分量$I_z=0$，在x，y方向的分量I_x，I_y在同一xy原子面上是不变的，它们只是z的函数。设θ为任一磁矩与易磁化轴间的角度，则θ只是z的函数$\theta(z)$，而任意两个最近邻磁矩间的角度$\varphi_{ij}=a\left(\dfrac{\mathrm{d}\theta}{\mathrm{d}z}\right)$，$a$为晶格常数。这样，我们的问题便归结为如何求函数$\theta(z)$了。这个函数一定要满足畴壁能$\gamma$为最小的条件。

由式（7.1.1）推得，当两个近邻原子磁矩从平行排列变到不平行排列时，其交换能的增加是

$$\Delta V_{ex}^{ij}=JS^2\varphi_{ij}^2 \tag{8.1.1}$$

在一条线链上的交换能为[本节末注]

$$W_{ex}=\sum_{i>j}\Delta V_{ex}^{ij}=JS^2\sum_{i>j}\varphi_{ij}^2=JS^2\int a^2\left(\frac{\mathrm{d}\theta}{\mathrm{d}z}\right)^2\frac{\mathrm{d}z}{a}=JS^2a\int\left(\frac{\mathrm{d}\theta}{\mathrm{d}z}\right)^2\mathrm{d}z \tag{8.1.2}$$

畴壁单位面积上含有$\dfrac{1}{a^2}$条线链，故单位面积上交换能为

$$\gamma_{ex}=JS^2a\int\left(\frac{\mathrm{d}\theta}{\mathrm{d}z}\right)^2\mathrm{d}z\cdot\frac{1}{a^2}=\frac{JS^2}{a}\int\left(\frac{\mathrm{d}\theta}{\mathrm{d}z}\right)^2\mathrm{d}z \tag{8.1.3}$$

另外，由式（7.2.1）可知，单轴晶体的磁晶各向异性能密度E_K为

$$E_K=K_1\sin^2\theta$$

而畴壁单位面积上的磁晶各异性能为

$$\gamma_K=K_1\sum_{i=1}^{N}\sin^2\theta_i\cdot a^3\cdot\frac{1}{a^2}=K_1a\int\sin^2\theta\frac{\mathrm{d}z}{a}=K_1\int\sin^2\theta\mathrm{d}z \tag{8.1.4}$$

故畴壁单位面积的总能量为

$$\gamma=\gamma_{ex}+\gamma_K=\int(A\theta'^2+K_1\sin^2\theta)\mathrm{d}z \tag{8.1.5}$$

式中，$A=JS^2/a$，$\theta'=\dfrac{\mathrm{d}\theta}{\mathrm{d}z}$。我们知道，畴壁内原子磁矩的转向方式必须满足$\gamma$为最小时才能实现，也就是说，我们所要求的函数$\theta(z)$必须使式（8.1.5）的积分等于极小，因而求$\theta(z)$的方法便是将式（8.1.5）变分，然后解欧勒（Euler）方程。将式（8.1.5）变分，即

$$\delta\gamma = \int[(2A\theta'\delta\theta' + 2K_1\sin\theta\delta(\sin\theta)]\mathrm{d}z$$
$$= \int\left[(2A\theta'\left(\frac{\mathrm{d}}{\mathrm{d}z}\delta\theta\right) + 2K_1\sin\theta\cos\theta\delta\theta\right]\mathrm{d}z \tag{8.1.6}$$

因为

$$\int 2A\theta'\left(\frac{\mathrm{d}}{\mathrm{d}z}\delta\theta\right)\mathrm{d}z = 2A\theta'\delta\theta\ |_{z_1}^{z_2} - \int 2A\left[(\delta\theta)\frac{\mathrm{d}}{\mathrm{d}z}\theta'\right]\mathrm{d}z = -\int 2A\delta\theta\left(\frac{\mathrm{d}}{\mathrm{d}z}\frac{\mathrm{d}\theta}{\mathrm{d}z}\right)\mathrm{d}z \tag{8.1.7}$$

在得出式（8.1.7）时认为自旋开始转向的位置 z_1 和转向结束的位置 z_2 所对应的 $\delta\theta$ 都等于零。将式（8.1.7）代入式（8.1.6），得到

$$\delta\gamma = \int(-2A\frac{\mathrm{d}^2\theta}{\mathrm{d}z^2} + 2K_1\sin\theta\cos\theta)\mathrm{d}z\delta\theta \tag{8.1.8}$$

这样使 $\delta r=0$ 的欧勒方程变成

$$A\frac{\mathrm{d}^2\theta}{\mathrm{d}z^2} - K_1\sin\theta\cos\theta = 0 \tag{8.1.9}$$

朗道和里弗西茨指出：实际的畴壁厚度 δ 总是比磁畴本身的厚度 d 小很多，即 $d/\delta\to\infty$，因此若选畴壁的中心为坐标的原点，则在磁畴之内的 z 都可以认为是 ∞的（与畴壁比较起来），也就是说，边界条件为

$$\begin{cases}(1)\ 当\ z=-\infty时，\theta=0；z=\infty时，\theta=\pi \\ (2)\ 当\ z=\pm\infty时，\dfrac{\mathrm{d}\theta}{\mathrm{d}z}=0.\end{cases} \tag{8.1.10}$$

将式（8.1.9）两边乘$\frac{\mathrm{d}\theta}{\mathrm{d}z}$，并进行第一次积分，得出

$$\frac{A}{K_1}\theta'^2 + \cos^2\theta = C \tag{8.1.11}$$

C 为常数，利用式（8.1.10）的边界条件，则 $C=1$，于是式（8.1.11）便化为

$$\left(\sqrt{\frac{A}{K_1}}\right)\theta' = \pm\sin\theta\ 或\ E_K = A\theta'^2 \tag{8.1.12}$$

对式（8.1.12）积分

$$\int\frac{\mathrm{d}\theta}{\sin\theta} = \int\frac{\mathrm{d}z}{\sqrt{\frac{A}{K_1}}} \tag{8.1.13}$$

用代换变数的方法，令 $t=\tan\frac{\theta}{2}$，$\mathrm{d}\theta=\frac{2\mathrm{d}t}{1+t^2}$，$\cos^2\frac{\theta}{2}=\frac{1}{1+t^2}$，则式（8.1.13）的左边可以变为

$$\int\frac{\mathrm{d}\theta}{\sin\theta} = \int\frac{\mathrm{d}\theta}{2\tan\frac{\theta}{2}\cos^2\frac{\theta}{2}} = \int\frac{2\mathrm{d}t(1+t^2)}{2(1+t^2)t} = \int\frac{\mathrm{d}t}{t} = \ln t + C \tag{8.1.14}$$

将式（8.1.14）代入式（8.1.13），得到

$$z=\sqrt{\frac{A}{K_1}}\ln\tan\frac{\theta}{2}+C \tag{8.1.15}$$

利用式（8.1.10）的边界条件，式（8.1.15）的积分常数 $C=0$，于是式（8.1.15）便写成①

$$\begin{cases} z=\delta_0\ln\tan\dfrac{\theta}{2}, & \delta_0=\sqrt{\dfrac{A}{K_1}} \\ \cos\theta=-\text{th}\dfrac{z}{\delta_0} \end{cases} \tag{8.1.16}$$

式（8.1.16）就表示单轴晶体180°畴壁内的原子磁矩的方向变化，其图解可见图8.1.6。由图可知：磁矩在壁内的方向改变，开始较慢，然后较快，至畴壁中央最快。表8.1列出壁内不同厚度上的磁矩方向，由此可见，δ_0 是壁的基本厚度，也称为**交换作用长度**。当壁厚 $\delta=5\delta_0$ 时，磁矩的方向改变从 $\theta=9^\circ$ 至 $\theta=171^\circ$，也就是说，在此厚度内，180°壁内的磁矩方向变化已经完成了90%。为了求出畴壁厚度的表达式，可在图8.1.6的 θ（z）曲线上过原点作一直线与 θ（z）的渐近线相交于 z_2 和 z_1，直线的斜率为 $\left(\dfrac{d\theta}{dz}\right)_{max}$ 故得

$$\frac{\pi-0}{z_2-z_1}=\left(\frac{d\theta}{dz}\right)_{max}$$

由式（8.1.12）得 $\left(\dfrac{d\theta}{dz}\right)_{max}=\left(\dfrac{K_1}{A}\right)^{1/2}$ 代入上式便得 $\delta=z_2-z_1=\pi\left(\dfrac{A}{K_1}\right)^{1/2}=\pi\delta$。

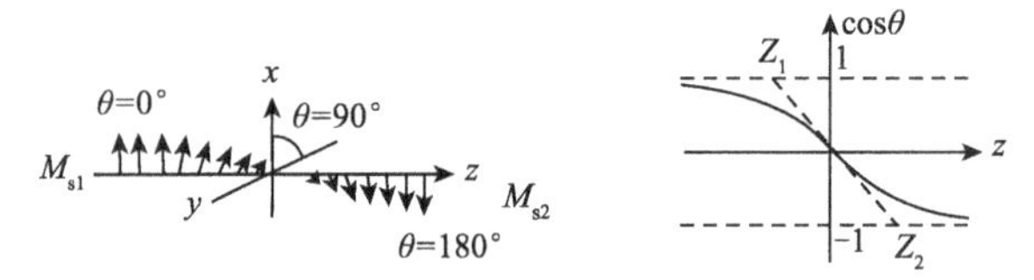

图8.1.6　180°畴壁内磁矩的变化函数 θ（z）

表8.1　180°壁内的磁矩方向

z	$-0.5\delta_0$	$+0.5\delta_0$	$-\delta_0$	$+\delta_0$	$-1.5\delta_0$	$+1.5\delta_0$	$-2.5\delta_0$	$+2.5\delta_0$
θ	62°28′	117°32′	40°26′	139°34′	25°06′	154°54′	9°	171°

① 当 $C=0$ 时，式（8.1.15）便变为

$$e^{z/\delta_0}=\tan\frac{\theta}{2}=\sqrt{\frac{1-\cos\theta}{1+\cos\theta}},\quad 即\ e^{2z/\delta_0}=\frac{1-\cos\theta}{1+\cos\theta}$$

将此式稍加变换，便得

$$\frac{e^{z/\delta_0}\ (e^{z/\delta_0}-e^{-z/\delta_0})}{e^{z/\delta_0}\ (e^{z/\delta\cdot}+e^{-z/\delta_0})}=-\cos\theta$$

即

$$\text{th}\frac{z}{\delta_0}=-\cos\theta$$

式（8.1.12）表示了畴壁的一个性质，即畴壁内任一点的交换能都与该点的磁晶各向异性能相等。因此，在磁晶各向异性能较大的地方，磁矩的方向变化也较速（最近邻磁矩间的角度较大）。将式（8.1.12）代入式（8.1.5），并利用边界条件式（8.1.10）便得平衡时畴壁的表面能密度为

$$\gamma = \int (A\theta'^2 + K_1\sin^2\theta)\mathrm{d}z = \int 2K_1\sin^2\theta\mathrm{d}z = 2K_1\delta_0\int_0^{\pi}\sin\theta\mathrm{d}\theta$$
$$= 4K_1\delta_0 = 4\sqrt{AK_1} \tag{8.1.17}$$

对于六角晶系的钴而言，其 $K_1=5\times10^6\,\mathrm{erg/cm^3}$，$A=4\times10^{-6}\,\mathrm{erg/cm}$，将这些值代入式（8.1.17），算得 $\gamma=17.9\,\mathrm{erg/cm^2}$，而实际上测得的 $\gamma=16\,\mathrm{erg/cm^2}$，由此可见，理论和实验值相当符合。

［本节末注］　最近邻原子间交换能公式的普遍表达式

设 i，j 两近邻原子的自旋 $\boldsymbol{S}_i$，$\boldsymbol{S}_j$ 的取向如图 8.1.7 所示，则两原子的自旋由相互平行变至不平行时（夹角 φ），交换能的增加为

$$\Delta V_{ij}=V_{ij}(\varphi)-V_{ij}(0)=2JS^2(1-\cos\varphi_{ij}),$$
$$\cos\varphi_{ij}=\boldsymbol{\alpha}_i\cdot\boldsymbol{\alpha}_j=\alpha_{ix}\alpha_{jx}+\alpha_{iy}\alpha_{jy}+\alpha_{iz}\alpha_{jz}$$
$$\boldsymbol{r}_{ij}=\boldsymbol{i}x_{ij}+\boldsymbol{j}y_{ij}+\boldsymbol{k}z_{ij}$$

$\boldsymbol{\alpha}_i$，$\boldsymbol{\alpha}_j$ 为 i，j 原子自旋的方向余弦，x，y，z 为笛卡儿坐标。由于 φ_{ij} 较小，故 $\boldsymbol{\alpha}_j$ 可在 $\boldsymbol{\alpha}_i$ 上作泰勒展开

$$\alpha_{jx}=\alpha_{ix}+\left(x_{ij}\frac{\partial}{\partial x_{ij}}+y_{ij}\frac{\partial}{\partial y_{ij}}+z_{ij}\frac{\partial}{\partial z_{ij}}\right)\alpha_{ix}+\frac{1}{2}\left[x_{ij}^2\frac{\partial^2}{\partial x_{ij}^2}+y_{ij}^2\frac{\partial^2}{\partial y_{ij}^2}+z_{ij}^2\frac{\partial^2}{\partial z_{ij}^2}\right.$$
$$\left.+2x_{ij}y_{ij}\frac{\partial^2}{\partial x_{ij}\partial y_{ij}}+2y_{ij}z_{ij}\frac{\partial^2}{\partial y_{ij}\partial z_{ij}}+2z_{ij}x_{xj}\frac{\partial^2}{\partial z_{ij}\partial x_{ij}}\right]\alpha_{ix}+\cdots$$

其余两个分量 α_{jy}，α_{jz} 可类似写出，而

$$\alpha_{ix}\alpha_{jx}=\alpha_{ix}^2+\alpha_{ix}\boldsymbol{r}_{ij}\cdot\nabla\alpha_{ix}+\frac{1}{2}\alpha_{ix}(\boldsymbol{r}_{ij}\cdot\nabla)^2\alpha_{ix}$$

$$\alpha_{iy}\alpha_{jy}=\alpha_{iy}^2+\alpha_{iy}\boldsymbol{r}_{ij}\cdot\nabla\alpha_{iy}+\frac{1}{2}\alpha_{iy}(\boldsymbol{r}_{ij}\cdot\nabla)^2\alpha_{iy},$$

$$\alpha_{iz}\alpha_{jz}=\alpha_{iz}^2+\alpha_{iz}\boldsymbol{r}_{ij}\cdot\nabla\alpha_{iz}+\frac{1}{2}\alpha_{iz}(\boldsymbol{r}_{ij}\cdot\nabla)^2\alpha_{iz},$$

$$\cos\varphi_{ij}=1+\boldsymbol{\alpha}_i\cdot(\boldsymbol{r}_{ij}\cdot\nabla)\boldsymbol{\alpha}_i+\frac{1}{2}\boldsymbol{\alpha}_i\cdot(\boldsymbol{r}_{ij}\cdot\nabla)^2\boldsymbol{\alpha}_i$$

若对 i 原子的所有最近邻都考虑进去，则交换能的增加为

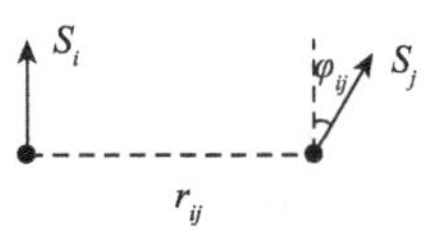

S_i　φ_{ij}　S_j

r_{ij}

图 8.1.7　近邻原子间自旋取向示意图

$$w_{ex} = \sum_j \nabla V_{ij} = \sum_j 2JS^2(1-\cos\varphi_{ij})$$
$$= 2JS^2\sum_j\left[-\boldsymbol{\alpha}_i\cdot(\boldsymbol{r}_{ij}\cdot\boldsymbol{\nabla})\boldsymbol{\alpha}_i - \frac{1}{2}\boldsymbol{\alpha}_i\cdot(\boldsymbol{r}_{ij}\cdot\boldsymbol{\nabla})^2\boldsymbol{\alpha}_i\right]$$

在立方晶系中，由于对称性考虑，在求和时，r_{ij} 和 $x_{ij}y_{ij}$，$y_{ij}z_{ij}$，$z_{ij}x_{ij}$ 等都为零，而

$$\sum_j x_{ij}^2 = \sum_j y_{ij}^2 = \sum_j z_{ij}^2 = \frac{1}{3}\sum_j r_{ij}^2$$

故

$$w_{ex} = -2JS^2\sum_j \frac{1}{6}r_{ij}^2\boldsymbol{\alpha}_i\cdot\boldsymbol{\nabla}^2\boldsymbol{\alpha}_i$$
$$= \frac{1}{3}JS^2\sum_J r_{ij}^2[(\boldsymbol{\nabla}\alpha_{ix})^2 + (\boldsymbol{\nabla}\alpha_{iy})^2 + (\boldsymbol{\nabla}\alpha_{ix}{}^2)]$$

在立方晶系中,对某一晶胞而言,$\sum_j r_{ij}^2 = 6a^2$,a 为晶格常数,故只考虑所有最近邻时,单位体积的交换能的增加

$$E_{ex} = \frac{w_{ex}}{a^3} = \frac{vJS^2}{a}\ [\ (\boldsymbol{\nabla}\alpha_x)^2 +\ (\boldsymbol{\nabla}\alpha_y)^2 +\ (\boldsymbol{\nabla}\alpha_z)^2],$$

$v=1$ （简单）

$v=2$ （体心）

$v=4$ （面心）

式中，$\boldsymbol{\nabla} = \boldsymbol{i}\frac{\partial}{\partial x} + \boldsymbol{j}\frac{\partial}{\partial y} + \boldsymbol{k}\frac{\partial}{\partial z}$。

8.1.2 三轴晶体内的 180°壁

立方晶体中的磁晶各向异性能密度按（7.2.2）的公式是

$$E_K = K_1\ (\alpha_1^2\alpha_2^2 + \alpha_2^2\alpha_3^2 + \alpha_3^2\alpha_1^2) \qquad （第二项略去）$$

设畴壁仍垂直于 z 轴，坐标原点在畴壁厚度的中心，那么

$$\alpha_3 = \cos\frac{\pi}{2} = 0$$

如果把 $\alpha_1 = \cos\theta_1$ 称作 $\cos\theta$，那么

$$\alpha_2 = \cos\theta_2 = \cos\left(\frac{\pi}{2} - \theta_1\right) = \sin\theta$$

上式就变成

$$E_K = K_1\alpha_2^2\alpha_1^2 = K_1\sin^2\theta\cos^2\theta \tag{8.1.18}$$

把此式代换（8.1.5）中的 $K_1\sin^2\theta$，并利用式（8.1.12）便得

$$\gamma = 2\sqrt{AK_1}\int_{-\frac{\pi}{2}}^{+\frac{\pi}{2}} |\sin\theta\cos\theta|\ \mathrm{d}\theta = 2\sqrt{AK_1} \tag{8.1.19}$$

把式（8.1.18）代入式（8.1.12），$dz=\sqrt{A}\dfrac{d\theta}{\sqrt{E_K}}$，求 θ 和 z 的关系，得到

$$z=\sqrt{\frac{A}{K_1}}\int_{\theta_1}^{\theta}\frac{d\theta}{\sin\theta\cos\theta}=\sqrt{\frac{A}{K_1}}(\ln\tan\theta-\ln\tan\theta_1) \tag{8.1.20}$$

从积分的结果可以看到，积分下限不能取 0°，因 $\ln\tan0=-\infty$，上限也不能大到 $\pi/2$，因 $\ln\tan\dfrac{\pi}{2}=+\infty$，这样 z 就是等于无限大，算不出畴壁厚度，但如果暂时取 θ_1 等于 0°附近的一个角，例如 10°，那么我们就可以算出在这个角度以上 z 随 θ 变化的情况。这样求得的 z 与 θ 的关系如图 8.1.8 所示。从图中可以看到，有一个$\dfrac{d\theta}{dz}$的最大值，此值可以从式（8.1.20）求微商得到，即

$$\frac{d\theta}{dz}=\sqrt{\frac{K_1}{A}}\sin\theta\cos\theta=\frac{1}{2}\sqrt{\frac{K_1}{A}}\sin2\theta$$

当 $\theta=\dfrac{\pi}{4}$时，$\dfrac{d\theta}{dz}$最大，即

$$\left(\frac{d\theta}{dz}\right)_m=\frac{1}{2}\sqrt{\frac{K_1}{A}} \tag{8.1.21}$$

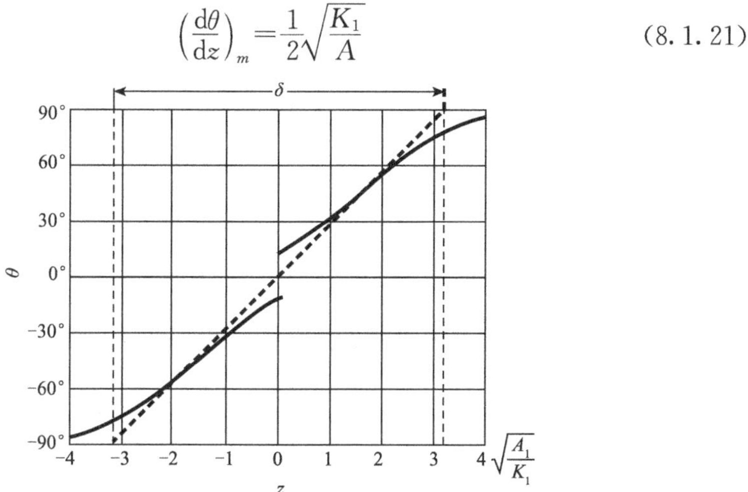

图 8.1.8　立方晶体的 180°畴壁中 θ 随 z 的变化及畴壁厚度

如果我们把磁矩转向的最大陡度看作畴壁整个厚度的磁矩转向的陡度，那么畴壁的一半厚度相当于 $\theta=0$ 到 $\theta=\dfrac{\pi}{2}$，从式（8.1.21）可得

$$\frac{(\pi/2)\ -0}{\delta/2}=\frac{1}{2}\sqrt{\frac{K_1}{A}},\qquad \delta=2\pi\sqrt{A/K_1} \tag{8.1.22}$$

按照这个公式所代表的结论，如果以 θ 为纵坐标，z 为横坐标，那么以 $\theta=\dfrac{\pi}{4}$那里的$\left(\dfrac{d\theta}{dx}\right)_m$为斜率。通过 $z=0$，$\theta=0$，作一直线所截 $\theta=\pm\dfrac{\pi}{2}$两点的 z 间的距离

就是上式所示的畴壁厚度。有了这一条直线，$\theta=\pm\frac{\pi}{4}$处的 z 值就确定了。从这两点出发可以在同一图上画出式（8.1.20）所示的磁矩方向和 z 值的关系。从而看到，用最大斜率来确定的畴壁厚度，除 $\theta=0$ 和$\pm\frac{\pi}{2}$附近，实际曲线偏离直线较远外，大部分还是接近的。

式（8.1.19）和式（8.1.22）分别表示三轴晶体中［001］方向的 180°壁的能量密度和畴壁厚度。铁金属在室温下是体心立方体。上述两式中的 A 代表 JS^2/a，这是简单立方晶体的情况。对于体心立方体，A 应等于 $2JS^2/a$。在应用上述两个公式时，只需要做这一点小改变。铁金属的有关数据以前已提到，即 $J=2.16\times10^{-21}$J［2.16×10^{-14}erg］，$S=1$，$K_1=4.2\times10^4$J/m³［4.2×10^5erg/cm³］，$a=2.86\times10^{-10}$m［2.86Å］。把这些数代入上述两个公式，且式中的 A 按体心立方晶体的情况计算，可以算得

$$\gamma=1.59\times10^{-3}\text{J/m}^2\ [1.59\text{erg/cm}^2],$$
$$\delta=1.191\times10^{-7}\text{m}\ [1191\text{Å}],$$

而实验的结果对于 Fe 是，$\gamma=1.4\text{erg/cm}^2$，$\delta=1300$Å。由此可见，计算与实验符合得很好。

8.1.3 考虑磁弹性能量后三轴晶体内的 180°畴壁

由 8.1.2 节可见，θ（z）在畴壁的中央不连续，即在畴壁的中央又将要出现一个 90°的畴，其原因是磁矩在这一方向也是易磁化方向。这一假象的出现是由于在 8.1.2 节中没有考虑磁弹性能的结果。下面讨论磁弹性能对三轴晶体 180°畴壁的影响。

磁畴内的磁弹性能和畴壁的磁弹性能是不同的，根据式（7.2.61），它们的差为

$$\Delta F_{ms}=B_1\Big[\sum_i A_{ii}\Big(\alpha_i^2-\frac{1}{3}\Big)-\sum_i A'_{ii}\Big(\alpha'^2_i-\frac{1}{3}\Big)\Big]+2B_2\Big[\sum_{i\neq j}A_{ij}\alpha_i\alpha_j-\sum_{i\neq j}A'_{ij}\alpha'_i\alpha'_j\Big] \tag{8.1.23}$$

式中符号的意义与前相同，有撇“′”者代表畴壁内的情况。自发形变时畴壁内的物质受到畴内物质的牵制，因此可以认为畴壁内的自发形变与畴内的自发形变是相同的，即 $A_{ij}=A'_{ij}$，i，$j=1$，2，3（详细证明可参阅文献［1］）。畴内 M_s 的方向余弦在这里为 $\alpha_1=\pm1$，$\alpha_2=\alpha_3=0$，畴壁内 M_s 的方向余弦为 $\alpha'_1=\cos\theta$，$\alpha'_2=\sin\theta$，$\alpha'_3=0$，将这些数值代入式（8.1.23）便得

$$\Delta F_{ms}=B_1[(1-\cos^2\theta)A_{11}^0-\sin^2\theta A_{22}^0]=B_1\sin^2\theta\ (A_{11}^0-A_{22}^0) \tag{8.1.24}$$

根据式（7.2.34）和式（7.2.40）以及常数 B_1 与弹性常数的关系，$B_1=3c_2\lambda_{100}$，式（8.1.24）可简化为

$$\Delta F_{ms}=\frac{9}{2}c_2\lambda_{100}^2\sin^2\theta \tag{8.1.25}$$

这样畴壁单位表面的能量为

$$r = r_{ex} + r_K + r_{ms} = \int\left(A\theta'^2 + K_1\sin^2\theta\cos^2\theta + \frac{9}{2}c_2\lambda_{100}^2\sin^2\theta\right)\mathrm{d}z \tag{8.1.26}$$

和前面的讨论相似，欲求畴壁内自旋的变化函数 θ（z），则必须对式（8.1.26）进行变分，然后解欧勒方程

$$2A\frac{\mathrm{d}^2\theta}{\mathrm{d}z^2} = K_1\sin2\theta\cos2\theta + \frac{9}{2}\lambda_{100}^2c_2\sin2\theta \tag{8.1.27}$$

仍用式（8.1.10）的边界条件，式（8.1.27）的第一次积分得

$$\frac{\mathrm{d}\theta}{\mathrm{d}z} = \frac{1}{\delta_0}\ (\sin^2\theta\cos^2\theta + p\sin^2\theta)^{1/2} \tag{8.1.28}$$

其中 $\delta_0 = (A/K_1)^{\frac{1}{2}}$，$p = \frac{9}{2}\ \frac{c_2\lambda_{100}^2}{K_1}$，式（8.1.28）可进一步化简如下：

$$\frac{\mathrm{d}z}{\delta_0} = \frac{\mathrm{d}\theta}{\sin\theta\cos\theta\ (1+p\sec^2\theta)^{\frac{1}{2}}} = \frac{\mathrm{d}\theta}{\sin\theta\cos\theta\ [1+p\ (1+\tan^2\theta)^{\frac{1}{2}}]}$$

$$= \frac{\mathrm{d}\theta}{\sin\theta\cos\theta\tan\theta\ [p+p\cot^2\theta+\cot^2\theta]^{\frac{1}{2}}} = \frac{\mathrm{d}\theta}{\sin^2\theta\left[p\left(1+\frac{1+p}{p}\cot^2\theta\right)\right]^{\frac{1}{2}}}$$

即

$$\frac{(1+p)^{\frac{1}{2}}}{\delta_0}\mathrm{d}z = \frac{\left(\frac{1+p}{p}\right)^{\frac{1}{2}}\csc^2\theta\mathrm{d}\theta}{\left[1+\left(\frac{1+p}{p}\right)\cot^2\theta\right]^{\frac{1}{2}}} = -\frac{\left(\frac{1+p}{p}\right)^{\frac{1}{2}}\mathrm{d}\ (\cot\theta)}{\left[1+\left(\frac{1+p}{p}\right)\cot^2\theta\right]^{\frac{1}{2}}} \tag{8.1.29}$$

铁的有关数据是：$c_2 = 0.48\times10^{12}\,\mathrm{erg/cm^3}$，$\lambda_{100} = 20\times10^{-6}$，$K_1 = 4.5\times10^5\,\mathrm{erg/cm^3}$，则它的 $p = \frac{9}{2}\ \frac{c_2\lambda_{100}^2}{K_1} = 1.9\times10^{-3}$，取畴壁的中点为坐标原点，即在原点上 $z=0$，$\theta=90°$，那么式（8.1.29）的积分为（考虑到 $p\ll1$）

$$\mathrm{sh}\left[(1+p)^{\frac{1}{2}}\frac{z}{\delta_0}\right] = -\left(\frac{1+p}{p}\right)^{\frac{1}{2}}\cot\theta \tag{8.1.30}$$

式（8.1.30）表示畴壁内磁矩的转向情形，其图解示于图 8.1.9，由图可见，在 $\theta=90°$附近时，尽管磁矩的方向改变很缓慢（$\mathrm{d}\theta/\mathrm{d}\ (z/\delta_0)\ = \sqrt{p}\approx0.04$），但毕竟不能出现 90°畴壁，而是形成 180°畴壁。畴壁的厚度不能从式（8.1.30）直接算出，因为它是无穷的，为了计算畴壁厚度需要定义一个有效厚度 δ_w 为

$$\frac{\delta_w}{\delta_0} = (\theta_2-\theta_1)\ \frac{1}{\delta_0}\left(\frac{\mathrm{d}z}{\mathrm{d}\theta}\right) = (\theta_2-\theta_1)\ \left(\frac{\mathrm{d}\xi}{\mathrm{d}\theta}\right),\quad \xi = \frac{z}{\delta_0} \tag{8.1.31}$$

θ_1 和 θ_2 是畴壁两表面上磁矩开始转向和转向末了的角度，对于图 8.1.9 示出的 180°壁，它有有效厚度为

$$\frac{\delta_w}{\delta_0} = (\xi_r-\xi_p) + \theta_p\left(\frac{\mathrm{d}\xi}{\mathrm{d}\theta}\right)_p + (\pi-\theta_r)\left(\frac{\mathrm{d}\xi}{\mathrm{d}\theta}\right)_r \tag{8.1.32}$$

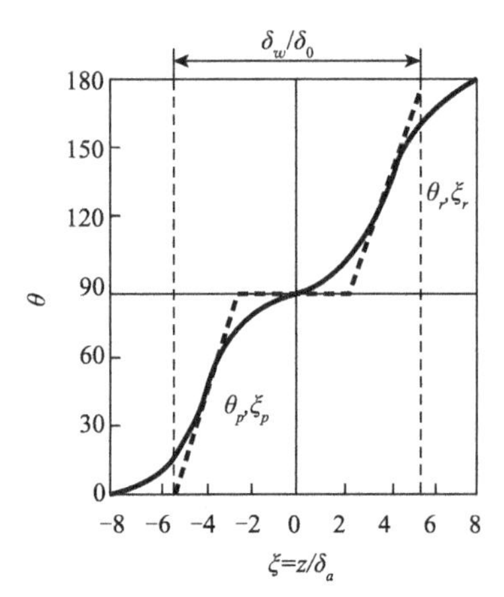

图 8.1.9 三轴晶体的 180°畴壁内磁矩方向的变化

由式（8.1.30）计算得出，$\xi_r-\xi_p=7.76$，$\left(\dfrac{\mathrm{d}\xi}{\mathrm{d}\theta}\right)_p=\left(\dfrac{\mathrm{d}\xi}{\mathrm{d}\theta}\right)_r\approx 2$，$\theta_p=\pi-\theta_r=\dfrac{\pi}{4}$。将这些数值代入式（8.1.32），便得

$$\delta_w=10.9\delta_0 \quad (\text{三轴晶体的 }180^\circ\text{壁}) \tag{8.1.33}$$

与式（8.1.22）的值 $\delta_w=2\pi\delta_0$ 相比，可见考虑磁弹性能后的 180°才代表真实的情况。将式（8.1.28）代入式（8.1.26）可以计算畴壁能

$$\begin{aligned} r &= \int 2\delta_0 K_1(\sin^2\theta\cos^2\theta+p\sin^2\theta)^{\frac{1}{2}}\mathrm{d}\theta \\ &= -2\delta_0 K_1\int_0^\pi (p+\cos^2\theta)^{\frac{1}{2}}\mathrm{d}(\cos\theta) \\ &= -2\delta_0 K_1\left[\frac{\cos\theta}{2}\sqrt{p+\cos^2\theta}+\frac{9}{2}\ln(\cos\theta+\sqrt{p+\cos^2})\right]_0^\pi \\ &\simeq 2\delta_0 K_1 = 2\sqrt{AK_1} \end{aligned} \tag{8.1.34}$$

此式与不考虑磁弹性能影响的式（8.1.19）相同。

用克尔（Kerr）磁光效应可以观测畴壁内的磁矩分布[2]所得的部分结果示于图 8.1.10 和图 8.1.11，在这同一图上还表示了式（8.1.16）和式（8.1.30）的理论曲线，由图上可见，理论的预料在定性上是对的，在定量上差距较大，对单轴晶体来说，差距主要表现在曲线的下部，对三轴晶体来说，主要在畴壁的中间。

最近用中子衍射对 Ni 单晶的［110］71°壁的厚度进行研究，发现壁的厚度随外磁场变化，由 10Oe 的 460.8nm 变薄至 70Oe 的 409.9nm。这是目前最准确的数据[3]。另外，从实验上观测畴壁的厚度还能得出交换常数 A，Pratzer 等观测 Fe 膜的畴壁得出 $A=1.8\times10^{-12}\,\mathrm{J/m}$，此值比块材的 $A_{块}$ 小一个数量级（$A_{块}=0.8\times10^{-11}\,\mathrm{J/m}$）[3]。表 8.2 示出 Fe，Co，Ni 内各种类型畴壁的畴壁能量和厚度的计算结果。这些结果对实际问题的分析是有所帮助的。

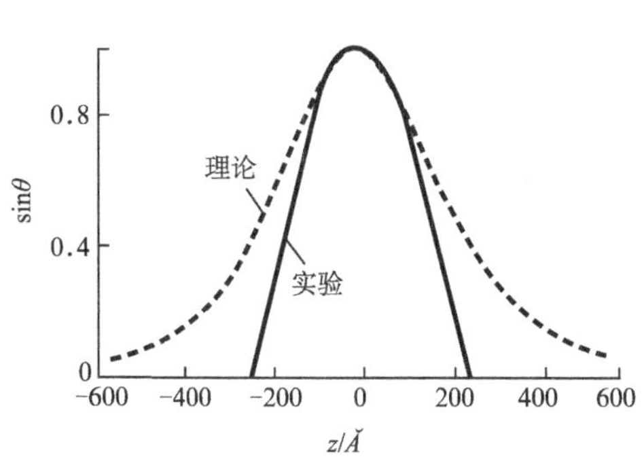

图 8.1.10　钴的 180°畴壁内磁矩方向的变化

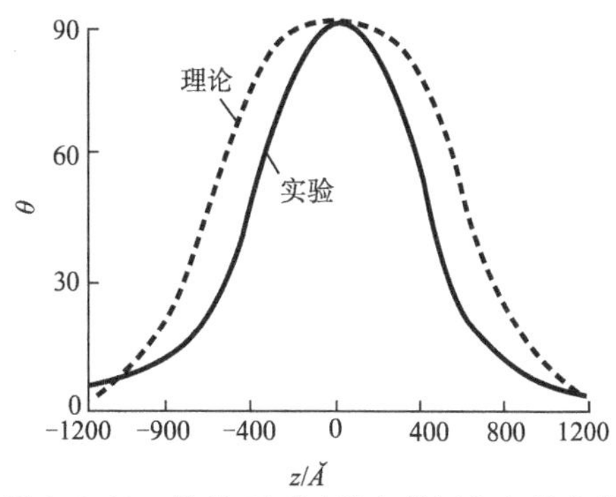

图 8.1.11　铁的 180°畴壁内磁矩方向的变化

表 8.2　Fe，Ni，Co 的各种畴壁能量和厚度

物　质	畴壁类型	畴壁的法线方向							
		[001]	[110]	[111]	$\overline{11}2$	[001]	[110]	[111]	$\overline{11}2$
		相对厚度 δ/δ_0				相对能量 r/r_0			
	70.53°	3.85	4.26	—	—	0.54	0.46	—	—
Ni	109.47°	∞	3.31	3.85		1.09	1.37	1.29	
$\delta_0=260$Å	180°	—	∞	—	7.29	—	1.83	—	2.00
$r_0=0.14\text{erg/cm}^2$	180°（m. s.）	—	7.91	—	4.45	—	2.19	—	2.27
Fe	90°	3.14	3.97	3.14		1.00	1.73	1.19	
$\delta_0=130$Å	180°	∞	5.60			2.00	2.76	—	
$r_0=0.62\text{erg/cm}^2$	180°（m. s.）	10.87	5.59			2.02	2.77	—	
Co									
$\delta_0=50$Å	180°	3.14				4.00			
$r_0=4.47\text{erg/cm}^2$									

8.2　铁磁薄膜内的畴壁和畴壁的新类型

20 世纪 50 年代末至 60 年代初，由于电子计算机和其他自动控制设备的需要，对铁镍合金为基的薄膜，进行了大量的研究，发现了一些现象是大块材料内所没有的，本节讨论铁磁薄膜内的畴壁特征。

铁磁薄膜指的是这样一类材料：①它的厚度不超过 $10^{-3}\sim10^{-7}$cm；②它的晶粒边界与晶体体积之比，远远超过大块材料同类数值之比（薄膜内的晶粒直径约为 10^{-3}cm）；③存在着一个临界厚度（表 8.3）。同样的材料，在小于临界厚度时，磁性要发生变化。根据上述三点规定，用轧机制成的坡莫合金薄带(尽管它的厚度也只有 $10^{-3}\sim10^{-4}$cm）和磁记录上用的磁带都不属于铁磁薄膜的范围。

表 8.3 铁磁薄膜的临界厚度 d_c（当 $d<d_c$ 时，表中所列的性能便与大块样品不同）

性能	饱和磁化强度和居里点	磁畴磁矩的反转时间	准静态反磁化	畴壁的类型	畴壁结构
临界厚度 d_c/Å	10～500	$10^3\sim10^4$	$10^3\sim10^4$	$100\sim10^3$	$10^3\sim10^5$

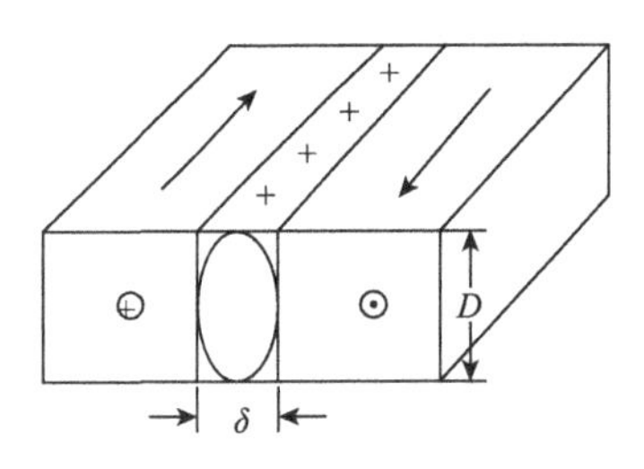

图 8.2.1 磁膜内的布洛赫壁

从上节关于布洛赫壁的讨论中，我们已经看到，畴壁的内部和畴壁的面积上不出现磁荷是处理畴壁问题的一般定则。但是畴壁与样品表面的交界处是要出现磁荷的（图 8.2.1)。为什么这项能量在计算大块样品的畴壁能时不考虑呢？这是因为大块样品的厚度 D 比畴壁的厚度 δ 要大得多，畴壁平面内的退磁因子很小，所以这项能量也就可以忽略不计了。如果样品是铁磁薄膜的话，样品厚度 D 比畴壁厚度 δ 大得多的条件，可能不会成立；这时，退磁能便不能忽略。下面我们将会看到，考虑了这项退磁能的影响后，薄膜的畴壁特性会有显著的变化。

设畴壁与样品表面交界处的面磁荷密度为 σ_m，则上底与下底两个交界面之间，磁荷的相互作用能 E_m，可以看作是椭圆截面的长轴为 D、短轴为 δ 的无限长的椭圆柱体，在长轴方向的退磁能 $E_{退}$ 即

$$E_m=\simeq E_{退}=\frac{\mu_0}{2}NM^2 \tag{8.2.1}$$

其中，N 为无限长的椭圆截面的圆柱体在椭圆截面长轴方向上的退磁因子，根据有关资料的记载，$N=\delta/(D+\delta)$①。M 为椭圆柱体在椭圆长轴方向的平均磁化强度。这样，单轴晶体的畴壁能便为

$$r=\int\left(A\theta'^2+K_1\sin^2\theta+\frac{\mu_0\delta M^2}{2(\delta+D)}\right)\mathrm{d}z \tag{8.2.2}$$

现在我们不直接去求解式（8.2.2）变分后的欧勒方程，而是先假设一个 θ（z）函数，看畴壁的性质有何变化。最简单的情况是假定畴壁内相邻原子磁矩之间的夹

① 此式可用第 13 章“等效磁荷球”的原理推出：设“无限长”椭圆柱体的长度为 T，其 $S=D\delta+T(\delta+D)$，$N=\dfrac{1}{1+\dfrac{D}{\delta T}\sqrt{\pi[D\delta+T(\delta+D)]}}=\dfrac{\delta}{\delta+\dfrac{D}{T}\sqrt{\pi[D\delta+T(\delta+D)]}}=\dfrac{\delta}{\delta+D}$。

角不变，即 $\varphi_{ij}=(\mathrm{d}\theta/\mathrm{d}z)\cdot a$ 为常数，在 180°畴壁中 $\mathrm{d}\theta/\mathrm{d}z=\pi\delta$，因此函数 $\theta(z)$便可写成

$$\theta=\frac{\pi}{\delta}z \tag{8.2.3}$$

将式（8.2.3）代入式（8.2.2），得出

$$r=\frac{A\pi^2}{\delta}+\frac{K_1\delta}{2}+\frac{\mu_0\delta^2M^2}{2(\delta+D)} \tag{8.2.4}$$

椭圆内长轴方向的磁化强度 $M=M_s\overline{\sin\theta}$，这里的正弦平均，是对畴壁内所有的原子磁矩求的，即

$$\overline{\sin\theta}=\frac{\int_0^\delta \sin\theta\mathrm{d}z}{\int_0^\delta \mathrm{d}z}=\frac{\frac{\delta}{\pi}\int_0^\pi \sin\theta\mathrm{d}\theta}{\int_0^\delta \mathrm{d}z}=\frac{2}{\pi}$$

因此

$$M=M_s\overline{\sin\theta}=\frac{2}{\pi}M_s \tag{8.2.5}$$

把式（8.2.5）代入式（8.2.4），得

$$r=\frac{A\pi^2}{\delta}+\frac{K_1}{2}\delta+\frac{2}{\pi^2}\frac{\mu_0M_s^2\delta^2}{(\delta+D)} \tag{8.2.6}$$

从 $\partial r/\partial\delta=0$ 的条件中，可求出畴壁的厚度与有关参数的关系：

$$\frac{K_1}{2}-\frac{A\pi^2}{\delta^2}+\frac{2M_s^2\mu_0\delta(\delta+2D)}{\pi^2(\delta+D)^2}=0 \tag{8.2.7}$$

从式（8.2.7）中虽然可以看出畴壁厚度 δ 与样品的厚度 D 有一定的关系，可惜这种关系不是解析的，只能用数值解法才能求得。现以膜厚 $D=5000$Å 的铁膜为例，取 $M_s=1700\times10^3$ A/m 代入式（8.2.7）和式（8.2.6）中算得：$r=3.6r_{块}$，$\delta=0.21\delta_{块}$，其中 $r_{块}$ 和 $\delta_{块}$ 分别表示大块样品的畴壁能和畴壁厚度。由此可见，在薄膜内考虑了退磁能的影响后，对厚度为 5000Å 的铁膜而言，其畴壁能约是大块样品大 4 倍，畴壁厚度约为大块样品的 1/5。

根据式（8.2.6）和式（8.2.7），可求得在两种极端情形下的畴壁厚度 δ_B 和畴壁能量 r_B 如下：

（1）当样品厚度 $D\to\infty$时，得

$$\begin{cases}\delta_B=\sqrt{2}\pi\sqrt{A/K_1}\\ r_B=\sqrt{2}\pi\sqrt{AK_1}\end{cases} \tag{8.2.8}$$

（2）当样品厚度 $D\to0$ 时，得

$$\begin{cases}\delta_B=\sqrt{2}\pi\sqrt{A/K_{\mathrm{eff}}}\\ r_B=\sqrt{2}\pi\sqrt{AK_{\mathrm{eff}}},\quad K_{\mathrm{eff}}=K_1+(4\mu_0/\pi^2)M_s^2\end{cases} \tag{8.2.9}$$

式（8.2.8）可以看作是在简化模型下的大块样品的畴壁厚度和能量，它与精确计算的结果很相近（精确结果见式（8.1.17）。

从式（8.2.8）和式（8.2.9）中可容易看出，如果畴壁仍是布洛赫壁的话，那么随着样品厚度的减小，畴壁能量就要升高。现在要问，畴壁内的原子磁矩的方向改变是否还有另外的方式，可能使薄膜的畴壁能量降低吗？为了回答这个问题，奈耳提出了畴壁内原子磁矩方向改变的新方式，这种新方式就是，原子磁矩的方向变化就在和样品表面平行的平面上进行（图 8.2.2）。凡是这样的畴壁称为**奈耳壁**。下面讨论奈耳壁的能量 r_N 和厚度 δ_N。

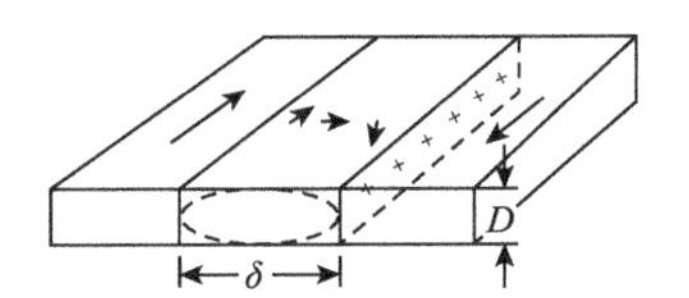

图 8.2.2 磁膜内的奈耳壁

设式（8.2.3）仍适用于奈耳壁，与布洛赫壁的讨论类似，可得奈耳壁的能量和厚度如下：

$$r_N=\frac{A\pi^2}{\delta_N}+\frac{K_1}{2}\delta_N+\frac{2\mu_0}{\pi^2}\frac{M_s^2\delta_N D}{\delta_N+D} \tag{8.2.10}$$

$$\frac{K_1}{2}-\frac{A\pi^2}{\delta_N^2}+\frac{2\mu_0 M_s^2}{\pi^2}\left[\frac{D}{\delta_N+D}-\frac{\delta_N D}{(\delta_N+D)}\right]=0 \tag{8.2.11}$$

根据式（8.2.10）和式（8.2.11）也可求得在两种极端情况下的畴壁的厚度和能量如下：

（1）当 $D\to\infty$时，得

$$\begin{cases}\delta_N=\sqrt{2}\pi\sqrt{A/K_{\text{eff}}}\\ r_N=\sqrt{2}\pi\sqrt{AK_{\text{eff}}}\\ K_{\text{eff}}=K_1+\dfrac{4\mu_0}{\pi^2}M_s^2\end{cases} \tag{8.2.12}$$

（2）当 $D\to 0$ 时，得

$$\begin{cases}\delta_N=\sqrt{2}\pi\sqrt{A/K_1}\\ r_N=\pi\sqrt{2}\sqrt{AK_1}\end{cases} \tag{8.2.13}$$

从式（8.2.8）和式（8.2.12），式（8.2.9）和式（8.2.13）的比较中可以看出，当样品厚度增大（$D\to\infty$）时，出现布洛赫壁的能量是较低的；当样品厚度逐渐变薄（$D\to 0$）时，出现奈耳壁的能量是有利的。若对式（8.2.6）和式（8.2.7），式（8.2.10）和式（8.2.11）进行数值计算，则可得出畴壁能量和厚度与样品厚度的关系。畴壁能量与样品厚度的关系绘制在图 8.2.3 上。理论计算得出，当 $D<360$Å 时便出现奈耳壁。实验看到的是，$D<200$Å 才出现奈耳壁。

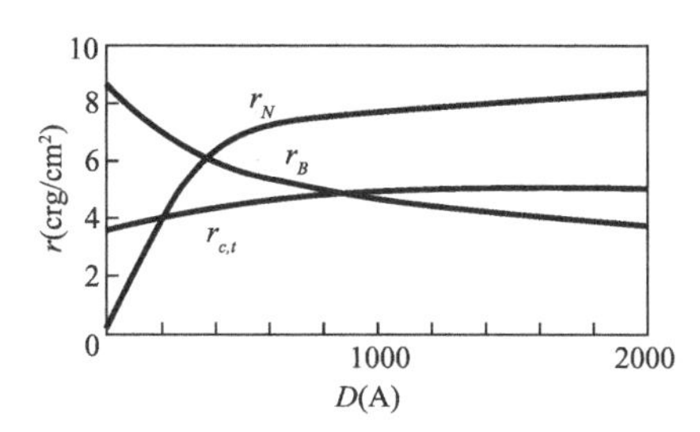

图 8.2.3　奈耳壁能量 r_N，布洛赫壁能量 r_B 和十字壁能量 $r_{c,t}$ 与样品厚度 D 的关系

由于薄膜中奈耳壁的存在，样品内部有了体积磁荷，它的散磁场将影响到周围的原子磁矩的取向，因此在薄膜内出现了一种特殊的畴壁，外形很象交叉的刺，故称为**交叉畴壁**（crosstie wall）或**十字壁**（图 8.2.4）。交叉畴壁的形成显然是为了减小奈耳壁上磁荷的影响，即在奈耳壁上分成许多磁荷正负相间的小段，段与段间以**布洛赫线**隔开（见图 8.2.5）。可是当膜的厚度进一步减小时，由于布洛赫线的能量已相当大，十字壁的能量便并不比单极奈耳壁低了。在图 8.2.3 上也示出了十字壁的能量与膜厚的关系。由图可见，薄膜的厚度 D 与畴壁类型的关系，大致分为三个范围：$D<200$Å，出现奈耳壁；$200\text{Å}<D<1000$Å，出现十字壁；$D>1000$Å，则为布洛赫壁。

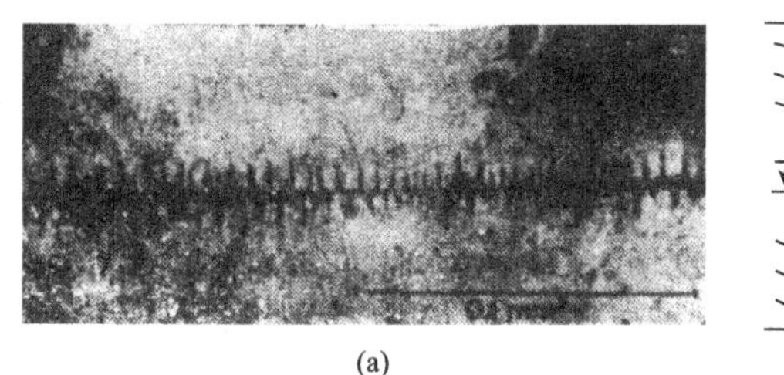
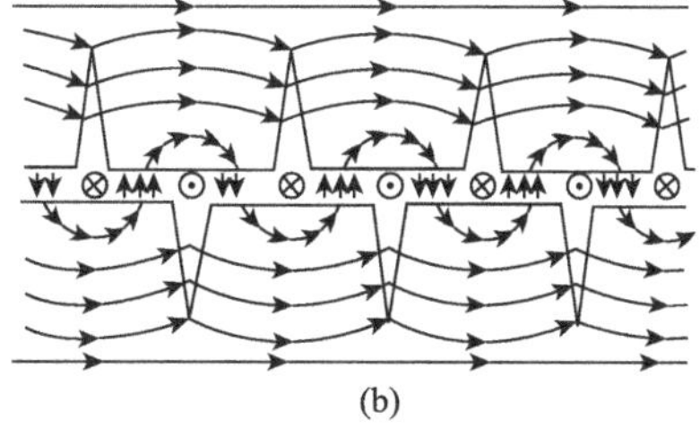

(a)　　(b)

图 8.2.4　磁膜中的十字壁及附近的磁力线

(a) 十字壁的照片；(b) 相应的磁力线

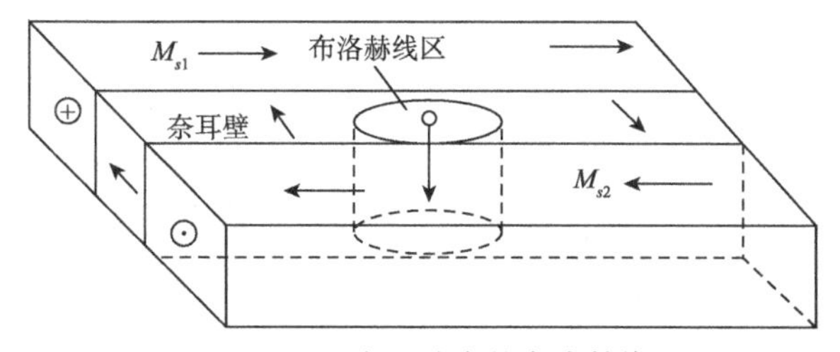

图 8.2.5　奈耳壁中的布洛赫线

尽管在图 8.2.3 中示出，膜厚小于 200Å 时将出现奈耳型畴壁，可是在超薄（2～14nm）的 Ni 膜内，仍发现了布洛赫型的畴壁[4]。原因是这种膜的表面各向

异性很强（参考第 7 章 7.2.1.8 节），出现布洛赫壁在能量上仍然有利。实验还发现，当 Ni 膜的厚度为 8nm 时，布洛赫壁的厚度可达 30nm 的量级，此后随着膜厚的增加或减少，布洛赫壁的厚度都是增加的。原因是有效各向异性常数 K_{eff} 在膜厚 8nm 处最强，这与相邻磁畴间在 Z 方向（膜面法线方向）的磁力差的测量一致。

畴壁内原子磁矩方向改变的方式，如上所述有布洛赫方式和奈耳方式两种，这两种方式在实验上都已观测到，而且在薄膜内的奈耳型畴壁，为了减小退磁能还会出现布洛赫线。利用布洛赫线的性质设计的存贮器称为布洛赫线存贮器，从 20 世纪 80 年代磁泡研究热以来，这种存贮器的研究仍有报导。20 世纪 90 年代 Shatskii 提出了畴壁的新类型[5]，认为畴壁内原子磁矩的方向改变是立体的，即方向改变时，立体角和方位角同时改变，下面作些简要说明：

畴壁的新类型

设畴壁内磁矩 M 的坐标为图 8.2.6，z 为易轴，y 轴与畴壁平面（xz 面）垂直。磁化强度的空间状态由图 8.2.7 来表示：P_1P_2（$\varphi=-\pi/2$）和 P_4P_3（$\varphi=\pi/2$）线段代表布洛赫壁（图 8.2.8），N_1N_2 线段为奈耳壁（图 8.2.9），显然 P_1，P_2，N_1，N_2，P_3，P_4 各点代表磁畴的磁矩方向。

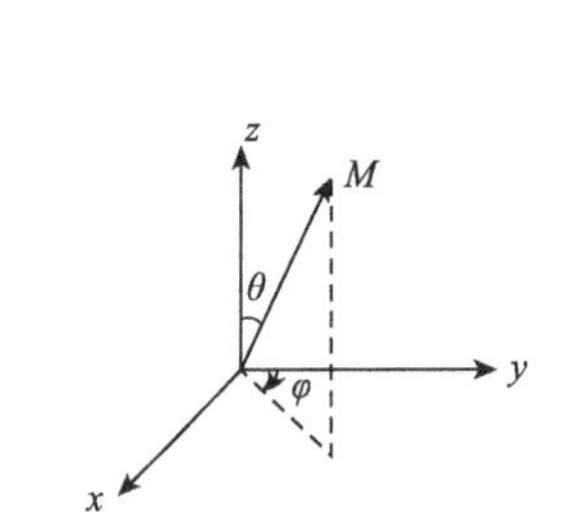

图 8.2.6 畴壁内磁矩 M 的立体坐标

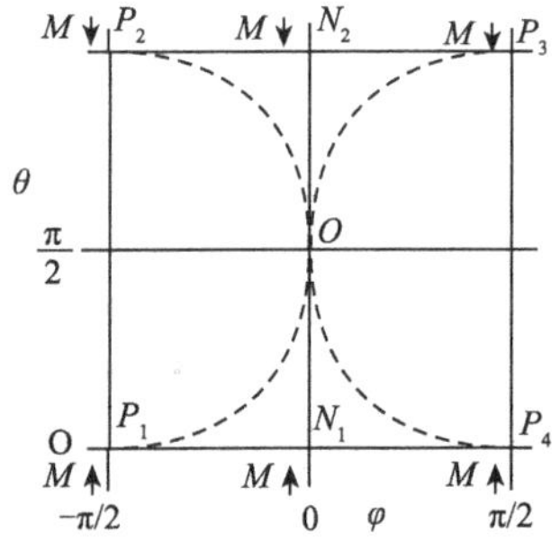

图 8.2.7 布洛赫壁、奈耳壁和新型畴壁内磁矩的方向改变

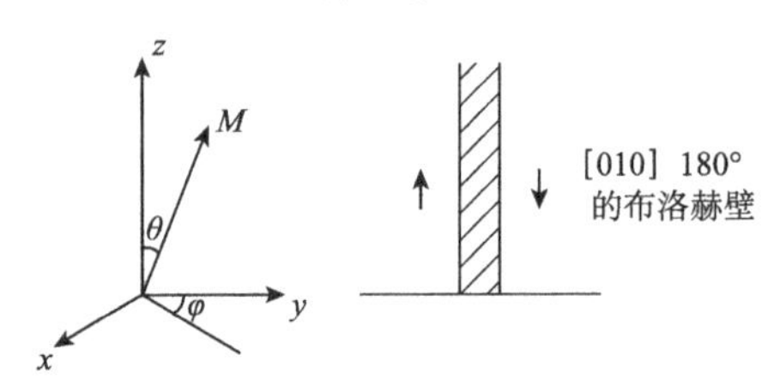

图 8.2.8 [010] 180°的布洛赫壁内的磁矩方向改变

$\varphi=-\pi/2$，θ 由 0 逐渐转向到 π，即图 8.2.7 P_1P_2 线或 $\varphi=\pi/2$，θ 由 0 逐渐转向到 π，即图 8.2.7 P_4P_3 线

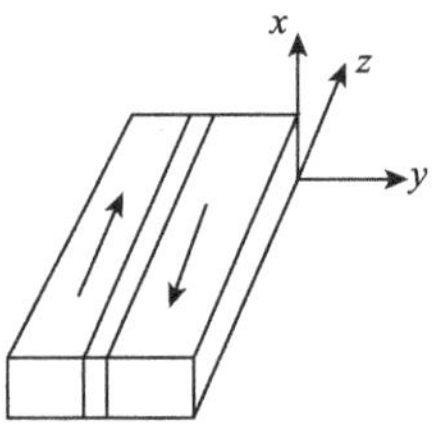

图 8.2.9 [010] 180°的奈耳壁内的磁矩方向改变

$\varphi=0°$，θ 由 0°变到 π，即图 8.2.7 的 N_1N_2 线

从物理上考虑，P_1，P_4 和 N_1（或 P_2，P_3 和 N_2）是相同的，因为它们的磁

矩方向同是朝上（如 P_1，P_4，N_1）或同是朝下（P_2，P_3，N_2）；但是从数学上看它们是不同的，因为它们的 φ 值不同。

实际上传统的畴壁是不用 φ 来分类的，这里只表示状态的空间坐标而已。现在我们要研究的新型畴壁是壁内的磁矩方向既随 θ 变化又随 φ 变化，或者 $\theta=\theta\ (\varphi)$，或 $\varphi=\varphi\ (\theta)$，这种畴壁的存在是因为磁矩离开畴壁平面出现了退磁能（磁矩离开畴壁平面后便在 y 方向出现投影，即在畴壁平面上出现磁荷，所以有退磁能）

在布洛赫壁内或磁畴内（如 P_1P_4 和 P_2P_3 线段）的退磁能为零，而在奈耳壁上的退磁能最大（如 N_1N_2 线），0 点是退磁能“山”的顶点。

新型畴壁内磁矩的方向改变有两种方式（图 8.2.10）：一种是沿 P_1OP_2 或 P_4OP_3 进行（这是不稳定的），另一种是沿 P_1OP_3 或 P_2OP_4（这是稳定的），后者的畴壁能量大于布洛赫壁但小于奈耳壁，可惜这种新型畴壁的畴壁能量目前却算不出来，也算不出畴壁的厚度，新型畴壁内含有布洛赫线，对能量有利（与奈耳壁内含有布洛赫线相比）。

（a）新型畴壁Ⅰ（图 8.2.10（a））。畴壁内磁矩的方向变化，用立体坐标表示就是 θ 由 0°变到 π，而方位角 φ 则是 φ 由 $-\pi/2$ 变到 0°到再 $-\pi/2$，即形成图 8.2.7 的 P_1OP_2 线。图 8.2.10（a）中的数字 1，2，3，…，7 代表磁矩方向的变化顺序。如 1 的坐标 $\theta=0°$，$\varphi=-\pi/2$，2 的坐标为 $\theta=45°$，$\varphi=-60°$，…。

（b）新型畴壁Ⅱ（图 8.2.10（b））畴壁内磁矩的方向变化，用立体坐标表示就是 θ 由 0°变到 π，而方位角 φ 则是 φ 由 $-\pi/2$ 变到 0°再到 $\pi/2$，即形成图 8.2.7 中 P_1OP_3 线。图 8.2.10（b）中的数字 1，2，3 与（a）相同（未标出），4～7 如图 8.2.10（b）所示。也是代表畴壁内磁矩的方向变化的顺序，它们的坐标数值可按上述求出（请读者求解）。

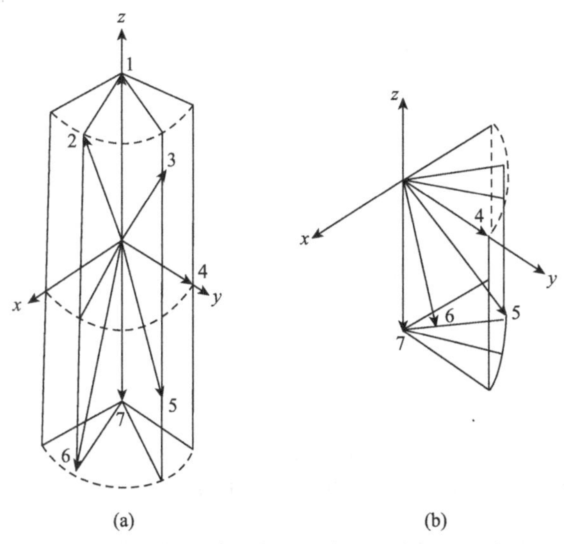

图 8.2.10 新型畴壁内磁矩方向改变的两种类型

8.3 从能量观点说明磁畴的成因

我们已经知道，在磁性材料中，与磁性基本现象有关的能量有静磁能（外磁场能和退磁能）、磁各向异性能、磁弹性能和交换能。在通常的磁性材料中（如一块钡铁氧体或硅钢片），若不分成磁畴的话，整块材料就只有一个磁畴，其端面上将出现磁荷，因而存在着退磁能 E_d。

$$E_d=\frac{\mu_0}{2}NM^2$$

对硅钢片来说，设长与厚度之比为 200，则长度方向的退磁因子为 $N=\frac{0.05}{4\pi}$，又设 $M=M_s=1700\times10^3\,\mathrm{A/m}$ (1700G)，则 $E_d\approx0.7\times10^4\,\mathrm{J\cdot m^{-3}}$，这就是说，如果不分磁畴的话，单位体积的退磁能约为 $10^4\,\mathrm{J}$ ($10^5\,\mathrm{erg}$)。

下面我们将看到，这个退磁能就是矛盾的主要方面，由于它的存在就决定着磁性材料内必须分成磁畴。

如果材料内分成磁畴，则其形状可以是多种多样，但基本的型式可以设想为下列几种：磁通开放式——片形畴，磁通封闭式——封闭畴，旋转结构（封闭式）。图 8.3.1 示出它们的图像。

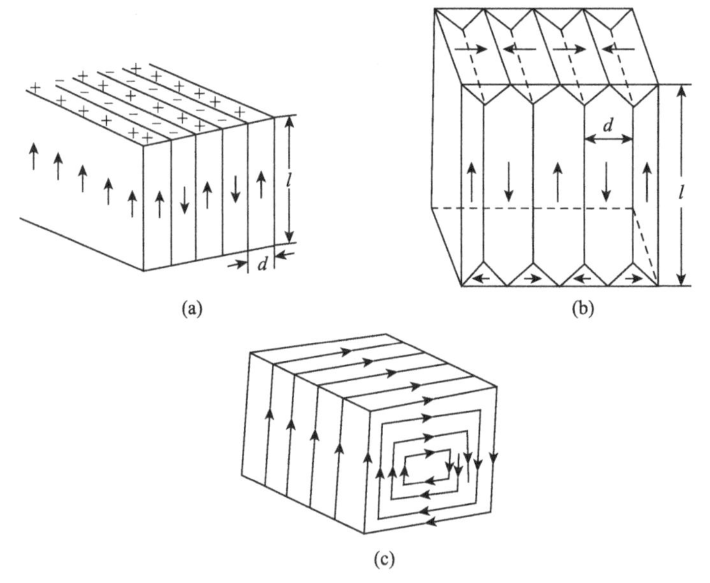

图 8.3.1　几种设想的磁畴结构型式

(a) 片形畴（开放式）；(b) 封闭畴（封闭式）；(c) 旋转结构（封闭式）

在片形畴的结构中，仍然存在着退磁能，因为它的端面上仍有磁荷，只是退磁能比不分畴时小得多就是了。此外，在片形畴中需要考虑畴壁能，其他能量就不需要考虑了（因为磁矩在易磁化方向，故磁晶各向异性能为零；由于没有应力，故磁弹性能为零；畴内的相邻原子磁矩同方向排列，交换能也不需要考虑）。因此，单位体积内退磁能与畴壁能之和为 5.6×10^{3}J（5.6×10^{4}erg），详细计算见后面有关章节。

在封闭畴的结构中，由于磁通量在样品内是闭合的，样品的端面上没有磁荷，所以退磁能就没有了。如果样品又是立方晶体的话，封闭畴的磁矩和主畴的磁矩都是在易磁化方向上，故磁晶各向异性能也没有了。这时要考虑的便只有畴壁能和磁弹性能。磁弹性能的出现是由于封闭畴在磁致伸缩时（自发形变）受到主畴的挤压而不能自由形变，因而相当于一个内应力作用在封闭畴上，所以要考虑这项能量。这样，单位体积的总能量便是磁弹性能与畴壁能之和，其数量为 1.27×10J（详细计算见后面有关章节）。

如果样品不是立方晶体，而是单轴晶体的话，封闭畴的磁矩便离开了易磁化方向，因而必须考虑磁晶各向异性能，这就是说，在单轴晶体的封闭磁畴结构中需要考虑三种能量：畴壁能、磁弹性能和磁晶各向异性能，它们的和在单位体积内为 4×10^{2}J（详见后面有关章节）。

第三种设想的磁畴结构是所谓旋转结构。这种结构只是在磁晶各向异性常数 $K_{1,2}\approx0$，应力 $\sigma\approx0$ 的材料中才有可能出现，在一般情况下是不会出现的，这种结构的特点是原子磁矩的方向一个接一个地逐渐旋转，磁力线不露到样品的端面上来，因而样品的端面上没有磁荷，于是也就没有退磁能，样品内部也没有畴壁，所以畴壁能也等于零。这时便只需要考虑交换能。若样品的体积为 1m^3，则交换能为 1.26×10^{3}J（详见后面有关章节）。

可见在大块样品中无论分成哪种型式的磁畴结构，在能量上都比单畴有利，所以才能观测到各种形状的畴结构。

8.4　单轴晶体的理论畴结构

实际的单轴晶体，磁晶各向异性能都较高，数量级都在 $10^{5}\sim10^{7}\text{J/m}^3$（$10^{6-8}\text{erg/cm}^3$）以上，但它们的饱和磁化强度却差别较大。因此，常把单轴晶体分为两类：第一类是低 M_s 的，如 Ba，Sr，Ca，Pb 的铁氧体，MnBi 合金，稀土正铁氧体，RCo_5 化合物等。它们的 M_s 大都在 $300\times10^{3}\sim400\times10^{3}$A/m 或 $600\times10^{3}\sim700\times10^{3}$A/m。第二类是高 M_s 的，如 Co（$M_s=1420\times10^{3}$A/m），各向异性的铝镍钴合金（$M_s\sim1100\times10^{3}$A/m，尽管铝镍钴合金的晶格属立方晶体，但通过磁场热处理感生了单轴各向异性，故把它们归为单轴晶体）等。这两类单轴晶体的典型畴结构将有比较大的差别，其原因见后面有关章节的讨论。

单轴晶体的畴结构，其理论型式有下述几种。

8.4.1 片形畴

样品内的磁畴为片形，两相邻磁畴的自发磁化强度成180°（图8.4.1（a））。因此，样品的端面上要出现磁荷。对于片形畴的结构，需要考虑两种能量：退磁能和畴壁能。（用MKSA单位）

设畴的大小为d，样品的厚度为L，则在样品单位面积、厚度为L的一个特定体积内的能量f为

$$f=\text{畴壁能}+\text{退磁能}=\frac{\gamma L}{d}+1.71M_s^2 d\times 10^{-7} \tag{8.4.1}$$

其中，γ为畴壁能量密度，退磁能的推导见9.2节的附录。图8.4.1（c）是式（8.4.1）的图形。

对式（8.4.1）求$\partial f/\partial d=0$，得出

$$d_0=\sqrt{\frac{\gamma L\times 10^7}{1.7M_s^2}}=0.77\frac{\sqrt{\gamma L\times 10^7}}{M_s} \tag{8.4.2}$$

将式（8.4.2）代入式（8.4.1）便得到片形畴的最小能量$f_{\min}$为

$$f_{\min}=2.62M_s\sqrt{\gamma L\times 10^{-7}}. \tag{8.4.3}$$

对于一具体的材料而言，M_s和γ都是常数，因此从式（8.4.2）中可看出，畴的大小d_0与晶体的厚度L的平方根成正比。1960年和1968年有人分别用铅铁氧体和钡铁氧体做实验，即利用不同厚度的单晶样品，观察磁畴的大小，实验结果如图8.4.2所示。当L从1μm至10μm时，畴的大小从0.52μm至2.16μm。由图8.4.2得到：当L小于10μm时$d_0\propto\sqrt{L}$的关系是满足的；但当$L>10\mu m$时，L与d_0的关系则是$d_0\propto L^{\frac{2}{3}}$。根据图中直线的斜率，可定出畴壁能密度$\gamma$，然后通过$\gamma_{180°}=4\sqrt{KA}$又可定出交换积分常数$A$。

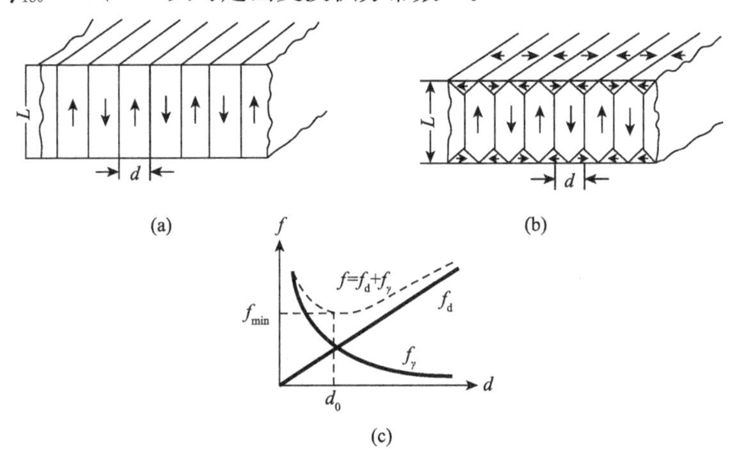

图8.4.1 理论畴结构的两种型式

（a）片形畴；（b）封闭畴；（c）片形畴的能量

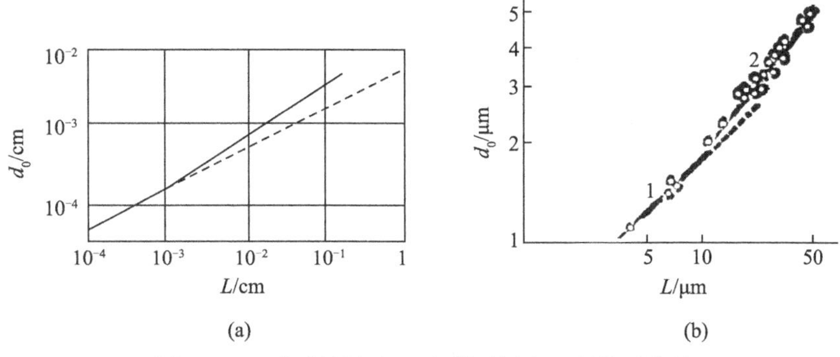

图 8.4.2 磁畴的尺寸 d_0 与样品厚度 L 的关系曲线

(a) $PbO \cdot 6Fe_2O_3$ 单晶上的实验结果；(b) $BaO \cdot 6Fe_2O_3$ 单晶上的实验结果

对铅铁氧体而言，其 $M_s = 320 \times 10^3 A/m$，$K_u = 2.2 \times 10^5 J/m^3$，将这些值与直线斜率一起算得 $\gamma =$ （4.82±0.07）$\times 10^{-3} J/m^2$（4.82±0.07erg/cm²）和 $A = 0.66 \times 10^{-11} J/m$。这是首次从畴结构的观测中定出交换积分常数，对于了解铁磁性的成因是具有重要意义的。1972 年有人将这一方法用于 RCo_5 的化合物，所得结果如表 8.4 所示。

表 8.4 RCo_5 的畴壁能 γ 和交换积分常数 A

物质	M_s $10^3 A/m$ [Gs]	K_u $10^6 J/m^3$ [$10^7 erg/cm^3$]	γ $10^{-3} J/m^2$ [erg/cm^2]	A $10^{-11} J/m$ [$10^{-6} erg/cm$]	δ/Å*
$SmCo_5$	855	13	85	3.5	51
YCo_5	848	5	35	1.5	55
$CeCo_5$	615	3	25	1.3	65
$PrCo_5$	960	9	40	1.1	35
$CeFe_{0.5}CuCo_{3.5}$	477	2.9	23.5	1.2	65

* δ 的值由 $\delta = \pi (A/K)^{1/2}$ 算得

8.4.2 封闭畴

封闭畴的结构如图 8.4.1（b）所示，在样品的端面上，出现了塞漏畴，使磁通量闭合在样品内部，不向空间发散，因此样品端面上不出现磁荷。封闭畴结构的中间部分称为**主畴**，即封闭畴结构由主畴和塞漏畴组成，这种结构的特点是磁通封闭在样品内部，虽然这样可以排除了退磁能，但却增加了塞漏畴的各向异性能。因此，在样品单位表面，厚度为 L 的特定体积内的能量为（用 MKSA 制）

$$f = \text{主畴的畴壁能} + \text{塞漏畴的各向异性能} + \text{塞漏畴的畴壁能}$$

$$= \frac{\gamma (L-d)}{d} + \frac{K_{u1} d}{2} + \frac{\gamma \sqrt{8} d}{d}$$

$$= \frac{\gamma L}{d} + \frac{K_{u1} d}{2} + \gamma (\sqrt{8} - 1) \approx \frac{\gamma L}{d} + \frac{K_{u1} d}{2}. \tag{8.4.4}$$

对式（8.4.4）求 $\partial f/\partial d=0$，得

$$d_0=\sqrt{\frac{2\gamma L}{K_{u1}}} \tag{8.4.5}$$

将式（8.4.5）代入式（8.4.4），得

$$f_{\min}=\sqrt{2K_{u1}\gamma L} \tag{8.4.6}$$

把片形畴的能量和封闭畴的能量加以对比，即把式（8.4.3）与式（8.4.6）加以比较，可看出

$$\frac{f_{片形}}{f_{封闭}}=\sqrt{\frac{6.84\gamma LM_s^2\times10^{-7}}{2\gamma LK_{u1}}}=\sqrt{\frac{3.42M_s^2\times10^{-7}}{K_{u1}}} \tag{8.4.7}$$

对某一具体材料而言，如果它的单轴磁晶各向异性常数 K_{u1} 大于饱和磁化强度 M_s 平方的 3.42×10^{-7} 倍，则对于在该材料内出现片形畴结构是有利的。反之，则出现封闭畴结构才是有利的。

举如下两个例子：

（1）钴金属是六角晶体，它的 $K_{u1}=5.1\times10^5\mathrm{J/m^3}$ [$5.1\times10^6\mathrm{erg/cm^3}$]，$M_s=1.42\times10^6\mathrm{A/m}$ [1420Gs]，所以

$$\frac{f_{封闭}}{f_{片形}}=\frac{10^4}{1.42\times10^6}\sqrt{\frac{5.1\times10^5}{34}}=\frac{1.22}{1.42},\qquad f_{封闭}<f_{片形}$$

计算的结果，有封闭畴时的能量比较没有封闭畴时的能量要低，所以在钴金属中应该有封闭畴存在，事实也确是这样。

（2）钡铁氧体（$BaFe_{12}O_{19}$）也是六角晶体，它的 $K_{u1}=3.2\times10^5\mathrm{J/m^3}$ [$3.2\times10^6\mathrm{erg/cm^3}$]，$M_s=3.80\times10^5\mathrm{A/m}$ [380Gs]，所以

$$\frac{f_{封闭}}{f_{片形}}=\frac{10^4}{3.80\times10^5}\sqrt{\frac{3.2\times10^5}{34}}=\frac{9.7}{3.8},\qquad f_{封闭}>f_{片形}$$

计算的结果，单纯的片形磁畴比有封闭畴时的情况更稳定，所以在钡氧体中应该出现片形畴，事实也确是这样，一般单轴各向异性的铁氧体都属于这样的情况。

从刚才的讨论中我们看到，把同一理论用在两个具体问题上，却得到相反的结论。这反映了理论的普遍性和具体事物的特殊性及多样性。由此可知，对具体问题要想得到正确的答案，必须经过具体分析。

8.4.3 片形畴的变异——棋盘结构、蜂窝结构、波纹畴壁和片形一楔形畴结构

在讨论片形畴时，可以看到片形畴的能量主要是退磁能所占的比例大，而且晶体厚度愈厚能量愈高，因此，在实验上只有当晶体厚度小于 10μm 时，才能保证出现片形畴。如果晶体厚度大于 10μm，则出现片形畴便没有保证了。为了减少退磁能，有人曾经设想过各种型式的畴结构。（都是开放式的磁通，其中一种称为**棋盘结构**（图 8.4.3（a）），这种结构的特点是将片形畴再分割成为正长方

体。虽然畴壁面积比片形畴增加了一倍，但是退磁能却比片形畴减小了。基特耳[7]算得棋盘结构的退磁能，在所考虑的特定体积内为

$$f_D=1.06M_s^2 d\times 10^{-7} \tag{8.4.8}$$

因此在同一特定体积内的总能量为

$$f=\text{畴壁能}+\text{退磁能}=\frac{2\gamma L}{d}+1.06M_s^2 d\times 10^{-7} \tag{8.4.9}$$

和以前的计算相似，求 $\partial f/\partial d=0$，可得

$$d_0=\sqrt{\frac{2\gamma L\times 10^7}{1.06M_s^2}}=1.37\frac{\sqrt{\gamma L\times 10^7}}{M_s} \tag{8.4.10}$$

$$f_{\min}=2.91M_s\sqrt{\gamma L\times 10^{-7}} \tag{8.4.11}$$

蜂窝结构　为了减少退磁能，同时又不增加太多的畴壁能，还提出一种蜂窝状的畴结构（图 8.4.3（e））。这种结构的特点是，每一蜂窝的面为正六边形，深度为 L，具体尺寸如图 8.4.3（e）所示，蜂窝内的自发磁化强度与蜂窝外的自发磁化强度彼此反平行。在特定体积内的总能量为

$$\begin{aligned}f&=\text{畴壁能}+\text{退磁能}=\text{蜂窝的数目}\times\text{每个蜂窝的面积}\times\text{单位面积的能量}\\&\quad+\text{退磁能}=2\left(\frac{1}{d}\cdot\frac{1}{\sqrt{3}d}\right)\times\left(\frac{1}{2}\sqrt{\frac{2}{3}}Ld\cdot 6\right)\times\gamma+0.666M_s^2 d\times 10^{-7}\\&=\frac{2\sqrt{2}\gamma L}{d}+0.666M_s^2 d\times 10^{-7}\end{aligned} \tag{8.4.12}$$

式中的退磁能 $0.666M_s^2 d\times 10^{-7}$ 是根据卡泽（Kaczer）和詹姆珀来利（Gemperele）的计算结果[8]

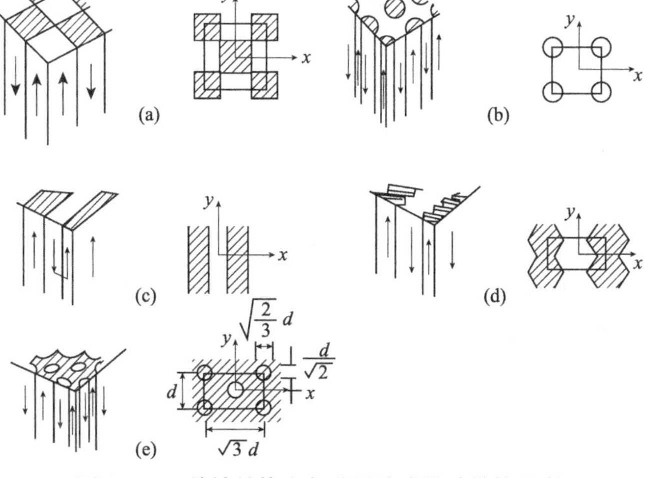

图 8.4.3　单轴晶体内各种开放式的畴结构示意

（a）棋盘结构；（b）圆柱结构；（c）片形畴；（d）双锯齿畴；（e）蜂窝畴

对（8.4.12）式求 $\partial f/\partial d=0$，得出

$$d_0=\sqrt{\frac{4.25\gamma L}{M_s^2\times10^{-7}}}=2.06\frac{\sqrt{\gamma L\times10^7}}{M_s}\tag{8.4.13}$$

$$f_{\min}=2.73M_s\sqrt{\gamma L\times10^{-7}}\tag{8.4.14}$$

根据以上讨论过的片形畴、棋盘畴和蜂窝畴三者比较起来看，还是片形畴和蜂窝畴的能量较小，后二者又比较接近，因此实验上看到的第一类单轴晶体的畴结构，常常是片形畴和蜂窝畴，图 8.4.4 为实验上观察到的片形畴和蜂窝畴。

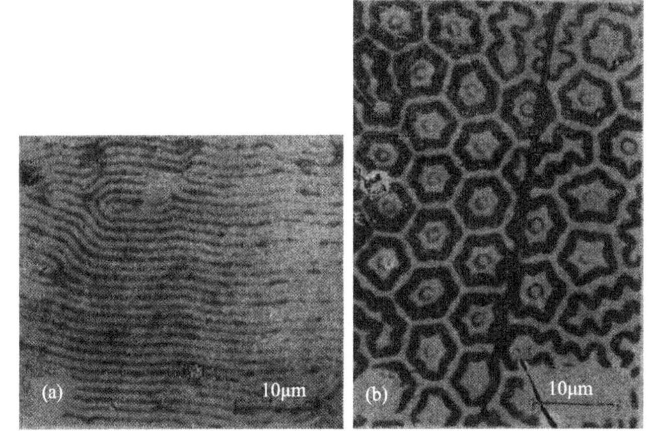

图 8.4.4 Ba 铁氧体单晶基面上的磁畴图形

(a) 片形畴（晶体厚度 $L=8\mu m$）；(b) 蜂窝畴（晶体厚度 $L=75\mu m$）

波纹畴壁的畴结构和楔形—片形结构 当晶体的厚度大于 $10\mu m$ 时，前面已经谈到，片形畴结构在能量上并不有利，因此往往被其他型式的畴结构所代替，除了上面提到的以外，尚有两种结构在晶体厚度大于 $10\mu m$ 时可能取代片形畴。一种是具有波纹畴壁的结构，即畴壁在样品端面上是具有振幅的波片，从端面向样品中部前进时，振幅逐渐减小，直至最后消失（图 8.4.5）。这种结构的出现，一方面可以减少退磁能，另一方面又可以减少畴壁能。图 8.4.6示出设想的各种可能的波纹结构（从样品表面上看）。可惜对于波纹蹒结构的一般情况，尚未有满意的理论。在简单情况下（如图 8.4.5（6）所示的图形），斯楚策克[9]得到了下述晶体厚度的临界尺寸 L_0，他认为晶体的厚度达到临界尺寸时，则片形畴便为波纹畴所代替，即

$$L_0=1.7M_s^2\gamma_c^2/\gamma\times10^5\ [\mathrm{m}]\tag{8.4.15}$$

其中，γ_c 为材料的常数 $\gamma_c=\dfrac{3.948\times10^6}{\mu M_s^2}$，$\mu=1+\dfrac{\mu_0M_s^2}{2K_{u1}}$。对于钡铁氧体来说，用

式（8.4.15）估计其晶体的临界尺寸得出 $L_0=8.5\mu m$，$\gamma_c=1.55\mu m$。这一估计与实验结果（图 8.4.2（b））基本相符。

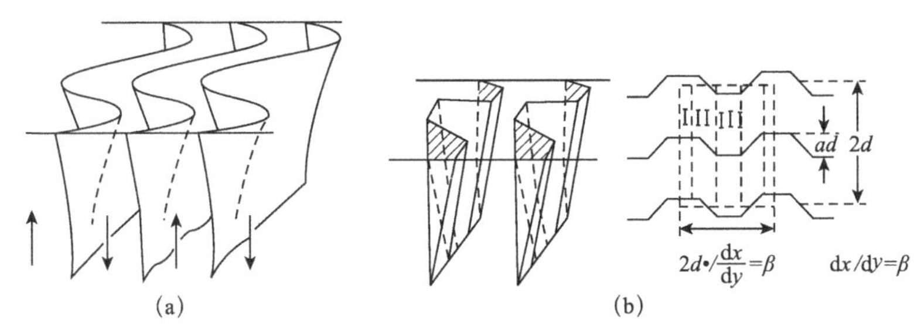

图 8.4.5　具有波纹畴壁的理论结构

（a）一般图像；（b）简化图像

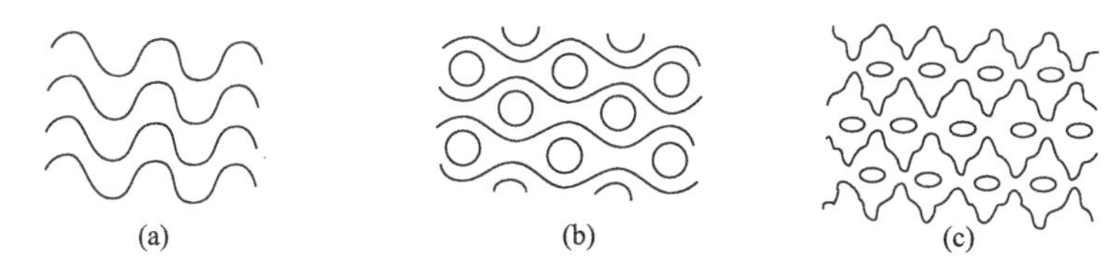

图 8.4.6　单轴晶体基面上的各种可能的磁畴

（a）正弦花纹；（b）正弦花纹加上圆形的楔形畴；（c）复杂的波纹加上椭圆的楔形畴

另一种是楔形一片形结构，即在片形主畴的端面上，再出现一种楔子形的次级畴（图 8.4.7）。卡泽对于这种畴结构也得到一个临界尺寸 L_0，在此尺寸下，片形畴结构是不利的，楔形一片形结构却是有利的，即

$$L_0=16\pi^2\gamma/(1.7)^3M_s^2\mu^2\times10^7\ [\mathrm{m}], \tag{8.4.16}$$

式中 $\mu=1+\mu_0M_s^2/2K_{u1}$，而楔形一片形结构的磁畴宽度 d_0 为

$$d_0=\left[\frac{3}{8M_s}\left(\frac{\gamma\mu}{\pi}\right)^{\frac{1}{2}}\right]^{\frac{2}{3}}L^{\frac{2}{3}}\times10^{7/3}\ [\mathrm{m}]. \tag{8.4.17}$$

实验发现，若用式（8.4.17）去估计畴壁能时，所得结果往往比通用的数值要偏大，而 d_0 与 L 的理论曲线比实验曲线相差 20%。

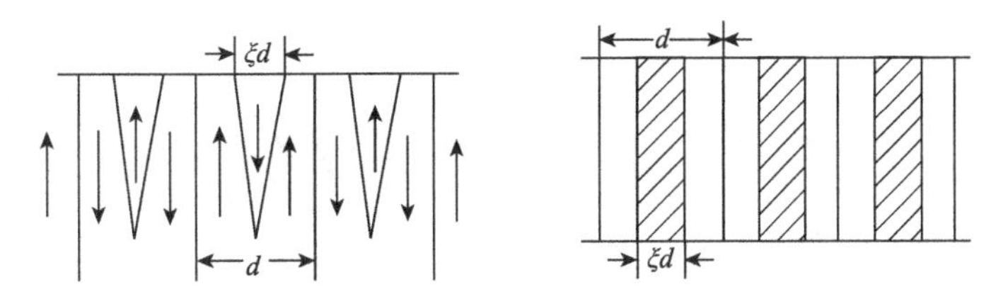

图 8.4.7　楔形一片形结构

从上面有关片形畴的变异的讨论中，可以看到第一类单轴晶体（M_s 较小者）的片形畴结构也不是固定不变的，它的型式随晶体厚度的增加而发生变化。理论

上所设想的变化型式，已如上述。实验上观察到的、有代表性的图像如图 8.4.8 所示。图中可见，除了晶体厚度 $L<10\mu m$ 的图 8.4.8（a）的片形畴以外，其余的三幅图上都出现了型式不同的波纹畴壁，其上图 8.4.8（b）是简单的波片畴，图 8.4.8（c）是复杂的波纹畴，图 8.4.8（d）是波纹畴的中间又多了一种楔形畴（圆圈形），这种形式的出现是为了进一步的降低退磁能。

欲从波纹磁畴的图片上估计畴壁能，可以利用由实验上归纳出来的公式，即

$$d=0.46\mu^{0.2}\gamma^{0.4}M_s^{0.3}L^{0.6}\times10^{-\frac{1}{2}}\ [\mathrm{m}] \qquad [d=0.46\mu^{0.2}\gamma^{0.4}M_s^{0.3}L^{0.6}\ (\mathrm{cm}),\ \mathrm{CGS}\ 制] \tag{8.4.18}$$

式（8.4.18）中符号的意义和以前的一样。

如果样品的厚度不容易决定，则可先从波纹磁畴的图片上测出波纹的振幅 α 和周期 β 与畴宽 d 的关系（α，β 的意义可看图（8.4.5 右下角），然后利用图 8.4.9的曲线，看实验结果及图 8.4.9 的那一条曲线相交，由于每一条曲线的 R 值都是知道的，那么与实验曲线相交的那一条曲线的 R 值当然也就知道，因此通过

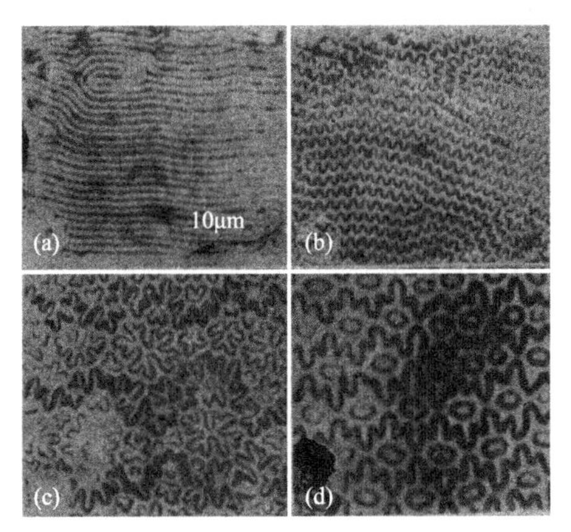

图 8.4.8 厚度不同的 Ba 铁氧体单晶基面上的磁畴图形

（a）厚度为 8μm；（b）厚度为 25μm；（c）厚度为 80μm；（d）厚度为 750μm

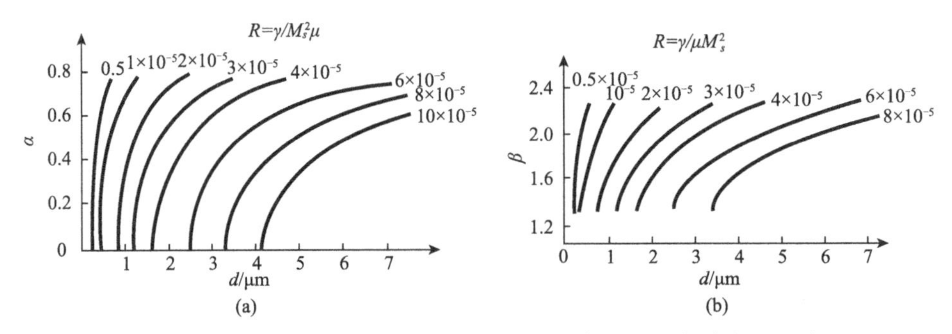

图 8.4.9 R 不同时波片畴的振幅 α（a）和周期 β（b）与畴宽 d 的关系

（α，β 的定义参看图 8.4.5 下半部分）

$$R=(\gamma/\mu M_s^2)\ 10^9 \tag{8.4.19}$$

便可决定畴壁能 γ。

8.4.4 封闭畴的变异——匕首封闭畴

在单轴晶体中，若出现图 8.4.1（b）所示的封闭畴的话，则塞漏畴的各向异性能为 $K_{u1}d_0/2$，见式（8.4.4）。由于

$$d_0=\sqrt{2\gamma L/K_{u1}}$$

所以塞漏畴的各向异性能与晶体的厚度 L 的平方根成正比。这就是说，随着晶体厚度的增加，塞漏畴的各向异性能愈来愈大，为了降低这项能量，必须设想另一种封闭式的磁畴结构，使得晶体厚度增加时，塞漏畴的各向异性能不会增加大多。

图 8.4.10 所示出的便是设想的一种封闭式的畴结构。这种结构的特点是，在样品的端面上有两类塞漏畴（这两类塞漏畴是由图 8.4.1（b）的塞漏畴分裂而成的，图 8.4.10 上的虚线表示分裂前的界线），在样品的内部除主畴以外，还多了一种匕首畴，因此把这种畴结构称为**匕首封闭畴**。由于图 8.4.10 中的两类塞漏畴的总体积，要比图 8.4.1（b）中的一类塞漏畴的体积小，所以图 8.4.10 的磁晶各向异性能，与图8.4.1（b)比较起来便降低了。但是在图 8.4.10 的结构中，匕首畴的畴壁与主畴的畴壁并不平行，匕首畴的尖端便会出现磁荷，因而需要考虑匕首畴的退磁能，这样，在图 8.4.10 的匕首封闭畴的结构中需要考虑的能量有：两类塞漏畴的磁晶各向异性能、主畴和匕首畴的畴壁能、以及匕首畴的退磁能。

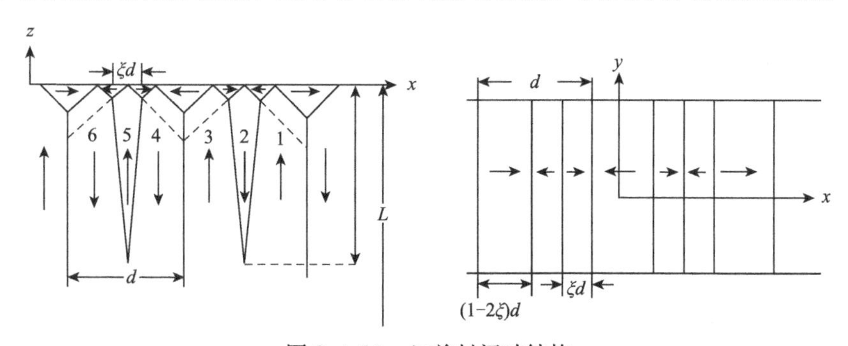

图 8.4.10　匕首封闭畴结构

设主畴的宽度为 d，第一类塞漏畴的畴宽为 εd，第二类塞漏畴的畴宽为 $d-2\varepsilon d=(1-2\varepsilon)\ d$，匕首畴的长度为 l，则在晶体单位表面，厚度为 L 的特定体积内，各种能量的计算如下：

$$\begin{aligned} f_K &= \text{第一类塞漏畴的磁晶各向异性能} + \text{第二类塞漏畴的磁晶各向异性能} \\ &= \left(1\cdot\varepsilon d\cdot\frac{\varepsilon d}{2}\cdot\frac{1}{2}\right)\left(\frac{1}{d}\cdot 4\right)K_{u1}+\left[1\cdot d\ (1-2\varepsilon)\ \frac{d\ (1-2\varepsilon)}{2}\cdot\frac{1}{2}\right]\left(\frac{1}{d}\cdot 2\right)K_{u1} \\ &= \frac{K_{u1}d}{2}\ (1-4\varepsilon+6\varepsilon^2), \end{aligned} \tag{8.4.20}$$

$$f_W = \text{主畴的畴壁能} = L \cdot 1 \cdot \frac{1}{d} \cdot \gamma = \frac{\gamma L}{d} \tag{8.4.21}$$

$$f_{W'} = \text{匕首畴的畴壁能} = l \cdot 1 \cdot \frac{1}{d} 4 \cdot \gamma' = \frac{4l\gamma'}{d} = \frac{4l\gamma}{d} \tag{8.4.22}$$

（设匕首畴的畴壁能密度等于主畴的畴壁能密度 $\gamma' = \gamma$）

$$f_D = \text{匕首畴的退磁能}^{[9a]} = \frac{16}{9}\frac{\pi M_s^2}{\mu}\frac{d^2}{l}10^{-7}\left[1-(1-\varepsilon)^{\frac{3}{2}}\right]^2$$

$$\mu = 1 + \frac{\mu_0 M_s^2}{2K_{u1}} \tag{8.4.23}$$

于是在特定体积内的总能量为

$$f = f_K + f_W + f_{W'} + f_D = \frac{K_{u1} d}{2}(1-4\varepsilon+6\varepsilon^2) + \frac{\gamma L}{d} + \frac{4\gamma l}{d}$$
$$+ \frac{16}{9}\frac{\pi M_s^2}{\mu}\frac{d^2 \cdot 10^{-7}}{l}\left[1-(1-\varepsilon)^{3/2}\right]^2 \tag{8.4.24}$$

由式（8.4.24）可见，总能量是主畴的宽度 d、塞漏畴的分裂因子 ε 和匕首畴的长度 l 的函数，这些变数确定以后，匕首封闭畴的具体尺寸也就确定了。运用能量极小的原理，可将 d，ε，l 的表达式求出来，下面就是运用能量极小原理的具体计算。

由式（8.4.24），求 $(\partial f/\partial l) = 0$，得出

$$l = \frac{2}{3}\sqrt{\frac{\pi \cdot 10^{-7}}{\mu\gamma}} M_s d^{\frac{3}{2}}\left[1-(1-\varepsilon)^{\frac{3}{2}}\right] \tag{8.4.25}$$

将式（8.4.25）代入式（8.4.24）后得到的总能量 f 便只是 ε 和 d 的函数了，令此总能量为 $G(\varepsilon, d)$，则

$$G(\varepsilon,d) = \frac{K_{u1} d}{2}(1-4\varepsilon+6\varepsilon^2) + \frac{\gamma L}{d} + \frac{16}{3}\sqrt{\frac{\pi\gamma}{\mu}} M_s d^{\frac{1}{2}}\left[1-(1-\varepsilon)^{\frac{3}{2}}\right]10^{-7/2} \tag{8.4.26}$$

由 $\frac{\partial G}{\partial \varepsilon} = 0$，得

$$d^{\frac{1}{2}} = \frac{4M_s}{K_{u1}}\sqrt{\frac{\pi\gamma}{\mu}}\frac{\sqrt{1-\varepsilon}}{1-3\varepsilon}10^{-7/2}. \tag{8.4.27}$$

再由 $\frac{\partial G}{\partial d} = 0$，得

$$L = \frac{K_{u1}}{2\gamma}(1-4\varepsilon+6\varepsilon^2)d^2 + \frac{8}{3}\frac{M_s}{\gamma}\sqrt{\frac{\pi\gamma}{\mu}}\left[1-(1-\varepsilon)^{\frac{3}{2}}\right]d^{3/2} \cdot 10^{-7/2} \tag{8.4.28}$$

将式（8.4.27）的 d 代入式（8.2.28），得出

$$L = \frac{128\pi^2\gamma M_s^4}{\mu^2 K_{u1}^3}10^{-14}\frac{(1-\varepsilon)^2}{3(1-3\varepsilon)^4}\left[-1+4\varepsilon+6\varepsilon^2+\frac{4(1-3\varepsilon)}{(1-\varepsilon)^{\frac{1}{2}}}\right] \tag{8.4.29}$$

令

$$L_c=\frac{128\pi^2\gamma M_s^4 10^{-14}}{\mu^2 K_{u1}^3} \tag{8.4.30}$$

则式（8.4.29）变为

$$\frac{L}{L_c}=\frac{(1-\varepsilon)^2}{3\ (1-3\varepsilon)^4}\left[-1+4\varepsilon+6\varepsilon^2+\frac{4\ (1-3\varepsilon)}{(1-\varepsilon)^{\frac{1}{2}}}\right] \tag{8.4.31}$$

式（8.4.31），式（8.4.27）和式（8.4.25）都是满足总能量极小的式子，由这些公式中所决定的 l，d 和 ε 都是实际上可能存在的状态，至此，匕首封闭畴的一般分析便完了。下面谈一些例证。

判断厚度为 L 的单轴晶体，是否能够出现匕首封闭畴，首先需利用式（8.4.31）。比较晶体的具体尺寸 L 与临界尺寸 L_c，若 $L/L_c>1$，则可能出现匕首封闭畴；若 $L/L_c<1$，则不可能出现匕首封闭畴。以钴的单晶为例，其 $M_s=14\times10^5\,\text{A/m}$，$K_{u1}=4.5\times10^5\,\text{J/m}^3$，$\gamma=8.4\times10^{-3}\,\text{J/m}^2$，

$$\mu=1+\frac{\mu_0 M_s^2}{2K_{u1}}=3.74$$

将这些数值代式（8.4.30）中，算得 $L_c=0.3\mu\text{m}$。就是说，当晶体厚度大于 $0.3\mu\text{m}$ 时，理论上认为即将出现匕首封闭畴结构。实验上也确实观察到了与匕首封闭畴相接近的畴结构，但晶体的临界尺寸 L_c 却大于 $0.3\mu\text{m}$，其原因可能是，里弗西茨的理论模型在计算匕首畴的退磁能时，过于简化之故。图 8.4.11 示出在钴的晶粒上用粉纹法看到的畴结构，其中晶粒 1 的平面与六角轴平行，晶粒 2 的平面与六角 c 轴垂直，晶粒 1 与 2 的交界处为晶粒边界区。在晶粒 1 上明显看到了主畴和匕首畴，在晶粒 2 上看到了片形畴和波纹畴壁。

在上述匕首封闭畴的理论分析中，如果认为分裂因子 $\varepsilon=0$，则全部结果便与本节 8.4.2 节中的结果完全一致。匕首封闭畴结构（图 8.4.10）便回到封闭畴结构（图 8.4.1（b））中去。事实正是如此，因为当 $\varepsilon=0$ 时，式（8.4.26），式（8.4.27)和式（8.4.31）分别变为

$$G=\frac{K_{u1}d}{2}+\frac{\gamma L}{d} \tag{8.4.32}$$

$$d=\frac{16M_s^2}{K_{u1}^2}\ \frac{\pi\gamma_{10^{-7}}}{\mu} \tag{8.4.33}$$

$$L=L_c=128\pi^2\gamma M_s^4 10^{-14}/\mu K_{u1}^3 \tag{8.4.34}$$

由式（8.4.34）解出的 μ 代入式（8.4.33），便得

$$d=\sqrt{\frac{2\gamma L}{K_{u1}}} \tag{8.4.35}$$

将式（8.4.35）代入式（8.4.32），得出

$$G_{\min}=\sqrt{2K_{u1}\gamma L} \tag{8.4.36}$$

由上可见，式（8.4.32），式（8.4.35），式（8.4.36）分别与式（8.4.4），式

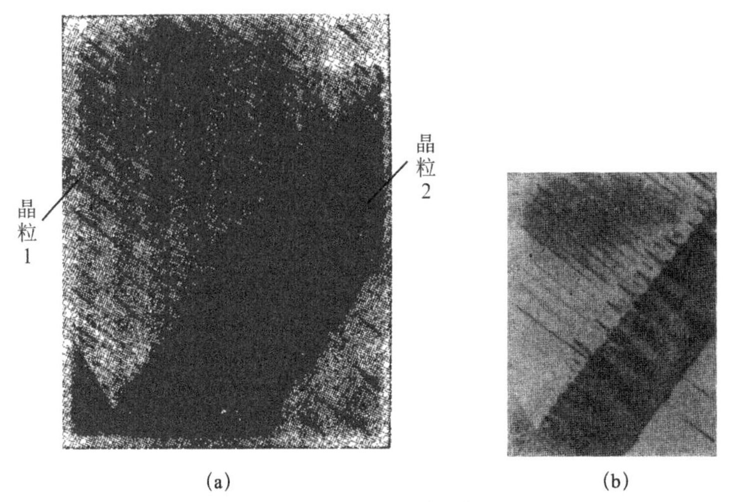

图 8.4.11 钴晶粒上磁畴图片

(a) $H=0$；(b) $H=200\text{Oe}$ 后再去掉（H 垂直于表面，放大 150 倍）

(8.4.5)，式 (8.4.6) 完全一致。

8.4.5 半封闭的畴结构

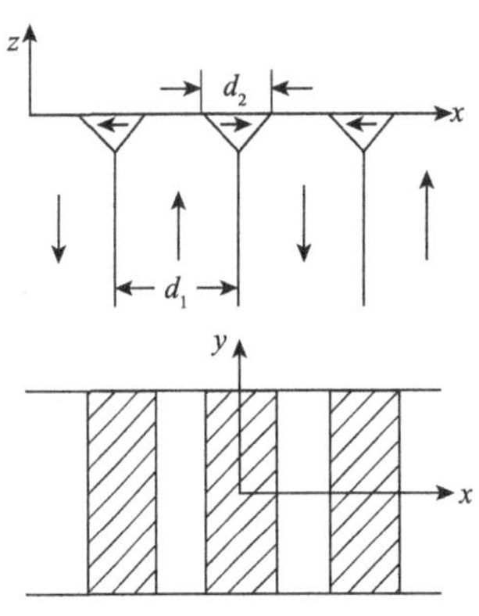

图 8.4.12 半封闭的畴结构

单轴晶体的理论畴结构为片形畴和封闭畴，以及它们的变异，详细情况已如上述。现在要问是否还有一种既是片形又是封闭的结构？回答是肯定的。图 8.4.12 就是设想的一种半开放半封闭的结构，即主畴的磁通量有一部分露在样品端面上，另一部分被端面上的塞漏畴堵住。设主畴的宽度为 d_1，塞漏畴的宽度为 d_2。令 $\alpha=d_2/d_1$，则当 $\alpha=0$ 时便是片形畴，当 $\alpha=1$ 时便是封闭畴，因此在半封闭的结构中其$0<\alpha<1$。

对于半封闭的畴结构，需要考虑的能量为：塞漏畴的各向异性能、主畴的畴壁能和主畴的退磁能。在单位表面、厚度为 L 的特定体积内，总能量 f 表示如下：

$$f=f_K+f_\gamma+f_D=\left(d_2\cdot\frac{d^2}{2}\cdot\frac{1}{2}\right)\cdot 1\cdot\frac{2}{d_1}\cdot K_{u1}+\frac{\gamma L}{d_1}+\frac{16M_s^2 d_1\cdot 10^{-7}}{\pi^2}f\ (\alpha) \tag{8.4.37}$$

式 (8.4.37) 中的退磁能一项是根据斯楚策克的计算结果[9]

$$f(\alpha)=\sum_{n=0}^{\infty}\left[\cos^2(2n+1)\frac{\pi\alpha}{2}\right]/[(2n+1)^3] \tag{8.4.38}$$

由 $\partial f/\partial d_1=0$，求得

$$d_1=\left[\frac{\gamma L}{\frac{K_{u1}\alpha^2}{2}+\frac{16M_s^2\cdot 10^{-7}}{\pi^2}f(\alpha)}\right]^{\frac{1}{2}} \tag{8.4.39}$$

由 $\partial f/\partial\alpha=0$，得出

$$K_{u1}\alpha+\frac{16M_s^2\cdot 10^{-7}}{\pi^2}f'(\alpha)=0 \tag{8.4.40}$$

将 $f'(\alpha)$ 的值具体算出，并令 $\mu=1+\frac{\mu_0 M_s^2}{2K_{u1}}$，则式（8.4.40）化为

$$\frac{\pi}{4(\mu-1)}=\sum_{n=0}^{\infty}\frac{\sin(2n+1)\pi\alpha}{(2n+1)^2\pi\alpha} \tag{8.4.41}$$

因此，由式（8.4.41）可算出满足总能量极小值的 α，然后代入式（8.4.39）便可求得主畴的宽度 d_1。这样，半封闭的畴结构的具体尺寸便确定了。

此外，由式（8.4.41）可推得下述两种极端情形的条件：

(i) 当 $\alpha\to 0$ 时，$\sin(2n+1)\pi\alpha\to(2n+1)\pi\alpha$，于是式（8.4.41）化为

$$\frac{\pi}{4(\mu-1)}=\sum_{n=0}^{\infty}\frac{(2n+1)\pi\alpha}{(2n+1)^2\pi\alpha}=\sum_{n=0}^{\infty}(2n+1)^{-1}=\infty \tag{8.4.42}$$

这就是说，$\mu-1=0$，而 μ 的定义是 $\mu=1+\frac{\mu_0 M_s^2}{2K_{u1}}$，因此

$$\frac{\mu_0 M_s^2}{2K_{u1}}=0,$$

即 $K_{u1}\gg\mu_0 M_s^2$. 或者说，当 M_s^2 的值为有限时，K_{u1} 的值必须为无限大。在这样的材料内，根据式（8.4.7）出现片形畴是有利的。这正是我们在一开始分析半封闭畴结构时，所提出的结论（$\alpha=0$ 时便是片形畴）。

(ii) 当 $\alpha\to 1$ 时，式（8.4.41）化为

$$\frac{\pi}{4(\mu-1)}=\sum_{n=0}^{\infty}\frac{\sin(2n+1)\pi}{(2n+1)^2\pi}=0 \tag{8.4.43}$$

由式（8.4.43）得

$$\mu-1\to\infty$$

即

$$\frac{\mu_0 M_s^2}{2K_{u1}}\to\infty \tag{8.4.44}$$

因此，由式（8.4.44）可见，当具体材料的 M_s^2 为有限值时，K_{u1} 的值必须接近于零。对于这样的材料，出现封闭畴当然是有利的。这也是我们在本节开头所提出的论点（$\alpha=1$ 时便是封闭畴）。

通过上述讨论，可以认为关于半封闭畴结构的理论公式是合理的。

8.5 立方晶体的理论畴结构

立方晶体的易磁化轴有三个（如 Fe 型）或四个（如 Ni 型），也就是说，易磁化方向有六个或八个，因此，它的磁畴结构要比单轴晶体复杂，理论分析也比较困难。在通常情况下，很难预料具体的图案。往往都是先通过实验上的观察，然后根据观察结果，再作理论分析。不过在特殊情况下，理论上的预言还能与实验结果相当一致，下面讨论几种特殊情况。

8.5.1 三轴晶体［100］(001) 面上的畴结构

在三轴晶体的（001）面上，有两个易磁化轴，因此主畴和塞漏畴的自发磁化强度都在易磁化轴上，而且由于晶体的长度方向就是［100］，所以磁畴结构是典型的封闭畴，具体的图像如图 8.5.1 所示。在这种情况下，退磁能和磁晶各向异性都没有了，只需要考虑畴壁能和磁致伸缩能。后者是这样产生的，即材料自居里点冷下来时，发生自发形变；若材料的磁致伸缩系数 $\lambda>0$，则沿自发磁化强度的方向上将发生伸长；这样，如图 8.5.1 所示的主畴和塞漏畴都要在其自发磁化强度的方向上伸长；由于主畴和塞漏畴的自发磁化强度彼此成 90°，所以形变方向互相牵制。换句话说，由于主畴的阻挡，塞漏畴不能自由变形至图 8.5.2 示出的虚线位置，因此塞漏畴便好象受到压缩而增加了能量。这项能量是由磁致伸缩引起的，故称为磁致伸缩能 E_σ。

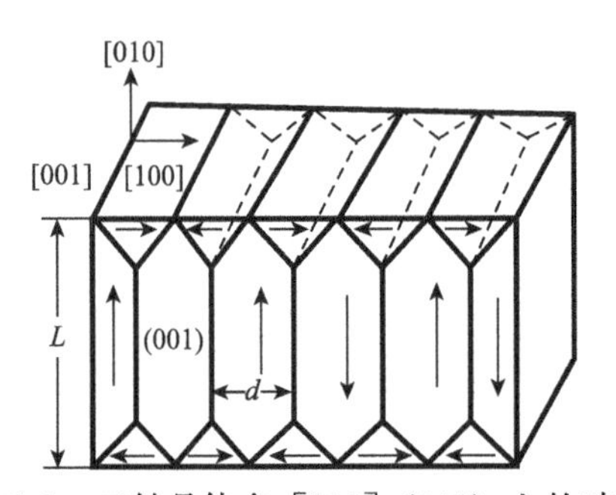

图 8.5.1　三轴晶体在［100］(001) 上的畴结构

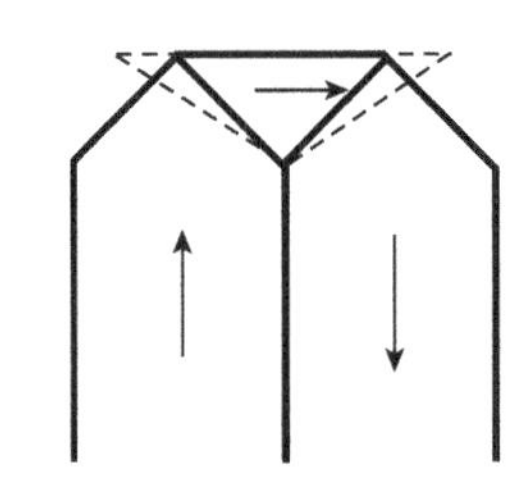
图 8.5.2　塞漏畴受到“压缩”

设材料的自发形变为 θ，则由自发形变而导至的应力为 $\sigma=c\theta$，c 为弹性模量。在以前讨论磁弹性能时，已经知道应力与自发形变的乘积就是每单位体积的能量，所以磁致伸缩能 E_σ 为

$$E_\sigma=\int\sigma\mathrm{d}\theta=\int_0^\theta c\,\theta\mathrm{d}\theta=\frac{c}{2}\theta^2=\frac{c}{2}\lambda_{100}^2 \tag{8.5.1}$$

在式（8.5.1）中自发形变 θ 是沿〈100〉方向的，因而就是〈100〉的磁致伸缩系数 λ_{100}。

选厚度为 L、面积为 1m^2 的特定体积的总能量为 f，则

$$f=\text{主畴的畴壁能}+\text{塞漏畴的磁致伸缩能}=\frac{\gamma L}{d}+\left(d\cdot\frac{d}{2}\cdot\frac{1}{2}\right)\cdot\frac{2}{d}\left(\frac{1}{2}c\lambda_{100}^2\right)$$

$$=\frac{\gamma L}{d}+\frac{1}{4}c\lambda_{100}^2 d \tag{8.5.2}$$

其中，γ 为畴壁能密度，d 为畴宽。对式（8.5.2）求$\frac{\partial f}{\partial d}=0$ 便得

$$d_0=\left(\frac{4\gamma}{c\lambda_{100}^2}L\right)^{\frac{1}{2}} \tag{8.5.3}$$

$$f_{\min}=\sqrt{\gamma c\lambda_{100}^2 L} \tag{8.5.4}$$

若用纯铁的数据：$\gamma=1.59\times10^{-3}\text{J/m}^2$，$\lambda_{100}=2.07\times10^{-5}$，$c=2.36\times10^{12}\text{N/m}^2$，将这些数据代入式（8.5.3）和式（8.5.4）并设晶体的厚度$L=10^{-2}\text{m}$，则得 $d_0=2.5\times10^{-4}\text{m}$，$f_{\min}=0.127\text{J/m}^2$（$1.27\times10^2\text{egr/cm}^2$），理论上的畴宽（$2.5\times10^{-2}\text{cm}$）与实验上看到的磁畴的大小在数量级上彼此相合（实验图片见下文）。

8.5.2　三轴晶体［110］(001) 面上的畴结构

若样品的表面仍为（001）面，但长度的方向为［110］时，设想的一种畴结构如图 8.5.3 所示。主畴的自发磁化强度的方向为［100］和［010］，但形状不是长方形的片，而是菱形或平行四边形的片，主畴的两端连接着楔形畴（图 8.5.3 中示出的 q），其自发磁化强度的方向为［001］或［$00\bar{1}$］，它在（001）面上会出现磁荷。虽然如此，在能量上仍是有利的，因为 q 畴的体积较小，在具体计算时，退磁能可以忽略，详细情况见第 9 章的有关内容。

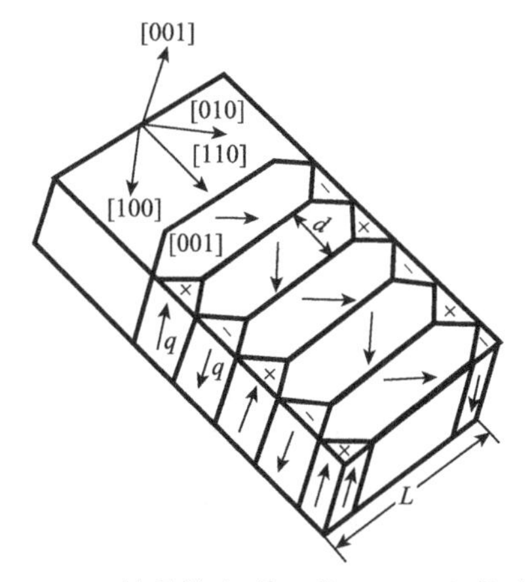

图 8.5.3　三轴晶体在［110］(001) 上的畴结构

8.5.3 四轴晶体 [111] $(1\bar{1}0)$ 面上的畴结构

四轴晶体的易磁化方向为〈111〉因此，当晶体的长度方向为 [111]，晶面为 $(1\bar{1}0)$ 面时，看到的畴结构如图 8.5.4 所示，这也是封闭畴结构，主畴的自发磁化强度的方向 $[11\bar{1}]$ 和 $[\overline{111}]$，塞漏畴的自发磁化强变的方向为 [111] 和 $[\overline{111}]$，形状为直角三角形截面的棱柱，其 $\alpha+\beta=90°$，$\sin\alpha=1/\sqrt{3}$。显然，在 $(1\bar{1}0)$ 面上，同时可以看到 180°，109.47°和 70.53°的畴壁（见图 8.5.4 中的标记）。

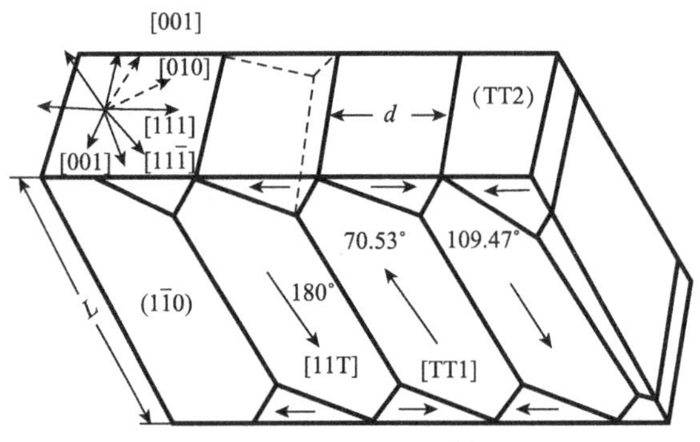

图 8.5.4 四轴晶体在 [111] $(1\bar{1}0)$ 上的畴结构

在这种类型的畴结构中，需要考虑的能量只有主畴的畴壁能和塞漏畴的磁致伸缩能。设考虑的特定体积仍为单位表面、厚度为 L 的长方体，则在此长方体内的总能量为

$$f=\text{畴壁能}+\text{磁致伸缩能}=\left(\frac{L}{\sin 2\alpha}\cdot 1\right)\frac{1}{d}\cdot r+\left[\sqrt{\frac{2}{3}}d\cdot\frac{d}{\sqrt{3}}\frac{1}{2}\right]\cdot 1\cdot\frac{2}{d}\cdot E_\sigma$$

$$=\frac{3\sqrt{2}}{4}\frac{\gamma L}{d}+\frac{\sqrt{2}d}{3}E_\sigma \tag{8.5.5}$$

式中，d 为主畴宽度，γ 为主畴的畴壁能密度，E_σ 为塞漏畴的磁致伸缩能密度。

对式 (8.5.5) 求 $\partial f/\partial d=0$，得

$$d_0=\frac{3}{2}\sqrt{\frac{\gamma L}{E_\sigma}} \tag{8.5.6}$$

$$f_{\min}=\sqrt{2\gamma L E_\sigma} \tag{8.5.7}$$

$\gamma=0.32\times10^{-3}\,\text{J/m}^2$，$E_\sigma=\frac{2}{3}c_{11}\lambda_{111}^2=\frac{2}{3}$ $(3.5\times10^{11}$ $(24.3\times10^{-6})^2=1.38\times10^2\,\text{J/m}^3$，代入式 (8.5.6)，并假定 $L=10^{-2}\,\text{m}$，便可得主畴的宽度 $d_0=2.30\times10^{-2}\,\text{cm}$，此值与实验结果基本符合，实验观察结果如图 8.5.5 所示的照片。

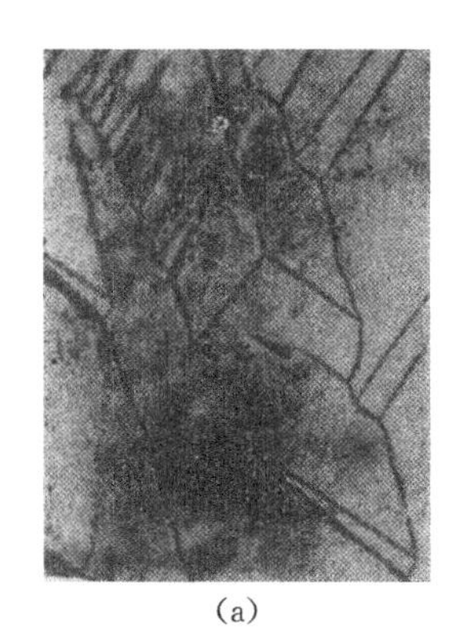

(a)

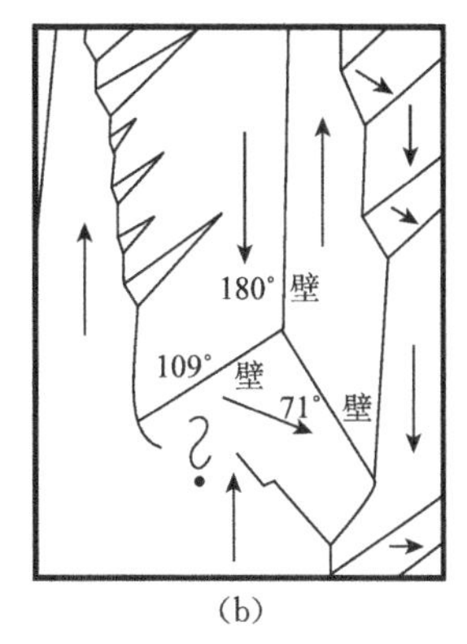

(b)

图 8.5.5　镍的（110）面上的畴结构

(a) 粉纹图照片；(b) 相应的畴结构的解释，显示 180°，109.47°和 70.53°的畴壁

总之，在立方晶体中，由于易磁化轴比单轴晶体的多，所以畴结构比单轴晶体的要复杂，一般情况下多为封闭结构。如果样品表面与易磁化轴有一倾角的话，则往往会出现树枝的结构，好像硅钢片单晶晶面与｛100｝有一倾角时，所见到的情况一样。树枝状畴的出现是为了降低退磁能而产生的，详细说明可看下节。

8.6　树枝状磁畴

在三轴单晶材料的表面上，有时出现从畴壁界线出发，向两边主畴作斜线伸展的**树枝状磁畴**。图 8.6.1 示出这种磁畴的形状。图中 pq 线是两个主畴之间的畴壁界线。这种树枝状畴是一种附加畴，产生的原因和封闭畴相似，如图 8.6.2 所示，该图中画了一个树枝状磁畴所在区域的透视图。中间的立体矩形代表两个相邻磁畴的状况。它们被畴壁 pq 隔开，两边磁化方向是相反的。树枝状磁畴从这个畴壁向左右伸展。为了避免许多图线符号挤在一处，以致看不清楚，我们在中间的立体图中取了 $ABB'A'$，$CDD'C'$ 和 $EFF'E'$ 三个截面（用虚线表示），把这三个截面和面上的符号分别画在立体矩形的前面及左右，又把立体矩形的表面画在该图的上方。

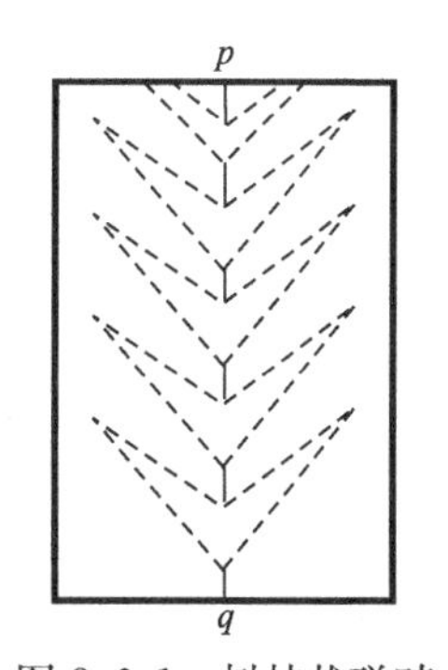

图 8.6.1　树枝状磁畴

产生树枝状磁畴的原因是两个主畴的磁化方向与样品的表面不平行，有一个微小的倾角。在图 8.6.2 中，在矩形体的左右两个面上，以及分画出来的 $CDD'C'$ 和 $EFF'E'$ 截面图上，都用箭头表示了这种倾角的情况，在左边主畴中，磁化方向向上倾斜，所以表面的左半部出现 N 极（见分画出来的表面图）；右边主畴的磁化方向同左边磁畴的磁化方向相反，它的磁化方向向下倾斜，因而表面的右半部出现 S 极，分画在前方的 $ABB'A'$ 截面图中，由于左右两个主畴的磁化方向对表面稍有倾斜，在垂直于表面的方向有微弱的磁矩分量，因而表面上出现磁极。这种

情形使接近表面的畴壁左右区域产生了方向从 N 极到 S 极的磁场，这就引起这个区域的横向磁化，产生了树枝状畴。我们看到，区域横向磁化的方向是垂直于主畴磁化方向的，所以区域附加畴和主畴之间的畴壁是 90°壁。按照前面 8.1 节中关于 90°壁的取向原则，可以理解为什么这些磁畴的畴壁在 45°左右的方向伸出，因而磁畴的形状像树枝。

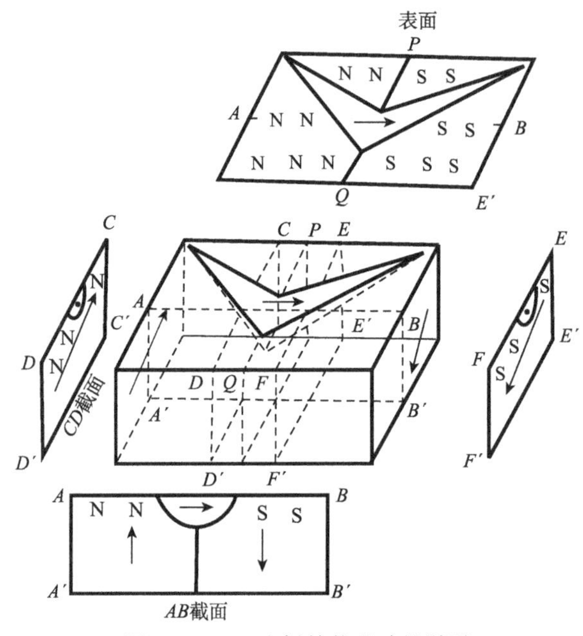

图 8.6.2　一个树枝状磁畴的说明

树枝状磁畴正如封闭磁畴那样是起减低退磁能作用的。从图 8.6.2 中可以看到，在被树枝状畴占据的表面上，磁极消失了，因为那里的磁矩方向是从左到右平行于表面的，左边主畴的一部分磁通量进入树枝状畴，向右过渡到右边的主畴。这样，材料表面上如果有一系列很密的树枝状畴（如图 8.6.1 中所示那样），材料表面的磁极就会减少很多，因而退磁能会减低很多。当然，这样会增加一些畴壁面积，畴壁能会有增加。但畴壁能的增加往往少于退磁能的减低，总能量还是减低的，所以这种附加畴经常在三轴晶体中出现。

8.7　不均匀物质中的磁畴

前面扼要地讨论了均匀单晶体中的磁畴结构概况。我们讨论这些比较简单的磁畴结构，目的是了解它形成的基本原理，为第 9 章磁化过程的理论分析作准备。一般的磁性材料是多晶体，而且往往结构不很均匀，有的内部有很多掺杂物和空隙，这样就会造成很复杂的磁畴结构，这些情况对于磁性材料的性能影响很大，因而需要进一步的讨论。

在多晶体中，晶粒的方向是杂乱的。通常每一晶粒中有好多磁畴（也有一个磁畴跨越两个晶粒的），它们的大小和结构同晶粒的大小有关。在同一颗晶粒内，各磁畴的磁化方向是有一定关系的。在不同晶粒间，由于易磁化轴方向的不同，磁畴的磁化方向就没有一定关系了。就整块材料来说，磁畴有各种方向，材料对外显出各向同性。图 8.7.1 是多晶体中磁畴结构的简单示意图，这里表示每一个晶粒分成片状磁畴，我们可以看到，跨过晶粒边界时，磁化方向虽转了一个角度，磁力线大多仍是连续的，这样，晶粒边界上才少出现磁极，退磁能就会比较低，磁畴结构才能稳定。在多晶体的磁畴结构中必然还有许多附加畴存在，这在图 8.7.1 中没有画出这些附加畴。

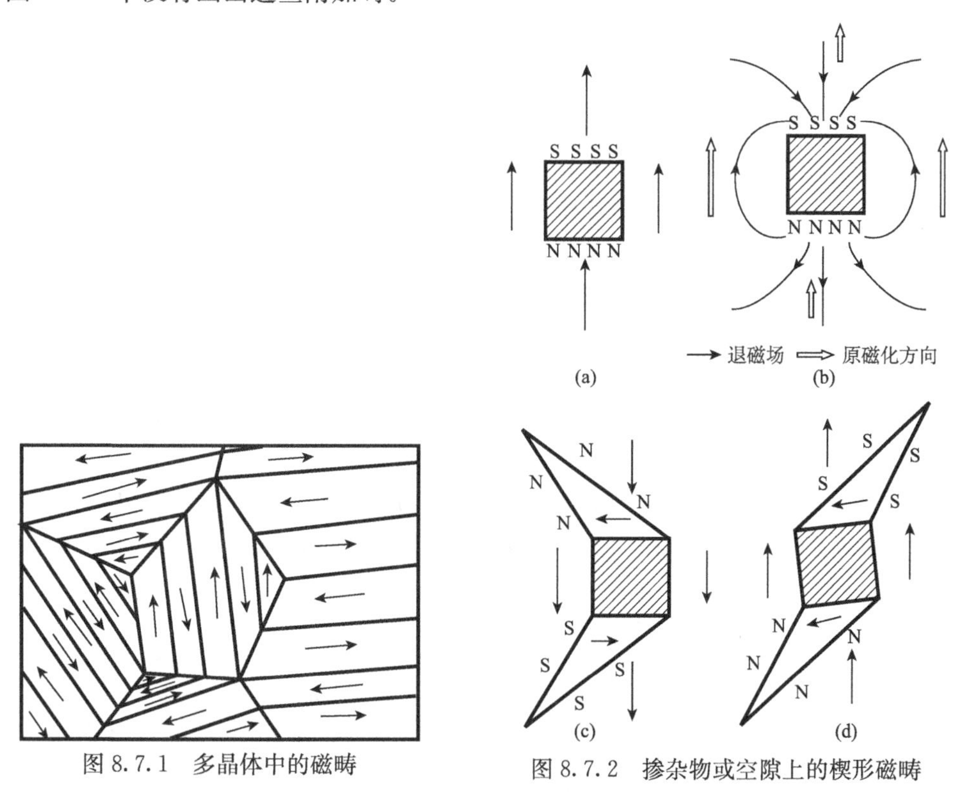

图 8.7.1　多晶体中的磁畴

图 8.7.2　掺杂物或空隙上的楔形磁畴

磁性材料内部如果有应力，会造成局部各向异性，因而发生复杂的磁畴结构，这也会影响材料的性能。

磁性材料中含有非磁性的掺杂物或空隙也会使磁畴结构复杂化，在铁氧体中这种情况比较显著，在材料同掺杂物或空隙的接触面上，不论后者形状如何，都会有磁极出现（图 8.7.2 (a)），因而会产生退磁场（图 8.7.2 (b)）。退磁场在离磁极不远的区域内的方向同原有的磁化方向有很大的差别，局部地区可以相差到 90°。甚至是 180°。这就造成这些区域在新的方向上产生磁化，因而形成掺杂物或空隙上附着的楔形磁畴，如图 8.7.2（c），（d）所示。楔形畴的磁化方向若是垂直于主畴方向的，它们之间的畴壁是 90°壁，按照以前讨论过的 90°壁的取向原则，这些畴壁应取斜出的方向。但这类附加畴的畴壁两边的磁化强度的垂直分量不能完全相等，所以界壁上仍有磁极出现。只是磁极分散在较大面积上，使退磁能降低罢了，因此，**楔形附加畴**也是经常观察到的。

掺杂物和空隙还对畴壁有很大影响，我们比较两种情况：一种是畴壁经过掺杂物或空隙的情况，如图 8.7.3（a）所示；另一种是畴壁经过掺杂物或空隙附近的情况。如图 8.7.3（b）所示。在图 8.7.3（a）的情况，掺杂物在两个磁畴之间，界面上出现的磁极（N 极和 S 极）半数的位置是交换的；在图 8.7.3（b）的情况，掺杂物处在同一磁畴中，它界面上的 N 极和 S 极分别集中在一边。这样，图 8.7.3（a）情况的退磁能要比图 8.7.3（b）情况的小得多。此外，在图 8.7.3（a）情况中，一部分畴壁的地位被掺杂所占，畴壁面积比 8.7.3（b）情况的小，所以图 8.7.3（a）情况的总畴壁能也比图 8.7.3（b）情况的小，既然退磁能和畴壁能都是图 8.7.3（a）情况的小，所以畴壁横跨掺杂物或空隙就比处于它们近旁的要稳定，要把畴壁从横跨掺杂物或空隙的位置挪开，需要供给能量才能办到，这就是说，需要外力做功。这样，材料中掺杂物或空隙越多，壁移磁化越困难，因而磁导率 μ 越低。例如铁氧体的磁导率很大程度上决定于它内部结构的均匀性、掺杂物和空隙的多少（详见第 9 章）。

当畴壁经过掺杂物或空隙，或经过它们的近旁时，一般不会停留在图 8.7.3 所示的情况。正如图 8.7.2（c），（d）所示，在掺杂物上会产生附加畴壁以减低退磁能，这些附加畴还会把近旁的畴壁联结起来。图 8.7.4 表示出主畴的两块畴壁经过一群掺杂物、通过各种附加畴同掺杂物联结的情况。从这里可以看到，对畴壁有影响的不仅是畴壁碰到的那些掺杂物，在它近旁的同样也有影响。

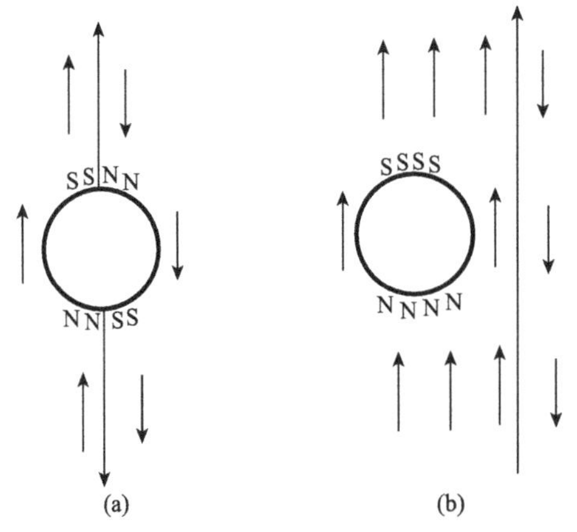

图 8.7.3　畴壁经过掺杂物或经过掺杂物附近的情况

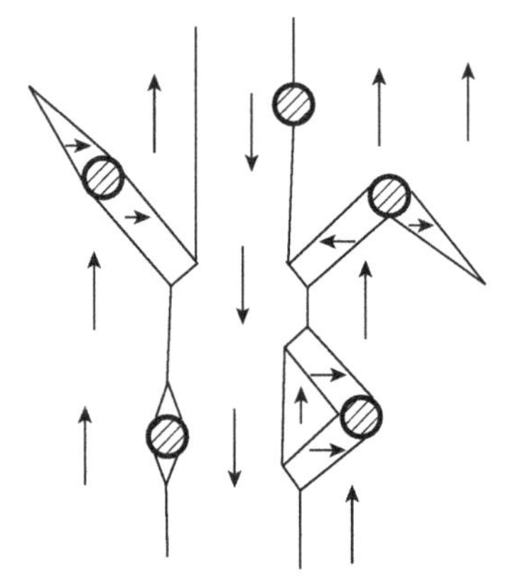
图 8.7.4　主畴的畴壁经过一群掺杂物发生附加畴的情况

8.8 单 畴 颗 粒

有些磁性材料是由很小的颗粒组成的，如果颗粒足够小，整个颗粒可以在一个方向自发磁化到饱和，成为一个磁畴。这样的颗粒称为单畴颗粒，对不同材料有不同的临界值，在此以上的颗粒出现多畴，在此以下，成为单畴。单畴颗粒内不存在畴壁，不会有壁移磁化过程，只能有转动磁化过程。这样的材料，磁化和退磁都不容易；它具有低磁导率和高矫顽力，这就是永磁材料，近年来，在永磁材料制备工艺中，普遍采用粉末法以提高材料的矫顽力，相反，在软磁材料的制备中，需要注意颗粒不宜太小，以免成为单畴，以致降低磁导率。因此，了解单畴颗粒对材料性能所起的作用，和怎样估计它的临界尺寸，已经成为重要的问题。

现在我们讨论关于**单畴颗粒临界尺寸的估计**。考虑球形单晶颗粒。图 8.8.1（a）示出单畴颗粒；其余三个图示出比临界尺寸大的三种简单磁畴结构的颗粒：图8.8.1（b）示出材料的各向异性比较弱，磁化取圆形磁通封闭式的情况；图 8.8.1（c）示出磁晶各向异性较强的立方晶体；图 8.8.1（d）示出磁晶各向异性较强的单轴晶体。立方晶体的磁畴取图 8.8.1（c）图的形式，因为那个形式的退磁能比图 8.8.1（d）形式的要小。

临界尺寸是单畴和其他畴结构的分界点。因此，这个尺寸的能量既可按单畴结构计算，也可以按图 8.8.1（b），（c），（d）三图之一来计算；当处在临界尺寸时，两种结构的能量相等。我们利用这个关系推出球形颗粒的临界半径。

单畴球形颗粒的能量。在图 8.8.1（a）所示出的单畴颗粒中，磁矩沿易磁化方向平行排列着，因而磁晶各向异性能最低。这里既无外磁场，又无内应力，不需要考虑外场静磁能和磁弹性能，这里也没有交换能问题，只有退磁能需要考虑。由式（7.2.92）球的退磁因子 $N=\frac{1}{3}$，它的退磁能密度是（括号内是 CGS 单位）

$$E_d=\frac{\mu_0}{2}NM_s^2=\frac{\mu_0}{6}M_s^2,\quad \left[\frac{2\pi}{3}M_s^2\right] \tag{8.8.1}$$

颗粒的全部退磁能等于 E_d 乘以颗粒体积 V，即

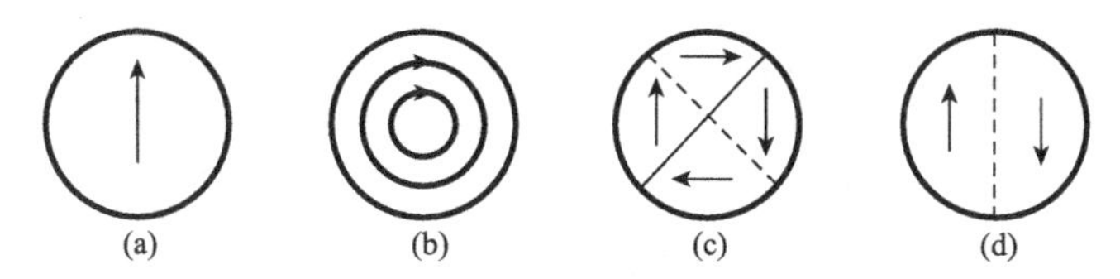

图 8.8.1　微小球形颗粒的磁畴结构

（a）单畴颗粒；（b），（c），（d）大于临界尺寸的颗粒的几种最简单的磁畴结构

$$E_dV=\frac{\mu_0}{6}M_s^2\times\frac{4\pi}{3}R^3=\frac{2}{9}\pi\mu_0M_s^2R^3, \left[\frac{8\pi^2}{9}M_s^2R^3\right] \quad (8.8.2)$$

8.8.1 磁晶各向异性较弱的单畴颗粒的临界半径

这类颗粒在临界尺寸之上时，磁矩沿圆周逐渐改变方向（图 8.8.1（b）），所以需要考虑交换能，而其他的能量无须考虑。在一个圆周上，共有 $2\pi r/a$ 个原子磁矩，r 为圆的半径，a 为两原子间的距离。一个圆周的角度总变化为 2π，所以两个相邻原子磁矩的方向变化是

$$\varphi=\frac{2\pi}{\frac{2\pi r}{a}}=\frac{a}{r}$$

由式（8.1.1）可知，一对原子磁矩的交角从 0 转到 φ，交换能量的增加是

$$\begin{aligned}\Delta E_{ex}&=(-2JS^2\cos\varphi)-(-2JS^2\cos 0^\circ)\\&=2JS^2(1-\cos\varphi)=2JS^2\cdot 2\sin^2\frac{\varphi}{2}\\&=JS^2\varphi^2 \quad (\text{当 } \varphi \text{ 不大时})\end{aligned}$$

一圈原子的交换能是

$$E_{\text{圈}}=\frac{2\pi r}{a}\times JS^2\varphi^2=\frac{2\pi JS^2a}{r}$$

一个球形颗粒可以看作是由许多层圆柱壳层所构成，每一圆柱层的能量是（图 8.8.2）

$$\begin{aligned}E_{\text{柱}}&=E_{\text{圈}}\times\text{圆柱上的圈数}\\&=\frac{2\pi JS^2a}{r}\times\frac{2\sqrt{R^2-r^2}}{a}=\frac{4\pi JS^2\sqrt{R^2-r^2}}{r}\end{aligned}$$

那么球的能量等于

$$\begin{aligned}E_{\text{球}}&=\int E_{\text{柱}}\,\mathrm{d}n=\int E_{\text{柱}}\frac{dr}{a}=\frac{4\pi JS^2}{a}\int_a^R\sqrt{\frac{R^2-r^2}{r}}\,\mathrm{d}r\\&=\frac{4\pi JS^2R}{a}\left[\ln\frac{2R}{a}-1\right] \quad (8.8.3)\end{aligned}$$

在临界半径时，由式（8.8.2）等于式（8.8.3），得

$$\frac{2\pi}{9}\mu_0M_s^2R_c^3=\frac{4\pi JS^2R_c}{a}\left[\ln\frac{2R_c}{a}-1\right]$$

或

$$\frac{R_c^2}{\ln\frac{2R_c}{a}-1}=\frac{18JS^2}{\mu_0M_s^2a}, \left[\frac{R_c^2}{\ln\frac{2R_c}{a}-1}=\frac{9JS^2}{2\pi aM_s^2}\right] \quad (8.8.4)$$

把式（8.8.4）用于金属铁，可估计它的临界半径。铁的有关数据是：$M_s=1.710\times10^6\,\text{A/m}$，$J=2.16\times10^{-21}\,\text{J}$，$a=2.86\times10^{-10}\,\text{m}$，$S=1$。代入上式，算得

$R_c \simeq 4 \times 10^{-8}$ m [400Å]。

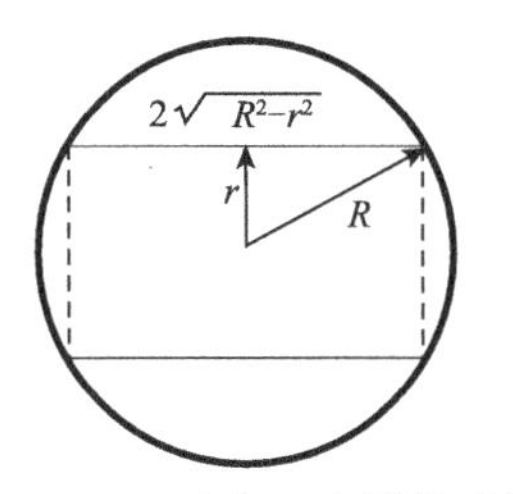

图 8.8.2　球中一个圆柱壳层

8.8.2　立方晶体单畴颗粒的临界半径

颗粒大于临界尺寸的立方晶体，其最简单的磁畴结构如图 8.8.1（c）所示。在这个结构中，磁化都在易磁化方向上，故没有磁晶各向异性能。没有内应力，也没有外磁场，所以不考虑磁弹性能和外场静磁能。这里有较弱的表面磁极，所以有退磁能存在，但不占主要地位，可暂时不计。这样考虑的结果，主要的能量是畴壁能。所以颗粒的能量可以近似地写成畴壁能密度 γ 乘以畴壁面积

$$E = 2\pi R^2 \gamma_{90} \tag{8.8.5}$$

这里畴壁是 90°壁，所以标明 γ_{90}。

在临界尺寸时，式（8.8.2）等于式（8.8.5），即

$$\frac{2\pi}{9}\mu_0 R_c^3 M_s^2 = 2\pi R_c^2 \gamma_{90}$$

即

$$R_c = \frac{9\gamma_{90}}{\mu_0 M_s^2}, \quad \left[R_c = \frac{9}{4\pi}\frac{\gamma_{90}}{M_s^2}\right] \tag{8.8.6}$$

8.8.3　单轴晶体单畴颗粒的临界半径

这类晶粒大于临界尺寸时，它的最简单的磁畴结构如图 8.8.1（d）所示。这里除需要考虑畴壁能外，退磁能不能忽略。可以证明，退磁能接近单畴球的退磁能的 1/2。因此，颗粒的能量可以粗略地写成

$$\begin{aligned} E &= E_w + E_d = \pi R^2 \gamma_{180} + \frac{1}{2} \times \frac{\mu_0}{6} M_s^2 \times \frac{4}{3}\pi R^3 \\ &= \pi R^2 \gamma_{180} + \frac{\pi}{9}\mu_0 M_s^2 R^3 \end{aligned} \tag{8.8.7}$$

颗粒在临界尺寸时，式（8.8.2）等于式（8.8.7）

$$\frac{2\pi}{9}\mu_0 R_c^3 M_s^2 = \pi R_c^2 \gamma_{180} + \frac{\pi}{9}\mu_0 R_c^3 M_s^2$$

$$R_c = \frac{9\gamma_{180}}{\mu_0 M_s^2}, \quad \left[R_c = \frac{9}{4\pi}\frac{\gamma_{180}}{M_s^2}\right] \tag{8.8.8}$$

式（8.8.8）和式（8.8.6）形式相同，但 r 值不同。

金属铁在室温下是体心立方晶体，我们把式（8.8.6）应用到铁的情形，估计它的临界半径。

用上述有关铁的数据和 $K_1=4.2\times10^4\,\mathrm{J/m^3}$，可计算 γ_{90}。在计算 γ 时需要 A_1（这里按体心立方体计算）

$$A_1=\frac{2JS^2}{a}=\frac{2\times2.16\times10^{-21}\times1^2}{2.86\times10^{-10}}=1.51\times10^{-11}\,\mathrm{J/m}$$

γ_{90} 可按 $\frac{\pi}{2}\sqrt{A_1K_1}$ 计算，即

$$\gamma_{90}=\frac{3.14}{2}\left(1.51\times10^{-11}\times4.2\times10^4\right)^{1/2}=1.3\times10^{-3}\,\mathrm{J/m^2}$$

$$R_c=\frac{9\gamma_{90}}{\mu_0M_s^2}=\frac{9\times1.3\times10^{-3}}{4\pi\times10^{-7}\times\left(1.71\times10^6\right)^2}=0.32\times10^{-8}\,\mathrm{m}\ [32\,\text{Å}]$$

将单畴与非单畴的能量加以比较，从而求得的临界尺寸，实际上是使球形颗粒保持单畴的最大半径（临界半径的上限）。由式（8.8.4），式（8.8.6）和式（8.8.8）估算的理论值，虽有实验事实的支持，但并未得到确证。如在锰铋和锰镓合金上[12,13]，单畴临界尺寸的理论值和实验值，即使符合得比较好，但也还相差一个数量级。

从微磁学①的角度看，得出式（8.8.4），式（8.8.6）和式（8.8.8）的处理方法是不完善的。布朗（Brown）[14]根据微磁学原理严格计算了临界半径，认为球形颗粒的半径只要小于 R_{c1}，则单畴就是能量最低的状态，即 $R<R_{c1}$ 的粒子一定是单畴。布朗把 R_{c1} 称为临界半径的下限，他得到的关系是

$$R_{c1}=\frac{3.6055}{M_s}\left(\frac{A}{\mu_0}\right)^{\frac{1}{2}},\quad K_1>0$$

$$\left[R_{c1}=\frac{3.6055}{M_s}\left(\frac{A}{4\pi}\right)^{\frac{1}{2}},\quad K>0\right]\tag{8.8.9}$$

蒲、李[15]对临界半径也作了微磁学的严格导算，他们得出的临界半径的下限为

$$R_{c1}=\begin{cases}\dfrac{\chi_1}{M_s}\left(\dfrac{A}{\mu_0N_{/\!/}}\right)^{1/2}, & K_1\geqslant0\\[2ex] \dfrac{\chi_1}{M_s}\left(\dfrac{A}{\mu_0N_{/\!/}-\dfrac{2K_1}{M_s^2}}\right)^{1/2}, & K_1\leqslant0\end{cases}\tag{8.8.10}$$

① 指放弃磁畴和畴壁的假设，认为磁矩在空间呈连续缓变分布的学说。

$$
\left[R_{c1}=\begin{cases} \dfrac{\chi_1}{M_s}\left(\dfrac{A}{N_{/\!/}}\right)^{1/2}, & K_1\geqslant 0 \\ \dfrac{\chi_1}{M_s}\left[\dfrac{A}{N_{/\!/}-\dfrac{2K_1}{M_s^2}}\right]^{1/2}, & K_1\leqslant 0 \end{cases} \right]
$$

式中，$N_{/\!/}$ 为平行于旋转对称轴方向的退磁因子，A 为交换能常数，χ_1 为常数，对无限长圆柱、球、长旋转椭球和扁椭球依次为 1.84，2.08，$\tau_1(e)$ 和 $\delta_1(e)$，后两者的数值与椭球的 e（=半焦距/旋转半径）有关。对于球形颗粒和 $K_1\geqslant 0$ 的情况来说，式（8.8.10）便化简为式（8.8.9）。

表 8.5 列举几种材料的球形颗粒的临界半径，根据有关常数，由式（8.8.8）和式（8.8.9）分别算出的 R_c 和 R_{c1}，由于目前对交换能常数 A 未有准确的数据，因此表中的临界半径也只能作为参考。

表 8.5　球形颗粒出现单畴的临界半径

材料	A /（$\times10^{-11}$J/m）	M_s /（$\times10^{3}$A/m）	γ_{180} /（$\times10^{-3}$J/m^2）	R_{c1} /（$\times10^{-10}$m）	R_c /（$\times10^{-10}$m）
Co	2.6	1431	14.4	114	500
$SmCo_5$	2.0	855	69.3	168	6800
MnBi	1.0	600	12	170	2500

8.9 磁　　泡

8.9.1 引言

磁泡是薄膜磁性材料中所出现的圆柱形磁畴。随着材料的不同和外磁场的变化，磁泡的直径可以从亚微米变到上百微米。图 8.9.1 是这种畴的示意图。在偏光显微镜下观察磁泡很像气泡，所以才称为磁泡。磁泡技术及其有关理论是 20 世纪七八十年代的新发展。由于磁泡体积小，并能快速转移，用它作电子计算机中的存贮器或传输和逻辑器件将在很大程度上增加存贮量，缩小体积。具有单片容量大，存贮密度高的优点。本节将介绍磁泡产生的基本原理。关于它的应用将不讨论。

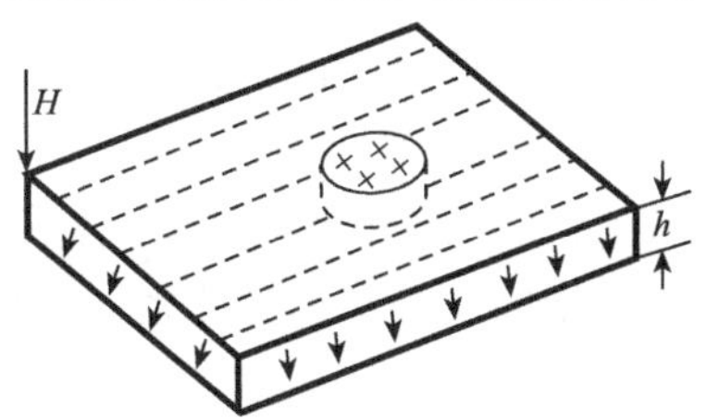

图 8.9.1　磁泡示意图

作为磁泡材料的单晶薄膜（片），必须是易轴与膜面垂直的单轴各向异性的材料，而且各向异性常数 K_u 和饱和磁化强度 M_s，需要满足 $K_u > \frac{1}{2}\mu_0 M_s^2$ 的条件（理由见后），在这样的薄膜中，未加外磁场时的磁畴是长条形的，如图 8.9.2 (a)所示。加上磁场后，磁化方向和磁场相同的正向磁畴变宽，磁化方向和磁场相反的反向磁畴基本不变，如图 8.9.2（b）所示，当磁场增加到某一值时，反向磁畴便会收缩成分立的圆柱形磁畴，如 8.9.2（c）所示。

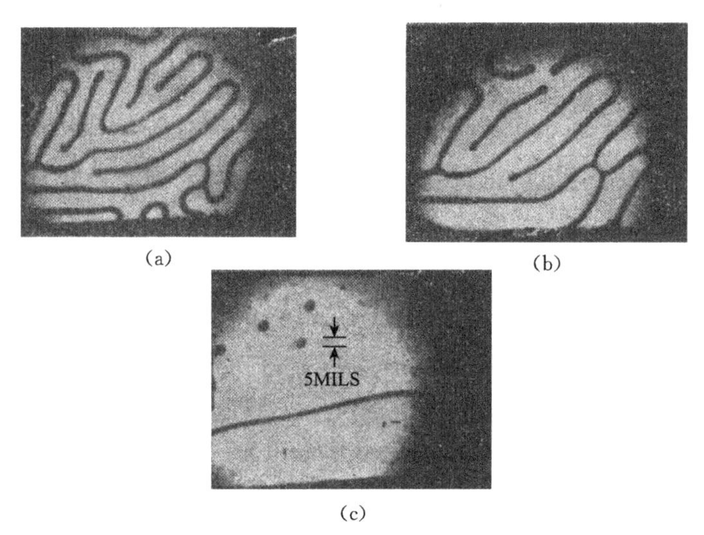

(a) (b) (c)

图 8.9.2 磁泡的形成

8.9.2 圆柱形磁畴的静态理论

柱形磁畴的横截面一般不一定是圆形。下面我们只讨论截面是圆形的柱形畴，这样问题比较简单一些。

圆柱形磁畴中有三种能量起着作用：畴壁能 E_w，外磁场作用下的静磁能 E_H 和退磁能 E_d. 所以一个圆柱形畴的总能量是

$$E_T = E_w + E_H + E_d \tag{8.9.1}$$

对于圆柱形磁畴来说，我们可以求出上述各项能量的公式。设 h 代表薄片材料的厚度（这也就是磁畴的高度），r 代表圆柱畴的半径，那么畴壁的面积等于 $2\pi rh$。以 γ 代表畴壁能密度，于是圆柱畴的畴壁能就等于

$$E_w = 2\pi rh\gamma$$

在外磁场 H 的作用下，膜片大部分沿磁场方向磁化，只有在柱形畴的磁化方向上才相反。因此，一个柱形畴的外场静磁能密度（相对于它周围大片区域磁化状态）是

$$(-\mu_0 M_s H\cos 180°) - (-\mu_0 M_s H\cos 0°) = 2\mu_0 M_s H$$

一个圆柱形磁畴的体积是 $\pi r^2 h$，所以圆柱形畴的外场静磁能为

$$E_H = 2\mu_0 M_s H \cdot \pi r^2 h = 2\pi r^2 h \mu_0 M_s H.$$

关于退磁能，情况要复杂得多，不仅磁畴表面上的磁极在磁畴中产生退磁场（因而有退磁能），而且磁畴周围区域的表面磁极也会对磁畴有作用，况且对一个短圆柱形也不能简单地写出退磁因子，因此，退磁能的计算比较复杂，目前仍暂以 E_d 来代表，那么式（8.9.1）可以写成

$$E_T = 2\pi r h \gamma + 2\pi r^2 h \mu_0 M_s H + E_d \tag{8.9.2}$$

根据“实际存在状态总能量极小”的原理，即令 $\dfrac{\partial E_T}{\partial r} = 0$，得

$$\frac{\partial E_T}{\partial r} = 2\pi h \gamma + 4\pi r h \mu_0 M_s H + \frac{\partial E_d}{\partial r} = 0 \tag{8.9.3}$$

其中 $\partial E_d/\partial r$ 经西莱（Thiele）[16]推得是 $-(2\pi h^2)(4\pi M_s^2) F\left(\dfrac{2r}{h}\right)$［CGS 制］。换算成 MKSA 制时为

$$\frac{\partial E_d}{\partial r} = -(2\pi h^2)(\mu_0 M_s^2) F\left(\frac{2r}{h}\right)$$

$(-\partial E_T/\partial r)$ 相当于作用在畴壁上压缩磁畴的力。用畴壁面积 $2\pi r h$ 去除，$\dfrac{-1}{2\pi r h}\dfrac{\partial E_T}{\partial r}$ 就代表作用在畴壁的单位面积上的力。由式（8.9.3）得到

$$-\frac{1}{2\pi r h}\frac{\partial E_T}{\partial r} = -\frac{1}{r}\gamma - 2\mu_0 M_s H + \frac{h}{r}\mu_0 M_s^2 F\left(\frac{2r}{h}\right) \tag{8.9.4}$$

此式右边第一项和第二项表示作用在畴壁的单位积上压缩磁畴的力，而第三项是作用在畴壁的单位面积上扩张磁畴的力。F 是 $2r/h$ 的函数，其形式后面就要开列出来。式（8.9.3）各项具有力的量纲，式（8.9.4）各项具有压强（单位面积上的力）的量纲。式（8.9.3）和式（8.9.4）实际是同一个公式，我们把它写成不同形式以便反复说明它的物理含意。

当压缩力和扩张力相等，即式（8.9.3）和式（8.9.4）中的 $(\partial E_T/\partial r) = 0$ 时，相反的力就达到平衡，磁畴就处于稳定状态。

式（8.9.4）代表的意义虽已说明，但为了数学上处理的简便，把式（8.9.4）等于零后再用 $\left(\dfrac{h}{r}\mu_0 M_s^2\right)$ 去除。就得到下列方程（这仍代表稳定状态）

$$\frac{1}{h}\frac{\gamma}{\mu_0 M_s^2} + \frac{2r}{h}\frac{H}{M_s} - F\left(\frac{2r}{h}\right) = 0 \tag{8.9.5}$$

这个式子的各项是无量纲的。第二项 r 和 h 同量纲，H 和 M_s 在 MKSA 制中也同量纲，所以这项无量纲，第三项 F 是 $2r/h$ 的函数，r/h 无量纲，所以 F 也无量纲。由此可知，第一项也无量纲，那么 $\gamma/\mu_0 M_s^2$ 必定具有长度的量纲；这代表一个特征长度，以后用 l 来代表，再把式（8.9.5）中的 $2r$ 写成 d 代表圆柱形畴的

直径，那么上式就成为简单的形式

$$\frac{l}{h}+\frac{d}{h}\frac{H}{M_s}-F\left(\frac{d}{h}\right)=0 \tag{8.9.6}$$

此式第一、二两项仍代表压缩作用，第三项代表扩张作用。

现在，我们把式中的 F 函数写出来（根据西莱的推导）

$$F\left(\frac{d}{h}\right)=\frac{2}{\pi}\left(\frac{d}{h}\right)^2\left\{\left(1+\frac{h^2}{d^2}\right)^{\frac{1}{2}}E\left[\left(1+\frac{h^2}{d^2}\right)^{-1}\right]-1\right\}$$

E 是第二类完全椭圆积分。对 $d<h$ 的情形，上式可展成

$$F\left(\frac{d}{h}\right)=\frac{d}{h}-\frac{2}{\pi}\left(\frac{d}{h}\right)^2+\frac{1}{4}\left(\frac{d}{h}\right)^3-\frac{3}{64}\left(\frac{d}{h}\right)^5+\frac{5}{256}\left(\frac{d}{h}\right)^7+\cdots$$

对 $d>h$ 的情形，$F\left(\frac{d}{h}\right)$可展成

$$F\left(\frac{d}{h}\right)=\frac{1}{\pi}\left\{\left[\frac{1}{2}+\frac{3}{32}\left(\frac{h}{d}\right)^2-\frac{3}{64}\left(\frac{h}{d}\right)^4+\frac{665}{24576}\left(\frac{h}{d}\right)^6+\cdots\right]\right.$$
$$\left.+\left[1-\frac{1}{8}\left(\frac{h}{d}\right)^2+\frac{3}{64}\left(\frac{h}{d}\right)^4-\frac{25}{1024}\left(\frac{h}{d}\right)^6+\cdots\right]\ln\left|4\frac{d}{h}\right|\right\}$$

由式（8.9.6）可以解出稳定的 d/h 值。考虑到 F 函数的复杂性，采用作图法来解比较方便。把式（8.9.6）写成

$$\frac{l}{h}+\frac{H}{M_s}\frac{d}{h}=F\left(\frac{d}{h}\right) \tag{8.9.6$'$}$$

我们要找出能满足这个公式的（d/h）值，也就是说，找出哪些 d/h 值能令左右两部分相等。先把公式右边的函数对 d/h 作图（用上面给出的 F 函数），得到如图 8.9.3 中示出的曲线，再把公式左边的 d/h 的线性函数$\left(y=\frac{l}{h}+\frac{H}{M_s}\frac{d}{h}\right)$，用图表示，这是一条直线。

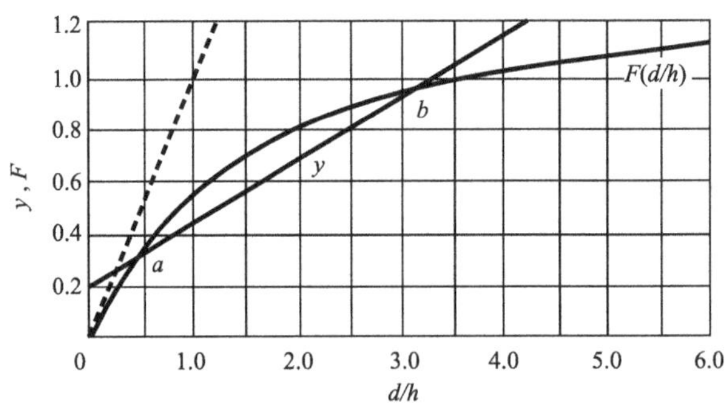

图 8.9.3 式（8.9.6′）的图解法

在已经画出 F 曲线的图中画上这条直线，在画时，以这部分函数 y 作为纵坐标（与 F 同一标尺），d/h 为横坐标，于是 l/h 是纵坐标上截距，H/M_s 是斜率。那么图中 F 曲线和直线的交点就是式（8.9.6′）的解，交点的 d/h 满足式

(8.9.6′)。

当 H 不很大，即 y 直线的斜率 H/M_s 不很大时，它同 F 曲线有两个交点，即图 8.9.3 中的 a 和 b 点。在这两处，压缩力（y 直线代表的）和扩张力（F 曲线代表的）恰好相等，处于平衡状态。但 a 点代表不稳定的平衡，从图中可以看到，如果 d/h 从 a 点略增，就得到 $F>y$，这表示扩张力大于压缩力，使 d/h 更增；如果 d/h 从 a 点稍减，就得到 $F<y$，这表示压缩力大于扩张力，使 d/h 更减。所以，a 点不代表磁畴处于稳定状态，在 b 点，如果，d/h 略增，得到 $y>F$，表示压缩力大于扩张力，磁畴就要回缩；如果 d/h 由 b 点开始稍减，立刻 $y<F$，表示扩张力大于压缩力，磁畴就要膨胀。因此，b 点代表磁畴能够稳定存留的状态，b 点的 d/h 值可以在图中读出，这就得到厚度为 h 的膜片中磁泡直径的数值。但 b 点的位置决定于直线 y 的位置和斜率，也就是说，决定于 H，M_s，h，和 l（$=r/(\mu_0 M_s^2)$），即决定于材料的性质、厚度和外加磁场的强弱。知道这些数值，就可以画出直线 y，这样就能定出 b 点。

在 l/h 不变的情况下，把 H 逐渐增加，直线的斜率 H/M_s 就增大，从图 8.9.3中可看出，a 和 b 两点就会逐渐接近，最后合成一点，这时 y 直线和 F 曲线相切，在切点两侧，y 都大于 F，表示压缩力都大于扩张力，磁泡已经不稳定了。只要 H 再略增，y 直线就离开 F 曲线，不再有交点。在直线开始离开 F 曲线时，磁泡就将消灭了，因为压缩力开始大于扩张力。对应于每一个截距 l/h 值，就有一个最高的 H 值，在这个值以下，才有磁泡形成。对于任何一种材料，$l=\dfrac{\gamma}{\mu_0 M_s}$是一定的，因此，厚度 h 越大，l/h 将越小，使得直线斜率 H/M_s 的上限可能就越大，即 H 的上限就越高，但无论如何不能超过一个最高限，那就是相当于 F 曲线的最大斜率，即 F 曲线在零点的斜率$=1$（见图 8.9.3）。所以要形成磁泡，必须满足 $H/M_s<1$ 的条件，这就是

$$H<M_s \quad [\text{在 CGS 制中，} H<4\pi M_s] \tag{8.9.7}$$

从另一方面来看，直线 y 的斜率必须大于 0 才可能有稳定的平衡点 b。因为当直线斜率等于零，或成为负时，直线和 F 曲线只能有一个交点 a。这是不稳定的平衡点。所以 H/M_s 的下限是零，但 H 不能等于零，因为这就是不加外磁场，更不能是负的，因为这就相当于磁场方向同要求产生的磁泡的磁化方向相同了，当然产生不出设想的磁泡。总之预定要产生在某方向磁化的磁泡（如向下磁化），那么所加磁场的方向必须同要产生的磁泡的预定磁化方向相反（例如要加向上的磁场）。所以要产生磁泡，必须加外磁场，与预定的磁泡磁化方向相反，其强度必须在下列范围：

$$0<H<M_s \quad [\text{在 CGS 制中，} 0<H<4\pi M_s] \tag{8.9.8}$$

这是产生磁泡所需要的外磁场条件。使产生的磁泡稳定存在，还要求材料的单轴磁晶各向异性场必须大于磁泡中的退磁场，即

$$H_K > M_s \quad [\text{CGS 制中}，H_K > 4\pi M_s] \tag{8.9.9}$$

对这个要求，可以这样来理解：由于磁泡内的磁化方向与磁泡外薄片的磁化方向正好相反，所以磁泡内的退磁场 H_d 便与薄片的磁化方向相同，其作用是使磁泡退磁（使磁泡的磁化方向反转）。为了克服这一退磁作用，必须有一数值较大、方向与退磁场 H_d 相反的磁场，才能保证磁泡稳定存在。这个磁场就是单轴各向异性的等效场 H_K。假定磁泡内的退磁场与薄膜情况相似，则 $H_d = M_s$，于是便得式（8.9.9）。

单轴各向异性材料的 H_K 按式（7.2.8）是

$$H_K = \frac{2K_u}{\mu_0 M_s} \quad \left[\text{在 CGS 制中}，H_K = \frac{2K_u}{M_s}\right]$$

所以材料的 K_u 需要满足下列要求：

$$K_u > \frac{\mu_0 M_s^2}{2} \quad [\text{在 CGS 制中}，K_u > 2\pi M_s^2]$$

这就是说，材料的 K_u 必须大于一个最低值。但 K_u 又通过畴壁能 γ 同特征长度 l 有关，K_u 大，l 也大，从图 8.9.3 中可看出，l 大，表示 y 直线在 Y 轴上的截距 l/h 就大，直线的斜率 H/M_s 的上限就不能太大，这就是说，H 的上限不能大。这说明所用的材料同需要的外磁场强弱又有关系。

从西莱的理论来考虑，可以得到一个规律：在厚度 h 等于 πl 的薄片中，磁泡的最小直径大约如下式所示：

$$d_{\min} \approx 4l = \frac{4\gamma}{\mu_0 M_s^2} \quad \left[\text{在 CGS 制中}，d_{\min} \approx \frac{\gamma}{\pi M_s^2}\right] \tag{8.9.10}$$

由以上的讨论中可知，产生磁泡的条件是：①所用材料必须是单轴各向异性的薄膜，它的单轴各向异性场必须大于饱和磁化强度，即 $H_K > M_s$ [在 CGS 制中，$H_K > 4\pi M_s$]，这等同于 $K_u > \mu_0 M_s^2/2$ [在 CGS 制中，$K_u > 2\pi M_s^2$]；②所加磁场的强度应在如下范围：$0 < H < M_s$ [在 CGS 制中，$0 < H < 4\pi M_s$]。又从理论推得，在厚度约为 $4\gamma/(\mu_0 M_s^2)$ 的薄膜中，能够得到的磁泡的最小直径近似地等于薄膜厚度。

根据上述磁泡的静态理论，可以通过观测条形磁畴刚刚转变为磁泡时，磁泡的直径和相应的磁场以及磁泡破灭前的直径和相应的磁场来确定材料的饱和磁化强度 M_s、单轴各向异性常数 K_u 和畴壁能 γ。这又是从磁畴的观测中确定材料基本磁性参数的方法（在片形畴时，我们曾讨论过类似的方法），所得的结果与采用其他方法获得的数据进行对比，不但可以了解材料的磁性参数，而且可以检验磁畴理论反映实际的确切程度。下面结合具体例子来说明这一过程[用 CGS 制]。

设材料为钆铽柘榴石（$Gd_{2.34}Tb_{0.66}Fe_5O_{12}$），磁膜厚度 $h = 15\mu m$。用法拉第效应观测这一材料的磁畴时，测得从条形畴转变为磁泡时的泡径 $d = 20\mu m$，相应

磁场 $H=57\mathrm{Oe}$；当磁场增加到 75Oe 时，磁泡破灭，这时的泡径 $d=7.5\mu\mathrm{m}$。从上述数据可求 M_s，γ 和 K_u，其步骤是

（1）在图 8.9.3 上再画上两条曲线，一条是磁泡破灭时的泡径与膜厚比 d/h 的函数曲线 S_0（d/h），另一条是磁泡刚由条形畴转变过来时的泡径与膜厚比的函数曲线 S_2（d/h）。这两条曲线又称稳定性曲线，其表达式为

$$S_0(a)=\frac{2}{\pi}a^2-\frac{1}{2}a^3+\frac{3}{16}a^5-\frac{15}{128}a^7+\cdots,\quad a=\frac{d}{h}\ll 1$$

$$S_0(a)=\frac{1}{\pi}\left\{\left[-\frac{1}{2}+\frac{13}{32}a^{-2}-\frac{9}{32}a^{-4}+\frac{5255}{24576}a^{-6}+\cdots\right]\right.$$
$$\left.+\left[1-\frac{3}{8}a^{-2}+\frac{15}{64}a^{-4}-\frac{175}{1024}a^{-6}+\cdots\right]\ln|4a|\right\},\quad a\gg 1$$

$$S_2(a)=\frac{2}{9\pi}a^2-\frac{1}{48}a^5+\frac{5}{256}a^7+\cdots,\quad a\ll 1$$

$$S_2(a)=\frac{1}{\pi}\left\{\left[-\frac{11}{6}-\frac{17}{96}a^{-2}+\frac{53}{288}a^{-4}+\frac{2929}{24576}a^{-6}+\cdots\right]\right.$$
$$\left.+\left[1+\frac{5}{8}a^{-2}-\frac{35}{192}a^{-4}+\frac{105}{1024}a^{-6}+\cdots\right]\ln|4a|\right\},\quad a\gg 1$$

（2）由磁泡破灭时的直径与膜厚比

$$d_{\min}/h=\frac{7.5}{15}=0.5$$

在 S_0 曲线上找出 $\frac{d}{h}=0.5$ 时的 S_0 值为 0.10（见图 8.9.4 上的 g 点），此值即为材料的 $l/h=0.10$，将 h 的值代入得 $l=0.10\times 15=1.5\mu\mathrm{m}$。

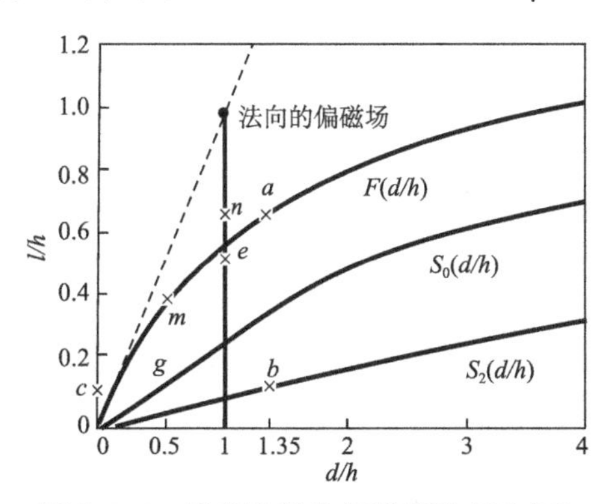

图 8.9.4 从磁泡刚从条形畴转变过来和破灭时的有关数据，用作图法求材料的基本参数

（3）在 F（d/h）曲线上找出 $d/h=0.5$ 的相应点为 m，联结 mc（c 点的 $l/h=0.10$），便得 mc 直线的方程为

$$y=\frac{l}{h}+\frac{H}{4\pi M_s}\frac{d}{h}\qquad \text{（用 CGS 制）}$$

从图 8.9.4 中可看出 m 点是直线 mc 和 F（d/h）的交点，亦即满足式（8.9.6′）的解，由于 m 点又是 y 直线和 F 曲线的切点，因而就是最大磁场下的解，相应的磁泡直径即是破灭直径，这正是观测到的情况。若将 mc 直线外延至与法向偏磁场轴相交于 n，作水平线 on，它与纵轴相交处为 0.66，即

$$y=\frac{l}{h}+\frac{H}{4\pi M_s}=0.66 \quad \left(\text{因为 } n \text{ 点的}\frac{d}{h}=1\right)$$

由此解出

$$4\pi M_s=\frac{H}{0.66-\dfrac{l}{h}}=\frac{75}{0.66-0.10}=\frac{75}{0.56}=134\text{Gs}$$

（4）已知 $l=\frac{\gamma}{4\pi M_s^2}$，将以上求得的 $l=1.5\times10^{-4}\text{cm}$，$4\pi M_s=134\text{Gs}$，代入便得畴壁能 $\gamma=\frac{1.5\times10^{-4}}{4\pi}(4\pi M_s)^2=0.21\text{erg/cm}^2$。

（5）根据 180°畴壁能 $\gamma=4\sqrt{AK_u}$，且设此材料的 $A=1.0\times10^{-7}\text{erg/cm}$，便得

$$K_u=\gamma^2/16A=\frac{(0.21)^2}{16\times1.0\times10^{-7}}=2.8\times10^4\text{erg/cm}^3$$

若利用磁泡刚从条形畴转变过来时的数据：$d=20\mu\text{m}$，$H=57\text{Oe}$，$h=15\mu\text{m}$，则 $d/h=20/15=1.33$，这时利用 S_2（d/h）和 F（d/h）曲线完全按照上述步骤可得 $l=0.096\times h=0.096\times15=1.44\mu\text{m}$，

$$y=l/h+\frac{H}{4\pi M_s}=0.52$$

$$4\pi M_s=\frac{H}{0.52-\dfrac{l}{h}}=\frac{57}{0.52-0.096}=134.4\text{Gs}$$

$$\gamma=l4\pi M_s^2=\frac{1.44}{4\pi}\times10^{-4}(4\pi M_s)^2=0.21\text{erg/cm}^2$$

$$K_u=\frac{\gamma^2}{16A}=\frac{(0.21)^2}{16\times1.0\times10^{-7}}=2.8\times10^4\text{erg/cm}^3$$

由此可见，对同一材料用两种观测数据求出的 M_s，γ 和 K_u 完全一致。

8.9.3 产生磁泡的材料

产生磁泡的材料必须符合前述条件。采用过的材料计有三类：

（1）六角单轴晶体，例如钡铁氧体。这类材料最初用过，发现 K_u 值太大，因而偏磁场大强，磁泡的移动速度低，在应用上不适宜。现在已不用了。

（2）稀土元素的正铁氧体。它的分子式是 $RFeO_3$，其中 R 是稀土元素．其结晶属于正交晶系，这是立体矩形结构，晶胞的三边不相等，但互相垂直。这类材料曾受重视，但发现其 M_s 较低，磁泡直径较大，而且 K_u 与 M_s 随温度的变化

又较大，磁泡直径的温度稳定性较差，因此已不太受重视了。

(3) 稀土元素的柘榴石型铁氧体。这类材料的分子式是 $R_3Fe_5O_{12}$，晶体结构是立方体，因此，它不具有单轴磁晶各向异性。现在都采用感生各向异性的措施使它具有单轴性。这类材料的立方各向异性的 K_1 的值是 $10^2 J/m^3$ [$10^3 erg/cm^3$] 的数量级，它感生单轴 K_u 值是 $10^3 J/m^3$ [$10^4 erg/cm^3$] 的数量级。感生的单轴各向异性比磁晶的立方各向异性要强到十倍左右，所以可以产生磁泡，这类材料没有上述两类的缺点，各方面正在研究使用。

表 8.6 和表 8.7 分别列出了几种稀土正铁氧铁体和稀土柘榴石铁氧体中磁泡的数据。根据这些数据，我们对磁泡可以有一个初步的具体概念。

表 8.6　三种稀土正铁氧体中磁泡的数据

材料	$\mu_0 M_s$ / ($\times 10^{-4}$ Wb/m²) [$4\pi M_s$, Gs]	γ / ($\times 10^{-3}$ J/m²) [erg/cm²]	H / ($\times 10^2$ A/m²) [Oe]	h /μm	d 最小（观察）/μm	d 最小（计算）/μm
$HoFeO_3$	91	2.0	9.6 [12]	53	120	120
$ErFeO_3$	81	1.7	6.4 [8]	51	150	130
$TmFeO_3$	140	2.8	28.8 [36]	58	61	72

表 8.7　三种稀土柘榴石铁氧体中磁泡的数据

材料	$\mu_0 M_s$ / ($\times 10^{-4}$ Wb/m²) [$4\pi M_s$/Gs]	K_u / ($\times 10^3$ J/m³) [$\times 10^4$ erg/cm³]	H 破灭 / ($\times 10^2$ A/m) [Oe]	h /μm	d 最小 /μm	γ / ($\times 10^{-3}$ J/m²) [erg/cm²]
$Eu_2ErGa_{0.7}Fe_{4.3}O_{12}$ [111]	247	6.2	146 [182]	18	5	0.31
同上 [100]	196	3.0	116 [145]	17	5.5	0.22
$Y_2GdAl_{0.8}Fe_{4.2}O_{12}$ [111]	450	7.9	296 [370]	19	3.0	
$Gd_{0.95}Tb_{0.73}Er_{1.3}Al_{0.5}Fe_{4.5}O_{12}$ [111]	181	0.44	112 [140]	11.5	3.0	0.083

8.10　观察磁畴的实验方法概要和粉纹法的理论条件

自 20 世纪 30 年代以来，用实验方法观察磁畴结构已获得了许多重要成果，在实验方法上也日臻完善，在 70 年代还发展了同时观察磁畴和晶面的方法，如用腐蚀坑金相法与粉纹法结合使用，不但能在金相显微镜下看到磁畴花纹，而且能确定被观察的晶面是那一个晶面，设备简便，适用于大量的观测工作。

关于观察磁畴的实验原理，大致可分四类：①粉纹技术；②磁光效应；③电子显微镜和磁力显微镜方法；④X 射线技术及其他。这四类方法各具优点和局限性，因此，需要根据研究对象和目的来加以选择，一般说来，粉纹和磁光效应法，设备比较简便，操作容易，适于推广。电镜和 X 射线技术设备较精，需有专门人员管理。以上四类方法的详细原理及操作细节，可参考有关的专著或文献[17,18]，这里只作些简单的说明。

粉纹法是观察磁畴的最早方法，这种方法的特点是设备简单适用范围大，因此仍是目前应用最广的一种方法，其局限性是不能观察各向异性较低（$\sim10^3\,\mathrm{erg\cdot cm^{-3}}$）的样品，不能在较高（>100℃）和较低（<－90℃）的温度下操作，同时也很难观察磁畴的快速变化。

磁光效应是利用平面偏振光透过磁性材料或由材料表面反射后，偏振面要发生旋转的原理来显示磁畴结构的，其中透射的效应称为法拉第效应，反射的效应称为克尔（Kerr）效应。偏振面旋转的角度与畴内的自发磁化强度的数值成正比，旋转的方向与自发磁化强度的取向有关，图 8.10.1 是克尔效应中偏振面旋转方向在三种不同情况下的示意图。磁光效应的优点是不受材料性能的限制，能在高、低温下观察磁畴结构，如果配以高速摄影装置，则能观察磁畴结构的运动变化全貌，甚至数量级为 1 微秒的磁化反转过程也能显示出来，并且也能研究畴壁内磁矩的方向改变，但由于偏振面的旋转角度很小（一般为 5′，最大也只在 20′左右），所以在实验装置和样品的制备上都没有粉纹法简单。

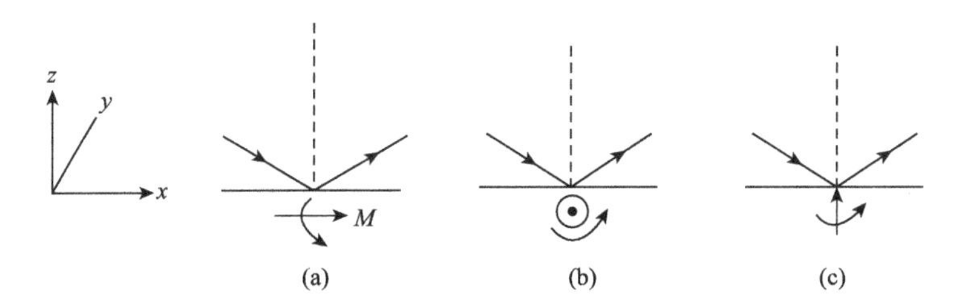

图 8.10.1　克尔效应中偏振面旋转的三种情况

(a) 纵向效应，入射面 xz，样品表面 xy，M 平行于 xz 平面和 xy 平面；(b) 横向效应，M 平行于 xy 但垂直于 xz 平面；(c) 极化效应，M 垂直于 xy 平面但平行于 xz 平面

电子显微镜方法观察磁畴结构的原理是利用电子射线通过样品时受到洛仑兹力的作用（此力与样品内的磁场分布有关）而形成的图像与磁畴结构有关。具体方法也有许多种（如反射、透射、扫描等），这些方法的优点是分辨率高，能研究精细结构，如自发磁化强度的分布与晶体结构不完整性间的关系、畴壁内原子磁矩的分布状况等，同时也可在不同温度和外磁场下进行观察，可是由于电子显微镜的设备和操作技术都比较复杂，因而限制了它的广泛使用。

由于相邻磁畴磁致伸缩应变的不同，因此利用 X 射线技术，能够观察磁畴结构。这种方法的优点是分辨率高，在观察磁畴的同时能够观察位错和晶体的其他缺陷，以及晶体缺陷与畴结构的相互关系。利用 X 射线技术的最大优点是研究反铁磁体的磁畴。磁力显微镜方法见下面详述。

前面谈到用粉纹法观察磁畴结构，仍是实验室中广泛应用了简便方法。为了对这一方法有更深入的理解，下面对这一方法的理论条件作些分析。

8.10.1　粉纹法观察磁畴的理论条件以及粉纹法和磁光效应法的实验

粉纹法观察磁畴所用的实验设备和观察金相的设备相同，即需要一台金相显微镜和抛光样品表面的设备，样品表面抛光以后，能否在金相显微镜下清晰看到磁畴的花样，关键在于混悬胶液的制备，即胶液中的 Fe_3O_4 颗粒大小要适当，混悬性能要好，容易在磁畴的边界上聚集。所有这些条件的获得，又都与胶液中的 Fe_3O_4 的颗粒大小有关，因此制备合适的颗粒便成为最关键的课题，其原因可从以下几方面来理解：

(1) 为了使混悬液中的磁性颗粒永远悬浮，则粒子做布朗运动的速率要大于沉淀速率。假设沉降的最大速率 u 为 $10^{-4}\,\mathrm{cm\cdot s^{-1}}$，则根据斯托克斯（Stokes）关系可估计水溶液中，粒子的半径 $r\leqslant 3\times 10^{-5}\,\mathrm{cm}$。

(2) 为了使粒子明显地聚焦在畴壁与样品表面的交界处，则粒子在表面磁场和热运动的作用下，其分布密度要有显著的差别

设粒子在磁场和热运动的作用下，分布密度 p 服从玻尔兹曼能量分布律

$$p(h,\theta)=p(0)\mathrm{e}^{\frac{\mu_0\mu h\cos\theta}{kT}} \tag{8.10.1}$$

式中，μ 为颗粒的磁矩，h 为作用在颗粒上的磁场、θ 为颗粒的磁矩 μ 与磁场 h 的夹角，p（h，θ）和 p（θ）分别为与磁场 h 成 θ 角和没有磁场时的分布密度，若忽略粒子之间的相互作用，则 θ 在空间可取各种可能的值。因此，磁场为 h 时粒子的平均分布就是 p（h，θ）在空间对 θ 求平均

$$p(h)=\frac{1}{4\pi}\iint p(h,\theta)\mathrm{d}\Omega=\frac{p(0)}{4\pi}\int_0^{2\pi}\mathrm{d}\varphi\int_0^{\pi}\mathrm{e}^{\frac{\mu_0\mu h\cos\theta}{kT}}\sin\theta\mathrm{d}\theta=p(0)\,\frac{\mathrm{sh}\chi}{\chi} \tag{8.10.2}$$

在得到式（8.10.2）时，令 $\chi=\frac{\mu_0\mu h}{kT}$。将式（8.10.2)作图，则得到如图 8.10.2 所示的结果，由图可见，当 $\chi>3$ 时，粒子的分布密度 p（h)便明显增加。这就是说

$$\mu_0\mu h>3kT \tag{8.10.3}$$

是粒子明显聚集的条件。根据这一条件，可以估计颗粒尺寸的上限和下限。

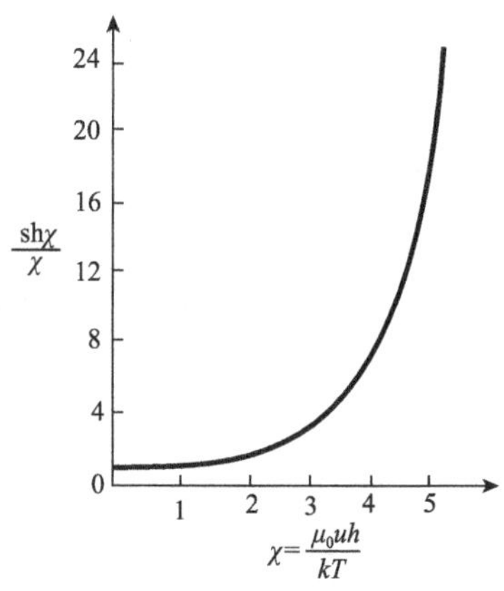

图 8.10.2　混悬液中的磁性粒子在磁场 h 作用下的分布

设畴壁与样品表面相交处出现磁荷如图 8.10.3所示，畴壁内的磁化强度在样品表面的法线分量为 M_n，则畴壁与样品表面相交的狭长地带内的线磁荷密度 q＝面磁荷密度×壁厚＝$\mu_0M_n\delta$，根据安培定律离线磁荷距离半径为 r 的

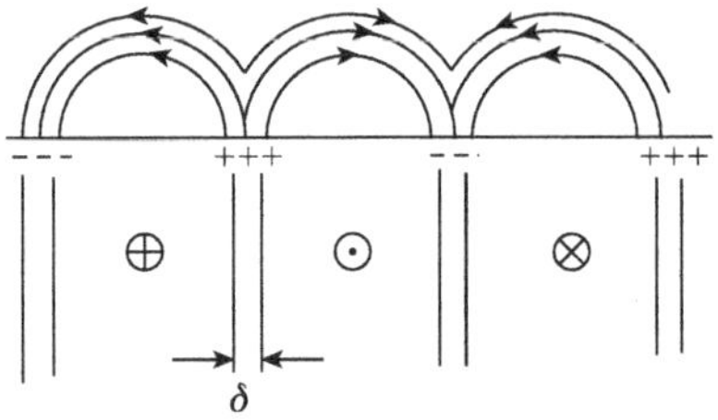

图 8.10.3 畴壁与样品表面交界处的磁荷（极）和磁力线

磁场 H_w

$$H_w=\frac{2q}{4\pi r\mu_0}\cdot\frac{2}{1+\mu^*}=\frac{4M_n\delta}{r\ (1+\mu^*)\ 4\pi} \tag{8.10.4}$$

式（8.10.4）是考虑了 μ^* 效应的结果，其中 $\mu^*=1+\frac{\mu_0 M_n^2}{2K_u}$。

若磁性颗粒是直径为 d 的球，则此球的磁矩 $\mu=\frac{4\pi}{3}\left(\frac{d}{2}\right)^3 M_s=\frac{\pi M_s d^3}{6}$，$M_s$ 为磁性颗粒的饱和磁化强度，因此这些磁性颗粒在 H_w 的作用下，明显聚集在畴壁与样品表面交界处的条件，根据式（8.10.3）便为

$$\mu_0\mu H_w>3kT \tag{8.10.5}$$

将 μ 和 H_w 的关系代入式（8.10.5）便得（这时离线磁荷的距离为 $r=d$）

$$d>3\left[\frac{2kT\ (1+u^*)}{\mu_0 M_s M_n\delta}\right]^{\frac{1}{2}}=d_{\min} \tag{8.10.6}$$

式（8.10.6）说明，磁性颗粒的直径 d 要大于 $d_{\min}$ 时才能在畴壁与样品表面的交界处明显集结。如果在硅钢片单晶上观察磁畴，胶液中的磁性颗粒为 Fe_3O_4，则 $M_s=400\times10^3$ A/m，$M_n=1580\times10^3$ A/m，$\mu^*=58$，$\delta=10^{-7}$ m，$T=300$K；把这些数值代入式（8.10.6）得 $d_{\min}\approx0.7\times10^{-8}$ m$=70$Å。由于不同的样品，其 μ^*、M_n 和 δ 彼此不同，因此要求磁性颗粒的最小直径 $d_{\min}$ 也彼此不同，表 8.8 列出几种材料的 μ^* 值。（注意这里的 M_s 指的是 Fe_3O_4 颗粒的，而 M_n 指的是硅钢片单晶的）。

(3) 为了使混悬液中的磁性粒子彼此之间不相互吸引成团（因为粒子抱成团后，磁通量闭合，这些成团的集体与样品表面的散磁场作用甚微），则对粒子的尺寸也有一要求。

表 8.8 某些材料的 μ^*

材料	Fe	Co	Fe-Ni（50%Ni）	Fe-Si（4%Si）
μ^*	44	25	1010	57

设粒子仍为直径 d 的单畴小球，其饱和磁化强度为 M_s。若把此单畴小球看成一磁偶极子，则此磁偶极子在空间 r 产生的磁场为

$$\boldsymbol{H}_p=\left[-\frac{\boldsymbol{\mu}}{r^3}+\frac{3\boldsymbol{r}\ (\boldsymbol{\mu}\cdot\boldsymbol{r})}{r^5}\right]\frac{1}{4\pi} \tag{8.10.7}$$

在磁偶极子轴线方向上的磁场，由式（8.10.7）可得

$$H_p=\frac{2\mu}{r^3 4\pi} \tag{8.10.8}$$

因此在混悬液中，由于单畴粒子产生的磁场 H_p 的作用，粒子之间也要相互吸引而聚集。这时如果热运动的影响示足以克服这种聚集的话，则粒子由于 H_p 的作用将发生聚集，显然，这样的聚集是我们所不希望的。

假设粒子聚集的条件仍是式（8.10.3），则

$$\mu_0\mu H_p>3kT$$

即

$$\mu_0\left(\frac{\pi M_s d^3}{6}\right)\left(\frac{2}{4\pi d^3}\ \frac{\pi M_s d^3}{6}\right)>3kT \tag{8.10.9}$$

由于粒子聚集时中心距离为 d，故 $r=d$ 后便得到式（8.10.9）。把式（8.10.9）化简为

$$d>6\left(\frac{kT}{\pi\mu_0 M_s^2}\right)^{\frac{1}{2}}=d_{\max} \tag{8.10.10}$$

式（8.10.10）说明，当粒子的直径大于 $d_{\max}$时，粒子自身就要在混悬液中聚集而形成棉花团的形状。这就是说在配置的混悬液中，磁性粒子直径不能大于 $d_{\max}$。将 Fe_3O_4 的有关数据代入式（8.10.10），得 $d_{\max}=1.2\times10^{-8}=120\text{Å}$。

通过上述讨论，我们得到的结论是：只有粒子的直径，同时满足两个条件时，才能得到清晰的磁畴图案，这就是粒子的直径 d 需要满足

$$d_{\max}>d>d_{\min} \tag{8.10.11}$$

式中的 $d_{\min}$和 $d_{\max}$分别由式（8.10.6）和式（8.10.10）确定。经验证明凡是能获得清晰磁畴花纹的混悬液，其中的磁性颗粒，都是在式（8.10.11）所规定的范围内。

由于铁镍合金的各向异性常数小，μ^* 较大，因此，用 Fe_3O_4 作为混悬液的磁性粒子时，式（8.10.11）的条件不能满足，所以看不到清晰的磁畴花纹。如果改用饱和磁强度 $M_s<63\times10^3\,\text{A/m}$ 的材料来作混悬液中的磁性粒子的话，则根据式（8.10.11）的条件，便有可能获得清晰的磁畴图案。

下面较详细的叙述粉纹法和磁光效应法的实验。

(1) 用粉纹法观察磁畴的实验 这个方法先把要观察的样品的表面进行处理，然后滴上一薄层含有铁磁粉末的胶液，放在放大率低的金相显微镜下观察，从图 8.10.3 可看出，由于露在样品表面上的磁畴分界线上有磁极存在，因而有散磁场，所以胶液中的铁磁粉末便被吸聚在那里，而显出磁畴界壁。这样就可以

观察到磁畴的大小和形状等情况。

除蒸镀出来的薄膜，不需要特殊处理外，其余样品的表面需要进行金相抛光处理，即对金属样品表面，必须先磨光，再加电解抛光并清洗。而对铁氧体，则在磨光后再在 50%硫酸和 1%草酸溶液中腐蚀几分钟以消除表面应力。

电解抛光是这样进行的：把 85%的磷酸 H_3PO_4 九份（按重量计算）和三氧化铬 CrO_3，一份混合而成的电解液置玻璃杯中①。以样品为正极，以一片比样品大的铜片为负极，通电流 10～20Å/cm^2（样品），经一分钟或略多时间，然后把样品取出清洗。

混悬胶液的制备步骤如下：把 2g 含水氯化亚铁（$FeCl_2\cdot 4H_2O$）和 5.4g 含水氯化铁（$FeCl_3\cdot 6H_2O$）溶解在 300mL 的蒸馏水中，做成第一溶液。再把 5g 氢氧化钠（NaOH）溶于 50mL 的蒸馏水中（最近亦有用 50mL 的 NH_4OH 代替 NaOH 的）。把氢氧化钠溶液缓慢地滴入第一种溶液中并不断搅拌。溶液温度须保持在 30～40℃，这时有下式所示的化学反应：

$$FeCl_2+2FeCl_3+8NaOH \longrightarrow Fe_3O_4+8NaCI+4H_2O$$

深棕色的 Fe_3O_4 粉末就沉淀出来了。在反应过程中，温度必须保持上述范围，不宜提高，以免产生较粗的颗粒，不合应用。反应完毕，等待沉淀物沉底后，把溶液从容器中倾倒出去。从反应式可知，在溶液中还溶有氯化钠，为了把沉淀物中沾染的 Na^+ 和 Cl^- 清除掉，须再加热水，搅拌过滤。把滤纸上的沉淀物洗下来，再过滤。如此反复几次，每次换用新滤纸。这样，需要的 Fe_3O_4 粉末便制备好了。

下一步是把 Fe_3O_4 粉末制成悬胶。有两种配方，可以采用其中一种。

第一种配方是用 0.3%的肥皂溶液（要用不含氯化钠的优质肥皂）加入准备好的 Fe_3O_4 粉末，比例是 30mL 肥皂液中加 1mLFe_3O_4 粉末。加热使沸腾片刻。最后在制备好的悬胶中加适量（1N）的盐酸使 pH 值达到 7。

第二种配方是把 1 克椰油胺加到大约 5mL 的 1N 盐酸中，使 pH 值为 7；再用蒸馏水稀释到 25mL，然后加入大约 10mL 的 Fe_3O_4 粉末，充分混合后，滴入少许盐酸（如有必要）使 pH 值保持在 7。再加蒸馏水稀释到 75mL，强力搅拌后，稀释到 300mL 备用。

观察的步骤：滴一滴悬胶在处理好的样品表面上，上面加一片盖玻璃，使胶液展开，然后放在放大率为 70～150 的金相显微镜下观察，可以看到清晰的磁畴形状，如图 8.10.4 所示，也可用照相机照出相片。

---

① 有时不同样品，需要不同的电解液。

图 8.10.4　用粉纹法观察到的磁畴结构

用这个方法观察到的是畴壁痕迹，原因前面已经说明。除此以外，还可以见到一些短纹。在一个磁畴中，看到的短纹是平行的。经研究知道这些短纹是表面上擦伤的刻痕造成的。刻痕在各一方向都有，但磁通量跨过垂直于磁化方向的刻痕时，要凸出表面如图 8.10.5（a）所示，因而在刻痕上就有氧化铁颗粒积聚着，显出短纹。那些同磁化方向相同的刻痕，磁通量不跨过，因而没有磁通量凸出表面，如图 8.10.5（b）所示的情况。所以没有氧化铁粉末积聚，也就看不到短纹。由此可见，在一个磁畴中显出来的短痕的垂直方向是这个磁畴的磁化方向。所以用这个方法可以观察到磁畴的大小和形状，磁畴的磁化方向和邻近磁畴磁化的相互取向。为了观察磁化方向，有时有意在样品表面上擦出一些刻痕。

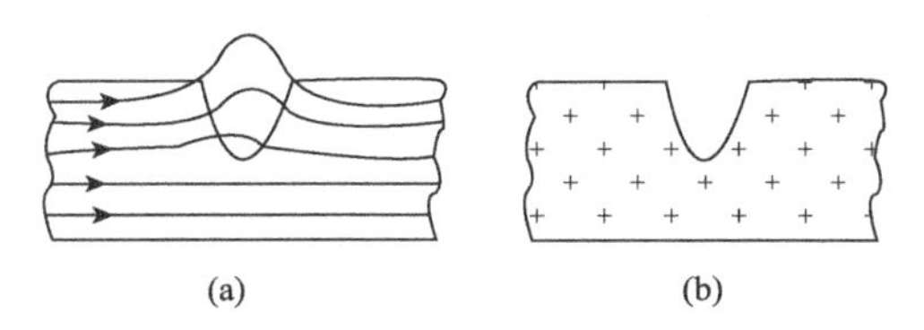

图 8.10.5　刻痕上的磁通量

（a）刻痕垂直于磁化方向；（b）刻痕平行于磁化方向

（2）磁光效应法观察磁畴实验　前已说到，当平面偏振光在铁磁物质表面反射，或在透明的铁磁物质中透射时，偏振面都会旋转一个角度。前一种现象称为克尔效应，后一种现象称为拉第效应。这两种效应都可以用来观察磁畴。

一种利用克尔效应观察磁畴的装置原理图如图 8.10.6 所示。单色光从光源 S 发出，经透镜 L_1 成为平行光束。经光阑 d_1 后，再经偏振器 P 成为平面偏振光。把这束光线照在要观察的样品表面上，使它被反射。反射光经光阑 d_2 后，通过一个检偏器 A，然后进行观察。由于各磁畴的磁化方向不同，在各磁畴上反射的光线的偏振面的旋转角也不同，因此，各磁畴显出的明暗程度就有差别。可以转动检偏器使磁畴的深浅差别达到最清楚为止。

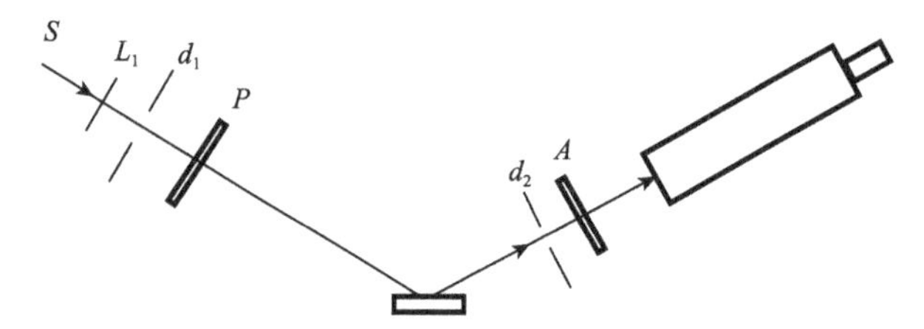

图 8.10.6 用克尔效应观察磁畴的装置

用克尔效应观察到的磁畴形象如图 8.10.7 所示，这里同粉纹法的图像效果不同。在粉纹法中观察到的是线纹。由观察到的畴壁痕迹和一些短纹得知磁畴的情况。在磁光法中，观察到的是整片磁畴的明暗程度，不同磁畴由明暗程度的差别区分出来。

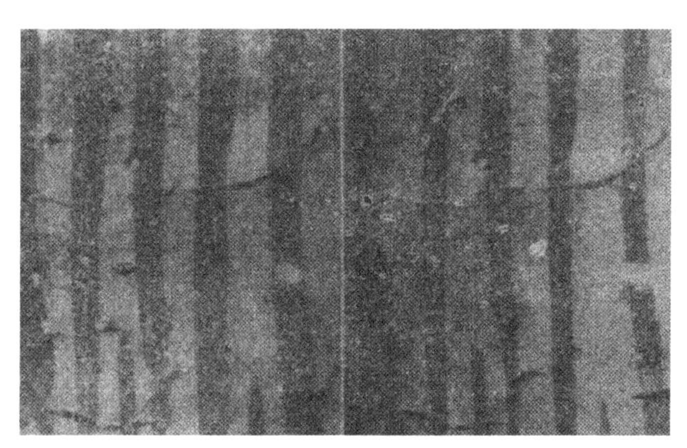

图 8.10.7 用克尔效应摄得的磁畴相片

克尔效应法的困难是，在各个磁畴上反射的偏振面旋转角的差别很小，不到 1°。在利用纵向效应或横向效应观察时，表面上反射的偏振光，偏振面一般只转 5′。这样就要求采用优质的起偏器和检偏器。可以用尼科耳棱镜和别种偏振器件。

对可透光的薄片样品，可以用法拉效应观察磁畴。实验的方法类似克尔法，只是反射改为透射。

用上述这些方法观察到磁畴的情况加以研究，不但可以说明这些花纹形成的原因，而且为磁化过程提供直观图像，或算得样品的基本参数 M_s，γ，K_u，A 等，这些都对技术磁化理论的检验和丰富发展起着重要的作用。

1987 年发明了磁力显微镜[19]，可将样品表面形貌和磁畴分别观测出来，下面简述其原理。

8.10.2 磁力显微镜（Magnetic force microscope，MFM）观察磁力图和形貌图的原理

8.10.2.1 基本原理

图8.10.8给出了磁力显微境（magnetic force microscope，MFM）的原理示意图。悬臂的一端固定，另一端装着磁性针尖，其下方的样品固定在一个压电扫描器上。当针尖接近样品表面时，由于杂散磁场的存在，针尖和样品之间会发生相互作用。MFM是一种非接触式模式，在扫描过程中，样品和针尖之间保持几十纳米的距离。样品和针尖之间的相互作用，由在悬臂上反射的激光束和一个光电二极管来探测。在MFM中，有两种基本的探测方式用来探测两种不同的相互作用，一种是静态模式（DC法），以悬臂和针尖的形变来探测磁力和磁力梯度，而在另一种动态模式（AC法）中，悬臂和磁针处于简谐振动，磁力和磁力梯度则以其振动位相或频率的改变来探测。

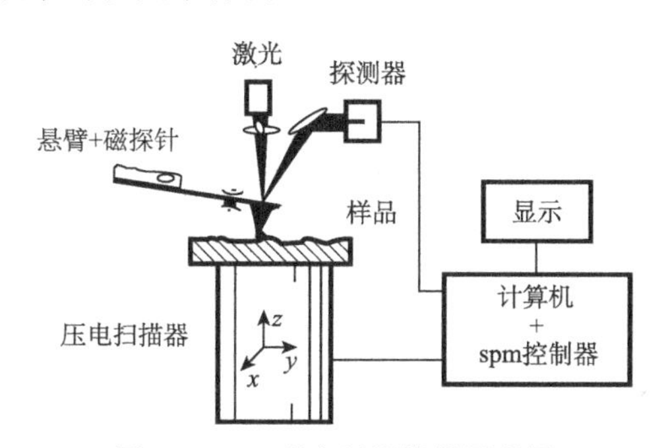

图8.10.8 磁力显微镜的原理图

8.10.2.2 针尖和样品相互作用的探测

1）磁力的探测（DC法）

MFM的DC模式中，直接探测的是静态磁力对探针微悬臂的作用。根据Hooke定律，作用在针尖上的力 F_z 使悬臂形变的量是

$$\Delta z = F_z / k \tag{8.10.12}$$

其中，Δz 是形变，k 是悬臂的弹性系数。因此，在这种模式下，是通过直接测量悬臂的形变来探测作用于针尖的力，这样，磁力图就直接反映作用于针尖上的磁力。

2）力梯度测量（AC法）

对于长程力，振动悬臂，并检测受样品表面杂散场调制后的振动微悬臂共振频率 f_0、振动振幅 A 以及相位 ϕ 的改变，可以获得更好的灵敏度，这种动态检测方法（AC法）对应的就是力梯度的检测。

在动态检测的模式中，带有磁针尖的微悬臂在振荡器的驱动下作简谐振动，

共振频率 f 为

$$f=\frac{1}{2\pi}\sqrt{\frac{k_{\text{eff}}}{m}} \tag{8.10.13}$$

其中，m 是针尖的有效磁矩，悬臂的有效弹性系数 k_{eff} 为

$$k_{\text{eff}}=k-\frac{\partial F}{\partial z} \tag{8.10.14}$$

也就是当样品和针尖的距离改变时，探针上的受力梯度 $\partial F/\partial z$ 导致的探针悬臂的有效的弹性系数发生了变化。在悬臂的振幅较小的时候，$\partial F/\partial z$ 可以认为是常数，这样悬臂的振动仍然可以当成是谐振：

$$f=\frac{1}{2\pi}\sqrt{\frac{k-\partial F/\partial z}{m}} \tag{8.10.15}$$

受磁力梯度场 $\partial F/\partial z$ 调制后，共振频率改变为

$$f=f_0\sqrt{1-\frac{\partial F/\partial z}{k}},\quad f_0=\frac{1}{2\pi}\sqrt{\frac{k}{m}} \tag{8.10.16}$$

在 $\partial F/\partial z$ 小于 k 的情况下，取

$$f=f_0\left(1-\frac{\partial F/\partial z}{2k}\right) \tag{8.10.17}$$

上式可写为

$$\Delta f=f_0 * F'/2k \tag{8.10.18}$$

这里，$F'=\dfrac{\partial F_z}{\partial z}$。

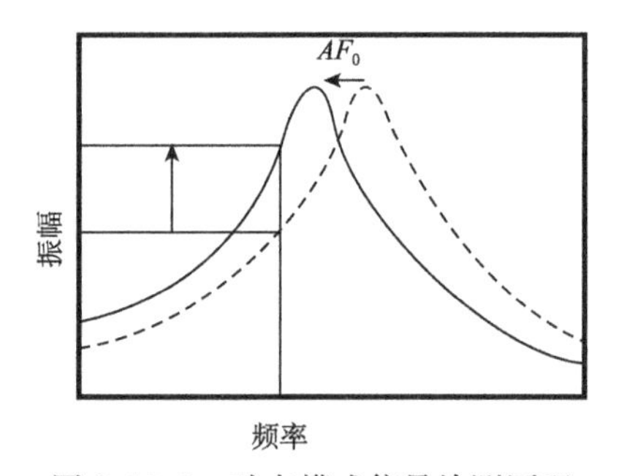

图 8.10.9 动态模式信号检测原理

当探针悬臂的驱动频率为 f_0 时，则悬臂振动和驱动源存在一个相位差：

$$\phi=a\tan\left(\frac{ff_0}{Q\ (f_0^2-f^2)}\right) \tag{8.10.19}$$

其中，Q 为探针横梁共振的品质因子。共振频率的偏移导致位相偏移为

$$\Delta\phi=\left[\frac{\partial\phi}{\partial f}\right]_{f_0}=\frac{Q}{k}F' \tag{8.10.20}$$

探针在样品上方扫描时，受到表面磁结构的作用力，其共振频率 f_0 及位相 φ 会发生偏移，由公式（8.10.18），式（8.10.20）可以看到，探测 Δf 或 $\Delta\phi$，就是探测磁力梯度，从而可以得到表面磁结构的信息。这种动态检测模式通常具有较高的灵敏度。图 8.10.10 给出了动态检测模式的示意图，其中 PSD 是光敏检测器。

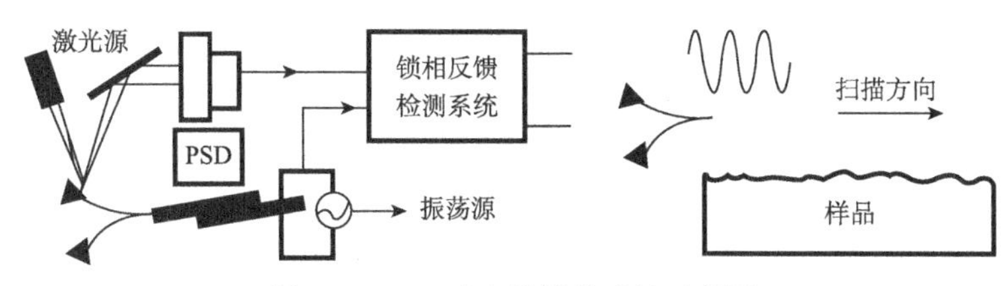

图 8.10.10 动态检测模式的示意图

8.10.2.3 作用在磁探针上的磁相互作用力

如果考虑一体积为 V 的磁针尖，则样品的杂散场 $\boldsymbol{H}$ 作用于磁针尖局域磁矩 $\boldsymbol{m}$ 上的磁力为

$$\boldsymbol{F}=\int_V \nabla(\boldsymbol{m}\cdot\boldsymbol{H})\mathrm{d}v \tag{8.10.21}$$

其中积分是对磁针尖的磁膜体积 V 进行的。

如对磁性探针作点磁荷近似，则磁探针所受的磁力 $\boldsymbol{F}$ 可表示为

$$\boldsymbol{F}=\nabla(\boldsymbol{m}\cdot\boldsymbol{H}) \tag{8.10.22}$$

如果样品的磁化强度 $\boldsymbol{M}_s$ 分布已知，则样品表面杂散场 $\boldsymbol{H}$ 可由下式计算得到

$$\boldsymbol{H}(\boldsymbol{r})=-\int_{\text{样品体积}}\nabla\cdot\boldsymbol{M}_s(\boldsymbol{r}'')\frac{\boldsymbol{R}}{|\boldsymbol{R}|^3}dv''+\int_{\text{样品表面}}\boldsymbol{n}_s\cdot\boldsymbol{M}_s(\boldsymbol{r}'')\frac{\boldsymbol{R}}{|\boldsymbol{R}|^3}ds'' \tag{8.10.23}$$

其中，$\boldsymbol{R}=\boldsymbol{r}-\boldsymbol{r}''$，$\boldsymbol{n}_s$ 是样品表面的垂直方向的单位矢量。

在 MFM 操作中，实际引起悬臂偏转的是 $\boldsymbol{F}$ 的 z 分量，由式（8.10.22）得到

$$F_z=m_x\partial H_x/\partial z+m_y\partial H_y/\partial z+m_z\partial H_z/\partial z \tag{8.10.24}$$

$$F'_z=m_x\partial^2 H_x/\partial z^2+m_y\partial^2 H_y/\partial z^2+m_z\partial^2 H_z/\partial z^2 \tag{8.10.25}$$

通常磁针尖是垂直磁化的（$m_z\neq 0$），因此，在这种情况下，MFM 只对杂散磁场的 z 分量 H_z 的微商 $\partial Hz/\partial z$ 和二次微商 $\partial^2 Hz/\partial z^2$ 敏感。

8.10.2.4 作用在磁针尖上的非磁性相互作用

在磁针尖受样品表面杂散磁场的磁力作用的同时，针尖和样品之间存在其他的相互作用力，这些作用力随样品和针尖之间的距离的增加，以不同的衰减速率衰减，如图 8.10.11 所示。由于其中有的作用力会对 MFM 图像产生影响，在这里介绍其中的几个。

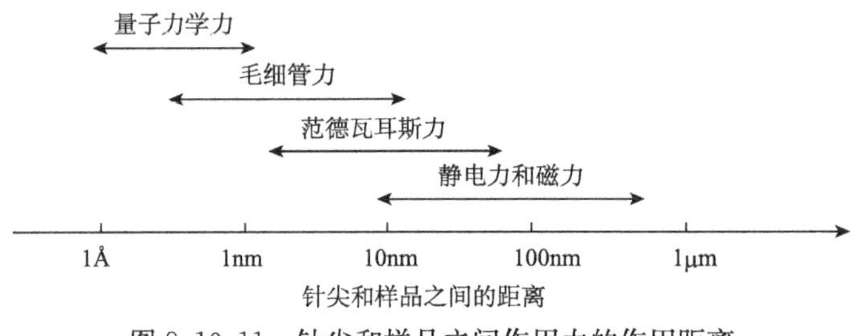

图 8.10.11 针尖和样品之间作用力的作用距离

1. 静电力

当样品和针尖之间的距离大于 10nm 时，除了磁力外，静电力对针尖的影响也很重要。静电力与针尖和样品之间的电容 C 以及电压 V_{ts} 之间有如下关系：

$$F_{el}=\frac{\partial C}{\partial z}V_{ts}^2 \tag{8.10.26}$$

对导电的针尖来说，静电力总是吸引力。在固定频率或振幅的动态检测模式下，需要在样品和针尖之间加一定的偏压，以保证反馈回路的稳定，使频率或振幅为常数。

2. 范德瓦耳斯力（Van der Wasls force）

当样品和针尖之间的距离在 10nm 以下，范德瓦耳斯力的影响会增加。这种力来源于原子和原子之间的偶极-偶极相互作用，它和相互作用的两个物体的形状密切相关。距离平整样品表面 z_0 的半径为 R 的球形针尖和样品之间的范德瓦耳斯力为：

$$F_{\mathrm{vdw}}=-\frac{AR}{6z_0^2}\quad (\mathrm{N}) \tag{8.10.27}$$

A 是和材料有关的 Hamaker 常数，数量级为 10^{-19}J。可以看到对球形针尖范德瓦耳斯力以距离的平方减小。

3. 粘滞力（damping force）

在扫描过程中，悬臂环境湿度的变化将极大的影响动态模式的测量结果。对微加工的悬臂而言，湿度主要来自于环境空气。当悬臂接近样品表面的时候，空气湿度情况和悬臂自由振动的时候相比，会变化很多。其他在扫描过程中会影响悬臂湿度的因素包括样品表面的表面活性剂层的影响，以及样品的局域机械和磁分散的影响。

4. 毛细管力（capillary force）

在一般的空气条件下，样品表面会覆盖一层包含有水和其他周围污染的表面活性剂层，厚度约几个纳米。这层覆盖膜和针尖之间会存在范德瓦耳斯吸引力，当覆盖膜足够厚时，表面分子会吸附到针尖上，从而减小样品和针尖之间的距离，这样针尖和样品之间就很容易形成毛细管。为了避免这个效应，仪器应该在干燥的空气或真空中操作。

5. 量子力学力（quantum mechanical force）

当样品和针尖之间的距离小于 1nm 时，量子力学力就会起作用。这个力的力梯度可以高达 100N/m。由于它随距离急剧减小，因此，只有针尖表面的几个原子和样品之间有量子力学力的存在。量子力学力-交换作用对磁力图的扫描而言也是很有意义的，如果能够探测到它，就可以给出真正意义的原子级磁力图。当然，这需要在超高真空下，表面要非常平整清洁。

8.10.2.5 *磁力图和形貌图的分离*

为了提高 *MFM* 磁力图的分辨率，要求磁针尖和样品表面的距离尽可能的小。但是，针尖和样品之间距离的减小，会使非磁性力在 *MFM* 探测的信号中的比例增加，这样，样品的形貌会叠加在磁力图上。为了能够把形貌和磁信号分开，最早人们采取了非接触工作模式，但是这种模式使得磁力信号分辨率下降。为此，人们又转到动态探测模式，以期利用其灵敏度高的特点。动态探测主要技术难点在于如何控制和稳定扫描探针的高度，避免探针与表面相撞而毁坏。通过在探针和样品之间外加一稳定的静电力，使探针工作时保持恒定的高度，或将探针垂直于样品表面的振动转为水平方向的振动，从而避免针尖与表面相撞。

目前广泛采用的用来分开形貌和磁力的技术是以美国 Digital Instruments Ltd.（DI）公司率先使用的 Tapping/Lift 模式。这种模式的特点是在样品的同一面积上进行两次扫描。图 8.10.12 是二次扫描的示意图。第一次扫描时，使振荡的磁针尖轻轻地敲击样品表面，测出表面形貌数据。然后将探针抬起至一定的高度（通常是 20～200nm），使探针沿着已记录下第一次扫描的轨迹进行第二次扫描，测出磁力数据。这样，在同一样品面积上逐行扫描完毕，即避免了探针与表面相撞，又能在测出表面形貌同时得到磁力（梯度）图。目前，DI 公司生产的商用 MFM 的磁力信号横向分辨率为 20～50nm。

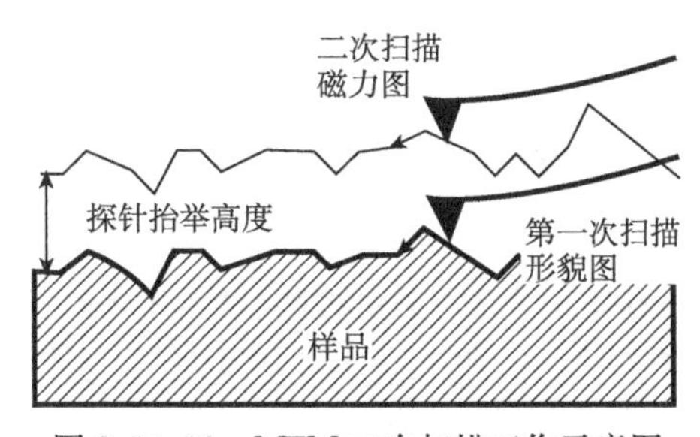

图 8.10.12　MFM 二次扫描工作示意图

8.10.2.6 *磁探针*

磁探针对磁力显微镜的分辨率和灵敏度是至关重要的。为了对磁相互作用有较高的灵敏度，从式（8.10.22）可以看到，磁针尖应该具有足够大的磁矩 $\boldsymbol{m}$。但是，如果针尖的杂散磁场太大，会影响样品的磁结构，要减小磁针尖对样品的影响，就需要减小磁针尖的体积，并了解针尖的磁特性。理想的磁针尖是一个小的（10nm）单畴颗粒作为针尖装在非磁性悬臂上。

最初的磁针是用电化学方法将 Ni 或 Fe 丝侵蚀成尖锐的点。这种磁针具有较好的灵敏度，但是制备工艺较繁，而且磁针的杂散场较强，会影响低矫顽力磁性材料的成像。目前普遍使用的磁针都是镀有磁性薄膜的硅针，它比电化学方法制成的磁针的杂散场要小，而且磁针的磁性质可通过改变所镀的磁性薄膜的材料来控制。

悬臂对 MFM 的力的探测同样非常重要。首先，悬臂弹性系数的选择应考虑力灵敏度和针尖与样品之间的距离等因素。较软的悬臂虽然能够增加灵敏度，但是当针尖和样品相互作用力度超过弹性系数时，针尖撞到样品的可能性很大。会损坏针尖和样品。MFM 中使用的悬臂的弹性系数通常在 0.1～10N/m 范围。

另外，悬臂要具备高共振频率的特性，以确保悬臂对声噪音和外界振动不灵敏。为了同时获得低弹性系数和高共振频率，可以通过将悬臂变小来降低悬臂质量。不同制备方法得到的悬臂一般是几百微米长，厚度 0.1～10μm。

实验中用到的磁针是 DI 公司提供的批量制备的磁探针，其骨架是用单晶硅片由平面工艺制成，悬臂长度为 225μm，弹性系数 k 为 1～5Nm，共振频率 f_0 为 60～100kHz，未镀 Co－Cr 薄膜前的针尖半径为 5～10nm，镀了磁性薄膜后的半径约 30nm。

8.10.3 观测磁畴方法的综合比较

表 8.9 列出了观测磁畴的几种方法中达到的最佳分辨率、采图时间、探测深度、样品制备要求和可加外磁场的范围的比较。其中采图时间决定观察磁畴动态变化的能力，探测深度决定在样品制备中对样品的要求。从表上我们可以看到，以上这些观察磁畴的方法，包括最早的粉纹法，在解决不同的磁学问题中，都有其独特的优势，都有研究者在使用。需要在不同的问题中，选择合适的方法。

表 8.9 观测磁畴的各种方法中达到的最佳分辨率、采图时间、最佳探测深度、样品制备要求和可加外磁场的范围

磁畴观测方法	最佳分辨率	采图时间	探测深度	样品制备要求	可加外磁场的范围
磁力显微镜（MFM）	10～20nm	>1min	5μm	低	300kA/m
粉纹法（Bitter Method）	100nm		5μm	适中偏低	10kA/m

续表

磁畴观测方法		最佳分辨率	采图时间	探测深度	样品制备要求	可加外磁场的范围
克尔和法拉第偏光显微镜		>0.25μm	10^{-3}s	30nm	高	任意磁场
克尔和法拉第近场光学显微镜		60nm				
X 射线技术		～70nm		～30μm	适中	任意磁场
Lorentz 电镜	反射式	1μm	0.1s	200nm	高	300kA/m
	透射式	0.01μm				
相位积分显微镜		5nm	1s	200nm	高	100kA/m
电子全息术		5nm	0.1s	～70nm	很高	10kA/m
自旋极化扫描电子显微镜（SEMPA）		10nm	30s	1nm	很高	10kA/m
自旋极化扫描隧道显微镜（PASTM）		原子	1min			
扫描超导量子干涉显微镜		4μm				

磁力显微镜（MFM）是一个探测样品表面磁场的强有力的工具，一经发现，就成为使用较广泛的观测磁畴的工具。这是因为它具有独特的优势，MFM 具有高的空间分辨率（10～100nm），可以灵敏地测量出单个亚微米级颗粒的磁畴。不需要特殊的样品制备，并可以测量不透明及有非磁覆盖层的样品，它的操作比较简单，采图任意，相对于传统的磁畴观测方法，磁力显微镜具有比较大的优势。MFM 适用的磁性材料的范围很广，特别适用于磁记录材料和永磁材料的研究。例如，用于研究磁记录过程中信息重复写入和擦除过程的畴区变化，表面微结构和记录噪声的关系，以及直接利用微磁探针进行信息位的写入。此外，利用 MFM 获取的表面杂散场的精细结构，还可以进行定量的数值分析，提高我们对其物理机理的认识。

当然，MFM 也有不足之处。对于磁力显微镜而言，只有当表面的粗糙度小于磁畴大小时才可以得到较好的图像。对于磁力图的解释也必须十分慎重。我们知道，对于一个假定的样品磁畴结构，我们可以计算出样品的杂散场，但是反过来如果我们知道样品的杂散场，想计算出样品的磁畴结构却是很困难的，即样品的磁畴结构不能由样品的杂散场唯一确定。因此，深厚的磁学基础，丰富的实际经验对于根据磁力图分析磁畴结构是十分重要的。

图 8.10.13～图 8.10.16 是不同模压方式下，$(Nd_{0.95}Dy_{0.05})_{15.5}(Fe_{0.99}Al_{0.01})_{78}B_{6.5}$样品的磁力图，由图可见，模压方式的不同，显著地影响到样品内的晶粒取向度，显然，图 8.10.15 的取向度最好，其次为图 8.10.14，再次才是图 8.10.16，而图 8.10.13 由于未加磁场模压则出现各向同性。

图 8.10.13　用金属模压（DP）方法压坯的没有加取向磁场（$H=0$）的 1#样品表面不同区域的 $80\mu m \times 80\mu m$ 的典型的磁力图

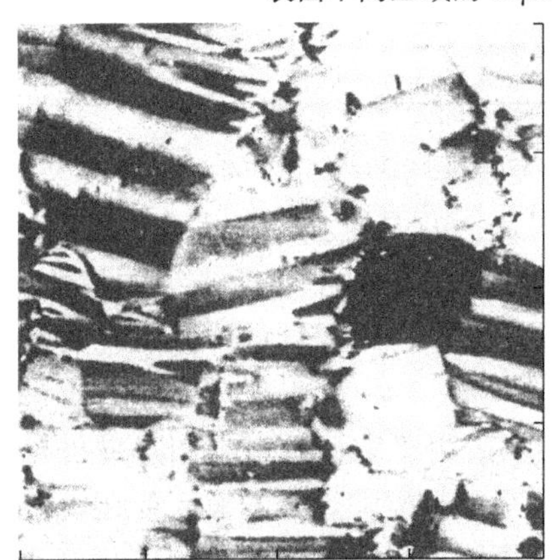

图 8.10.14　在 $\mu_0 H=1.9T$ 的静磁场下，用 DP 方法压坯的样品#4 表面不同区域的 $80\mu m \times 80\mu m$ 的典型的磁力图（H 的方向沿图片底边方向）

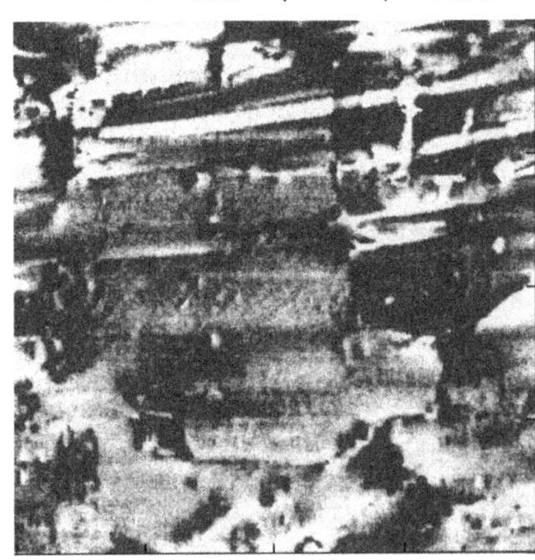
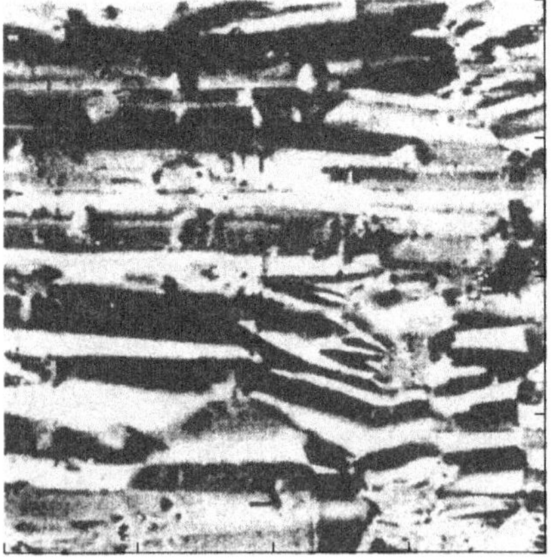

图 8.10.15　在 $\mu_0 H=1.9T$ 的静磁场下用振动的橡皮模冷等静压（RIP）方法压坯的样品#5 表面不同区域的 $80\mu m \times 80\mu m$ 的典型的磁力图（H 的方向沿图片底边方向）

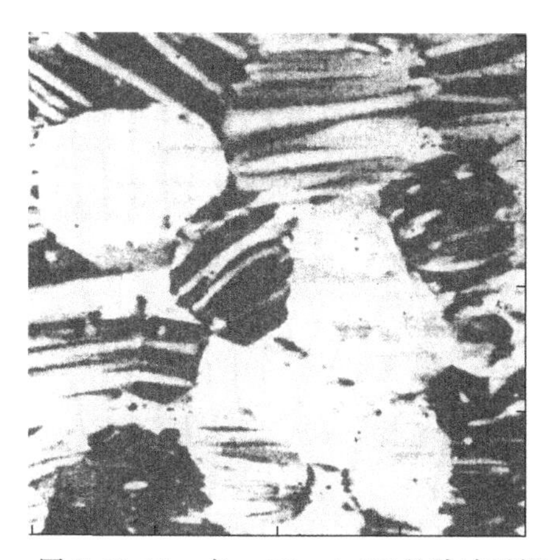
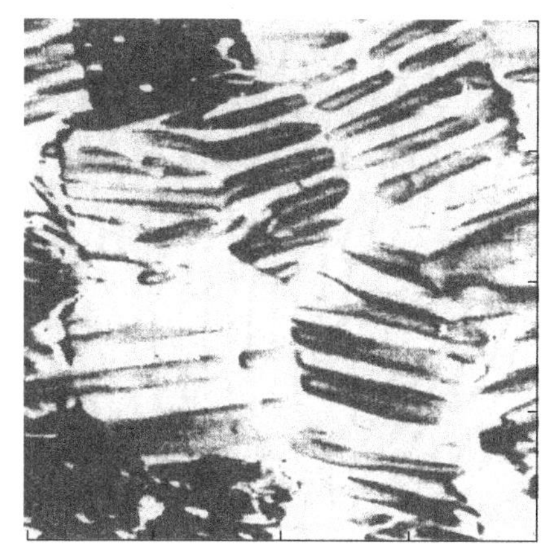

图 8.10.16　在 $\mu_0 H_p$=4.5T 的脉冲磁场下用 RIP 方法不振动压坯的样品＃6 表面不同区域的 80μm×80μm 的典型的磁力图（H 的方向沿图片底边方向）

8.11　磁畴照片剪辑

本章前面各节讨论了各种情况下的理论畴结构，可见不同类型的晶体，不同的晶面、晶体的不同尺寸、有无外界因素的影响等等都将对磁畴图案发生影响。这里介绍的几个图片和本章内的其他图片虽具有代表性，但远远还没有包括各类不同情况的全部代表。

（1）图 8.11.1 和图 8.11.2 示出用法拉第效应法在钡铁氧体单晶薄片上（片厚 3μm，表面与 c 轴垂直）拍下的照片，从图中可看出，随着外磁场的增加，与磁场同方向的片形畴也逐渐增大，但与磁场反方向的片形畴却变化不大，此外，由于材料的初始状态不同（图 8.11.1）示出剩磁状态，图 8.11.2 系出自居里点冷下来的磁中性状态)，其畴结构的变化亦有差异，特别在外磁场小时更为明显。

(a) H=0（剩磁状态）

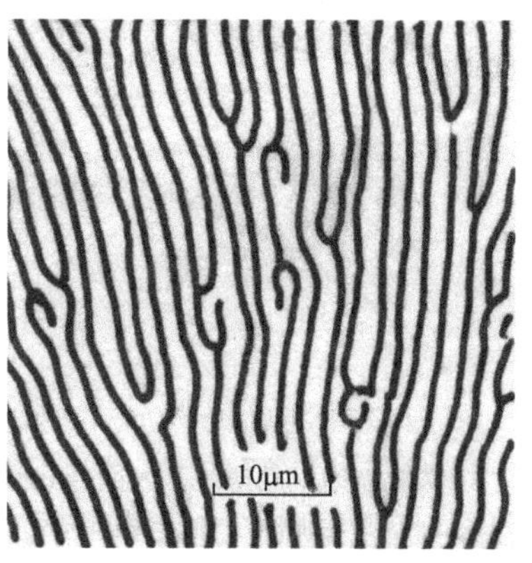

(b) $H=1690\times10^3/4\pi$ A/m

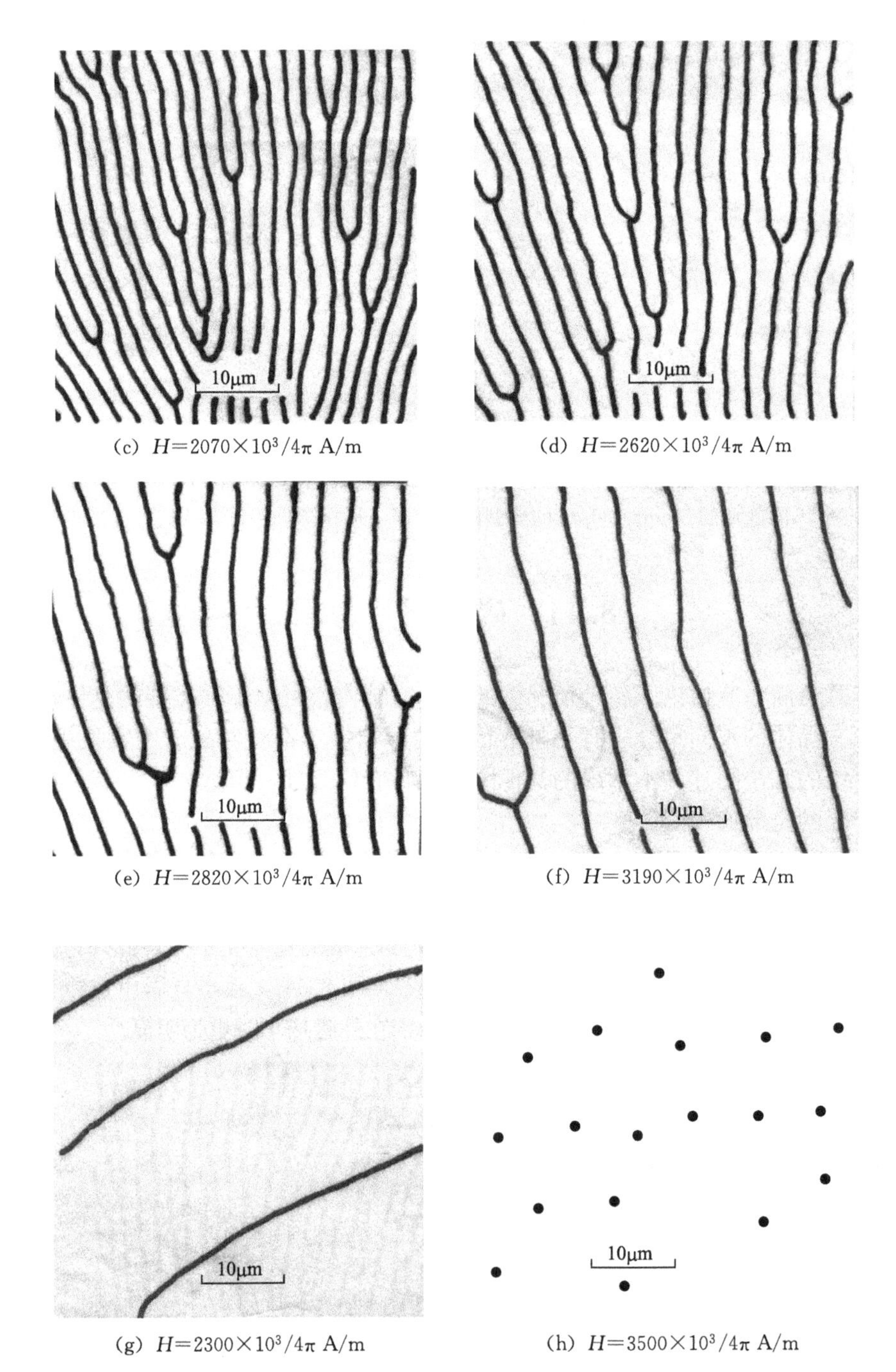

(c) $H=2070\times10^3/4\pi$ A/m　(d) $H=2620\times10^3/4\pi$ A/m

(e) $H=2820\times10^3/4\pi$ A/m　(f) $H=3190\times10^3/4\pi$ A/m

(g) $H=2300\times10^3/4\pi$ A/m　(h) $H=3500\times10^3/4\pi$ A/m

图 8.11.1　钡铁氧体的单晶薄片（表面与 c 轴垂直）在不同外磁场下由剩磁开始的磁畴结构

外场与 c 轴平行，薄片厚度 3μm，黑色条纹是反向畴，白色是正向畴

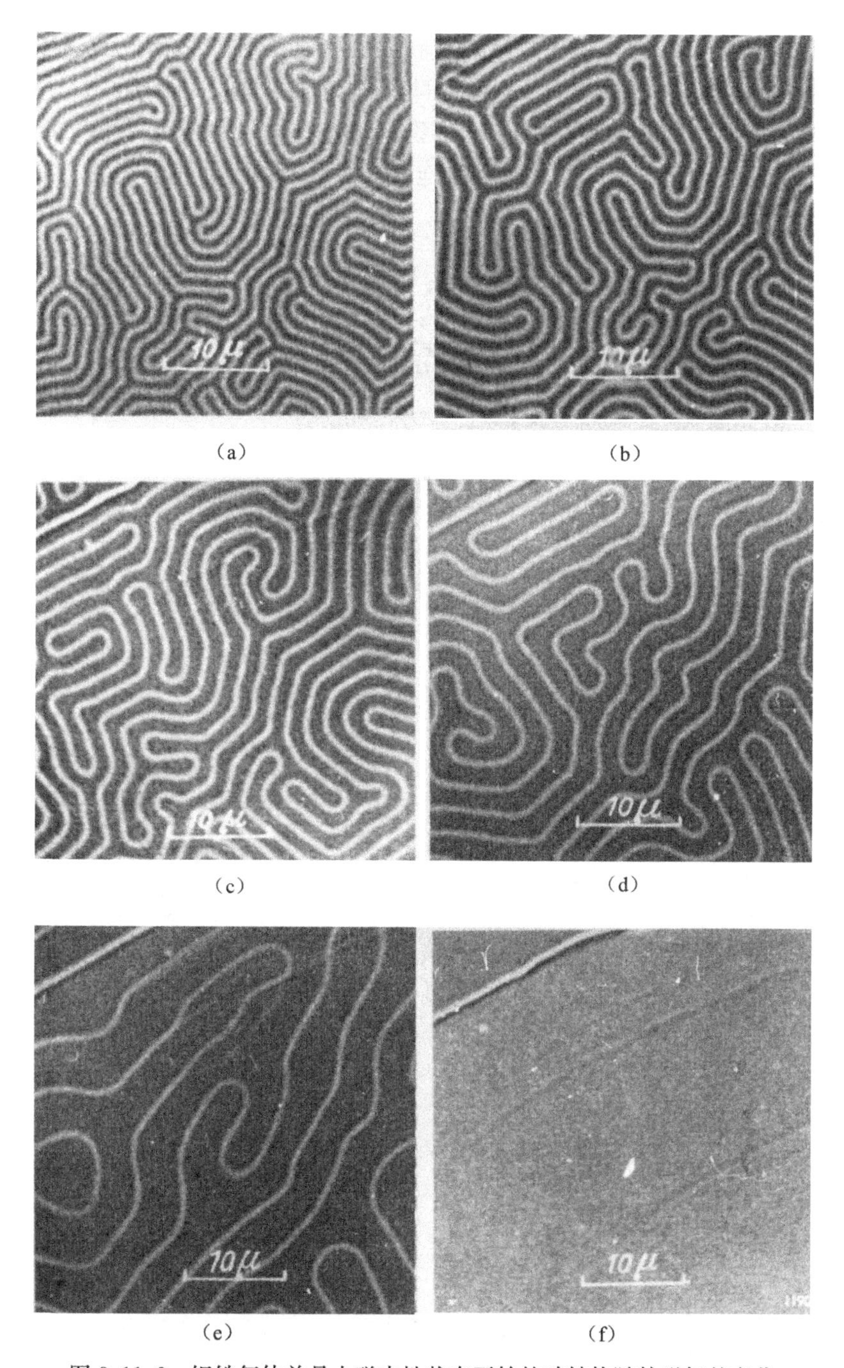

图 8.11.2　钡铁氧体单晶由磁中性状态开始的畴结构随外磁场的变化

(a) $H=0$；(b) $H=1470\times10^3/4\pi$ A/m；(c) $H=2250\times10^3/4\pi$A/m；(d) $H=2700\times10^3/4\pi$A/m；(e) $H=3080\times10^3/4\pi$A/m；(f) $H=3300\times10^3/4\pi$ A/m，$H/\!/c$轴，样品厚度 3μ，表面$\perp c$轴

白色条是反向畴，黑色是正向畴

(2) 图 8.11.3 示出用法拉第效应在稀土柘榴石铁氧体薄膜（$(YSmCa)_3(FeGe)_5O_{12}$），薄膜厚度为 $7.6\mu m$，表面与易轴垂直）上拍下的照片。显示条形畴在与样品表面垂直的偏磁场作用下的逐渐变化，当偏磁场为 62.5Oe 时，全部变成磁泡，此后若磁场逐渐增加，则磁泡直径便逐渐缩小，直至消失。

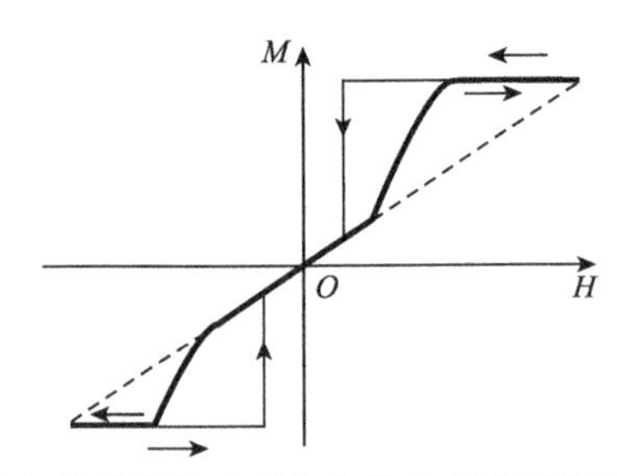

钡铁氧体单晶薄片磁化曲线和磁滞回线示意图

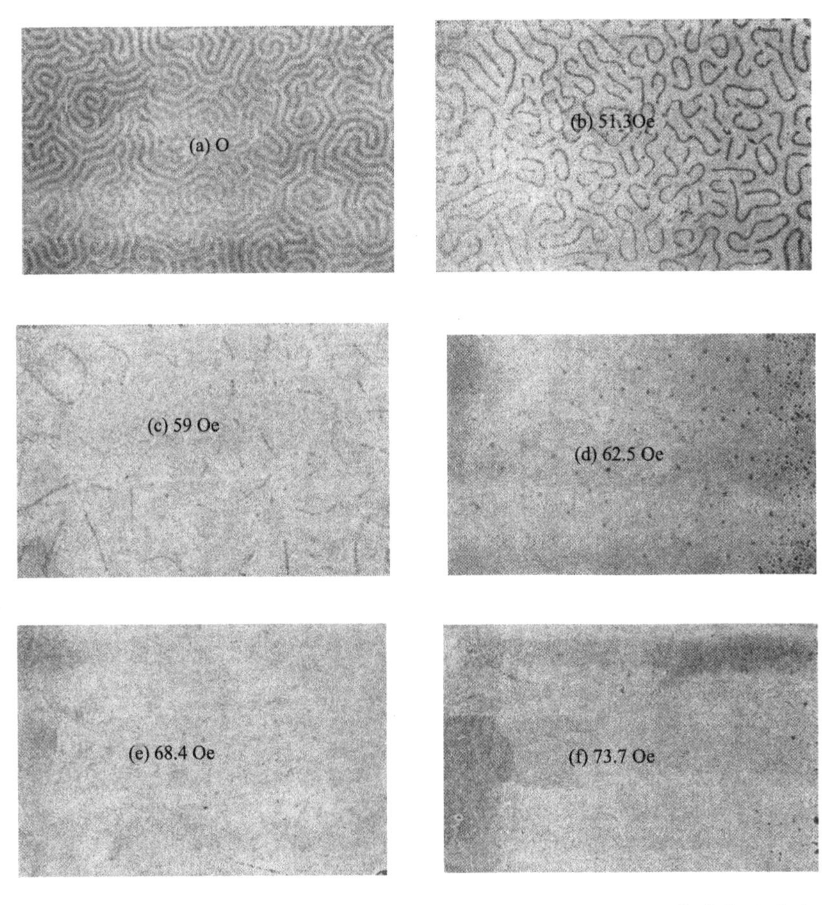

图 8.11.3 稀土柘榴石铁氧体（$(YSmCa)_3(FeGe)_5O_{12}$）薄膜的磁畴随磁场的变化。薄膜厚度为 $7.6\mu m$，磁场与薄膜平面垂直

(3) 图 8.11.4 和图 8.11.5 所示出用粉纹法在钴的晶粒上看到的磁畴图形。在每一图上都有两个晶粒，其表面分别平行于和垂直于六角 c 轴。在与 c 轴平行的表面上看到的是 180°的主畴和匕首畴；在 c 轴垂直的表面上则观察到波片畴或波片加复杂的楔形畴；后者可能是由于晶粒厚度不同引起的。

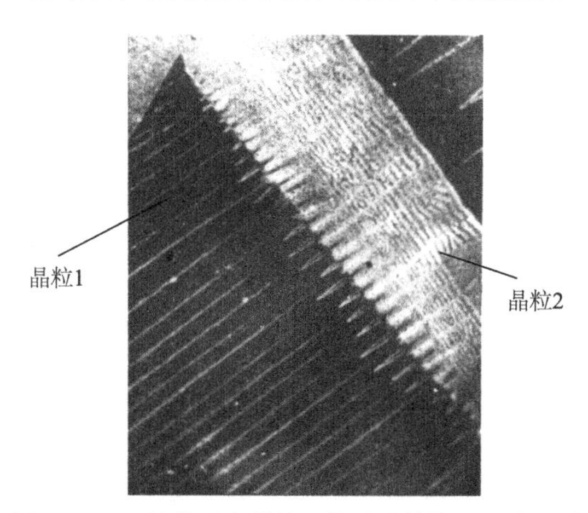

图 8.11.4　钴的两个晶粒上的磁畴结构显示波片畴

(4) 图 8.11.6 示出用克尔效应在冷轧硅钢片上看到的磁畴，它们都是 180°的主畴，而且每一磁畴都横跨两个晶粒。这样一来，主畴的自发磁化方向都是各晶粒的易轴〈001〉，但晶粒边界上却没有磁荷，退磁能不需要考虑，总能量也就更低了。

(5) 用克尔效应观察 [001] (110) 硅钢片（片厚 0.3mm）在磁化和反磁化过程中的畴结构变化的照片见图 8.11.7。由图可见，在磁化过程中，畴结构的变化经过了壁移、突变和转向三个阶段，反磁化时，磁畴的变化大致与磁化时相反。

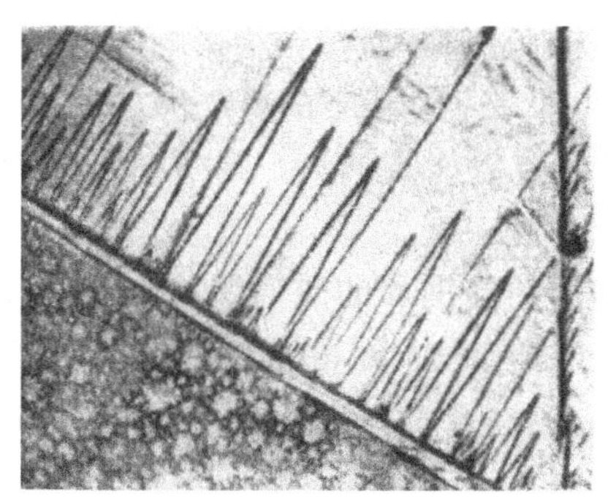

图 8.11.5　钴的两个晶粒上的磁畴结构，显示楔形畴

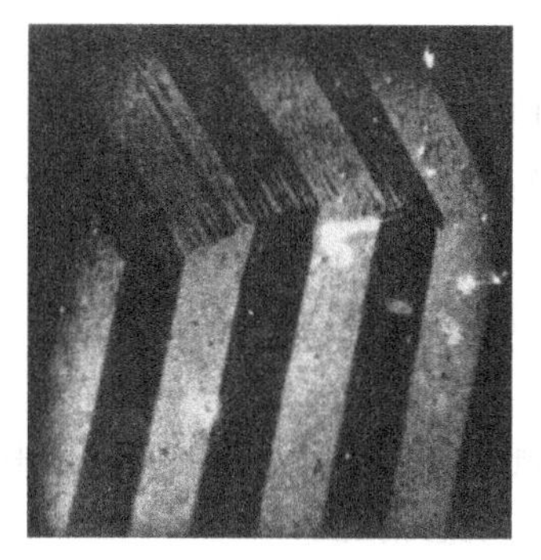

图 8.11.6　冷轧硅钢片上的主畴跨越两个晶粒

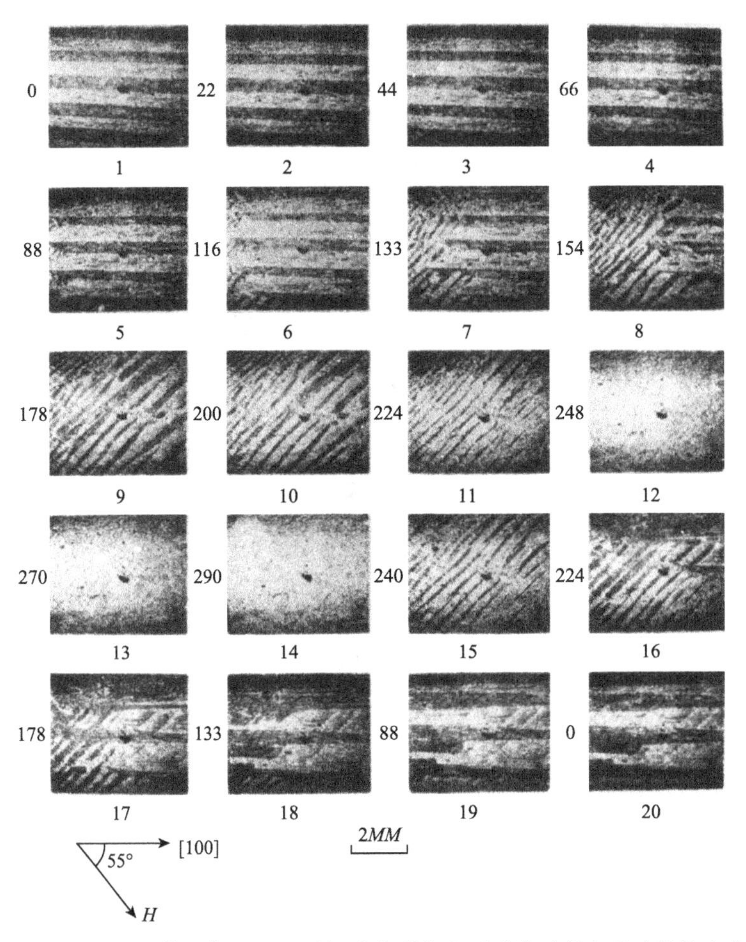

图 8.11.7 [001] (110) 硅钢片在磁化和反磁化过程中的畴结构变化
外磁场与易磁化轴的夹角为 55 左边数字表示外场的强度(单位:Oe)
下面数字表示顺序,硅钢片厚度 0.30mm

(6) 图 8.11.8 示出用粉纹法观察应力对硅钢片磁畴结构影响的照片。(a) 未受应力;(b) 张力作用下的过渡状态;(c) 张力作用下的稳定状态;(d) 塑性形变后残余应力的影响。由图可见,只要应力能量够大,则磁畴沿应力方向取向。

(7) 图 8.11.9 示出用高速摄影机拍得的硅钢片的磁畴照片。样品表面为 [001] (110) 面,所加磁场为 60Hz 的三角波(最大磁场 H_p=1.7Oe),图片间隔时间为 2.35×10^{-4}s,顺序是由上至下,由左至右。从图中可以明显看到磁畴变化的动态情况。

(8) 图 8.11.10 示出磁化方向与直流偏场相反的条形畴,在脉冲偏场作用前后的运动方式。样品和实验装置与图 8.11.3 相同,只是由于脉冲偏场作用前后

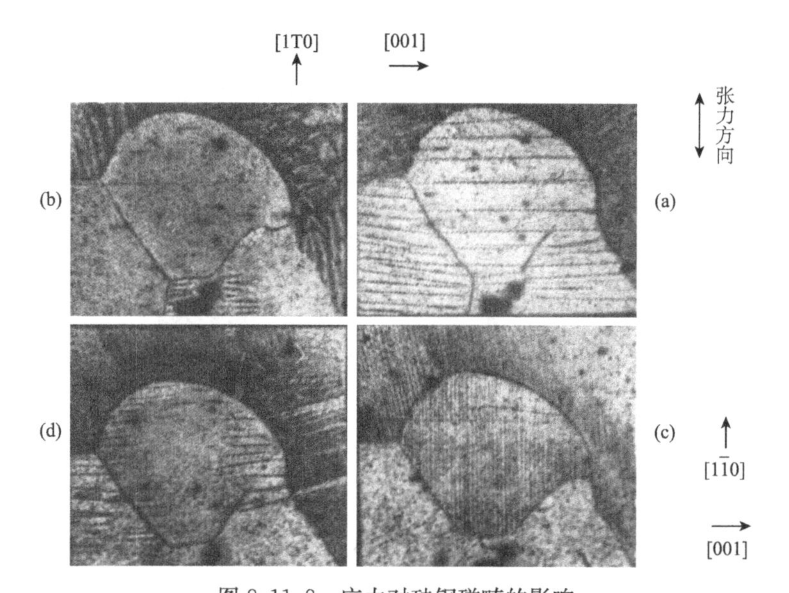

图 8.11.8　应力对硅钢磁畴的影响

(a) 应力=0；(b) 张力作用下的过渡状态；(c) 张力作用下的稳定状态；(d) 残余应力

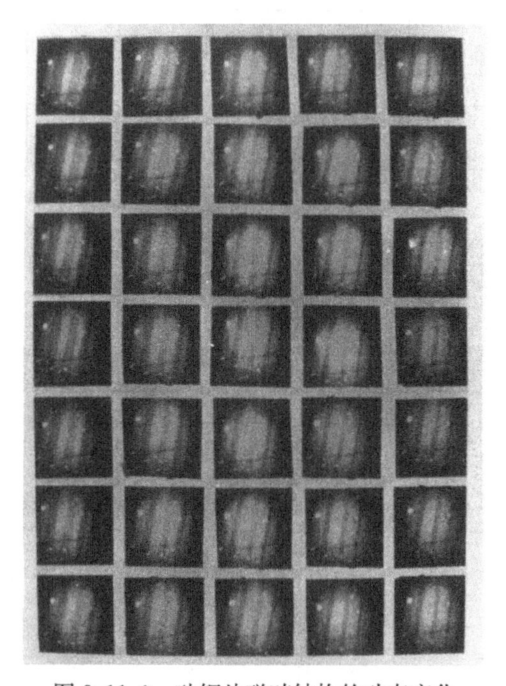

图 8.11.9　硅钢片磁畴结构的动态变化

外磁场为 60Hz 的三角波（峰值 1.7Oe），图片时间间隔为 2.35×10^{-4}s，顺序是由上至下，由左至右

的曝光时间不同（双重曝光法），便显示出条形畴的白色明亮程度不同。由图可见，条形畴的运动方式有伸长、缩短、摇动和整体运动等多种方式[21]。

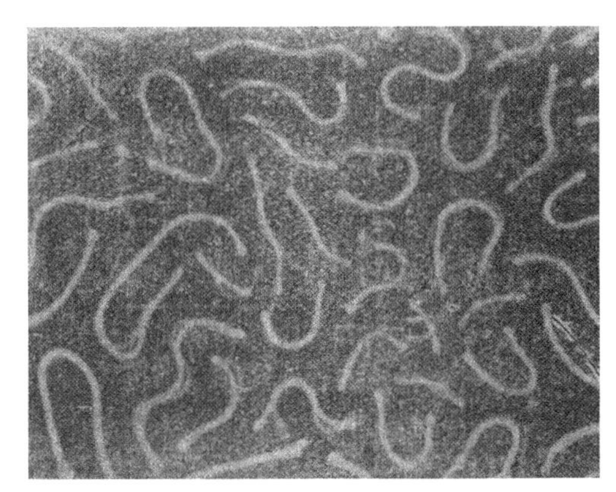

图 8.11.10　稀土柘榴石铁氧体薄膜中的条形畴，在脉冲偏场作用前后的运动方式（用双重曝光法摄得），样品和实验装置与图 8.11.3 相同

表 8.10 是一些常用材料的磁性参数，表 8.11 是一些铁磁物质的内禀磁性和磁性长度，供参考。

表 8.10　一些常用材料的磁性参数

材料	T_c/K	J_s/T	A/(pJ·m^{-1})	K_1/（kJ·m^{-3}）	κ	δ_w/nm	γ_w/（mJ·m^{-2}）
Fe	1044	2.15	22	48	0.1	67	4.1
Co	1360	1.82	31	410	0.4	26	15
Ni	628	0.61	8	−5	0.1	140	0.7
$Ni_{0.80}Fe_{0.20}$	843	1.04	7	−2	~0	190	0.5
$SmCo_5$	1020	1.07	12	17200	4.3	2.6	57
Sm_2Co_{17}	1190	1.25	16	4200	1.8	5.7	31
CoPt	840	0.99	10	4900	2.5	4.5	28
$Nd_2Fe_{14}B$	588	1.61	8	4900	1.5	4.0	25
$Sm_2Fe_{17}N_3$	749	1.54	12	8600	2.1	3.7	41
CrO_2	396	0.49	4	25	0.4	40	1.3
Fe_3O_4	860	0.60	7	−13	0.2	73	1.2
$Y_3Fe_5O_{12}$	560	0.18	4	−50	0.3	28	1.8
$BaFe_{12}O_{19}$	740	0.48	6	330	1.3	13	5.6

表 8.11　一些铁磁物质的内禀磁性和磁性长度*

物质	M_s /（MA/m）	A /（pJ·m^{-1}）	K_1 /（kJ·m^{-3}）	δ_w /nm	γ_w /（mJ·m^{-2}）	κ	l_{ex} /nm	T_c /K
$Ni_{80}Fe_{20}$	0.84	10	0.15	2000	0.01	0.01	3.4	843
Fe	1.71	21	48	64	4.1	0.12	2.4	1044
Co	1.44	31	410	24	14.3	0.45	3.4	1360
Copt	0.81	10	4900	4.5	28.0	2.47	3.5	840
$Nd_2Fe_{14}B$	1.28	8	4900	3.9	25	1.54	1.9	588
$SmCo_5$	0.86	12	17200	2.6	57.5	4.30	3.6	1020
CrO_2	0.39	4	25	44.4	1.1	0.36	4.4	396
Fe_3O_4	0.48	7	−13	72.8	1.2	0.21	4.9	860

续表

物质	M_s / (MA/m)	A / ($pJ \cdot m^{-1}$)	K_1 / ($kJ \cdot m^{-3}$)	δ_w /nm	γ_w / ($mJ \cdot m^{-2}$)	κ	l_{ex} /nm	T_c /K
$BaFe_{12}O_{19}$	0.38	6	330	13.6	5.6	1.35	5.8	740
Ni	0.49	8	−5	140	0.7	0.1	5.1	628
Sm_2Co_{17}	0.99	16	4200	5.7	31	1.8	3.56	1190
$Sm_2Fe_{17}N_3$	1.23	12	8600	3.7	41	2.1	2.5	749
$Y_3Fe_5O_{12}$	0.14	4	−50	28	1.8	0.3	12.6	560

* 表 8.11 可与表 12.6 对照阅读

习题

1. 试述布洛赫壁和奈耳壁的异同。磁畴结构与自发磁化区域的异同。

2. 若畴壁内两相邻原子面的磁矩夹角不变，求证立方晶系的畴壁内单位面积的磁晶各向异性能（$\gamma_K = K_1 Na/8$，N 为畴壁的原子面层数，a 为晶格常数）。

3. 画出 [001] 90°，[110] 90°，[111] 90°，[110] 70.53°，[110] 109.47°，[111] 180°的畴壁立体图。

4. 求证 [001] 90°的畴壁能 $\gamma_{[001]90^\circ} = \sqrt{A_1 K_1}$；[110] 90°的畴壁能

$$\gamma_{[110]90^\circ} = 1.73\sqrt{A_1 K_1}$$

5. 在讨论单轴晶体的封闭畴时，设样品两表面与易轴所成角度分别为 θ_1，θ_2（见图），求证平衡时的畴宽 $d_0 = [4\gamma L / K_u(\sin^2\theta_1 + \sin^2\theta_2)]^{1/2}$。

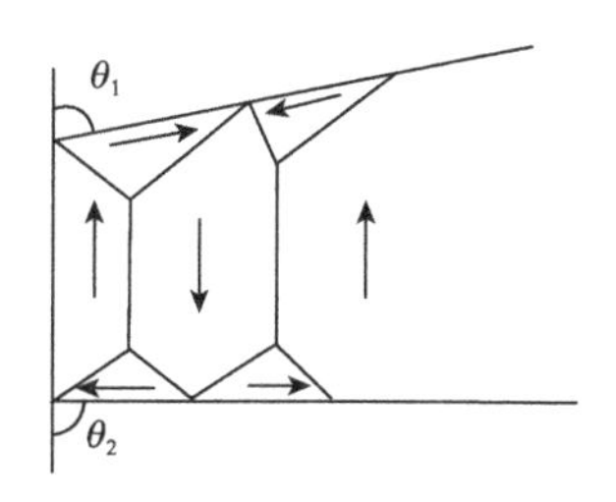

习题 5 图

6. 某一立方结构的铁磁单晶体，其磁晶各向异性常数 $K_1 = 0.7 \times 10^3 J/m^3$，$K_2 = -1.7 \times 10^3 J/m^3$。试讨论其 [010] (100) 上的理论畴结构，并求出平衡时的畴宽和畴结构的最小能量。

7. 树枝状磁畴及其他附加畴的出现有一个共同理由，这理由是什么？试举例说明。

8. 用法拉第效应观测磁泡材料时测得膜厚为 17μm 的 $Er_2TbAl_{1.1}Fe_{3.9}O_{12}$ 的磁泡破灭直径为 7μm，相应的破灭磁场为 82Oe，试根据图 8.9.4，用作图法求此材料的饱和磁化强度 M_s 和畴壁能 γ。

9. 用粉纹法和磁光效应法得到的磁畴图像对同一样品。同一晶面、相同条件下有何异同？

参考文献

[1] ЛиФщиц Е М. магнитной структуре железа，ЖЭТФ，1945，15：97

[2] Савченко М К. С труктура и энергиа границ ферромаг-нитных Доменой. Ф. М. М.，1964，18 (N3)：368

[3] Peter J, Treimer W. Bloch walls in a nickel single crystal. Phys. Rev., 2001, B64 (N21): 214-415; Pratzer et al. Atomic-scale magnetic domain walls in quasi-one-dimensional Fe nanostripes. Phys. Rev. lett., 2001, 87: 127-201

[4] Bochi G, et al. Magnetic domain structure in ultrathin films. Phys. Rev. lett., 1995, 75 (N9): 1839

[5] Shatikii P P. New types of domain walls. J. Magn. Magn. Mater., 1996, 153: 189

[6] Kaczer J, Gemperle R. The thickness dependence of the domain structure of magnetoplumbite. Czech. J. phys., 1960, 10: 505; Szymczak J. The thickness dependence of the domain structure of Ba-ferrite, Electron. Tech., 1968, 1: 5

[7] Kittel C. Theory of domain, Rev. Mod. Phys., 1949, 21: 541

[8] Kaczer J, Gemperle R. Czech. J. phys., 1961, B11: 510

[9] Szymczak J. Archir. Elekir., 1966, 15: 477

[9a] Лифщиц, жэтф, 1945, 15: 97-107

[10] Kocinski J. Acta Phys. Polonica, 1959, 18 (N3): 169

[11] Williams H J. Phys. Rev., 1947, 71: 646

[12] Щур д. С, и Др. Магнитная структура малых монокристальных частиц сплавам мпві. жэтф, 1960, 38: 46

[13] Щур я. с. и Др. ф. М. М. 1970, 30: 908

[14] Jr. Brown W F. Ann. New York Acad. sci., 1969, 147: 461

[15] 李伯臧，蒲富恪. Brown 方程的分歧解与初始成畴问题. 物理学报，1981，30：16-37

[16] Thiele A. Bell system Tech. Jour., 1969, 48: 3287

[17] Craik D J. Tebble R S. Ferromagnetism and Ferromagnetic Domains. North-Holland, 1965

[18] Carey R, Isaac E D. Magnetic domain and the techniques for their observation. Acad. press, London, 1966; Eva, Tassy-Betz, Prohaszka J, et al. A general method of determining orientation in the cubic crystal system on the basis of geometrical evaluation of etch tigures. Metallograph, 1974, 7 (N2): 91

Hubert A, Schafer R. Magnetic domain. Springer-Verlag Berlin Heidelberg, 1998

[19] Martin Y, Wichramashinge H K. Magnetic imaging by "force microscopy" with 1000Å resolution. Appl. phys. Lett., 1987, 50 (N20): 1455

[20] 张臻蓉. 博士论文. 中国科学院物理研究所，2002，5；韩宝善. 磁力显微镜的发展历史、原理和应用. 理化检验（物理分册），1998，34（N4）：24

[21] Киренский, Л В. и Др. ЖЭТф, 1959, 37: 616; Магнитная структура ферромагнетиков. под редакцией Вонсовского, 1959; Kooy C, Enz U. phylips Res. Repts, 1960, 15: 12; Houze G L. Jr., J. Appl, Phys., 1967, 38 (N3): 1089; 韩宝善，等．一次脉冲偏磁场作用下硬磁泡的形成．物理学报，1985，34 (N11): 1397

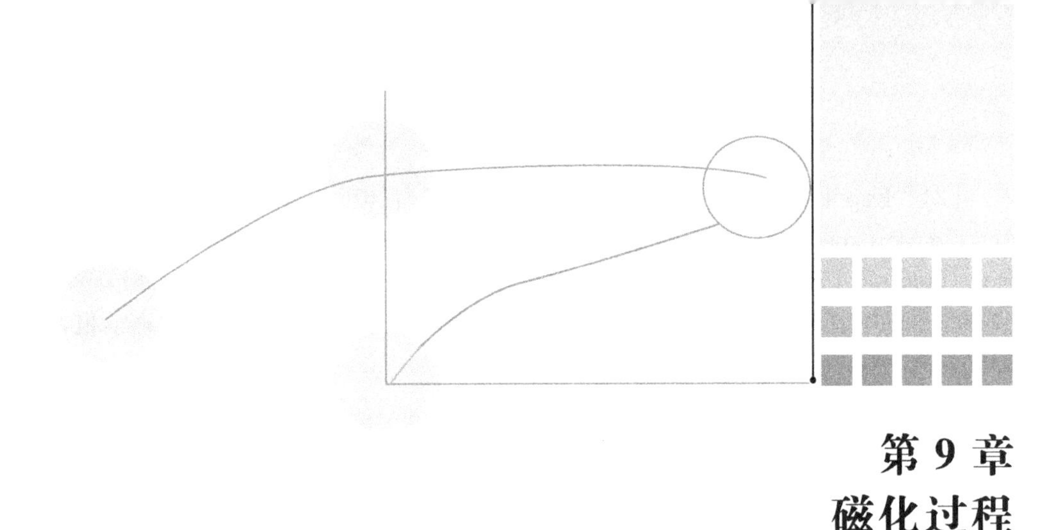

第 9 章 磁化过程

9.1 磁化和反磁化的概况

实际中使用的磁性材料，类别不少，品种更多。它们的共同点是材料内部都存在着磁畴结构。它们的不同点是磁畴结构及其运动变化的方式不同。就是说。它们的磁化曲线和磁滞回线的形状不同，如绪论中的图 1 所示，正因为磁化曲线和磁滞回线的形状有这些差别，所以才能满足使用上的多种需要。如发电机、电动机、变压器上用的磁性材料——硅钢片，它的磁滞回线又窄又长，面积很小，这样可以减少电机和变压器的发热，提高电磁能量的利用效率，又如回旋加速器上的大电磁铁，要求饱和磁感应强度大，以便增加基本粒子的能量，达到核反应的目的（建造 100 百万电子伏特的加速器，约需要磁铁500 吨；建造 125 亿电子伏特的加速器，约需要磁铁 4800 吨）。再如电子计算机上的记忆磁芯，其磁滞回线不但要窄，而且要近于矩形，同时磁化状态的变化要快。还有仪器仪表上作为永恒磁场的永磁材料，则要求磁滞回线面积大，矫顽力高等。

总之，磁化曲线和磁滞回线的形状不同，便代表了磁性材料静态和动态性能的不同。为了表示的方便，通常并不画出图形而是用下述参数表示，即

起始磁导率 μ_i；最大磁导率 μ_m；

饱和磁感应强度 B_s；矫顽力 H_{CB}；

剩磁 B_r；最大磁能积 $(B \cdot H)_m$；

磁滞损耗 p_h，等。

上述参数除 B_s 外，都与磁畴结构的式样及其运动变化有关。换句话说，要想制造出符合要求的磁性材料，关键就是在合适的材料成分下，通过多种外部因素（如冷加工，热处理、研磨、定向等）去影响磁畴结构，以便得出优异的性能，所以我们认为**磁畴结构的运动变化是磁性好坏的内因**。近年来，磁性材料性能的提高和新材料的发现与应用，都是由于有效地利用和研究了这个内因。本节

着重讨论的也就是磁畴结构的运动与变化，讨论的对象虽是具体的，但所得到的结论却往往具有普遍的意义。

磁畴结构在外磁场的作用下，从磁中性状态到饱和状态的过程，称为磁化过程。磁畴结构在外磁场的作用下，从饱和状态返回到退磁状态的过程，称为反磁化过程。磁化过程的畴结构变化，与反磁化过程中的畴结构变化是不同的。它们的关系并不像 $a\ b\ c\ d\ e\ f$…或者反过来像…$f\ e\ d\ c\ b\ a$ 一样，这样顺序的简单的反演，中间没有任何变化，而是中间发生了畴结构的不同的变化。

9.1.1 磁化过程的四个阶段

磁化过程大致分为如下四个阶段：

第一阶段是畴壁的可逆位移　在外磁场较小时，通过畴壁的移动，使某些磁畴的体积扩大，造成样品的磁化。如图 9.1.1 示出的磁化曲线的起始部分和图 9.1.2 示出的（a）（b）（c），都是畴壁的位移阶段。这时若把外磁场去掉，畴壁又会退回原地，整个样品回到磁中性状态。由此可见，畴壁在这个阶段的移动是可逆的。

第二阶段是不可逆的磁化　随着外磁场的增大，磁化曲线上升很快，即样品的磁化强度急剧增加，这是因为畴壁的移动是跳跃式的，或者因为磁畴结构突然改组了。前者称为巴克好森跳跃（Barkhausen jump），后者称为磁畴结构的突变，这两个过程都是不可逆的。就是说，外磁场即使降到了原来的数值，畴壁的位置或磁畴的结构也并不恢复到原来的样子。

第三阶段是磁畴磁矩的转动　随着外磁场的进一步增加，样品内的畴壁移动已经基本完毕，这时只有靠磁畴磁矩的转动，才能使磁化强度增加。就是说，磁畴磁矩的方向，由远离外磁场的方向，逐渐向外磁场靠近，结果在外磁场方向的磁化强度便增加了。磁畴磁矩的转动，既可以是可逆的，也可以是不可逆的。在一般情况下，两种过程（可逆与不可逆）同时发生于这一阶段。

第四阶段是趋近饱和的阶段　这一阶段的特点是，尽管外磁场的增加很大，磁化强度的增加却很小。磁化强度的增加都是由于磁畴磁矩的可逆转动造成的。

以上是磁化过程分为四个阶段的大致情况，每一阶段中的磁化强度随外磁场的变化，以及相应的磁畴结构的运动情况，可参看图 9.1.1 和图 9.1.2。

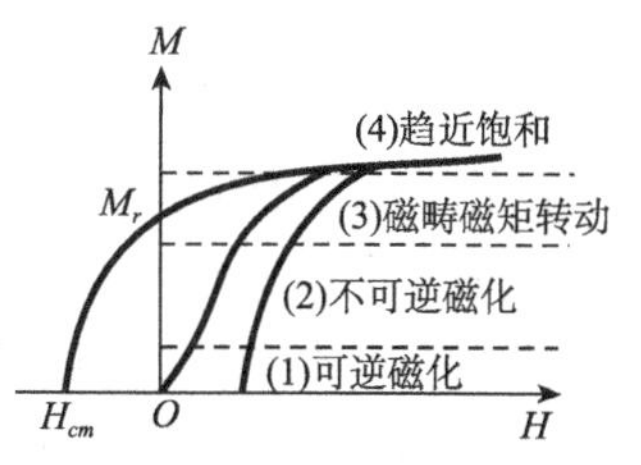

图 9.1.1　磁化和反磁化过程的各个阶段

从磁畴结构变化的角度来看，磁化过程的四个阶段又可归纳为两种基本的方式：①畴壁的移动；②磁畴磁矩的转动。它们都可能发生在上述过程的每一个阶段。任何磁性材料的磁化和反磁化，都是通过这两种方式来实现的，至于这两种方式的先后次序，则需看具体形况而定。譬如，在磁化的第一阶段中，对于大多数的磁性材料来说，主要是畴壁的可逆位移，但是在有些磁导率不高的铁氧体中，在这个阶段内则主要是磁畴磁矩的可逆转动。

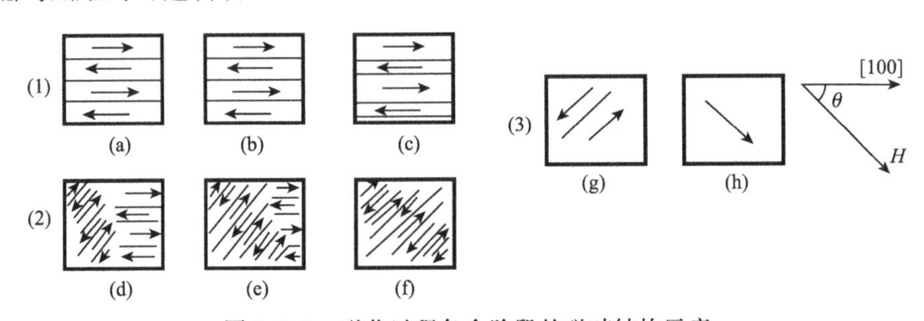

图 9.1.2 磁化过程各个阶段的磁畴结构示意
(1) 畴壁的位移；(2) 磁畴结构的突变；(3) 磁畴磁矩的转动

铁磁物质经过外磁场的磁化，达到饱和以后，若将外磁场去掉，则其磁化强度并不为零，而是具有一数值 M_r——剩余磁化强度。只有在反方向再加外磁场后，才能使磁化强度逐渐回复到零，这时的外磁场称为内禀矫顽力 H_{CM}。以上这些过程就是反磁化过程。它在各个阶段的情况，大致与磁化过程相类似，但畴结构的变化形式却是彼此不同的。特别需要注意的是反磁化过程中反向磁畴的成核（又称反磁化核）和长大对永磁材料矫顽力的影响。

必须指出，上面关于磁化和反磁化过程的叙述中，具有普遍意义的是：磁化和反磁化都是通过畴壁位移和磁畴磁矩转动来实现的。磁化和反磁化的两种基本形式，在任何磁性材料内都是存在的，至于磁化或反磁化过程中的具体阶段（如上述的四个阶段），则随材料品种的不同而有所差异。譬如在软磁材料中，大体上可以分为四个阶段，在永（硬）磁材料中，磁畴磁矩的转动（简称畴转）和畴壁的位移（简称壁移）往往同时发生，所以很难像上面所说的一样分清阶段。

为了更仔细地了解磁化和反磁化的情况，必须深入分析磁化过程中的畴结构变化，进一步掌握磁畴结构的运动变化对磁性的影响，初步学会处理这类问题的方法，下面各节将结合典型的例子进行讨论。

在结合具体的情况讨论以前，为了对磁化情况有一大概的了解，我们用数学公式形式地表达上面讨论过的磁化过程，在每一磁畴中，磁矩都向着一个方向排列着，处于饱和磁化状态。单位体积中的饱和磁矩用饱和磁化强度 M_s 表示。如果用 V_i 代表一个磁畴的体积，那么每一个磁畴的磁矩就是 M_sV_i。在未经外加磁场磁化之前，各磁畴的磁矩方向是紊乱的，各方向都有。每一磁畴的磁矩在任何方向的分量等于 $M_sV_i\cos\theta_i$（图 9.1.3），θ_i 为各磁畴磁矩对所述方向的倾角。由于一个单位体积中有很多磁畴，故磁矩在任何方向上的分量正、负都有，所以未加外磁场时一单位体积在任何方向上的磁矩分量的代数和等于零，即

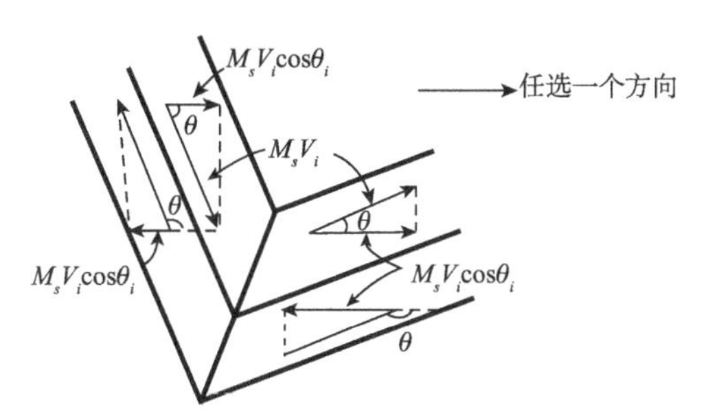

图 9.1.3　磁畴的磁矩在一个方向上的分量

$$\sum_i M_s V_i \cos\theta_i = 0 \tag{9.1.1}$$

加上外磁场后，通过上面讨论过的两种方式，磁场方向就出现了磁矩分量，即由于磁矩的一致转动改变了 θ_i，畴壁的移动改变了 V_i。M_s 在技术磁化过程中是不变的，所以从上式可以求出在磁场方向单位体积的磁矩分量。

$$\Delta M_{\mathrm{H}} = M_s\left[\sum_i V_i \Delta(\cos\theta_i) + \sum_i \cos\theta_i \Delta V_i\right] \tag{9.1.2}$$

这式子表示，在磁场方向的磁矩分量的增加是由两种过程产生的：式子右边第一项 θ_i 的改变表示磁矩的转动，右边第二项 V_i 的改变表示畴壁的位移。这个式子也就表示在磁场方向的磁化强度。

如果在不同的外磁场下，单位体积中的磁畴数目，每一磁畴的体积和磁矩方向都详细知道的话，则由式（9.1.2）便可计算出磁化曲线 M（H）来。可是直到目前为止，这种计算仍不能普遍地进行，只能个别地进行（见下面有关章节）。不过，式(9.1.2)告诉我们，只要材料内的畴转和壁移容易发生，则材料的磁导率便高，否则便低。

9.1.2　各种磁化曲线、磁滞回线和磁导率等的定义

在确定磁性材料的技术特性时，往往涉及一些名词术语的定义。现将有关的介绍如下：

（1）初（起）始磁化曲线。在热退磁的磁中性状态下，当磁场绝对值单调增加时，磁化强度 M（或磁通密度 B）随磁场 H 变化的轨迹。

（2）磁滞回线。当磁场循环变化时（$H \rightleftharpoons O \rightleftharpoons -H$），$B$ 或 M 的变化轨迹，它是与原点对称的闭合曲线，又称正常磁滞回线，以区别于与原点不对称的其他反常磁滞回线。

（3）换向（正常）磁化曲线。将不同磁场下得到的正常磁滞回线的顶点连接起来的曲线（图 9.1.4）。样品测量前需要事先退磁（热退磁或交流退磁均可）。

（4）理想磁化曲线（无磁滞的磁化曲线）。在获得换向磁化曲线的每一恒定磁场上，再加上一个振幅自某一值变至零的交变磁场，由此得到的磁化强度 M

随恒定磁场变化的曲线称为理想磁化曲线。交变磁场的最大振幅应选择到能克服磁滞。图 9.1.5 是理想磁化曲线与换向磁化曲线的比较，理论上认为理想磁化曲线上的初始磁导率或初始磁化率都是无穷大的。

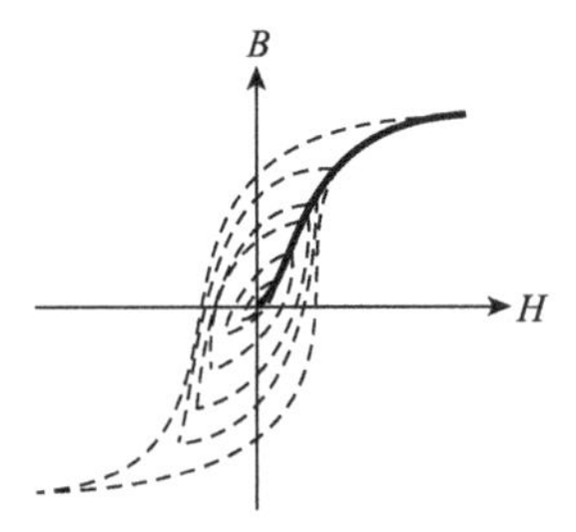

图 9.1.4 换向（正常）磁化曲线（——）

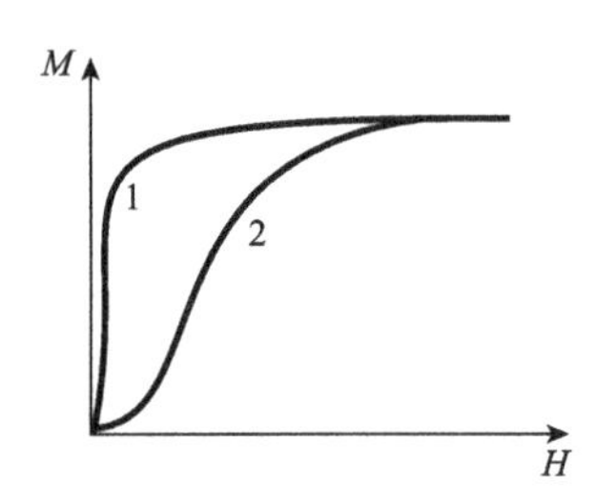

图 9.1.5 理想（无磁滞）磁化曲线 1 与换向磁化曲线 2

(5) 饱和磁滞回线。在饱和磁场下的磁滞回线。一个样品只有一条饱和磁滞回线。

(6) 矫顽力 H_c、内禀矫顽力 H_{CM}。饱和磁滞回线上 $B=0$ 和 $M=0$ 相应的磁场。

(7) 剩磁 B_r。饱和磁滞回线上 $H=0$ 所对应的磁通密度。

(8) 初（起）始磁导率 μ_i①。在换向磁化曲线上，磁场接近于零时的斜率 $\mu_i=\lim\limits_{H\to 0}\dfrac{B}{\mu_0 H}$。

(9) 最大磁导率 μ_m。换向磁化曲线的最大斜率 $\mu_m=(B/\mu_0 H)_{\max}$。

(10) 微分磁导率 μ_d。磁化曲线上各点的斜率

$$\mu_d=\frac{1}{\mu_0}\frac{dB}{dH}=\frac{d(\mu H)}{dH}=\mu+H\frac{d\mu}{dH}$$

(11) 增量磁导率 μ_Δ。在某一磁化状态下（图 9.1.6）的 A 点，磁场增加 ΔH（$\Delta H\ll H_A$）与相应的 B 的增加 ΔB 的比值，即 $\mu_\Delta=\left(\dfrac{1}{\mu_0}\dfrac{\Delta B}{\Delta H}\right)_{H_A}$。若磁场不是增加而是减少 ΔH，则得出减量磁导率 $\mu_\delta=\left(\dfrac{1}{\mu_0}\dfrac{-\Delta B}{-\Delta H}\right)_{H_A}$。

(12) 可逆磁导率 μ_r。在某一磁化状态下（如图 9.1.7 所示的 A 点），当磁场增加很小量 ΔH 和减小 ΔH 后，磁场的变化 $2\Delta H$ 与磁通密度的变化 ΔB 之比 $\mu_r=\left(\dfrac{1}{\mu_0}\dfrac{\Delta B}{2\Delta H}\right)_{\Delta H\to 0}$。

---

① 这里的各种磁导率的定义，实际上是相对磁导率，为了工程技术上在使用磁性材料时的方便，把“相对”二字省掉，使具体材料的磁导率的数量，在两种单位制中一样。

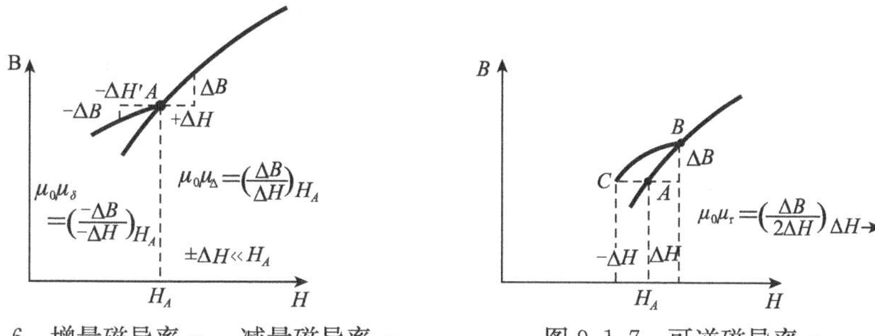

图 9.1.6　增量磁导率 μ_Δ，减量磁导率 μ_δ　　图 9.1.7　可逆磁导率 μ_r

在同一样品的换向磁化曲线上，磁导率 μ、微分磁导率 μ_d、减量磁导率 μ_δ 和可逆磁导率 μ_r 随恒定场 H 的变化见图 9.1.8。

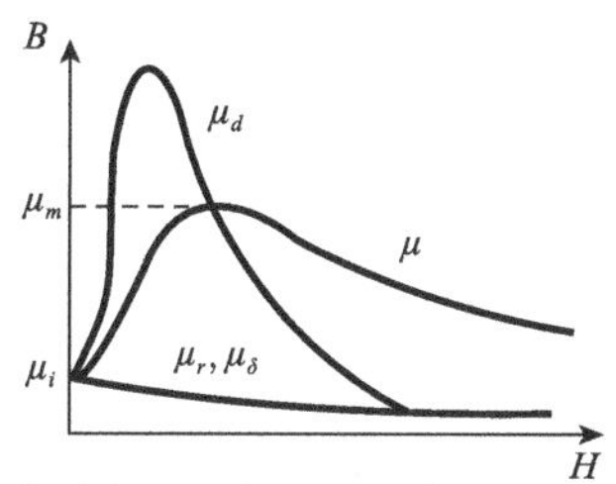

图 9.1.8　磁导率 μ、微分磁导率 μ_d、可逆磁导率 μ_r 和减量磁导率 μ_δ 在同一换向磁化曲线上的比较

(13) 饱和磁通密度（饱和磁感应强度）B_s　饱和磁场下的相应的磁通密度。由于同一材料的饱和磁场取值不同，因此，B_s 往往是指某一共同商定磁场下的 B，如图 9.1.9 所示。

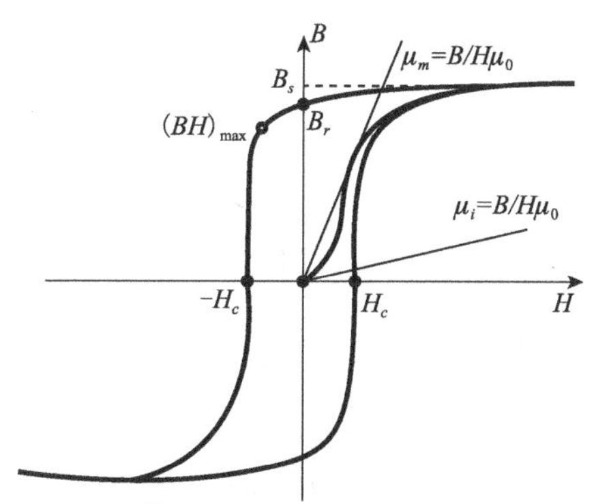

图 9.1.9　饱和磁滞回线与换向磁化曲线上的各有关磁学量

9.1.3　磁化条件

1）静态条件

关于磁化条件，一般可分为静态条件和动态条件。所谓静态或准静态磁化，是指磁化进行得特别慢，对特征的磁性曲线和数据都可重复产生，不受涡流和其他与

时间有关的因素的影响。这是由磁化速率所决定的，理想情况速率应接近于零。

动态磁化如交流磁化或脉冲磁化，这时涡流就有很大的影响。

图 9.1.10 以一个截面为 10mm×10mm 的 50%NiFe 块状圆环为例，分别给出不同反复磁化时间对磁滞回线的影响。由图可见，块状铁芯材料必须要在很慢的条件下反复磁化才能避免涡流的影响。其极限频率可用 $\mu_i=10000$，$\rho=0.25\Omega\cdot\text{mm}^2/\text{m}$ 和 $d=10\text{mm}$，直接代入 $f_w=\dfrac{4\rho}{\pi\mu_0\mu_i d^2}$便求得 $f_w=0.25\text{Hz}$。图 9.1.10中最长的反复磁化时间为 50s，相应于 $f=0.02\text{Hz}$，基本满足 $f<f_w$ 的条件。

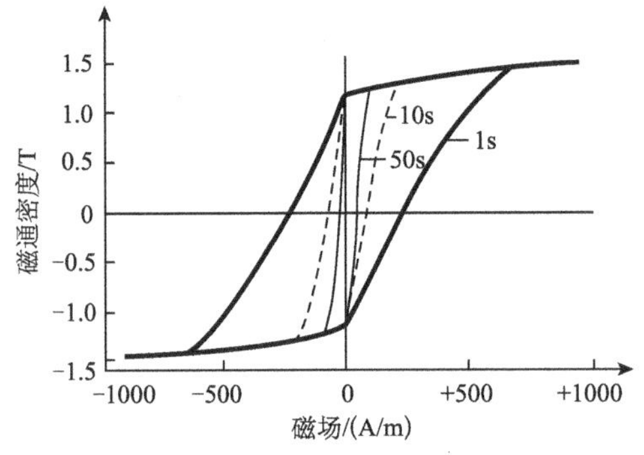

图 9.1.10　50%NiFe 块状圆环的反复磁化时间对磁滞回线的影响

2）动态条件

涡流的影响可通过减薄带的厚度而降低。比如图 9.1.11 所示带厚为 15μm 的 77% NiFe 合金铁芯的情形，回线在 5kHz 和 30kHz 下几乎仍很理想，因为在这一厚度下涡流损耗仍很低。

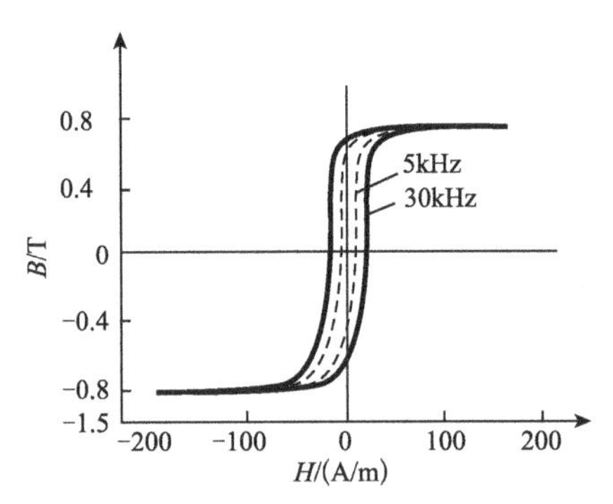

图 9.1.11　厚度为 0.015mm，77%NiFe
晶体带卷成的铁芯，在 5kHz 和 30kHz 下的磁滞回线

当动态测量时，我们要区分这种测量是在交流场下还是在脉冲场条件下测的。一般交流场测量是指试样处于正弦电压下，还可区分为是在低激发状态下测量（初始磁导率和最大磁导率）还是在高激发状态下测量（磁滞回线，反复磁化损耗）。另外，还有附加直流场的测量（可逆磁导率，增量磁导率）。

脉冲测量则施加的是矩形电流或电压脉冲，通常是加电压脉冲。

单极性脉冲磁化起着重要作用。这时的铁芯不是从初始磁化曲线原点向饱和值去驱动，而是从剩磁点 B_r 向饱和值附近或激发状态 B_m 驱动。相应场强扫过 ΔH 时磁通密度扫过 ΔB 为

$$\Delta B = B_m - B_r$$

这时取代幅度磁导率 μ_{a} 的是脉冲磁导率 μ_{p}，定义是

$$\mu_{\mathrm{p}} = \frac{1}{\mu_0} \cdot \frac{\Delta B}{\Delta H}$$

图 9.1.12 说明了交流磁化和脉冲磁化的不同。为了简化起见，选的是正弦交流场和具有正弦半波的脉冲场。由此图也可明显看出 Z 型和 F 型回线的材料在两种类型磁化条件下的回线差别。

除了图 9.1.12 所示脉冲磁化下的磁滞回线外，其他与脉冲磁化联系的特征曲线有脉冲磁导率曲线和损耗曲线。这时的参量有脉冲宽度和脉冲重复频率。

Gratzer（1971）就正弦磁化和非正弦磁化，还有脉冲磁化下的铁芯损耗，分析了其间的关联。这里影响反复磁化的电压或电流的形状因子 F 起着关键作用。

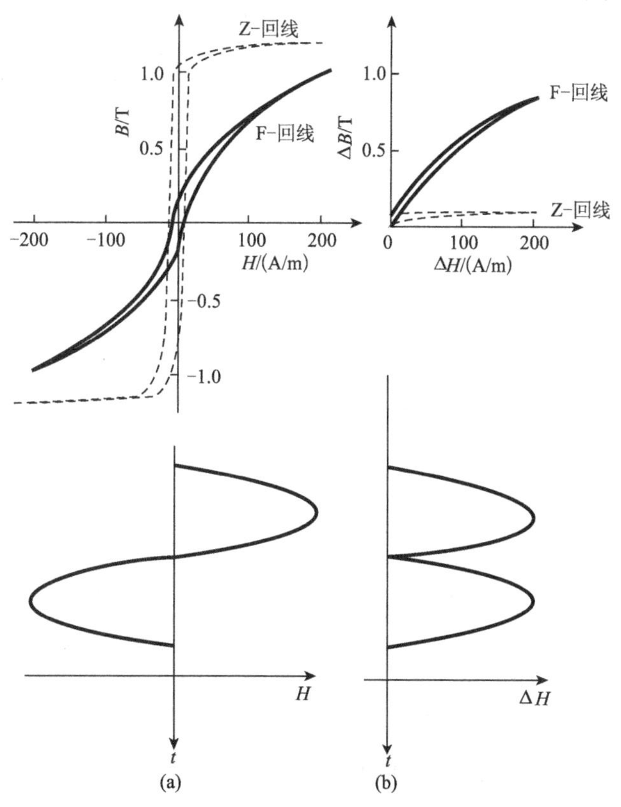

图 9.1.12　F 形和 Z 型特征的合金在两种磁场下的磁滞回线：

(a) 交流场；(b) 脉冲场

9.2 单轴单晶体的磁化过程

在讨论磁晶各向异性时已经知道，易磁化轴只有一个轴的单晶体，称为单轴单晶体。如钡铁氧体、钴、锰铋合金、钐钴合金等的单晶体都是单轴单晶体，在这些单轴单晶体中，只要它的磁晶各向异性常数比饱和磁化强度大很多，具体地说是，$K_u > 3.4\times10^{-7}M_s^2$，则单晶体中的磁畴结构便很可能是片状磁畴．下面先叙述片状磁畴在外磁场作用下的变化情况，然后再进行理论上的分析。

9.2.1 片形畴的运动变化

钡铁氧体在室温下的磁晶各向异性常数为 $3.3\times10^5\,\mathrm{J/m^3}$，饱和磁化强度为 $374\times10^3\,\mathrm{A/m}$，满足 $K_u > 3.4M_s^2\times10^{-7}$ 的条件，所以选择钡铁氧体作为片状畴的研究对象是很合适的。

把一块钡铁氧体的单晶体，磨成厚度约 3μm 的薄片，其表面与六角晶系的基面一致，即样品表面与六角轴 c 轴是垂直的。薄片样品的尺寸大致为 $0.5\times0.5\times0.003$mm。将这种样品放到法拉第磁光效应的装置上；便能在外磁场下清楚地观察到片状磁畴的运动变化情况。

用法拉第磁光效应观察磁畴的原理是，偏振光透过铁磁物质后，偏振面要发生偏转。偏转角度的大小与磁化强度的方向和数值有关，由于相邻磁畴的磁矩方向不同，透射光的偏振面偏转的角度也不同；所以使用偏转消光的棱镜来观察时，就能看到明暗对比明显的磁畴结构。实验装置的主要部分见图 9.2.1。

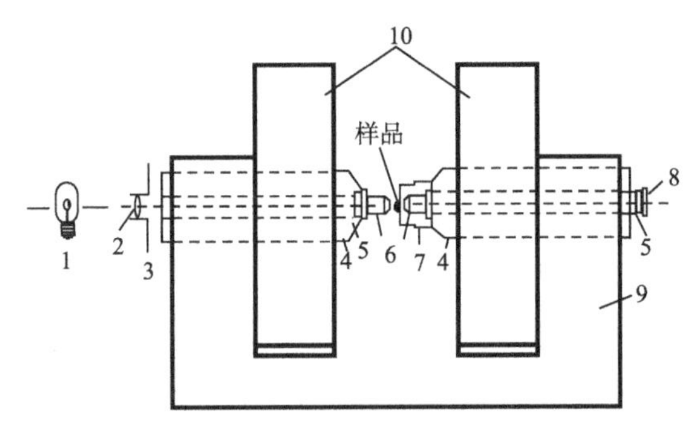

图 9.2.1 用法拉第效应观察钡铁氧体磁畴的装置

1 光源；2 透镜；3 狭缝；4 中心穿孔的磁极；5 偏振片；6 物镜；
7 调焦距和调中心的样品架；8 观察孔；9 电磁铁铁轭；10 励磁线圈

图 9.2.1 示出的装置，实际上就是一个电磁铁再配上一架偏光显微镜和照相机。电磁铁产生的最大磁场为$\frac{5}{4\pi}\times10^5\,\mathrm{A/m}$（5kOe），能保证样品所在地方的磁场

是均匀的，并且足以使钡铁氧体单晶达到饱和磁化（钡铁氧体单晶薄片的最大退磁场为 $NM_s=374\times10^3\,\text{A/m}$）。为了使偏振光垂直地透过样品，同时外磁场的方向也要与样品表面垂直，所以在电磁铁的两个极头上，沿其中心穿一长孔。光线从磁铁极头的一端通过此孔射入，经起偏器和显微镜的物镜后，射到样品上，由于样品很薄（只有几微米），所以光线便透过样品再经另一物镜和检偏器后，便能在目镜上看到磁畴的图像，把目镜换成照相机，就能将磁畴的图像拍摄下来了。

图 9.2.2（照片部分与图 8.11.1 和图 8.11.2 完全相同，故在此处不再重新画出，请见图 8.11.1 和图 8.11.2 即可）示出在不同的外磁场下钡铁氧体单晶的磁畴结构的一组照片，其中白色条纹表示与外磁场反方向的磁畴（反向畴）宽度，黑色条纹表示与外磁场同方向的磁畴（正向畴）宽度。由图上可见，片状畴的变化过程是这样的：随着外磁场的增加，与外磁场同方向的磁畴通过壁移开始增大，但与外磁场反方向的磁畴并未减小；当进一步增加外磁场时，正向畴迅速扩大，反向畴仍未减小；但是，当外磁场再加大时；反向畴便突然收缩，成为一个圆柱形的磁畴，其直径与收缩前的畴宽相同（图 8.11.2（g）），此后若再增加磁场，则圆柱形畴的直径逐渐缩小，直至消失，整个样品也就磁化到饱和了。实验还发现，在反向畴未收缩以前减小磁场的话，磁畴结构还能回复原状，畴壁的移动是可逆的；只有当磁场增大到反向畴开始收缩时，才能发生不可逆的过程。

总之，片状畴的磁化过程的第一阶段是可逆的畴壁移动，在这一阶段中随着外磁场的增加，正向畴的畴宽开始增加较慢，后来增加很快，反向畴的畴宽则始终变化不大。第二阶段是片状的反向畴突然收缩为圆柱形的磁畴，这一阶段的变化是不可逆的壁移和畴转。第三阶段是圆柱形磁畴的逐渐缩小，直至最后消失，整个样品就饱和磁化了。这时如将外磁场降低，则样品的磁化强度并不减少，仍将维持饱和状态，直至磁场降至某一值 H_N 时，才突然出现许多片状磁畴，使样品的磁化强度迅速降低，继续减小磁场，磁化强度继续降低，最后为零。样品回到退磁状态。上述磁化和反磁化过程中，样品的磁化强度随外磁场的变化的示意图可见图 9.2.2。

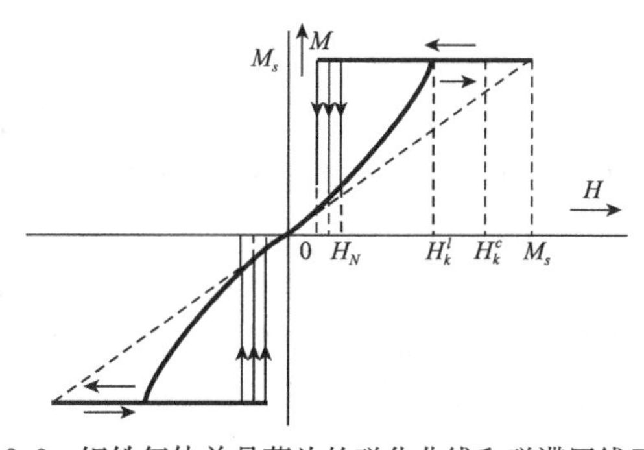

图 9.2.2　钡铁氧体单晶薄片的磁化曲线和磁滞回线示意图

磁化时，在 $0 \sim H_k^l$ 为片状畴，$H_k^l < H < H_k^c$ 存在反向的圆柱形畴，$H > H_k^c$ 圆柱形畴消失。反磁化时，磁场自 M_s 下降至 H_N 前，样品都处于饱和磁化状态，只有到达 H_N 后才出现片状畴。

9.2.2 片形畴运动变化的理论分析

从观察钡铁氧体单晶薄片的磁畴结构的运动变化中，已经知道片状畴的运动变化具有如下的特点：①在畴壁位移的阶段，尽管正向的片状畴的畴宽增加很快，反向的片状畴却一直保持不变。这与一般的想法不同，一般认为正向畴的畴宽不断增加的同时，反向畴就会不断缩小。②反向的片状畴的消失过程是通过从片状突变为圆柱形以后，才逐渐消失的。③外磁场小于 374×10^3 A/m（$H < 4\pi M_s = 4700$Oe）时，样品就已经饱和磁化了。

欲从理论上分析片状畴的运动变化特点，必须考察片状畴的能量变化。在这种磁畴结构中究竟有哪些能量起作用，它们与磁畴的宽度和外磁场的数值有什么关系，把这些问题弄清楚以后，再从“总能量极小”的观点便能解决片状畴运动变化的问题了。下面进行具体的计算。

假设有一块无限大的单晶薄片，单晶的易磁化轴只有一个 c 轴，外磁场与 c 轴平行，磁晶各向异性与磁化强度的关系，满足 $K_u > 3.4 M_s^2 \times 10^{-7}$ J/m^3。这种薄片内的磁畴结构如图 9.2.3 所示，其中 d_1 为正向畴的宽度，d_2 为反向畴的宽度，D 为薄片的厚度。

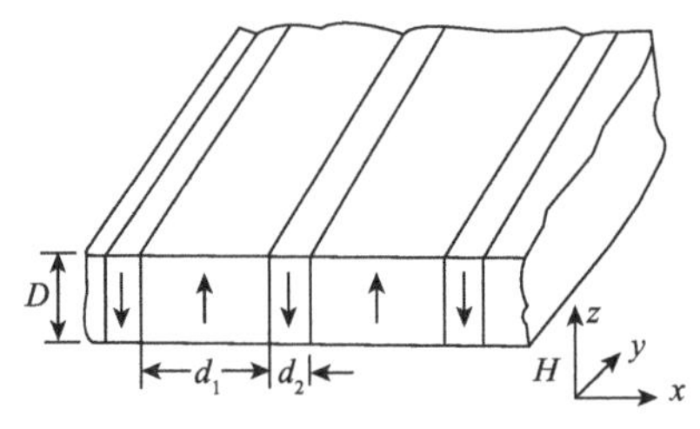

图 9.2.3 钡铁氧体单晶薄片磁化时的磁畴结构示意图

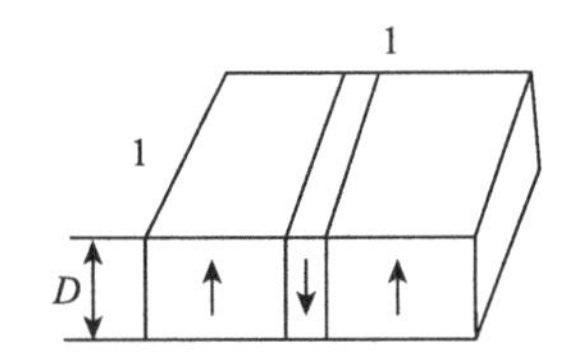

图 9.2.4 计算能量的特定体积

为了简化计算，再假设磁畴内的磁矩都与薄片的表面垂直，畴壁在移动过程中保持为平面，也与薄片表面垂直。在这样的片状畴的结构中，与磁畴运动有关的能量只有三项：畴壁能、退磁能和外磁场能。因为磁畴的磁矩都处在易磁化方向上，又没有封闭畴，所以磁晶各向异性能和磁弹性能都可以不需考虑。

现在分别计算厚度为 D、表面积为一个单位表面的体积内的三种能量。

畴壁能的计算。在单位表面、厚度为 D 的体积内（图 9.2.4），畴壁的数目共有 $\frac{1}{d_1+d_2} \times 2$ 块，每块畴壁的面积为 $1 \times D$，故总畴壁能 E_w 为

$$E_w=\text{畴壁块数}\times\text{每块的面积}\times\text{畴壁能密度}=\frac{2}{d_1+d_2}\times D\times\gamma=\frac{2D\gamma}{d_1+d_2} \tag{9.2.1}$$

式中，γ 为畴壁能密度。

外磁场能的计算。外磁场能分为两部分，一部分是外磁场与正向畴的作用能，另一部分是外磁场与反向畴的作用能。在图 9.2.4 所示的一块材料内，正向畴的数目共有$\frac{1}{d_1+d_2}$个，每个正向畴的体积为 $1\times d_1\times D$，单位体积的正向畴与外磁场的作用能为$-\mu_0 HM_s\cos\theta=-\mu_0 HM_s$，故正向畴与外磁场作用的总能量为

$$E'_H=\text{正向畴的数目}\times\text{每个正向畴的体积}\times\text{正向畴与外磁场的作用能密度}$$

$$=\frac{1}{d_1+d_2}\times 1\times d_1\times D\times(-\mu_0 HM_s)=\frac{-d_1}{d_1+d_2}HM_sD\mu_0 \tag{9.2.2}$$

同理，反向畴与外磁场作用的总能量为

$$E''_H=\text{反向畴的数目}\times\text{每个反向畴的体积}\times\text{反向畴与外磁场的作用能密度}$$

$$=\frac{1}{d_1+d_2}\cdot 1\times d_2\times D\mu_0 HM_s=\frac{d_2}{d_1+d_2}HM_sD\mu_0 \tag{9.2.3}$$

在图 9.2.4 所示的一块材料内，其总外磁场能为 E'_H 和 E''_H 之和，即总外磁场能 E_H 为

$$E_H=E'_H+E''_H=-\frac{\mu_0 d_1}{d_1+d_2}HM_sD+\frac{\mu_0 d_2}{d_1+d_2}HM_sD$$

$$=-\frac{\mu_0(d_1-d_2)}{d_1+d_2}HM_sD=-HM_sD\mu_0\frac{M}{M_s} \tag{9.2.4}$$

其中，$\frac{d_1-d_2}{d_1+d_2}=\frac{M}{M_s}$，$M$ 为样品内的磁化强度。

退磁能的计算。退磁能的计算比较复杂，这里先写出其结果，详细计算见本节末的附录。在图 9.2.4 所示的一块材料内，其总退磁能为

$$E_d=\frac{\mu_0}{2}M_s^2D\left(\frac{M}{M_s}\right)^2+\frac{4\mu_0}{\pi^3}M_s^2\frac{D\sqrt{\mu}}{\alpha}\times\sum_{n=1}^{\infty}n^{-3}\sin^2\left[\frac{n\pi}{2}\left(1+\frac{M}{M_s}\right)\right]$$

$$\times\frac{\mathrm{sh}(n\pi\alpha)}{\mathrm{sh}(n\pi\alpha)+\sqrt{\mu}\,\mathrm{ch}(n\pi\alpha)} \tag{9.2.5}$$

其中，μ 为磁导率，

$$\alpha=\frac{D\sqrt{\mu}}{d_1+d_2} \tag{9.2.6}$$

式（9.2.5）表示薄片样品内存在片状畴（正向畴和反向畴）的退磁能，只要片状畴能够存在，上式便适用于任意厚度 D 的样品。式（9.2.5）的第一项表示无限大样品均匀磁化时，磁化强度为 M 的样品退磁能；第二项表示样品由于磁化不均匀，对退磁能的修正。在一般的实验条件下，α 的值不会很小，式（9.2.5）

第二项的双曲正、余弦因子，可以进行如下的化简：

$$
\begin{aligned}
\frac{\operatorname{sh}(n\pi\alpha)}{\operatorname{sh}(n\pi\alpha)+\sqrt{\mu}\operatorname{ch}(n\pi\alpha)} &= \frac{\dfrac{e^{x}-e^{-x}}{2}}{\dfrac{e^{x}-e^{-x}}{2}+\sqrt{u}\left(\dfrac{e^{x}+e^{-x}}{2}\right)} \\
&= \frac{\dfrac{e^{x}-e^{-x}}{2}}{\dfrac{e^{x}-e^{-x}}{2}+\dfrac{e^{x}+e^{-x}}{2}+(\sqrt{\mu}-1)\dfrac{e^{x}+e^{-x}}{2}} \\
&= \frac{\dfrac{e^{x}-e^{-x}}{2}}{\dfrac{2e^{x}}{2}+(\sqrt{u}-1)\dfrac{e^{x}+e^{-x}}{2}} \simeq \frac{e^{x}-e^{-x}}{2e^{x}+(\sqrt{\mu}-1)e^{x}} \\
&= \frac{e^{x}(1-e^{-2x})}{e^{x}(2+\sqrt{\mu}-1)} = \frac{1-e^{-2x}}{1+\sqrt{\mu}}
\end{aligned} \tag{9.2.7}
$$

式中 $x=n\pi\alpha$，把式（9.2.7）代入式（9.2.5），便得

$$
\begin{aligned}
E_d = {} & \frac{\mu_0}{2}M_s^2 D\left(\frac{M}{M_s}\right)^2 + \frac{4\mu_0}{\pi^3}\frac{M_s^2}{1+\sqrt{\mu}}\frac{D\sqrt{\mu}}{\alpha} \\
& \times \sum_{n=1}^{\infty} n^{-3}\sin^2\left[\frac{n\pi}{2}\left(1+\frac{M}{M_s}\right)\right](1-e^{-2n\pi\alpha})
\end{aligned} \tag{9.2.8}
$$

于是，在图 9.2.4 所示的一块材料内，与磁畴运动有关的总能量就是在此材料内的总畴壁能、总外磁场能和总退磁能的和。根据式（9.2.1），式（9.2.4）和式（9.2.8）。总能量 E 为

$$
\begin{aligned}
E = E_w + E_H + E_d = {} & \frac{2\gamma D}{d_1+d_2} - HM_sD\mu_0\frac{M}{M_s} \\
& + \frac{\mu_0}{2}M_s^2 D\left(\frac{M}{M_s}\right)^2 + \frac{2\sqrt{\mu}}{1+\sqrt{\mu}}\frac{2\mu_0 M_s^2}{\pi^3}\frac{D}{\alpha} \\
& \times \sum_{n=1}^{\infty}\frac{1}{n^3}\sin^2\left[\frac{\pi n}{2}\left(1+\frac{M}{M_s}\right)\right][1-e^{-2n\pi\alpha}]
\end{aligned} \tag{9.2.9}
$$

当外磁场为某一数值时，正向畴的宽度 d_1 和反向畴的宽度 d_2 究竟等于多少？这是我们所关心的问题。因为当知道了 d_1 和 d_2 随外磁场变化的关系以后，不但从理论上算得了磁化曲线，而且也解决了正向畴的畴宽 d_1 增加很快的同时、为什么反向畴的畴宽 d_2 却基本保持不变的问题。运用“总能量极小”的原理，将式（9.2.9）对 α 和对（M/M_s）的偏微商等于零，便能求得 d_1 和 d_2。具体计算如下：

在偏微商前，将式（9.2.9）改换一下形式。因为 $\alpha=\dfrac{D\sqrt{\mu}}{d_1+d_2}$，故式（9.2.9）可改写为

$$E=\frac{2\gamma}{\sqrt{\mu}}\alpha-HM_sD\mu_0\left(\frac{M}{M_s}\right)+\frac{\mu_0}{2}M_s^2D\left(\frac{M}{M_s}\right)^2+\frac{2\sqrt{\mu}}{1+\sqrt{\mu}}\frac{2\mu_0M_s^2}{\pi^3}\frac{D}{\alpha}$$
$$\sum_{\infty=1}^{\infty}\frac{1}{n^3}\sin^2\left[\frac{n\pi}{2}\left(1+\frac{M}{M_s}\right)\right][1-e^{-2n\pi\alpha}]. \tag{9.2.10}$$

将式（9.2.10）对 α 偏微商

$$\frac{\partial E}{\partial\alpha}=\frac{2\gamma}{\sqrt{\mu}}+\frac{2\sqrt{\mu}}{1+\sqrt{\mu}}\frac{2\mu_0M_s^2}{\pi^3}\left\{\frac{D}{\alpha}\sum_{n=1}^{\infty}\frac{1}{n^3}\sin^2\left[\frac{n\pi}{2}\left(1+\frac{M}{M_s}\right)\right][2n\pi e^{-2n\pi\alpha}]\right.$$
$$\left.+\sum_{n=1}^{\infty}\frac{1}{n^3}\sin^2\left[\frac{n\pi}{2}\left(1+\frac{M}{M_s}\right)\right]\left[-\frac{D}{\alpha^2}\right][1-e^{-2n\pi\alpha}]\right\}$$
$$=\frac{2\gamma}{\sqrt{\mu}}+\frac{2\sqrt{\mu}}{1+\sqrt{\mu}}\frac{2\mu_0M_s^2}{\pi^3}\frac{D}{\alpha^2}\sum_{n=1}^{\infty}\frac{1}{n^3}\sin^2\left[\frac{n\pi}{2}\left(1+\frac{M}{M_s}\right)\right][(2n\pi\alpha+1)e^{-2n\pi\alpha}-1] \tag{9.2.11}$$

令$\frac{\partial E}{\partial\alpha}=0$，式（9.2.11）便化为

$$\frac{1}{\pi^3\alpha^2}\sum_{n=1}^{\infty}\frac{1}{n^3}\sin^2\left[\frac{n\pi}{2}\left(1+\frac{M}{M_s}\right)\right][1-(1+2n\pi\alpha)e^{-2n\pi\alpha}]-\frac{1+\sqrt{\mu}}{2\sqrt{\mu}}\frac{\gamma}{\mu_0M_s^2\sqrt{\mu}D}=0 \tag{9.2.12}$$

将式（9.2.10）对 M/M_s 偏微商

$$\frac{\partial E}{\partial(M/M_s)}=-HM_sD\mu_0+\mu_0M_s^2D\frac{M}{M_s}+\frac{2\sqrt{\mu}}{1+\sqrt{\mu}}\frac{2\mu_0M_s^2}{\pi^3}$$
$$\times\frac{D}{\alpha}\times\sum_{n=1}^{\infty}\frac{1}{n^3}\frac{1}{2}\sin\left[n\pi\left(1+\frac{M}{M_s}\right)\right]n\pi(1-e^{-2n\pi\alpha})$$
$$=-HM_sD\mu_0+\mu_0M_s^2D\frac{M}{M_s}+\frac{2\sqrt{\mu}}{1+\sqrt{\mu}}\frac{2\mu_0M_s^2}{\pi^3}\frac{D}{\alpha}$$
$$\times\sum_{n=1}^{\infty}\frac{1}{n^2}\frac{\pi}{2}\sin\left[n\pi\left(1+\frac{M}{M_s}\right)\right][1-e^{-2n\pi\alpha}] \tag{9.2.13}$$

令 $\partial E/\partial\left(\frac{M}{M_s}\right)=0$，式（9.2—13）便变为

$$\frac{M-H}{M_s}+\frac{2\sqrt{\mu}}{1+\sqrt{\mu}}\frac{1}{\pi^2\alpha}\sum_{n=1}^{\infty}\frac{1}{n^2}\sin\left[n\pi\left(1+\frac{M}{M_s}\right)\right]\times[1-e^{-2n\pi\alpha}]=0 \tag{9.2.14}$$

式（9.2.12）和式（9.2.14）就是我们所要求的式子，它们是运用“能量极小”的原理得到的。在这两个式子中除了 H，M 和 α 是未知数外，其余都是已知的，所以在给定的外磁场 H 下，从这两个式子中应能求出 M 和 α，进而求出正、反向畴的畴宽 d_1 和 d_2。因为在式（9.2.4）和式（9.2.6）中可求得 d_1，d_2 与 $\frac{M}{M_s}$和 α 的关系

$$
\begin{cases}
d_1=\left(1+\dfrac{M}{M_s}\right)\dfrac{D\sqrt{\mu}}{2\alpha} \\
d_2=\left(1-\dfrac{M}{M_s}\right)\dfrac{D\sqrt{\mu}}{2\alpha}
\end{cases}
\tag{9.2.15}
$$

式中，μ 为磁导率，D 为薄片的厚度。

可惜求解式（9.2.12）和式（9.2.14）时，只能用数值计算法，图 9.2.5 和图 9.2.6 示出用电子计算机进行计算的结果。

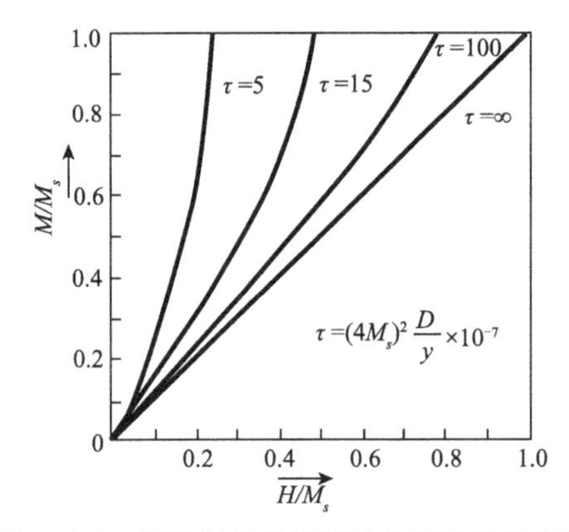

图 9.2.5　钡铁氧体单晶薄片的理论磁化曲线

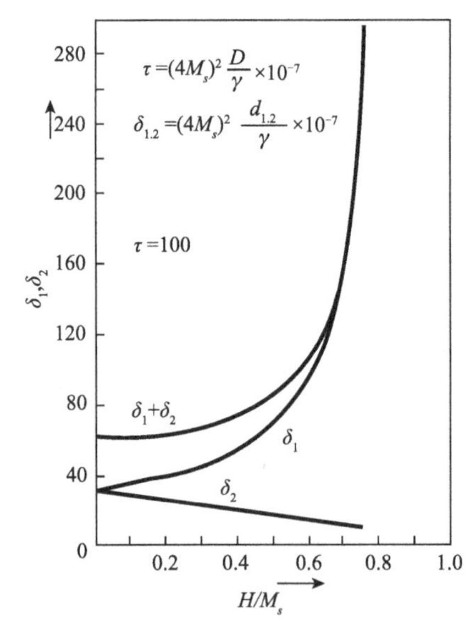

图 9.2.6　理论上的正、反向畴宽随外磁场的变化

在图 9.2.5 的理论磁化曲线上，可以看到不同厚度的薄片（即 τ 不同）的磁化曲线是不同的。随着薄片厚度的减小，磁化曲线的斜率增大，磁化容易，饱和磁化场逐渐降低，并且都小于 M_s，其原因是因为总能量 E 与样品厚度 D 成

正比。

从图 9.2.6 的理论畴宽随磁场变化的曲线上可以看到，在磁场较小时，正向畴的畴宽随磁场增加不大，正、反向畴宽的和几乎不变，此后随着磁场的增大，正向畴便急速增大，反向畴仍然变化不大。以上这些现象都与实际观测相符。

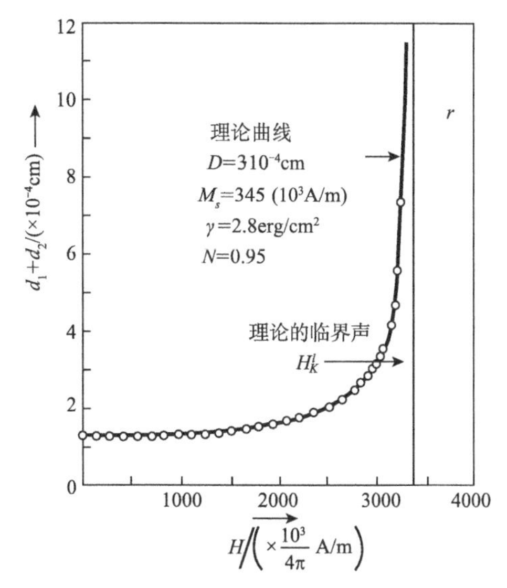

图 9.2.7 正、反向畴的畴宽之和（d_1+d_2）随外磁场的变化，○实验；—理论

理论和实验的进一步比较可看图 9.2.7，在此图上示出了正、反向畴的畴宽之和（d_1+d_2）随磁场的变化，实验曲线上的每一个点都是 20 多个正、反向畴的畴宽测量的平均值，理论曲线采用的常数为 $D=3.0\times10^{-6}$m，$\gamma=2.8\times10^{-3}$J/m²，$M_s=345\times10^3$A/m，$\mu=1$。M_s 所以取 345×10^3A/m 的原因是因为样品在实验过程中受强光的透射，温度会升至 50℃，这时钡铁氧体的 $M_s=345\times10^3$A/m（室温的 $M_s=380\times10^3$A/m)。由图可见，理论和实验的符合程度是相当好的。还应补充一点：理论计算时假定薄片是无限大的，其退磁因子为 1，实际样品却不是无限大的，退磁因子为 0.95，所以实际样品的退磁场（$0.95\times M_s$）比无限大样品的退磁场（M_s）小 5%。因此，为了使理论与实验能正确地进行比较，还必须把理论计算的所有磁场值减小 5%，图 9.2.7示出的理论曲线就是经过了上述修正的，所以才与实验很好地符合。

上面从理论上分析了片状畴磁化过程第一阶段的问题，理论上得到的结论和实验上观察到的现象是很符合的，即在磁化的这一阶段中，正向畴开始增加较慢，后来增加很快，反向畴始终变化不大；正、反向畴的畴宽之和开始几乎不变，后来便增加很快。下面我们从理论上分析片状畴磁化过程的第二、第三阶段的问题，这些问题是：①在什么磁场下反向的片状畴突然收缩成为圆柱形的磁畴（这种圆柱形的磁畴就是“磁泡”)？②在什么磁场下圆柱形的磁畴最后消失？

第一个问题可以从式（9.2.12）和式（9.2.14）中得到解答。因为当反向的片状畴突然收缩成圆柱形的磁畴时，样品内的磁化强度 M 便接近于饱和磁化强度 M_s，正向畴的畴宽几乎占据整个样品，就是说，$D\sqrt{\mu}/(d_1+d_2)\rightarrow0$，根据这两个条件可将式（9.2.12）和式（9.2.14）化简[①]，这时的外磁场就是使反向的片状畴转化为圆柱形磁畴的临界场 H_K^l：

$$\left(\frac{d_2}{D}\right)^2\ln\left[1+\frac{1}{\left(\frac{d_2}{D}\right)^2}\right]+\ln\left[1+\left(\frac{d_2}{D}\right)^2\right]=\frac{\gamma}{2\mu_0 M_s^2 D} \tag{9.2.16}$$

$$\frac{1}{\pi}\left\{2\arctan\left(\frac{d_2}{D}\right)+\frac{d_2}{D}\ln\left[1+\frac{1}{\left(\frac{d_2}{D}\right)^2}\right]\right\}=1-\frac{H_K^l}{M_s}。\tag{9.2.17}$$

将以前用过的 $\gamma=2.7\times10^{-3}\,\mathrm{J/m^2}$，$D=3.0\times10^{-6}\,\mathrm{m}$，$M_s=345\times10^3\,\mathrm{A/m}$ 代入式（9.2.16）和式（9.2.17），便得

$$\begin{cases} d_2=0.244\times10^{-6}\,\mathrm{m} \\ H_K^l=0.819\times M_s \end{cases} \tag{9.2.18}$$

考虑到实际样品并不是无限大，所以由式（9.2.18）算得的 H_K^l 还应降低5%，故 $H_K^l=0.819\times M_s\times0.95=268427\,\mathrm{A/m}$（3374Oe），也就是说，当外磁场达到 3374Oe 时，反向的片状畴就要收缩成圆柱形畴，这与图 9.2.7示出的观测结果是符合的。

第二个问题是在什么磁场下圆柱形畴将消失？这个问题的解决比较复杂，但解决的方法仍是从“能量最小”的角度去考虑，就是说要具体比较圆柱形畴存在和消失的两种情况下的总能量差。

设圆柱形畴的半径为 R，高度为 D（即片的厚度），则存在一个圆柱形畴与不存在圆柱形畴的总能量差由下述三项能量差组成：

（1）畴壁能的差 ΔE_w ＝圆柱形的畴壁面积×畴壁能密度

$$=2\pi RD\times\gamma \tag{9.2.19}$$

（2）外磁场能的差 ΔE_H ＝圆柱形畴存在时的外场能－圆柱形畴消失时的外场能

$$=\{[HM_s\pi R^2D+(1-\pi R^2)D(-HM_s)]-(HM_s\cdot D)\}\mu_0$$
$$=2\pi R^2DHMM\mu_0 \tag{9.2.20}$$

（3）退磁能的差 ΔE_d（具体计算较难，这里只写出结果）

$$\Delta E_d=\left[-8\pi^2M_s^2R^2D+128\pi\frac{M_s^2R^3}{3(1+\sqrt{\mu})}\right]10^{-7} \tag{9.2.20$'$}$$

故总能量差 ΔE 为

$$\Delta E=\Delta E_w+\Delta E_H+\Delta E_d$$
$$=2\pi\gamma DR-(M_s-H)\,2\mu_0M_s\pi DR^2+\frac{32\mu_0M_s^2R^3}{3(1+\sqrt{\mu})} \tag{9.2.21}$$

---

① 数学处理要求读者做一习题。

如果 $\Delta E>0$，则存在圆柱形畴，从能量上来看是不利的；如果 $\Delta E<0$，则对于存在圆柱形畴是有利的，从有利到不利的转化条件取决于圆柱形的半径 R，利用 $\partial\Delta E/\partial R=0$ 和 $\partial^2\Delta E/\partial R^2=0$ 的方程，可求出圆柱形畴的临界半径 R_c 和临界磁场 H_K^c（同学可以自己推导）

$$\begin{cases} R_c=\dfrac{1}{8M_s}\sqrt{\gamma D\ (1+\sqrt{\mu})\ \times 10^7} \\ (M_s-H_K^c)\ =\sqrt{\dfrac{16\gamma}{D\ (1+\sqrt{\mu})\ \pi\mu_0}} \end{cases} \tag{9.2.22}$$

将 γ，D，M_s，μ 等已知的数值代入式（9.2.22），并考感到和以前一样的对磁场的修正后，便得到 $R_c=0.14\times10^{-6}\mathrm{m}$，$H_K^c=3607\times10^3/4\pi\mathrm{A/m}$。因此，理论上认为圆柱形畴的最小半径为 0.14μm，圆柱形畴最后消失的磁场为 3607Oe，这些都和观测值相符合。

本节小结：本节讨论了单轴单晶体的磁化过程，具体例子虽然是钡铁氧体单晶，但所得的结果却具有普遍意义，片状畴在磁化过程中的变化分为三个阶段：第一阶段是正向畴扩大，反向畴几乎不变，都是畴壁的可逆移动；第二阶段是反向的片状畴突然收缩为圆柱形的磁畴，这是不可逆的磁畴突变；第三阶段是圆柱形的磁畴的圆柱半径逐渐缩小，最后消失。以上这些现象都可从理论上得到解释，其方法就是讨论片状磁畴结构的能量，把有关的各项能量的表达式写出来，然后运用“总能量极小”的原理，就能求出有关的参数，并与实验结果进行比较。这种处理问题的方法是技术磁化理论中经常用的方法，因此必须很好地掌握。

附录　图 9.2.3 所示的磁畴结构的退磁能的推导（用 CGS 制）

晶体单位表面上厚度为 D 的体积内的退磁能为

$$E_d=-\frac{1}{4\pi(d_1+d_2)}\int_{-\frac{1}{2}(d_1+d_2)}^{+\frac{1}{2}(d_1+d_2)}\int_{-\frac{1}{2}D}^{+\frac{1}{2}D}\times\int_O^B \boldsymbol{H}_i\cdot\delta\boldsymbol{B}\,\mathrm{d}x\mathrm{d}z \tag{1}$$

其中，$\boldsymbol{H}_i$ 为表面上的磁荷分布对晶体内部作用的磁场。在所考虑的磁畴的情况下，可以认为 $B_x=\mu H_x$，$\delta B_z\approx\delta H_z$，$\partial B_y=0$，则式（1）积分变为

$$E_d=-\frac{1}{8\pi(d_1+d_2)}\int_{-\frac{1}{2}(d_1+d_2)}^{+\frac{1}{2}(d_1+d_2)}\int_{-\frac{1}{2}D}^{+\frac{1}{2}D}\times(\mu H_x^2+H_z^2)\mathrm{d}x\mathrm{d}z \tag{2}$$

设 V_i 为片内的磁势，则 $\boldsymbol{H}_i=-\mathrm{grad}V_i$ 代入式（2），并进行部分积分后，则得

$$E_d=\frac{1}{8\pi(d_1+d_2)}\int V_i\left(\mu\frac{\partial^2 V_i}{\partial x^2}+\frac{\partial^2 V_i}{\partial z^2}\right)\mathrm{d}x\mathrm{d}z \tag{3}$$

V_i 满足二维的拉普拉斯（Laplace）方程

$$\mu\frac{\partial^2 V_i}{\partial x^2}+\frac{\partial^2 V_i}{\partial z^2}=4\pi\rho_0 \tag{4}$$

其中，ρ_0 为片表面上的磁荷密度，而体积磁荷的影响包括在方程（4）左边的第一项 μ 的改正中，把式（4）代入式（3），可得

$$E_d = \frac{1}{2(d_1 + d_2)}\iint V_i\rho_0 \mathrm{d}x\mathrm{d}z. \tag{5}$$

和古登纳夫（Goodenough）[1a]的考虑相似，我们假定片内外的势能为

$$V_i = b_0 z + \sum b_n \sin\frac{n\pi d_1}{d_1 + d_2}\cos\frac{2\pi nx}{d_1 + d_2}\mathrm{sh}\frac{2\pi nz\sqrt{\mu}}{d_1 + d_2} \tag{6}$$

$$V_e = a_0 + \sum a_n \sin\frac{n\pi d_1}{d_1 + d_2}\cos\frac{2\pi nx}{d_1 + d_2}\exp\left(-\frac{2\pi nz}{d_1 + d_2}\right) \tag{7}$$

在片的表面上两势能相等，可得

$$a_0 = \frac{1}{2}b_0 D,\quad a_n\exp\left(-\frac{n\pi D}{d_1 + d_2}\right) = b_n sh\frac{n\pi D\sqrt{\mu}}{d_1 + d_2} \tag{8}$$

在片的表面上由于磁场的 z 分量不连续，故得边界条件

$$\frac{\partial V_e}{\partial z} - \frac{\partial V_i}{\partial z} = -4\pi\rho_0 \tag{9}$$

从样品的几何形状可以认为面磁荷密度 ρ_0 是一方波

$$\rho_0 = M_s\frac{d_1 - d_2}{d_1 + d_2} + \frac{4}{\pi}M_s\sum_1^{\infty}\frac{1}{n}\sin\frac{n\pi d_1}{d_1 + d_2}\cos\frac{2\pi nx}{d_1 + d_2} \tag{10}$$

由式（8），（9），（10）得

$$b_0 = 4\pi M_s\frac{d_1 - d_2}{d_1 + d_2}$$

$$b_n = \frac{8}{\pi}M_s\,(d_1 + d_2)\,\frac{1}{n^2}\left[\mathrm{sh}\frac{\pi nD\sqrt{\mu}}{d_1 + d_2} + \sqrt{\mu}\,\mathrm{ch}\frac{\pi nD\sqrt{\mu}}{d_1 + d_2}\right]^{-1}$$

将式（6），（10）代入式（5），并进行计算，把单位制换成 M.K.S. 制，我们便可得出退磁能的表达式（9.2.5）。而当 α 不很小时，式（9.2.5）便化简为式（9.2.8）。

在 $H=0$ 时，$d_1=d_2=d$，$M=0$，因此，式（9.2.8）又化为

$$E_d = \frac{2}{1+\sqrt{\mu}}\frac{4\mu_0}{\pi^3}M_s^2 d\sum_{k=0}^{\infty}\frac{1}{(2k+1)^3}\left[1 - \exp\left(-\pi k\frac{D\sqrt{\mu}}{\alpha}\right)\right] \tag{11}$$

当 $D \gg d$ 时，式（11）的指数项略去，对 k 求和后，得$\left(\sum_{k=0}^{\infty}(2k+1)^{-3} = 1.0518\right)$

$$E_d = \frac{3.42M_s^2 d\times 10^{-7}}{(1+\sqrt{\mu})} \tag{12}$$

设 $\mu=1$，则由上式得

$$E_d = 1.71M_s^2 d\times 10^{-7} \tag{13}$$

此式就是 8.4.1 节讨论片形畴时引用过的退磁能的公式。

9.3　三轴单晶体的磁化过程

易磁化轴有三个的单晶体称为三轴晶体，如硅钢片和铁的单晶体都是三轴晶体。这些单晶体的磁化曲线在廿世纪的三十年代便已研究。图 9.3.1 是铁的单晶体在三个主晶轴方向的磁化曲线，理论曲线和实验点子在高磁场时是非常符合的，但在低磁场下（<40Oe，见图 9.3.7）出现明显差异，其原因最初以为是畴壁移动受到阻力，可是将样品很好退火以后（消除了畴壁移动的阻力），仍然发现实验的磁化曲线并不象理论预期的那样陡峭，可见理论和实验的差异并非由于畴壁移动的阻力。进一步的研究才知道理论与实验差异的原因是理论的考虑过于简化，或者说没有考虑样品内的磁畴结构，没有考虑封闭磁畴的影响。

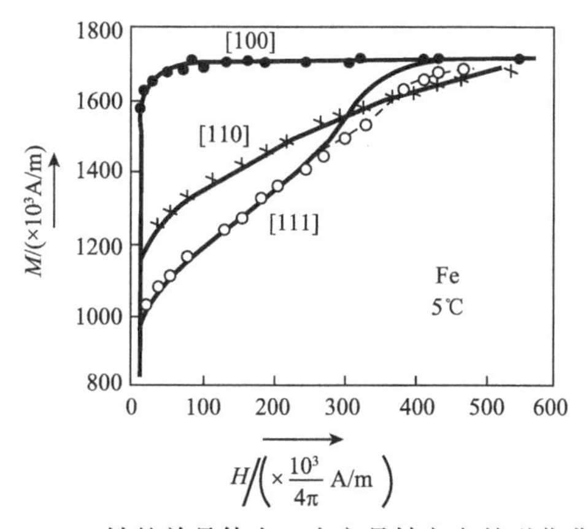

图 9.3.1　铁的单晶体在三个主晶轴方向的磁化曲线

这里首先讨论最简单的情况，然后分析封闭畴的影响。

9.3.1　磁畴磁矩的转向决定的磁化曲线

设样品很大，其边缘上的封闭畴与主畴比较起来可以忽略；又设外磁场加在［110］方向，那么各类主畴的自发磁化方向与外磁场是对称的，因此样品内磁化强度的增加完全依赖各类主畴磁矩的转动来实现，如图 9.3.2 所示。

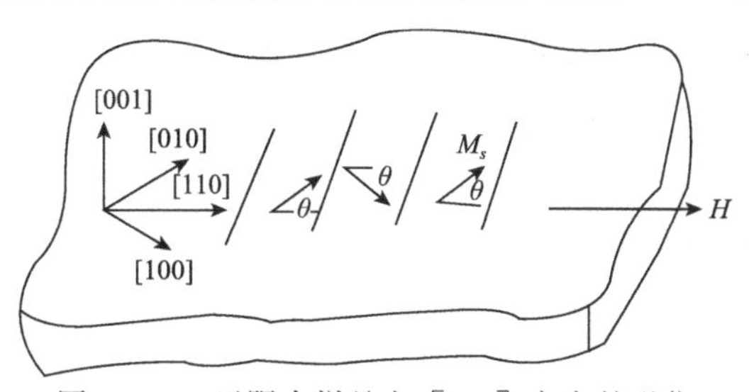

图 9.3.2　无限大样品在［110］方向的磁化

令自发磁化强度 M_s 与外磁场的夹角为 θ，则 M_s 的方向余弦可表示为

$$\begin{cases}\alpha_1=\cos(45^\circ-\theta)=\dfrac{1}{\sqrt{2}}(\cos\theta+\sin\theta)\\ \alpha_2=\cos(45^\circ+\theta)=\dfrac{1}{\sqrt{2}}(\cos\theta-\sin\theta)\\ \alpha_3=0\end{cases}\tag{9.3.1}$$

如前所述，样品中的磁化强度完全依赖于各类主畴磁矩的转动，其数值为

$$M=M_s\cos\theta\tag{9.3.2}$$

由此可见，只要知道 $\cos\theta$ 的数值，便能求得样品的磁化强度 M，磁化曲线也就知道了。在具体求 $\cos\theta$ 以前，先分析一下对 θ 值有影响的因素。

θ 是自发磁化强度与外磁场的夹角。从外磁场的作用来看，希望自发磁化强度的方向尽量与外磁场的方向一致，即 θ 角尽量要小；从磁晶各向异性的作用来看，希望自发磁化强度的方向尽量与易磁化轴一致（与［100］或［010］一致），即 θ 角尽量要大（最大值为 45°）。换句话说，控制 θ 值的是一对矛盾——外磁场和磁晶各向异性。θ 的数值就由外磁场的数值与磁晶各向异性的数值决定。现在，运用“能量极小”的原理进行如下的具体计算。

单位体积内的磁晶各向异性能 E_K 为

$$E_K=K_1(\alpha_1^2\alpha_2^2+\alpha_2^2\alpha_3^2+\alpha_3^2\alpha_1^2)+K_2\alpha_1^2\alpha_2^2\alpha_3^2\tag{9.3.3}$$

将式（9.3.1）的 α 值代入式（9.3.3），得

$$E_K=K_1\left(\frac{1}{2}-\cos^2\theta\right)^2\tag{9.3.4}$$

单位体积内的外磁场能 E_H

$$E_H=-\mu_0M_sH\cos\theta\tag{9.3.5}$$

单位体积内的总能量 E 为上述磁晶各向异性能与外磁场能的和，即

$$E=E_K+E_H=K_1\left(\frac{1}{2}-\cos^2\theta\right)^2-\mu_0M_sH\cos\theta\tag{9.3.6}$$

由于实际存在的状态是能量最小的状态，所以实际存在的 θ 值一定符合能量最小的条件，它可以从式（9.3.6）的偏微商为零的方程式中求得，即从 $\frac{\partial E}{\partial\cos\theta}=0$ 的方程中求得。因为

$$\frac{\partial E}{\partial\cos\theta}=2K_1\left(\frac{1}{2}-\cos^2\theta\right)(-2\cos\theta)-\mu_0M_sH=0\tag{9.3.7}$$

故得

$$\cos\theta\left(\cos\theta-\frac{1}{2}\right)=\frac{\mu_0 M_s}{4K_1}H \tag{9.3.8}$$

在式（9.3.8）中，M_s 和 K_1 都是常数，故 $\cos\theta$ 的值随外磁场 H 的数值的变化而发生变化，把满足式（9.3.8）的 $\cos\theta$ 值代入式（9.3.2），便得磁化曲线的方程式为

$$\frac{M}{M_s}\left[\left(\frac{M}{M_s}\right)^2-\frac{1}{2}\right]=\frac{\mu_0 M_s}{4K_1}H \tag{9.3.9}$$

式（9.3.9）就是由磁畴磁矩转动决定的、在［110］方向上的磁化曲线的方程式；即它就是在不考虑封闭畴的影响时、只由主畴的自发磁化强度 M_s 的转动决定的、［110］方向的磁化曲线的理论公式。从这个公式中可求出样品饱和磁化时的磁场 H_s. 因为当饱和磁化时，$M\to M_s$，$\frac{M}{M_s}\to 1$，故由式（9.3.9），得出

$$H_s=\frac{2K_1}{\mu_0 M_s} \tag{9.3.10}$$

用铁的 $K_1=4.2\times10^4\,\mathrm{J/m^3}$，$M_s=1700\times10^3\,\mathrm{A/m}$，代入式（9.3.10），算得 $H_s\approx490\times10^3/4\pi\,\mathrm{A/m}$（490 奥），此值与实验值是符合的。

式（9.3.9）还告诉我们，当 $H\to0$ 时，$M\to M_s/\sqrt{2}$，也就是说，当外磁场很小时，样品的磁化强度已经很大 $M\approx0.7M_s$），这是不是与实验结果不符呢？不是的，原因是在模型中只考虑了［010］和［100］两类磁畴，而第三类磁畴［001］已被外磁场吞没，所以当外磁场再变到零时便出现了剩磁 $M_s/\sqrt{2}$。

综上所述，对［110］方向的磁化曲线而言，理论上不考虑封闭畴的影响时，在强的外磁场下基本上是正确的；但在弱的外磁场下磁化时则是不符合实际的。所以欲使理论与实际比较相符，必须考虑到封闭畴的影响，下面就讨论这一问题。

9.3.2 封闭畴对磁化曲线的影响

设样品是很长的单晶体（在此方向上的退磁因子为零），其宽度为 l，长度的方向与［110］方向一致，表面和底面与（001）面平行，四个侧面中的两个与（110）面平行，另两个与（$1\bar{1}0$）面平行。假设外磁场加在［110］方向上，加上磁场的前后，样品内的磁畴结构是不同的，具体图形见图 9.3.3。

在图 9.3.3 示出的磁畴结构中，主畴是变了形的片状畴（截面为平行四边形或菱形），两端连接着不同的封闭畴。封闭畴的形式有两种。一种是在 $H=0$ 时存在的，其自发磁化强度与［001］轴向一致，称为 q 型封闭畴，它的出现是为

了降低主畴的退磁能；另一种是加上外磁场时才出现的，其自发磁化强度与 [110] 方向平行，称为 p 型封闭畴，它的出现是为了降低外磁场能。像图 9.3.3 所示出的这样的畴结构基本上虽为实验所证实，但是严格地说，它也只能是实际情况的一种近似，下面分析畴结构如何随外磁场变化？主畴、p、q 型封闭畴的变化对磁化曲线有什么影响？

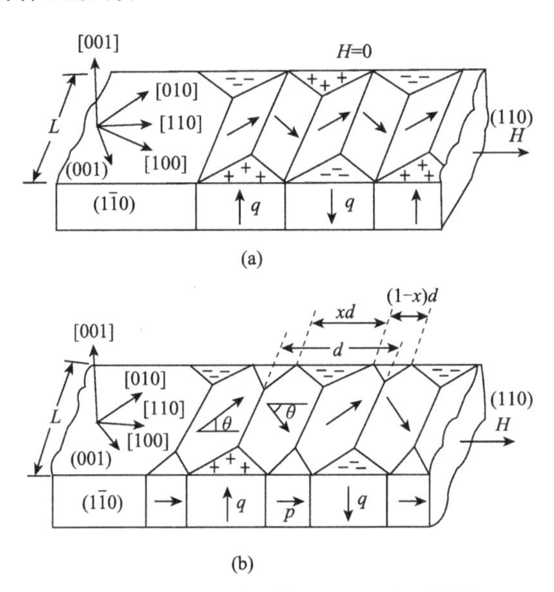

图 9.3.3 三轴单晶体的一种理想畴结构

(a) 退磁状态；(b) 加上外磁场

在外磁场的作用下，对 q 型封闭畴是最不利的，它的外磁场能最高；对 p 型封闭畴是最有利的，它的外磁场能最低。所以在磁化的第一阶段，必然是通过畴壁的移动使 q 型畴的体积逐渐缩小，p 型畴逐渐增大。当磁场进一步加大时，主畴的自发磁化强度便会向磁场方向转动，这就是磁化过程的转动阶段。最后，当磁场再增加时，自发磁化强度完全与外磁场一致，整个样品也就达到饱和磁化了。

我们的目的不仅是要定性地说明磁化过程的各个阶段，而且还要定量地求出主畴和 p、q 型封闭畴在磁化过程中的变化，以便得出 [110] 方向的磁化曲线的表达式。为此必须考虑某一体积内的能量关系，然后利用总能量极小的原理求出所需要的结果。

设从样品内任意取出一块有代表性的材料（图 9.3.4 (a)），此材料的宽度为 L，长度为 1，厚度也为 1。在这样的一块材料内含有主畴和 p、q 型的封闭畴，相应的总能量就是上述三类磁畴的能量之和，设主畴的宽度为 $d/2$，q 型封闭畴的宽度为 xd，p 型封闭畴的宽度为（$1-x$）d，于是在此体积内的总能量 E 则为

E ＝主畴的体积能和畴壁能＋p，q 型封闭畴的体积能（略去畴壁能）

＝主畴的数目×每个主畴的体积×

单位体积的能量＋主畴的数目×每块畴壁的面积

×单位面积的能量＋p、q 畴的数目×（每个 q 畴的

体积×单位体积的能量＋每个 p 畴的体积×单位体积的能量）

$$=\frac{1}{\frac{d}{2}}V_{主}F_{主}+\frac{1}{\frac{d}{2}}L\times 1\times\gamma+\frac{2}{d}\times[V_qF_q+V_pF_p] \tag{9.3.11}$$

式中，$F_{主}$，F_q，F_p 分别代表单位体积的主畴、q 畴、p 畴的能量；$V_{主}$，V_q，V_p 分别表示每个主畴、q 畴、p 畴的体积；γ 为主畴的畴壁能密度。

既然实际存在的状态是能量最小的状态，那么在磁化的各个阶段中，三种类型的畴的尺寸也一定满足能量最小的条件，即相应的主畴宽度 $d/2$ 和封闭畴的宽度 xd，（$1-x$）d 一定满足 $\partial E/\partial x=0$ 和 $\partial E/\partial d=0$ 的条件。反之，从能量极值的上述两个方程中解得的 x 和 d，一定就是实际上能够实现的主畴和封闭畴的尺寸。一旦主畴和封闭畴的尺寸知道以后，磁化曲线也就知道了，所以必须对 $\partial E/\partial x=0$ 和 $\partial E/\partial d=0$ 求解。为此又需要具体计算 $V_{主}$，V_q，V_p 和 $F_{主}$，F_q，E_p，否则式（9.3.11）的能量 E 是无法具体知道的。

图 9.3.4 是为了计算三种磁畴体积而画的图解。图 9.3.4（a）示出样品内的任意一块材料；图 9.3.4（b）示出一个 q 型畴；图 9.3.4（d）示出一个 p 型畴；图 9.3.4（c）是为了说明 p 型畴的稜角为 θ（见图中的标记）的图解。由图 9.3.4 容易得出

$$V_q=\text{三角形的面积}\times\text{高}=\left(xd\cdot\frac{xd}{2}\cdot\tan\theta\cdot\frac{1}{2}\right)\times 1=\frac{x^2d^2}{4}\cdot\tan\theta \tag{9.3.12}$$

$$\begin{aligned}V_p&=\text{三角形面积}\times\text{高}=\left[(1-x)\,d\cdot\frac{(1-x)\,d}{2}\times\cot\frac{\theta}{2}\cdot\frac{1}{2}\right]\times 1\\&=\frac{(1-x)^2d^2}{4}\cot\frac{\theta}{2}\end{aligned} \tag{9.3.13}$$

$$\begin{aligned}V_{主}&=(\text{一个长方体的体积})-(V_q+V_p)\\&=\left(L\cdot\frac{d}{2}\cdot 1\right)-(V_q+V_p)=\frac{Ld}{2}-(V_q+V_p)\end{aligned} \tag{9.3.14}$$

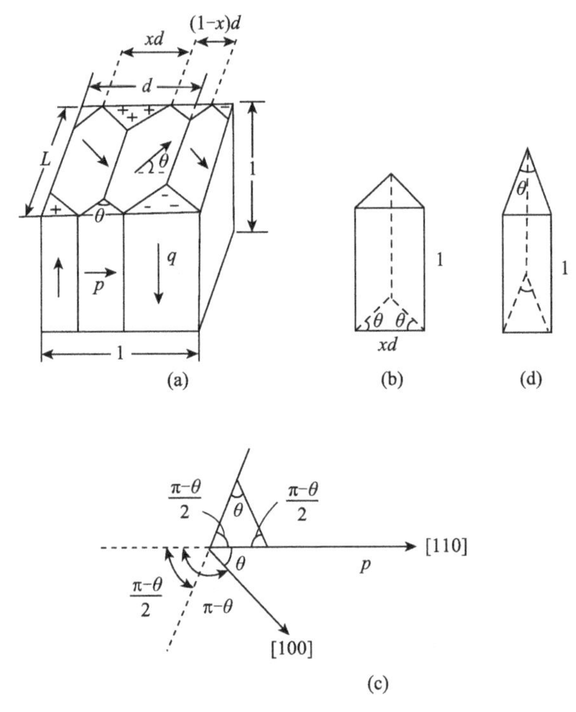

图 9.3.4 计算各类磁畴体积的图例

(a) 样品内的任一特定体积；(b) 一个 q 型畴的尺寸；

(c) p 型畴的棱角为 θ 的说明；(d) 一个 p 型畴的尺寸

在图 9.3.3 所示的磁畴结构中，各类磁畴的体积能密度可用下述方法计算：在主畴内的自发磁化强度 M_s 由于外磁场的作用偏离了易磁化轴，故必须考虑磁晶各向异性能和外磁场能，即

$$\begin{aligned} F_{主} &= E_K + E_H = K_1 (\alpha_1^2\alpha_2^2 + \alpha_2^2\alpha_3^2 + \alpha_3^2\alpha_1^2) + K_2\alpha_1^2\alpha_2^2\alpha_3^2 - \mu_0 HM_s\cos\theta \\ &= K_1\left(\frac{1}{2} - \cos^2\theta\right)^2 - \mu_0 HM_s\cos\theta \end{aligned} \tag{9.3.15}$$

在 p 型封闭畴内也必须考虑磁晶各向异性能和外磁场能，由于其自发磁化强度 M_s 与外场的方向一致，即 $\theta=0°$，故

$$F_p = E_K + E_H = K_1\left(\frac{1}{2} - \cos^2\theta\right)^2 - \mu_0 HM_s\cos\theta = \frac{K_1}{4} - \mu_0 HM_s \tag{9.3.16}$$

q 型封闭畴的自发磁化方向就是易磁化轴的方向，故无需考虑磁晶各向异性能，只考虑外磁场能就可以了，这时 $\theta=90°$，故（忽略退磁能）

$$E_q = E_H = -\mu_0 HM_s\cos\theta = -\mu_0 HM_s\cos 90° = 0 \tag{9.3.17}$$

将式（9.3.12）～式（9.3.14）代入式（9.3.11），并注意到式（9.3.15）～式（9.3.17）的表达式中并不包含变数 x 和 d，故

$$E=LF_{主}+\frac{2\gamma L}{d}+2x^2dW_q+2\ (1-x)^2dW_p \tag{9.3.18}$$

其中

$$W_q=\frac{\tan\theta}{4}\ (F_q-F_{主}) \tag{9.3.19}$$

$$W_p=\frac{\cot\frac{\theta}{2}}{4}\ (F_p-F_{主}) \tag{9.3.20}$$

对式（9.3.18）求（$\partial E/\partial x$）$=0$ 和（$\partial E/\partial d$）$=0$，得出

$$\begin{cases} x=W_p/\ (W_p+W_q) \\ d=\left[\dfrac{\gamma L\ (W_q+W_p)}{W_qW_p}\right]^{1/2} \end{cases} \tag{9.3.21}$$

式（9.3.21）的 x 和 d 就是满足能量极小条件的，因而就是实际上能够实现的状态，将式（9.3.21）代入式（9.3.12）～式（9.3.14）便可求得外磁场为某一数值时的各类畴的体积，即

$$\begin{cases} V_q=\dfrac{\gamma L}{4W_q}\dfrac{W_p}{W_p+W_q}\tan\theta \\ V_p=\dfrac{\gamma L}{4W_p}\dfrac{W_q}{W_p+W_q}\dfrac{\sin\theta}{1-\cos\theta} \\ V_{主}=\dfrac{L}{2}\left[\dfrac{\gamma L\ (W_q+W_p)}{W_qW_p}\right]^{\frac{1}{2}}-\ (V_q+V_p) \end{cases} \tag{9.3.22}$$

由式（9.3.22）得出了某一外磁场下各类磁畴的体积，相应的磁化强度就是由各类磁畴所贡献的磁矩之和，即

$$\begin{aligned} M&=\frac{\text{各类磁畴对［110］方向磁矩的贡献之和}}{\text{各类磁畴的体积之和}} \\ &=\frac{\text{主畴的贡献}+p\text{ 型畴的贡献}+q\text{ 型畴的贡献}}{\text{主畴体积}+p\text{ 型畴体积}+q\text{ 型畴体积}} \\ &=\frac{M_sV_{主}\cos\theta+M_sV_p+0}{V_{主}+V_p+V_q} \end{aligned} \tag{9.3.23}$$

将式（9.3.22）代入式（9.3.23），便得

$$M=M_s\cos\theta\left\{1-\frac{W_p-W_q}{2\sqrt{L}}\left[\frac{\gamma}{W_pW_q\ (W_q+W_p)}\right]^{\frac{1}{2}}\tan\theta\right\} \tag{9.3.24}$$

式（9.3.24）就是考虑了封闭畴的影响以后、在［110］方向上的磁化曲线的理论公式。在此公式中，样品的宽度 L 直接影响磁化曲线，L 愈小影响愈大，图 9.3.5 示出的就是在不同的 L 值时、根据式（9.3.24）计算得到的磁化曲线，由图可见，$L=0.1$cm 时，封闭畴的影响已经相当可观了。当然，如果样品是无限大的话［$L=\infty$］，则封闭畴的影响可以忽略不计，磁化曲线的表达式（9.3.24）就化简为式（9.3.2）。

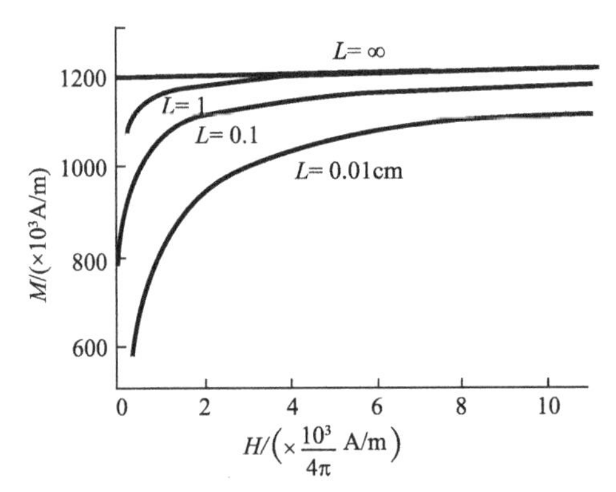

图 9.3.5　宽度不同的长条形铁单晶体在［110］方向的理论磁化曲线

利用式（9.3.24）进行计算时，除了 M_s，γ，L 是样品的常数以外，式中的 W_p，W_q，θ 是随磁场改变的，况且 W_p，W_q 也是 θ 的函数，所以必须求出 θ 与磁场的关系以后才能进行计算，而 θ 与磁场的关系式就是由（$\partial F_{主}/\partial\theta$）＝0 的式子中求出，这是因为在一定的磁场下，只有满足（$\partial F_{主}/\partial\theta$）＝0 的 θ 值才符合能量极小的条件。在具体计算时，发现 θ 只能小于 45°。

将不同磁场下求得 θ 的值代入（9.3.19）～（9.3.22）的式子中，便能算得主畴的宽度、p、q 型封闭畴的体积是怎样随外磁场变化的．图 9.3.6 便是 d，V_q，V_p 随外磁场改变的理论结果。这些结果说明：q 型畴随磁场的增加而迅速减小，p 型畴则逐渐增大，主畴的宽度 $d/2$ 也逐渐减小。必须指出，这些理论结果不能外推到 $H=0$ 的情况下的，因为那时的磁畴结构已不是理论计算时预想的结构了，所以图 9.3.6 示出的各条曲线都不能延伸到 $H=0$，但是从图 9.3.6 上可以看到，在低磁场下两种封闭畴中占主要地位的是 q 型畴（0.1Oe 时，$V_q\sim10^{-2}\mathrm{cm}^3$，$V_p\sim10^{-5}\mathrm{cm}^3$），而 q 型畴的出现将使磁化强度减小，所以低场下的磁化曲线要比式（9.3.2）的曲线低；随着磁场的增加，q 型畴的影响变小，当磁场大于 40Oe 时，封闭畴的影响小于 1%，所以不考虑封闭畴影响的简单理论与实验符合。在数量级为 200～300，奥斯特的磁场下，q 型畴缩小的同时，p 型畴迅速扩大，不久就和主畴的体积相当，因此磁化强度会超过用式（9.3.2）计算出的值。

要把上述理论直接与实验进行比较还存在一定的困难，因为理论计算时假定样品为无限长，退磁因子为零，实际上非常长的单晶是不容易得到的，要想把理论与实验进行比较，只有选择框形单晶，这种单晶的磁通是闭合的，退磁因子可以为零，因此把这种框形单晶，近似地看成无限长的样品（严格地说，在框形的四个角上与无限长的样品还是不同的）。图 9.3.7 示出的实验结果就是在 3.85% Si 的硅钢片框形单晶上测得的，框形的每个臂都与〈110〉方向平行，晶体的尺寸为 1.49cm×1.17cm，截面为 0.0670cm²。图 9.3.7 示出的理论曲线计算时所

用的常数是 $K_1=2.80\times10^4\mathrm{J/m^3}$，$M_s=1625\times10^3\mathrm{A/m}$。由图可见，磁场大于1Oe时，理论和实验是符合的。

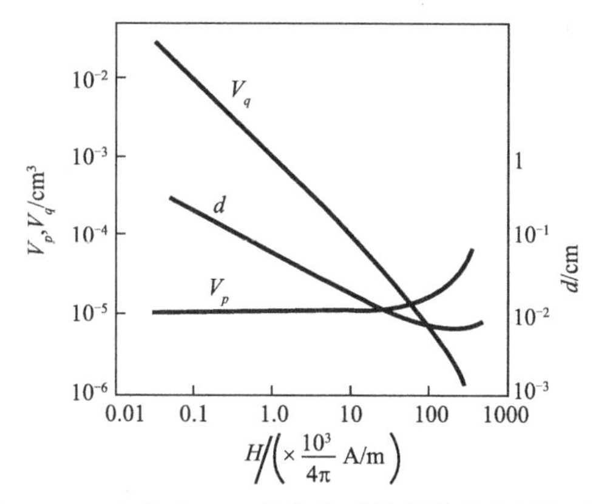

图 9.3.6　宽度为 1cm 的长条形铁单晶体内封闭畴的体积 V_q，V_p 和主畴宽度 $d/2$ 随外磁场的变化

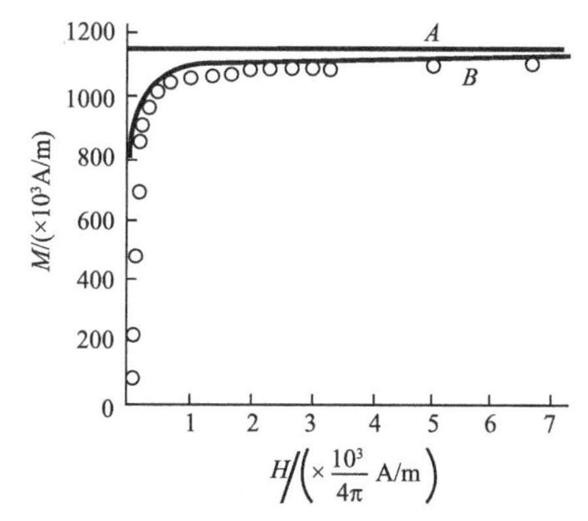

图 9.3.7　3.85%*Si* 的硅钢片单晶在［110］方向的磁化曲线

A 为不考虑封闭畴时的理论曲线，*B* 为考虑封闭畴时的理论曲线。○为实验结果

本节小结：本节讨论了三轴单晶体在［110］方向的磁化曲线。前半部分是避开样品的磁畴结构的变化，只从磁矩的转动对磁化强度的贡献的角度来讨论的，结果只适用于较高磁场（大于40Oe）的场合。后半部分是设想了样品的具本磁畴结构，考虑到了封闭畴对磁化强度的影响，所得结果与实验相符的范围更大（大于1Oe都相合)，而且当样品宽度很大，封闭畴的影响可以忽略时，后一情况便转化为前一情况（式（9.3.24)；转化为式（9.3.2))。因此，从理论上定量地分析磁化过程时，必须结合具体的磁畴结构。如果理论上设想的磁畴结构是符合实际的，那么理论上的定量结论也将与实验相符，否则将发生矛盾。在本节中无论前半部分或后半部分，处理问题的方法都是利用总能量极小的原理，即针对具体情况写出总能量的表达式，然后对能量的函数求极值，解极值方程便能得出所希望的结果。

9.4 单晶体磁化过程的普遍理论

在磁化过程中，如果磁畴绪构的变化十分清楚的话，则磁化曲线是可以从理论上计算的，正像本章9.2节、9.3节所叙述的那样。可是即使在单晶体中，许多情况下的磁畴结构的变化都是不清楚的。为了计算这些单晶体的磁化曲线，奈耳提出一种理论[2]，劳顿和斯图瓦对这一理论的原则以及对铁单晶的具体情况作了分析计算[3]。以后有人将这一理论又推广应用到镍单晶和六角单晶的样品上，取得了很好的结果[4]这里将主要内容介绍一下。

9.4.1 计算单晶体磁化曲线的理论原则

无论在立方或六角对称的铁磁或亚铁磁的理想的单晶体中，只要外磁场的方向是在主晶轴上，则在不详细了解磁畴结构的情况下，样品的磁化曲线都是容易计算的（虽然在低磁场，理论与实验不很一致）。如体心立方晶体中，外磁场在〈100〉,〈110〉,〈111〉；六角晶系中，外磁场在与六角轴平行或垂直的方向上得到的理论磁化曲线都与实验结果相符。我们已经知道，这些主晶轴上的理论磁化曲线，都是从计算一个磁畴的磁化矢量的转向过程的能量关系中、只考虑磁晶各向异性能和外磁场能的极小值计算出来的。因为当外磁场在主晶轴上时，考虑一个磁畴的能量关系与考虑整个样品的能量关系是一样的，所以问题可大大简化，可是，当外磁场在任意方向时，这样的处理方法就不成了，因为外磁场对样品内的各类磁畴的作用能不是一样的。

奈耳仔细分析了外磁场在任意方向时，单晶体的磁化情况。他认为单晶体在热退磁的状态下，磁畴的磁矩方向与易磁化方向是完全一致的，即只可能有与易磁化方向数目相同的几类磁畴，如三轴晶体有六类磁畴，四轴晶体有八类磁畴，单轴晶体有二类磁畴等等。奈耳称这些不同类型的畴为“相”。单晶体的磁化过程就是通过这些不同的相，在外磁场下的体积和方向的变化来实现的，奈耳特别强调了退磁场在单晶体磁化过程中的作用，指出**只要样品内有两个以上的“相”存在，内场 $\boldsymbol{H}_i$ 对每一“相”的作用就是等同的**（内场等于外磁场和退磁场的矢量和 $\boldsymbol{H}_i=\boldsymbol{H}_e+\boldsymbol{H}_d$）。换句话说，只要样品内有两类以上的磁畴存在，则**内场对每一类磁畴的作用都是等同的**。这就是处理单晶体磁化过程的理论原则，这一原则与“自由能极小原理”是一致的。

为使理论计算能与实验结果进行对比，通常假定：

(a) 样品是理想的（无缺陷和掺杂）、未形变的单晶椭球。

(b) 样品内的磁畴尺寸与样品比较起来是小的。

(c) 畴壁能量（主畴和附加畴的）和磁弹性能小于磁晶各向异性能和外磁场

能，E_w、$E_{ms} \ll E_K$、E_{H_e}。

(d) 外磁场 H_e 是均匀的。

这样，磁化过程是通过不同的模式表现出来，每一种模式的特点可用“相”的数目和体积分数以及内场 H_i 的方向来表示，下面计算 Fe，Ni 单晶的两个例子。

9.4.2 Fe 单晶体的（001）面上的磁化曲线

设样品为 Fe 单晶制成的扁旋转椭球（$b=c>a$），赤道平面为（001）面，外磁场 H_e 在（001）面内与［100］轴成一角度 φ（图 9.4.1）。随着外磁场的增加，磁化过程的模式是通过三个阶段表现出来：四相阶段→二相阶段→单相阶段。这三个阶段的磁化曲线分别进行如下计算。

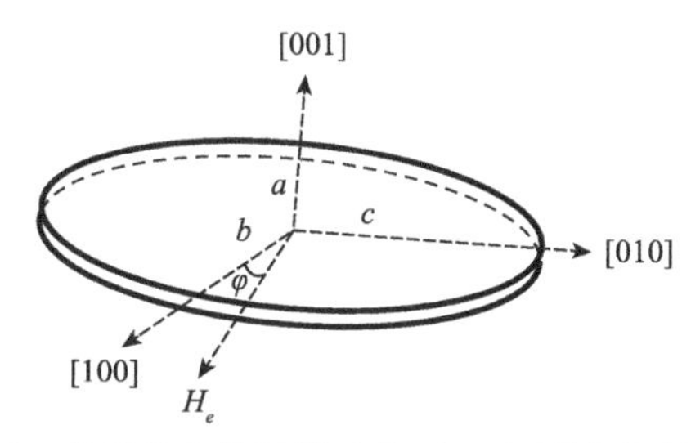

图 9.4.1 单晶的扁旋转椭球在（001）面上加外磁场 H_e

(1) **四相阶段** Fe 单晶是三轴晶体，有六个易磁化方向。未加上外磁场时，应该有六个“相”。不过由于晶体是理想晶体，畴壁移动没有阻力，只要在（001）面上加一很小的外磁场，易磁化方向在［001］和［00$\bar{1}$］的两类磁畴就已消失，故磁化过程是从四相阶段开始的。既然外磁场是均匀的，样品又是椭球，所以退磁场也是均匀的，内场 H_i 当然也是均匀的。但是只要四相同时存在，内场的数值就必须为零（$H_i=0$），否则就会违背处理单晶体磁化过程的理论原则。因此四相阶段的磁化曲线是

$$\begin{cases} H_i = H_e - NM_p = 0 \\ M_n = 0 \end{cases} \tag{9.4.1}$$

或

$$\begin{cases} M_p = H_e/N \\ M_n = 0 \end{cases} \tag{9.4.2}$$

式中，N 为扁椭球在（001）面上的退磁因子，M_p，M_N 是与外磁场平行和垂直方向的磁化强度。

如果欲求四相的体积分数之比，则可通过下式：

$$\begin{cases} M_p \cos\varphi = (n_1 - \bar{n}_1) M_s \\ M_p \sin\varphi = (n_2 - \bar{n}_2) M_s \end{cases} \tag{9.4.3}$$

式中，n_1，$\bar{n}_1$，n_2，$\bar{n}_2$ 表示相应的易磁化方向分别在［100］，［$\bar{1}$00］，［010］，

$[0\bar{1}0]$的体积分数。

随着外磁场的逐渐增大，由于畴壁的移动便会使 $\bar{n}_1$，$\bar{n}_2$ 逐渐减小，直至消失，这就是四相阶段的结束，两相阶段的开始，此时下式成立：
由式（9.4.3）得

$$\begin{cases} M_p\cos\varphi = n_1 M_s \\ M_p\sin\varphi = n_2 M_s \\ n_1 + n_2 = 1 \end{cases} \tag{9.4.4}$$

由式（9.4.4）得

$$\begin{cases} n_1 = \dfrac{\cos\varphi}{\cos\varphi + \sin\varphi} \\ n_2 = \dfrac{\sin\varphi}{\cos\varphi + \sin\varphi} \end{cases} \tag{9.4.5}$$

这样，由式（9.4.5）可求得四相阶段结束时的 n_1，n_2，通过式（9.4.4）又可知道四相阶段结束时的 M_p，因此四相阶段结束时的外磁场 H_e 也就可从式（9.4.2）中知道。

（2）**两相阶段** 磁化过程进入两相阶段以后，内场 H_i 就不能等于零了，但是它的方向却不能离开最接近外场的那个［110］方向，因为只有这样才能满足“内场对每一类磁畴的作用都是等同的”理论原则，由于 $\boldsymbol{H}_i = \boldsymbol{H}_e + \boldsymbol{H}_d$，故内场 H_i 保持在［110］方向的条件是，外场在［110］方向的垂直分量等于退磁场在［110］方向的垂直分量，即

$$\begin{aligned} H_e\sin(45^\circ-\varphi) &= [-n_2 M_s\sin(45^\circ-\theta) \\ &\quad + n_1 M_s\sin(45^\circ-\theta)]\,N \\ &= -N(n_2-n_1)\,M_s\sin(45^\circ-\theta) \end{aligned} \tag{9.4.6}$$

式中，θ 为两相离开易轴的角度（图 9.4.2）。

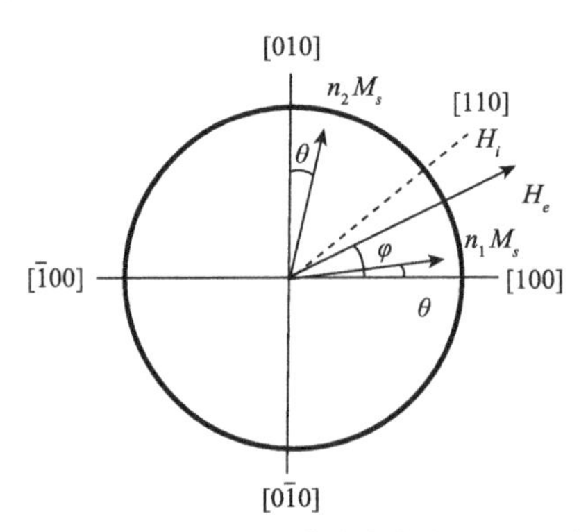

图 9.4.2 两相阶段的模式中各物理量的关系

为了求出两相阶段的磁化曲线 M_p（H_e），M_n（H_e），只有式（9.4.6）是不够的，还必须寻求其他关系。根据 $\boldsymbol{H}_i = \boldsymbol{H}_e + \boldsymbol{H}_d$，可得内场在外磁场方向的水平

和垂直分量分别为

$$\begin{cases} H_i\cos(45^\circ-\varphi)=H_e-NM_p \\ H_i\sin(45^\circ-\varphi)=NM_n \end{cases} \tag{9.4.7}$$

或

$$\begin{cases} M_p=\dfrac{H_e-H_i\cos(45^\circ-\varphi)}{N} \\ M_n=\dfrac{H_i\sin(45^\circ-\varphi)}{N} \end{cases} \tag{9.4.8}$$

式（9.4.8）虽然是两相阶段的磁化曲线的表达式，但只从此式还不能算出 $M_p(H_e)$，和 $M_n(H_e)$，因为式中包含着未知数 H_i。为此仍需寻找其他关系。

由于内场 H_i 在两相阶段中总保持在［110］方向，根据式（9.3.8），［110］方向的磁化曲线是

$$\cos^3(45^\circ-\theta)-\frac{1}{2}\cos(45^\circ-\theta)=\frac{\mu_0 M_s H_i}{4K_1} \tag{9.4.9}$$

另外，外场在［110］方向的投影与［110］方向的退磁场之和就是［110］方向的内场，即

$$H_e\cos(45^\circ-\varphi)-NM_{[110]}=H_i \tag{9.4.10}$$

上式两端用 M_s 去除，并注意到 $\cos(45^\circ-\theta)=\dfrac{M_{[110]}}{M_s}$，则式（9.4.10）变为

$$\frac{H_e}{M_s}\cos(45^\circ-\varphi)-N\cos(45^\circ-\theta)=H_i/M_s \tag{9.4.11}$$

由于样品的常数 M_s，K_1，N 是已知的，因此在给定的外场 H_e 和方向 φ 的情况下，可从式（9.4.9）和式（9.4.11）算出 θ 和 H_i，把它们代入式（9.4.8）便得到两相阶段的磁化曲线。在这一阶段中，两相的浓度 n_1，n_2 可通过式（9.4.6）和 $n_1+n_2=1$ 求出。

（3）**单相阶段** 当两相阶段结束时，$n_2=0$，$n_1=1$，但内场方向仍在［110］，因此从式（9.4.6）可得两相阶段结束时的外场，即

$$H_e\sin(45^\circ-\varphi)=NM_s\sin(45^\circ-\theta) \tag{9.4.12}$$

两相阶段刚结束时，式（9.4.11）和式（9.4.9）仍然满足，故得

$$\begin{aligned}\frac{H_e}{M_s}\cos(45^\circ-\varphi)&=\frac{H_i}{M_s}+N\cos(45^\circ-\theta)\\&=\frac{4K_1}{M_s^2\mu_0}\left[\cos^3(45^\circ-\theta)-\frac{1}{2}\cos(45^\circ-\theta)\right]\\&\quad+N\cos(45^\circ-\theta)=\frac{4K_1}{M_s^2\mu_0}\cos(45^\circ-\theta)\\&\quad\left[\cos^2(45^\circ-\theta)-\frac{1}{2}+\frac{NM_s^2\mu_0}{4K_1}\right]\end{aligned} \tag{9.4.13}$$

在已知的实验条件下，用图解法从式（9.4.12）和式（9.4.13）中可解得两相结束时的外场，H_e. 如当 $\varphi=20°$，$N=0.184/4\pi$，$M_s=1720\times10^3\text{A/m}$，$K_1=4.2\times10^4\text{J/m}^3$ 时，将这些数据代入式（9.4.12）和式（9.4.13）可得

$$H_e=750\sin(45°-\theta)\times10^3/4\pi$$

$$H_e=1.10\cos(45°-\theta)[\cos^2(45°-\theta)(10^3)-184]\times10^3/4\pi$$

将上两式作图，其交点便是方程的解，这时的外场 $H_e=430\times10^3/4\pi\text{A/m}$（430Oe）。

从外磁场大于 430Oe 开始，就是单相的磁化过程。这时，随着外场的增加，θ 逐渐增大，直至与 φ 相等为止，样品完全饱和磁化。于是单相过程的磁化曲线为

$$\begin{cases}M_p=M_s\cos(\varphi-\theta)\\M_n=M_s\sin(\varphi-\theta)\end{cases}\tag{9.4.14}$$

式中的 θ 随外场 H_e 的变化，可从单相阶段的总能量极小中求出。这时的总能量包括磁晶各向异性能、外磁场能和退磁能三项，即

$$E=E_K+E_H+E_d=K_1\sin^2\theta\cos^2\theta-\mu_0M_sH_e\cos(\varphi-\theta)+\frac{\mu_0}{2}NM_s^2\tag{9.4.15}$$

对式（9.4.15）求极值，即从 $(\partial E/\partial\theta)=0$ 得

$$H_e=\frac{K_1}{2M_s\mu_0}\frac{\sin4\theta}{\sin(\varphi-\theta)}.\tag{9.4.16}$$

式（9.4.16）就是单相阶段时，外磁场 H_e 与自发磁化强度离开易轴的角度 θ 的关系式。因此，由式（9.4.16）和式（9.4.14）便能从理论上算得单相阶段的磁化曲线。

图 9.4.3 示出在 Fe 单晶的（001）面上、外磁场与［100］的角度 $\varphi=20°$时，扁旋转椭球样品（退磁因子 $N=0.184/4\pi$）的理论磁化曲线和实验数据的比较情形。图中的线段 $0x$ 代表四相阶段的贡献，xy 代表两相阶段的贡献，yz 代表单相阶段的贡献。由图可见，理论曲线与实验数据大致相符，但实验数据不象理论曲线那样有明显的转折点，说明磁化过程中各模式之间的过渡（四相→两相→单相）实际上是逐渐发生的，不象理论预期的那样突然发生。

在单相阶段时，利用转矩仪测量样品的转矩曲线，可以定出磁晶各向异性常数 K_1。在第七章中已讨论过转矩仪的原理（参见图 7.2.4）和确定单轴各向异性常数的方法。这里再谈谈确定三轴晶体各向异性常数 K_1 的方法。

当 Fe 单晶在（001）面上磁化，并处于单相阶段时，样品的转矩由下式确定：

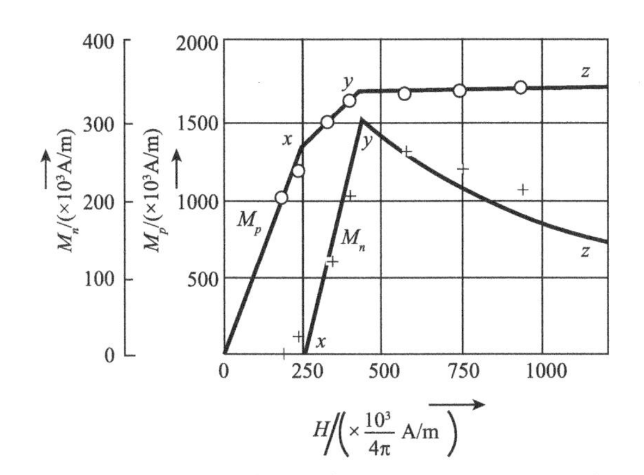

图 9.4.3　Fe 单晶扁旋转椭球在（001）面上的磁化曲线

$\varphi=20°$，$4\pi N=0.184$，$M_s=1720Gs$，$K_1=4.2\times10^5 erg/cm^3$，——，计算值；○，+实验值

$$L=H_eM_nV\mu_0 \tag{9.4.17}$$

V 为样品体积。将式（9.4.16），式（9.4.14）代入式（9.4.17），得到

$$\begin{aligned}L&=\frac{K_1}{2M_s\mu_0}\frac{\sin4\theta}{\sin(\varphi-\theta)}\cdot M_s\sin(\varphi-\theta)\cdot V\mu_0\\&=\frac{K_1V}{2}\sin4\theta\end{aligned} \tag{9.4.18}$$

由式（9.4.18）可见，转矩曲线是正弦曲线，其振幅即为（K_1V）/2。根据振幅的测量值和样品的体积便可确定 K_1。

9.4.3　Ni 单晶体的（110）面上的磁化曲线

Ni 的单晶体的易磁化轴是在立方晶系的四个体对角线〈111〉上，简称为四轴晶体，其磁化过程一般分四个阶段进行：①多于四相的阶段；②四相阶段；③两相阶段；④单相阶段，但是由于外磁场的方向不同，②和③的两个阶段有时只出现一种。

设样品为 Ni 单晶扁旋转椭球，其赤道面为（110）面，外磁场 H_e 在（110）面上与［001］成 φ 角（图 9.4.4）。因为在（110）面上有〈001〉，〈111〉和〈110〉等主晶轴方向，即既有易磁化方向也有难磁化方向，所以磁化过程需分别两种不同的情况。第一，当 $1>\cos\varphi>\frac{1}{\sqrt{3}}$ 时，磁化过程不出现两相阶段，因为内场离开［001］方向后便会跑到能量最小的［$\bar{1}$11］方向上去。第二，当 $\frac{1}{\sqrt{3}}>\cos\varphi>0$ 时，磁化过程不出现四相阶段，因为内场不可能在［100］方向，只能在［$\bar{1}$10］方向。下面详细讨论四个阶段的磁化情况。

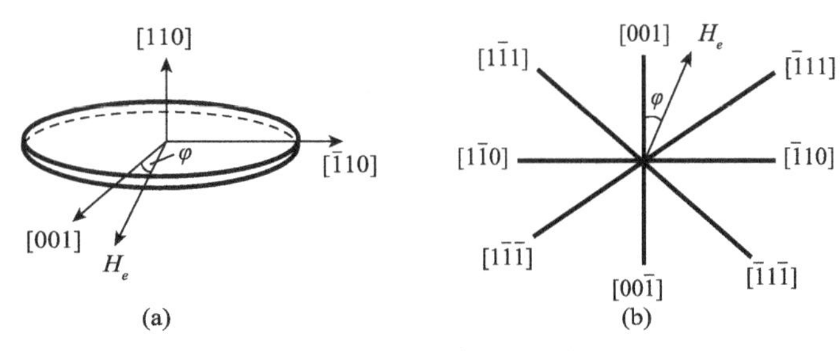

图 9.4.4 Ni 单晶的磁化

(a) 赤道面为 (110) 的扁旋转椭球；(b) (110) 面上的各晶轴与外磁场 H_e 的方向

(1) **四相以上的多相阶段** 当外磁场 H_e 未加上时，单晶体内的磁畴分布在八个易磁化方向上。这时如果加上较小的外磁场，则通过畴壁移动会使各相之间的体积分数发生变化，或者有些相会消失，但是只要样品内的相多于四个，则样品的内场一定为零（$H_i=0$），因此在这一阶段的磁化曲线为

$$\begin{cases}M_p=H_e/N\\M_n=0\end{cases}\tag{9.4.19}$$

(2) **四相阶段** 如果外磁场的方向是在 $1>\cos\varphi>\frac{1}{\sqrt{3}}$ 的范围内，则随着外磁场的增加，只要内场出现在［001］方向上，磁化过程便进入四相阶段。因为这时符合**"内场对每一类磁畴的作用都是等同的"**理论原则。根据对称性可知，这四相中的每一相的磁化强度都与［001］方向成相等的角度 φ，并且随着外场的增加通过 φ 的变化和四相浓度的调整，以维持内场在［001］方向，这时，如果继续增加外磁场，则内场便会离开［001］方向转到［$\bar{1}11$］方向上去，磁化过程从而进入单相阶段。因此，四相阶段的条件就是**内场保持在［001］方向**。

设四相的体积分数分别为 n_1，n_2，n_3，n_4，$n_1+n_2+n_3+n_4=1$，它们的磁化强度与［001］所成的角度都是 φ，与有关晶轴的关系如图 9.4.5 所示。由于四相的磁化强度的转向都是在｛110｝的平面内进行的，故磁晶各向异性能 E_K 可用 φ 的函数表示。这里每一相的磁化强度的方向余弦为

$$\alpha_1=\sin\varphi\cos45°=\frac{1}{\sqrt{2}}\sin\varphi,\ \alpha_2=\sin\varphi\sin45°=\frac{1}{\sqrt{2}}\sin\varphi,\ \alpha_3=\cos\varphi,$$

将方向余弦代入式（7.2.2），得到

$$E_K=\frac{K_1}{32}(7-4\cos2\varphi-3\cos4\varphi)+\frac{K_2}{128}(2-\cos2\varphi-2\cos4\varphi+\cos6\varphi)\tag{9.4.20}$$

每一相与内场的作用能密度为

$$E_{H_i}=-\mu_0M_sH_i\cos\varphi.\tag{9.4.21}$$

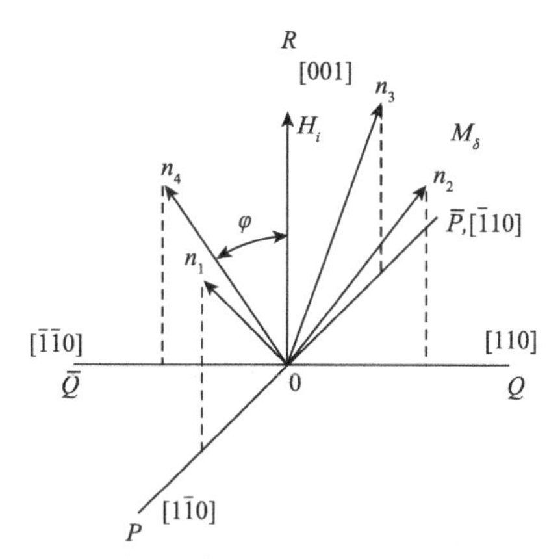

图 9.4.5　四相阶段中各相的 M_s 与内场 H_i 和晶轴的图解

总能量密度为 $E=E_K+E_H$.

由 $(\partial E/\partial\varphi)=0$，得 H_i 与 φ 的关系式如下：

$$\frac{K_1}{8}(2\sin2\varphi+3\sin4\varphi)+\frac{K_2}{64}(\sin2\varphi+4\sin4\varphi-3\sin6\varphi)+\mu_0H_iM_s\sin\varphi=0 \tag{9.4.22}$$

如图 9.4.5 所示，四个相的磁化强度在 OR，OP 和 OQ 的投影分别为

$$M_{OR}=(n_1+n_2+n_3+n_3+n_4)M_s\cos\varphi \tag{9.4.23}$$

$$M_{OP}=(n_1-n_3)M_s\sin\varphi \tag{9.4.24}$$

$$M_{OQ}=(n_2-n_4)M_s\sin\varphi \tag{9.4.25}$$

内场 H_i 保持在［001］方向的条件是：外场 H_e 在［001］方向的垂直分量等于退磁场 H_d 在［001］方向的垂直分量。于是得

$$H_e\sin\varphi=(n_1-n_3)NM_s\sin\varphi \tag{9.4.26}$$

和

$$0=(n_2-n_4)NM_s\sin\varphi \tag{9.4.27}$$

另外，在［001］方向的内场 H_i 是外场 H_e 和退磁场 H_d 的矢量和，即

$$\begin{aligned}H_i&=H_c\cos\varphi-(n_1+n_2+n_3+n_4)NM_s\cos\varphi\\&=H_e\cos\varphi-NM_s\cos\varphi,\end{aligned} \tag{9.4.28}$$

这样，磁化曲线的方程便是

$$\begin{aligned}M_p&=M_{OR}\cos\varphi+M_{OP}\cos(90-\varphi)+M_{OQ}\cos90^\circ\\&=M_s\cos\varphi\cos\varphi+(n_1-n_3)M_s\sin\varphi\sin\varphi\\M_n&=M_{OR}\sin\varphi-M_{OP}\sin(90-\varphi)+M_{OQ}\cos90^\circ\\&=M_s\cos\varphi\sin\varphi-(n_1-n_3)M_s\sin\varphi\cos\varphi\end{aligned}$$

将式（9.4.26）代入上式，得到

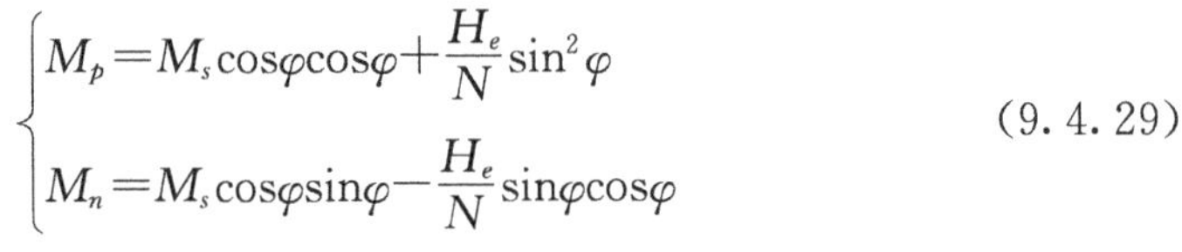

$$\begin{cases} M_p = M_s\cos\varphi\cos\varphi + \dfrac{H_e}{N}\sin^2\varphi \\ M_n = M_s\cos\varphi\sin\varphi - \dfrac{H_e}{N}\sin\varphi\cos\varphi \end{cases} \tag{9.4.29}$$

理论计算时是先利用式（9.4.22）和式（9.4.28）求出已知外场 H_e 下的内场 H_i 和每一相与［001］方向所成的角度 φ，然后再用式（9.4.29）求出与外场平行和垂直的磁化强度 M_p 与 M_n。图 9.4.6 示出在式（9.4.22）中当 $K_2=0$ 和 $K_2=\frac{1}{2}K_1$ 时、H_i 与 φ 的关系曲线，此曲线不但说明 H_i 与 φ 的单值关系，而且能帮助我们更快地求解式（9.4.22）与式（9.4.28）的联立方程。

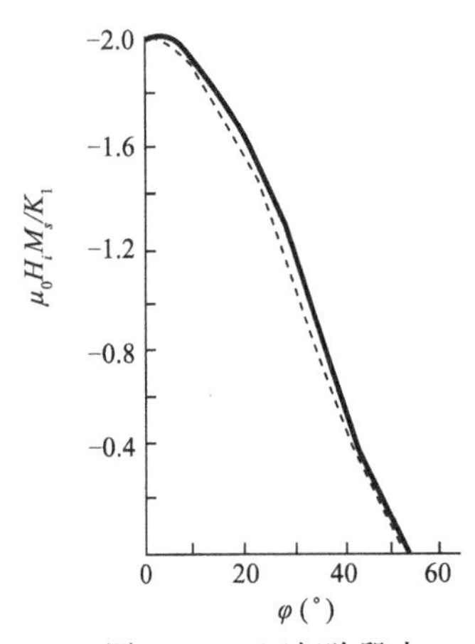

图 9.4.6　四相阶段中式（9.4.22）的图解

实线 $K_2=0$；虚线，$K_2=\frac{1}{2}K_1$

（3）**两相阶段**　如果外磁场的方向是在 $\frac{1}{\sqrt{3}}>\cos\varphi>0$ 的范围内，则随着外磁场的增加，磁化过程便从四相以上的多相阶段进入两相阶段，而不出现四相阶段。在两相阶段时，一般情况下，内场只要保持在（001）面内就可以了，在我们的具体条件下，内场就在［$\bar{1}$10］方向上，因为这样就可以满足理论原则。

设两相阶段时，两相的体积分数为 n_1 和 $1-n_1$，它们的方向与晶轴和磁场的关系如图 9.4.7 所示。和以前的讨论一样，内场保持在［$\bar{1}$10］方向的条件是外场在［$\bar{1}$10］方向的垂直分量等于退磁场在［$\bar{1}$10］方向的垂直分量，即

$$H_e\sin(90°-\varphi) = 2(2n_1-1)NM_s\cos\theta \tag{9.4.30}$$

由 $\boldsymbol{H}_i=\boldsymbol{H}_e+\boldsymbol{H}_d$，得到

$$H_i = H_e\sin\varphi - NM_s\sin\theta. \tag{9.4.31}$$

图 9.4.7　两相阶段的图解

式（9.4.30）和式（9.4.31）中的θ是两相的磁化强度与［001］所成的角度，它可由每一相的总能量极小中求出。每一相的各向异性能E_K和内场能E_{H_i}，为

$$E_K=\frac{K_1}{32}(7-4\cos2\theta-3\cos4\theta)+\frac{K_2}{128}(2-\cos2\theta-2\cos4\theta+\cos6\theta)$$

$$E_{H_i}=-\mu_0M_sH_i\cos(90^\circ-\theta)$$

故由$(\partial(E_K+E_{H_i})/\partial\theta=0$，得到

$$\frac{K_1}{8}(2\sin2\theta+3\sin4\theta)+\frac{K_2}{64}(\sin2\theta+4\sin4\theta-3\sin6\theta)-\mu_0M_sH_i\cos\theta=0 \tag{9.4.32}$$

这样，由式（9.4.31）和式（9.4.32）可求出一定外场H_e和已知样品常数(M_s，N，K_1，K_2，φ)下的内场H_i和M_s与［001］轴之间的角度θ。

另外，内场在外场方向的水平分量和垂直分量为

$$\begin{cases}H_i\cos(90^\circ-\varphi)=H_e-NM_p\\ H_i\sin(90^\circ-\varphi)=NM_n\end{cases} \tag{9.4.33}$$

用式（9.4.31）H_i代入式（9.4.33），并整理后得到

$$\begin{cases}M_p=M_s\sin\theta\sin\varphi+\dfrac{H_e}{N}\cos^2\varphi\\ M_n=\dfrac{H_e}{N}\sin\varphi\cos\varphi-M_s\sin\theta\cos\varphi\end{cases} \tag{9.4.34}$$

式（9.4.34）就是两相阶段的磁化曲线的表达式，将在一定外场下求出的θ代入，便得外场方向的磁化强度M_p和垂直于外场的磁化强度M_n。而两相的体积分数可由式（9.4.30）来确定。

（4）**单相阶段**　在单相阶段时，自发磁化强度只能在（110）面内，它与晶轴和外场的关系如图 9.4.8 所示。磁化曲线的方程由下式表示：

$$\begin{cases}M_p=M_s\cos(\xi-\varphi)\\ M_n=M_s\sin(\xi-\varphi)\end{cases} \tag{9.4.35}$$

式中，ξ是M_s与［001］间的角度，可由总能量极小中求出

$$E=E_K+E_{H_e}+E_{H_d}=\frac{K_1}{32}(7-4\cos2\xi-3\cos4\xi)$$
$$+\frac{K_2}{128}(2-\cos2\xi-2\cos4\xi+\cos6\xi)$$
$$-\mu_0H_eM_s\cos(\xi-\varphi)+\frac{\mu_0}{2}NM_s^2$$

用$(\partial E/\partial\xi)=0$，得到

$$\frac{K_2}{8}(2\sin2\xi+3\sin4\xi)+\frac{K_2}{64}(\sin2\xi+4\sin4\xi-3\sin6\xi)+\mu_0H_eM_s\sin(\xi-\varphi)=0 \tag{9.4.36}$$

因此，由式（9.4.35）和式（9.4.36）可以计算单相阶段的磁化曲线。

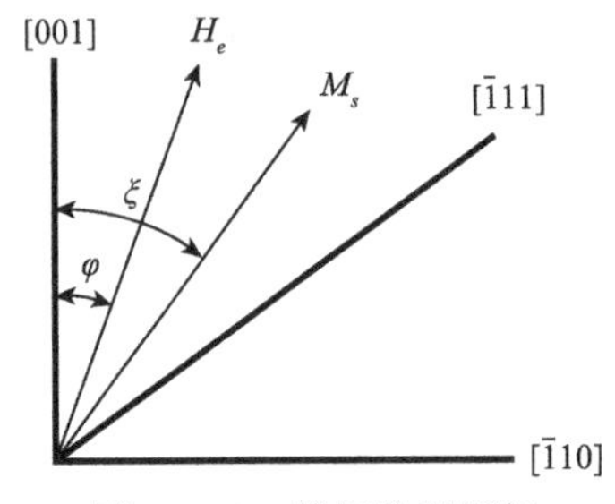

图 9.4.8 单相阶段图解

对于 Ni 的单晶扁旋转椭球，选 $M_s=503\times10^3\,\text{A/m}$，$K_1=-5.0\times10^3\,\text{J/m}^3$；$K_2=0$（实线）或 $K_2=\frac{1}{2}K_1$（虚线），$4\pi N=0.3680$，计算了各个磁化阶段时的理论曲线，它们与实验数据的比较见图 9.4.9 和图 9.4.10。理论与实验的符合程度还算可以。在图 9.4.9 中，因 $\varphi=20°$，满足 $1>\cos\varphi>\frac{1}{\sqrt{3}}$的条件，故磁化过程的模式是：多于四相的多相阶段→四相阶段→单相阶段。但在图 9.4.10 中，因 $\varphi=70°$，符合$\frac{1}{\sqrt{3}}>\cos\varphi>0$ 的条件，故磁化过程的模式是：多于四相的多相阶段→两相阶段→单相阶段。

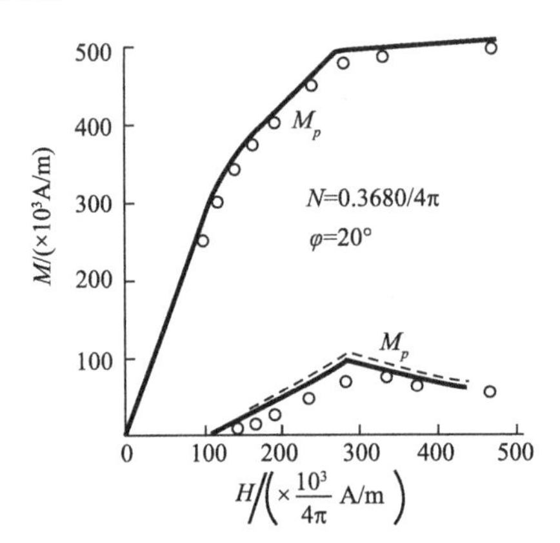

图 9.4.9 Ni 单晶扁椭球在（110）面上的磁化曲线

——理论（$K_2=0$），……理论$\left(K_2=\frac{1}{2}K_1\right)$；○○○实验，

$M_s=503\text{Gs}$，$K_1=-5\times10^4\,\text{erg/cm}^3$，$N=0.3680/4\pi$

用以上方法同样可以计算 Ni 单晶扁旋转椭球在（100）和（111）面上的磁化曲线，但理论计算比较繁，况且与实验的相符程度并不很好，故从略。值得指出的是，在这两个平面上的磁化模式也和（110）平面一样，它们都是四个磁化

模式。

在六角晶系的单晶体中，运用本节所介绍的方法，也可以计算任意方向的磁化曲线，但磁化过程的模式和路线都较多。图 9.4.11 示出六角晶系的 b 平面（即 $(1\bar{1}00)$ 平面）为易磁化面，外场与 c 轴 [0001] 轴成 θ 角，与 a 轴 $[11\bar{2}0]$ 成方位角 ϕ 时，磁化过程的六个模式和三条路线的图解。由于六角晶系的许多材料，其磁晶各向异性常数都较大，因此使样品处于单相阶段所需的外磁场就十分大，给实验工作带来困难，所以理论磁化曲线与实验数据的比较很少，从已比较的结果来看，理论的预期还是对的。

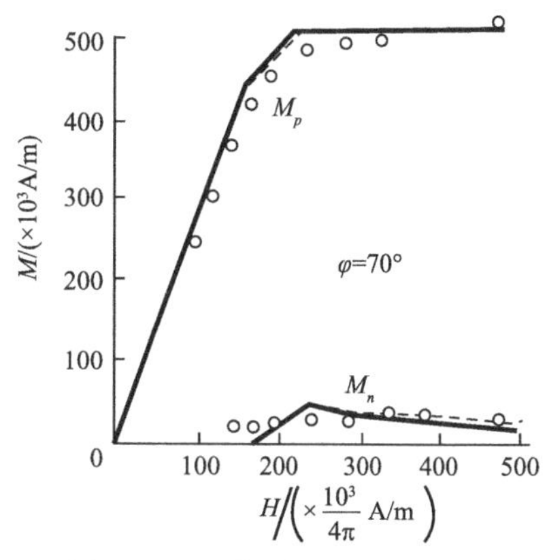

图 9.4.10　与图 9.4.9 相同

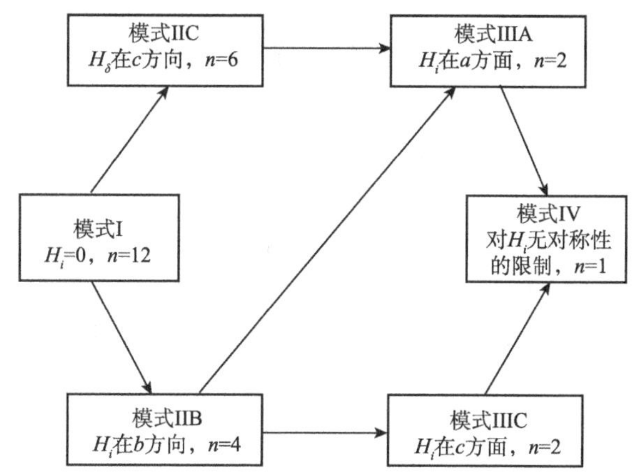

图 9.4.11　六角单晶中（易磁化面为 b 面），外磁场对 [0001] 和 $[11\bar{2}0]$ 分别成极角 θ 和方位角 ϕ 时，磁化过程的模式和路径的图解。H_i 为内磁场；n 为相的数目

本节小结：在不考虑磁畴结构变化细节的情况下，用磁畴的类别讨论了单晶体的普遍磁化曲线，这种理论又称磁相理论。在这里我们除介绍了磁相理论的一般原则外，还具体讨论了 Fe，Ni 单晶体在（001）和（110）面的磁化曲线，从讨论中可知，单晶体的磁化过程总是从畴壁移动开始（即 $H_i=0$ 的情况），然后是壁移和畴转同时进行，最后才是只有畴转的单相阶段。同时我们还看到，只要内场是在两类以上畴的 M_s 的对称位置上，畴转的方式既可以单独发生，也可以与壁移同时发生，另外还必须指出，**用转矩仪测量磁晶各向异性常数时，必须在磁化过程的单相阶段内才能进行。**

9.5 多晶体的磁化，畴壁移动的阻力（钉扎）

磁化过程的基本方式是畴壁的移动和磁畴磁化矢量的转向。由于对多晶体内的磁畴结构及其运动变化很难用一个模型加以概括，所以讨论多晶体的磁化过程时，不能像单晶体那样得出整条曲线，只能分析磁化的基本方式。

从磁畴和畴壁存在的实验事实出发，畴壁的移动是由于外磁场的作用，只要外磁场的作用仍然存在（即退磁场还不足以抵消它），而且畴壁移动又没有阻力的话，则畴壁将继续移动。这正好像在一光滑平面上（无摩擦的平面）推动物体移动一样，只要推力存在，物体便将继续移动。由此看来，若无阻力的壁移能够实现的话，则材料的磁导率将是无穷大的（设样品细长，退磁场可以忽略）。

事实上并未发现有磁导率为无穷大的材料，这从反面告诉我们，畴壁移动是有阻力的。畴壁移动受阻或者说**畴壁被钉扎的概念是非常重要的概念**，特别是在起始磁化的阶段对寻找磁导率高的材料起着指导性的作用，许多从事材料研制的人员，为了获得高磁导率或高矫顽力的材料，都是在减小或增加壁移阻力的因素上下功夫的。

从能量的观点来看，若畴壁移动伴随着某种能量增加的话，则这种移动是不利的。换言之，畴壁不移动是有利的，因此某种能量的增加将阻碍畴壁的运动。是什么原因引起某种能量会增加呢？目前认为**内外应力**、**掺杂**、**弥散磁场**和**材料的各种各向异性**及**非均匀区**就是导致某种能量增加的原因。下面简略地叙述一下它们如何阻碍畴壁的运动。

9.5.1 内应力阻碍畴壁的运动

多晶材料内的晶格畸变、机械加工、压延轧制、磁致伸缩、骤冷骤热等都会引起磁性材料内的应力 σ_i 出现，由此将通过三种方式引起能量的增加。

第一是磁弹性能的增加，根据以前的讨论，磁弹性能密度的表达式为（这里就是应力能（式 7.2.75））

$$E_\sigma=\frac{3}{2}\lambda_s\sigma_i\sin^2\theta \tag{9.5.1}$$

λ_s 为各向同性材料的饱和磁致伸缩常数，θ 为磁化强度与应力间的角度。由此可见，若内应力 σ_i 或内应力与磁化强度的夹角 θ 发生变化，则 E_σ 便将变化。在退磁状态下，根据能量极小的原理，E_σ 总是取极小值的，此时若加上外磁场，畴壁发生位移便会引起 E_σ 的增大，因此磁弹性能将阻碍畴壁的移动（特别表现在阻碍 90°壁的运动）。

第二是畴壁能的增加。由畴壁能的公式可知，当存在内应力时，单位面积畴

壁能的表达式为

$$\gamma \simeq 4\sqrt{A_1 K_{有效}} = 4\sqrt{A_1\left(K_1 + \frac{3}{2}\lambda_s \sigma_i\right)} \tag{9.5.2}$$

其中，A_1 为交换积分常数，K_1 为磁晶各向异性常数。若内应力 σ_i 是随材料内部的位置不同而不同，则单位面积的畴壁能 γ 也是位置的函数。当处于退磁状态时，畴壁总是停在 γ 最小的位置上，加上外磁场后，畴壁发生移动，离开了 γ 最小的位置，走上 γ 较大的位置上去了。这种畴壁能的增加亦将阻碍畴壁的运动。

第三是退磁能的增加。内应力阻碍畴壁运动的第三种方式是使自发磁化强度的方向偏离其平均方向，从而在内应力所在区域的边缘上产生磁荷，如图 9.5.1 所示。退磁状态时畴壁停在退磁能（内部磁荷引起的）最小的位置上（图 a）；加上外磁场后，畴壁发生移动，磁荷密度增加（图 9.5.1（b））退磁能增大。因此，这种退磁能的增加将阻碍畴壁的运动。

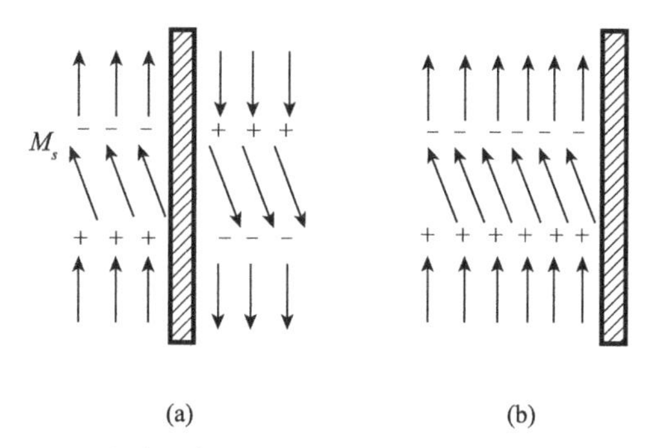

图 9.5.1　内应力使 M_s 的方向偏离，从而出现内部磁荷

（a）畴壁移动前；（b）畴壁移动后

9.5.2　掺杂阻碍畴壁的运动

多晶材料内有杂质、缺陷、晶粒边界、非磁性的夹杂物等存在，这些东西统称为掺杂。若畴壁移动碰到掺杂时，畴壁的表面积由于被掺杂占去一部分，结果畴壁的面积发生了变化，即使单位面积的畴壁能量不变的话，整个畴壁能量（畴壁的总能量）也发生了变化，退磁状态时畴壁停在能量最小的位置上，在这里就是停在畴壁表面被掺杂占去最大面积的位置上；加上磁场后，畴壁移动，畴壁的面积增加，能量增大。所以，这样的畴壁能量的增加将阻碍畴壁的移动。

9.5.3　弥散磁场阻碍畴壁的运动

在内应力中心和掺杂附近由于磁力线的不连续，便会出现磁荷。内应力中心附近的磁荷如图 9.5.1 所示，掺杂附近的磁荷如图 9.5.2 所示。材料内部的这些磁荷的相互作用便产生内部退磁场（又称为弥散磁场）。当畴壁移动时，由于改变了磁荷的分布，所以内部退磁场能也相应改变，引起能量的增加，在某些情况下，这种能量的增加要比畴壁总能量的增加重要得多，因此必须考虑内部退磁场对畴壁运动的阻碍。例如，在图 9.5.2 中，当一块 180°壁离开掺杂时，其畴壁能的变化 ΔE_w 为

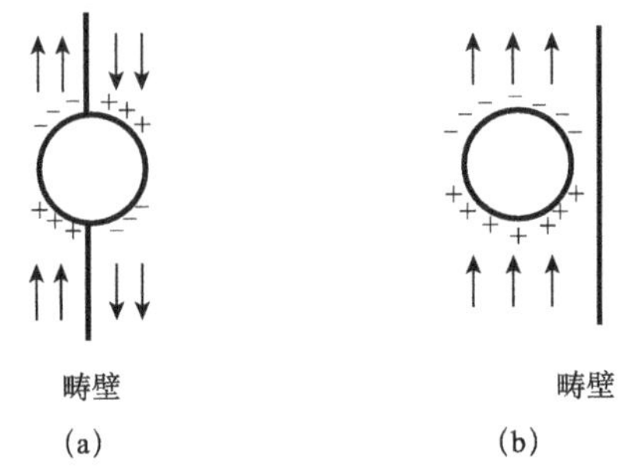

图 9.5.2 掺杂表面磁荷与畴壁位置的关系

$$\Delta E_w=\pi\left(\frac{d}{2}\right)^2\cdot\gamma=\frac{\pi}{4}d^2\gamma \tag{9.5.3}$$

其退磁能的变化为 ΔE_d，即

$$\begin{aligned}\Delta E_d &=E_d^b-E_d^a=\frac{\mu_0}{2}NM_s^2V-\frac{\mu_0}{4}NM_s^2V=\frac{\mu_0}{4}NM_s^2V=\frac{\mu_0}{4}\ \frac{1}{3}M_s^2\ \frac{4\pi}{3}\left(\frac{d}{2}\right)^3\\ &=\frac{\mu_0}{23}M_s^2d^3\end{aligned} \tag{9.5.4}$$

故得

$$\begin{aligned}\frac{\Delta E_w}{\Delta E_d}&=\frac{\frac{\pi}{4}d^2\gamma}{\frac{\mu_0}{23}M_s^2d^3}=\frac{\pi}{2}\ \frac{11.5}{M_s^2}\ \frac{\gamma}{\mu_0 d}\\ &\simeq\frac{\pi}{2}\ \frac{11.5}{M_5^2}\ \frac{K_1\delta}{\mu_0 d}\end{aligned} \tag{9.5.5}$$

K_1 为各向异性常数，δ 为畴壁厚度，d 为掺杂的直径，因此在 $K_1<\mu_0M_s^2$ 的材料中，只要 $\delta\ll d$，则退磁能（指弥散磁场能）的变化比畴壁能的变化大得多。

9.5.4 材料的非均匀区阻碍畴壁的运动

近年来对稀土族磁性材料的研究中，提出一种看法，认为畴壁会停在材料内的某处不动，好像畴壁被钉住一样，因此称为畴壁钉扎，关于钉扎的原因，提出了不少看法，有一种看法认为，材料内部存在着一些不均匀的区域，这些不均匀的区域内的各向异性常数 K 和交换积分常数 A 都与周围的均匀区不同。假设不均匀区只有 58 个原子的厚度，而且其中的各向异性和交换作用只有均匀区内的 90%或 85%，那么有人经过计算得出[5]：在接近不均匀区的中心，畴

壁能减少得最快，形成一个尖锐的下凹谷（见图 9.5.3 和图 9.5.4）。这说明畴壁停在此处是有利的，稍一离开便会使能量增加，因而阻碍畴壁的移动。

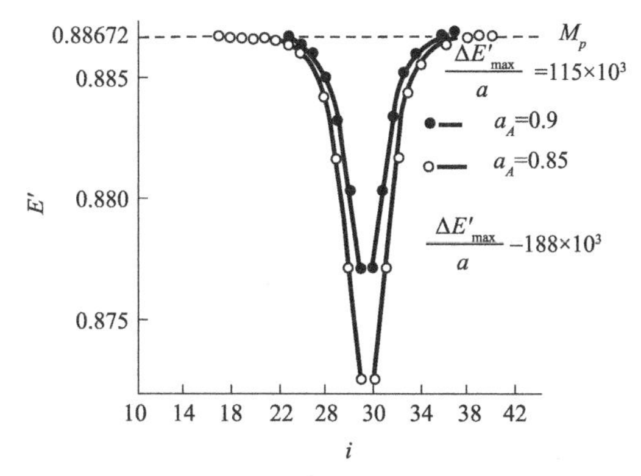

图 9.5.3　畴壁能 E'随原子平面数 i 的变化

α_A 为不均匀内近邻间的交换作用与均匀区内近邻间交换作用之比值，$\alpha_A<1$，i 为不均匀区中的原子数（原子平面数）

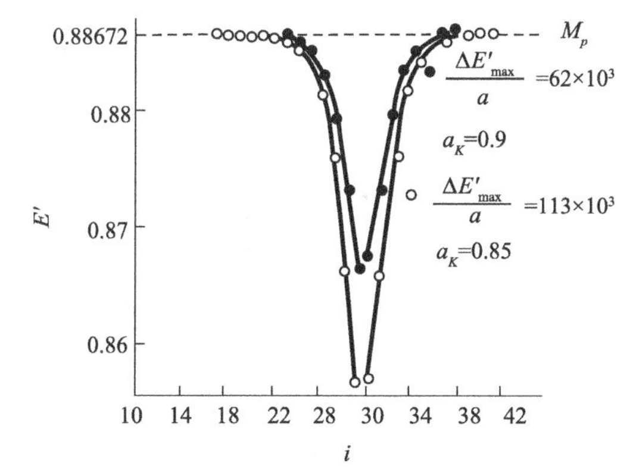

图 9.5.4　畴壁能 E'与 i 的关系

α_K 为不均匀区内的各向异性与均匀区内各向异性之比值

9.5.5　畴壁移动的平衡条件

以上扼要地叙述了阻碍畴壁运动的各种原因。由此可见，所谓阻力乃是某项能量在畴壁移动时增加了。所以从能量的观点来看，它要阻止畴壁的移动。这时如果没有外磁场作用的话，畴壁是不会移动的，所以又可以把外磁场理解为推力。当推力等于阻力时，畴壁便不再移动，这也就是畴壁的平衡条件，这个平衡条件与能量极小的条件是一致的。

设反映阻力的能量 E_{zu} 在材料内的分布如图 9.5.5（b）所示，则 E_{zu} 随位置的变化率$\frac{\partial E_{zu}}{\partial x}$在材料的分布如图 9.5.5（c）所示。在退磁状态时 180°的畴壁一定会停在 a 点，因为在该点上的能量最小（（$\partial E_{zu}/\partial x$）=0，（$\partial^2 E_{zu}/\partial x^2$）>0）。沿左边磁畴磁矩的方向与外磁场平行加上外磁场后，畴壁便会向右移动，由于阻碍畴壁运动的因素存在，畴壁移动一段距离后便停下来了，根据能量极小的原理可以求出畴壁移动的这段距离。设单位面积的 180°畴壁在外磁场的作用下移动了的距离为 x，那么畴壁所扫过的体积 $V=1\times x$，在此体积内静磁能的变化为

$$E_H=[-HM_s\cos 0°-(-HM_s\cos\pi)]V\mu_0=-2HM_s\cdot x\mu_0 \tag{9.5.6}$$

静磁能的变化是负的，说明畴壁移动时静磁能是减小的，移动的距离 x 愈大静磁能减少愈多，因此，如果没有阻力的话，畴壁便会继续移动，直至样品饱和磁化为止。事实上因有阻力存在，所以畴壁移动一段距离后，便停下来了。设反映阻力的能量集中表现在畴壁能的变化上，并令任一块畴壁单位面积的能量为 E_{zu}，那么单位面积的畴壁移动 x 距离后，反映阻力的能量便是在 x 处的畴壁能 E_{zu}。

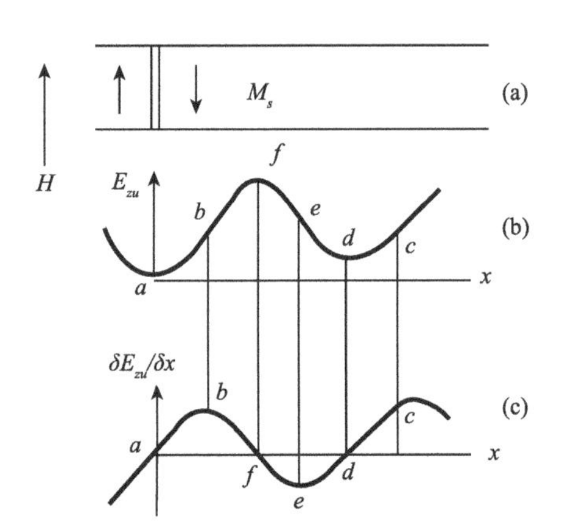

图 9.5.5　180°畴壁移动与阻碍畴壁运动的能量 E_{zu} 随位置变化

因此，单位面积的一块 180°畴壁移动 x 距离后的总能量为（其他能量都可忽略）

$$E_{总}=静磁能+畴壁能=-2\mu_0 HM_s x+E_{zu} \tag{9.5.7}$$

移动的距离 x 应该多少呢？回答是应该满足总能量极小的条件，即从$\frac{\partial E_{总}}{\partial x}=0$的方程中求出的 x 值，于是从

$$\frac{\partial E_{总}}{\partial x}=-2\mu_0 HM_s+\frac{\partial E_{zv}}{\partial x}=0$$

中得平衡条件为（畴壁不移动时的条件）

$$2\mu_0 HM_s=\frac{\partial E_{zu}}{\partial x} \tag{9.5.8}$$

以上是从总能量极小的原理出发求得的 180°畴壁位移的平衡条件，若从推力等于阻力的原则出发，也一样可以求得相同的平衡条件。

设单位面积的一块 180°畴壁移动的距离为 $\mathrm{d}x$，这时静磁能的变化为 $-2\mu_0 HM_s\mathrm{d}x\cdot 1$或推动畴壁移动的推力为 $f_{推}=-\frac{\partial E}{\partial x}=2\mu_0 HM_s$。阻碍畴壁运动的能量变化为$\frac{\partial E_{zv}}{\partial x}\cdot \mathrm{d}x$，或阻碍畴壁运动的阻力为 $f_{阻}=-\frac{\partial E}{\partial x}=\frac{\partial E_{zu}}{\partial x}$。

若推力与阻力相等，畴壁便不再移动，故平衡条件为

$$2\mu_0 HM_s\mathrm{d}x=\frac{\partial E_{zv}}{\partial x}\mathrm{d}x$$

即

$$2\mu_0 HM_s=\frac{\partial E_{zv}}{\partial x} \tag{9.5.9}$$

式（9.5.9）和式（9.5.8）是从不同角度得到的平衡条件，它们完全一样。

由平衡条件可见，$H=0$ 时，畴壁应停在$\frac{\partial E_{zv}}{\partial x}=0$ 的位置，即 $x=0$ 的 a 点上；$H=H_1$ 时，畴壁便向前移动一段距离，而到达 x_1 处，这时

$$2\mu_0 H_1 M_s=\left(\frac{\partial E_{zv}}{\partial x}\right)_{x=x_1} \tag{9.5.10}$$

磁场继续增加，畴壁继续移动到另一新的平衡位置，直到畴壁移动到图 9.5.5（b）和（C）的 b 点以前，平衡条件都是满足的，这时如果把 H 减小的话，畴壁又会退回原来的地方去，因此从 a 至 b 这一段是畴壁的可逆位移阶段。当畴壁移动到达 b 以后，便到达$\frac{\partial E_{zv}}{\partial x}$的最大值的点，这时磁场稍为增加一些，畴壁便会移过很大的一段距离，直至 c 点才停止；从 b 到 c 这一段便是畴壁的不可逆位移阶段，因为这时若将外磁场减小到零，畴壁不能退回到 a 处，只能退到 d 点。

畴壁通过 b 点以后，便发生不可逆位移的原因，是因为 b 点的阻力最大$\left(\left(\frac{\partial E_{zu}}{\partial x}\right)_b=\left(\frac{\partial E_{zu}}{\partial x}\right)_{\max}\right)$。其他各点的阻力都比 b 点小，既然推力能够克服阻力最大的地方，那么同样的推力当然能够克服阻力较小的地方了，这如同驾驶一辆车爬山，车子的动力既然能够爬上坡度最陡的山坡，当然也能够爬过坡度不陡的山坡，只要车子的动力不变的话。

令畴壁作不可逆位移时的磁场为临界场 H_0，则 180°畴壁位移的临界场由式（9.5.9）和图 9.5.5 便知

$$2\mu_0 H_0 M_s = \left(\frac{\partial E_{zu}}{\partial x}\right)_{\max} \tag{9.5.11}$$

于是

$$H_0 = \frac{1}{2\mu_0 M_s}\left(\frac{\partial E_{zu}}{\partial x}\right)_{\max} \tag{9.5.12}$$

若样品内只有 180°的畴壁移动，且每块畴壁移动的临界场都相同的话，则 H_0 就是矫顽力 H_c 否则矫顽力是各种不可逆过程的总量度。

以上讨论了畴壁位移遇到阻碍的一般情况。显然，畴壁移动的推动力是外磁场，正如前面所讨论过的一样，畴壁位移的阻力是随材料内部的具体情况不同而不同的。为了深入一些讨论畴壁位移的情况，必须对阻力的机理有更详细的了解，下面的有关章节将结合具体的机理对壁移磁化的情况作详细讨论。

9.6 可逆壁移过程决定的起始磁化率

9.6.1 掺杂阻碍畴壁运动的壁移磁化（掺杂理论）

在上节讨论阻碍畴壁运动的各种因素时，已经说明了掺杂阻碍畴壁的运动是由于畴壁面积的增加引起畴壁总能量的增大。设掺杂物是半径为 r 的球，它们均匀的分布在样品内部，并构成简单立方点阵，如图 9.6.1 所示，点阵常数为 a。在退磁状态时，畴壁停在掺杂物的中间（因为这样畴壁被掺杂占去的面积最大）；加上磁场后，畴壁移动了一小段距离 x，这时与掺杂立方点阵相交的一块畴壁面积为 S。从图 9.6.1 中可看出，

$$S = a^2 - 4\times\frac{1}{4}\ (r^2 - x^2)\ \pi \tag{9.6.1}$$

S 是随 x 增加而增大的。这就是说，畴壁移动时，由于畴壁面积的增加，畴壁总能量亦要增大，因此没有外磁场的推动，畴壁是不会移动的。根据推力等于阻力的平衡条件，一块面积为 S 的 180°畴壁移动 δx 后，静磁能的变化与畴壁总能量的变化相等，即壁移动 δx 后，静磁能的变化与畴壁总能量的变化相等，即

$$2\mu_0 H M_s \cdot S\delta x = \left(\frac{\partial E_{zu}}{\partial x}\right)\delta x = \gamma\frac{\partial S}{\partial x}\delta x$$

即

$$2\mu_0 H M_s = \frac{\gamma}{S}\frac{\partial S}{\partial x} = \gamma\frac{\partial}{\partial x}\ln S \tag{9.6.2}$$

或

$$H = \frac{\gamma}{2\mu_0 M_s}\frac{\partial}{\partial x}\ln S \tag{9.6.3}$$

γ 为单位面积上的畴壁能。

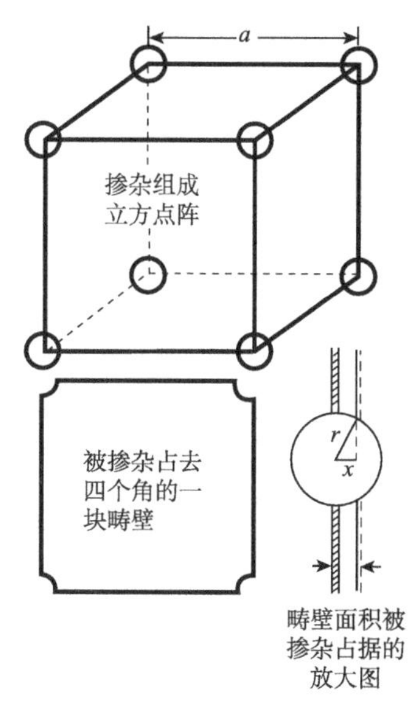

图 9.6.1　掺杂组成的立方点阵

设单位体积中 180°畴壁的总面积为 S_{180}，磁化过程中磁化强度 M 的大小，便由这些畴壁移动 x 距离所扫过的体积内的磁矩的变化决定

$$M=2M_sS_{180}x \tag{9.6.4}$$

根据起始磁化率的定义，

$$\chi_i=\left(\frac{\mathrm{d}M}{\mathrm{d}H}\right)_{\substack{H\to0\\ \Delta H\to0}}=\left(\frac{\mathrm{d}M}{\mathrm{d}x}\bigg/\frac{\mathrm{d}H}{\mathrm{d}x}\right)_{\substack{H\to0\\ \Delta H\to0}} \tag{9.6.5}$$

由式（9.6.3）和式（9.6.4）得

$$\frac{\mathrm{d}M}{\mathrm{d}x}=2M_s\left(S_{180}+x\frac{\partial}{\partial x}S_{180}\right) \tag{9.6.6}$$

$$\begin{aligned}\frac{\mathrm{d}H}{\mathrm{d}x}&=\frac{\gamma}{2\mu_0M_s}\frac{\partial^2\ln S}{\partial x^2}=\frac{\gamma}{2\mu_0M_s}\left[\frac{2\pi}{S}-\left(\frac{2\pi x}{S}\right)^2\right]\\&=\frac{2\pi\gamma}{2\mu_0M_sS^2}\ [S-2\pi x^2]\end{aligned} \tag{9.6.7}$$

设每个掺杂的立方点阵都有一块畴壁，则单位体积中的 180°畴壁总面积 S_{180} 为

$$S_{180}=\text{单位体积中的掺杂立方点阵数}\times\text{每块畴壁的面积}=\frac{1}{a^3}S \tag{9.6.8}$$

利用式（9.6.8），由式（9.6.6）可得

$$\frac{\mathrm{d}M}{\mathrm{d}x}=2M_s\left[\frac{s}{a^3}+\frac{x}{a^3}\frac{\partial S}{\partial x}\right]=\frac{2M_s}{a^3}\ [S+2\pi x^2] \tag{9.6.9}$$

将式（9.6.9）的$\frac{\mathrm{d}M}{\mathrm{d}x}$和式（9.6.7）的$\frac{\mathrm{d}H}{\mathrm{d}x}$代入式（9.6.5）$\chi_i$ 的式子中，便得

$$\chi_i=\frac{2M_s}{a^3}\frac{2M_sS^2\mu_0}{2\pi\gamma}\frac{S+2\pi x^2}{S-2\pi x^2}$$

$$=\frac{2M_s^2S^2\mu_0}{\pi\gamma a^3}\frac{S+2\pi x^2}{S-2\pi x^2} \tag{9.6.10}$$

S 为一块畴壁的面积，它比一个掺杂的最大截面积 πr^2 大得多；在壁移的起始阶段 $x\ll r$。故 $S\gg\pi r^2\gg\pi x^2$，因此，式（9.6.10）中的 $2\pi x^2$ 可略去，故得

$$\chi_i=\frac{2M_s^2\mu_0}{\pi\gamma}\frac{S^2}{a^3}=\frac{2M_s^2\mu_0}{\pi\gamma}\frac{[a^2-\pi(r^2-x^2)]^2}{a^3}\cong\frac{2M_s^2\mu_0}{\pi\gamma}\left[a-\frac{2\pi r^2}{a}\left(1-\frac{\pi r^2}{2a^2}\right)\right]$$

$$\approx\frac{2\mu_0M_s^2}{\pi\gamma}a\left(1-\frac{2\pi r^2}{a^2}\right)\approx\frac{2\mu_0M_s^2}{\pi\gamma}a \tag{9.6.11}$$

式（9.6.11）是掺杂阻碍畴壁运动时得到的起始磁化率。由此可见，起始磁化率与饱和磁化强度的平方成正比，与畴壁能密度 γ 成反比，与掺杂组成的点阵常数也成正比。至于其他数字，因为模型过于简化，则是不重要的。

在通常情况下，只知道杂质的含量，而不知道掺杂布成的立方点阵常数 a，因此必须将 a 转化成与重量有关的数值，下面便是寻找 a 与重量的关系。

设掺杂的体积为 V_1，重量为 W_1，密度为 ρ_1，非掺杂的体积为 V_2，重量为 W_2，材料的平均密度为 $\bar{\rho}$ 则掺杂的体积浓度为

$$\beta=\frac{V_1}{V_1+V_2} \tag{9.6.12}$$

掺杂的重量比例（百分比）为

$$z=\frac{W_1}{W_1+W_2} \tag{9.6.13}$$

为了求得体积浓度与重量百分比之间的关系又得

$$W_1+W_2=\bar{\rho}(V_1+V_2),\quad W_1=\rho_1V_1$$

故得

$$\beta=\frac{W_1}{\rho_1}\frac{\bar{\rho}}{W_1+W_2}=\frac{\bar{\rho}}{\rho_1}z \tag{9.6.14}$$

又原设一个掺杂立方点阵内有一个掺杂，故

$$\beta=\frac{\frac{4}{3}\pi r^3}{a^3}=\frac{\bar{\rho}}{\rho_1}z$$

所以得出

$$a^3=\frac{4}{3}\pi r^3\frac{\rho_1}{\bar{\rho}z},\quad a=\left(\frac{4}{3}\pi\frac{\rho_1}{\bar{\rho}}\right)^{\frac{1}{3}}\frac{r}{\sqrt[3]{z}} \tag{9.6.15}$$

故

$$\chi_i=\frac{2\mu_0M_s^2}{\pi\gamma}\left(\frac{4\pi}{3}\frac{\rho_1}{\bar{\rho}}\right)^{\frac{1}{3}}\frac{r}{\sqrt[3]{z}}\quad\left[\text{在 CGS 制中，}\chi_i=\frac{2M_s^2}{\pi\gamma}\left(\frac{4\pi}{3}\frac{\rho_1}{\bar{\rho}}\right)^{\frac{1}{3}}\frac{r}{\sqrt[3]{z}}\right] \tag{9.6.16}$$

其中，z 为掺杂重量（%），γ 为畴壁能密度，r 为掺杂半径。由式（9.6.16）可

见，欲获得高的起始磁化率 χ_i，则：①M_s 要大；②畴壁能 γ 要小；③杂质要少并聚集成团。这些结论在软磁材料的制备中起着指导作用。

9.6.2 应力阻碍畴壁运动的壁移磁化（应力理论）

9.6.2.1 应力阻碍180°壁的可逆位移

设应力阻碍畴壁的运动在180°的畴壁中，集中表现在畴壁能的增加上，并设畴壁能随位置 x 的变化图 9.5.5（b）所示。用泰勒展开法把畴壁能展开为

$$\gamma(x)=\gamma(0)+\gamma'(0)x+\frac{\gamma''(0)}{2!}x^2+\cdots\frac{\gamma^n(0)}{n!}x^n \tag{9.6.17}$$

在图 9.5.5（b）的情况下，$x=0$ 时，$\gamma(0)=\gamma_0$，

$$\left(\frac{\partial\gamma}{\partial x}\right)_{x=0}=0$$

故式（9.6.17）变为

$$\gamma(x)=\gamma_0+\frac{\gamma''(0)}{2!}x^2+\text{高次项} \tag{9.6.18}$$

由于我们考虑的是畴壁位移 x 很小的情况，所以 x 的高次项可以忽略不计，故

$$\gamma(x)=\gamma_0+\frac{1}{2}\gamma''(0)x^2=\gamma_0+\alpha x^2 \tag{9.6.19}$$

$$\alpha\equiv\frac{1}{2}\left(\frac{\mathrm{d}^2\gamma}{\mathrm{d}x^2}\right)_{x=0}$$

和前面的讨论一样，180°畴壁移动 x 距离的平衡条件为

$$2\mu_0 HM_s=\frac{\partial\gamma}{\partial x}=2\alpha x$$

即

$$H=\frac{1}{\mu_0 M_s}\alpha x \tag{9.6.20}$$

按式（9.6.4），壁移 x 后产生的磁化强度是

$$M=2M_sS_{180^\circ}x$$

因此利用式（9.6.20），起始磁化率为

$$\chi_i=\left(\frac{\mathrm{d}M}{\mathrm{d}H}\right)_{\substack{H\to0\\ \Delta H\to0}}=\left(\frac{\mathrm{d}M}{\mathrm{d}x}\Big/\frac{\mathrm{d}H}{\mathrm{d}x}\right)_{\substack{H\to0\\ \Delta H\to0}}=\frac{2M_sS_{180^\circ}}{\dfrac{\alpha}{\mu_0 M_s}}=\frac{2\mu_0 M_s^2S_{180^\circ}}{\alpha} \tag{9.6.21}$$

欲具体估计 χ_i 则需知道 α 和 S_{180°；为此需要知道应力对畴壁能的影响。设应力在材料中的变化形式为

$$\sigma_i(x)=-\sigma_0\cos2\pi\frac{x}{l} \tag{9.6.22}$$

其中，σ_0 是应力的最大值（振幅），l 是应力沿 x 方向强弱变化一次的距离（应

力波波长）。将 σ_i 代入畴壁能的式中，得

$$\gamma = 2\sqrt{A_1\left(K_1 + \frac{3}{2}\lambda_s\sigma_i\right)} = 2\sqrt{A_1\left(K_1 - \frac{3}{2}\lambda_s\sigma_0\cos 2\pi\frac{x}{l}\right)} \tag{9.6.23}$$

可见畴壁能随 x 的变化，集中反映在内应力随 x 的变化上。式中 σ_0 前有一负号，是为了符合 $x=0$ 时，畴壁能 γ 等于最小的条件。

利用 γ 与应力关系的式（9.6.23），可以计算 α 值

$$\begin{aligned}\alpha &\equiv \frac{1}{2}\left(\frac{\mathrm{d}^2\gamma}{\mathrm{d}x^2}\right)_{x=0} \\ &= \frac{1}{2}\left\{\frac{\mathrm{d}}{\mathrm{d}x}\frac{\mathrm{d}}{\mathrm{d}x}\left[2\sqrt{A_1\left(K_1 - \frac{3}{2}\lambda_s\sigma_0\cos 2\pi\frac{x}{l}\right)}\right]\right\}_{x=0} \\ &= \frac{3\lambda_s\sigma_0\pi A_1^{\frac{1}{2}}}{2l}\left(K_1 - \frac{3}{2}\lambda_s\sigma_0\right)^{-\frac{1}{2}}\frac{2\pi}{l} \\ &= \frac{3}{2}\lambda_s\sigma_0\frac{2\pi^2}{l^2}\left(\frac{A_1}{K_1 - \frac{3}{2}\lambda_s\sigma_0}\right)^{\frac{1}{2}}\end{aligned} \tag{9.6.24}$$

将式（9.6.24）中 α 的值代入起始磁化率的式（9.6.21）中便得

$$\chi_i = 2M_s^2 S_{180^\circ}\frac{2\mu_0}{3}\frac{l^2}{\lambda_s\sigma_0}\frac{1}{2\pi^2}\times\left(\frac{K_1 - \frac{2}{3}\lambda_s\sigma_0}{A_1}\right)^{1/2} \tag{9.6.25}$$

如果认为应力最低的地方都有一块畴壁，那么畴壁的间隔就等于 l，即畴宽等于 l，单位体积内的 180°畴壁的面积 S_{180° 也就等于

$$\begin{aligned}S_{180^\circ} &= \text{单位体积内的磁畴壁数目}\times\text{每块壁的面积} \\ &= \frac{1}{l}\times 1\times 1 = \frac{1}{l}.\end{aligned} \tag{9.6.26}$$

又在讨论畴壁性质时已知畴壁基本厚度为

$$\delta_0 = \sqrt{\frac{A_1}{K}}$$

那么起始磁化率 x_i 就化简为 $\left(K_1 > \frac{3}{2}\lambda_s\sigma_0\right)$

$$\chi_i = \frac{2M_s^2\mu_0}{l}\frac{2}{3}\frac{l^2}{\lambda_s\sigma_0}\frac{1}{2\pi^2}\frac{1}{\delta_0} = \frac{2\mu_0 M_s^2}{3\pi^2}\frac{1}{\lambda_s\sigma_0}\frac{l}{\delta_0}$$

$$\left[\text{在 CGS 制中，}\chi_i = \frac{2M_s^2}{3\pi^2\lambda_S\sigma_0}\frac{l}{\delta_0}\right] \tag{9.6.27}$$

由此可见，欲得到高的磁化率或磁导率，则：①材料的 M_s 要大；②应力和磁致伸缩要小；③畴宽与畴壁厚度的比要大。这些定性结论在实验上都已得到证实。

对牌号为 1J86 的软磁材料而言，其 $B_S \approx \mu_0 M_s = 0.6$ 特斯拉（6×10^3Gs），欲达到起始磁导率为 $\mu_i = 8\times10^4$，则在 $l/\delta = 10^2$ 的情况下，要求 $\lambda_S\sigma_0 \approx 24\mathrm{J/m^3}$，此

值约小于感生各向异性一个数量级左右。

9.6.2.2　应力阻碍不可逆的180°壁移

当外磁场逐渐增大到临界场时，畴壁便发生不可逆的位移。根据前面的讨论，180°壁移的临界场由式（9.5.12）决定

$$H_0=\frac{1}{2\mu_0 M_s}\left(\frac{\partial E_{zu}}{\partial x}\right)_{\max}$$

设想阻碍畴壁运动的是应力，阻力能量集中反映在畴壁能上，那么上式便成为

$$H_0=\frac{1}{2\mu_0 M_s}\left(\frac{\partial \gamma}{\partial x}\right)_{\max} \tag{9.6.28}$$

根据上面的畴壁能随应力变化的式（9.6.23），可将（$\partial\gamma/\partial x)_{\max}$计算出来。

因为

$$\gamma=2\sqrt{A_1\left(K_1-\frac{3}{2}\lambda_S\sigma_0\cos 2\pi\frac{x}{l}\right)}$$

为了计算方便，把上式写成

$$\gamma=2\sqrt{A_1K_1}\left(1-\frac{3}{2}\frac{\lambda_S\sigma_0}{K_1}\cos\phi\right)^{\frac{1}{2}}$$

式中

$$\phi=2\pi\frac{x}{l}$$

故

$$\begin{aligned}\frac{\mathrm{d}\gamma}{\mathrm{d}x}&=2\sqrt{A_1K_1}\left(1-\frac{3}{2}\frac{\lambda_S\sigma_0}{K_1}\cos\phi\right)^{-\frac{1}{2}}\times\left(\frac{1}{2}\right)\left(\frac{3}{2}\frac{\lambda_S\sigma_0}{K_1}\sin\phi\right)\frac{2\pi}{l}\\&=3\lambda_S\sigma_0\sqrt{\frac{A_1}{K_1}}\frac{\pi}{l}\sin\phi\left(1-\frac{3}{2}\times\frac{\lambda_S\sigma_0}{K_1}\cos\phi\right)^{-\frac{1}{2}}\end{aligned} \tag{9.6.29}$$

欲使式（9.6.29）最大，则从解$\frac{\partial}{\partial x}f$（$x$）$=\frac{\partial}{\partial x}\left(\frac{\mathrm{d}\gamma}{\mathrm{d}x}\right)=0$的方程式中，求得方程的解为 $\sin\phi=1$，$\cos\phi=0$，$\phi=\frac{\pi}{2}$，故得

$$\left(\frac{\mathrm{d}\gamma}{\mathrm{d}x}\right)_{\max}=\frac{3\lambda_s\sigma_0\pi}{l}\sqrt{\frac{A_1}{K_1}} \tag{9.6.30}$$

将式（9.6.30）代入式（9.6.28），得

$$H_0=\frac{1}{2\mu_0 M_s}\frac{3\pi\lambda_S\sigma_0}{l}\sqrt{\frac{A_1}{K_1}} \tag{9.6.31}$$

对于 1J86 这种材料而言，$B_s\approx 0.6$T，$\lambda_S\sigma_0=24\mathrm{J/m^3}$，$l/\delta=10^2$，则由式（9.6.31）估算得出

$$H_0=2.4\times 10/4\pi\,\mathrm{A/m}\quad(0.024\mathrm{Oe})$$

另外，畴壁作不可逆位移时，畴壁移动的距离便相当于畴宽 l（在上述应力

分布的简化模型下)，由此得到的磁化强度为

$$M=2M_sS_{180}\cdot l=2M_s\cdot\frac{1}{l}\cdot l=2M_s \tag{9.6.32}$$

所以不可逆壁移过程的磁化率为

$$\chi_{不可逆}=\frac{M}{H_0}=2M_s/\left(\frac{1}{2\mu_0 M_s}\frac{3\pi\lambda_S\sigma_0}{l}\sqrt{\frac{A_1}{K_1}}\right)=\frac{4\mu_0M_s^2l}{3\pi\lambda_S\sigma_0}\frac{1}{\delta},\qquad \delta=\sqrt{\frac{A_1}{K_1}} \tag{9.6.33}$$

按这个简单模型，畴壁作一次不可逆位移后便完成了壁移磁化，故 $\chi_{不可逆}=\chi_m$，因此，由式（9.6.27）和式（9.6.33），得出

$$\frac{\mu_i}{\mu_m}=\frac{1+\chi_i}{1+\chi_m}\approx\frac{\chi_i}{\chi_m}=\frac{\chi_i}{\chi_{不可逆}}=\frac{4M_s^2\mu_0}{6\pi^2}\frac{1}{\lambda_S\sigma_0}\frac{l}{\delta}\frac{3\pi\lambda_S\sigma_0}{4M_s^2\mu_0}\frac{\delta}{l}=\frac{1}{2\pi} \tag{9.6.34}$$

式（9.6.34）说明最大磁导率等于起始磁导率的 6 倍左右，这是从应力理论得到的理论结果，实际上没有这么简单，从实验结果看，μ_m/μ_i 的值与磁滞回线的关系很大：扁平回线的（μ_m/μ_i）→1，圆形回线的（μ_m/μ_i）→3－10，矩形回线的（μ_m/μ_i）→20－50。

9.6.2.3 应力阻碍 90°壁的移动

如上所述，应力阻碍 180°壁的运动，集中表现在畴壁能的变化上。可是，应力阻碍 90°壁的运动时，阻力能不是表现在畴壁能的变化上，而是集中表现在磁畴的应力能的变化上。我们知道，畴壁能是面积能，而应力能则是体积能。所以，**相同的应力，对 180°壁的阻碍和对 90°壁的阻碍是不相同的。**

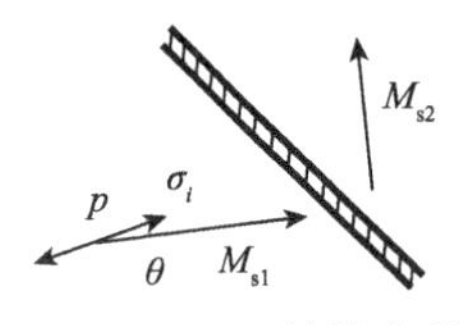

图 9.6.2 晶体中的一块 90°壁

下面具体计算应力阻碍 90°壁运动时，对磁导率的影响。

设样品某处有一块 90°壁，壁两侧的自发磁化强度分别在 x 和 y 方向，故把这块壁称为 xy 壁（图 9.6.2）。若样品某处 P 的内应力为 σ_i，它与 M_{s1}，所成的角度为 θ，则 σ_i 与 M_{s1} 畴的应力能 $E_{\sigma_i}^x$（右上角的符号 x 表示 M_{s1} 的方向与 x 轴平行，下面依此类推）为

$$E_{\sigma_i}^x=-\frac{3}{2}\lambda_S\sigma_i\cos^2\theta \tag{9.6.35}$$

如果由于畴壁移动，使 P 处为 M_{s2} 畴所占据，则 σ_i 与 M_{s2} 畴的应力能 $E_{\sigma_i}^y$ 为

$$E_{\sigma_i}^y=-\frac{3}{2}\lambda_S\sigma_i\cos^2(90°-\theta)=-\frac{3}{2}\lambda_S\sigma_i\sin^2\theta \tag{9.6.36}$$

由此可见，这样的畴壁移动将造成样品内的应力能的变化，即应力能的变化将阻碍 90°壁的运动。在没有加上外磁场时，90°壁只能停在 $E_{\sigma i}^x=E_{\sigma i}^y$ 的地方，也就是 $\sigma_i=0$（应力为零）的地方，否则 $E_{\sigma i}^x$ 和 $E_{\sigma i}^y$ 彼此不等，将推动畴壁移至 $\sigma_i=0$ 的地方。

设应力 σ_i 是在空间某一方向，它在 x，y，z 三个方向的分量为 σ_{11}，σ_{22}，

σ_{33}。相应的应力能为

$$\begin{cases} E_{\sigma i}^{x}=-\dfrac{3}{2}\lambda_{S}\sigma_{11} \\ E_{\sigma i}^{y}=-\dfrac{3}{2}\lambda_{S}\sigma_{22} \\ E_{\sigma i}^{z}=-\dfrac{3}{2}\lambda_{S}\sigma_{33} \end{cases} \tag{9.6.37}$$

若外磁场 H 是在空间某一方向，它在 x，y，z 的方向余弦为 β_1，β_2 和 β_3，这时 xy 壁沿其法线方向移动一距离 d，x 畴和 y 畴的体积变化为 $\mathrm{d}V$，那么在这一过程中，静磁能的变化为

$$\mu_0\left[-HM_{s2}\beta_2-(-HM_{s1}\beta_1)\right]\mathrm{d}V=M_sH(\beta_1-\beta_2)\mu_0\mathrm{d}V$$

应力能的变化为

$$(E_{\sigma i}^{x}-E_{\sigma i}^{y})\,\mathrm{d}V=\left[\nabla(E_{\sigma i}^{x}-E_{\sigma i}^{y})\cdot\mathrm{d}\right]\mathrm{d}V=\left[\frac{3}{2}\lambda_S\,\nabla(\sigma_{22}-\sigma_{11})\cdot\mathrm{d}\right]\mathrm{d}V$$

畴壁平衡时，上述两项能量相等，即

$$\mu_0M_sH(\beta_1-\beta_2)=\frac{3}{2}\lambda_Sd\,\nabla(\sigma_{22}-\sigma_{11}) \tag{9.6.38}$$

所以得出

$$d=\frac{2}{3}\,\frac{\mu_0M_sH(\beta_1-\beta_2)}{\lambda_S\,\nabla(\sigma_{22}-\sigma_{11})}=\frac{2}{3}\,\frac{M_sH(\beta_1-\beta_2)\mu_0}{\lambda_S\,\nabla\sigma_{21}} \tag{9.6.39}$$

其中，$\nabla(\sigma_{22}-\sigma_{11})\equiv\nabla\sigma_{21}$，而$\nabla=\left(\dfrac{\partial}{\partial x}+\dfrac{\partial}{\partial y}+\dfrac{\partial}{\partial z}\right)$.

设单位体积内，xy 壁的面积为 S_{xy}，这些 xy 壁移动了 $\overline{d}$ 以后，造成的体积变化 V_{xy} 为

$$V_{xy}=S_{xy}\cdot\overline{d}=\frac{2}{3}\,\frac{\mu_0M_sH(\beta_1-\beta_2)}{\lambda_S\,\overline{(\nabla\sigma_{21})}}S_{xy} \tag{9.6.40}$$

既然单位体积中的 x 畴和 y 畴的体积变化都为 V_{xy}，那么由此而引起的对磁化强度的贡献为

$$\begin{aligned} M_{xy}&=(M_{s1}\beta_1-M_{s2}\beta_2)V_{xy} \\ &=M_s(\beta_1-\beta_2)V_{xy} \\ &=\frac{2}{3}\,\frac{\mu_0M_oM_s^2H(\beta_1-\beta_2)^2}{\lambda_S\,\overline{(\nabla\sigma_{21})}}S_{xy} \end{aligned} \tag{9.6.41}$$

对于三轴晶体，90°型的畴壁共有12类：xy，$\overline{x}y$，$x\overline{y}$，$\overline{x}\,\overline{y}$；$yz$，$\overline{y}z$，$y\overline{z}$，$\overline{yz}$；$zx$，$\overline{z}x$，$z\overline{x}$，$\overline{x}\,\overline{z}$。每一类90°壁，在退磁状态时的面积都是相同的（机会均等），即

$$\begin{aligned} S_{xy}&=S_{\overline{x}y}=S_{x\overline{y}}=S_{\overline{x}\,\overline{y}}=S_{yz} \\ &=S_{\overline{y}z}\cdots=S_{90^\circ} \end{aligned} \tag{9.6.42}$$

而且当 90°壁移动的距离很小时，两个 90°畴之间内应力之差随位置的变化，也是相等的，即

$$\overline{\nabla\sigma_{21}}=\overline{\nabla\sigma_{\bar{2}1}}=\overline{\nabla\sigma_{31}}=\overline{\nabla\sigma_{23}}$$

$$=\overline{\nabla\sigma_{ik}}=\overline{\nabla\sigma}. \tag{9.6.42'}$$

因此，这 12 类 90°壁移动一个距离 d 后，对磁化强度的贡献共为

$$M_{90^\circ}=M_{xy}+M_{\bar{x}y}+M_{x\bar{y}}+M_{\bar{x}\bar{y}}+M_{yz}+M_{\bar{y}z}+M_{y\bar{z}}+M_{\bar{y}\bar{z}}+M_{zx}+M_{\bar{z}x}+M_{z\bar{x}}+M_{\bar{z}\bar{x}}$$

$$=\frac{2}{3}\frac{\mu_0M_s^2HS_{90^\circ}}{\lambda_S\overline{(\nabla\sigma)}}\left[(\beta_1-\beta_2)^2+(-\beta_1-\beta_2)^2+(\beta_1-(-\beta_2))^2\right.$$

$$+(-\beta_1-(-\beta_2))^2+(\beta_2-\beta_3)^2+(-\beta_2-\beta_3)^2+(\beta_2+\beta_3)^2$$

$$\left.+(-\beta_2+\beta_3)^2+(\beta_3-\beta_1)^2+(-\beta_3-\beta_1)^2+(\beta_3+\beta_1)^2+(-\beta_3+\beta_1)^2\right]$$

$$=\frac{2}{3}\frac{\mu_0M_s^2HS_{90^\circ}}{\lambda_S\overline{(\nabla\sigma)}}\left[8(\beta_1^2+\beta_2^2+\beta_3^2)\right]=\frac{16}{3}\frac{\mu_0M_s^2H}{\lambda_S\overline{(\nabla\sigma)}}S_{90^\circ} \tag{9.6.43}$$

这样，由 90°壁移引起的磁化率为

$$\chi_{90^\circ}=\frac{M_{90^\circ}}{H}=\frac{16}{3}\frac{\mu_0M_s^2}{\lambda_S\overline{(\nabla\sigma)}}S_{90^\circ} \tag{9.6.44}$$

由此可见，**90°壁移的起始磁化率与外磁场的方向无关**，换句话说，单晶体在任意方向上的 90°壁移的磁化率 χ_{90° 都相同。

欲进一步计算 χ_{90°，必须求出 S_{90° 和 $\overline{\nabla\sigma}$，为此，对应力和 90°壁的位置需要提出一个模型。

设应力为

$$\sigma_i=\sigma_0\sin\frac{\pi x}{l} \tag{9.6.45}$$

且当 $H=0$ 时，凡是 $x=nl$ 处（$n=0$，±1，±2，…）都有一块 90°壁，那么畴宽即为 l，单位体积中一类 90°壁的面积为

$$S_{90^\circ}=\frac{1}{l^3}\times6l^2\times\frac{1}{2}\times\frac{1}{12}=\frac{1}{4l} \tag{9.6.46}$$

在计算 χ_{90° 时，假设每块 90°壁都从 $x=nl$ 处向前移动很小一段距离，所以

$$\overline{\nabla\sigma}=\overline{\left(\frac{\partial\sigma_1}{\partial x}\right)_{x=nl}}=\sigma_0\frac{\pi}{l}\left(\cos\frac{\pi x}{l}\right)_{x=nl}=|\sigma_0|\frac{\pi}{l} \tag{9.6.47}$$

将式（9.6.46）和式（9.6.47）代入式（9.6.44），得出

$$\chi_{90^\circ}=\frac{4}{3\pi}\frac{\mu_0M_s^2}{\lambda_S|\sigma_0|},\left[\text{在 CGS 制中，}\chi_{90^\circ}=\frac{4}{3\pi}\frac{M_s^2}{\lambda_S|\sigma_0|}\right] \tag{9.6.48}$$

由式（9.6.48）可见，应力阻碍 90°壁移动时，尽管阻力能是表现在应力能的变化上，而不是像 180°壁移那样表现在畴壁能的变化上；但得到的定性结论却是一样的，这就是说，起始磁化率与 M_s^2 成正比，与 $\lambda_S|\sigma_0|$ 成反比。

通过上述的讨论可知，可逆畴壁位移决定的起始磁化率与下述因素有

关：①材料的磁晶各向异性常数 K、磁致伸缩常数 λ_S 和应力 σ 愈小，则起始磁化率 χ_i，愈高；②材料的饱和磁化强度 M_s 愈大，χ_i 愈高；③杂质愈少或杂质聚集成团也使 χ_i 愈高；④晶粒粗大使畴宽与壁厚的比例增大，亦能提高 χ_i。

9.7 可逆畴转过程决定的起始磁化率

在定量讨论单轴和三轴单晶体的磁化过程时，已经看到磁畴结构的变化是材料磁性好坏的内因，因此，只要对材料内部的磁畴结构的变化有了透彻的了解，那么运用材料内各种磁的相互作用能总和极小的原理（简称为总能量极小的原理），就能从理论上计算出磁化曲线来，可惜对任一材料而言。其内部的磁畴结构并不是很容易就能透彻了解的，况且一般使用的都是多晶材料。情况比较复杂，所以有关于磁化过程的理论分析就不能简单的套用单晶体的情况，而必须对具体问题作具体的分析。

根据实验事实，任何磁性材料的磁化过程尽管有不同的阶段，但其基本方式只有两种：畴壁的位移和磁畴磁矩的转向。因此，从理论上分析这两种基本方式的出现条件及其特点将有助于了解影响材料磁性好坏的因素，以便改善材料的磁性。

9.6 节讨论了可逆壁移和不可逆壁移过程，本节讨论由可逆转向过程决定的起始磁化率。这就是说，起始磁化率只由磁畴磁矩转向所贡献的，因此，实现这一过程的先决条件是：磁化的各个阶段必须没有畴壁的移动。在什么材料内才能在磁化的各个阶段都不出现畴壁的移动呢？目前认为有三类材料：①根本没有畴壁的单畴颗粒的集合体（或脱溶硬化的单畴尺寸的合金）；②静磁能对各类磁畴都是一样的材料，即在外磁场的作用下，各类磁畴与外场的作用能都一样，无所谓谁占优势，无所谓谁的体积扩大，谁的体积缩小，因此磁化只能通过磁矩的转向；③磁畴磁矩转向比畴壁移动容易的材料。

坡莫合金的恒导磁材料属于第二类，高频铁氧体属于第三类。下面讨论坡莫合金恒导磁材料，以及由其他因素控制的可逆畴转过程。

9.7.1 外磁场对各类磁畴对称取向的恒导磁材料

9.7.1.1 恒导磁材料的性能

恒导磁材料指的是在一定的磁场范围内，磁导率 μ 恒定的材料。如我国创造的 1J66 合金就是一种性能优良的恒导磁合金，根据冶金工业部标准，其性能指标为：

交流感应磁导率 $\mu_L \geqslant 3000$Gs/Oe，

交流稳定值 $\alpha_{\sim}\leqslant 7\%$，

交直流稳定值 $\alpha_{\simeq}\leqslant 6\%$，

温度稳定值 $\alpha_T\leqslant 5\%$。

磁导率 μ 的定义是 $\mu=B/H$（CGS）制，而交流感应磁导率 μ_L 指的是在交流磁场磁化的情况下：用电桥法测得样品初级绕组上并联等效电路的电感 L_p，并用下述公式计算的 μ_L：

$$\mu_L=\frac{\overline{D}L_p}{0.4N_1^2S}\times 10^8 \tag{9.7.1}$$

其中，$\overline{D}$ 为环形样品的平均直径（cm），L_P 为测得的电感（H），N_1 为样品绕组总匝数，S 为样品截面积（cm^2）。

在一般情况下，交流感应磁导率 μ_L 都小于磁导率 μ，所以欲使材料符合要求必须使 $\mu>\mu_L$。

部颁标准中的几个 α 值是标志磁导率允许波动的范围，如

$$\alpha_{\sim}=(\mu_{L_{\max}}-\mu_{L_{\min}})/\mu_{L_{\min}},\quad \alpha_{\simeq}=(\mu_{L0}-\mu_{L0,7})/\mu_{L0}$$

测交直流稳定值 $\alpha_{\simeq}$ 时，交流磁化的磁感应强度 B 固定在 3×10^{-2} T，频率为 60Hz，其中 μ_{L0} 是在交流磁场之外不附加直流磁场时的 μ_L，$\mu_{L0.7}$ 是在交流磁场之外还附加了直流磁场为 $0.7\times 10^3/4\pi$ A/ m（0.7Oe）时的 μ_L。

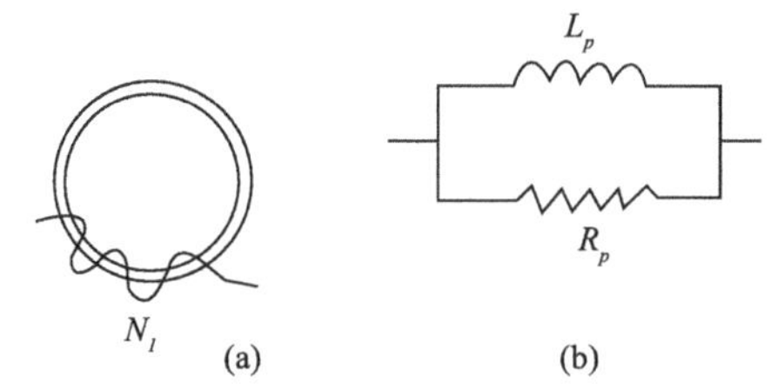

图 9.7.1 测交流感应磁导率的样品和等效电路

（a）样品；（b）并联等效电路

α_T 代表磁导率的温度稳定性，当频率为 60Hz，交流磁化的磁感应强度 $B=3\times 10^{-2}$T 时①，于 90℃、室温和 −60℃三个温度下测 μ_L，选 $(\mu_{L_{90℃}}-\mu_{L_{室温}})/\mu_{L_{室温}}$ 和 $(\mu_{L_{室温}}-\mu_{L_{-60℃}})/\mu_{L_{室温}}$ 中较大者作为 α_T 的值。

由部颁标准可见，1J66 恒导磁合金的磁性稳定性是相当好的，在所用的磁场范围内（0～3 奥）磁导率的变化值<7%，因此可用来做各种用途的恒电感，它的电感量基本上不随电流、温度和频率的变化而变化，例如用于电感一电容振

① 注：交流磁化的磁感应强度 B 是通过测量样品次级绕组上的电压值 V_f（用真空管电压表或称磁通电压表）；通过下式计算的

$$V_f=4.44fN_2SB_m\times 10^{-8}$$

其中，f 为频率，S 为样品截面积（cm^2），N_2 为次级绕组总匝数，B_m 为磁感（Gs），V_f（V）。

荡电路中可保证振荡频率的稳定度，在人造卫星的工程上已经采用。

9.7.1.2　恒导磁材料内的转动磁化过程

为了获得磁导率恒定的材料，合金除在氢气中进行高温（1200℃）处理外，还应在横向磁场的氢气炉中进行中温（600～650℃）处理。横向磁场处理的目的是造成 180°的磁畴结构，由于处理时的磁场方向是与轧制方向垂直的，所以称为横磁处理，在理想的情况下处理后的磁畴结构如图 9.7.2 所示。

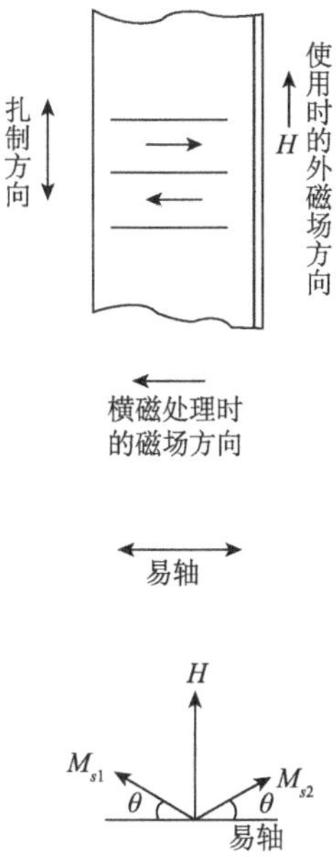

设材料在横磁处理后形成了 180°的磁畴结构，即产生了感生各向异性，它是单轴的，故感生各向异性能为

$$E_K = K_{u1}\sin^2\theta \tag{9.7.2}$$

K_{u1} 为感生各向异性常数，θ 为 M_s 与易轴间的角度，加上外磁场后，磁场与每个磁畴的作用能都是 $-\mu_0 HM_s\cos(90°-\theta) = -\mu_0 HM_s\sin\theta$。因此，并没有哪一类磁畴占优势，所以磁化过程没有壁移，只有转动。在这里，控制磁畴磁矩转动的因素有两个，一个为感生各向异性，另一个为外磁场，它们对 M_s 的作用是矛盾的（外场使 θ 值增大，各向异性使 θ 值减小），结果出现一个平衡状态，这就是总能量极小的状态，运用总能量极小的原理便可求出 θ 值。

图 9.7.2　恒导磁材料内的畴结构及加上磁场后，M_s 的转向

一个磁畴内的总能量密度为

$$\begin{aligned} E &= \text{各向异性能密度} + \text{外磁场能密度} \\ &= K_{u1}\sin^2\theta - \mu_0 HM_s\sin\theta. \end{aligned} \tag{9.7.3}$$

由 $(\partial E/\partial\theta) = 0$ 的条件，便可求得满足总能量极小的 θ：

$$\frac{\partial E}{\partial \theta} = 2K_{u1}\sin\theta\cos\theta - \mu_0 HM_s\cos\theta = 0$$

即

$$2K_{u1}\sin\theta\cos\theta - \mu_0 HM_s\cos\theta = 0, \quad \cos\theta(2K_{u1}\sin\theta - \mu_0 HM_s) = 0 \tag{9.7.4}$$

求解式（9.7.4）便能得出所需要的 θ 值，详细情况下面再讨论，现在先讨论起始磁化率。根据定义，起始磁化率是外磁场趋近于零时的磁化率，即

$$\chi_i = \left(\frac{M}{H}\right)_{H\to 0} = \left(\frac{\mathrm{d}M}{\mathrm{d}H}\right)_{\substack{H\to 0\\ \Delta H\to 0}}$$

这时（即 $H\to 0$ 时）磁畴磁化矢量 $\boldsymbol{M}_s$，转动的角度也一定很小，即 $\sin\theta \simeq \theta$，$\cos\theta \simeq 1$，因此，由式（9.7.4）可得

$$\theta = \frac{\mu_0 HM_s}{2K_{u1}} \tag{9.7.5}$$

又外磁场方向的磁化强度为

$$M=M_s\sin\theta$$

在弱磁场下，$\sin\theta\simeq\theta$，故得

$$M=M_s\sin\theta\simeq M_s\theta=\frac{M_s^2\mu_0}{2K_{u1}}H,\qquad \chi_i=\left(\frac{\mathrm{d}M}{\mathrm{d}H}\right)_{H\to0}=\frac{M_s^2\mu_0}{2K_{u1}}$$

$$\left[\text{在 CGS 制中，}\chi_i=\frac{M_s^2}{2K_{u1}}\right]\tag{9.7.6}$$

根据定义，起始磁导率 μ_i 为

$$\mu_i=1+\chi_i=1+\frac{M_s^2\mu_0}{2K_{u1}}\tag{9.7.7}$$

式（9.7.7）中的 M_s 是材料的饱和磁化强度，K_{u1} 是感生各向异性常数，因此，欲得到高 μ_i 的材料，则 M_s 要大，K_{u1} 要小，这些结论是与实际相符的，可惜在材料的制造过程中，这些因素是相互克制的，M_s 大的材料，感生各向异性 K_{u1} 也大（$K_{u1}\propto B_s^2$）若 K_{u1} 太小，则其他干扰因素不易排除，上面所设想的 180°的磁畴结构不容易实现，磁化过程就不完全是磁畴磁矩的转动，这些对恒导磁性都是不利的。

以上讨论了转向过程的起始磁导率，下面讨论转向过程的磁化曲线。

由式（9.7.4）得出两个解

$$\cos\theta=0\tag{9.7.8}$$

和

$$2K_{u1}\sin\theta-\mu_0HM_s=0\tag{9.7.9}$$

这两个解在磁场不同下各自都满足能量极小的条件。

先看第一个解 $\cos\theta=0$，即将 $\theta=90°$代入

$$\frac{\partial^2E}{\partial\theta^2}=2K_{u1}(1-2\sin^2\theta)+\mu_0HM_s\sin\theta>0$$

中得：若$-2K_{u1}+\mu_0HM_s>0$（即能量极小值满足），则

$$H>\frac{2K_{u1}}{\mu_0M_s}\tag{9.7.10}$$

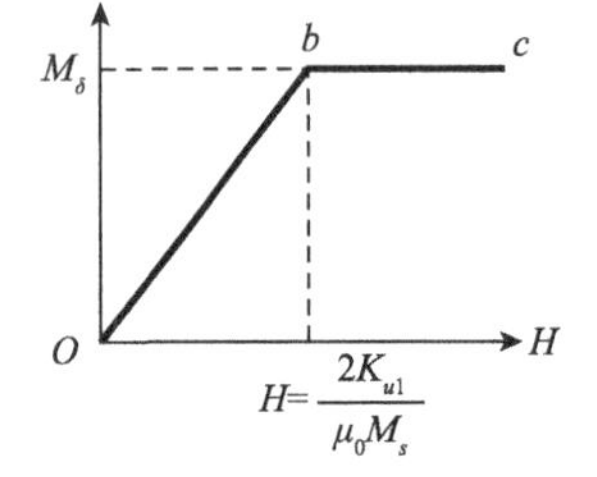

图 9.7.3 恒导磁材料的理论磁化曲线

这就是说，当 $H>\frac{2K_{u1}}{\mu_0M_s}$时，$\cos\theta=0$ 的解满足能量极小的条件，因而是可以实现的，这时的磁化曲线为 $M=M_s\sin\theta=M_s$，这就是图 9.7.3 中的 bc 段。再看将第二个解 $2K_{u1}\sin\theta-\mu_0HM_s=0$，代入$\frac{\partial^2E}{\partial\theta^2}$的方程中，若令$\frac{\partial^2E}{\partial\theta^2}>0$，便得

$$2K_{u1}-\frac{\mu_0^2H^2M_s^2}{2K_{u1}}>0,\qquad H<\frac{2K_{u1}}{\mu_0M_s}\tag{9.7.11}$$

这就是说，当 $H<\frac{2K_{u1}}{\mu_0M_s}$时，满足能量极小的解为

$$\sin\theta=\frac{\mu_0 HM_s}{2K_{u1}}$$

这时的磁化曲线为

$$M=M_s\sin\theta=\frac{\mu_0 M_s^2}{2K_{u1}}H \tag{9.7.12}$$

这就是图 9.7.3 中的 Ob 段，磁化曲线的斜率就是磁化率

$$\chi=\frac{M}{H}=\frac{\mu_0 M_s^2}{2K_{u1}} \tag{9.7.13}$$

根据定义

$$\mu=1+\chi=1+\frac{\mu_0 M_s^2}{2K_{u1}}=1+\frac{(\mu_0 M_s)^2}{2\mu_0 K_{u1}}$$

$$\simeq\frac{B_s^2}{2\mu_0 K_{u1}},\left[\text{在 CGS 制中},\mu\approx\frac{B_s^2}{8\pi K_{u1}}\right] \tag{9.7.13$'$}$$

B_s 和 K_{u1} 对固定的材料来说都是常数，所以磁导率也是常数，这就是恒导磁材料，对 1J66 材料来说 B_s=1.35T，若 μ=3000，则由式（9.7.13$'$）得 $K_{u1}=2.42\times10^2\,\text{J/m}^3$。

由以上讨论可见，只由转动过程决定的磁化曲线是一条折线 Obc，转折点的磁场就是饱和磁化场 $H_s=\frac{2K_{u1}}{\mu_0 M_s}$，对 1J66 材料而言，$H_s=\frac{2\times2.42\times10^2}{4\pi\times1075\times10^{-4}}\approx\frac{4.5}{4\pi}\times10^3\,\text{A/m}$（4.5Oe）。材料在饱和磁化以后，再减小磁场，则磁化状态仍按原来的路径回去，这是一个可逆的转向过程，表现出无磁滞的理想回线。图 9.7.4（a）是理想回线，图 9.7.4（b）是 1J66 的实验回线。

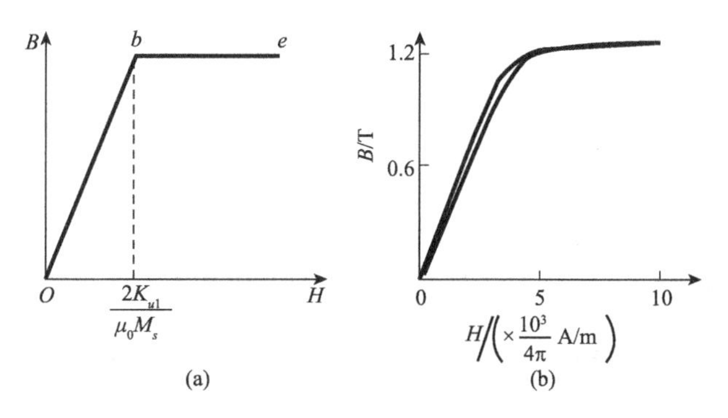

图 9.7.4　恒导磁材料（1J66）的理想曲线（a）和实验曲线（b）

9.7.2　由磁晶各向异性控制的可逆转动磁化

先分析一个磁畴受磁场作用发生磁矩转动的情况。把这个磁畴的易磁化方向同所加磁场的方向之间的夹角称为 θ_0，磁矩原在易磁化方向上，受外场的作用转了一个小角 θ，如图 9.7.5 所示。这时的外磁场能密度为

$$E_H=-\mu_0 M_s H\cos(\theta_0-\theta) \tag{9.7.14}$$

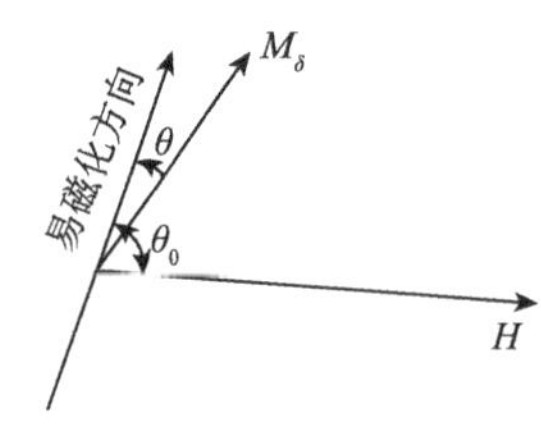

图 9.7.5 磁晶各向异性能作用下的转动磁化

这个数值比磁矩在易磁化方向时的数值$-\mu_0 M_s\cos\theta_0$要小。θ越大，静磁能越小，如果没有其他阻碍，磁矩会继续转动，直到$\theta=\theta_0$为止。但磁矩转动时，磁晶各向异性能要起作用。在单轴晶体的情况下，磁晶各向异性能为

$$E_K=K_{u1}\sin^2\theta+\cdots \tag{9.7.15}$$

单位体积中的总自由能是磁晶各向异能E_K和静磁能E_H之和，即

$$E=E_K+E_H=K_{u1}\sin^2\theta-\mu_0 M_s H\cos(\theta_0-\theta) \tag{9.7.16}$$

对式（9.7.16）求极小，可决定θ与外场H的关系

$$\frac{\mathrm{d}E}{\mathrm{d}\theta}=2K_{u1}\sin\theta\cos\theta-\mu_0 M_s H\sin(\theta_0-\theta)=0$$

在弱磁场下，磁矩转动的角度θ很小，所以上式中的$\sin\theta\simeq\theta$，$\cos\theta\simeq1$，$\sin(\theta_0-\theta)\simeq\sin\theta_0$，于是上式就简化为

$$\theta=\frac{\mu_0 M_s H}{2K_{u1}}\sin\theta_0 \tag{9.7.17}$$

另外，在磁场方向的磁化强度为

$$M=M_s\cos(\theta_0-\theta) \tag{9.7.18}$$

由式（9.7.17）和式（9.7.18）可计算起始磁化率

$$\chi_i=\left(\frac{\mathrm{d}M}{\mathrm{d}H}\right)_{H\to0}=M_s\sin(\theta_0-\theta)\frac{\mathrm{d}\theta}{\mathrm{d}H}$$

$$\simeq M_s\sin\theta_0\frac{\mathrm{d}\theta}{\mathrm{d}H}=\frac{\mu_0 M_s^2}{2K_{u1}}\sin^2\theta_0 \tag{9.7.19}$$

这是一个磁畴的起始磁化率。

在多晶体中，各个磁畴的易磁化方向分散在各个方向，θ_0有各种数值。要得到多晶体的χ_i值，需要假定在多晶体中只有畴转过程，并把式（9.7.19）对θ_0求平均。设各磁畴的易磁化方向是均匀分布的，那么由上式可得

$$\chi_i(\text{多晶})=\bar{\chi}_i=\frac{\mu_0 M_s^2}{2K_{u1}}\cdot\frac{1}{4\pi}\int_0^{2\pi}\int_0^{\pi}\sin^2\theta_0\sin\theta_0\,\mathrm{d}\theta_0\,\mathrm{d}\varphi=\frac{\mu_0 M_s^2}{2K_{u1}}\cdot\frac{2}{3}=\frac{\mu_0 M_s^2}{3K_{u1}}$$

$$\left[\text{在 CGS 制中，}\chi_i(\text{多晶})=\frac{M_s^2}{3K_{u1}}\right] \tag{9.7.20}$$

由磁化率立即可以得到磁导率。于是求得起始磁导率μ_i如下：由于$\chi_i\gg1$，所以

$$\mu_i(\text{多晶})=1+\chi_i(\text{多晶})\simeq\frac{\mu_0 M_s^2}{3K_{u1}}$$

$$\left[\text{在 CGS 制中，}\mu_i(\text{多晶})=1+4\pi\chi_i(\text{多晶})\approx\frac{4\pi M_s^2}{3K_{u1}}\right] \tag{9.7.21}$$

上面推得的是单轴晶体的 χ_i 和 μ_i。对立方晶体 $K_1>0$ 的情形，可以证明 χ_i（多晶）和 μ_i（多晶）的公式和式（9.7.20）及式（9.7.21）完全相同。对立方晶体 $K_1<0$ 的情形，可以推得

$$\chi_i（多晶）=\frac{\mu_0 M_s^2}{2|K_1|},\left[在\text{ CGS }制中，\chi_i（多晶）=\frac{M_s^2}{2|K_1|}\right] \tag{9.7.22}$$

$$\mu_i（多晶）=1+\chi_i（多晶）\simeq\frac{\mu_0 M_s^2}{2|K_1|}.\left[在\text{ CGS }制中，\mu_i（多晶）\approx\frac{2\pi M_s^2}{|K_1|}\right] \tag{9.7.23}$$

推导立方晶体的 χ_i（多晶）和 μ_i（多晶）的公式时，需用立方晶体的磁晶各向异性能的公式，并作适当的变动。其余步骤同上面对单轴晶体的推导相仿，即可得式（9.7.22)和式（9.7.23)。

以上我们讨论了磁晶各向异性在可逆畴转过程中所起的作用；推得起始磁化率和起始磁导率同磁晶各向异性常数 K_1 成反比，同饱和磁化强度 M_s 的平方成正比，所以在磁晶各向异性能作用下的转动磁化过程中，要得到高的磁导率，必须选用磁晶各向异性常数低的和饱和磁化强度高的材料。这就为很高频率的材料中，提高起始磁导率，指出了必须遵循的原则。

9.7.3　应力作用下的可逆转动磁化

前面讨论过，磁性物质中如果有应力，不论是什么原因引起的应力，都会发生另一种各向异性，称为应力各向异性。这如同磁晶各向异性能那样，对磁矩转动会起阻碍作用。因此，讨论这种情况的转动磁化，除考虑外磁场能外，还需要考虑应力引起的应力能。

如果所考虑的是磁致伸缩各向同性的材料，而且磁晶各向异性很弱，可以忽略，只有应力的作用比较强，那么应力引起的各向异性能就成为主要的，当磁化方向同应力方向之间为 θ 角时，根据第七章中对磁致伸缩各向同性的式（7.2.75），应力能密度为

$$E_\sigma=\frac{3}{2}\lambda_s\sigma\sin^2\theta \tag{9.7.24}$$

式中，σ 为应力。这个公式表示 $\theta=0$ 时，$E_\sigma=0$。如果 λ_s 和 σ 都是正的，则 $\theta=0$ 的方向，就是 E_σ 最小的方向。所以应力的方向是易磁化方向。在未受外磁场磁化前，饱和磁矩的方向应取应力的方向。

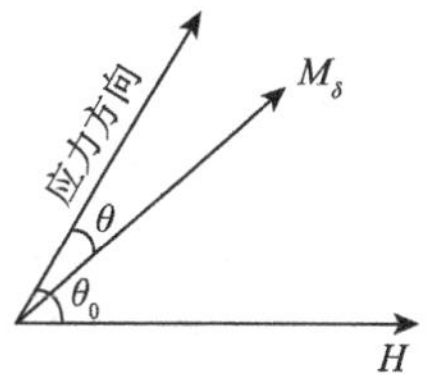

设所加磁场的方向同应力方向之间的角度为 θ_0，如图 9.7.6所示，在磁场作用下，饱和磁矩转了一个角度 θ，那时应力能 E_σ，就是式（9.7.24）所表示的。此式同表示单轴晶体的磁晶各向异性能的的式（7.2.1）完全相似，只是用 (3/2) $\lambda_s\sigma$ 代替了 K_{u1}。图 9.7.6 和图 9.7.5 又完全相似，所

图 9.7.6　应力作用下的转动磁化

以可以完全按照前面推导磁晶各向异性能作用下的公式的步骤：得到同前面式（9.7.19）相似的公式，只将 K_{u1} 换成（3/2）$\lambda_s\sigma$ 就可以

$$\chi_i=\frac{\mu_0 M_s^2}{2\left(\frac{3}{2}\lambda_s\sigma\right)}\sin^2\theta_0 \tag{9.7.25}$$

这是具有相同方向的、均匀的应力区域的起始磁化率。如果大块材料中各部分应力的方向在同一方向（θ 相同）上，而且又是均匀的，则上式也适用。

如果材料中各部分的应力是分散在各方向上的。例如多晶体中内部发生的应力，在不同晶粒中方向可以很不同，那么要计算材料的磁化率，需要求出式（9.7.25）中 χ_i 对方向的平均值。按照前面已经进行过的计算，需要计算 $\sin^2\theta_0$ 的平均值，这是 2/3。这样，由上式得

$$\chi_i(\text{多晶})=\frac{\mu_0 M_s^2}{2\left(\frac{3}{2}\lambda_s\sigma\right)}\cdot\frac{2}{3}=\frac{2M_s^2\mu_0}{9\lambda_s\sigma}\quad\left[\text{在 CGS 制中，}\chi_i(\text{多晶})=\frac{2M_s^2}{9\lambda_s\sigma}\right] \tag{9.7.26}$$

$$\mu_i(\text{多晶})=1+\chi_i(\text{多晶})\simeq\frac{2\mu_0 M_s^2}{9\lambda_S\sigma}.\left[\text{在 CGS 制中，}\mu_i(\text{多晶})\approx\frac{8\pi M_s^2}{9\lambda_s\sigma}\right] \tag{9.7.27}$$

从式（9.7.21），式（9.7.23），式（9.7.27）可以知道，要在可逆转动磁化过程中获得高的起始磁导率，必须满足下列条件：①材料的饱和磁化强度 M_s 要高；②材料的磁晶各向异性常数 K_1 和磁致伸缩常数 λ_s 要低；③材料结构要均匀，以免发生大的应力 σ。这些原则性的结论对如何采取措施来提高磁导率具有重要意义。

9.8 180°畴壁的弯曲导致的起始磁化率

前面所讨论的畴壁移动，都是假定畴壁作为刚性平面的移动。而在有些情况下（如畴壁面积能量较低或钉扎较强），畴壁在脱离掺杂或应力中心和其他钉扎点前，畴壁会发生弯曲，从而增加畴壁的面积，宛如一块弹性膜受力会膨胀一样。这时若将外磁场去掉，畴壁又回复原状。以 Fe、Ni、Co 而论，它们的畴壁能密度分别为 $2.9\times10^{-3}\text{J}\cdot\text{m}^{-2}$（$2.9\text{erg}\cdot\text{cm}^{-2}$）、$0.7\times10^{-3}\text{J}\cdot\text{m}^{-2}$ 和 $7.6\times10^{-3}\text{J}\cdot\text{m}^{-2}$，因此 Ni 的畴壁比较容易弯曲。由于畴壁弯曲时面积增大，故畴壁总能量增加（阻力能量增加），同时畴壁弯曲时又会扫过一定体积而引起磁矩的变化（作为推力的外场能量减小），这样便可求出磁化率[8]。

180°畴壁在外磁场作用下发生弯曲如图 9.8.1 所示，高为 h，宽为 l 的畴壁发生圆柱状的弯曲，R 为曲率半径，θ 为圆心角；S（H）和 S（0）为有和无磁场时的畴壁面积。

畴壁弯曲后畴壁的总能量变化为

$$f_\gamma=\gamma\,[S(H)-S(0)]=\gamma\,(R\theta h-lh)$$

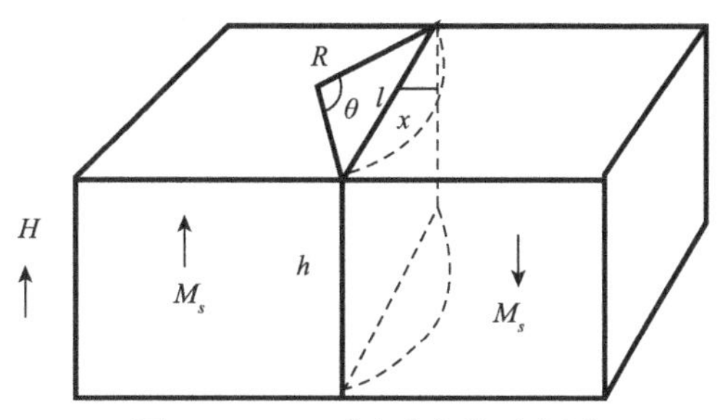

图 9.8.1　180°畴壁弯曲示意图

畴壁弯曲扫过体积 V，引起外磁场能量的总变化为 $f_H=-2\mu_0 HM_sV$。

当推力等于阻力时，畴壁不再继续弯曲，也还未离开钉扎点，于是得平衡条件

$$\frac{\gamma}{R}=2\mu_0 HM_s \quad 或 \quad H=\frac{1}{2\mu_0 M_s}\frac{\gamma}{R} \tag{9.8.1}$$

单位体积内由于畴壁弯曲引起体积的变化为 dv，由此得到的磁化强度为

$$M=2M_s\mathrm{d}v \tag{9.8.2}$$

由于畴壁弯曲成圆柱状，故 $\mathrm{d}v=\frac{2}{3}lhx$，$x$ 为畴壁中央的移动距离。

磁化率 χ 可从式（9.8.1）和式（9.8.2）求出

$$\chi=\frac{M}{H}=\frac{4\mu_0 M_s^2 R\,\mathrm{d}v}{\gamma} \tag{9.8.3}$$

当 x 较小时，磁化为起始阶段，故得起始磁化率 χ_i 为

$$\chi_i=\frac{4\mu_0 M_s^2 R}{\gamma}\ \frac{2}{3}lhx=\frac{4\mu_0 M_s^2 R}{\gamma}\ \frac{2}{3}lh\ \frac{l^2}{8R}=\frac{\mu_0 M_s^2 hl^3}{3\gamma} \tag{9.8.4}$$

由式（9.8.4）可见，初始磁化率 χ_i 与 M_s^2 成正比，与畴壁能量密度 γ 成反比。

9.9　磁化过程理论在实践中的作用

9.9.1　提高软磁材料技术磁性的思路

一种材料要得到广泛应用并且具有发展前景，必须在性能、工艺和价格等方面具有优势。软磁材料优异性能，主要包括高的磁导率、高的饱和磁化强度、低的矫顽力和低的损耗以及它们的温度稳定性等。

根据前面各节关于畴壁运动的阻力和磁导率的讨论，我们知道只要减少畴壁运动的阻力（或降低磁矩转向的阻力），就可以提高磁导率、降低矫顽力和减少磁滞损耗。通常采用成分选择、工艺因素来实现饱和磁化强度的增高、各向异性常数和饱和磁致伸缩常数的降低，只有这些条件实现了才有可能得到优异的软磁

特性，但这些条件的实现又有赖于材料内部的显微组织结构（晶粒形状尺寸、晶界的分布、晶粒和晶界的成分、原子排列等）的适当。下面以坡莫合金、软磁铁氧体和硅钢为例，进一步说明理论思路在实际中的应用。

比较9.5～9.8节的有关公式，可以看到一个共同点，就是**χ_i 或 μ_i 都同 M_s^2 成正比**。所以不论经过什么过程的磁化，要获得高 μ_i，都需要材料的 M_s 值高。至于材料的另两个参量 K_1 和 λ_s 以及应力 σ 在 χ_i 或 μ_i 公式中所占的地位，要看在什么条件下和经过什么磁化过程而定。在只有磁晶各向异性起作用的情况。公式中常数 K_1 居重要地位；在应力起主要作用时，$\lambda_s\sigma$ 居重要地位；如果磁晶各向异性和应力都起作用。K_1 和 $\lambda_s\sigma$ 就都出现在公式中。虽然在不同过程中，各公式有不同的特殊形式。但从这些公式中可以看到这样一个普遍性，就是**K_1 和 $\lambda_s\sigma$ 如果出现，都出现在计算 μ_i 公式的分母中（畴壁能 γ 中包含有 K，也是在分母中）**。所以总起来说，要得到高 μ_i 除前面提到需要有高 M_s 值外，还必须要 K_1 值和 $\lambda_s\sigma$ 值都低。当然，在材料中除去有害的掺杂也很重要。这是前面四节推得的关于起始磁导率规律的主要内容。

至于 μ_i 公式中的系数。各式不同，是次要的。在推导公式时，会设想条件的简化。有时还采用近似的数学步骤，这些都会影响系数。我们不能期望用这类公式准确地算出 μ_i 值。要紧的是上面所说的主要内容，这对考虑有关 μ_i 问题时可以起原则性的指导作用。磁性材料的性能受许多因素的影响。它的改进需要在理论的指导下的不断实践。

9.9.1.1 铁镍合金起始磁导率的提高

第七章中提到，铁的 K_1 值在室温下是正值，而镍的 K_1 值是负值；这两种金属的 λ_s 值在室温下也是正负相反的，所以在适当成分比例的铁镍合金中，这两个常数 K 和 λ_s 可以具有很低的数值；图9.9.1显示Ni－Fe合金的 K_1 值随Ni成分的变化；经过淬火的合金，在75%Ni时，K_1 等于零。图9.9.2显示Ni－Fe合金的 λ_s、B_s、T_c 值随Ni成分的变化：λ_s 在82%Ni时等于零，B_s 在46%Ni时最大。

图9.9.1中显示热处理对 K_1 值影响很大，K_1 零值落在多大的Ni成分上是同热处理有关的，原因是在这成份上发生有序、无序相变。K_1 随退火温度的变化与有序度随退火温度的变化相似。经淬火的合金的 K_1 和 λ_s 值在Ni成分为75%和82%时降到零。所以按这个成分制备的合金，经过淬火，有可能得到高的 μ_i 值。图9.9.3显示Ni－Fe合金同一成分的 μ_i 值受热处理的影响。并显出Ni78.5% Fe21.5%的合金受双重热处理后，μ_i 达到10000。这样成分的合金称为78坡莫合金，是具有高磁导率的优良软磁材料（含Ni量在35～90wt%的Fe－

Ni 合金统称坡莫合金)。

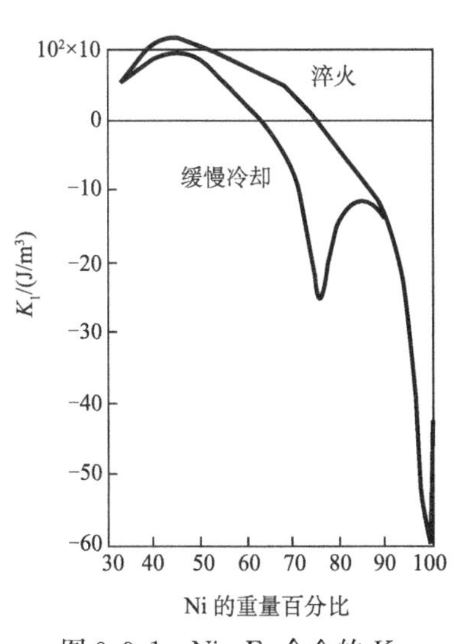

图 9.9.1　Ni-Fe 合金的 K_1 值随 Ni 成分的变化

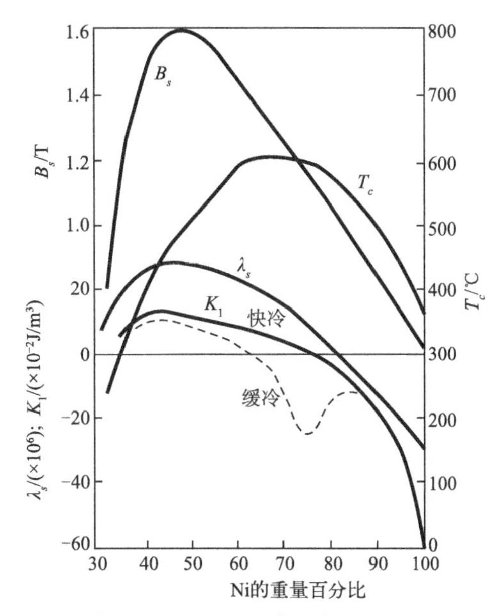

图 9.9.2　Ni-Fe 合金的 B_s、K_1、T_c 和 λ_s 值随 Ni 成分的变化

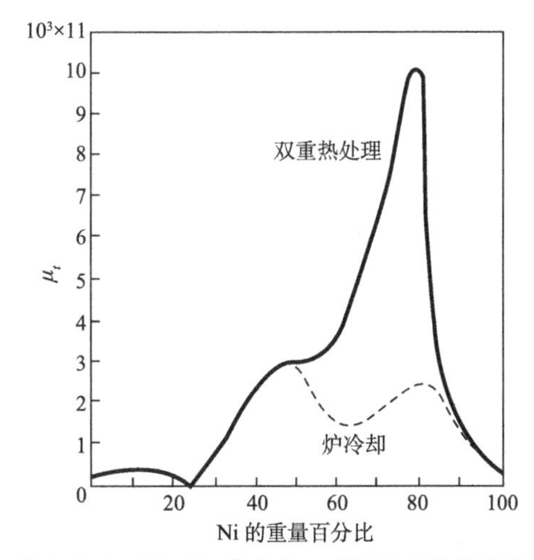

图 9.9.3　Ni-Fe 合金的 μ_i 随 Ni 成分的变化

上面所说的双重热处理已成为制备坡莫合金的标准过程，其步骤如下：

(1) 加热到 1000℃上下，缓慢冷却到 600℃（冷却速度每小时 100℃）。

(2) 然后从 600℃进行空气淬火（冷却速度每分钟 1500℃）。

热处理的温度、时间和冷却速度影响材料的晶体结构，和原子的排列配置，因而影响 K_1 和 λ_s 这些参量的数值以及它们随温度的变化，利用这点可以控制

K_1，λ_s 在某一温度处理下数值最小，从而在这一温度处理后在室温得到的 μ_i 特别高。所以在磁性材料的制备工艺中热处理居重要地位。

如果在同 78 坡莫合金相仿成分的材料中掺入少量的钼、铬或铜，不需要进行淬火就可以提高 μ_i 很多，还可以提高电阻率（ρ）。电阻率的提高可以减低涡流损耗。原因是在 78 坡莫合金中，少量第三组元的加入，可以延缓合金中的有序化进程，使 K_1 和 λ_s，同时为零。现在把刚才提到的四种铁镍合金的成分和性能列在表 9.1，作一个比较。

表 9.1　五种铁镍合金的有关数据

名称	成分	热处理/℃	μ_i	ρ/（$\times10^{-8}\Omega\cdot$m）
78 坡莫合金	78.5Ni，21.5Fe	1000 退火缓冷至 600 淬火	8000	16
超坡莫合金	5Mo，79Ni，16Fe	1300 控制退火速度	100000	60
铬坡莫合金	3.8Cr，78Ni，18.2Fe	1000	12000	65
μ 金属	5Cu，2Cr，77Ni，16Fe	1175 氢气中退火	20000	62
48 坡莫合金	48Ni，52Fe	磁热处理	11000	48

从表中看到，前四种合金中有三种的 μ_i 要高得多，特别是第二种。人们认为这些材料 μ_i 的提高是由于按照表中成分加入第三种成分后，材料的 K_1 和 λ_s 两个参量差不多都达到零的缘故。第四种材料在氢气中退火。为的是要去掉杂质。免除壁移磁化的阻碍。

前已谈到起始磁导率与 M_s^2 成正比。所以提高 M_s 也是提高 μ_i 的途径之一。含 50%镍的铁镍合金的饱和磁感应强度 B_s 比镍成分高的 80 铁镍合金约高一倍，如果再提高材料的纯度加以适当的磁场热处理，就可以提高 μ_i，如表 9.1 中的第五种合金就是如此。合金中的 B_s 值和 μ 值都高的材料是近年发展的优质软磁材料。此外，通过磁场热处理和塑性形变也可以在特定方向提高 μ_i 其原因是这样的处理造成样品内都是 180°的壁移磁化。

从上述例子中，我们看到合金磁性材料的起始磁导率，可以按照上几节中总结出来的理论原则指导下在实践中得到提高。

9.9.1.2　软磁铁氧体起始磁导率的提高和温度稳定性

提高软磁铁氧体起始磁导率的几个途径。

在软磁铁氧体的制备工艺中，采取一些办法来提高 μ_i 值，现在根据上几节的原则分别说明如下：

（1）**提高 M_s**　不论在什么过程中磁化，磁导率都同 M_s 的平方成正比，因此提高 M_s 值是提高 μ_i 值的有效办法之一。在尖晶石型铁氧体的制备中加入锌的成分，可以提高 M_s 值。现在含锌的复合铁氧体有锰锌、镍锌、锂锌等铁氧体。

（2）**降低 K_1**　在上几节的讨论中，说到在转动磁化过程中，或在某些壁移磁化过程中，要提高 μ_i，必须降低 K_1。几种成分按适当比例配合可以制成 K_1 值较低的复合铁氧体。在第七章的表 7.4 中有两种锰锌铁氧体的 K_1 值显著地比锰铁氧体低。在锰锌铁氧体中，锌的成分不但使 M_s 提高，而且使 K_1 减低。这说明为什么这种铁氧体的 μ_i 值可以很高。

这里我们要提到钴的作用。在第七章的表 7.4 中可以看到各种立方晶系的铁氧体在室温下具有负的 K_1 值，只有钴铁氧体（$CoFe_2O_4$）的 K_1 值是正的，而且数值很大。所以在那些具有负的 K_1 值的铁氧体的制备中，掺入少量钴成分。制成含有钴铁氧体的复合铁氧体，就可以使有效 $|K_1|$ 值很低，从而提高 μ_i。

现在我们就钴铁氧体本身看一下钴含量对 K_1 值的影响。图 9.9.4 表示 $\mathrm{Co_\delta Fe_{3-\delta}O_4}$［也可以写成 $\mathrm{(CoO)_\delta}$［$\mathrm{(FeO)_{1-\delta}}$ $\mathrm{(Fe_2O_3)}$］中未加 CoO 前（$\delta=$ O)，$\mathrm{Fe_3O_4}$ 在室温下的 K_1 是 $-12\times10^3\mathrm{J/m^3}$。在 130K 的低温它的 K_1 是零。加了 $\delta=0.01$ 的 CoO 后（代替了 FeO 的百分之一），K_1 的零点就挪到 300K (27℃) 附近。这样，在室温范围的 μ_i 就提高了。图 9.9.5 表示相应的 μ_i 值随温度的变化。我们可以看到在 $\delta=0$ 时，μ_i 的一个峰在 130K 的温度；$\delta=0.01$ 时，μ_i 的峰挪到 300K 附近了。这里举钴的单一铁氧体为例，只是说明，加钴可以减低 K_1，从而提高 μ_i。在这个例子中 μ_i 提高不多。因为没有对其他因素，M_s 和 λ_s 采取措施。从图 9.9.4 可以推测，如果钴加到 $\delta=1$。就是形成 $\mathrm{CoFe_2O_4}$，它的 K_1 值一定是很大的正值，从表 7.4 可以看到实测值是 $+270\times10^3\mathrm{J/m^3}$。所以把适量的钴和其他材料制成复合铁氧体，利用钴对 K_1 的影响，并同时对 M_s 和 λ_s 采取适当措施。就可以提高 μ_i 值很多。

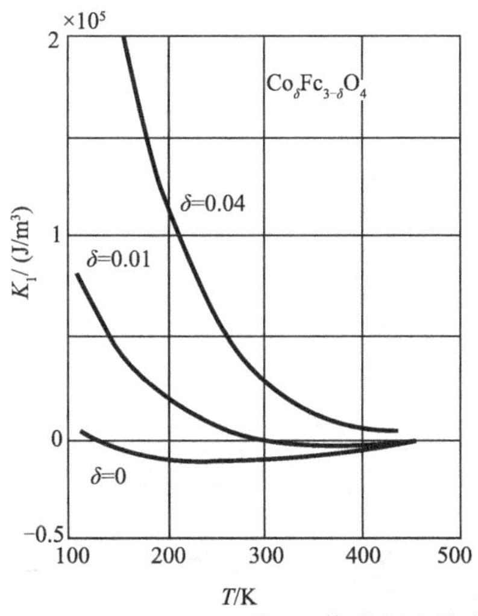

图 9.9.4 $\mathrm{Co_\delta Fe_{3-\delta}O_4}$ 的 K_1 值随温度的变化

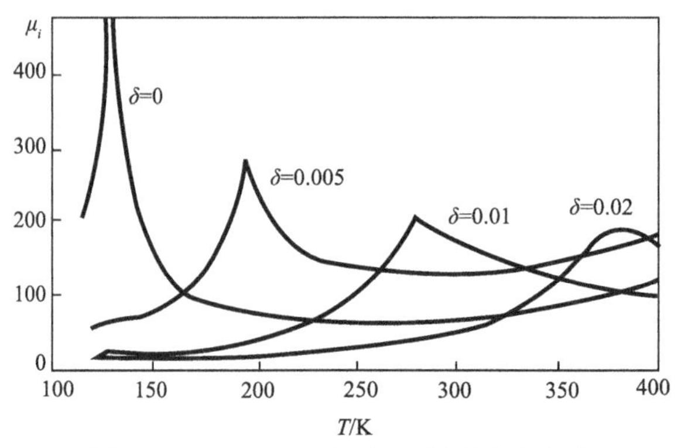

图 9.9.5 $Co_\delta Fe_{3-\delta}O_4$ 的 μ_i 随温度的变化

(3) **降低 λ_s** 在上几节的结论中说到，有应力 σ 作用时，要获得高 μ_i 值，不论从转动磁化或壁移磁化考虑，都需要 ($\lambda_s\sigma$) 的值低。λ_s 是材料性能参数之一，如果制备材料时使 λ_s 的值低。不论应力 σ 怎样产生。($\lambda_s\sigma$) 值也就低了。所以减低 λ_s 值也是提高 μ_i 值的重要途径之一。

对于多晶体材料而言，用 λ_s 的平均值 $\bar{\lambda}_0$ 来考虑问题。在复合铁氧体中，如果成分配合适当，可以获得很低的$\overline{\lambda_0}$。例如，在第七章的表 7.5 中有一种锰锌铁氧体的 $\bar{\lambda}_0$ 低到 -0.5×10^{-6}。对多晶体的复合铁氧体，选择适当成分比例是获得低$\overline{\lambda_0}$值的方法。

(4) **配方中提高 Fe_2O_3 含量所起的作用** 在正分的尖晶石型铁氧体中，Fe_2O_3 和二价金属氧化物分子一对一地结合着，组成 $MO\cdot Fe_2O_3$。在铁氧体中两种分子数相等，各占总分子数的一半，即 50%。在复合铁氧体中，如果仍是正分，例如在 $(MnO)_x$ $(ZnO)_{1-x}$ (Fe_2O_3) 中，Fe_2O_3 仍占总分子数的一半，摩尔比还是 50%。现在在锰锌、镍锌等一类尖晶石型铁氧体的配方中，都把 Fe_2O_3 的摩尔百分比提高到 50%以上，这对提高 μ_i 值起很重要的作用。图 (9.9.6 (a) 是近年由实验测定的锰锌铁氧体的 μ_i 值随成分变化的情况，μ_i 的最高值达到 40000 都出现在 Fe_2O_3 的摩尔比从 52%到 54%之间，为什么会发生这样的效果呢?

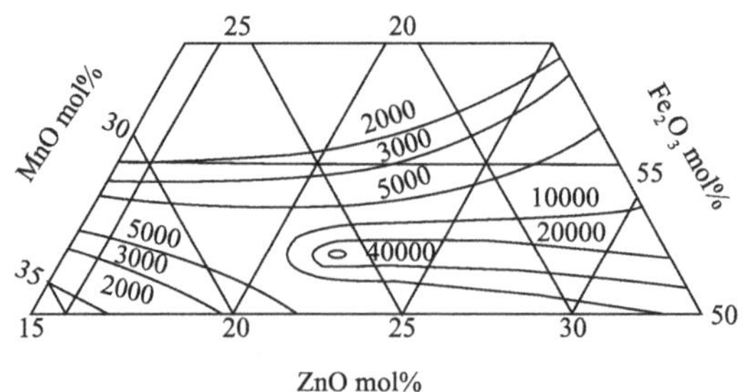

图 9.9.6 (a) 锰锌铁氧体中的 μ_i 随成分的变化[9]

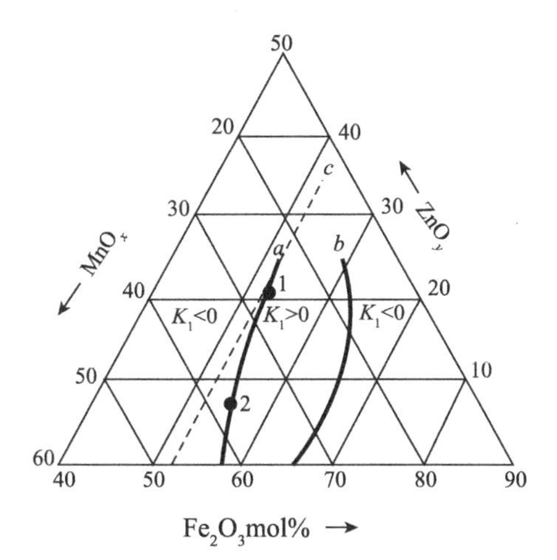

图9.9.6（b） 锰锌铁氧体在 $K_1=0$ 和 $\lambda_s=0$ 时三个组成部分的含量：曲线 a 和 b，$K_1=0$；曲线 c，$\lambda_s=0$[10]

大田惠三在1963年研究了这个问题，发现锰锌铁氧体三个组成部分的含量比例如果逐步改变，制成的铁氧体的 K_1 值会从负值经过零变到正值。图9.9.6（b）显示锰锌铁氧体三个组成部分的摩尔百分比变化时，K_1 值在20℃的变化。现把铁氧体的分子式写成（MnO）$_x$（ZnO）$_y$（Fe_2O_3）$_z$，x，y，z 代表三部分的百分比。可以看到，若 Fe_2O_3 从50%多增大到60%以上的范围时，K_1 从负值变到正值。图中 a 和 b 两条线是 $K_1=0$ 时三部分成分的含量。所以把 Fe_2O_3 的摩尔比提高到50%以上，再有其余两部分含量的适当配合，可以使 K_1 的绝对值减到很低，甚至到零。这样就可以提高 μ_i 值很多。

此外，提高 Fe_2O_3 的摩尔比到50%以上也对减低磁致伸缩常数有利。在第七章的表7.10中可以看到，在多晶体的铁氧体中只有 Fe_3O_4 的 $\overline{\lambda_0}$ 是正值，其余铁氧体的 $\overline{\lambda_0}$ 都是负值。在尖晶石型铁氧体的配方中把 Fe_2O_3 的克分子比提高到50%以上，在通常的烧结过程中，就有FeO形成，在铁氧体中就有 Fe_3O_4 存在。后者的 $\overline{\lambda_0}$ 正值和铁氧体其余部分的 $\overline{\lambda_0}$ 负值会起局部抵消作用，使制成的铁氧体具有较低的 $\overline{\lambda_0}$ 值。实验观察到，当 Fe_2O_3 的摩尔比在52%到53%左右时，λ_s（即上面所说的 $\overline{\lambda_0}$）由负值经过零转到正值。图9.9.6（b）中曲线 c 显示 $\lambda_s=0$ 时铁氧体三部分成分的比例。在图中"1"点附近。K_1 和 λ_s 都接近零，因此以那一点附近的成份配方制成的铁氧体必然具有高的 μ_i 值。

现在核对一下 μ_i 值的情况：图9.9.6（a）示出当锰锌铁氧体的三种成分比例是 Fe_2O_3 的比在52%左右，MnO 26%左右，ZnO 22%时，μ_i 达到最高值；这个成分正是图9.9.6（b）曲线 a 上的"1"点。到此为止，我们已讨论了如何调整锰锌铁氧体的三部分成分比例来减低 K_1 和 λ_s 值，从而提高 μ_1 的例子，但通常认为 K_1 的作用比 λ_s 更重要些。

再举几种锰锌铁氧体常用配方的例子。如表 9.2 所示，型号中的数字代表要达到的 μ_i 值，例如 MnZn－2000 中的 2000 表示 μ_i 值应在 2000 上下。我们看到，这些配方中的成分比例都落在图 9.9.6（b）中的“1”点附近。从这些配方中还可以看到，随着要求的 μ_i 升高，ZnO 的含量也有增高。这是符合上面提高 μ_i 的办法的。因为 Zn 的提高可以增高 M_s 和减低 K_1，这都有利于提高 μ_i 的。又从图 9.9.6（b）可以看到，沿着曲线 a（$K_1=0$），ZnO 提高，Fe_2O_3 就需要稍减，这样才能维持在那条线上，也就是保持 $K_1=0$ 的状态。而且 a 线和 c 线更接近，使 $K_1=0$ 和 $\lambda_s=0$ 同时出现。在这些配方中，上面提到的钴（Co）没有作为主要成分来使用。有时作为“加杂”，例如在配方的主要成分之外再加重量 0.14%那样小量的 CoO 是作为改进 μ_i 的温度系数之用的，这在下面就要讨论。为了提高品质因素 Q，有时外加微量 Ca，例如 MnZn2000 配方中有时加重量 0.01%的 $CaCO_3$。

表 9.2 锰锌铁氧体的配方，摩尔%

型号	Fe_2O_3	MnO	ZnO	加杂
MnZn－2000	53.0	28.0	19.0	CoO 重量 0.14%或 $CaCO_3$ 0.1～0.2%mol
MnZn－4000	52.0	27.0	21.0	
MnZn－6000	52.0	25.0	22.0	
MnZn－10000	51.0	24.0	25.0	

（5）**烧结过程的影响** 决定 μ_i 值的另一些因素是材料的不均匀性和应力，这些都与烧结过程有关。如果烧结温度和时间适当，退火也符合要求，可以使烧成的材料结构比较均匀，晶粒大小适当，空隙少，不容易发生应力，这样对磁化的阻碍就小。例如锰锌铁氧体的磁导率受烧结情况的影响就很大。烧结条件影响烧结后样品内晶粒的大小，从而影响 μ_i 值。图 9.9.7 显示一种锰锌铁氧体（摩尔比：$Fe_2O_5$52.5%，MnO28.3%，ZnO19.2%）在不同烧结条件下烧成，因而晶粒大小不同，μ_i 值就差别很大。当晶粒直径在 5μm 以下，μ_i 只有 500 左右，晶粒可能全是单畴的。当晶粒直径在 5μm 以上时，可能已超过单畴临界尺寸，发生了壁移磁化，所以 μ_i 骤增，达到 3000 以上。

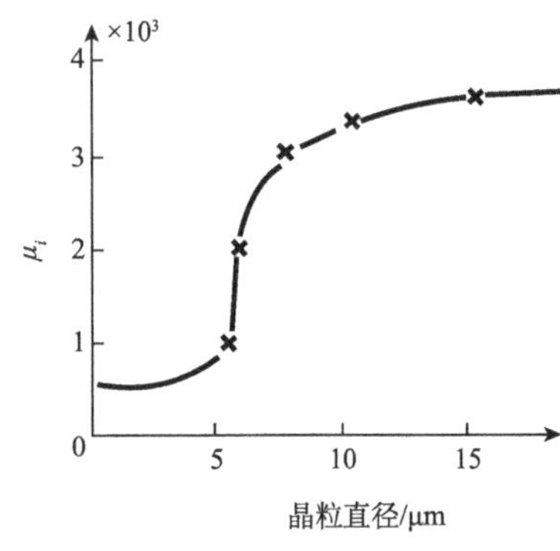

图 9.9.7 晶粒尺寸对 μ_i 的影响

烧结温度太低，烧成的材料结构松散，密度低，不均匀，空隙多，结果 μ_i 低。空隙对磁导率影响很大，原因是它阻碍了畴壁位移，正如掺杂理论讨论过的一样。图 9.9.8 显示一种镍锌铁氧体（$Ni_{0.5}Zn_{0.5}Fe_2O_4$）的空隙率 p（p=空隙体积/总体积）对 μ_i 的影响。图中注明了烧结温度，可以看出烧结温度怎样影响空隙率，从而影响 μ_i。

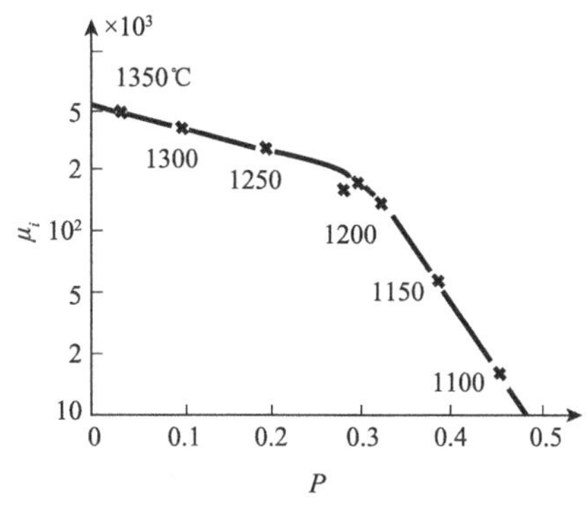

图 9.9.8　空隙率对 μ_i 的影响

近年发展了高磁导率的锰锌铁氧体。得到高磁导率的条件是：一方面需要维持适当的锰和锌的比例，使产品在要求的温度范围差不多不显出磁晶各向异性（$K_1 \to 0$）；另一方面需要产生大晶粒，并防止在晶粒内部出现哪怕是微量的空隙。适当的锰锌比例是配方问题。晶粒大小和空隙是烧结和退火的问题。图 9.9.9 是锰锌铁氧体的起始磁导率 μ_i 随晶粒直径 d 变化的情况。

提高烧结温度可以使烧成的材料晶粒大，密度高，这是对提高 μ_i 值有利的，但要防止产生大空隙和大应力对提高 μ_i 值不利的一面。因此，把烧结温度、保温时间和退火条件作恰当的控制是铁氧体工艺中很重要的一环。这需要在实践中总结经验，找出规律。μ_i 随晶粒尺寸增大而提高的观点，在软磁铁氧体中是行之有效的，但是在纳米晶软磁合金中这一观点需要改正（详见下节）。

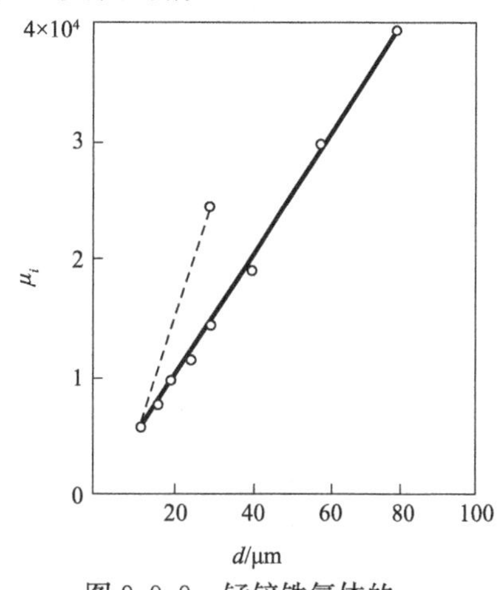

图 9.9.9　锰锌铁氧体的 μ_i 随晶粒直径的变化

软磁铁氧体起始磁导率的温度系数问题。

磁性物质的 K_1 值和 λ_s 值是随温度变的，甚至在一段温度范围是正值，到另一段温度变为负值。例如图 9.9.4 中钴铁氧体 K_1 值的变化情形。M_s 也随温度有变化。所以 μ_i 是随着温度改变的，如图 9.9.5中所示。但磁性材料的应用，要求 μ_i 值稳定，随温度变化要小。表示磁导率随温度变化的一个参量称为磁导率的温度系数，它的定义是$\frac{1}{\mu}\frac{\Delta\mu}{\Delta T}=\frac{1}{\mu_{T_1}}\frac{\mu_{T_2}-\mu_{T_1}}{T_2-T_1}$，这代表温度每改变一度时，$\mu$ 改变百分之几的一个数值，用字母 α_μ 来表示。例如 MnZn－2000，一般要求 $\alpha_\mu \leqslant 2000\times10^{-6}$。有时用相对温度系数表示对材料的要求。$\mu$ 的相对温度系数定义为$\frac{\alpha_\mu}{\mu}=\frac{1}{\mu^2}\frac{\Delta\mu}{\Delta T}$，上述对 MnZn－2000 的指标也可以写成$\frac{\alpha_\mu}{\mu}\leqslant 1\times10^{-6}$。

现在以锰锌铁氧体为例说明怎样可以减低 α_μ。一个办法是控制 Fe_2O_3 的适当含量。Fe_3O_4 在一段低温中，K_1 值是正的。如果在锰锌铁氧体配方中，如同前面所说那样，把 Fe_2O_3 的摩尔比提高到50%以上，就有 Fe_3O_4 形成，它的正 K_1 值和铁氧体的其余部分的负 K_1 值会起抵消作用，可能在某一温度（在低温范围）使联合的 $K_1=0$，这样在低温区就会出现一个 μ_i 的峰值。调整配方中 Fe_2O_3 的量，便产生的 Fe_3O_4 含量适当，就可以在两个峰值所在的温度之间，在材料使用的一段温度范围内，使 α_μ 达到很小。图 9.9.10 表示在锰锌铁氧体某一个配方中，当 Fe_2O_3 的摩尔比在53.6%时，可以使成品的 μ_i 在10℃到60℃之间维持不变。

另一个降低锰锌铁氧体的 α_μ 的办法是利用钴的作用。（这个方法同样可用于镍锌铁氧体）。前面提到，$CoFe_2O_4$ 具有正的 K_1 值，而且数值较大；其他尖晶石型铁氧体具有负的 K_1 值。所以使适量的 $CoFe_2O_4$ 存在于锰锌铁氧体中可以发生正负 K_1 值的抵补作用，做到在材料使用的一段温度内，μ_i 随温度变化很小。这个办法原则上同上面所说调整 Fe_2O_3 的配方比是相似的。具体做法是在配方中有意加入微量 CoO，使成品中有 $CoFe_2O_4$ 形成。在前面所举 MnZn-2000 的配方中加入微量 CoO，就是为了这个目的的。图 9.9.11 表示在一个 MnZn-2000 配方中，加进 0.3%重量比的 CoO 时，在−10～70℃一段温度中，$\alpha_\mu<300\times10^{-6}$，使图中这段曲线显得很平直。

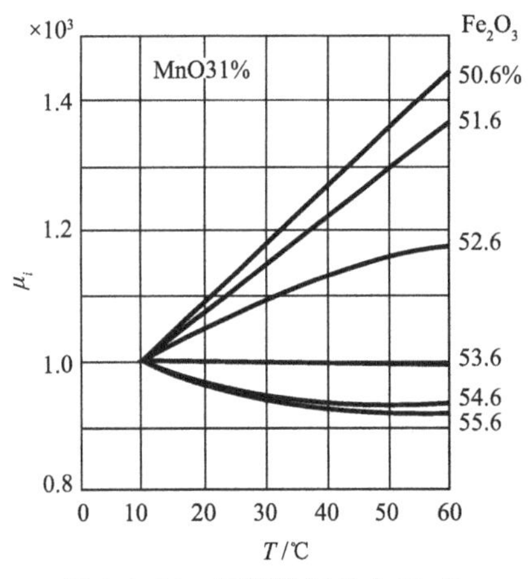

图 9.9.10 锰锌铁氧体中 Fe_2O_3 含量对 μ_i-T 的影响

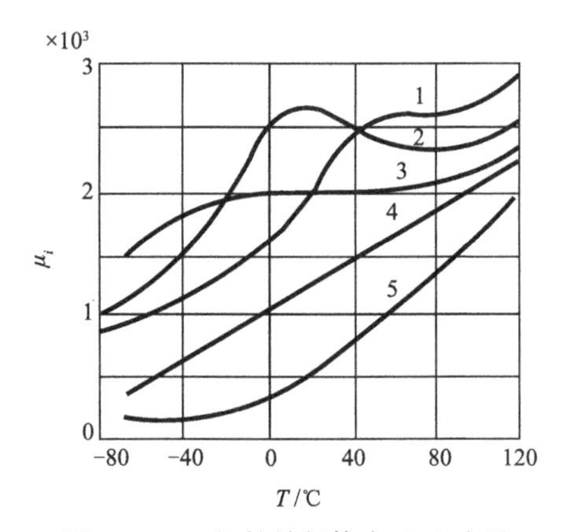

图 9.9.11 锰锌铁氧体中 CoO 含量对 μ_i-T 的影响。CoO 含量：1，0%；2，0.1%；3，0.3%；4，0.5%；5，1%

除 CoO 外也曾把微量的 Al_2O_3 或 Cr_2O_3 掺入锰锌铁氧中以降低 α_μ。近年来在有些应用上对 μ_i 的稳定性有更高的要求，所以需更低的 α_μ。

近来采用一种办法使电路中的磁性器件的有效 α_μ 很低。这方法只要求把所用磁性材料的 μ 做到随温度的变化是线性的。然后在所用的电路中设法使它的功能也随温度有线性的变化，这样来补偿磁性材料 μ 的变化，做到磁性器件在需要的温度范围内性能稳定。

以上介绍了如何提高一类合金软磁材料（铁镍合金）和软磁铁氧体起始磁导率的一些办法，最后还谈到怎样降低铁氧体的起始磁导率的温度系数问题。根据前面讨论过的原则，可以理解采取这些办法的理论根据。今后改进磁性材料性能的工作还需要把实践和理论结合起来不断发展，不断创新。

9.9.1.3 硅钢片磁性的提高

电力和电信设备如发电机、电动机、变压器、脉冲变压器和磁放大器等上用的大功率软磁材料，通常用的是金属合金材料，如电工纯铁、低碳钢（含碳量少于0.10*wt*%）、硅钢片等。虽然有些国家的低碳钢的用量可与硅钢片相比，但就全世界而论，硅钢片的用量还是最大。本节着重讨论磁畴理论如何指导硅钢片磁性的提高。

对大功率软磁材料性能的要求是：最大磁导率 μ_m 和饱和磁通密度 B_s 要高，矫顽力 H_c 和磁滞损耗 W_h 要低。可见对大功率软磁材料的要求与弱磁场中应用的软磁材料是不同的，后者的主要要求是对起始磁导率 μ_i 的要求（这两类材料的磁化曲线的比较见图 9.9.12，关于如何应用磁化过程的理论来提高 μ_i 我们在前面已经讨论过了。这里先说明一下大功率软磁材料为什么要有这些要求，然后再论述磁畴理论与硅钢片磁性的关系。

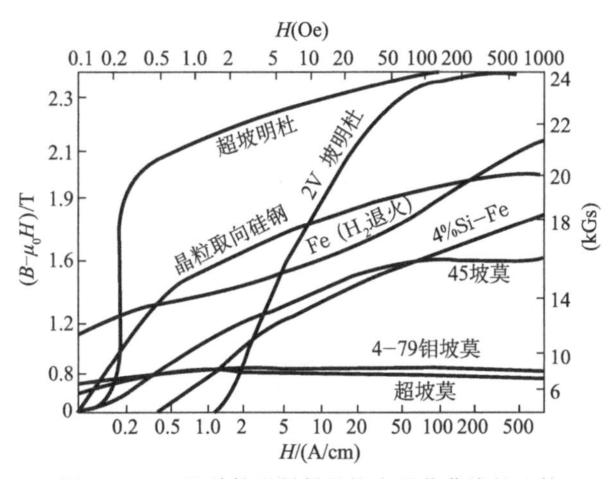

图 9.9.12 几种软磁材料的换向磁化曲线的比较

横坐标对不同材料，使用单位不同

大功率材料是用在大电流上的，磁化要进到不可逆阶段，直到饱和磁化强度的 70%～80%。所以必需对它的最大磁导率（这是不可逆阶段最上部的磁导率）有所要求。

既然是大功率的器件，就有一个损耗问题。从磁性材料本身来考虑，主要是要求涡流损耗和磁滞损耗要小（涡流损耗和磁滞损耗总称为铁损）。为了降低或避免发生涡流现象，金属合金磁性材料都做成薄片，薄片表面上再有一层绝缘膜，然后把薄片叠起来使用。磁滞损耗同磁滞回线所包围的面积成正比，矫顽力小，磁滞回线所包的面积就很窄，损耗也就小了，而且矫顽力小了，大部分磁化曲线在磁场增加不大时就陡峭地上升，这就表示磁导率高，这也是对一般软磁材料的要求。

由于功率的传递是通过磁化过程来实现的，那么欲使功率高，就要求能达到的磁感应强度 B 要大，达到的 B 值需要高到饱和磁感应强度 B_s 的 70%～80%，所以要求 B_s 也要高。在这一点上，铁氧体不如金属。纯铁和硅钢的 B_s 可以高到 2T（20000Gs）以上，而铁氧体软磁材料的 B_s 最高只有 0.4T（4000Gs）上下，尽管铁氧体有电阻率高的优点，不需要做成薄片就可以在很大程度上减低涡流损耗，但它仍然不能在电力设备中取代金属合金磁性材料。

为什么硅钢片能被广泛采用呢？**因为铁中含有少量杂质**，特别是碳和氮对性能有不良的影响。平常含有 0.2%杂质的铁，虽经 950℃的热处理后，得到 $\mu_i \simeq 150$，$\mu_m \simeq 5000$，$H_c \simeq 80\text{A/m}$（1.0Oe），性能还不够好。当然，如果把这种铁放在氢气中经 1480℃的热处理，可以使杂质总量降到 0.05%，做到 $\mu_i \simeq 10000$，$\mu_m \simeq 200000$，$H_c \simeq 4\text{A/m}$（0.05Oe），性能改善很好，但这样的热处理，不仅费用大，又不实用。铁还有一个缺点，在 130℃的温度下，它的磁导率会逐渐减退，矫顽力会升高，这称为磁性老化。因为在这温度下有少量氧化铁或碳化铁脱溶出来的缘故，而且铁的电阻率较低（$10^{-7}\Omega\cdot\text{m}=10^{-5}\Omega\cdot\text{cm}$），用于交流电机上时涡流损耗大，所以**硅钢发展后，就取代了这里所述的铁**。

低碳钢（$<0.01wt\%$C）的价格比硅钢片便宜，但损耗较大，因此在以价格便宜为主，损耗数值为辅的场合（如间歇性的工业设备）下则广泛采用低碳钢。美国目前有四种牌号生产，用量可与硅钢片相比拟。

1）**硅钢的性能**

铁中加少量硅成为合金（碳的含量控制在 0.021%以下），这可以增加材料的最大磁导率，减低老化作用，增加电阻率，减低矫顽力，从而降低损耗。这是有利方面，但加硅也有不利之处，首先会使饱和磁化强度 M_s 减低，因为硅是非磁性物质。好在加入的硅一般不超过 $5wt\%$，对 M_s 影响不大。其次，加硅还会使材料变硬、变脆，不利于轧成薄片，这又是一个缺点。由于这些情况，一般用于变压器中的硅钢片含硅量为 $3\sim4wt\%$，用在发电机和电动机上的硅钢片含硅量为 $1\sim3wt\%$。总之，硅钢的优点远超过缺点，因而被广泛使用。

前面提到对大功率材料需要考虑它的最大磁导率。最大磁导率出现在不可逆磁化阶段。我们推得不可逆磁化阶段的磁化率有如下关系：

$$\chi \propto \frac{M_s^2}{K_i} \text{ 和 } \chi \propto \frac{M_s^2}{\lambda_s \sigma}$$

这些关系当然也包括最大磁导率的情况，所以要提高最大磁导率 μ_m，必须降低 K_i 和 λ_s，或提高 M_s。图 9.9.13 是硅钢的 K_i，λ_s，B_s，T_c 和电阻率 ρ 随含 Si 量的变化，实验表明，随着硅成分的增加，K_i 差不多线性地下降，外推到硅的重量比达到 11%左右时，K_i 降到零。实验又表明，随着硅成分的增加，λ_s 的值也减低，当硅的重量比稍高于 6%时，λ_s 值趋于零。从 K_i 和 λ_s 值随硅成分变化的情况来看，我们估计 μ_m 会随硅成分增加而增加，到重量比是 5%左右时，μ_m 应该会达到最高值。在图 9.9.14 中，虽然实验数据只包括硅的重量比到 4.25%，但已可以看出，从 3.5%开始，μ_m 上升的趋势，这就证明了加硅可以提高 μ_m，此外，加硅以后得到的磁致伸缩的减小，直接就可降低变压器、镇流器等器件的振动噪声。

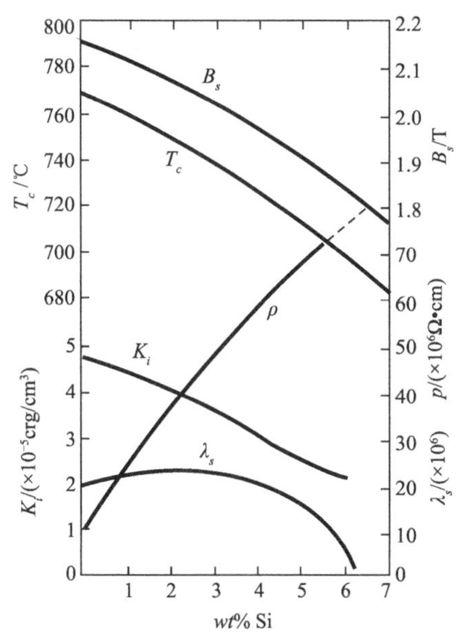

图 9.9.13　硅钢的磁晶各向异性 K_i、磁致伸缩 λ_s、电阻率 ρ、居里点 T_c，饱和磁通密度 B_s 随硅含量的变化

以前也曾推得临界场 H_0 与 K_i，λ_s 和 M_s 的关系，由于临界场与 H_c 是成正比的（见下面）故矫顽力也同 K_i 和 λ_s 的关系为

$$H_c \propto \frac{K_i}{M_s} \text{ 和 } H_c \propto \frac{\lambda\sigma}{M_s}$$

根据图 9.9.13 示出的硅钢片的 K_i 和 λ_s 随硅成分的变化情况，从上面这两个公式可以知道，H_c 将随硅的增加而减低（当硅的重量比在 0 到 5%范围时，M_s 的减低是比较少的，影响不大。）图 9.9.14 中示出的实验曲线表明，H_c 随硅的增加而降低，硅重量接近 5%时，H_c 有趋于零的倾向。

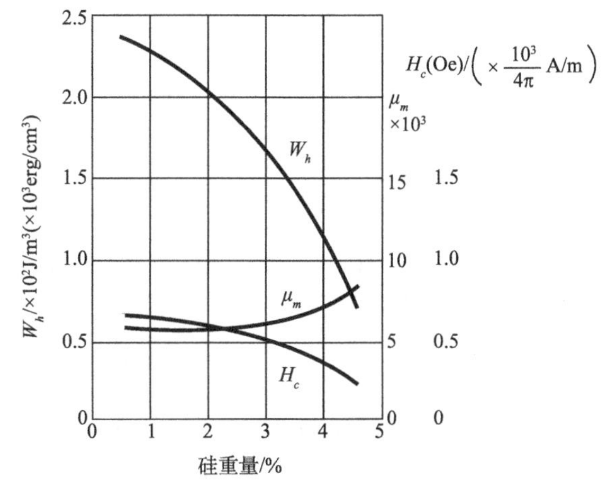

图 9.9.14　硅钢的磁性随硅含量的变化

磁滞损耗是同磁滞回线所包围面积成正比的。H_c 减低了，这个面积也就缩小了，磁滞损耗 W_h 就会降低，可以推出 W_h 同 K_i 和 $\lambda_s\sigma$ 是成正比的，加入硅，

使 K_i 和 λ_s 减低，所以 W_h 会减低，图 9.9.14 的实验结果确是这样。此外，硅钢的电阻率比铁大几倍，这又可以使涡流损耗降低。

2）**晶粒定向**

硅钢是立方晶系的多晶体。三个互相垂直的晶轴［100］，［010］，［001］是它的易磁化轴。但是，在多晶体中，晶粒的方向是零乱的，所以易磁化方向在各方向都有，形成宏观的各向同性状态，这就是 20 世纪初开始生产的热轧硅钢片。如果在制造硅钢片时，采取措施把晶粒排列起来，使它的易磁化方向差不多平行于使用时的磁化方向，那就在很大程度上增大了有效磁导率，有关的性能也会改善，有一种在变压器中使用的硅钢片，是经过热轧、退火。再经过猛烈冷轧和再结晶、然后退火而成的。这种材料具有这样的结晶织构：晶粒［001］轴都取同一方向，而（110）平面（即垂直于［110］方向的平面）同硅钢片的表面平行，如图 9.9.15（a）所示。这样的结晶织构在有关书刊上用（110）［001］来表示，或称单取向的冷轧硅钢片（戈斯织构）。据说定向度可以达到 90%，性能提高了很多（表 9.3）。

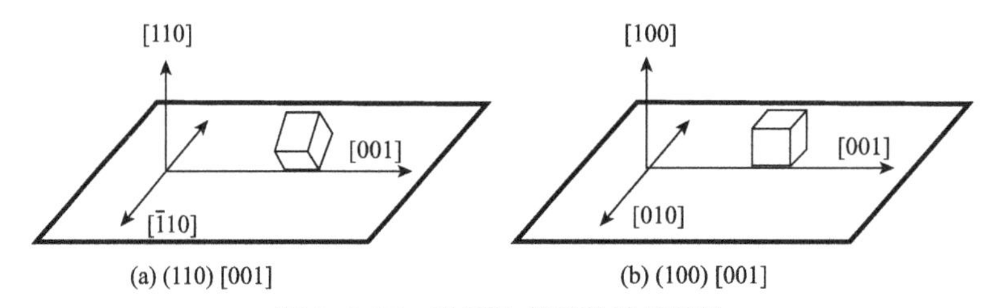

图 9.9.15 硅钢片的两种结晶织构

表 9.3 大功率软磁材料

材料	成分	μ_i	μ_m	H_c (A/m)	H_c (Oe)	W_h J/m³	W_h erg/cm³	M_s (A/m)	M_s (Gs)	ρ/（$\times10^{-6}$ Ω·cm）
铁	0.2%杂质	150	5000	80	1.0			1.71×10^6	1710	10
提纯铁	0.05%杂质	10000	200000	4	0.05			1.71×10^6	1710	10
硅钢	0.5% Si		5500	72	0.9	230	2300			
	1.25% Si		6100	68	0.85	220	2200			
	2.75% Si		5800	60	0.75	190	1900			
	3.25% Si		5800	52	0.65	160	1600			
	3.75% Si		7000	40	0.5	120	1200			
	4.25% Si		9000	24	0.3	70	700			
（晶粒单取向）	3Si	1500	40000	8	0.1	30	300	1.59×10^6	1590	47
（晶粒双取向）	3Si		116000	6	0.07			1.59×10^6	1590	47

1957年，又制造出另一种所谓立方织构的硅钢片，性能更有提高，在这种硅钢片中，定向的是［001］，同硅钢片表面平行的是（100），如图9.9.15（b）所示。所以它的结晶织构记作（100）［001］，也可以记作（001）［100］，或称双取向冷轧硅钢片（立方织构）。

上面所说的两种结晶织构的区别，在图9.9.15中可以看到，具有立方织构的硅钢片在它的平面上有两个互相垂直的易磁化方向（［001］和［010］）；这样的材料更有用。例如用作矩形磁芯时，在互相垂直方向的磁通量都在易磁化方向上。我们把讨论过的大功率软磁材料开列在表9.3中，这里可以看到硅成分的影响和晶粒定向的效果。

1968年在原有的戈斯织构的硅钢片上，又发展了取向度更高（>90%）、B_s更高（由18300G提高到19200G）、损耗更低（由1.27下降到1.04瓦/公斤）的材料，有人称之为高磁感晶粒取向硅钢片（符号为HIB）。在1974年和1977年，这类材料又有新的牌号出现。

以上我们从硅的含量不同，晶粒取向不同，讨论了硅钢片的磁性。硅的影响是通过降低磁晶各向异性常数K_1和磁致伸缩常数λ_s，增加电阻率ρ表现出来的。晶粒取向度是通过易磁化轴的取向排列表现出来的。这些都是完全符合磁化过程理论所预示的结果的。

实际上硅钢片的磁性受到多方面因素的影响，譬如决定硅钢片质量的主要参数铁损，就受到七种因素的影响，它们是：成分（硅含量）、杂质（如C，O，S，Mn，P等），晶粒取向、应力、晶粒尺寸、钢片厚度、钢片的表面质量。因此，只从单独的畴壁位移或畴转的准静态理论来解释硅钢片的磁性是不够的，必须从硅钢片的磁畴结构及其运动变化来说明硅钢片的磁性。

9.9.2 纳米晶合金软磁的磁性和组织结构

纳米晶软磁合金指的是晶粒尺寸为纳米量级（1～100nm），软磁特性优异的合金系列，其典型代表是1988年研究成功的$Fe_{73.5}CuNb_3Si_{13.5}B_9$[11]，又称Finemet。它的出现不但使软磁材料的综合性能提高到一个新的阶段，而且也使技术磁性理论增加了新的思路。下面以Finemet为例分别讨论其技术特性、组织结构和出现优异软磁特性的理论解释。

9.9.2.1 纳米晶软磁合金的磁特性

对软磁合金在性能上的要求是多方面的和综合的，要求有高饱和磁感应强度B_s，高初始磁导率μ_i，高的最大磁导率μ_m，低矫顽力H_c，有时还要求高矩形比B_r/B_s和低剩磁B_r，大的脉冲磁导率μ_p。软磁材料还要求优异的动态磁特性，如高的有效磁导率μ_e，低损耗p等。

从表9.4纳米晶软磁与其他几类软磁磁特性对比表中可以看出，其他各类软磁都是在一两项性能方面具有优势，例如Co基非晶的优势在于高磁导率与低损耗，铁基非晶的优势在于高B_s，超坡莫的优势在于高初始磁导率，硅钢的优势在于高B_s及价廉，铁氧体的优势在于低的高频损耗。而纳米晶软磁则具有多方面的综合优势，这一突出优点与特点是目前软磁材料中仅有的。它的问世立即受到人们的青睐。

从表 9.4 的合金成分中不难看出，纳米晶具有高 B_s，是因合金中 Fe 含量达 70%以上造成，而它的高磁导率则是基于该合金系具有低的饱和磁致伸缩系数 λ_s 和低的有效磁各向异性常数〈K〉之故。

表 9.4 典型纳米晶软磁与其他软磁的磁特性比较*

	材料	带厚/μm	B_s/T	B_r/B_s/%	H_c/(A/m)	μ_i (×10⁴) 1kHz	10kHz	100kHz	p/(kW/m³)	λ_s/(×10⁻⁶)	T_c/K
N	FT1	18	1.24	54	0.53	10	—	—	280	+2.1	843
	FT2	18	1.18	58	1.1	7.5	—	—	280	~0	843
	FT-1H	20	1.35	90	0.8	0.5	—	—	950	+2.3	843
	FT-1M	20	1.35	60	1.3	7.0	5.0	1.6	350	+2.3	843
	FT-lL	20	1.35	7	1.6	2.2	2.2	1.5	310	+2.3	843
A	A1	20	1.41	16	6.9	0.6	0.6	0.58	460	+20	631
	A2	18	0.53	50	0.32	8.0	5.0	1.5	300	~0	453
C	MnZn 铁氧体	—	0.43	28	6.4	—	1.0	0.95	500	—	413
	6.5%Si-Fe	300	1.8	—	9.6	0.24	1.0	—	—	0	966
	$1J_{85}$（国标）	20	0.7	75	2.4	0.7			900	0	825

* N 为纳米晶；A 为非晶；C 为晶态；FT 为 Finemet；H 为纵磁场热处理；L 为横磁场热处理；M 为急冷，p 为 100kHz，0.2T 条件下测铁损；FT1 为 $Fe_{73.5}Cu_1Nb_3Si_{13.5}B_9$ 纳米晶；FT2 为 $Fe_{74}Cu_1Nb_5Si_{16}B_6$ 纳米晶；A1 为 $(FeCr)_{79.5}(SiB)_{20.5}$ 非晶；A2 为 $(CoFeMn)_{72}(SiBM')_{28}$ 非晶，其中 M' 为其他一种或几种金属元素；λ_s 为饱和磁致伸缩系数。T_c 为居里点

有关纳米晶软磁的〈K〉与磁导率关系将在下边阐明。这里先分析一下对纳米晶软磁 λ_s 的影响因素及控制问题。

研究表明，纳米晶软磁合金的 λ_s 随成分及热处理工艺而变化。图 9.9.16 为纳米晶合金的 λ_s 及（动态）有效磁导率 μ_e 在 450℃下退火、随退火时间变化的情况。可以看出 λ_s 随退火时间的增加而下降，大体在晶化相所占比例为 20%时 λ_s 接近零。（动态）有效磁导率 μ_e 则随退火时间的增加而上升，而纳米晶粒尺寸变化不大。

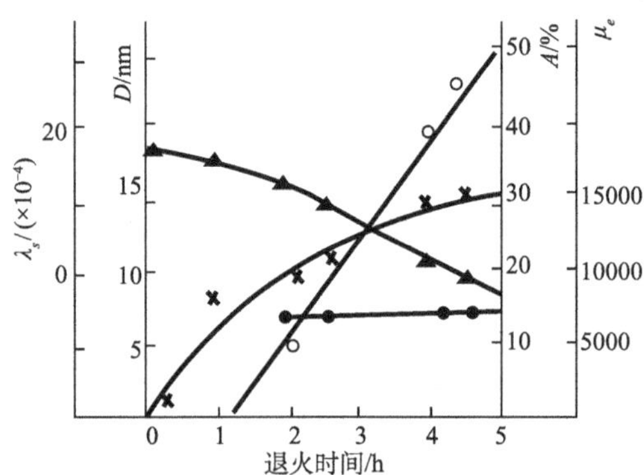

图 9.9.16 450℃退火时间对 $Fe_{72.7}Cu_1Nb_3Si_{18.2}B_{5.1}$ 合金微晶结构和磁性的影响（μ_e 是在 1kHz 条件下测试的）

λ_s（▲）；μ_e（×）；A 为晶化相所占比率（○）；D 为晶粒尺寸（●）

Finemet 合金中 Cu 与 Nb 的加入对改善磁性是非常重要的，这可以从图 9.9.17与图 9.9.18 中 Cu，Nb 含量与磁参量的关系中明显看出。

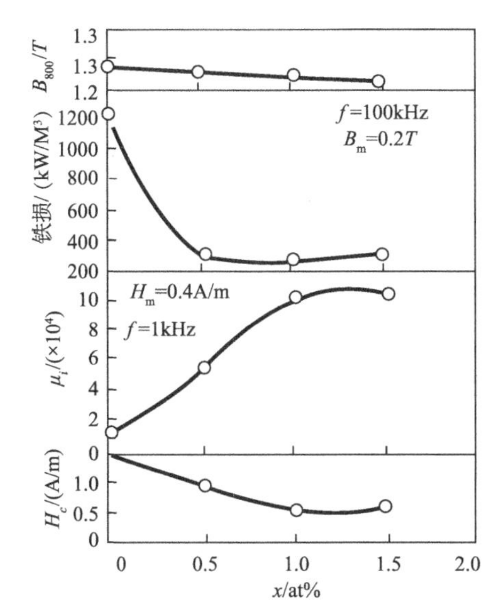

图 9.9.17 $Fe_{74.5-x}Cu_xNb_3Si_{13.5}B_9$ 合金最佳温度热处理时 Cu 含量与磁性的关系

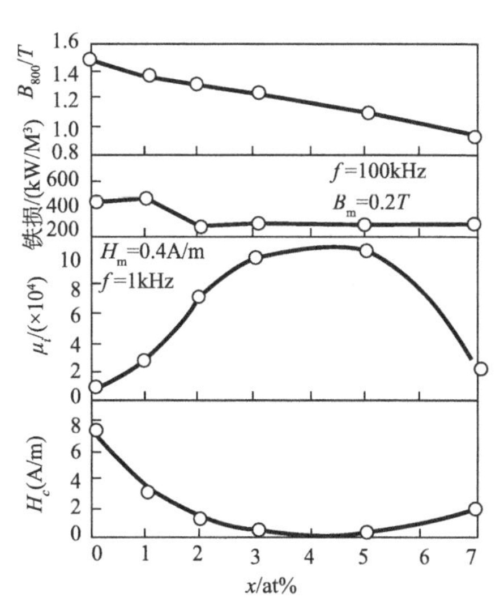

图 9.9.18 $Fe_{76.5-x}Cu_1Nb_xSi_{13.5}B_9$ 合金最佳温度热处理时 Nb 含量与磁性的关系

现在纳米软磁合金已发展成合金系列。若从 Finemet 合金中元素各自的作用来分的话，可分为四组铁磁元素。Fe，Co，Ni 是构成磁性材料的基本元素，其中 Fe 最廉价，而且 B_s 也高；Fe 中加入 Ni 可以降低 λ_s 改善耐蚀性和制带工艺，但不可多加，大于 5%则 B_s 下降太大；Co 的加入可使 B_s 提高，已发展成为高 B_s 系列的纳米晶软磁系列，但 Co 的加入量不可超过 Fe 的 30%；Nb 的加入，可以改善合金的磁性，可以降低 λ_s，提高合金晶化温度等。代 Nb 的元素可从周期表中的 IVB 族（Ti，Zr，Hf）、VB 族（V，Nb，Ta），VIB 族（Cr，Mo，W）等寻找，其中 Zr，Mo，W，Cr，V 等元素已成功地加入 Finemet 合金系列中。Cu 的加入作用除改善磁性外，还可以阻碍 α－Fe 晶核的长大。代 Cu 元素可从周期表 Ⅰ B 族元素和 Pt 系贵金属元素中寻找，如 Ga，Al，Zn，Sn 等。但目前尚未找到优于 Cu 的代用元素。Si，B 为类金属元素，将它加入是为了易于形成非晶态合金，其代用元素有 C，P，Ge，As，Se，Sb，Te，Bi 等，除 Ge 可以提高 B_s 外，其他元素的加入均使 B_s 值下降。

如果把 Finemet 合金按磁特性分的话，可以分为如下几个类型：高 B_s 型（B_s＝1.6～1.7T，如 FeZrB 系），高磁导率与低损耗型，矩形磁滞回线型，恒导磁型等，这几乎包含了各种类型的软磁合金。

9.9.2.2 纳米晶软磁合金的组织结构

纳米晶的组织结构与其制备工艺密切相关，获取纳米晶有多种工艺途径。本文只讨论由非晶晶化法获得的 Finemet 型纳米晶的组织结构问题。

Finemet 合金先用急冷法制备成非晶，然后在略高于晶化温度下进行退火处理，使发生晶化，形成晶粒尺寸约为 10～20nm 的 α - Fe（Si）单一固溶体相。这样形成的新的结构与以往非晶晶化产生的任何其他结构都不一样。通常 FeSi - B 系非晶合金在晶化后，晶粒尺寸要大得多，为 0.1～1μm，而且要析出 α - Fe，及 Fe_2B 相，不能形成单一的结构。下面探讨一下纳米结构是怎样形成的，形成过程中有哪些影响因素以及纳米晶结构的稳定性如何等。

纳米晶软磁 Finemet 合金结构是一种 α - Fe（Si）固溶体或 bccFe 相的纳米晶粒和非晶界面相所组成。这个结构的形成过程的核心问题是纳米晶的形核与长大过程。大量研究表明，Cu，Nb 元素是 Finemet 纳米晶形成的关键元素。在非晶晶化过程中，由于 Cu 在 Fe 中的固溶度很小，故在退火过程中的较低温度下，Cu 与 Fe 趋于分离形成富 Cu 区富 Nb 区和富 Fe 区。由于富 Fe 区的 α - Fe（Si）相的晶化温度 T_α 低，因而优先形核，而环绕 α - Fe（Si）固溶体晶粒周围的富 Cu 区和富 Nb 区由于它们的晶化温度高难于晶化，从而阻碍了 α - Fe（Si)固溶体晶粒的长大，这就使得具有均匀细小的纳米晶结构有较好的热稳定性。Cu 的加入使得 α - Fe（Si）固溶体晶化温度大为降低，这就避免在退火中 α - Fe（Si）晶体与 Fe - B 化合物晶体同时析出。该 α - Fe（Si）晶化过程反复在 FeCuNbSiB 系非晶的各处进行，最终形成纳米晶软磁结构，如图 9.9.19 所示。

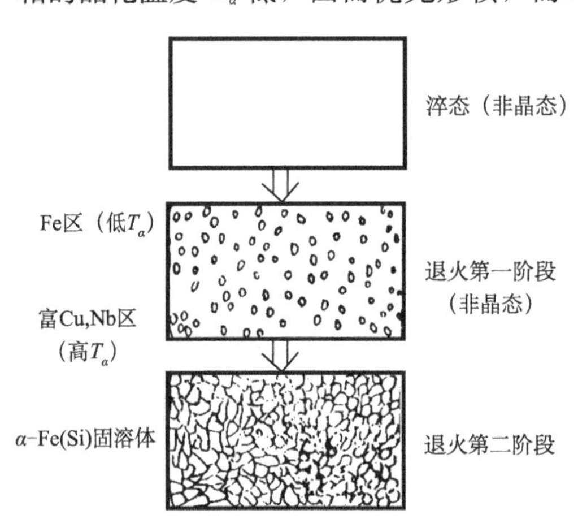

图 9.9.19 FeCuNbSiB 系合金晶化过程示意图

Koster[13] 研究了 FeCuNbSiB 系非晶晶化动力学，认为 α - Fe（Si）固溶体晶粒长大为 Nb 扩散控制过程。在 FeCuNbSiB 系非晶中，Nb 的原子尺寸最大，而且在非晶中的扩散迁移机制为原子的协同运动方式，即运动过程涉及的原子较多，扩散较为缓慢，因而使 α - Fe（Si）固溶体晶粒长大速度较低，保持细小晶粒尺寸。由于 α - Fe（Si）晶体自非晶中析出，则在非晶中发生 Nb，B 富集。如果把富集的 Nb，B 原子团看作是相变中的第二相，则 Nb - B 原子团将对界面迁移产生钉扎作用，从而起到阻止晶粒进一步长大的作用。

9.9.2.3 纳米晶软磁合金优异磁性的理论解释

材料的组织结构与性能之间关系密切，软磁材料也应该如此。具有优异软磁特性的纳米晶软磁（Finemet）的结构是在非晶基体上均匀地分布着晶粒尺寸为 10～20nm的 α - Fe（Si）单一固溶体。研究表明，Finemet 合金中有晶体和晶界间两个磁性相，晶体相是含 Si 约 20at%的 α－Fe（Si）固溶体，其体积约占70%～80%；晶间层的体积约占 20%～30%，认为晶间原子是无规的近似非晶的结构。其厚度大约为 1nm。

Finemet 合金在选好适当退火温度与时间后，可获得上述具有优异软磁性能的组织结构，在退火温度较低时，纳米晶粒尺寸基本不变，具有相对稳定的结构，这也是 Finemet 合金的磁性具有较好的热稳定性的原因，如果进一步提高退火温度，会析出 Fe－B 化合物相和其他相，α－Fe（Si）纳米晶晶粒尺寸也会急剧长大，此时纳米晶的优异软磁特性丧失殆尽。

在晶态合金和铁氧体中，**随着晶粒尺寸的增加，矫顽力减小，初始磁导率增加**（图 9.9.7 和图 9.9.9），因此要获得优异软磁特性，应尽可能地增大合金的晶粒尺寸。**Finemet 合金与上述规律不符**，只有当合金具有约 10nm 的细小晶粒尺寸时才具有优异的软磁性质，一旦晶粒长大，软磁特性急剧恶化。为什么这种均匀的细小的纳米晶结构具有如此好的软磁性能，这是一个很值得研究的问题，对这一问题的澄清，将促进纳米技术在磁性材料方面的应用。

1）单相的无规各向异性理论[14]

Herzer 根据非晶合金的随机各向异性模型，建立了纳米晶合金无规各向异性理论，对纳米晶合金的磁性作了较成功的解释。对于纳米晶合金，α－Fe（Si）固溶体晶粒极为细小，每个晶粒的晶体学方向又取决于随机无规分布的晶粒间的耦合作用，使得局域各向异性被有效地平均掉了，合金的有效各向异性极低。假设磁化矢量方向发生明显改变的范围为铁磁交换作用长度（也称铁磁相关长度）L_{ex}，局域磁各向异性发生明显改变的周期为结构相关长度 d。对于纳米晶合金，结构相关长度为晶粒尺寸 d，当 $d<L_{ex}$ 时，示意图见图 9.9.20。

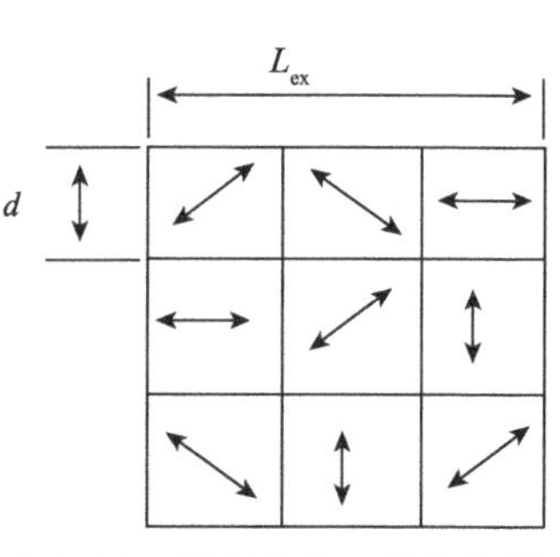

图 9.9.20 纳米晶中，交换作用长度 L_{ex} 与结构相关长度 d 的关系示意图（$L_{ex}>d$）

图 9.9.20 小方框中的双箭头代表易磁化轴，每个结构相关长度的尺寸内易轴是确定的，但对宏（表）观体积而言易轴是随机分布的。若只从磁晶各向异性考虑则结构相关长度内的磁矩沿易轴取向，这样一来两相邻结构相关长度的磁矩的交换能便会增大（由于相邻磁矩的取向不同），因此在 L_{ex} 范围内的磁矩取向需按总能量最小的原则进行。

设空间任一点 $\boldsymbol{r}$ 处的局域能量密度为

$$E(r)=A\left[\frac{\nabla \boldsymbol{M}(\boldsymbol{r})}{M_0}\right]^2-K\left\{\frac{[\boldsymbol{M}(\boldsymbol{r})\cdot \boldsymbol{n}(\boldsymbol{r})]^2}{M_0^2}-\frac{1}{3}\right\}, \qquad (9.9.1)$$

式（9.9.1）中第一项为交换能，A 为局域交换常数，第二项为无序局域单轴各向异性的能量，K 为局域各向异性常数，$\boldsymbol{n}(\boldsymbol{r})$ 为 $\boldsymbol{r}$ 处的单位矢量，磁化强度

M_s 为 $\boldsymbol{M}$ ($\boldsymbol{r}$) 的数值。无论把各向异性看成磁偶极相互作用，或看成各向异性的交换相互作用，其表达式都类似。

对局域各向异性方向随机改变的情况而言，满足 $\boldsymbol{E}$ ($\boldsymbol{r}$) 极小时的平均各向异性常数 $\langle K \rangle$ 为（参考 7.2.1.9 节）：

$$\langle K \rangle = \frac{K}{\left(\frac{L_{ex}}{d}\right)^{3/2}} = \frac{K}{\sqrt{N}}, \qquad N = \left(\frac{L_{ex}}{d}\right)^3 \tag{9.9.2}$$

又因为 $L_{ex} = \sqrt{A/\langle K \rangle}$，所以 $\langle K \rangle = \frac{K^4}{A^3} \mathrm{d}^6$。 (9.9.3)

由此可见平均磁各向异性常数 $\langle K \rangle$ 与结构相关长度 d 的关系为 6 次幂的正比关系，将 αFe (20% at Si) 的 $K = 8\text{kJ/m}^3$，$A = 10^{-11}\text{J/m}$ 代入式 (9.9.3) 便得到图 9.9.21。

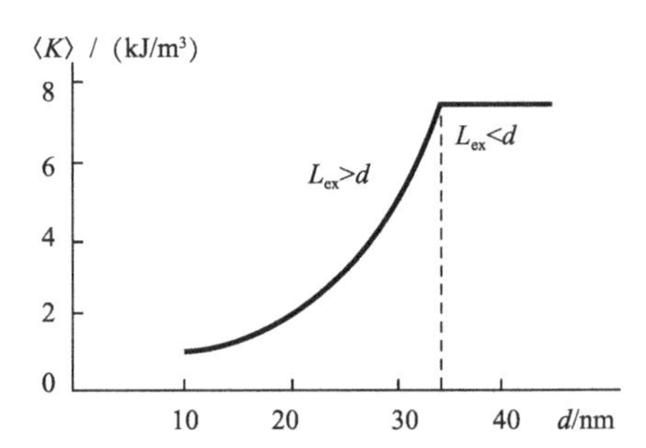

图 9.9.21 纳米晶 (Finemet) 中的平均各向异性常数 $\langle K \rangle$ 与纳米晶粒尺寸 d 的理论关系

可见当 $d \to 10\text{nm}$ 时，$\langle K \rangle \to 0$。这说明纳米晶软磁具有优异软磁特性的原因就是由于它的平均磁各向异性常数 $\langle K \rangle \to 0$。若磁化过程是由磁各向异性控制，则矫顽力 $\mathrm{H_c}$ 和初始导磁率 μ_i 与 $\langle K \rangle$ 关系为

$$H_c = P_c \frac{\langle K \rangle}{J_s} \approx P_c \frac{K_1^4 \cdot d^6}{J_s \cdot A^3} \tag{9.9.4}$$

$$\mu_i = P_\mu \frac{J_s^2}{\mu_0 \langle K \rangle} \approx P_\mu \frac{J_s^2 \cdot A^3}{\mu_0 K_1^4 \cdot d^6} \tag{9.9.5}$$

式中，P_c 与 P_μ 为常数，J_s 为饱和磁极化强度。式 (9.9.4) 和式 (9.9.5) 表明，若晶粒尺寸小于 L_{ex} 则有 $H_c \sim d^6$，$\mu_i \sim d^{-6}$。**这与通常较大晶粒的软磁材料条件下的 H_c 和晶粒尺寸的关系相反。**

2) 控制成分及热处理可使 $\lambda_s \sim \to 0$

Finemet 具有优异软磁特性，除了具有极低的平均磁各向异性常数 $\langle K \rangle$ 外，它还具有很低的饱和磁致伸缩系数 λ_s（约为 20×10^{-6}）。在退火过程中，该合金的 λ_s 逐渐降低到约 2×10^{-6}，可以认为 λ_s 值为纳米晶相与非晶相（晶间相）的两相平均值。纳米晶相 α-Fe (Si) 的含 Si 量约为 20at%，它的 λ_s 约为 -6×10^{-6}。若纳米

晶相的体积百分数约为 77%时，两相的 λ_s 平均值趋近于零。这正好与 Finemet 的最佳磁性时的非晶相所占的体积百分数为 20%～30%相合。

3）双相的无规各向异性理论[15]

单相的无规各向异性理论成功地解释了纳米晶合金的平均各向异性常数 $\langle K\rangle \to 0$，进而说明了矫顽力随晶粒尺寸的减小而下降。但是把纳米晶软磁合金，看成为单一的 α-Fe（Si）相则与实际不符，因为实际上处于最佳软磁状态下的合金，其组织结构是由两相组成的，即纳米晶相（α-Fe（Si））的占 70%～80%，非晶母相（晶间相）占 20%～30%。显然，把百分之二、三十的非晶母相视而不见是不恰当的。正因为如此，单相的无规各向异性理论，不能说明纳米晶软磁合金的许多特性，特别是不能说明其矫顽力与热处理的关系，也不能说明非晶晶化的早期阶段磁硬化的原因。

双相的无规各向异性理论是假定纳米晶相所占的体积分数为 v，非晶母相（晶间相）的体积分数为 $1-v$，纳米晶相之间的交换作用是通过非晶相进行的，故交换作用常数不是 A 而是 γA，γ 为 0—1 的常数，它与非晶母相的交换作用长度 L_{ex}^{am} 和纳米晶相的近邻晶粒表面间的平均距离 Λ 有关：

$$\gamma=\exp\left(-\Lambda/L_{ex}^{am}\right) \tag{9.9.6}$$

$$\Lambda=d^*(1/v)^{1/3}-d^* \tag{9.9.7}$$

d^* 为纳米晶粒的尺寸。由式（9.9.6）和式（9.9.7）可见，若纳米晶的体积分数 $v=1$，则 $\Lambda=0$，$\gamma=1$，这即是单相合金的情况。

将单相无规各向异性的理论计算（交换作用能量和各向异性能量等总能量极小原理），在考虑了式（9.9.6）和式（9.9.7）后推广到双相无规各向异性模型中，可得纳米晶软磁合金双相模型的结构平均各向异性常数 $\langle K^*\rangle$ 纳米晶晶粒尺寸 d^* 和交换作用长度 L_{ex}^* 为

$$\langle K^*\rangle=\langle K\rangle v/\gamma^3 \tag{9.9.8}$$

$$d^*=d\gamma v^{-2/3} \tag{9.9.9}$$

$$L_{ex}^*=L_{ex}\gamma^2 v^{-1} \tag{9.9.10}$$

式中的 $\langle K\rangle$、d、L_{ex} 为单相合金的平均各向异性常数、晶粒尺寸和交换作用长度，它们与局域交换常数 A 和局域各向异性常数 K 的关系见式（9.9.2）和式（9.9.3）。

由式（9.9.8）至式（9.9.10）可见，只要纳米晶的体积分数 $v=1$，则纳米晶软磁的双相无规各向异性模型便与单相无规各向异性模型的结果一致。但当纳米晶的体积分数 v 较小时，两个模型的差别便明显表现出来。例如，$Fe_{73.5}Cu$-$Ta_3Si_{13.5}B_9$ 在高于晶化温度的不同温度下退火 1h 后，测量相应的晶粒尺寸和体积分数时，发现退火温度范围从 460℃至 640℃时，晶粒尺寸变化不大，都在

14nm 附近（图 9.9.22），但晶相的体积分数 v 却变化很大，由 0.01 变化到 0.75。由于单相无规各向异性模型中没有考虑纳米晶相的体积分数，故不能说明退火温度 T_a 较低时矫顽力的增加（图 9.9.23 中，$T_a=460$℃处出现的 H_c 小高峯）。然而在双相无规各向异性模型中，若 v 很小，则 Λ 比 L_{ex}^{am} 和 γ 都大，那么晶粒之间的耦合便很小，晶粒便起钉扎作用从而使 H_c 增大，所以欲获得优异的软磁性能，除了纳米晶的尺寸要合适以外，其体积分数也必须恰当。

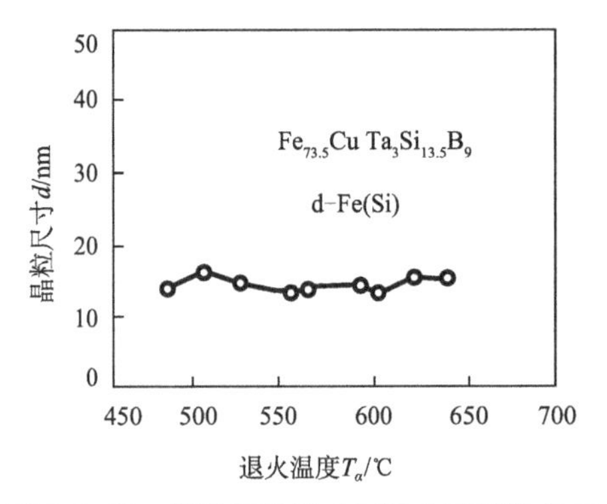

图 9.9.22　晶粒平均尺寸与退火温度的关系

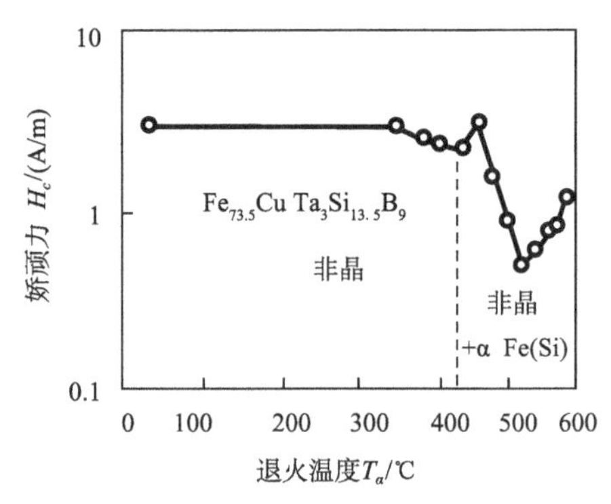

图 9.9.23　矫顽力与退火温度的关系

又如，将 $Fe_{73.5}CuTa_3Si_{13.5}B_9$ 合金在不同退火温度 T_α 下退火 1h 后，测量其矫顽力随温度 T 的变化时，发现 H_c（T）曲线出现明显或不明显的极大，随退火温度 T_α 的不同而异（图 9.9.24），这种极大值的出现也可用双相的无规各向异性理论来解释。

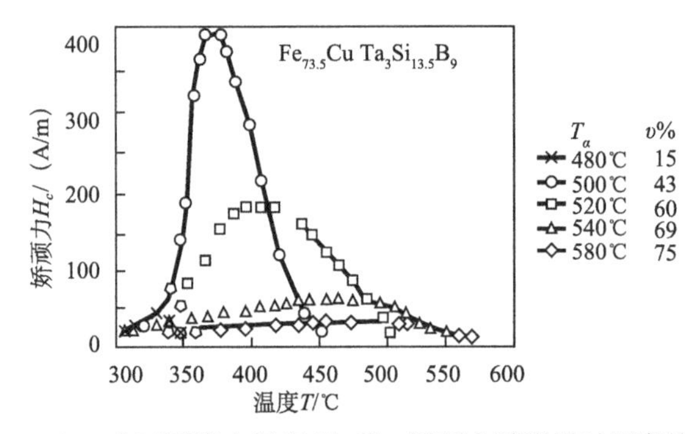

图 9.9.24　在不同退火温度 T_α 后，矫顽力随测量时温度的变化

当只讨论矫顽力 H_c 如何随温度 T 的变化时可将 H_c 表示为[16]

$$H_c \propto \frac{1}{L_{ex}^* M_s} \tag{9.9.11}$$

式中的 M_s 为饱和磁化强度，它由纳米晶相的饱和磁化强度 M_c 和非晶相（晶间相）的饱和磁化强度 M_{am}组成（$M_s=vM_c+(1-v)M_{am}$］；L_{ex}^* 为双相无规各向

异性模型中的交换作用长度，它与 v、γ 和 L_{ex} 关系由式（9.9.10）表示。由于 $L_{ex}\propto\dfrac{A^2}{K^2}$（据式（9.9.3）可得），而局域交换常数 A 随温度的变化与 M_s^2 近似，局域各向异性常数 K 随温度的变化又与 M_s^n（$n>2$）近似，故 L_{ex} 随温度的升高而增大。另外，在式（9.9.10）中的 γ^2 随温度的变化却受非晶相的交换作用长度 L_{ex}^{am} 控制（见式（9.9.6）），而 L_{ex}^{am} 随温度的变化是先随温度的升高而增大至一极大值后便减小，这种变化过程便说明了 H_c（T）出现极大的原因。

在双相无规各向异性的模型中，还应考虑应力产生的磁弹性各向异性能量，当应力波波长 $l>L_{ex}^*$ 时，纳米晶软磁合金的磁致伸缩常数 λ_s^{ef} 由纳米晶相的磁致伸缩 λ_s^c 和非晶相（晶间相）的磁致伸缩 λ_s^{am} 组成：

$$\lambda_s^{ef}=v\lambda_s^c+(1-v)\lambda_s^{am},\qquad l>L_{ex}^* \tag{9.9.12}$$

同时纳米晶软磁合金的各向异性 $\langle K_t^*\rangle$ 也由结构各向异性 $\langle K^*\rangle$ 和磁弹性各向异性 $\langle K_\sigma^*\rangle$ 组成：

$$\langle K_t^*\rangle=\langle K^*\rangle+\langle K_\sigma^*\rangle=\frac{\langle K\rangle v}{\gamma^3}+\frac{3}{2}\lambda_s^{ef}\langle\sigma\rangle \tag{9.9.13}$$

式中 $\langle\sigma\rangle$ 为应力的平均值。根据以上分析，双相无规各向异性理论更好地解释了纳米晶软磁合金优异的磁特性。

9.10　不可逆磁化过程

按照图 9.1.1 示出的磁化过程来看，我们已经讨论了磁化的第一阶段（可逆磁化）。当外磁场由第一阶段逐渐增加时，磁化过程就进入不可逆的第二阶段（不可逆磁化），即出现巴克好森跳跃或畴结构的突变阶段。在这一阶段内，一般说来，不可逆的壁移是主要的，不可逆的畴转是次要的。下面分别进行讨论。

9.10.1　不可逆壁移磁化

设外场 H 作用在 180°畴上，如图 9.10.1 所示。按 9.5 节的原则，可得与式（9.5.8）类似的畴壁移动的平衡条件

$$2\mu_0 HM_s\cos\theta=\frac{\partial E_{zu}}{\partial x} \tag{9.10.1}$$

同时与式（9.5.12）类似，又得畴壁作不可逆移动的临界场

$$H_0=\frac{1}{2\mu_0 M_s\cos\theta}\left(\frac{\partial E_{zu}}{\partial x}\right)_{\max} \tag{9.10.2}$$

上两式中的 E_{zu} 表示畴壁移动时的阻力能密度，它随位置的变化而变化，设想如图 9.10.2 所示。

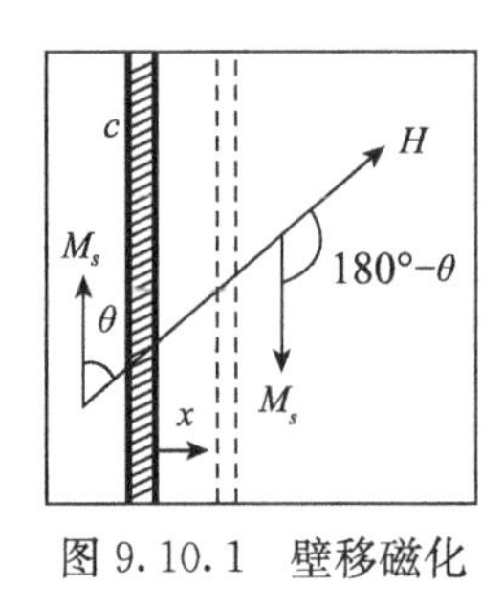

图 9.10.1 壁移磁化

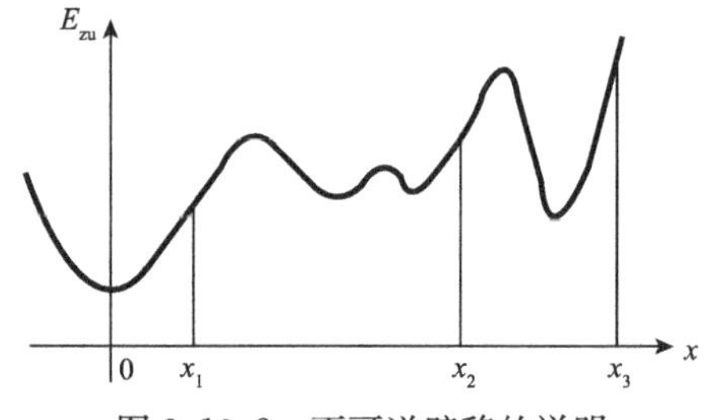

图 9.10.2 不可逆壁移的说明

巴克好森跳跃。当磁场加到略超过临界场，壁移就从 x_1 跳跃到 x_2。如果磁场再略增加强度，畴壁就又从 x_2 跳跃到 x_3，那里的 $\mathrm{d}E_{zu}/\mathrm{d}x$ 比 x_2 处的更大。所以随着磁场的增加，可能有几次跳跃式的畴壁位移。畴壁的一次位移就是磁化强度的一次增加；畴壁几次跳跃式位移就是磁化强度的几次跳跃式增加。这个现象可以在实验中观察到，称做巴克好森跳跃，有时可以看作是不可逆壁移的标志。

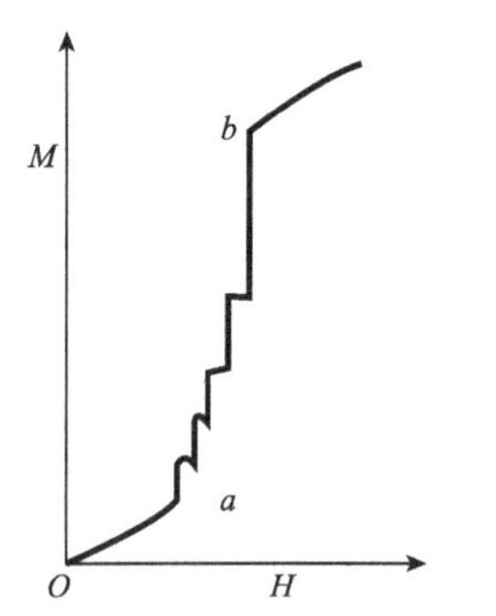

图 9.10.3 磁化过程中的巴克好森跳跃

随着磁场的加强，巴克好森跳跃进行着，最后可能遇到一个 $(\mathrm{d}E_{zu}/\mathrm{d}x)_{max}$ 中的最大值。当磁场强度增加到能够越过这个值，畴壁就会无阻碍地大幅度移动，直到无可再移为止，对应于图 9.10.1 所示出的就是畴壁一直向右移，直到右畴完全消失为止。

整个不可逆壁移磁化阶段所产生的磁化效果可以用图 9.10.3 示出的磁化曲线来代表。这里，纵坐标为磁化强度，横坐标为磁场强度。Oa 段是可逆磁化阶段，ab 段是不可逆壁移磁化阶段，随着磁场强度的增加，先有几个小跳跃，接着有一个大跳跃结束壁移过程。b 点以后壁移已完成，进入转动磁化阶段。

按 9.5 节的说明，壁移磁化的阻力有四类，现只讨论：①内应力；②掺杂物。

9.10.1.1 内应力作用下的不可逆壁移

考虑材料中有随距离强弱变化的应力存在，单位面积的畴壁能可以写成（式(9.6.23)）

$$\gamma=2\sqrt{A_1\left(|K_1|-\frac{3}{2}\lambda_s\sigma_0\cos 2\pi\frac{x}{l}\right)}$$

图 9.10.4 简略地表示上式的关系。

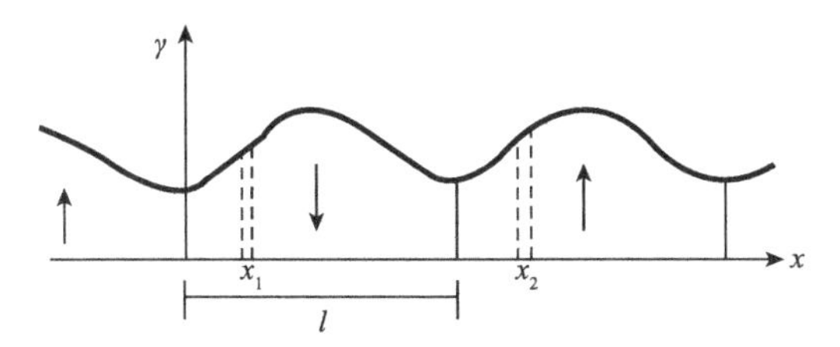

图 9.10.4　畴壁能随距离等距变化

我们考虑 $|K_1|>\frac{3}{2}\lambda_s\sigma_0$ 的情况。由式（9.6.30）可得

$$\left(\frac{\mathrm{d}\gamma}{\mathrm{d}x}\right)_{\max}=\frac{3\pi\lambda_s\sigma_0}{l}\sqrt{\frac{A_1}{|K_1|}}$$

从这个公式和图 9.10.4 可以看出，在这个具体情形只有一个 $(\mathrm{d}\gamma/\mathrm{d}x)_{\max}$ 值。所以在不可逆壁移磁化过程中，如果磁场足够强，只经一次跳跃就完成壁移过程．当然，这是一个设想的简单情况。实际的 γ 变化不会那么有规律而简单。

引入畴壁厚度 $\delta=3\sqrt{A_1/|K_1|}$，上式成为

$$\left(\frac{\mathrm{d}\gamma}{\mathrm{d}x}\right)_{\max}=\frac{\pi\lambda_s\sigma_0}{l}\delta$$

把此式代入式（9.10.2），就得到临界场 H_0，即

$$H_0=\frac{\pi\lambda_s\sigma_0}{2\mu_0M_s\cos\theta}\frac{\delta}{l}\tag{9.10.3}$$

在发生壁移的材料中，一部分磁畴扩大，一部分磁畴缩小。上式中的 θ 是那些扩大的磁畴的磁化方向同磁场方向之间的夹角（图 9.10.1）。在多晶体中，θ 可以有从 0 到 $\pi/2$ 范围的各种数值（θ 在 $\pi/2\sim\pi$ 的磁畴是缩小的）。因此，上式中的 $\cos\theta$ 的平均值应计算如下：

$$\overline{\cos\theta}=\frac{\int_0^{2\pi}\int_0^{\pi/2}\cos\theta\sin\theta\mathrm{d}\theta\mathrm{d}\phi}{\int_0^{2\pi}\int_0^{\pi/2}\sin\theta\mathrm{d}\theta\mathrm{d}\phi}=\frac{1}{2}$$

代入式（9.10.3）得到

$$H_0=\frac{\pi\lambda_s\sigma_0}{\mu_0M_s}\frac{\delta}{l}\quad\left[\text{在 CGS 制中，}H_0=\frac{\pi\lambda_s\sigma_0}{M_s}\frac{\delta}{l}\right]\tag{9.10.3$'$}$$

从上式中可看到，内应力作用下壁移磁化的临界场与 $\lambda_s\sigma_0$ 成正比，与 M_s 成反比。

现在我们来估计一下不可逆壁移磁化中的磁化率。当磁场强度增到临界场的数量级，畴壁就要从 $x=0$ 移到 x_2，x_3 等处。磁化强度的增加，可以写成

$$M=2M_s\cos\theta\cdot x_1\cdot S_{180}$$

从图 9.10.4 可以看出，畴壁移了一个 l 数量级的距离，壁移磁化就完成了，所以 $x_1 \sim l$. 前已证明，S_{180} 等于 l. 因此，$M \simeq 2M_s\cos\theta$. 那时的磁场强度，我们若用式（9.10.3），则单晶体的

$$\chi_{不可逆} = \frac{M}{H_0} \simeq \frac{4\mu_0 M_s^2 \cos^2\theta}{\pi\lambda_S\sigma_0} \frac{l}{\delta}$$

在多晶材料中，用$\overline{\cos^2\theta} = \frac{1}{3}$代入，上式就变成

$$\chi_{不可逆} \simeq \frac{4\mu_0 M_s^2}{3\pi\lambda_S\sigma_0} \frac{l}{\delta} \tag{9.10.4}$$

9.10.1.2 掺杂物作用下的不可逆壁移

按照 9.6 节关于掺杂物的讨论，仍参考图 9.6.1，我们可以把阻力能密度 E_{zu}写成

$$E_{zu} = \frac{\gamma S}{a^2}$$

a^2 为同一粒掺杂物联系的面积，包括被掺杂物所占的面积，$S = a^2 - \pi(r^2 - x^2)$ 为同一粒掺杂物联系的畴壁实际面积，γ 为单位面积的畴壁能，在这里它是不随位置变化的常数。上式中的 E_{zu} 的变化是由于 S 随 x 的变化而引起的。

由式（9.10.2）计算临界场 H_0 就是先计算 $\mathrm{d}E_{zu}/\mathrm{d}x$，因为它是通过 S 随 x 变化的，即

$$\frac{\mathrm{d}E_{zu}}{\mathrm{d}x} = \frac{\gamma}{a^2}\frac{\mathrm{d}S}{\mathrm{d}x} = \frac{\gamma}{a^2}\frac{\mathrm{d}}{\mathrm{d}x}\left[a^2 - \pi(r^2 - x^2)\right] = \frac{\gamma}{a^2} \cdot 2\pi x$$

x 最大等于 r，所以

$$\left(\frac{\mathrm{d}E\,zu}{\mathrm{d}x}\right)_{\max} = \frac{\gamma}{a^2} \cdot 2\pi r$$

代入式（9.10.2），就有

$$H_0 = \frac{\pi r}{\mu_0 M_s \cos\theta} \frac{\gamma}{a^2} \tag{9.10.5}$$

再代入 $\cos\theta$ 的平均值$\frac{1}{2}$，得出

$$H_0 = \frac{2\pi r}{\mu_0 M_s} \frac{\gamma}{a^2} \tag{9.10.5$'$}$$

我们引进杂质体积浓度 β 这个量，β 定义为

$$\beta = \frac{一粒杂质的体积}{同一粒杂质联系的总体积} = \frac{\frac{4\pi}{3}r^3}{a^3}$$

又

$$\frac{\gamma}{\delta}=\frac{2\sqrt{A_1K_1}}{\pi\sqrt{\dfrac{A_1}{K_1}}}=\frac{2}{\pi}K_1\simeq\frac{2}{3}K_1$$

用这二式的关系消去式（9.10.5′）中的 a^2 和 γ，便得

$$H_0=\left(\frac{4\pi}{3}\right)^{1/3}\frac{K_1}{\mu_0M_s}\beta^{\frac{2}{3}}\frac{\delta}{r}\tag{9.10.6}$$

由此式可知，在掺杂物作用下，壁移磁化的临界场与杂质的体积浓度成正比，而与 M_s 成反比。

对掺杂作用下的壁移磁化，也可以估算一下磁化率。当磁场增加到临界场以后，畴壁就能脱离一组掺杂物（图 9.6.1）移动一个距离 a，停止在另一组掺杂物上。在这个过程中，按以前的推导，磁化强度的增加可以写成

$$M=2M_s\cos\theta\cdot x\cdot S_{180}$$

现在的 x 是 a 的数量级，a 是掺杂物的平均距离，又 $S_{180}=\dfrac{1}{l}$，l 为磁畴宽度，前面已推导过. 把这些参量代入，上式就成为

$$M=2M_s\cos\theta\cdot\frac{1}{l}\cdot a$$

用式（9.10.5）的临界场公式，那么

$$\chi_{不可逆}=\frac{M}{H_0}=\frac{\mu_0 2M_s^2\cos^2\theta\cdot a^3}{\pi\gamma lr}\tag{9.10.7}$$

用 $\cos^2\theta$ 的平均值$\dfrac{1}{3}$代入，又 $\gamma=2\sqrt{A_1K_1}$，上式成为

$$\chi_{不可逆}=\frac{\mu_0M_s^2a^2}{3\pi l\sqrt{A_1K_1}}\cdot\frac{a}{r}\tag{9.10.8}$$

如果考虑到畴宽为 l，且外场与左边畴的角度为 θ（图 9.10.1），则可逆磁化阶段的掺杂物作用下壁移磁化的起始磁化率公式（9.6.11）变为

$$\chi_i=2\mu_0M_s^2\cos^2\theta a^2/\pi\gamma l$$

将上式与式（9.10.7）比较，可得

$$\chi_{不可逆,杂}=\chi_{可逆,杂}\times\frac{a}{r}\tag{9.10.9}$$

或

$$\mu_{不可逆,杂}\simeq\mu_{i,杂}\times\frac{a}{r}.\tag{9.10.10}$$

式（9.10.9）和式（9.10.10）中的 r 为掺杂物的半径，a 为掺杂物之间的平均距离，a 当然大于 r，而且可以大得很多。由此可知，在掺杂物的作用下，不可逆壁移磁化的磁化率和磁导率比可逆的壁移磁化的磁化率和磁导率要大几倍，或大得

多，诚然，应力作用下的情况，亦与此类似可见式（9.6.34）兹不重复。

9.10.2 不可逆转动磁化

在9.1节中提到，在磁化过程中有两种基本方式，它们在磁化的各阶段都可能发生。在软磁材料中，磁化的第一、二阶段主要是畴壁位移，第一阶段是可逆壁移过程，第二阶段是不可逆的壁移过程。在壁移过程接近完成时，转动磁化才成为主要的过程，在永磁材料中，磁化的第一、二阶段可能就是以转动磁化为主。

转动磁化又有可逆和不可逆之分，当磁场较弱时，转动磁化是可逆的，如在有些材料中发生在磁化第一阶段的情况。这在9.7节中已经讨论过。当磁场较强时，可逆和不可逆的转动都会发生，下面以单轴各向异性物质为例，对这个问题作一些分析。

图9.10.5（a）表示一个磁畴；在无外磁场时，磁矩在易磁化方向（图中Oa）。加磁场后，磁矩转了一个角θ，这里设易磁化方向Oa和磁场方向的夹角θ_0。小于90°。这时当磁场强度减到零，磁矩就转回到易磁化方向，不论磁场强弱怎样，这是可逆转动。

考虑图9.10.5（b）所示的情况，这里$\theta_0>90°$。当磁场强度H从零起逐渐增加；磁矩转角θ也从零起逐渐增加。当θ不大时，如果把H减到零，磁矩就会转回原来的易磁化方向Oa，这也是可逆的转动。

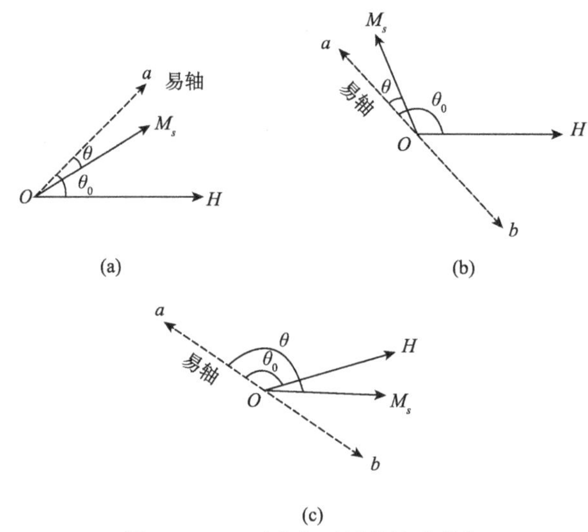

图9.10.5 可逆和不可逆转动磁化

(a) $\theta_0<\frac{\pi}{2}$时为可逆；(b) $\theta_0>\frac{\pi}{2}$，$H<H_0$可逆；(c) $\theta_0>\frac{\pi}{2}$，$H>H_0$不可逆

如果在图9.10.5（b）的情形中，把磁场强度继续增加，当磁矩转角θ大到某一个角度后，它会一直转向磁场方向，但由于受Ob方向的磁晶各向异性等效

场的作用，它会转到如图 9.10.5（c）所示的位置。这时，如果把 H 减到零，磁矩就会转到 Ob 的方向，不能回到原来的 Oa 方向，这是不可逆转动。

在多晶材料中，各晶粒的易轴相对于磁场方向有各种方向。当磁场较弱时，不论在图 9.10.5（a）或（b）的情况，转动都是可逆的。当磁场较强时，在图（9.10.5）（a）的情况，转动仍是可逆的，在图 9.10.5（b）的情况，有些仍是可逆的，有些已达到不可逆的。由可逆转变到不可逆那个分界点的磁场强度称为**临界场**，我们用 H_0 作为它的标记，临界场 H_0 的数值决定于 θ_0 的大小，所以同一磁场加在一个多晶体上，有些晶粒的磁矩转动已处于不可逆阶段，有些还在可逆阶段。至于刚进入不可逆阶段的磁矩转角 θ 的数值也决定于 θ_0 的大小，下面对不同 θ_0 值的临界场 H_0 进行推导。

在转动磁化过程中，磁矩在磁场的作用下在晶体中转动，在没有应力和忽略内部退磁场的情况下，只需要考虑两种能量，即磁晶各向异性能和外磁场能。只有在图 9.10.5（b）的情形中，可逆和不可逆转动都会发生，所以我们按这图进行讨论。

单轴晶体的磁晶各向异性能密度的表达式在第七章中已提到，即

$$E_K = K_u \sin^2\theta$$

外磁场能密度（参考图 9.10.5（b），是

$$E_H = -\mu_0 M_s H \cos(\theta_0 - \theta)$$

总能量密度是

$$E = E_K + E_H = K_u \sin^2\theta - \mu_0 M_s H \cos(\theta_0 - \theta) \tag{9.10.11}$$

对一个不很大的 H 值，E 有一个最小值，磁矩就转到 E 最小的角度停下来。E 最小值所在的 θ 角可以进行如下计算：由上式

$$\frac{\mathrm{d}E}{\mathrm{d}\theta} = 2K_u \sin\theta\cos\theta - \mu_0 M_s H \sin(\theta_0 - \theta) = 0$$

得

$$\sin 2\theta = \frac{\mu_0 M_s H}{K_u} \sin(\theta_0 - \theta) \tag{9.10.12}$$

解出此式，可以在 0°～180°范围内得到三个 θ 值。最小的 θ_1 是总能量最低点的角度，磁矩就停在这个角度。有一个较大的 θ_2 角，就是总能量最高点的角度，还有一个更大的 θ_3 又是一个总能量最低点，这在下面就要说到。

图 9.10.6 示出 E 随 θ 的变化，图中已标出 θ_1，θ_2，和 θ_3。把式（9.10.11）稍作变化，就有

$$\frac{E}{K_u} = \sin^2\theta - \frac{\mu_0 M_s H}{K_u} \cos(\theta_0 - \theta) = \sin^2\theta - p\cos(\theta_0 - \theta) \tag{9.10.11$'$}$$

式中

$$p = M_s H \mu_0 / K_u$$

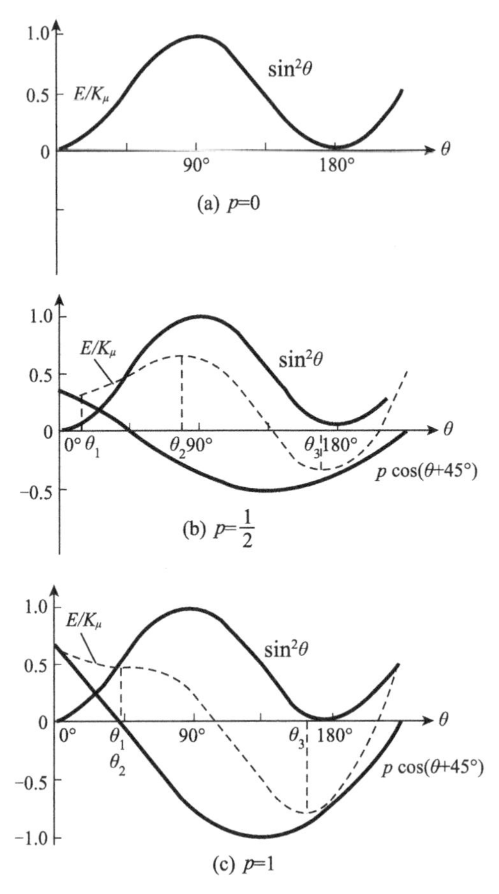

图 9.10.6 $\frac{E}{K_u}=\sin^2\theta-p\cos(135°-\theta)$ 在三个 p 值时的情况

图 9.10.6 中把上式右侧两项分别画出，设 $\theta_0=135°$便得到两条实线，把实线的纵坐标相加，就是图中的虚线，它代表上式左侧的 E/K_u. K_u 为常数，所以虚线表示 E 随 θ 的变化。图中所画是 $\theta=135°$和 $p=0$，$\frac{1}{2}$，1 的情况。$p=0$ 表示 $H=0$，上式第二项是零，只有第一项，能量最低点在 $\theta=0°$和 180°，最高点在 $\theta=90°$，所以磁矩停留在易磁化方向，$\theta=0°$. 当 $p=\frac{1}{2}$时，磁场强度不大，图中画出 $\theta_1=12°30'$左右，$\theta_2=77°30'$左右，$\theta_3=171°20'$左右，这表示磁矩转角是 $\theta_1=12°30'$，它不能越过高能区而达到 θ_3 这个能量最低点。这时转动是可逆阶段。当 $p=1$ 时，能量最低点的 θ_1 和能量最高点的 θ_2 遇到一处，在$\theta=0°$到 180°范围内只剩下 θ_3 这个能量最低点。从表 9.5 中可以看出，H 逐渐增加，也就是 p 逐渐增加，θ_1 和 θ_2 逐渐靠近，最后遇在一处，这就是刚才所说 $p=1$ 时的情况。当磁场强度增加到这个数值 H_0 以后，磁矩不再能停止在小角上，它会向着能量减低方

向一直转去，直到 θ 达到 θ_3 才停止，如图 9.10.5（c）所示。这时磁矩受 0b 方向的磁晶各向异性等效场和外磁场的联合作用。从计算出来的 θ_3 的值及图 9.10.6 可以看到，随 p 增加（也就是 H 的增加），θ_3 由 180°向 135°（磁场的方向）接近，这是符合事实的。当然，只有当前面的能量最低点 θ_1 和能量的最高点 θ_2 不再出现以后，磁矩才能达到 θ_3。

表 9.5　式（9.10.12）在 θ_0=135°和不同 p 值时的解：

$\sin 2\theta = p\sin(135° - \theta)$

	p	θ_1	θ_2	θ_3	
可逆转动	0	0°	90°	180°	图 9.10.6（a）
	0.1	2°6′	87°54′	178°3′	
	0.2	4°22′	85°38′	176°13′	
	0.3	6°49′	83°11′	174°30′	
	0.4	9°30′	80°30′	172°53′	
	0.5	12°28′	77°32′	171°23′	图 9.10.6（b）
	0.6	15°47′	74°13′	169°57′	
	0.7	19°37′	70°23′	168°36′	
	0.8	24°12′	65°48′	167°20′	
	0.9	30°15′	59°45′	166°8′	
临界场	1.0	45°0′	45°0′	165°0′	图 9.10.6（c）
不可逆转动	1.2			162°54′	
	2.0			156°28′	
	10.0			140°38′	
	20.0			137°51′	

由以上的考虑，我们看到 θ_1 和 θ_2 相遇时是转动由可逆进入不可逆阶段的分界点，这时的 H 称为临界场 H_0。从图中可以看到，θ_1 和 θ_2 相遇的地点是曲线（虚线）的斜率等于零的一个拐点，这一点既满足（$\mathrm{d}E/\mathrm{d}\theta$）=0（斜率等于零），又满足（$\mathrm{d}^2E/\mathrm{d}\theta^2$）=0（拐点）。从上面的一阶微商再求二阶微商并令其等于零，可得

$$\cos 2\theta = -\frac{p}{2}\cos(\theta_0 - \theta) \tag{9.10.13}$$

再把式（9.10.12）写在这里

$$\sin 2\theta = p\sin(\theta_0 - \theta) \tag{9.10.14}$$

解这两个联立方程是，把式（9.10.13）除以 $p/2$，把式（9.10.14）除以 p，然后平方相加，再简化，就得到

$$\sin 2\theta = \sqrt{\frac{4 - p^2}{3}} \tag{9.10.15}$$

$$\cos^2\theta = \sqrt{\frac{p^2 - 1}{3}} \tag{9.10.15'}$$

满足上两式的 θ 就是可逆和不可逆分界点的 θ 角。这两个式子说明，这个 θ 决定于 p 值，也就是 H 值．在临界点上，H，θ，θ_0 三者要满足式（9.10.13）和式（9.10.14）两式。临界场强度 H_0 和临界转角都决定于 θ_0。把式（9.10.15）和式（9.10.15′）代入式（9.10.14），并进行简化，可得到

$$\sin 2\theta_0 = -\frac{1}{p^2}\left[\frac{4-p^2}{3}\right]^{\frac{3}{2}} \tag{9.10.16}$$

这式子给出临界场 H_0 和 θ_0 的关系，H_0 的大小决定于 θ_0 的数值。

当 $\theta_0=135°$，$2\theta_0=270°$，$\sin 2\theta_0=-1$，所以由上式，得出

$$\frac{1}{p^2}\left[\frac{4-p^2}{3}\right]^{\frac{3}{2}}=1,\quad \left[\frac{4-p^2}{3}\right]^{3/2}=p^2$$

其中实数解是 $p=\pm 1$，因此

$$\frac{\mu_0 M_s H_0}{K_u}=1,\quad H_0=\frac{K_u}{\mu_0 M_s}\quad \left[\text{在 CGS 制中，}H_0=\frac{K_u}{M_s}\right] \tag{9.10.17}$$

当 $\theta_0=90°$和 180°，$\sin 2\theta_0=0$，式（9.10.16）的解为

$$p=\pm 2$$

$$H_0=\frac{2K_u}{\mu_0 M_s}\quad \left[\text{在 CGS 制中，}H_0=\frac{2K_u}{M_s}\right] \tag{9.10.18}$$

对立方晶体，$K_1>0$ 和 $\theta_0=180°$的情形，可按上面相仿的步骤推出

$$H_0=\frac{2K_1}{\mu_0 M_s}\quad \left[\text{在 CGS 制中，}H_0=\frac{2K_1}{M_s}\right] \tag{9.10.19}$$

对立方晶体，$K_1<0$，$\theta_0=180°$的情形，可推得

$$H_0=\frac{4}{3}\frac{|K_1|}{\mu_0 M_s}\quad \left[\text{在 CGS 制中，}H_0=\frac{4}{3}\frac{|K_1|}{M_s}\right] \tag{9.10.20}$$

从以上的讨论中，我们得到一个结论，即在磁晶各向异性的作用下，转动磁化过程的临界场都同常数 K_1 或 K_u 成正比，同 M_s 成反比。

现在对单轴各向异性材料中不可逆转动磁化的磁化率作一个估计。我们考虑 $\theta_0=135°$，180°，和 90°的情况。

在 $\theta_0=135°$的情形，当磁场达到临界场时，磁矩会转到图 9.10.7（a）所示的方向，就是上面所说的 θ_3 方向。这个方向与磁场方向的夹角是 30°（见表 9.5 最后一行，图 9.10.6（c）那一列），所以在这个转动过程中，磁场方向的磁化强度分量的改变是

$$M=M_s\cos 30°-M_s\cos 135°=M_s(0.866+0.708)=1.58M_s$$

磁场是 $H_0=K_u/\mu_0 M_s$，所以

$$\chi=\frac{M}{H_0}=\frac{1.58M_s}{\dfrac{K_u}{M_s\mu_0}}=1.58\frac{\mu_0 M_s^2}{K_u}\simeq 4.7\frac{\mu_0 M_s^2}{3K_u}=4.7\chi_i$$

$\chi_i=\mu_0 M_s^2/3K_u$ 是多晶体可逆转向磁化率（见式（9.7.20））。

当 $\theta_0=180°$ 时，在临界场的作用下，磁矩会转到磁场的方向，所以磁场方向磁化强度分量的改变是

$$M=M_s-M_s\cos180°=2M_s$$

临界场 $H_0=2K_u/\mu_0 M_s$，所以

$$\chi=\frac{M}{H_0}=\frac{2M_s}{\frac{2K_u}{\mu_0 M_s}}=\frac{\mu_0 M_s^2}{K_u}=3\times\frac{\mu_0 M_s^2}{3K_u}=3\chi_i$$

当 $\theta=90°$ 时，在临界场 $H_0=\frac{2K_u}{\mu_0 M_s}$ 作用下，可以证明磁矩会转到磁场方向。证明如下：根据图 9.10.7（c），可以列出总能量公式（即式（9.10.11））

$$E=K_u\sin^2\theta-\mu_0 M_s H\cos(90°-\theta)=K_u\sin^2\theta-\mu_0 M_s H\sin\theta$$

$$\frac{\mathrm{d}E}{\mathrm{d}\theta}=2K_u\sin\theta\cos\theta-\mu_0 M_s H\cos\theta=0$$

$$\left(\sin\theta-\frac{\mu_0 M_s H}{2K_u}\right)\cos\theta=0$$

当 $H=H_0=\frac{2K_u}{\mu_0 M_s}$ 时，有

$$(\sin\theta-1)\cos\theta=0$$

由此 $\sin\theta=1$ 或 $\cos\theta=0$，一致的结论是 $\theta=90°$。所以在这个过程中，磁场方向的磁化强度分量的改变是

$$M=M_s-0=M_s$$

$$\chi=\frac{M}{H_0}=\frac{\mu_0 M_s^2}{2K_u}=\frac{3}{2}\ \frac{\mu_0 M_s}{3K_u}=\frac{3}{2}\chi_i$$

从上述例子可看出，**不可逆转动磁化的磁化率也大于可逆转动的起始磁化率**。由磁化率可以得到磁导率，因此**不可逆转动的磁导率也大于可逆转动的起始磁导率。**

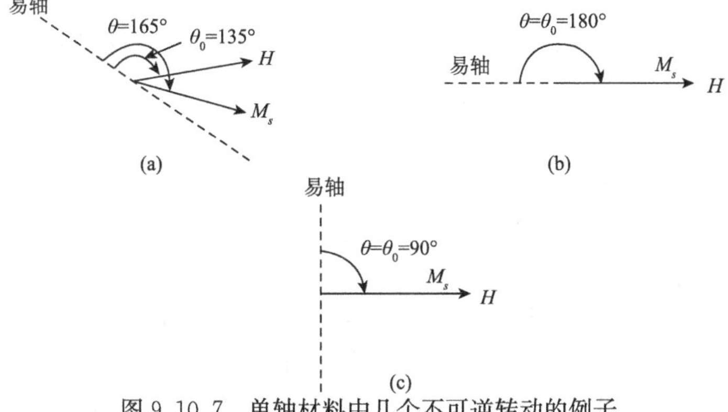

图 9.10.7　单轴材料中几个不可逆转动的例子

本节讨论了不可逆壁移磁化和不可逆转动磁化。推导了这两种过程的临界场的公式，并估计了这两种过程中磁化率或磁导率的大小。现把这些公式列于表 9.6。

表 9.6 不可逆过程的临界场 H_0 和磁化率 χ 的公式

壁移磁化		H_0	χ
应力作用		$\frac{\pi\lambda_S\sigma_0}{\mu_0 M_s}\frac{\delta}{l}$	$6\chi_i$
掺杂物作用		$\left(\frac{4\pi}{3}\right)^{\frac{1}{3}}\frac{K_1}{\mu_0 M_s}\beta^{\frac{2}{3}}\frac{\delta}{r}$	$\frac{a}{r}\chi_i$
转动磁化	θ_0	H_0	χ
单轴晶体	135°	$\frac{K_u}{\mu_0 M_s}$	$4.7\chi_i$
	180°	$\frac{2K_n}{\mu_0 M_s}$	$3\chi_i$
	90°	$\frac{2K_n}{\mu_0 M_s}$	$1.5\chi_i$
立方晶体			
$K_1>0$	180°	$\frac{2K_1}{\mu_0 M_s}$	
$K_1<0$	180°	$\frac{4}{3}\frac{\lvert K_1\rvert}{\mu_0 M_s}$	

这些 H_0 的公式和 χ 的公式虽然形式有所不同，但它们具有一个共性，就是临界场强度 H_0 可以归纳出下列关系；

$$H_0 \propto \frac{K_1}{M_s} \text{或} \frac{\lambda_s\sigma_0}{M_s}$$

不可逆过程的磁化率 χ 同起始磁化率 χ_i 具有同样的如下规律：

$$\chi \propto \frac{M_s^2}{K_1}, \frac{M_s^2}{K} \text{ 或 } \frac{M_s^2}{\lambda_s\sigma_0} \text{等}$$

这些规律，对于考虑怎样控制或改进磁性材料的性能都具有重要意义，有关临界场与矫顽力问题在第 10 章中还要讨论。不可逆磁化过程是材料出现最大磁导率的磁化阶段，大功率部件上应用的磁性材料就与此有关。

9.11 多晶磁性材料在强磁场下的磁化曲线——趋近饱和定律

前面已经谈到，由于多晶体内的磁畴结构及其运动变化很难用一个模型加以概括，晶粒间的磁相互作用、晶粒交界处磁化强度的变化引起的内部退磁场也很难准确计算，因此就难以把处理单晶体磁化过程的一般理论推广到多晶中去。所以直到目前为止，未能从理论上推得多晶体的整条磁化曲线，只能分段加以处理。

9.6 节、9.7 节、9.8 节着重讨论了多晶体的起始磁导率的问题，并在 9.9 节中作了具体运用。本节讨论多晶体在接近饱和磁化时的规律问题。

只要外磁场较强，多晶体内总可以实现单相阶段的磁化过程。在这一阶段内，随着外磁场的增加，畴内的磁矩离开原来的易磁化轴方向逐渐靠近外磁场的方向直至饱和磁化，这就是磁化过程的**趋近饱和**阶段，描述这一阶段的磁化曲线称为趋近饱和定律。

显然，趋近饱和定律是带有普遍意义的，原则上适用于所有磁性物质，在趋近饱和阶段内，一切磁性物质的磁化曲线都可用趋近饱和定律来描述。但是，对某一具体磁性物质而言，趋近饱和定律的适用条件，需要通过实验来验证．**从趋近饱和定律中可以确定饱和磁化强度 M_s 和磁晶各向异性常数 K_1**，这是从多晶材料中用静态磁化手段确定 K_1 的唯一方法。所以趋近饱和定律的实验研究具有很大的理论意义，不但可以扩展定律的适用范围，而且能够从 M_s 的测定中了解磁性的来源，从 K_1 的确定中分析磁性材料的性能。

趋近饱和定律首先是从实验上归纳出来的，其表达式为

$$M=M_s\left(1-\frac{a}{H}-\frac{b}{H^2}-\frac{c}{H^3}-\cdots\right)+\chi_p H \tag{9.11.1}$$

或

$$\chi=\frac{\mathrm{d}M}{\mathrm{d}H}=AH^{-2}+BH^{-3}+CH^{-4}+\cdots+\chi_p \tag{9.11.2}$$

式中，$A=aM_s$，$B=2bM_s$，$C=3cM_s$，a、b、c 是与趋近饱和过程的具体原因有关的常数，χ_p 是**平行（顺磁）过程的磁化率**，详情见下述。

根据磁性物质内的各种相互作用的能量，从理论上可以推导趋近饱和定律，比较容易得到的是式（9.11.1）或式（9.11.2）中含有系数 b 的那一项。下面进行数学推导。

设在单晶体的趋近饱和阶段内，壁移已经完毕，只有畴转过程，这时在外场方向上的磁化强度为

$$M=M_s\cos\theta=M_s\ (1-\sin^2\theta)^{1/2}=M_s\left(1-\frac{\theta^2}{2}+\cdots\right) \tag{9.11.3}$$

式中，θ 为 M_s 与外场 H 之间的夹角，它由趋近饱和阶段的总能量极小值中确定。

在趋近饱和阶段，与畴转有关的总能量为磁晶各向异性能 E_K 和外磁场能 E_H

$$E=E_K+E_H=E_K-\mu_0 HM_s\cos\theta$$

由（$\partial E/\partial\theta$）$=0$，得

$$\frac{\partial E_K}{\partial\theta}+\mu_0 HM_s\sin\theta=0$$

上式的第二项表示外磁场作用在 M_s 上的转矩，所以上式的意义是 E_K 对 θ 的微商，其数值等于磁场作用在 M_s 上的力矩。由于 θ 很小，$\sin\theta\simeq\theta$，上式可改写成

$$\theta=-\frac{1}{\mu_0 HM_s}\frac{\partial E_K}{\partial\theta} \tag{9.11.4}$$

将式（9.11.4）代入式（9.11.3），并与式（9.11.1）进行比较，得出

$$b=\frac{1}{2\mu_0^2M_s^2}\left(\frac{\partial E_K}{\partial\theta}\right)^2 \tag{9.11.5}$$

用上式计算 b 时，需注意 θ 是 M_s 与 H 在空间的角度，为了准确计算（$\partial E_K/\partial\theta$），需要考虑磁化时磁矩的转动是沿最大转矩进行的，所以 E_K 对 θ 的微商应改用 E_K 随方向变化的最大变化率。在采用球坐标表示方向时，式（9.11.5）的（$\partial E_K/\partial\theta)^2$ 便改为

$$(\nabla E_K)^2=\left(\frac{\partial E_K}{\partial\Theta}\right)^2+\left(\frac{1}{\sin\Theta}\frac{\partial E_K}{\partial\varphi}\right)^2 \tag{9.11.6}$$

式中，Θ，φ 为球坐标的极角和方位角。

立方晶系的磁晶各向异性能用球坐标表示为

$$E_K=\frac{K_1}{8}(1-\cos4\Theta)+\frac{K_1}{64}(3-4\cos^2\Theta+\cos4\Theta)\times(1-\cos4\varphi)$$
$$+\frac{K_2}{256}(2-\cos2\Theta-2\cos4\Theta+\cos6\Theta)(1-\cos4\varphi) \tag{9.11.7}$$

若忽略 K_2 后，将式（9.11.7）代入式（9.11.6），并进行计算，可得

$$(\nabla E_K)^2=4K_1^2[(\alpha_1^6+\alpha_2^6+\alpha_3^6)-(\alpha_1^8+\alpha_2^8+\alpha_3^8)$$
$$-2(\alpha_1^4\alpha_2^4+\alpha_2^4\alpha_3^4+\alpha_3^4\alpha_1^4)] \tag{9.11.8}$$

式中，α_i 是 M_s 的方向余弦，$\alpha_1=\sin\Theta\cos\varphi$，$\alpha_2=\sin\Theta\sin\varphi$，$\alpha_3=\cos\Theta$。

对于多晶体，各单晶晶粒的易轴可以取不同方向，即 α_i 有不同的数值。因此，欲求多晶体的趋近饱和定律，就是将单晶体的（$\nabla E_K)^2$ 求平均值（不考虑晶粒间的磁相互作用和晶体内部退磁场），也就是求诸 α_i，对空间的平均值。具体算得$\overline{\alpha_i^6}=1/7$，$\overline{\alpha_i^8}=1/9$，$\overline{\alpha_i^4\alpha_j^4}=1/105$，于是

$$\overline{(\nabla E_K)^2}=4K_1^2\left(\frac{3}{7}-\frac{3}{9}-\frac{6}{105}\right)=\frac{16}{105}K_1^2 \tag{9.11.9}$$

将式（9.11.9）代入式（9.11.5）便得多晶体的

$$b=\frac{8}{105}\frac{K_1^2}{M_s^2\mu_0^2} \tag{9.11.10}$$

若计及 K_2 项，且多晶体内存在紊乱分布的、数值恒定的应力 σ 时，则

$$b=\frac{1}{\mu_0^2M_s^2}\left[\left(\frac{8}{105}K_1^2+\frac{16}{1155}K_1K_2+\frac{8}{5005}K_2^2\right)+\frac{3}{25}(2\lambda_{100}^2+3\lambda_{111}^2)\sigma^2\right] \tag{9.11.11}$$

若应力是简单的张力或压力且与外场平行时，则

$$b=\frac{1}{M_s^2\mu_0^2}\left[\frac{8}{105}K_1^2+\frac{8}{35}K_1\sigma(\lambda_{100}-\lambda_{111})+\frac{16}{35}\sigma^2(\lambda_{100}-\lambda_{111})^2\right].\quad \sigma/\!/H \tag{9.11.12}$$

由式（9.11.10），式（9.11.11）和式（9.11.12）可以看到，多晶体趋近饱和定律中的系数 b 是与磁晶各向异性常数 K 和磁致伸缩常数 λ 有关系的。这些表达式就是根据多晶铁磁体趋近饱和定律的研究来决定磁晶各向异性常数的理论基础。表 9.7 列出的便是根据趋近饱和定律和在单晶体上测量得的各向异性常数的比较。

表 9.7　根据趋近饱和定律在多晶体上测得的磁晶各向异性常数与单晶体上获得的数值的比较

材料	K_1（根据单晶体上的测量）（10^{-1}J/m^3，erg/cm^3）	K_1（根据趋近饱和律在多晶体上测得的）（10^{-1}J/m^3，erg/cm^3）
铁	$(4.0\sim4.2)\times10^5$	$(4.14\sim3.95)\times10^5$
铁		$(4.0\sim4.3)\times10^5$
镍	$(4.0\sim5.8)\times10^4$	$(4.66\sim5.05)\times10^4$
镍		5.1×10^4
镍		$(5.0\sim5.3)\times10^4$

由上述可见，从自发磁化矢量转动（畴转）的概念出发，便得出了趋近饱和定律（9.11.1）中的 bH^{-2} 项，而且从实验上定出的 b，利用式（9.11.10）可以算出磁晶各向异性常数，与从单晶体上得到的数值符合得很好。稍繁的推导还能得到式（9.11.1）中的 $c=\dfrac{192}{5005}\dfrac{K_1^3}{\mu_0^3M_s^3}$，但是从理论上却推不出 aH^{-1} 项和 χ_p 项，而实验却证明这两项是存在的。下面分别讨论这两项的物理本质。

aH^{-1}项的存在是首先由外斯（1929）及其他一些人从实验上证实的。a 通常称为“磁硬度”系数。它的存在说明还有其他某种力量阻止磁化达到饱和，关于这种力的物理本质存不同的的看法：布朗（W. Brown，1940）认为在晶体内部小区域内存在着剧烈而不均匀的应力是引起这一项的基本原因，按照布朗的说法，系数 a 应与范性形变（切变）成比例，但是尚未有实验证明布朗的说法是正确的。奈耳（1948）则认为铁磁体中掺杂的存在是 aH^{-1}项出现的原因，因为掺杂的存在必定会使磁化强度不均匀，导至样品内部的退磁场不均匀，从而阻碍磁化达到饱和，奈耳根据复杂的计算曾指出 a 与掺杂物的体积浓度有关。他和罗姆（Lorm）用不同密度（4.9～7.2g/cm^3）的铁粉测量了磁化强度，当 H 大到 $10^7/4\pi$A/m（10000Oe）时，$M\propto\dfrac{1}{H}$的关系成立。

巴尔费诺夫（В. В. Парфенов，1957）[17]在研究范性形变对趋近饱和定律的影响时曾经指出；奈耳关于 aH^{-1}项出现的原因是不能说明范性形变后系数 a 的变化规律的；因此巴尔费诺夫认为 aH^{-1}项出现的原因是由于在范性形变过程中发生了单个晶粒的分裂，它们的大小、形状、取向以及分布发生了变化，所有这些因素便导致磁化强度均匀性的破坏，从而出现了散磁场，这个散磁场便阻止磁化达到饱和。由此便可推出系数 a 随温变的变化应该与自发磁化强度随温度的变化相同。实验证明，对钼-坡莫合金，当温度由 403K 变到 77K 时，系数 a 大约由 0.8×10^4 变到 1.2×10^4，而饱和磁化强度亦大约以同样的比例发生变化。

χ_p 的存在是由另一种微观因素，即磁畴内同方向的自旋数目增加而引起的。大家知道，每一磁畴内的自旋大部分都是自发地平行取向的，这就出现了自发磁化强度 M_s，但是在畴内也有与 M_s 取向相反的自旋存在，这些取向相反的自旋数目是随温度的增高而增加，随外磁场的增强而减少；因此，在铁磁体上作用着足够强的磁场时，其磁化强度便要大于该温度下的自发磁化强度 M_s，就是说，在强磁场作用下，原来与 M_s 反平行的自旋数目减少了，与 M_s 同方向的自旋数目增加了，因而引起了 χ_p 的出现。以上过程称为平行（顺磁）过程或内禀磁化过程.

从低温的 $T^{3/2}$ 定律 $M_s=M_0(1-AT^{3/2})$ 可知（见第二版上册第二章第二节），随着温度的升高，“释放”出来的自旋数目是随 $T^{3/2}$ 增加的。这些自旋的磁化率由于强相互作用，其温度关系与经典的顺磁性不同，服从$\sqrt{\frac{1}{T}}$。因此，总的来看，平行过程的磁化率便与温度成正比，即

$$\chi_p\sim\frac{T}{H^{1/2}} \tag{9.11.13}$$

可见 χ_p 与温度关系和由壁移或畴转导至的磁化率与温度关系

$$\chi\sim\frac{1}{T}$$

是完全不同的。利用这点可以把不同原因引起的磁化过程区别开来。图 9.11.1 便是在含 4.5%Si 的硅钢片上观测到的实验结果，从图上可以看到，只有当 $H>1600\times10^3/4\pi$ A/m (1600Oe) 时，平行过程的磁化率才表现出来。

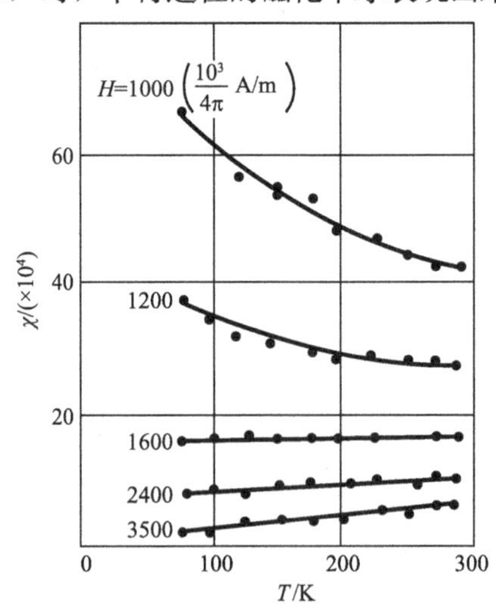

图 9.11.1 不同磁场下磁化率与温度的关系

直到现在为止，对平行过程的研究仍是很不充分；平行过程的实验研究在技术上有一定的困难，因为这种研究仅仅在很强的磁场范围内，或者同时在居里点附近进行，只有这时趋近饱和定律中 aH^{-1} 和 bH^{-2} 两项的影响才不显著。另外，现有的实验数据表明，平行过程的磁化率 χ_p 与温度的关系并不像式（9.11.13）那样线性地增大，但是 χ_p 与 H 的关系则很好地与式（9.11.13）相符，图 9.11.2 示出 Fe-Co 合金的实验数据。[18]

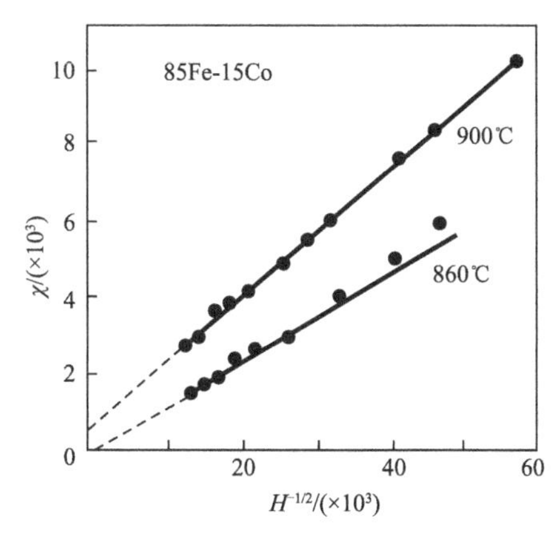

图 9.11.2　不同温度下磁化率与磁场的关系

最后说明一下从趋近饱和阶段磁化率的测量中确定各常数的步骤。

把趋近饱和定律表示为

$$\chi=AH^{-2}+BH^{-3}+CH^{-4}+DH^{-\frac{1}{2}},\quad D=\chi_p H^{\frac{1}{2}}$$

（1）在很强的磁场下，BH^{-3} 和 CH^{-4} 都接近于零，于是得 $\chi=AH^{-2}+DH^{-\frac{1}{2}}$ 或 $\chi H^2=A+DH^{3/2}$，作 χH^2 与 $H^{3/2}$ 的图，便得一直线，由此可定出 A 和 D。

（2）在稍低的磁场区内，BH^{-3} 起作用，但 CH^{-4} 仍可忽略，故 $(\chi-DH^{-\frac{1}{2}})H^3=B+AH$，仿（1）可得 B 与 A。

（3）在更低的磁场区，趋近饱和定律中各项都不能忽略，于是得 $\left[\left(\chi-\frac{D}{\sqrt{H}}\right)H^2-A\right]H^2=C+BH$，仿（1）又得 C 与 B。

习题

1. 什么叫磁化和反磁化过程。

2. 磁化过程的大致阶段和基本方式是什么？它们有什么联系？

3. 矫顽力 H_c 和内禀矫顽力 H_{cm} 指的是饱和磁滞回线上的那一点？它们有何差别？试从 $B(H)$ 回线上推出 H_{cm} 和从 $M(H)$ 回线上推出 H_c。

4. 试述微分磁导率、增量磁导率、可逆磁导率的异同。

5. 钡铁氧体单晶薄片内的片状畴的磁化过程有什么特点？对片状的磁畴结构在退磁状态下应考虑哪几种能量。

6. 当 $M \to M_s$，$D\sqrt{\mu}/(d_1+d_2) \to 0$ 时，由式（9.2.12）和式（9.2.14）推出式（9.2.16）和式（9.2.17）。

7. 求单轴单晶体在难磁化轴方向的磁化曲线．若此单晶体的 $M_s=374$Gs，在难磁化方向饱和磁化时的磁场为 17600Oe，求此单晶体的磁晶各向异性常数 K_{u1}（设 $K_{u1}>3.42M_s^2$，采用 CGS 单位）。

8. 为什么不考虑封闭畴影响的理论磁化曲线（9.3.2）却在高磁场下（$>$40Oe）与实验相符呢？

9. 三轴单晶体在［110］方向的磁化过程是如何进行的？试用畴结构变化的两种基本方式加以说明。

10. 处理单晶体磁化过程时，若不考虑具体的磁畴结构，那么理论上应如何考虑？普遍原则是什么？Fe 单晶扁椭球在（001）面上的磁化模式与 Ni 单晶扁椭球在（110）面上的磁化模式有何异同。

11. 若 $K_2=0$，求证 Ni 单晶在（110）面上的转矩曲线

$$L=-\frac{K_1V}{8}(2\sin 2\xi+3\sin 4\xi)$$

V 为样品体积，ξ 为 M_s 与［001］间的角度。

12. 在处理多晶体的磁化过程时，为什么只考虑磁化过程的两个基本方式——壁移和畴转？

13. 内应力和掺杂是如何阻碍畴壁位移的，试从能量的观点分析共有几种阻碍的方式。

14. 将坡莫合金丝（$\lambda_s>0$）在拉力作用下进行热处理，设合金的磁畴结构完全由这种热处理决定，试求出此样品在热处理后起始磁导率 μ_i（设外场 H 与合金丝的轴线平行，合金中没有掺杂）。

15. 设掺杂理论适用于球墨铸铁（Fe＋石墨），已知球墨铸铁重量为 1125g，其中石墨的重量为 31.1g，求球墨铸铁的起始磁导率 μ_i（球墨铸铁比重为 7.0g/cm^3，石墨比重为 2.20g/cm^3，石墨在样品中为球形直径为 2μm）。

16. 设三轴单晶体内只有 180°的壁移，试证明〈100〉，〈110〉，〈111〉三簇方向上的起始磁化率之比为 $1:\frac{1}{2}:\frac{1}{3}$。

17. 镍铁氧体是一种结构比较松、各向异性不高的材料，经测定其 $M_s=270$Gs，$K_1=-6.7\times10^4$erg/cm^3，起始磁导率～10。对这样材料的起始磁导率应按哪种磁化机制进行理论计算？试计算出理论值，并与实验值进行比较。

18. 在 $K_1<0$ 的立方晶系材料中，如果磁晶各向异性能起着主导作用，那么把它的 λ_{111} 减低，就可以减低应力的作用，不论应力方向如何都与 λ_{100} 无关。试证明这个情况。

19. 试述趋近饱和定律中，各系数所代表的物理意义。简述从趋近饱和过程

的磁化率随磁场变化的数据中，求立方晶体磁晶各向异性常数的方法。

20. 磁畴理论从哪几个方面说明硅钢片性能的提高。

21. 纳米晶软磁材料的矫顽力和起始磁导率与晶粒尺寸的关系与普通软磁材料有何差别？请加以论证。

22. 什么是趋近饱和定律？根据此定律如何求磁晶各向异性常数 K_1？

参考文献

[1] Kooy C，EnZ U. Experimental and theoretical study of the domain configuration in thin layers of $BaFe_{12}O_{19}$. Philips Res. Repts.，1960，15：7—29

[1a] Goodenough，phys. Rev.，1954，95：917

[2] Néel. J. phys. Radium，1944，5：241

[3] Lawton，Stewart. Proc. Roy. Soc.，1948，A193：72

[4] Birss et al.，Brit. JAP，1966，17：1241；1967，18：459；J. phys. C. solid state phys.，1975，8：189

[5] Craik D J，Hill E. Magnetic domain wall pinning by regions of weak exchange or anitropy. Phys. Lett.，1974，48A：157

[6] Kersten M. Zur theorie der koerzitivkraft. ZS. F. Phys，1948，124：714

[7] Becker R，Kersten M. Die magnetisierung von nickeldraht unter starkemzug. Zs. F. Phys.，1930，64：660；Becker R. Elastische nachwirkung und plastizitat. Zs. F. Phys.，1925，33：185

[8] Jiles D. Introduction to magnetism and magnetic materials，chapman and hall. 1991

[9] Roess E，Ferrite. Proc. Int. Conf. Japan，1970，1：203

[10] Ohta K，Kobayashi N. Jpn. J. Appl. Phys.，1964，3：576

[11] Yoshizawa Y（吉泽克仁），Oguma S，Yamauchi K. New Fe-based soft magnetic alloys composed of ultratine grain structure. J. Appl. phys.，1988，64：6044

[12] 杨国斌．超微晶软磁合金的磁性和结构．物理，1995，24（2）：65

[13] Koster V et al. Mater. Sci. Eng.，1991，A133：611

[14] Herzer G. IEEE Trans. Magn.，1989，25：3327

[15] Hernando A et al. Analysis of the dependence of spin-spin correlations on the thermal treatment of nanocrystalline. Phys. Rev. B，1995，51（6）：3581

[16] Hernando A，Kulik T. Exchange interaction through amorphous paramagnetic layers in ferromagnetic nanocrystals. Phys. Rev.，1994，B49：7064

[17] Парфенов，в. в.，изв. АНСССР. сер. физ.，1957，71（9）：1327

[18] 潘孝硕．物理学报，1953，9：14

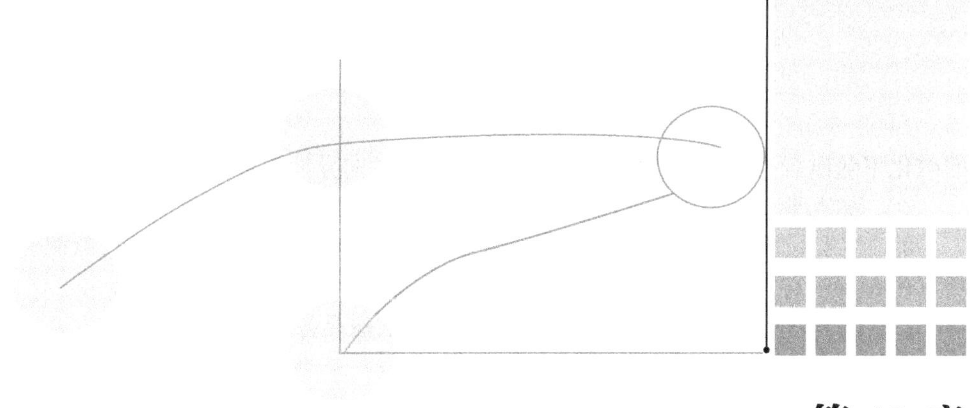

第 10 章 反磁化过程

10.1 引　　言

关于磁化和反磁化的概况，已在 9.1 节中讨论过了。本章要讨论的是关于反磁化过程的各种机制，着重讨论矫顽力的各种机制，并涉及剩余磁通密度和最大磁能积的计算，最后扼要地说明和讨论获得最佳永磁性的理论、反磁化理论在生产中的运用。

磁性材料从技术饱和磁化状态退回到磁化强度为零的状态，这一过程称为**反磁化过程**。磁性材料从磁场正向技术饱和磁化状态到磁场反向技术饱和磁化状态的往复过程称为**反复磁化过程**，在这一达到饱和磁化状态的反复磁化中所出现的一个闭合回线称为饱和磁滞回线。就一般而论，磁滞来源于壁移和畴转的不可逆变化，磁滞使能量的转换发生耗损，磁滞与磁能的储存成正比，磁滞的大小决定于磁滞回线面积的大小，而回线的面积又主要取决于**矫顽力**。所以，反磁化过程中所要讨论的中心问题是关于矫顽力的问题。

从磁畴结构运动变化的角度来看，反磁化过程中的壁移和畴转，也有可逆与不可逆之分，但矫顽力是只与不可逆过程联系的，因此这里只讨论不可逆过程，在第 9 章中我们已经知道，不可逆壁移和畴转发生于临界磁场的作用之下，或者说发生在壁移和畴转过程中总能量随位置变化最大的地点上，即

$$H_0 \propto \left(\frac{\partial E_{zu}}{\partial x}\right)_{\max} \qquad \text{(不可逆壁移)}$$

$$\frac{\partial E}{\partial \theta}=0 \text{ 和 } \frac{\partial^2 E}{\partial \theta^2}=0 \qquad \text{(不可逆畴转)}$$

式中，H_0 为临界场，E_{zu} 为壁移的阻力能量，E 为畴转时酌总能量，θ 为磁矩在空间的角度或与易磁化轴之间的角度，x 为畴壁在空间的位置。最普遍的情况应当是每块畴壁和每个磁畴都有自己的临界场，而且其数值随畴壁和磁矩的位置发

生变化，这就是说，同一块畴壁和同一个磁畴可以有几个临界场，因此临界场是畴壁（或磁矩）和位置的函数 H_0（i，$\overline{x}$），i 代表畴壁或磁矩，$\overline{x}$表示空间位置。在反磁化过程中，畴壁可能经过几次不可逆移动，才能使样品的磁化强度为零（$M=0$），只有这时对应的临界场才是内禀矫顽力 H_{cm}。如果样品内含有多种畴壁，**则样品的矫顽力是各种畴壁所对应的临界场的平均值**。下面比较具体的说明这一问题。

在图 10.1.1 中，H 代表某一个反向磁场，磁畴“甲”代表在原来 正向磁场方向有大分量的磁矩，现在在反向磁场作用下，一个在“甲”畴边上的磁踌“乙”将要扩大，畴壁向箭头所示方向移动，使磁畴“甲”缩小，这样在 $M-H$ 图上将出现如图 10.1.2 所示的情况。从 M_r 到 a 点是壁移的可逆阶段，在这阶段，随着反向磁场的增强，“乙”畴逐渐扩大，“甲”畴逐渐缩小，总磁化强度在减低。如果磁场强度 H 维持某一数值，磁化强度 M 也就停留在一个数值上；磁场强度如果减退到零，磁化强度会退回到 M_r。这就是壁移的可逆阶段。

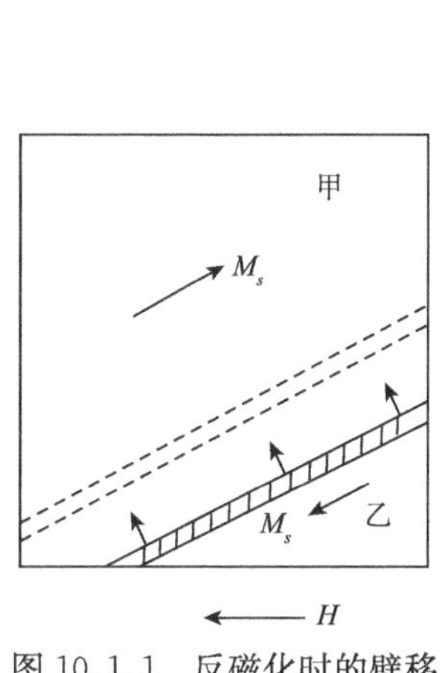

图 10.1.1　反磁化时的壁移

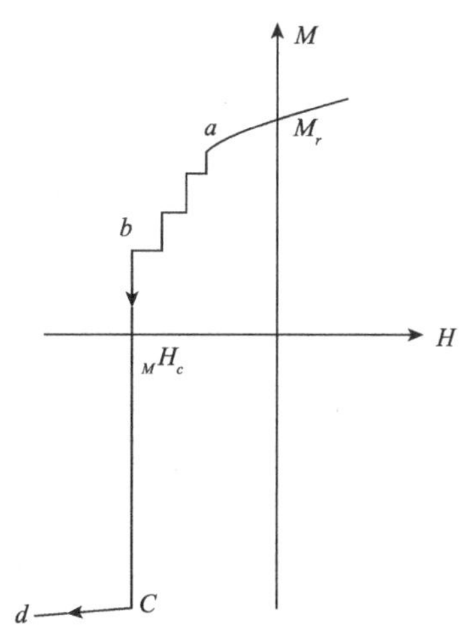

图 10.1.2　壁移反磁化过程

当磁场强度增到 a 点时，壁移开始不可逆的跳跃（相应的就有第一个临界场）。随着磁场的继续增强，磁化强度可能经过多次跳跃（有多个临界场）。最后，当磁场增强到某一数值，壁移就发生大跳跃。图 10.1.1 中的“乙”畴大幅度地扩大，直到占据“甲”畴的全部区域。这个过程在图 10.2 中就是 b 点到 c 点那条直线所代表的情况。起初，图 10.1.1 中的“甲”畴比“乙”畴大时，对外有效磁化强度是正向的。当“乙”畴扩大到同“甲”畴大小相等时，它们对外的磁化效果抵消，有效磁化强度等于零。这就是图 10.1.2 中 bc 线跨过横轴的一点（$M=0$）。这时对应的临界磁场强度称为内禀矫顽力 H_{cm}。最后，“乙”畴扩大到占了“甲”畴全部区域，就这一对磁畴来说，壁移过程便完结了。

从以上的讨论我们看到，磁化强度从正向值变到反向值经过 $M=0$ 时所对应的临界磁场强度称为内禀矫顽力 H_{cm}的，也就是发生大跳跃时的临界场（在普遍情况下不一定就是大跳跃）。

在 9.10 节中推得大跳跃的临界场强度等于下式所表示的值：

$$H_0=\frac{1}{(2M_s\cos\theta)\ \mu_0}\left(\frac{\partial\gamma}{\partial x}\right)^{①}_{最大中的最大}$$

式中的 θ 为壁移完成后、磁矩和磁场方向间的夹角，如果样品内只有一块畴壁，则 $H_0=H_{cm}$。对 $\theta=0$ 的情况，得到

$$H_{00}=\frac{1}{2M_s\mu_0}\left(\frac{\partial\gamma}{\partial x}\right)_{最大中的最大}$$

所以可以把 H_0 写成

$$H_0=\frac{H_{00}}{\cos\theta}$$

由这个公式可知，在同一单晶材料中，θ 不同，H_0 也不同。

磁性材料一般是多晶体。晶粒对磁场有各种取向，因此易轴相对于磁场也有各种取向，也就是 θ 具有各种不同的值，这样，取向不同的晶粒它们的临界场不相同时，矫顽力也就不同，大块材料的矫顽力是各晶粒对应的临界场的平均值 $H_{cm}=\overline{H}_0$。图 10.1.3 示出单轴晶体在不同 θ 角时的饱和磁滞回线。这个过程除开始和末了是转动外，中间一大段是壁移过程。图 10.1.4 示出的曲线是图 10.1.3 各过程的平均效果，这就是我们熟悉的大块材料的饱和磁滞回线。由反向饱和状态再经反磁化过程，又可回到正向饱和状态。由正向到反向，再由反向到正向的过程在图 10.1.4 中用曲线（1）和（2）表示。曲线（1）和（2）是对称的，构成整个磁滞回线。

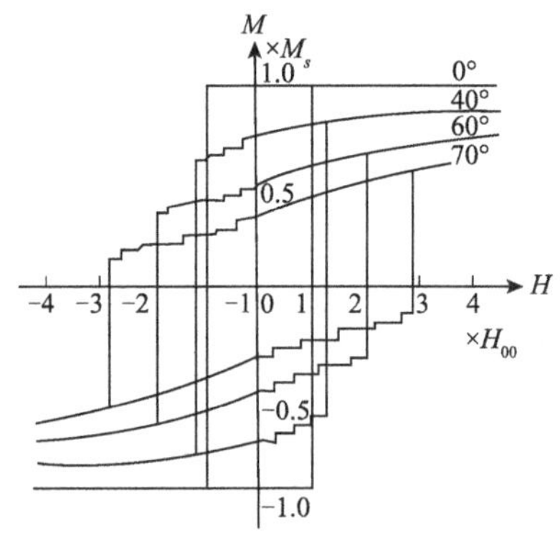

图 10.1.3 单轴各向异性晶粒取不同 θ 角时的饱和磁滞回线

---

① 严格说，这个 H_0 应与 9.10 节中的 H_0 有所区别，因为前者是对应于 $M=0$ 的 H_0，所以有的文献写为 $H_{0\max}$。

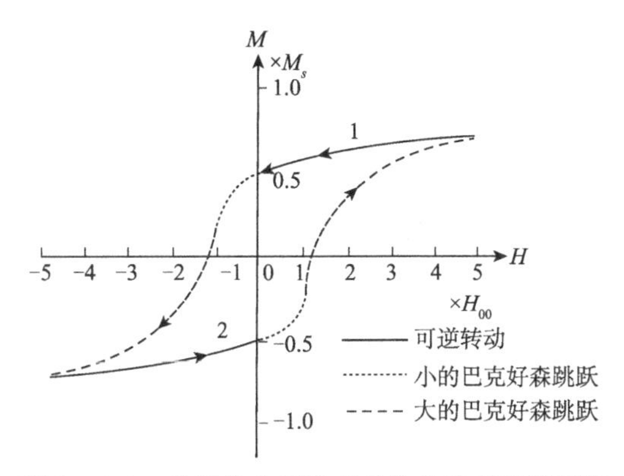

图 10.1.4 单轴各向异性多晶体的饱和磁滞回线

以上是从畴壁不可逆位移的角度来讨论临界场 H_0 与内禀矫顽力 H_{cm}之间的联系和区别。类似的方法亦可用于畴转不可逆的情况，下面还要进行具体论述，这里就不赘述。

10.2 应力和掺杂阻碍畴壁不可逆移动决定的矫顽力

在 9.10 节中，我们讨论了不可逆壁移的临界场。那里，根据壁移阻力的不同，可分为应力理论和掺杂理论。现在要由临界场推导出矫顽力，也可分为如下的两种理论。

10.2.1 应力阻碍畴壁不可逆移动决定的矫顽力

根据 9.10 节，应力阻碍不可逆壁移的临界场 H_0 为

$$H_0=\frac{1}{2\mu_0 M_s\cos\theta}\left(\frac{\partial\gamma}{\partial x}\right)_{\max} \tag{10.2.1}$$

最大临界场为

$$H_{0\max}=\frac{1}{2\mu_0 M_s\cos\theta}\left(\frac{\partial\gamma}{\partial x}\right)_{\text{最大中的最大}} \tag{10.2.2}$$

由式（8.1.34），畴壁能在考虑了应力 σ（x）的影响后的表达式为

$$\gamma=2\sqrt{A\left[K_1+\frac{3}{2}\lambda_s\sigma(x)\right]}$$

于是

$$\left(\frac{\partial\gamma}{\partial x}\right)=\frac{3}{2}\lambda_s\delta\left(\frac{\partial\sigma}{\partial x}\right)$$

$$\delta=\sqrt{A/\left[K_1+\frac{3}{2}\lambda_s\sigma(x)\right]}$$

σ（x）为应力随位置变化的函数，δ 为应力存在时畴壁的基本厚度。由于

σ（x）在材料中的分布情况不同，临界场的计算亦有所不同，设应力的分布用应力波长 l 来表示，则有两种情况较有意义。

（1）应力分布如图 10.2.1 所示，即应力波长比畴壁厚度大得多（$l \gg \delta$），畴壁内部的应力可以看成常数。从图 10.2.1 中可看出

$$\left(\frac{\partial \sigma}{\partial x}\right)_{\max}=\frac{\Delta\sigma}{\frac{l}{2}}=\frac{2\Delta\sigma}{l},$$

$\Delta\sigma$ 为应力的最大变化（在图中已标明）。由于 $l \gg \delta$，故在求微商时可把 δ 看成常数，于是

$$\left(\frac{\partial \gamma}{\partial x}\right)_{\max}=\frac{3}{2}\lambda_S\delta\left(\frac{\partial \sigma}{\partial x}\right)_{\max}=\frac{3\lambda_S\delta\Delta\sigma}{l} \tag{10.2.3}$$

将式（10.2.3）代入式（10.2.1），得到

$$H_0=\frac{3}{2}\ \frac{\lambda_s\Delta\sigma}{\mu_0 M_s\cos\theta}\ \frac{\delta}{l} \qquad (l \gg \delta) \tag{10.2.4}$$

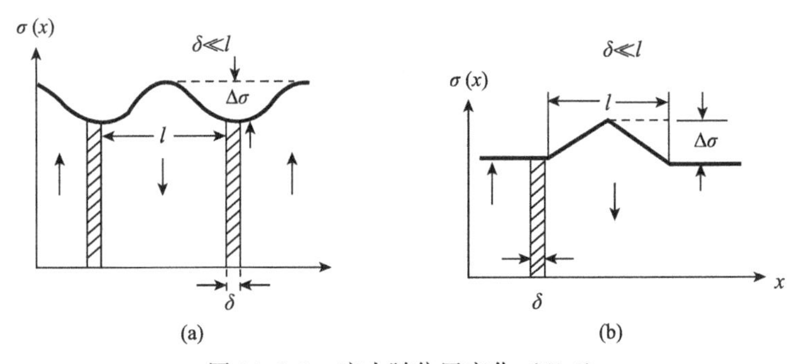

图 10.2.1　应力随位置变化（$l \gg \delta$）

（2）应力分布如图 10.2.2 所示，即应力波长比畴壁厚度小得多（$l \ll \delta$）当畴壁移到应力不均匀的地方（如 $x=x_1$）时，由于应力不均匀的范围比畴壁小（$l \ll \delta$），故此处的原子磁矩的方向要受到应力的影响，因此，需要考虑应力能，这样，此处的畴壁能便比其他各处增加了 $\Delta\gamma_\sigma$，即

$$\Delta\gamma_\sigma = \frac{3}{2}\lambda_S\sin^2\theta\int_{x_1-\frac{l}{2}}^{x_1+\frac{l}{2}}(\sigma-\sigma_0)\mathrm{d}x \tag{10.2.5}$$

按图 10.2.2，可近似地认为

$$\int_{x_1-\frac{l}{2}}^{x_1+\frac{l}{2}}(\sigma-\sigma_0)\mathrm{d}x = \frac{1}{2}\Delta\sigma\cdot l \tag{10.2.6}$$

设整个壁内磁矩的方向变化函数 θ（x）仍由 8.1 节的公式

$$\cos\theta=-\mathrm{th}\,\frac{x}{\delta}$$

的所表征，于是

$$\sin^2\theta=\frac{1}{\mathrm{ch}^2\frac{x}{\delta}} \tag{10.2.7}$$

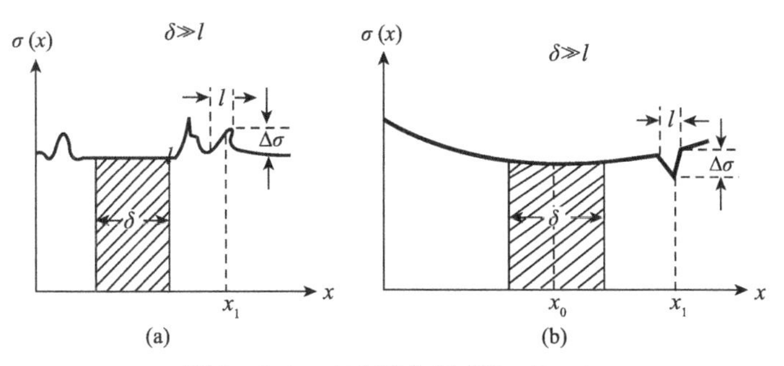

图 10.2.2　应力随位置变化（$l\ll\delta$）

把式（10.2.6），式（10.2.7）代入式（10.2.5），得到

$$\Delta\gamma_\sigma=\frac{3}{4}\lambda_S\cdot\Delta\sigma\cdot l\frac{1}{\mathrm{ch}^2\frac{(x_1-x_0)}{\delta}} \tag{10.2.8}$$

$$\frac{\partial\Delta\gamma_\sigma}{\partial x}=\frac{6\lambda_S\Delta\sigma l}{\delta}\frac{\mathrm{sh}\frac{2x}{\delta}}{\mathrm{ch}^2\frac{2x}{\delta}} \tag{10.2.9}$$

当 $x=0.329\delta$ 时，上式最大值为

$$\left(\frac{\partial\Delta\gamma_\sigma}{\partial x}\right)_{\max}=1.15\lambda_S\Delta\sigma\frac{l}{\delta} \tag{10.2.10}$$

把式（10.2.10）代入式（10.2.1）得到

$$H_0=\frac{1.15}{2\mu_0}\frac{\lambda_S\Delta\sigma}{M_s\cos\theta}\frac{l}{\delta}\simeq\frac{\lambda_S\Delta\sigma}{2\mu_0M_s\cos\theta}\frac{l}{\delta}\quad(l\ll\delta) \tag{10.2.11}$$

把式（10.2.4）和式（10.2.11）的临界场公式综合写成

$$H_0=\frac{\lambda_S\Delta\sigma}{2\mu_0M_s\cos\theta}\cdot\frac{3\delta/l}{1+3(\delta/l)^2} \tag{10.2.12}$$

在式（10.2.12）中，当 $l\gg\delta$ 时，$(\delta/l)^2$ 可略去，于是式（10.2.12）便转化为式（10.2.4）；当 $l\ll\delta$ 时，分母中的常数 1 可略去，式（10.2.12）便又变为式（10.2.11）。

令

$$p=\frac{3\delta/l}{1+3(\delta/l)^2}$$

则式（10.2.12）便变为

$$H_0=p\frac{\lambda_S\Delta\sigma}{2\mu_0M_s\cos\theta} \tag{10.2.13}$$

在图 10.2.1 和图 10.2.2 的应力模型下，每块畴畴只有一个临界场，因此多晶材料的矫顽力就是各临界场的平均值，即

$$H_{cm}=\overline{H}_0=p\frac{\lambda_S\overline{\Delta\sigma}}{2\mu_0 M_s\overline{\cos\theta}}=\frac{3}{2}\frac{p\lambda_S\overline{\Delta\sigma}}{\mu_0 M_s}$$

$$\left[\text{在 CGS 制中，} H_{cm}=\frac{3}{2}\frac{p\lambda_s\overline{\Delta\sigma}}{M_s}\right] \tag{10.2.14}$$

上式就是应力阻碍不可逆壁移导致的矫顽力，式中 p 的值最大为 1，因此，矫顽力与 $\lambda_s\overline{\Delta\sigma}$成正比，与 M_s 成反比。

10.2.2 掺杂阻碍畴壁不可逆移动决定的矫顽力

如果掺杂的阻碍表现在畴壁移动时，畴壁面积的增大。根据 9.10 节，临界场为

$$H_0=\frac{\gamma}{2\mu_0 M_s\cos\theta}\left(\frac{\partial}{\partial x}\ln S\right)_{\max} \tag{10.2.15}$$

式中 $S=a^2-\pi(r^2-x^2)$，它是一块畴壁的面积，a 和 r 是掺杂的点阵常数和半径。容易算得

$$\left(\frac{\partial}{\partial x}\ln S\right)_{\max}=\frac{\pi d}{a^2}\quad (d\text{ 为掺杂直径}) \tag{10.2.16}$$

再用掺杂体积分数 $\beta=\frac{\pi}{6}\left(\frac{d}{a}\right)^3$ 和畴壁厚度 $\delta\sim\frac{\gamma}{K}$代入式（10.2.15），考虑到在简单模型下，每块壁只有一个临界场，仿照式（10.2.14）可得到

$$H_{cm}\cong p'\frac{K_1}{\mu_0 M_s}\beta^{2/3}\quad\left(p'=\frac{\delta}{d},\ \delta\ll d\right)$$

$$\left[\text{在 GGS 制中 } H_{cm}\cong p'\frac{K_1}{M_s}\beta^{2/3}\right] \tag{10.2.17}$$

可见 H_{cm}与掺杂浓度、磁晶各向异性常数成正比，与饱和磁化强度成反比。

许多实验事实表明式（10.2.14）和式（10.2.17）在定性上是正确的，纯铁、纯镍和坡莫合金等软磁材料的矫顽力都与理论的预期大体一致。但在理论与实验作定量进行比较时，还需适当选择式中的系数。图 10.2.3 示出镍丝的矫顽力随内应力的变化情况，图中曲线 a 的内应力由塑性形变造成，曲线 b 的内应力由冷加工形变造成，由于应力分布不同，故系数 p 的选择亦不同，图 10.2.4示出在低碳钢中含有渗碳体掺杂时，样品的矫顽力与含碳量重量百分比的关系。由图可见，在选择适当的系数后，理论与实验相当一致（对于低碳钢，选 $K_1=4.5\times$

$10^4 \mathrm{J/m^3}$。$M_s = 1700 \times 10^3 \mathrm{A/m}$，$\beta = 0.16Z\%$，$p' = \dfrac{\delta}{d} = \dfrac{\delta}{20\delta} = 0.05$，则式(10.2.17)可化简为 $H_c \sim \dfrac{6}{\mu_0}(Z\%)^{3/2}$)。

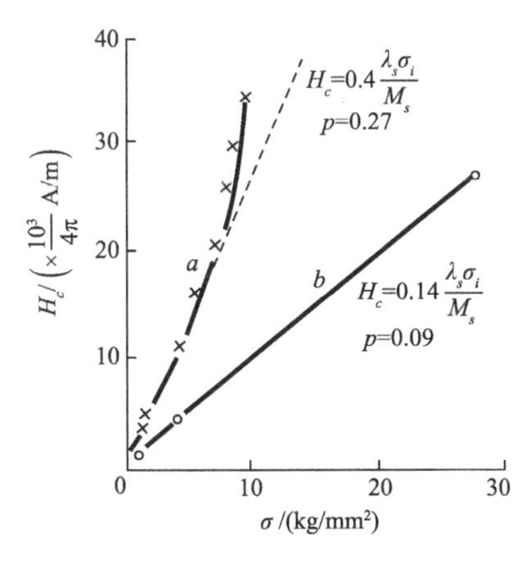

图 10.2.3 镍丝的矫顽力与内应力的关系

a 为塑性形变；b 为冷加工形变

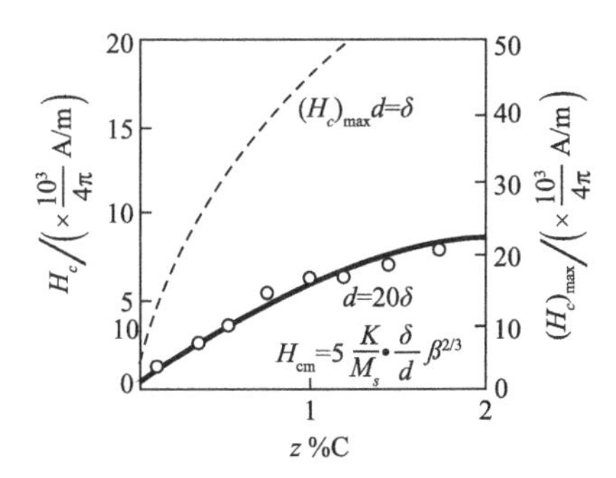

图 10.2.4 低碳钢中含有渗碳体掺杂时的 H_c 与含碳量的关系

○○○，实验；——理论；…理论的上限

10.2.3 内应力和掺杂引起的弥散磁场对矫顽力的贡献

正如图 9.5.1 图 9.5.2 所示的情况，由于内应力和掺杂的存在，畴壁的移动将改变材料内部的退磁场（弥散磁场）能量，这一部分能量的增加将阻碍畴壁的移动。奈耳[2]；考虑了内应力和掺杂引起的弥散磁场对矫顽力的贡献，前者为(用 CGS 制)。

$$H_{cm}=1.035\left[1.386+\frac{1}{2}\ln\frac{6.8M_s^2}{(3/2)\ \lambda_s\sigma}\right]\frac{\lambda_s\sigma}{M_s}v \quad \left(\frac{3}{2}\lambda_s\sigma\gg|K_1|\right)$$

(10.2.18)

和

$$H_{cm}=\frac{3}{5\pi}\left[1.386+\frac{1}{2}\ln\frac{2\pi M_s^2}{|K_1|}\right]\frac{\lambda_s^2\sigma^2}{M_s|K_1|}v \quad \left(\frac{3}{2}\lambda_s\sigma\ll|K_1|\right)$$

(10.2.19)

式中，M_s 为饱和磁化强度，K_1 为磁晶各向异性常数，λ_s 为饱和磁致伸缩系数，v 为内应力 σ 所占的体积分数。钟文定[3]等研究了 $TbFe_2$ 的矫顽力随温度的变化，其实验结果在 4.2K 以上都与式（10.2.18）、(10.2.19）很符合（图 10.2.5）。

对非磁性掺杂引起的弥散场对矫顽力的贡献为（用 CGS 制）

$$H_{cm}=\frac{3}{\pi}\frac{K_1}{M_s}\left[0.386+\frac{1}{2}\ln\frac{2\pi M_s^2}{K_1}\right]\beta \tag{10.2.20}$$

式中，β 为非磁性掺杂的体积分数，其余符号意义同前。

通常情况下，可认为矫顽力是内应力和掺杂引起的弥散场的叠加。因此对某一具体材料而言，可用式（10.2.18）～（10.2.20）的叠加来表示矫顽力。假定 $\sigma=30\text{kg/mm}^2$，再将铁和镍的 M_s 和 K_1、λ_s 代入上式便得（用 CGS 制）

$$H_{cm}=2.1\nu+360\beta \quad （铁） \tag{10.2.21}$$

$$H_{cm}\approx 330\nu+97\beta \quad （镍） \tag{10.2.22}$$

可见非磁性掺杂对铁的贡献大，相反内应力对镍的贡献大，因为镍的 λ_s 较大而 K_1 较小。

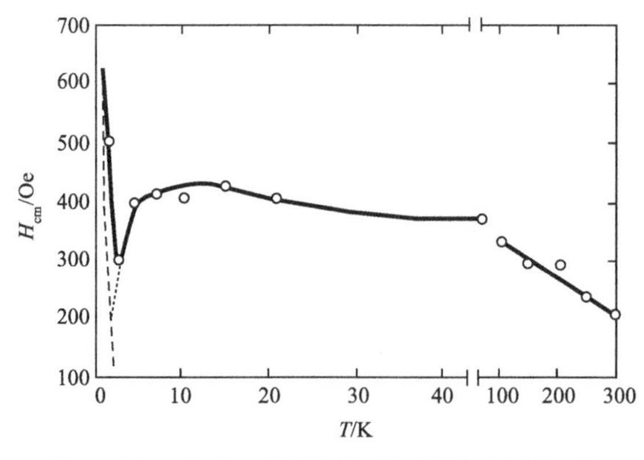

图 10.2.5 $TbFe_2$ 的矫顽力 H_{cm} 随温度 T 的变化

$\nu=0.18\sim0.38$；$\sigma=18.3\times10^9\text{dyn/cm}^2$，○○○为实验值；…和—为按（10.2.18)，(10.2.19）式得到的理论值

10.3 磁矩不可逆转向决定的矫顽力

我们已经知道磁性颗粒的尺寸小于某一临界值时，便成为单畴颗粒。由单畴颗粒组成的磁性材料内，因为不存在畴壁，故反磁化过程只有磁矩的转动。在通常情况下，磁矩不可逆转动决定的矫顽力要比不可逆壁移决定的矫顽力大。因此，欲想获得高矫顽力的材料，往往需要制造由单畴颗粒或准单畴颗粒组成的磁体。20世纪五六十年代出现的超细铁粉或铁钴微粉磁体（商品名称为 *ESD* 磁体），就是这种类型的磁体。目前，钡、锶铁氧体永磁，锰铋合金微粉磁体，铝镍钴型和铁铬钴型永磁以及稀土永磁的生产或性能的提高，都可认为是在单畴颗粒的磁矩转动理论的基础上加以发展来说明。

单畴颗粒内，阻碍磁矩转动的是各种各向异性，如磁晶各向异性、形状各向异性、感生各向异性等等。处理这些各向异性对磁矩转动的阻碍，并推导出矫顽力的方法都是类似的。下面以磁晶各向异性为例来讨论这一问题。先讨论单个颗粒的情况，然后再讨论颗粒集合体的情况。

10.3.1 磁晶各向异性控制的矫顽力

现在讨论一个单畴颗粒的反磁化过程，由于颗粒内没有畴壁，所以反磁化过程是通过磁畴磁矩的转向来实现的（假定畴内原子磁矩的转向是一致转向）。在下面的讨论中，不但可以具体了解磁矩转向的细节，而且能够推出磁滞回线、临界场与矫顽力的关系，从而确定在什么条件下 B_r，H_c，$(B\cdot H)_{\max}$为最高。

设单畴颗粒是磁单轴的晶体，其饱和磁化强度 M_s 的方向，同时受磁晶各向异性和外磁场的控制。在外磁场 H、饱和磁化强度 M_s、易轴 AB 具有如图10.3.1所示关系的情况下，决定 M_s 方向的能量有磁晶各向异性能 E_K 和外磁场能 E_H（颗粒为球形，退磁场能与 M_s 的方向无关，故略去）

$$E_K=K_u\sin^2\theta,$$

$$E_H=-\mu_0 HM_s\cos\ (\varphi-\theta),$$

式中 K_u 为磁晶各向异性常数，θ 为 M_s 与易轴的夹角，φ 为外磁场与易轴的夹角。

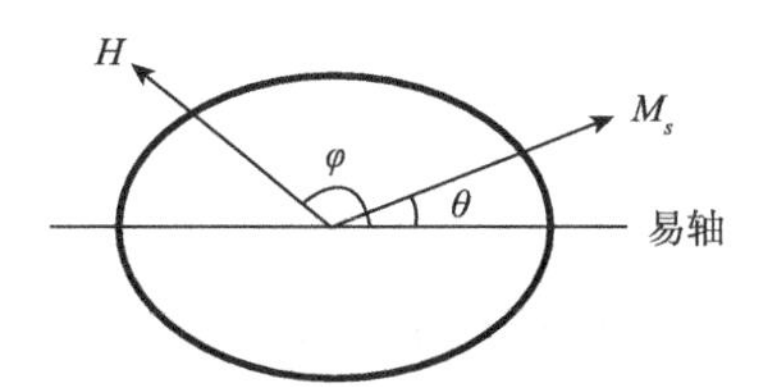

图10.3.1 磁晶各向异性控制的磁矩一致转向

总能量 E 为

$$E=E_K+E_H=K_u\left[\sin^2\theta-2h\cos(\varphi-\theta)\right],\qquad h\equiv\frac{H}{\dfrac{2K_u}{\mu_0M_s}}\tag{10.3.1}$$

当 h 已知时，由式（10.3.1）可解出平衡时 θ 的值，从而通过

$$M=M_s\cos(\varphi-\theta)$$

的式子，求出 M 的值。改变 h 的值后，重复以上步骤，又得另一 M 值，依此类推便得磁滞回线，以下分三种情况加以讨论。

（1）设外磁场与易轴平行，即 $\varphi=\pi$。这时式（10.3.1）成为

$$E=K_u\left[\sin^2\theta+2h\cos\theta\right]\tag{10.3.2}$$

利用平衡条件 $(\partial E/\partial\theta)=0$，从式（10.3.2）得出如下两个方程：

$$\sin\theta=0$$

和

$$\cos\theta=+h$$

从而求得三个 θ 的解：$\theta_1=\pi$，$\theta_2=0$，$\theta_3=\cos^{-1}(+h)$。这三个解中哪一个才能满足能量的极小，则需看其是否满足

$$(\partial^2E/\partial^2\theta)>0$$

的条件。因为

$$\frac{\partial^2E}{\partial\theta^2}=\left[\cos2\theta-h\cos\theta\right]2K_u\tag{10.3.3}$$

用 $\theta_1=\pi$ 代入式（10.3.3），便得出 $\dfrac{\partial^2E}{\partial\theta^2}=(1+h)\,2K_u$，因此，只要 $h>-1$，$\theta_1=\pi$ 就是稳定的，这就是说，相对磁场 h 从正值下降到 -1 之前，磁矩都停留在 $\theta=\pi$ 的方向，亦即停留在外磁场的方向，这时的磁化强度为

$$M=M_s\cos(\varphi-\theta)=M_s\cos(\pi-\pi)=M_s$$

相应的曲线为图 10.3.2 的 ABC 段。

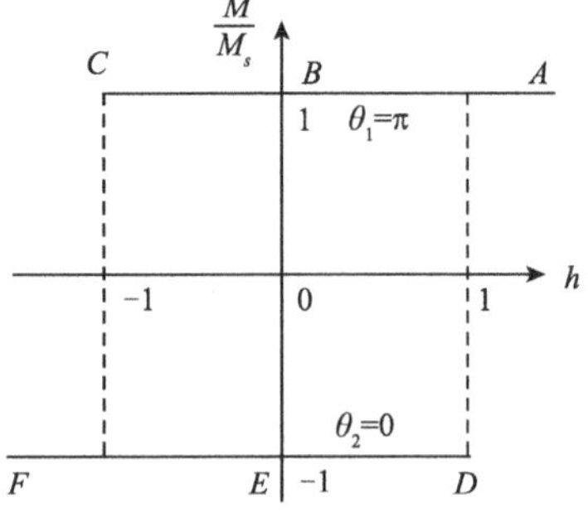

图 10.3.2 外磁场与易轴平行时的磁滞回线，$\varphi=\pi$

把 $\theta_2=0$ 代入式（10.3.3），得出

$$\frac{\partial^2 E}{\partial \theta^2}=2K_u(1-h)$$

因此，只要 $h<1$，磁矩都停在 $\theta=0$ 的方向，亦即停留在与外磁场相反的方向，这时的磁化强度为

$$M=M_s\cos(\varphi-\theta)\ =M_s\cos(\pi-0)\ =-M_s$$

相应的曲线为图 10.3.2 的 DEF 段。

用 $\theta_3=\cos^{-1}h$ 代入式（10.3.3）得出

$$\frac{\partial^2 E}{\partial \theta^2}=2K_u(h^2-1)$$

欲使 $\frac{\partial^2 E}{\partial \theta^2}>0$，则要求 $h^2>1$，$h>\pm1$，这一要求是与

$$\theta_3=\text{arccos}h$$

的条件矛盾的。换句话说，条件 $\theta_3=\text{arccos}h$ 总不能满足

$$(\partial^2 E/\partial \theta^2)\ >0$$

所以 $\theta_3=\text{arccos}h$ 是不能实现的。

综上所述，磁矩只可能停留在两个方向，$\theta=0$ 和 π 的方向。究竟哪一个方向合适，则需视外磁场的数值而定，当 $h<1$ 时，则磁矩停在 $\theta=0$ 的方向合适；当 $h>-1$ 时，则磁矩停在 $\theta=\pi$ 的方向合适。如果磁场 h 从小于 1 变到等于 1 时，磁矩则会从 $\theta=0$ 的方向变到 $\theta=\pi$ 的方向；同理，如果磁场 h 从大于 -1 变到等于 -1 时，磁矩又会从 $\theta=\pi$ 的方向变到 $\theta=0$ 的方向。在磁矩方向改变的两个过程中，磁化强变 M 都经过了 $M=0$ 的点，因此 $h=\pm1$ 便是矫顽力 h_c：

$$h_c=h=\pm1 \text{ 或 } H_{\text{cm}}=\pm\frac{2K_u}{\mu_0 M_s}$$

$$\left[\text{在 CGS 制中，} H_{\text{cm}}=\pm\frac{2K_u}{M_s}\right] \tag{10.3.4}$$

（2）设外磁场与易轴垂直，即 $\varphi=\pi/2$。这时式（10.3.1）成为

$$E=K_u(\sin^2\theta-2h\sin\theta) \tag{10.3.5}$$

$$\frac{\partial E}{\partial \theta}=K_u(2\sin\theta\cos\theta-2h\cos\theta) \tag{10.3.6}$$

$$\frac{\partial^2 E}{\partial \theta^2}=2K_u(\cos2\theta+h\sin\theta) \tag{10.3.7}$$

由平衡条件 $\frac{\partial E}{\partial \theta}=0$，从式（10.3.6）得到三个解：

$$\theta_1=\frac{\pi}{2},\ \theta_2=3\pi/2 \text{ 和 } \theta_3=\sin^{-1}h.$$

将这三个解分别代入式（10.3.7）中，和以前的讨论相似，便可发现这三个解在下述磁场下是满足（$\partial^2 E/\partial\theta^2$）$>0$ 的条件的：

当 $\theta_1=\pi/2$ 时，要求 $h>1$；

当 $\theta_2=3\pi/2$ 时，要求 $h<-1$；

当 $\theta_s=\sin^{-1}h$ 时，要求 $-1<h<1$。

与这三个解相应的磁化强度为

$$M=M_s\cos(\varphi-\theta)=M_s\cos\left(\frac{\pi}{2}-\frac{\pi}{2}\right)=M_s$$

$$M=M_s\cos(\varphi-\theta)=M_s\cos\left(\frac{\pi}{2}-\frac{3\pi}{2}\right)=-M_s$$

$$M=M_s\cos(\varphi-\theta)=M_s\cos\left(\frac{\pi}{2}-\theta_3\right)$$

$$(-M_s<M<M_s)$$

由此可得，M 与 h 的关系是一折线，亦即是无磁滞的回线，如图 10.3.3 所示．说明当外磁场与单轴晶体的易磁化轴垂直时，磁矩一致转动所贡献的矫顽力为零：但临界场不为零。

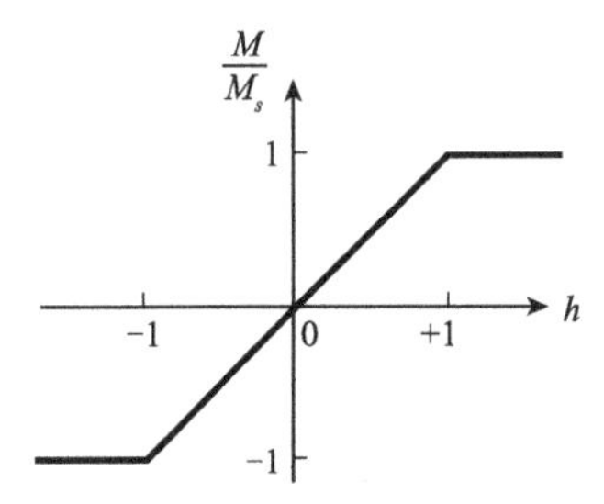

图 10.3.3 外磁场与易轴垂直（$\varphi=\pi/2$）时的磁滞回线

(3) 设外磁场与易轴所成的角度 $\varphi=135°$，这时，式（10.3.1）成为

$$E=K_u\left[\sin^2\theta-2h\cos(135°-\theta)\right] \tag{10.3.8}$$

$$\frac{\partial E}{\partial\theta}=K_u\left[\sin2\theta-2h\sin(135°-\theta)\right] \tag{10.3.9}$$

由于平衡条件$\frac{\partial E}{\partial\theta}=0$ 的式子

$$\sin2\theta-2h\sin(135°-\theta)=0 \tag{10.3.10}$$

不能分解因式，因此不能像以前一样，在 h 未知的情况下，求解式（10.3.10）。只能在假定 h 为某值时，用图解法或数值计算法求解式（10.3.10）。当磁场比较小时，式（10.3.10）的解在 0°到 180°的范围内有三个：θ_1，θ_2，θ_3，其度数是依次增大。将这三个数目分别代入下式：

$$\frac{\partial^2 E}{\partial\theta^2}=2K_u\left[\cos2\theta+h\cos(135°-\theta)\right] \tag{10.3.11}$$

发现 θ_1 和 θ_3 的 $(\partial^2 E/\partial\theta^2)>0$，$\theta_2$ 的 $(\partial^2 E/\partial\theta^2)<0$。从能量的角度来看，就是两个能量的极小值 $E(\theta_1)$，$E(\theta_3)$ 之间有一个能量的极大值 $E(\theta_2)$。只要 $E(\theta_2)$ 不消失，则磁矩总是停在 θ_1 的位置，这一过程是可逆的。一旦 $E(\theta_2)$ 消失，或者式（10.3.10）只有一个解 θ_3 时，磁矩便跃至 θ_3 的位置，这一过程是不可逆的。表 10.1 列出具体的计算结果，图 10.3.4 是相应的回线。从表 10.1 中可看出，矫顽力为 $h=0.5$，即

$$H_{\text{cm}}=0.5\frac{2K_u}{\mu_0 M_s}=\frac{K_u}{\mu_0 M_s}\quad\left[\text{在 CGS 制中，}H_{\text{cm}}=\frac{K_u}{M_s}\right]\tag{10.3.12}$$

仿这里所述的方法，可得外磁场与易轴成任何角度时的磁滞回线（图 10.3.5）。

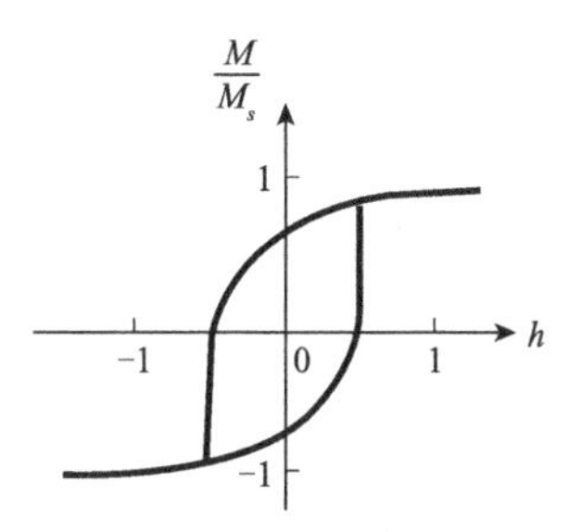

图 10.3.4 外磁场与易轴成 135°(φ=135°) 时的磁滞回线

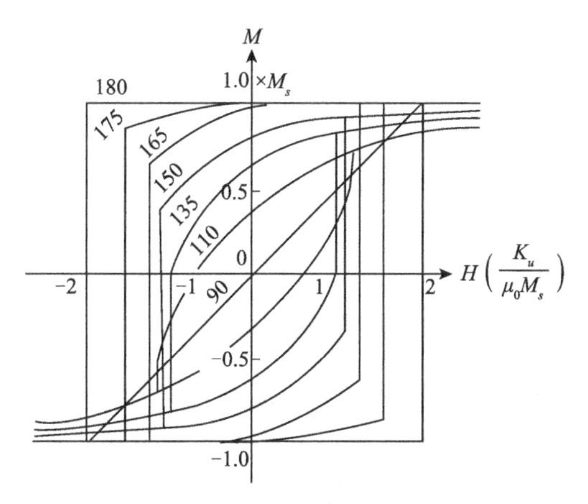

图 10.3.5 单轴各向异性的一个单畴颗粒，在外磁场与易轴成不同角度时的磁滞回线；曲线上的数字代表角度 φ

（4）临界磁场 h_0 与矫顽力 h_c 的关系。临界磁场 h_0 指的是磁矩开始作不可逆转动时的磁场，它有时就是矫顽力 h_c，有时则不是，关键就看外磁场的方向 φ。当外磁场的方向在+45°至−45°以及 135°到 225°的范围内时，临界场 h_0 与矫顽力 h_c 相等。当外磁场的方向在上述范围以外时，临界场与矫顽力不相等。

表10.1 当外磁场与易轴的角度 $\varphi=135°$时，不同磁场下的 θ_1，θ_2，θ_3 和相应外磁场下的 M/M_s 值

	h	θ_1	θ_2	θ_3	$M/M_s=\cos(135°-\theta)$
可逆转动	0	0°	90°	180°	−0.70
	0.05	2°6′	87°54′	178°3′	−0.680
	0.1	4°22′	85°38′	176°13′	−0.650
	0.15	6°49′	85°11′	174°30′	−0.618
	0.2	9°30′	80°30	172°53′	−0.580
	0.25	12°28′	77°32′	171°23′	−0.537
	0.3	15°47′	74°13′	169°57′	−0.488
	0.35	19°37′	70°23′	168°36′	−0.429
	0.4	24°12′	65°48′	167°20′	−0.355
	0.45	30°15′	59°45′	166°8′	−0.255
不可逆转动	0.5	45°	45°	165°	0 和 0.866
	0.6			162°54′	0.883
	1.0			156°28	0.930
	5			140°38′	0.995
	10			137°51′	0.998

$$h_0=h_c \quad (-45°\leqslant\varphi\leqslant 45°,\ 135°\leqslant\varphi\leqslant 225°)$$

$$h_0\neq h_c \quad (45°<\varphi<135°,\ 225°<\varphi<315°)$$

以上讨论的是单轴磁晶各向异性单个颗粒的情况，图 10.3.5 是外磁场与易轴成不同角度时，单个颗粒的磁滞回线簇。对立方晶体磁晶各向异性的单畴颗粒，亦可作类似的讨论。当外磁场方向与易轴平行，即 $\varphi=\pi$ 时，容易证明，矫顽力为

$$H_{\mathrm{cm}}=\frac{2K_1}{\mu_0 M_s} \quad (K_1>0)\left[\text{在 CGS 制中，}H_{\mathrm{cm}}=\frac{2K_1}{M_s}\right] \tag{10.3.13}$$

$$H_{\mathrm{cm}}=-\frac{4}{3}\frac{K_1}{M_s\mu_0} \quad (K_1<0)\left[\text{在 CGS 制中，}H_{\mathrm{cm}}=\frac{4}{3}\frac{|K_1|}{M_s}\right] \tag{10.3.14}$$

10.3.2 形状各向异性控制的矫顽力

形状各向异性来源于退磁能量。在样品的不同方向上，退磁能量不同，即磁矩在退磁状态下，沿不同方向取向时，能量不同，因此显示磁性的各向异性。

设样品为扁长的单畴椭球，磁矩的一致转动在 xy 面上进行（图 10.3.6），当饱和磁化强度 M_s 与椭球长轴（易轴）成 θ 角时，由式（7.2.10）得退磁能量 E_d 为

$$E_d=\frac{\mu_0}{2}NM^2=\frac{\mu_0}{2}(N_aM_a^2+N_bM_b^2)=\frac{\mu_0}{2}[N_aM_s^2\cos^2\theta+N_bM_s^2\sin^2\theta]$$

$$=\frac{\mu_0M_s^2N_a}{2}+\frac{\mu_0M_s^2}{2}(N_b-N_a)\sin^2\theta \tag{10.3.15}$$

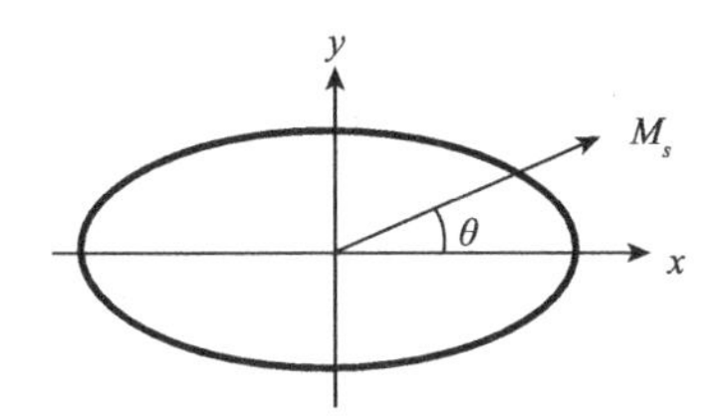

图 10.3.6 形状各向异性控制的一致转动

N_b，N_a 分别为椭球短轴、长轴的退磁因子。式（10.3.15）表示退磁能量随 θ 角发生的变化，当 M_s 在长轴上（θ 为 0°或 π）时，退磁能量最小：当在短轴上时（$\theta=90°$），退磁能量最大，因此长轴就是易轴，短轴就是难轴。

把式（10.3.15）中与 θ 有关的项，与磁晶各向异性能量

$$E_K=K_u\sin^2\theta$$

进行比较，可见$\frac{\mu_0 M_s^2}{2}$（N_b-N_a）便相当于 K_u，因此完全与前面的讨论一样，可得形状各向异性控制的矫顽力为（MKS 制与 CGS 制的表达式，在这里完全相同但需注意单位的差别和退磁因子的取值）

$$H_{\mathrm{cm}}=(N_b-N_a)M_s \quad (\varphi=0, \pi) \tag{10.3.16}$$

$$H_{\mathrm{cm}}=0.5(N_b-N_a)M_s \quad (\varphi=135°) \tag{10.3.17}$$

本节讨论的都是磁矩的一致转动，还有磁矩的非一致转动造成的反磁化．非一致转动的方式有**涡旋式**（curling mode）和**扭旋式**（buckling mode），以及**扭曲式**（twisting mode）等，见图 10.3.7，它们决定的矫顽力与颗粒的直径有关，并且总是小于一致转动决定的矫顽力①。关于应力各向异性控制的矫顽力的计算，只要将应力各向异性能量的$\frac{3}{2}\lambda_s\sigma$ 与 K_u 等效，便能得到 H_c 的表达式。

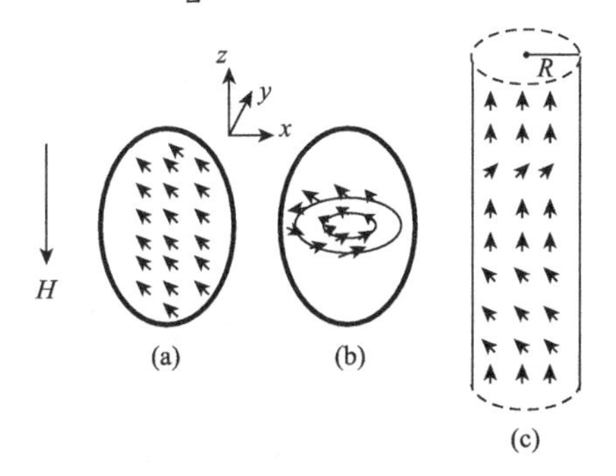

图 10.3.7 磁矩转动的几种模式

(a) 一致转动；(b) 涡旋式；(c) 扭旋式

① 我国科学工作者认为，扭旋式的非一致转动是不会出现的［参见蒲富恪、李伯臧．科学通报（英文版）26 卷 No 3 (1981) 207］。

由上述可见，不论是哪一种各向异性控制的磁矩转向，其最大的矫顽力、剩磁和最大磁能积都出现在外磁场与易轴同一轴向之时，就是说，易轴方向的永磁性能最好。表 10.2 几种微粉的最大矫顽力理论值（单个颗粒）与实验值（颗粒集合体）的比较。由表可知，磁矩不可逆转动决定的矫顽力理论值都比实验值高得多，而且有的材料是磁晶各向异性起主导作用，另一些材料则是形状各向异性起主导作用。理论和实验的差距，促使人们去创制新的材料和发展新的理论。

表 10.2　单畴微粉的最大矫顽力理论值（单个颗粒）与实验值（颗粒集合体）的比较

材　料	M_s/（$\times10^3$A/m）(Gs)	K_1 或 K_{u1} /（$\times10^5$J/m^3，10^6erg/cm^3）	最大矫顽力 H_{cm}/（$\times10^3/4\pi$）A/m，Oe		
			理论值		实验值
			磁晶各向异性控制	形状各向异性控制	
镍微粉	485	−0.049	140	3150	200
铁微粉	1700	0.48	560	10700	1000
钴微粉	1400	4.3	6100	8800	2100
钡铁氧体	380	3.3	17000	2300	5400
锰铋粉	620	8.9	37000	3900	12000
锶铁氧体	365	3.7	20000		11300
$\gamma-Fe_2O_3$	400	0.047	235		90

10.3.3　单畴颗粒集合体的矫顽力

由单畴微粉制成的样品称为单畴颗粒集合体。当颗粒的易轴排列一致时（各向异性），集合体的矫顽力，在忽略粒子之间的相互作用时，就与一个颗粒的矫顽力相相同（见式（10.3.4），式（10.3.12），式（10.3.13），式（10.3.14），式（10.3.16），式（10.3.17））。当颗粒的易轴紊乱排列时，集合体的矫顽力，在同样忽略粒子之间的相互作用之下，就是各颗粒矫顽力的平均值，对单轴晶体这一平均值为

$$H_{cm}=\frac{K_{u1}}{\mu_0 M_s}\quad\left[\text{在 CGS 制中，}H_{cm}=\frac{K_{u1}}{M_s}\right]\tag{10.3.18}$$

颗粒集合体的磁滞回线如图 10.3.8 所示，它就是图 10.3.5 的平均结果。

对 $K_1>0$ 的立方晶体，单畴颗粒紊乱排列时，颗粒集合体的矫顽力为

$$H_{cm}=0.64\frac{K_1}{\mu_0 M_s}\quad\left[\text{在 CGS 制中，}H_{cm}=0.64\frac{K_1}{M_s}\right]\tag{10.3.19}$$

如果磁矩的转动是由形状各向异性控制，则紊乱排列的颗粒集合体的矫顽力，在忽略粒子之间的相互作用时为

$$H_{cm}=0.48(N_b-N_a)M_s\quad[\text{在 CGS 制中，表达式相同}]\tag{10.3.20}$$

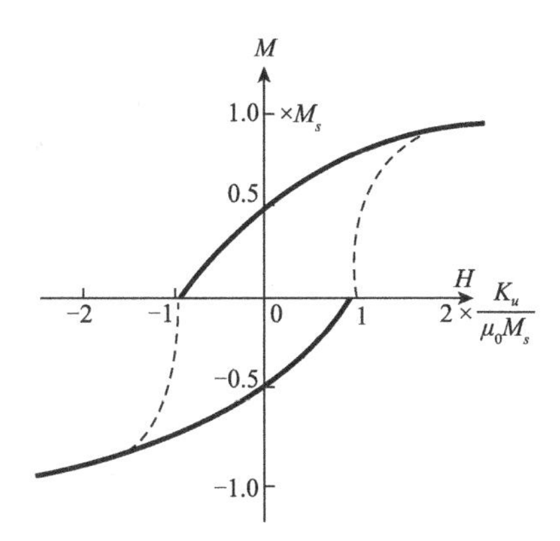

图 10.3.8 由单轴各向异性的单畴颗粒组成的
颗粒合体的磁滞回线（易轴紊乱排列）

实际上在单畴颗粒集合体中，颗粒之间是有磁相互作用的，这种相互作用使集合体的矫顽力降低。图 10.3.9 示出铁钴合金微粉的矫顽力与堆集密度的关系(堆集密度又称为体积浓度或填充因子，其定义为 p=颗粒集合体的密度/微粉在形成集合体前的密度)。由图可见，随着堆集密度的增加，矫顽力线性地降低。因此，粗略地认为，集合体中粒子之间的相互作用对矫顽力的影响，便表现在堆集密度上，这样，紊乱排列的单畴颗粒集合体，当考虑了粒子之间的相互作用以后，由形状各向异性控制磁矩转动的集合体的矫顽力便为

$$H_{\mathrm{cm}}=0.48\ (1-p)(N_b-N_a)M_s \quad [\text{在 CGS 制中，表达式相同}] \tag{10.3.21}$$

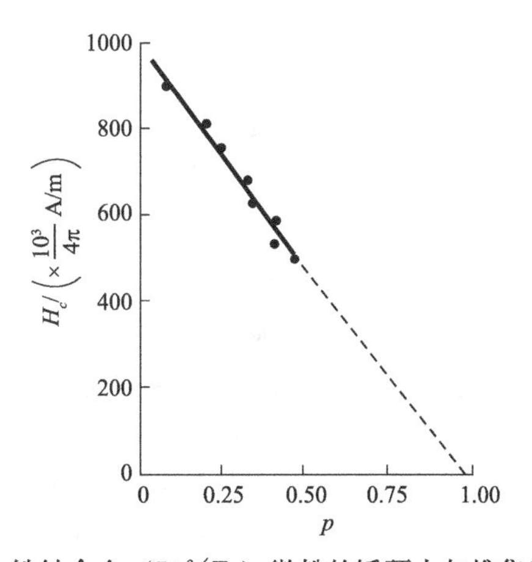

图 10.3.9 铁钴合金（70%Fe）微粉的矫顽力与堆集密度的关系

对于其他各向异性控制磁矩转动的集合体，当考虑粒子之间相互作用时，它们的矫顽力有待进一步的研究。但任何单畴颗粒集合体的剩磁则总是堆集密度与各颗粒剩磁平均值的乘积。

从理论上严格推出矫顽力与堆集密度的关系是比较困难的，因为考虑粒子之间的静磁相互作用时属于多体问题，下面介绍几种近似方法。

有效场近似法 在10.3.2节的讨论中，我们知道形状各向异性控制的矫顽力来源于退磁场，一个孤立的粒子在自由空间的退磁场为

$$H'_d=-NM_s \tag{10.3.22}$$

N 为长轴方向（粒子磁化的方向）的退磁因子，M_s 为饱和磁化强度．假定这一粒子不是在自由空间中，而是在磁化强度为 pM_s 的空间中的话，那么该粒子的退磁场是什么呢！

在 pM_s 空间中的一个粒子（图10.3.10 (a)），可以想象为它在自由空间中的情况（图10.3.10 (b)）与 pM_s 空间中被挖去该个粒子后的情况（图10.3.10 (c)）之和．这样，一个粒子在 pM_s 空间中的退磁场也是上述两种情况之和，即

$$H_d=-NM_s+NpM_s=-N(1-p)M_s \tag{10.3.23}$$

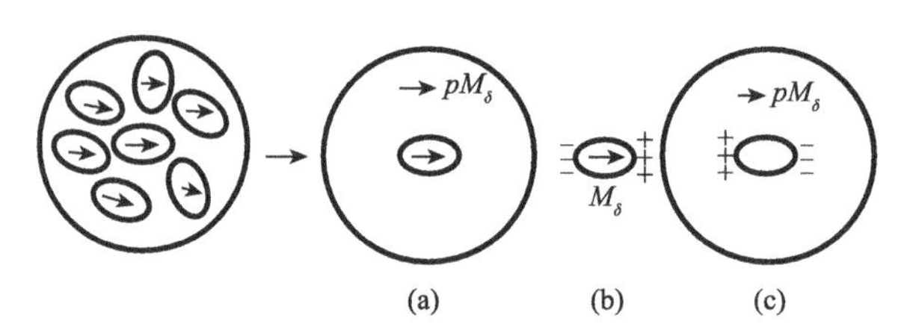

图10.3.10 考虑粒子静磁相互作用的有效场近似模型

比较式（10.3.22）和式（10.3.23）可见，同一粒子在自由空间中的磁极与在 pM_s 空间中的磁极是不相同的，前者为 M_s，后者为 $(1-p)M_s$。这一情况对任何其他粒子都一样，就是说，粒子在 pM_s 空间中的磁极小于自由空间时的值，既然形状各向异性控制的矫顽力与磁化强度成正比（见式（10.3.6）和式（10.3.20）)，现在粒子在 pM_s 空间中的磁化强度只等于自由空间时的 $(1-p)$ 倍，所以它在 pM_s 空间中的矫顽力 $H_{cm}(p)$ 也只等于自由空间时的 $(1-p)$ 倍，即

$$H_{cm}(p)=H_{cm}(0)(1-p) \tag{10.3.24}$$

$H_{cm}(0)$ 为一个粒子在自由空间中的矫顽力，亦即不考虑粒子之间的静磁相互作用时集合体的矫顽力。而式（10.3.24）就是考虑了粒子之间的相互作用以后，单畴粒子集合体的矫顽力。在推导这一式子时，由于把集合体看成是磁化强度为 pM_s 的均匀介质，能产生有效退磁场，故称为有效场近似法。

偶极子磁场近似法 这种方法是把集合体中的每一个粒子都当成是磁偶极子，在集合体中，粒子之间的静磁相互作用看成是某点以外的所有其他偶极子产生的磁场与该点的相互作用。因此，只要求出所有其他偶极子在某点产生的磁场，则集合体的矫顽力便可求得。

由电磁学可得磁矩为 m 的偶极子，在 r 处产生的磁场为

$$\boldsymbol{h}=\frac{m}{r^3}\left(2\boldsymbol{e}_r\cos\theta+\boldsymbol{e}_\theta\sin\theta\right),\tag{10.3.25}$$

$\boldsymbol{e}_r$，$\boldsymbol{e}_\theta$ 分别为球坐标中矢径 $\boldsymbol{r}$ 和极角 θ 的基矢，根据矢量运算规则，合矢量的绝对值为各基矢的平方相加后再开方。因此，$\boldsymbol{h}$ 的绝对值为

$$h=\frac{m}{r^3}\left(1+3\cos^2\theta\right)^{1/2}\tag{10.3.26}$$

设集合体内的粒子在空间的位置和磁矩的取向都是无规分布的，则离指定点半径为 R、厚度为 $\mathrm{d}R$ 的球壳内的所有粒子数 $\mathrm{d}n$，在指定点上产生的磁场的方均值为

$$\overline{H_R^2}=\mathrm{d}n\cdot\overline{h^2}=\mathrm{d}n\cdot\frac{m^2}{R^6}\int_0^{\pi/2}(1+3\cos^2\theta)\sin\theta\mathrm{d}\theta=2\mathrm{d}n\frac{m^2}{R^6}$$

若集合体中单位体积内所含的粒子数为 n_0，则 $\mathrm{d}n=n_0 4\pi R^2\mathrm{d}R$，于是上式可改写为

$$\overline{H_R^2}=\frac{8\pi n_0 m^2\mathrm{d}R}{R^4}\tag{10.3.27}$$

此式对整个体积积分，便得到集合体内除指定点外的所有粒子在指定点上产生磁场的方均值，即

$$\overline{H_m^2}=8\pi n_0 m^2\int_{r_0}^{\infty}\frac{\mathrm{d}R}{R^4}=\frac{8\pi n_0 m^2}{3r_0^3}\tag{10.3.28}$$

上式的积分下限取 r_0，是因为指定点上一个粒子占有的线度为 r_0，即一个粒子占有的空间为 r_0^3。由于集合体的单位体积内有 n_0 个粒子，故 $n_0 r_0^3=1$，于是

$$\overline{H_m^2}=\frac{8\pi n_0^2 m^2}{3n_0 r_0^3}=\frac{8\pi}{3}n_0^2 m^2\tag{10.3.29}$$

或

$$\left(\overline{H_m^2}\right)^{\frac{1}{2}}=\left(\frac{8\pi}{3}\right)^{\frac{1}{2}}n_o m\tag{10.3.30}$$

设一个粒子本身的体积为 v（注意不是一个粒子在集合体内占有的空间），则根据堆集密度的定义得，$p=n_0 v/1$。而一个粒子的饱和磁化强度又为 $M_s=m/v$. 将这些值代入式（10.3.30）得

$$\left(\overline{H_m^2}\right)^{\frac{1}{2}}=\left(\frac{8\pi}{3}\right)^{\frac{1}{2}}pM_s\tag{10.3.31}$$

考虑到 $\left(\overline{H^2}\right)^{\frac{1}{2}}=\left(\overline{H_x^2}+\overline{H_y^2}+\overline{H_z^2}\right)^{\frac{1}{2}}$ 和 $\overline{H_x^2}=\overline{H_y^2}=\overline{H_z^2}$ 的情况，

则

$$\left(\overline{H_m^2}\right)^{1/2}=\left(3\overline{H^2}\right)^{1/2}=\left(\frac{8\pi}{3}\right)^{1/2}pM_s$$

或

$$\overline{H}_z=\frac{(8\pi)^{1/2}}{3}pM_s\approx 1.7pM_s \tag{10.3.32}$$

$\overline{H}_z$ 就是集合体内的所有粒子（除指定点上的一个粒子以外）在指定点上产生的磁场分量。设外磁场的方向就在 z 方向，则在反磁化过程中，$\overline{H}_z$ 的作用是使集合体退磁；所以集合体的矫顽力 $H_{cm}(p)$ 为

$$H_{cm}(p)=H_{cm}(0)-1.7pM_s \tag{10.3.33}$$

式中的 $H_{cm}(0)$ 也是一个粒子在自由空间中的矫顽力，但它既可以是由形状各向异性控制的，也可以是由磁晶各向异性控制的。因此，式（10.3.33）可用于形状和磁晶各向异性的集合体中。

磁极间平均距离近似法 这种方法是把每一个粒子看成是一对的正、负磁极。当粒子孤立存在时，磁极之间的距离就相当于粒子本身的长度：但当许多粒子组成集合体时，磁极之间的平均距离便与粒子本身的长度无关，而与堆集密度有关。1981 年诺勒斯（Knowles J. E.）[4]用磁极间的平均距离 l 来描述集合体中粒子之间的静磁相互作用，得出由针状颗粒组成的集合体的矫顽力与堆集密度的关系为

$$H_{cm}(p)=H_{cm}(0)(1-Dp^{4/3}) \tag{10.3.34}$$

式中 D 为系数，其理论值为

$$D=C\left[M_s/H_{cm}(0)\right]^2 \tag{10.3.35}$$

C 为常数，与粒子的取向有关，当粒子紊乱取向时，$C=0.91$；当粒子一致取向时，$C=1.09$。由式（10.3.34）可见，若将粒子形态、饱和磁化强度和堆集密度完全相同的两种磁带，比较它们的矫顽力与堆集密度的关系时，发现 $H_{cm}(0)$ 较大的磁带，其矫顽力受 p 的影响较小。同理，M_s 较小的磁带，p 对矫顽力的影响亦较小。

从诺勒斯汇集的 $\gamma-Fe_2O_3$，Fe_3O_4，CrO_2 和 Fe 粉等颗粒集合体的实验结果看，式（10.3.34）比式（10.3.24）更能与实验数据相符。但这一问题有待进一步的研究。

10.3.4 单畴颗粒内磁矩的一致和非一致转向

1. 一致转向（均匀转向，coherent rotation）

单畴指单独的一个磁畴，其中各个原子的磁矩由于交换作用而相互平行排列，又由于各向异性而沿着各向异性的易磁化轴取向，这时若在其反方向加上外

磁场，则各个原子的磁矩可以同步地一致地朝外磁场方向改变方向（一致转向）也可以不同步地不一致地朝外磁场改变方向（非一致转向）。后者又有涡旋式和扭旋式两种为代表（图 10.3.7）。

涡旋式：圆柱内的原子磁矩，在与圆柱半径垂直的面内改变方向，总体来看像涡旋。

扭旋式：本来在 z 轴方向的原子磁矩，在 zx 面内沿 z 方向以周期性的图形改变方向。

如图 10.3.7 所示，为磁矩的转动过程中的某一瞬间的表现。原子磁矩的一致和非一致转动的涡旋式，近年来已得到实验证明，见本书 12.1.3 节一个单畴粒子内磁状态度变化的特性。

前已讨论过单畴内磁矩一致转向的内禀矫顽力 H_{cm} 随 φ（外场与易轴化轴之间的夹角）的变化。现从另一角度讨论内禀矫顽力 H_{cm} 随 H_x 和 H_y（垂直于易轴方向的磁场）的变化。加上 H_y 后，单畴内的 M_s 容易改变方向了，因为受到了一个转矩，故在易轴方向的内禀矫顽力 H_{cm} 会比不加 H_y 时降低。下面从单畴的能量密度来分析。

$$E=K\sin^2\theta-\mu_0 H_x M_s\cos\theta-\mu_0 H_y M_s\sin\theta=2K\left(\frac{1}{2}\sin^2\theta-h_x\cos\theta-h_y\sin\theta\right)$$

$$h_x\equiv\frac{H_x}{\dfrac{2K}{\mu_0 M_s}},\qquad h_y\equiv\frac{H_y}{\dfrac{2K}{\mu_0 M_s}}\tag{10.3.36}$$

由 $\partial E/\partial\theta=0$ 得

$$\sin\theta\cos\theta+h_x\sin\theta-h_y\cos\theta=0\tag{10.3.37}$$

由 $\partial^2 E/\partial\theta^2=0$ 得

$$\cos2\theta+h_x\cos\theta+h_y\sin\theta=0\tag{10.3.38}$$

当 h_y 固定时，从 $\partial E/\partial\theta=0$ 的方程中解出 θ_1(在某一 h_x 下）经 $(\partial^2E/\partial\theta^2)_{\theta_1}>0$ 验证后便得一组 $M_{11}=M_s\cos\theta_1$，h_x；重复这些步骤便得磁滞回线，这是过去用的方法。现从同时满足上二式的 h_x 和 h_y 中求 h_c。

式（10.3.37）和式（10.3.38）为 h_x 和 h_y 的二元一次方程（联立方程），因此可严格求解得

$$h_x=-\cos^3\theta_c,\qquad h_y=\sin^3\theta_c\rightarrow h_x^{2/3}+h_y^{2/3}=1\tag{10.3.39}$$

当 h_y 从 0 到 1 时，h_x 的变化为从 1 到 0（即矫顽力从 1 到 0)，因为 θ_c 是 M_s 与易轴形成的临界角，其物理意义是当 M_s 处于这一角度时便发生不可逆转向，相应

的磁场 h_x 便可能就是 h_c。$h_x^{2/3}+h_y^{2/3}=1$ 的图形为一星形线，见图 10.3.11（b），这是检验单畴内磁矩一致转向的一种判据。

最近韦文森等[5a]对一致转向的 $S-W$ 模型的计算机模拟结果作了评述，介绍了相关实验结果。

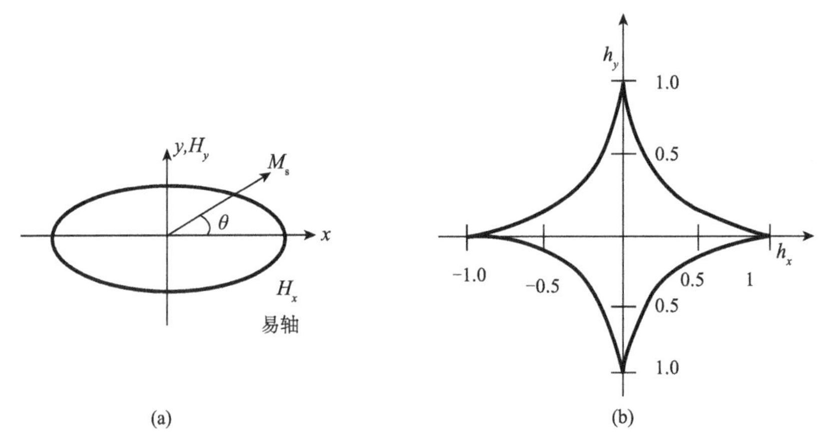

图 10.3.11　磁矩一致转向的反磁化

（a）坐标关系；（b）星形线

2. 非一致转动（incoherent rotation）

扭旋式转动时，粒子的表面上要出现磁极，因而需要考虑退磁能，计算虽然比较复杂，但从早期的球链模型扇形对称转动的点接触到 20 世纪 80 年代中期的面接触仍在研究[5]，钟文定[6]曾用面接触的对称扇式转动这种模式解释 $Sr_{1-x}Ba_xFe_{12}O_{19}$ 的矫顽力机理。理论改进之处是由球与球间的点接触改为面接触，实验结果在定性上理论与实验一致。图 10.3.12 所示为点接触与面接触的差别。图 10.3.12′（a），（b）为理论与实验结果。

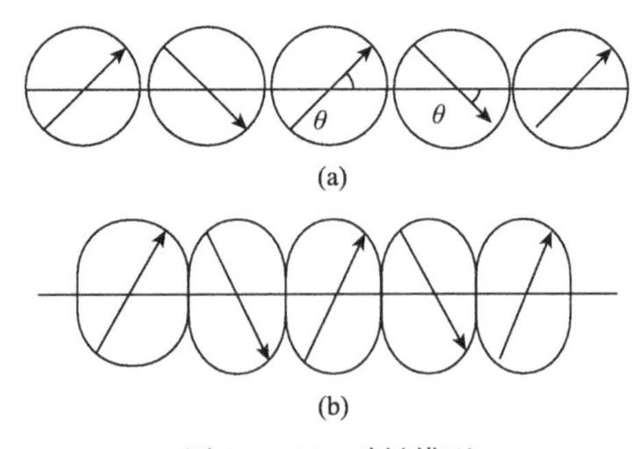

图 10.3.12　球链模型

（a）点接触；（b）面接触

涡旋式转动时，粒子表面上不出现磁极，但由于相邻两原子的磁矩不平行，故须考虑交换能的增加（假设各向异性能量可忽略）由此得出的矫顽力与交换常数有关。

上述两种方式的计算都较复杂，现只比较各种模型的矫顽力与外磁场的角度 φ 和粒子半径 R 的关系曲线。

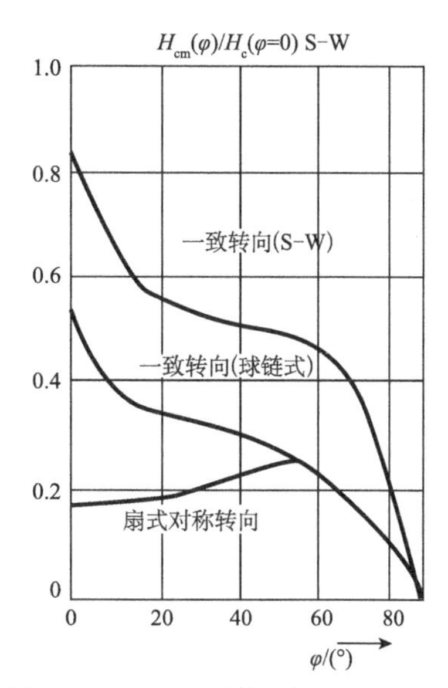

图 10.3.13　H_c 随外磁场方向 φ 变化

由图 10.3.13 可见，不论是 S－W (Stoner－Wohlfarth) 模型的一致转向，还是球链模型的一致转向，矫顽力都随 φ（外场与易轴的夹角）的增加而下降，而且球链模型的一致转向比 S - W 模型的矫顽力小，最令人感兴趣的是球链模型扇式转向的矫顽力随 φ 的增加而稍有增大，至 $\varphi=50°$时达到极大，此后的变化与球链式一致转向相同，这一极大值的出现是对称扇式转动的特点，若此模型成立，则方位无序分布的链球粒子集合体的矫顽力要比取向一致的来得大，Luborsky 在 $p=0.08$ 的 Fe - Co 微粒子上发现在 $\varphi=50°$附近 H_{cm}有一不明显的极大。钟文定在 $Sr_{1-x}Ba_xFe_{12}O_{19}$ 上也发现有明显的极大［图 10.3.12′（b)］。

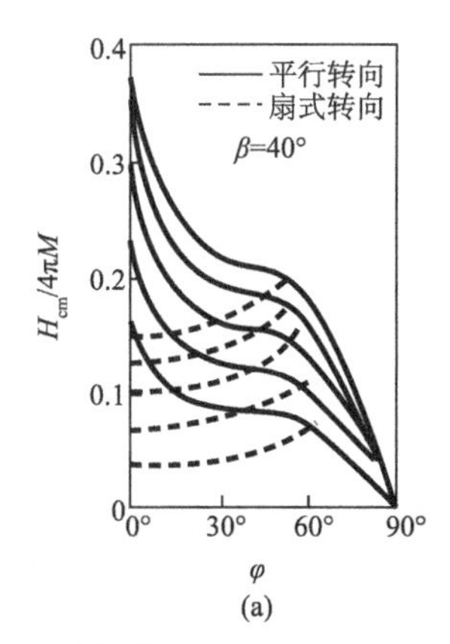

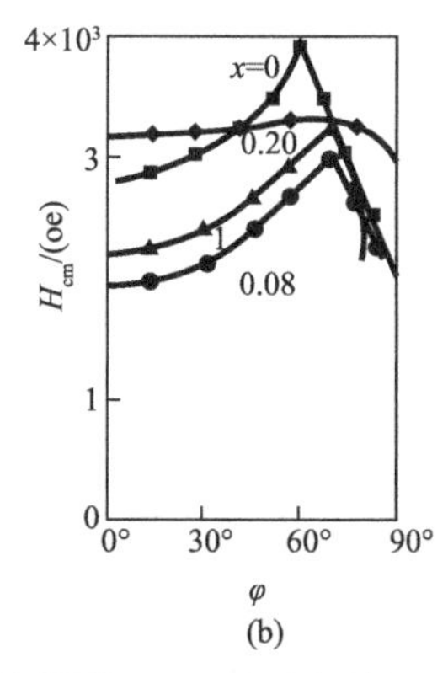

图 10.3.12′　(a) 球链模型的 H_{cm}随 φ 角变化的计算结果　——为平行转向，……为扇式转向。(b) 在 $Sr_{1-x}Ba_xFe_{12}O_{19}$ 上 H_{cm}随 φ 角变化的实验结果

当研究矫顽力 H_{cm}与粒子尺寸的关系时发现一致转向的矫顽力与粒子尺寸无关，因为无论是磁晶各向异性还是形状各向异性控制的一致转向它们的矫顽力表

达式 $H_{\mathrm{cm}}=\dfrac{2K}{\mu_0 M_s}$（磁晶各向异性控制）。和 $H_{\mathrm{cm}}=(N_b-N_a)M_s$（形状各向异性控制）中都没有粒子尺寸的物理量，原因是要实现磁矩的一致转向其粒子尺寸必须小于某一临界值（详见单畴尺寸的讨论章节）

扭旋式转向的矫顽力在忽略磁晶各向异性的情况下，随圆柱半径 R 的增大而下降：

$$H_{\mathrm{cm}}=8.1M_s(R/R_0)^{-2/3},\quad R_0=\sqrt{A}/M_s \tag{10.3.40}$$

涡旋式转动的矫顽力，在忽略磁晶各向异性的情况下，也随圆柱半径 R 的增大而下降，但下降更快：$H_{\mathrm{cm}}=6.8M_s(R/R_0)^{-2}$。

图 10.3.14 是三种模型的 H_{cm} 随 R 变化的理论结果，当 $R\geqslant 1.1R_0$ 时，涡旋式的 H_{cm} 在三种模型中最小。蒲富恪和李伯臧证明扭旋式并不存在（见 10.3.2 节的注）。

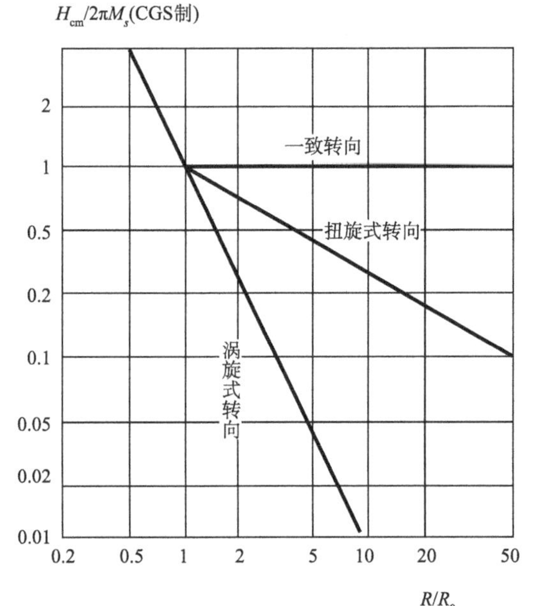

图 10.3.14 矫顽力随粒子半径 R 的变化（理论结果）

10.4 由反磁化核的形成和长大决定的矫顽力

在反磁化过程中，除了壁移和磁矩转向以外，还有**反磁化核**的形成和长大，由后者决定的矫顽力的数值，往往在壁移矫顽力和畴转矫顽力之间。磁滞回线为矩形的一类磁性材料（矩磁材料）的反磁化过程，通常可用反磁化核的形成和长大来说明。

所谓反磁化核是指其中的磁矩方向与周围环境的磁矩方向相反的一个小区域。既然反磁化核形成时牵涉到磁矩的转向，长大时又牵涉到畴壁的移动，为什么由它决定的矫顽力会低于畴转矫顽力呢？原因是反磁化核所在之处，其磁晶各向异性常数、饱和磁化强度以及交换能密度等都与周围环境不同之故。一般说来，晶粒边界上、脱溶物上、掺杂上、应力中心上和缺陷上都比较容易出现反磁化核。假设在某一样品内，由于反磁化核的长大，使该样品反磁化，直至整个样品的磁化强度为零。因此，反磁化核长大的发动场与样品的矫顽力相当。下面先叙述观测反磁化核成长的经典实验，然后再讨论关于**发动场的理论。**

10.4.1 观测反磁化核成长的装置

图10.4.1是观测反磁化核形成、长大的实验装置简图。样品通常是加上外张力的坡莫合金丝。在样品的不同部分，套着三个小线圈 S，C_1 和 C_2，其中 S 用来在样品的一端产生一个局部磁场，C_1 和 C_2 用来测量畴壁的移动速度。这三个小线圈的外面又套着一个几乎和样品一样长的大螺线管 C，它产生的均匀磁场足以使样品的观测部位均匀磁化。因为坡莫合金的磁晶各向异性常数很小，磁致伸缩常数为正，所以只要外加张力够大，样品的磁滞回线总会成为矩形，如图10.4.2的 $DCAB$ 一样。

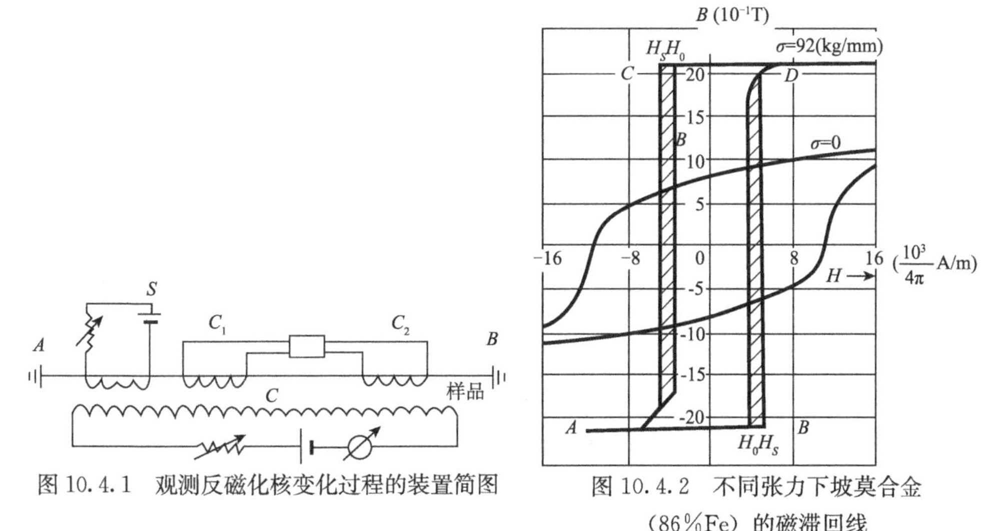

图10.4.1 观测反磁化核变化过程的装置简图

图10.4.2 不同张力下坡莫合金(86%Fe)的磁滞回线

在受到强烈拉力的坡莫合金丝中，如果螺线管 C 的磁场使样品饱和磁化以后再改变外磁场的方向和数值的话，则外磁场只能使样品从一个饱和状态变到另一个饱和状态，而不能使样品回到磁中性状态。观测反磁化核成长的实验，就是从这样的条件下开始的。

设观测开始时样品是向左饱和磁化的，这时用螺线管 C 产生一个向右的外磁场，其强度 H 不足以使样品磁化倒向。再在样品左端利用线圈 S 产生向右的局部磁场。当这一局部磁场达到一定的数值时，线圈 S 处的样品内便突然有一反磁化核迅速长大，并且很快破裂，接着就有一块畴壁以很高的速度向右推进，直至

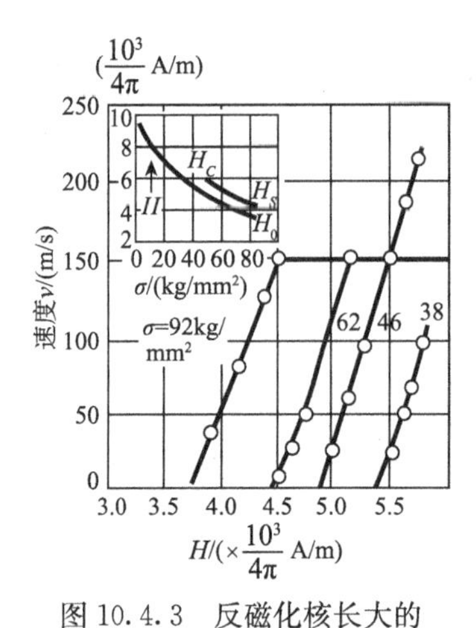

图 10.4.3 反磁化核长大的移动速度与主磁场的关系

整个样品完全反磁化，由畴壁通过线圈 C_1 和 C_2 时的感应信号便可知两信号间的时间间隔，从而求得畴壁的移动速度 v（在坡莫合金中，v 的数量级为 10^3m/s)。图 10.4.3 示出在不同拉力下、反磁化核长大破裂后的畴壁移动速度 v 与主磁场 H（由螺线管 C 产生）的关系。由图可见，v 随 H 的增加而增大，但增大到一定的数值 H_s 为止。因为当 $H>H_s$ 时，样品内各部分都可出现“天然”的反磁化核，从而破坏了只有一个反磁化核成长的条件，亦即改变了实验的性质。所以 v 与 H 的关系只到 $H=H_s$ 为止。把 v 与 H 的关系曲线向左外推到与横坐标相交，便得到该拉力下的临界场 H_0，这样，畴壁移动的速度 v 与主磁场 H 的关系可用下述经验公式：

$$v=A\ (H-H_0) \tag{10.4.1}$$

式中，A 为常数（$\sim 2.5\times10^4$cm/（s·Oe)），它与拉力的关系很小。

实验还发现，反磁化核长大破裂后的畴壁移动的形状，像一个漏斗，由头至尾向前推进（图 10.4.4)。如果从理论上计算畴壁移动时的形状和移动速度，则问题比较复杂，因为除了考虑涡流的影响外，还要考虑退磁场和畴壁能的影响。

根据西克斯图斯（Sixtus）和统克斯（Tonks）的早期实验，发现有两个磁场值特别值得重视：第一是线圈 S 所产生的局部磁场，必须达到一定的值 H_s 才有反磁化核长大，因此，把 H_s 称为发动场，第二是由螺线管 C 产生的主磁场 H，必须大于临界值 H_0 时，才能使反磁化核长大破裂后的畴壁，以一定的速度 v 移动。换句话说，H_s 是在材料的一个小区域内发动一个反磁化核成长所需要的磁场。H_0 是使一块畴壁能够克服材料内的最大阻力所必须的磁场，它通常总是小于 H_s。如果磁化开始时，样品处于磁中性状态，那么它的内部便有畴壁存在，所以主磁场只需达到 H_0 就可使样品饱和磁化。但饱和以后，再要它反磁化，主磁场的数值就必须达到 H_S 才行，图 10.4.2 所示出的就是这一情况。当然，在整个样品的磁化曲线和磁滞回线上测定的 H_0 和 H_s 多少带有平均值的性质。

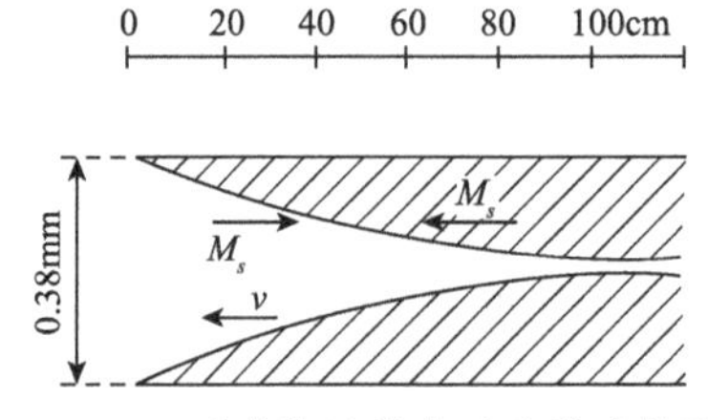

图 10.4.4 反磁化过程中畴壁移动的形状

西克斯图斯和统克斯还发现，若发动场只作用很短时间，则长大中的反磁化核将被“冻结”，假设反磁化核以样品的纵轴为对称轴，则用一个小探测线圈就可以测定反磁化核的任一部分的截面积，从测量结果知道，“冻结”了的反磁化核的形状近似于一个细长的旋转椭球（图 10.4.5）。它的尺寸一般比线圈 S 长得多。哈克（Haake）测量出核的长度约为 30cm，厚度约为2×10^{-2}cm。

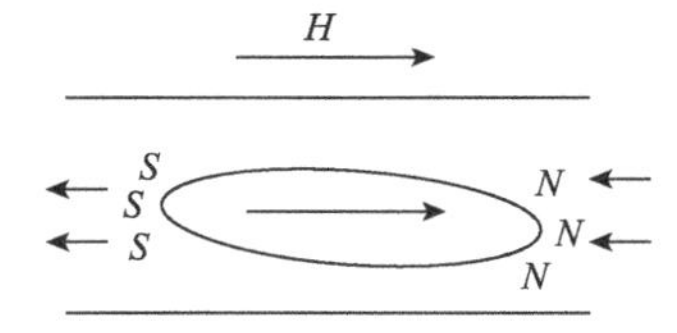

图 10.4.5　冻结的反磁化核示意图

在了解了上述基本实验事实以后，理论上要进一步讨论的问题是：反磁化核如何在外磁场 H_s 的作用下长大？如何在主磁场 H 的作用下以一定的速度 v 前进。前者称为“发动场理论”，后者称为“临界场理论”，这里的临界场理论指的就是畴壁移动时克服最大阻力的理论，关于这一点我们在 9.10 节已经讨论过了，因此下面只讨论发动场理论。

10.4.2　发动场理论

根据热力学的原理，任何宏观过程只能向自由能减小的方向进行。因此，反磁化核的长大条件，从能量上来看就是：随着反磁化核的长大，其能量必须减小。由于反磁化核的长大（设反磁化核体积增大 $\mathrm{d}v$）必然引起：①畴壁面积的增大 $\mathrm{d}s$，即畴壁能增加 $\gamma\mathrm{d}s$；②反磁化核的形状发生变化，即退磁能要发生变化 $\mathrm{d}E_d$；③反抗壁移的最大阻力而做功，其数值由临界场 H_0 决定，用 $\mu_0 2H_0M_s\mathrm{d}v$ 代表；④静磁能的减少 $\mu_0 2HM_s\mathrm{d}v$，因此反磁化核的长大条件是

$$\mu_0 2HM_s\mathrm{d}v\geqslant\mu_0 2H_0M_s\mathrm{d}v+\gamma\mathrm{d}s+\mathrm{d}E_d \tag{10.4.2}$$

即反磁化核自身能量的变化必须克服外界的最大阻力时才能持续长大

$$\mu_0 2HM_s\mathrm{d}v-\gamma\mathrm{d}s-dE_d\geqslant\mu_0 2H_0M_s\mathrm{d}v \tag{10.4.3}$$

或

$$\mu_0 2HM_sv-\gamma s-E_d\geqslant\mu_0 2H_0M_sv$$

为了计算的方便，假定反磁化核的形状是细长的旋转椭球，其长轴为 l，短轴为 d，那么椭球的体积 V 和面积 S 便为

$$V=\frac{\pi}{6}ld^2,\qquad S=\frac{\pi^2}{4}ld \tag{10.4.4}$$

关于反磁化核的退磁能 E_d 的计算，可以这样考虑：设想反磁化核的磁矩方向与周围环境一致，则 $E_d=0$。事实上反磁化核的磁矩方向是与周围环境相反的，故 $E_d\neq0$。为了计算这个 E_d，可以想象反磁化核的形成是由于磁矩方向转了

180°（由环境方向转到反磁化核的方向）。这一转动过程所作的功就等于反磁化核的退磁能 E_d，而转动过程的功又可由反磁化核内的磁矩所受的转矩计算出来。

如图 10.4.6 所示，当反磁化核内的 M_s 在 α 方向时，x 和 y 轴上的退磁场 H_x 和 H_y 分别为

$$\begin{cases} H_x = N_x M_s - N_x M_s \cos\alpha \\ H_y = -N_y M_s \sin\alpha \end{cases} \tag{10.4.5}$$

N_x，N_y 为椭球在 x（长轴），y（短轴）轴上的退磁因子，$N_x M_s$ 为周围环境作用在反磁化核上的退磁场，$-N_x M_s \cos\alpha$ 和 $-N_y M_s \sin\alpha$ 为反磁化核自身的退磁场在 x 和 y 上的分量。

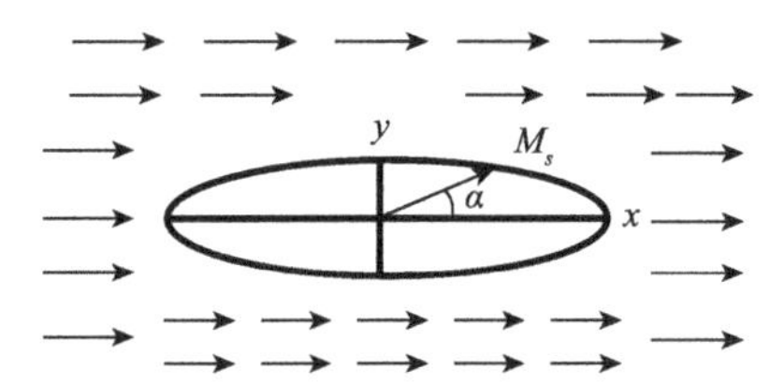

图 10.4.6 计算长旋转椭球形的反磁化核的退磁能图解

反磁化核内的 M_s 所受到的转矩 T 为

$$T = \mu_0 (H_x M_y + H_y M_x) = (H_x M_s \sin a + H_y M_s \cos a) \mu_0$$

反磁化核内的 M_s 由 $\alpha = 0$转到 $\alpha = \pi$ 时，转矩所做的功就是退磁能 E_d

$$E_d = V\int_0^\pi T d\alpha = \mu_0 V M_s^2 \int_0^\pi (N_x - N_x \cos\alpha - N_y \cos\alpha) \sin\alpha d\alpha = 2 N_x M_s^2 V \mu_0 \tag{10.4.6}$$

将式（10.4.4），式（10.4.6）代入式（10.4.3），得出反磁化核长大的条件为

$$\mu_0 2 H M_s \frac{\pi}{6} l d^2 - \frac{\gamma \pi^2 l d}{4} - 2 M_s^2 \frac{\pi}{6} l d^2 N_x \mu_0 \geqslant 2 H_0 M_s \frac{\pi}{6} l d^2 \mu_0 \tag{10.4.7}$$

已知长旋转椭球在长轴方向的退磁因子 N_x 为

$$N_x = \frac{1}{k^2} (\ln 2k - 1), \quad k \equiv \frac{l}{d} \tag{10.4.8}$$

在外磁场 H 的作用下，具体材料内已知尺寸的反磁化核能否长大，就看把材料的性能参数（M_s，γ，H_0，l，d）代入式（10.4.7）后，式子能否满足。能满足的便长大，反之便不能长大。为了判断多大尺寸的反磁化核才能长大，我们把式（10.4.7）对 l 偏微商（计算时注意，N_x 为 l，d 的函数），便得到只能够从长轴方向开始长大的反磁化核，短轴必须满足如下条件：

$$d > \frac{3\pi\gamma}{4\mu_0 M_s (H - H_0)} \times \frac{1}{1 + \frac{M_s}{H - H_0} \frac{\ln 2k - 2}{k^2}} = d_l \tag{10.4.9}$$

同理，把式（10.4.7）对 d 偏微商，便得到只从短轴方向长大的反磁化核，其短

轴必须满足如下条件：

$$d>\frac{3\pi\gamma}{8\mu_0M_s（H-H_0）}\times\frac{1}{1-\frac{2M_s}{H-H_0}\frac{\ln 2k-1.25}{k^2}}=d_d \qquad (10.4.10)$$

式（1 0.4.9）和式（10.4.10）两个式中的后一项代表退磁能的作用。在实验上看到的冻结的反磁化核总是 $l\gg d$ 的（西克斯图斯和哈克的实验中，$\frac{l}{d}=k>500$），因此在极限情况下，可假定 $k\to\infty$，这时式（10.4.9），式（10.4.10）便分别变为

$$d_l^0=\frac{\beta}{H-H_0}=d_k \qquad (10.4.11)$$

$$d_d^0=\frac{\beta}{2（H-H_0）}=\frac{1}{2}d_k,\quad \beta=\frac{3\pi\gamma}{4M_s\mu_0} \qquad (10.4.12)$$

即

$$d_l^0=2d_d^0, \qquad (10.4.13)$$

d_k 表示不考虑退磁作用时的临界短轴，由此可见，在细长反磁化核的场合，从短轴方向长大时的临界短轴 d_d^0 只有从长轴方向长大时的临界短轴 d_l^0 的一半。长轴和短轴方向的长大条件所以有差别的原因，在于反磁化核的体积与 d 是平方的关系，与 l 只是一次方的关系。因此在反磁化核的表面面积变化相同的情况下，由短轴增大引起的体积增加要比由长轴增大引起的体积增加来得大。就是说，在细长反磁化核的情况下，短轴方向的增大对能量更有利。但是，在粗短反磁化核的情况下，$\frac{l}{d}\gg 1$ 的条件不再满足，因此必须考虑退磁能的影响，我们知道，反磁化核两侧面的退磁场是与主磁场反平行的，两侧面上畴壁的移动除了受到一般的阻力外，还要受到退磁场的阻碍，当主磁场与阻力之差正好与退磁场相等时（$H-H_0=H_d$），畴壁便停止移动，所以考虑了退磁作用以后，反磁化核从短轴方向开始长大的临界短轴 $d_d>\frac{1}{2}d_k$。与此相反，在反磁化核的两端，退磁场 H_d 是与主磁场 H 同方向的，因而能促使反磁化沿长轴方向生长，所以随着比例关系 l/d 的减小，退磁场的作用愈明显，反磁化核沿长轴方向开始生长的临界短轴便小于 d_k 了。

以上情况用 $l-d$ 平面图便能明白表示出来。在图 10.4.7 上，DOC 曲线的方程式是式（10.4.9），当 l/d 很大时，曲线以 $d_l=d_k$ 为渐近线；当 l/d 很小时曲线与横坐标相接近。式（10.4.10）所表示的曲线用 AOB 代表。同理，当 l/d 很大时，曲线以 $d_d=\frac{1}{2}d_k$ 为渐近线，但总是在渐近线的上面，当 l/d 较小时，由于退磁场的作用，使短轴方向的生长受到阻碍；当 l/d 在某一值时，条件 $H-$

$H_0=H_d$ 正好满足，短轴方向便不再长大了。因此 AOB 曲线向左延伸至一定区域时就发生转折，而以 $H—H_0=H_d$ 的直线为渐近线。DOC 和 AOB 曲线将 $l-d$ 平面分成四个区域，每个区域中反磁化核可能长大的方式用箭头表示，其中划斜线的表示不能长大的区域（这里我们把有限制长大的区域即 $d=d_0$ 的直线和 DO 曲线间所包含的区域也划了斜线）。

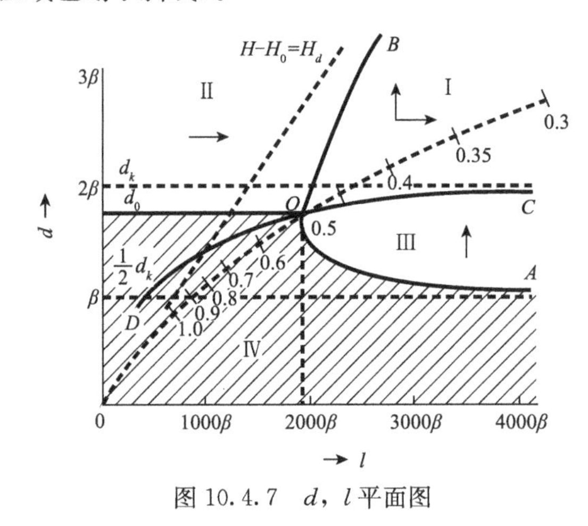

图 10.4.7 d，l 平面图

AOB 和 DOC 曲线与 $H—H_0$ 有关（图 10.4.7 是用 $H—H_0=0.5\text{Oe}$ 画的），但当 $H—H_0$ 的值改变时，曲线的大致形状不变，只是它们的交点 O 发生移动而已，图 10.4.7 的虚线便表示 $H—H_0$ 的值不同时，O 点的轨迹。曲线 DOC 和 AOB 的交点 O 的坐标 l_0，d_0 从求解式（10.4.9）与式（10.4.10）便可得到

$$k_0^2\ (H-H_0)\ =5M_s\ (\ln 2k_0-1.4),\qquad d_0=\frac{5}{6}\ \frac{\beta}{H-H_0}\ \frac{\ln 2k_0-1.4}{\ln 2k_0-1.5}$$

$$k_0=\frac{l_0}{d_0} \tag{10.4.14}$$

因 k_0 的值通常总是很大，所以

$$d_0\approx\frac{5}{6}\ \frac{\beta}{H-H_0}=\frac{5\pi}{8M_s\mu_0}\left(\frac{\gamma}{H-H_0}\right) \tag{10.4.15}$$

现在要问：主磁场 H 增加到什么数随时，一个一定尺寸的反磁化核开始长大呢？令这时的主磁场为 H_s'。显然；对于冻结了的核，$H_s'<H_s$。我们需要考虑两种不同的场合：①反磁化核的状态点在图 10.4.7 的 O 点轨迹的上边。这时，主磁场的增大，使曲线 DO 接近反磁化核的状态点或使该点进入区域Ⅱ，但只有反磁化核的短轴大于 d_0 时，反磁化核才能从长、短方向同时长大，所以利用式（10.4.15）得

$$H'_S=H_0+\frac{5\pi\gamma}{8M_s\mu_0}\cdot\frac{1}{d} \tag{10.4.16}$$

可见 H_s' 与反磁化核的短轴成反比。②如果反磁化核的状态点在 O 点的轨迹

下面，那么只有当 OA 曲线通过这状态点时，反磁化核才开始长大，长大的方式是短轴先增大，然后长短轴同时长大。在西克斯图斯和统克斯的实验中，观察到的冻结了的反磁化核都是属于第一种场合的。上面所得出的式（10.4.16)有两重意义，第一可以从实验上来测定畴壁能 γ，图 10.4.8 示出的便是西克斯图斯的实验结果。从曲线上可以算出 $\gamma=2.7\mathrm{erg/cm^2}$，它与理论上所给出的值 $\gamma_{理论}\cong 2.1\mathrm{erg/cm^2}$ 很好地符合。第二由此式可算得发动场的值，从而估计矫顽力。

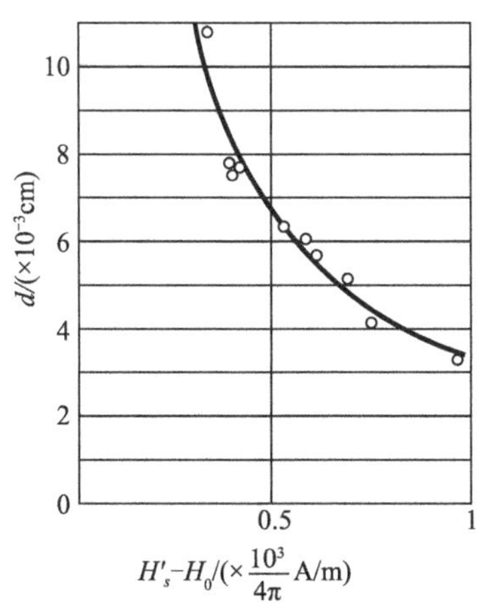

图 10.4.8　反磁化核的短轴与主磁场的关系

和发动场理论相联系的问题是反磁化核如何产生的问题。当式（10.4.3）的条件不再满足或下述条件满足时，

$$
\begin{cases}
\dfrac{\partial F}{\partial l}<-2\mu_0 M_s H\dfrac{\partial V}{\partial l} & (\partial v>0)\\[2mm]
\dfrac{\partial F}{\partial d}<-2\mu_0 M_s H\dfrac{\partial V}{\partial d} & (\partial v>0)
\end{cases}
\tag{10.4.17}
$$

反磁化核的尺寸便会减小，甚至在没有外磁场存在时，很小的核会自行消失，又从式（10.4.16）看出。当 d 无限制地缩小时，H'_s 就无限地增大。但是，西克斯图斯和统克斯等实际得到的 H'_s 值只在 0.1～10Oe，可见他们所得到的反磁化核最初不会是发动场 H_s 所“创造”出来的，而是原来就存在着的，发动场只不过使它们长大到宏观尺寸罢了。关于反磁化核出现的可能区域，前面已经谈到，兹不赘述。

发动场理论是早期在研究铁镍合金的反磁化时提出来的，后来在矩磁材料的研究中起了很重要的作用，但对于永磁材料的研究，一直很少应用．直到稀土钴永磁材料发现以来，由于反磁化核的形成和长大是解释这类材料矫顽力机理的重要方面，因此近年来又受到各方面的重视。

由于稀土钴材料的磁晶各向异性很大，因此在计算反磁化核的形成时，不能忽略磁晶各向异性的等效场。运用本节的原理，我们对 $SmCo_5$ 内的脱溶物 Sm_2Co_{17} 上

形成一个长旋转椭球的反磁化核作了计算，得出所需的形核场 H_n 为

$$H_n=\frac{2K_o}{\mu_0 M_o}-NM_o+\frac{3\pi\gamma_o}{4M_o\mu_0}\frac{1}{d} \tag{10.4.18}$$

式中的脚标 o 表示脱溶物（Sm_2CO_{17}）的性能，N 为椭球在长轴方向的退磁因子，d 为椭球的短轴直径。

10.5 考虑缺陷作用的矫顽力新理论

实验数据表明，不同材料的矫顽力，其数值可以差别很大，如超坡莫合金的矫顽力不到 $1A\cdot m^{-1}$（$10^{-3}Oe$），稀土钴永磁合金的矫顽力则高达 $10^6A\cdot m^{-1}$（10^4Oe），两者相差 10^7 倍。为了解释数值上差别如此之大的矫顽力，曾经提出过各种各样的理论模型。这些模型可归结为两类：一类是与畴壁移动受到阻力有关的；另一类是与磁畴内磁矩改变方向受到阻力有关的。以前讨论过的应力理论、掺杂理论属于第一类中的具体模型，而一致转向、涡旋转向和扭旋式转向则属于第二类中的具体模型。在解释具体材料的矫顽力时，这些模型都有一定的说服力，并且在改善材料的性能方面，起到了一定的指导作用，但是也存在着不少矛盾，主要原因是在这些模型中，没有全面考虑到晶格不完整性的影响。导致理论值与实验值相差很大。

实际上所有的晶体（天然的或人工的）都不是理想的完整的晶体，其中都存在着对于理想的空间点阵的这样或那样的偏离，这种对理想点阵的偏离，统称为晶体的不完整性。那些偏离的地区或结构通称为晶体缺陷。晶格不完整性可以通过它的形状不同（体缺陷、面缺陷、线缺陷和点缺陷），直接控制矫顽力；也可以通过缺陷本身的交换积分常数、磁晶各向异性常数、磁致伸缩常数和饱和磁化强度与基体不同来影响矫顽力。本节简单介绍的矫顽力的新理论，就是企图从全面考虑晶格不完整性的影响来说明软磁和永磁材料的矫顽力的。

晶格不完整性（缺陷）对磁性的影响分长程和短程两种。**位错、非磁性掺杂、磁矩与基体不同的弥散脱溶物是长程的，它们影响磁弹性能、弥散场能的变化。晶粒边界、堆垛层错、反相边界、点缺陷等属于短程的，它们使交换能和磁晶各向异性能发生改变，因而能够阻碍畴壁的运动**。

缺陷的上述性质，使得缺陷所在之处容易形成反磁化核或钉扎畴壁的中心。如果把缺陷只看作形核点，则缺陷的数目愈多，反磁化核便愈容易形成，因而矫顽力亦愈低。如果把缺陷单纯作为畴壁的钉扎点，则缺陷的数目愈多，畴壁钉扎便愈严重，移动便愈困难，因而矫顽力就愈高。由此看来，**缺陷的作用具有两重性，既可作为形核点而降低矫顽力，又可作为钉扎点而升高矫顽力**。一般来说，尺寸大的缺陷对形核有利，小的缺陷对钉扎有利。

具体材料的反磁化机理究竟是以形核为主，还是以钉扎为主，这可以根据热

退磁状态后的磁化曲线和磁滞回线的形状来判断。以形核为主的磁化曲线上升很快，起始磁导率较高，用不大的外磁场就能磁化到饱和，其矫顽力通常随外磁场的增加而增大（图 10.5.1）。以钉扎为主的磁化曲线上升很慢，外磁场未达到矫顽力以前，磁导率都很低，在矫顽力处才突然升高，其矫顽力一般与外磁场无关（图 10.5.2）

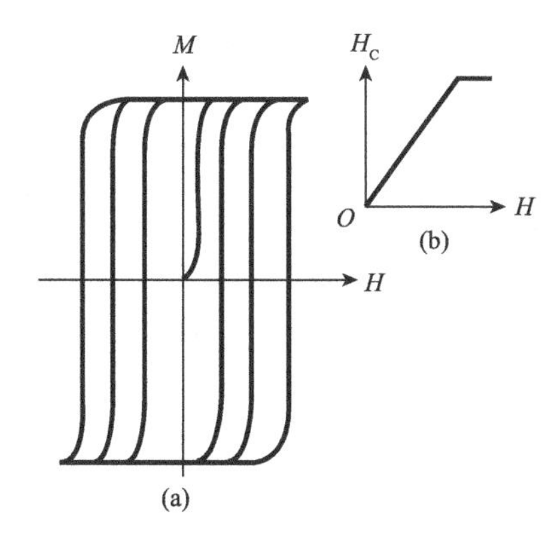

图 10.5.1　热退磁后由形核控制的一个粒子的磁化曲线和磁滞回线（a）以及矫顽力与外场的关系（b）

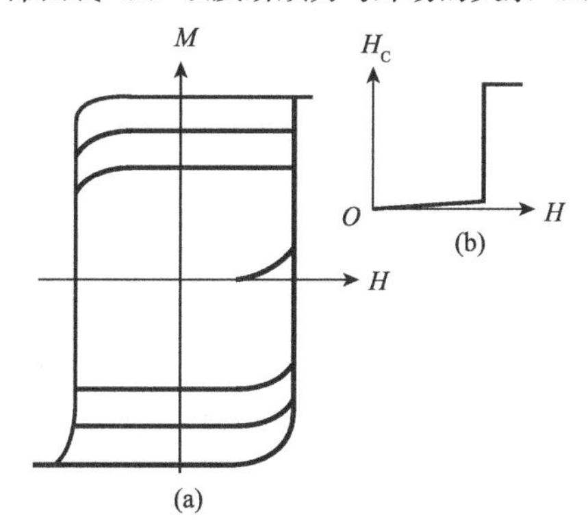

图 10.5.2　与图 10.5.1 相同，但其过程由钉扎控制

从金相的角度来判断，凡是磁晶各向异性常数大的单相磁体，其反磁化机理以形核为主，如单相的稀土钴合金 1∶5 型和 2∶17 型的磁体、钡锶铁氧体、锰铝碳合金以及 $Nd_2Fe_{14}B$ 等。凡是磁晶各向异性常数大的两相磁体，其反磁化机理则以钉扎为主，如两相的稀土钴合金 1∶5 型 1∶7 型和 2∶17 型的磁体、铂钴合金等。当然在形核为主的磁体中，反磁化核长大时的畴壁移动，也会遇到钉扎的问题，这时的矫顽力便由形核场和临界场同时决定。近年来矫顽力理论的发展，在物理上是比较全面地研究了缺陷的作用，在计算方法上是应用了微磁学方程和计算机模拟，使结果的适用性较广，有些结果既可用于软磁材料，又可用于永磁材料。但是，由于目前实验技术的限制，对缺陷本质的数据了解不够，因此

在作理论与实验的对比时，仍需假设一些参数。下面对几种模型作比较仔细的论述。

10.5.1 点缺陷对畴壁的钉扎决定的矫顽力

晶格格点上被杂质、空穴、异类原子（置换式或间隙式）所占领或同类原子的排布不同都可看成点缺陷。点缺陷的应力场（作用范围随距离的平方或立方成反比）通过磁弹性能对畴壁产生钉扎，或者点缺陷本身的交换积分常数、磁晶各向异性常数、磁化强度与基体不同而直接对畴壁产生钉扎。这两种钉扎组成畴壁与点缺陷的相互作用[7,8]。

由于畴壁的面积较大，一般说来与之相互作用的点缺陷的数目也相当大，如果畴壁两边的点缺陷是均匀分布的，则它们对畴壁的相互作用力将抵消。因此只有点缺陷的浓度在空间有涨落时，才能对畴壁产生钉扎。

现考虑一块 180°的畴壁受点缺陷的钉扎情况。畴壁法线与 y 轴平行，在外磁场的作用下畴壁沿 y 方向移动时，畴壁尺寸在 z 方向保持不变，但在 y 方向可发生变形。为简单起见，只考虑一维弯曲的情况①，用 $y(x)$ 描述这一弯曲（图 10.5.3）。这时与畴壁移动有关的能量为

$$\Phi=\sum_{v}E[y_v-y(x_v)]+\frac{1}{2}\gamma L_z\int_0^{L_x}\left(\frac{\mathrm{d}y}{\mathrm{d}x}\right)\mathrm{d}x-2M_sHL_z\mu_0\int_0^{L_x}y(x)\mathrm{d}x \tag{10.5.1}$$

式中，L_x，L_z 分别为畴壁在 x 和 z 方向的线度，右边第一项代表点缺陷与畴壁的相互作用能，点缺陷的坐标为（x_v，y_v），求和包括全部有关的点缺陷，这是一项阻碍畴壁运动的能量。第二项代表畴壁移动时，由于面积的增加而增加的能量，也是阻碍畴壁移动的能量。第三项代表畴壁移动过程中所扫过体积的外场能，这是推动畴壁移动的能量。

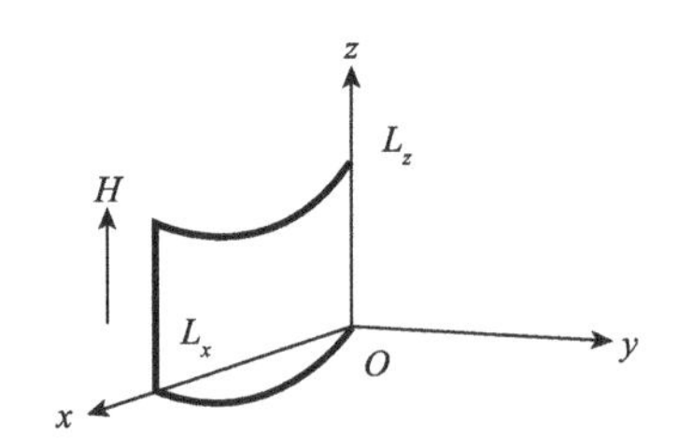

图 10.5.3　180°畴壁受点缺陷的钉扎

对式（10.5.1）求极值（$\partial\Phi/\partial y=0$），可得畴壁的平衡方程，在平衡方程中

① 如果在 z 方向还有弯曲，则内部退磁场将阻止这种弯曲，因此一维弯曲的情况是合理的。

阻力最大时相应的外磁场便是矫顽力。为此，需对式（10.5.1）第一项的具体形式有一假设。

设点缺陷与畴壁的相互作用能只与 y 有关，具体形式为

$$E(y) = E_0 \mathrm{ch}^{-2}\left(\frac{y}{\delta_0}\right) \tag{10.5.2}$$

式中，E_0 为常数，δ_0 为畴壁基本厚度。

若点缺陷与畴壁的相互作用较弱，即畴壁在移动时不发生弯曲，而保持刚性平面的话，$y(x)$ 便是常数，式（10.5.1）便变为

$$\Phi = \sum_v E(y_v - y) - 2M_s H L_z L_x y \mu_0 \tag{10.5.3}$$

畴壁的平衡方程为

$$\sum_v \frac{\partial}{\partial y} E(y_v - y) - 2M_s H L_z L_x \mu_0 = 0 \tag{10.5.4}$$

令所有点缺陷与畴壁的相互作用力为

$$f(y) = \sum_v P(y_v - y) = \sum_v \frac{\partial}{\partial y} E(y_v - y) \tag{10.5.5}$$

由于点缺陷的数目很大，根据概率论的中心极限定理，可知 $f(y)$ 是高斯分布，其统计结果包含在相关函数 $B(\zeta)$ 之内，即

$$B(\zeta) = L_x L_z \rho \int_{-\infty}^{\infty} P(y+\zeta) P(y) \mathrm{d}y \tag{10.5.6}$$

ρ 为点缺陷的密度。

前已谈到矫顽力是畴壁平衡方程中最大阻力时的外磁场，因此，由式（10.5.4）可得

$$H_{\mathrm{cm}} = \frac{1}{2M_s L_z L_x \mu_0}\left(\sum_v \frac{\partial}{\partial y} E(y_v - y)\right)_{\max} = \frac{1}{2M_s L_z L_x \mu_0}\left[2\ln\left(\frac{L_y}{\zeta_0}\right) B(0)\right]^{1/2} \tag{10.5.7}$$

式中，L_y 为畴壁的移动距离，ζ_0 为相关长度即相互作用力的平均波长，其数量级与畴壁厚度相同。

利用式（10.5.2）和式（10.5.5），通过式（10.5.6）算得

$$B(0) = L_x L_z \rho \int_{-\infty}^{\infty} P^2(y) \mathrm{d}y = \frac{16}{15} L_x L_z \rho \frac{E_0^2}{\delta_0} \tag{10.5.8}$$

将式（10.5.8）代入式（10.5.7），便得点缺陷与畴壁的相互作用较弱时的矫顽力为

$$H_{\mathrm{cm}} = \frac{E_0}{\mu_0 M_s}\left[\frac{8}{15} \frac{\rho}{L_x L_z \delta_0} \ln\left(\frac{L_y}{\zeta_0}\right)\right]^{1/2} \tag{10.5.9}$$

若点缺陷与畴壁的相互作用较强，则畴壁在移动时便会发生弯曲，

式（10.5.1)的第二项不能忽略，第三项的 y（x）也不是常数，因而矫顽力的计算比较复杂，通过计算机的模拟可得

$$H_{\mathrm{cm}}=(0.40\pm0.05)\frac{\rho^{2/3}E_0^{4/3}}{\gamma^{1/3}L_z^{2/3}}\frac{1}{\mu_0M_s\delta_0} \tag{10.5.10}$$

以上是点缺陷对畴壁钉扎所决定的矫顽力，下面简单介绍一下由这一模型决定的起始磁化率 χ_i。将式（10.5.2）代入式（10.5.1），从畴壁的平衡方程中求 y，然后根据起始磁化率的定义和畴壁的平均位移 Δy 与 ΔM 的关系 $\Delta M=(2M_s/L_D)\Delta y$ 便得

$$\chi_i=\left(\frac{\mathrm{d}M}{\mathrm{d}H}\right)_{H\to0}=\frac{2M_s}{L_D}\left(\frac{\mathrm{d}y}{\mathrm{d}H}\right)_{H\to0} \tag{10.5.11}$$

式中，L_D 为磁畴的宽度，对弱相互作用和强相互作用的情况而言，$(\mathrm{d}y/\mathrm{d}H)_{H\to0}$ 的结果不同，通达具体计算可得

$$\chi_i=2.1\frac{M_s^2\delta_0^{3/2}L_x^{1/2}L_z^{1/2}}{L_DE_0\rho^{1/2}}\quad（弱相互作用） \tag{10.5.12}$$

$$\chi_i=3.4\frac{M_s^2\delta_0^2L_z^{2/3}\gamma^{1/3}}{L_DE_0^{4/3}\rho^{2/3}}\quad（强相互作用） \tag{10.5.13}$$

需要指出的是，式（10.5.9），式（10.5.10），式（10.5.12）和式（10.5.13)是在假定了点缺陷与畴壁相互作用的具体形式（即式（10.5.2））以后推得的，若相互作用的形式不同，则在新的形式中用同样的步骤推得 H_{cm} 和 χ_i 的另一种表达式，但 $H_{\mathrm{cm}}\cdot\chi_i=$ 常数的关系不变。

菲德勒（Fidler）[9]等在 $SmCo_5$ 的单晶薄片上观察磁畴结构随外磁场的变化，得出矫顽力为 265Oe。这一结果可用上述理论来解释。

设想 $SmCO_5$ 单晶在生长过程中，总有一些 Sm_2Co_7 和 Sm_2Co_{17} 的脱溶，造成 $SmCo_5$ 晶格上的原子无序。已知 $SmCo_5$ 中最近邻原子间距约为 3Å，假定原子无序度为 0.5%，则得点缺陷的密度 $\rho=3.5\times10^{20}\,\mathrm{cm}^{-3}$。再把测得的畴宽 42μm 当作是畴壁的移动距离 L_y，和有关数值 $\zeta_0=\pi^2\delta_0$，$E_0=1\times10^{-14}\,\mathrm{erg}$，$A=1.2\times10^{-6}\,\mathrm{erg\cdot cm^{-1}}$，$K_1=1.71\times10^8\,\mathrm{erg\cdot cm^{-3}}$，$M_s=855\mathrm{G}$，$L_x=L_z=600$Å，代入式（10.5.9）算得矫顽力为 269Oe。这显然与 265Oe 的实验值十分符合。此外，用 $H_{\mathrm{cm}}=265\mathrm{Oe}$，可反过来估计出点缺陷与畴壁的相互作用能密度为 $(E_0/L)(\rho/\delta_0)^{1/2}\approx10^5\,\mathrm{erg\cdot cm^{-3}}$。

克朗米勒（Kronmüller）[10]把上述理论用于非晶态合金磁性材料，认为这类材料中的五种类型的点缺陷（即准位错偶极子、短程序、内禀钉扎、表面不规则和磁后效）都能对畴壁产生钉扎，但各自的钉扎程度不同。在磁致伸缩较大的非晶态合金中（如 $Fe_{80-x}Ni_xB_{20}$），快速冷却产生的应力中心（准位错偶极子）对畴壁的钉扎

是主要的，从上述理论估计的矫顽力（10～100m·Oe）与实验值较接近。在磁致伸缩很小或接近于零的非晶态合金中（如 $Fe_{80-x}Ni_xP_{14}B_6$），表面不规则和磁后效对畴壁的钉扎是主要的，理论与实验得到的矫顽力亦较符合。

还有一类点缺陷是合金或化合物中的原子近邻分布不同造成的，如在 R（Co_xT_{1-x}）$_5$的化合物中，**Co 原子的磁矩因近邻的 Co 原子数目不同而不同**，可分为原子磁矩大和小两类，前者称强 Co 原子，后者称弱 Co 原子，弱 Co 原子相对于强 Co 原子而言便是点缺陷。

10.5.2　面缺陷对畴壁的钉扎决定的矫顽力

晶粒间界、自由表面、堆垛层错和反相边界等都是平面缺陷。它们对畴壁的钉扎是由于它们的磁性参数与基体不同而造成的[11～13]。

设在无限大的单轴晶体内，考虑一块 180 的畴壁，于外磁场 H 的作用下，通过面缺陷（如晶粒间界、镶嵌结构间界、堆垛层错、孪晶间界、反相间界和自由表面等）的情况。由于面缺陷的存在，晶体被分成三个区域：Ⅰ、Ⅲ为均匀区，其交换能常数为 A，磁各向异性常数为 K；Ⅱ是厚度为 D 的面缺陷所在区，其交换能常数为 A'，磁向各异性常数为 K'。如图 10.5.4 示出的坐标系，设 H 与易轴 z 平行，θ 为磁矩与 Z 轴间的夹角，且 θ 只与 x 有关。这时要考虑的能量只有如下三项：

（1）交换能。一对原子的交换能 $\Delta E_{ex}=-2JS^2\cos\varphi$，$J$ 为交换积分常数，S 为每个原子的电子自旋总量子数，φ 为相邻两原子磁矩间的夹角。当 φ 较小时，$\cos\varphi$ 展开为

$$\cos\varphi=1-\varphi^2/2!+\varphi^4/4!+\cdots$$

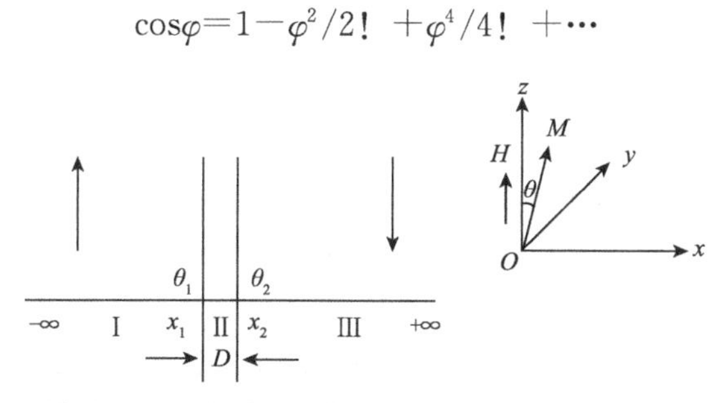

图 10.5.4　厚度为 D 的面缺陷把晶体分成三个区的示意图及所采用的坐标系

只取到展开式的第二项，代入得 $\Delta E_{ex}=-2JS^2+JS^2\varphi^2$。前已假设磁矩与 z 轴间的角度 θ 只与 x 有关，因此相邻原子磁矩之间的夹角 $\varphi=\left(\frac{d\theta}{dx}\right)\times a$，$a$ 为原子间的距离。略去与 φ 无关的常数，便得交换能密度为

$$\frac{JS^2}{a}\left(\frac{\mathrm{d}\theta}{\mathrm{d}x}\right)^2=A_i\left(\frac{\mathrm{d}\theta}{\mathrm{d}x}\right)^2$$

而 $A_i=JS^2/a$。

(2) 磁各向异性能。由于磁矩偏离易轴（z 轴）而导致的各向异性能密度为 $K_i\sin^2\theta$。

(3) 外磁场能。设外场 H 在 Z 方向，则外场能密度为 $-\mu_0 HM_i\cos\theta$，式中 M_i 为磁化强度。

因此，与 180°畴壁移动有关的总能量为

$$E=\int\left[A_i\left(\frac{\mathrm{d}\theta}{\mathrm{d}x}\right)^2+K_i\sin^2\theta-\mu_0 HM_i\cos\theta\right]\mathrm{d}x \tag{10.5.14}$$

式中，$i=1$，2，3 分别表示Ⅰ，Ⅱ，Ⅲ区。

根据总能量极小值的条件，由式（10.5.14）得出欧拉方程为

$$-2A_i\frac{\mathrm{d}^2\theta}{\mathrm{d}x^2}+2K_i\sin\theta\cos\theta+\mu_0 HM_i\sin\theta=0 \tag{10.5.15}$$

对式（10.5.15）积分一次后，可得

$$-A_i\left(\frac{\mathrm{d}\theta}{\mathrm{d}x}\right)^2+K_i\sin^2\theta-\mu_0 HM_i\cos\theta=C_i \tag{10.5.16}$$

式中，C_i 为积分常数，Ⅰ，Ⅱ，Ⅲ区彼此不同。

根据边条件，对式（10.5.16）求解，可得函数 θ（x），即磁矩沿 x 方向的分布情况。由于我们的目的是研究畴壁通过面缺陷时的情况，具体地说是求出畴壁通过面缺陷时，需要的最大磁场是多少。所以，我们在这里不一般地去求解式（10.5.16）。

畴壁是否移动不仅与外磁场有关，而且也与缺陷的性质和畴壁的位置有关，但平衡时都符合总能量极小的条件，即都符合欧拉方程。如果畴壁本来就停在面缺陷的地方，则随着外磁场的增加，总会有一个磁场值使畴壁离开面缺陷。不过在离开以前都是满足欧拉方程的，或者说在一定的外磁场范围内，面缺陷都能钉住畴壁。在前面的讨论中我们知道，矫顽力是克服最大阻力能量时的外磁场，在这里就是满足欧拉方程的最大外磁场，因此，在具体的面缺陷之下，求出满足欧拉方程的最大外磁场便能得出矫顽力。

在Ⅰ和Ⅲ的均匀区的边界条件为

$$\begin{cases}\theta(-\infty)=0, & \theta(+\infty)=\pi\\ \left(\dfrac{\mathrm{d}\theta}{\mathrm{d}x}\right)_{x=-\infty}=0, & \left(\dfrac{\mathrm{d}\theta}{\mathrm{d}x}\right)_{x=+\infty}=0\end{cases} \tag{10.5.17}$$

将式（10.5.17）代入式（10.5.16），可得Ⅰ，Ⅲ区的积分常数

$$C_1=-\mu_0 HM_s,\quad C_3=\mu_0 HM_s$$

因此，适用于Ⅰ，Ⅲ区的欧拉方程是

$$-A\left(\frac{d\theta}{dx}\right)^2+K\sin^2\theta-\mu_0 HM_s\cos\theta+\mu_0 HM_s=0 \tag{10.5.18}$$

$$-A\left(\frac{d\theta}{dx}\right)^2+K\sin^2\theta-\mu_0 HM_s\cos\theta-\mu_0 HM_s=0 \tag{10.5.19}$$

显然，适用于Ⅱ区的欧拉方程为

$$-A'\left(\frac{d\theta}{dx}\right)^2+K'\sin^2\theta-\mu_0 HM_2\cos\theta=C_2 \tag{10.5.20}$$

以 A 和 A'分别乘式（10.5.18）～式（10.5.20），同时考虑到式（10.5.18)和式（10.5.20）同时适用于Ⅰ区和Ⅱ区的交界面（$x=x_1$，$\theta=\theta_1$），式（10.5.19）和式（10.5.20）适用于Ⅱ区和Ⅲ区的交界面（$x=x_2$，$\theta=\theta_2$）并且假设在两个交界面上（θ_1（x_1）和 θ_2（x_2）），磁矩变化的连续条件为

$$A\frac{d\theta_{1,2}}{dx}=A'\frac{d\theta_{1,2}}{dx} \tag{10.5.21}$$

时，便可消去式（10.5.20）中的积分常数 C_2，从而得

$$\left[\cos\theta_1+\frac{\mu_0 H(M_sA-M_2A')}{2(KA-K'A')}\right]^2-\left[\cos\theta_2+\frac{\mu_0 H(M_sA-M_2A)}{2(KA-K'A')}\right]^2=\frac{2HM_sA\mu_0}{KA-K'A'} \tag{10.5.22}$$

令

$$h=\frac{\mu_0 HM_s}{K},\ a=1-\frac{M_2A'}{M_sA},\ b=1-\frac{A'K'}{AK} \tag{10.5.23}$$

则式（10.5.22）可改写为

$$\left(\cos\theta_1+\frac{ha}{2b}\right)^2-\left(\cos\theta_2+\frac{ha}{2b}\right)^2=\frac{2h}{b} \tag{10.5.24}$$

另外，将式（10.5.18），式（10.5.20），和式（10.5.21）用于Ⅰ区与Ⅱ区的交界面上（$x=x_1$，$\theta=\theta_1$），可解得

$$-C_2A'=(KA-K'A')\sin^2\theta_1-\mu_0 H(M_sA-M_2A')\cos\theta_1+HM_sA\mu_0 \tag{10.5.25}$$

把式（10.5.25）代入式（10.5.20）得

$$\left(A'\frac{d\theta}{dx}\right)^2=A'K'\sin^2\theta-\mu_0 HM_2A'\cos\theta+(KA-K'A')\sin^2\theta_1 \\ -\mu_0 H(M_sA-M_2A')\cos\theta_1+\mu_0 HM_sA \tag{10.5.26}$$

利用式（10.5.23）可把式（10.5.26）化简为

$$D=\int_{x_1}^{x_2}dx=\frac{A'}{(AK)^{\frac{1}{2}}}\int_{\theta_1}^{\theta_2}[(1-b)\sin^2\theta-h(1-a)\cos\theta+b\sin^2\theta_1 \\ -ha\cos\theta_1+h]^{-1/2}d\theta, \tag{10.5.27}$$

式中，D 为面缺陷的厚度，亦即畴壁碰到的势垒。

当 a，b，D 为确定的数值时，也就是说，晶体和缺陷的特性确定时，由式（10.5.24）和式（10.5.27）可解出一系列的 h，θ_1 和 θ_2，它们三个为一组地都满足欧拉方程，其中必有一组的 h 最大。如前所述，它就是相应的矫顽力：$h_{\max}=H_{\mathrm{cm}}M_s\mu_0/K$。遗憾的是，式（10.5.24）和式（10.5.27）是一组非线性方程，只有在特殊情况下才能求出它们的分析解，否则需要用电子计算机数值求解。下面先讨论一些特殊情况，然后再介绍一些关于电子计算机的计算结果。

第一，当外磁场为零时，$h=0$，由式（10.5.24）得

$$\cos^2\theta_1-\cos^2\theta_2=0 \tag{10.5.28}$$

满足式（10.5.28）的有两类解，一类是 $\theta_1=\theta_2$，另一类是

$$\theta_1=\pi-\theta_2$$

前者相应于 $D=0$ 的情况，后者相应于 $D\neq 0$ 的情况。说明在没有外磁场时，任何厚度的面缺陷都能钉住畴壁，即畴壁停在面缺陷所在处是能量最低的。

第二，当外磁场的值使 $h<1$，以便能略去式（10.5.27）中含 h 的所有项时（因为 $h=\mu_0M_sH/K$，故在许多情况下，只要 H 不是很大，此条件都能满足），则式（10.5.27）变为

$$\begin{aligned}D&=\frac{A'}{(AK)^{\frac{1}{2}}}\int_{\theta_1}^{\theta_2}\frac{\mathrm{d}\theta}{[(1-b)\sin^2\theta+b\sin^2\theta_1]^{\frac{1}{2}}}\\&=\frac{A'}{(AK)^{\frac{1}{2}}}\int_{\cos^2\theta_1}^{\cos^2\theta_2}\frac{\mathrm{d}(-\cos^2\theta)}{\sin2\theta[(1-b)\sin^2\theta+b\sin^2\theta_1]^{\frac{1}{2}}}\end{aligned} \tag{10.5.29}$$

为了估算式（10.5.29）的积分，可认为分母中的 θ 被 θ_1 代替，从而把分母看成常量，于是便得到

$$D\approx\frac{A'}{(AK)^{\frac{1}{2}}}\frac{-\cos^2\theta_2+\cos^2\theta_1}{\sin2\theta_1\sin\theta_1} \tag{10.5.30}$$

另由式（10.5.24）近似得出

$$\cos^2\theta_1\approx\cos^2\theta_2+\frac{2h}{b} \tag{10.5.31}$$

将式（10.5.31）代入式（10.5.30），化简后得出

$$H=\frac{K}{\mu_0M_s}\frac{D}{\delta_0}\left(\frac{A}{A'}-\frac{K'}{K}\right)\sin^2\theta_1\cos\theta_1 \tag{10.5.32}$$

式中，$\delta_0=(A/K)^{\frac{1}{2}}$。前面已经说明，$h$ 的最大值便与矫顽力相应，即式（10.5.32）可改写为

$$\begin{aligned}H_{\mathrm{cm}}&=\frac{K}{\mu_0M_s}\frac{D}{\delta_0}\left(\frac{A}{A'}-\frac{K'}{K}\right)(\sin^2\theta_1\cos\theta_1)_{\max}=\frac{K}{\mu_0M_s}\frac{D}{\delta_0}\left(\frac{A}{A'}-\frac{K'}{K}\right)\left(\frac{2}{3}\frac{1}{\sqrt{3}}\right)\\&=\frac{2K}{\mu_0M_s}\frac{D}{\delta_0}\frac{1}{3^{3/2}}\left(\frac{A}{A'}-\frac{K'}{K}\right)\end{aligned} \tag{10.5.33}$$

由式（10.5.33）可见，只要知道均匀区的磁性参数（M_s，K，A）和缺陷

区的参数（D，A'，K'），便能计算出矫顽力来。但是，要想得到缺陷区的参数是不容易的，因此为了从理论上估算矫顽力，暂且采用一组特殊的数值：$D=12\times10^{-8}\text{cm}$，$A/A'=1.10$，$K'/K=0.96$，并且认为这一组数值对不同材料都是一样的（但对于稀土合金，$D=16\times10^{-8}\text{cm}$）。这样，用式（10.5.33）对不同材料计算得到的矫顽力如表10.3所示。从表10.3所列的结果中可以看出，矫顽力的理论值与实验值之间的一致程度是相当好的。因而，面缺陷决定矫顽力的这种机理，似乎同时适用于永磁材料和软磁材料（坡莫合金除外）。反映出面缺陷普遍存在于磁性材料中。

表10.3 不同材料的有关常数，以及平面缺陷决定的矫顽力的理论值与实验值的比较

材料名称	饱和磁化强度 M_s/G	各向异性常数 K/（$\times10^{+5}$）（$\text{erg}\cdot\text{cm}^{-3}$）	交换能常数 A/（$\times10^{-6}$）（$\text{erg}\cdot\text{cm}^{-1}$）	畴壁基本厚度 δ_0/（$\times10^{-6}$cm）	矫顽力/Oe		
					理论值		实验值
					根据式(10.5.33)	根据式(10.5.39)	
超坡莫合金	630	0.015	1.5	32	0.0004		0.002
坡莫合金	860	0.02	2.0	32	0.0004		0.05
Ni	485	−0.42	0.5	3.45	0.20		0.7
Fe−3% Si	1590	3.7	2.2	2.4	0.65		0.1
Fe−4% Si	1570	3.2	2.1	2.6	0.51		0.5
Fe	1707	4.8	2.4	2.2	0.83		1
Co	1400	45	4.7	1.0	20.7		10
铝镍钴	915	260	2.0	0.28	656		620
等轴晶铝镍钴	1165	304	2.0	0.256	659		640
半柱状晶铝镍钴	1115	297	2.0	0.259	665		650
柱状晶铝镍钴	1110	322	2.0	0.249	754		730
等轴晶铝镍钴钛	800	384	2.0	0.228	1361		1440
$SmCO_5$	855	1500	2.0	0.12	12610	16840	10000
YCo_5	845	550	1.5	0.17	3293	6226	4600
$CeCo_5$	794	520	1.3	0.20	2824	6287	2800
$PrCo_5$	1150	1000	1.1	0.11	6819	8346	5750
$CeFe_{0.5}CuCo_{3.5}$	477	290	1.2	0.20	2622	5835	6000
$LaCo_5$	725	630				8340	3600
$CeMMCo_5$	879	650				7098	4600
MnAI	581	130				2418	5000
MnBi	700	89				1220	4000
Pt−Co	756	200				2540	4200

第三，若畴壁的基本厚度比面缺陷的厚度薄得多，即 $\delta\ll D$，则磁矩的方向改变，只在Ⅰ，Ⅱ区内便可完成。因此，$\theta_2=\pi$ 时，第Ⅲ区的影响可以不考虑，式（10.5.20）的积分常数 $C_2=\mu_0 HM_2$。这样，适用于Ⅰ，Ⅱ区的欧拉方程分别为

$$-A\left(\frac{\mathrm{d}\theta}{\mathrm{d}x}\right)^2+K\sin^2\theta-\mu_0 HM_s\cos\theta+\mu_0 HM_s=0 \qquad (10.5.34)$$

$$-A'\left(\frac{\mathrm{d}\theta}{\mathrm{d}x}\right)^2+K'\sin^2\theta-\mu_0 HM_2\cos\theta-\mu_0 HM_2=0 \qquad (10.5.35)$$

用 A 和 A' 分别乘式（10.5.34）和式（10.5.35），并利用式（10.5.21）的连续条件，便得

$$(AK-A'K')\sin^2\theta_1-\mu_0(HAM_s-HA'M_2)\cos\theta_1+\mu_0(HM_sA+HM_2A')=0 \tag{10.5.36}$$

利用式（10.5.23）的代换，可把式（10.5.36）改写为

$$-h=\frac{b\sin^2\theta_1}{(2-a)-a\cos\theta_1} \tag{10.5.37}$$

从 $\frac{\partial h}{\partial\theta_1}=0$，解得

$$\begin{cases}\cos\theta_1=\dfrac{(2-a)-2\sqrt{1-a}}{a}\\ \sin^2\theta_1=\dfrac{a^2-[(2-a)-2\sqrt{1-a}]^2}{a^2}\end{cases} \tag{10.5.38}$$

将式（10.5.38）代入式（10.5.37），可得出

$$H_{\mathrm{cm}}=\frac{2K}{\mu_0M_s}(1-pq)\frac{(1-\sqrt{mp})^2}{(1-mp)^2} \tag{10.5.39}$$

其中

$$p=A'/A,\ q=K'/K,\ m=M_2/M_s \tag{10.5.40}$$

由式（10.5.39）可见，当壁厚比面缺陷的厚度薄得多时，材料的矫顽力与缺陷厚度无关。为了使式（10.5.39）的结果与实验值进行比较，仍需假定一组 p，q，m 的值。设 $p=q=0.9$，$m=1$；则由式（10.5.4）所算得的 H_{cm} 通常都比实验值高，具体比较可见表 10.3。

希尔青格[14]（Hilzinger）从微磁学的连续理论和点阵的不连续理论的角度出发，严格计算了面缺陷对矫顽力的影响，所得的结果与式（10.5.33）和式（10.5.39）完全一致。他还从式（10.5.24）和式（10.5.27）的数值解法中认为，尽管式（10.5.33）和式（10.5.39）是在特殊条件下推得的，但联合起来却能代表式（10.5.24）和式（10.5.27）的普遍解。这就是说，式（10.5.33）和式（10.5.39）分别适用于不同的范围（即使在 $\delta_0\sim D$ 时也一样），其分界线可以从式（10.5.33）和式（10.5.39）的交点 P_c 决定，即

$$P_c=\frac{D/\delta_0}{[27^{1/4}-(D/\delta_0)^{1/2}]^2} \tag{10.5.41}$$

图 10.5.5 比较了式（10.5.24）和式（10.5.27）的数值解与特殊情况下的分析解（即式（10.5.33）和式（10.5.39））。由图可见，当 $D/\delta_0=0.2$ 时（$\delta_0>D$），只用式（10.5.33）便能得到与数值解相近的结果［图 10.5.5（a）］。当 $D/\delta_0=2$ 时（$\delta_0<D$），只用式（10.5.39）也能得到与数值解相近的结果［图 10.5.5（c）］。但是，当 $D/\delta_0=0.5$ 的情况下（$\delta_0\sim D$），则需要联合使用式（10.5.33）和式（10.5.39），即 $P<P_c$ 时用式（10.5.39），$P>P_c$ 时用式（10.5.33）才能得到与数值解相近的结果［图 10.5.5（b）］。

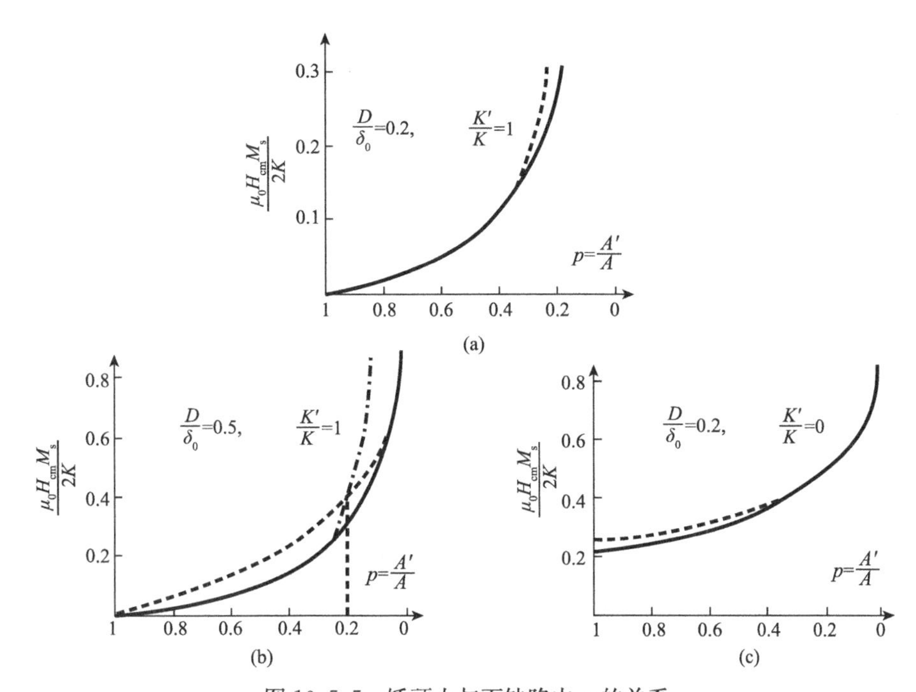

图 10.5.5 矫顽力与面缺陷中 p 的关系

实线代表数值解，点线代表由式（10.5.33）所得出的数值解，虚线代表式（10.5.39）

根据上面的叙述，特别是从表 10.3 的不同材料的矫顽力的理论值与实验值的对比中，有如下几点值得注意：

（1）平面缺陷阻碍畴壁的移动是决定矫顽力的一种普遍机理。除了坡莫合金以外（解释这种合金的矫顽力，似乎用应力理论更加合适些。），这种机理适用于金属和合金的软磁和永磁材料。

（2）畴壁愈薄（δ_0 愈小），面缺陷的影响便愈显著，矫顽力便愈大。

（3）面缺陷内的交换常数、各向异性常数和磁化强度越小，矫顽力便越大。在极端情况下（如 p，m，$q\to 0$），由式（10.5.39）得 $H_{cm}=2K/\mu_0 M_s$，即畴壁移动控制的矫顽力，转化为磁矩一致转动控制的矫顽力。另外，在 $p=m=1$ 的特殊情况下，式（10.5.39）可简化为

$$H_{cm}=\frac{2K}{\mu_0 M_s}(1-pq)\frac{(1-\sqrt{mP})^2}{(1-\sqrt{mp})^2(1+\sqrt{mp})^2}=\frac{K(1-q)}{2M_s\mu_0} \tag{10.5.42}$$

式（10.5.42）正是反向畴从一相向另一相长大所需要的临界场[15]。

（4）在铝镍钴永磁合金内，一般认为，其矫顽力的机理是近似形状各向异性控制的磁矩转动。可是我们据式（10.5.33）所得的计算结果，却与五种类型的铝镍钴合金的实验值很符合（表 10.3）。说明在这类合金内，可能存在着面缺陷阻碍畴壁移动的矫顽力机理。另外，在 Fe－Cr－Co 永磁合金上，已经看到了畴

壁钉扎的证据[16、17]。

在普遍情况下，利用电子计算机求解式（10.5.24）和式（10.5.27）的结果还可参看图 10.5.6，图 10.5.7（a）和图 10.5.7（b）[18]图中的 $\beta=1-b=A'K'/AK$，表示缺陷与基体的畴壁能平方之比；$\alpha=1-a=A'M_2/AM_s$ 表示缺陷与基体的交换常数与磁化强度乘积之比；$\omega=D/\delta'_0$ 是缺陷厚度与缺陷内畴壁基本厚度之比。由图 10.5.6 可见，只在当缺陷厚度较小时，h_c 才随 ω 线性增大；而在大的缺陷厚度时，h_c 与 ω 无关。这两种情况正当好与式（10.5.33）和式（10.5.39）相对应。式（10.5.33）改用新的参数时可表示为

$$h_c=0.38\omega(1-\beta)\beta^{-\frac{1}{2}} \tag{10.5.43}$$

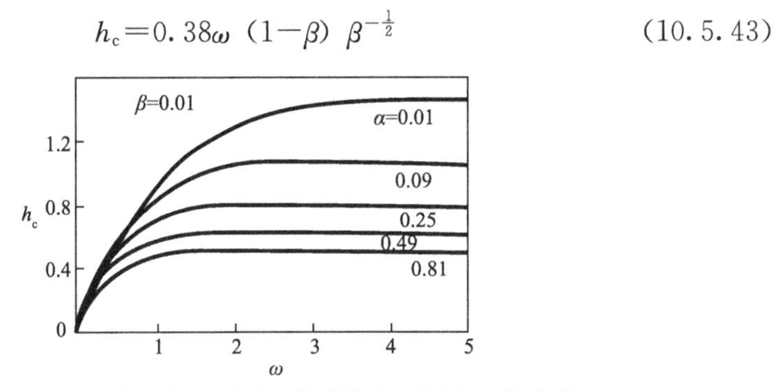

图 10.5.6 相对矫顽力 h_c 随平面缺陷的相对厚度 ω 的变化

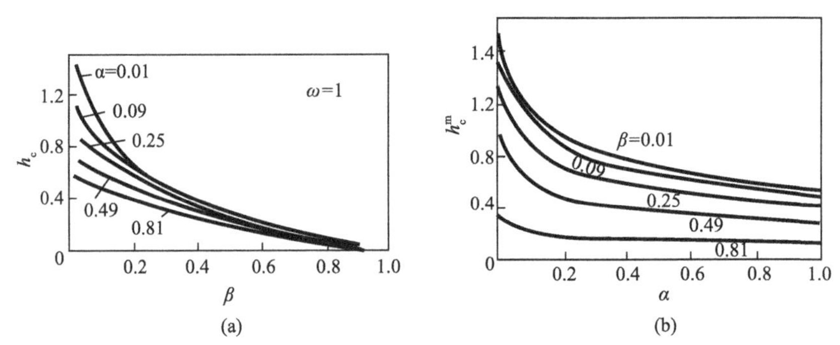

图 10.5.7 （a）相对矫顽力 h_c 与相对畴壁能平方 β 的关系；
（b）最大相对矫顽力 h_c^m 与 α 的关系

从图 10.5.7（a），（b）中可以看出，改变 α 和 β 的数值尽管都能使 h_c 发生变化，但比较起来，β 的变化使 h_c 的改变更大。如果 β 的数值为 1，则 h_c 总是为零，其原因是缺陷的畴壁能与基体的畴壁能相等，起不到钉扎的作用。

上述理论在实际中的应用，还可举 $Sm_2(Co, Cu, Fe, Zr)_{17}$ 的两相磁体来说明。这种磁体的性能是 $B_r\sim11$kG、$H_c\sim7$kOe、$(BH)_{max}\sim30$MGOe。一般认为，这种磁体的微结构是两相的细胞状结构，即 2∶17 相被 1∶5 相的边界所包围，边界厚度约 40Å，细胞尺寸约 500Å。若把 1∶5 相看成是缺陷（其 $D\approx40$Å，

并设β和α都小于1)，δ_0与δ'_0相同（$\delta_0\sim25Å$，取$A=3.5\times10^{-6}\mathrm{erg\cdot cm^{-1}}$），磁体的7000Oe的矫顽力相当于$h_c=0.1$，将这些值代入式（10.5.43)，得$\beta=0.85$。也就是说，缺陷(即1∶5相)内的畴壁能平方与基体（即2∶17相）内的畴壁能平方之比为0.85时，面缺陷对畴壁钉扎的矫顽力理论值便与实验一致。

如果欲使该磁体的矫顽力提高一倍，即$h_c=0.2$，上述理论能给我们提供什么线索呢？从图10.5.6和图10.5.7来看，单纯增加ω并不能达到目的。因为$\beta=0.85=\alpha$时，ω的增加并不能使h_c有多大的增加。最好的办法还是使$\beta=0.72$（由式（10.5.43））求得)，也就是说，在热处理时，通过两相成分的变化，使缺陷的各向异性、交换常数与基体的同类参数之比，大致减少15%～20%，便能达到目的。近来，有人[19]通过增加Zr、减少Sm和延长850℃的热处理时间至30h，其他工序不变，便使矫顽力由10 kOe提高到30 kOe。尽管这时该磁体的细胞尺寸和细胞壁厚度都分别增大到约2000Å和500Å，但根据上述理论，矫顽力的增加，主要还是由于两相成分的变化导致了β的变化。因此，控制两相成分的变化的多级回火和Zr的加入就十分重要。这也是理论与实践结合的好例子。

假定平面缺陷的模型用在$Nd_2Fe_{14}B$磁体上，主相$Nd_2Fe_{14}B$的有关常数为：$M_s=1274\times10^3\mathrm{A\cdot m^{-1}}$，$A=10^{-6}\mathrm{erg\cdot cm^{-1}}$，$K=5\times10^7\mathrm{erg\cdot cm^{-3}}$，畴壁厚度$\delta\approx40Å$。缺陷为富Nd、富B相，其尺寸$D=0.1\sim1\mu\mathrm{m}$，即$\omega=D/\delta\gg1$。运用图10.5.6的曲线，在$\alpha=\beta=0.01$的曲线上，查得$\omega$很大时的$h_c=1.4$，即内禀矫顽力$H_{\mathrm{cm}}=\dfrac{1.4K}{\mu_0M_s}$，由此算得$H_{\mathrm{cm}}$为$4374\mathrm{kA\cdot m^{-1}}$（54.9kOe)。

以上讨论了一块畴壁与一块平面缺陷相互作用的情况，其中最重要的定性结论就是：**平面缺陷阻碍畴壁的移动、能够得到很大的矫顽力。**如果一块畴壁跨越两块平面缺陷，则矫顽力会比一块平面缺陷时更大[20]，增加的幅度与平面缺陷之间的距离d有关。当

$$d+\frac{DA}{A'}=2\delta_0$$

时，矫顽力约增加6%；当

$$d+\frac{DA}{A'}=\delta_0$$

时，矫顽力约增加35%；当

$$\frac{d}{\delta_0}+\frac{DA}{\delta_0A'}\to0$$

时，矫顽力便增加一倍左右。

10.5.3 在脱溶物或晶体表面上反磁化核的成长对矫顽力的影响

前面已经谈到，单相磁体或缺陷区域较大的磁体，以及在烧结的NdFeB磁体中，它们的反磁化机理以形核为主。形核的地点多在磁晶各向异性较弱或退磁

场较大的区域。对于 $K \gg \mu_0 M_s^2$ 的材料而言，形核点主要是前者。譬如，在单相的 RCo_5 材料中，少量的 R_2Co_{17} 的脱溶薄片上和晶粒表面上由于氧化而使 Co 析出的地方，都是反磁化核的形核点。下面用微磁学方法对不同情况下的形核场进行讨论。

1. 脱溶薄片上的形核场

设在均匀的单轴材料Ⅰ（基体）内，有一厚度为 D 的脱溶薄片Ⅱ（缺陷），它们的易磁化轴与 z 平行，但与薄片的表面垂直。剩磁状态时，基体与薄片的磁化强度都与 z 轴一致，但数量不同，因此脱溶薄片的退磁场为 $-N(M_{\text{II}}-M_{\text{I}})$（图 10.5.8 (a)）。若在负 z 方向加上外磁场 H_e，则磁矩将改变方向。由于脱溶薄片内的磁晶各向异性比基体小，所以在同样的外磁场下，薄片内磁矩的方向改变便来得快（图 10.5.8 (b)）。结果在某一外场下，薄片内的磁矩方向便与外场一致，使脱溶薄片成为一个反磁化核。

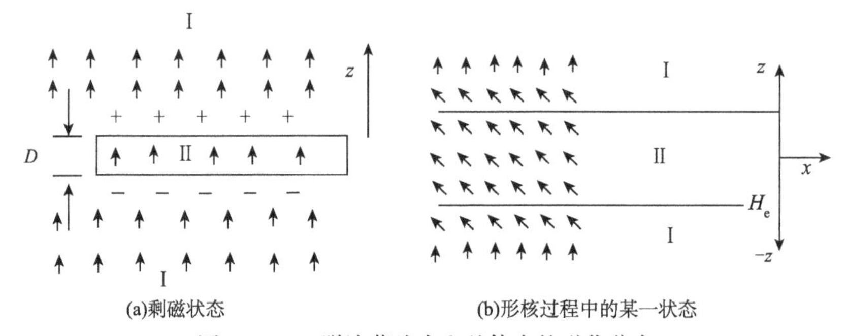

图 10.5.8 脱溶薄片内和基体内的磁化分布

为简单计起见，设所有磁性参数只随 z 改变。这样，在所考虑的区域内，单位面积的能量为

$$\Phi = \int \Big[A(z)\left(\frac{\mathrm{d}\varphi}{\mathrm{d}z}\right)^2 + K(z)\sin^2\varphi(z) + \mu_0 H_e M(z)\cos\varphi(z) - \frac{1}{2}\mu_0 H_d(z) M(z)\cos\varphi(z) \Big]\mathrm{d}z \tag{10.5.44}$$

上式右边第一项为交换能，第二项是各向异性能，第三项是外磁场能，第四项是退磁场能。由泊松方程可求出

$$\frac{\mathrm{d}H_{\mathrm{d}}(z)}{\mathrm{d}z} = -\mathrm{div}M(z) \tag{10.5.45}$$

假定Ⅰ，Ⅱ区的边界只有几个原子层的厚度，且在形核过程中，基体的磁矩保持与易轴平行，则

$$\int \mathrm{d}H_{\mathrm{d}} = -\int_{z=0}^{z=D} \mathrm{d}M_z + (M_{\text{I}} - M_{\text{II}})$$

对上式进行积分，得出

$$H_{\mathrm{d},\text{II}} = -(M_{\text{II}} - M_{\text{II}}\cos\varphi(0)) + [(M_{\text{I}} - M_{\text{II}})] \tag{10.5.46}$$

式中，$\varphi(0)$ 为 $z=0$ 处的 φ，M_{I}，M_{II} 为Ⅰ，Ⅱ区的磁化强度。

在形核过程中，需保证脱溶薄片的 $\boldsymbol{\Phi}_{\mathrm{II}}$ 为极小，为此需解式（10.5.44）的欧拉-拉格朗日方程。将式（10.5.46）代入式（10.5.44），便得出脱溶薄片的欧拉-拉格朗日方程

$$\begin{aligned}&-2A_{\mathrm{II}}\frac{\mathrm{d}^2\varphi}{\mathrm{d}z^2}+2K_{\mathrm{II}}\sin\varphi\cos\varphi-\mu_0 H_{\mathrm{e}}M_{\mathrm{II}}\sin\varphi\\&+\frac{1}{2}\mu_0 M_{\mathrm{II}}\sin\varphi\left(M_{\mathrm{II}}\cos\varphi(0)-2M_{\mathrm{II}}+M_{\mathrm{I}}\right)=0\end{aligned} \tag{10.5.47}$$

上式线性化后得

$$\frac{\mathrm{d}^2\varphi}{\mathrm{d}z^2}+k^2\varphi=0 \tag{10.5.48}$$

$$k^2=\frac{1}{2A_{\mathrm{II}}}\left[\mu_0 H_{\mathrm{e}}M_{\mathrm{II}}-2K_{\mathrm{II}}-\frac{1}{2}\mu_0 M_{\mathrm{II}}\left(M_{\mathrm{I}}-2M_{\mathrm{II}}\right)\right] \tag{10.5.49}$$

式（10.5.48）的解为

$$\varphi=\sum_n \varphi_n\cos(k_n z) \tag{10.5.50}$$

式中，φ_n 为振幅，k_n 为本征值。用边界条件

$$\left(\frac{\mathrm{d}\varphi}{\mathrm{d}z}\right)_{z=0}=\left(\frac{\mathrm{d}\varphi}{\mathrm{d}z}\right)_{z=D}=0 \tag{10.5.51}$$

可得出本征值 $k_n=n\pi/D$（$n=1$，2，3，…）。

把 $n=1$ 时的本征值 $k_1=\pi/D$ 代入式（10.5.49），便得最小形核场 H_n

$$H_n=\frac{2K_{\mathrm{II}}}{\mu_0 M_{\mathrm{II}}}+\frac{1}{2}\left(M_{\mathrm{I}}-2M_{\mathrm{II}}\right)+\frac{2\pi^2}{\mu_0}\frac{A_{\mathrm{II}}}{M_{\mathrm{II}}}\frac{1}{D^2} \tag{10.5.52}$$

设基体是 $SmCo_5$，脱溶薄片为 Sm_2Co_{17}，则

$$K_{\mathrm{II}}=2\times10^6\ \mathrm{J\cdot m^{-3}}\qquad(2\times10^7\ \mathrm{erg\cdot cm^{-3}})$$

$$A_{\mathrm{II}}=8\times10^{-12}\ \mathrm{J\cdot m^{-1}}\qquad(8\times10^{-7}\ \mathrm{erg\cdot cm^{-1}})$$

$$M_{\mathrm{II}}=955\times10^3\ \mathrm{A\cdot m^{-1}}\qquad(955\mathrm{G})$$

$$M_{\mathrm{I}}=850\times10^3\ \mathrm{A\cdot m^{-1}}\qquad(850\mathrm{G})$$

把这些数值代入式（10.5.52）得

$$H_n=\left[35228+\frac{1.65\times10^{-12}}{D^2}\right]\frac{10^3}{4\pi}\mathrm{A\cdot m^{-1}} \tag{10.5.53}$$

或

$$H_n=\left[35228+\frac{1.65\times10^{-8}}{D^2}\right]\mathrm{Oe}$$

由此可见，当脱溶薄片的厚度 D 小于 100Å 时，式（10.5.53）的第二项便有明显的影响。

2. 晶粒表面上的形核场

假定表面层的厚度为 r_0，其他磁性常数与晶粒内部的相同，只有磁晶各向异

性常数才随 z 变化，即

$$K(z)=K_0+\Delta K[1-e^{-(z/r_0)^2}] \tag{10.5.54}$$

式中，K_0 为晶粒表面上的磁晶各向异性常数，$\Delta K=K_1-K_0$ 表示磁晶各向异性常数从晶粒内部（基体）至晶粒表面的总变化，z 为离晶粒表面的距离（图 10.5.9）。在形核过程中，假定晶粒内部的磁矩方向不变，由式（10.5.54）可得表面层的退磁场为

$$H_d=-M_0\cos\varphi(z)+\frac{1}{2}M_0 \tag{10.5.55}$$

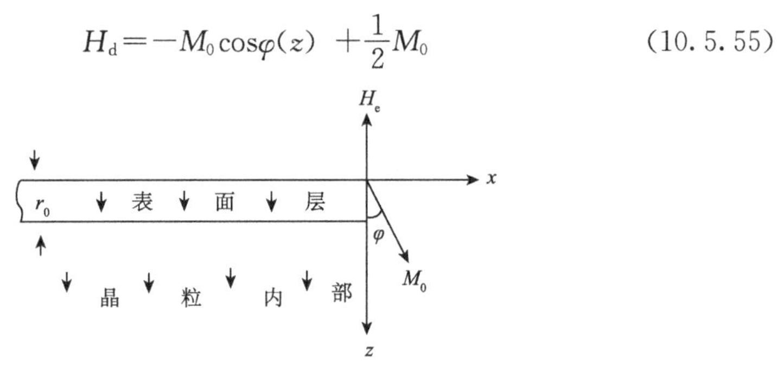

图 10.5.9 晶粒表面形核

将式（10.5.54）和式（10.5.55）代入式（10.5.44），便得表面层上单位面积的能量为

$$\Phi=\int\left\{A_0\left(\frac{d\varphi}{dz}\right)^2+[K_0+\Delta K(1-e^{-(z/r_0)^2})]\sin^2\varphi(z)\right.$$
$$\left.+\mu_0H_eM_0\cos\varphi(z)+\frac{1}{2}\mu_0M_0^2\cos^2\varphi(z)-\frac{1}{4}\mu_0M_0^2\cos\varphi(z)\right\}dz \tag{10.5.56}$$

对 Φ 求极小可得欧拉-拉格朗日方程

$$-2A_0\frac{d^2\varphi}{dz^2}+2[K_0+\Delta K[1-e^{-(z/r_0)^2}]]\sin\varphi\cos\varphi$$
$$-\mu_0H_eM_0\sin\varphi-\mu_0M_0^2\cos\varphi\sin\varphi+\frac{\mu_0}{4}M_0^2\sin\varphi=0 \tag{10.5.57}$$

将指数函数展开取二项（$e^{-(z/r_0)^2}=1-(z/r_0)^2$），然后对式（10.5.57）线性化，得

$$\frac{d^2\varphi}{dz^2}+\left[\frac{\mu_0H_eM_0+3\mu_0M_0^2/4-2K_0}{2A_0}-\frac{\Delta K}{A_0}\left(\frac{z}{r_0}\right)^2\right]\varphi=0 \tag{10.5.58}$$

令

$$\begin{cases} z'^2=\sqrt{\dfrac{\Delta K}{A_0}}\dfrac{1}{r_0}z^2 \\ v^2=\dfrac{r_0(\mu_0H_eM_0+3\mu_0M_0^2/4-2K_0)}{2\sqrt{\Delta KA_0}} \end{cases} \tag{10.5.59}$$

则式（10.5.58）可改写为

$$\frac{\mathrm{d}^2\varphi}{\mathrm{d}z'^2}+(v^2-z'^2)\varphi=0 \qquad (10.5.60)$$

式（10.5.60）是二阶常微分方程（相当于谐振子方程），它的解为厄密多项式 H_n（z'）与一指数函数相乘

$$\varphi=\sum_n \varphi_n H_n(z')\mathrm{e}^{\frac{1}{2}z'^2} \qquad (10.5.61)$$

式（10.5.61）的本征值，$n=0,1,2,\cdots$，它与 v^2 的关系为

$$v^2=2n+1 \qquad (10.5.62)$$

用本征值，$n=0$ 代入式（10.5.59），便得最小形核场为

$$H_n=\frac{2K_0}{\mu_0 M_0}-\frac{3}{4}M_0+\frac{2\sqrt{\Delta K A_0}}{\mu_0 M_0 r_0} \qquad (10.5.63)$$

当 $K_1\gg K_0$，$\Delta K\gg K_0$ 时，式（10.5.63）右边第三项的

$$\sqrt{\Delta K A_0}=\Delta K\sqrt{A_0/\Delta K}=\Delta K\sqrt{A_0/(K_\mathrm{I}-K_0)}$$

$$\approx\Delta K\sqrt{A_0/K_\mathrm{I}}=\Delta K\delta_\mathrm{B}/\pi=\pi\sqrt{A_0/K_\mathrm{I}}$$

而

$$\delta_B=\pi\sqrt{A_0/K_\mathrm{I}}$$

是布洛赫壁的厚度。于是式（10.5.63）又可改写为

$$H_n=\frac{2K_0}{\mu_0 M_0}-\frac{3}{4}M_0+\frac{2}{\pi}\frac{\Delta K}{\mu_0 M_0}\frac{\delta_\mathrm{B}}{r_0} \qquad (10.5.64)$$

若 $r_0\gg\delta_\mathrm{B}$，则式（10.5.64）的下限为

$$H_n^{\min}=\frac{2K_0}{\mu_0 M_0}-\frac{3}{4}M_0 \qquad (10.5.65)$$

若 $r_0\approx\delta_\mathrm{B}$，则式（10.5.64）的上限为

$$H_n^{\max}=\frac{2K_0}{\mu_0 M_0}-\frac{3}{4}M_0+\frac{2}{\pi}\frac{\Delta K}{\mu_0 M_0} \qquad (10.5.66)$$

设 $SmCo_5$ 单相磁体的晶粒表面上被氧化以后，出现了钴的析出，使表面层的磁晶各向异性随 z 而变化。假定表面上是一层纯钴，内部仍是 $SmCo_5$，那么磁晶各向异性常数便由纯钴的 $K_0=4\times10^5\mathrm{J\cdot m^{-3}}$（$4\times10^6\mathrm{erg\cdot cm^{-3}}$）变到 $SmCo_5$ 的 $K_\mathrm{I}=1.7\times10^7\mathrm{J\cdot m^{-3}}$（$1.7\times10^8\mathrm{erg\cdot cm^{-3}}$），其他磁性常数不变，即 M_0 仍取 $855\times10^3\ \mathrm{A\cdot m^{-1}}$（855G）。将这些值代入式（10.5.66）和式（10.5.65），得

$$H_n^{\max}\approx1.04\times10^7\mathrm{Am^{-1}}\qquad(13\times10^4\mathrm{Oe})$$

$$H_n^{\min}\approx1.04\times10^5\mathrm{Am^{-1}}\qquad(1300\mathrm{Oe})$$

由此可见，表面上的形核场与表面层的厚度关系极大。

3. 反磁化核长大的挣脱钉扎场

不论是在脱溶薄片上还是在晶粒表面上形成的反磁化核，都需要进一步长大，才能导致整个样品的反磁化。显然，反磁化核的长大是通过畴壁移动来实现的，因此，有些人又把反磁化核长大的临界场称为**挣脱钉扎场**（depinning field）

H_N 或 H_p。

求 H_N 的方法视畴壁类型和阻碍畴壁运动的具体情况不同而异。**现简述脱溶薄片上的奈尔壁和布洛赫壁，以及晶粒表面上的布洛赫壁移动的情况。**

奈尔壁的挣脱钉扎场 如图 10.5.10 所示，一个脱溶薄片的反磁化核，被两块与薄片表面平行的奈尔壁和两块与薄片表面垂直的布洛赫壁所包围。反磁化核从那一方向先长大，视奈尔壁和布洛赫壁的挣脱钉扎场大小而定。

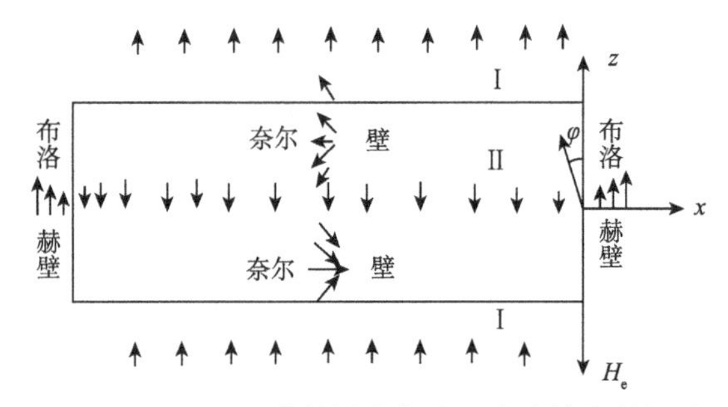

图 10.5.10 反磁化核被奈尔壁和布洛赫壁所包围

设脱溶相与基体之间的过渡区，在 z 方向只有几个原子层的厚度，而且奈尔壁位于脱溶相内，则奈尔壁通过两相边界的挣脱钉扎场，由基体Ⅰ和脱溶相Ⅱ的微磁学方程（即欧拉—拉格朗日方程积分一次）确定。

仿泊松方程（10.5.45），得Ⅰ，Ⅱ区的退磁场

$$H_{\mathrm{I,d}}=-M_{\mathrm{I}}\cos\varphi,\qquad H_{\mathrm{II,d}}=M_{\mathrm{I}}-M_{\mathrm{II}}\cos\varphi \tag{10.5.67}$$

将式（10.5.67）分别代入式（10.5.44），便得出Ⅰ，Ⅱ区的微磁学方程为

$$-A_{\mathrm{I}}\left(\frac{\mathrm{d}\varphi}{\mathrm{d}z}\right)^2+K_{\mathrm{I}}\sin^2\varphi-\left(\mu_0 H_e M_{\mathrm{I}}+\frac{\mu_0}{2}M_{\mathrm{I}}^2\cos\varphi\right)(1-\cos\varphi)=0 \tag{10.5.68}$$

$$-A_{\mathrm{II}}\left(\frac{\mathrm{d}\varphi}{\mathrm{d}z}\right)^2+\left(K_{\mathrm{II}}-\frac{\mu_0}{2}M_{\mathrm{II}}^2\right)\sin^2\varphi+\left(\mu_0 H_e M_{\mathrm{II}}-\frac{\mu_0}{2}M_{\mathrm{I}}M_{\mathrm{II}}\right)(1+\cos\varphi)=0 \tag{10.5.69}$$

在Ⅰ，Ⅱ区的边界上，磁矩的变化是连续的

$$A_{\mathrm{I}}\left(\frac{\mathrm{d}\varphi}{\mathrm{d}z}\right)_{\text{边界}}=A_{\mathrm{II}}\left(\frac{\mathrm{d}\varphi}{\mathrm{d}z}\right)_{\text{边界}} \tag{10.5.70}$$

而且式（10.5.68），式（10.5.69）在边界上又同时适用，因此，利用这些条件，从式（10.5.68）减去式（10.5.69），便得

$$\left[(K_{\mathrm{I}}-K_{\mathrm{II}})+\frac{\mu_0}{2}(M_{\mathrm{II}}^2-M_{\mathrm{I}}^2)\right]\sin^2\varphi_0-\mu_0\left(H_e M_{\mathrm{I}}-\frac{1}{2}M_{\mathrm{I}}^2\right)(1-\cos\varphi_0)$$
$$-\mu_0\left(H_e M_{\mathrm{II}}-\frac{1}{2}M_{\mathrm{I}}M_{\mathrm{II}}\right)(1+\cos\varphi_0)=0 \tag{10.5.71}$$

式中，φ_0 为边界上的 φ 角。

上式对 φ_0 进行微分，得 H_e 最大时的条件

$$\cos\varphi_0=\frac{\Delta M\left(\frac{1}{2}M_{\mathrm{I}}-H_{\mathrm{e}}\right)\mu_0}{2\left(\Delta K+\mu_0\,\overline{M}\Delta M\right)} \tag{10.5.72}$$

式中

$$\Delta K=K_{\mathrm{I}}-K_{\mathrm{II}},\quad \Delta M=M_{\mathrm{II}}+M_{\mathrm{I}},\quad \overline{M}=\frac{(M_{\mathrm{II}}-M_{\mathrm{I}})}{2}$$

由式（10.5.71）解出 $\cos\varphi_0$，且代入式（10.5.72）并考虑到 $\overline{M}>\Delta M$，得奈尔壁的挣脱钉扎场，即

$$H_{\mathrm{N}}=\frac{\Delta K}{\mu_0\,\overline{M}}+M_{\mathrm{II}}-\frac{1}{2}M_{\mathrm{I}} \tag{10.5.73}$$

布洛赫壁的挣脱钉扎场　脱溶薄片两侧面的布洛赫壁的移动情况见图 10.5.11。

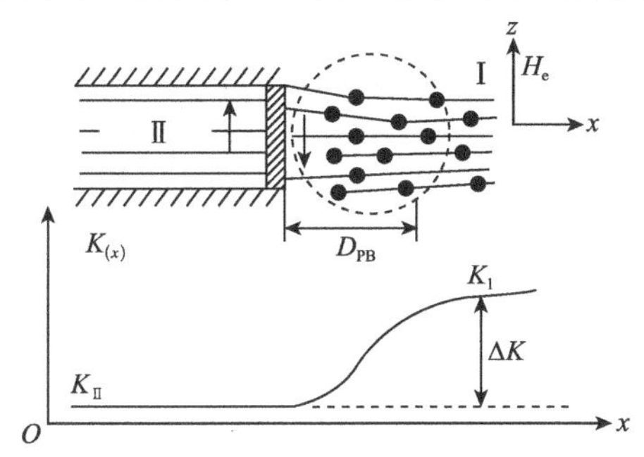

图 10.5.11　脱溶薄片上的布洛赫壁的移动示意图

由于这一方向上两相的晶格常数差较大，因而产生内应力。为释放这一内应力，两相之间的过渡区，或相边界的厚度便会加厚。因此壁移的距离较长，移动时还会弯曲（边缘钉扎较强）。在这种情况下，壁移的挣脱钉扎场就取决于磁晶各向异性的增大，以及由于畴壁的弯曲导致的壁能的增加。

设两相之间的过渡区的磁晶各向异性常数随壁移的距离 x 成线性关系：

$$K(x)=K_{\mathrm{II}}+(K_{\mathrm{I}}-K_{\mathrm{II}})\frac{x}{D_{\mathrm{PB}}} \tag{10.5.74}$$

则畴壁总能量为

$$\Phi=\int_{-D/2}^{D/2}\left[4\sqrt{K(x)A}\sqrt{1+\left(\frac{\mathrm{d}x}{\mathrm{d}z}\right)^2}-2\mu_0 M_{\mathrm{II}}H_e x(z)\right]dz \tag{10.5.75}$$

式中，$x(z)$ 为描述畴壁弯曲的拱形曲线，D_{PB}为相界的厚度。若 $x(z)$ 的形式已知，则照以前的方法求式（10.5.75）的欧拉-拉格朗日方程。但这一非线性方程，在畴壁厚度 $\delta\ll D_{\mathrm{PB}}$时，便可解得布洛赫壁的挣脱钉扎场为

$$H_N=\frac{\pi\overline{\gamma}}{\sqrt{2}\mu_0 M_{\mathrm{II}}}\left(\frac{1}{D}+\frac{1}{\pi D_{\mathrm{PB}}}\right) \tag{10.5.76}$$

式中，$\bar{\gamma}=4\sqrt{A\bar{K}}$，$\bar{K}=\dfrac{(K_{\mathrm{I}}+K_{\mathrm{II}})}{2}$，$D$ 为脱溶薄片的厚度。

式（10.5.76）和式（10.5.73）分别表示布洛赫壁和奈尔壁的挣脱钉扎场。当 $D\sim D_{\mathrm{PB}}$时，两者的值哪一个为大，则与脱溶薄片的厚度有关；当脱溶薄片的厚度 $D>2\times10^{-6}$cm 时，布洛赫壁的 H_{N} 较小。实验上确实观察到是布洛赫壁首先移动[22]。

至于晶粒表面上布洛壁的挣脱钉扎场，需另行推导。假定磁晶各向异性常数的变化仍用式（10.5.54）表示，而且畴壁能为 $\gamma(z)=4\sqrt{AK(z)}$，则由畴壁不可逆移动决定的临界场导出晶粒表面上布洛赫壁的挣脱钉轧场为

$$H_{\mathrm{N}}=0.273\,\frac{K_{\mathrm{I}}-K_0}{\mu_0 M_{\mathrm{I}}}\frac{\delta_{\mathrm{B}}}{\gamma_0} \tag{10.5.77}$$

式中符号的含义与式（10.5.64）的相同。

本小节讨论了反磁化核形成和长大的情况，得到的形核场和挣脱钉扎场对稀土钴永磁材料是适用的。但在具体情况下，运用哪一个公式，仍需作具体的分析，需视磁性参数的变化和微结构的情况如何而定。

10.6 永磁体内禀矫顽力的经验公式和晶粒间的相互作用

前已述及，在永磁材料的研制中，材料的矫顽力机制始终是研究的核心，而矫顽力的理论值与实验值始终存在着差距。为了求得理论与实验较好地一致，人们仔细地研究了缺陷的作用，同时发现不论是畴壁钉扎、反磁化形核还是磁矩不可逆转动（向）导致的矫顽力，都与磁各向异性常数 K、饱和磁化强度 M_{s}，以及微结构的形式有关。而且实际的永磁体总是含有许多晶粒、晶界、掺杂等，它们的形状、尺寸、分布等都不可能完全均匀，所以，为了表述永磁体的内禀矫顽强力 H_{cm}，人们提出了一个经验公式：

$$H_{\mathrm{cm}}=\alpha\,\frac{2K}{\mu_0 M_{\mathrm{s}}}-N_{\mathrm{eff}}M_{\mathrm{s}} \tag{10.6.1}$$

式（10.6.1）中的 α 和 N_{eff}为永磁体的微结构参量。α 描述各向异性较小的区域α_K 和晶粒取向偏离的区域α_θ 对 H_{cm}的降低作用。令 $\alpha=\alpha_K\cdot\alpha_\theta$，则$\alpha<1$；$N_{\mathrm{eff}}$表示晶粒本身的退磁作用和晶粒之间的磁偶极相互作用导致的有效退磁因子对 H_{cm}的降低作用。α 和 N_{eff}可通过实验确定，从而**推断永磁体的矫顽力机理**。将式（10.6.1）改写为

$$\frac{H_{\mathrm{cm}}}{M_{\mathrm{s}}}=\alpha\,\frac{2K}{\mu_0 M_{\mathrm{s}}^2}-N_{\mathrm{eff}} \tag{10.6.2}$$

利用同一样品的内禀矫顽力、磁各向异性和饱和磁化强度随温度变化的三条曲线 $H_{\mathrm{cm}}(T)$，$K(T)$ 和 $M_{\mathrm{s}}(T)$，找出相同温度 T_1 下的 $H_{\mathrm{cm}}(T_1)$，$K(T_1)$和

$M_s(T_1)$，在以 H_{cm}/M_s 为纵轴，$2K/\mu_0 M_s^2$ 为横轴的坐标上作图，可得一直线，此直线的斜率即为 α、截距为 N_{eff}。图 10.6.1 为 NdFeB 商品磁体的结果，可见直线性很好[23]。

另外，欲研究磁体内的晶粒间的相互作用，可从测量等温剩余磁化曲线 $M_r(H)$ 和直流退磁剩余磁化曲线 $M_d(H)$ 中得到晶粒间相互作用的信息[注]。

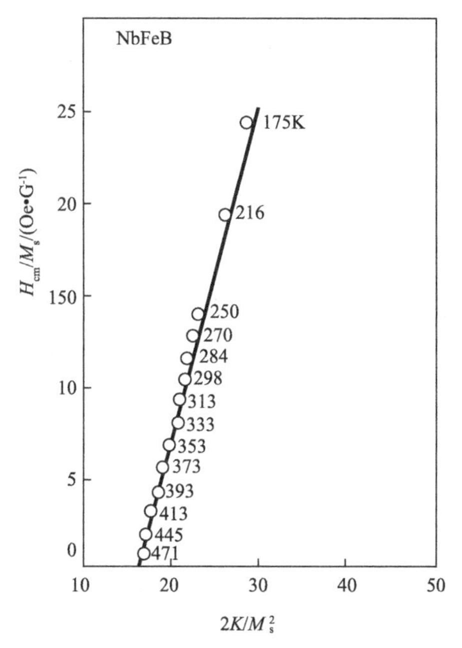

图 10.6.1 NdFeB 磁体的 H_{cm}/M_s 对 $2K/M_s^2$ 的图（CGS 单位）

假定粒子（单畴）集合体中，粒子间完全没有相互作用，则可证明[24]

$$M_d(H)=M_{r0}-2M_r(H) \tag{10.6.3}$$

或

$$M_d(H)/M_{r0}=1-2M_r(H)/M_{r0} \tag{10.6.4}$$

M_{r0} 为 H 等于饱和磁场 H_s 时的 M_r，令 $m_d(H)=M_d(H)/M_{r0}$，$m_r(H)=M_r(H)/M_{r0}$，则式（10.6.4）改写为

$$m_d(H)=1-2m_r(H) \tag{10.6.5}$$

令

$$\delta m=m_d(H)-[1-2m_r(H)] \tag{10.6.6}$$

则：

（1）若 $\delta m=0$，则表示晶粒间没有相互作用；

（2）若 $\delta m>0$，则表示晶粒间的相互作用以交换耦合为主，即短程的相互作用为主；

(3) 若 $\delta m<0$，则表示晶粒间的相互作用以退磁和磁偶极相互作用为主，即长程的相互作用为主。

因此根据相互作用的性质，可在成分和工艺上作相应的调整，以达到提高性能的目的。

[注] **等温剩余磁化曲线 $M_r(H)$ 和直流退磁剩余磁化曲线 $M_d(H)$** 都是在磁记录材料中表示材料性能的特性曲线。$M_r(H)$ 的定义是，在恒温的情况下，使样品处于磁中性状态，沿正向加磁场 H_1，后将 H_1 变到零，从而得 M_{r1}；又将样品退磁至磁中性状态，再沿正向加磁场 H_2 $(H_2>H_1)$，接着又将 $H_2\to 0$，又得 M_{r2}；增加磁场重复上述步骤便得到 $M_r(H)$。$M_d(H)$ 又简称为剩余磁化曲线，其定义是，样品饱和磁化后去掉磁场，并在反方向加磁场 $|H_1|$，然后将 $|H_1|\to 0$ 得出相应的剩余磁化强度 M_{d1}；再饱和磁化后，又将磁场反向至 $|H_2|$ $(|H_2|>|H_1|)$，使 $|H_2|\to 0$ 得相应的剩余磁化强度 M_{d2}，依此类推便得 $M_d(H)$。

10.7 窄畴壁与低温下的特大矫顽力

20 世纪 70 年代中期以来，发现许多稀土与过渡族的金属互化物在低温下表现出很大的磁硬度，矫顽力有的高达 26.3×10^6 A/m（330×10^3 Oe），超出目前实际使用的最佳材料的几十倍，因而引起人们特殊的兴趣。这一现象的出现，不但对材料的开发，而且对传统的理论概念都提出了新的课题。

在以往的概念中，总是把矫顽力的大小与材料内部的应力分布和各种金相学的因素（如晶粒大小、晶粒间界、相的分解或脱溶等）联系起来。或者说，矫顽力是由这些因素决定的。可是对于前面所说的低温磁硬度，沿用以往的概念就有困难了，因为这里的矫顽力并不是由应力或金相学的因素决定的，而是**由均匀单相材料内或单晶体内的某种原子的统计分布决定的。**

稀土族金属 R 和过渡族金属 T 能够结合成多种的二元金属互化物 R_nT_m，其中 n，m 为确定的整数。当 n，m 为某一固定值时（如 $n=1$，$m=5$），R 和 T 分别可以用其他的 R' 和 T' 以任意的比例进行无序置换，形成 $(R_x^1R_{1-x}^2\cdots)_n(T_y^1T_{1-y}^2\cdots)_m$ 的金属互化物。这样的无序置换，尽管晶格常数有些变化，但晶格结构的类型一般不发生变化。所以，后者又称为**赝二元金属互化物**。这种性质为基础研究和应用研究都提供了很大的方便，使人们为了特定的目的，譬如验证某种理论或寻求某种性能优越的材料，通过 R 或 T 的无序置换，便有可能达到目的。下面将会看到，低温磁硬度就是通过这样的无序置换，出现在许多赝二元金属互化物中的。

10.7.1 低温磁硬（度）材料的特征

凡是具有低温磁硬度的材料，往往同时具有如下的特性：

（1）内禀矫顽力 ${}_{\mathrm{I}}H_{\mathrm{c}}$ * 与样品的热处理和晶粒状态关系不大。用感应法熔炼出来的成分相同的材料，经过不同的热处理后，${}_{\mathrm{I}}H_{\mathrm{c}}$ 不变；块状样品和粉末样品，${}_{\mathrm{I}}H_{\mathrm{c}}$ 相同；单晶和多晶，${}_{\mathrm{I}}H_{\mathrm{c}}$ 亦一样。表10.4和表10.5列举的是典型的例子。

表10.4 $SmCo_{1.4}Cu_{3.6}$ 在不同热处理后的磁性

热处理状态	居里点 T_{c}/K	${}_{\mathrm{I}}H_{\mathrm{c}}$=10kOe时的温度 T_{10}/K
铸锭	273	205
400℃，2.5h	272	204
650℃，一星期	210	132
780℃，一天	220	135
780℃，一星期	226	137
1020℃，10min	225	118

表10.5 几种样品在不同结晶状态时的 ${}_{\mathrm{I}}H_{\mathrm{c}}$

样品成分	结晶状态	${}_{\mathrm{I}}H_{\mathrm{C}}$（T）[kOe]
$SmCo_{2.5}Ni_{2.5}$	单 晶	60（0K），35（38.5K）
	多 晶	70（0K）38.3（38K）
$LaCo_2Ni_3$	单 晶	33（4.2K）
	多 晶	28（4.2K）
YCo_2Ni_3	单 晶	17（4.2K）
	多 晶	11（4.2K）

（2）内禀矫顽力 ${}_{\mathrm{I}}H_{\mathrm{C}}$ 随温度的升高下降很快。

下述两个经验公式，都可用来描述 ${}_{\mathrm{I}}H_{\mathrm{c}}$ 的温度关系

$$ {}_{\mathrm{I}}H_{\mathrm{c}}=H_{\mathrm{c}}(0)\ (1-\eta T^{\frac{1}{2}}) \tag{10.7.1} $$

$$ {}_{\mathrm{I}}H_{\mathrm{c}}=H_{\mathrm{c}}(0)\ \exp(-\alpha T/T_{\mathrm{c}}) \tag{10.7.2} $$

式中，H_{c}（0）是 T=0K时的 ${}_{\mathrm{I}}H_{\mathrm{c}}$，$\eta$ 和 α 是与温度无关的常数，它只与样品成分和测量时的磁场变化速度 $\mathrm{d}H/\mathrm{d}t$ 有关。T_{c} 为居里温度。

图10.7.1为 $LaCo_2Ni_3$ 的内禀矫顽力 ${}_{\mathrm{I}}H_{\mathrm{c}}$ 与温度 $T^{\frac{1}{2}}$ 的关系。

图10.7.2为 Sm（$Co_{1-x}Ni_x$）$_5$ 的内禀矫顽力 ${}_{\mathrm{I}}H_{\mathrm{c}}$ 与相对温度 T/T_{c} 的关系。

---

* 〔注〕这里的内禀矫顽力除了一般的涵义以外，还特指低温磁硬度材料内的性质，故用符号 ${}_{\mathrm{I}}H_{\mathrm{c}}$。

由图 10.7.1 和图 10.7.2 可见，实验结果能分别用，(10.7.1) 和 (10.7.2) 两式很好地描述。若将实验结果外推到 $T=0\text{K}$，则得 $H_c(0)$。表 10.6 列出各种材料的内禀矫顽力，从表 10.6 可看出，许多材料在低温下的矫顽力都很大，测定它们的退磁曲线所需的外磁场大大超出目前实验设备所能提供的恒定磁场，因此只能在提高温度的情况下来做实验。

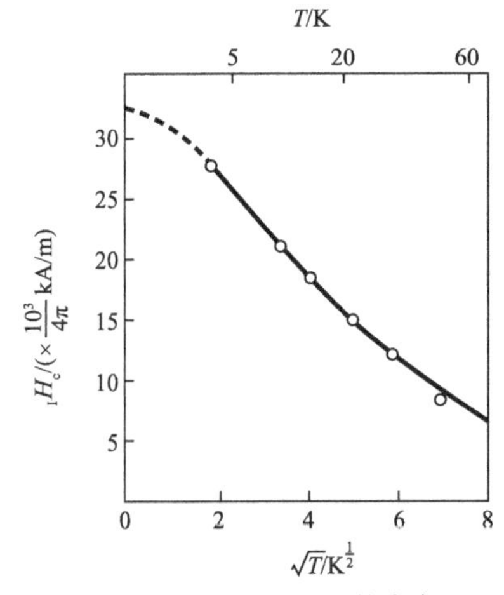

图 10.7.1 $LaCo_2Ni_3$ 的内禀矫顽力 $_IH_c$ 与温度 $\sqrt{T}$ 的关系

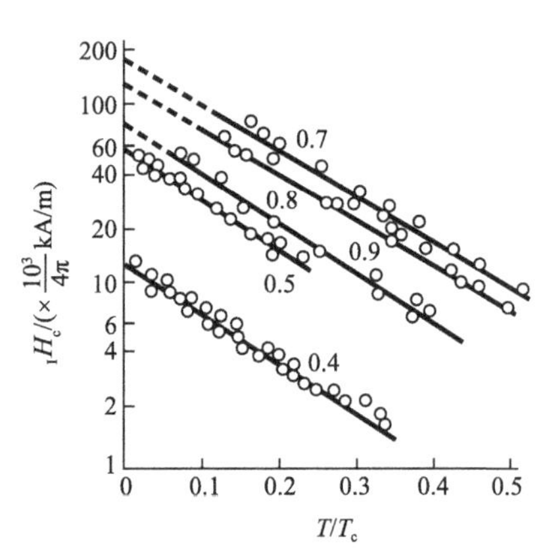

图 10.7.2 $Sm(Co_{1-x}Ni_x)_5$ 的内禀矫顽力 $_IH_c$ 与相对温度的关系。图中的数字为 x

表 10.6 不同材料在低温下的内禀矫顽力

材料名称	$H_c(0)$ kOe	$_IH_c(T)$ kOe
$DyFe_{1.4}Al_{0.2}$		18 (4.2K)
$TbFe_{3-x}Al_x$		15 (4.2K)
$DyFe_{3-x}Al_x$		12 (4.2K)
YCo_2Ni_3		17 (4.2K)
$LaCo_2Ni_2$		35 (4.2K)
$CeCo_{3.25}Ni_{1.75}$		7.8 (4.2K)
$ThCo_{3.25}Ni_{1.75}$		16 (4.2K)
$SmNi_5$	75	39.0 (4.2K)
$SmCoNi_4$	270	64.7 (45.2K)
($T_c\sim120$K)		54.5 (50.3K)
		39.6 (57.0K)
		29.0 (66.3K)
		14.8 (80K)
		3.5 (107K)
$SmCo_{1.4}Ni_{3.6}$	250	55 (85.3K)
($T_c=234$K)		43.3 (96.5K)
		35.4 (110K)
$SmCo_2Ni_3$	143	132 (4.2K)
($T_c=385$K)		51.3 (80.0K)
		43.8 (93.6K)

续表

材料名称	$H_c(0)$ kOe	$_IH_c$ (T) kOe
		35.3 (111K)
$SmCoCu_4$	335	57.5 (56K)
(T_c=117K)		38.2 (64K)
		27.8 (71K)
		2.6 (104K)
$SmCo_{1.4}Cu_{3.6}$	306	51.7 (92K)
(T_c=220K)		35.5 (104K)
		16.6 (126K)
$SmCo_2Cu_3$	309	56.4 (127K)
(T_c=405K)		39.1 (145K)
		19.5 (194K)
$Sm_2Co_{17-x}Al_x$		28 (4.2K)
$Sm_2Fe_{7.5}Al_{9.5}$		15 (4.2K)
$SmFe_{0.2}Ni_{4.8}$	230	60.3 (30K)
(T_c=103K)		41.2 (38K)
		28.4 (48K)
$Er_{0.5}Sm_{0.5}Co_2Ni_3$	176	25.9 (149K)
(T_c=427K)		38.0 (130K)
		48.3 (108K)
2) 化合物		
Dy_3Al_2		20 (4.2K)
TbGa		7 (4.2K)
3) 非晶材料		
$SmFe_2$		21 (4.2K)
YFe_2		2 (4.2K)
$TbFe_2$		30 (4.2K)
$DyFe_2$		32 (4.2K)

(3) 具有明显的磁后效。当样品磁化到饱和以后，去掉外磁场；再在磁化的相反方向，以恒定的速变（如 8.3kOe/min）使磁场达到某一固定值，然后在此固定的磁场下，于不同的时间观测磁化强度，由此便得出磁化强度随时间变化的磁后效曲线 $M(t)$。图 10.7.3 示出 $SmCo_{2.5}Ni_{2.5}$样品上的磁后效曲线。这种样品在开始时，磁化强度随时间下降很快，后来就较慢，甚至长达三个小时仍在变化，说明样品的磁后效很强。

由于这类材料的磁后效很强，所以内禀矫顽力的值与外磁场的变化速度 dH/dt 有关，内禀矫顽力的温度关系也与 dH/dt 有关，外磁场的变化速度 dH/dt 愈大，内禀矫顽力也愈大图 10.7.4 和图 10.7.5 分别表示 $SmCo_{1.0}Ni_{4.0}$在不同 $dH/$

dt 时的退磁曲线和内禀矫顽力的温度关系。由此看来，同一样品的内禀矫顽力除了与温度有关外，还与测量时的外磁场变化速度有关。只有温度为绝对零度时，内禀矫顽力才与 dH/dt 无关，图 10.7.5 的直线在 T=0K 处相交于一点，这便是例证。

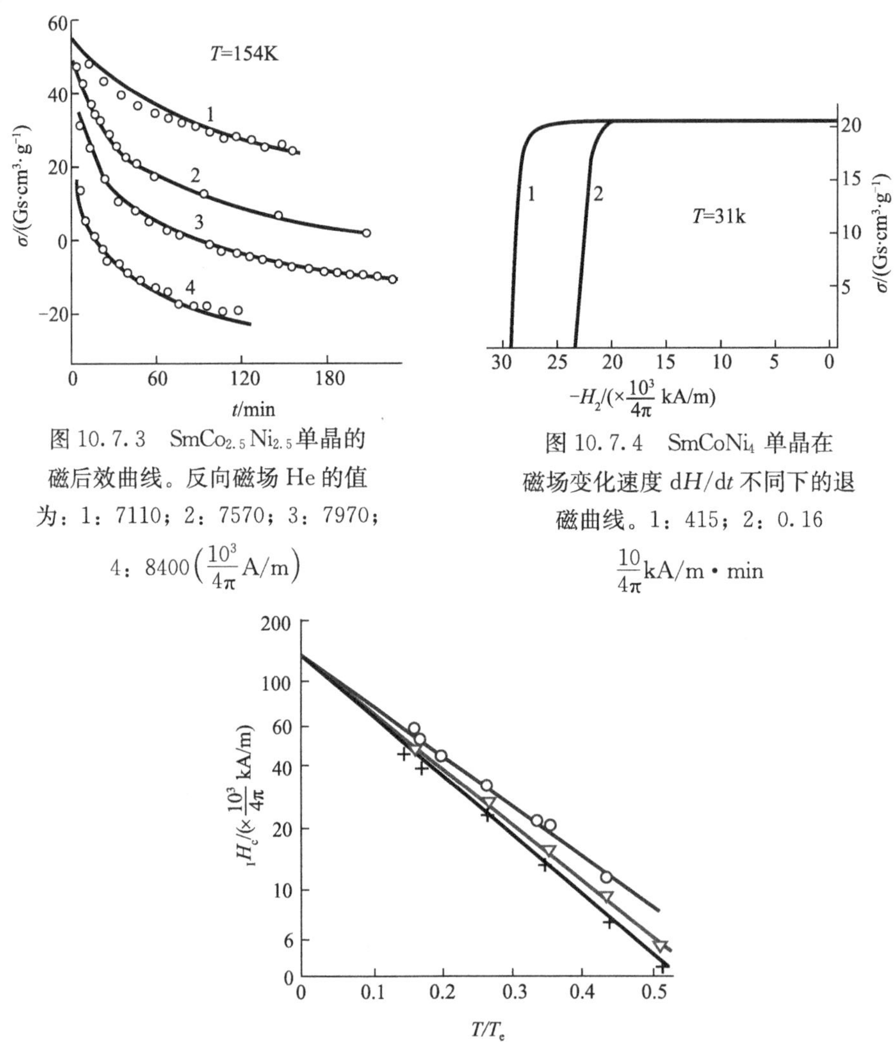

图 10.7.3 $SmCo_{2.5}Ni_{2.5}$单晶的磁后效曲线。反向磁场 He 的值为：1：7110；2：7570；3：7970；4：8400$\left(\frac{10^3}{4\pi}\text{A/m}\right)$

图 10.7.4 $SmCoNi_4$ 单晶在磁场变化速度 dH/dt 不同下的退磁曲线。1：415；2：0.16 $\frac{10}{4\pi}$kA/m·min

图 10.7.5 $SmCoNi_4$ 单晶在外磁场变化速度 dH/dt 不同下的内禀矫顽力$_IH_c$ 与相对温度的关系。0.083（+），0.415（▽），4.15（O）kOe/min

(4) 内禀矫顽力与成分的关系出现极大值。在赝二元金属互化物 $R_n(T_{1-x}T'_x)_m$ 或 $(R_{1-x}R'_x)_nT_m$ 中，内禀矫顽力与成分 x 的关系有一极大值。图 10.7.6，图 10.7.7 和图 10.7.8 便是其中有代表性的结果。

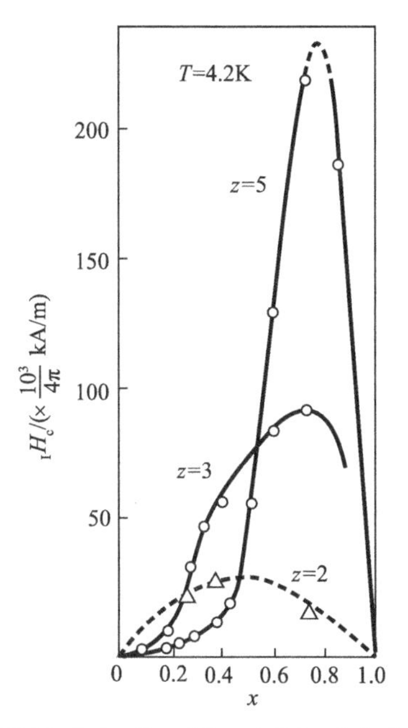

图 10.7.6 Sm（$Co_{1-x}Ni_x$）$_z$ 合金在不同 z 下的内禀矫顽力 $_IH_c$ 随成分 x 的变化

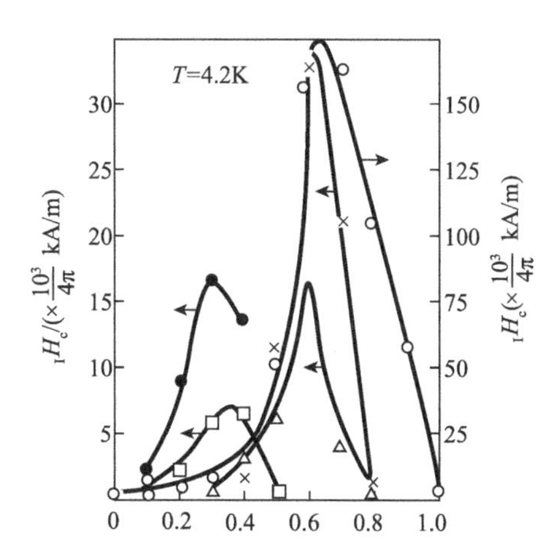

图 10.7.7 R（$Co_{1-x}Ni_x$）$_5$ 的内禀矫顽力 $_IH_c$ 随 x 的变化，R=Sm（●），La（×），Y（△），Th（O），Ce（□）

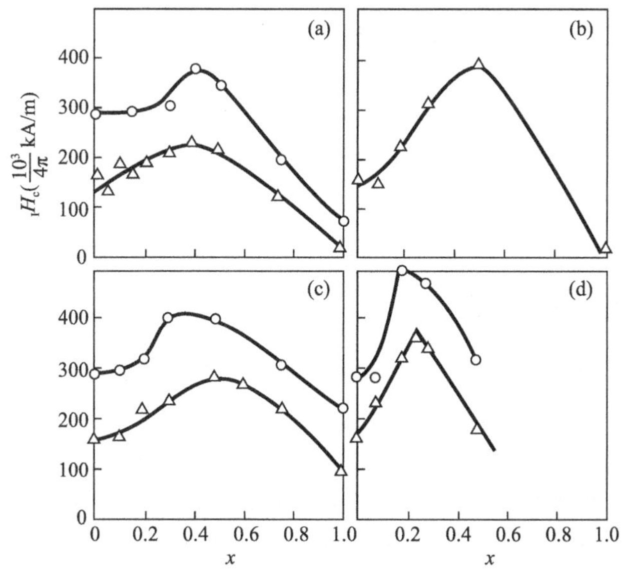

图 10.7.8 （$Sm_{1-x}R_x$）Co_5 单晶的 $_IH_c$ 随 x 的变化，R=Y（a），La（b），Ce（c），Nd（d）。○，4.2K（dH/dt=0.5kOe/min）；△，77K（dH/dt=0.11kOe/min）。Nd 的互化物在 x>0.5 和 T～50K 时为易磁化面，故无数据

(5) 当过渡族组元的磁晶各向异性很小时，内禀矫顽力完全由稀土族组元的各向异性决定。而且只有二级晶场参数为正的那些稀土组元（如 Sm，Er），才能产生较高的磁硬度。表 10.7 列出在 $RFeNi_4$ 上的实验结果。

表 10.7 $RFeNi_4$ 的磁性和晶格常数

赝二元互化物	μ (μ_B)	$_IH_c$ (4.2K) /kOe	T_c /K	$T_{补偿}$ /K	c /Å	a /Å	c/a
$CeFeNi_4$	3.02	0	195		4.029	4.916	0.820
$PrFeNi_4$	5.25	2	263		4.016	5.002	0.803
$NdFeNi_4$	5.37	3	276		4.016	4.984	0.806
$SmFeNi_4$	2.32	45	350		4.000	4.954	0.807
$GdFeNi_4$	3.25	0	480	300	3.987	4.923	0.810
$TbFeNi_4$	2.93	0	424	330	4.004	4.923	0.813
$DyFeNi_4$	4.64	2	426	270	3.999	4.901	0.816
$HoFeNi_4$	4.47	4	434	190	3.997	4.890	0.817
$ErFeNi_4$	3.08	22	418	150	3.995	4.882	0.818
$YbFeNi_4$	0.19	1	135			5.46	（立方晶系）
$YFeNi_4$	3.58	0	234		3.991	4.904	0.814

通常的材料，即使是均匀单相材料或单晶体，在其晶格格点上，由于存在异类原子或杂质原子、空穴等原因，造成晶格结构的不完整，或者由于晶粒间界、堆垛层错、反相间界的存在，使材料不能成为理想晶体。所有这些出现“缺陷”的地方，其交换作用常数和磁晶各向异性常数都将与周围环境不同，因此畴壁能量便与畴壁的位置有关。换言之，“缺陷”所在之处，有可能成为畴壁的钉扎点。

10.5.2 节已经讨论了面缺陷的模型，现在，我们将“面缺陷”的模型稍加改进后，用于具有低温磁硬度的材料。为此着重讨论下面几个问题。

10.7.2 窄畴壁的特点

在 8.1 节得到单轴晶体 180°畴壁的能量密度 γ 和厚度 δ 为

$$\gamma=4\sqrt{AK_1}, \qquad \delta=\pi\sqrt{A/K_1}$$

其中 A 为交换能常数，K_1 为磁晶各向异性能常数．在传统的过渡族元素或合金的铁磁材料中，畴壁厚度为 $10^2\sim10^3$Å，畴壁能量为 $10^{-1}\sim10\text{erg/cm}^2$；但在稀土族元素或稀土与过渡族元素形成的某些金属互化物中，畴壁厚度则为 5～50Å，畴壁能量为 $10\sim10^2\text{erg/cm}^2$。后者的畴壁厚度比前者薄得多，因此称为窄畴壁（薄畴壁）。正因为畴壁很薄，便带来了下述特点：

(1) 畴壁内相邻原子层的磁矩方向可以差别很大，即相邻原子层之间的磁矩夹角可以很大，甚至大到 180°。因此，在计算畴壁能时，必须对相邻原子间的交

换能和每个原子的各向异性能逐个求和，而不能用积分去代替。假设畴壁与原子层平行，则单位面积的畴壁能的表示式为

$$\gamma=\frac{1}{F}\left[\sum_{\alpha\neq\beta}2J^{\alpha\beta}S^{\alpha}S^{\beta}\{1-\cos(\varphi^{\alpha}-\varphi^{\beta})\}+\sum_{\alpha}C^{\alpha}\sin^{2}\varphi^{\alpha}\right] \qquad (10.7.3)$$

其中，F 为畴壁面积，S^{α}，φ^{α}，C^{α} 分别为 α 原子的自旋量子数、与易磁化轴之间的角度、磁晶各向异性常数（一个原子的或局域的），$J^{\alpha\beta}$ 为近邻两个原子之间的交换积分，α 的求和包括 F 面上的所有原子，β 的求和只包括 α 原子的近邻。S^{β}，φ^{β} 为 β 原子的自旋量子数和与易磁化轴之间的角度。式（10.7.3）第一项代表交换作用的贡献，第二项代表磁晶各向异性的贡献。

（2）畴壁能量与畴壁在晶格中的位置有关。这是因为当畴壁很薄时，即使在理想晶体的情况下，畴壁内的自旋排布都与畴壁在晶格中的位置有关。图 10.7.9表示出 RCo_5 晶格的基面原子排列和畴壁中心的位置在 A 或 B 时畴壁内的自旋排布。由图可见，位置 A 的自旋排布与位置 B 不同，前者有一原子层的自旋方向正好是难磁化方向，而后者没有。所以畴壁在位置 A 的能量高于位置 B。从点阵的周期性出发，设想畴壁能 γ 随位置的变化也是如图 10.7.9（c）所示的周期函数

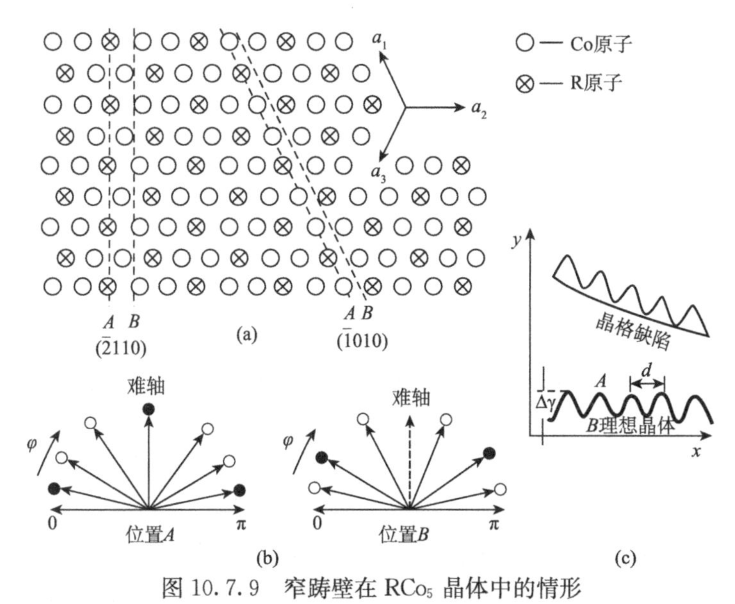

图 10.7.9 窄畴壁在 RCo_5 晶体中的情形

（a）在含有 R 原子的基面上的畴壁类型：($\bar{2}110$) 壁和 ($\bar{1}010$) 壁；（b）($\bar{2}110$) 壁在位置 A 和 B 时畴壁内的自旋排布。每一箭头代表一个原子层的自旋取向；（c）畴壁能 γ 随位置 x 的变化

$$\gamma=\gamma_B+\Delta\gamma\sin^2\left(\pi\frac{x}{d}\right),\qquad \Delta\gamma=\gamma_A-\gamma_B, \qquad (10.7.4)$$

式中，d 表示晶体中等位面之间的距离周期，x 表示畴壁中心的位置，对 RCo_5

晶格的 $\{\bar{2}110\}$ 畴壁和 $(\bar{1}010)$ 畴壁，d 与晶格常数 a 的关系分别为$d=\frac{3}{2}a$和$d=\frac{\sqrt{3}}{2}a$。

(3) 畴壁出现热激活的移动。在退磁场的作用下，窄畴壁可以通过热激活而发生移动，其方式并不是整块畴壁的同时移动，而是以形核长大的方式，先在某一局部移动一个距离，然后逐步扩大到整块畴壁。由此导致很强的磁后效，使内禀矫顽力与外磁场的改变速度有关。

窄畴壁的上述三个特点，可能是使某些稀土磁性材料的性能与传统材料不同的地方。尽管目前尚未见有直接量测窄畴壁厚度的数据，但从其他数据或现象中可推断出窄畴壁的存在是无疑的。

10.7.3 窄畴壁与缺陷的相互作用

由于缺陷所在之处的交换作用和磁晶各向异性与非缺陷区不同，所以畴壁与缺陷的相互作用表现为畴壁能与缺陷的性质和分布有关。只要能计算出的畴壁能 γ 的具体形式，那么磁矩矫顽力便可通过下式求得：

$$H_{\mathrm{cm}}=\frac{1}{2\mu_0 M_s}\left(\frac{\partial\gamma}{\partial x}\right)_{\max}$$

式中，M_s 为饱和磁化强度，x 表示畴壁的位移。若外磁场 H 与易磁化轴平行，则畴壁能中还需加上一项外磁场能$-\mu_0 H\mu^\alpha\cos\varphi^\alpha$，于是式（10.7.3）便成为

$$\gamma=\frac{1}{F}\left[\sum_{\alpha\neq\beta}2J^{\alpha\beta}S^\alpha S^\beta\{1-\cos(\varphi^\alpha-\varphi^\beta)\}+\sum_{\alpha}(C^\alpha\sin^2\varphi^\alpha-\mu_0 H\mu^\alpha\cos\varphi^\alpha)\right] \tag{10.7.5}$$

式中，μ^α 为 α 原子的磁矩，其他符号的意义与式（10.7.3）的相同。

式（10.7.5）可用电子计算机求解，得到的结果是：缺陷的交换常数对矫顽力的影响比磁晶各向异性常数大得多；缺陷的交换常数 A' 与非缺陷的交换常数 A 的比 $P=A'/A$ 愈小，矫顽力便愈大。图 10.7.10 和图 10.7.11 是克拉克等[27.28]的计算结果。

假设外磁场比各向异性场小很多，使得畴壁内的原子磁矩的方向不受外磁场的影响（畴壁能中不包括外磁场能），并且如图 10.7.12 所示的把畴壁分为三个区：Ⅰ和Ⅲ为非缺陷区，Ⅱ为缺陷区，则式（10.7.5）的计算可以简化。目前有两种简化方法，但得出（$P_A=A'/A$，$P_K=K'/K$，$K=13\times10^7\,\mathrm{erg cm^{-3}}$，$A=10^{-6}\,\mathrm{erg\cdot cm^{-1}}$）相似的结果。一种简化方法是把畴壁内的原子磁矩的方向改变看成是连续的（微磁学的连续近似），即用积分去代替式（10.7.5）中的求和，这就是面缺陷的模型，其结果在 10.5.2 已经讨论。

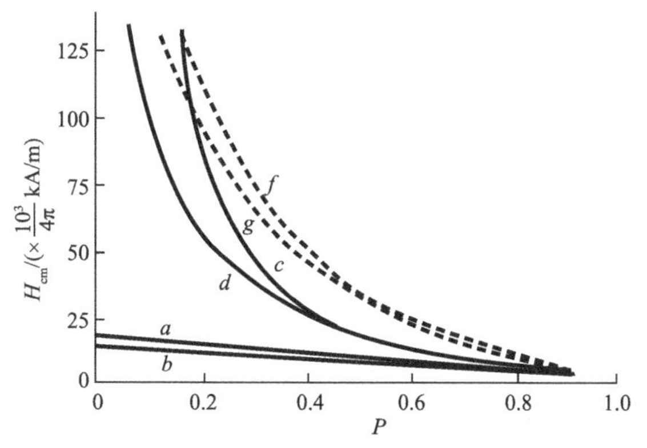

图 10.7.10 矫顽力随缺陷区的交换常数 A' 和磁晶各向异性常数 K' 的变化

K' 的影响：a 为不连续的自旋模型；b 为连续模型；A' 的影响：只考虑一个最近邻的：c 为不连续的自旋模型；d 为连续模型。考虑两个最近邻的：f 为不连续模型，g 为连续模型

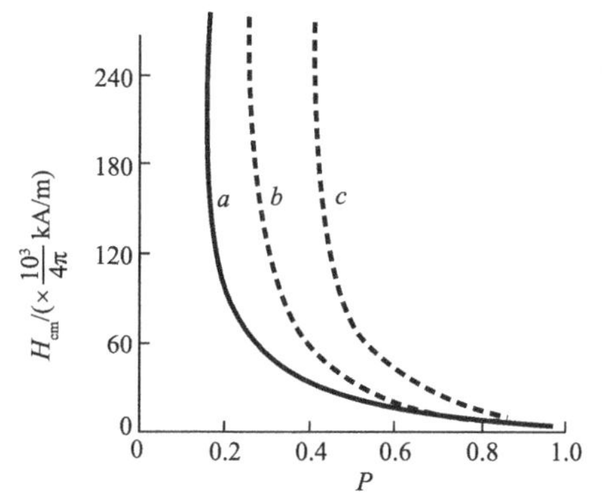

图 10.7.11 当非缺陷区的交换常数 A 不同时，H_{cm} 随缺陷区交换常数 A' 的变化。$P=A'/A$

a. $A=10\times10^{-7}\mathrm{erg\cdot cm^{-1}}$；b. $A=5\times10^{-7}\mathrm{erg\cdot cm^{-1}}$；c. $A=2.5\times10^{-7}\mathrm{erg\cdot cm^{-1}}$

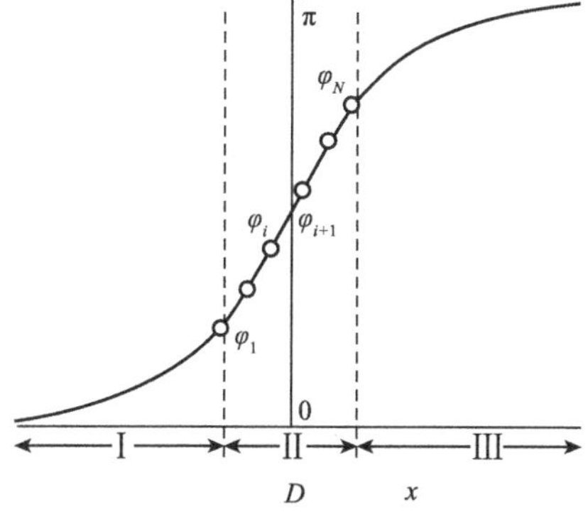

图 10.7.12 畴壁内的原子磁矩方向改变图。φ 为原子磁矩与易轴的夹角，畴壁分为三个区：Ⅰ，Ⅲ为非缺陷区；Ⅱ为缺陷区的厚度等于 D

另一种简化方法是把Ⅰ，Ⅲ两区看成各自都是连续的，而把Ⅱ区看成是不连续的（设Ⅱ区有 n 个原子层），同时采用一定的近似条件，便得出磁矩矫顽力为

$$H_{\mathrm{cm}}=\frac{1}{3^{\frac{3}{2}}}\frac{2K}{\mu_0 M_s}\frac{D}{\delta_0}\sum_i\left(\frac{A}{A^{i,i+1}}-\frac{K^i}{K}\right)\tag{10.7.6}$$

式中，$A^{i,i+1}$ 是缺陷区内两层相邻原子层之间的全部交换作用，K^i 是缺陷区内一层原子的全部磁晶各向异性，D 为缺陷区的厚度，求和只在缺陷区内进行。(10.5.33)，(10.7.6) 两式中的各向异性和交换作用各自的关系是

$$K'=\frac{1}{n-1}\left[\sum_{i=2}^{n-1}K^i+\frac{1}{2}(K^1+K^n)\right]\tag{10.7.7}$$

$$\frac{1}{A'}=\frac{1}{n-1}\left[\sum_{i=1}^{n-1}\frac{1}{A^{i,i+1}}\right] \tag{10.7.8}$$

由此可见，缺陷区的磁晶各向异性常数 K' 是缺陷区内各层原子的磁晶各向异性 K^i 的平均值（缺陷区内第一层原子和第 n 层原子的磁晶各向异性 K^1 和 K^n 因与非缺陷区交界，故只取 $\frac{1}{2}$）。缺陷区的交换常数 A' 的倒数，是缺陷区内相邻原子层的交换常数 $A^{i,i+i}$ 的倒数的平均值。

10.7.4 在 R_nT_m 金属互化物中，无序置换对窄畴壁的钉扎

在 R_nT_m 的金属互化物中，第三组元对 R 或 T 的无序置换，如果在其周围造成交换作用和各向异性的涨落，则可把这种置换区看成是“缺陷”，因此原则上说无序置换将对畴壁造成钉扎，尽管无序置换是服从统计分布的，但很难设想置换区正好是一平面。所以面缺陷的模型不能直接用于赝二元金属互化物的情况。

许多赝二元金属互化物的内禀矫顽力与成分的关系曲线，都出现极大值（见图 10.7.6，图 10.7.7 和图 10.7.8），说明无序置换至某一程度（相应于某一成分）时，对畴壁的钉扎最强。这时不但每一置换点的交换作用和各向异性涨落最大，而且畴壁上的置换点（相当于钉扎点）也最多。大家知道，用定域磁矩的概念来分析 $R(Co_{1-x}T_x)_5$ 的分子磁矩与成分的关系时，发现 Co 和 T 原子的磁矩是与其近邻的排布有关的。譬如在 $Sm(Co_{1-x}Ni_x)_5$ 中，若某个 Co 原子的最近邻为二个或二个以上的 Co 原子时，则该 Co 原子的磁矩为 $1.6\mu_B$；若某个 Co 原子的最近邻为两个以下的 Co 原子时，则该 Co 原子磁矩为 $0.3\mu_B$。（在 $CaCu_5$ 型结构中。每个 $2c$ 位的最近邻是 6 个 $3g$ 位，因此，Co 原子的最近邻最多只能有 6 个。）所以在 $Sm(Co_{1-x}Ni_x)$，中有两类 Co 原子，一类是磁矩大的，称为强 Co 离子，另一类是磁矩小的，称为弱 Co 离子。强 Co 离子与弱 Co 离子在晶体中的分布，可用二项式几率分布求得。设强 Co 离子的二项式几率分布为 $P_2(x)$，则弱Co 离子的二项式几率分布为 $1-P_2(x)$，因此在某一成分 $5x$ 时，弱 Co 离子的数目 $N_w=[1-P_2(x)]5xN$。$5xN$ 为 Co 离子总数。有趣的是，弱 Co 离子的数目随成分的变化曲线上，也出现一个极大值，与此相应的成分 x_0，正好和内禀矫顽力出现极大值时的成分相合(图 10.7.13)。所以，我们可把赝二元稀土钴金属互化物中，无序置换造成的畴壁钉扎，直接与弱 Co 离子出现的数目联系起来，更普遍的设想是：赝二元金属互化物中，无序置换造成的钉扎，直接由某个组元的弱磁性的离子数目决定。暂时把这种模型称为弱磁性离子的二项式分布模型。

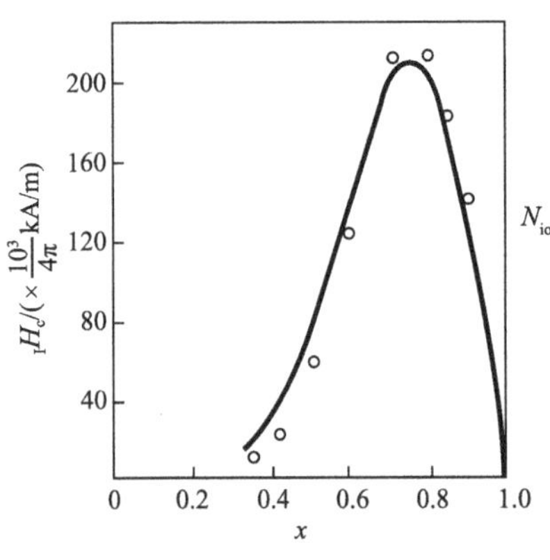

图 10.7.13 $Sm(Co_{1-x}Ni_x)_5$ 中弱 Co 离子的二项式几率分布和 ${}_IH_c$ 随成分 x 的变化

运用二项式分布模型可以说明低温磁硬度的特性，譬如同一成分的赝二元稀土金属互化物，它的单晶、多晶、块状或粉末样品上的弱磁性离子的二项式分布是不变的。所以这一互化物在上述形态下的低温内禀矫顽力是相同的（见表10.4和表10.5的数据）。又如在 $R(Co_{1-x}Ni_x)_5$，中，当R为相同的三价元素时，弱Co离子的二项式分布都是一样的，因此它们的内禀矫顽力都在同一成分下出现极大值。R=Y，La，Sm时都是三价的，它们的内禀矫顽力极大值相应的成分都在 $x=0.6$ 附近。R=Ce，Th时是四价的，它们的内禀矫顽力极大值相应的成分为 $x=0.3$（参见图10.7.7）

但是运用二项式分布来定量计算内禀矫顽力时，在数学上存在一定的困难。虽然计算的基础仍是求解式（10.7.5），可是由于畴壁内的原子磁矩的排布不清楚，计算便无法进行。如果我们设想面缺陷的模型为二项式分布的模型所代替，并且假定磁晶各向异性的涨落可以忽略（从图10.7.10）中可看出，K'的影响很小则内禀矫顽力可用下式表达：

$$_IH_C=\left[\frac{1}{3^{\frac{3}{2}}\mu_0}\frac{2K}{M_s}\frac{D}{\delta_0}\frac{A}{A'}\right]\left[1-P_2(x)\right]Q \qquad (10.7.9)$$

式中第一括弧内的参数表示忽略了磁晶各向异性后的式（10.5.33），第二括弧内的参数代表弱磁性离子的二项式分布。Q为比例系数。$A/A'\simeq J^{Co-Co}/J^{Co-T}$表示第三组元$T$置换Co以后，引起的交换积分的变化。在 $R(Co_{1-x}Ni_x)_5$ 中利用不同成分时的居里点 $T'_c(x)$，并且只考虑最近邻的交换作用，通过下式可估计 J^{Co-Co}/J^{Co-Ni}。

$$J^{Co-Co}/J^{Co-Ni}=2x(1-x)\Big/\left[\frac{T'_c(x)}{T_c}-(1-x)^2\right] \qquad (10.7.10)$$

式中，T_c 为 RCo_5 的居里点，$T'_c(x)$为 $R(Co_{1-x}Ni_x)_5$ 的居里点。利用已知的$K(x)$，$M_s(x)$，和 $T'_c(x)$ 的实验值，通过式(10.7.9)，(10.7.10)可计算内禀矫顽力$_IH_C$，钟文定计算的结果如图10.7.14所示，由图10.7.14和图10.7.7中可以看出，计算值与实验值的符合程度是令人满意的（计算时采用相同的二项式几率分布，并假设$D=\delta_0$）。钟文定等还研究了 $Sm_2(M_{0.11}Co_{0.09}Fe_{0.80-x}Ni_x)_{17}$ 合金，并用上述公式计算了$_IH_C$与x的关系，理论值与实验值也相当符合[29]，见图10.7.15。

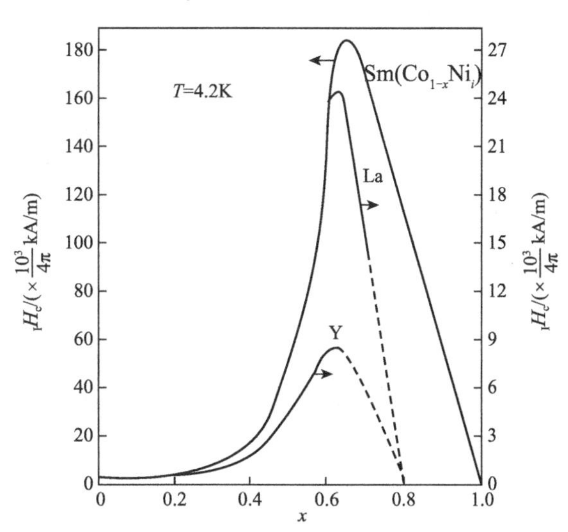

图10.7.14　用二项式几率分布模型计算 $R(Co_{1-x}Ni_x)_5$ 的$_IH_c$随成分x的变化

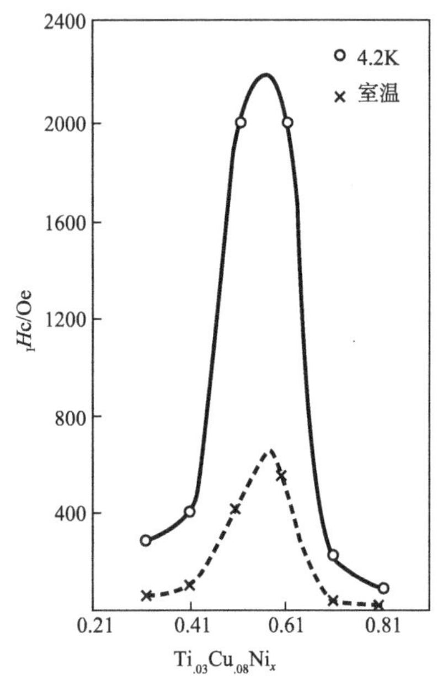

图 10.7.15 Sm_2 $(M_{.11}Co_{.09}Fe_{.80-x}Ni_x)_{17}$
合金块状样品在室温和 4.2K 的矫顽力（$M_{0.11}=Ti_{0.03}+Cu_{0.08}$）

10.7.5 窄畴壁的热激活

窄畴壁的能量随畴壁在晶格中的位置而发生变化。若外磁场不足以克服阻碍畴壁移动的能垒的话，则整块畴壁的不可逆移动是不会发生的。但是，由于热运动的影响，并不排斥畴壁的某一小部分还能移动一小段距离，这就是畴壁的热激活运动。因此，在反磁化过程中，虽然外磁场 $H \ll {}_{\rm I}H_c$，也能够在一定的时间内，观察到局部区域的反磁化。可见，畴壁的热激活运动是这类材料具有很强的磁后效和内禀矫顽力与外磁场变化速度有关的原因。

假定窄畴壁的热激活运动是以形核长大的方式进行的，核的形状象圆盘，核中心的畴壁移动了一个原子距离（图 10.7.16）。因为是热激活运动，形核频率通常都是指数形式

$$v=v_0\exp\ (-E_c/kT) \tag{10.7.11}$$

式中，v_0 为窄畴壁的本征频率，E_c 为激活能，k 为玻尔兹曼常数。由于形成一个核，便相当于核中心的畴壁移动了一个原子间距，所以形核频率与磁化强度的变化率成正比

$$\frac{\mathrm{d}M}{\mathrm{d}t}\propto v \tag{10.7.12}$$

或

$$\frac{\mathrm{d}M}{\mathrm{d}t}=C\mathrm{e}^{-E_c/kT} \tag{10.7.13}$$

c 为常数。式（10.7.13）可说明图 10.7.3 的实验结果。

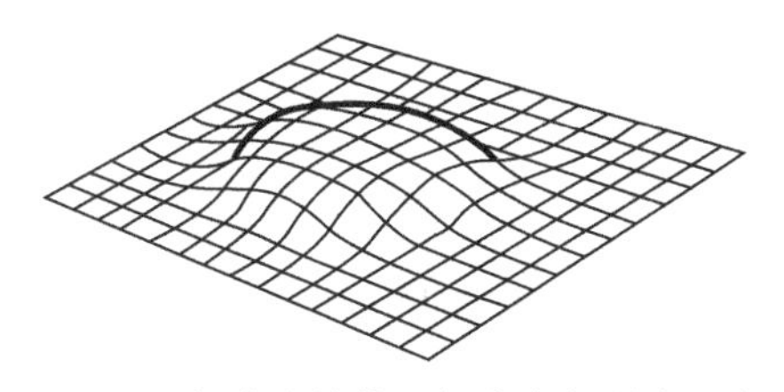

图 10.7.16　窄畴壁的某一部分隆起形成一个圆核
圆盘形核的中心移动了一个原子距离

埃加米（Egami）[30]计算了圆形的核，处于正弦曲线位垒下的激活能，所得结果为

$$E_c = \langle S\rangle^2 J \frac{16}{n} \frac{H_c(0)}{{}_{\mathrm{I}}H_c} G_{\mathrm{th}}\left(\frac{{}_{\mathrm{I}}H_c}{H_c(0)}\right) \tag{10.7.14}$$

式中，S 为自旋量子数，J 是一对原子的交换积分，n 是以原子层数目为单位的畴壁厚度。在微磁学的近似下，

$$n=(\pi/2)(\delta/a),\quad A=\frac{J\langle S\rangle^2}{a}$$

$H_c(0)$ 是 0K 时的内禀矫顽力，$G_{\mathrm{th}}({}_{\mathrm{I}}H_c/H_c(0))$ 是一函数，当${}_{\mathrm{I}}H_c$ 为零时，此函数为 1；当${}_{\mathrm{I}}H_c=H_c(0)$ 时，此函数为零。作为一种近似，可令

$$G_{\mathrm{th}}\left(\frac{{}_{\mathrm{I}}H_c}{H_c(0)}\right)=1-\left[\frac{{}_{\mathrm{I}}H_c}{H_c(0)}\right]^2 \tag{10.7.15}$$

当测量${}_{\mathrm{I}}H_c$ 时，假定在固定时间内（譬如 1s）进行读数，则式（10.7.11）中的（$1/v$）便是常数。现令（$1/v$）$=1$s。$v_0\simeq 10^{10}\ \mathrm{s}^{-1}$，那么由式（10.7.11）可得

$$E_c\simeq 25kT \tag{10.7.16}$$

将式（10.7.15），式（10.7.16）代入式（10.7.14），同时考虑到

$$\gamma=4\sqrt{AK}\ \text{和}\ \delta=\pi\sqrt{A/K}$$

便得

$$\left[\frac{{}_{\mathrm{I}}H_c}{H_c(0)}\right]+2\frac{T}{T_p}\left[\frac{{}_{\mathrm{I}}H_c}{H_c(0)}\right]-1=0 \tag{10.7.17}$$

式中 T_p 为具有温度量纲的常数

$$T_p=\frac{a^2\gamma}{15.4k} \tag{10.7.18}$$

式（10.7.17）一个根为

$${}_{\mathrm{I}}H_c=H_c(0)\left\{-\frac{T}{T_p}+\left[1+\left(\frac{T}{T_p}\right)\right]^{\frac{1}{2}}\right\} \tag{10.7.19}$$

式（10.7.19）就是由窄畴壁的热激活运动推得的内禀矫顽力$_{\mathrm{I}}H_{\mathrm{c}}$随温度变化的理论公式，此式在一定的温度范围内是与实验相符的。奥斯塔赖彻[31]等（Oesterreicher）对比了式（10.7.19）和式（10.7.1）认为它们$H_{\mathrm{c}}(0)$并不相同（式（10.7.1）的$H_{\mathrm{c}}(0)$等于式（10.7.19）的1.14倍），但η与T_p的关系为$\eta=0.65\left(\frac{1}{T_p}\right)^{\frac{1}{2}}$。因此，由实验曲线上定出的$\eta$值便可推出畴壁能$\gamma$的数值。他们最近用计算机模拟，得到了低温下的内禀矫顽力随成分变化的结果。

10.8 多晶磁性物质内自发磁化强度在空间的分布及剩余磁化强度的计算和永磁粉易轴的取向度

在第8章中已经讨论了磁畴结构，从讨论中知道，不同磁畴内的磁矩方向是按一定的规则排列的，其型式有许多种，但都应满足总能量极小的原则，磁畴结构的型式确定以后，不同磁畴内的自发磁化的方向在空间的分布也就确定了，为什么在这里又要讨论自发磁化强度在空间的分布呢？这是因为在第8章中讨论的磁畴结构大多是指单晶体而言的，而多晶体的磁性材料内，往往都有大量的单晶体，因此多晶体内的磁畴结构在样品各处都是不同的，很难画出明晰的图案。为了讨论多晶磁性材料的某些性质（如剩磁），便需从统计的角度来研究**多晶体内自发磁化方向在空间的分布**，而不管磁畴结构的具体型式。就是说，将具有形状、尺寸、方向的问题简化成只有方向的问题。这种简化，对了解多晶体内的几个关键的磁化状态仍是有意义的。本节先讨论多晶磁性材料在四个关键磁化状态下，自发磁化强度在空间的分布，然后计算**剩余磁化强度**。

10.8.1 在四种关键的磁化状态下，多晶体的自发磁化强度在空间的分布

（1）**磁中性状态下，多晶体内的自发磁化方向在空间的分布** 磁中性状态是指磁性材料或磁性体的合磁通密度和磁场强度在大于磁畴尺寸的区域内都等于零的一种状态。在这一状态下，多晶体内的自发磁化方向在空间是均匀分布的，如图10.8.1中的O所示。因此，样品在任一方向的$M=0$，$H=0$，$B=0$。

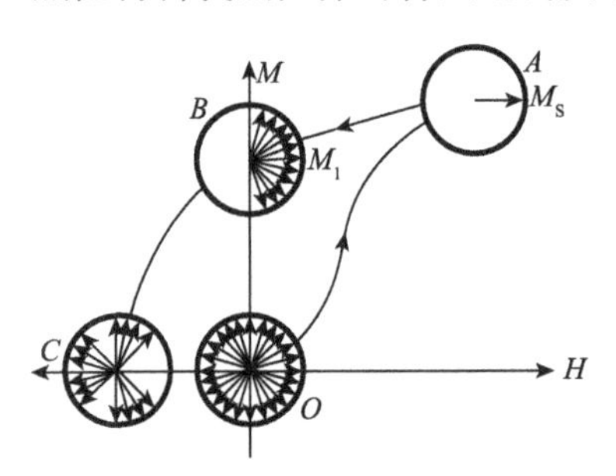

图10.8.1 单轴晶系的多晶体，在四种磁化状态下，自发磁化方向在空间的分布

（2）**饱和磁化状态下，多晶体内的自发磁化方向在空间的分布**。磁性材料受到足够强的外磁场作用，使磁化强度（或磁极化强度）基本上不再随外磁场增加的状态称为饱和磁化状态。在这一状态下，多晶体内的自发磁化方向都集中在外磁场的方向，如图10.8.1中的A。

（3）**在矫顽力作用的磁化状态下，多晶体内的自发磁化方向在空间的分布。**饱和磁化后的磁性材料在反磁化过程中，当外磁场达到某一值时，样品内的磁化强度 $M=0$，相应的磁场称为内禀矫顽力 H_{cm}。在这种磁化状态下，多晶体内的自发磁化方向空间的分布是不均匀的。具体情况是在外磁场方向（即内禀矫顽力的方向）附近有一分布，在远离外场的对称方向也有一分布，如图 10.8.1 中的 C 所示。

（4）**在剩余磁化状态下，多晶体内的自发磁化方向在空间的分布。**在普遍情况下，剩余磁化状态指的是任意磁滞回线与 B（或 M）轴的交点。这里我们要讨论的剩余磁化状态，指的是饱和磁滞回线上回线与 B（或 M）轴的交点，即剩磁 B_r（$\mu_0 M_r$）的状态。在这种状态下，虽然样品的内部磁场（外磁场与退磁场的矢量和）为零，但样品的磁化强度不为零（$M=M_r$）。因此多晶样品内的自发磁化方向，在空间的分布是不均匀的。具体分布情况在单轴晶系与立方晶系是有所差别的，现分别进行如下的说明。

单轴晶系的单晶体，自发磁化方向只有两个；单轴晶系的多晶体，只要晶粒够多，自发磁化方向就有许多个，而且当处在磁中性状态时，自发磁化方向在空间的分布是均匀的，当单轴晶系的多晶体在任一方向饱和磁化时，各晶粒的自发磁化方向都集中在外磁场的方向上。这时如果样品自饱和状态变到剩磁状态，那么各个晶粒的自发磁化方向就从外磁场的方向回到各自的易轴方向（最接近外场的易轴方向）。由于这些易轴方向是均匀分布在空间半个球内的，所以在剩磁状态下，单轴晶系的多晶体的自发磁化方向只能均匀分布在空间的半个球面内，如图 10.8.1 的 B 所示。

立方晶系的三轴单晶体（$K_1>0$）中，当处在磁中性状态时，每一单晶体的自发磁化方向有六个，多晶体的自发磁化方向当然就更多了，更容易均匀分布在空间的各个方向。由于三轴单晶体的易磁化方向为六个〈100〉方向，离〈100〉最远的方向是〈111〉，它们之间的极角 $\theta=\arccos\dfrac{1}{\sqrt{3}}\approx 55°$。因此，如果在〈111〉方向饱和磁化的话，那么当处在剩磁状态时，离开〈111〉方向最远的易磁化方向也只有 55°。以上情况推广到立方晶系（$K_1>0$）的多晶体中时就会立即看到，多晶体在任一方向饱和磁化以后，再退到剩磁状态时，其自发磁化方向在空间的分布，只能在离任一方向（外磁场方向）、最远的极角为 55°的球面内，如图 10.8.2 所示。

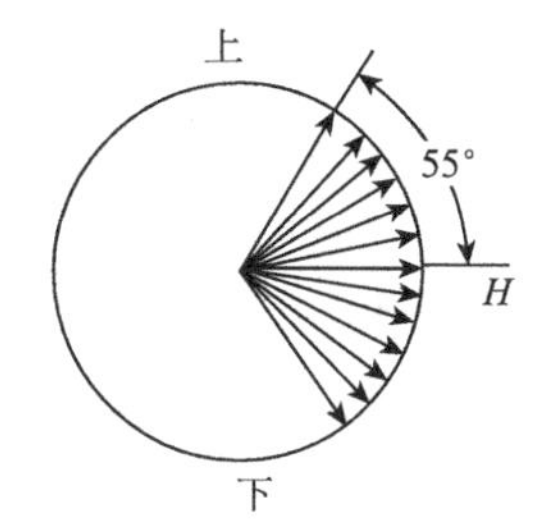

图 10.8.2 立方晶系多晶体在剩磁状态下自发磁化方向在空间的分布

立方晶系的四轴晶体（$K_1<0$），其单晶体的自发磁化方向，在磁中性状态时为八个〈111〉方向，离〈111〉最远的方向为〈100〉，它们之间的极角也是

$\cos^{-1}\frac{1}{\sqrt{3}}\approx 55°$。因此，与三轴晶体的讨论相似，立方晶系（四轴晶体）的多晶体，在剩磁状态下的自发磁化方向的分布，也如图 10.8.2 所示。

为了进行综合的比较，现将四种多晶体在磁中性状态、饱和磁化状态、剩磁状态和矫顽力作用的状态下，自发磁化方向在空间的分布示出在图 10.8.3 上，图中以圆面代表球面，以直线代表方向。

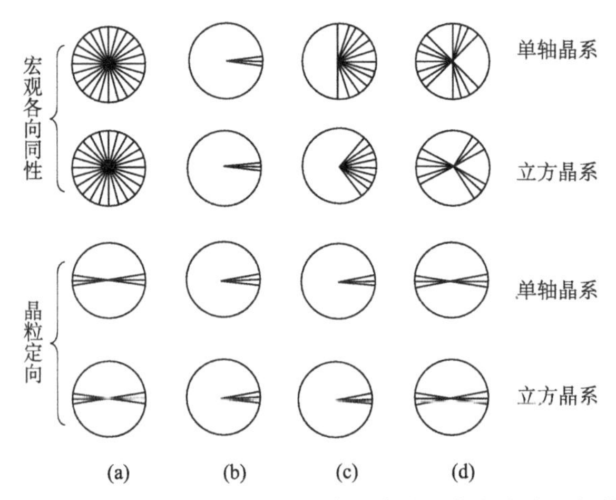

图 10.8.3 四种材料在四种磁化状态下自发磁化方向在空间的分布

(a) 磁中性状态；(b) 饱和磁化；(c) 剩磁；(d) H_{cm} 作用

需要着重指出的是，尽管磁中性状态和矫顽力作用下的状态，它们的磁化强度都等于零（$M=0$），但它们的自发磁化方向的分布却是不同的（晶粒定向的材料除外）。磁中性状态下的分布是均匀的，矫顽力作用下的分布是不均匀的。为此对达到磁中性状态的方法便有一定的要求。最彻底的方法是把材料加热到居里温度以上，然后在没有磁场的情况下缓慢冷却。但这一方法用起来不方便，对复相材料还可能会改变原来的磁性，因此一般很少用。比较常用的方法是将样品放于交变磁场中，使交变磁场的振幅自饱和磁化值逐渐减小到零。为了真正达到磁中性状态，交变磁场的减小往往需要缓慢和等值地下降。对于立方晶系的多晶材料来说；为了避免交变磁场作用后，自发磁化方向仍集中在磁场方向附近的 55° 范围内，还可使用强度逐渐减小的旋转磁场。

10.8.2 磁性材料中剩余磁化强度的计算

根据多晶材料的自发磁化方向，在剩磁状态下的分布，可以计算多晶体的剩余磁化强度。下面分三种情况进行讨论。

(1) **单轴晶系的多晶体** 在剩磁状态下，单轴晶系多晶体的自发磁化方向分布在以外磁场方向为极轴的半个球面内。因此，单轴晶系多晶体的剩余磁化强度就是各自发磁化强度在外场方向的投影之和。

设第 i 个自发磁化强度与外场的角度为 θ_i，则

$$nM_r = \sum_{i=1}^{n} M_s \cos\theta_i = M_s \sum_{i=1}^{n} \cos\theta_i = M_s n \frac{\sum \cos\theta_i}{n} = M_s n \, \overline{\cos\theta},$$

(10.8.1)

式中 n 为自发磁化方向的总数目，M_s 为自发磁化强度，M_r 为剩余磁化强度。由于自发磁化方向是分布在半个球面内，故

$$\overline{\cos\theta} = \frac{1}{2\pi}\iint \cos\theta \mathrm{d}\Omega = \frac{1}{2\pi}\int_0^{2\pi}\mathrm{d}\varphi\int_0^{\frac{\pi}{2}}\cos\theta\sin\theta\mathrm{d}\theta = \frac{1}{2} \tag{10.8.2}$$

将式（10.8.2）代入式（10.8.1），后可得

$$M_r = M_s/2 \tag{10.8.3}$$

可见**单轴晶系多晶体的剩余磁化强度等于自发磁化强度的一半。**

（2）**三轴晶系的多晶体（$K_1>0$ 的立方晶系的多晶体）**　知道了剩磁状态下，多晶体的自发磁化方向在空间的分布以后，计算剩余磁化强度 M_r 的方法，可以有两种：一种是以外磁场为固定轴，自发磁化方向在空间变化（按照确定的分布），然后求各自发磁化强度在外磁场方向的投影，从而算得剩磁的方法。这就是单轴晶系多晶体中所用的方法。另一种是以自发磁化方向为固定轴，把外磁场方向看成在空间变化（按照确定的分布），然后求自发磁化强度在各个外磁场方向的投影，进而算得剩磁的方法，这就是立方晶系多晶体中将要采用的方法，容易证明，以上两种方法所得的结果是相同的。

前面已经说明三轴晶系的多晶体在磁中性状态时，其自发磁化方向在空间的分布是均匀的；在剩磁状态时，自发磁化方向在空间的分布是不均匀的，只能分布在离外场方向最远极角约 55°的球面内，设三轴晶体的［100］，［010］，［001］方向为笛卡儿坐标轴，则空间 1/8 球面的情况如图 10.8.4 所示，其中三条球面中垂弧 $\widehat{AF}$，$\widehat{BE}$，$\widehat{DG}$ 的交点 C，就是球面 DEF 的顶点（OC 的方向就是［111］），因此球面 DEF 被分成三等分：$ACBD$，$ACGE$ 和 $BCGF$，每一份中都只包含一个易磁化轴。如果我们采用固定易轴（固定自发磁化方向），改变外磁场方向的方法来计算剩余磁化强度的话，则外磁场的方向改变只能在上述三等分的任一球面内进行，也就是说，当处在剩磁状态时，外磁场在空间的分布，只取三等分球面之一即可（例如只取 $ACBD$ 球面）。因此，剩余磁化强度就等于自发磁化强度（固定在［001］方向）在外磁场方向的投影，考虑

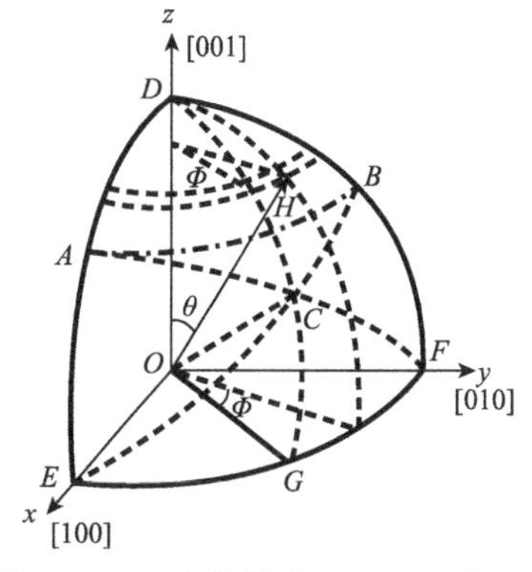

图 10.8.4　立方晶系（$K>0$）多晶体剩余磁化强度 M_r 的计算

到外磁场的方向在空间的分布是在 $ACBD$ 球面内，故计算剩余磁化强度 M_r，的表达式为

$$M_r = M_s\,\overline{\cos\theta} = M_s\frac{\int_{ACBD}\cos\theta \mathrm{d}\Omega}{\int_{ACBD}\mathrm{d}\Omega} \tag{10.8.4}$$

式中，θ 为自发磁化强度 M_s 与外磁场之间的角度。取极坐标的 θ 和 ϕ 来描述外磁场的方向，且以 OD 为旋转轴，以平分 $\widehat{EF}$ 的 OG 为 $\phi=0$ 的线（图 10.8.4），则外磁场的方向在 $ACBD$ 球面内变化时，θ 和 ϕ 变化需分如下的两个区域来考虑：

第一个区域是在 ABD 球面内，在此球面内，θ 的变化从 $0\to\pi/4$，ϕ 的变化从 $-\pi/4\to+\pi/4$。

第二个区域是在 ACB 球面内，在此球面内 θ 的变化从

$$\pi/4\to\arccos\frac{1}{\sqrt{3}},$$

ϕ 的变化则是 θ 的函数。函数的性质是，θ 愈大，ϕ 的变化范围愈小，当

$$\theta=\arccos\frac{1}{\sqrt{3}}$$

时，$\phi=0$。这一函数的具体形式下面再求，现暂以 $\phi_0=\phi(\theta)$ 表示。

这样，式（10.8.4）的积分便可表示为

$$\begin{aligned}\int_{ABCD}\cos\theta\mathrm{d}\Omega\Big/\int_{ACBD}\mathrm{d}\Omega &= \left[\int_{ABD}\cos\theta\mathrm{d}\Omega+\int_{ACB}\cos\theta\mathrm{d}\Omega\right]\Big/\left(\frac{4\pi}{8}\cdot\frac{1}{3}\right)\\ &=\frac{6}{\pi}\int_{-\frac{\pi}{4}}^{\frac{\pi}{4}}\mathrm{d}\phi\int_0^{\pi/4}\cos\theta\sin\theta\mathrm{d}\theta+\frac{6}{\pi}\int_{-\phi_0}^{\phi_0}\mathrm{d}\phi\int_{\pi/4}^{\cos^{-1}\frac{1}{\sqrt{3}}}\cos\theta\sin\theta\mathrm{d}\theta\\ &=\frac{3}{4}+\frac{6}{\pi}\int_{\pi/4}^{\cos^{-1}\frac{1}{\sqrt{3}}}2\phi_0\cos\theta\sin\theta\mathrm{d}\theta\end{aligned} \tag{10.8.5}$$

下面来求 ϕ_0 与 θ 的关系。参阅图 10.8.5 按照球面三角的规律，在球面三角形 ADG' 中，有如下关系：

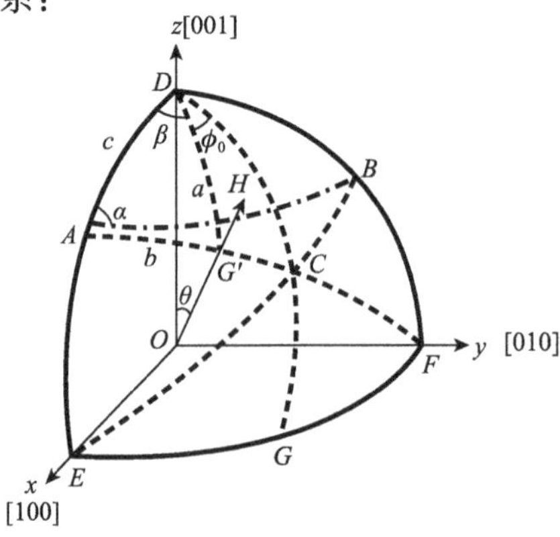

图 10.8.5 式（10.8.5）中 ϕ_0 的推算

$$\begin{cases}\cos b=\cos a\cos c+\sin a\sin c\cos\beta \\ \dfrac{\sin b}{\sin\beta}=\dfrac{\sin a}{\sin\alpha}\end{cases}$$

其中 $\alpha=\frac{\pi}{2}$，$c=\frac{\pi}{4}$，$a=\theta$. 把这些数值代入上两式，消去 b，并进行简化，就得到

$$\cos\beta=\cot\theta,\quad \beta=\text{acrcos}\ (\cot\theta)$$

又由图 10.8.5 可知

$$\phi_0+\beta=\frac{\pi}{4}$$

故得

$$\phi_0=\frac{\pi}{4}-\beta=\pi/4-\arccos\ (\cot\theta) \tag{10.8.6}$$

将式（10.8.6）代入式（10.8.5），得到

$$\begin{aligned}&\frac{3}{4}+\frac{6}{\pi}\int_{\frac{\pi}{4}}^{\cos^{-1}\frac{1}{\sqrt{3}}}\left[\frac{\pi}{2}-2\arccos(\cot\theta)\right]\cos\theta\sin\theta\ \mathrm{d}\theta \\ &=\frac{3}{4}+\frac{6}{\pi}\times\left[\frac{\pi}{24}-\int_{\frac{\pi}{4}}^{\cos^{-1}\frac{1}{\sqrt{3}}}\arccos(\cot\theta)\sin 2\theta\mathrm{d}\theta\right] \\ &=\frac{3}{4}+\frac{1}{4}-1+0.83155=0.832\end{aligned} \tag{10.8.7}$$

把式（10.8.7）代入式（10.8.4），使得

$$M_r=0.832M_s \tag{10.8.8}$$

式（10.8.8）就是三轴晶系的多晶体的剩余磁化强度，亦即 $K_1>0$ 的立方晶系多晶体的剩余磁化强度。

（3）**四轴晶系的多晶体（$K_1<0$ 的立方晶系的多晶体）**　四轴晶系的易磁化轴为〈111〉型的八个方向，但剩磁状态时，自发磁化方向在空间的分布与三轴晶系相同，因此，计算四轴晶系多晶体的剩余磁化强度也和三轴晶系的相同。只是由于四轴晶系的易磁化轴为［111］，因此极坐标的旋转轴应该选在［111］，就是 OC 轴，ϕ 的零点选在 OC 和 OD 组成的平面（图 10.8.6），这样，式（10.8.4）的积分亦分两个区域进行，其中 θ 和 ϕ 的变化分别是：

在 ABC 球面内，θ 的变化范围是从 0 变到 $\overset{\frown}{AC}$ 对应的角度 $\arccos\sqrt{\frac{2}{3}}$（因为 $\overset{\frown}{AC}=\overset{\frown}{AF}-\overset{\frown}{CF}=\pi/2-\overset{\frown}{CF}$，$\cos\overset{\frown}{AC}=\cos\ (\pi/2-\overset{\frown}{CF})\ =\sin\overset{\frown}{CF}=\sqrt{1-\cos^2\overset{\frown}{CF}}=\sqrt{1-\left(\frac{1}{\sqrt{3}}\right)^2}=\sqrt{\frac{2}{3}}$，故 $\overset{\frown}{AC}=\arccos\sqrt{\frac{2}{3}}$），$\phi$ 的变化范围从（$-\pi/3$）到（$\pi/3$）。（证明可见图 10.8.7，等边三角形的内切圆被三条中垂线等分）。

在 ABD 球面内，θ 的变化范围从 $\arccos\sqrt{\frac{2}{3}}$ 变到 $\arccos\sqrt{\frac{1}{3}}$，$\phi$ 的变化范围又是 θ 的函数 $\phi_0=\phi(\theta)$，其形式见下。

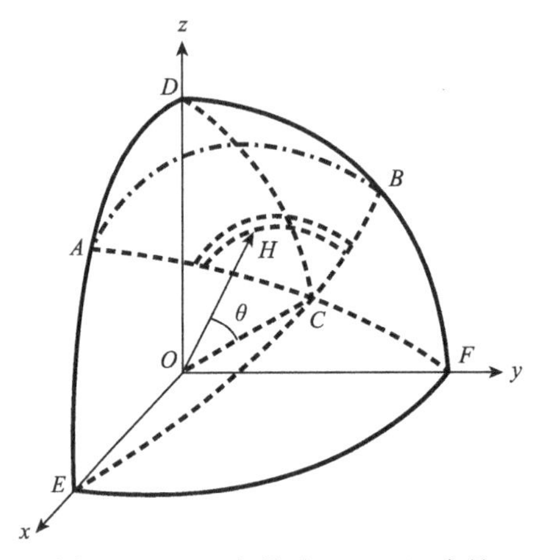

图 10.8.6　立方晶系（$K<0$）多晶体剩余磁化强度 M_r 的计算

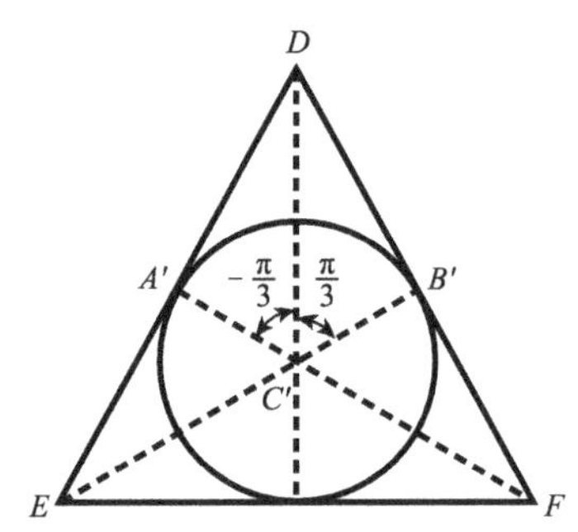

图 10.8.7　在图 10.8.6 的 ABC 球面内 ϕ 角的变化

所以式（10.8.4）的积分，对四轴多晶体而言可便表示为

$$\int_{ACBD}\cos\theta\mathrm{d}\Omega\Big/\int_{ACBD}\mathrm{d}\Omega=\frac{6}{\pi}\int_{-\frac{\pi}{3}}^{\pi/3}\mathrm{d}\phi\int_{0}^{\arccos\sqrt{\frac{2}{3}}}\cos\theta\sin\theta\mathrm{d}\theta+\frac{6}{\pi}\int_{-\phi_0}^{\phi_0}\mathrm{d}\phi\int_{\arccos\sqrt{\frac{2}{3}}}^{\arccos\sqrt{\frac{1}{3}}}\cos\theta\sin\theta\mathrm{d}\theta \tag{10.8.9}$$

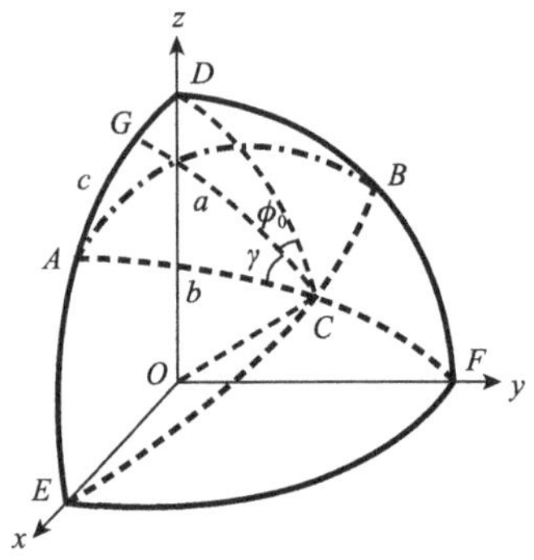

图 10.8.8　式（10.8.9）中 ϕ_0 的推算

依照球面三角的规律，可求 ABD 球面内 ϕ 与 θ 的关系，从图 10.8.8 的球面三角形 CAG 中有如下关系：

$$\cos c=\cos a\cos b+\sin a\sin b\cos\gamma$$

$$\sin c/\sin\gamma=\sin a/\sin\pi/2$$

把 $\cos b=\sqrt{2/3}$，$a=\theta$ 代入上两式，并消去 c，便得

$$\cos\gamma=\frac{1}{\sqrt{2}}\cot\theta$$

从图 10.8.8 可以看到，

$$\phi_0=(\pi/3)-\gamma$$

所以

$$\phi_0=(\pi/3)-\arccos\left(\sqrt{\frac{1}{2}}\cot\theta\right) \tag{10.8.10}$$

把式（10.8.1 0）代入式（10.8.9），并进行积分计算，便得四轴晶系多晶体的剩余磁化强度为

$$M_r = 0.866M_s \qquad (10.8.11)$$

这就是 $K_1<0$ 的立方晶系多晶体的剩余磁化强度。

以上对多晶材料剩余磁化强度的计算结果综合起来就是：

单轴晶系的材料，

$$M_r = 0.5M_s$$

立方晶系的材料，

$$K_1>0，M_r = 0.832M_s； \quad K_1<0，M_r = 0.866M_s.$$

由此可见，立方晶系的剩余磁化强度同饱和磁化强度之比 M_r/M_s 比单轴晶系的值高得多，尤以 $K_1<0$ 的情况最高，所以立方晶系多晶材料的磁滞回线和单轴晶系多晶材料的磁滞回线有显著的不同，如图 10.8.9 所示。M_r/M_s 这个值越接近于1，磁滞回线的形状越接近矩形。对有些磁性材料（如用作存储器的矩磁材料），M_r/M_s 是材料性能的重要参数之一。

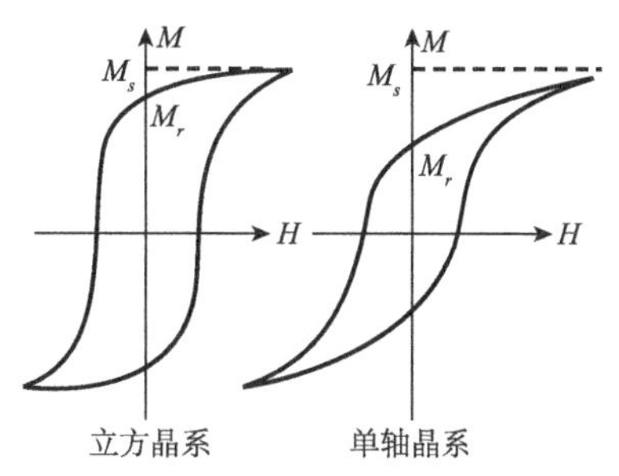

图 10.8.9 多晶材料的磁滞回线

以上的计算没有考虑结构中的其他因素对剩余磁化强度的影响，实际上这些因素是有影响的，譬如在晶粒界面上如果出现磁极，材料中就有退磁场，此外，气隙、掺杂物、应力都将影响自发磁化强度的分布，使得 M_r 值比理论值低。如果在制备工艺中采取措施，消除或减轻这些影响，就可以使 M_r 接近上面的计算值。当然，上述计算指的都是各向同性的多晶材料，至于各向异性的多晶材料，M_r/M_s 的理论值最大可以为 1。

关于提高 M_r/M_s 的方法，将在矩磁性中再进行详细讨论，这里只就通过减低磁致伸缩常数 λ_s，以提高剩磁比作些说明。

在实际使用材料时，磁化一般没有达到饱和，如果外磁场强度 H 等于矫顽力的几倍（如 5～10 倍），那时的磁感应强度 B_m 和剩余磁感应强度 B_{rm} 之比 B_{rm}/B_m。称为**剩磁比**，它是矩磁材料性能的重要标志：剩磁比越高，越接近 1，B-H 磁滞回线的形状越接近矩形。

剩磁比 B_{rm}/B_m 同上面推得的 M_r/M_s 比值有关。如果把推得的 M_r/M_s 理论值用 q 表示，那么在理论上，$M_r=qM_s$。但前面提到，由于材料的不均匀性或内应力的存在，q 往往不能达到理论值，实际的 $q'<q$. 由此，剩磁比等于

$$\frac{B_{rm}}{B_m} = \frac{\mu_0 \ (0+M_r)}{\mu_0 \ (H+M_m)} = \frac{M_r}{H+H_m} = \frac{q'M_s}{H+M_m} \qquad (10.8.12)$$

可见，要在同一最大磁化场的条件下提高剩磁化，必须提高 q'，使它接近 q，亦即，$q=\frac{M_r}{M_s}$的理论值通过上式控制着剩磁比 B_{rm}/B_m 的上限。

欲使剩磁比 B_{rm}/B_m 高，除了需要 M_r/M_s 的理论值高以外，还要在工艺上尽量减低材料的不均匀性和内应力，因为内应力 σ 是通过 $\lambda_S\sigma$ 这个量起作用的，所以减低磁致伸缩常数 λ_S 就可以减低内应力的作用：如果把 λ_S 减到零，内应力就不起作用了。这样，剩磁比就可以提高。

在 $K_1<0$ 的立方多晶体材料中，如果磁晶各向异性能是在起主要作用，那么易磁化轴在〈111〉。如果材料中有应力存在，剩磁比就要降低，于是就不能达到式（10.8.12）计算出的数值。现在，如果把 λ_S 正、负相反的两种材料按适当比例组成复合体，使成品的有效 λ_{111} 等于零；就可以提高剩磁比，下面我们就要举出一些例子来对此进行说明。现在先要说明为什么只考虑 λ_{111}，而不提 λ_{100}。

在第 7 章中得出的应力能公式是（见式（7.2.74））

$$E_\sigma=\frac{1}{2}\lambda_{100}\sigma\left[1-3\left(\alpha_1^2\gamma_1^2+\alpha_2^2\gamma_2^2+\alpha_2^2\gamma_3^2\right)\right]$$
$$-3\lambda_{111}\sigma\left(\alpha_1\alpha_2\gamma_1\gamma_2+\alpha_2\alpha_3\gamma_2\gamma_3+\alpha_3\alpha_1\gamma_3\gamma_1\right)$$

在 $K_1<0$ 的立方系晶体中，当无外场时，自发磁化方向在〈111〉，所以

$$\alpha_1=\alpha_2=\alpha_3=\pm\sqrt{\frac{1}{3}}$$

代入上式，得出

$$E_\sigma=\frac{1}{2}\lambda_{100}\sigma\left[1-\left(\gamma_1^2+\gamma_2^2+\gamma_3^2\right)\right]-\lambda_{111}\sigma\left(\gamma_1\gamma_2+\gamma_2\gamma_3+\gamma_3\gamma_1\right)$$
$$=\frac{1}{2}\lambda_{100}\sigma\left[1-1\right]-\lambda_{111}\sigma\left(\gamma_1\gamma_2+\gamma_2\gamma_3+\gamma_3\gamma_1\right)$$
$$=-\lambda_{111}\sigma\left(\gamma_1\gamma_2+\gamma_2\gamma_3+\gamma_3\gamma_1\right)$$

所以在 $K_1<0$ 的材料中，不论应力的方向怎样，它的作用同 λ_{100} 无关，按上式只要 λ_{111} 减低到零，应力的作用就可以消除，剩磁比就可以提高。（我们在第七章中讨论磁弹性能时，把这里引用的应力能公式中的常数项 $\frac{1}{2}\lambda_{100}\sigma$，按照推导的结果，明确地保留在公式内。因此，在这里引用时，λ_{100} 的消除就很自然．足见保留这个常数项是有用的。）

采用减低 λ_{111} 来提高剩磁比的方法已经用在好些材料上了．现在举如下几个例子来加以说明。

$NiFe_2O_4$ 和 Fe_3O_4 的 K_1 都是负值，但前者的 λ_{111} 是

$$-24.5\times10^{-6}$$

后者的 λ_{111} 是 $+78\times10^{-6}$，当前者占克分子比 0.7 同后者合成复合铁氧体时，λ_{111} 就接近零，这样的复合铁氧体的剩磁比同其他比例的复合铁氧体的剩磁比来比较是最大的。

又例如 YIG 和 TeIG 的 K_1 都是负值。但前者的 λ_{111} 是 -2.4×10^{-6}，后者的 λ_{111} 是 $+12\times10^{-6}$。当二者按克分子比 0.833∶0.167 固溶在一起时，复合铁氧体

的 λ_{111} 等于零，使剩磁比有明显的提高，最近，有人在 YIG 中掺入少量的锰，以取代一部分 Fe 的位置，实验发现，当锰的数量适当时，剩磁比也有明显的提高，估计这也是由于降低了 λ_{111} 之故。

10.8.3 永磁粉易磁化轴的取向度

在永磁材料中，磁粉（晶粒）的取向度是决定材料性能的重要因素，取向度的好坏导致性能的优劣。**取向度定义为材料内易磁化轴一致取向的各晶粒所占的体积 V_1 与整个材料体积 V 之比**，即取向度 $=V_1/V$。测量材料的剩磁和饱和磁化强度，便可决定该材料的取向度，现分析如下：

由式（10.8.3）可见，单轴无织构的多晶体剩磁 $M_r=0.5M_s$。假定未一致取向的颗粒，其磁矩的取向分布和磁中性状态时一样，则

对于取向度为 V_1/V 的材料而言其剩磁为

$$
\begin{aligned}
VM_r &= [V_1M_s+(V-V_1)\,0.50M_s] \\
&=0.5V_1M_s+0.5VM_s \\
&=0.5VM_s\left(\frac{V_1}{V}+1\right)
\end{aligned}
$$

故

$$M_r/M_s=0.5\left(\frac{V_1}{V}+1\right)$$

即取向度

$$\frac{V_1}{V}=\frac{2M_r}{M_s}-1 \tag{10.8.13}$$

因此，可由测得的 Mr 和 M_s，通过上式求得取向度。这是指单轴晶体而言的，由于永磁材料大都是单轴晶体，所以式（10.8.13）具有普遍性。

10.9 永 磁 性

磁性材料中发现和应用最早的材料，首推永（硬）磁材料，因为它的一个品种磁铁矿（主要成分为 Fe_3O_4）广泛分布于自然界中。我国春秋战国时代（公元前 722～前 221 年）的《吕氏春秋》上有“慈石召铁”的记载，而由“慈石”加工而成的指南针又是我国古代的四大发明之一，所以我国是永磁现象发现和应用最早的国家。

目前的永磁材料按成分和性能综合来分类，可分为三大类：①稀土永磁（$SmCo_5$、Sm_2Co_{17}、$Nd_2Fe_{14}B$ 和 $Nd(Fe、M)_{12}$ 等）；②过渡族元素合金永磁（Alnico、Fe-Cr-Co、Pt-Co、MnAlC、MnBi 等）；③铁氧体永磁（$BaFe_{12}$

O_{19}、$SrFe_{12}O_{19}$等)。它们各具优缺点，各占有一定市场份额，但以第一类的技术性能最高，第三类的价格最廉。目前，我国永磁材料的总产量，居世界前位。本节着重讨论永磁材料的技术性能如何解释和提高，有什么新的思路可供借鉴。

10.9.1 永磁体的特性和应用要求

1）矫顽力、剩磁和最大磁能积

永磁材料具有大的磁滞和高的矫顽力，其剩磁 B_r 是撤掉外磁场后材料所具有的磁通密度，它代表了磁体的吸引力。矫顽力${}_BH_C$ 则是反映磁体反抗退磁的能力。磁体的优劣通常由磁能积来表征。如果能得到磁体的磁滞回线，那么它的磁能积就容易算出。图 10.9.1 给出了示例，图中也给出了两类材料的对比（${}_JH_c$）大和小，$B(H)$ 与 $J(H)$ 差异大和小两类)。图的左边为饱和磁滞回线的第二象限，在第二象限磁通密度与磁场相反，$B-H$ 曲线上的每一个点可以是磁体在相应磁场下的工作点。较小的磁场或靠近 B 轴的工作点通常被用在长条形或柱状磁体在自退磁场下的情况（考虑长短比较大的情况)。相反，退磁场较大的扁或圆盘状磁体的工作点则接近横轴。两者的磁能积都是相应的 BH 长方形的面积，它们的值都较小。图的右边给出了每一个工作点的磁能积（横轴标度）与磁通密度的关系（纵轴标度)。每个磁体的最大磁能积值由 $(BH)_{\max}$ 或 $(B\cdot H)_m$ 表示。相应的工作点分别由实心和空心的圆圈表示。

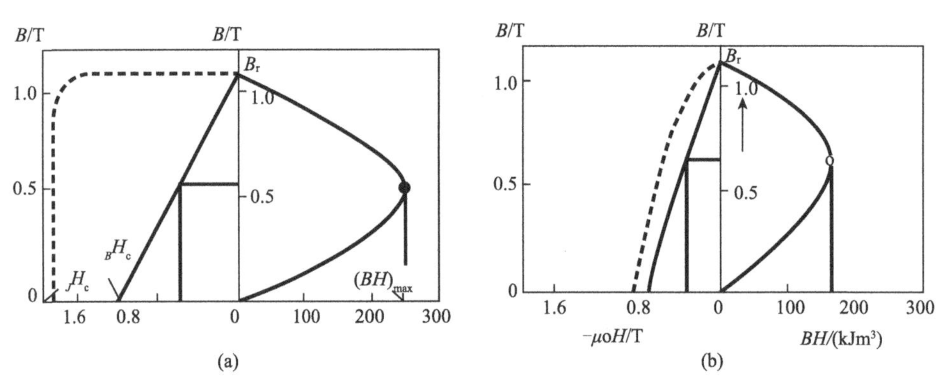

图 10.9.1 两种永磁材料 (a)、(b) 磁性的比较

左边：磁通密度 B（实线）和磁极化强度 J（虚线）与退磁场 H 的关系；右边：磁能积 BH（横轴）与 B（纵轴）的关系。工作点对应 B（H）曲线上的最大值 $(BH)_{\max}$（即对于材料 a 和 b 分别在第二象限用实心和空心圆圈表示）

总之，最大磁能积通常用来表征永磁体性能的优劣。矫顽力则通常用来表征永磁性能的发展潜力和抗干扰的能力。

除了最大磁能积外，还有许多表明永磁体性能的判据。在许多静态应用中较为重要的是内禀矫顽力${}_JH_c$ 的值。这一点可以从图 10.9.1 看出。图中比较了两种不同材料磁体的J（H）和B（H）曲线，它们具有相同的 B_r 和不同的退磁曲线。对于图 10.9.1（b）中的材料，由第七章附录“术语和单位制”的式(0.1.9)可知，当 $_JH_c$ 比永磁体的剩磁小时，$_BH_c$ 和 $_JH_c$ 之间没有太大的差异。而图 10.9.1（a）所 显示的，却是稀土化合物基永磁体的内禀矫顽力 $_JH_c$ 可以远大于剩磁。在后一种情形下内禀矫顽力的值要远大于对应于（BH)$_{max}$点的磁场，而且比磁通消失时的磁场 $_BH_c$ 也要大许多。在下面的讨论中，我们假定两个磁体都构成部分磁路，并且它们的形状和（BH)$_{max}$点相应。当外加磁场时，图 10.9.1（b）所描述的磁体只能容忍一个较小的退磁场。例如，当磁场比（BH)$_{max}$点对应的磁场大 2 倍时，整个磁体便完全退磁而失效；相反，在同一幅图的（a）中所描述的磁体却能容忍比它的（BH)$_{max}$点对应磁场大三倍的退磁场。从图中可以看出这种行为是由于负的外加场和（或）退磁场接近 $_JH_c$ 时，J（虚线）基本不变的缘故。

高 $_JH_c$ 通常可从具有强磁晶各向异性的永磁材料中获得，就像稀土化合物磁体中的情形一样。而硬磁性能来源于形状各向异性的材料（alnico——铝镍钴型材料）则不可能产生大的矫顽力。图 10.9.2 给出了典型的稀土基永磁体和 Ticonal XX（alnico 型）合金以及一些其他永磁材料的 $B(H)$ 曲线。图下方表示磁体尺寸逐渐变小，是由于满足同一要求下，最大磁能积逐渐增加之故。而且正是非常大的矫顽力才使稀土基永磁体适合作成扁平外形的磁体。

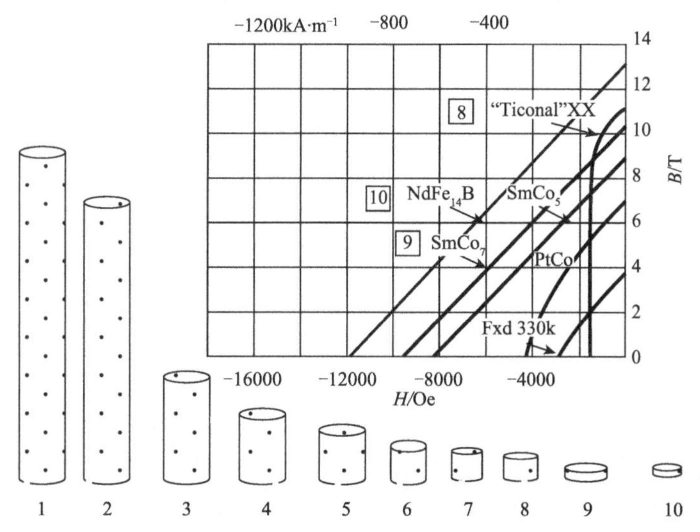

图 10.9.2 不同材料制备的永磁体尺寸示意图

最大磁能积从左至右不断增加。相应的 B 和 H 的变化分别反映在磁体的横截面积（S）和长度 L 上 。所有磁体的乘积 BS 和 HL 为一常数，表示它们具有相同的总磁通和相同的磁动势。材料的顺序号为：1. C 钢；2. W 钢；3. Co 钢；4. Fe - Ni - Al 合金；5. TicnatII；6. “TiconatG”；7. “TiconatGG”；8. “Ticonal” XX；9. $SmCo_7$；10. $Nd_2Fe_{14}B$

上图为几种材料的 $B-H$ 曲线（H 的单位用 $kA \cdot m^{-1}$ 和 Oe 分别表示）。

2）回复曲线和回复能量

如上所述，可清楚地看到某种永磁材料是否合适在电机中应用，$(BH)_{max}$ 并不完全是一个充分的判据。在这种情形下，更贴切的判据是撤去磁场后，在磁性能可恢复的条件下，反向磁场可以施加的范围。永磁装置中退磁场的变化多发生在空隙里，因而动态磁路中回复能曲线和回复能量通常用来作为表征永磁体适用性的判据。为了定义这些量，我们考虑图 10.9.3B（H）回线（${}_BH_c$ 小于 B_r）为特征的磁体。当退磁场达到点 A 的值后而去掉时，永磁材料一般将沿线 ABC 返回，而不是沿 A 至 B_r 之间的曲线。ABC 便称为回复线，这种回复曲线和 B_r 点具有相同的斜率。图中阴影区（B 为 AC 的中分点）面积即为回复能量。回复能量一般依赖于 A 点的位置，这意味着每种材料都有一个回复能量最大值。当一个磁体的高矫顽力来源于大的磁晶各向异性，并且回复曲线和 B（H）曲线在比较大范围内相一致时，才能获得相对高的最大回复能量。而在基于形状各向异性的磁体中，最大回复能只是 $(BH)_{max}$ 的一小部分。这在第 13 章的动态磁路一节将得到证明。

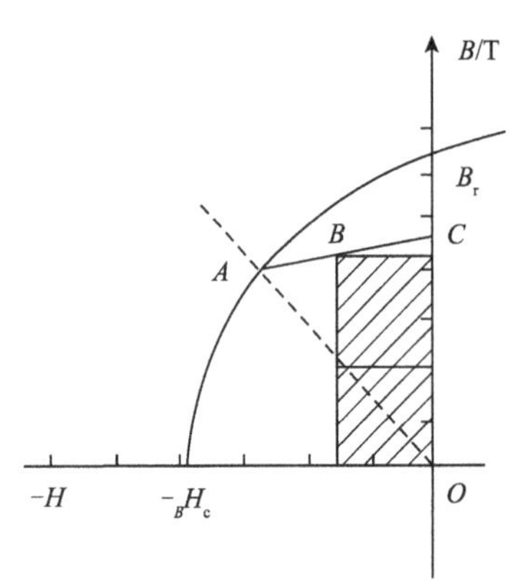

图 10.9.3 给定磁体的回复曲线（ABC）和回复能量（阴影面积）

在包含循环操作的器件中，可逆性扮演了主要的角色，因而需用一个不同的判据。相应的参量就是机械功的最大值，它可对一个给定的磁体和一个可磁化的物体用一个设计好的图像来获得。众所周知，最大机械力（对于各种情况都适用）为 $J_s^2/(2\mu_0)$，这种情况是理想永磁材料中磁滞回线的第二象限是呈矩形状，此时表现为完全可逆。关于机械功和回复能量的讨论见后面第13 章。

3）温度系数

在某些应用中，磁体需要暂时循环到高温。这时一个永磁材料是否适用，将与其剩磁和矫顽力在工作温度范围内的温度系数有关。

对于某些工业应用来说，至少在 150℃时具有稳定的矫顽力和磁化强度。如果俩者随温度上升显著下降，则在温度升高时，磁体的性能将相应下降。在大多数情形下，这种下降只是暂时的，并且在回到室温后剩磁和矫顽力能恢复到初始值。然而不幸的是，对于某些类型的磁性材料，这种下降是不可逆的。剩磁和矫顽力的可逆温度系数通常用来设计某个特定的器件。因此，磁体应按最高工作温度设计，尤其是在磁体的退磁效应很强的时候。

4）其他要求

判断不同类型磁体适用性的标准还包括耐腐蚀性、化学和机械稳定性、机械加工的难易、单位磁能积的质量以及电阻等。除此以外，我们还必须记住在生产工艺中对磁体进行磁化是必要的。如在用镍钴合金和铁氧体类磁体制做器件过程中，在一个完全或部分装配好的器件中事先实现磁化。因为在生产使用永磁体材料的器件中，将会引起一些严重的问题，如在表面抛光过程中的磁性粉尘吸附。基于这一原因，有时候必须根据需要采用一些具有足够高的矫顽力的磁性材料，不过要求这种材料的矫顽力也不要高到机器的装配时难以被磁化。这意味着磁性材料的可应用性要求其具有合适的矫顽力，这种矫顽力既不能太低又不能太高。更详细的资料，读者可以参阅 McCaig 和 Clegg 在 1987 年出版的综述性文献[33]。

这里再次强调一下，在一些应用中，不仅需要大的最大磁能积，而且需要高的内禀矫顽力${}_JH_c$。并且，最大磁能积 $(BH)_{\max}$本身依赖于矫顽力，当${}_BH_c$ 下降到明显地低于 J_s/μ_0 时，最大磁能积将大大低于其理论极限 $(BH)_{\max}=B_{r\,B}H_c/4=J_s^2/(4\mu_0)$。基于以上原因，需要研究永磁材料矫顽力大小的机理。而且，永磁材料磁性的基本理论问题，就是有关矫顽力机理的研究问题，它也是技术磁化理论研究的主要课题。

10.9.2 获得最佳永磁性能的理论和思路

1）引言

人们常把新材料的发展动力$=\dfrac{(\text{性能})^2}{(\text{成本})(\text{要素})}$。

这里所说的性能包括功能材料的特性和实用性，而要素则指特殊要求如重量、体积、外形等。

上述公式并不一定是物美价廉，反之则不然。即物美价廉者，发展动力必高，公式不是营销策略，更不一定是经营之道，只是对决策者选择研制何种新材料时提供参考而已。

前已述及，永磁材料的磁性一般要求是 B_r、H_c（H_{cm}）、$(B\cdot H)_m$ 和温度系数α（α_{B_r}或/和α_{H_c}）。此外述有回复曲线、回复能量和机械力等，但最佳永磁主要还是“三高一低”。即 B_r、H_c、$(B\cdot H)_m$ 三者高、α 低，本节着重讨论如何设计和制定获得“三高一低”的研究路线。

从永磁材料的发展史看，一百年来 Br 增加不到一倍，H_c 却增加了 200 倍（从碳钢的 50Oe 到 $SmCo_5$ 的 10^4Oe），欲实现“三高一低”首先需保证得到高的 H_c。因此提高 H_c 是关键，关于矫顽力的机理，以前已有详细讨论。

影响 H_c 的因素有两类：一类是内禀磁性如 M_s、K、A、λ_s、…；另一类是非内禀的，如相成分、晶粒尺寸、形状、分布、结构方式等，所以又把矫顽力称为结构灵敏量。为了提高矫顽力需要优选这两类因素但对低温磁硬度（10.7.1节）例外。

2）最大磁能积 $(B\cdot H)_m$ 的上限和退磁曲线的方形度

在理想的退磁曲线上（图 10.9.4）$M(H)=M_s$，$M(H_{cm})=0$。由 $B=\mu_0(H+M_s)$ 得

$$B\cdot H=\mu_0(H^2+HM_s)$$

将上式微分得

$$\frac{\mathrm{d}(B\cdot H)}{\mathrm{d}B}=\mu_0\left(2H\frac{\mathrm{d}H}{\mathrm{d}B}+M_s\frac{\mathrm{d}H}{\mathrm{d}B}\right)=\mu_0\frac{\mathrm{d}H}{\mathrm{d}B}(2H+M_s)$$

由 $\mathrm{d}(BH)/\mathrm{d}B=0$ 得 $2H+M_s=0$，即 $\begin{cases}-H_1=M_s/2\\ B_1=\mu_0M_s/2\end{cases}$ 为 $(B\cdot H)_m$ 的解。故最大磁能积 $(B\cdot H)_m$ 的上限为

$$(B\cdot H)_m=\frac{\mu_0M_s}{2}\cdot\frac{M_s}{2}=\frac{\mu_0M_s^2}{4} \tag{10.9.1}$$

$$(B\cdot H)_m=(2\pi M_s)^2\quad(\text{CGS 制}) \tag{10.9.1'}$$

$M(H)$ 退磁曲线的方形度 Q，是永磁材料重要性能之一，它不但反映了最大磁能积和抗干扰的本领，而且反映了制造工艺（烧结、相对密度、晶粒大小及分布等）的影响，因此从 Q 的研究中可能找出最佳的生产工艺条件。计算 Q 的公式为 $Q=4\mu_0(B\cdot H)_m/B_r^2$，此式可从式（10.9.1）推出。

表 10.8 一些永磁物质的 M_s 与 $(B\cdot H)_m$ 上限

物质	BaM	Alnico	$SmCo_5$	NdFeB	SmFeN	NdFeN	Fe－35Co	Fe_8N	Fe_3B	$Fe_{23}B_6$
M_s/（$\times10^3$A/m）	380	915	890	1280	2：17 1220	1：12 961	1950	2309	1280	1350
（kJ/m³） $(B\cdot H)_m$ 上限/ （MG·Oe）	44.8 5.7	262.9 33	248.7 31.2	514.4 64.7	467.4 58.8	290 36.5	1194 150	1674 210.5	514.5 64.7	572 71.9
$(B\cdot H)_m$ 实验 （MG·Oe）	4.4 5.03 （含 Co）	11.0	24.6	54.2 56.0 57.8[1] 59.6	29	9 20				

1）Kaneko Y. proc. 18th Int workshop on HPMA，[C]，Annecy，France，2004. 40－51；Hirosawas. [A]. BM News，2006（35），3，31，135－154

3）矫顽力和内禀矫顽力的上限

前已述及影响矫顽力的因素有两类，这里只讨论如何选择内禀磁性参数来达到最大的矫顽力。

当 $B=0$ 时，由 $B=\mu_0(H+M)$ 得矫顽力 $-H_c=M\leqslant M_s$，或 $H_c\leqslant M_s$。还有由磁矩一致转动的内禀矫顽力 $H_{cm}=\dfrac{2K_u}{\mu_0M_s}$ 得出内禀矫顽力 $H_{cm}>M_s$，（对永磁而言注意 H_c 与 H_{cm} 的差别）。

另外，在理想退磁曲线上（图 10.9.4）H_{cm} 只要保证大于或等于 $M_s/2$ 便可能获

得 $(B \cdot H)_m$ 的上限，换句话说，获得 $(B \cdot H)_m$ 上限的必要条件是 $H_{cm} \geqslant M_s/2$。

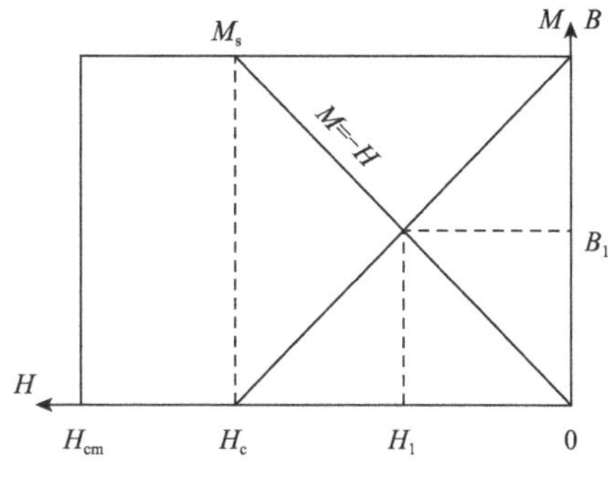

图 10.9.4 理想的退磁曲线示意图

从总结实验数据中知道 $3.5H_{cm}=2K_u/\mu_0 M_s$，或 $\frac{2}{3.5}\frac{K_u}{\mu_0 M_s} \geqslant \frac{M_s}{2}$，即满足

$$\frac{K_u}{\mu_0 M_s^2} \geqslant 0.88 \tag{10.9.2}$$

所以，在选择成份时必须找出满足式 (10.9.2) 条件的物质，才有可能得出合适的 H_{cm}，来保证获得 $(B \cdot H)_m$ 的上限。

4）温度系数

如图 10.9.5 所示某一磁学量 A (B_r、H_c、$(B \cdot H)_m$) 在温度 T_1 的值为 $A_1(T_1)$，若温度由 T_1 单调上升至 T_2 时为 A_2，然后温度又由 T_2 单调下降至 T_1 后为 $A_3(T_1)$，则

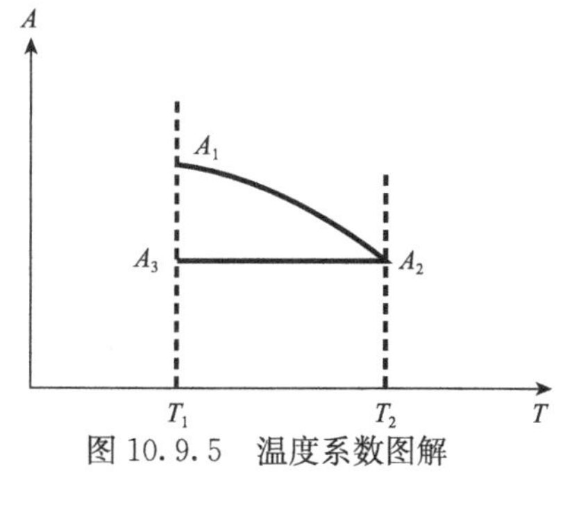

图 10.9.5 温度系数图解

$$\text{不可逆损失}=\frac{A_1(T_1)-A_3(T_1)}{A_1(T_1)} \times 100\% \tag{10.9.3}$$

（可逆）温度系数为

$$\alpha=\frac{A_2(T_2)-A_3(T_1)}{A_3(T_1)}\frac{1}{T_2-T_1}100\%/K \tag{10.9.4}$$

由 $B_r=\mu_0 M_r \approx \mu_0 M_s$，可知 $\alpha_{B_r}=\alpha_{M_s}$ 即 B_r 的温度系数决定于 $M_s(T)$。

由 $H_{cm}=\frac{2}{3.5}\frac{K_u}{\mu_0 M_s}$，可知 $\alpha_{H_{cm}}=\alpha_{K_u}+\alpha_{M_s}$ 即 H_{cm} 的温度系数决定于 K_u 和 M_s 的温度系数之和。

由 $(B \cdot H)_m=\frac{\mu_0}{4}M_s^2$，可知 $\alpha_{(B \cdot H)}=2\alpha_{M_s}$ 即 $B \cdot H$ 的温度系数为 M_s 温度系数的 2 倍。

我们已知 $M_s(T)$ 的理论公式，但饱和磁化强度随温度的变化 $M_s(T)$，铁

氧体和金属（合金）不同，对合金而言

$$\frac{M_s\ (T)}{M_s\ (0)}=\text{th}y \tag{10.9.5}$$

$$y=\frac{Jg_J\lambda\mu_B}{K_B}\frac{M_s\ (T)}{T} \tag{10.9.6}$$

式中，λ 为分子场系数，它与交换常数有关。J 为总量子数，g_J = lande 因子，K_B 为玻尔兹曼常数，μ_B 为玻尔磁子。

利用 $M_s\ (0)\ =nJg_J\mu_B$，$T_c=ng_J^2\mu_B^2\lambda J^2$，(10.9.6) 式改写为

$$\frac{M_s\ (T)}{M_s\ (0)}=\frac{T}{T_c}y \tag{10.9.7}$$

由式（10.9.5）和式（10.9.7）的图解，可解出 $M_s\ (T)\ /M_s\ (0)$ 与 T/T_c 的关系（图 10.9.7）。

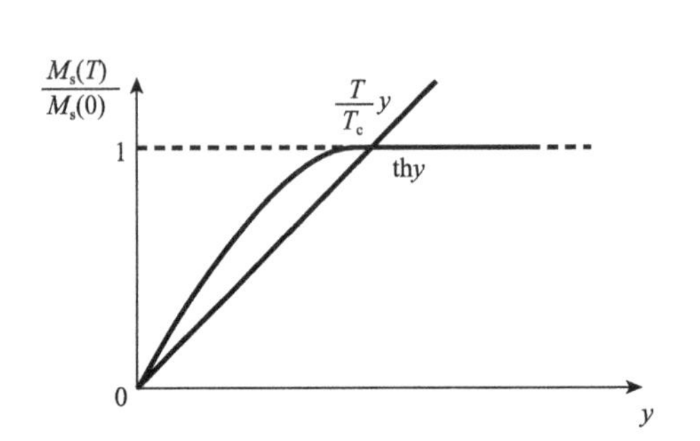

图 10.9.6 式（10.9.5）和式（10.9.7）的图解

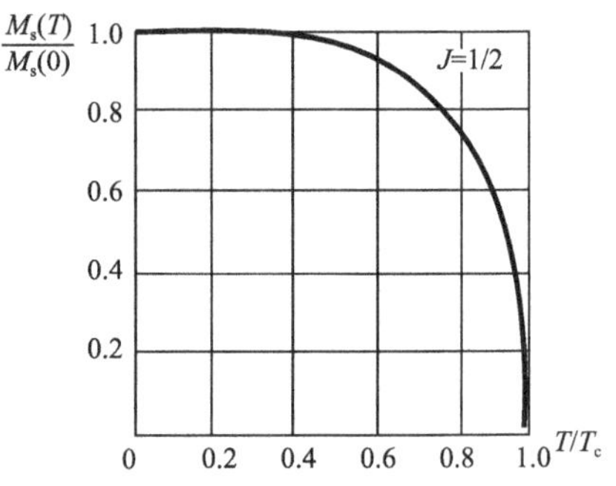

图 10.9.7 饱和磁化强度随温度的变化

图 10.9.7 说明，同一温度 T 下，T_c 愈高的材料，T/T_c 愈小，$M_s\ (T)$ 随 T 的变化愈小，即温度系数愈小。所以，居里点愈高的材料，温度系数在相同的温度范围内便愈小。表 10.9 为几种永磁材料的居里点和温度系数。

表 10.9 几种永磁材料的温度系数 α 和居里点 T_c

材料		Alnico	NdFeB	$Nd_{15}(Fe_{0.9}Co_{0.1})_{77}B_8$	Fe_3B	$Fe_{23}B_6$	$SmCo_5$
T_c/K		1173	585	671	783	698	1020
$-\alpha/\ (\%/K)$	B_r	0.01	0.123	0.085	~0.048	~0.074	0.01
	H_{cm}	0.01	0.8		0.34	0.36	
	$(B\cdot H)_m$	0.02					

下面示例说明选择怎样的材料，才能满足用户的要求。例如，有一用户提出的任务，是在 20～150℃的温度范围内，要求 $\alpha_{B_r}\leqslant 0.05K^{-1}$。问应选择 T_c 多高的材料合适？

解决思路：根据 $\alpha_{B_r}=\alpha_{M_s}$

和

$$\alpha_{m_s}=\frac{M_s(T_2/T_c)-M_s(T_1-T_c)}{M_s(T_1/T_c)}\frac{1}{T_2-T_1}100\%/\text{K} \qquad (10.9.8)$$

在任务中 $T_1=293K$，$T_2=150+273=423K$，因此需要选 T_c 为变数，由 $M_s(T)/M_s(0)$ ——T/T_c的图 10.9.7 上可查出 $M_s(T_2.T_c)$ 和 $M_s(T_1/T_c)$ 的值，通过式（10.9.8）求出 α_{m_s} 于是得出 $\alpha_{M_s}(T_c)$ 的图（10.9.8）在此图上找出 $\alpha_{M_s}=0.05$ 对应的 T_c 值，于是得出 $T_c=740K$。

结论：欲在 20～150℃获得 $\alpha_{B_r}\leqslant 0.0.5/K$ 的材料，需寻找 $T_c\geqslant 740K$ 的物质。前已谈及，B_r 的温度系数，等于 M_s 的温度系数，即 $\alpha_{B_r}=\alpha_{M_s}$，这种说法的正确性可从图 10.9.9 中看出。

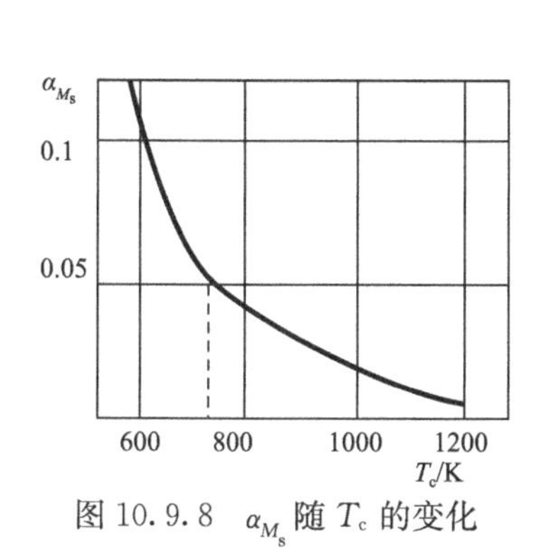

图 10.9.8 α_{M_s} 随 T_c 的变化

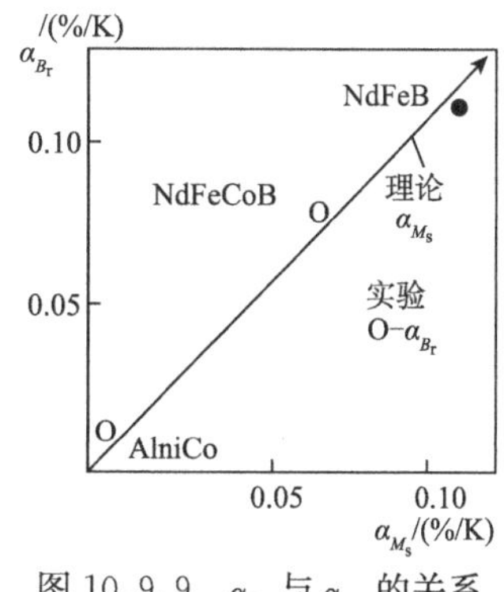

图 10.9.9 α_{B_r} 与 α_{M_s} 的关系

10.9.3 最佳永磁的一种研制方案——交换耦合（自生复合）磁体

根据上述理论分析，欲获得“三高一低”的永磁材料，首先必须选择 M_s 大的物质，其次需要考虑各向异性常数大的化合物，以保证得到大的矫顽力，再次则需考虑居里点高的物质。

另外，受 $R-T$ 化合物和 NdFeB 以及纳米物性的启发，同时又迫切要求新一代永磁的出现，人们渴望在永磁理论概念上有新的突破，实现**纳米晶复合永磁材料**的问世。

由于目前未发现 M_s 和 K 都最高的单相物质，因而人们自然会想到高 M_s 的相与高 K 的另一相如果在交换长度内通过交换耦合复合在一起的话便将成为新一代的永磁体。设想 Fe 与 $Sm_2Fe_{17}N_x$ 复合，则可望 $(BH)_{max}\approx 900kJ\cdot m^{-3}$ (113MG·Oe)，若 Fe-Co 与 $Sm_2Fe_{17}N_x$ 复合，则 $(BH)_{max}$更高，其 $(BH)_{max}$的理论上限可达 $1000kJ\cdot m^{-3}$ (125MG·Oe)。当然也还有其他高 K 相与高 M_s 相的复合等。表 10.10 为 M_s 高的 m 型和 K 大的 K 型材料的某些特性，可供选择为复合对象。

复合方案要求：晶粒为球形、尺寸均匀、分布均匀、晶粒为纳米量级，且两相有

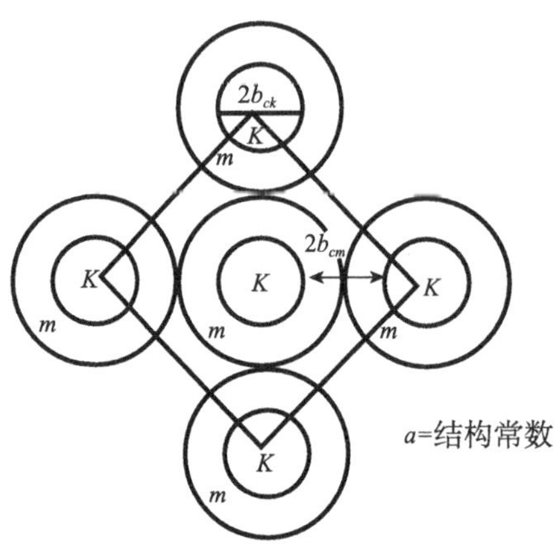

图 10.9.10 交换耦合永磁组织结构示意

金相学的共格关系，即两相的某些晶面或晶轴存在固定的关系，如在 Fe－Ni 合金中的奥氏体（γ 相）转变为马氏体（M 相）时，奥氏体的 {111} 面与马氏体的 {110} 面平行，说明 γ 相的 {111} 面与 M 相的 {110} 面存在共格关系。M_s 大的相体积占 91%，K_1 大的相体积占 9%。（按图 10.9.10 的排列，不论体心或面心结构，K 的相的体积都占 9%）。

1. 交换耦合各向异性

在 Co 与 CoO 的界面上存在交换耦合各向异性现象。Co 金属中 Co 原子为铁磁性，但在 CoO 中 Co 原子为反铁磁性。若界面上产生交换耦合，则现如图 7.2.11的磁结构（这种结构并不是能量最低状态）和回线，这是只有一个易磁化方向所致，故简称单向各向异性。

2. 交换耦合复合磁体的一维磁畴的反磁化图像

设两相均为单轴晶体，磁晶各向异性能密度 E_K 和交换能密度 E_{ex} 分别为

$$E_K = K\sin^2\theta, \qquad E_{ex} = A\left(\frac{d\theta}{dx}\right)^2$$

布洛赫壁的畴壁能量 $\gamma = \int\left[A\left(\frac{d\theta}{dx}\right)^2 + K\sin^2\theta\right]dx$，设将 $\frac{\theta}{x} = \frac{\pi}{\delta}$ 代入上式得

$$\gamma = \frac{\pi^2 A}{\delta} + K\delta/2$$

畴壁能量随畴壁厚度发生变化，由此可解出平衡时的畴壁厚度 δ_0 和相应的畴壁能量的面密度 γ_0：

$$\delta_0 = \pi\ (A/K)^{1/2} \tag{10.9.9}$$

$$\gamma_0 = 2\pi\ (AK)^{1/2} \tag{10.9.10}$$

表 10.10 几种永磁（K 型）和软磁（m 型）材料在室温下的某些磁性

类别	材料	晶体对称性	T_c /（℃·K^{-1}）	M_s /（$\times10^6$ $A\cdot m^{-1}$）	K/（$\times10^6$ $J\cdot m^{-3}$）	$\frac{4K}{\mu_0 M_s^2}$	H_A /（$\times10^6$ $A\cdot m^{-1}$）	$\mu_0 H_A$/T	J_s/T	$\frac{J_s^2}{4\mu_0}$/（$\times10^5 J\cdot m^{-3}$）
K 型永磁（$k\geqslant1$）*	BaO 6Fe_2O_3	六角	450/723	0.38	0.32	7.2	1.25	1.7	0.47	0.45
$H_k=$	MnBi	四方	360/633	0.58	1.16	9.2	2.94	3.7	0.72	1.3
$\frac{2K}{\mu_0 M_s}$	$Nd_2Fe_{14}B$	四方	312/585	1.28	4.9	10	8.12	7.68	1.61	5.1
（$k\approx1$）	Co_5Sm	六角	730/1003	0.84	11.9	54	23	28.6	1.05	2.2
$\frac{M_s}{2}/\frac{2K}{\mu_0 M_s}$	Co	六角	1120/1393	1.40	0.53	0.84	0.70/0.60	0.88/0.75	1.76	0.2

续表

类别	材料	晶体对称性	T_c /(℃·K^{-1})	M_s /(×10^6 A·m^{-1})	K/(×10^6 J·m^{-3})	$\frac{4K}{\mu_0 M_s^2}$	H_A /(×10^6 A·m^{-1})	$\mu_0 H_A$/T	J_s/T	$\frac{J_s^2}{4\mu_0}$/(×10^{5}J·m^{-3})
软磁（m型）（$k\leqslant 1$）	α-Fe	立方	760/1043	1.70	0.047	0.05	0.85	1.06	2.13	9.0
$H_A=\frac{M_s}{2}$	$Fe_{23}B_6$	立方	425/698	1.35	0.10	0.03	0.67	0.86	1.70	5.7
	Fe_3B	四方	510/783	1.28	~0.2	0.39	0.64	0.80	1.60	5.1

* $k=4K/\mu_0 M_s^2$

设高 M_s 的软磁相的磁性参数用下角标 m 表示，高 K 的硬磁相的磁性参数用下角标 k 表示，则按一维反磁化图像的图 10.9.11，用能量极小原理可求出软磁相的临界尺寸 b_{cm}和磁体的退磁曲线的形状。

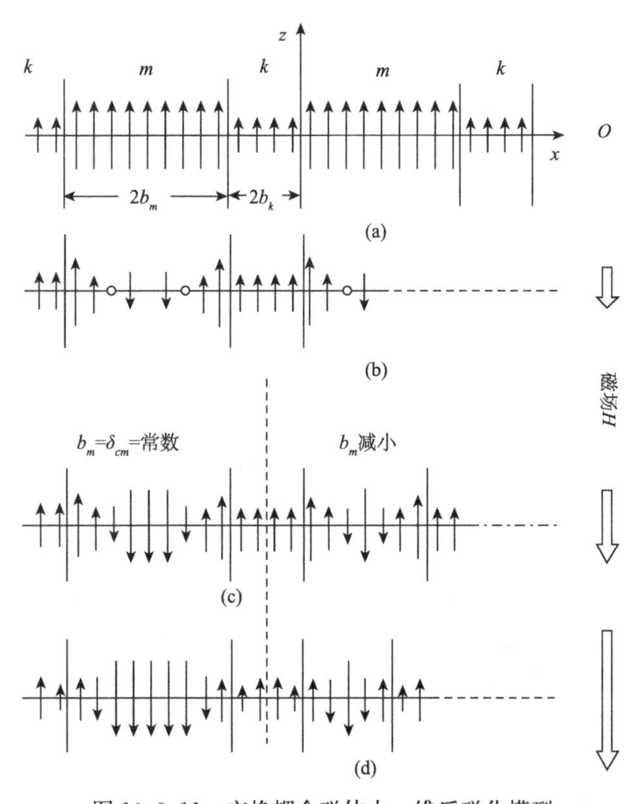

图 10.9.11　交换耦合磁体中一维反磁化模型

(a) 剩磁态；(b)，(c) 随反向磁场增大的反磁化态 $b_m \gg b_{cm}$；(d) 反向磁场进一步增大后 $b_m \to b_{cm}$时的状态

为突出交换耦合和磁晶各向异性的作用，我们假定硬磁相的半径 b_k 与此相在平衡时的壁厚相当，即 $b_k \approx \delta_{0k} = \pi\ (A_k/K_k)^{1/2}$，当从剩磁态图 10.9.11 (a) 开始在负方向增加磁场时，由于软磁相的各向异性小，故软磁相的磁矩首先反转，并在一个软磁相内形成两块 180°的壁（图 10.9.11 (b)），硬磁相的磁矩不转向（图 10.9.11 (b)）。随着反向磁场的增大，软磁相的两块 180°壁将向硬磁相的边界压缩，但不能进入硬磁相（图 10.9.11 (c)），只能自身减薄，导致畴壁体密度能量升高：$E_{\gamma m} = \gamma_m/\delta_m > E_{\gamma_{0m}} = \gamma_{0m}/\delta_{0m}$（即比 B_r 状态下的能量升高）。

若软磁相的半径大于硬磁相（$b_m > b_k$，$b_m \approx \delta_{0m}$），则图 10.9.11 (c) 状态时样品内的 M 会到达 $M=0$ 的状态，从而出现凹（concave）入型的退磁曲线图 10.9.12 (a)。若反向磁场再增大，使软磁相的畴壁能量 $E_{\gamma m} \approx E_{\gamma_{0k}}$（硬磁相在平衡状态的畴壁能量）时，软磁相的畴壁将“侵入”（invade）硬磁相，导致两相的磁矩发生不可逆转向，这时的反向磁场称为临界场 H_{no}，$H_{no} < H_{AK}$，但 $H_{no} \gg H_{cm}$（当 $b_m > b_k$）。

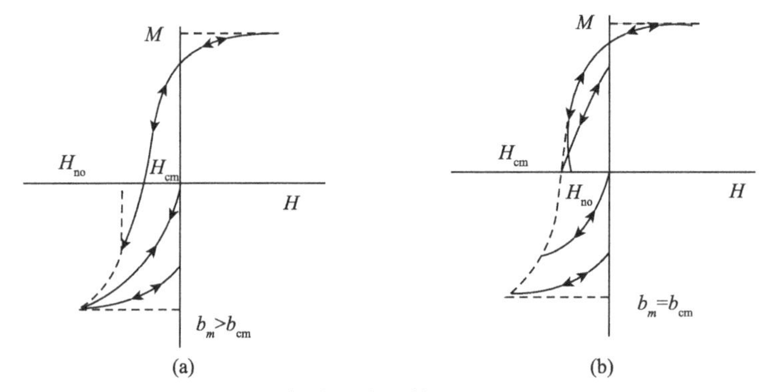

图 10.9.12 交换耦合复合磁体的退磁曲线和回复曲线

若软磁相的半径不是大于硬磁相而是与硬磁相差不多（$b_m \sim b_k$），但若比软磁相的平衡畴壁厚度 δ_{0m} 小（$b_m < \delta_{0m}$），则随着反向磁场的增大，软磁相内的两块 180°壁虽然向硬磁相的边界压缩，也不会出现 $M=0$ 的状态，这是因为软磁相的半径与硬磁相差不多，软磁相内的体积被两块软磁相的畴壁所占据，软磁相内的反向磁矩不足以抵消硬磁相的正向磁矩，于是退磁曲线成为凸起（convex）型的曲线，而且内禀矫顽力 $H_{cm} \geqslant H_{no}$（图 10.9.12 (b)）。交换耦合复合磁体与普通磁体的退磁曲线和回复曲线的比较见图 10.9.12 和图 10.9.13。

3. 交换耦合复合磁体的显微组织及磁性特征

1）临界半径的估计、两相的体积分数

根据一维模型分析，当软磁相的畴壁能体密度等于硬磁相在平衡状态时的畴壁能体密度时，$E_{\gamma_m} = \gamma_m/\delta_m = E_{\gamma 0k} = \gamma_{0k}/\delta_{0k} = 2K_k$ 时，发生不可逆转向（软磁相的畴壁侵入硬磁相）。另外从凸起型的退磁曲线的讨论里可知，获得此种形状的退磁曲线的要求是$b_m<\delta_{0m}$（$b_m\approx\delta_m$），而且欲使H_{cm}最大还需要求$\delta_m=b_{cm}$（欲获得凸型曲线和高H_{cm}，则要求软磁相达到临界半径b_{cm}）。所以b_{cm}必须满足上述两个条件（$b_{cm}\approx\delta_m$，$E_{\gamma m}=\gamma_m/\delta_m=2K_k$）。由$\gamma_m=\frac{\delta_m K_m}{2}+\delta_m A_m\ (\pi/\delta_m)^2$知，当$\delta_m\ll\delta_{0m}$时，式中右边第一项可略去，于是得

$$\gamma_m=\delta_m A_m\ (\pi/\delta_m)^2\rightarrow\gamma_m/\delta_m=A_m\ (\pi/\delta_m)^2$$

此式与E_{γ_m}相等得

$$A_m\ (\pi/\delta_m)^2=2K_k$$

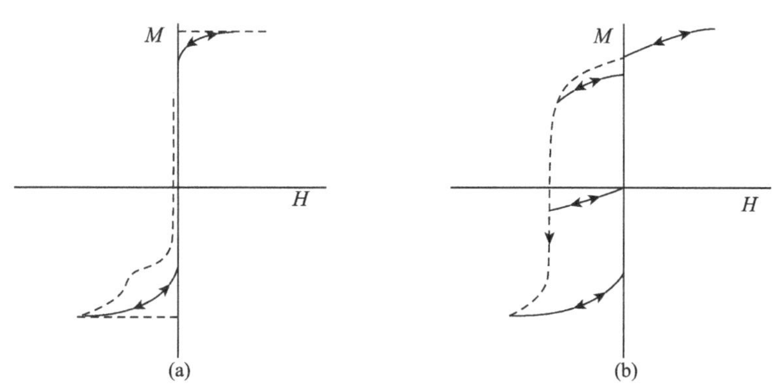

图 10.9.13　普通磁体的退磁曲线和回复曲线

(a) 两相机械混合；(b) 单相

用$\delta_m=b_{cm}$代入上式便得出软磁相的临界半径：

$$b_{cm}=\pi\sqrt{\frac{A_m}{2K_k}} \tag{10.9.11}$$

软磁相的交换常数A_m和硬磁相的磁晶各向异性常数K_k共同决定软磁相的临界半径b_{cm}。用$A_m\approx10^{-11}\text{J}\cdot\text{m}^{-1}$，$K_k=2.10^6\text{J}\cdot\text{m}^{-3}$代入得出$b_{cm}$的尺寸≈5nm。

但是硬磁相的临界半径b_{ck}不能严格从理论上推出，不过根据软磁相半径与硬磁相差不多的设想可认为$b_{ck}\approx b_{cm}$。

假定硬磁相受软磁相包围（防止氧化），而且体积分数尽量小，则复合体的饱和磁化强度M_s便几乎与软磁相的饱和磁化强度M_{sm}相等。于是最佳的显微组织应是**硬磁相在软磁母体中的脱溶**，而不是相反。设脱溶的硬磁相为球，则不论硬磁相组成面心立方或体心立方其体积分数v_k（硬磁相体积/总体积）都分别为$\pi/24\sqrt{2}\approx0.09$和$\pi\sqrt{3}/64\approx0.09$，即最佳的显微组织应是硬磁相只占总体积的9%。

于是材料的饱和磁化强度为

$$M_s=v_k M_{sk}+\ (1-v_k)\ M_{sm} \tag{10.9.12}$$

2）退磁曲线的特征

当反向磁场$H<H_{no}$时，由于硬磁相的磁矩并未反转，这时若将反向磁场去掉，则由于（单向）交换各向异性的作用，原来已经反转的软磁相的磁矩会回复

到开始的方向（好像弹簧一样回复原状），即这一段的退磁曲线是可逆的，其回复磁导率比同类型（指 H_{cm} 和 M_s 相同）的普通磁体大得多（约为 5 倍），见图 10.9.12。

对各向同性的普通单轴多晶体，剩磁 $B_r=0.5\mu_0 M_s$，但对各向同性的交换耦合复合磁体而言，由于两相的共格关系，硬磁相的易轴必须与软磁相的易轴存在关联，硬磁相的易轴不能随机分布，而必须与软磁相的某一晶体学方向平行，而且软磁相又多为立方晶系，故磁体的剩磁 $B_r>0.5\mu_0 M_s$，这就是剩磁增强效应。

临界场（这里称形核场）在完全取向的磁体中，可从外磁场与软磁相的饱和磁化强度 M_{sm} 的作用能量与硬磁相的畴壁能量体密度 $2K_k$ 的关系中求出：

$$H_{no}\approx\frac{2K_k}{\mu_0 M_{sm}} \tag{10.9.13}$$

但在各向同性的磁体中临界场最多也只能是完全取向磁体形核场的一半：

$$H_{no}\approx\frac{K_k}{\mu_0 M_{sm}} \tag{10.9.13$'$}$$

考虑到晶粒的相互作用，当晶粒尺寸接近硬磁相的 180°布洛赫壁的厚度时，磁体的形核场为

$$H_{no}=\frac{2(v_m K_m+v_k K_k)}{\mu_0(v_m M_{sm}+v_k K_k)},\ v_k=\frac{\mu_0 M_0^2}{4K_k},\ M_0=v_k M_{sk}+v_m M_{sm} \tag{10.9.14}$$

当软磁相的一维半径 b_m 大于其临界半径 b_{cm} 时，磁体中的软磁相的磁矩在外场作用下未发生不可逆转动时，就已使磁体的磁化强度为零了，根据外场能量的变化（180°畴壁移动 b_m 距离后引起的）和畴壁能量变化的关系中可求出内禀矫顽力 H_{cm} 为

$$H_{cm}=\frac{\pi^2 A_m}{(2\mu_0 M_{sm} b_m^2)} \tag{10.9.14$'$①}$$

当 $H_{no}\geqslant M_r/2$ 的条件满足时，最大磁能积为

$$(BH)_{max}=\frac{\mu_0}{4}M_0^2\left[1-\frac{\mu_0(M_{sm}-M_{sk})M_{sm}}{2K_k}\right] \tag{10.9.15}$$

总之，判别硬磁相与软磁性相是否存在交换弹性耦合的特征有三：

①$B_r>0.5\mu_0 M_s$。

②退磁曲线大部分是可逆的。

③回复磁导率一般为普通同类磁体（两者的 H_{cm} 和 M_s 都相同）的 5 倍。

对硬磁相取向的交换弹性复合磁体（各向异性交换弹性磁体），前期的理论计算指出[35]对 $Sm_2Fe_{17}N_2/Fe$ 复合磁体：$\mu_0 M_{sm}=2.15T$，$\mu_0 M_{sk}=1.55T$，$K_k=12MJ\cdot m^{-3}$，其

$$(BH)_{max}=880kJm^{-3}\ (110MG\cdot Oe),\quad v_k=7\%$$

---

① 式（10.9.14′）的推导，可从软磁相中的 180°壁移动 b_m 距离后的能量变化 $2\mu_0 HM_{sm}b_m$ 与软磁相内畴壁的能量变化 $\gamma_m/(2b_m/\delta_m)$ 相等的关系中求出。

对 $Sm_2Fe_{17}N_2/Fe_{65}Co_{35}$ 复合磁体：$\mu_0 M_{sm}=2.43T$，其余数据同上，其 $(BH)_{max}=1090kJm^{-3}$（137MGOe），$v_k=9\%$

4. 实验示例

1）$(Fe_3B)_{1-x}(Nd_2Fe_{14}B)_x$

m 相：Fe_3B（$v_m=0.73$）$+\alpha Fe$（$v_m=0.12$），K 相 $Nd_2Fe_{14}B$。

m 相：$Fe_{23}B_6+Fe_3B$
K 相：$Nd_2Fe_{14}B$ } 合金成分为 $Nd_{3.8}Fe_{73.3}V_{3.9}B_{18}S$

快淬后最佳退火为 715℃/10min。

测得磁性：

$$\mu_0 M_s=1.7T,\ M_r/M_s=0.76,\ B_r=1.29T$$
$$H_{cm}=290kA\cdot m^{-1}\quad(3640\ Oe)$$
$$H_c=250kA\cdot m^{-1}\ (3140\ Oe)$$
$$(BH)_{max}=105kJ\cdot m^{-3}\ (13.2MGOe)$$

2）$70\%\alpha$-Fe—$30\%Nd_2Fe_{14}B$

测得磁性：

$$B_r=1.45T,\quad H_{cm}=2700Oe$$
$$H_c=2600Oe,\ (BH)_{max}=14.45MG\cdot Oe$$

这类材料优点：

①Nd 含量只有烧结 $Nd_{15}Fe_{77}B_8$ 的 1/3～1/4 故成本低。

②K 相 $Nd_2Fe_{14}B$ 被 m 相 α-Fe、Fe_3B 等包围，故抗腐蚀。

③温度系数 $\alpha_{B_r}=-0.074\%\sim0.048\%K^{-1}$
$\alpha_{H_{cm}}=-0.34\%\sim0.36\%K^{-1}$ } 均优于烧结 NdFeB。

3）$Nd_{13.5}Fe_{80}Ga_{0.5}B$［95%（质量分数）］粉与 α—Fe［5%（质量分数）］或 Fe-Co［5%（质量分数）］

粉混合后进行热压和热变形制成各向异性的复合磁体，其 $(BH)_{max}$ 可达 $320\sim440kJm^{-3}$（40-55MGOe）。但根据目前的实验结果看尽管用热压和热形变技术[36]，Nd-Fe-B/α-Fe 和 Nd-Fe-B/Fe-Co 的 $(BH)_{max}$ 分别达到 45MGOe 和 55MGOe 的档次，显然交换耦合磁体的综合性能，比起理论的估计，尚有很大距离。

5. 磁体的剩磁 B_r 和内禀矫顽力 H_{cm} 与晶粒尺寸 D 的关系（经验公式）

$$B_r=\mu_0 M_s\ [0.84-0.085\ln(D/\delta_{Bk})] \tag{10.9.16}$$

$$H_{cm}=H_{no}\times0.22-n_{eff}M_s\ln(D/\delta_{Bk}) \tag{10.9.17}$$

式中，α-Fe 为软磁相，$Nd_2Fe_{14}B$ 为硬磁相，D 为晶粒尺寸，δ_{Bk} 为硬磁相的布洛赫壁厚度。

软磁相的体积分数 $V_m=51\%$，$\delta_{Bk}=\pi\ [A/(K_1+K_2)]^{1/2}=3.9nm$。

在 10～120nm 内，B_r、H_{cm} 随 D 的自然对数增加而下降，采用的磁特性为 $J_s=1.88T$，$H_{no}=(2K_1/\mu_0 M_s)$（硬磁相）$=6.6T$，$n_{eff}=0.169$。

10.10 技术磁化理论在材料生产中的运用

理论来自实践，通过实践的检验又提高到理论，再返过来指导实践。下面以永磁铁氧体和 NdFeB 的生产为例，说明各生产工序的各个阶段是如何与技术磁化理论相联系并使理论起到指导作用的。这部分的内容在国内外的《铁磁学》书中罕见，可作为自学资料。

10.10.1 理论对永磁铁氧体性能改进的指导

永磁铁氧体主要为锶、钡磁铅石型铁氧体，它是目前世界上产量最大、价格最廉的永磁材料。表 10.11 为我国磁性行业于 2002 年修订的烧结永磁铁氧体主要技术性能的行业标准。表 10.12 为日本公司（TDK 和日立金属）的高性能永磁铁氧体的主要技术性能。从表 10.11 和表 10.12 的对比中，可见在最佳性能的指标上，差别并不大；但在性能的偏差上却差距很大。这反映出大批量生产中，产品性能一致性方面的差距，这里既有原理性的、也有工艺细节性的、有的还是窍门和秘密，下述的几个方面仅供参考。

表 10.11 我国烧结永磁铁氧体主要技术性能（磁性行业标准 SJ/T10410—2002）

牌号	B_r/mT (kG)	H_{cB}/ (kA·m^{-1}) (kOe)	H_{cj}/ (kA·m^{-1}) (kOe)	$(BH)_{max}$/ (kJ·m^{-3}) (MG·Oe)
Y8T	200～235 (2.00～2.35)*	125－160 (1.57～2.01)	210～280 (2.64～3.52)	6.5～9.5 (0.82～1.19)
Y22H	310～360 (3.10～3.60)	220～250 (2.76～3.14)	280～320 (3.52－4.02)	20.0～24.0 (2.51～3.01)
Y25	360～400 (3.60～4.00)	135～170 (1.69～2.14)	140～200 (1.79～2.51)	22.5～28.0 (2.83～3.52)
Y26H－1	360～390 (3.60～3.90)	200～250 (2.51～3.14)	225～255 (2.83～3.20)	23.0～28.0 (2.89～3.52)
Y26H－2	360～380 (3.60～3.80)	263～288 (3.30～3.62)	318～350 (3.99～4.40)	24.0～28.0 (3.01～3.52)
Y27H	350～380 (3.5 0～3.80)	225～240 (2.83～3.01)	235～260 (2.95 ～3.26)	25.0～29.0 (3.14～3.64)
Y28	370～400 (3.70～4.00)	175～210 (2.20～2.64)	180～220 (2.26～2.76)	26.0～30.0 (3.27～3.77)
Y28H－1	380～400 (3.80～4.00)	240～260 (3.01～3.26)	250～280 (3.14 ～3.52)	27.0～30.0 (3.39～3.77)
Y28H－2	360～380 (3.60～3.80)	271～295 (3.40～3.70)	382～405 (4.80～5.09)	26.0～30.0 (3.27～3.77)
Y30H－1	380～400 (3.80～4.00)	230～275 (2.90～3.45)	235～290 (2.95～3.64)	27.0～32.0 (3.39～4.02)

续表

牌号	B_r/mT (kG)	H_{cB}/ (kA·m^{-1}) (kOe)	H_{cj}/ (kA·m^{-1}) (kOe)	$(BH)_{max}$/ (kJ·m^{-3}) (MG·Oe)
Y30H－2	395～415 (3.95～4.15)	275～300 (3.45～3.77)	310～335 (3.89～4.21)	27.0～32.5 (3.39～4.08)
Y32	400～420 (4.00～4.20)	160～190 (2.00～2.3 9)	165～195 (2.07～2.45)	30.0～33.5 (3.77－4.21)
Y32H－1	400～420 (4.00～4.20)	190～230 (2.39～2.89)	230～250 (2.89～3.14)	31.5～35.0 (3.96～4.40)
Y32H－2	400～440 (4.00～4.40)	224～240 (2.81～3.10)	230～250 (2.89～3.14)	31.0～34.0 (3.89～4.27)
Y33	410～430 (4.10～4.30)	220～250 (2.76～3.14)	225～255 (2.83～3.20)	31.5～35.0 (3.96～4.40)
Y33H	410～430 (4.10～4.30)	250～270 (3.14～3.39)	250～275 (3.14～3.45)	31.5～35.0 (3.96～4.40)
Y34	420～440 (4.20～4.40)	200～230 (2.51～2.89)	205～235 (2.5 7～2.95)	32.5～36.0 (4.08～4.52)
Y35	430～450 (4.30～4.50)	215～239 (2.70～3.00)	217～241 (2.73～3.03)	33.1～38.2 (4.16～4.80)
Y36	430～450 (4.30～4.50)	247～271 (3.10～3.40)	250～274 (3.14～3.44)	35.1～38.3 (4.41～4.81)
Y38	440～460 (4.40～4.60)	285～305 (3.58～3.83)	294～310 (3.69～3.89)	36.6～40.6 (4.60～5.10)
Y40	440～460 (4.40～4.60)	330～354 (4.14～4.45)	340～360 (4.27～4.52)	37.5～41.8 (4.71～5.25)

* 表中括号内数字为原引者所加

表 10.12 日本的高性能永磁铁氧体（烧结）的主要特性

厂家	牌号	B_r/mT (kG)	H_{cB}/ (kA·m^{-1}) (kOe)	H_{cJ}/ (kA·m^{-1}) (kOe)	$(BH)_{max}$ (kJ·m^{-3}) (MGOe)
TDK	FB9N	460±10 (4.60±0.1)	278.5±11.9 (3.5±0.15)	286.5±11.9 (3.6±0.15)	40.4±1.6 (5.1±0.2)
TDK	FB9B	450±10 (4.50±0.1)	342.2±11.9 (4.3±0.15)	358.1±11.9 (4.5±0.15)	38.6±1.6 (4.9±0.2)
TDK	FB9H	430±10 (4.30±0.1)	330.2±11.9 (4.15±0.15)	397.9±11.9 (5.0±0.15)	35.0±1.6 (4.4±0.2)
TDK	FB5D	415±10 (4.15±0.1)	254.6±11.9 (3.2±0.15)	262.6±11.9 (3.3±0.15)	32.6±1.6 (4.1±0.2)
日立金属	YBM-9BD	440～460 (4.4～4.6)	270～303 (3.4～3.8)	286～334 (3.6～4.2)	36.3～39.7 (4.5～5.0)
日立金属	YBM-9BE	430～450 (4.3～4.5)	318～350 (4.0～4.4)	342～374 (4.3～4.7)	34.7～38.0 (4.4～4.8)
日立金属	YBM-9BF	420～440 (4.2～4.4)	302～335 (3.8～4.2)	382～414 (4.8～5.2)	33.1～36.3 (4.2～4.6)
日立金属	YBM-9BG	410～430 (4.1～4.3)	294～327 (3.7～4.1)	406～438 (5.1～5.5)	31.5～34.7 (4.0～4.4)

注：表中 TDK 性能见 2000.2 公司产品目录，日立金属产品见 2003.1 公司产品目录

1）通过组合掺杂、离子代换对配方进行优化设计，用 $La^{3+}-Co^{2+}$、$La^{3+}-Zn^{2+}$ 组合代换 $Ba^{2+}-Fe^{3+}$ （$Sr^{2+}-Fe^{3+}$）

Ba 铁氧体永磁的分子式为 $BaFe_{12}O_{19}$ 或写成 $BaO\cdot 6Fe_2O_3$，简写为 BaM。它的磁性来源于 Fe^{3+}，铁原子的外层电子组态为 $3d^6 4s^2$，三价铁离子的外层电子组态为 $3d^5$，故每个三价铁离子的磁矩为 $5\mu_B$。由于离子间电子的超交换作用，铁离子的磁矩并不都是一致平行排列的，在 5 个次点阵磁结构中，$2a$，$2b$，$12k$ 三个次点阵的铁离子磁矩相互平行排列，而与 $4f_1$、$4f_2$ 二个次点阵的铁离子磁矩反平行排列（故一个钡铁氧体永磁的分子磁矩 $\mu_{分子}^{BaM}=[(2a+2b+12k)-(4f_1+4f_2)]5/2=8\times5/2=20\mu_B$），这是 0K 时一个钡铁氧体分子的磁矩（20℃时一个钡铁氧体分子的磁矩为 $14.3/\mu_B$，比饱和磁化强度 $\sigma_s=71.7A\cdot m^2\cdot kg^{-1}$）。在配方中设计离子代换的目的是提高分子磁矩，从而提高剩磁而且并不降低其他性能。

近几年通过 $La^{3+}-Co^{2+}$ 或 $La^{3+}-Zn^{2+}$ 组合代换 Sr^{2+} （Ba^{2+}）$-Fe^{3+}$ 使铁氧体永磁性能有了突破性的提高，其原因之一是提高了剩磁和矫顽力。新的组合配方的分子式为 $Sr_{1-x}La_x(Fe_{12-y}M_y)_zO_{19}$，式中 $0.04\leqslant x<0.45$、$0.04\leqslant y\leqslant0.45$、$0.8\leqslant x/y\leqslant1.5$、$0.7\leqslant z\geqslant1.2$，M=Co，Zn。一般说来 La^{3+} 对 Sr^{2+} 的代换会使 Fe^{3+} 变为 Fe^{2+}，这是为了电子的价位平衡所要求的。而 Fe^{2+} 的磁矩比 Fe^{3+} 小（相差 $1\mu_B$）且 Fe^{2+} 占据 2a 位，故只有 La^{3+} 对 Sr^{2+} 的代换将使分子磁矩下降。Co^{2+} 或 Zn^{2+} 对 Fe^{3+} 的代换将使分子磁矩增加，因为 Co^{2+} 优先占据 $4f_1$ 和 $4f_2$，Zn^{2+} 优先占据 $4f_2$ 位，Co^{2+} 的磁矩为 $3\mu_B$，Zn^{2+} 没有磁矩，它们都比 Fe^{3+} 的 $5\mu_B$ 小，且都处于与 $2a$，$2b$，$12k$ 反平行的晶位，即在计算分子磁矩时，被扣除的部分小了，整体便增加了。

此外，离子的组合代换，往往还可扩展烧结温度的范围，有利于提高产品的批量合格率。

自 1952 年制成磁铅石型永磁铁氧体以来，离子代换的研究就从未间断，有关 20 世纪 90 年代前的成果可参考文献[37]，上述的 La－Co、La－Zn 组合代换是 2000～2003 年的成果[38]。最近国内有的厂家在永磁铁氧体的预烧料中加入0.5%（质量分数）的 CoO，经砂磨机 5h 研磨，再在磁场 IT 下成型、烧结温度 1300℃（45min），产品性能为 $B_r=4250G$，$H_{cB}=900Oe$，与未加 0.5%（质量分数）CoO 相比，B_r 提高了 8.3%（原值为 3925G）、H_{cB} 下降了 69%（原值为 2900Oe）。其次若将含有 0.5%（质量分数）CoO 的料浆，按 2%（质量分数）的比例加到普通的料浆中，经相同条件的研磨、成型和烧结，则 B_r 由 3800G 升至 4000G，H_{cB} 仍为 3000Oe 不变。究其原因，少量 CoO 的加入，除了对提高分子磁矩有贡献外，还可能实现了液相烧结的条件，从而使密度、取向度、单畴颗粒所占的百分数皆有所改善。

2）磁粉粒度的控制

永磁铁氧体在制备工序的成型前，需将预烧料经粗磨和细磨至单畴尺寸，以便提高矫顽力和取向度。但是研磨时间过长，粒度过细反而使性能下降，其原因一方面是超顺磁性颗粒的出现；另一方面是粒子小于 $0.1\mu m$ 时，一部分永磁铁氧体相（M相）将分解为Fe_3O_4和$SrCO_3$。因此为了提高性能需把粒度控制在一定范围内，并且除掉分解产物（如Fe_3O_4和$SrCO_3$等）。

单畴的尺寸按式（8.8.8）为

$$R_c=\frac{9\gamma}{\mu_0 M_s^2}$$

式中，R_c为球形粒子的临界半径，γ为畴壁能量，M_s为饱和磁化强度，μ_0为磁性常数。将BaM的上述数据代入算得$R_c=0.29\mu m$，或直径$d_c=0.58\mu m$，即BaM的粒子若为球形时，直径小于$0.58\mu m$的粒子便是单畴颗粒。

但是实际的BaM粒子并不是球形，而是薄片，易磁化轴（C轴）与薄片的表面垂直，直径d与厚度e之比d/e为1.5～3，因此在计算单畴的临界尺寸时应按薄片形状计算。由于薄片的退磁因子没有理论公式，故只能近似地把它看成扁椭球的形状（图7.2.43（b）），扁椭球在a方向（相当于薄片的厚度e方向）的退磁因子N_a为

$$N_a=1-2N_c \tag{10.10.1}$$

式中，N_c为C方向的退磁因子，即式（7.2.96）。表10.13为不同径厚比的扁椭球的退磁因子及圆柱薄片的单畴直径。

表10.13 扁椭球的退磁因子和*BaM*圆柱薄片的单畴直径d_c

扁椭球 $k=c/a$	圆柱薄片径厚比 d/e	N_c	N_a	$d_c/\mu m$
	1.5	0.277	0.446	0.341
	2	0.237	0.527	0.288
	3	0.182	0.635	0.239

由退磁因子计算单畴的尺寸，需要比较单畴和两个磁畴的能量。对单轴晶体而言，在单畴状态时，只需考虑退磁能量，即

$$E^{(1)}=E_d=\mu_0 N_a M_s^2 V/2 \tag{10.10.2}$$

在两个磁畴的状态时，除了退磁能量外，还有畴壁能量，即

$$E^{(2)}=E_d+E_\gamma=0.46\mu_0 N_a M_s^2 V/2+\gamma de \tag{10.10.3}$$

根据能量极小原理，当$E^{(1)}<E^{(2)}$时，则出现单畴是有利的，即出现单畴的条件是（单畴直径的临界尺寸d_c）

$$d_c=4.715\gamma/(\mu_0 N_a M_s^2) \tag{10.10.4}$$

将BaM的有关数据和圆柱薄片的径厚比代入式（10.10.4）便得BaM的单畴尺寸，其结果见表10.13。由表可见，随着BaM圆柱薄片径厚比的增加，其单畴直径相应减小，原因是圆柱薄片径厚比的增加，退磁能量也将增加，只有减少体积（单畴尺寸减小）才能在能量上比多畴有利。

前面谈到当粒子尺寸达到超顺磁性颗粒的尺寸时，磁性能也要下降，最极端的情况是粒子尺寸全部为超顺磁性的尺寸时，矫顽力和剩磁都将为零。其原因是热运动的能量，在通常的测量时间内（如100s），便使饱和磁化强度（或每个单畴颗粒的磁矩）越过各向异性的势垒而反转，即整个样品（由超顺磁性粒子组

成）自然退磁（$B_r=0$，$H_{cj}=0$）设单畴颗粒的体积 V，单轴磁晶各向异性常数为 K，则磁晶各向异性能垒为 KV，在测量时间 100s 内获得的热运动能量为 $25kT$，因此实现超顺磁性的颗粒尺寸由下式确定

$$KV<25kT \tag{10.10.5}$$

式中，k 为玻尔兹曼常量；T 为绝对温度。对径厚比 $d/e=1.5$ 的 BaM 而言，出现超顺磁性的直径 d_{para} 由式（10.10.5）得

$$V<25kT/K, \quad \pi\left(\frac{d}{2}\right)^2 e<25kT/K$$

或

$$d_{para}^3<\frac{25kT}{K}\frac{6}{\pi} \tag{10.10.6}$$

令 $T=300\text{K}$，$k=1.38\times10^{-23}JK^{-1}$，BaM 的磁晶各向异性常数 $K=330\text{kJm}^{-3}$代入式（10.10.6）得 BaM 薄片（$d/e=1.5$）出现超顺磁性的直径 $d_{para}=84.3\text{Å}$。可见，当 BaM 的单畴薄片（$d/e=1.5$）的直径减小至 84.3Å 时，单畴粒子便异化为超顺磁性颗粒。

生产厂家采用许多办法来控制磁粉的粒度分布，如分级研磨及循环研磨，利用沉降原理使粗颗粒得到长时间研磨，细颗粒缩短研磨时间，特细的超顺磁性颗粒则被除去。此外，在预烧时加入结晶粒度控制剂，使预烧料的磁粉粒度分布就比较窄，以达到最终的粒度控制。高性能的磁粉粒度为 0.4～0.6μm，若粒径再小，平均值为 0.25μm 时，内禀矫顽力 H_{cj} 为 $478\text{kA}\cdot\text{m}^{-1}$（6kOe）。

3）提高磁粉易轴的取向度

单畴尺寸的磁粉，在外磁场下成型时，若易轴排列不一致（取向度不高），将使剩磁和矫顽力大大下降。影响取向度的因素主要有压型时的外磁场的强度、阻碍磁粉转动的阻力和磁粉的团聚作用等。

对一定粒度的磁粉，压型时的外磁场愈强、取向度愈高。因为磁粉受的力与气隙中的外磁场的平方和气隙的面积的乘积成正比（计算公式见式（13.3.6）），磁粉粒度与达到饱和取向度的外磁场强度的关系如表 10.14 所示，可供参考。

表 10.14 磁粉粒度与取向磁场的关系

磁粉粒度/μm	取向磁场强度/（$\text{kA}\cdot\text{m}^{-1}$）（kOe）
0.95	478（6）
＜0.70	＞800（10）
0.67	915（11.5）

磁粉的团聚是由于单畴粒度的磁粉间的磁吸引和排斥相互作用引起的。理论上可以计算尺寸多大的单畴粒子，团聚现象特别明显。计算公式见式（8.10.10）或下式（对径厚比 $d/e=1.5$）

$$d>6.786\left[\text{kT}/(\pi\mu_0\text{M}_s^2)\right]^{1/3} \tag{10.10.7}$$

令 $T=300\text{K}$ 并将 BaM 的有关数据代入式（8.10.10）和式（10.10.7），得出团聚现象的粒子直径分别为 116Å 和 132Å，即凡是大于以上尺寸的粒子都将出现

团聚。由于 BaM 的单畴尺寸（见表 10.13）均比出现团聚的粒子直径大，故在 BaM 的粉料中，团聚现象不可避免。

为了打破磁粉的团聚，常采用添加分散剂和利用捏合机的剪切力将团聚的粉粒分散的方法。分散剂有羧酸及羧酸脂多种，加入量在 0.5%～5%（质量分数），采取这一措施后，磁粉的取向度可达 98%，但需在成型后进行低温下除去分散剂的处理（100～500℃）。

4）加入少量添加剂和产品形状的完整性

（1）加入少量添加剂

在烧结永磁铁氧体的生产中，加入一种或多种少量的添加剂是为了改善性能和增加批量合格率。但是价格昂贵，影响经济效益；污染环境，危害健康，影响社会效益的添加剂则不宜采用。

不同的添加剂作用不同，总体来说，它们或者通过离子代换提高分子磁矩，或者通过高温的固相反应存在于永磁铁氧体晶界，或固溶于晶粒内，从而达到控制晶粒尺寸、形状和分布，提高密度和取向度，降低烧结温度和扩宽烧结温区，最终达到提高性能的目的。

原料或预烧料的不同，所采用添加剂的种类和数量也不同，特别是预烧料中所含的 M 相和杂质数量的不同，添加剂也应不同。对于同一种预烧料，因产品的用途不同和掺进的下脚料（如破碎料和磨削料）数量不同，添加剂也不相同。因此添加剂的研究曾是热门课题，至今仍在探索，即使同一种类、同一数量的添加剂，若尺寸为微米级或纳米级，其效果便不相同，加入的时机也不同。因此最终决定加入哪一种和多少数量的添加剂，最好还是通过试验确定。表 10.15 为添加剂的种类和添加量及其作用原理，仅供参考[39]。

（2）产品形状的完整性（开裂的分析）

永磁铁氧体产品外观形状的完整性是使用的前题，但有些产品却在烧结后或在使用温度合理的循环中，发生变形或开裂，如何避免此类现象的发生，并寻求解决此类问题的方法，虽然不是永磁理论的核心范畴，却一直是厂家关心的首要问题。

永磁铁氧体产品的形状缺陷，包括开裂、起层、断层、鼓泡、缺角、掉边、变形及花斑等。有的明显可见，有的在产品内部，特别是大尺寸的产品，开裂率可高达 50%～60%，或者在做−40℃到＋100℃的升降温循环实验后，圆环沿圆周方向层裂（一个圆环分裂为两个圆环）率可达 20%。

永磁铁氧体的晶体结构为磁铅石型的六角晶系结构，晶粒形状为薄片形，C 轴（易磁化轴）与薄片平面垂直。热膨胀系数为 13（$/\!/C$ 轴）$\times 10^{-6}$℃$^{-1}$和 8×10^{-6}℃$^{-1}$（$\perp C$ 轴），坯件的烧结收缩率高达 14%～18%（$\perp C$ 轴）和 26%～32%（$/\!/C$ 轴）。变动幅度大和高的收缩率是与生产工艺中的许多因素有关的（见后面的分析），这种“先天”的因素，使生产中控制永磁铁氧体的尺寸形状，往往比控制磁性还难。

表 10.15 添加剂的种类和添加量及其作用原理和所得磁性

添加剂种类	$CaCO_3$	SiO_2	Al_2O_3	CaO、NIO	高岭土	$SrSO_4$	H_3BO_3	Bi_2O_3	R_2O_3 R 为稀土	葡萄糖酸钙	磁性*			
作用原理	少量 Ca^{2+} 代换 Si^{2+}，多数 Ca^{2+} 起助熔剂作用	抑制晶粒长大、增加矫顽力	Al^{3+} 代换 Fe^{3+} 使 B_r 下降，H_c 增加	提高绝缘电阻和矫顽力	阻止晶粒长大并提高密度	有利于激活铁氧体的生成、提高密度对 H_c、B_r $(BH)_{max}$ 均有利	分散剂和助熔剂，使 B_r 和 H_c 同时提高	增加铁氧体反应速率、助溶剂抑制晶粒长大、提高 $(BH)_{max}$	提高 σ_s、稳定磁铅石结构、提高批量合格率	分散剂提高取向度				
添加剂的添加量	0.4	0.2	0.6	0.7	0.2	0.22	0.30	0.30	1.0	0.7	Br(mT) (kG)	H_{cB}(kA·m^{-1}) (kOe)	H_{cj}(kA·m^{-1}) (kOe)	$(BH)_{max}$/(kJ·m^{-3}) (MG·Oe)
	0.8	0.4				0.2 ($SrCO_3$)					385 (3.85)	245 (3.08)	265 (3.33)	27.9 (3.50)
	1.2		0.3				0.4				395 (3.95)	240 (3.01)	263 (3.30)	29.6 (3.72)
	1.2		0.3			0.4 ($SrCO_3$)	0.4				400 (4.00)	247 (3.10)	255 (3.20)	31.1 (3.90)
	0.6						0.2				395 (3.95)	243 (3.05)	253 (3.18)	29.7 (3.73)
	1.2		0.3				0.4		0.3		387 (3.87)	281 (3.53)	311 (3.91)	27.9 (3.50)
	0.8	0.2	0.2			0.4					392 (3.92)	247 (3.10)	267 (3.35)	29.3 (3.68)
	0.4	0.3		0.7					1.0 (La_2O_3)		429 (4.29)	139 (1.75)	141 (1.77)	34.5 (4.33)
	1.4	0.6		0.7					1.0 (LaO_3)		445 (4.45)		384 (4.82)	38.7 (4.86)
	1.3	0.5		0.3					2.0 (LaO_3)		420 (4.20)	169 (2.12)	171 (2.15)	33.7 (4.23)

* 由于原料和工序及工艺参数的不同，所得磁性仅代表添加剂的影响

按断裂力学的理论，材料内的缺陷和应力是导致材料变形和开裂的原因。断裂力学的研究内容是探讨应力作用下的裂纹扩展。设裂纹长度为 $2a$，均匀单向拉力为 σ，当 σ 与裂纹方向垂直时，应力强度因子 K_{I}（按线弹性理论）为

$$K_{\mathrm{I}}=\sigma\sqrt{\pi a} \tag{10.10.8}$$

试验表明，当 K_{I} 达到临界值 K_{IC} 时，裂纹将发生失稳扩展，导致试样断裂，故 K_{IC} 称为断裂韧性。对于脆性材料，裂纹一旦失稳扩展，将很快造成断裂。

对强度影响最大的缺陷是裂纹，它形状最尖锐、最容易扩散，因而最危险。其次按次序是菱形孔、方形孔和圆孔，球窝（气孔）的影响较小。裂纹对强度的影响还依赖于裂纹的大小、位置、形状和数量等，通常表面裂纹比内部裂纹对强度的影响更大[40]。

应力分外应力和内应力两类，永磁铁氧体出现裂纹并发展为开裂、断裂，多是由内应力引起的。不是通过物体表面向物体内部传递的应力，而是在物体内部为了保持平衡而产生的应力称为内应力，热应力和残余应力便属于内应力。

用简单而直观的三个弹簧可说明残余应力。如图 10.10.1 所示，三个弹簧的弹性系数分别为 C_1，C_2，C_3，它们在自由状态（a）时的长度分别为 l_1，l_2，l_3，若用刚性板将弹簧上下两端分别连接（b）后的长度为 l，则此时各弹簧上的力便为残余应力，分别为 $p_1=C_1(l-l_1)$，$p_2=C_2(l-l_2)$，$p_3=C_3(l-l_3)$，且有 $p_1+p_2+p_3=0$，可见残余应力是当物体去除外部因素作用时，在物体内部保持平衡而存在的内应力。残余应力随材料性能、产生条件等不同而异，按作用范围来区分可分为宏观残余应力和介（微）观残余应力。宏观残余应力产生的原因大致有三：①不均匀塑性变形；②热的影响；③化学变化。介观残余应力产生的原因也大致有三：①由于晶粒的各向异性；②晶粒内、外（晶间）的塑性变形；③由于夹杂物、沉淀相或相变而出现第二相。

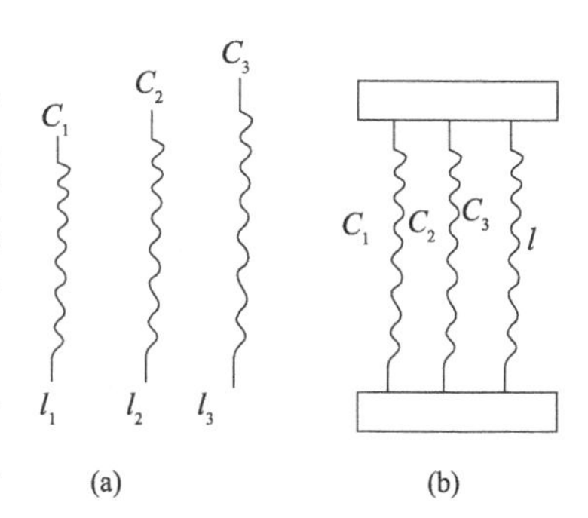

图 10.10.1 残余力产生原因

（a）自由状态；（b）刚性板连接状态

通过上面的分析可知，若永磁铁氧体内消除了残余应力和缺陷，特别是消除了裂纹的话，则距离达到产品外观和形状完整性的目的便不远了。下面按永磁铁氧体制备工艺的顺序，再分析产生残余应力和缺陷的因素，并初步提出克服的办路法[39]。

（a）料浆制备的原因

料浆是成型前的微粉粒与液体的混合物，好的料浆在外观上均匀不发泡，不粘在容器四周，手感不滑润，pH 在 7～9。但是料浆不理想，使产品出现缺陷的原因大致有如下各点：

第一，SrO 含量过多。造成 SrO 含量过多的原因是原料中的铁鳞或精矿粉（这两者的主要成分为 Fe_3O_4）在预烧时氧化不好，Fe^{2+} 过多，或在配制预烧料时采用过量的锶配方，使 SrO 在预烧时不能完全与 Fe_2O_3 化合转化为锶铁氧体，而是遇水形成 $Sr(OH)_2$ 的水溶液和 $Sr(OH)_2 \cdot 8H_2O$ 结晶体，后两者在成型的毛坯中遇到 CO_2 后便生成 $SrCO_3$，而 $SrCO_3$ 粒子会使铁氧体微粒隔开造成毛坯局部不紧密而出现缺陷。

SrO 过多也是形成花斑的原因，因为 SrO 遇空气中的 CO_2 后转变为 $SrCO_3$，使铁氧体磁粉黏结在一起，造成取向困难，或者成为各向同性的磁块（这就是花斑），花斑形成后还会长大，它们与周围的取向磁块收缩率不同，从而引起细裂纹。试验数据表明，料浆的 pH 在 7～9 时，磁体无花斑及裂纹出现。pH 在 9～12 时，有少量花斑及裂纹出现。pH≥13 时，花斑及裂纹增多。当 pH≥15 时，花斑及裂纹就非常严重了；当然如果提高烧结温度，残存的 SrO 与未反应的 Fe_2O_3 再次生成锶铁氧体，则花斑可因之减少甚至消失。

另外，比较常用的方法是采用水洗料浆或添加酸性的稀释溶液，来减少 $Sr(OH)_2$ 与 $Sr(OH)_2 \cdot 8H_2O$ 的生成。例如，添加硫酸（H_2SO_4），或 NH_4HCO_3，或 $(NH_4)_2CO_3$ 的稀溶液，实现酸碱中和反应，达到理想的 pH 值。而且反应的生成物，有的（如 $SrSO_4$）可作为添加剂加入，以提高矫顽力；有的（如 $SrCO_3$）可作助磨剂降低球磨时间，提高研磨效率。酸碱中和化学反应式为

$$Sr(OH)_2 + H_2SO_4 \longrightarrow SrSO_4 \downarrow + 2H_2O$$

$$NH_4HCO_3 + Sr(OH)_2 \longrightarrow SrCO_3 \downarrow + NH_3 + 2H_2O$$

$$(NH_4)_2CO_3 + Sr(OH)_2 \longrightarrow SrCO_3 \downarrow + 2NH_3 + 2H_2O$$

第二，预烧料内残存的其他杂相和生产过程中与铁质设备（如钢球）相接触混入纯铁。有的预烧料因固相反应不充分或氧分压不够，使预烧料内残存非强磁性的 $\alpha-Fe_2O_3$，$\gamma-Fe_2O_3$，$SrOFe_2O_3$（$SrFe_2O_4$）等杂相，因为它们不是六角片状结晶，在烧结时不能与六角片状晶体协调生长，从而使产品在烧结后出现碎裂和发脆。

生产过程中混入的纯铁以及铁鳞原料中残留的纯铁，有的会转变成 Fe_2O_3（$4Fe + 3O_2 \longrightarrow 2Fe_2O_3$），在反应时将产生强烈的局部膨胀，引起细裂纹。而在烧结时若为还原气氛，则又会将 Fe_2O_3 还原成金属铁，它与原来残存的铁都会在空气中氧化成 Fe_3O_4，在毛坯升温阶段 Fe_3O_4 会随水分扩散到毛坯表面，水分蒸发后也会形成花斑。

第三，料浆中的颗粒尺寸差异过大。前面在讨论磁粉粒度的控制时，已提出为了提高磁性，磁粉粒度应控制在单畴尺寸，且粒度分布要尽量窄。可是在生产中往往出现颗粒尺寸差异过大，使在成型时颗粒间出现空隙，烧结后便产生显微裂纹。

第四，料浆中若含有油，或毛坯中混有封闭的空气以及半干涸或干涸的“料

疤”、“料皮”在烧结时造成缺陷，导致产品开裂。

(b) 磁场压型的原因

自料浆注入经磁场压型形成毛坯的过程中，有许多因素会引起产品开裂。有的毛坯在未烧结前就已破裂，有的在烧结后才破裂，有的在合理的热循环中开裂，而开裂率与产品形状的关系也很大。为了防止开裂，除了正确设计模具、正确使用压机（包括压力、压制速度、时间、程序等）、正确操作各工序（如注浆、退模、取送毛坯等）外，还需注意下述因素。

第一，防止压床爬行引起毛坯开裂，特别是层裂。产生压床爬行的原因及消除方法大致是：①滑块与立柱配合间隙过大或过小；②液压缸安装与立柱不平行以上二者应以主柱为基准进行调整，并采用防爬行导轨油润剂，使相对运动部件之间的摩擦阻力不变化；③空气进入系统引起系统低速爬行，应设法排除引起空气进入的所有管道；④油液不干净、堵塞过细小孔以及油箱设计不合理、不按时换油均可引起压床爬行。另外，回油箱增加背压力，可有效减少爬行。压机成型前往复运动活塞数次，可部分排除油中空气。

第二，成型压力的不均匀，导致毛坯密度不均匀，再加上烧结时收缩的不均匀，使产品开裂。解决办法是适当增大成型压力及延长保压时间，当然压力也不能过大，加压速度也不能过快。如果上层压力过大、速度过快，使空气在压力作用下往下层移动或压缩在毛坯内部，一旦卸压时由于空气膨胀便造成开裂。一般而言，成型密度以 $3.2\mathrm{g\cdot cm^{-3}}$ 为宜。表 10.16 为 100 压强油压机 $\phi72\times\phi32\times10$（一模三腔）的成品率与总压强的关系，供参考。

表 10.16 总压强与成品率的关系

总压强/t	100	80	70	60	≤50
成品率/%	87	76	54	34	30

第三，成型磁场的不均匀，造成取向度不同，使烧结时收缩率不一致，从而产生裂纹。关于线圈磁场的设计，可参考本书 13.5 节，此外，加磁场与加压力应很好配合，避免磁场落后于成型，造成毛坯项部呈各向同性、下层呈各向异性，出现“揭盖式”裂纹或俗称的“大小头”。

第四，其他如成型时的抽水速度与压制速度的匹配，成型后毛坯的退磁，下模面垫材料的选择等都应注意，否则也会造成开裂。

(c) 烧结的原因

烧结是影响永磁铁氧体磁特性的最关键工序，通过烧结、生产中的先行工序的有利措施能否见效，也就完全确定了。烧结也是影响产品外观完整性的关键工序之一，因为烧结时的升降温度随时间变化的曲线，以及炉窑内的气流速度都直接影响毛坯的裂纹或开裂率。

由于取向度高，磁性能好的产品多采用湿法成型，故脱模后的毛坯含水量较高，约占总质量的13%（质量分数），此水分在自然干燥区及窑炉升温区内通过毛坯内部的毛细管向表面扩散，再由表面向外蒸发，直至水分逸完为止。水的毛细管扩散与表面蒸发应达到连续平衡，这就要靠合理的温度——时间曲线和排除水汽的气流速度来解决。如果蒸发快、扩散慢，便会在毛坯内残留水分，到了高温区，水分因急剧再扩散便破坏了毛坯固有的毛细管道，造成毛坯内外崩裂。磁体在烧结后，崩裂处呈灰暗色。另外，蒸发速度太快时，热量直接辐射到毛坯表面，使内外温度差过大，导致毛坯产生内应力裂纹，这种细裂纹有可能在往后的烧结中发展为大裂纹。特别要注意避免任何水珠回滴到毛坯上，否则会使毛坯开裂。如果蒸发慢，而温度在常压下又达到了100℃，则毛坯内部产生的水蒸气大于能外逸散去的蒸汽量，此内部残存的水汽到了高温区也会产生崩裂。

水汽逃逸是否畅通取决于窑膛结构、毛坯码放方式和抽（鼓）风速率，而且应根据毛坯的含水量来调整合理的工艺参数，不能调整一次就一劳永逸。

在设计选择窑炉时，通常从毛坯进窑至500℃温区的长度，应为窑炉总长的1/3,以充分排除水分，避免到高温区的开裂。由于高温时导热系数增大，故在900℃至烧结温度（1200～1300℃）的升温速度可加快，由烧结温度至900℃的降温速度亦可加快。从900℃左右开始应慢一些降温（磁体颜色由橘红至暗黑），待降温至300℃直至出窑都要求缓慢降温，以防冷缩导致开裂。

通常在高温烧结过程中，由于某些组分的挥发，或与承烧板（匣钵）发生反应，导致磁体裂纹和缺陷。为此在莫来石或氧化铝为主要成分的承烧板中，可加3%～20%（质量分数）的铁氧体原料粉，或3%～20%（质量分数）的氧化锆粉，但以10%（质量分数）的铁氧体原料粉或氧化锆粉为佳。另外，在毛坯码放时，有一面与承烧板接触，另一面为自由平面，由于毛坯存在自身质量，当烧结过程中毛坯收缩时，毛坯下端与承烧板接触产生摩擦力，导致下端为不自由收缩，上端却是自由收缩，使烧结后的磁体呈现下端大而上端小，并导致残余应力的存在或裂纹。为了减小上述的摩擦力，要求底部应平整无毛刺，或在承烧板上刷一层氧化铝黏合粉（用氧化铝粉加10%（质量分数聚乙烯水溶液搅拌均匀刷上并烘干），或在承烧板上辅上大量耐热的氧化铝球。

(d) 磨加工的原因

烧结后的磁体，有的需要磨加工，才能达到产品尺寸和光洁度的要求。但是磨加工设备和操作不当都会造成表面裂纹。建议在操作时分两段进行，首先快速粗磨，使产品基本达到尺寸要求；然后快速细磨将粗磨时留下的一层损伤表面磨去，而且最好砂轮和磁体同时运动。

(e) 解决产品裂纹、开裂、断裂等的其他思路

通过上面对永磁铁氧体出现形状缺陷的分析和采取了相应措施后，并不是说保持产品形状完整性的问题就彻底解决了，特别是对磁化方向辐射取向磁环的开裂问题仍未解决，下面提出几种解决思路。

第一，采用热时效消除残余应力。在热时效过程中，通过升温、保持和降温三个过程的温度变化，使材料膨胀和收缩，降低材料的屈服极限，因而残余应力高的地方，就会超出屈服极限使晶格滑移，产坐微小的塑性变形，从而将残余应力释放、降低和均匀化。

第二，细化晶粒、韧化晶界。在脆性的烧结材料中，晶粒的细化或纳米化是减少烧结体中气孔和裂纹的尺寸、数量及不均匀性的有效途径，因此也是脆性材料加强韧化的有效途径之一。原因是晶粒细到纳米级时，由于界面的延展性，材料受到应力时会产生超塑现象。陶瓷材料出现超塑性的颗粒尺寸范围为200～500nm[40]，而金属材料出现超塑性的颗粒尺寸要大得多，即约小于10μm，两者相差几十倍。永磁铁氧体属陶瓷材料（曾俗称为黑瓷），故其出现超塑性的颗粒尺寸，也在200～500nm之列。况且永磁铁氧体单畴颗粒的尺寸（239～341nm）正好在这一范围之内（见表10.13），所以在永磁铁氧体中实现超塑性，兼顾好磁性是很有希望的。至于增加晶界物质的韧性，则可类似于加入助溶添加剂的方式来解决。

第三，混入其他颗粒或纤维以增加强度和韧性。在某些合金或结构陶瓷中，为了增加强度和韧性，常采用混入其他物质的方法，这些物质的形态有颗粒或纤维，它们统称为“增强体”。常用的增强体有TiB、TiB_2、SiC、SiN_4、Nb、Nb-Ti颗粒和纤维，以及玻璃纤维、C纤维、B纤维和Al_2O_3纤维等。

选择增强体时，要注意增强体与原有材料（基体）的弹性模量和热膨胀系数有一定差异，但差别又不宜过大。因为在烧结冷却阶段，这种差异将造成基体受到径向张应力和切向压缩应力，当然这种应力应远低于材料自身的强度，否则会影响强度的改善。选择增强体时，还要注意与基体在化学性能上的匹配，不与基本发生强烈的化学反应，否则不但增强作用消失，还会损害基体的磁性。从烧结致密化和改善材料整体强度考虑，希望增强体与基体有良好的“润湿”关系，结合形成牢固的界面层。这就同时表明，增强体尺寸的选择也是重要的。因为如果增强体尺寸太小，较弱的化学反应也会使增强体受到损伤，从而减弱或起不到增强作用；如果增强体尺寸太大，则会影响增强体与基体的均匀混合及两者的复合效果。

以上三种增加强度和韧性的思路，在烧结稀土永磁合金中，已有人提出和进行研究[41]，是否在永磁铁氧体中也值得采用，最终取决于特殊需要和经济效益，这里提出来是作为借鉴而已。

10.10.2 理论对烧结NdFeB永磁合金性能提高和工艺改进的指导[42]

烧结钕铁硼（NdFeB）永磁合金是1983年出现的磁能积最高的永磁材料，俗称为“永磁王”。它是继稀土永磁Sm－Co1∶5型和2∶17型出现的第三代稀土永磁材料。目前（2007年）烧结NdFeB的世界产量约5万吨，虽不及烧结铁氧体永磁产量（约20余万吨）大，但总产值却高于它。

1983年NdFeB刚出现时的磁能积为290kJ·m^{-3}（36.4 MG·Oe），现在已达到476kJ·m^{-3}（59.6 MG·Oe），批量生产也达到了432kJ·m^{-3}（54.3 MG·Oe）。20余年磁能积跃增了64%，幅度提高之快令人瞠目，原因在下文将有分析。1983年NdFeB刚问世时，日本、欧洲、美国等国的产量占全球总产量的85%以上，中国产量不足15%。而22年后的2005年却发生了奇迹般的变化，中国的产量占全球总产量的77%，上述国家只占23%（日本22%、欧洲1%、美国0）。原因当然是多方面的，如中国稀土资源丰富、劳动力成本低，固定资产折旧及管理费低等，但主要原因恐怕是产业的发展道路不同之故。上述发达国家的产品主要满足高新技术的特定要求，故对产品性能要求高，是所谓“三高”产业，即高投入、高价格、高利润的产业，当地社会对之另眼相看。中国的NdFeB磁体产业的发展道路与发达国家截然不同、它起点低、投资有限，走的是低投入、低利润、高产量的道路，表10.17为中国与发达国家在2005年的烧结NdFeB的产量、产值与平均价格。

表10.17　中国与发达国家的烧结NdFeB的产量、产值和平均价格（2005年）

产地	产量/t	产量份额/%	平均售价/（美元/kg）	销售额/（百万美元）	产值份额/%
中国	30160	77.1	32	965.12	56.2
日本	8500	21.7	84	714	41.6
欧洲	450	1.2	82	36.9	2.2
美国	0	0	0	0	0
总计	39110	100	43.5	1716.02	100

由表10.17可见，中国的产量和总产值都居第一，但每公斤的平均价格较低，只有国外的38.6%，说明中国的NdFeB产品还是属于中、低档的范围。这种差别是否会长期保持下去？据业内人士分析，会维持几年，但不会长期。因为中国有足够的人才储备，目前从事磁学和磁性材料研究、开发和生产的技术人员超过万人，在此领域中稳居世界首位。而且中国的NdFeB永磁体的生产厂家，也不会满足于低价位、高产量、低利润的现状，一定会加强研究、开发的投入，从各个方面进行创新，将用适合国情的先进设备进行生产，而代价只有进口设备的1/8～1/10，并生产出高性能、高价位的产品。下面从烧结NdFeB永磁合金生产的几个工序，来分析永磁理论的指导作用和相应的设备改进。诚然，永磁理论对永磁体中铁氧体和NdFeB生产的指导作用，原则上是一致的，因此10.10.1节对铁氧体永磁的讨论，原则上也可用于NdFeB，但是由于NdFeB是合金，而且含有不到1/3质量%的稀土金属钕（Nd），它的化学特性很活泼，很容易被氧化，直径为1～2μm的NdFeB合金粉末，在空气中便能自燃，同时它与氢、氮气体也能快速反应，所以NdFeB的整个制造工艺一般都必须在真空或惰性气体保护下进行。下面从几个方面论述NdFeB永磁性能提高的主要原因。

1）提高 $Nd_2Fe_{14}B$ 相的比例、速凝薄片工艺的发明

烧结 NdFeB 永磁合金的内禀磁性和技术磁性是有区别的，内禀磁性如饱和磁化强度 M_s、磁晶各向异性常数 K、居里温度 T_C 等，由分子式为 $Nd_2Fe_{14}B$ 的四方相决定，但技术磁性如剩磁 B_r、矫顽力 H_c 和最大磁能积 $(BH)_{max}$，除了与主相 $Nd_2Fe_{14}B$ 有关外，还与富 Nd 相的分布有关（就成分而言暂不考虑其他工艺因素），所以在熔炼合金前的配方时，不能按 $Nd_2Fe_{14}B$ 分子式配方，而要按 $Nd_2Fe_{14}B$ 相＋富 Nd 相配方，前者的质量分数为 97%，后者为 3%，具体的组成为 $(Nd_{26.7}Fe_{72.3}B_1)_{97}$ ＋ $(Nd_{88.6}Fe_{11.4})_3$%，两者合并后 Nd 为 28.55%、Fe 为 70.46%，B 为 0.96%。实验证明，单一的 $Nd_2Fe_{14}B$ 相不能获得好的永磁性能，只有占 97%（质量分数）的 $Nd_2Fe_{12}B$ 相和占 3%（质量分数）的富 Nd 相组合在一起，并且富 Nd 相弥散于 $Nd_2Fe_{14}B$ 相的晶粒周围形成晶界薄层后，才能出现好的永磁性能。

可是按上述配方熔炼合金，按常规方法形成铸锭后，合金内不可避免地还存在相当数量的 $\alpha-Fe$ 和少量的富硼相 $Nd_{1.1}Fe_4B_4$。众所周知，$\alpha-Fe$ 是软磁性的，其饱和磁化强度虽高，但矫顽力很低；更为严重的是由于 $\alpha-Fe$ 的析出，占用了本该形成 $Nd_2Fe_{14}B$ 主相的铁，使主相的数量减少，故析出 $\alpha-Fe$ 对 NdFeB 永磁合金来说是十分不利的。

曾经试验了很多办法来企图消除析出的 $\alpha-Fe$。一种办法是将合金锭，在 1100～1150℃下长时间保温（50～100h），企图用富钕相与 $\alpha-Fe$ 反应形成 $Nd_2Fe_{14}B$ 来消除析出的 $\alpha-Fe$，但试验证明效果不好。因为析出的 $\alpha-Fe$ 通常被包围在 $Nd_2Fe_{14}B$ 主相的晶粒内，只有靠原子的互扩散穿过主相才能与富钕相反应，效率极低。另外，长时间的保温会使富钕相由原来的弥散分布变为明显的聚集，主相晶粒也同时长大，结果矫顽力明显低于未经保温的磁体。另一种办法是在配方中增加 Nd 含量，目的是减小平衡相图上的液相线与包晶反应线（即 1185℃生成 $Nd_2Fe_{14}B$ 的线）之间的温度差，来减少 $\alpha-Fe$ 的析出，可是这样一来却同时会产生更多的富 Nd 相，破坏了富 Nd 相与 $Nd_2Fe_{14}B$ 相两者的最佳比例，故使永磁性能也不能提高。

实验发现，如果不设法消除析出的 $\alpha-Fe$，用传统的熔炼、铸造的合金锭为原料，即使在后续工序中作出种种优化的改进，也只能生产出最佳性能的磁能积 $(BH)_{max}=360kJ\cdot m^{-3}$（45MG·Oe）的磁体。但是如果在熔炼、铸造中采用了新的方法，消除了 $\alpha-Fe$ 的析出和相应地优化后续工序，则能批量地生产出 $(BH)_{max}=432kJ\cdot m^{-3}$（54.3MG·Oe）的磁体，实验室最高可达 $(BH)_{max}=474kJ\cdot m^{-3}$(59.6MG·Oe)的样品。与传统的熔炼、铸造对比，新方法生产的磁体，其磁能积分别提高了 20%和 32.4%。新方法的具体细节是什么？成为有关人士关心的问题，也是发明国日本的顶级机密，在 20 世纪的整个 90 年代都秘而

不宣，甚至连铸造样品也不向日本以外的国家提供。

后来秘密揭开了，所谓新方法就是速凝铸（薄）片（strip casting，SC）技术。其要点就是合金熔化后，以 10^4℃ · s^{-1}的冷却速度凝固，这样一来不但在高温下抑制了 γ - Fe 的析出（纯 Fe 熔点为 1536℃，温度在 911～1392℃为γ - Fe，在 911℃以下即为α - Fe 故 γ - Fe 在冷却过程中会转变为α - Fe）而且富钕相也会分布在 $Nd_2Fe_{14}B$ 主相晶粒的边界上，主相 $Nd_2Fe_{14}B$ 的百分比也增加了（因为 α - Fe 没有析出，几乎全部参加了产生 $Nd_2Fe_{14}B$ 的反应）。所有这些都是完全符合产生高性能永磁体的条件的。

任何金属或合金熔化后，自高温向低温的凝固过程中会发生什么变化，都可从相应的相图（状态图）中看出，但是平衡状态的相图和合金熔液过热（比液相线标明的温度高 150～200℃）的亚稳相图是有差别的；平衡态的相图与快速冷却的不平衡相图差别更大，甚至完全不同，导致有些固相不出现、产生新相，或者干脆成为非晶态。

图 10.10.2 为 Nd - Fe - B 三元系在富 Fe 端的平衡相图（Nd∶B＝2∶1）的纵截面)。由图可见，Nd 含量在 11.76～15at%的 Nd - Fe - B 合金熔液，以包晶反应的方式凝固（11.76at% Nd 时即为 $Nd_2Fe_{14}B$ 相，此时 Nd 为 11.76at%，Fe 为 82.35at%，B 为 5.88at%。15at%Nd 时即为液相线与包晶反应温度 1185℃线交点的成分：15at%Nd、7.5at%B、77.5at%Fe)。现选一 Nd 含量在 11.76－15at%的某一成分 C_0 为例，来说明随着温度的下降，平衡态下各相出现的次序：首先在略低于液相线的 1250℃处出现 γ - Fe 的结晶，称为初晶。其次当冷却至 1185℃时，发生包晶反应，出现 $Nd_2Fe_{14}B$ 相，包晶反应温度为 1185℃，反应式为

$$\gamma\text{-Fe}+L \longrightarrow T_1\ (Nd_2Fe_{14}B)\ +L'$$

再次，继续降温至约 1130℃时，发生共晶反应，即从残余液相 L'中出现 T_1 相和新相 T_2 富 B 相（$Nd_{1+\in}Fe_4B_4$），反应式为

$$T_1+L' \longrightarrow T_1\ (Nd_2Fe_{14}B)\ +T_2\ (Nd_{1+\in}Fe_4B_4)\ +L''$$

最后，当冷却至 655℃＝T_N 时，余下的液相 L''发生三元共晶反应，即除出现 T_1、T_2 相外，还出现新相富 Nd 相（成分接近纯 Nd)，反应式为

$$T_1+T_2+L'' \longrightarrow T_1\ (Nd_2Fe_{14}B)\ +T_2\ (Nd_{1+\in}Fe_4B_4)\ +\text{富 Nd 相}$$

图 10.10.3 为 Nd - Fe - B 三元系在富 Fe 端的亚稳相图，它反映了 NdFeB 合金熔液，在过热状态（比液相线的温度高 150～200℃）下，逐渐冷却的结晶过程。此图与图 10.10.2 比较可见，发生包晶反应的含 *Nd* 量范围变宽了，由 11.76～15*at*%Nd 变为 11.78～18*at*%Nd，亦即出现 γ - Fe 初晶的范围变宽了。另外包晶反应的温度区域却变窄了，而且发生了两次包晶反应，第一次是

$$\gamma\text{-Fe}+L \longrightarrow x+L'$$

第二次是

$$x+L' \longrightarrow T_1\ (Nd_2Fe_{14}B)\ +L''$$

其中 x 相是含有极少 B 的 Nd_2Fe_{17}，以后的结晶顺序，便与平衡态的图 10.10.2 相同了。第一次包晶反应时不出现 T_1（$Nd_2Fe_{14}B$）相，而出现 x 相的原因是：合金熔液过热（比液相线温度高 150～200℃）时，与 T_1 相晶体结构相似的短程序原子团被热运动破坏，因此冷却时缺少 T_1 相的结晶晶核，结果便先形成 x 相，然后再形成 T_1 相。

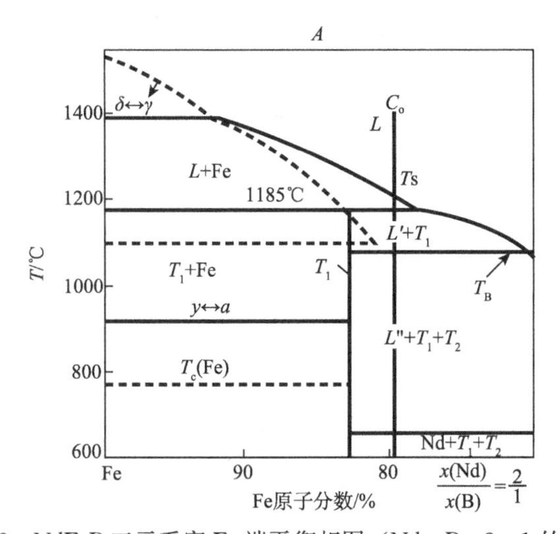

图 10.10.2 NdFeB 三元系富 Fe 端平衡相图（Nd∶B=2∶1 的纵截面图）

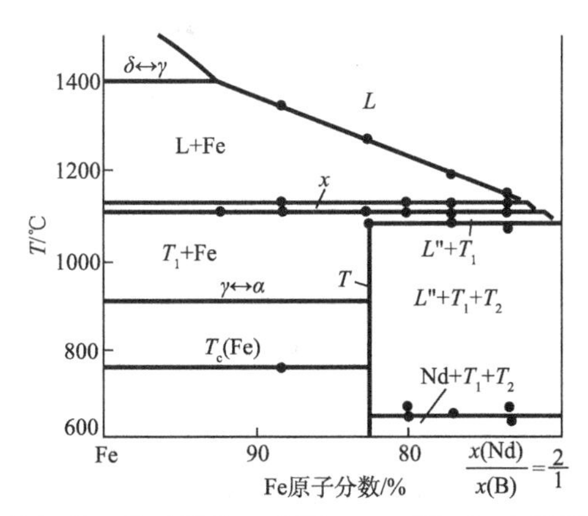

图 10.10.3 Nd-Fe-B 三元系 x（Nd）∶x（B）2∶1 纵截面亚稳状态图

工业上生产 NdFeB 合金铸锭的冷却过程，一般都不是平衡态的结晶过程，而是非平衡态的结晶过程。非平衡态结晶过程出现的固相数目、形态、成分与铸锭的温度、冷却条件和冷却速度密切相关。示意性地反映在相图上，就是液相线往左、向下收缩，如图 10.10.2 的虚线所示，从而根本排除了高温时 γ-Fe 的析出。实验发现只要冷却速度达到 10^4℃·s^{-1}时，γ-Fe 即被抑制，包晶转变也被抑制，T_1（$Nd_2Fe_{14}B$）相便直接从熔液中结晶，富 Nd 相也弥散分布于 T_1 相的晶粒边界，或者来不及聚集到晶界处，而留在晶粒内形成超结构的富 Nd 薄层（厚约 0.1μm），它并不破坏整个晶粒晶体结构的完整性及几何性。晶粒内富 Nd 薄层之间的距离大于 5μm，这一点对于由速凝铸片制备单晶粉粒十分重要。

清楚了抑制 γ－Fe 产生的条件以后，建造速凝铸片炉便相对容易了。目前除了日本的速凝铸片炉外，我国亦有自主知识产权的该类设备。速凝铸片厚度在 0.25～0.35mm，宽度为 20～80mm，每炉容量 200kg。

表 10.18 为 $Nd_2Fe_{14}B$ 单相和生产上 NdFeB 合金成分的对比，可见速凝铸片的成分更加接近 $Nd_2Fe_{14}B$，而且含 Nd 量比普通铸锭减少 13.4%（质量分数），节约了稀土资源和成本。

表 10.18　$Nd_2Fe_{14}B$ 与生产上的 NdFeB 合金成分对比

类别	原子百分比%			质量百分比%（质量分数）		
	Nd	Fe	B	Nd	Fe	B
$Nd_2Fe_{14}B$	11.76	82.35	5.88	26.68	72.32	0.999
$Nd_{15}Fe_{77}B_8$ 普通铸锭	15	77	8	33.03	64.64	1.32
$Nd_{12.84}Fe_{81.77}B_{5.39}$（速凝铸片）	12.84	81.77	5.39	28.6	70.46	0.96

2）氢破碎和气流磨制粉、脉冲强磁场加等静压成型

A. 氢破碎和气流磨制粉

(a) 氢破碎

氢破碎（hydrogen decrepitation，HD）又翻译为氢爆和氢脆，它是氢进入母合金后，使母合金的物性和形貌发生变化的一种现象。其中氢与母合金形成氢化物时产生形变和应力，使晶格体积膨胀百分之几到 30%，这种膨胀常为各向异性，利用这种性质，使母合金粉碎的工艺称为氢破碎（HD 工艺）。此工艺进行中，虽有发热（～300℃）现象，但与爆炸毫无关系。

氢与母合金形成氢化物的过程如下：氢气（氢分子 H_2）与母合金表面接触吸附在表面上，氢分子离解为氢原子（$H_2 \rightarrow 2H$），氢原子通过外层电子 1S 态与母合金表面形成氢化物，并且继续向母合金体内扩散、成核长大形成氢化物。对 NdFeB 合金铸锭和速凝铸片而言，母合金 NdFeB 的化学反应式为

$$2Nd + 2xH \longrightarrow 2NdH_x$$

$$2Nd_2Fe_{14}B + 2yH \longrightarrow 2Nd_2Fe_{14}BH_y$$

上述化学反应第一式表示富钕相中的钕吸氢后产生氢化物 NdH_x（$x=2.7$），氢原子 H（不是氢分子 H_2）常常会进入四面体或八面体间隙晶位，故氢化物 $NdH_{2.7}$ 晶格由面心立方（fcc）变到六角晶型（hcp）时，晶格常数变大，体积膨胀 20%。第二个反应式表示 NdFeB 主相 $Nd_2Fe_{14}B$ 吸氢后产生氢化物 $Nd_2Fe_{14}BH_y$（$y=4.5$～5）。实际上 $Nd_2Fe_{14}B$ 吸氢是分两步走的，第一步氢

原子进入 $Nd_2Fe_{14}B$ 晶格，只使晶格常数发生微小变化（a 由 0.877nm 变到 0.879nm，c 由 1.211nm 交到 1.218nm，体积增大了 1.04%），晶格结构未发生变化。第二步氢原子进一步与 $Nd_2Fe_{14}B$ 发生反应，生成氢化物 $Nd_2Fe_{14}BH_5$，晶格常数发生较大变化，体积膨胀了 5.5%。表 10.19 为 $Nd_2Fe_{14}B$ 和 $Nd_2Fe_{14}BH_5$ 的晶格常数和比饱和磁化强度。值得指出的是 $Nd_2Fe_{14}BH_5$ 的 σ_s 虽略高，但 B_r 和 H_c 都较低，属软磁性物质，此点反而有利于模压成型。

表 10.19　$Nd_2Fe_{14}B$ 和 $Nd_2Fe_{14}BH_5$ 的晶格常数和比饱和磁化强度 σ_s

类别	晶格常数/nm		比饱和磁化强度 σ_s/（Am^2kg^{-1}）
	a	c	
$Nd_2Fe_{14}B$	0.877　0.879	1.211 1.218	144（300K）
$Nd_2Fe_{14}BH_5$	0.893	1.232	152（300K）

可见母合金 NdFeB 吸氢后产生氢化物，伴随着体积膨胀而有轻微的碎裂声，这时氢气压力并不增高，但温度则会升高至约 300℃，与氢气爆炸是有本质区别的，何况在设备中还有降温措施。若母合金铸片的尺寸在 0.1～100mm 内，则经氢破碎工艺后可得粉粒尺寸为 10～1000μm。这种粒径对制备高性能的 NdFeB 永磁，还嫌过大，因此还需进行下一步的粉碎，即使如此，氢破碎的工艺与机械破碎相比还显示下述优点：

第一，应力小、表面光洁、有效提高矫顽力。氢破碎是优先沿富钕相和/或主相内的富钕超结构层进行，没有机械粉碎的应力，表面缺陷少，而且每颗晶粒边沿均有富钕相，使矫顽力提高 40～400kA・m^{-1}（502～5024Oe）。

第二，粉末的氧含量降低、抗氧化性能较好。氢破碎制粉有效降低磨粉阶段的氧化程度，粉末的氧含量可降低（200～800）$\times10^{-6}$。而且在后续工序的烧结时，因粉末中的氢可还原钕的氧化物，使晶界净化，并促进致密化，实现部分活化烧结。氢破碎的粉末具有较好的抗氧化性能，保存时间可较长，此粉经气流磨后，4μm 的粉末在空气中仍不易燃烧，而用机械破碎法制得的同样大小的颗粒，一遇空气便马上燃烧。

第三，制粉效率较高，所得粉粒有利于成型。由于速凝铸片的含 Nd 量较低（12.84at%Nd，普通铸锭为 15at%26Nd）力学性能又硬又韧，用机械破碎制粉效率低，时间长、氧化严重。若改用氢破碎工艺，效率便可提高 2～3 倍，而且所得粉粒以氢化物（$Nd_2Fe_{14}BH_y$，NdH_x）的形态存在，使有利于模压成型、脱模容易，压坯外观整齐。

（b）气流磨

气流磨（jet milling，JM）制粉是利用高速气流（如 1.5$v_{声}$，$v_{声}$ 为音速）使粒子相互撞击而破碎的工艺。其优点是效率高、无污染、对内壁无磨损、所得粉末尺寸可控制在很窄的范围内（如 2～5μm）。特别是对速凝铸片经氢破碎后的原料而言，气流磨更显出其优越性，即不但制粉效率高，而且所得的粉粒还尺寸一致（喂料速度由 $20kg \cdot h^{-1}$ 增至 $40kg \cdot h^{-1}$，磁粉粒度保持在 $3\mu m$ 左右）。若用普通铸锭，在上述同样的增加喂料速度下，磁粉粒度便由 $3\mu m$ 增至 $6\mu m$。

实验证明，欲获得磁能积大于 $398kJ \cdot m^{-3}$（$50MG \cdot Oe$）的 NdFeB 永磁体，对磁粉粒度的要求应在 0.7～$7\mu m$ 内，平均尺寸在 $3\mu m$ 以下，以保证在烧结后磁体的晶粒细小，尺寸均匀（4.8～$6.0\mu m$）。

总之，氢破碎和气流磨制粉是获得高性能 NdFeB 永磁的工艺，我国已有氢破碎反应罐和新型流化床对撞式气流粉碎机生产。

B. 脉冲强磁场+等静压成型

脉冲强磁场的作用是使粉粒（晶粒）的易磁化轴沿磁场方向取向。等静压成型的作用是使粉粒压结成所需的形状外，还要把易轴取向度保存下来。从永磁理论中，已知永磁体晶粒晶轴的取向度愈高，永磁体的性能愈好。在讨论烧结铁氧体永磁的制备工艺时，我们已指出影响取向度的因素主要是外磁场的大小、阻碍磁粉转动的阻力和磁粉的团聚作用。

按式（10.10.7），将 $Nd_2Fe_{14}BH_5$ 的 $M_s = \sigma_s\rho = 152\times7.5\times10^3 = 11.4\times10^5 A \cdot m^{-1}$，$T = 300K$ 代入，算得 $d > 6.32nm$。即凡是粒子直径大于 6.32nm 的 $Nd_2Fe_{14}BH_5$ 晶粒，都要发生团聚现象。由于经氢破碎和气流磨制粉工序后得到的晶粒都大于 6.32nm，故粉粒的团聚作用不可避免。

假设两个单畴粉粒，它们相互吸引，吸引力可通过式（13.3.9）算出。令两个单畴相距 0.1mm，单畴直径为 $3\mu m$（理论上算出 $Nd_2Fe_{14}B$ 的单畴直径为 $0.3\mu m$，但一般认为理论过于简化，实际的尺寸应为理论的 10 倍——表 8.5 和式（8.8.8）及相关说明），$B_g = 0.48B_r = 0.48\times14000 = 6720G$，单畴形状为薄圆片，故 $S_g = \pi r^2 = \pi(1.5\mu m)^2 = \pi(1.5\times10^{-4}cm)^2 = 7.069\times10^{-8}cm^2$，取 $\alpha = 4$，将以上数值代入式（13.3.9）得

$$F = \frac{1}{1+\alpha Lg}\left(\frac{B_g}{5000}\right)S_g = \frac{1}{1+4\times0.01}\left(\frac{6720}{5000}\right)^2\times7.069\times10^{-8}$$
$$= 0.96\times1.81\times7.069\times10^{-8} = 12.33\times10^{-8}\ kgf^{①}$$

若两单畴不是相距0.01cm，而是直接接触，则 $L_g = 0$，

$$F = 1\times1.81\times7.069\times10^{-8} = 12.79\times10^{-8}kgf$$

两单畴相互吸引力 f 是一个单畴作用力的 2 倍，即

$$f = 2F = 2\times12.79\times10^{-8}kgf = 25.58\times10^{-8}kgf$$

假定一个单畴（薄圆片）的体积 $V = \pi r^2 \cdot r$，密度为 ρ，r 为圆片半径或厚度，则一个薄圆片的质量 $W = V\times\rho = \pi r^3\times\rho = \pi(1.5\times10^{-4})^3\times7.5 = \pi\times3.375\times10^{-12}\times7.5 = 79.52\times10^{-12}g$。因此两个单畴的相互吸引力，可以吸起的单畴数目

① $1kgf = 10^3gf = 9.8N$。

$n=f/W=25.58\times10^{-5}/79.52\times10^{-12}=3.22\times10^{6}$ 个，可见两个单畴的相互吸引力是很强的，它可把 3.22×10^{6} 个直径为 3μm 的薄圆片颗粒吸引起来。

为了使单畴粉粒的易磁化轴沿特定方向取向，即提高取向度，必须打破粉粒间的团聚，并克服粉粒在转动时的阻力（如摩擦力、粉粒形状不规则产生的机械力等），后者与粉末松装密度（填充密度）和颗粒形状有关。在相同的取向磁场和相同的粉粒尺寸、形状下，松装密度低、阻力小，取向容易，但保持取向度困难；反之，松装密度高、阻力大，取向困难，但保持取向度相对容易。表 10.20 为取向磁场、填充密度、取向度、成型工艺、取向保持力等的实验结果。

表 10.20　NdFeB 粉末在不同取向磁场、填充密度、成型工艺等与取向效果的关系

取向磁场/T	填充密度 / $(g\cdot cm^{-3})$	磁粉取向度	成型工艺	压坯密度/%	取向度保持力	磁体取向度
<2	30%（$\rho=2.28$）	好	模压	50～60	较差	中等
脉冲磁场 5	30%（$\rho=2.28$）	好	等静压	50～60	中等	中等
脉冲磁场 5	40%～50%	很好	等静压	50～60	良好	良好

由表 10.20 可见，在较低的取向磁场（<2T），NdFeB 粉末压坯的最佳取向所对应的填充密度是 30%（$\rho=2.28g\cdot cm^{-3}$）左右，但这一填充密度太低，烧结后由于巨大的收缩率，使磁体取向度反而变差，只能达到中等的取向度。（填充密度 100%时 NdFeB 烧结体的密度 $\rho=7.6g\cdot cm^{-3}$）。事实上在相同的外磁场下，要使“对应于最佳取向”的压坯密度增高，而取向度又保持最佳是很困难的。因为任何成型压力的增加（即压坯密度提高），压坯的取向度总是呈下降趋势。平行压制（指取向磁场方向与压制方向平行）时，取向度的降低最严重；垂直压制（指取向磁场方向与压制方向垂直）时，则次之；等静压压制时，对取向度的破坏最轻微。所以，为获得磁体的最佳取向度，必须在这些彼此互有矛盾的条件中，进行权衡以达到最佳的组合。必须指出，最佳组合并不是一成不变的，而根据粉粒的成分、尺寸、形状分布，填充密度、润滑剂性质等的不同，通过试验来决定。一般说来，达到最佳取向的填充密度应该是 40%～50%，即压坯密度在 $3.04\sim3.80gcm^{-3}$。取向磁场采用脉冲交变磁场（4～8T），正反向变化 4 次以上，然后等静压成型，这样所得取向度可达～98%。

脉冲交变强磁场是打破粒子磁团聚和克服粒子转动阻力的有效手段，能在较高的填充密度下获得较高的取向度。国外有的厂家在成型时，除了正反向脉冲强磁场外，还加上振动（机械的、气流的或超声波的），旨在提高取向度，使 B_r 增加 20～30mT。

设脉冲磁场为 5T，则据式（13.3.9）可算出此磁场对 3μmNdFeB 粉末的作用力 $F=912.39\times10^{-8}$ kgf（用 $B_g=50000+6720=56720$G，$S_g=7.069\times10^{-8}$ cm^2 代入），此力为两个 3μm 颗粒吸力（25.58×10^{-8}kgf）的 35.7 倍，因此打破

颗粒的团聚是绰绰有余的。另外脉冲磁场还对单畴颗粒有一转矩力 $f_1=(\partial E_H/\partial\theta)V/8\pi$，这一转矩力可帮助单畴颗粒克服阻力而转动，使易磁化轴沿磁场方向取向。令 $E_H=-HM_s\cos\theta$ 为外磁场 H 与单畴颗粒 M_s 的相互作用能量，θ 为 H 与 M_s 的夹角，V 为单畴体积，则 $f_1=(\partial E_H/\partial\theta)V/(8\pi\times980)=HM_s\sin\theta V/(8\pi\times980)$。$f_1$ 的最大值 $f_1^m=HM_sV/(8\pi\times980)=(50000\times1280)/(8\pi\times980))V=2.598\times10^3V=2.598\times10^3\pi(1.5\times10^{-4}cm)^3=2.8\times10^{-8}gf$，此转矩力约相当于 346 个直径为 3μm 的 NdFeB 单畴颗粒的质量。通过上述作用力和转矩力的数值估计，脉冲强磁场（5T）对打破粒子的团聚和克服粒子自身转动的阻力是有效的。若是变换磁场取向对粒子由吸引变为排斥，使粒子周边的阻力环境得到改善，取向效果更好。这就是正、反向脉冲比单向脉冲取向效果好的原因。表 10.21 为脉冲强磁场的变化方式对磁性的影响，试验样品为 $Nd_{13.5}Dy_{0.6}B_{6.4}Co_{2.0}Fe_{77.5}$ 的速凝铸片、经氢破碎和气流磨制粉、填充密度 44%（$\rho=3.3g\cdot cm^{-3}$）等静压成型。

表 10.21 脉冲强磁场的变化方式对磁性的影响

脉冲强磁场变方式	B_rT/kG	H_{cb}/（kA·m^{-1}）(kOe)	H_{cj}/（kA·m^{-1}）(kOe)	$(BH)_{max}$/（kJ·m^{-3}）(MG·Oe)
单向 1 次↑，4T	1.35 5（13.55）	1032（12.90）	1392（17.40）	356.0（44.5）
单向 4 次↑↑↑↑，4T	1.362（13.62）	1038（12.98）	1388（17.35）	360.0（45.0）
交变 4 次↑↓↑↓，4T	1.370（13.70）	1044（13.05）	1376（17.20）	364.0（45.5）
逐步衰减↑4T↓3T↑2T↓1T	1.365（13.65）	1040（13.00）	1384（17.30）	361.6（45.2）
单向 4 次↑↑↑↑，4T+直流 1.2T	1.380（13.80）	1048（13.10）	1368（17.10）	368.0（46.0）
单向 4 次↑↑↑↑，0.9T	1.354（13.54）	1030（12.88）	1392（1740）	353.6（44.2）

目前脉冲强磁场等静压机已有生产，其中一种型号的主要技术参数为：压力 20～300MPa、压腔尺寸 ϕ95mm、深度 20～38mm，脉冲磁场 3～3.5T。

3）精心控制烧结和热处理、采用多功能烧结炉

A. 烧结和热处理的目的和原理

压坯在主相熔点温度 $T_熔$ 的 70%～85%下加热称为烧结，烧结的目的是提高密度、增加力学强度和韧性、获得最佳的金相结构（相成分、体积%、形状和分布等），最终使磁体成为磁性能高、外观完整、有使用价值的产品。所以，烧结也是最终体现和检验以前各个工序是否合理和有效的的关键工序。

烧结后的 NdFeB 磁体是由多相组成的（表 10.22）磁体密度为 $7.5\sim7.6g\cdot cm^{-3}$，它的优良磁性要求主相质量应占97%、易轴取向度大于96%、主相晶粒大小为 $4\sim9\mu m$（平均为 $4.6\mu m$），分布均匀且为富 Nd 薄层（10nm）相包围，以达到“磁去耦”的作用，其他相、应尽可能少，且以细颗粒沉淀分布。上述金相结构，可不是随便可得，除了前述工序的影响外，还需精心控制烧结和热处理条件。

表 10.22　烧结 NdFeB 磁体的相成分、形态和密度、质量分数

金相名称	化学式	成分/（at%）	成分/%（质量分数）	形态	密度/（$g\cdot cm^{-3}$）	希望的质量分数/%
主相	$Nd_2Fe_{14}B$	$Nd_{11.76}Fe_{82.36}B_{5.88}$	$Nd_{26.68}Fe_{72.32}B_{1.0}$	多边形、$4\sim9\mu m$ 晶粒取向好	7.58	97
富钕相	$Nd_{90}Fe_{10}$	$Nd_{90}Fe_{10}$	$Nd_{95.88}Fe_{4.12}$	薄层状沿晶界分布或交耦处	7.0	3
富硼相	$Nd_{1.1}Fe_4B_4$	$Nd_{12.09}Fe_{43.96}B_{43.96}$	$Nd_{37.10}Fe_{52.57}B_{10.57}$	细颗粒沉淀	3.56	
氧化钕	Nd_2O_3	$Nd_{40}O_{60}$	$Nd_{85.73}O_{14.27}$	大或小颗粒沉淀	7.24	
杂质	R，Co，Cu，Al，Ga，Nb，Zr…化合物			颗粒状		
孔隙						

烧结过程是一个复杂的物理、化学变化过程，所得的金相结构除与温度有关外，还与保温时间、升降温速度、炉内气氛等诸多因素有关。现以 $Nd_{15}Fe_{78}B_7$（质量百分比为 32.80Nd，66.05Fe，1.15B）为例，说明烧结的的原理。

图 10.10.4 为 $Nd_{15}Fe_{78}B_7$ 合金的示差热分析曲线。由图可见，在温度 500～1500K 内，随着温度的升高，先后出现4个吸热峰，它们分别与相变点相适应：第一个吸热峰为 586K（313℃），它与 $Nd_2Fe_{14}B$ 的居里点相对应，因为在此温度下，$Nd_2Fe_{14}B$ 由铁磁性变为顺磁性，原子磁矩的排列由有序变为无序，故吸收热量。第二个吸热峰为 938K（665℃），它是由于 T_1（$Nd_2Fe_{14}B$）相、T_2（$Nd_{1.1}Fe_4B_4$）相和富 Nd 相三相共晶熔化而吸收热量。第三个吸热峰为 1368K（1095℃），它是 T_1 和 T_2 相两相共晶熔化而吸收热量。第四个吸热峰为 1428K（1155℃），它是 T_1 相的熔化而吸收热量。由于热滞后的影响，冷却过程中的放热峰也有4个，但对应温度要比吸热峰低一些。图 10.10.5 为 $Nd_{15}Fe_{78}B_7$ 的粉末压结体（压坯），在不同温度烧结时，线性收缩率与烧结温度的关系。由图可见，从 950K 开始压坯出现收

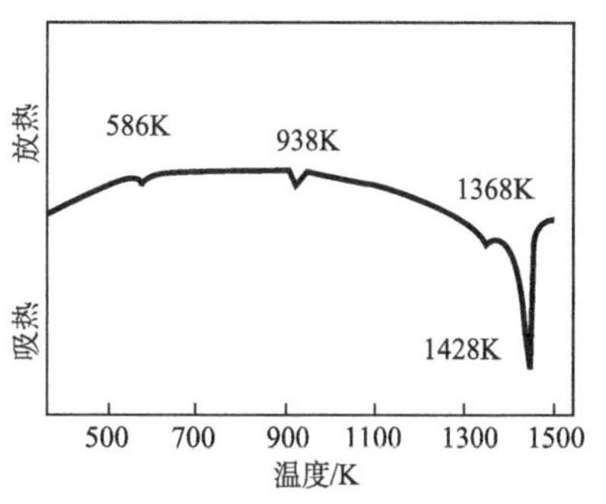

图 10.10.4　$Nd_{15}Fe_{78}B_7$ 合金的示差热分析曲线

缩，它对应于 T_1、T_2 和富 Nd 相的三相共晶熔化，直至 1073K 时线收缩率约 1%。由于液相数量有限，温度在 1173K 处，线收缩率也只有约 2%。此后随着温度的升高。T_1 和 T_2 相共晶熔化，粒子中 Nd 的析出扩散、液相数量增加，因而在 1313K（1040℃）处，线收缩率达～4.2%。若温度再升高 20℃即到达 1060℃时，便可能发生原子扩散、黏性流动、再结晶、晶粒长大等冶金学结构变化，而且空隙变少和球化，使压坯达到完全的 9% 的收缩率（见图 10.10.5 1333K 处的收缩率）。实验证明 NdFeB 烧结磁体，在某一温度烧结时，其相对密度与富 Nd 液相的体积分数关系极大，当富 Nd 液相的体积分数为 1%时，相对密度只有 94%：体积分数增加至 3%～4%时，相对密度可达 98%左右，此后体积分数再增加，相对密度几乎不变，而且对磁性的影响有害无益。

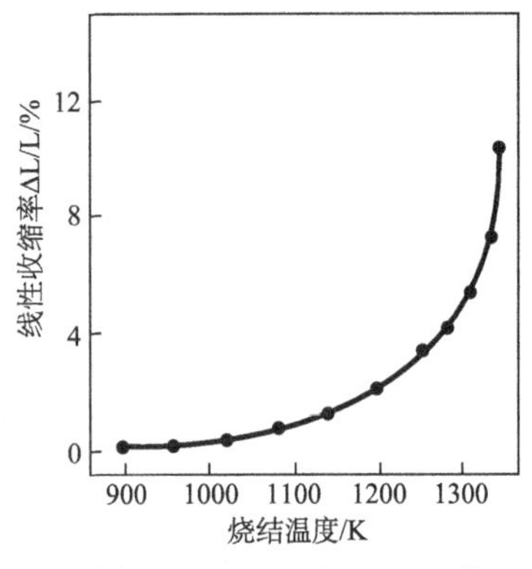

图 10.10.5 $Nd_{15}Fe_{78}B_7$ 的粉末压结体在烧结时线性收缩率与烧结温度的关系

图 10.10.4 和图 10.10.5 是 NdFeB 烧结磁体，设计烧结工艺的基本依据。烧结后的磁体由于金相结构的原因，其磁性能还不是很好，因此还需经过退火热处理的调整才能达到最佳的磁性。所以磁体烧结后一般应快淬火冷却，以保证获得高内禀矫顽力的显微组织和为后续的退火热处理准备良好的条件。

B. 烧结和热处理工艺

NdFeB 烧结磁体的烧结和热处理工艺，取决于磁性能的要求。譬如，对矫顽力和最大磁能积有特殊要求的、对温度系数有特殊要求的、对力学性能有特殊要求的等。这里只讨论一般情况，仅供参考，通过实践决定取舍。

NdFeB 的烧结工艺又称液相烧结工艺，因为在烧结温度下，同时存在固相和液相。液相烧结过程大体可分为三个阶段：①液相生成与液相的流动；②溶解与析出；③固相烧结。这三个阶段没有明显的分界，而是相互重叠和交叉的。在实际操作时，常分为低温段、中温段和高温段。

低温段（室温－500℃），即脱气、脱脂、脱油。这是因为压坯在成型及前面的工序中，吸收了气体、润滑剂、抗氧化剂、矿物油和表面活化剂等，故在此段温度内应使它们蒸发或挥发干净。若是氢破碎的粉末，则主要是氢的释放，在 500℃时主相氢化物的氢已基本放出，富 Nd 相的氢化物 NdH_3 已放出一部分变为 NdH_2，后者需在后面的真空烧结时，才能全部脱净。这一阶段大体需要 5h。

中温段（500～800℃），富钕相开始熔化。在 665℃时富钕相开始溶化，液相生成与流动，当液相与固相颗粒有较好的浸润性时，两颗粒间的液相表面产生毛细管吸力，此力使两颗粒靠近，从而产生线性收缩并致密化，但收缩率较小，只有约1%。在此温区内，NdH_2 要放氢，压坯内的杂质和气体得到有效排除，粉粒表面得到净化，这一阶段约需2.5h。

高温段（800～1080℃），T_1，T_2 相共晶熔化，烧结致密化。在这一温区内，液相数量增加，原子扩散快，粒子之间形成烧结颈并长大，小颗粒容易被大颗粒吃掉，线性收缩率由900℃的～2%增至1040℃的～4.2%，最后在1060℃处达到9%的完全致密化。这一阶段控制晶粒的过度长大是十分重要的，最后在1080℃下淬火（气淬）。这一阶段约需3h。

热处理工艺。NdFeB 经烧结气淬后，其密度和 B_r 都达到了要求，可是（BH）max和矫顽力没有达到要求，特别是矫顽力还不高。原因是烧结体的显微组织未达到最佳矫顽力所要求的状态，为此必须进行回火热处理，而且一次回火还不够，需进行二次回火。

不同成分的 NdFeB 合金烧结体，对应不同的最佳回火温度，但是第一次回火温度是选择在900℃，因为在此温度（指900℃）下，短时间内便使晶界交隅处的富 Nd 相成为液相，为其后的二次回火提供条件。第二次回火的温度则与成分有关，在430～640℃变化，总原则是在第二次回火温度下，发生共晶反应，并使富 Nd 液相成分优化至接近三元共晶温度时的 Nd 含量，以获得高矫顽力的显微组织（主相 $Nd_2Fe_{14}B$ 的小晶粒被薄而光滑的富 Nd 相包围，呈“磁去耦”状态）。回火时间通过试验确定，一般第一次回火时间不超过2h，第二次回火时间约1h。

C. 采用多功能烧结炉

上述 NdFeB 的烧结和热处理的工艺得以实现依赖于相应的设备，早期应用的是沿用制备 Sm－Co 磁体的外热管式炉，后来应用真空气淬炉，最近又出现了多室的连续烧结炉。看来连续烧结炉比较好，它既能保证磁体获得优良的磁性，又能提高生产效率，整个烧结和热处理过程在多室的同一炉内完成，具有以下特点：全密封无氧化；脱气、脱油、脱脂时污染少；真空或氩气下烧结或热处理；可气淬迅速冷却；节约能源和高效率。

本节中，我们通过对烧结铁氧体永磁和烧结钕铁硼永磁工艺上的诸多改善，来具体说明永磁理论的指导作用。可见理论的指导是方向性的，工艺的改善是具体的、技术性的，有些细节是没有文字的，这里除了涉及机密外还有经验的问题。因此在具体订出工艺制度时，需根据实际，通过试验来确定，这里所讨论的仅供参考而已。

习题

1. 试述临界场和矫顽力的异同。

2. 今有 $K_1=-6.5\times10^4\,erg/cm^3$，$M_s=270Gs$ 的立方晶系的单畴粒子一个（$NiO\cdot Fe_2O_3$），当外磁场与易轴平行时，求此粒子的内禀矫顽力（提示：忽略

K_2 和退磁能的影响)。

3. 在磁性材料的哪些地方容易生成反磁化核,为什么?

4. 设在钴的晶体中,有一短轴 $d=0.1\text{cm}$ 的反磁化核,求此反磁化核的发动场。

5. 矫顽力新理论在哪些方面对传统的理论作了改进?

6. 低温磁硬度材料的特点是什么?

7. $SmCo_{2.5}Ni_{2.5}$,在 4.2K 下的磁晶各向异性常数 $K_{u1}=2.94\times10^8\text{erg/cm}^3$,饱和磁化强度 $M_s=522\text{Gs}$. 试用二项式几率分布模型讨论其矫顽力(已知 $SmCo_5$ 的居里点为 995K,$SmCo_{2.5}Ni_{2.5}$的为 508K)。

8. 在反磁化过程中达到的 $B=0$ 和 $M=0$ 两种状态,在自发磁化强度的分布上有什么不同?这两种状态同磁中性状态又有什么不同?

9. 设有一包含三个单晶的多晶体,已知晶体的 $K_1>0$,求证以外磁场为固定轴时所得的剩磁和以自发磁化方向为固定轴时所得剩磁,彼此相等。

10. 试述四种关键磁化状态下,多晶磁性体内自发磁化方向的分布。

11. 永磁性能好坏的标志是什么?它们之间有什么关系。

12. 求铸造铝镍钴 44、单畴铁钴微粉磁体(ESD 31)、$SmCo_5$ 磁体、锰铝碳永磁的最大磁能积的理论值与实际值的差异(参考 12.5.4 节查出各种磁体的性能)。

13. 铸造铝镍钴永磁与铁氧永磁的矫顽力机理是什么?根据理论算得的矫顽力与实际值有何差别,试分析其原因(参考 12.5.4 节)。

14. 从 B_r、$(B\cdot H)_{max}$的数值大小,讨论 H_C 所起的重大影响。为什么区分永磁材料和软磁材料的重要因素之一就是 H_C,试简述理由。

15. 什么是交换耦合磁体?判断样品内是否存在交换耦合作用(硬磁相与软磁相之间的),有哪些磁性参数,它们有何特征?试说明之。

16. 欲在 20~150℃的温区内,B_r 的温度系数 $\alpha_{B_r}\leqslant0.06\%\text{K}^{-1}$,问应选择居里温度是多少的材料,才能达到要求?试加以论证。

17. 从理论上简述钡铁氧体烧结永磁性能提高的方式方法。

18. 烧结 NdFeB 永磁性能与发现初期相比有很大提高,试论述在工艺上有何重大改进。

参考文献

[1] 见第 9 章参考文献 [6] [7]

[2] Néel L. Bluянue полостейивключений на веlичину kоэрuтивноù cul-bl. Cahiers Phys., 1944, 25: 21; Néel L. Nouvelle theorie du champ coercitit. Physica, 1949, 15: 225

[3] 钟文定,刘尊孝 . $Tb_xGd_{1-x}Fe_2$ 的磁矩和矫顽力 . 物理学报,1992, 41 (6):1005

［4］Knowles J E，J. Magn Magn. Mater.，1981，25（1）：105

［5］Jacobs，Bean. Magnetic behaviors of elongated singledomain particles by chain-of-spheres model. Phys. Rev.，1955，100（4）：1060；Ishii Y. Sato M. J. Appl. phys.，1986，59（3）：880

［5a］韦文森，杜安，杜海峰，基于 Stoner-Wohlfarth 模型磁性纳米颗粒的磁化反转，物理学进展，2016，36（1）：1

［6］钟文定．$Sr_{1-x}Ba_xFe_{12}O_{19}$铁氧体永磁的矫顽力机理．第七届全国磁学会议文集，1990：175

［7］Kronmüller H，AIP conf. Proc.，1973，1006

［8］Hilzinger H R. Phys. stat. sol.，1981，(a) 38：487

［9］Fedler J，Kronmüller H. Phys. stat. sol.，1979，(a) 56：545

［10］Kronmüller H. Theory of the Coercive field in amorphous ferromagnetic alloys. J. Magn. Magn. mater.，1981，24（2）：159

［11］Friedberg R，Paul D I. New theory of Coercive force of ferromagnetic materials. Phys. Rev. lett.，1975，34（19）：1234

［12］Hilzinger H R. The influence of planar defects on the coercive field of hard magnetic materials. Appl. phys.，1977，12（3）：253

［13］Paul D I. General theory of the coercive force due to domain wall pinning. extended theory of the coercive force due to domain wall pinning. J. Appl. Phys.，1982，53（3）：1649

［14］Hilzinger H R. The influence of planer defects on the coercive field of hard magnetic materials. Appl. Phys.，1977，12（3）：253

［15］Kronmüller H. Statistical theory of the pinning of Bloch walls by randomly distributed defects. J. Magn Magn. Mater.，1976，2：11

［16］Mahajan S. et al. Origin of coercivity in a Cr—Co—Fe alloy（chromindur）. Appl. Phys. Lett.，1978，32（10）：688

［17］Jones W R. Magn. Letter. 1980，1：157

［18］同文献［13］

［19］Yoneyama，Fukuma，Ojima，in［18］

［20］Paul D I. Application of soliton theory to ferromagnetic domain wall pinning. Phys . Lett.，1978，A64（5）：485

［21］Kronmüller H. Proc. II Intern. symp. on magn. anisotrop and coercivity in RE-Trans. Metal，Alloys，San Diego，1978

［22］Fedler J，Kronmüller H. Phys. Stat. sol.，1979，(a) 56：545

［23］Kronmüller H et al. Analysis of the magnetic hardening mechanism in RE—FeB permanent magnet. J. Magn Magn Mater.，1988，74：291

[24] Wohlfarth E P. Relations between different modes of acquisition of the remanent magnetization of ferromagnetic particles. J. Appl. phys., 1958, 29: 595

[25] Ермоlенко, A, C., цр., пucbма B ЖэТф, 1975, 21: 34

[26] Oesterreicher, H. Appl. Phys., 1978, 15: 341

[27] Craik at al. Phys. Lett., 1974, 48A: 157

[28] Craik et al. IEEE Tran. on Magn., 1975, MAG—11 (N6): 1379

[29] 钟文定，林虹. $Sm_2(M_{0.11}Co_{0.09}Fe_{0.80-x}Ni_x)_{17}$合金的内禀磁硬度. 中国稀土学报，1985，3 (2): 40

[30] Egami T. Phys. State Sol., 1973, 19 (a): 747; 1973, 20 (a): 157

[31] Oesterreicher, H. et al. Phys. Rev., 1978, B18: 480; 1983, B27: 5586; J. Magn. Magn. Mater., 1983, 38: 331

[32] Buschow K H J. 永磁材料：材料科学与技术丛书：金属与陶瓷的电子及磁学性质Ⅱ（第3B卷），张绍英、张宏伟译，张绍英校. 北京：科学出版社，2001

[33] McCaig M, Clegg A G., Permanent Magnets in Theory and Practice. London Pentch Press, 1987

[34] Kneller E, Hawig R, The exchange—spring magnet A new material principle for permanent magnets. IEEE. Trans. Magn., 1991, 27 (4): 3588

[35] Skomski et al. Alignecl two—phase magnets: Permanent magnetism of the future? (invited), Phys, Rev., 1993, 48 (21): 15812

[36] Liu Sam（刘世强）et al. Proc. 19th Int. Workshop on REPM, 2006: 123; 刘世强等，各向异性纳米晶复合稀土磁体的研制. 磁性材料及器件，2007，38 (4): 1

[37] 都有为. 铁氧体. 南京：江苏科学技术出版社，1996

[38] [日] 特开平 9—115715、10—149910，日立金属公司产品目录 2003.1

[39] 周文运. 磁性材料制备技术. 培训教材，2004

[40] 金宗哲等. 脆性材料力学性能评价与设计. 北京：中国铁道出版社，1996; Gee M G, Morrel R • Fracture Mechanics and Microstructure. Fracture Mechamics of Ceramics, 1986, 8: 1

[41] 李安华等. 烧结 SmCo 永磁材料的断裂. 中国科学（A 辑），2002，32: 870

[42] 罗阳，陈虞才. 新技术、新设备在 NdFeB 稀土磁体生产中的应用. 磁性材料及器件，2006，37 (5): 1; 2006, 37 (6): 1; 2007, 38 (1): 1; 2007, 38 (2): 1; 2007, 38 (3): 1

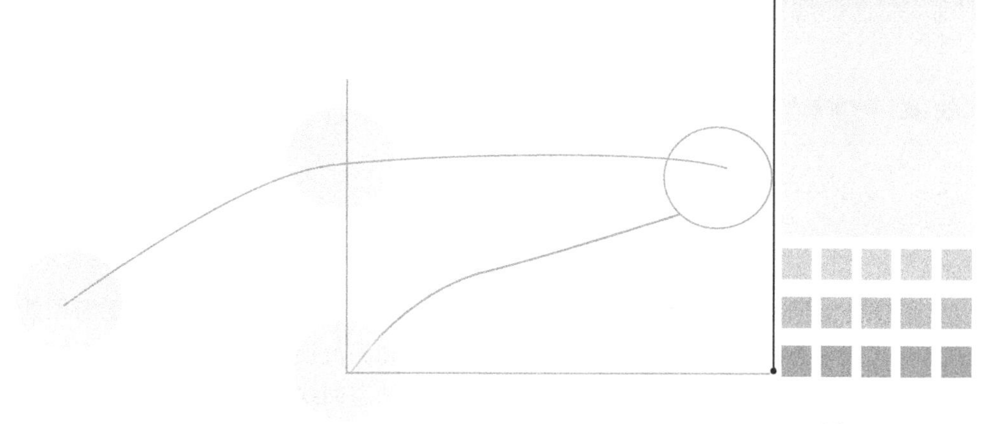

第11章 动态磁性、旋磁性及磁性的时间效应、磁有序与其他物性的耦合现象、巨磁电阻

11.1 动态磁化过程的现象与本质

在以前几章有关静态磁化过程的讨论中，谈及磁畴结构的变化（壁移、畴转以及畴结构的重建）是决定静态磁特性的内部因素，换言之，表征静态磁性的各磁性参量（磁导率、矫顽力、剩磁、最大磁能积等）是由磁畴结构的变化决定的，即**磁畴结构的变化是静态磁特性的物理基础**。**动态磁化过程**[1]**是论述强磁体在交变磁场作用下，磁性如何变化的过程**，它的特征如何？用什么磁性参数来描述？动态磁化过程虽然也由磁畴结构的变化决定，但其形式比静态磁化要复杂得多，并且磁特性中出现了复数磁导率和张量磁导率，它们的物理本质见下面的论述。

由于交变磁场具有频率、波形、振幅、位相等的不同，因此普遍讨论强磁体的磁性随交变磁场改变的过程是很复杂的，本章只讨论简单的与材料密切相关的问题。强磁体在低中频率（工业频率和音频）下主要用于强电范畴（电机、变压器等），材料的用量很大，工程上需要考虑节能指标，因此材料的**能量损耗（通常称为铁损）是表征性能好坏的磁性参数**。在高频率下应用的强磁体，多作为电感线圈的磁芯，由于交变磁场较小，因此最重要的问题不是能量耗损，而是**初始磁导率、线圈的品质因数（Q）**和**波形的失真度**，但损耗会引起 Q 的降低，所以高频损耗也需注意。前者（μ_i）与静态磁化过程相同，后两者（Q 和失真度）则与**复数磁导率**有关。在脉冲磁场和特高频（微波）磁场作用下的强磁体，其特征由其他相应的磁参数（如**开关时间、张量磁导率、铁磁共振线宽**等）表示，以下再作讨论，此外本章还讨论了**磁黏滞性、磁导率的减落、磁有序与其他物性的耦合现象、巨磁电阻**等。

11.2 动态磁化过程中的损耗

静态磁滞回线的面积代表静态磁化过程的（只有磁滞）损耗，动态磁滞回线的面积代表动态磁化过程的损耗，包括磁滞损耗和涡流损耗，在高频下还有剩余损耗。在同一材料和同样的峰值磁场或磁感下，动态回线的面积随磁场的频率增高而增大。图 11.2.1 为 50μm 厚的钼坡莫合金环形薄片，在峰值磁场相同的三种频率下的动态磁滞回线。图 11.2.2 为 $Fe_{80}B_{20}$ 非晶薄带（25～50μm）在相同的峰值磁感下三种磁场频率时的动态磁滞回线的上半部与直流（DC）回线的上半部的比较。从这两个图上都可以看到，在相同的峰值磁场或磁感下，磁滞回线的面积随磁场频率的增加而增大，这说明动态磁化过程的损耗比静态磁化过程的损耗大。另外，虽然磁感峰值和频率相同，但若电压波形不同，其回线面积也不同（图 11.2.3）。所以，在对比性能参数时还需规定波形。研究发现，动态磁化过程的损耗除磁滞损耗（hysteresis loss）外还有涡流损耗（eddy current loss）和剩余损耗（residual loss），下面讨论这些损耗。

11.2.1 损耗的经验公式和三种损耗的分离

设 W 表示单位体积的强磁体在交变磁场中（以下均用正弦波为准）磁化一周的总损耗，则

$$W = W_h + W_e + W_R \tag{11.2.1}$$

式中，W_h、W_e 和 W_R 分别为磁滞、涡流和剩余损耗。单位体积、单位时间的平均损耗称为损耗功率（密度），故总损耗功率 p 为

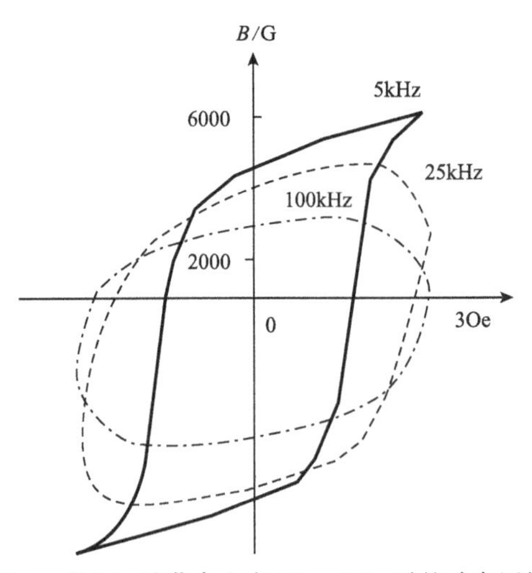

图 11.2.1 厚 50μm 的 Mo 坡莫合金在 H_m=3Oe 时的动态回线随频率的变化

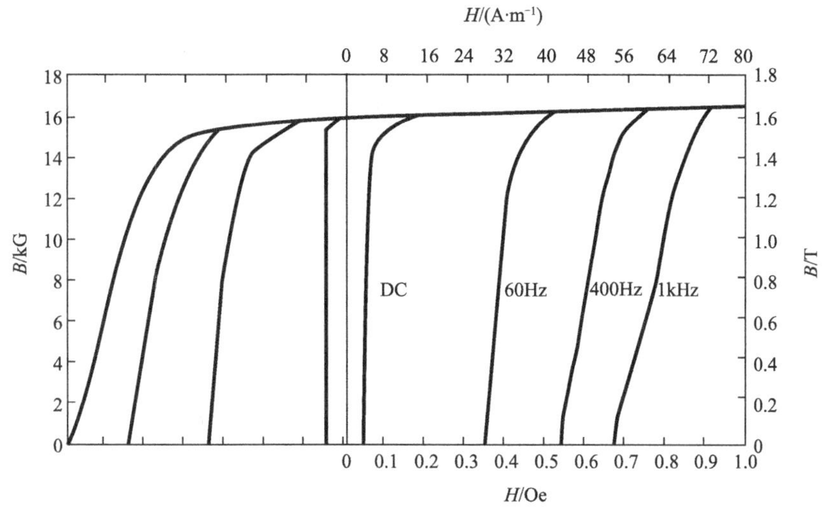

图 11.2.2　$Fe_{80}B_{20}$ 非晶带（25～50μm）在 B_m＝1.65T 时于不同频率下的动态回线的上半部与静态直流回线的上半部的比较

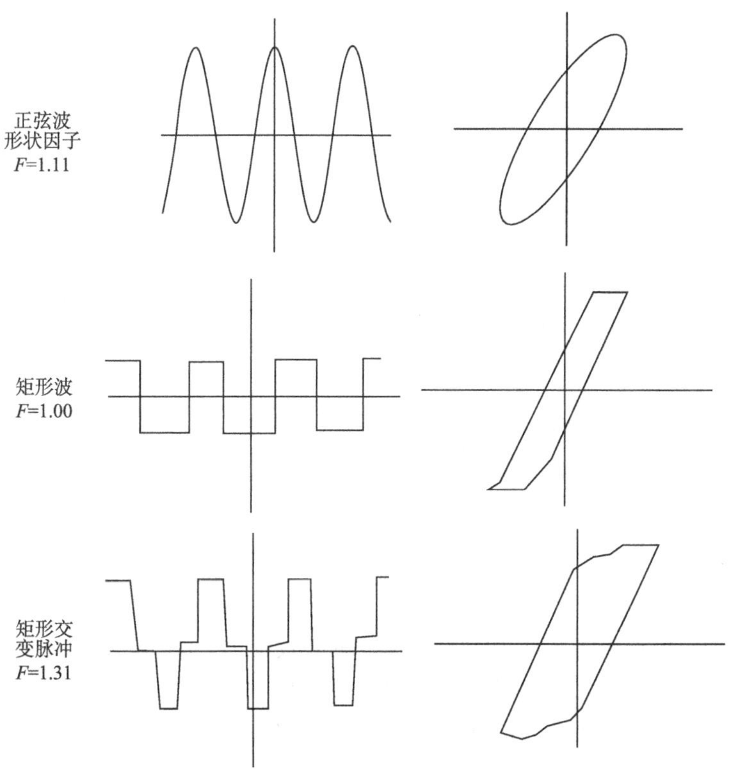

图 11.2.3　三种电压波形下超坡莫合金（带厚 0.05mm）在 f＝20kHz，B_m＝0.27T 下的动态磁滞回线[2]

$$p=fW=p_{\mathrm{h}}+p_{\mathrm{e}}+p_{\mathrm{R}} \tag{11.2.2}$$

式中，p_{h}、p_{e} 和 p_{R} 依次为磁滞、涡流和剩余损耗功率，f 为交变磁场的频率。

磁滞损耗功率采用经验公式（适用范围 $f<100\mathrm{Hz}$，$\mu<5000$，$B_{\mathrm{m}}\approx$（0.3～0.8）B_{s}）

$$p_{\mathrm{h}}=\eta f B_{\mathrm{m}}^{n} \tag{11.2.3}$$

式中，η 为材料常数，n 为峰值磁感 B_{m} 的幂，n 的值为 1.6～2.0。$\eta\approx10^{-3}H_{c}$。

涡流损耗功率在频率很低时可以不计，但一般情况下用下式（经验公式）表示：

$$p_{\mathrm{e}}=\frac{\pi^{2}B_{\mathrm{m}}^{2}d^{2}f^{2}}{\rho\beta} \tag{11.2.4}$$

式中，d 为试样的横截面尺寸，ρ 为大块样品的电阻率（$\Omega\cdot\mathrm{m}$），β 为随样品形状变化的系数，对片厚为 $d=t$ 的薄板 $\beta=6$；对直径为 d 的圆柱体 $\beta=16$；对直径为 d 的球 $\beta=20$。早期未取向的电工钢片（热轧硅钢片），涡流损耗功率以 $\mathrm{W\cdot kg^{-1}}$ 为单位，密度 D 则以 $\mathrm{kg\cdot m^{-3}}$ 表示，同时式（11.2.4）化为

$$p_{\mathrm{e}}=\frac{1.644B_{m}^{2}t^{2}f^{2}}{\rho D}=\frac{\pi^{2}B_{\mathrm{m}}^{2}t^{2}f^{2}}{6\rho D}\quad(\mathrm{W\cdot kg^{-1}}) \tag{11.2.5}$$

后来在强电范围使用的软磁材料也以 $\mathrm{W\cdot kg^{-1}}$ 表示损耗功率。另外，在频率为 60Hz 和磁感振幅 1.5～1.7T 时，剩余损耗功率（经验公式）为

$$p_{R}=p_{RO}+\frac{kt^{2}}{\rho} \tag{11.2.6}$$

式中，p_{RO} 和 k 为经验常数。剩余损耗具有共振吸收的性质，通常只在某一频率下才表现明显。

在行业内外，强电范畴使用的软磁材料，其总损耗功率，又用铁损（$\mathrm{W\cdot kg^{-1}}$）来表示，表 11.1 为片厚 0.2mm 和 0.5mm，频率 50Hz，峰值磁感 1T 下几种材料的铁损。

表 11.1 几种材料的铁损（$B_{\mathrm{m}}=1\mathrm{T}$，$f=50\mathrm{Hz}$，$t=0.2$ 和 0.5mm）

材料	工业纯铁	热轧硅钢	冷轧硅钢（晶粒取向）	50%Ni－Fe	60%Ni－Fe（磁场退火）
铁损/（$\mathrm{W\cdot kg^{-1}}$）	5～10	1～3	0.3～0.6	0.2	0.06

从总损耗（铁损）中，用分析作图法，可将涡流、磁滞、剩余三种损耗分别求出。方法是：在低频（$f<100\mathrm{Hz}$）和磁导率较低（$\mu<5000$），但磁化场较强，即低频大功率的情况下，可将涡流损耗与磁滞损耗首先进行分离，其法如下：

在忽略剩余损耗功率的情况下，总损耗功率表示为

$$p=p_{\mathrm{e}}+p_{\mathrm{h}}=\frac{\pi^{2}d^{2}}{\rho\beta}B_{\mathrm{m}}^{2}f^{2}+\eta B_{\mathrm{m}}^{1.6}f=eB_{\mathrm{m}}^{2}f^{2}+\eta B_{\mathrm{m}}^{1.6}f \tag{11.2.7}$$

式中，损耗系数 $e=\dfrac{\pi^{2}d^{2}}{\rho\beta}$。当固定磁感振幅（$B_{\mathrm{m}}=$常数）时测量总损耗 p 与频率

f 的关系，然后作 $p/f-f$ 的图（图 11.2.4），若图形为一直线，则直线的斜率为 eB_{m}^2，直线与纵轴的截距为 $\eta B_{\mathrm{m}}^{1.6}$，即

$$\frac{p}{f}=\frac{p_{\mathrm{e}}}{f}+\frac{p_{\mathrm{h}}}{f}=eB_{\mathrm{m}}^2 f+\eta B_{\mathrm{m}}^{1.6} \tag{11.2.8}$$

由图 11.2.4 中得到的截距和斜率的数值代入式（11.2.7）便可得出磁滞损耗 p_{h} 和涡流损耗 p_{e}。

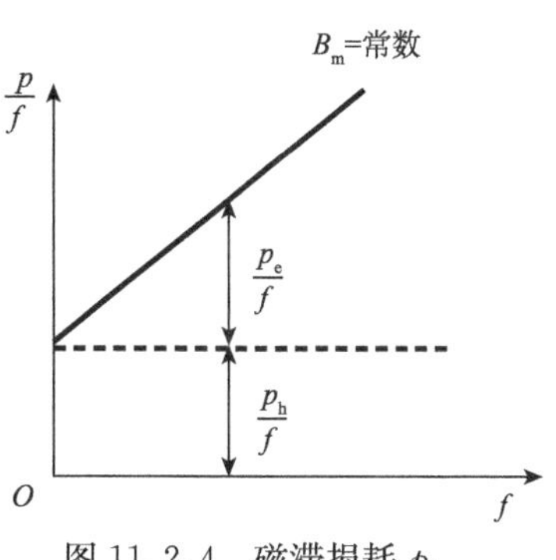

图 11.2.4　磁滞损耗 p_{h} 与涡流损耗 p_{c} 的分离

在出现复杂弛豫后效的硅钢片中，剩余损耗不能忽略，这时便要测量不同磁感 B_{m} 下的总损耗 p 随频率 f 的变化，并作出如图 11.2.5 所示的 $p/f-f$ 直线图，由图中的直线斜率可定出涡流损耗（功率）。将直线内推到 $f=0$ 处便得出截距 $(p/f)_f=O$，$B_{\mathrm{m}}=B_{\mathrm{m1}}$，再作 $(p/f)_{f=0,B_{\mathrm{m}}}$ 与 B_{m} 的图 11.2.6，由图上的截距便可得出剩余损耗。这样做的理论根据是将式（11.2.2）改写为列格公式：

$$\frac{p}{f}=wf+hB_m+n \tag{11.2.9}$$

式中，w，h，n 分别为涡流、磁滞、剩余损耗系数。**欲从理论上导出 p_{h}，P_{e}，p_{R} 的表达式比较困难**，目前只有具体情况（如圆柱和无限大薄片）下的涡流损耗功率 p_{e} 才能从理论上导出，考虑畴结构后其涡流损耗功率比均匀磁化时约大 3 倍，而 p_{h} 和 p_{R} 仍无法得出普遍的解，原因是 $B(H)$ 的普适关系无法求得解析表达式。但是引起 p_{h} 和 p_{R} 的物理机制已有一定的了解，下面分别给予说明。

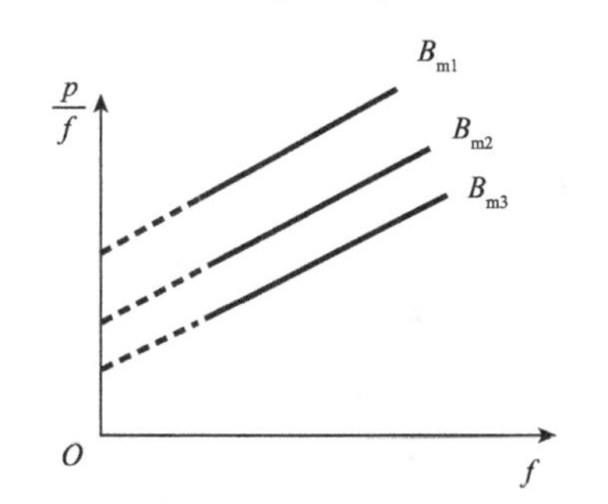

图 11.2.5　不同 B_m 下，p/f 与 f 的关系

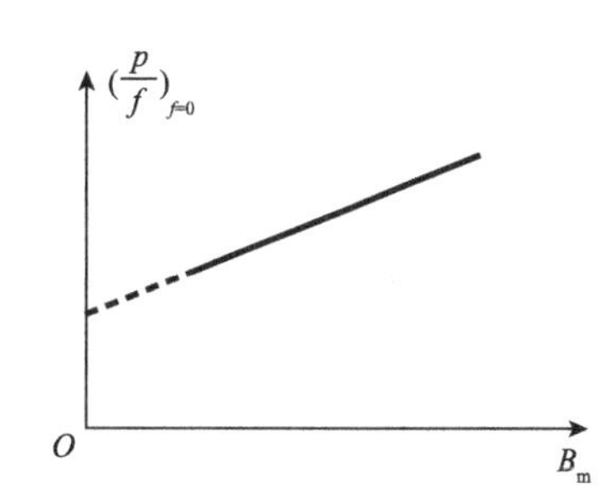

图 11.2.6　图 11.2.5 中直线的截距 $(p/f)_{f=0}$ 与 B_{m} 的关系

1. 磁滞损耗（功率）来源

畴壁和畴转的不可逆便是 p_{h} 的来源，式（11.2.3）$P_{\mathrm{h}}=\eta fB_{\mathrm{m}}^{\mathrm{n}}$ 的经验公式是由 Steimetz 提出，通常适用于低频（$f<100\mathrm{Hz}$）、低磁导率（$\mu<5000$）和中等磁场（此磁场导致的磁感幅值 B_{m} 与饱和值 B_s 之比为 0.3～0.8）。这时 η 与矫顽

力成正比$\eta \approx 10^{-3} H_c$。

2. 磁黏滞性引起的剩余损耗

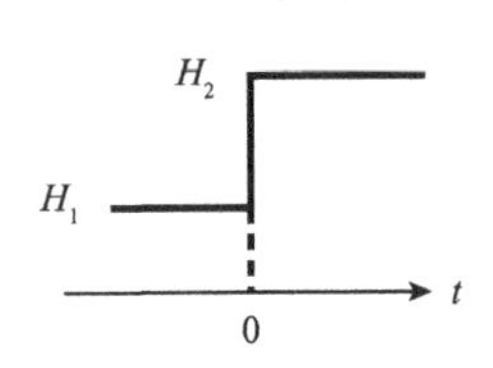

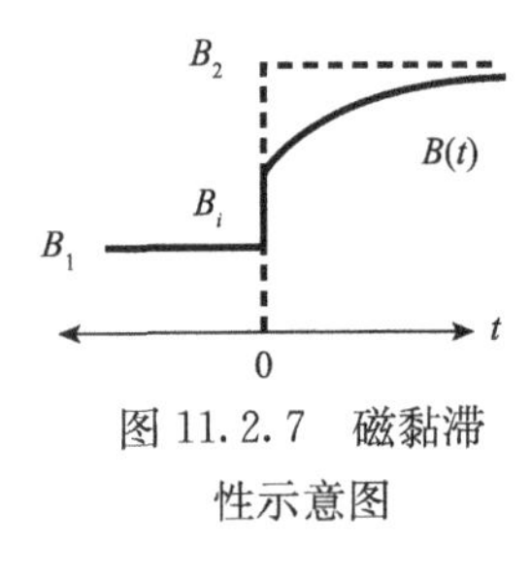

图 11.2.7 磁黏滞性示意图

磁黏滞性（magnetic viscosity）指的是当磁场突然改变时（由 $H_1 \to H_2$）磁感 B 先改变到某一值 B_i，然后再由 B_i 经一定时间 t 到达与 H_2 相应的 B_2（图 11.2.7）。出现这一时间过程的原因，一是样品内，阻碍壁移和畴转的能量分布随时间发生涨落，这种涨落如果是由原子扩散引起，则

$$\frac{\mathrm{d}B(t)}{\mathrm{d}t} = \frac{B_2 - B(t)}{t} \tag{11.2.10}$$

$$B(t) = B_2 + (B_i - B_2)\exp^{-t/\tau} \tag{11.2.11}$$

式中 τ 为弛豫时间。二是样品能垒分布不变，但热激活可使畴壁或 M_s 获得能量而发生移动或改变方向，因而也造成 B 随 t 变化，这时 B 的变化遵从

$$B(t) = B_i + s\ln t \tag{11.2.12}$$

式中，s 为磁黏滞性系数。（较详细的论述参见 11.6 节。）

原子扩散引起的称李希特后效（Richter lag），热激活引起的称约旦后效（Jordan lag）磁黏滞性引起剩余损耗的证明，参见下面 11.5 节。

交变磁场频率在高频以上阶段时，磁场频率高但振幅小，因此损耗与低频大功率不同。高频的损耗以进动或共振方式出现，因此损耗机理和公式与上述讨论不同（见 11.4 节）。频率很高时磁导率急剧下降直至使材料无法使用，这是因为出现畴壁共振、尺寸共振（电磁波波长或半波长与样品长度相等）、自然共振（磁矩绕各向异性场进动）、铁磁共振等现象。

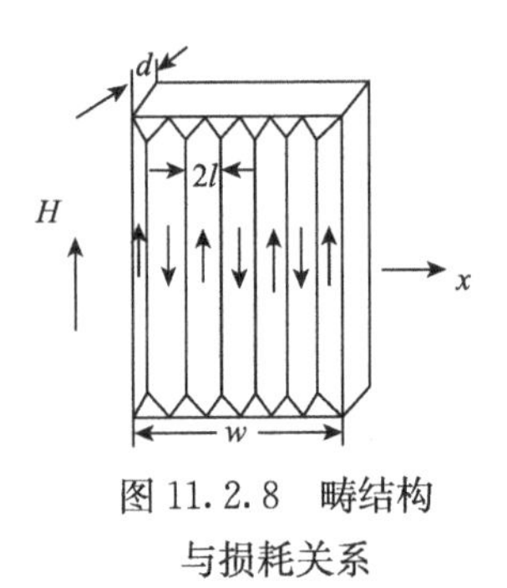

图 11.2.8 畴结构与损耗关系

在工业频率和音频阶段欲降低材料的损耗，除了增加材料的电阻率，减薄材料的尺寸外，还需降低材料的矫顽力。

对硅钢片而言，损耗功率与畴结构变化的关系，可作如下讨论：

设硅钢片的厚度为 d，宽度为 w，片内的畴结构为 180°的主畴和 90°的封闭畴，主畴宽为 $2l$（图 11.2.8）。假设在交变磁场作用下，磁感的变化是通过 180°主畴的壁移来实现的，若阻碍壁移的阻力主要由畴壁周围的微涡流引起（包括经典电磁现象的涡流和壁移的局部涡流），则涡流阻力所做的功即为损耗。

设单位面积的一块主畴壁移动 x 后受的阻力为 $\alpha \dot{x}$，α 为阻尼系数，$\dot{x} = \frac{\mathrm{d}x}{\mathrm{d}t} = v$ 则

这块畴壁由 $x_a \to x_b$ 后做出功为

$$W_A = \int_{x_a}^{x_b} \alpha \dot{x} \mathrm{d}x = \int_{x_a}^{x_b} \alpha v \mathrm{d}x \tag{11.2.13}$$

若由 $x_a \to x_b$ 的相应时间为 $t_a \to t_b$，则单位时间的功即为功率

$$p_A = \frac{1}{t_b - t_a}\int_{t_a}^{t_b} \alpha v \frac{\mathrm{d}x}{\mathrm{d}t}\mathrm{d}t = \frac{1}{t_b - t_a}\int_{t_a}^{t_b} \alpha v^2 \mathrm{d}t \tag{11.2.14}$$

因为 $p_A S = p_v V = p_v S w$（从面积 S 去计算功率＝从体积 V 去计算功率）单位体积的功率为

$$p_v = \frac{p_A}{w} = \frac{1}{w}\frac{1}{t_b - t_a}\int_{t_a}^{t_b} \alpha v^2 \mathrm{d}t \tag{11.2.15}$$

若单位体积内有 N 块畴壁，则损耗功率（密度）为

$$p_v = \frac{1}{w}\frac{1}{t_b - t_a}\sum_{i=1}^{N}\int_{t_a}^{t_b} \alpha_i v_i^2 \mathrm{d}t \tag{11.2.16}$$

由于损耗是通过涡流发热而损失的能量，故式（11.2.16）即为硅钢的总损耗又称铁损，若再用密度去除，则损耗的单位为 $\mathrm{W \cdot kg^{-1}}$。下面定性分析影响畴壁运动的因素对铁损的影响。

（1）已知只有一块 180°壁时的阻尼系数

$$\alpha_{180°} = \frac{16B_s^2 d}{\pi^3 \rho c^2}\sum_{n为奇数} n^{-3}\,\mathrm{th}\left(n\pi\frac{w}{2\mathrm{d}}\right) \approx \frac{16B_s^2 \mathrm{d}}{\pi^3 \rho c^2}\times 10^5 \tag{11.2.17}$$

式中，d 为厚度，w 为宽度，ρ 为电阻率；$\frac{w}{d}=1\to\infty$ 时 $\sum$ 为 1.0～1.1。

（2）一块单位面积的 180°畴壁移动 x 引起的磁感变化为 $2B_s 1x$，则单位体积内的所有畴壁移动 x 后引起的磁感变化便是

$$B = 2B_s 1 \cdot x\frac{1}{2l} \to x = \frac{Bl}{B_s} = \frac{B_m \cos\omega t \cdot l}{B_s} \tag{11.2.18}$$

$$v = \frac{\mathrm{d}x}{\mathrm{d}t} = -\frac{B_m \sin\omega t}{B_s} l\omega \tag{11.2.19}$$

将式（11.2.17）和式（11.2.19）代入

$$\alpha v^2 = \frac{16B_s^2 d}{\pi^3 \rho c^2}\times 10^5 \frac{B_m^2}{B_s^2} l^2 \omega^2 \sin^2\omega t \propto \frac{d}{\rho} B_m^2 l^2 \omega^2 \approx \frac{d}{\rho} B_m^2 \omega \tag{11.2.20}$$

由实验发现 $l \propto = \frac{1}{\sqrt{\omega}}$（畴的半宽度 l 与频率 ω 的关系）。

由式（11.2.20）和式（11.2.16）可见**损耗 P_v 与电阻率 ρ 成反比，与片厚 d 成正比，且损耗随频率 ω 增加而增大。**

11.2.2　涡流损耗和集（趋）肤效应

磁性材料在交变磁场中磁化时会产生热，随频率升高所生的热能可将金属材料熔化，其原因是在材料的内部产生了垂直于磁通线的感应电流，称之为

涡流。在磁体中的任何交变磁化过程都将产生涡流。涡流产生的磁场与外加磁场方向相反，使铁磁体内部的磁场减小为零，导致磁场只存在于铁磁体表面一薄层中，这就是趋肤效应。这是电磁感应定律决定的现象。材料内的涡流和磁化场 $\boldsymbol{H}$ 在原则上可用麦克士威方程解出（矢量运算见本节附录一），方程为

$$\nabla\times\boldsymbol{H}=\boldsymbol{J} \tag{11.2.21}$$

$$\nabla\times\boldsymbol{J}=-(\mu_0\mu/\rho)\,\mathrm{d}\boldsymbol{H}/\mathrm{d}t \tag{11.2.22}$$

$\boldsymbol{J}$ 为涡电流密度（$\mathrm{A\cdot m^{-2}}$），ρ 为电阻率（$\Omega\cdot\mathrm{m}$）。对实际情况只能给出近似解。为简单起见，讨论下述两种情况：

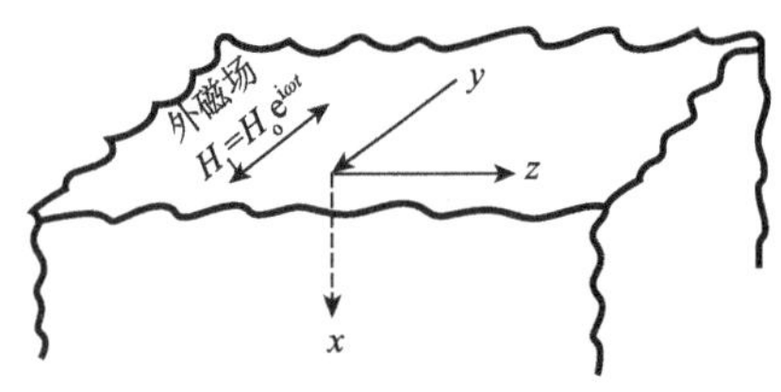

图 11.2.9 半无限大铁磁介质

1. 半无限大平面磁体

在半无限大金属平面上（图 11.2.9）加上交流磁场

$$H=H_0\mathrm{e}^{\mathrm{i}\omega t}$$

图 11.2.9 为半无限大磁体表面和外磁场作用在表面的情况，假定磁场只与 y 轴平行，以及在界面上的 $H_x=H_z=0$，代入式（11.2.21）、式（11.2.22），可给出

$$\mathrm{d}H_y/\mathrm{d}x=J_z \tag{11.2.23}$$

$$\mathrm{d}J_z/\mathrm{d}x=(\mu_0\mu/\rho)\,\mathrm{d}H_y/\mathrm{d}t \tag{11.2.24}$$

消去 J_z，得

$$\mathrm{d}^2H_y/\mathrm{d}x^2=(\mu_0\mu/\rho)\,\mathrm{d}H_y/\mathrm{d}t \tag{11.2.25}$$

在材料内 H_y 是 x 的函数（严格说式（11.2.23）～式（11.2.25））应该用偏微分符号，设表面上的磁场在 y 方向最大为 H_0 时，在深入材料内部后随 x 变化可写成$H_y(x,t)$。为便于了解基本特点，可认为 $H_y(x,t)=H_y(x)\mathrm{e}^{\mathrm{i}\omega t}$ [（$H_y(x=0)=H_0$）实际上在介质内部的交流磁场并不是简谐的] 将 H_y 代入上式，方程（11.2.25）的形式变为

$$\mathrm{d}^2H_y(x)/\mathrm{d}x^2=(\mathrm{i}\omega\mu_0\mu/\rho)\,H_y(x) \tag{11.2.26}$$

而 H_x，H_z，J_x，J_y，在材料内部均为零。方程（11.2.26）的解 $H_y(x)$ 可写成下式：

$$H_y(x)=H_0\mathrm{e}^{px}$$

代入（11.2.26），得 $p^2=(\mathrm{i}\omega\mu_0\mu/\rho)$，因 $\mathrm{i}^{1/2}=\dfrac{1+\mathrm{i}}{\sqrt{2}}$，则 $p=\pm(\mathrm{i}\omega\mu_0\mu/\rho)^{1/2}=\pm(\omega\mu_0\mu/2\rho)^{1/2}(1+\mathrm{i})=\pm b(1+\mathrm{i})$，因此有

$$H_y(x)=H_0\mathrm{e}^{-b(1+\mathrm{i})x} \tag{11.2.27}$$

由于 $H_y(x,t)=H_y(x)\mathrm{e}^{\mathrm{i}\omega t}$，得

$$H_y(x,t)=H_0 e^{-b(1+i)x} e^{i\omega t} \tag{11.2.28}$$

其中

$$b=[\omega\mu\mu_0/2\rho]^{1/2} \tag{11.2.29}$$

这样，因子 e^{-bx} 表示外磁场在深入磁体内 x 处的衰减大小，e^{-ibx} 表示在 x 处的磁场与表面磁场的位相差别，所以时间因子可单独用 $e^{i\omega t}$ 表示。

2. 厚度为 $2d$ 的近似无限大片状金属磁性材料

上面讨论的是，作用于磁性材料表面的交变磁场 $H=H_0 e^{i\omega t}$，在深入材料内部后强度减弱和位相变化的结果。实际材料都不是半无限大的，现在考虑一个厚度为 $2d$ 的很大的铁磁薄片（如硅钢片，坡莫合金片等），由于片的长和宽都比厚度 $2d$ 要大非常多倍，所以近似认为是无限大薄片，参看图 11.2.10，片与 yz 平面平行，两表面的座标为 $x=\pm d$，在受到平行于平面的交流磁场 $H_0 e^{i\omega t}$ 作用后，片内磁场和涡流分布可用方程（11.2.26）来处理。由于外磁场从片的两面向内深入，因而假定解为 $e^{b(1+i)x}$ 和 $e^{-b(1+i)x}$ 形式，其中 x 只表示在 $\pm d$ 间变化，于是求得 y 方向磁场在 x 处的解为

$$H_y(x)=Ae^{b(1+i)x}+Be^{-b(1+i)x}=Ae^{px}+Be^{-px} \tag{11.2.30}$$

其中 $P=b(1+i)$，系数 A 和 B 由边界上磁场来定，即由 $H_y(d)=H_y(-d)=H_0$，得

$$Ae^{pd}+Be^{-pd}=H_0$$
$$Ae^{-pd}+Be^{pd}=H_0$$

将上面式中的常数 B 消去，得到

$$A(e^{2pd}-e^{-2pd})-H_0(e^{pd}-e^{-pd})=0$$

$$A=H_0\left[\frac{(e^{pd}-e^{-pd})}{(e^{2pd}-e^{-2pd})}\right]=H_0\,\mathrm{sh}(pd)/\mathrm{sh}2(pd)$$

并求得

$$A=B=\frac{H_0}{2\cosh(pd)}$$

将 $p=b(1+i)$ 代入（11.2.30）式，得到在 x 处磁场

$$H_y(x)=\frac{H_0[e^{b(1+i)x}+e^{-b(1+i)x}]}{[e^{b(1+i)d}+e^{-b(1+i)d}]} \tag{11.2.31}$$

也可以用双曲函数来表示在 x 处 t 时间的磁场 $H_y(x,t)$ 和电流 $J_z(x,t)$ 与外磁场幅值 H_0 的关系

$$H_y(x,t)=H_y(x)e^{i\omega t}=H_0 e^{i\omega t}\left[\frac{\cosh b(1+i)x}{\cosh b(1+i)\mathrm{d}}\right] \tag{11.2.32}$$

$$J_z(x,t)=\frac{\mathrm{d}H_y(x,t)}{\mathrm{d}x}=b(1+i)H_0 e^{i\omega t}\left[\frac{\sinh b(1+i)x}{\cosh b(1+i)d}\right] \tag{11.2.33}$$

从式 11.2.32 可看到，H_y 在片内不同深度处的变化，从式（11.2.33）得到涡

流在磁体内的分布。在同一时间 t，$H_y(x)$ 落后 H_0 位相为 e^{-ibx}，而 $H_m(x)$ 表示为片内某处的磁场幅值，可以计算得到（参看附录三）

$$H_m(x)=H_0\left[\frac{(\cosh 2bx+\cos 2bx)}{(\cosh 2bd+\cos 2bd)}\right]^{1/2} \tag{11.2.34}$$

由式（11.2.28）可求得铁磁薄片内磁感应强度 $B_y(x,t)$ 为

$$B_y(x,t)=\mu_0\mu H_y(x,t)=\mu_0\mu H_0 e^{-bx}e^{i(\omega t-bx)} \tag{11.2.35}$$

e^{ibx} 为 B 对 H 的位相差，e^{-bx} 为 H_0 的衰减因子。图 11.2.10（a）分别示出了涡流分布[如式（11.2.33）给出]以及磁感应强度 B 与表面上磁场 H_0 的关系[式 11.2.35]。图 11.2.10（b）示出了片状材料内磁场幅值 H_m 和瞬间值 H 与表面上磁场幅值 H_0 的关系，另外，从涡流分布图可看到，在表面处涡流最大，向片的内部深入时（以某一瞬间 t 为准），涡流逐渐减弱。**同时，涡流产生的磁场屏蔽了外加磁场，使作用在片内的磁场逐渐减弱，就是外加磁场越接近金属片的表面，磁化作用效果越大，这种现象称为集肤（或称趋肤）效应。**

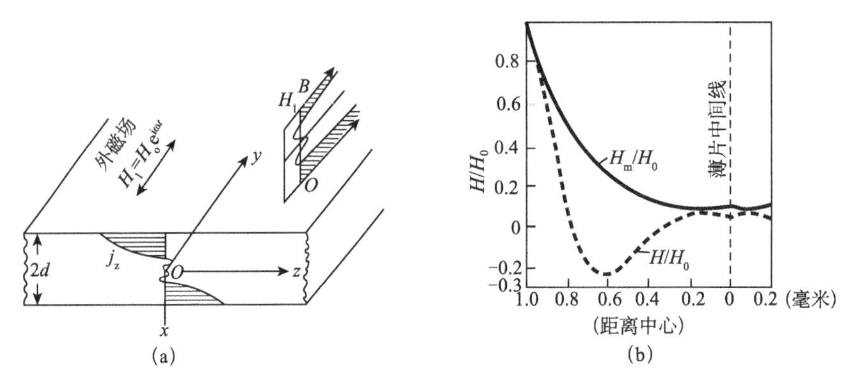

图 11.2.10 (a) 无限大薄片内 B 和 H，以及涡流的分布，和 (b) 软铁薄片中磁场的集肤效应

3. 集肤效应，涡流损耗

当式（11.2.35）中 $x=1/b$ 时，$H_m(1/b)=H_0/e$（e 自然对数的底 = 2.718)，定义一个特征深度 d_s，在 $d_s=1/b$ 深度处 $H_m=0.36H_0$，则有

$$d_s=1/b=(2\rho/\mu_0\mu\omega)^{1/2}=503\ (\rho/f\mu)^{1/2}\ (m) \tag{11.2.36}$$

称之为**趋肤深度**，单位是米。其中 ρ 为电阻率，对任一磁性材料，随频率增高，其 d_s 值都要减小，就是说外加的磁化场作用在片内的幅值降低更快，只能在近表面处起到磁化作用。这种现象称为集肤效应，或叫趋肤效应。d_s 表示交变磁场起到 1/e（相当 36%）作用的深度（或厚度）。从式（11.2.35）中的衰减因子 e^{-bx} 可看到，H_m 随进入片内的深度呈指数下降。原因是涡流屏蔽所致。要想降低集肤效应，即减小涡流；并希望材料的 d_s 要大些，则要求材料的电阻率增大。如铁氧体的电阻率很大，便可以避免涡流影响。或是把材料做成片状，使片的厚度 $d\ll d_s$。例如用于 50～60Hz 的电工钢（硅钢）片厚度为 0.35mm，使用于较

高频率的坡莫合金片的厚度为 25μm 或 50μm。还有薄膜材料等。这既可以提高材料的使用效率，又大大降低了损耗（有关本节的详细讨论请看文献［3］)。

在交变磁场中使用金属磁性材料做磁芯时，都制成片状，片厚远小于趋肤厚度（即 $d_s \gg d$）。按照图（11.2.10）所示的薄片情况，则感生电流 J_z 只与 y 方向的磁化有关，又因趋肤深度很大，表面和中心的磁感基本差别不大，则有

$$(\nabla \times \boldsymbol{J})_y = -(\mu_0\mu/\rho)(\partial \boldsymbol{H}/\partial t) = -\mathrm{i}\omega B_\mathrm{m}/\rho$$

由于片很薄，J_x 可以不计入，因而

$$\partial J_z/\partial x = -\mathrm{i}\omega B_\mathrm{m}/\rho$$

由边界条件知，$J_z = Ax$，A 为常数，则得到 $A = -\mathrm{i}\omega B_\mathrm{m}/\rho$，则单位体积磁化时涡流的损耗功率（$\rho$ 为电阻率）为

$$\begin{aligned} P_\mathrm{e} &= 2\rho/\mathrm{d}\int_0^\mathrm{d} J_z^2 \mathrm{d}x = 2\rho/\mathrm{d}\int_0^\mathrm{d} A^2 x^2 \mathrm{d}x = 2\omega^2 B_\mathrm{m}^2/\rho[d^3/3]_0^d \\ &= 8\pi^2 f^2 B_\mathrm{m}^2 d^2/3\rho \end{aligned} \tag{11.2.37}$$

这一结果称为经典涡流损耗功率的理论值，因为没有考虑磁畴结构的影响，理论计算值比实验测量结果还要小一些，但大约却是式（11.2.4）所示的经验公式的 16 倍。

11.2.3　磁畴结构对损耗的影响

众所周知，磁性材料中存在磁畴结构，对软磁金属材料［如硅钢片和铁镍合金（坡莫合金）薄带］，在经历一个饱和磁化循环过程中，一般情况下，畴壁移动占据主要的地位。因此，磁畴结构对磁损耗有不小的贡献，以致有关涡流计算得到的损耗结果与实际情况存在较大的差别。

Williams 等[4]较详细地研究了磁性材料中存在磁畴结构的情况下，磁化一周所产生的损耗情况、简称为 WSK 理论。实验表明，在畴壁移动的磁化过程中，存在一个使畴壁开始移动的临界磁场 H_0，对单晶硅钢片来说，$H_0 = 0.003\mathrm{Oe}$（约 0.24A/m），因而使畴壁产生移动的有效磁场为 $H_\mathrm{eff} = H_\mathrm{e} - H_0$，这一结果将导致理论计算的弱场磁化的损耗数值，比实际测量的损耗大小要高出 20%左右。

1. 单畴壁的影响

Williams 等用 4% Si 的硅钢片单晶制成一个方框形样品，如图 11.2.11 所示。其中共有八个 180°畴，畴内磁矩取向用箭头示出。虚线表示 180°畴的畴壁。在交变磁场作用下，在横截面 ABCD 上产生涡流。初步认为，在外加交变磁场很弱时，引起的畴壁移动不会使畴壁变形，如图 11.2.12（a）所示；如外加交变磁场增大，畴壁在运动过程中发生畸变，如图 11.2.12（b）所示。下面讨论弱场磁化损耗。

由麦克斯韦尔方程出发，求出磁化一周过程中涡流的分布。由于畴壁移动过程中使畴壁两边的磁矩改变了 180°，但并不产生涡流，而只在畴壁内部才出现涡流。因此有，在畴壁之外：

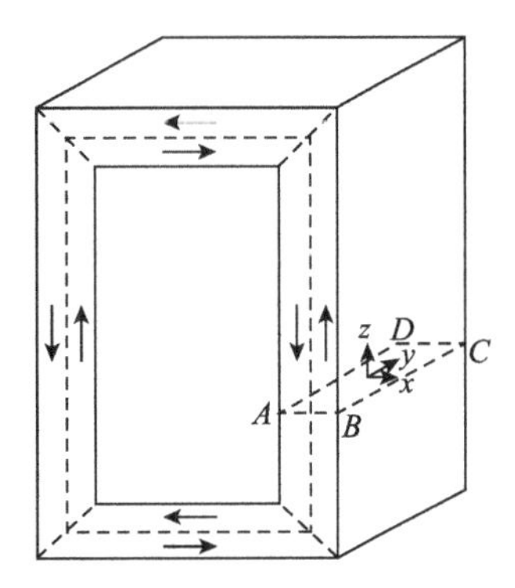

图 11.2.11 框形单晶样品及其畴结构示意图
框架尺度为 1.34cm×1.71cm，
截面积 $ABCD$ 为 0.114cm×0.152cm

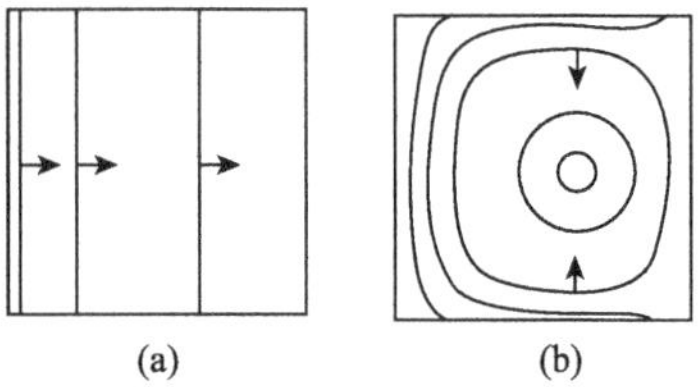

(a) (b)

图 11.2.12 在弱场（a）和强磁场（b）中畴壁运动的示意

$$\nabla^2 \boldsymbol{J}=0,\ \nabla\cdot\boldsymbol{J}=0,\ \nabla\times\boldsymbol{J}=0 \tag{11.2.38}$$

在畴壁之内

$$\nabla\times\boldsymbol{J}=(1/\rho)\ \partial\boldsymbol{B}/\partial t \tag{11.2.39}$$

由于畴壁是均匀运动，电流只在畴壁内，不向外发散，畴壁移动所扫过的面积为 $\Delta y\Delta x$（$\Delta y>\Delta x$），最大为矩形面积 $ABCD$（直角坐标的原点在其中心）。因畴壁外侧没有感应电流，根据样品的尺寸，$AD=d$，$AB=2L$，从式（11.2.34）知，畴壁内部处在两侧位置时有

$$J_x(\pm L,\ y)=0 \text{ 和 } J_y(x,\ \pm \mathrm{d})=0 \tag{11.2.40}$$

由式（11.2.39）可得到

$$\pm J_y=B_s v/\rho \tag{11.2.41}$$

其中 ρ 和 v 分别为样品的电阻率和畴壁移动速率（沿 x 方向）。从二维拉普拉斯方程（11.2.39）式可以解得（具体解法见附录二）：

$$\begin{aligned} J_x &= -\sum \mathrm{D}_n \sin(n\pi y/d)\sinh[(L-x)n\pi/\mathrm{d}] \\ J_y &= \sum \mathrm{D}_n \cos(n\pi y/d)\cosh[(L-x)n\pi d] \\ D_n &= \pm 4(B_s v/\rho)[n\pi\cosh(Ln\pi/d)]^{-1} \end{aligned} \tag{11.2.42}$$

其中 n 为奇数，当 D_n 用+号时，对 n 求和有 $n=1$，5，9，14，…。当 D_n 用－（负号）时，对 n 求和有 $n=3$，7，11，15，…。

由于方框样品的磁回路可等效为一无限长的柱形样品，其中只有一个畴壁，为方便起见，只要取一截单位长的柱体，来计算单位长度的损耗 P 即可。这样可从积分得出：

$$\begin{aligned} P &= 4\rho\int_0^L\int_0^{d/2}(J_x^2+J_y^2)\mathrm{d}x\mathrm{d}y \\ &= \sum(16B_s^2 v/\rho^2)[n^2\pi^2\cosh^2(n\pi L/\mathrm{d})]\times \end{aligned}$$

$$\int_0^L\int_0^{d/2}\{[\sin(n\pi y/\mathrm{d})\sinh n\pi(L-x)/d]^2+$$
$$[\cos(n\pi y/\mathrm{d})\cosh n\pi(L-x)/d]^2\}\mathrm{d}x\mathrm{d}y$$
$$=(16d^2Bs^2v/\rho\pi^3)\sum n^{-3}\tanh(n\pi L/\mathrm{d}) \qquad (11.2.43)$$

其中积分

$$\int_0^{d/2}\sin^2(n\pi y/\mathrm{d})\mathrm{d}y=\int_0^{d/2}\cos^2(n\pi y/\mathrm{d})\mathrm{d}y=d/4$$

以及

$$\int\sinh^2 ax\,\mathrm{d}x=(1/2a)\sinh ax\ \cosh ax-1/x$$

$$\int\cosh^2 ax\,\mathrm{d}x=(1/2a)\sinh ax\ \cosh ax+1/x$$

当 $d=2L$ 时，式（11.2.43）中的 $\sum$ 项$=0.97\approx1$，因而得到单位长度的损耗为

$$P_{\mathrm{w}}=(16d^2B_{\mathrm{s}}^2v/\rho\pi^3) \qquad (11.2.44)$$

P_w 表示只考虑一个畴壁情况下，单位长度的方柱形材料的损耗。在式（11.2.44）中没有频率 f，这是因为畴壁运动的速率 v 反映了磁化的快慢。另外，畴壁运动速率 v 可以从实验测量得到，因而可以与理论结果方程（11.2.44）比较。

在忽略由于畴壁运动方程中加速度部分，则有

$$\zeta v+\alpha x=2MH_{\mathrm{ext}}$$

α 表示因畴壁移动不均匀后，单位面积畴壁平均恢复力密度，相当于畴壁能量随 x 的变化 $\partial\gamma(x)/\partial x$。由此得到

$$\zeta v=2MH_{\mathrm{ext}}-\partial\gamma(x)/\partial x=2MH_{\mathrm{eff}} \qquad (11.2.45)$$

$$H_{\mathrm{eff}}=H_{\mathrm{ext}}-(1/2M)\partial\gamma(x)/\partial x)=H_{\mathrm{ext}}-H_0 \qquad (11.2.46)$$

其中 H_0 就是前面提到的，使畴壁开始移动的临界磁场，H_{ext} 为外加磁场，ζv 是畴壁运动时受到的阻尼作用，其量纲相当于功耗。阻尼系数 ζ 源于自旋磁矩绕运动方向的等效磁场进动时，所受的电子—电子和电子—晶格弛豫作用。由此可计算得 ζ 的数值，并得出 v 的理论值，也就求出了材料的损耗 P 的理论值。由于只考虑到电子自旋进动的弛豫机制，理论计算的 v 值较大，因此 P 的理论值比实验测量值大（>20%）。如加上考虑其他弛豫机制，v 就会降低。可以减小理论计算的损耗值。

2. 多畴壁的影响

实际材料中存在很多磁畴，Pry 等[6a]计算了薄片中存在 180°磁畴情况下的磁损耗，并将所得的结果与不考虑畴结构和存在单畴壁的理论计算结果作了比较，详细的计算过程请看文献［6a］，薄片的多畴结构如图 11.2.13 左上方图示，计

算的具体结果为

$$W=(8d^2q/\rho)(B_\mathrm{m}f/\pi)^2\sum(n^{-3})\left[\coth q+2I_1(nqB_\mathrm{m}/B_\mathrm{s})/(nqB_\mathrm{m}/B_\mathrm{s})\sinh nq\right] \tag{11.2.47}$$

其中 $q=2\pi L/d$，在求和时 n 取奇数。为了与经典结果的比较，令 $L=0$ 即可从式（11.2.44）得到与式（11.2.37）相似的结果 $W_c=(\pi B_\mathrm{m}fd)^2/6\rho$（因样品尺度设定的不同，使系数有差异），由此得

$$W/W_\mathrm{c}=(96L/\pi^2d)\sum(n^{-3})\left[\coth q+2I_1(nqB_\mathrm{m}/B_\mathrm{s})/(nqB_\mathrm{m}/B_\mathrm{s})\sinh nq\right] \tag{11.2.48}$$

如 $2L\gg d$，则有

$$W/W_c=1.628\ (2L/d) \tag{11.2.49}$$

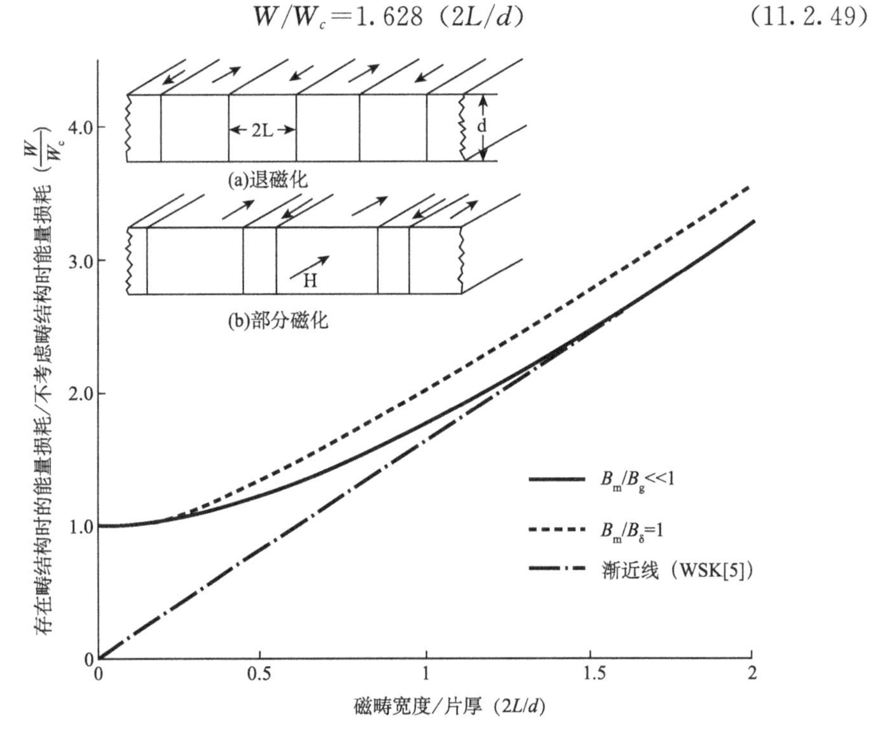

图 11.2.13 考虑磁畴结构后的损耗和磁畴宽度的关系

不同曲线表示了 $B_\mathrm{m}/B_\mathrm{s}\ll1$（实线）和=1（粗虚线）的情况，以及式（11.2.44）（WSK [4]）的理论结果

图 11.2.13，是考虑磁畴结构后的损耗随磁畴宽度的变化，$B_\mathrm{m}/B_\mathrm{s}\ll1$ 为经典理论结果，$B_\mathrm{m}/B_\mathrm{s}=1$ 为式（11.2.49）结果。左上角为假定的薄片中的磁畴结构。同时给出了只具有单个磁畴的（*WSK*）理论结果。

总的说来，**存在磁畴结构使磁损耗增大**，由于理论计算所依据的模型与实际情况有较大的差距，故理论计算值与实验值也不一致，但是，理论结果可以预示

出产生损耗的主要原因。这对制备优质的金属软磁材料仍有较大指导意义。

本节小结

1. 讨论了交变磁场作用下，磁性材料各种损耗的机制及经验公式，以及涡流损耗，集肤效应和磁畴结构对损耗影响的理论计算。

2. 重点讨论了低频大磁场中材料内的磁化场的分布，作用在表面上的磁场强度与进入磁体内的磁场强度的大小和位相的变化关系。定义了磁场对材料的集（趋）肤深度 d_s，给出了 d_s 与材料的电阻率，磁导率和磁场频率的关系式。这个结果对材料在应用时如何降低能量损耗具有普遍意义，对提高材料的使用效率有指导意义。

3. 由于材料中存在磁畴，讨论了因畴结构而使损耗增大的特点。

附录一　式（11.2.21）的矢量运算

$$\nabla\times\boldsymbol{H}=[(\partial/\partial x)\boldsymbol{i}+(\partial/\partial y)\boldsymbol{j}+(\partial/\partial z)\boldsymbol{k}]\times[(H_x)\boldsymbol{i}+(H_y)\boldsymbol{j}+(H_z)\boldsymbol{k}]$$

$\boldsymbol{i}$，$\boldsymbol{j}$，$\boldsymbol{k}$ 代表 x，y，z 轴的单位矢量，其运算规则为：$\boldsymbol{i}\times\boldsymbol{j}=\boldsymbol{k}$，$\boldsymbol{j}\times\boldsymbol{i}=-\boldsymbol{k}$；$\boldsymbol{j}\times\boldsymbol{k}=\boldsymbol{i}$；$\boldsymbol{k}\times\boldsymbol{i}=\boldsymbol{j}$；反之为负。

$$\boldsymbol{i}\times\boldsymbol{i}=\boldsymbol{j}\times\boldsymbol{j}=\boldsymbol{k}\times\boldsymbol{k}=0$$

$$\begin{aligned}\nabla\times\boldsymbol{H}=&[(\partial/\partial x)\boldsymbol{i}\times(H_y)\boldsymbol{j}-(\partial/\partial y)\boldsymbol{j}\times(H_x)\boldsymbol{i}]\boldsymbol{k}\\&+[(\partial/\partial y)\boldsymbol{j}\times(H_z)\boldsymbol{k}-(\partial/\partial z)\boldsymbol{k}]\times(H_y)\boldsymbol{j}]\boldsymbol{i}\\&+[-(\partial/\partial z)\boldsymbol{k}\times(H_x)\boldsymbol{i}+(\partial/\partial y)\boldsymbol{j}\times(H_x)\boldsymbol{i}]\boldsymbol{j}\end{aligned}$$

经整理后为

$$\begin{aligned}\nabla\times\boldsymbol{H}=&[(\partial H_z/\partial y)-(\partial H_y/\partial z)]\boldsymbol{i}+[(\partial H_x/\partial z)-(\partial H_z/\partial x)]\boldsymbol{j}\\&+[(\partial H_y/\partial x)-(\partial H_x/\partial y)]\boldsymbol{k}\end{aligned}$$

因为只有 $H_y=H_0e^{\mathrm{i}\omega t}\neq0$，所以有 $\nabla\times\boldsymbol{H}=(\partial H_y/\partial x)\boldsymbol{k}-(\partial H_y/\partial z)\boldsymbol{i}$。

我们要解决的问题是 $\boldsymbol{H}_y$ **深入材料内部后如何变化？**其中 $(\partial H_y/\partial x)\boldsymbol{k}$ 是进入材料后的**磁场变化项**，而 $(\partial H_y/\partial z)\boldsymbol{i}$ 是 $\boldsymbol{H}_y$ **进入磁体后在** z **方向随** $\boldsymbol{x}$ **的变化。**因 H_y 在 z 方向为零，故 $(\partial H_y/\partial z)\boldsymbol{i}$ 可略去。

附录二　二维拉普拉斯方程式（11.2.38）的解

在式（11.2.38）中，考虑到对称性，在 z 方向电流为零，因此只须考虑二维拉氏方程

$$\nabla^2 J(x,y)=\partial^2 J_x(x,y)/\partial x^2+\partial^2 J_y(x,y)/\partial y^2=0 \qquad (附 2.1)$$

由 $\nabla\times\boldsymbol{J}=0$ 可得到 $\partial J_x(x,y)/\partial y=\partial J_y(x,y)/\partial x$ 。以及解方程时的边界条件是 $x=0$ 和 $x=L$ 时 $J_x(0,y)=J_x(L,y)=0$；$y=0$ 和 $d/2$ 时 $J_y(x,0)=J_y(x,d/2)=0$。

用分离系数方法解方程，令 $J(x,y)=X(x)Y(y)$，代入式（附 2.1），便有

$$(1/X)\partial^2 X(x)/\partial x^2 + (1/Y)\partial^2 Y/\partial y^2 = 0 \quad (附 2.2)$$

假定 $Y(y)$ 为周期函数，则有

$$(1/Y)\partial^2 Y/\partial y^2 = \omega^2 \quad (附 2.3)$$

得到解为 $Y(y) = A\cos\omega y + B\sin\omega y$，根据边界条件知 $A=0$，于是有

$$Y(y) = B\sin\omega y \quad (附 2.4)$$

其中 $\omega = m\pi/(d/2) = n\pi/d$，$n$ 为偶数。将式（附 2.4）代入式（附 2.2）有

$$(1/X)\partial^2 X(x)/\partial x^2 - (n\pi/d)^2 = 0$$

由上式可解得

$$X(x) = C_1 e^{n\pi x/d} + C_2 e^{-n\pi x/d}$$

在 $x=0$ 和 $x=L$ 时，相应有

$$C_1 + C_2 = 0, (x = 0)$$

$$C_1 e^{n\pi L/d} + C_2 e^{-n\pi L/d} = 0, (x = L)$$

$x=L$ 时的结果符合要解决的问题，所以有

$$C_2 = -C_1 e^{2n\pi L/d}$$

$$X(x) = C_1 e^{n\pi x/d} + C_1 e^{2n\pi L/d} e^{-n\pi x/d} = C_1 e^{n\pi L/d}\left[e^{n\pi(L-x)/d} + e^{-n\pi(L-x)/d}\right]$$

$$= 2C_1 e^{n\pi L/d}\left[\sinh n\pi(L-x)/d\right]$$

这样就得到

$$J_x(x,y) = -\sum D_n \sin(n\pi y/d) e^{n\pi L/d} \sinh[n\pi(L-x)/d] \quad (附 2.5)$$

$$J_y(x,y) = -\sum D_n \cos(n\pi y/d) e^{n\pi L/d} \cosh[n\pi(L-x)/d] \quad (附 2.6)$$

其中，D_n 为待定常数。为定 D_n，可对式（附 2.6）两边乘以 $\cos(m\pi y/d)$，并进行积分：

$$\int_0^d J_y(x,y)\cos(m\pi y/d)dy = \sum D_n e^{n\pi L/d} \cos[n\pi(L-x)/d]$$

$$\int_0^d \cos(n\pi y/d)\cos(m\pi y/d)\mathrm{d}y \quad (附 2.7)$$

由边界条件知：在 $x=0$ 处，畴壁运动时有

$$\pm J_y = 2B_s V/\rho \quad (附 2.8)$$

式（附 2.7）中左边的积分结果为 $2\mathrm{d}B_s V/n\pi\rho$；右边的结果为

$$\int_0^d \cos(m\pi y/d)\cos(n\pi y/d)\mathrm{d}y = (1/2)\int\{\cos[(m-n)\pi y/d]$$

$$+ [\cos(m+n)\pi y/d]\}\,\mathrm{d}y$$

$$= (1/2)\{[\sin(m-n)\pi]/[(m-n)\pi/d]$$

$$+ [\sin(m+n)\pi]/[(m+n)\pi]/d]\}$$

因 $\sin\theta = -\sin(-\theta)$，当 $m = n$ 时，第一项等于 $\mathrm{d}\delta_{mn}$，而第二项等于零，所以得

$$\int \cos(m\pi y/d)\cos(n\pi y/d)\mathrm{d}y = (\mathrm{d}/2)\delta_{mn} \quad (附 2.9)$$

将式（附 2.8）和式（附 2.9）结果代入式（附 2.7），得到

$$D_n = \pm \ (4B_s V/n\pi\rho) \ / \ [e^{n\pi L/d}\cos\ [n\pi L/d]$$

附录三

从式（11.2.32）$H_y(x,t) = H_y(x)e^{i\omega t} = H_0 e^{i\omega t}[\cosh b(1+i)x/\cosh b(1+i)d]$ 出发，令 $Hy(x) = H'(x) + iH''(x)$，由于 $H_m = [H'(x)^2 + H''(x)^2]^{1/2}$，只要将式（11.2.32）中的分母有理化，就可得到式（11.2.34）。计算如下：

$$\cosh b(1+i)h = \cosh bh\ \cosh ibh + \sinh bh\ \sinh ibh,$$

因存在变换关系　　$\cosh\ iz=\cos z$，$\sinh\ iz=i\sin z$，

则有

$$\cosh bh\ \cosh ibh+\sinh bh\ \sinh ibh=\cosh bh\ \cos bh+i\sinh hb h\sin bh \quad (附 2.10)$$

式（附 2.10）乘以 $\cosh bh\ \cos bh-i\sinh bh\ \sin bh$，得到

$$(\cosh bh\ \cos bh+i\sinh bh\ \sin bh)(\cosh bh\ \cos bh-i\sinh bh\ \sin bh)$$
$$=\cosh^2(bh)\cos^2(bh)+\sinh^2(bh)\sin^2(bh)$$
$$=\cosh^2(bh)[1-\sin^2(bh)]+\sinh^2(bh)[1-\cos^2(bh)]$$
$$=\cosh^2(bh)+\sinh^2(bh)-\cosh^2(bh)\sin^2(bh)-\sinh^2(bh)\cos^2(bh) \quad (附 2.11)$$

利用关系：$\sin^2 z = (1/2)(1-\cos 2z)$；$\cos^2 z = (1/2)(1+\cos 2z)$

$$\cosh 2z = \cosh^2 z + \sinh 2z$$

$$式(附 2.11) = \cosh 2(bh) - \frac{1}{2}\cosh^2(bh)[1-\cos 2(bh)]$$
$$-\frac{1}{2}\sinh^2(bh)[1+\cos 2(bh)]$$
$$= \cosh 2(bh) - (1/2)[\cos^2(bh) + \sinh^2(bh)]$$
$$+ (1/2)\cos 2(bh)[\cos^2(bh) - \sinh^2(bh)],$$

最后式（11.2.32）分母的表达式 $= (1/2)\cosh\ 2bh + (1/2)\cos\ 2bh$（因为 $\cos^2(bh) - \sinh^2(bh) = 1$。）

下面计算式（11.2.32）的分子乘上 $\cosh bh\ \cos bh-i\sinh bh\ \sin bh$ 后的结果

$$[\cosh b(1+i)x](\cosh bh\ \cos bh - i\sinh bh\ \sin bh)$$
$$= (\cosh bx\ \cosh ibx + \sinh bx\ \sinh ibx)(\cosh bh\ \cos bh - i\sinh bh\ \sin bh)$$
$$= (\cosh bx\ \cos bx + i\sinh bx\ \sin bx)(\cosh bh\ \cos bh - i\sinh bh\ \sin bh)$$
$$= (\cosh bx\ \cos bx\ \cosh bh\ \cos bh + \sinh bx\ \sin bx\ \cosh bh\ \cos bh)$$
$$- i(\cosh bx\ \cos bx\ \sinh bh\ \sin bh - \sinh bx\ \sin bx\ \cosh bh\ \cos bh) = A - iC$$

其中　$A = (\cosh bx\ \cos bx\ \cosh bh\ \cos bh + \cosh bh\ \cos bh\ \sinh bx\ \sin bx)$

$C = (\cosh bx\ \cos bx\ \sinh bh\ \sin bh - \sinh bx\ \sin bx\ \cosh bh\ \cos bh)$

由上可知　$H_m = H_0[(A^2 + C^2)/K^2]^{1/2}, K = (1/2)[\cosh 2bh + \cos 2bh]$

$$
\begin{aligned}
A^2 + C^2 = &\cosh^2(bx)\cos^2(bx)\cosh^2(bh)\cos^2(bh) \\
&+ \sinh^2(bh)\sin^2(bh)\sinh^2(bx)\sin^2(bx) \\
&+ 2\cosh(bx)\cos(bx)\cosh(bh)\cos(bh)\sinh(bh)\sin(bh)\sinh(bx)\sin(bx) \\
&+ \cosh^2(bx)\cos^2(bx)\sinh^2(bh)\sin^2(bh) \\
&+ \sinh^2(bx)\sin^2(bx)\cosh^2(bh)\cos^2(bh) \\
&- 2\cosh(bx)\cos(bx)\cosh(bh)\cos(bh)\sinh(bh)\sin(bh)\sinh(bx)\sin(bx) \\
= &\cosh^2(bx)\cos^2(bx)\cosh^2(bh)\cos^2(bh) \\
&+ \sinh^2(bh)\sin^2(bh)\sinh^2(bx)\sin^2(bx) \\
&+ \cosh^2(bx)\cos^2(bx)\sinh^2(bh)\sin^2(bh) \\
&+ \sinh^2(bx)\sin^2(bx)\cosh^2(bh)\cos^2(bh) \\
= &\cosh^2(bx)\cos^2(bx)(\cosh^2(bh) + \cos^2(bh) + \sinh^2(bh)\sin^2(bh)) \\
&+ \sinh^2(bx)\sin^2(bx)[\sinh^2(bh)\sin^2(bh) + \cosh^2(bh)\cos^2(bh)] \\
= &[\cosh^2(bx)\cos^2(bx) + \sinh^2(bx)\sin^2(bx)][\sinh^2(bh)\sin^2(bh) \\
&+ \cosh^2(bh)\cos^2(bh)] \\
= &(1/2)[\cosh(2bx) + \cos(2bx)](1/2)[\cosh(2bh) + \cos(2bh)]
\end{aligned}
$$

将 A^2+C^2 和 K^2 代入 H_m 便得式（11.2.34）的结果。

11.3 复数磁导率及电感线圈的品质

磁性材料在音频和射频下应用的重要方面是当作**电感元件**，其主要性能是**电感值、品质因数、失真因数**以及它们与温度、磁场和频率的关系。

电感值 L 除受线圈匝数、形状尺寸影响外便决定于磁导率（$L\propto N^2\mu_0\mu$，N 是线圈匝数，或 $L=\mu_0\mu N^2A/l$，A 是磁芯截面积，l 是磁芯内磁路长度）。品质因数、失真因数直接受损耗因数控制，因为损耗会导致品质因数的下降，损耗还使能量消耗，由此产生不希望有的发热以及信号的畸变与衰减。但是在频率较高时，评价磁性材料的优劣，却不像工业频率那样直接测量损耗的数值，而是测量复数磁导率和损耗因数，这是因为此时的磁性材料在低磁场和低功率下工作，能量的消耗量并不是头等重要的，线圈的品质因数、失真因数（波形的失真度），亦即线路的选择性好坏、波形放大质量，才是最为关注的，这些性能又取决于复数磁导率，所以本节先着重讨论复数磁导率和损耗因数。

11.3.1 复数磁导率、损耗因数

磁性材料在磁场中被磁化时，**材料内的磁感应强度的变化总是落后于磁场的变化**，落后的程度用相位差表示。落后的原因是由于材料内的能量损耗。从磁化过程理论的角度看，材料被磁化时，导致能量损耗的原因又是由于畴壁移动和

（或）磁畴内磁矩转向存在着不可逆的磁化阶段。因此只要存在不可逆的磁化过程，就将出现能量损耗，磁感应强度就落后于磁场一个相位角。即使外磁场很小，磁化过程是可逆的，但若产生涡流，也会使磁感落后于磁场。

与处理交流电路的问题相似，用矢量或复数来处理动态磁化中的问题非常简捷，设交变磁场的简谐变化和对应的复数形式分别为

$$H=H_m\cos\omega t \tag{11.3.1}$$

$$\hat{H}=H_m e^{i\omega t}\quad (e^{i\omega t}=\cos\omega t+i\sin\omega t) \tag{11.3.2}$$

式中，H_m 和 $\hat{H}$ 为 H 的幅值（峰值）和复数，ω 为圆频率。若 H_m 较小，则磁滞回线为椭圆形，这时磁感应强度 B 与 H 的波形相同，只是落后一个位相（因为有了损耗），因此 B 的简谐变化和对应的复数形式分别为

$$B=B_m\cos(\omega t-\delta) \tag{11.3.3}$$

$$\hat{B}=B_m e^{i(\omega t-\delta)} \tag{11.3.4}$$

式中，B_m 和 $\hat{B}$ 为 B 的幅值（峰值）和复数，δ 为 B 落后 H 的位相差。定义复数磁导率 $\hat{\mu}$ 为

$$\hat{\mu}=\frac{\hat{B}}{\mu_0\hat{H}}=\frac{B_m}{\mu_0 H_m}e^{i\delta}=\frac{B_m}{\mu_0 H_m}(\cos\delta-i\sin\delta)=\mu'-i\mu''$$

$$\mu'\equiv\frac{B_m}{\mu_0 H_m}\cos\delta \tag{11.3.5}$$

$$\mu''\equiv\frac{B_m}{\mu_0 H_m}\sin\delta$$

式中，μ'和μ''分别为复数磁导率的实部和虚部。既然复数可以对应于[①]矢量，所以复数磁导率也可对应于矢量。μ'和μ''的物理意义是（在相同频率下）

$$\mu'=\frac{\text{和磁场同位相的磁感应的幅值}}{\mu_0\times\text{磁场的幅值}} \tag{11.3.6}$$

$$\mu''=\frac{\text{落后于外磁场 }\pi/2\text{ 位相的磁感应的幅值}}{\mu_0\times\text{磁场的幅值}} \tag{11.3.7}$$

式（11.3.6）和式（11.3.7）证明如下：

因为

$$B=B_m\cos(\omega t-\delta)=B_m(\cos\omega t\cos\delta+\sin\omega t\sin\delta)$$

$\sin\omega t$ 作变换

$$\sin\omega t=\cos\left(\frac{\pi}{2}-\omega t\right)=\cos\left[-\left(\omega t-\frac{\pi}{2}\right)\right]=\cos\left(\omega t-\frac{\pi}{2}\right)$$

故得

① 这里说的“对应于”不是等于，因为矢量或复数都不是简谐量自身。它们只是简谐量的运算符号，它们的某些量等于简谐量的特征量，如矢量的长度和复数的模等于简谐量的幅（峰）值，矢量的仰角和复数的幅角等于简谐量的初位相。

$$B=B_m\left[\cos\delta\cos\omega t+\sin\delta\cos\left(\omega t-\pi/2\right)\right] \tag{11.3.8}$$

由式（11.3.8）便证明了式（11.3.6）和式（11.3.7）的表示。

在复数平面中，x 轴代表实部，y 轴代表虚部（图 11.3.1）则损耗角 δ 的正切 $\tan\delta$ 称为损耗因数（损耗因子）：

$$\tan\delta=\frac{\mu''}{\mu'} \tag{11.3.9}$$

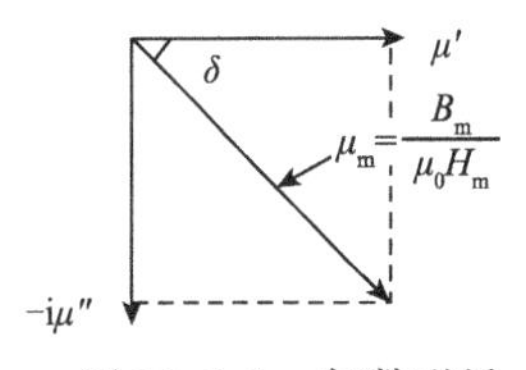

图 11.3.1　复数磁导率与矢量的对应图

由式（11.3.9）可见，复数磁导率的虚部 μ'' 与实部 μ' 之比，便是损耗角 δ 的正切。复数磁导率 $\hat{\mu}$ 对应于一个矢量，换言之，铁磁体在交变磁场的作用下，其磁导率对应于一个矢量，这与铁磁体在直流磁场的作用下，其磁导率为一标量是不同的。另外，铁磁体在直流和交流（高频、微波）磁场的共同作用下，其磁导率对应于一个张量。所以**磁导率有标量、矢量、张量之分别。**

11.3.2　线圈的品质因数 Q

在 RLC 的谐振电路中，标志电路性能好坏的一个纯数便是 Q，如图 11.3.2 所示，其意义有三：

（1）谐振时电容或电感元件上的 LC 串联电压（LC 并联电流）比总电压（总电流）大 Q 倍

$$Q=\frac{U_L}{U}=\frac{U_C}{U}\quad \text{串联谐振} \tag{11.3.10}$$

$$Q=\frac{I_L}{I}=\frac{I_C}{I}\quad \text{并联谐振} \tag{11.3.11}$$

（2）Q 愈大选择性愈好（见图 11.3.2）

$$f_2-f_1=\Delta f=\frac{f_0}{Q} \tag{11.3.12}$$

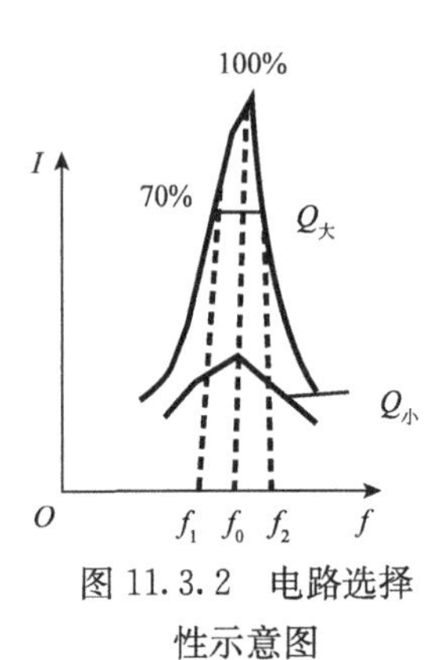

图 11.3.2　电路选择性示意图

（3）Q 愈大能量损耗愈小

$$Q=2\pi f\,\frac{\text{储能}}{\text{损耗}}=\frac{\mu'}{\mu''} \tag{11.3.13}$$

下面讨论与能量损耗有关的 Q 的意义。

铁磁体在磁场中有一能量，好像空心线圈储能一样，铁磁体在磁场中也储存能量，单位时间的储能密度为

$$W_{\text{储能}}=\frac{1}{T}\int_0^T \boldsymbol{B}\cdot\boldsymbol{H}\,\mathrm{d}t=\frac{1}{T}\int_0^T B_m\cos(\omega t-\delta)H_m\cos\omega t\,\mathrm{d}t$$
$$=\frac{1}{T}B_mH_m\frac{T}{2}\cos\delta=\frac{1}{2}\frac{B_m\cos\delta}{\mu_0H_m}\mu_0H_m^2=\frac{1}{2}\mu_0\mu'H_m^2 \tag{11.3.14}$$

磁滞回线的面积代表总损耗，铁磁体的单位体积和在单位时间内的损耗功率（密度）为

$$
\begin{aligned}
p_{损耗} &= \frac{1}{T}\int_0^T \boldsymbol{H}\cdot \mathrm{d}\boldsymbol{B} = \frac{1}{T}\int_0^T H_{\mathrm{m}}\cos\omega t\,\mathrm{d}[B_{\mathrm{m}}\cos(\omega t-\delta)] \\
&= \frac{H_{\mathrm{m}}B_{\mathrm{m}}}{T}\left[\int_0^T \cos\delta\cos\omega t\,\mathrm{d}(\cos\omega t) + \int_0^T \cos^2\omega t\sin\delta\mathrm{d}(\omega t)\right] \\
&= \frac{H_{\mathrm{m}}B_{\mathrm{m}}}{T}\int_0^T \frac{\sin\delta}{2}(\cos 2\omega t+1)\mathrm{d}(\omega t) \\
&= \frac{H_{\mathrm{m}}B_{\mathrm{m}}}{2T}\sin\delta\cdot 2\pi = \pi f H_{\mathrm{m}}\frac{B_{\mathrm{m}}\sin\delta}{\mu_0 \mathrm{H}_{\mathrm{m}}}\mu_0 H_m = \pi f\mu_0\mu'' H_{\mathrm{m}}^2
\end{aligned}
\tag{11.3.15}
$$

将式（11.3.14）和式（11.3.15）代入式（11.3.13）得 $Q=2\pi f\dfrac{\frac{1}{2}\mu_0\mu' H_{\mathrm{m}}^2}{\pi f\mu_0\mu'' H_{\mathrm{m}}^2}=\dfrac{\mu'}{\mu''}$
由此可见，**Q 可用复数磁导率的实部与虚部之比表示**［式（11.3.13）也得以证明］
因为

$$\tan\delta=\frac{\mu''}{\mu'}$$

故

$$Q=\frac{1}{\tan\delta} \tag{11.3.16}$$

式（11.3.16）**说明品质因数等于损耗因数的倒数。**

11.3.3　磁导率的频散、截止频率、$\mu' f_0$＝常数

μ' 和 μ'' 随 f 的变化称为**磁导率的频散**。图 11.3.3 为 Ni－Zn 铁氧体的 μ' 和 μ'' 与随 f 的变化，μ' 下降很陡处的频率称为**截止频率** f_0。我国将 $\frac{1}{2}\mu'_{稳定值}$ 处的频率定为**截止频率**。也有把 $\tan\delta\frac{\mu''}{\mu'}=1$ 处或 $\frac{2}{3}\mu'_{稳定值}$ 处的频率定为截止频率。由于损耗随频率陡峭上升，故使用频率通常只有截止频率的 $\frac{1}{5}\sim\frac{1}{10}$。另外在实验上发现 $\mu' f_0$＝常数（Snoek 关系），在磁场较弱且低频时，μ' 与静态的初始磁导率 μ_i 相当，可见 μ_i 与 f_0 是相互制约的。

Snoek 关系很容易证明：

由初始磁导率关系 $\mu_i=\dfrac{\mu_0 M_{\mathrm{s}}^2}{3K_u}$，另由共振频率 $\omega=\gamma H_k=\gamma\dfrac{2K_{\mathrm{u}}}{\mu_0 M_{\mathrm{s}}}$ 得 $f_0=\dfrac{\gamma K_u}{\mu_0\pi M_{\mathrm{s}}}$，$\gamma$ 为回（旋）磁比 $\gamma=g\dfrac{e\mu_0}{2m}$，$H_k$ 为磁晶各向异性场。

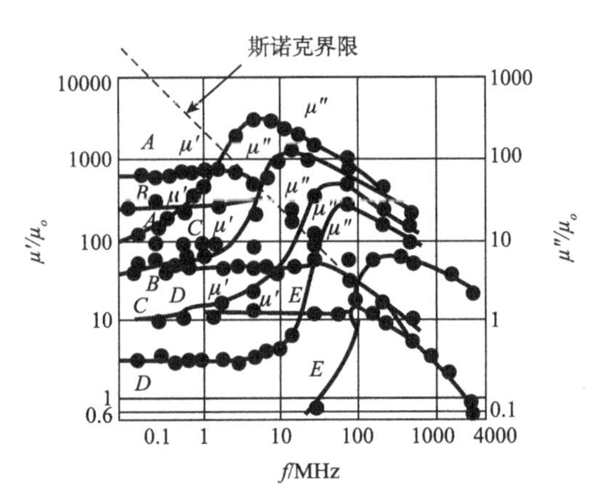

图 11.3.3　Ni－Zn 系铁氧体磁导率的频率特性[7]

组成（摩尔比）NiO∶ZnO 为 17.5∶33.2（A），24.9∶24.9（B,）

31.7∶16.5（C）39.0∶9.4（D），48.2：0.7（E）其余为 Fe_2O_3

因为 μ_i 与 μ' 的数值相近，故将上两式相乘得

$$\mu_i f_0=\frac{\mu_0 M_s^2}{3K_u}\ \frac{\gamma K_u}{\mu_0 \pi M_s}=\frac{\gamma M_s}{3\pi} \tag{11.3.17}$$

由式（11.3.17）可见 $\mu' f_0$＝常数，这就是说 μ_i 低的使用频率高，μ_i 高的使用频率低，或者说高 μ_i 的 Mn－Zn 铁氧体用于低频，低 μ_i 的 Ni－Zn 铁氧体用于高频。

在六角晶系铁氧体中（C 面各向异性者），$\mu_i f_0=\dfrac{\gamma M_s}{3\pi}$ 的数值限制可以突破，因为这时 C 面为易磁化面，其各向异性常数 K_{u1} 为负值，且数值较小，所以 $\mu_i=\dfrac{2\mu_0}{3}\ \dfrac{M_s}{2K_{u1}/M_s}=\dfrac{2}{3}\ \dfrac{M_s}{H_{K_1}}$，由于 M_s 的进动是绕 C 面内的任一易轴，则当 M_s 离开 C 面时，将产生一个感应的各向异性场。设它的大小为 H_{K2}，这时共振频率 f 将与 H_{K1} 和 H_{K2} 的几何平均值成正比，即 $f=\dfrac{\gamma}{2\pi}\sqrt{H_{K1}^2+H_{K2}^2}$，由此得

$$\mu_i f=\frac{2}{3}\ \frac{M_s}{H_{K1}}\ \frac{\gamma}{2\pi}\sqrt{H_{K1}^2+H_{K2}^2}=\frac{\gamma M_s}{3\pi}\left(1+\frac{H_{K2}^2}{H_{K1}^2}\right)^{1/2} \tag{11.3.18}$$

由于式（11.3.38）括号内的数 $\sqrt{1+H_{K2}^2/H_{K1}^2}>1$，所以突破了 Sonek 关系的数值界限。

11.3.4　失真因数（波形变形系数）

由高次谐波引起的失真，用**失真因数** k 表示。**k 的定义为高次谐波的有效值与总有效值之比**，如磁感 B 的失真因数为（$\overline{B}$ 为 B 的有效值，$\overline{B}_1$，$\overline{B}_2$，$\overline{B}_3$ 为基波，2 次，3 次谐波的有效值）

$$k=\sqrt{\frac{\overline{B}_2^2+\overline{B}_3^2+\cdots}{\overline{B}^2}}=\sqrt{1-\left(\frac{\overline{B}_1}{\overline{B}}\right)^2} \tag{11.3.19}$$

若将高次谐波略去，只保留三次谐波，并鉴于磁滞回线的对称性，可将偶次谐波略去，则得近似式为

$$k=\sqrt{\frac{\overline{B}_3^2}{\overline{B}_1^2+\overline{B}_3^2}}\approx\frac{\overline{B}_3}{\overline{B}_1}=\frac{1}{5}\tan\delta \tag{11.3.20}$$

可见失真因数 k 也与复数磁导率有关（下面将证明此关系式）。

在低场下，即瑞利区（Rayleighs region），B 与 H 的关系为

$$B=\mu_0\left[(\mu_i+2vH_m)H\pm v(H_m^2-H^2)\right]\text{（磁滞回线上下两支对应为±）} \tag{11.3.21}$$

初始磁化曲线为

$$B=\mu_0(\mu_i H+2vH^2)\quad\text{（}v\text{ 为瑞利系数）} \tag{11.3.22}$$

把交变磁场写成 $H=H_m\cos\omega t$ 并把它代入磁滞回线的表达式（11.3.21），然后将二次方程展开成傅里叶级数（略去偶数项）得

$$B=\mu_0 H_m\left[(\mu_i+2vH_m)\cos\omega t+\frac{8}{3\pi}H_m v\sin\omega t-\frac{8}{\pi}vH_m\left(\frac{\sin3\omega t}{1\times3\times5}+\frac{\sin5\omega t}{3\times5\times7}+\frac{\sin7\omega t}{5\times7\times9}\right)+\cdots\right] \tag{11.3.23}$$

由式（11.3.23）可见 B 中除基波 B_1 外还有高次谐波 B_3，B_5，B_7，…，于是 B 又可写成

$$B=B_1(\omega t)+B_3(3\omega t)+B_5(5\omega t) \tag{11.3.24}$$

因为

$$\sin\omega t=\cos\left(\omega t-\frac{\pi}{2}\right)$$

而基波 B_1 的形式为

$$B_1=\mu_0 H_m\left[(\mu_i+2vH_m)\cos\omega t+\frac{8}{3\pi}vH_m\sin\omega t\right] \tag{11.3.25}$$

B_1 又可看成

$$B_1=B_{m1}\cos(\omega t-\delta)=B_{m1}\left[\cos\delta\cos\omega t-\sin\delta\cos\left(\omega t-\frac{\pi}{2}\right)\right] \tag{11.3.26}$$

在基波上根据 μ' 和 μ'' 的物理定义由上两式可得

$$\mu'=\frac{B_{m1}\cos\delta}{\mu_0 H_m}=\frac{\mu_0 H_m(\mu_i+2vH_m)}{\mu_0 H_m}=\mu_i+2vH_m \tag{11.3.27}$$

$$\mu''=\frac{B_{m1}\sin\delta}{\mu_0 H_m}=\frac{\mu_0 H_m\frac{8}{3\pi}vH_m}{\mu_0 H_m}=\frac{8}{3\pi}vH_m \tag{11.3.28}$$

由上述诸式可得到，磁感基波 B_1 与第三谐波 B_3 有效值分别为（根据有效值=峰

值$/\sqrt{2}$且$H_m=\sqrt{2}\overline{H}$）基波的有效值：

$$\overline{B}_1=\mu_0 H_m \frac{\sqrt{\mu'^2+\mu''^2}}{\sqrt{2}}=\mu_0\sqrt{\mu'^2+\mu''^2}\,\overline{H}$$

即

$$\overline{B}_1=\mu_0\sqrt{\mu'^2+\mu''^2}\,\overline{H}\approx\mu_0\mu'\overline{H} \tag{11.3.29}$$

三次谐波的有效值为

$$\overline{B}_3=\mu''\frac{1}{5}\mu_0 H_m/\sqrt{2}=\frac{1}{5}\mu_0\mu''\overline{H}$$

即

$$\overline{B}_3=\frac{1}{5}\mu_0\mu''\overline{H} \tag{11.3.30}$$

由式（11.3.29）和式（11.3.30）

$$k=\frac{\overline{B}_3}{\overline{B}_1}=\frac{1}{5}\frac{\mu''}{\mu'}=\frac{1}{5}\tan\delta \tag{11.3.31}$$

基波有效值$\overline{B}_1$和三次谐波有效值$\overline{B}_3$的推导如下：

$$\overline{B}_1=\frac{B_{m1}}{\sqrt{2}}=\frac{\mu_0 H_m}{\sqrt{2}}\sqrt{\frac{B_{m1}^2\cos^2\delta+B_{m1}^2\sin^2\delta}{(\mu_0 H_m)^2}}=\frac{\mu_0 H_m\sqrt{\mu'^2+\mu''^2}}{\sqrt{2}}$$

$$B_3=B_{m3}\sin 3\omega t=\mu_0 H_m\frac{8}{\pi}vH_m\frac{\sin 3\omega t}{1\times 3\times 5}=\mu_0 H_m\frac{\mu''}{5}\sin 3\omega t$$

$$\overline{B}_3=\frac{B_{m3}}{\sqrt{2}}=\frac{\mu_0 H_m}{\sqrt{2}}\frac{\mu''}{5}=\frac{\mu_0}{5}\mu''\overline{H}$$

由此可见，品质因数$Q=\frac{\mu'}{\mu''}$，损耗因数$\tan\delta=\frac{\mu''}{\mu'}$和失真因数$k=\frac{1}{5}\frac{\mu''}{\mu'}$，都与复数磁导率$\mu'$、$\mu''$有关，因此复数磁导率的测定十分重要。具体测量方法可参考文献[8]或有关实验讲义。复数磁导率的实部μ'与初始磁导率μ_i的关系最密切，因此改善μ_i的各种措施（参考9.9.1节）对改善μ'都是有效的。

11.4 畴壁的动态性质

软磁材料在外磁场中的磁畴结构的变化，主要是畴壁的移动。畴壁在交变磁场作用下的移动与直流磁场作用下不同，除了损耗问题外还有其他问题需要考虑，如退磁场的作用等。此外，在交变磁场下，由壁移导致的磁化率随频率变化的关系曲线，也随阻尼大小的不同而分为共振型和弛豫型两种，下面分别讨论畴壁的运动方程和磁谱（共振型和弛豫型）以及畴壁共振。**畴壁的动态移动是高频磁性材料的物理基础。而铁磁共振则是旋磁性的物理基础。**本节的理论对高频软磁材料性能的说明和改进是十分重要的。

11.4.1　畴壁的运动方程及壁移导致的复数磁化率

设一块（单位面积的）180°的 xy 面的畴壁在外场 $\hat{H}=H_{\mathrm{m}}\mathrm{e}^{\mathrm{i}\omega t}$ 作用下发生移动，若外场沿 x 轴，则壁移的方向为 z，见图 11.4.1。

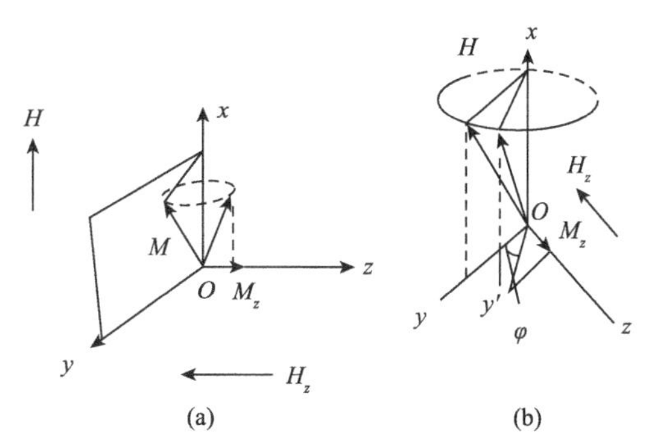

图 11.4.1　畴壁的动态移动（a），畴壁内原子磁矩绕 H 的进动（b）

推动壁移的力为

$$F_1=-\frac{\partial E_H}{\partial z}=-\frac{\partial}{\partial z}\left(-2\mu_0 M_s H\cdot 1\cdot z\right)=2\mu_0 M_s H \qquad (11.4.1)$$

阻碍壁移的力有两项：

一为畴壁能量的增加。当壁移较小时，畴壁能量与 z 的关系可写为 $\gamma_w=\frac{1}{2}\alpha z^2$，见式（9.6.18），故由畴壁能 γ_w 增加引起的阻力为（这时的畴壁能量包括交换能，磁晶各向异性能和退磁能）

$$F_2=-\frac{\partial \gamma_w}{\partial z}=-\alpha z \qquad (11.4.2)$$

式中，F_2 可看成回复力，α 为弹性回复系数。

二为畴壁在移动过程中要引起能量（涡流）损耗。这种损耗相当于物体在运动中受到的摩擦力 F_3

$$F_3=-\beta\frac{\mathrm{d}z}{\mathrm{d}t}=-\beta v \qquad (11.4.3)$$

式中，β 为阻尼系数，v 为畴壁移动速度。

已知 180°壁内各原子层的磁矩是由 $+x$ 方向逐渐转变到负 x 方向，畴壁内凡是磁矩与 x 轴不平行的原子层，其磁矩在外场 H 的作用下，都要绕 H 进动（亦即绕 x 轴进动）因此磁矩要离开畴壁平面（xOy 面），进入方位角为 φ 的 xOy' 平面，这时在畴壁法线方向（即 z 方向）便有一投影 M_z、M_z 产生的退磁场 H_{d}^{z} 为

$$H_{\mathrm{d}}^{z}=-NM_z\approx M_z \qquad (11.4.4)$$

设畴壁很薄，其法线方向的退磁因子 $N\approx 1$。H_{d}^{z} 产生后便有两方面的作用：一方面反过来阻止磁矩离开畴壁平面，即保持 $\varphi=0$，不让 φ 增加；另一方面使原在

畴壁平面上的，不与 x 方向平行的邻近磁矩绕 H_d^z 进动，导致这些磁矩转到 $+x$ 方向（磁矩在 xy 平面上绕 z 旋转时，便会经过 x 方向），如果不考虑磁矩的具体转动方式，便很像是畴壁整体向右移动了一段距离。可见动态畴壁的移动过程是与退磁场效应有关的。

由此可见，静止的畴壁与运动的畴壁不同，静止的畴壁内的作用能量只需考虑交换能和各向异性能，但运动的畴壁除了考虑交换能和各向异性能外还需考虑退磁能，下面将证明此退磁能便相当于畴壁运动的动能。

设畴壁内磁矩绕 H_d^z 的进动频率为（注意与外磁场的频率 ω 不同）

$$\omega=\frac{\mathrm{d}\phi}{\mathrm{d}t}=\gamma H_d^z=-\gamma M_z \tag{11.4.5}$$

又

$$\frac{\mathrm{d}\phi}{\mathrm{d}t}=\frac{\mathrm{d}\phi}{\mathrm{d}z}\frac{\mathrm{d}z}{\mathrm{d}t}=v\frac{\mathrm{d}\phi}{\mathrm{d}z} \tag{11.4.6}$$

式中，γ 为旋磁比、ϕ 为磁矩绕 H_d^z 旋转的方位角，它不仅是 t 的函数，而且是 z 的函数。将式（11.4.6）代入式（11.4.5）得

$$M_z=-\frac{v}{\gamma}\frac{\mathrm{d}\phi}{\mathrm{d}z} \tag{11.4.7}$$

式（11.4.7）与式（11.4.4）对照得

$$H_d^z=-\frac{v}{\gamma}\frac{\mathrm{d}\phi}{\mathrm{d}z} \tag{11.4.8}$$

畴壁运动时导致的畴壁单位面积上的退磁能为

$$\begin{aligned}\gamma_d &=-\frac{\mu_0}{2}\int_{-\infty}^{\infty}H_d^Z\cdot M_z\mathrm{d}z=\frac{\mu_0}{2}\left(\frac{v}{\gamma}\right)^2\int_{-\infty}^{\infty}\left(\frac{\mathrm{d}\phi}{\mathrm{d}z}\right)^2\mathrm{d}z\\ &=\frac{\mu_0}{2}\left(\frac{v}{\gamma}\right)^2\int_{-\pi/2}^{\pi/2}\frac{\mathrm{d}\phi}{\mathrm{d}z}\mathrm{d}\phi=\frac{1}{2}m_w v^2\end{aligned} \tag{11.4.9}$$

式中

$$m_w=\frac{\mu_0}{\gamma^2}\int_{-\frac{\pi}{2}}^{\frac{\pi}{2}}\frac{\mathrm{d}\phi}{\mathrm{d}z}\mathrm{d}\phi \tag{11.4.10}$$

由式（11.4.9）可见，运动畴壁的退磁能便相当于动能。在讨论单轴晶体的畴壁时曾经得到式（8.1.12）（假定运动畴壁的$\frac{\mathrm{d}\phi}{\mathrm{d}z}$与静止畴壁的$\frac{\mathrm{d}\phi}{\mathrm{d}z}$相同，这是近似）：$A\left(\frac{\mathrm{d}\theta}{\mathrm{d}z}\right)^2=E_k$ 这里便是 $A\left(\frac{\mathrm{d}\phi}{\mathrm{d}z}\right)^2=E_K$，由于 ϕ 的取值为 $-\frac{\pi}{2}$ 至 $+\frac{\pi}{2}$，故单轴各向异性能的表达式改为 $E_K=K\cos^2\phi$，将$\frac{\mathrm{d}\phi}{\mathrm{d}z}=\sqrt{\frac{E_K}{A}}$代入式（11.4.10）得

$$\begin{aligned}m_w &=\frac{\mu_0}{\gamma^2}\int_{-\frac{\pi}{2}}^{\frac{\pi}{2}}\sqrt{\frac{E_K}{A}}\mathrm{d}\phi=\frac{\mu_0}{\gamma^2}\sqrt{\frac{K}{A}}(-\sin\phi)\big|_{-\frac{\pi}{2}}^{\frac{\pi}{2}}=\frac{\mu_0}{\gamma^2}2\sqrt{\frac{K}{A}}\\ &=\frac{\mu_0}{\gamma^2}\frac{4\sqrt{KA}}{2A}=\frac{\mu_0}{\gamma^2}\frac{1}{\sqrt{A}}\frac{\gamma_w}{2\sqrt{A}}=\frac{\mu_0}{2}\frac{\gamma_w}{\gamma^2}\frac{1}{A}\end{aligned} \tag{11.4.11}$$

式中，γ_w 为 180°的单轴晶体的静态畴壁能（密度），既然畴壁运动中有一有效质量 m_w，因此按牛顿第二定律（$F=ma$），便得出**畴壁的运动方程（作用在畴壁上的所有作用力之和等于畴壁的有效质量与畴壁加速度的乘积）为**

$$2\mu_0 HM_s-\beta v-\alpha z=m_w \frac{d}{dt}\frac{dz}{dt} \tag{11.4.12}$$

式（11.4.12）整理后得

$$m_w \frac{d^2 z}{dt^2}+\beta v+\alpha z=2\mu_0 HM_s \tag{11.4.13}$$

上式就是畴壁运动的方程。设加上磁场 $H= H_m e^{+i\omega t}$ 后，壁移距离 Z 为

$$Z=Z_m e^{i(\omega t-\delta)}$$

式中，H 为复数，不用 $\tilde{H}$ 是为简化，同理 Z 也是复数，δ 为位相角，壁移落后于磁场是由于耗损之故。将 Z 代入式（11.4.13）的畴壁运动方程并化简后得

$$Z=\frac{2\mu_0 M_s}{\alpha}\frac{H}{1-\frac{m_w}{\alpha}\omega^2+i\frac{\beta}{\alpha}\omega} \tag{11.4.14}$$

单位体积中的 180°壁移动 Z 后（单位体积中共有 $1/d$ 块壁）导至磁化强度变化为

$$\Delta M=2M_s\times 1\times 1\times Z\cdot\frac{1}{d}=\frac{2M_s Z}{d} \tag{11.4.15}$$

式中，d 为畴的宽度。

由式（11.4.14）和式（11.4.15）得到的复数磁化率为

$$\chi=\frac{\Delta M}{H}=\frac{2M_s}{d}\frac{Z}{H}=\frac{4\mu_0 M_s^2}{\alpha d}\frac{1}{1-\frac{m_w}{\alpha}\omega^2+i\frac{\beta}{\alpha}\omega}$$

$$=\chi_i\frac{\left(1-\frac{m_w}{\alpha}\omega^2\right)-i\frac{\beta}{\alpha}\omega}{\left(1-\frac{m_w}{\alpha}\omega^2\right)^2+\left(\frac{\beta}{\alpha}\right)^2}=\chi_i\frac{1-\left(\frac{\omega}{\omega_r}\right)^2-i\frac{\omega}{\omega_\tau}}{\left(1-\frac{\omega^2}{\omega_r^2}\right)^2+\frac{\omega^2}{\omega_\tau^2}}=\chi'-i\chi'' \tag{11.4.16}$$

式（11.4.16）中的 χ'和 χ''为得数磁化率的实部和虚部，它们的表达式为

$$\chi'=\chi_i\frac{1-\left(\frac{\omega}{\omega_r}\right)^2}{\left(1-\frac{\omega^2}{\omega_r^2}\right)^2+\frac{\omega^2}{\omega_\tau^2}} \tag{11.4.17}$$

和

$$\chi''=\chi_i\frac{\frac{\omega}{\omega_\tau}}{\left(1-\frac{\omega^2}{\omega_r^2}\right)^2+\frac{\omega^2}{\omega_\tau^2}} \tag{11.4.18}$$

式（11.4.17）和式（11.4.18）中的 $\chi_i=\frac{4\mu_0 M_s^2}{\alpha d}$为静态起始磁化率，即 $\omega=0$ 时

的起始磁化率（因为把畴壁能在极小点附近展开，故是起始磁化率），$\omega_r=\sqrt{\frac{\alpha}{m_w}}$为畴壁振动本征圆频率，$\alpha$ 为弹性回复系数，d 为畴的宽度，$\omega_\tau=\frac{\alpha}{\beta}$为畴壁运动弛豫圆频率，$\beta$ 为阻尼系数。

11.4.2 畴壁动态移动导致的磁谱、畴壁共振

由式（11.4.17）和式（11.4.18）复数磁化率的实部和虚部 χ'和χ''的表达式可见，它们随外磁场的圆频率 ω 发生变化。这种变化曲线统称为**磁谱**［磁导（化）率谱］，其中 $\chi'-\omega$ 曲线叫**频散曲线**，$\chi''-\omega$ 曲线称**吸收曲线**。磁谱的一般形式为

$$\mu=1+\chi,\ \mu'=1+\chi',\ \mu''=\chi''$$

图 11.4.2 为磁谱的图形，其中的第一、第二区，μ'和μ''变化都很小；第三区变化较大，一般为弛豫型磁谱（有时也可能为共振型）；第四区变化也大，一般为共振型磁谱；第五区的情况不太清楚，有待研究。

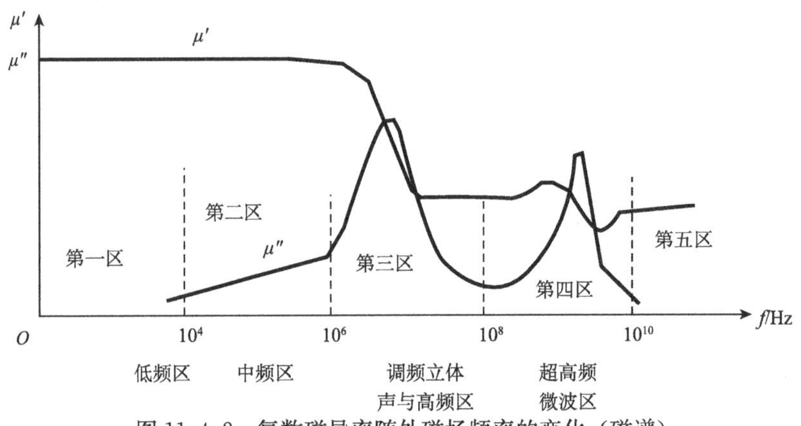

图 11.4.2 复数磁导率随外磁场频率的变化（磁谱）

1. 共振型磁谱

当外磁场频率 $\omega\to\omega_r$ 时，由式（11.4.17）和式（11.4.18）可见 $\chi'\to0$ 和 $\chi''\to\left(\frac{\omega_\tau}{\omega}\right)^2\chi_i$（极大）（损耗最大）。此外，实验发现在 $\chi'-\omega$ 曲线上还出现极大和极小，相应的频率 $\omega_{\max}$和 $\omega_{\min}$可由$\frac{\partial\chi'}{\partial\omega}=0$ 中求出

$$\omega_{\max}=\omega_r\left(1-\frac{\omega_r}{\omega_\tau}\right)^{1/2} \tag{11.4.19}$$

$$\omega_{\min}=\omega_r\left(1+\frac{\omega_r}{\omega_\tau}\right)^{1/2} \tag{11.4.20}$$

在 χ'的表达式（11.4.17）中，把 ω 分别用 $\omega_{\max}$和 $\omega_{\min}$代入便得出相应于 $\omega_{\max}$和

$\omega_{\min}$时磁化率实部的极大和极小（$\chi'_{\max}$和$\chi'_{\min}$）分别为

$$\chi'_{\max}=\chi_i\frac{1}{\frac{2\omega_r}{\omega_\tau}-\left(\frac{\omega_r}{\omega_\tau}\right)^2}\approx\frac{\chi_i\omega_\tau}{2\omega_r}\ (\omega_r\ll\omega_\tau)\text{ 或阻尼系数 }\beta\ll 1 \tag{11.4.21}$$

$$\chi'_{\min}=-\chi_i\frac{1}{\frac{2\omega_r}{\omega_\tau}-\left(\frac{\omega_r}{\omega_\tau}\right)^2}\approx\frac{-\chi_i\omega_\tau}{2\omega_r}\ (\omega_r\ll\omega_\tau) \tag{11.4.22}$$

另外，由$\frac{\partial\chi''}{\partial\omega}=0$求出$\chi''$极大处的共振频率

$$\omega_{共振}=\omega_r\left\{\frac{1}{6}\ (2-\omega_r^2/\omega_\tau^2)\ +\left[\frac{(2-\omega_r^2/\omega_\tau^2)^2}{36}+\frac{1}{3}\right]^{\frac{1}{2}}\right\}^{\frac{1}{2}} \tag{11.4.23}$$

若$\omega_r\ll\omega_\tau$，则由式（11.4.23）得$\omega_{共振}=\omega_r$，此时共振频率$\omega_{共振}$与畴壁振动的本征频率ω_r相等，即出现畴壁共振，这时χ''称为$\chi''_{\max}$，于是将χ''中的ω用ω_r代替，得

$$\chi''_{\max}=\chi_i\frac{\omega_r/\omega_\tau}{(\omega_r/\omega_\tau)^2}=\frac{\chi_i\omega_\tau}{\omega_r}=2\chi'_{\max} \tag{11.4.24}$$

归纳上述结果便为图 11.4.3

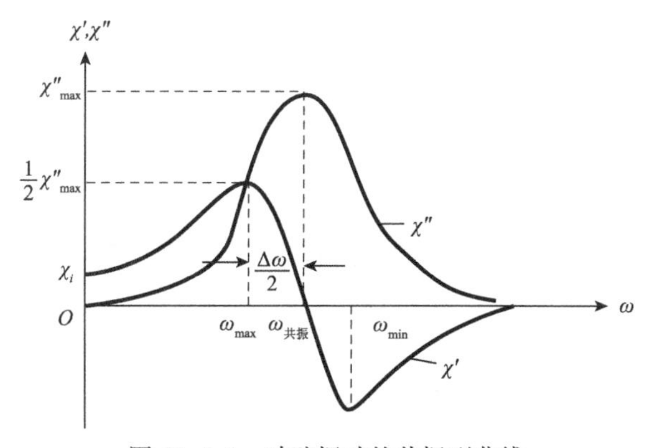

图 11.4.3　畴壁振动的共振型曲线

2. 弛豫型磁谱

当$\omega_r\gg\omega_\tau$时，即阻尼系数β很大时，$\frac{\omega}{\omega_r}$与$\frac{\omega}{\omega_\tau}$比起来，可略去$\frac{\omega}{\omega_r}$，因此，$\chi'$和$\chi''$的表达式（11.4.17）和式（11.4.18）简化为

$$\chi'=\chi_i\frac{1}{1+\ (\omega/\omega_\tau)^2} \tag{11.4.25}$$

和

$$\chi''=\chi_i\frac{\omega/\omega_\tau}{1+\ (\omega/\omega_\tau)^2} \tag{11.4.26}$$

式（11.4.25）和式（11.4.26）的图形为图 11.4.4。

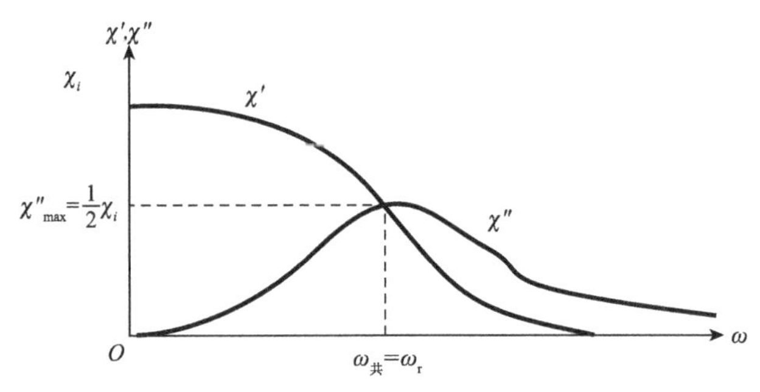

图 11.4.4　畴壁移动的弛豫型曲线

当 $\omega=\omega_\tau$ 时，$\chi'=\chi''=\dfrac{\chi_i}{2}$。

图 11.4.4 说明 χ'随 ω 单调下降，即畴壁移动由于阻尼很大（β 很大）而不发生振动，也就没有畴壁共振，当 $\omega=\omega_\tau$ 时 χ'下降最快，χ''却出现极大（损耗最大）。

对上述畴壁在交变磁场（高频磁场）下动态性质的讨论，我们得到了磁谱，由磁谱上反映出材料在不同频段的性能特征，这些特征都与材料的磁性参数有关（如饱和磁化强度 M_s，畴壁能量 γ_w、畴的宽度 d 及畴壁运动受到的阻力，如弹性回复系数 α 便受各种缺陷和不均匀性的影响，阻尼系数 β 受到离子在晶格中的重新排列的影响（铁氧体中的 $Fe^{2+} \rightleftharpoons Fe^{3+}$ 等）因此欲改善材料在这些方面的性能，需研究影响它们的因素。

11.5　旋磁性及铁磁共振

旋磁性和铁磁共振是微波磁性材料及器件应用和设计的物理基础。由电子运动产生的磁矩合成的磁化强度 $\boldsymbol{M}$，在恒定磁场 $\boldsymbol{H}_e$ 和微波磁场 $\boldsymbol{h}$（$\boldsymbol{h}\perp\boldsymbol{H}_e$）的共同作用下，发生绕 $\boldsymbol{H}_e$ 的旋转运动（进动），表现出的磁性称为**旋磁性**。或者简单地说，磁导（化）率的张量性质就是旋磁性。张量磁导率的非对称性是设计非互易微波铁氧体器件的基础，张量磁导率的实数部分具有色散性，利用此特性可以设计出不同的相移器，而张量磁导率的虚数部分具有共振特性，据此可设计滤波器、限幅器等微波件。铁磁共振线宽，直接反映微波磁性材料对电磁波的吸收性能，也是设计微波器件（如隐身、吸波器件等）的重要参数。

本节着重讨论磁化强度一致进动的物理图像和相应的计算、张量磁导率的物理概念和定量计算、最后对产生铁磁共振线宽的机理和用共振法测量磁晶各向异性常数 K 的原理也作了简单评述。

11.5.1 磁矩一致进动的运动方程

现考虑一个均匀，各向同性和无限大的样品，在稳恒磁场 $\boldsymbol{H}$ 和交变磁场 $\boldsymbol{h}$ 联合作用下，样品内磁化强度 $\boldsymbol{M}$ 的运动情况。由于磁化强度是由电子高速旋转产生的磁矩合成的，它在外磁场的作用下会绕外磁场转动，这种运动方式简称为进动（自身旋转很快的物体同时又绕某固定轴转动的现象称为进动）。如图 11.5.1 所示，由电子高速旋转产生的磁化强度 $\boldsymbol{M}$ 在外磁场 $\boldsymbol{H}$ 的作用下绕 z 方向的磁场 $\boldsymbol{H}$ 做右旋运动，这种情况与陀螺绕重力轴做右旋运动相似。

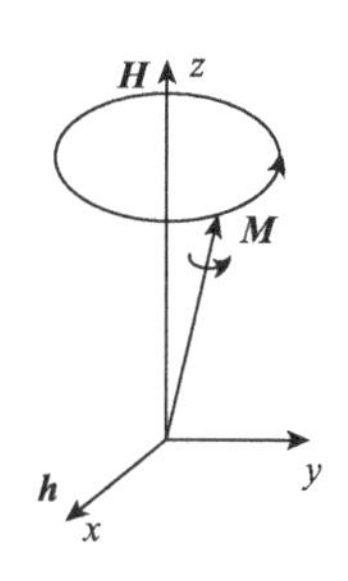

图 11.5.1 磁化强度 $\boldsymbol{M}$ 绕外磁场的进动

磁化强度 $\boldsymbol{M}$ 在外磁场 $\boldsymbol{H}_e$ 中受到的力矩 $\boldsymbol{L}$ 为

$$\boldsymbol{L}=\mu_0\boldsymbol{M}\times\boldsymbol{H}_e \tag{11.5.1}$$

根据经典力学，力矩 $\boldsymbol{L}$ 必须永远等于角动量 $\boldsymbol{G}$ 随时间 t 的变化：

$$\boldsymbol{L}=\frac{\mathrm{d}\boldsymbol{G}}{\mathrm{d}t} \tag{11.5.2}$$

这里的角动量指的是原子中的电子自旋、轨道或自旋与轨道之和的角动量，它们与磁矩之间存在固定关系，或者说角动量 $\boldsymbol{G}$ 与磁化强度 $\boldsymbol{M}$ 之间的关系为

$$-\gamma\boldsymbol{G}=\mu_0\boldsymbol{M} \tag{11.5.3}$$

式中负号表示角动量的方向与磁化强度的方向相反，$\boldsymbol{G}$ 与 $\boldsymbol{M}$ 的比例系数 γ 称为旋磁比或迴磁比，其值为

$$\gamma=\frac{\mu_0 e}{2m}g \tag{11.5.4}$$

式中，e、m 相应为电子的电荷和质量，μ_0 为磁性常数，g 为朗德 g 因子，在讨论原子磁矩时（见本书上册 1.1 节）曾得出

$$g=1+\frac{J(J+1)+s(s+1)-L(L+1)}{2J(J+1)} \tag{11.5.5}$$

式中 J 为电子的总角动量量子数，S 为自旋角动量量子数，L 为电子的轨道角动量量子数。当磁矩只有自旋贡献时 $g=2$，或当磁矩只计算轨道的贡献时 $g=1$。对磁性原子而言，g 的值通常在 1～2，只有 3 个元素的 g 值超过 2：铌（Nb 的 $g=10/3$）、钆（Gd 的 $g=8/3$）、锔（Cm 的 $g=8/3$）[11]。

由式（11.5.1—3）可得出

$$\frac{\mathrm{d}\boldsymbol{M}}{\mathrm{d}t}=-\gamma\boldsymbol{M}\times\boldsymbol{H}_e \tag{11.5.6}$$

上式就是磁化强度 $\boldsymbol{M}$ 在外磁场 $\boldsymbol{H}_e$ 作用下的运动方程，其运动方式就是 $\boldsymbol{M}$ 绕 $\boldsymbol{H}_e$ 进动，进动频率为 2800MHz（下面将计算出），这就是通称的自由进动。由于受到阻尼，自由进动在 10^{-8}～10^{-9}s 内便停止，即 $\boldsymbol{M}$ 便与外场 $\boldsymbol{H}_e$ 方向一致。只有

在与 $\boldsymbol{H}_e$ 的垂直平面内再加上微波（频率）磁场，进动才能继续（参见下面关于张量磁导率的讨论）。

$\boldsymbol{M}$ 绕 $\boldsymbol{H}_e$ 自由进动频率 ω_0 的计算。

设 $\boldsymbol{M}$ 绕 $\boldsymbol{H}_e$ 自由进动时，在 x、y、z 方向的分量为 m_x、m_y、M_z，即

$$\boldsymbol{M}=\boldsymbol{i}m_x+\boldsymbol{j}m_y+\boldsymbol{k}M_z \tag{11.5.7}$$

直流磁场 $\boldsymbol{H}_e$ 在 z 方向：

$$\boldsymbol{H}_e=\boldsymbol{k}H_e \tag{11.5.8}$$

由于 $\boldsymbol{H}_e$ 较强，$\boldsymbol{M}$ 与 $\boldsymbol{H}_e$ 的夹角很小，故 m_x 和 m_y 都 $\ll M_z$，而 M_z 则与饱和磁化强度 M_s 相近。

将式（11.5.7）和式（11.5.8）代入式（11.5.6）并写出分量式为

$$\left.\begin{aligned}\frac{\mathrm{d}m_x}{\mathrm{d}t}&=-\gamma H_e m_y\\ \frac{\mathrm{d}m_y}{\mathrm{d}t}&=\gamma H_e m_x\\ \frac{\mathrm{d}M_z}{\mathrm{d}t}&=0\end{aligned}\right\} \tag{11.5.9}$$

由式（11.5.9）可得 m_x（或 m_y）的二阶常微分方程：

$$\frac{\mathrm{d}^2 m_x}{\mathrm{d}t^2}+(\gamma H_e)^2 m_x=0 \tag{11.5.10}$$

或

$$\frac{\mathrm{d}^2 m_y}{\mathrm{d}t^2}+(\gamma H_e)^2 m_y=0 \tag{11.5.11}$$

式（11.5.10）的解为

$$m_x=m_{0x}\mathrm{e}^{i\omega_0 t},\ \omega_0=\gamma H_e \tag{11.5.12}$$

式（11.5.11）的解为

$$m_y\doteq m_{0y}\mathrm{e}^{i\omega_0 t},\ \omega_0=\gamma H_e \tag{11.5.13}$$

ω_0 为磁化强度 $\boldsymbol{M}$ 自由进动的圆频率，若外磁场 $H_e=1000\mathrm{Oe}$，且磁矩只由电子自旋的贡献（$g=2$），则

$$\omega_0=\gamma H_e=\frac{\mu_0 \mathrm{e}}{m}H_e=1.76\times10^{10}\,\mathrm{Hz} \tag{11.5.14}$$

或

$$f_0=\frac{\omega_0}{2\pi}=2800\mathrm{MHz} \tag{11.5.15}$$

频率 2800MHz 已是 10cm 范畴的微波波段了，可见电子自旋在稳恒磁场 10^3Oe 作用下的进动是微波频段的进动。通过调节稳恒磁场的数值，可以改变进动频率，这对铁氧体微波器件的设计意义很大。

11.5.2 张量磁导（化）率

前已提及磁化强度 $\boldsymbol{M}$ 绕恒定磁场 $\boldsymbol{H}_e$ 的自由进动，很快就会停止。只有在与

$\boldsymbol{H}_e$ 垂直的平面上，再加上交变磁场 $\boldsymbol{h}$ 后，磁化强度 $\boldsymbol{M}$ 才能继续绕 $\boldsymbol{H}_e$ 进动，这就是强迫进动。

$$\text{令}\ \boldsymbol{H}=\boldsymbol{i}h_x+\boldsymbol{j}h_y+\boldsymbol{k}H_e \tag{11.5.16}$$

$$\boldsymbol{M}=\boldsymbol{i}m_x+\boldsymbol{j}m_y+\boldsymbol{k}M_z \tag{11.5.17}$$

式中，h_x、h_y 和 m_x、m_y 分别为交变磁场和交变磁化强度的 x、y 分量。交变磁场在 z 方向的分量 $h_z=0$，磁化强度在 z 方向的分量 $M_z\approx M_s$ 是不随时间变化的。

把式（11.5.6）的 $\boldsymbol{H}_e$ 换成 $\boldsymbol{H}$，将式（11.5.16）和式（11.5.17）代入式（11.5.6）并写成分量式为

$$\left.\begin{aligned}\frac{\mathrm{d}m_x}{\mathrm{d}t}&=-\omega_0 m_y+\omega_m h_y\\ \frac{\mathrm{d}m_y}{\mathrm{d}t}&=\omega_0 m_x-\omega_m h_x\\ \frac{\mathrm{d}M_z}{\alpha t}&=0\end{aligned}\right\} \tag{11.5.18}$$

式中，$\omega_0=\gamma H_e$，$\omega_m=\gamma_{M_z}\approx\gamma_{M_s}$。

设交变磁场 $\boldsymbol{h}$ 和交变磁化强度 $\boldsymbol{m}$ 随时间变化的形式为

$$\boldsymbol{h}=\boldsymbol{h}_0\mathrm{e}^{\mathrm{i}\omega t},\qquad \boldsymbol{m}=\boldsymbol{m}_0\mathrm{e}^{\mathrm{i}\omega t} \tag{11.5.19}$$

则经微分后式（11.5.18）便为

$$\left.\begin{aligned}\mathrm{i}\omega m_x&=-\omega_0 m_y+\omega_m h_y\\ \mathrm{i}\omega m_y&=\omega_0 m_x-\omega_m h_x\end{aligned}\right\} \tag{11.5.20}$$

式（11.5.20）为二元一次方程式，解得

$$\left.\begin{aligned}m_x&=\frac{\omega_0\omega_m}{\omega_0^2-\omega^2}h_x+\mathrm{i}\frac{\omega_m\omega}{\omega_0^2-\omega^2}h_y\\ m_y&=-\mathrm{i}\frac{\omega_m\omega}{\omega_0^2-\omega^2}h_x+\frac{\omega_0\omega_m}{\omega_0^2-\omega^2}h_y\end{aligned}\right\} \tag{11.5.21}$$

令

$$\chi=\omega_0\omega_m/(\omega_0^2-\omega^2) \tag{11.5.22}$$

$$\chi_a=-\omega_m\omega/(\omega_0^2-\omega^2) \tag{11.5.23}$$

则式（11.5.21）改写为

$$m_x=\chi h_x-\mathrm{i}\chi_a h_y \tag{11.5.24}$$

$$m_y=\mathrm{i}\chi_a h_x+\chi h_y \tag{11.5.25}$$

交变磁场 $\boldsymbol{h}$ 和交变磁化强度 $\boldsymbol{m}$ 的关系为

$$\boldsymbol{m}=\overleftrightarrow{\boldsymbol{\chi}}_{ij}\boldsymbol{h} \tag{11.5.26}$$

式中的 $\overleftrightarrow{\boldsymbol{\chi}}_{ij}$ 便是张量磁化率，对应于式（11.5.24，11.5.25），

$$\overleftrightarrow{\boldsymbol{\chi}}_{ij}=(\boldsymbol{\chi}_{ij})=\begin{pmatrix}\chi & -\mathrm{i}\chi_a\\ \mathrm{i}\chi_a & \chi\end{pmatrix}$$

或写成通常形式

$$(\boldsymbol{\chi}_{ij})=\begin{pmatrix}\chi & -\mathrm{i}\chi_a & 0\\ \mathrm{i}\chi_a & \chi & 0\\ 0 & 0 & 0\end{pmatrix} \tag{11.5.27}$$

又磁导率$\boldsymbol{\mu}$与磁化率$\boldsymbol{\chi}$的关系为$\boldsymbol{\mu}=1+\boldsymbol{\chi}$，故磁化率为张量时，磁导率也是张量，张量磁导率表示为

$$(\boldsymbol{\mu}_{ij})=1+(\boldsymbol{\chi}_{ij})=\begin{pmatrix}1+\chi & -\mathrm{i}\chi_a & 0\\ \mathrm{i}\chi_a & 1+\chi & 0\\ 0 & 0 & 1\end{pmatrix} \tag{11.5.28}$$

由式（11.5.28）可见，磁导率张量是一个二级张量，对角张量元为$1+\chi$，非对角张量元为χ_a。非对角张量元具有不同的符号，又称为非对称张量。

前已指出磁感应强度与磁场强度的比例系数——磁导率，可以是实数，也可以是复数；即可以是标量，也可以是矢量，现在又证明可以是张量，关键在于铁磁样品是处于何种类型的磁场作用下，是在恒定磁场、交变磁场、还是交变加上恒定磁场下呢？这三种磁场分别对应于磁导率是标量、矢量和张量的性质。

磁导率的张量性质，表明在某一方向的交变磁场，除了在本方向有一交变的磁感应强度外，还在其同一平面的垂直方向也产生一个交变磁感应强度。出现这种性质的原因是磁化强度绕恒定磁场进动，同时又受到与恒定磁场垂直的交变磁场的作用之故。

张量磁导率的一个特点是它的非对称性，这成为非互易微波铁氧体器件设计的基础。张量磁导率的另一个特点是张量元的实数部分具有色散性，据此可设计不同的相移器，而虚数部分具有共振特性，据此又可以设计出滤波器、限幅器等。

11.5.3 铁磁共振

调节稳恒磁场H_e的数值，便会使进动频率ω_o发生改变，当ω_o的值与交变磁场的ω相近时，张量磁导率的张量元都会与H_e的关系变化极大，这就是铁磁共振现象。在张量磁导率虚部μ''与恒定磁场H_e的关系曲线上定义共振线宽ΔH为

$$\Delta H=H_2-H_1 \tag{11.5.29}$$

式中，H_2和H_1为μ''的最大值μ''_m的一半处相应的恒定磁场（图11.5.2）。图11.5.3为抛光的YIG小球的铁磁共振曲线，由图上可见共振线宽ΔH只有0.2Oe（$0.2\times10^3/4\pi\ \mathrm{A\cdot m^{-1}}$）。共振线宽$\Delta H$的大小，代表能量吸收的多少，亦即能量损失的多少。

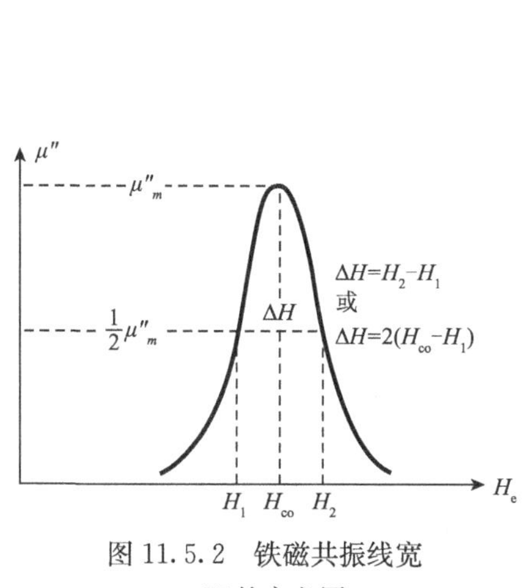

图 11.5.2　铁磁共振线宽 ΔH 的定义图

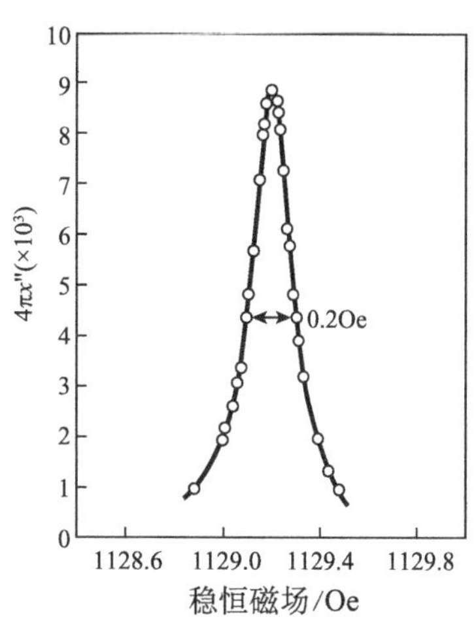

图11.5.3　抛光的 YIG 单晶小球的铁磁共振曲线[12]

一般要求线宽愈小，品质愈好。影响线宽的内部原因是磁晶各向异性、气孔率、非磁性或很弱磁性的第二相、快弛豫离子，外部原因是样品表面有无完全抛光。

表 11.2　几种微波铁氧体的磁性[13]

品　名	$4\pi M_s$ (10^{-4}T)	ΔH ($10^3/4\pi$ Am^{-1})	T_c/℃
YIG 单晶	1750	0.40	275
YGaIG 单晶	1600	0.45	265
YGaIG 单晶	1000	0.60	230
[$Y_{2.6}Ca_{0.4}$] [$Fe_{1.4}In_{0.6}$] IG 多晶	1438	1.40	158
[$Y_{1.6}Ca_{1.4}$] [$Fe_{1.5}Sn_{0.5}$] IG 多晶	1200	1.90	170

当磁化强度 $\boldsymbol{M}$ 在稳恒磁场 $\boldsymbol{H}_e$ 和微波磁场 $\boldsymbol{h}$ 的作用下，磁化强度的进动频率 ω。接近微波磁场的频率 ω 时，发生**铁磁共振**。**张量磁导率和张量磁化率的虚部 μ'' 和 κ'' 总是正的，**并在 $\omega_0=\omega=\gamma H_e$ 时有极大值，这种现象称为共振吸收。**张量磁导率和张量磁化率的实部数值 μ' 和 κ' 可正可负，**在 $\omega\approx\gamma H_e$ 时变化很快，当 $\gamma H_e<\omega$ 时 μ' 和 κ' 都为负值，当 $\gamma H_e>\omega$ 时 μ' 和 κ' 都为正值。这种正、负数值的变化是由于微波磁场 $\boldsymbol{h}$ 同微波磁感应强度 $\boldsymbol{b}$ 之间的位相变化引起的。当 $\boldsymbol{h}$ 超前并且相位差 $>\frac{\pi}{2}$ 时，μ' 和 κ' 为负值，当 $\boldsymbol{h}$ 落后并且相位差 $<\frac{\pi}{2}$ 时，μ' 和 κ' 为正值。μ' 和 κ' 在 $\omega\approx\gamma H_e$ 附近的剧烈变化的现象称为 **"色散" 现象**。图 11.5.4 (a) 和 (b) 为张量磁导率元和张量磁化率元的实部和虚部随稳恒磁场的变化。由图可见 "色散" 现象（图的左半部）和共振吸收现象（图的右半部），同时还可以看到，

当磁化强度 $\boldsymbol{M}$ 的进动受到不同的阻尼情况时“色散”曲线和其共振吸收曲线也有很大的不同。

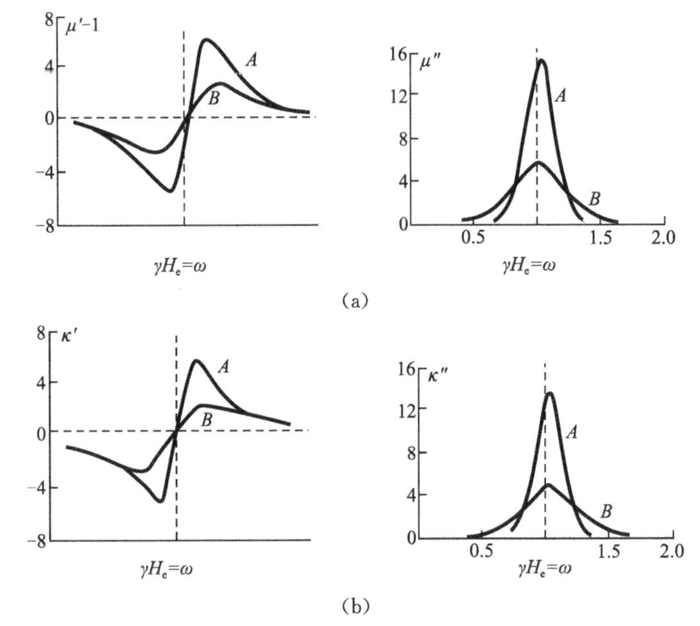

图 11.5.4 (a) 张量磁导率元 μ'，μ''与磁场 H_e 的关系。曲线 A 表示阻尼较小的情况；曲线 B 表示阻尼较大的情况；(b) 张量磁化率元 κ'，κ''与磁场 H_e 的关系。曲线 A 表示阻尼较小的情况；曲线 B 表示阻尼较大的情况

在式 (11.5.6) 的磁矩一致进动的方程中，恒定磁场只考虑了外磁场 $\boldsymbol{H}_e$，实际上作用在磁化强度 $\boldsymbol{M}$ 上的还有内部的恒定磁场，如退磁场、磁晶各向异性场、交换作用场等。对磁晶各向异性场而言，就是在 7.2.1.4 节中讨论过的磁晶各向异性等效场，它在六角晶系和立方晶系的主晶轴方向的表达式都已经推导出来了，将它们分别加在式 (11.5.6) 中与 $\boldsymbol{H}_e$ 的同等位置上，进行类似的计算，便得出不同主晶轴方向的共振频率 ω_0：

1. 六角晶系

在易化轴六角晶轴上的磁晶各向异性场 $H_K=\dfrac{2K_u}{\mu_0 M_s}$，故其共振频率为

$$\omega_0=\gamma\ (H_K+H_e) \qquad H_e /\!/ H_K \tag{11.5.30}$$

易磁化轴仍为六角晶轴，但外恒定磁场沿与六角晶轴垂直的平面上 ($\boldsymbol{H}_e \perp \boldsymbol{H}_K$)，共振频率为

$$\omega_0^2=\gamma^2\ (H_K^2-H_e^2) \qquad H_e \perp H_K, \qquad H_e<H_K, \tag{11.5.31}$$

或

$$\omega_0^2=\gamma^2 H_e\ (H_e-H_K) \qquad H_e \perp H_K, \qquad H_e>H_K \tag{11.5.32}$$

图 11.5.5 为由式（11.5.30）～（11.5.32）表示的共振频率 ω_0 与外恒定磁场 H_e 的关系。根据式（11.5.30）可设计出用于毫米波段的微波器件，而所用外恒定磁场 H_e 只有 $10^5\,Am^{-1}$（$10^3\,Oe$）的量级。若采用 H_K 很小的材料，则外场 H_e 就要达到 $10^6\,A\cdot m^{-1}$（$10^4\,Oe$）的量级，这会给实际上带来很大困难，不利于器件的轻量化，小型化。

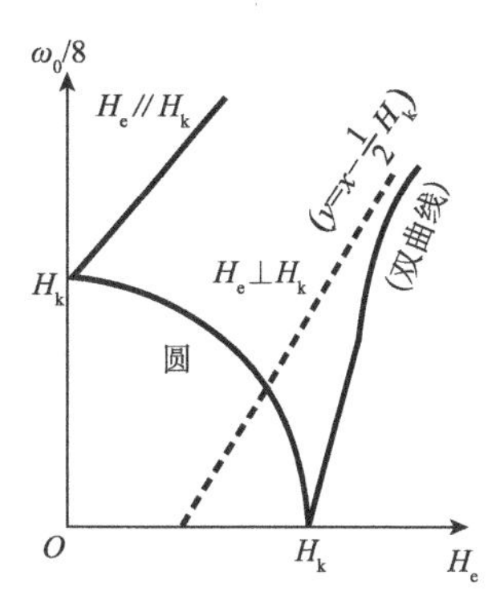

图 11.5.5　共振频率 ω_0 与恒定外场 H_e 的三种关系

2. 立方晶系

立方晶系中有三个主晶轴：［001］、［110］和［111］，在（$1\bar{1}0$）平面上可以显示出上述三个主晶轴的方向。由于材料的磁晶各向异性常数的不同，故其易磁化方向也不相同，导致磁晶各向异性场也不同。当［001］为易化轴时，磁晶各向异性场 $H_K=\dfrac{2K_1}{\mu_0 M_s}$，外磁场 H_e 加在［001］方向的共振频率 ω_0 为

$$\omega_0=\gamma\,(H_e+2K_1/\mu_0 M_s)\qquad H_e//[001]\tag{11.5.33}$$

当［110］和［111］为易化轴时，共振频率分别为

$$\omega_0=\gamma^2\left[H_e+\frac{K_1}{\mu_0 M_s}\right]\left[H_e-\frac{2K_1}{\mu_0 M_s}\right]\quad H_e//[110]\tag{11.5.34}$$

$$\omega_0=\gamma\left(H_e-\frac{4}{3}\,\frac{K_1}{\mu_0 M_s}\right),\qquad H_e//[111]\tag{11.5.35}$$

上述式（11.5.33）～（11.5.35）是在立方晶系中用共振方法求磁晶各向异性常数 K_1 的方法，由于易磁化轴的方向不同，相应的磁晶各向异性常数 K_1 的数值和符号都不尽相同，故分析数据时需注意。

3. 铁磁薄膜

若易磁化轴与薄膜平面垂直，外稳恒磁场 H_e 也与薄膜平面垂直，共振频率为

$$\omega_0=\gamma\left(H_e+\frac{2K_1}{\mu_0 M_s}-M_s\right)\tag{11.3.36}$$

本节在磁矩绕外磁场一致进动和不考虑阻尼影响的情况下，讨论了旋磁性、张量磁导率和铁磁共振，它们的物理图像和表述的计算公式对微波磁性材料和器件的设计与应用是十分重要的。但是磁矩绕外磁场还存在非一致进动和遇到各种形式的阻尼，对这些情况的讨论可进一步阅读参考文献［3］、8.6 节、8.7 节和文献［14］。

11.6　磁黏滞性

在 11.2 节讨论动态磁化过程的损耗中，曾经提到**磁黏滞性**是引起剩余损耗的一个原因，而磁黏滞性又有原子扩散引起的和热激活引起的两类。本节较详细

地讨论磁黏滞性现象。

通常，磁化强度随时间的变化 $M(t)$，称为磁性的时间效应，它是磁性稳定性的对立面。长时间（几年、几月）的时间效应称为老化，又叫时效。短时间（$10^{-4}\sim10^{5}$ s）的时间效应才称为磁黏滞性或磁后效（magnetic aftereffect）。研究磁黏滞性可以扩大磁性材料的使用范围、改善材料的品质、测定矫顽力及验证其机制，因此一贯受到重视[15]。1986 年以后又把观测磁黏滞性作为辨别磁宏观量子效应的实验手段之一，更引起同行的关注，相关的理论进展很快。下面先讨论早期的磁黏滞性的唯象理论及其修正，然后讨论近期的理论及目前仍无法用理论说明的实验特例。

11.6.1 磁黏滞性的唯象理论

自 1881 年 Ewing[16]在纯铁中发现磁黏滞性以来的 100 多年中，有关的唯象理论不断完善，其中 Snoek[17]、Street、Woolley[18]和 Néel[19]作出了开创性的工作。现论述如下：

设一块铁磁体受到外磁场 H_1 的作用，磁化强度处于某一稳定状态 M_1。当外磁场在 $t=0$ 时突然由 H_1 变到 H_2，这时磁化强度也由 M_1 突然（没有弛豫）变到 M_i，然后磁化强度便随时间慢慢变化（弛豫），直至到不变为止。令磁化强度随时间变化的部分为 $M(t)$，则 $M(t)$ 不但与状态 M_1 有关，而且与 H_2 作用下样品的最后状态（平衡态）有关。若最后状态处于磁化过程的转向阶段，则 $M(t)$的数值相当小，若最后状态处于不可逆磁化阶段，则 $M(t)$ 会相当大。

在最简单的情况下，$M(t)$ 遵从指数规律，即

$$M(t) = M_{\infty}[1-\exp(-t/\tau] \tag{11.6.1}$$

式中，M_{∞}为 $t=0\sim\infty$时，$M(t)$ 的总变化，τ 为弛豫时间。在一些情况下，$M_{\infty}/M_{\mathrm{i}}=0.30$，即磁化强度随时间变化的总数值只有不随时间变化的数值的 30%。于是当磁场 H 由 H_1 突然变到 H_2 时，相应的磁化强度 M 由不随时间变化的部分M_{i} 和随时间变化的部分 $M(t)$ 组成（图 11.6.1），即

$$\begin{aligned} M = M_i + M(t) &= \frac{M_{\mathrm{i}}}{H}H + \frac{M_{\mathrm{i}}}{H}\frac{M_{\infty}}{M_{\mathrm{i}}}H\left[1-\exp\left(-\frac{t}{\tau}\right)\right] \\ &= \chi H + \chi H\xi\left[1-\exp(-t/\tau)\right] \end{aligned} \tag{11.6.2}$$

式中，$\chi=M_{\mathrm{i}}/H$ 为磁化率，$\xi=M_{\infty}/M_{\mathrm{i}}$。式（11.6.2）所表示的磁黏滞性，是 11.2 节中引起剩余损耗的原因之一。为说明这点，将式（11.6.2）改写后再微分：

$$M - \chi H = \chi H\xi - \chi H\xi\exp\left(-\frac{t}{\tau}\right) \tag{11.6.3}$$

$$\frac{\mathrm{d}(M-\chi H)}{\mathrm{d}t} = -\chi H\xi\exp\left(-\frac{t}{\tau}\right)\left(-\frac{1}{\tau}\right)$$

$$=\frac{1}{\tau}\left[\chi H+\chi H\xi-\chi H\xi\exp\left(-\frac{t}{\tau}\right)-\chi H-\chi H\xi\right]$$

$$=-\frac{1}{\tau}\left[M-\chi H(1+\xi)\right] \tag{11.6.4}$$

式（11.6.4）是根据准静态的磁测量得到的。

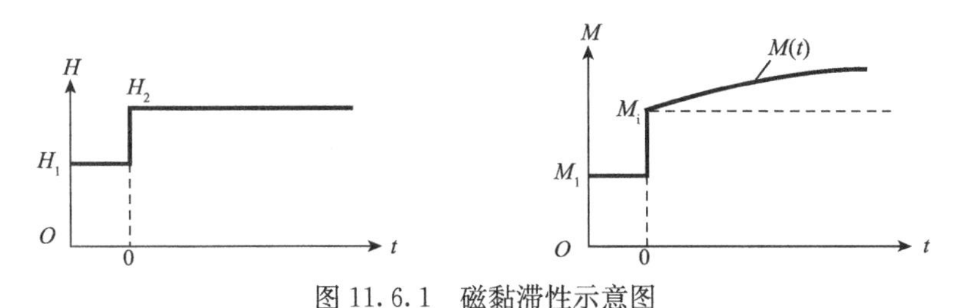

图 11.6.1　磁黏滞性示意图

若将交变磁场 $H=H_m\exp(i\omega t)$ 加在铁磁样品上，则相应的磁化强度也是交变的 $M=M_m\exp[i(\omega t-\delta)]$，$\omega$ 为交变磁场圆频率，δ 为磁化强度落后于磁场的位相，H_m 和 M_m 分别是磁场和磁化强度的振幅。将交变磁场 H 和相应的交变磁化强 M 代入式（11.6.4），整理后得

$$\tan\delta=\frac{\xi\omega\tau}{(1+\xi)+(\omega\tau)^2} \tag{11.6.5}$$

$$M_m=\frac{\omega\tau}{\omega\tau\cos\delta-\sin\delta} \tag{11.6.6}$$

图 11.6.2 为低碳钢在不同频率 f 下的损耗因数 $\tan\delta$ 随温度 T 的变化，由图可见，$\tan\delta-T$ 曲线在不同 f 下都出现极大值，而且极大值的位置随 f 的增加向高温方向移动。由式（11.6.5）可知，当 $\tau\to 0$ 或 $\tau\to\infty$ 时；$\tan\delta$ 都趋于零，故 $\tan\delta$ 的极大值条件为

$$1+\xi+\omega^2\tau^2=0 \tag{11.6.7}$$

将图 11.6.2 的实验结果与式（11.6.7）结合，可得出 τ 与 T 的对应关系，然后作 $\ln\tau-\frac{1}{T}$ 的图，结果与准静态的测量同在一条直线上（图 11.6.3），说明剩余损耗的原因之一就是磁黏滞性。

另外，对图 11.6.2 的实验结果，Snoek 作了比喻生动的解释，他说这种磁黏滞性，就像铁球在铺有黏稠胶液的曲面上运动一样（图 11.6.4），当铁球由一位置运动到另一位置时，由于胶液的作用，球的重心将会慢慢下降，最后达到稳定，这一过程相当于准静态的磁黏滞。若铁磁体受交变磁场的作用，就好像铁球受交变力的作用一样，铁球在极小位置附近振荡。当温度较低时，由于胶液的黏滞性增大，铁球的运动与在坚硬表面上运动一样，因而耗损因数小。当温度较高时，胶液的黏滞性下降，铁球的运动又与在没有胶液的曲面上运动一样，耗损因数也小。只有在中间温度下，铁球的运动才在最严重的阻尼下进行，所以导致最

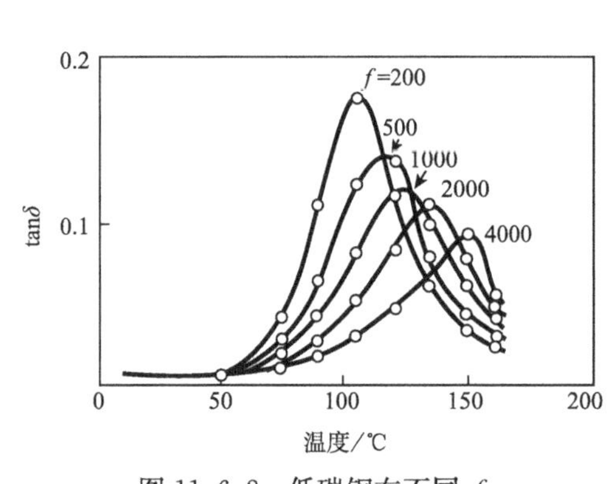

图 11.6.2 低碳钢在不同 f 下的损耗因数 $\tan\delta$ 随温度 T 变化

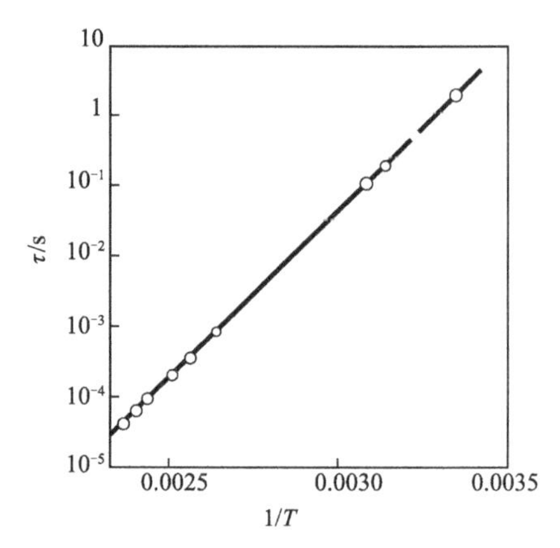

图 11.6.3 准静态和高频测量中的 $\ln\tau - 1/T$ 关系

大的耗损，使损耗因数出现极大。

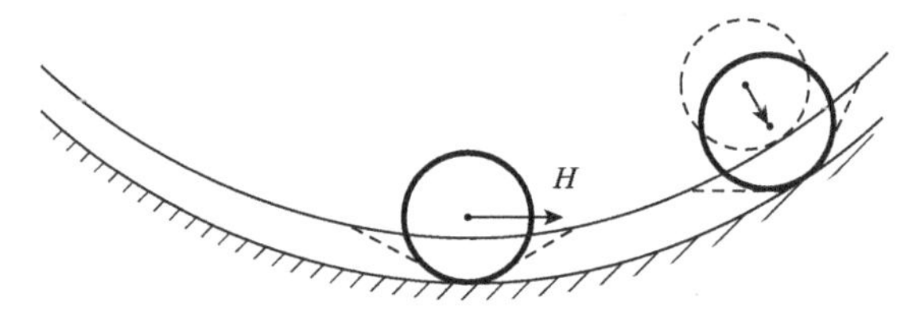

图 11.6.4 铁球在胶液曲面上运动比喻磁黏滞性

一般情况下，磁化强度随时间的变化 M（t），不能都用单一的指数函数式（11.6.1）来描述，也就是说，弛豫时间 τ 不仅是一个，而是在确定的范围内有一分布（或者说许多磁性单元都对 M（t）有贡献，它们的 τ 有一分布）。

设弛豫时间 τ 的对数 $\ln\tau$，在 $\ln\tau \sim \ln\tau + \mathrm{d}(\ln\tau)$ 内的分布函数为 $g(\tau)\mathrm{d}(\ln\tau)$，则其归一化为

$$\int_0^\infty g(\tau)\mathrm{d}(\ln\tau) = \int_0^\infty g(\tau)\frac{\mathrm{d}\tau}{\tau} = 1 \tag{11.6.8}$$

因此，磁化强度随时间变化的式（11.6.1）考虑了弛豫时间 τ 的分布后，便改写为

$$M(t) = M_\infty\left[1 - \int_0^\infty g(\tau)\exp(-t/\tau)\frac{\mathrm{d}\tau}{\tau}\right] \tag{11.6.9}$$

为了简化，假定 τ 的分布函数 g（τ），在 $\tau_1 \sim \tau_2$ 为一常数，而在其他 τ 时为零。那么在 $\tau_1 < \tau < \tau_2$ 时，由式（11.6.8）得

$$g(\tau) = \frac{1}{\ln(\tau_2/\tau_1)} \tag{11.6.10}$$

令 $t/\tau = y$，并将式（11.6.10）代入式（11.6.9），得

$$\begin{aligned}\Delta M(t) = M_\infty - M(t) &= \frac{M_\infty}{\ln(\tau_2/\tau_1)}\int_{\tau_1}^{\tau_2}\exp(-t/\tau)\,\frac{d\tau}{\tau}\\ &= \frac{M_\infty}{\ln(\tau_2/\tau_1)}\int_{y_1}^{y_2}\exp(-y)\left(-\frac{dy}{y}\right)\\ &= \frac{M_\infty}{\ln(\tau_2/\tau_1)}\int_{y_2}^{y_1}\exp(-y)\left(\frac{dy}{y}\right)\end{aligned} \tag{11.6.11}$$

式中，$y_1=t/\tau_1$，$y_2=t/\tau_2$。

若令

$$N(y)=\int_\alpha^\infty \exp(-y)\,\frac{dy}{y} \tag{11.6.12}$$

则式（11.6.11）改写为

$$\begin{aligned}\Delta M(t) &= \frac{M_\infty}{\ln(\tau_2/\tau_1)} - \left[\int_{y_2}^\infty \exp(-y)\,\frac{dy}{y} - \int_{y_1}^\infty \exp(-y)\,\frac{dy}{y}\right]\\ &= \frac{M_\infty}{\ln(\tau_2/\tau_1)}[N(y_2)]-N(y_1)]\end{aligned} \tag{11.6.13}$$

已知当α不同时（把y看成α），式（11.6.12）的近似表示如下：

当$\alpha \ll 1$时，有

$$N(\alpha) = -0.577 - \ln\alpha + \alpha - \frac{1}{2}\frac{\alpha^2}{2!} + \frac{1}{3}\frac{\alpha^3}{3!} + \cdots$$

当$\alpha \gg 1$时，有

$$N(\alpha) = \frac{\exp(-\alpha)}{\alpha\left(1-\frac{1!}{\alpha}+\frac{2!}{\alpha^2}-\cdots\right)} \tag{11.6.14}$$

当$\alpha=1$时，$N(\alpha)=0.219$。

采用式（11.6.14）的近似后，磁化强度随时间变化$\Delta M(t)$，有三种形式值得重视，现分述如下：

(1) 若$t \ll \tau_1$，那么由于$\tau_2 > \tau_1$，则t也比τ_2小（$t \ll \tau_2$），故在计算$N(y)$时，可用式（11.6.14），$\alpha \ll 1$时的条件（只取前三项）代入式（11.6.13)，得

$$\begin{aligned}\Delta M(t) &= \frac{M_\infty}{\ln(\tau_2/\tau_1)}\left[-0.577-\ln\left(\frac{t}{\tau_2}\right)+\frac{t}{\tau_2}-\left(-0.577-\ln\frac{t}{\tau_1}+\frac{t}{\tau_1}\right)\right]\\ &= \frac{M_\infty}{\ln(\tau_2/\tau_1)}\left[\ln\frac{t}{\tau_1}-\ln\frac{t}{\tau_2}+\frac{t}{\tau_2}-\frac{t}{\tau_1}\right]\\ &= M_\infty\left[1-\frac{(\tau_2-\tau_1)\,t}{\tau_1\tau_2/\ln(\tau_2/\tau_1)}\right]=M_\infty(1-ct)\end{aligned} \tag{11.6.15}$$

式中，$c=(\tau_2-\tau_1)/[\tau_1\tau_2/\ln(\tau_2/\tau_1)]$。式（11.6.15）说明，当$t \ll \tau_1$和$t \ll \tau_2$时，磁化强度随时间$t$的变化是随着$t$的增加而线性下降。

(2) 若$\tau_1 < t < \tau_2$，则在计算$N(y)$时，$N(y_2)$用式（11.6.14）中$\alpha \ll 1$的条件，$N(y_1)$用式（11.6.14）中$\alpha \gg 1$的条件，将这些条件代入式（11.6.13）

中，得

$$\Delta M(t)=\frac{M_\infty}{\ln(\tau_2/\tau_1)}(\ln\tau_2-0.577-\ln t)=M_\infty(a-b\ln t) \qquad (11.6.16)$$

式中，$a=(\ln\tau_2-0.577)/\ln(\tau_2/\tau_1)$，$b=1/\ln(\tau_2/\tau_1)$。式（11.6.16）说明，当 $\tau_1<t<\tau_2$ 时，磁化强度随时间 t 的变化是随 $\mathrm{In}t$ 的增加而线性下降。对单畴粒子（纳米颗粒）而言，能垒的高度与粒子的体积成正比，若粒子体积由 1×10^{-18} cm^3（半径约 158Å）变为 2×10^{-18} cm^3（半径约 200Å），按式（11.6.19）的估计，对 Fe 的单畴颗粒而言，相应的弛豫时间 τ 由 10^{-1}s 增至 10^4s，因此对单畴集合体的样品而言，只要其中的粒子尺寸，并不完全一致，则 $\tau_1<t<\tau_2$ 条件总可以满足。

(3) 若 $t\gg\tau_2$，即 $t\gg\tau_1$，则在计算 $N(y)$时，用式（11.6.4）中 $\alpha\gg1$ 的条件代入式（11.6.13）中，得

$$\Delta M(t)=\frac{M_\infty}{\ln(\tau_2/\tau_1)}\left[\frac{\exp(-t/\tau_2)}{(t-\tau_2)/\tau_2}-\frac{\exp(-t/\tau_1)}{(t-\tau_1)/\tau_1}\right]$$
$$\approx\frac{M_\infty}{\ln(\tau_2/\tau_1)}\frac{\exp(-t/\tau_1)}{t/\tau_2} \qquad (11.6.17)$$

由式（11.6.17）可见，磁化强度随时间 t 的变化，是随着 t 的增加，而逐渐趋于零。

上述三种磁化强度随时间变化的形式，即式（11.6.15）、式（11.6.16）和式（11.6.17）代表的形式都可能在同一材料中出现，只是视时间 t 在哪一范围内而定，目前研究较多的是第二种形式，即式（11.6.16）所代表的形式，它通常写成

$$\Delta M(t)=c-S\ln t \qquad (11.6.18)$$

式中，c 为常数，S 为磁黏滞性系数。

在 9.1 节中，已经论述过磁化强度的变化归根结底是由畴壁移动和（或）磁畴内磁矩的转动决定的。假定这种移动和（或）转动，又是由于热激活使它们越过能垒引起的，则弛豫时间 τ 与能垒高度 E 的关系，由 Arrhenins 定律给出

$$\tau=\tau_0\exp\left(\frac{E}{kT}\right) \qquad (11.6.19)$$

式中，τ_0 为常数$\left(\frac{1}{\tau_0}=10^{10}\sim10^{12}\,\mathrm{Hz}\right)$，$k$ 为玻尔兹曼常量，T 为绝对温度。

由式（11.6.16）、式（11.6.18）和式（11.6.19）得

$$S=\frac{M_\infty}{E_2-E_1}kT \qquad (11.6.20)$$

式中，E_1 和 E_2 为对应于 τ_1 和 τ_2 的能垒高度。式（11.6.20）说明，当弛豫时间 τ 的分布函数，在 $\tau_1-\tau_2$ 为常数，在其他 τ 时为零的情况下。由热激活（TA）导致的磁黏滞性系数 S 是随温度的升高而直线增大的，温度降至零时，S 也趋于

零。如果发现在某一温度范围内，S 与 T 无关（出现平台），则认为在此温度段内，发生了磁性的宏观量子效应（MQT），图 11.6.5 为 S 随 T 变化的示意图，图中明确表示出，壁移和/或转动是由热激活（TA）或磁性的宏观量子效应（MQT）引起的两个阶段。由热激活向量子效应转变的温度 T_Q 称为交界温度（crossover temperature）。有关磁性的宏观量子效应的内容见 12.2 节。

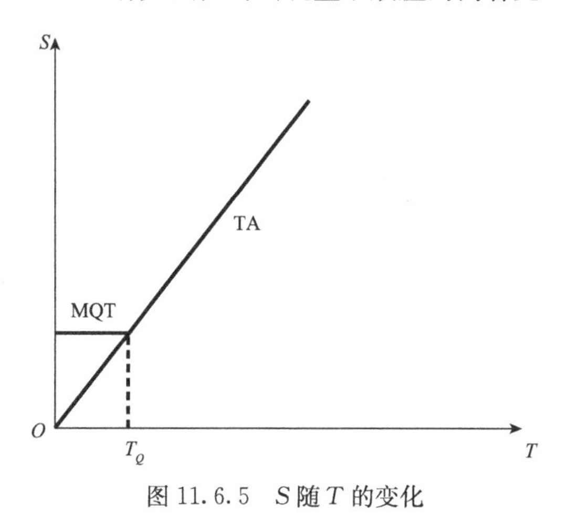

图 11.6.5　S 随 T 的变化

11.6.2　磁黏滞性唯象理论的发展

由于 20 世纪 90 年代磁宏观量子效应列为凝聚态物理重点研究方向之一，而观测磁黏滞性又成为论证磁宏观量子效应的实验方法之一。因此，11.6.1 节中得到的磁黏滞性系数 S 与温度 T 的关系中，出现的平台，是否就是磁宏观量子效应的表现引起争论。持肯定、怀疑或审慎态度的都有，关键在于如何处理弛豫时间的分布函数（即势垒的分布函数）。下面讨论对能垒分布函数的两种修正。

1）对势垒分布函数求平均[20]

设对弛豫过程有贡献的磁性单元为一“粒子”，它从亚稳态逃逸的概率为 $\Gamma=1/\tau$，逃逸的方式既可以是热激活，也可以是量子隧穿（图 11.6.6）。热激活时，逃逸概率遵守玻耳兹曼公式 $\Gamma_T \propto \exp(-E/kT)$；量子隧穿时，逃逸概率为 $\Gamma_Q \propto \exp(-B)$，$B$ 是计算量子隧穿概率时，用瞬子（instanton）方法求得的 WKB 指数，E 为势垒高度。因此，综合上述两种逃逸方式，将逃逸概率表示为

$$\Gamma = \omega(T)\exp[-E/kT^*(T)] \tag{11.6.21}$$

式中，ω 为“粒子”在极小点附近的振动频率，E 为能垒高度，$T^*(T)$ 为 T 的函数。当 $T>T_Q$ 时，$T^* \approx T$；当 $T<T_Q$ 时，$T^* > T$。式（11.6.21）与式（11.6.19）主要不同点是用 $T^*(T)$ 去代替 T。

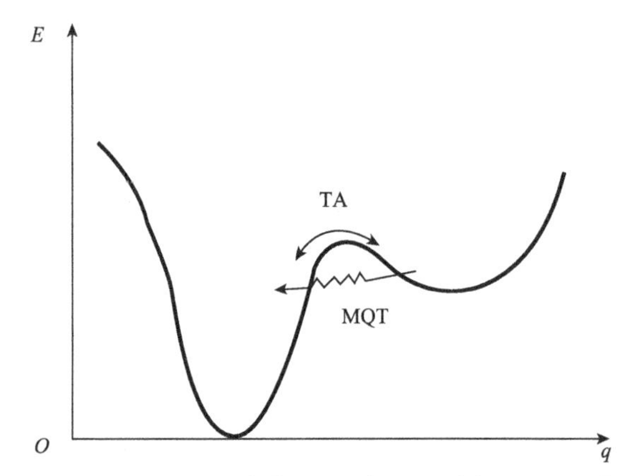

图 11.6.6 “粒子”热激活 TA 与量子隧穿 MQT 示意图

如果势垒有一分布，则势垒高度 E，不是单一的值，但可用它们的平均值 $\langle E\rangle$ 去代替 E。这样，$T^*(T)$也相应地用平均值 $\langle T^*(T)\rangle$ 代替，因此，式 (11.6.20) 的磁黏滞性系数改写为

$$S(T)=\frac{M_\infty}{\langle E\rangle}k\langle T^*(T)\rangle \tag{11.6.22}$$

式 (11.6.22) 的图解仍是图 11.6.5，按 Tejada 等的观点[20]，在同一温度下，热激活和量子隧穿不能各自独立地实现，即不能把总逃逸概率看成两者之和，因此由热激活向量子隧穿的转变是很急剧的。他们还认为考虑到各种形式的势垒分布后，$S(T)$ 在热激活阶段的线性关系可能发生改变，但 $S(T)$ 在量子隧穿阶段的平台不会改变。

2) 考虑势垒分布和开关场分布[21,22]

假设势垒的分布函数 $f(E)$ 可以在势垒 E_m 处作幂级数展开，若只取展开式的前两项，使得磁黏滞性系数 S 随温度 T 的变化为

$$S=2M_s kTf(E_m) \tag{11.6.23}$$

式中，M_s 为饱和磁化强度，$f(E_m)$ 为势垒 E_m 时分布函数的值。式 (11.6.23) 说明，磁黏滞性系数 S 与温度 T 成正比，即不会出现平台；只有当 $f(E_m)\propto 1/E_m$时，才使 S 与 T 无关。(由式 (11.6.19) 可得 $E_m\propto kT$)，或可能出现平台。

现在转而考虑势垒分布和开关场分布的情况。

设在单畴颗粒集合体的情况下，其势垒分布直接与粒子的尺寸分布一致。在同一外磁场 H 的作用下，粒子的磁矩能否改变方向则与开关场（使粒子磁矩改变方向的磁场）的分布有关。通过计算得出

$$S=(M_{eq}-M_s)HT^{1/\alpha}[\ln(t/\tau_0)]^{1/\alpha-1}p[HT\ln(t/\tau_0)] \tag{11.6.24}$$

式中，M_{eq}为平衡时的磁化强度，H 为外磁场，α 为数字，$p(HT\ln(t/\tau_0)$ 为

H 和 $T\ln(t/\tau_0)$ 的函数。由式（11.6.24）可见，磁黏滞性系数 S 与温度 T 的关系很复杂，至少在低温下，S 与 T 的关系是非线性的，而且 $\mathrm{d}S/\mathrm{d}T$ 在绝对零度时却有奇点（$\alpha>0$），这是否意味着，即使是热激活机制，在绝对零度时，S 也不为零。

通过以上的讨论，提醒我们，对磁黏滞性系数 S 与温度 T 的线段上，出现平台作何解释，必须十分小心。

3）非晶态多层磁性薄膜中的磁黏滞性[23]

由于非晶态磁性膜中，原子排列是无序的，因此相邻原子之间的交换积分不是常数而是有一分布。假定每一自旋 $\boldsymbol{S}_i$ 都冻结在其位能极小处，并由局域平均值 $\boldsymbol{S}_i^0$ 和偏离平均值的变化 $\delta\boldsymbol{S}_i$ 组成，即

$$\boldsymbol{S}_i=\boldsymbol{S}_i^0+\delta\boldsymbol{S}_i \tag{11.6.25}$$

将整个样品（宏观自旋系统）的原子之间的交换作用，用下述哈密顿量 H 来描述

$$H=-\frac{1}{2}\sum_{i,j}J_{ij}\boldsymbol{S}_i\cdot\boldsymbol{S}_j \tag{11.6.26}$$

式中，J_{ij} 为 i、j 原子的交换积分，它不是常数而是有一分布，$\boldsymbol{S}_i$，$\boldsymbol{S}_j$ 分别为 i，j 原子的自旋。

通过较复杂的计算，可得出两种类型的磁黏滞性系数，一种是由局域弛豫磁场 H，引起的磁黏滞性系数 S_0；另一种是由热激活引起的磁黏滞性系数 S_1。它们的表达式分别为

$$S_0=\frac{\mathrm{d}\langle\delta S\rangle}{\mathrm{d}\langle\ln t\rangle}\begin{cases}=Hg(\bar{\gamma})\eta, kT\gg c/\eta\\<\dfrac{Hg(\bar{\gamma})c^2}{\eta kT},\quad kT\ll c/\eta\end{cases} \tag{11.6.27}$$

$$S_1=\frac{\mathrm{d}\langle\delta S\rangle}{\mathrm{d}(\ln t)}\begin{cases}=\lambda g(\bar{\gamma})\eta kT,\quad kT\gg c/\eta\\<\lambda g(\bar{\gamma})c^2/\eta,\quad kT\ll c/\eta\end{cases} \tag{11.6.28}$$

式中，$\langle\delta S\rangle$ 为 $\delta\boldsymbol{S}_i$ 对 i 求和后的平均值，它是时间 t 的函数。$g(\bar{\gamma})$ 为与阻尼系数相当的 $\bar{\gamma}$ 的函数，η 为摩擦系数，c 为与温度无关的常数，λ 为拉格朗日（Lagrange）乘子。

由式（11.6.27）可见，由局域弛豫场 H 引起的磁黏滞性函数 S_0，在高温时与温度 T 无关，在低温时与温度 T 成反比。与 S_0 相反，由热激活引起的磁黏滞性系数 S_1，却在高温时与温度成正比，在低温时与温度无关，这从式（11.6.28）中可见到的。以上情况说明，非晶态薄膜的磁黏滞性情况更为复杂。

11.6.3 目前的理论无法说明的特例

特例 1 交界温度 T_Q 的值很高，达到 20K。

按现有的磁性宏观量子理论的估计（见 12.2.3 节），交界温度 T_Q 的值应在 0.1～10K，但在 Tb/Mo 多层膜中，根据磁黏滞性系数 S 与温度 T 的关系曲线，却得出 $T_Q \approx 20\text{K}$[24]，见图 11.6.7，这是从实验上得出的最高值，无法用理论说明。

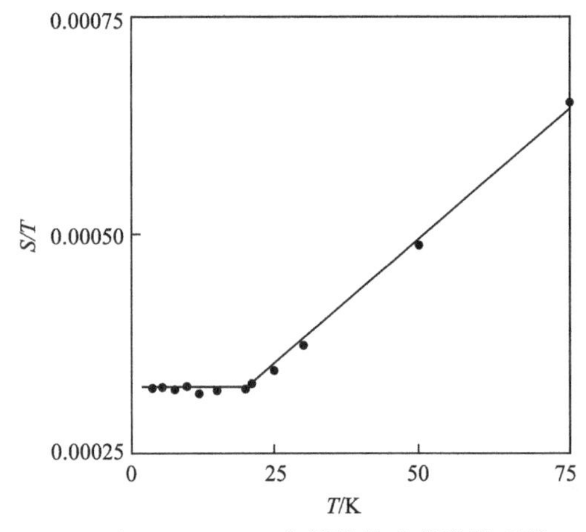

图 11.6.7 Tb（77nm）/Mo（18nm）多层膜的磁黏滞性系数 S 与温度 T 的关系

特例 2 磁黏滞性系数 S 与温度 T 的关系出现极大。

测量水合氧化铁 FeOOH 纳米颗粒的磁黏滞系数 S 随温度 T 的变化，如图 11.6.8 所示[25]。由图 11.6.8 可见，$T<7\text{K}$ 时出现平台，但当温度升高时，S 开始随 T 增大，至 $T\approx 47\text{K}$ 处出现极大，然盾随温度升高，S 又急剧下降至很小值。由于水合氧化铁 FeOOH 具有 α—、β—、γ—和 δ—四种同质异构体，它们具有各自的晶格参数和磁性（见表 11.3），因此，图 11.6.8 的结果是否与水合氧化铁的四种同质异构体有关，值得研究。

表 11.3 水合氧化铁 FeOOH 的四种同质异构体 α—、β—、γ—、δ—的特性

水合氧化铁	晶格参数/A	磁性
α—FeOOH	正交晶系，a=4.64 b=10.00，c=3.03	反铁磁性 T_N=293K
β—FeOOH	四角晶系，a=10.48 b=3.023	反铁磁性 T_N=295K
γ—FeOOH	正交晶系，a=3.877 b=10.00，c=3.03	反铁磁性 T_N=93K
δ—FeOOH	六角晶系，a=2.95 c=4.5	亚铁磁性 T_c=450K σ（20℃）=20～40$\text{Am}^2\text{kg}^{-1}$

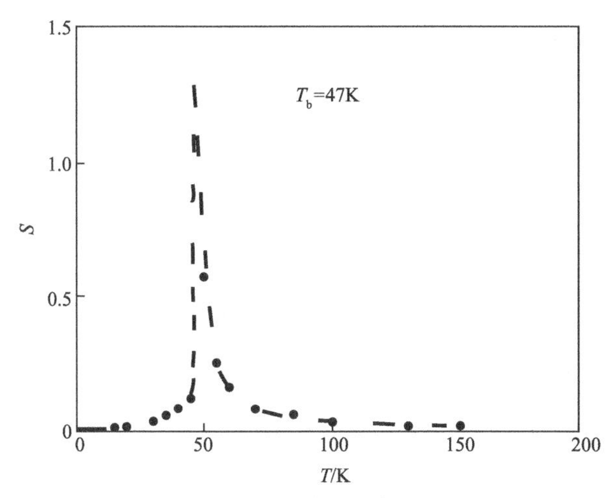

图 11.6.8　FeOOH 纳米颗粒的 S 随 T 的变化

11.6.4　磁黏滞性机理的简要说明

在 11.2 节讨论动态磁化过程的损耗时，曾经提到磁黏滞性（磁后效）是引起剩余损耗的主要原因。而且磁黏滞性的来源又是由于原子扩散（李希特后效）和热激活（也叫热涨落、热起伏）（约旦后效）。

原子扩散指的是杂质原子，在晶格间隙中的改换位置，如羰基铁中碳和氮原子，在 α—铁的体心立方晶格间隙中的迁移；或者离子间价电子的迁移，导致离子的扩散，如软磁铁氧体中，二价铁离子 Fe^{2+} 与三价铁离子 Fe^{3+} 之间的转换 $Fe^{3+} \rightleftharpoons Fe^{2+}$；再者晶格中的空位（空穴）、原子中的最外壳层的电子的迁移，都可看成是“原子”扩散。

“原子”扩散的后果或者是引起了磁感生各向异性的变化，或者是引起了磁致伸缩，或者是原子磁矩的变化等。这些变化都要导致磁性的变化。由于“原子”扩散是从一个平衡态到另一平衡态的过程，需要一定时间（用弛豫时间描述），所以便出现了磁黏滞性。

热激活引起的磁黏滞性是所有铁磁材料中都存在的。铁磁物质中的磁性单元（如畴壁、磁矩、自旋等）停在能垒极小的亚稳态处［（图 11.6.6）能量分布曲线右端极小处］由于热激活（热涨落、热起伏）磁性单元越过势垒到达邻近的极小点（图 11.6.6 中左端极小处），从而引起磁性的变化（畴壁移动、磁矩改变方向）。上述的变化过程是需要时间的（用弛豫时间来衡量），所以出现了磁黏滞性。

上述两类磁黏滞性的机理如何区分？一是看 $M(t)$ 的曲线形状和时间 t 的取值范围，二是看磁黏滞性系数 S 随温度 T 和磁场频率 f 的变化、激活能的数量级等。此外还需有其他实验方面的旁证。在同一铁磁物质内，出现两类磁黏滞性也是可能的，但在同一时间范围、同一温度、同一频率下只能以一类为主。

11.7 磁导率的减落

磁性材料（主要是软磁材料）的磁导率 μ 随着时间 t 的增加而减小，但经过重新磁中性化后，磁导率又恢复至原来的数值，即这种现象是可逆的。显然，磁导率随时间的下降是不利于磁性器件正常工作的。为了定量地描述这种现象，定义三个参数，即磁导率的减落、磁导率的减落系数、磁导率的减落因数，作为材料性能的标志之一。

根据中华人民共和国国家计量检定规程中，磁学计量常用名词术语及定义，上述三个参数的定义如下：

(1) 磁导率的减落 D（disaccommodation）。恒定温度下，磁正常状态化后，给定时间间隔内测得的磁性材料磁导率的相对减小。

$$D=\frac{\mu_1-\mu_2}{\mu_1} \tag{11.7.1}$$

式中，μ_1 和 μ_2 分别为给定时间间隔的起点 t_1 和终点 t_2 的相对磁导率。

(2) 磁导率的减落系数 d（disaccommodation coefficient）。磁正常状态化后的减落除以从磁正常状态化截止到第一次和第二次测量时的两时间间隔之比的对数（以 10 为底），即

$$d=\frac{D}{\lg\left(\frac{t_2}{t_1}\right)} \tag{11.7.2}$$

(3) 磁导率的减落因数 D_f（disaccommodation factor）。减落系数除以第一次测得的相对磁导率，即

$$D_f=\frac{d}{\mu_1} \tag{11.7.3}$$

在实际操作中，磁导率常选定为起始磁导率，时间间隔采取磁正常状态化后的 $t_1=1\text{min}$，$t_2=10\text{min}$。这里的磁正常状态化，即磁中性化（俗称为很好的交流退磁）。目前对软磁铁氧体产品的要求是 $D_f<30\times10^{-6}$。

磁导率减落的机理与磁黏滞性的机理是一样的，或者说由于磁黏滞性在磁导率中的表现，便出现了磁导率的减落。但是由于减落和磁黏滞性测量程序的不同，以及测量时间范围的不同，导致它们的数值和随某种因素（如温度）变化的规律也不同。下面讨论了几个实验事实，进一步说明了这一论断。

图 11.7.1 为 MnZn 铁氧体$(MnO)_{0.235}(ZnO)_{0.225}(Fe_2O_3)_{0.54}$的起始磁导率 μ_i，在 0℃和－60℃时随时间 t 的变化[26]。从－60℃的曲线上看，1d 以下的起始磁导率随时间的变化不大；从 0℃的曲线上看，1d 以上至外推到 100a $\mu_i(t)$ 的变化也

不大。

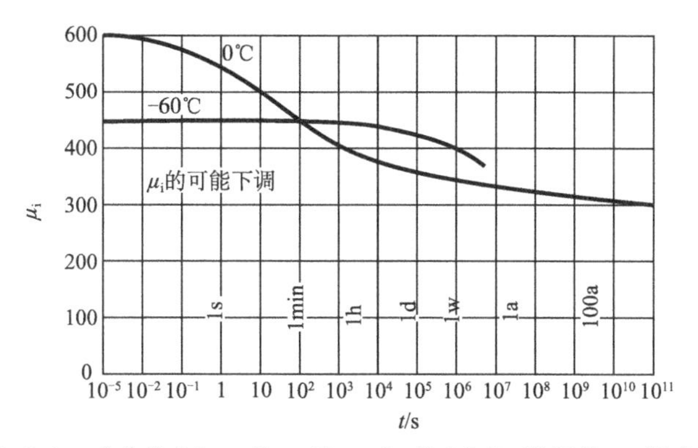

图 11.7.1 成分为 $Mn_{0.46}Zn_{0.45}Fe_{2.08}O_4$ 的 MnZn 铁氧体 μ_i 的减落[26]

图 11.7.2 为 Mn 铁氧体（$Mn_{0.2}Fe_{2.2}O_4$）的磁导率减落系数 d 和感生各向异性常数 K_u 随温度 T 的变化[27]。由图中可见，减落系数随温度的变化中（图 11.7.2 (a)），出现明显的三个峰，它们分别位于 380℃、100℃和 0℃上。从峰的位置或曲线陡峭下降的位置上，可确定引起减落的扩散过程的激活能，它们分别是 2eV、leV 和 0.8eV，这些数值比电子扩散的激活能大约 10 倍。另外，减落系数的极大值对应的温度与感生各向异性陡峭下降的温度有关（图 11.7.2 (b)）。目前比较普遍的看法，是认为三个峰都是由二价铁离子 Fe^{2+} 的扩散引起的。Fe^{2+} 的扩散造成离子的方向有序，导致感生各向异性的增大，使畴壁位移和磁矩转向困难，从而使减落增大。

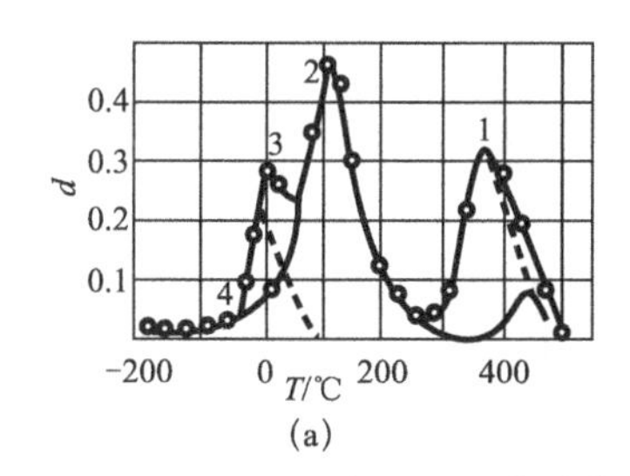

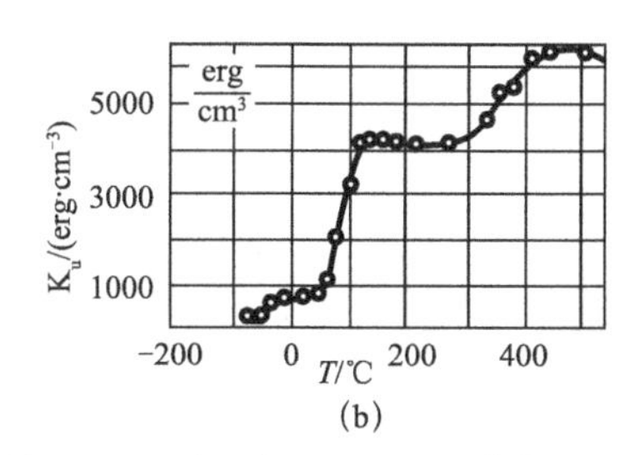

图 11.7.2 $Mn_{0.2}Fe_{2.2}O_4$ 中的磁导率减落系数 (a) 和感生各向异性 (b)[27] 随温度的变化

铁氧体的减落主要受阳离子和空穴的控制，后者是随组分和工艺变化的，为了减小铁氧体的减落，通常在 Fe_2O_3 的含量中加掺杂和烧结气氛上加以控制，但是因为还要照顾到损耗和磁导率的温度系数，所以不能单纯地追求减落的降低。图 11.7.3 为 MnZn 铁氧体的比损耗因数 $\tan\delta/\mu_i$ 与减落因数 D_f 的关系，由图上可见它们是相互矛盾的。图 11.7.4 和图 11.7.5 是加掺杂 CaO、SiO_2、ZrO 和 TiO_2 对 MnZn 铁氧体减落和减落因数的影响。

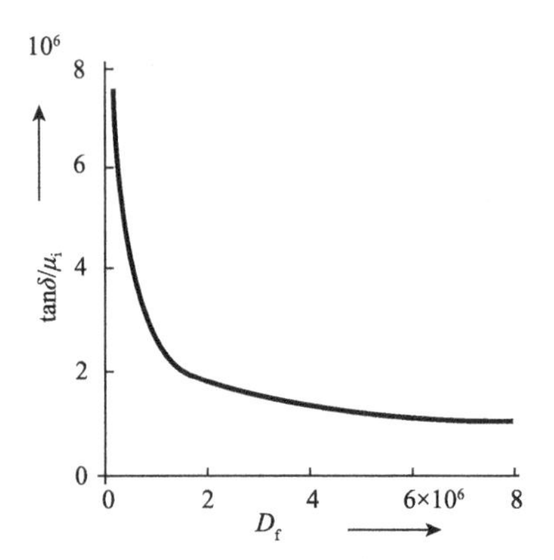

图 11.7.3 锰锌铁氧体的比损耗因数 $\tan\delta/\mu_i$ 与减落因数 D_f 之间的矛盾情况，$f=100$kHz

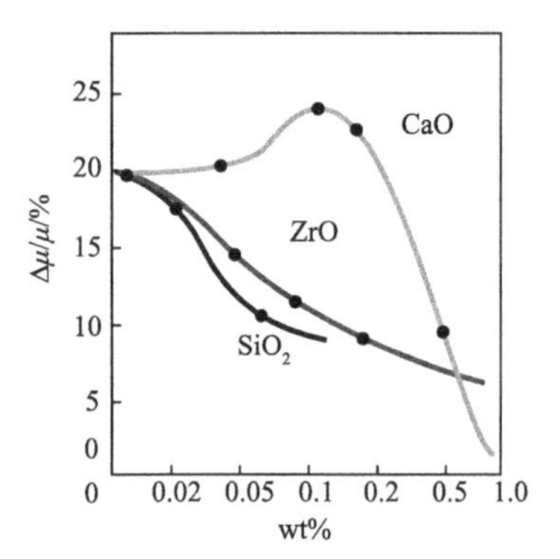

图 11.7.4 CaO、ZnO、SiO_2 的添加对 MnZn 铁氧体减落的影响

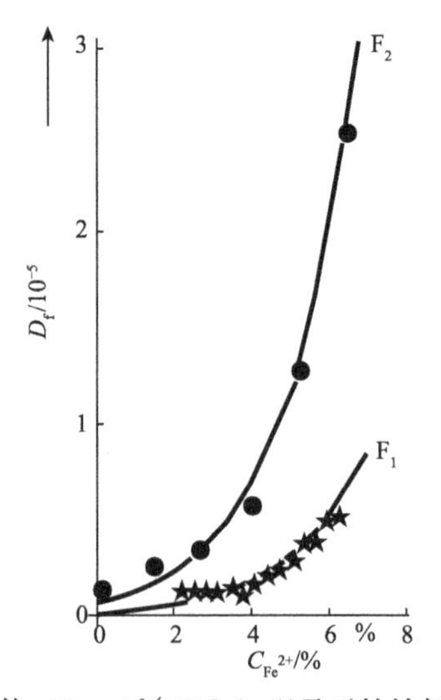

图 11.7.5 掺钛铁氧体（F_1，1% TiO_2）以及无钛铁氧体（F_2）的减落因数 D_f 与 Fe^{2+} 含量 $C_{Fe^{2+}}$ 的关系（由成品组分算出）

最后，需要指出的是，虽然铁氧体在含氧气氛中不是处于化学稳定状态，但在室温下确实也看不出它的化学变化，磁导率的改变多数来自内应力的变化，为此需用适当的工艺，使该效应不出现。另外，对磁导率减落三个参数的测定，只可作为产品性能的标志之一，不能作为电感器件长期寿命下电感量变化的估计。

11.8　磁有序与其他物性的耦合现象

磁有序物质在外磁场下表现的磁特性是磁性材料应用的基础，又称为磁性材料的一级效应。但是，由于磁有序的存在将影响其他物理性质，使力、热、光、电等特性与非磁有序物质不同，为了突出磁有序与这些特性的耦合，常把这些二级效应分别称为磁弹效应、磁热效应、磁光效应、磁电效应等。

对这些效应的研究不但可以了解效应的本质和加深对磁有序的理解，而且效应本身就有许多特殊应用。本节概述这些效应的特点及可能的应用。

11.8.1　磁热效应

广义地说磁场与热量的关系称为磁热效应，在磁有序的物质中，磁场既包括外磁场也包括交换作用的等效磁场，因此与磁有序有关的热效应主要有比热反常和磁卡效应。

1. 比热反常

磁有序物质，由于交换作用引起的自发磁化，使每单位体积的内能增加，从而导致磁有序物质的比热在居里点或奈尔点附近反常地增大，故称为比热反常，图 11.8.1 为金属 Ni（铁磁性）的比热和 $ErGa_2$（反铁磁性）的比热随温度的变化。由图可见，两者分别在居里点 T_C 和奈尔点 T_N 附近出现反常的极大。

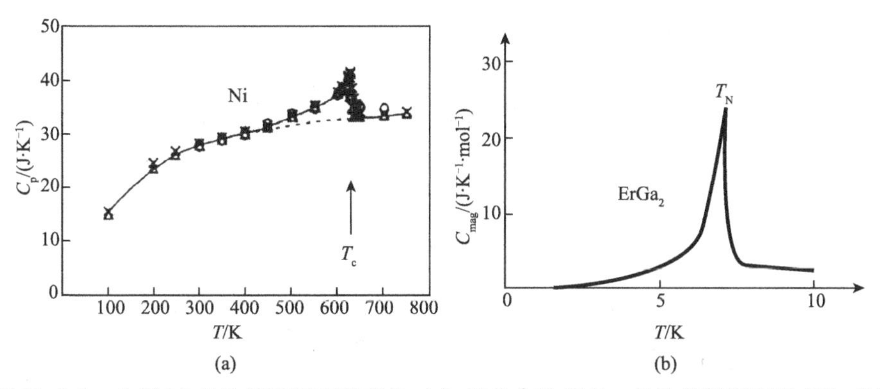

图 11.8.1　金属 Ni 的比热随温度的变化（a）和化合物 $ErGa_2$ 的比热随温度的变化（b）

根据交换作用产生自发磁化的概念，可计算比热随温度的变化。设磁有序物质由于自发磁化所引起的每单位体积的内能 U_m 为

$$U_m = -\int_0^M \mu_0 H_m \mathrm{d}M \tag{11.8.1}$$

式中，H_m 为代表交换作用的分子场，$H_m=\lambda M$，λ 为分子场系数，M 为自发磁化强度，由式（11.8.1）可见，这一内能就是交换作用能量。考虑上述关系后式（11.8.1）变为

$$U_m=-\int_0^M \mu_0\lambda M\mathrm{d}M=-\frac{1}{2}\mu_0\lambda M^2 \tag{11.8.2}$$

由于自发磁化所引起的对比热的贡献为

$$\begin{aligned} C_m&=\frac{\mathrm{d}U_m}{\mathrm{d}T}=-\frac{1}{2}\mu_0\lambda\frac{\mathrm{d}}{\mathrm{d}T}\left[M^2(T)\right] \\ &=-\frac{1}{2}\mu_0\lambda\frac{M^2(0)}{T_C}\frac{\mathrm{d}}{\mathrm{d}(T/T_C)}\left[\frac{M\ (T)}{M\ (0)}\right]^2 \end{aligned} \tag{11.8.3}$$

式中，M（0）为 0K 的自发磁化强度，T_C 为居里点。此式即为比热随温度的变化。欲对式（11.8.3）进一步计算，还需了解自发磁化强度随温度变化的表达式，并在居里点附近进行简化。在分子场模型的范畴内得出

$$[M(T)/M(0)]^2=\frac{10}{3}\frac{(J+1)^2}{J^2+(J+1)^2}\left(\frac{T_C}{T}-1\right) \tag{11.8.4}$$

故居里点处的比热反常 ΔC_m 为

$$\Delta C_m=\frac{5J(J+1)}{J^2+(J+1)^2}nk \tag{11.8.4'}$$

式中，J 为总角动量量子数，n 为单位体积的原子数，k 为玻尔兹曼常量。由式（11.8.4）可见居里点处的比热达到最大，高于居里点便为零，但实验结果与理论预计不完全一样（图 11.8.1）。

2. 磁卡效应

顺磁或序磁物质，在磁矩有序化时出现的可逆发热现象称为磁卡效应。这一效应可看成是比热反常的逆效应，因为比热反常是磁矩无序化过程中出现的现象。

若在绝热的条件下，使物体磁化，则物体的温度升高；同理，在绝热的条件下，使物体退磁，则物体的温度下降。这是在绝热条件下，磁卡效应用于致冷的原理。磁卡效应产生的原因是：磁矩在有序化的过程中（外磁场和分子场都可使磁矩有序化），能量增大，由于绝热的原因，这一部分增加的能量被原子的更大无序所补偿，即相当于温度的增加。

根据热力学第一、第二定律，可导出磁卡效应的定量关系式：

$$\Delta T=-\frac{T}{C_H}\left(\frac{\partial M}{\partial T}\right)_H\Delta H,C_H=\left(\frac{\partial U_m}{\partial T}\right)_H \tag{11.8.5}$$

式中，C_H 为磁场不变时的比热。由式（11.8.5）可得出三点结论：

（1）由于随温度的升高磁化强度总是减小的，即 $(\partial M/\partial T)_H$ 总是负值，故绝热磁化时（ΔH 为正），温度升高（ΔT 为正）；绝热退磁时（ΔH 为负）温度下降（ΔT 为负）。

（2）当外磁场很强时，磁化强度 M 已变为饱和磁化强度 M_s，即 $\left(\frac{\partial M}{\partial T}\right)_{H_s}=\left(\frac{\partial M_s}{\partial T}\right)_{H_s}$。而 $\left(\frac{\partial M_s}{\partial T}\right)_{H_s}$ 在居里点附近变化最大，说明此时的磁卡效应最大，用于

升温或致冷的效果最佳。这就是为什么居里点在室温附近的物质，常作为磁性致冷冰箱、空调等家用电器研制的首选对象的原因。

（3）C_H 和 $\left(\dfrac{\partial M}{\partial T}\right)_H$ 随 H 的变化不大，故当 T 一定时，ΔT 与 ΔH 成一条直线。

以上三点均为实验证实。

若选温度 T 和磁化强度 M 为独立交数，则与式（11.8.5）相似可得磁卡效应的另一表达式：

$$\Delta T=\frac{T}{C_M}\left(\frac{\partial H}{\partial T}\right)_M \Delta M,\ C_M=\left(\frac{\partial U_{\mathrm{m}}}{\partial T}\right)_M \tag{11.8.6}$$

式中，C_M 为磁化强度不变时的比热，利用分子场理论，可将式（11.8.6）化简为

$$\Delta T=\frac{\lambda}{2C_M}\left[M^2(T)-M_0^2(T)\right] \tag{11.8.7}$$

式中，$M^2(T)$为加上磁场后的磁化强度的平方，$M_0^2(T)$为没有磁场时的磁化强度的平方，也即自发磁化强度的平方。因此研究 ΔT 与 $M^2(T)$的关系时，按式（11.8.7）的表述，应成一直线，此直线与 $M^2(T)$轴的交点即为自发磁化强度的平方 M_0^2。这是从磁卡效应的研究中，得到自发磁化强度 M_0 的方法。

图 11.8.2 为 Fe 的磁卡效应，由图可见在居里点附近磁卡效应最大，而且 ΔT 与 ΔH 成直线关系。图 11.8.3 为 Ni 的磁卡效应，显示 ΔT 与 $M^2(T)$的关系，从图中可外推出自发磁化强度 M_0。由于磁热效应在居里点附近才最大，而引起的温度变化不过 1～2℃，故此效应对技术磁性的影响可忽略。

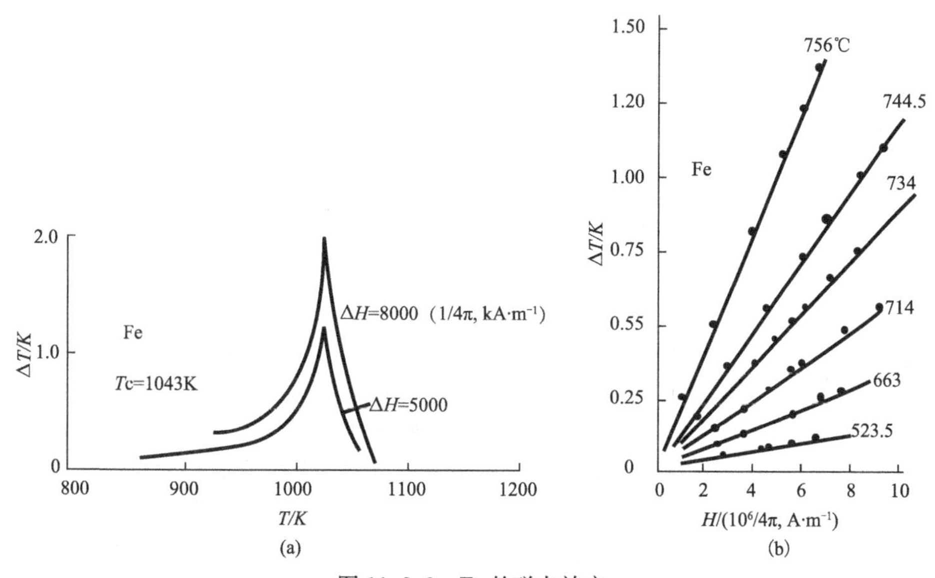

图 11.8.2　Fe 的磁卡效应

(a) ΔT 随温度的变化；(b) ΔT 随磁场的变化

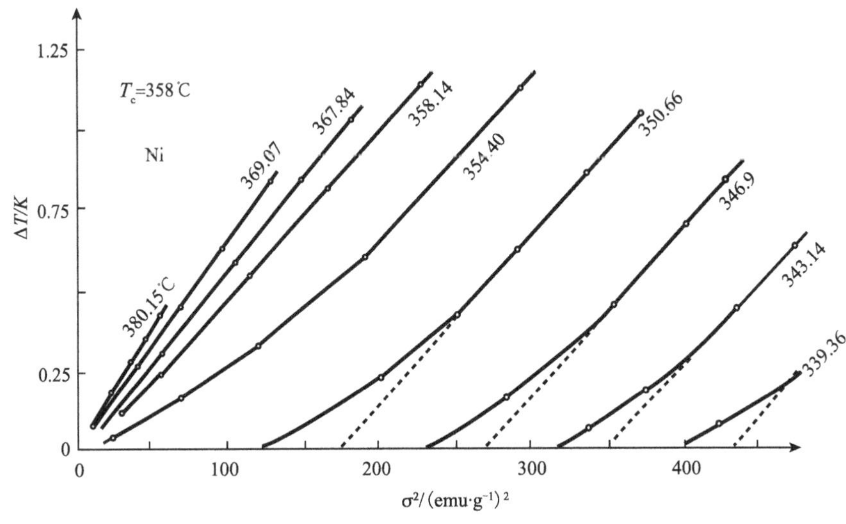

图 11.8.3 Ni 的磁卡效应，ΔT 与 $M^2(T)$的关系

3. 磁热效应的应用

人们早已应用顺磁性物质的绝热退磁来获得极低温度（<1K）。目前的研究热点是室温附近的磁性致冷，用以代替含有氟里昂的家用电冰箱和空调器等。所用的磁性物质有金属钆（$T_C=293.4$K）和 $Gd_5(Si_{1-x}Ge_x)_4$ 型合金（$x\leqslant 0.5$）[29]，调整其成分配比，可在 30～290K 的宽温范围内致冷。另外，纳米结构的材料，将其制成超顺磁性的分子团磁性液体，作为致冷工质，似乎也是这一应用的最佳选择。

11.8.2 磁弹效应

磁弹效应指的是磁性与弹性的耦合效应，由于磁性材料的磁化强度方向和大小的变化要改变材料内的原子间距，所以出现了磁弹效应。磁弹效应的主要表现有：热膨胀反常、弹性常数的反常、磁致伸缩等。

1. 热膨胀反常

图 11.8.4 为镍的晶格常数 a 随温度变化的示意图。当温度高于 T_C（631K）时，a 随温度的变化是正常的，如果镍不是铁磁性的话，则温度降至 0K 时，a 的值外推至 a^*；现在由于镍是铁磁性的原子磁矩平行排列，故晶格常数在 0K 时变为 a_0，$(a_0-a^*)/a^*=-4\times10^{-4}$，即晶格常数收缩了万分之四。随着温度升至居里点附近，晶格常数增加很快，出现了反常的热膨胀，它是由交换作用产生自发磁化引起的，故又称为交换磁致伸缩。图 11.8.5 为 $GdAl_2$ 的热膨胀，在居里温度以下也观察到晶格常数的收缩。

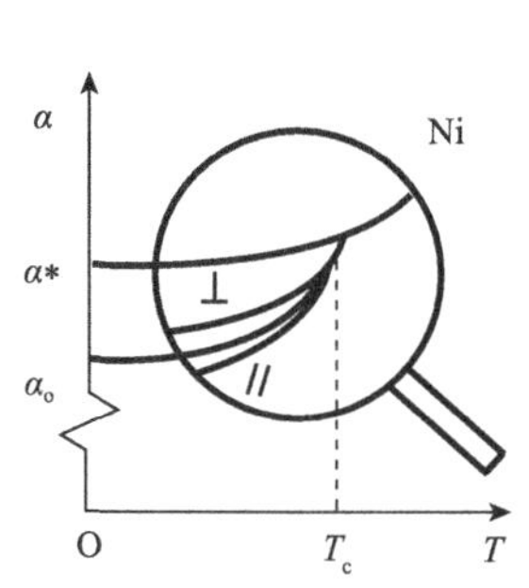

图11.8.4 Ni的晶格常数随温度变化的示意图[30]

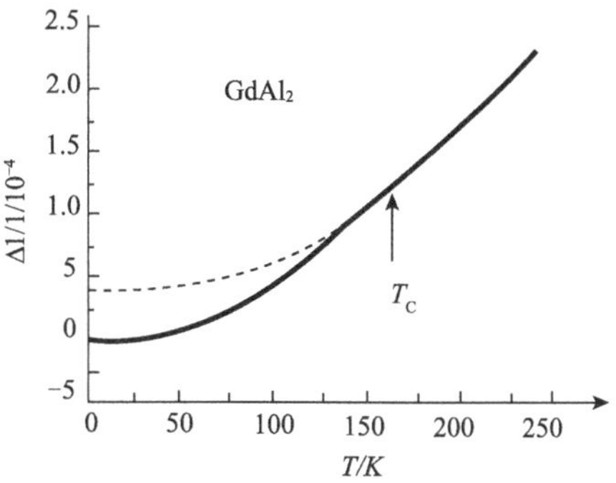

图 11.8.5 $GdAl_2$ 化合物的热膨胀，虚线表示非磁性物质[31]

2. 弹性常数的反常

交换作用对弹性系数随温度的变化也有影响，它在居里温度出现反常，这是因为居里温度以下出现了自发磁化。使弹性系数包含了磁的贡献。当这一贡献为负时，它随温度的变化便与弹性系数韵正常温度变化相补偿，结果在很宽的温度范围内使弹性系数与温度无关。显然，具有这一特性的材料可用于精密钟表的制造，图 11.8.6 是 GdZn 的弹性系数 C_{44} 随温度的变化，由图可见在居里点（T_C＝270K）处曲线出现转折，居里点以下 C_{44} 出现正的反常。

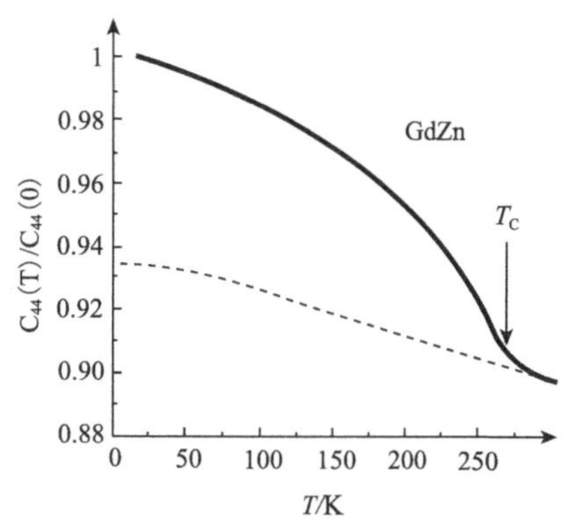

图 11.8.6 GdZn 的弹性系数 C_{44} 随温度的变化，虚线为非磁性物质的变化[32]

3. 磁致伸缩

在外磁场的作用下，强磁物质线度的变化称为磁致伸缩。此现象在 1842 年由焦耳发现，故又称焦耳效应或线性磁致伸缩。

图 11.8.4 上还画了镍金属沿磁场方向（用//表示）和垂直于磁场方向（用⊥表示）测量的晶格常数随温度的变化。由图可见，在居里点以下，沿磁场方向测量的晶格常数是收缩的（300K 时的饱和值为-36×10^{-6}），垂直于磁场测量的晶格常数是膨胀的（300K 时的饱和值为$+18\times10^{-6}$），因此磁致伸缩与测量方向有关，一般情况下是各向异性的，详情见 7.4.2 节。

若在强磁材料的棒或直线上加一旋转磁场，则这些样品会发生扭转，这是磁致伸缩的另一种表现，称为维德曼效应。

磁致伸缩对材料的技术磁性特别是对软磁材料的磁特性影响很大，详情可参见技术磁性理论的相关章节。

11.8.3 磁光效应

光线通过材料或被其反射时，材料的磁化强度直接对光线的影响所产生的现象称为磁光效应。在铁磁和亚铁磁材料中，自发磁化强度不为零，其磁光效应比较特殊，用途很大。很显然磁光效应的定义可扩大到可见光以外的电磁波，包括紫外线、微波，如果再延伸到X射线，则磁化强度需用微观尺度（原子磁矩）来衡量。

磁光效应包括光线透过材料（透射）时的法拉第效应、双折射效应（科顿一莫顿效应）、磁圆偏振、磁线偏振二向色性和光线从材料上反射的克尔效应，以及非线性的磁光效应和在X射线区的磁衍射和磁二向色性等。下面简述法拉第效应和克尔效应。

1. 法拉第效应

光线透过磁化的样品时。偏振面发生旋转的效应称为磁光法拉第效应。当一束线偏振光，沿样品的Z方向透射传播，而且磁感应强度 $\boldsymbol{B}$ 也与 Z 平行，则透过样品的那束光的偏振面将旋转一个角度 θ_{f}（图 11.8.7E_0 偏转为 E_1）

$$\theta_{\mathrm{f}} = k_{\nu}Bd \tag{11.8.8}$$

式中，k_{ν} 为比例系数，d 为材料内光程的长度。

若 $\boldsymbol{B}$ 的方向反向，而光的传播方向不变，则旋转转角的数量不变，但却向另一方向旋转［$\boldsymbol{B}$ 的方向不变，光传播的方向反向（图 11.8.8）与此结果相同］，即当观察者面对光传播方向时，由 E_0 至 E_1 是逆时针方向，由 E_1 至 E_2 是顺时针方向。若 $\boldsymbol{B}$ 的方向与光传播的方向垂直，则不出现此效应。稀土石榴石薄片是透明的，在室温（300K）和光波波长为 1.06μm 时，其 $\theta_{\mathrm{f}}=12^{\circ}\mathrm{cm}^{-1}$。

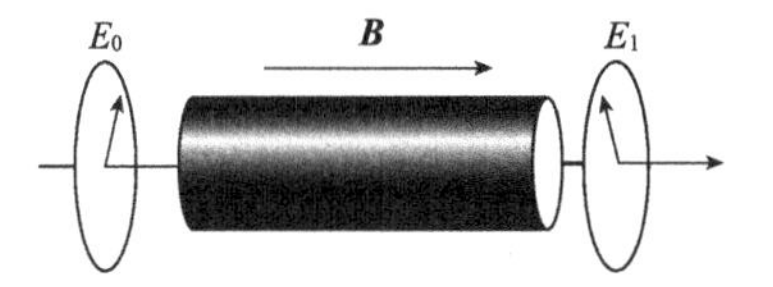

图 11.8.7 法拉第效应的几何关系图

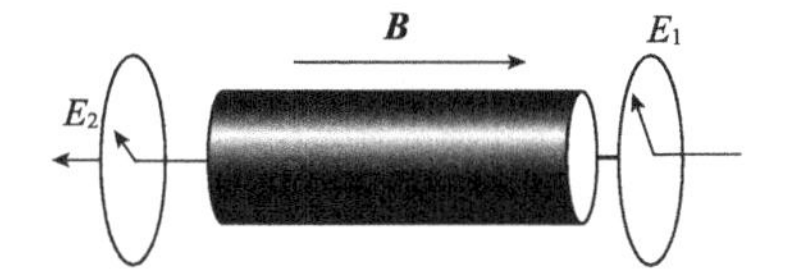

图 11.8.8 法拉第效应的非互易性

2. 克尔效应

光线从磁化样品的表面上反射时，偏振面发生旋转的效应称为磁光克尔效应。它包含三种几何形态：极向克尔效应、纵向克尔效应和横向克尔效应。

1）极向克尔效应

一束线偏振光垂直入射到垂直磁化的表面上，反射后偏振面发生旋转的效应称为极向克尔效应（图 11.8.9（a））。旋转的角度 θ_k 小于 1°；磁化方向反转，旋转的方向也相反。铁磁过渡金属在 300K 和光波波长 633nm 时的旋转角分别为：

−0.30°(Co)，−0.41°(Fe)，−0.13°(Ni)。半金属的 PtMnSb 在室温和波长 750nm 时的 $\theta_k=-1.2°$，而用于磁光盘的 TbFeCo 合金，在室温和波长 600nm 下，θ_k 只有−0.17°，GdFeCo 合金则为−0.25°。

2）纵向克尔效应

一束线偏振光斜入射到平行磁化的表面上，反射后偏振面发生旋转，当磁化强度与入射面平行时发生的旋转效应称为纵向克尔效应（图 11.8.9（b））。旋转角通常小于 1°，具体值与波长、温度和入射角有关。

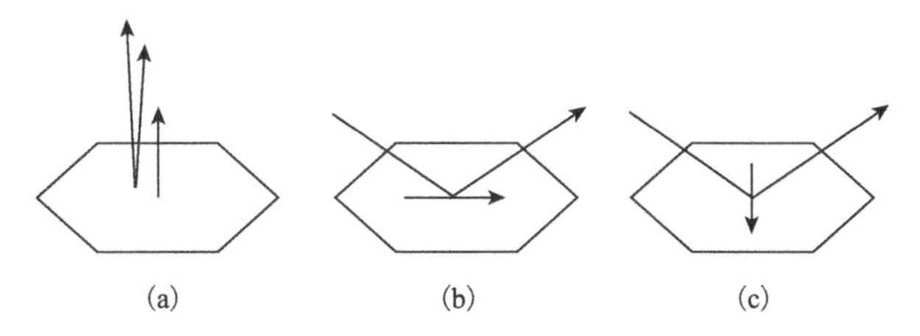

图 11.8.9　磁光克尔效应的三种几何形态

（a）极向克尔效应；（b）纵向克尔效应；（c）横向克尔效应

3）横向克尔效应

磁化强度与入射面垂直，其余条件与纵向克尔效应相同的偏振面旋转的效应称为横向克尔效应（图 11.8.9（c））。

3. 磁光效应的应用

磁光效应的应用相当广泛，这里只是扼要提及。磁光效应作为一种方法可在物理学的研究中使用，特别是在磁性材料的研究中使用。例如，利用磁光效应可以测量磁滞迴线、磁畴成像、磁场分布、相变时的磁化强度变化等。磁光效应在器件上的应用有光隔离器、磁场探头、非破坏性检测和磁光记录等。

11.8.4　磁电效应

磁场或磁化强度对物质电学输运特性的影响产生的现象称为磁电效应。磁电效应有磁电阻效应、霍尔效应、量子霍尔效应和巨磁电阻效应等，下面简述除量子霍尔效应外的其他效应。

1. 磁电阻效应

外磁场或材料内的磁感应强度，使材料电阻发生变化的现象称为磁电阻效应，常以磁场作用下，电阻率的相对变化来表征磁电阻 MR：

$$MR=\frac{\zeta(H)-\zeta_0}{\zeta_0}=\frac{\Delta\zeta}{\zeta_0} \tag{11.8.9}$$

式中，$\zeta(H)$和 ζ_0 分别为加上磁场 H 和未加磁场的电阻率。

强磁材料的磁电阻由两部分组成，一部分是磁场直接引起的（由于洛伦兹力改变了电子的轨迹），另一部分是磁化状态的变化引起的，详情参见下节。

2. 霍尔效应

当样品中的电流 i 和外磁场 H 相互垂直时，在与 i 和 H 都垂直的方向上将产生电位差（霍尔电压），此现象称为霍尔效应。如图 11.8.10 所示，样品为长方形，厚度为 d，沿长边方向（X 方向）通一电流 i，磁场 H 加在 Z 方向与电流 i 垂直，那么在样品的两侧（$\pm Y$ 方向）将出现电位差，即霍尔电压 V_H。

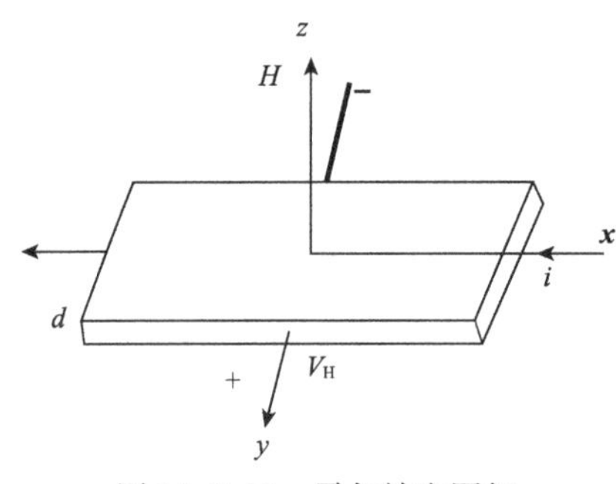

图 11.8.10 霍尔效应图解

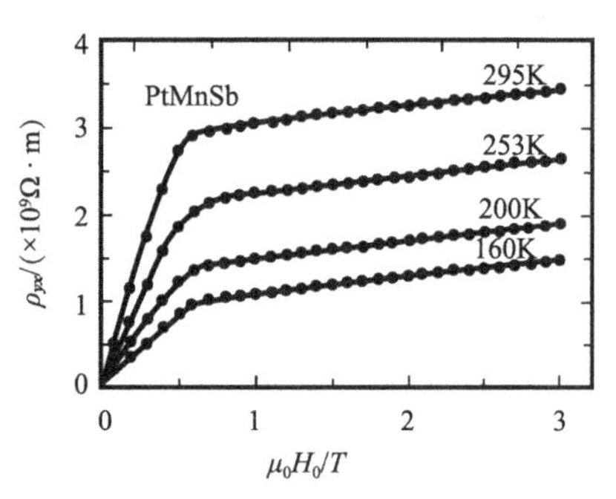

图 11.8.11 PtMnSb 的霍尔电阻率在一定温度下随磁场的变化[33]

磁性材料的霍尔效应，包括两方面的贡献：正常的贡献直接与作用在样品上的磁场有关，但此时的磁场需换为磁感应强度 $\boldsymbol{B}=\mu_0(\boldsymbol{H}+\boldsymbol{M})$；反常的贡献来自电流负载者与磁矩负载者之间的耦合。若考虑样品内的退磁场 $\boldsymbol{H}_d=-N_d\boldsymbol{M}$ 的影响（N_d 为退磁因子，$\boldsymbol{M}$ 为磁化强度），则薄片的霍尔电阻率 ζ_H（定义为 y 方向的电场与 x 方向的电流密度之比）可写为外磁场 H_0 和磁化强度 M 的函数：

$$\begin{aligned}\zeta_H &= R_0B+R_a\mu_0M=R_0\mu_0\left[(H_0-H_d)+M\right]+R_a\mu_0M \\ &= R_0\mu_0H_0+\mu_0\left[R_0(1-N_d)+R_a\right]M \qquad (11.8.10)\end{aligned}$$

式中，R_0 为正常霍尔系数，由载流子（电子或空穴）的浓度和电荷决定；R_a 为反常霍尔系数，与自发磁化强度有关。图 11.8.11 为 PtMnSb 郝斯拉合金的霍尔电阻率在一定温度下随外磁场的变化，其形状与磁化曲线相似。

3. 应用

磁电阻和霍尔效应的应用主要在传感器方面，如测量磁场的高斯计，其原理就是霍尔效应。薄膜形状的霍尔传感器，厚度很小，但给出的信号很大，霍尔电压随磁场的变化虽然不能总是线性，但可以通过附加电阻器将霍尔信号分流而保证其线性。

磁电阻的应用除用于磁场测量外，还用于磁记录上的读出磁头以及在各类运动中对位置、速度、加速度、角度、转速等各方面的传感，由于磁电阻对微弱磁场很敏感，故又可作伪钞识别器。利用巨磁电阻效应制成的各种磁电子学器件，可参看文献［34］。

11.9　强磁金属合金及多层结构中的巨磁电阻

11.9.1　引言

自 1988 年在金属多层薄膜中发现巨磁电阻（giant magnetoresistance，GMR）[36]以来，在物理及材料科学的研究和应用方面均有很大发展。已有若干篇较好的评述性文章，而且也有专著，并且巨磁电阻的发现者彼得·格林贝尔格（Grüberg）和阿尔贝·费尔（Fert）已获 2007 年诺贝尔物理学奖[37−39]，然而对多层膜中磁电阻的各个可能来源进行统一简洁的阐述尚少。

具有巨磁电阻的多层膜是由铁磁（FM）及非铁磁（NM）层组成，传导电子在铁磁及非铁磁层中运动并在界面发生透射、反射和散射。故原则上，多层膜的磁电阻应包括下述一些来源：

（1）非铁磁层的磁电阻。为正常磁电阻（ordinary magnetoresistance，OMR）。

（2）铁磁层的磁电阻。其中至少有三个来源：①与技术磁化相联系的各向异性磁电阻；②与铁磁体磁化超过饱和时的顺行（顺磁）过程相联系的顺行磁电阻；③铁磁体的正常电阻。

（3）铁磁非铁磁多层膜中的新效应。如引起人们极大兴趣的数值大的负巨磁电阻，及后来发现的正值巨磁电阻[40,41]等。

虽然，具有巨磁电阻的多层膜在室温下的磁电阻中正常磁电阻及各向异性磁电阻的贡献很小，常可略去，但一些磁电阻较小的情况则不然，甚至以正常磁电阻[42]或各向异性磁电阻[43]为主。从物理上看，三者都应考虑。本节将对正常磁电阻、各向异性磁电阻及巨磁电阻的原理，巨磁电阻的物理研究作简要论述。

11.9.2　正常磁电阻

正常磁电阻（ordinary magnetoresistance，OMR）是普遍存在于所有金属中的磁场电阻效应，来源于磁场对电子的洛伦兹力。该力导致载流子运动发生偏转或产生螺旋运动，因而使电阻升高。其特点是磁电阻 MR 为

（1）$\mathrm{MR}=\dfrac{\rho_{\mathrm{H}}-\rho_0}{\rho_0}>0$。

（2）各向异性，但 $\rho_{\perp}>\rho_{\parallel}>0$。

（3）磁场不高时，$\mathrm{MR}\sim H^2$

在磁场 H_0 作用下，电子回旋运动频率为 $\omega_{\mathrm{c}}=\dfrac{e}{m^*}\mu_0 H_0$ 若电子散射弛豫时间为 τ，则产生大的 MR 的条件为 $\tau>\dfrac{1}{\omega_{\mathrm{c}}}$ 或 $\omega_{\mathrm{c}}\tau>1$，即 $\dfrac{\sigma_0}{ne}\mu_0 H_0>1$。式中零场电导率

$\sigma_0=\frac{ne^2\tau}{m^*}$。其中 n，e 和 m^* 分别为电子的密度，电荷和有效质量。以 Cu 为例，$n=8.5\times10^{28}\text{m}^{-3}$，$\sigma_0=7.8\times10^7\Omega^{-1}m^{-1}$，$\omega_c\tau=4.7\times10^{-3}\mu_0H_0$。故欲使 $\omega_c\tau>1$，就要求 $\mu_0H_0>200\text{T}$。实验上发现 $\mu_0H_0=30\text{T}$ 时，正常磁电阻～40%。若按 MR～ $(\mu_0H_0)^2$ 估计，在 $\mu_0H_0=10^{-3}\text{T}$（即 10Oe）下，Cu 的 MR 仅为 $4\times10^{-8}\%$，十分微弱。

金属 Bi 有较高的正常磁电阻。Bi 薄膜在 1.2T 下，MR 为 7%～22%[45]，Bi 单晶在低温下 MR 可达 $10^2\%$～$10^3\%$[46]，半导体也有较大正常磁电阻，并已开发成商品化磁电阻传感器，如 InSbNiSb 共晶材料，当 $B_0=0.3\text{T}$ 对，室温 MR～200%[47]。

在居里点以下的铁磁金属中，具有与自发磁化强度 M_s 相应的内场为 μ_0M_s。例如，Fe 的内场高达 2.1T，故铁磁金属的零外场电阻率中包括了内场引起的正常磁电阻。

11.9.3 铁磁金属的电阻率与磁电阻

1. 铁磁金属的电阻率

铁磁金属的电阻率有三种来源：

$$\rho(T)=\rho_{\text{res}}+\rho_{\text{ph}}(T)+\rho_{\text{m}}(T)$$

式中，ρ_{res} 为剩余电阻率，来源于晶体不完整性对电子的散射，相应于 $T=0\text{K}$ 时的电阻率。$\rho_{\text{ph}}(T)$ 为声子（晶格振动）对电子的散射，随温度上升而增大。$\rho_{\text{m}}(\text{T})$ 主要由自旋无序散射或自旋相关散射所致，随温度而变化。此外，ρ_{m} 中还包括了自发磁化所产生的内场，μ_0M_s 引起的正常磁电阻的贡献，及畴壁散射的贡献[50]，其数值不大。

以 Ni 为例，其 $\rho-T$ 曲线的分解图如图 11.9.1 所示。在 $T\gg T_c$ 时，由于自旋已完全无序，ρ_{m} 与温度几无关。但 $T\leqslant T_c$ 时，自旋有序使 ρ_{m} 随温度下降而减小。ρ_{m} 的下降与 M_s 的上升相关联。如图 11.9.2 和图 11.9.3 所示。

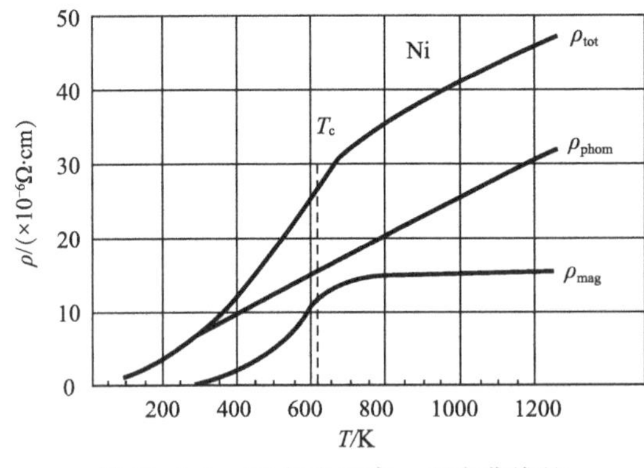

图 11.9.1 Ni 的电阻率—温度曲线的分解图，T_c 为居里点

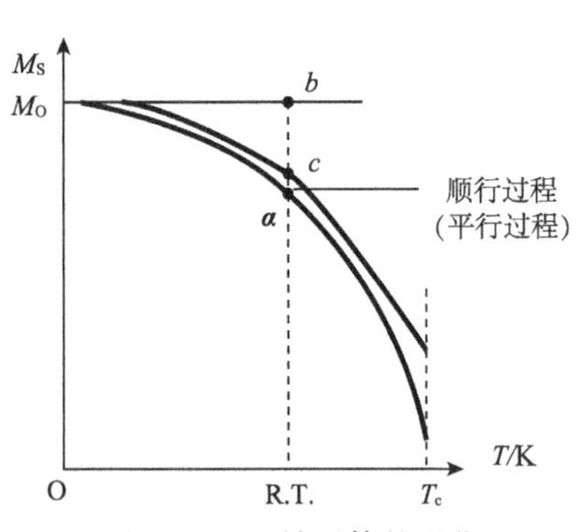

图 11.9.2 铁磁体的磁化强度与温度的关系

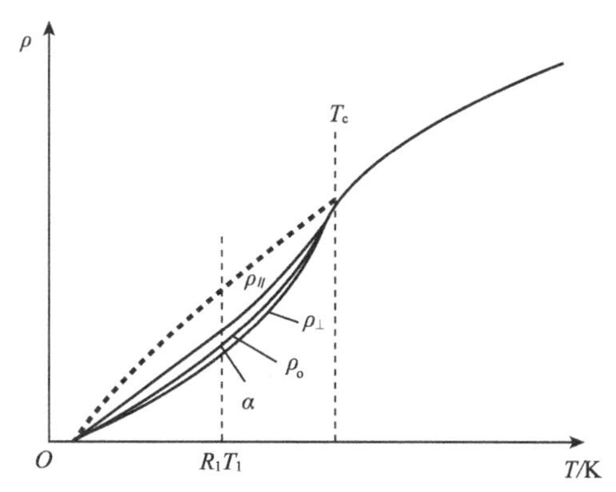

图 11.9.3　铁磁体电阻率各向异性的示意图

2. $T<T_c$ 时铁磁金属电阻率的各向异性

在居里点以下，铁磁金属的电阻率随电流 I 与自发磁化强度 M_s 的相对取向而异，夸张地示意于图 11.9.3，即

$$\rho_{/\!/}\ (I/\!/M_s)\neq\rho_\perp\quad (I\perp M_s)$$

多数材料的 $\rho_{/\!/}>\rho_\perp$。这与正常磁电阻的情况相反。因此，铁磁金属电阻率各向异性的主要机制不是 M_s 的内场 μ_0M_s 引起的正常磁电阻所致。图 11.9.3 中 ρ_0 为多畴退磁状态下的电阻率。由于各个磁畴的 M_s 与电流的夹角有一定分布，故 ρ_0 为各畴电阻率的平均值，依赖于各磁畴 M_s 方向的分布。对于 $\rho_{/\!/}>\rho_\perp$ 的材料，$\rho_{/\!/}\geqslant\rho_0\geqslant\rho_\perp$。一般退磁态下常有畴壁的存在。$\rho_0$ 中还包含畴壁散射的贡献。

3. 铁磁金属的磁电阻[49]

铁磁金属总磁电阻的来源有二：磁场直接引起的正常磁电阻和磁场使磁化状态变化引起的磁电阻。磁化可分为技术磁化及顺行过程。相应地有各向异性磁电阻和顺行磁电阻。故原则上，有

MR（铁磁金属磁电阻）＝AMR（各向异性磁电阻）
＋PMR（顺行磁电阻）＋OMR（正常磁电阻）

图 11.9.4 和图 11.9.5 为一钴镍合金柱状样品的电阻与磁场的关系。可以看到

294K 时，MR≈AMR＋ PMR　（OMR 被掩盖）

4.2K 时，MR≈AMR＋ OMR　（PMR 被掩盖）

(1) 各向异性磁电阻。 AMR 与技术磁化相应，即与从退磁状态到接近于磁性饱和的过程相应的电阻变化，如图 11.9.4 和图 11.9.5 中 A 和 B 之前的部分。磁电阻有 $\Delta\rho_{/\!/}=\rho_{/\!/}-\rho(0)$ 及 $\Delta\rho_\perp=\rho_\perp-\rho(0)$。若退磁状态下磁畴为各向同性分布，略去畴壁散射的变化对磁电阻的少量贡献，则 $\rho(0)$ 为其平均值 $\rho_{av}=1/3(\rho_{/\!/}+2\rho_\perp)$。多数材料 $\rho_{/\!/}>\rho(0)$，故

$$\frac{\Delta\rho_{/\!/}}{\rho_{av}}=\frac{\rho_{/\!/}-\rho_{av}}{\rho_{av}}>0$$

$$\frac{\Delta\rho_{\perp}}{\rho_{av}}=\frac{\rho_{\perp}-\rho_{av}}{\rho_{av}}>0$$

$$\frac{\Delta\rho_{\perp}}{\rho_{av}}=-\frac{1}{2}\ \frac{\Delta\rho_{/\!/}}{\rho_{av}}$$

各向异性磁电阻 AMR 常定义为

$$\mathrm{AMR}=\frac{\rho_{/\!/}-\rho_{\perp}}{\rho_0}=\frac{\Delta\rho_{/\!/}}{\rho_0}-\frac{\Delta\rho_{\perp}}{\rho_0}$$

图 11.9.4 和图 11.9.5 中的□为该样品电阻率的平均值 ρ_{av}，显然，该柱状样品的 $\rho_0\neq\rho_{av}$，说明其退磁状态下有磁畴结构。

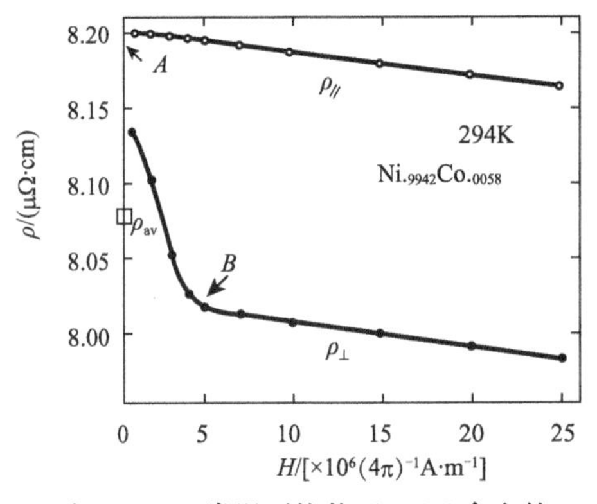

图 11.9.4 常温下柱状 Co - Ni 合金的电阻率对磁场的依赖关系

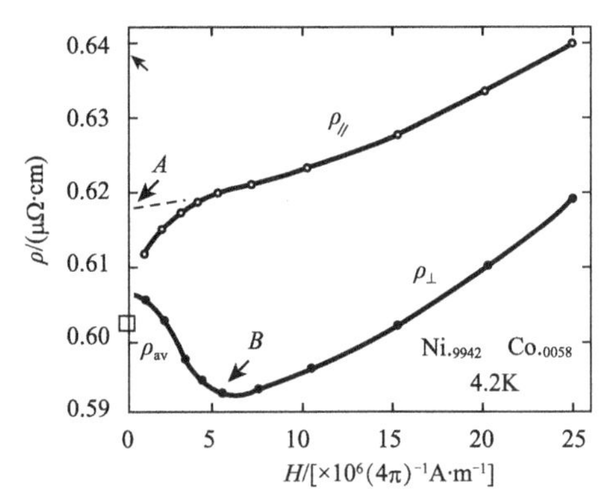

图 11.9.5 4.2K 下柱状 Co - Ni 合金的电阻率对磁场的依赖关系

(2) 顺行磁电阻 PMR。外加磁场使畴中的磁化强度超过 M_s 的过程称为顺行过程。$M>M_s$ 的情况使电阻率比自发磁化状态下的数值更低，故 PMR<0。在图 11.9.2 中相应于 $a\rightarrow c$，在图 11.9.3 中使 a 点进一步降低。图 11.9.4 中在 A，B 右边的电阻曲线平行地下降即为 PMR 的表现，OMR 被掩盖。PMR 的绝对值随温度上升而增大，$T\sim T_c$ 时最大，与顺行磁化率的温度依赖性相应。

(3) 正常磁电阻 OMR。温度下降时，电阻率下降，故 OMR 增大。在低温下，PMR 降低而 OMR 上升。图 11.9.5 中高温下以 OMR 为主，PMR 被掩盖，而室温下则相反，如图 11.9.4 所示。中间温度如 77K，两者相当，均不能忽略。

从以上两图中可以估计出，该合金室温下的饱和各向异性磁电阻 $\frac{\Delta\rho_{/\!/}}{\rho_{av}}\approx$ 1.5%和 $\frac{\Delta\rho_{\perp}}{\rho_{av}}\approx$ 0.74%。在 $\mu_0 H$ 为 2.5T 下，室温的 PMR≈0.6%，4.2K 下的 OMR≈4%。图 11.9.6 为几种铁磁金属薄膜室温下各向异性磁电阻与磁场的关系曲线，其最大的 MR 数值可达 5%。

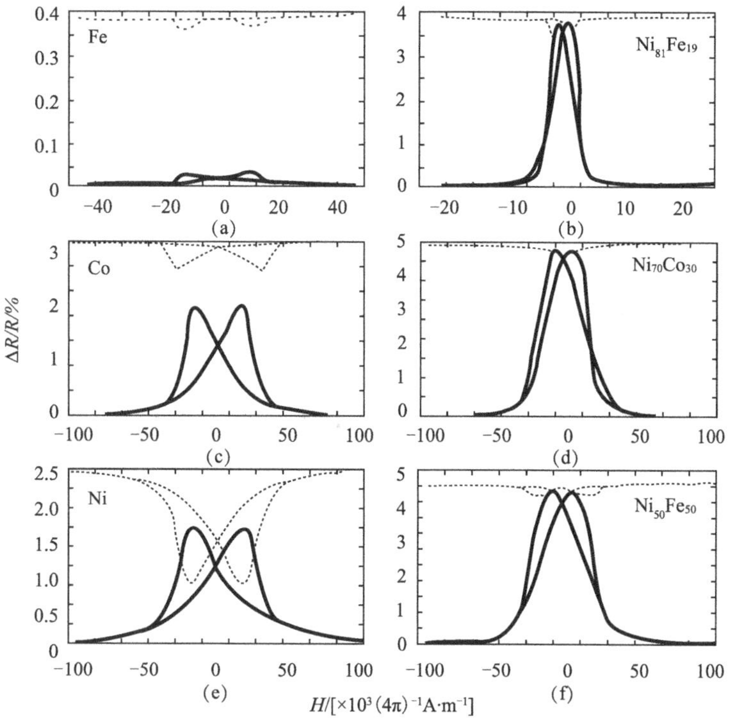

图 11.9.6　一些铁磁金属与合金薄膜的各向异性磁电阻曲线

实线和虚线分别表示横向和纵向的磁电阻

11.9.4　多层结构中的巨磁电阻

1. 多层膜的层间耦合和巨磁电阻

图 11.9.7 为 Fe/Cr 多层膜的磁化曲线与磁电阻曲线[51]。该图的下部给出了零磁场下及正负方向饱和磁化时多层膜中磁矩分布的示意图。退磁状态下相邻铁磁层的磁矩为反铁磁排列，来源于层间的反铁磁耦合。磁滞回线十分倾斜，剩磁～0 及高的饱和磁场，这些都是反铁磁耦合的表现。中子衍射直接证实了其反铁磁排列[52]。各层 M_s 相互反平行时电阻最大，平行时电阻较小。在相同材料组成多层膜系列中，具有反铁磁耦合的多层膜常现出高的磁电阻比。从图 11.9.7 可见，Fe/Cr 多层膜室温下 MR～11.3%，4.2K 时达 42.7%。Co/Cu 多层膜室温下 MR 百分比可达 60%～80%，远比 AMR 大，故称为巨磁电阻 GMR，这种巨磁电阻的特点为

(1) 数值可远较各向异性磁电阻 AMR 大。

(2) 为负值。按传统的定义，$\mathrm{MR}=\dfrac{\rho_{\mathrm{H}}-\rho_0}{\rho_0}<0$，对负磁电阻的材料其值恒

小于 100%。故常采用另一定义，$MR=\frac{\rho_0-\rho_H}{\rho_H}$，用此定义时数值为正，且可大于 100%。图 11.9.7 即基于此定义所画的图。

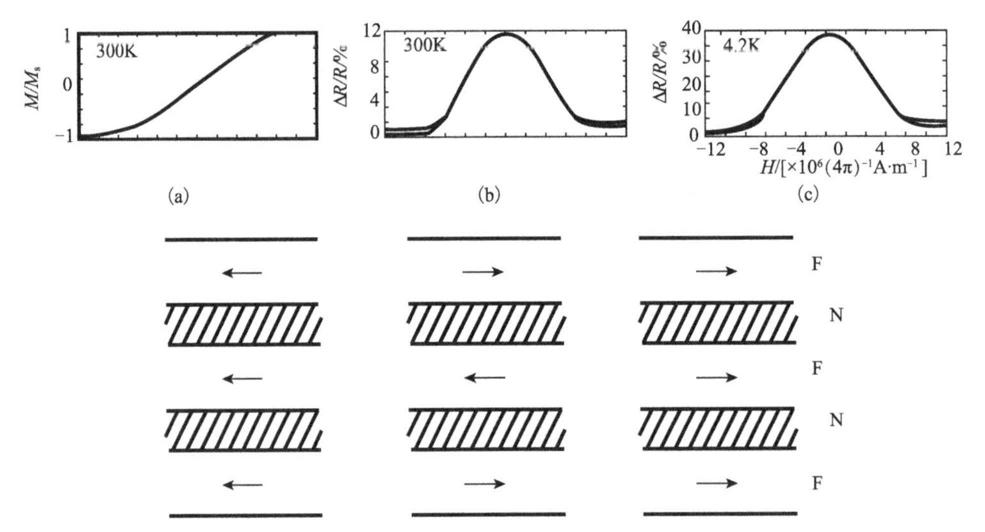

图 11.9.7　Fe/Cr 多层膜的磁化曲线、磁电阻曲线和磁层中的磁化矢量分布

F 为铁磁层，N 为非磁性层

(3) 基本为各向同性。即磁电阻与电流和磁场的相对取向无关或基本无关，如图中高场部分的双线相应于 $(MR)_{//}$ 及 $(MR)_{\perp}$，其差值为 AMR 的贡献。该多层膜在 300K 及 4.2K 下差值分别为 0.53%和 2.1%约为其 GMR 值的$\frac{1}{20}$。

应当指出，并不是所有多层膜都有大的 MR。有的很小，甚至只观察到 AMR，如 Fe/V 多层膜[43]。但几年来已在许多系统中观察到不同大小的 GMR 如 Fe/Cr，Co/Cu，Fe/Cu，FeNi/Cu，Co/Ru 等。在早期未观察到的系统如 Fe/Ag、Fe/Mo 多层膜[53]和 Co/Al 多层膜中也发现 GMR[54]。还需说明的是，这里所用的巨（giant）字，除了磁电阻数值大之外，还因为它的机理与常规的磁电阻完全不同。常规的磁电阻是由于磁场对电子运动的直接的洛伦兹力的作用，因此电阻与磁场和电流的相对取向有关，而**巨磁电阻则是磁场改变了样品内部的磁有序（如磁层之间的反铁磁变为铁磁），否则便不会出现巨磁电阻。**研究表明，层间交换耦合的性质常随多层膜中非磁层厚度的变化而在反铁磁与铁磁间振荡。这是一个相当普遍的现象[37]。有巨磁电阻时，MR 亦随之振荡，其峰及谷分别相应于反铁磁和铁磁耦合。图 11.9.8 为 Co/Cu 多层膜 GMR 的振荡行为。

图 11.9.8 中当 Cu 层很厚以致层间耦合很微弱甚至消失后，仍有负磁电阻效应，其值仍高于 AMR。图 11.9.9 为 Cu 层厚度达 70Å，150Å，300Å 及 425Å 的 Co/Cu 多层膜的 MR 曲线。它们保持了负磁电阻的特性，其磁电阻极大值对应于

磁滞回线的矫顽力，这时相邻 Co 层中的磁化趋于完全混乱。实验及理论指出，出现这种负的磁电阻的必要条件是在退磁状态下多层膜中相邻铁磁层 M_s 不平行或反平行。反铁磁耦合不是其必要条件，而是导致相邻磁层中磁化反平行排列的方法之一。

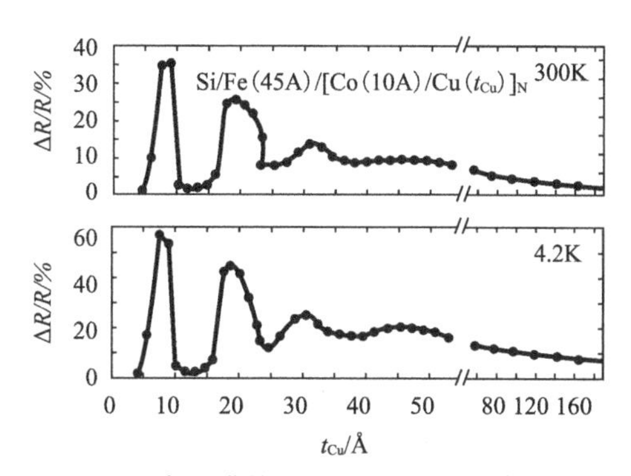

图 11.9.8　Co/Cu 多层膜的 GMR 随 Cu 层厚度变化的振荡行为

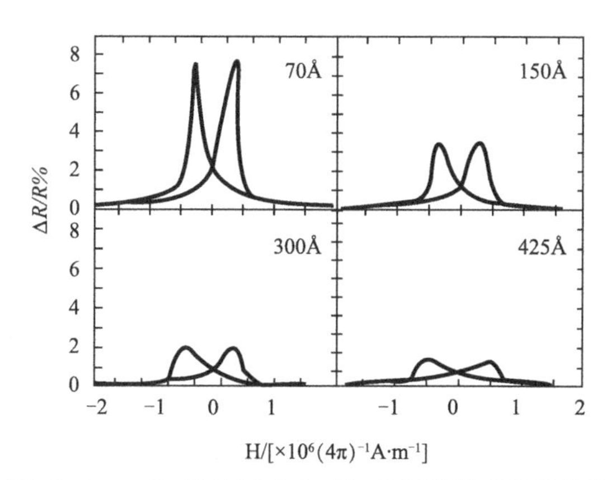

图 11.9.9　Cu 层较厚时 Co/Cu 多层膜的磁电阻曲线

巨磁电阻效应的广泛性

巨磁电阻效应不仅在一系列由常规铁磁金属（Fe、Co、Ni）及合金和贵金属（Cu、Ag、Au）组成的多层膜上出现，而且也在常规铁磁金属及合金与非磁金属（Cr、Mo、Ru 等）组成的多层膜上出现。样品的形态也不仅限于多层膜，颗粒膜（granular film）、纳米线、失稳分解合金（spinodal decomposed alloy）和钙钛矿锰氧化物中都会出现巨磁电阻效应。

尽管巨磁电阻首先在 Fe/Cr 多层膜上发现，面且在 Fe/Cr 多层膜中，两个铁磁层之间实现了反铁磁的交换耦合。但进一步的研究发现，这种反铁磁交换耦合，并不是出现巨磁电阻的必要条件，它只是使两个铁磁层的磁矩反平行排列而已。对于适当的材料而言，如果外磁场能够调制两铁磁层之间的磁矩相对取向（如由反平行转到平行），则便能得到巨磁电阻。因此，按磁层之间的耦合强度的强弱和有无，可将巨磁电阻效应分为三类：①强耦合型（如 Fe/Cr 多层膜）；②弱耦合型（如 Co/Ag 多层膜）；③非耦合型（如 Co/Cu/NiFe 多层膜）。图 11.9.10 是上述三种类型的巨磁电阻曲线、磁滞回线和相应的铁磁层中的磁矩排列。

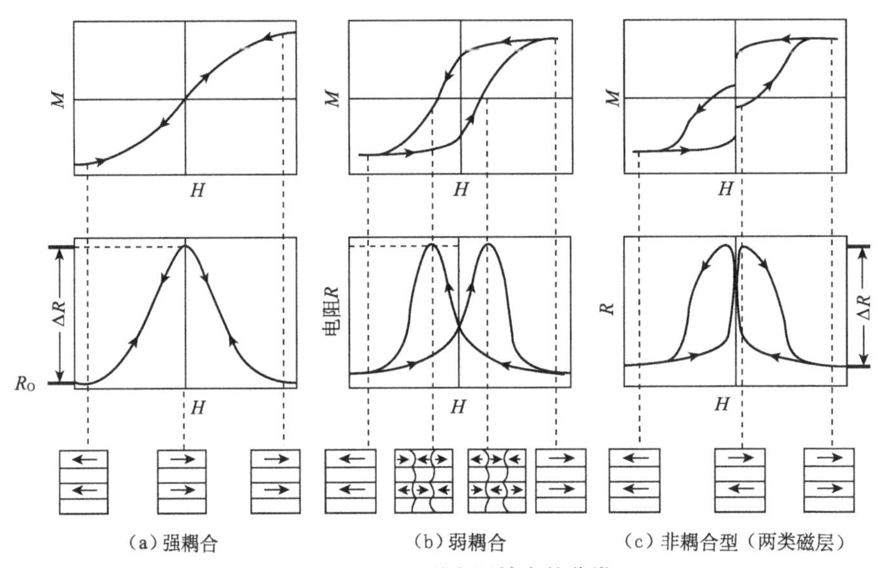

图 11.9.10 巨磁电阻效应的分类

2. 自旋阀（spin valve）的巨磁电阻（无耦合三明治结构）

一些具有强反铁磁耦合的多层膜的巨磁电阻可达很高的数值，但强反铁磁耦合使饱和场 H_s 增高。如 Co/Cu 多层膜室温下 MR 第一峰值可达 60%～80%，但饱和场高达 1T，其磁场传感灵敏度 $S=\frac{\Delta R}{R}/H_s$ 并不高，低于 0.01% Oe^{-1}，远小于玻莫合金各向异性磁电阻 AMR 的灵敏度。因为后者的 MR～3%，饱和场 H_s～10Oe，S 可达 0.3% Oe^{-1}。为了使 GMR 材料的 H_s 降低，人们除采用了降低耦合强度如取第二峰及选用优质软磁作为铁磁层等途径外，还提出了非耦合型夹层结构，简称为自旋阀。其中之一的为交换偏场自旋阀，其结构为 $F_1/N/F_2/$ AF。两个铁磁层 F_1 及 F_2 被较厚的非铁磁层 N 隔开，因而使 F_1 与 F_2 间几乎没有交换耦合（图 11.9.11）。F_1 称为自由层，F_2 的 M_s 则被相邻反铁磁层 AF 的交换耦合引起的单向各向异性偏场所钉扎。当 F_1 为优质软磁时，它的 M_s 可在很弱的磁场作用下相对于 F_2 改变方向，从而获得较大的 GMR。图 11.9.12 为/62ÅNiFe/22ÅCu/40ÅNiFe/70ÅMnFe/自旋阀的磁滞回线及 MR 曲线以及工作原理及结构示意图[55]。在曲线的陡变处 ΔH～4Oe，MR=4.1%。另一类非耦合型三明治或多层结构中，选择 F_1 及 F_2 有不同的矫顽力，在适当磁场下亦可使相邻铁磁层的 M_s 从接近反平行变化到平行的饱和状态，从而也得到巨磁电阻[56]。这种非耦合型自旋阀可有高的磁场灵敏度，因而有重要的应用价值，如图 11.9.12 中的灵敏度已可达 $S=\frac{MR}{\Delta H}\sim 0.01Oe^{-1}$。

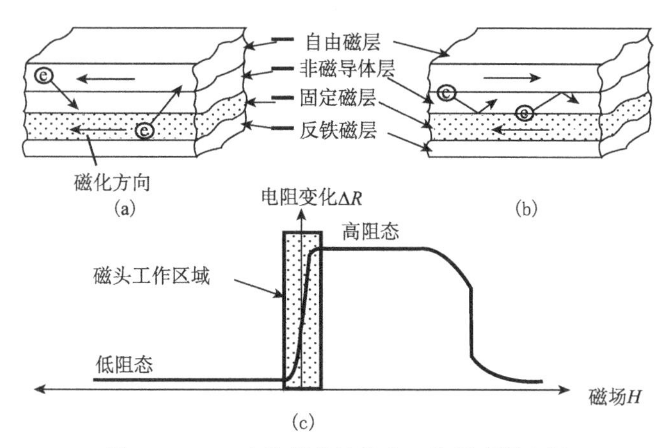

图 11.9.11　自旋阀的结构和工作原理概念图

(a) 低阻态；(b) 高阻态；(c) ΔR－H 曲线

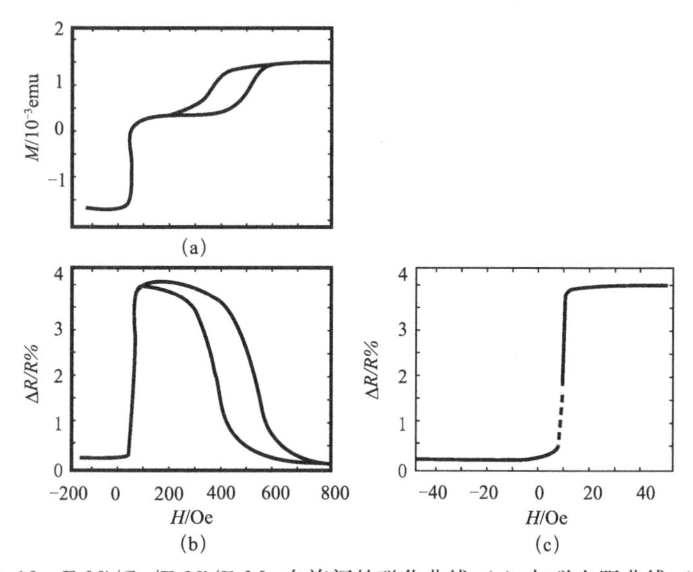

图 11.9.12　FeNi/Cu/FeNi/FeMn 自旋阀的磁化曲线（a）与磁电阻曲线（b）、(c)

3. 颗粒膜（granular film）的巨磁电阻

前已指出两磁层间的交换耦合及层状结构，均不是产生巨磁电阻的必要条件。1992 年 Berkowitz 等以及 Xiao 等[57]在 Cu－Co 合金的颗粒膜上，发现了巨磁电阻，$Cu_{84}Co_{16}$颗粒膜在 5K 下的巨磁电阻为 9%。后来在 Cu、Ag、Au 为基的，以 Fe、Co、Ni 及其合金的纳米颗粒分散在基体中的颗粒膜内也发现了巨磁电阻。因此，原则上在合金相图中，任何互不固溶的非磁和铁磁金属，通过气相淬火（vapor quenching）工艺，沉积在衬底上或用甩带方法制成合金薄带，再经不同温度下的退火，使铁磁金属从非磁母体中脱溶，形成高度弥散在母体中的颗粒膜（图 11.9.13），这种颗粒膜也存在巨磁电阻。铁磁颗粒的尺寸、间距和分布形态，取决于成分、固溶度、生长条件及退火工艺，而且颗粒的磁矩和易磁化轴都是无规分布的。

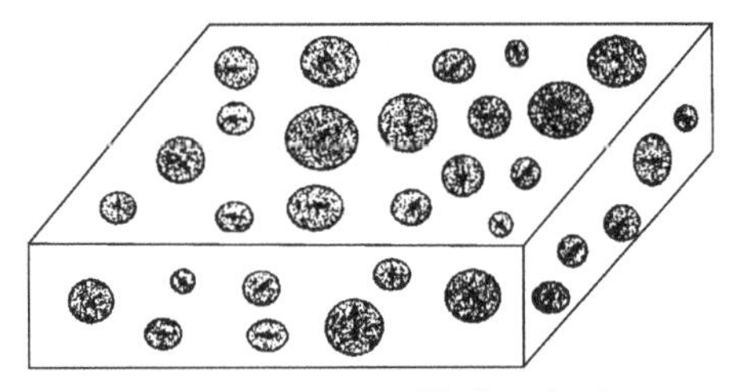

图 11.9.13 磁颗粒膜示意图

图 11.9.14 为 $Cu_{84}Co_{16}$ 颗粒膜在 5K 下的磁电阻曲线（a）和磁滞回线（b）。由图可见，磁电阻最大值出现在内禀矫顽力 H_{CM} 处（图中 c，e 点），最小值出现在饱和磁化强度 M_s 处（图中的 b，d 点）。由图上还可看到，在退磁状态的 a 点处，磁电阻值也最大，因为它和 c，e 点一样，都是处于平均磁化强度为零（$M=0$）的状态。另外，Cu－Co 颗粒膜又是研究超顺磁性的典型样品，超顺磁颗粒间的偶极相互作用，对磁电阻将产生影响[57a]。

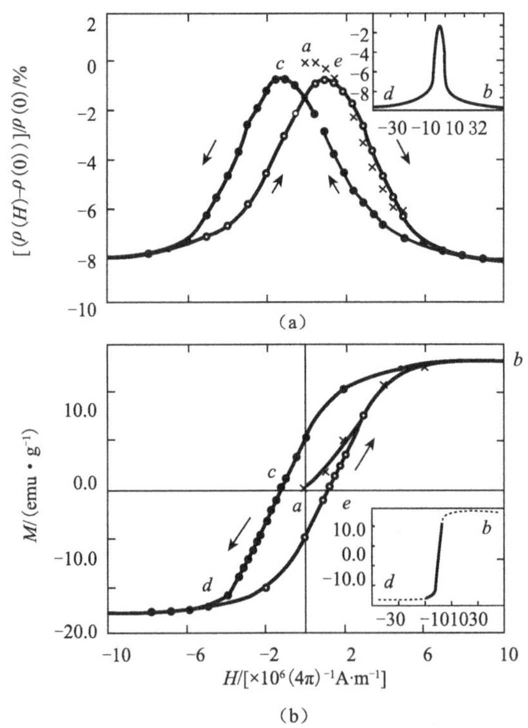

图 11.9.14 相分离的 $Co_{16}Cu_{84}$ 在 5K 下的横向磁电阻 $[\rho(H)-\rho(0)]/\rho(0)$ 与磁场的关系（a）和磁滞回线（b）

×，●，○分别表示初始磁化（$a-b$），降场支（$b-c-d$）及升场支（$d-e-b$）

4. 失稳分解（Spinodal decomposition）合金的巨磁电阻

失稳分解是单相固溶体脱溶的一种方式。20世纪五六十年代，Spinodal decomposition曾经译为拐点分解、不稳分解和斯皮诺答（音译）分解等，现在统一为失稳分解。

单相固溶体能否在某一温度下，脱溶出两相，关键是看体系的自由能在脱溶后是否降低（**脱溶**是金属学的术语，指的是一固相转变为两相的过程）。若脱溶为两相后的自由能比单相固溶体低，则脱溶便能发生。脱溶的方式有两种，一种是形核长大，另一种是失稳分解。对具体的合金而言，究竟实现哪一种方式，需视该合金的自由能随成分变化的曲线形状如何，以及该合金的成分位于曲线上的哪一部分而定。

失稳分解过程是快速的、各向异性的，脱溶后的两相成分差别很大并快速形成，因而能获得细微的两相组织，易于利用磁场和应力来造成脱溶相的各向异性，所以历来是制造高性能永磁合金的思路和工艺之一。

1994年Jin等[58]在Cu－Fe－Ni合金上，通过固溶→淬火→后处理→失稳分解工序，得到高度弥散的富Fe－Ni相和Cu基体相，其巨磁电阻为9%，H_c为45Oe。这种工艺比超晶格简化，因此成本低、易于商品化。

5. 纳米线的巨磁电阻[59]

在聚合物模板纳米尺度的微孔内，用电沉积工艺，可制成磁性多层的纳米线，室温下Co/Cu多层纳米线的巨磁电阻为15%左右。图11.9.15为镶嵌在聚碳酸酯（poly carbonate）绝缘体内的Cu/Co多层纳米线陈列的示意图。图11.9.16为清除聚碳酸酯基体后，单个Cu/Co多层纳米线（直径约40nm）的扫描电镜照片。该纳米线由富Cu层和富Co层交替堆垛而成，长约10μm，包含10nm Cu/10nm Co的500个周期，这样大的长度—截面积比的层状结构，用分子束外延和溅射工艺是无法得到的。

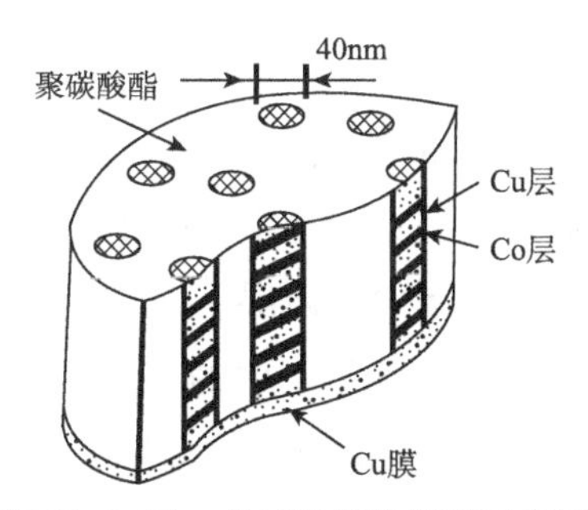

图11.9.15　多层纳米线阵列示意图

6. 隧道巨磁电阻

由于磁矩排列方式不同，电子通过隧道效应隧穿势垒的概率不同，从而产生

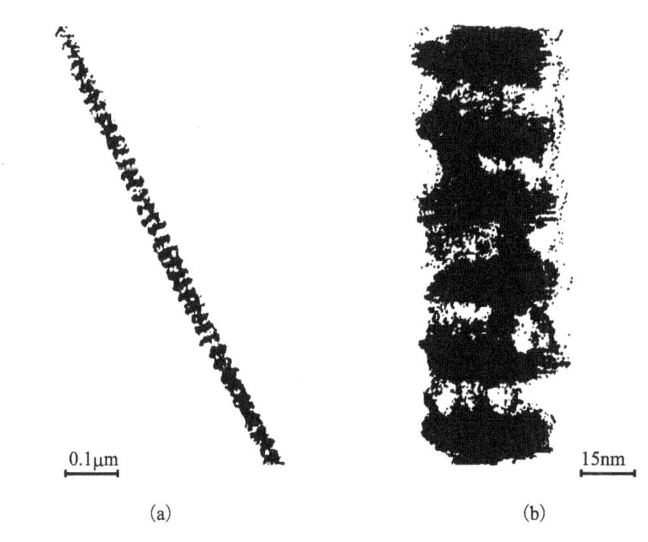

图 11.9.16 单一层状纳米线［Co（10nm）/Cu（10nm）］×500 的透射电镜照片（a）及高放大倍数下的选区照片（b）

的磁电阻称为隧道巨磁电阻（tunnelling magnetoresistamce，TMR），TMR 现有铁磁层/非磁绝缘体层/铁磁层（F_1/I/F_2）的三明治结构和颗粒膜系两类。

在 F_1/I/ F_2 三层膜中，当非磁绝缘体层 I 薄至电子得以隧穿势垒时，在垂直于膜面电压的作用下，便出现隧道电流。当沿膜面方向加上外磁场，使铁磁层 F_1 和 F_2 中的磁矩方向相对改变时，便观察到巨大的磁电阻。例如，在 Fe（10^3Å）/Al_2O_3（55Å）/Fe（10^3Å）结构中，室温和 20Oe 磁场下的磁电阻高达 18%，甚至更高[60]。

上述隧道巨磁电阻效应，很容易从自旋向上（↑）和自旋向下（↓）的电子，隧穿势垒的概率与两磁层的磁矩方向不同排列有关，得到唯象解释。如图 11.9.17 所示，设磁层 F_1 和 F_2 具有不同的矫顽力 H_c，外磁场很容易改变 F_1 和 F_2 中磁矩的相对取向。当 F_1 和 F_2 之间的绝缘层薄至电子能够隧穿势垒（约几个纳米量级）时，同时假定在隧穿过程中，电子自旋的方向保持不变，分别跃迁至与自己自旋相同的方向。如果两铁磁层 F_1 和 F_2 中的磁矩方向相互平行，则 F_1 中的多数自旋子带的电子将隧穿至 F_2 中的多数自旋子带的空态，同理 F_1 中的少数自旋子带的电子也隧穿至 F_2 中的少数自旋子带的空态，这样的隧穿过程具有较高的概率，因而对应于电阻较低的状态（图 11.9.17（a））。与此相反，如果两铁磁层 F_1 和 F_2 中的磁矩方向相互反平行，由于在隧穿过程中假定电子自旋方向保持不变，这时 F_1 中多数自旋子带的电子要隧穿至 F_2 中少数自旋子带的空态，同理 F_1 中少数自旋子带的电子也要隧穿至 F_2 中多数自旋子带的空态，这样的隧穿过程概率较低，因而对应于电阻较高的状态（图 11.9.17（b））。

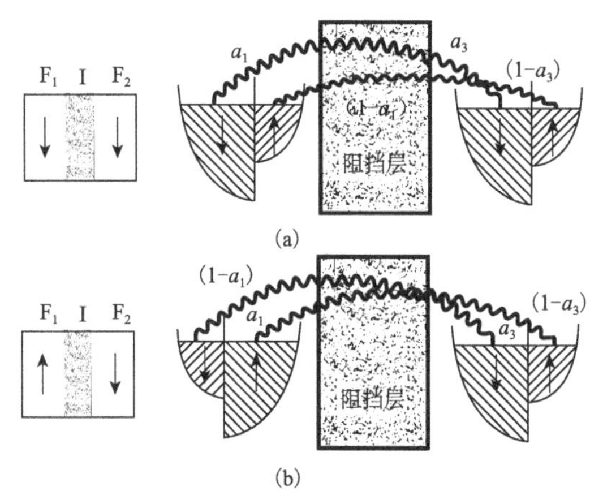

图 11.9.17 两磁层磁矩在相互平行（a）和反平行（b）状态下，向上自旋（↑）和向下自旋（↓）电子的态密度和隧穿示意图

图 11.9.18 为 Fe（10^3Å）/Al_2O_3（55Å）/Fe（10^3Å）的磁电阻曲线（a）和相应的磁滞回线（b）。由图 11.9.18（a）可见，电阻在±20 Oe 磁场下，急剧增大；在±50 Oe 磁场下，才陡然下降，室温下磁电阻≈18%。与磁电阻曲线对应的磁滞回线为图 11.9.18（b），由图可见，±20Oe 和±50Oe 对应于铁磁层 F_1 和 F_2 的矫顽力。厚度同为 1000Å 的铁层，为什么会出现不同的矫顽力呢？原因是蒸发和溅射铁层时，衬底温度不同。矫顽力 20Oe 时的衬底温度为 200℃，矫顽力 50Oe 时的衬底温度为室温。

将图 11.9.18 与图 11.9.19 对比可见，前者为典型的非耦合型巨磁电阻，电阻值与通过隧道的电子自旋方向与磁膜的磁矩相对取向有关，因此又称为磁隧道阀效应（magnetic tunneling valve effect）。

纳米颗粒膜的隧道巨磁电阻　在铁磁性金属纳米颗粒弥散在非磁绝缘体基体的颗粒膜中，也观察到巨磁电阻。它是由电子隧穿能垒产生的，故称纳米颗粒膜隧道巨磁电阻。藤森（Fujimori）和三谷（Mitani）等在纳米钴颗粒——Al_2O_3 的颗粒膜中，观测到室温下 8%的巨磁电阻[61]

图 11.9.19 为 $Co_{52}Al_{20}O_{28}$ 颗粒膜的扫描电镜形貌（a），磁滞回线（b）和磁电阻曲线（c）。电镜形貌中暗的颗粒为钴，明亮部分为氧化铝绝缘体，其厚度估计为 1nm 量级。钴纳米颗粒的磁滞回线并未观察到剩磁和矫顽力，是典型的超顺磁磁化曲线（图 11.9.19（b）），相应的磁电阻曲线只有一个峰，磁电阻为 7.8%（图 11.9.19（c））。

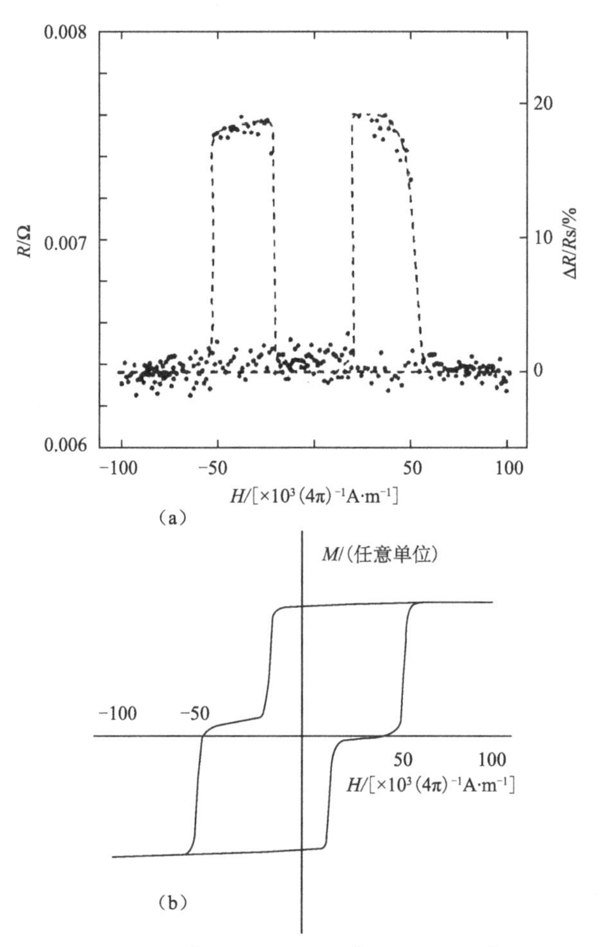

图 11.9.18　Fe（10^3Å）/Al_2O_3（55Å）/Fe（10^3Å）的磁电阻曲线（a）和相应的磁滞回线（b）

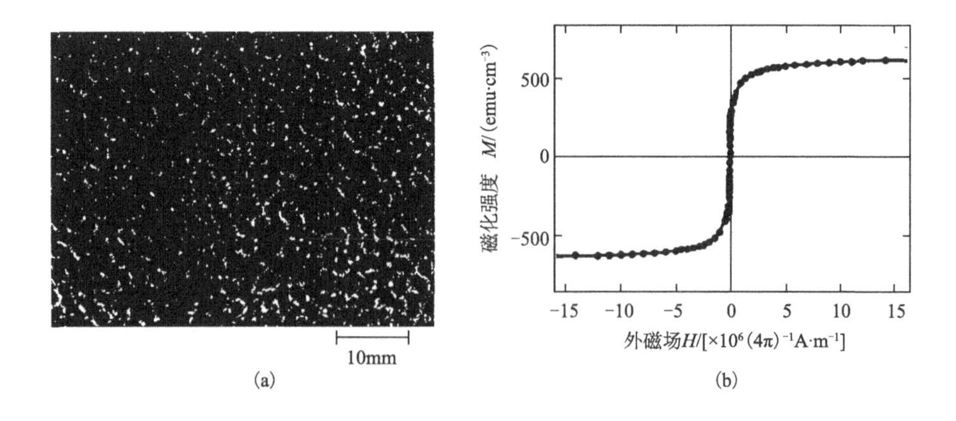

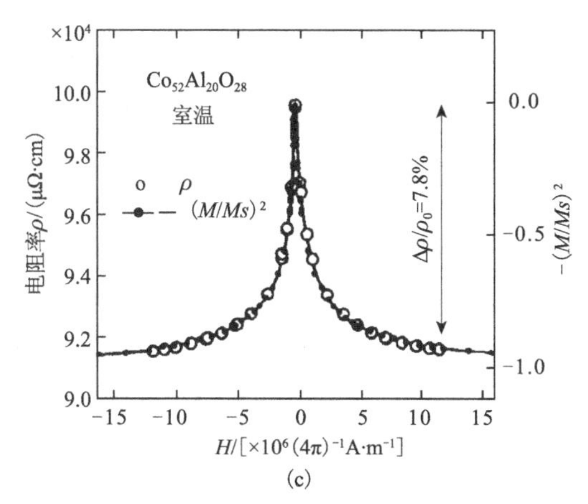

图 11.9.19　$Co_{52}Al_{20}O_{28}$颗粒的 TEM 形貌（a），磁滞回线（b）和其薄膜的磁电阻曲线（c）

纳米颗粒膜隧道巨磁电阻产生的机理与铁磁层/非磁绝缘体层/铁磁层（$F_1/I/F_2$）的隧道巨磁电阻相同，也是自旋极化的电子隧穿能垒的概率与铁磁颗粒间磁矩方向有关造成的。图 11.9.20 是纳米颗粒膜隧道巨磁电阻机理的模型示意图。在没有外磁场下，纳米磁性颗粒呈超顺磁性，颗粒的磁矩呈无规取向状态，自旋极化的电子在颗粒间隧穿能垒的概率较小，相应于高电阻态［图 11.9.20（a）］加上外磁场后颗粒的磁矩沿外磁场方向取向，自旋极化的电子在颗粒间隧穿能垒的概率较大，相应于低电阻态［图 11.9.20（b）］。

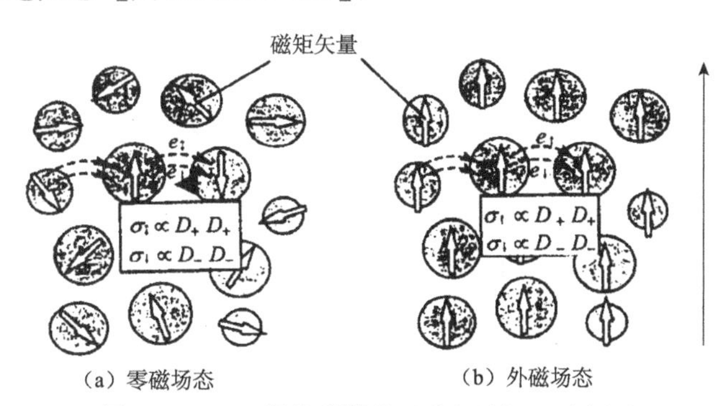

图 11.9.20　颗粒膜隧道巨磁电阻机理示意图

7. 冲击（弹道）巨磁电阻

同一种铁磁金属的两半之间，若实现自身的纳米式接触，则会产生巨大的磁电阻，这种磁电阻称为冲击（弹道）巨磁电阻（ballistic magnetoresistance，BMR）。1999 年 Garcia 等[62]在直径约 2mm 的 Ni 丝上，实现 Ni - Ni 之间的纳米接触，当接触点的颈缩尺寸约为几个纳米时（即小于或等于电子的平均自由路程时），电子可以冲击式地通过接触区，测得的磁电阻为 300%。2002 年和 2003 年这种冲击巨磁电阻又提高至 10^3%和 10^5%。显然由一种铁磁金属自身之间的纳米接触，产生的磁电阻，与前述由一种磁性金属与另一种非磁金属或绝缘体的多层膜或颗粒膜产生的磁电阻，不但在样品的结构形式上不同，而且机理也可能不同。

Garcia 的实验是在 Ni 丝的两端，分别置一线圈（可产生几十奥斯特的磁场），以改变 Ni 丝两端的磁化状态，分别测出 Ni 丝两端的磁矩平行和反平行时，接触点部位的电阻变化。实验发现，当电导值约为量子化电导 e^2/h 的十倍以上时，观察不到磁电阻效应，只有当电导值减小到 e^2/h 的量级时，磁电阻才急剧增大至 300%。电导值等于 e^2/h，意味着通过接触点的电子通道数目为 1，相应于接触区的截面尺寸为纳米量级。值得指出的是，这种巨大的冲击磁电阻出现在室温下，虽然在纳米接触的制样上存在不少不确定因素，增加了性能重复性和一致性的难度。但若在工艺上克服这些困难，则应用前景可能是光明的。（量子化电导值为 e^2/h，相应的量子化电阻值为 $h/e^2 = 6.626196 \times 10^{-34}\ \mathrm{J \cdot s}/(1.6021892 \times 10^{-19}\ \mathrm{C})^2 = 2.58128 \times 10^4\ \Omega$）。

有关冲击巨磁电阻的物理机制，尚未取得共识。因为，早在几十年前的铁晶须上，便发现了室温下的磁电阻达 10^3%的量级，4.2K 下为 3×10^3%～5×10^3%量级[63]。最近又发现在纳米接触的 Cu 上也出现 70%的冲击巨磁电阻[64]，在非磁性金属上达到如此大的磁电阻，是颇令人费解的。尽管如此，现在大体上可以认为，铁磁金属的冲击巨磁电阻是与纳米接触区的畴壁散射，磁致伸缩形变和自旋极化率有关的。图 11.9.21 为 Ni - Ni 纳米接触示意图，退磁状态时 Ni 丝两端的磁矩呈反平行排列，纳米接触区出现畴壁，电子受畴壁的散射和两个磁畴的内磁场大小（量级为 M_s）和方向相反的影响，导致电阻增加（图 11.9.21（a）退磁态）。当外磁场增加，使 Ni 丝两端饱和磁化时，磁矩呈平行排列，纳米接触区没有畴壁，磁畴的内磁场只有一个方向，电子容易通过纳米接触区，相应于低电阻状态（图 11.9.21（b）饱和态）。

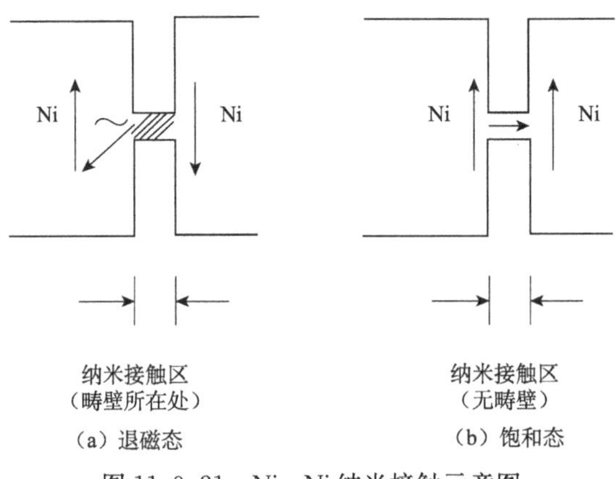

（a）退磁态　　（b）饱和态

图 11.9.21　Ni - Ni 纳米接触示意图

在巨磁电阻硬磁盘（HDD）上，磁头用的高灵敏度磁电阻传感器，其宽度已降至 100nm，已进入亚微观（介观）领域。因此必须再提高传感器的灵敏度（磁电阻变化率），这里碰到的最大困难是兼顾高的磁电阻和低的电阻。用电流沿膜面（CIP）的结构，无法满足上述要求，只能采用电流垂直于膜面（CPP）的结构。例如，为达到 $200\text{Gbit}\cdot\text{in}^{-2}$ 或 $500\ \text{Gbit}\cdot\text{in}^{-2}$（$1\text{G}=10^9$）的面记录密度，其电阻率需降至 $1\Omega\mu\text{m}$，最好在 $500\text{m}\Omega\ \mu\text{m}$ 以下，同时 $\text{MR}\geqslant 5\%\sim100\%$。若采用隧道巨磁电阻 TMR 的器件将遇到很大因难，如果想进一步达到 $1\ \text{Tbit}\cdot\text{in}^{-2}$（$1\text{T}=10^{12}$）量级的面记录密度，则势必要采用纳米接触的冲击（弹道）巨磁电阻 BMR 的器件。

11.9.5　自旋相关散射，双电流模型

11.9.4 节讨论了各种巨磁电阻效应，其物理基础是自旋极化和自旋相关散射。电子自旋有两个方向：向上和向下。**自旋极化指的是向上自旋的电子数目与向下的不同。**两者差别的百分比称为自旋极化率，因此向上自旋的电子数目与向下的相等时，极化率便为零。**自旋相关散射指的是散射概率与自旋方向有关，**即自旋向上和向下的电子，具有不同的自由路程。

传统的金属导电理论基于电子电荷转移及电子经受的散射，与电子自旋无关。自旋不同的电子的导电性能没有区别。自旋相关散射的双电流导电模型最早是为解释铁磁金属的电导提出的，但自发现 GMR 以来却得到很大发展。铁磁金属的 AMR，金属多层结构和金属颗粒膜的 GMR 的解释均基于此理论框架。此外，铁磁隧道结的 GMR 以及一些钙钛矿氧化物如 $\text{La}_x\text{Ca}_{1-x}\text{MnO}_3$ 的庞（特巨）磁电阻（colossal magneto resistance，CMR）的理论均属于自旋相关导电，但具体机制各异，与自旋相关散射不同。

1. 双电流模型的物理图像

金属中传导电子的非磁散射多不使电子自旋方向发生反转。在温度远低于居里温度 T_c 时，铁磁金属中电子自旋反转的概率很小，因此传导电子的自旋弛豫时间 t_s，或其扩散长度 l_s，远比动量弛豫时间 τ 或其平均自由程 λ 长。例如，室温下 Au 的自旋扩散长度约为 $1.5\ \mu\text{m}$，4.2K 下 Al 的 l_s 长达 $10^2\mu\text{m}$，而导体中的电子平均自由程为 $10^1\sim10^2\text{nm}$。因而双电流唯象理论是将电导分解为自旋向上，$\sigma=\uparrow$ 的，及向下的，$\sigma=\downarrow$ 两个几乎相互独立的电子导电通道，而且相互并联。各自的电阻分别为 $\rho_\uparrow$ 及 $\rho_\downarrow$。取低温极限时，总电阻为

$$\rho_\text{L}=\frac{\rho_\uparrow\rho_\downarrow}{\rho_\uparrow+\rho_\downarrow} \tag{11.9.1}$$

(1) 正常金属的 $\rho_\uparrow=\rho_\downarrow$，$\rho_L=\rho_\uparrow/2=\rho_\downarrow/2$。双电流模型是不必要的，没有自旋相关散射。$\rho$ 来自于与自旋无关的散射。

(2) 在 T_c 以下，铁磁金属中有自旋相关散射，使 $\rho_\uparrow \neq \rho_\downarrow$，其自旋向上↑定义为与总磁化强度平行，即为能带中**多数带**电子，自旋向下↓指能带中**少数带**电子，$\rho_\uparrow$ 及 $\rho_\downarrow$ 为与自旋相关的电阻率。其中电阻率低的通道起着短路作用，使总电阻 p_L 在 T_c 以下时陡降。这相当于交换场引起的负值巨磁电阻。从图 11.9.1 可粗略地估计出，室温下 Ni 的 ρ_L 其数值只有 T_c 时的约 50%。

当温度上升时，必须考虑铁磁体中传导电子与磁振子散射使其自旋反转的**"自旋混合"效应**。其过程为消灭一个磁振子而使自旋↑（或↓）的电子散射到自旋相反的状态，从而使低电阻的短路效应减小，使总电阻率随温度而上升，其表达式修正为[37]

$$\rho_T = \frac{\rho_\uparrow \rho_\downarrow + \rho_{\downarrow\uparrow}\ (\rho_\downarrow + \rho_\uparrow)}{\rho_\uparrow + \rho_\downarrow + \rho_{\downarrow\uparrow}} \tag{11.9.2}$$

式中，$\rho_{\uparrow\downarrow}$ 为自旋混合项，与电子—磁振子散射相关，因而依赖于温度。根据式 (11.9.2)，考虑到 $\rho_\uparrow$，$\rho_\downarrow$，及 $\rho_{\uparrow\downarrow}$ 的温度依赖性，可以解释铁磁金属与合金的电阻率与温度的关系。反之，根据 $\rho_T - T$ 的实验数据可以确定自旋相关散射的电阻率 $\rho_\uparrow$ 及 $\rho_\downarrow$[48]。高温下，当 $\rho_\uparrow \rho_\downarrow \gg \rho_\uparrow$，$\rho_\downarrow$ 时，自旋混合破坏了双通道的短路效应，式 (11.9.2) 趋于

$$\rho_{\mathrm{HL}} = \frac{\rho_\uparrow + \rho_\downarrow}{4} \tag{11.9.3}$$

2. 自旋相关散射的来源

过渡族铁磁金属和合金中的 s 带和 d 带电子均参与导电，并有几种电子散射过程，如杂质、缺陷、表面、界面、声子和磁振子等。上述关系式中的自旋相关电阻率 $\rho_\uparrow \neq \rho_\downarrow$ 来源于能带中电子的浓度 n、有效质量 m^*、散射的弛豫时间 τ、与其相关的平均自由程 λ 以及费米面能态密度 $N(E_F)$，均因自旋态 σ 不同而异。自旋相关电阻率可表示为

$$\rho_\sigma = \frac{m_\sigma^*}{n_\sigma e^2 \tau_\sigma} \tag{11.9.4}$$

式中，σ 为自旋态↑或↓。对于某一种自旋散射势，其矩阵元 V_σ 为

$$\tau_\sigma^{-1} \sim 1/\lambda_\sigma \sim |V_\sigma|^2 N_\sigma(E_F) \tag{11.9.5}$$

自旋相关散射的来源可分为两类，其一为内禀或本征性来源，铁磁金属电子能带的交换劈裂引起的与自旋相关的 n_σ、m_σ^*，以及 $N_\sigma(E_F)$ 均属之。其中 $N_\sigma(E_F)$ 尤为重要，它正比于电子散射的终态。图 11.9.22 为 Fe，Co，Ni 电子能带的态密度示意图，s 带为宽带，d 带为窄带，其中 **d 带的交换劈裂是自发磁化的主要来源，并使 $\boldsymbol{N_\uparrow(E_F)}$ 与 $\boldsymbol{N_\downarrow(E_F)}$ 有很大差别，是引起自旋相关散射的主要来源。**

由于 d 带很窄，具有大的有效质量，而 s 带则相反，故通常假设导电主要是 s 电子的贡献。以图 11.9.22 中 Co 与 Ni 为例，大的交换劈裂使 $d_\uparrow$ 带完全处于费米面之下，故 $N_\uparrow(E_F)$ 仅来自 s 电子，而 $d_\downarrow$ 带与费米面相交，$N_\downarrow(E_F)$ 来自

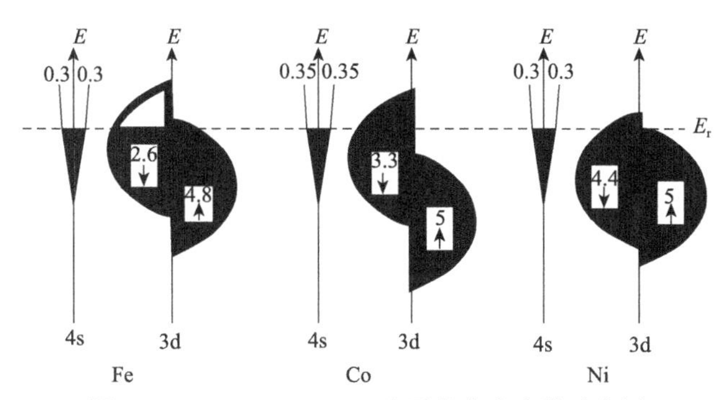

图 11.9.22　Fe，Co，Ni 电子能态密度的示意图

$s_{\downarrow}+d_{\downarrow}$ 带的总和。显然，$N_{\uparrow}(E_F)<N_{\downarrow}(E_F)$，故 Co 及 Ni 基合金具有 $\rho_{\uparrow}<\rho_{\downarrow}$ 的倾向。实验证明，在一些 Ni 及 Co 基合金中 $\alpha=\rho_{\downarrow}/\rho_{\uparrow}>10$。Fe 的交换劈裂未能使 $d_{\uparrow}$ 完全处于费米面之下，故 Fe 基合金中自旋相关电阻的不对称倾向常低于 Co，Ni。另一类自旋相关散射的来源是非本征的，这就是某种杂质或缺陷的自旋相关势 V_{σ}。例如，铁磁金属中的杂质 Cr，当 Cr 杂质溶于 Ni 时，Cr 的磁矩与基质 Ni 的磁化方向相反，呈反铁磁耦合，故自旋向上，与 Ni 的磁化同向的传导电子受到 Cr 杂质较大的排斥与散射；而自旋向下的电子则相反，与上述 Ni，Co 的本征性能不同，$\alpha=\rho_{\downarrow}/\rho_{\uparrow}<1$。因此，Fe，Co，Ni 中溶有不同的杂质金属元素时，杂质散射的自旋相关剩余电阻的不对称因子 $\alpha=\rho_{0\downarrow}/\rho_{0\uparrow}$ 可以大于或小于 1，如表 11.4[48] 所示。

表 11.4　一些稀释合金 AB（杂质）电阻的不对称因子 α

A \ B	Fe	Co	Ni	Cu	Au	Al	Mn	Cr	V	Mo	W	Ru
Fe		3.7	7			8.6	0.17	0.17	0.12	0.21	0.24	0.38
Co	12						0.8	0.3	1	0.7	0.84	0.22
Ni	11	13		3.7	5.9	1.7	6.3	0.2	0.45	0.28	0.4	0.15

11.9.6　多层膜巨磁电阻的机制

对金属（合金）多层膜巨磁电阻的理论解释，多建立在自旋相关散射的双电流模型的基础上，其中较简化而且图像较清楚的是等效电阻模型[65]。一般多层膜中各层厚度约为十到几十个埃，远小于电子自旋扩散长度，因而可以采用双电流模型。多层膜磁电阻的测试方法有两种：CIP，即电流沿膜面；CPP，即电流与膜面垂直。通常多采用 CIP。但电子的运动是混乱的，可穿越若干层，并经受层内及界面的散射，总电阻为电子经过各层的各个等效电阻的总和。一般情况下，这些等效电阻的相加是复杂的，但有两个极端情况较为简单。其一为当电子的平均自由程 λ 远大于各层厚度 t_F 及 t_N，见图 11.9.23（a）。在高磁场或铁磁耦合作用下，如图中 F，各磁层的 M_s 相互平行，两种自旋电子通道的电阻率可用下式表示：

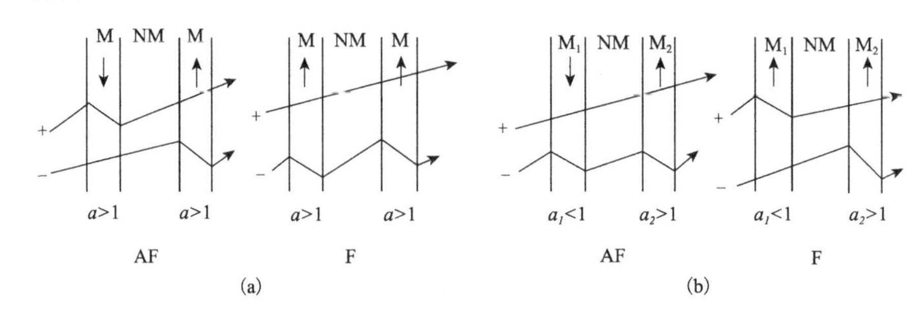

图 11.9.23 多层膜中自旋相关散射的示意图
+代表自旋向上的电子；一代表自旋向下的电子
(a) 正常巨磁电阻；(b) 逆巨磁电阻

$$\rho_{\uparrow}=\frac{\rho_{F\uparrow}t_F+\rho_N t_N}{t_F+t_N}$$

$$\rho_{\downarrow}=\frac{\rho_{F\downarrow}t_F+\rho_N t_N}{t_F+t_N} \tag{11.9.6}$$

式中，ρ_F 为铁磁层的自旋相关电阻率，ρ_N 为非磁层的与自旋无关的电阻率，t_F 及 t_N 为铁磁层及非磁层的厚度。为简单计，式（11.9.6）中未考虑界面散射的等效电阻。由于 $\rho_{F\uparrow}\neq\rho_{F\downarrow}$，故多层膜的 $\rho_{\uparrow}\neq\rho_{\downarrow}$，各磁层的 M_s 相互平行时（F）多层膜的总电阻率 ρ_F 便用下式表示：

$$\rho_F=\frac{\rho_{\downarrow}\rho_{\uparrow}}{\rho_{\uparrow}+\rho_{\downarrow}} \tag{11.9.7}$$

其中低电阻通道起了短路的作用，使饱和态或铁磁态下的多层膜处于低电阻状态。

当多层膜中磁层的 M_s，呈反平行排列时，若自旋↓的电子在 M_s 向下的磁层中为低电阻态，则当跨越到相邻的 M_s 向上的磁层中时会变为高阻状态。与此相似，自旋↑的电子从 M_s 向下的磁层跨越到 M_s 向上的磁层中时，其电阻从高阻态变为低阻态。这种情况类似于铁磁金属中高温下自旋混合的情况。两自旋电子通道的电阻相同，均为高阻及低阻态的平均值：

$$\overline{\rho_{\uparrow}}=\overline{\rho_{\downarrow}}=\frac{\rho_{\uparrow}+\rho_{\downarrow}}{2} \tag{11.9.8}$$

总电阻为两者并联，与式（11.9.3）相同，故各磁层的 M_s 相互反平行时（AF），多层膜的总电阻率 ρ_{AF} 为

$$\rho_{AF}=\frac{\rho_{\uparrow}+\rho_{\downarrow}}{4} \tag{11.9.9}$$

式（11.9.9）与式（11.9.7）相比，处于高电阻状态。于是多层膜的磁电阻比 MR 为

$$\mathrm{MR}=\frac{\rho_{\mathrm{F}}-\rho_{\mathrm{AF}}}{\rho_{\mathrm{AF}}}=\frac{-(\rho_{\uparrow}-\rho_{\downarrow})^2}{(\rho_{\uparrow}+\rho_{\downarrow})^2}=-\frac{(\alpha-1)^2}{(\alpha+1)^2} \tag{11.9.10}$$

可见，不论 $\alpha>1$ 或 $\alpha<1$，按传统的定义，磁电阻均为负值，且 MR 可达很大的数值。这就是巨磁电阻的两大特征。进一步的运算可有

$$\mathrm{MR}=-\frac{\left(\dfrac{1}{\alpha}-1\right)^2}{4\left(\dfrac{1}{\alpha}+\dfrac{t_{\mathrm{N}}}{t_{\mathrm{F}}}\dfrac{1}{\alpha_{\downarrow}}\right)\left[1+\dfrac{t_{\mathrm{N}}}{\dfrac{t_{\mathrm{F}}}{\alpha_{\downarrow}}}\right]} \tag{11.9.11}$$

式中，$\alpha_{\downarrow}=\rho_{\mathrm{F}}/\rho_{\mathrm{N}}$。式（11.9.11）说明磁电阻比不仅依赖于不对称散射因子 α，而且还依赖于各层的厚度。但 MR 与 t_{F} 及 t_{N} 的关系没有如此简单，当厚度 t 改变时，与平均自由程的比值也在改变，故需要用更严格的电子输运理论进行解释。然而对另一个极端情况，也可以简单理解。当平均自由程 λ 比多层膜中各层厚度短时，各等效电阻相互独立，这时，不论多层膜中各层 M_s 处于平行或反平行，其电阻均相同 $\rho_{\mathrm{AF}}=\rho_{\mathrm{F}}$，故磁电阻 $\mathrm{MR}=\dfrac{\rho_{\mathrm{F}}-\rho_{\mathrm{AF}}}{\rho_{\mathrm{AF}}}=0$。可以估计，介于两个极端情况之间时，多层膜的磁电阻有随层厚的增大而减小的趋势。

图 11.9.24 为 Fe/Cr 多层膜的 MR 对 t_{Cr} 的关系[66]，图中数据点为实验结果，实线为根据量子理论[67]的计算结果，计算中假设界面散射为主。多层膜中 MR 随 t_{Cr} 而迅速衰减是非磁层的短路作用及界面减少所致。图 11.9.25 为 M/Cu22Å/NiFe50Å/的 MR 比与铁磁层 M 厚度 t_{F} 的依赖关系[68]。图中 G_0 为多层膜的电导，ΔG 为反铁磁 AF 及铁磁 F 态间电导的变化，二者之比的倒数得到 MR 随 t_{F} 的关系。数据点分别表示 M 为 Fe，Co，FeNi 合金时的实验结果，实线为根据半经典理论[69]的计算结果。MR 随 t_{F} 先增后减是层内自旋相关散射随磁层变厚而增多及其短路作用相互竞争的结果。平均自由程与层厚之比随层厚增大而减小也是图中 MR 衰减的因素。

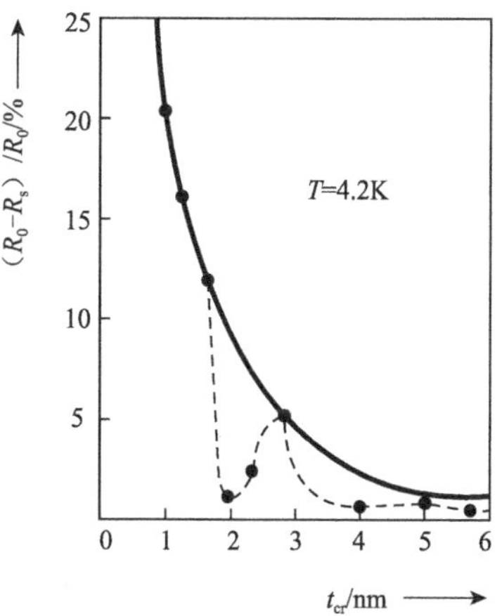

图 11.9.24　Fe（3nm）/Cr 多层膜中巨磁电阻与 Cr 层厚度的关系

实线为计算结果

图 11.9.23（b）为证明多层膜中双电流模型而设计的逆自旋阀的示意图。与通常的负值巨磁电阻的多层结构不同，在图 11.9.23（b）中非磁层 NM 的两侧，铁磁层 M_1 及 M_2 的不对称因子分别为 $\alpha_1<1$ 及 $\alpha_2>0$。这种特殊结构必然导致与通常多层膜相反的正磁电阻称为逆巨磁电

阻。一个逆巨磁电阻的实验结构为 Fe（12Å）/Cr（4Å）/Fe（12Å）/Cu（t）/Fe（15Å）/Cu（*t*）5[70]，其 M_1 由 Fe（12Å）/Cr（4Å）Fe（12Å）组成。已知 Fe/Cr 界面有强的不对称性，且$\alpha<1$，而相邻 Fe/Cu 界面的 $\alpha>1$，但总的效应使 $\alpha_1<0$。其另一侧 $\alpha_2>1$。因而观察到逆巨磁电阻 PGMR，其比值约 1%。

以上讨论了多层膜巨磁电阻的唯象理论——双电流模型，及巨磁电阻的简要机理。关于多层膜巨磁电阻的应用除本书介绍的外，还可参考文献[34]。就理论而言，完善的理论，尚未建立。基于不同考虑，虽然提出了唯象的、半经典的和量子的理论，也只能解释部分的实验事实。

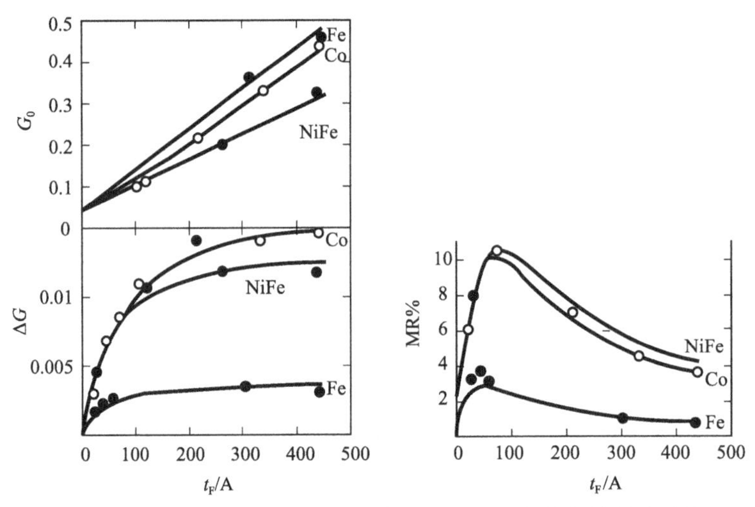

图 11.9.25 含不同磁性层的自旋阀的电导、电导变化的绝对值与磁电阻对磁层厚度的依赖关系

实验发现，并非所有的由铁磁膜和非磁膜构成的多层膜都具有巨磁电阻，也不是所有反铁磁耦合的多层膜，都会出现巨磁电阻。产生巨磁电阻的多层膜，至少应该满足三个条件：

(1) 在退磁状态下，相邻铁磁层的磁矩取向不平行，最好是反平行；在外磁场的作用下，相邻铁磁层的磁矩能实现从反铁磁排列到铁磁的转变。

(2) 电阻率与传导电子的自旋方向和磁层磁矩的取向与自旋方向是强关联的。即 $\rho_\uparrow \ll \rho_\downarrow$，或 $\rho_\uparrow \gg \rho_\downarrow$，就是说不对称因子 $\alpha \neq 1$。

(3) 在电流沿膜面（CIP）的模式下，传导电子的平均自由路程 λ 远大于各层厚度 t_F 和 t_N。

因此，巨磁电阻的理论，应至少能解释上述实验事实，就是说要能说明下述要点：①为什么在相邻磁层的磁矩取向发生改变时，电阻会发生如此大的变化。②为什么通过中间非磁层的媒介，相邻磁层的磁矩会产生反铁磁的层间耦合。③为什么这种层间耦合的强度随非磁层厚度的增加会出现振荡，此外还有温度，界面无序等对巨磁电阻的影响等。

习题

1. 动态磁化过程的特征是什么？用什么磁性参数来描述？试简要说明。

2. 解释磁黏滞性、老化、磁导率减落的意义？

3. 试述复数磁导率的定义，它的实部 μ' 和虚部 μ'' 的物理意义是什么？

4. 铁磁金属及多层结构中的巨磁电阻GMR的数值有两种描述方式，试分别用公式表述之。

5. 什么是旋磁性和铁磁共振？由式（11.5.22），试作 $\chi-H_e$ 曲线，并说明其物理意义（ω=常数）。

6. 磁有序物质与其他物性（电、光、热、力）的耦合现象大致有哪些？对每一种现象试举出一项用途来说明。

7. 为什么Q值是磁性材料性能的重要标志之一？在制备在高频弱场下应用的磁性材料时，要提高Q值应考虑哪些问题？

8. 把材料用于器件上，如果它的Q值不够高，可以用什么方法提高？所谓Q值不够高是什么意思？

9. 什么是趋肤深度？铁和铜用在同一频率时，哪一种材料的趋肤深度大？算出铁用在1MHz和10kHz时的趋肤深度之比。

10. 磁性材料有哪些损耗？在弱场下的这些损耗可以用什么公式表示？如何减小这些损耗？为什么硅钢需要轧成薄片使用，而铁氧体却不需要这样做？

11. 什么是磁谱？说明一个典型铁氧体磁谱的全貌。

12. 为什么铁氧体用于高频时会有频率的限制？怎样控制和提高材料的截止频率？

13. 有三个铁氧体材料的测试环，各绕线20匝，分别测得自感量如下表：

测试环	尺寸/cm			测得的自感量/mH
	外直径	内直径	高	
1	1.87	0.81	0.56	0.39
2	1.85	0.80	0.57	0.80
3	1.85	0.79	0.54	1.59

试计算各测试环的磁导率μ。

14. MnZn-2000铁氧体做成测试环，测得Q值为35；如做成罐形磁芯，测得Q值为70，这是为什么？算出这时罐形磁芯的有效磁导率，即器件磁导率。把这个磁芯开了一个气隙后，又测得Q值为250，这时的器件磁导率又是多大（三次测试用同一频率）？

15. 有三种铁氧体的环形样品，分别绕线n匝（见下表），用电桥在100千赫下分别测得各环的等效电阻和等效电感如下表所列，算出三种样品的 μ'，μ''，Q 和 $\tan\delta$。

样　品	尺寸/cm			n	R/Ω	L/mH
	外直径	内直径	高			
MnZn-4000	1.85	0.80	0.57	10	22.6	0.396
MnZn-2000	1.73	0.78	0.49	10	0.845	0.136
NiZn-400	1.76	0.76	0.50	20	0.85	0.132

16. 据目前所知，除强磁与非磁的多层薄膜中发现巨磁电阻效应外，还有哪些样品形态也出现巨磁电阻效应？试申述之。双电流模型是如何说明多层膜中的巨磁电阻效应的，试用简图作出说明。

参考文献

[1] 内山晋等．应用磁学．姜恩永译．天津：天津科学技术出版社，1983

[2] 波尔 R. 软磁材料．唐与湛，黄桂煌译．北京：冶金工业出版社，1985：83

[3] 北京大学物理系《铁磁学》编写组．铁磁学．北京：科学出版社，1976：7.5，7.6；戴道生．物质磁性基础．北京大学出版社，2016：248

[4] Williams H J，Shockley W，Kittel C. Phys . Rev. ，1950，80：1090

[5] 李荫远，李国栋．铁氧体物理学（修订本）．北京：科学出版社，1978：10.2

[6] O'Handley R C. Modern Magnetic Materials Principles and Applications. John Wiley 8 Sons，INC New York，2000：9.4

[6a] Pry R H，Bean C P. J. Appl Phys. ，1958，29：532

[7] 同 [1] 131 页

[8] 周文生．磁性测量原理．北京：电子工业出版社，1988：371—419

[9] 同 [3] 第一本参考书 7.10

[10] 同 [3] 第一本参考书 8.1—8.5

[11] Дорфман，Я Г. Магнитные свойства строение вещества. государственное изцательство технисо—теоретическойлитературы москва，1995：94

[12] LeCraw R C，Spencer E G. J. Phys. ，Soc. Jpn，17. supp. B1 1962：401

[13] 王会宗等．磁性材料制备技术．中国电子学会应用磁学分会，2004，185～191

[14] Guimares A. Magnetism and Magnetic Resonance in Solids. New York：wiley-Interscience，1998

[15] 钟文定（佛香）．高磁导率合金在不同热处理后的磁黏滞性．北京大

学物理系研究生毕业论文，1956

[16] Ewing J A. Phil. Trand.，1885，569：Proc. Rog. Soc.，1889，46：269

[17] Snoek J L. Physica，1938，5：663

[18] Street R，Woolley JC. Proc. Phys. Soc.，1949，A62：562

[19] Néel L. Ann. Geophys.，1949，5：99

[20] Tejada J，et al. Quantum relaxation in random magnets. Phys. Rev.，1993，B47 (12)：14977

[21] Barbara B et al. J. Magn. Magn. Mat.，1994，136：183

[22] 钟文定等．Dy $(Fe_{1-x}Ga_x)_2$ 中畴壁的内禀钉扎和宏观量子隧道效应．物理学报，1995，44 (9)：1516

[23] Wegrowe J-E，et al. Magnetiè after effect experiments at low temperature：linear response and quantum noise. Phys. Rev.，1995，B52 (5)：3466

[24] Oshea M J，et al. Evidence for quantum mesoscopic tunneling in rare-earth layers. J. Appl. Phys.，1994，76 (10)：6174

[25] Ibrahim M M，et al. Phys. Rev. B，1995，51 (5)：2955

[26] Snoek J L. New dvelopments in ferromagnetic materials. N. Y.：Elsevier，1947

[27] Braginsky A. Phys. Stat. Sol.，1965，11：S603 - 613

[28] Pascal P. Nouveau traité de chimite minérale. valXV11，1963，588

[29] Pecharsky V K，Gschneidner K A. Jr Giant magneto caloric effect in $Gd_5(Si_2Ge_2)$. Phys. Rev. Lett.，1997，78：4494

[30] Du T E，de Lacheisserie，Gignoux D，et al. Magnetism I-Fundamentals. Kluwer Academic Publichers，2002：351

[31] Du T E，de Lacheisserie. Magnetic properties and critical behaviour of $GdAl_2$：thermal expansion magnetization，magnetostriction and magnetocaloric effect. J. Magn. Magn. Mat.，1988，73：289

[32] Rouchy J，Morin P，Du T E，et al. Magnetic and magnetoelastic properties of GdZn single crystals. J. Magn. Magn. Mat.，1981，23：59

[33] Du T E，de Lacheisserie，Gignoux D et al. Magnetism I-Fundamentals. Kluwer Academic Publichers，2002：450

[34] 钟文定．技术磁学（下册）．北京：科学出版社，2009

[35] 翟宏如等．多层膜的巨磁电阻．物理学进展，1997，17 (2)：159

[36] Baibisch M N，et al. Giant Magnetoresistance of (001) Fe/ (001) Cr Magnctic Superlattices. Phys. Rev. Lett.，1988，61：2472；Binasch G，et al. Enhanced magnetoresistance in layered magnetic structures with antiferromagnetic interlayer exchange. Phys. Rev. B，1989，39：4828

［37］ Fert A，et al. Interlayer coupling and giant magnetoresistance in multilayers. Heinrich B Bland J A C. Ultrathin Magnetic Structures. In：Spring Verlag，Berlin Heidelberg，1994，Ⅱ：45

［38］ Parkin S S P. Giant magnetoresistance and oscillatory interlayer coupling in polycrystalline transition metal multilayers. In：Heinrich B，Bland J A C. Ultrathin Magnetic Structures. Spring Verlag，Berlin Heidelberg，1994，Ⅱ：148

［39］ Parkin S S P. Giant magnetoresistance. In：Pu F C，Wang Y J，Shang C H. Aspects of Modern Magnetism. World Scientific，1996：118；焦正宽，曹光旱．磁电子学．杭州：浙江大学出版社，2005

［40］ Tsui F，et al. Positive Giant Magnetoresistance in Dy/Sc superlattices. Phys. Rev. Lett.，1994，72：3087

［41］ Zhao H W，et al. 41st 3M Conference（1996）FS－07. J. Appl. Phys.，1997

［42］ Pakin S S P. Observation of spin structure related positive magnetoresistance in antiferromagnetically coupled magnetic multilayers. Appl. Phys. Lett.，1993，63：1987

［43］ Granberg P，et al. Magnetic and transport properties of epitaxial Fe/V（001）superlattice films. Phys. Rev. B.，1996，54：1199

［44］ Pippard A B. Magnetoresistance in Metals. Cambridge：Cambridge University Press，1989

［45］ Leverton W F，Dekker A J. Hall Coefficient and Resistivity of Thin Films of Antimony Prepared by Distillation；Hall Coefficient and Resistivity of Evaporated Bismuth Layers. Phys. Rev.，1950，80：732；1951，81：156

［46］ Babiskin J. Oscillatory Galvanomagnetic Properties of Bismuth Single Crystals in Longitudinal Magnetic Fields. Phys. Rev.，1957，107：981

［47］ Weiss H. IEEE Spectrum，Jan. 1986，75：Siemens 公司产品目录

［48］ Campbelland I A，Fert A. Transport Properties of Ferromagnets. In：Wohlfarth E P. Ferromagnetic Materials North Holland Publishing Co，1982，3：747

［49］ McGuire T R，Potter R I. Anisotropic magnetoresistance in ferromagnetic 3d alloys. IEEE MAGll，1975：1018

［50］ Gregg J F et al. Giant Magnetoresistive Effects in a Single Element Magnetic Thin Film. Phys. Rev. Lett.，1996，77：1580；Gijs M A M，et al. Giant Magnetoresistive Effects in a Single Element Magnetic Thin Film. Appl. Phys. Lett.，1995，66：1841

［51］ Parkin S S P，et al. Oscillations in exchange coupling and magnetoresistance in metallic superlattice structures : Co/Ru, Co/Cr, and Fe/Cr. Phys. Rev. Lett., 1990, 64 : 2304

[52] Parkin S S P, et al. Antiferromagnetic interlayer exchange coupling in sputtered Fe/Cr multilayers : Dependence on number of Fe layers. Appl. Phys. Lett., 1991, 58 : 1473

[53] Yan M L et al. Giant magnetoresistance in Fe/Ag multilayers and its anomalous temperature dependence. J. Appl. Phys., 1995, 74: 1816; Yu C T, et al. Giant magnetoresistance in Fe/Ag multilayers and its anomalous temperature dependence. Phys. Rev. B, 1995, 52 : 1123

[54] Jin Q Y, et al. Magnetic properties and interlayer coupling of Co/Al superlattices. J Magn Magn Mat, 1995, 565: 140—144

[55] Dieny B, et al. Magnetotransport properties of magnetically soft spin-valve structures. J. Appl. Phys, 1991, 69 : 4774; Dieny B, et al, Giant magnetoresistive in soft ferromagnetic. Phys. Rev. B, 1991, 43 : 1297

[56] Chaiken A, et al. A new measurement method for trap properties in insulators and semiconductors : Using electric field stimulated trap-to-band tunneling transitions in SiO_2. J. Appl. Phys., 1991, 70: 6864

[57] Berkowitz A E, et al. Giant magnetoresistance in heterogeneous Cu-Co alloys. Phys. Rev. Lett., 1992, 68 : 3745; John Q Xiao, et al, Giant magnetoresistance in nonmultilayer magnetic systems. Phys. Rev. Lett., 1992, 68: 3749

[57a] Liu A D, et al. Modeling the effect of interactions in granular magnetic films. J. Appl. Phys., 2001, 89 : 2861

[58] Jin S, et al. Thousandfold Change in Resistivity in Magnetoresistive La-Ca-Mn-O Films. Science, 1994, 264 : 413

[59] Piraux L, et al. Giant magnetoresistance in magnetic multilayered nanowires. Appl. Phys. Lett., 1994, 65 : 2484

[60] Miyazaki T, Tezuka N. J. Magn Magn Mat, 1995, 139: 231; Moodera J S, et al. Giant magnetic tunneling effect in $Fe/Al_2O_3/Fe$ junction. Phys. Rev. Lett., 1996, 74 : 3275

[61] Fujimori H, Mitani S, Ohnuma S. Mater. Sci. Eng. B, 1995, 31 : 219

[62] Garcia N, et al. Magnetoresistance in excess of 200% in Ballistic Ni Nanocontacts at Room Temperature and 100 Oe. Phys. Rev. Lett., 1999, 82 : 2923; Chopra H D, et al. 100, 000% ballistic magnetoresistance in stable Ni nanocontacts at room tempcraturc. Phys. Rev. B, 2002, 66 : 020423; Hua S Z, et aI. Phys. Rev. B, 2003, 67 : 060401

[63] Taylor G R, et al. Resistivity of Iron as a Function of Temperature

and Magnetization. Phys. Rev. 1968, 165 : 621; Coleman R V, et al. Magnetoresistance in Iron and Cobalt to 150 kOe. Phys. Rev. B, 1973, 8: 317

[64] Gillingham D M, et al. cond-mat/0303135

[65] Mathon J. Comtemp. Phys. , 1991, 32 : 143; Edwards D M, Muniz R B, Mathon J. A resistor network theory of the giant magnetoresistance in magnetic superlattices. IEEE MAG-27, 1991: 3548

[66] Gijs M A M, Okada M. Magnetoresistance study of Fe/Cr magnetic multilayers: Interpretation with the quantum model of giant magnetoresistance. Phys. Rev. B, 1992, 46 : 2908

[67] Zhang S F, Levy P M. Mat. Res. Soc. Proc. , 1992, 231 : 255

[68] Dieny B, et al. Magnetism and Structure in Systems of Reduced Dimension. In : Farrow R F C, et al. New York : Plenium Press, 1993: 279

[69] Camley R E, Barnas J. Theory of giant magnetoresistance effects in magnetic layered stuctures with antiferromagnetic coupling. Phys. Rev. Lett. , 1989, 63 : 664

[70] Tsang C, et al. Gigabit density recording using dual-element MR/inductive heads on thin-film disks. IEEE M A G, 1990, 26: 1689

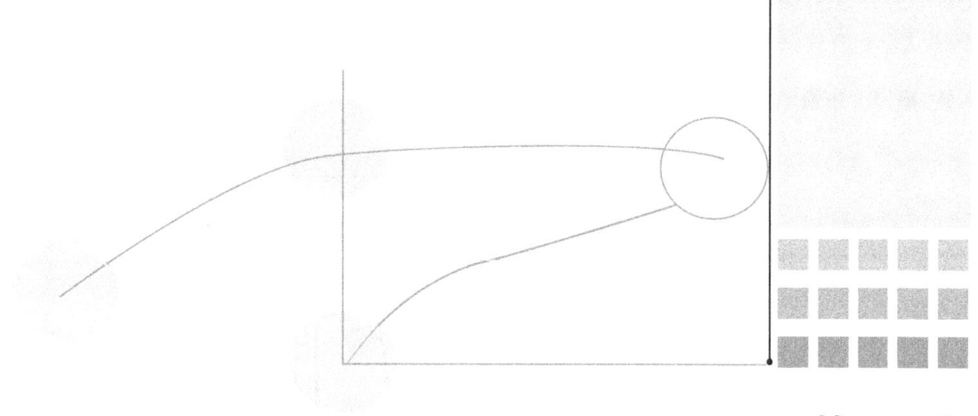

第 12 章
铁磁性的元磁化、磁宏观量子效应、纳米磁性、物质磁性和磁性材料的分类

强磁性来源于电子磁性的有序排列，许多电子的有序运动导致的宏观磁性的变化，在磁性材料内表现为畴壁的移动和（或）磁矩的转向（动），所以磁性改变的单元就是一块畴壁的移动和（或）一个单畴的转向（动），这就称为元磁化。研究它的特性具有基础性的意义，也是深入研究介观磁性、分子团磁性、纳米磁性所必然。

本章讨论元磁化、磁宏观量子效应，纳米磁性和磁性材料的分类等，实际上从基础到新现象，新磁性以及实际应用都涉及了。

12.1 元磁化：一块畴壁和一个单畴的电磁特性

12.1.1 导言

近代磁学起源于 20 世纪初，30 年代科学家对强磁性的来源才有了正确的认识。磁性材料由初期的少数的几种（Fe，Co，Ni 及其合金，Fe_3O_4）发展到最近的上千种（合金、半导体和绝缘体化合物的晶态纳米晶及非晶态）。材料的性能不断刷新，呈阶梯式的发展：最大磁能积每 12 年翻一番[1]（图 12.1.1）最大磁导率每 6 年翻一番，如图 12.1.2（a）所示。磁损耗每 8 年下降一半，如图(12.1.2（b）所示。磁记录密度每 2 年增加一倍（图 12.1.3)，磁各向异性常数由 $10J\cdot m^{-3}$提高到 $17.2MJ\cdot m^{-3}$，矫顽力由 $0.1A\cdot m^{-1}$量级提高到 $1MA\cdot m^{-1}$量级，磁致伸缩系数由 10^{-7}量级提高到 10^{-3}量级，磁电阻变化由 1%提高到 100%的量级，磁阻抗也提高很多。但是饱和磁化强度和居里温度的最高值 100 年来却没有进展，仍是 2.45T（$\alpha-Fe_{65}Co_{35}$）和 1388K（FCC 的 Co)。

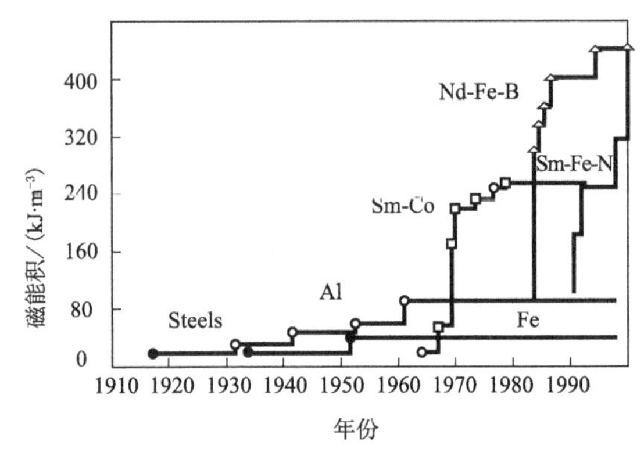

图 12.1.1　1900 年以来磁能积的进展

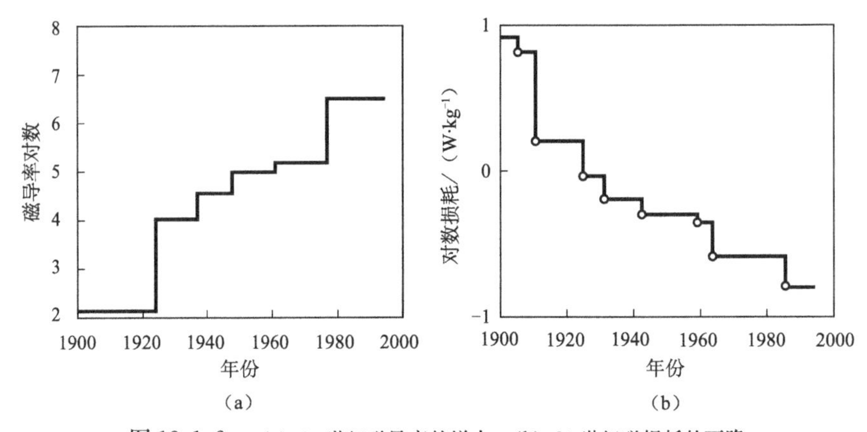

图 12.1.2　(a) 20 世纪磁导率的增大；(b) 20 世纪磁损耗的下降

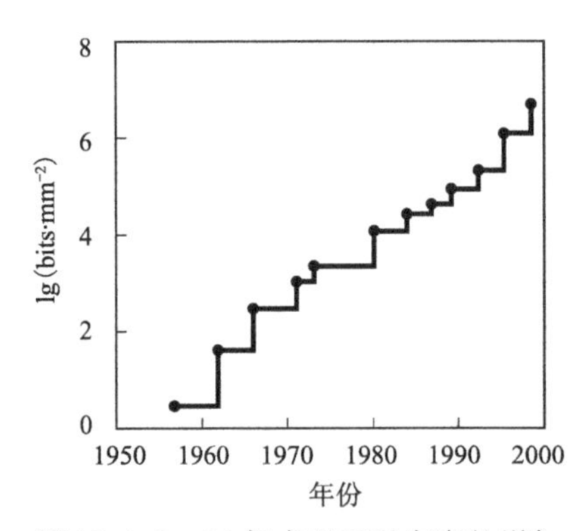

图 12.1.3　50 年来磁记录密度的增加

毫无疑问，21 世纪的磁学和磁性材料仍会有很大发展，预计饱和磁化强度和居里温度会突破上述最高值，而且将发现在 500℃下仍能使用的永磁体，各种技术性能也将继续提高等，这类问题本章不作讨论，本章首要讨论的是 21 世纪磁性材料的应用基础有什么新的形式。

众所周知，磁性材料在应用时和/或应用前后都要连续或断续地使用外磁场，导致材料的磁状态发生变化。这种变化是由材料内的畴壁移动和/或磁矩改变方向达到的，所以**畴壁移动和磁矩转向是材料应用的普遍的物理基础**。一般材料内的畴壁移动和/或磁矩转向都是集体行为，集体行为方式的不同，表现为技术性能的差异，这是20世纪技术磁化理论研究的主题。如果材料内只有一块畴壁或者只有一个磁畴，它的行为方式如何？有何特点？这个称为元磁化的特性是需要研究的课题，也是21世纪磁性材料应用的基础，或者说是磁性材料应用基础的新形式。下面讨论一块畴壁移动引起的电、磁特性和一个磁畴内的磁矩的变化特性。这种研究的意义一方面是满足理论发展和实验技术进步的要求（过去因仪器测量灵敏度的限制无法测量元磁化的性质，现在有了灵敏度极高的微型SQUID，且与样品密切耦合（图12.1.4））；另一方面是满足信息技术和纳米科技（元件的小型化、信息传输、存储的可靠性和信息量的增大等）的要求。

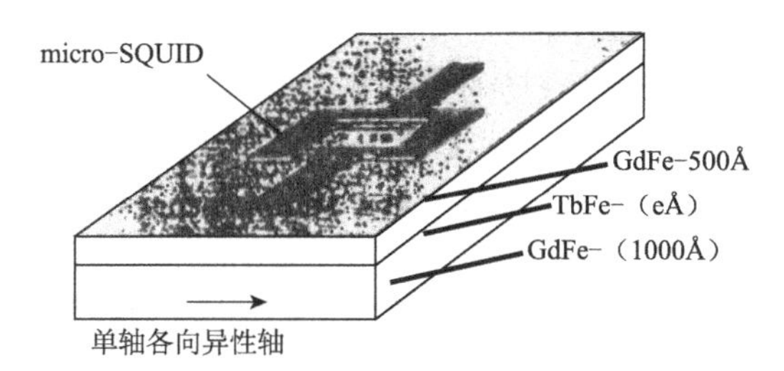

图12.1.4　测量一块畴壁移动的微型SQUID与样品的耦合示意图

12.1.2　一块畴壁移动的特性

1. 保证只有一块畴壁运动的条件

欲使样品内只产生一块畴壁并研究其移动特性的条件是：①非常均匀，没有任何缺陷和晶界；②样品侧面的尺寸与单畴半径的尺寸相当；③居里点在室温以上且饱和磁化强度尽可能大，以提高测量灵敏度；④样品内有一人工的势垒区，以实现对畴壁的阻碍；⑤样品为单轴各向异性，各向异性轴在平面内，以便产生180°畴壁，使其移动方向与畴壁平面垂直。经综合考虑，认为非晶态的三明治膜$Gd_{62}Fe_{38}$（1000Å）/$Tb_{55}Fe_{45}$（e）/$Gd_{62}Fe_{38}$（500Å）便符合上述条件，$e=3\sim15$Å，其尺寸示意如图12.1.5所示。$Gd_{62}Fe_{38}$和$Tb_{55}Fe_{45}$的居里温度相近（～325K），Gd，Tb的原子的大小和化学性质相同，都与Fe形成异质同形的非晶合金以保证结构的连续性。它们都具有面内的单轴各向异性，但Tb的磁各向异性常数比Gd大3个数量级，故TbFe层可阻碍畴壁的移动。$Gd_{62}Fe_{38}$的$M_s=1400\times10^3\,A\cdot m^{-1}$（1400G），畴壁厚度约为650Å。$Gd_{62}Fe_{38}$（1000Å）内的畴壁形核场$H_{nl}$为$18\times10^3\times(4\pi)^{-1}\,A\cdot m^{-1}$，而$Gd_{62}Fe_{38}$（500Å）内的畴壁形核

场 H_{n2}为 $60\times10^3\times(4\pi)^{-1}A\cdot m^{-1}$，故可在 $18\times10^3\times(4\pi)^{-1}A\cdot m^{-1}\leqslant H<60\times10^3(4\pi)^{-1}A\cdot m^{-1}$间研究一块畴壁的运动状况。

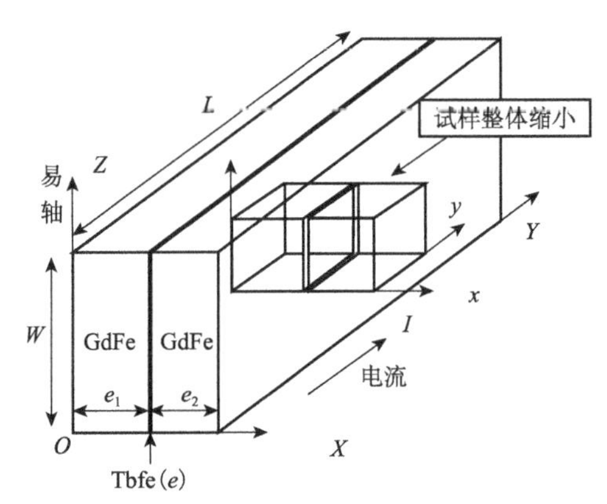

图 12.1.5 研究一块畴壁移动的样品形状及电流方向的坐标

2. 一块畴壁移动的静磁特性

一块畴壁移动时，由于外磁场的变化方式不同，通常会出现三种类型的磁滞回线，图 12.1.6 便是外磁场沿 OZ 时（图 12.1.5），GdFe（1000Å）/TbFe（4.5Å）/GdFe（500Å）在 15K 下的这些回线。

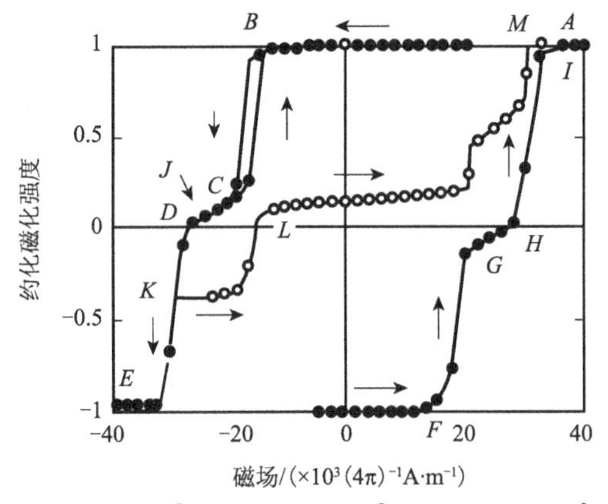

图 12.1.6 GdFe（1000Å）/TbFe（4.5Å）/GdFe（500Å）三明治膜在 15K 下的三类回线。外磁场沿图 12.1.5 的 OZ 轴

第一类回线为具有台阶的准矩形回线。磁场变化方式为 $+1000\times10^3\times(4\pi)^{-1}A\cdot m^{-1}\rightleftharpoons-1000\times10^3\times(4\pi)^{-1}A\cdot m^{-1}$。当磁场自 $+1000\times10^3\times(4\pi)^{-1}A\cdot m^{-1}$逐渐下降至 $-18\times10^3\times(4\pi)^{-1}A\cdot m^{-1}$前，样品的磁化强度始终是饱和的（由 $A\rightarrow B$）。磁场到达 $H_{n1}=-18\times10^3\times(4\pi)^{-1}A\cdot m^{-1}$时，在 GdFe（1000Å）膜内产生了一块畴壁，并且发生移动，这时磁化强度便急剧下降至 C 点。磁场继续在反方向增加时，GdFe（1000Å）膜内的畴壁受 TbFe 层阻挡，使

畴壁“压缩”而变薄，导致磁化强度变化很小，图中的 $C \rightarrow D$ 段为畴壁受压缩的阶段。当磁场在反向增至 $-30 \times 10^3 \times (4\pi)^{-1} \mathrm{A \cdot m^{-}}$ 时（称为传播场 H_p），畴壁越过 TbFe 层而到达 GdFe（500Å）层，相应的磁化强度便下降很快，最后达到 $-M_s$ 的 E 点，以上是磁场由 $+1000 \times 10^3 \times (4\pi)^{-1} \mathrm{A \cdot m^{-1}} \rightarrow -1000 \times 10^3 \times (4\pi)^{-1} \mathrm{A \cdot m^{-1}}$ 的磁滞回线下降一支的情况。当磁场由 $-1000 \times 10^3 \times (4\pi)^{-1} \mathrm{A \cdot m^{-1}} \rightarrow +1000 \times 10^3 \times (4\pi)^{-1} \mathrm{A \cdot m^{-1}}$ 时，磁化强度随磁场变化的磁滞回线的上升一支曲线与上述下降一支的曲线对称，即图 12.1.6 中的 F，G，H，I，各点，分别与 B，C，D，E 各点对称。这类回线显然对永磁性能很有利。

第二类回线为坚直偏置回线。磁场变化方式为 $+1000 \times 10^3 \times (4\pi)^{-1} \mathrm{A \cdot m^{-1}} \rightleftharpoons -24 \times 10^3 \times (4\pi)^{-1} \mathrm{A \cdot m^{-1}}$。当磁场从饱和场变化到畴壁受压缩的阶段时，即图 12.1.6 中 C，D 之间的某一点 J $[-24 \times 10^3 \times (4\pi)^{-1} \mathrm{A \cdot m^{-1}}]$ 时，就将磁场去掉的话，则磁化强度几乎可逆地回到起始的饱和态。形成一条偏置的竖直回线，它与铁磁—反铁磁界面交换各向异性产生的偏置回线类似，但这里是由于畴壁脱离压缩，直至最后消失造成的。这种现象对制作传感器器件极为有利。

第三类回线为平台偏置回线。磁场变化方式为 $+1000 \times 10^3 \times (4\pi)^{-1} \mathrm{A \cdot m^{-1}} \rightleftharpoons -28 \times 10^3 \times (4\pi)^{-1} \mathrm{A \cdot m^{-1}}$。这类回线可看成是由前俩类回线构成的。当磁场由 $+1000 \times 10^3 \times (4\pi)^{-1} \mathrm{A \cdot m^{-1}}$ 变到 $-28 \times 10^3 \times (4\pi)^{-1} \mathrm{A \cdot m^{-1}}$（图 12.1.6 中的 K 点）时，畴壁的一部分已通过 TbFe 层的能垒，另一部分则仍未通过。这时若将磁场后退（绝对值减少），则未通过能垒的那一部分畴壁便脱离压缩而扩展直至消失，从而得到图 12.1.6 的 KL 线段。当磁场继续减小到零并在正方向增加时，畴壁又重新形核、受压缩、然后传播直至消失，从而得到图 12.1.6 的 LM 线段。

关于 GdFe（1000Å）/TbFe（e）/GdFe（500Å）中畴壁在外场作用下形核、压缩、传播的情况可参看图 12.1.7 的图解。

3. 一块畴壁移动的磁电阻特性

强磁性物质内，因有自发磁化的磁矩存在，其电阻与磁矩的方向有关，出现各向异性磁电阻。设磁矩方向与测量电阻时的电流方向之间的角度为 θ，则电阻率 $\rho(\theta) = \rho_{\perp} + \Delta\rho\cos^2\theta$，$\Delta\rho = \rho_{/\!/} - \rho_{\perp}$。式中 $\rho_{/\!/}$ 为电流与磁矩平行或反平行时（纵向）的电阻率，$\rho_{\perp}$ 为电流与磁矩垂直时（横向）的电阻率。在 GdFe（1000Å）/TbFe（e）/GdFe（500Å）的样品中。若测量电阻时的电流方向沿 OY 轴（图 12.1.5），外磁场方向沿 OZ 轴正向或反向，则测得的电阻率便为 $\rho(\theta)$。当磁场很强或足以便样品饱和磁化时 $\rho(\theta=90) = \rho_{\perp}$，当磁场不是很强或样品内出现畴壁时 $\rho(\theta) = \rho_{\perp} + \Delta\rho\cos^2\theta$，因此测量样品的电阻变化，便可推知样品内的磁矩分布状态，包括畴壁的产生、传播和压缩。

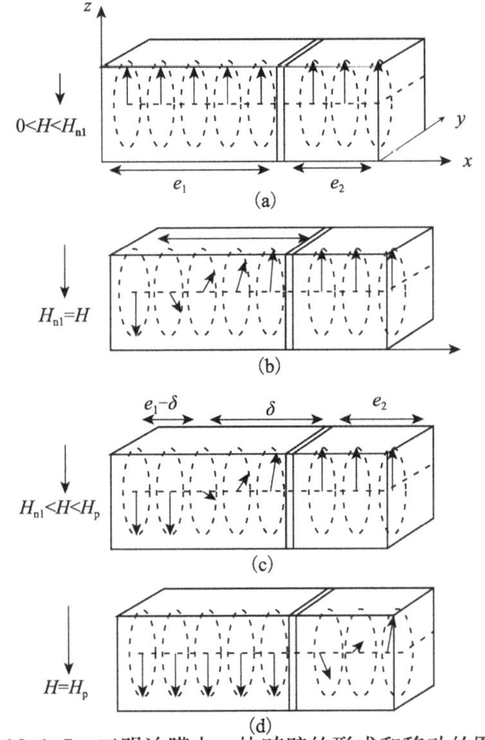

图 12.1.7 三明治膜内一块畴壁的形成和移动的图解

(a) 样品饱和；(b) 一块畴壁的形成；(c) 畴壁受压缩；

(d) 畴壁越过阻挡层的传播示意图

图 12.1.8 是 GdFe（1000Å）/TbFe（15Å）/GdFe（500Å）样品在 60K 下的横向电阻（电流与磁场垂直）随外磁场的变化，电阻的变化用饱和态的电阻归一化。由图可见，A 点电阻最小，因为这时样品处于饱和态，所有的磁矩都与磁场平行，而电流是与磁场垂直的，故测得的电阻为 $R_\perp$，电阻率为 $\rho_\perp$。当磁场由饱和值逐渐减小时（曲线的 AB 段），电阻基本不变，因为样品内仍保持着饱和态。当磁场接近 H_{n1}（$\approx -18\times10^3\times(4\pi)^{-1}\,\mathrm{A\cdot m^{-1}}$）时电阻急剧增大，并在 H_{n1} 时达到最大值 C 这是因为此时的样品内出现了畴壁的形核和移动，由于畴壁内的磁矩方向不完全与电流垂直，而是有一角度 $\theta(x)$，故根据上面电阻率 $\rho(\theta)\rho_\perp+\Delta\rho\cos^2\theta$ 的公式，样品的电阻随畴壁的出现而增大，直到畴壁移动时达到最大。此后电阻便逐渐减小直至回到磁矩的饱和态：由 C 到 D 电阻的慢慢下降是由于畴壁移动受到 TbFe 层的阻挡而被“压缩”（畴壁厚度变薄，即畴壁的原子平面数目减少），使壁内的原子数目逐渐减少；由 D 到 E 电阻的急剧下降是由于畴壁完全通过了 TbFe 的阻挡层并且到达 GdFe（500Å），这时样品的磁矩方向逐渐与外磁场平行（在 $-OZ$ 方向），最后到达负方向的饱和，即所有磁矩又都与电流垂直，畴壁消失，电阻率又回到 $\rho_\perp$。D 点的磁场就是畴壁的传播场

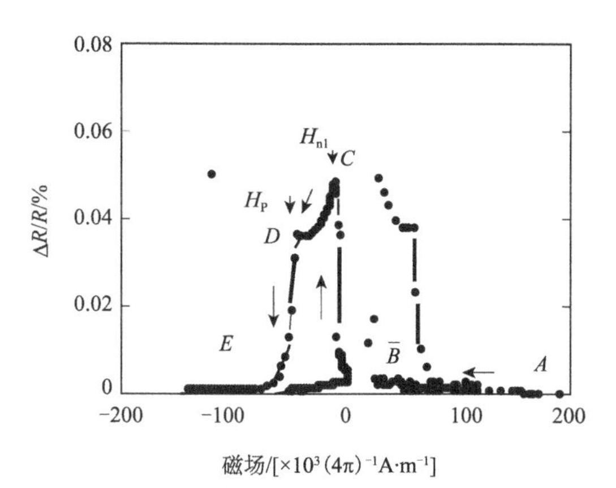

图 12.1.8 GdFe（1000Å）/TbFe（15Å）/GdFe（500Å）样品
在 60K 下的横向电阻随外磁场的变化

H_p（T），即此样品的 H_p（60K）$\approx 50\times10^3\times(4\pi)^{-1}\mathrm{A\cdot m^{-1}}$，根据单轴各向异性的 180°畴壁内，磁矩方向逐渐改变的简单模型，可算出一块畴壁的电阻率。设一块畴壁由 n 层原子平面组成，每一层平面上的原于磁矩都指向同一方向，不同原子平面的磁矩方向彼此不同，但近邻两层间原子磁矩的夹角相同，在厚度为 δ 的 180°畴壁内，原子磁矩方向是随 x 变化的（图 12.1.5 和图 12.1.7），因此原子磁矩与电流方向之间的夹角 θ 也随 x 变化，所以，长度为 L 宽和厚度分别为 W 和 δ 的一块畴壁，电阻 R 的倒数为

$$\frac{1}{R}=\frac{W}{L}\int_0^{\delta}\frac{\mathrm{d}x}{\rho(x)} \tag{12.1.1}$$

式中，$\rho(x)=\rho_{\perp}+\Delta\rho\cos^2\theta\ (x)$，$\frac{\mathrm{d}x}{\mathrm{d}\theta}=\frac{\delta}{\pi}$，$\theta=\frac{\pi}{\delta}x$（电流与磁场平行），或$\theta=\frac{\pi}{2}-\frac{\pi}{\delta}x$（电流与磁场垂直）由于前已假设畴壁内的原子磁矩方向的改变沿 x 均匀分布，且 $\rho\ (x)$中含有 $\cos^2\theta\ (x)$ 项，故无论电流与磁场平行或垂直，一块畴壁的电阻倒数都为

$$\begin{aligned}\frac{1}{R}&=\frac{W}{L}\int_0^{\delta}\frac{\mathrm{d}x}{\rho_{\perp}+\Delta\rho\cos^2\theta(x)}\\&=\frac{W}{L}\frac{1}{\rho_{\perp}}\int_0^{\delta}\frac{\mathrm{d}x}{1+\dfrac{\Delta\rho}{\rho_{\perp}}\cos^2\theta(x)}\end{aligned} \tag{12.1.2}$$

利用积分公式

$$\int\frac{\mathrm{d}u}{a^2\cos^2u+\mathrm{b}^2\sin^2u}=\int\frac{\mathrm{d}u}{b^2+(a^2-b^2)\cos^2u}=\frac{1}{\mathrm{ab}}\arctan\left(\frac{\mathrm{btan}u}{a}\right)+c$$

对式（12.1.2）积分并整理后得

$$R=\frac{\mathrm{L}\rho_{\perp}}{W}\sqrt{1+\frac{\Delta\rho}{\rho_{\perp}}}\ \frac{1}{\delta}=\frac{\sqrt{\rho_{/\!/}\rho_{\perp}}}{W\delta} \tag{12.1.3}$$

在 GdFe（e_1）/TbFe（e）/GdFe（e_2）的三层样品内，$e \ll e_1$ 和 e_2，而且样品内已形成了畴壁，样品的电阻 R^{tol} 可看成是三部分电阻的并联：厚度为 δ 的畴壁的电阻，厚度为 $e_1-\delta$ 的 GdFe（$e_1-\delta$）层的电阻，以及 GdFe（e_2）层的电阻。当电流与磁场垂直时这三部分电阻并联为

$$
\begin{aligned}
\frac{1}{R_{\perp}^{\text{tol}}} &= \frac{1}{R} + \frac{W(e_1-\delta)}{L\rho_{\perp}} + \frac{We_2}{L\rho_{\perp}} \\
&= \frac{W\delta}{L\sqrt{\rho_{/\!/}\rho_{\perp}}} + \frac{W(e_1-\delta+e_2)}{L\rho_{\perp}} \\
&= \frac{1}{R_0}\left[1+\left(\frac{\delta}{e_1+e_2}\right)\left(\sqrt{\frac{\rho_{\perp}}{\rho_{/\!/}}}-1\right)\right]
\end{aligned} \tag{12.1.4}
$$

式中，$\frac{1}{R_0} \equiv \frac{W\ (e_1+e_2)}{L\rho_{\perp}}$，由式（12.1.4）可知，$\frac{1}{R_{\perp}^{\text{tol}}}$ 随壁厚 δ 增大，所以，畴壁出现时电阻的变化急剧增大，畴壁消失时电阻的变化急剧减小，畴壁逐渐受压缩变薄时，电阻的变化慢慢减小，这些结果与图 12.1.8 的实验完全一致。

4. 一块畴壁移动的动力学特性

磁性元器件为了满足可靠性的要求和具有抗干扰的本领，需要研究其动力学特性，即研究温度、时间、磁场变化速率对磁性的影响及在这种影响下的概率。强磁物质的静态特性，诸如矫顽力、剩磁、磁导率、磁化强度等都是一个确定的数值，但是在动力学中，特别是在量子力学的范畴内，它们都具有概率的性质，比如对某一固定材料而言，其矫顽力 $H_c=A$ 的概率占多少，$H_c=B$ 的概率又占多少等。

1）一块畴壁的传播场 H_p 与温度和磁场变化速度的关系

图 12.1.9 为 GdFe（1000Å）/TbFe（2Å）/GdFe（500Å）样品内一块畴壁通过 TbFe（2Å）势垒的传播场 H_p 和形核场 H_{n1} 随温度的变化（磁场变化速率分别保持在 $25\text{mT}\cdot\text{s}^{-1}$ 和 $0.05\text{mT}\cdot\text{s}^{-1}$）由图可见随着温度的升高，$H_p$ 直线下降，但形核场 H_{n1}，的变化不大。图 12.1.10 为同一样品的 H_p 在几个温度下随磁场变化速率 v 的演变，由图中可见，随着温度的升高，H_p 随 v 增加的趋势愈来愈明显，上述实验结果可表示为

$$
H_p\ (T,\ v)\ = H_p^0\left\{1-\left[\frac{kT}{E_0}\ln\left(\frac{cT}{v\varepsilon^{\alpha-1}}\right)\right]^{-1/\alpha}\right\} \tag{12.1.5}
$$

式中，$C=\frac{kH_p^0}{\tau_0 E_0 \alpha}$，而势垒与外场的关系为 $E=E_0\left(1-\frac{H}{H_p^0}\right)^{\alpha}=E_0\varepsilon^{\alpha}$。$\varepsilon=1-\ (H/H_p^0)$，$\alpha=3/2$ 或 2，E_0 为零磁场时的或内禀的势垒高度（由样品自身的各向异性、结构不完整等产生），H_p^0 为势垒消失时的传播场，τ_0 为尝试频率的倒数，k 为玻耳兹曼常量。

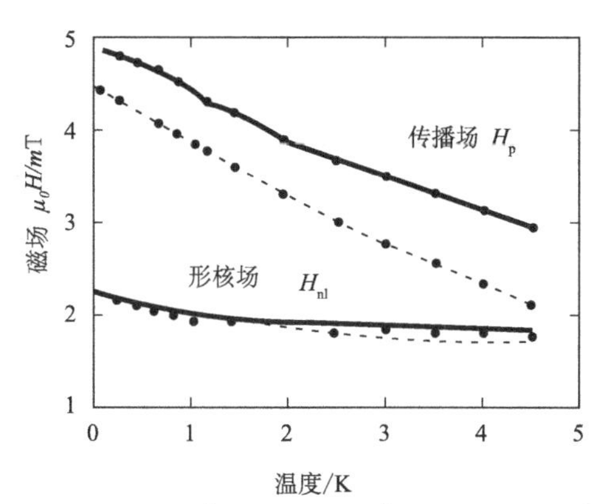

图 12.1.9　GdFe（1000Å）/TbFe（2Å）/GdFe（500Å）样品内一块畴壁通过 TbFe（2Å）势垒的传播场 H_p 和形核场 H_{n1} 随温度的变化，磁场变化速率为 25mT · s^{-1}（实线）和 0.05mT · s^{-1}（虚线）

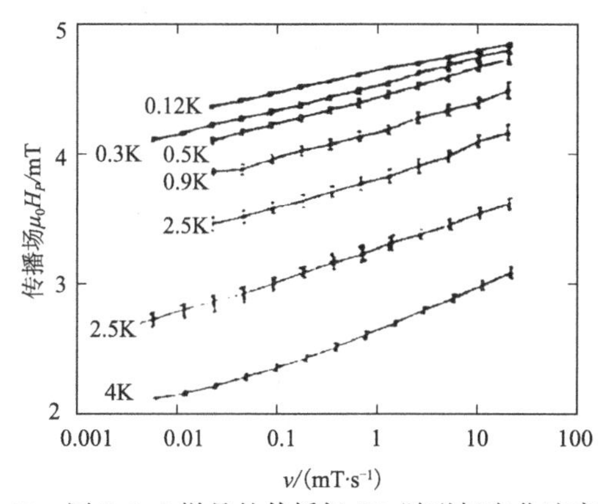

图 12.1.10　图 5.1.9 样品的传播场 H_p 随磁场变化速率 v 的演变

图 12.1.11 为 GdFe（1000Å）/TbFe（e）/GdFe（500Å）样品的传播场随 TbFe 层厚度 e 和温度的变化，可见 H_p 与 e 的关系并不是线性地增大。

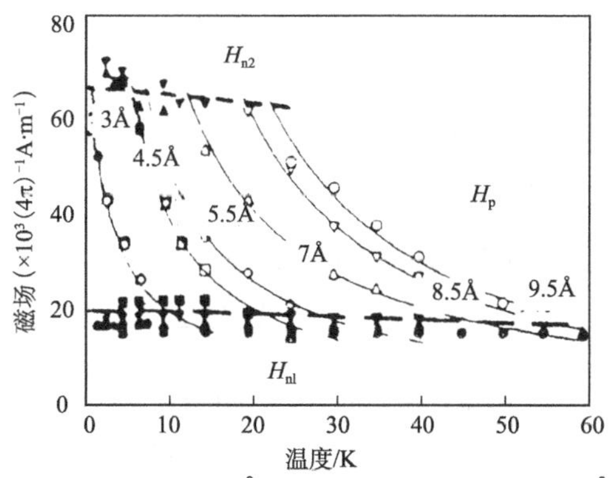

图 12.1.11　GdFe（1000Å）/TbFe（e）/GdFe（500Å）样品传播场 H_p 随 TbFe 层厚度 e 和温度的变化

2）一块畴壁移动导致的磁化强度随时间的变化

欲测量一块畴壁移动导致的磁化强度随时间的变化，需将样品的磁状态由饱和态变至某一磁场 H 下的状态，然后观测在此磁场 H 下的磁化强度随时间的变化 M（t）。注意磁场必须小于传播场 H_p，但也不能小得太多，否则观测时间费时很长也得不到结果。

图 12.1.12 为 GdFe（1000Å）/TbFe（3Å）/GdFe（500Å）样品在 3K 下外磁场 H 分别为 41～47×10³（4π）⁻¹A·m⁻¹时磁化强度随时间的变化 M（t）。因该样品在 3K 下的传播场 H_p＝47×10³×（4π）A·m⁻¹，故 M（t）曲线在愈接近 47×10³×（4π）⁻¹A·m⁻¹的磁场时，便随时间变化愈快。

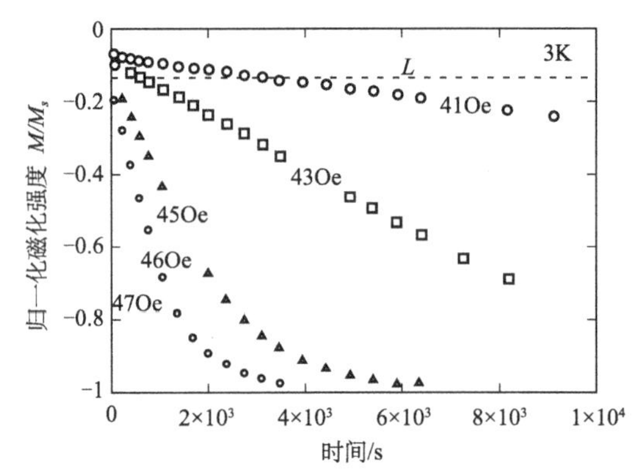

图 12.1.12　GdFe（1000Å）/TbFe（3Å）/GdFe（500Å）样品在 3K 时的不同外场下，磁化强度随时间的变化 M（t），水平线 L 为开始的磁化强度 M_i

定义约化磁化强度 B（t）为

$$B(t)=\frac{M(t)+M_s}{M_i+M_s} \tag{12.1.6}$$

式中，M_i 为测量开始时的磁化强度，故 $M(t=0)=M_i$，由式（12.1.6）可得 $t=0$ 时，$B(t=0)=1$；t 的值很大，使 $M(t)=-M_s$ 时，$B(t)=0$。因此 B（t）便代表畴壁未通过势垒的概率。图 12.1.13（a）～（c）便是GdFe（1000Å）/TbFe（3Å）/GdFe（500Å）样品分别在 3K、4K、5K 下的 B（t），这些曲线都可用 $B(t)=\exp(-\Gamma t)$ 来描述，只是迁移频率 Γ 的值在拟合时与温度和外磁场有关而已。表 12.1 为不同磁场和三个温度下的 Γ 值。

表 12.1　GdFe（1000Å）/TbFe（3Å）/GdFe（500Å）样品在三个温度和不同磁场下的迁移频率 Γ

T/K	3					4						5					
H/（×10³(4π)⁻¹A·m⁻¹）	47	46	45	43	41	40	39	38	37	36	34	34	33	32	31	30	28
Γ/（×10⁻⁴s⁻¹）	18.8	9.52	5.92	1.45	0.385	50	28.6	13.3	6.25	2.86	0.4	77	40	19	8.5	4.03	0.71

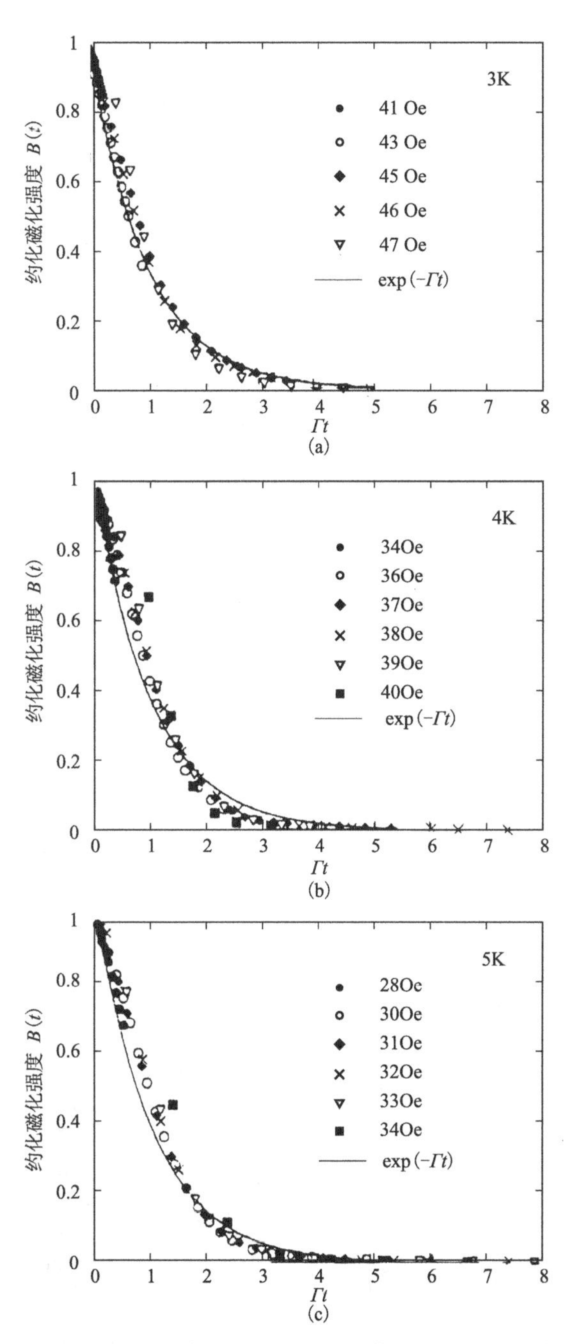

图 12.1.13 GdFe（1000Å）/TbFe（c）（3Å）/GdFe（500Å）样品的约化磁化强度随时间的变化分别在不同磁场和温度（a）3K，（b）4K 和（c）5K 下，Γ 的值见表 12.1

5. 亚微米结中畴壁的磁电阻[5]

前面谈及三明治膜中出现一块畴壁，对电阻和磁性的影响，类似的情况在亚微米的十字结中也能观测到。在 Au（30Å）/$Ni_{80}Fe_{20}$（300Å）/GaAs（100）连续膜上用电子束光刻法，刻出两根相互垂直的、长度固定为 200μm，宽度 W=0.2，0.5，1，2，5 和 10μm 的一组样品，显然在两根线垂直交叉处形成一个结。由于 $Ni_{80}Fe_{20}$ 合金的畴宽约为 1μm，因此宽度尺寸大的样品内可出现几个磁畴，而宽度为 0.5μm 以下的样品便为单畴。但是在一定磁场下，宽度<0.5μm 的“结”的周围也还会出现畴壁。“结”自身的磁矩方向不再与直线平行而是成－45°的对角线。图 12.1.14 为室温下 0.5μm 的结的纵向磁电阻（电流与磁场平行）随外磁场的变化及其相应的磁状态的图解。当磁场从$-600\times10^3\times(4\pi)^{-1}\mathrm{A\cdot m^{-1}}\rightarrow0$ 时，磁电阻没有变化（图 12.1.14）中的 A，B 点），而磁场由 0 增至 H_c 时，磁电阻急剧下降（图 12.1.14 中的 C 点），这是因为“结”的磁矩转了 45°和“结”的周围出现了畴壁。以后磁场由 H_c 增至$+600\times10^3\times(4\pi)^{-1}\mathrm{A\cdot m^{-1}}$时（图 12.1.14 中的 D 点），磁电阻又出现了一次跳跃，也是因为“结”的磁矩又转了 45°和“结”周围的畴壁消失了。以上是磁场由$-600\times10^3\times(4\pi)^{-1}\mathrm{A\cdot m^{-1}}\rightarrow+600\times10^3\times(4\pi)^{-1}\mathrm{A\cdot m^{-1}}$的磁电阻变

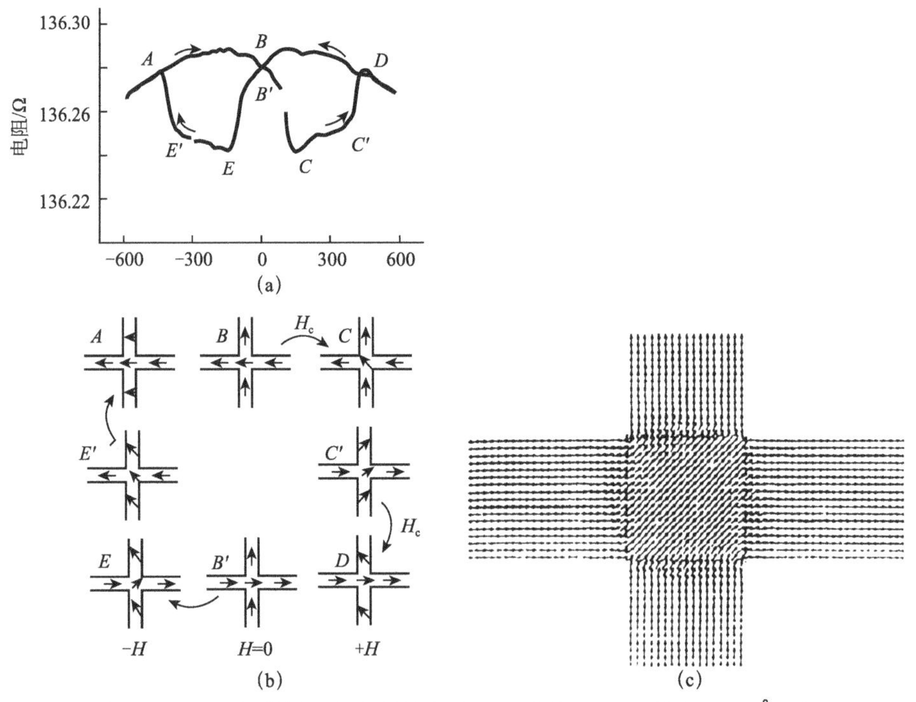

图 12.1.14 两根相互垂直的长为 200μm 宽为 0.5μm 的 Au（30Å）/$Ni_{80}Fe_{20}$（300Å）/GaAs（100Å）样品结的纵向磁电阻（a）和相应的磁状态（b），以及结周围的磁化分布细节（c）

化及其相应的磁状态改变 A，B，C，C'，D。若磁场作相反变化，则得到与上述曲线各点对称的 D，B'，E，E'，A。由于亚微米“结”中磁矩方向的改变及“结”周围畴壁的出现和消失都将引起磁电阻的突变，因此这种特性可作为传感和控制元件及其他器件。

12.1.3 一个单畴粒子内磁状态变化的特性

1. 一个单畴的产生和测量[6]

单畴的概念在 20 世纪的 30 年代就已提出，由单畴和多畴的能量对比，可粗略估计出单畴的尺寸。其反磁化的理论（Stoner-Wahlfarth 模型）在研制开发永磁材料方面起了很大的作用。但是由于实验技术的限制，过去都是用单畴集合体的实验结果与理论进行比较，有些因素（如粒子形状、分布、粒子间相互作用等）无法严格界定，导致理论与实验的对比不很严密。近几年来应用电子束光刻法（electronbeam lithography）或电化学方法可以制出直径 15～30nm，厚度 6～50nm 的一个椭圆的纳米磁体，其表面非常光洁，粗糙度只有 2 个原子层。这是一个单畴粒子（individual single-domain particle），用最高灵敏度（磁矩灵敏度 $9.27\times10^{-20}\,\mathrm{Am^2}\approx9.27\times10^{-17}\,\mathrm{emu}$，磁通灵敏度 $2\times10^{-19}\,\mathrm{Wb}$）的直流量子干涉器件（DC-SQUID）便可测量这一个单畴粒子的磁性。图 12.1.15 为微型量子干涉器件的探头与被测样品的电镜图。

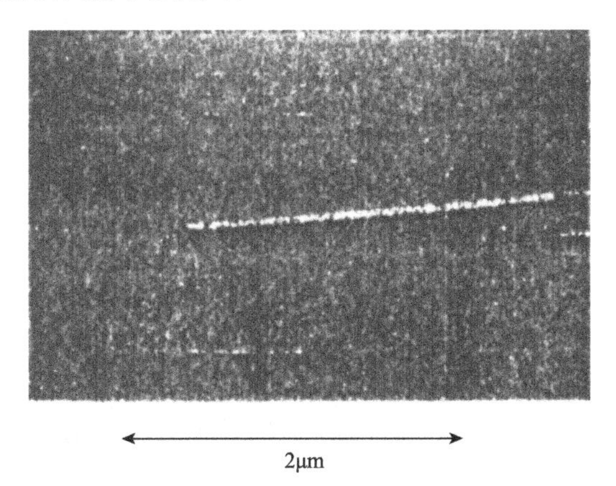

图 12.1.15 微型 SQUID 探头与被测样品的电镜图

2. 一个单畴颗粒的静磁特性

单畴颗粒内，由于静磁能量和量子力学交换能量之间的竞争，导致颗粒内的所有原子磁矩都指向同一方向，其磁滞回线为矩形回线如图 12.1.16 所示。若饱和磁化后，在反方向外磁场的作用下，原子磁矩的方向改变是一致转向的话，则矫顽力与外磁场的方向有关，设外磁场 H 与易磁化轴（x 轴）的夹角为 θ，则 $H_x = H\cos\theta$，$H_y = H\sin\theta$，根据磁矩一致转向时的能量极小原理[7]可得（见

10.3.4 节）

$$h_x^{2/3}+h_y^{2/3}=1 \tag{12.1.7}$$

式中，$h_x=\dfrac{H_x}{H_K}$，$h_y=\dfrac{H_y}{H_K}$，$H_K=\dfrac{2K}{\mu_0 M_s}$，$K$ 为磁晶各向异性常数，M_s 为饱和磁化强度。式（12.1.7）为 Stoner-Wohlfarth 模型中有名的星形线，H_x 就是外磁场与易磁化轴（x 轴）成一夹角 θ 时的矫顽力。图 12.1.17 为直径 25nm 的一个 Co 粒子在 4K 下的星形线，由图可见，当 θ 由 0°→90°时，$\mu_0 H_x$（即 $\mu_0 H_c$）由 142mT 变到零，**可见这个 Co 粒子的反磁化是磁矩的一致转动。**

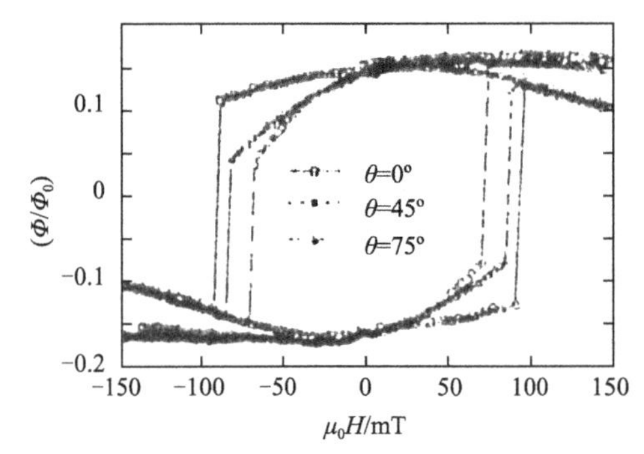

图 12.1.16　一个单畴 Co 粒子的磁滞回线

粒子为椭圆体（厚 10nm 长轴 80nm 短轴 50nm）θ 为易轴与外场的夹角

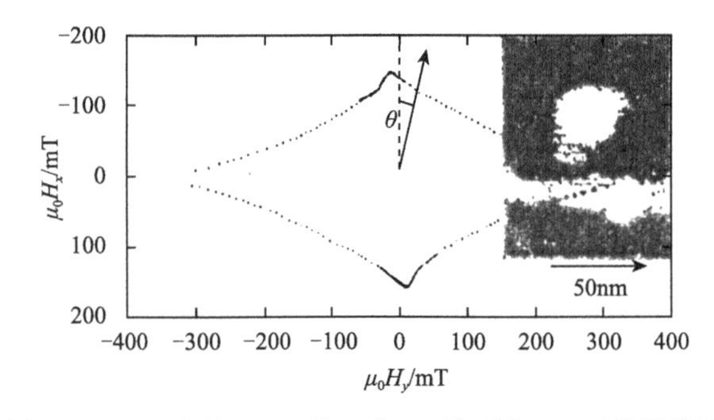

图 12.1.17　直径 25nm 的一个 Co 粒子在 4K 下的星形线

理论上早已证明，当粒子尺寸仍是单畴尺寸时，粒子内的磁矩方向改变可以不是一致转向，而是采用涡旋式（curling）或扭旋式（buckling）转向[7]。最近在厚度同为 10nm 而直径分别为 300nm 和 100nm 的圆形超坡莫合金（$Ni_{80}Fe_{14}Mo_5$）薄膜上，发现前者的反磁化为磁矩的涡旋式非一致转向，后者为磁矩的一致转向。图 12.1.18 为上述超坡莫合金圆形纳米磁体在室温下的磁滞回线及相应的磁矩状态示意[9]。

由图可见，直径为 100nm 的纳米磁体内，磁矩始终保持一致转向，磁滞回线为矩形（图 12.1.18（c））但直径为 300nm 的磁体内，其磁矩则显示涡旋式的

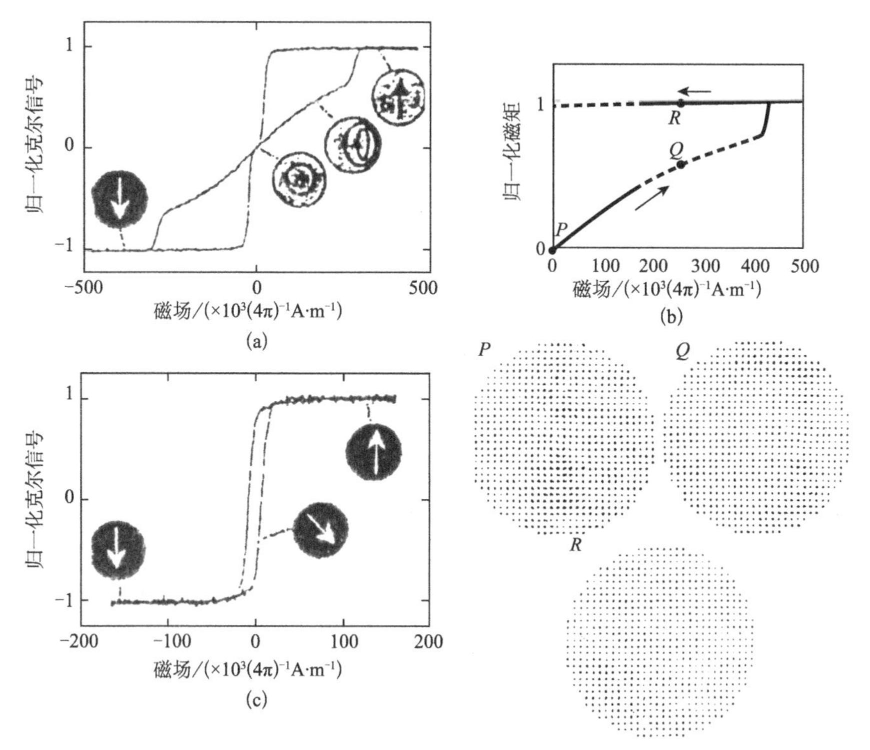

图 12.1.18　超坡莫合金（$Ni_{80}Fe_{14}Mo_5$）圆形纳米磁体在室温下的磁滞回线及相应的磁状态
（a）直径 300nm 的回线及（b）相应的微磁状态（c）直径 100nm 的回线

非一致转向（图 12.1.18（a））。当外磁场在负方向饱和后，再去掉外场的话，磁体内的磁矩便由单一的取向改为涡旋式的取向，以后随着外场的增加，涡旋的重心逐渐向磁体的边缘转移，直到完全消失，使磁体最后达到正向饱和磁化。图 12.1.18（b）为理论计算的磁矩在涡旋状态（P 点），涡旋重心转移状态（Q 点）和饱和磁化状态态（R 点）的图解。涡旋式非一致转向的磁滞回线为斜 8 字形。由此可见，**虽然是单畴，但反磁化方式属于非一致转向的话，则仍然得不到高的矫顽力。**

3. 一个单畴颗粒的动力学特性

众所周知，用冲击法或振动样品磁强计法测得的大块样品的磁性，在准静态的情况下，都认为是一确定的与时间和磁场变化速率无关的数值。这是因为大块样品是多磁畴结构，畴壁的移动和磁畴内磁矩的转向部是集体行为，所显示出的磁性能是平均的效果，所以忽略时间和磁场变化速率的影响。但是在研究只有一块畴壁，或只有一个磁畴的纳米磁体时，其矫顽力（畸壁的传播场、磁矩的反向场）及其他特性都具有随机的特征：数值有一分布，出现的概率与等待时间有关，因此不能忽略时间和磁场变化速率的影响。

对一块畴壁移动的传播场 H_p 和一个磁畴内磁矩方向逆转的反向场 H_{sw} 的随机特性进行测量，可进一步明确热激活或量子隧道效应对上述过程的影响程度，对基础理沦的发展和磁性元器件的新应用都是十分重要的。

1）一个单畴颗粒内，磁矩方向不逆转的概率

在确定的温度下，在粒子磁矩的反方向加上外磁场，外磁场以固定的速率改变到小于和接近于反向场 H_{sw} 的等候场 H_w（waiting field）处，然后计算时间 t，直至单畴的磁矩逆转为止，这一程序重复几百次到上千次，便得出磁矩不逆转的时间 t 与次数关系的直框图，对直框图积分便得出磁矩在时间 t 内不逆转的概率 $P(t)$。根据热激活导致磁矩逆转的机理得

$$P(t)=\mathrm{e}^{-t/\tau} \tag{12.1.8}$$

$$\tau(T,H)=\tau_0\exp[E(H)/kT] \tag{12.1.9}$$

式（12.1.8）和式（12.1.9）中的 τ 为磁矩逆转速率的倒数，其他符号的意义与式（12.1.5）和式（12.1.6）相同。图 12.1.19 为一个单畴 Co 粒子在 4K 下的磁矩不逆转概率随时间的变化。图中的实线为式（12.1.8）的拟合曲线，三条曲线的等候场 H_w 和相应的 τ 分别在曲线上标出，可见 τ 随 H_w 的增加而减小，实验结果与式（12.1.8）很符合。

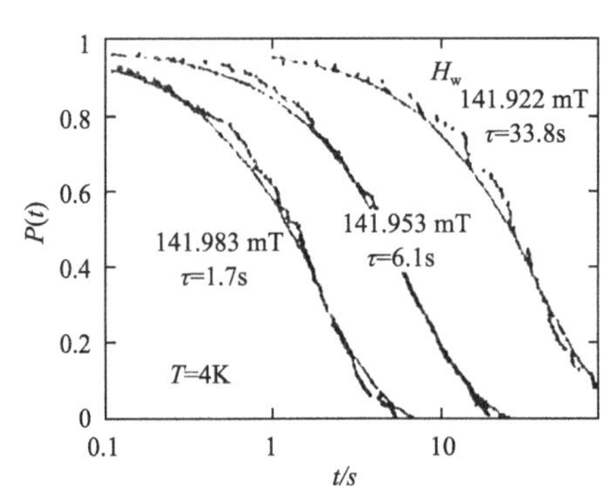

图 12.1.19 一个单畴 Co 粒子在 4K 和不同的等候场下，磁矩不逆转概率与等候时间的关系

2）一个单畴颗粒磁矩的反向场 H_{sw}

测量一个单畴颗粒内，磁矩方向逆转的反向场 H_{sw} 的程序是：在磁矩的相反方向加上外磁场，并以固定的速率（$v=\mathrm{d}H/\mathrm{d}t$）逐渐增加，一直到磁矩逆转时为止，记下这一磁场，即为 H_{sw}，接着再将磁场改变到相反的方向，使磁矩回复到原来的方向上。重复以上的程序几百次，便得出反向场的直框图，从而求出平均反向场 H_{sw} 及其分布宽度 σ（均方根差），图 12.1.20 为一个单畴 Co 粒子的平均反向场 H_{sw} 随温度和磁场变化速率的关系，图 12.1.21 为 H_{sw} 的分布宽度 σ 随温度的变化曲线。

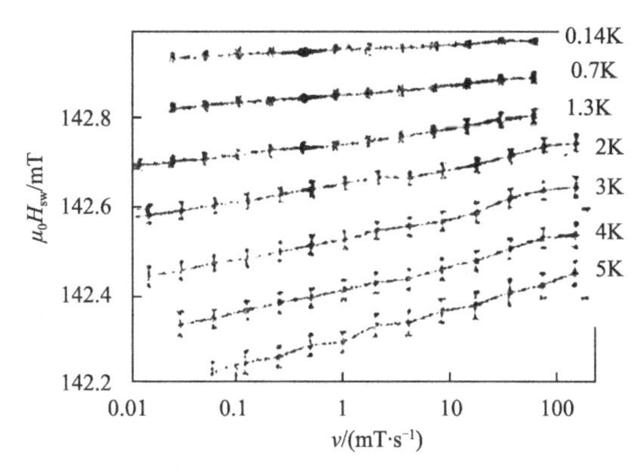

图 12.1.20　一个单畴 Co 粒子的平均反向场 H_{sw} 随温度和磁场变化速率的关系。图中的竖直棒表示 H_{sw} 的分布宽度

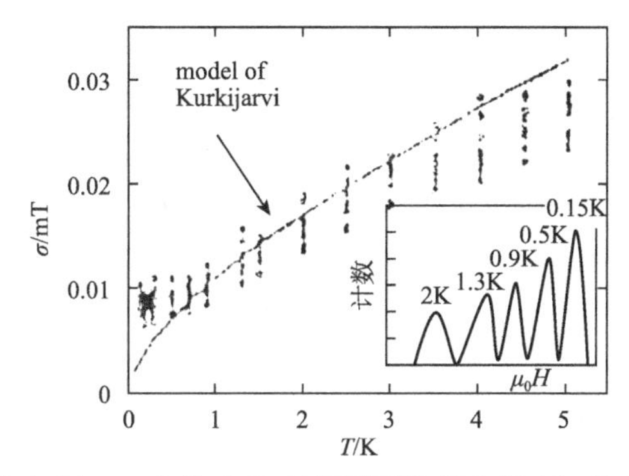

图 12.1.21　一个单畴 Co 粒子的平均反向场 H_{sw} 的分布宽度 σ 随温度的变化。插图为几个温度下的反向场分布

根据热激活理论使单畴内的磁矩方向逆转，所需要的反向场 H_{sw} 及其分布宽度 σ 为[10]

$$H_{sw}(v,T)\approx H_{sw}^0\left\{1-\left[\frac{kT}{E_0}\ln\left(\frac{cT}{v\varepsilon^{a-1}}\right)\right]\right\} \tag{12.1.10}$$

$$\sigma\approx H_{sw}^0\frac{1}{a}\left(\frac{kT}{E_0}\right)^{1/a}\left[\ln\left(\frac{cT}{v\varepsilon^{a-1}}\right)\right]^{(1-a)/a} \tag{12.1.11}$$

式 (12.1.10)、式 (12.1.11) 中

$$c=\frac{kH_{sw}^0}{\tau_0 aE_0},\qquad E=E_0\left(1-\frac{H}{H_{sw}^0}\right)^a=E_0\varepsilon^a$$

式中，k 为玻尔兹曼常量，H_{sw}^0 为使能垒消失的反向场，E_0 为外磁场为零时的能垒高度，τ_0 为尝试频率的倒数，a 为常数（1.5～2）。

选择适当的 C 和 a，则图 12.1.20 中所有测得的数据，都将在 H_{sw} 和 $[T\ln(CT/v\varepsilon^{a-1})]^{1/a}$ 的坐标上成一直线（主线），图 12.1.22 便是选择 $C=10^5\text{mT}\cdot\text{ks}^{-1}$，$\tau_0=4\times10^{-9}\text{s}$，$a=3/2$ 时，μ_0H_{sw} 随 $[T\ln(10^5T.v\varepsilon^{1/2})]^{2/3}$ 的变化，由图

可见，只要温度不是很低（>0.3），测得的数据便是很好的直线，由直线的斜率和截距得出 $E_0=214000\text{K}$，和 $\mu_0 H_{sw}^0=143.1\text{mT}$。若温度很低，则测量点偏离主线（图 12.1.22）中的插图），原作者认为这是宏观量子隧道效应的反映。

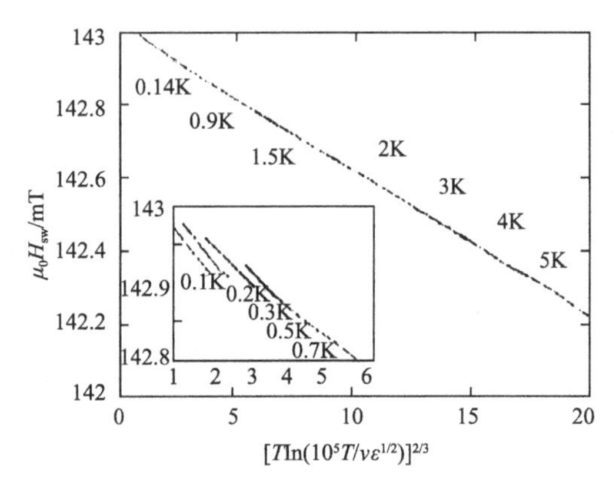

图 12.1.22 用图 12.1.20 的实验数值，在 H_{sw} 和 $[T\ln(10^5T/\nu\varepsilon^{1/2})]^{2/3}$ 坐标上作图，插图为低温部分

如果由于热激活单畴颗粒内的所有磁矩一致反转方向，则外磁场与磁矩相互作用的能量正好与外磁场为零时的能垒高度相等，由此可估计出热激活体积

$$V=\frac{E_0}{\mu_0 H_{sw}^0 M_s} \tag{12.1.12}$$

和参加热激活的自旋数目

$$S=\frac{E_0}{\mu_0 H_{sw}^0 2\mu_\beta} \tag{12.1.13}$$

将 $E_0=214000\text{K}$ 和 $\mu_0 H_{sw}^0=143.1\text{mT}$，并采用 Co 的 $M_s=1400\times10^3\text{A}\cdot\text{m}^{-1}$ 代入式（12.1.12），式（12.1.13）得出 $V=(24.5\text{nm})^3$ 和 $S\approx10^6$（$S=214000\text{K}\times0.862\times10^4\text{eV}\times1.60\times10^{-19}\text{J}\cdot\text{K}^{-1}\cdot\text{eV}^{-1})/(143\times10^{-3}\text{T}\times2\times9.274\times10^{-24}\text{J}\cdot\text{T}^{-1})=111.27\times10^4\approx10^6$）这一体积正好与样品的体积相当，而参与热激活的自旋数目约为 10^6，也与一般的估计相符。**由此证明单畴粒子内的所有磁矩由于热激活越过能垒而一致转向。**

3）一个单畴颗粒内磁矩方向逆转的电信号

在单轴单畴颗粒易轴（x 轴）的垂直方向（y 轴）上加上恒定磁场，则粒子的反向场减少（图 12.1.17）当 y 轴方向的磁场 H_y 使能垒高度变得很小时，粒子的磁化强度在靠近 y 方向的两个取向之间涨落，每一状态所耗费的时间遵从式（12.1.8）的指数规律，说明这是热激活使磁矩转向造成的电信号，也是**恒定磁场下出现的电信号**。图 12.1.23 是一个单畴 Co 粒子在三个温度和 $\mu_0 H_y=396.2\text{mT}$ 时的电信号，可见温度越低，信号频率越小，停在每一状态的平均等待时间 τ 越长。

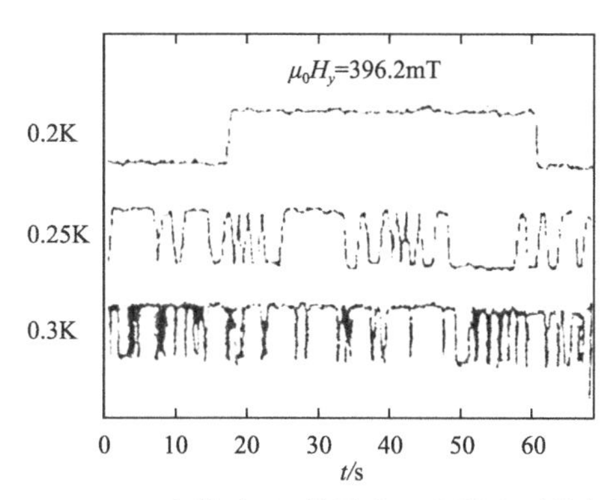

图 12.1.23　一个单畴 Co 粒子在三个温度下的电信号

本节结语

近几年纳米技术的发展，使一块畴壁和一个单畴的制造和测量成为可能，从而对它们的电磁性能有了新的理解，在传统的性能上又增添和赋予多重意义和概率特征。例如，同一样品的同样**一块畴壁的移动却可以出现矩形、竖直偏置和水平偏置等不同形状的回线**。它们的磁电阻变化又各具特点（**从磁电阻的变化可得到畴壁内磁矩取向的信息和畴壁的厚度是多少**）；又如**一个单畸内磁矩的一致转向**，可**在恒定磁场下产生交变的电信号**等。总之，本节讨论的一块畴壁和一个单畴的电磁特性必将在 21 世纪出现许多创新的应用，同时也将使基础理论有新的相应的发展。

12.2　磁性的宏观量子效应

12.2.1　概述

磁性的宏观量子效应是 1986 年后引起国际上特别关注的磁现象，它是由许多电子的磁矩因隧道效应通过势垒，导致磁化强度发生变化的效应。在深入研究物质的运动形态时，人们发现宏观世界的运动规律虽然与微观世界不同，但是在某些情况下，微观世界的一些特性，可以在宏观尺度上表现出来，这就是宏观量子现象。例如，库珀（Cooper）电子对的无阻力运动，在宏观尺度上的表现便是超导；库珀电子对无阻碍地通过绝缘层称为约瑟夫森效应，它们都是宏观量子现象。同理，**原子内的许多磁性电子（指 3d 和 4f 未满壳层中的电子），以隧道效应的方式穿透势垒，导致磁化强度的变化，称为磁性的宏观量子效应。**

近年来，实验技术的进步，使研究对象由天然物质向人工设计的结构发展，材料组成由单纯向复合化转变，大小尺寸由微米向纳米过渡，由此出现一系列不同寻常的特性。在磁性物质中，随着样品线度的减小，磁性行为在常温和低温下，都将发生重大的变化（如纳米晶软磁已成为最优异的软磁材料，纳米晶永磁有可能成为最佳永磁材料），特别是在极低温下（<10K），发生经典到量子的转变，表 12.2 扼要地记录了这些情况[11]。可见，选择纳米量级的样品，或者在同一样品内制造许多纳米量级的区域，便有可能在常温下出现纳米磁性在极低温下观察到磁性的宏观量子效应。

表 12.2　样品线度对物质磁性行为的影响

样品状况	线度量级	磁性行为
大块晶体	~100μm	正常的磁畴变化，自旋波
薄膜、纳米晶软磁或永磁	1μm~1nm（厚）	磁泡，畴壁运动，平均各向异性、弹性交换作用
集成技术制样	~20nm	一块畴壁，磁矩的涡旋运动和一致转向
扫描隧道显微术制样	~10nm	超顺磁性
生物磁体	~7nm	量子隧道效应
原子团簇	~1nm	宏观量子效应

凝聚态物理的研究实践表明，前沿课题的探索与材制科学密切相关，因为，这里不但有值得探讨的新现象，还会诱发出新应用的设想，磁性的宏观量子效应的发现；不但提出了许多理论问题，而且还有磁性量子元件——畴壁结[12]（domain wall junction）和量子计算机等应用设想（量子计算机是一种以量子力学方式运行的计算机。有人指出[13]：该计算机的计算速度高达 10^{20} bit·s^{-1}时，硬件体积只有 $1cm^3$；在 0.25K 的温度下，能量耗损仅为 1mW。

由于已往的宏观量子现象（超导、超流等）多出现在输运性质方面，现在在磁性方面也发现了宏观量子现象。因此，对它的研究，除了技术上的意义以外，还有拓展量子力学基础和建立量子磁化理论新学科的科学意义。

根据预测，运用磁宏观量子效应制成的元器件，不久的将来便会有重要的应用，下面从三个方面作些说明

1. 磁约瑟夫森元件

1994 年，有人提出[12]，在畴壁结内，畴壁的运动方程完全与超导的约瑟夫森结中电流的方程相似，只需把畴壁的位置坐标换成隧道电流的位相差。众所周知，在约瑟夫森结的两端加一恒定电压，便会产生交变的隧道电流（其频率 f 与电压 E 成正比，$f/E=$ 483.6MHz/μV。同理，**在畴壁结上加一恒定磁场 $\boldsymbol{H}$，也会出现交变的磁化强度，**其频率为 ω（$=2\pi f$），振幅为 δ_M。表 12.3 是理论上计算出的几组数据（表中 μ_B 为玻尔磁子），由表 12.3 可见，恒定磁场愈小，交变磁化强度的振幅愈大，频率愈低。这种现象显然无法用传统的磁化理论加以解释，由于这种现象与超导的约瑟夫森效应相似，故称为磁约瑟夫森效应。表 12.3 的理论数据一旦从实验上得到证实，其应用前景是非常广阔的。

表 12.3　磁约瑟夫森效应的几组理论数据[12]

H/Oe	2×10^{-5}	10^{-5}	7×10^{-7}	10^{-10}
ω/s^{-1}	5×10^{6}	5×10^{5}	2×10^{4}	8
δ_M (μ_B)	2600	7800	2×10^{5}	10^{9}

2. 信息存储

为了增加信息的存储密度，近几十年来，存储元件的尺寸不断减小[14]。存储1bit信息所需的原子数目，由1950年的约10^{19}个，减少到1990年的约10^{9}个，预计到2010年只需10^{3}个（相当于半径10Å）的颗粒。元件体积的减小，将使元件内的磁化状态（信息）受到热运动干扰的概率增加。换句话说，元件体积越小，存储的信息越容易受热运动的影响而失真。因而元件小型化时增加存储密度就受到限制。为了克服这一困难，常用的办法是保持元件在低温下工作，如果工作温度在几开以下，则某些元件磁化状态的改变，主要取决于磁宏观量子效应，这时，在上述同一尺寸（半径10Å）的元件内，存储的信息可以保持30年（约9.5×10^{8}s）不变，可见，利用磁宏观量子效应，不但可以界定微电子元件的极限尺寸，而且使信息存储密度大大提高。

3. 极低温下的磁性致冷

磁性致冷（机）的工作效率，在同等的条件下与工作物质的磁化强度的变化速率有关。温度愈低、变化速度愈小，因而对一般的工作物质十分不利，若采用磁宏观量子效应的工作物质，则当温度低于某一数值时（即下文所说的交界温度，约1～10K)，磁化强度的变化速度与温度无关，有利于该工作物质在低温下的应用，即利用磁宏观量子效应可以提高磁性致冷的效率。

磁性的宏观量子效应，早在20世纪50年代末便有人根据实验现象作过推测[15]。可是由于隧穿概率的计算没有解决，一直未受到足够的重视。直到1986～1988年，在解决了这一理论问题后[16]，才重新引起国际同行的重视（自1992年起，美国和国际的磁学会议，开辟专题进行研讨：同年在北京的国际磁性材料物理研讨会上，也有这方面的特邀报告，1993年3月美国物理学会将磁宏观量子效应列为凝聚态物理的重点方向之一)。迄今为止，已有一系列理论与实验方面的论文发表，理论上对反铁磁[17]和铁磁[18]小颗粒的隧穿概率以及交界温度(crossover temperature）等作了计算，同时讨论了半奇数自旋的隧道效应被抑制的问题[19]。实验上使用极低温和高灵敏度的仪器，对粉碎后的马的脾脏（7.5nm的生物磁体)[20]、$Tb_{0.5}Ce_{0.5}Fe_2$和FeC等[21]纳米颗粒、单层和多层非晶薄膜[22]、块状化合物[23]、无规磁体（random magnet)[24]以及CrO_2磁带和$NiFe_2O_4$颗粒[25]等的磁宏观量子效应进行了观测，下面略述这些实验结果。

12.2.2　磁宏观量子效应的实验现象

观测磁宏观量子效应的条件，首先是具有较强外磁场的极低温装置（0.01～

50K)，再加上振动样品磁强计或DC-SQUID。后者的磁通噪声$<10^{-7}\phi_0/\sqrt{Hz}$ ($\phi_0=2.07\times10^{-15}$Wb，称为磁通量子)，这一分辨率可测量直径15nm的一个颗粒的磁性，相当于$10^5\sim10^6$个自旋磁矩数值。

将实验上得到的现象与理论进行定性或定量的比较，以期得出规律性的认识，下面分述几方面的例子。

1. 纳米颗粒的磁宏观量子效应[20]

近来在铁朊（ferritin）颗粒上观测到的低温动态磁性，可解释为磁宏观量子效应。选择铁朊是因其为生物磁体，分子式近似$9Fe_2O_3\cdot9H_2O$，晶体结构和磁性与反铁磁的赤铁矿（$\alpha-Fe_2O_3$）相似，每一颗粒只有一个磁畴（单畴），有利于揭示由磁矩方向改变引起的磁宏观量子效应。

图12.2.1(a)和(b)是用马的脾脏粉碎后得到的大小相同的铁朊颗粒悬浮液（每一颗粒的内核为7.5nm直径的$9Fe_2O_3\cdot9H_2O$，外层为2nm厚的蛋白质）在极低温下的自发磁信号随频率的变化$S(\omega)$，以及磁化率虚部的频谱$\chi''(\omega)$。由图12.2.1可见，$S(\omega)$和$\chi''(\omega)$在几乎相同的频率$f_{res}=\omega_{res}/2\pi\approx940$kHz下出现共振。另外还观测到，温度$T<200$mK时，共振频率基本不随温度改变，共振峰的高度却随温度的下降开始陡峭增大，然后趋于平缓。

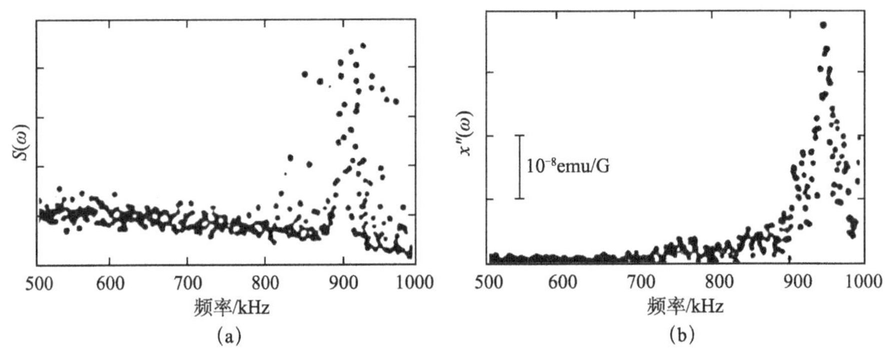

图12.2.1 铁朊颗粒悬浮液在$T=29.7$mK和$B<10^{-5}$G下的磁信号频率谱$S(\omega)$（a）及在$T=29.5$mK和$B_{ac}=10^{-4}$G下的磁化率虚部随频率的变化$\chi''(\omega)$（b）

对图12.2.1的实验结果进行三方面的分析：

首先，根据铁朊的晶体结构，它具有单轴磁晶各向异性，就是说磁矩的方向“朝上”或“朝下”时，各向异性能最小，两个最小之间有一能垒，图12.2.2为磁矩的能量随方向变化的示意图。如果铁朊颗粒内的所有磁矩，都由“朝上”态隧穿能垒到“朝下”态，或者反过来由“朝下“态到“朝上”态，则磁矩在两势阱之间振荡，按照磁宏观量子效应理论，振荡时间约为10^{-6}s，正好与观测到的共振频率940kHz相对应。另外，$S(\omega)$和$\chi''(\omega)$的共振频率相同，说明这两个独立的实验出自同一机制，都是由铁朊颗粒内磁矩隧穿势垒的宏观量子效应引起的。

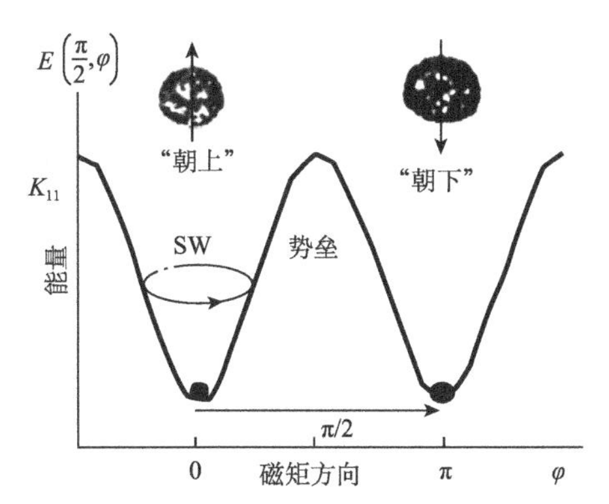

图 12.2.2　单轴磁晶各向异性的能量随方向的变化（SW 表示自旋波）

其次，按简单理论，磁化率虚部为

$$\chi''(\omega) \approx (\pi N\omega M_0^2/2k_BT)\,\delta(\omega-\omega_{res})$$
$$\equiv\chi_{res}\delta(\omega-\omega_{res}) \qquad (12.2.1)$$

式中，N 为颗粒的数目，M_0 为每一颗粒的磁矩，k_B 为玻耳兹曼常量。将实验上定出的 $N=38000$，$\omega_{res}=2\pi\times940\text{kHz}$，以及 $T<200\text{mK}$ 时的 $\chi''(\bar{\omega})-1/T$ 直线斜率 $T\chi_{res}\sim0.9\times10^{-7}$ emu · K · G^{-1} · S^{-1}，代入式（12.2.1）得出$M_0=640\mu_B$。这一数值与直接测得的每一颗粒的磁矩 $217\mu_B$ 同一量级，说明由宏观量子效应求出的磁矩与通常的测量值是一致的，这里附带说明一下铁朊颗粒的磁矩来源：在上述尺寸（内核半径 7.5nm）的每一铁朊颗粒内，约含 4500 个自旋为 5/2 的 Fe^{3+}，由于铁朊是反铁磁性的，故颗粒内部的自旋磁矩相互反平行而完全抵消，只有表面上的没有抵消，所以直接测出为 $217\mu_B$，相当于 43 个 Fe^{3+} 的磁矩，约占 Fe^{3+} 离子总数的 1%。

再次，根据反铁磁颗粒的宏观量子效应的理论，得出交界温度 T_Q 和共振频率 ω_{res} 为[17]

$$T_Q=(\mu_B/k_B)(K/\chi_\perp)^{1/2} \qquad (12.2.2)$$
$$\omega_{res}\approx\omega_0\exp[-(\chi_\perp K)^{1/2}V/\mu_B] \qquad (12.2.3)$$

式中，K 为磁晶各向异性常数，$\chi_\perp$ 为横向磁化率，ω_0 为微观特征频率（$\sim10^{10}\text{s}^{-1}$），V 为每个颗粒的体积（按半径 7.5nm 算出 $V\approx22.1\times10^{-20}\text{cm}^3$）。前已提到，当 $T<200\text{mK}$ 时，ω_{res} 基本不随 T 变化，故取 $T_Q=200\text{mK}$，于是由式（12.2.2），式（12.2.3）便求出 $\chi_\perp\approx5.2\times10^{-5}$emu · G^{-1} · cm^{-3}，再利用反铁磁性唯象理论的关系式 $\chi_\perp\approx N_{spin}\mu_B^2/k_BT_NV$，式中 N_{spin} 为一个颗粒内的 Fe^{3+} 离子数（~4500）。由此算出 $T_N=236\text{K}$，与通常采用的 240K 非常接近。

2. 稀土正铁氧体单晶的磁宏观量子效应[26]

观测磁宏观量子效应的另一方法，是测量磁黏滞性（详见 11.6），即在外磁场由 H_1 变到 H_2 时，在 H_2 下观测磁化强度（或磁矩）M 随时间 t 的变化。这时，导致 M 随 t 变化的原因有几种，如样品内间隙原子的迁移、热激活（磁矩受到热运动的影响越过能垒）和磁宏观量子效应等。由于不同机制引起的磁黏滞性的特点不同，因此研究它可验证磁宏观量子效应。

稀土正铁氧体单晶样品为 0.1097g 的正交晶系 $TbFeO_3$ 单晶体，其自发磁矩在 ac 平面内，Fe^{3+} 的磁矩相互成倾斜的反平行，故在 c 方向有一点投影，奈尔温度度 $T_N=650K$。Tb^{3+} 一般为顺磁性，约在 10K 时才出现反铁磁有序，在 3.1～1.5K，Tb^{3+} 的磁矩完全相互抵消。因此在实验的温度下，单晶体的净磁矩只由 Fe^{3+} 产生，其方向与 c 一致。

若在 c 方向加上 $H_1=20Oe$ 的磁场，然后将磁场改变到 $H_2=-200Oe$，并在 H_2 下测量 $M(t)$，其结果如图 12.2.3 所示。由图可见，不同温度下的 $M(t)$ 都遵从指数规律 $M(t)=M(t_o)\exp(-\Gamma t)$，于是由实验又可确定弛豫速率 Γ 随温度的变化。另外，按照磁黏滞性理论，Γ 由下式描述[12,17]：

$$\Gamma=\omega\exp[-U(H)/k_BT^*(T)] \tag{12.2.4}$$

式中，ω 为尝试频率，即“粒子”在能量极小点附近的振动频率。$U(H)$ 为势垒的高度，$T^*(T)$ 为弛豫温度，如果磁矩的弛豫是由热激活越过势垒引起的，则 $T^*(T)=T$；如果弛豫是由宏观量子隧穿势垒引起的，则 $T^*(T)>T$。由热激活到量子隧穿交接处的温度。称为交界温度 T_Q。

用式（12.2.4）与图 12.2.3 拟合，得出 $U/k_B=37.8K$，$\ln\omega=7.7$，并求出 $T^*(T)/T$ 随 T 的变化关系，如图 12.2.4 所示，可见，当 $T>2.2K$ 时，$T^*/T\approx 1$；当 $T<2.2K$ 时，$T^*/T>1$，按式（12.2.4）的理解，就是前者为热激活，后者为量子隧穿，交界温度 $T_Q=2.2K$。将其他方法测出的 $TbFeO_3$ 单晶的磁晶各向异性常数 $K=1.15\times10^5 erg\cdot cm^{-3}$ 和横向磁化率 $\chi_\perp=10^{-4}$ 代入式（12.2.2），算得 $T_Q=2.27K$，与上述实验值 2.2 符合得很好。以上分析表明，$TbFeO_3$ 单晶在 $T<2.2K$ 下的磁矩变化，是磁宏观量子效应引起的。

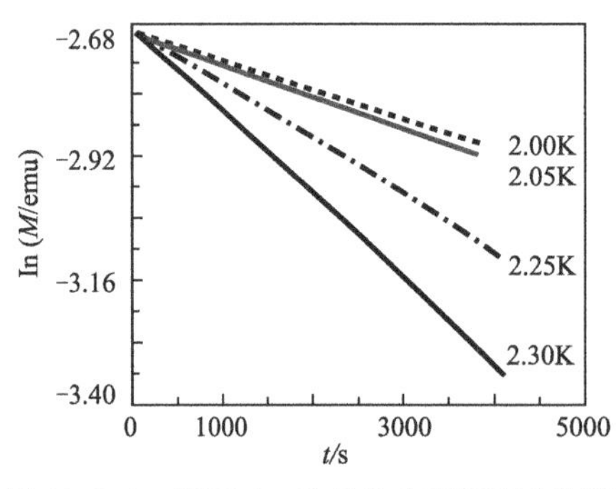

图 12.2.3 $TbFeO_3$ 单晶体在不同温度下的磁矩随时间的变化

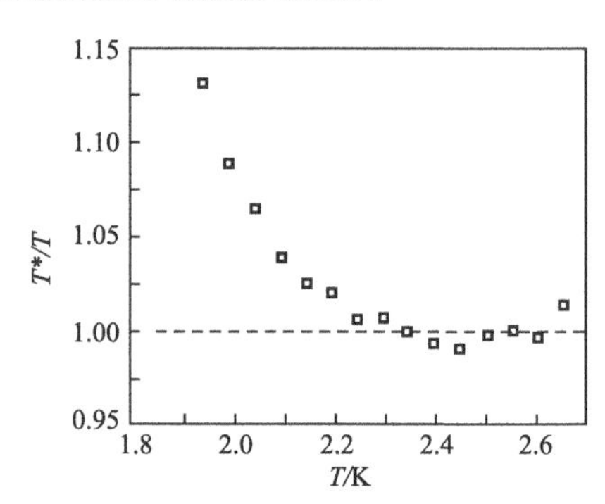

图 12.2.4 样品同图 12.2.3，弛豫温度 T^* 随 T 的变化

3. 单层和多层非晶薄膜以及无规磁体中的磁宏观量子效应[22,24]

若式（12.2.4）的能垒 U 为分布函数 $f(U)$，且 $f(U)$ 的一次微商等于零，

可证明[28]

$$M(t) = M_1 - S\ln t \tag{12.2.5}$$

式中，M_1 为常数，S 为磁黏滞性系数。有一种理论认为[22,29]，S 与温度的关系反映了两种范畴的磁化和反磁化行为：①若 S 随温度发生变化，则 M 的变化属于经典的热激活范畴。这时的 $S=S_T\propto T$；当 $T\rightarrow 0$ 时，$S_T\rightarrow 0$。②若 S 与温度无关，则 M 的变化是由宏观量子效应引起的。这时的 $S=S_Q\approx$常数：当 $T\rightarrow 0$ 时，$S_Q\neq 0$。以上情况如图 12.2.5 所示，所以，研究 S（T）不仅能判断何种范畴的磁性行为，还能从线段的交接处确定交界温度（前面在讨论铁朊时，取其 $T_Q=200\text{mK}$，就是因为 $T<200\text{mK}$ 时，ω_{res} 与 T 无关）。现有的一类实验，都从这一角度来证实磁宏观量子效应。

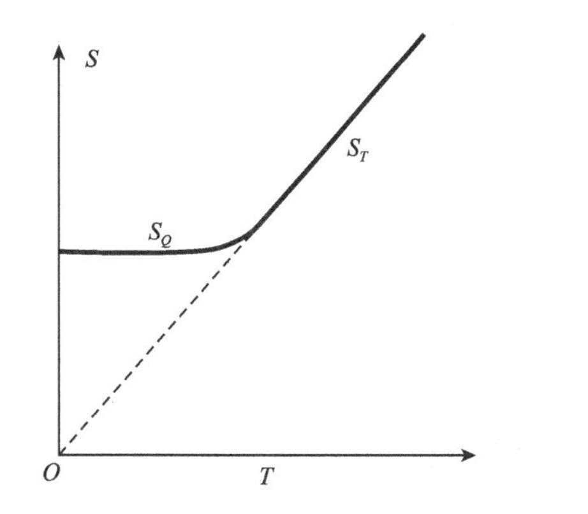

图 12.2.5　磁黏滞性系数 S（T）的理论图解

S_T 为热激活范畴，S_Q 为量子隧穿范畴

图 12.2.6 为不同温度下，测得的 Sm－Co 多层膜的 M（t），可见线段与式（12.2.5）完全一致。由图 12.2.6 的直线斜率定出 S（T），见图 12.2.7。显然，S（T）曲线分成两段：$T>3\text{K}$ 时，$S\propto T$ 并外推得零（$T\rightarrow 0$，$S_T\rightarrow 0$）；$T<3\text{K}$，$S=$常数，外推不为零（$T\rightarrow 0$，$S_Q\neq 0$），就是说前者为热激活范畴，后者为量子隧穿范畴，交界温度 $T_Q\approx 3\text{K}$，与磁宏观量子效应的理论估计值 1K 大致相符。

图 12.2.6 和图 12.2.7 的特征在其他多层膜中也存在，它们的 T_Q 都只是几开左右，并与理论估算值一致。可是最近在 Tb－Mo 多层膜中[30]，用同样方法得到的 T_Q 为 20K，成为迄今最高的数值，无法用现有理论加以解释。

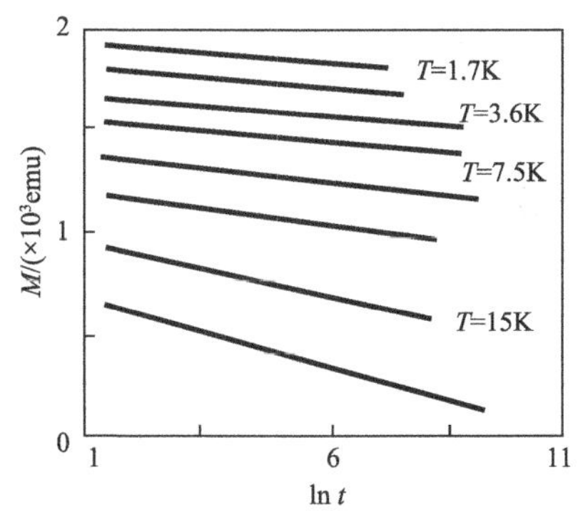

图 12.2.6　Sm－Co 多层薄膜的磁矩随时间的变化

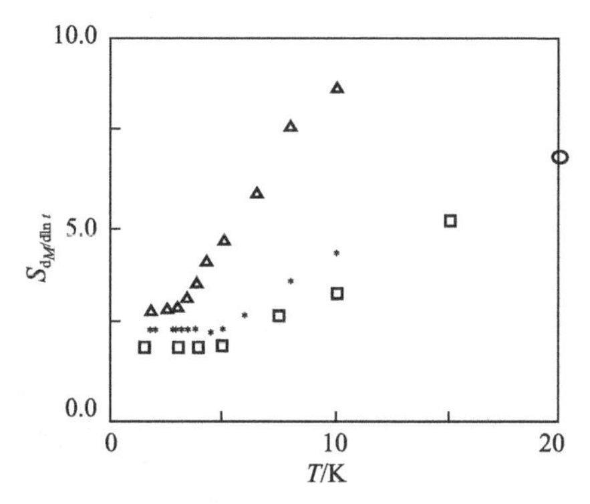

图 12.2.7　磁黏滞性系数 S 随温度的变化

Δ 为 Sm－Co；* 为 Sm－Fe；□为 Tb－Fe

观测 $S(T)$，从而推算出发生热激活或磁宏观量子效应的体积 V，再与其他方法测得的结果进行比较，也是论证磁宏观量子效应的方法，因为按磁黏滞性理论[24]，涨落场 $H_f=S/\chi_{irr}$，$V\approx1.2k_BT/H_fM_s$，χ_{irr} 为不可逆磁化率，M_s 为饱和磁化强度。所以，测量 S 和 χ_{irr} 便能算出 V。

用此方法观测了 $(Gd_{1-x}Tb_x)_2Cu$ 无规磁体的 $V(T)$[24]，得出 V (1.7K) ~ 900Å^3 (Tb_2Cu)，与 X 射线和中子衍射确定的该样品的铁磁相干体积一致。考虑到 Tb_2Cu 的 $T_Q=4K$，故在这一体积内发生了宏观量子效应。

4. 块状铁磁化合物的磁宏观量子现象[23,28]

前面谈到，早在 20 世纪 50 年代末，便有人对磁宏观量子效应作过推测，但未引起重视，到了 80 年代末，国际上对这一效应特别关注，其原因除了理论上的进展以外，还因为当时在块状铁磁体中，观测到了低温下的反常磁性，如矫顽力随温度改变有一峰值，退磁曲线在交界温度以下出现明显的台阶，磁化强度随时间的变化在低于某一温度后不受温度的影响等，那时虽然认为这些反常特性可能与畴壁的量子力学运动相联系，但由于块状样品内的畴壁数目很多，情况复杂而无法作出定量分析，下面对两种样品的反常特性，作进一步的解释，但仍不彻底。

图 12.2.8 为 $SmCo_{3.5}Cu_{1.5}$ 单晶体（0.2089g）在不同温度下的退磁曲线，可见在 2.1K 时出现台阶，4.2K 以上台阶消失。图 12.2.9 为 $R(Fe_{1-x}Ga_x)_2$（R=Tb，Dy）化合物多晶体的矫顽力 H_{ci} 随温度的变化，可见不同成分的 $H_{ci}(T)$ 几乎都在 3K 附近有一峰值，针对这些现象，钟文定等推导了 H_{ci} 的公式[28]，指出 H_{ci} 峰值两边的线段，分别属于不同范畴的磁性行为，左边的低温段（$T<4.2K$）是磁宏观量子效应引起的，右边的高温段（$T>4.2K$）是畴壁的热激活移动引起的，它们依次由下式描述：

$$\ln H_{ci}=\text{const}-15\ln(1-\alpha T^{3/2}),\quad T<4.2K \tag{12.2.6}$$

$$\left(\frac{H_{ci}}{H_0}\right)^{1/2}=1-\left(\frac{81k_BT}{4bF}\right)^{2/3},\quad T>4.2K \tag{12.2.7}$$

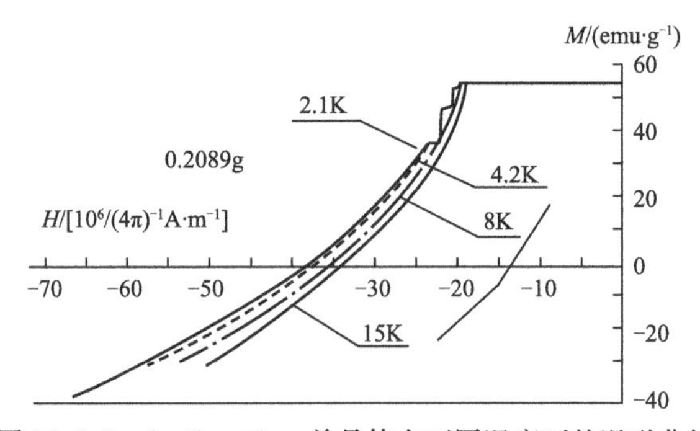

图 12.2.8 $SmCo_{3.5}Cu_{1.5}$ 单晶体在不同温度下的退磁曲线

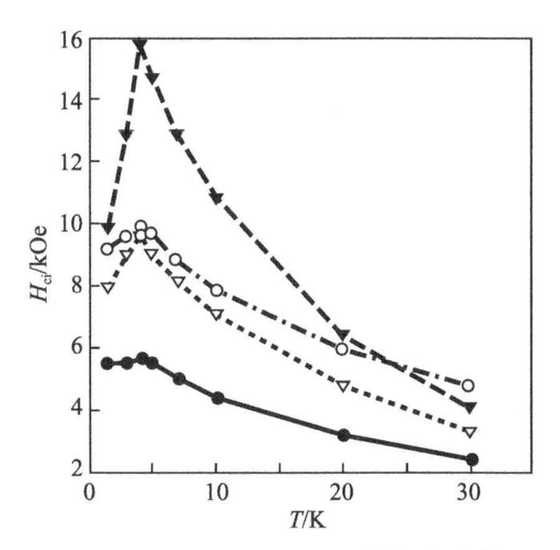

图 12.2.9　R（$Fe_{1-x}Ga_x$）$_2$（R=Tb，Dy）化合物多晶体的矫顽力随温度的变化

Tb（$Fe_{0.7}Ga_{0.3}$）$_2$：○；Dy（$Fe_{1-x}Ga_x$）$_2$：●x= 0.05，▽x=0.10；▼x= 0.30

式中 a，b，F 为常数，H_0 为 0K 时的 H_{ci}。式（12.2.6）、式（12.2.7）与实验的比较，见图 12.2.10（a）和（b）。由图可见，两者符合很好。文献［28］根据磁宏观量子现象的量子形核机制，估算出 Dy（$Fe_{1-x}Ga_x$）$_2$ 的交界温度 T_Q= 2.21～3.03K，量子形核体积 V_a= 708～2708Å^3。前者与实验值 3K 基本符合，后者表明形核线度相当于 1～2 倍晶格常数（a= 7.330Å）。在这样小的体积内形核，使样品在某一段磁场范围反磁化时，其磁化强度不随外磁场变化。这就是图 12.2.8 的退磁曲线在 2.1K 下出现台阶的原因。随着温度的升高，磁性行为由量子隧穿向经典热激活转变，因而退磁曲线没有台阶。

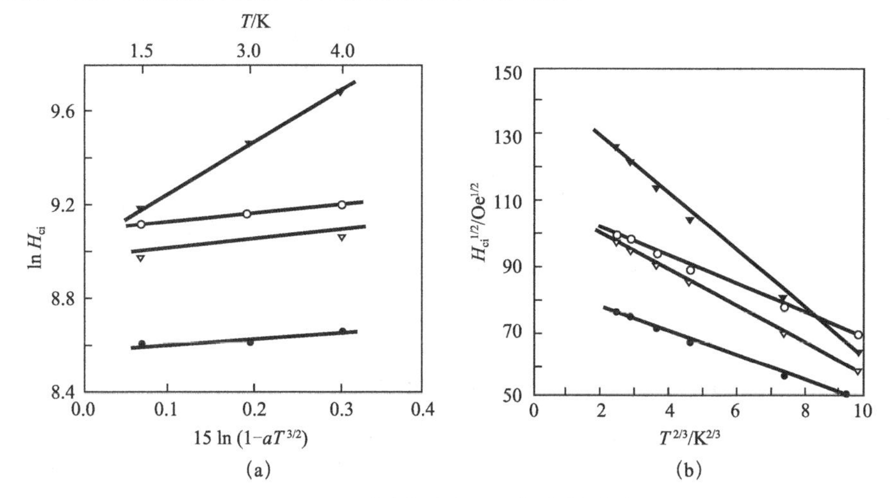

图 12.2.10　用不同范畴的磁性行为说明图 12.2.9

（a）磁宏观量子效应，式（12.2.6）与实验比较；（b）经典热激活，式（12.2.7）与实验比较；

［Tb$Fe_{0.7}Ga_{0.3}$）$_2$：○；Dy（$Fe_{1-x}Ga_x$）$_2$，●x=0.05，▽x=0.10，▼x=0.30］

12.2.3 磁宏观量子效应的理论简介

在传统的技术磁化理论中，存在三种机制导至磁化强度的改变[34]：①磁化矢量的转向；②反磁化核的成长；③畴壁的移动。这三种机制形式上同样适用于磁化强度的宏观量子行为，即：①单畴粒子内磁化强度的隧穿；②磁化强度反转的量子形核（quantum nucleation of magnetzation reversal）；③畴壁的隧穿。由于磁矩与角动量的关联，使磁性体系的动能形式很特殊，多年来都未能解决磁化强度隧穿速率的计算问题。后来尽管用 WKB（Wentzel-Kramers-Brillouin）方法，正确解决了大数目自旋的隧穿速率问题[35]，但是首先在瞬子框架（instanton fonnalism）内，算出铁磁小颗粒的磁化强度的隧穿速率和交界温度的却是 Chudnovsky 和 Gunther 以及 Enz 和 Schilling[16]。在磁宏观量子效应的研究中，理论起了突破性的作用。目前仍在发展[36]，有兴趣者可参阅长篇总结性文章[31]这里只简介有关结果。

设磁性体系的磁化强度为 M，当它隧穿势垒时，在时间间隔为 Δt 的两次连续测量中得

$$\langle M(t)\ M(t+\Delta t)\rangle = M_0^2\cos(2P\Delta t) \tag{12.2.8}$$

式中，M_0 为 M 的绝对值，P 为隧穿速率，尖括号表示对括号内的量的基态求平均。因此，计算 P 与宏观磁性参数的关系，便成为磁宏观量子效应的关键问题。通常将 P 表示为

$$P=A\exp(-B)=A\exp\left(\frac{-S_E}{\hbar}\right) \tag{12.2.9}$$

式中，A 为指数前因子，B 为 WKB 指数，S_E 为极值曲线的虚时间作用量①（extremal imaginary time action），又称经典作用量或欧几里得作用量（Euclidean action）。$S_E=-\mathrm{i}S$，而

$$S=\int\mathrm{d}t\int\mathrm{d}^3xL[M(x,t)] \tag{12.2.10}$$

式中，L 为拉氏量（Lagrangian）密度。隧穿速率的计算是对函数 D 的 $M(x,t)$ 的起始态 $M_1(x)$ 到终了态 $M_2(x)$ 的所有轨道求路径积分：

$$\int D\{M(x,t)\}\exp\left(\frac{\mathrm{i}S}{\hbar}\right)$$

式中，函数 D 的具体形式据不同情况而定。

另外，根据传统的磁化理论，磁化强度随时间的变化，可由热激活引起。这时磁化强度的变化概率正比于 $\exp(-U/k_BT)$，U 为势垒高度，k_B 为玻尔兹曼常量。因此，磁化强度的变化范畴由经典的热激活转变到量子的隧穿时，下式成立：

---

① 用虚数 i 乘时间 t 便为虚时间 it，用 i 乘与时间有关的作用量便为虚时间作用量。

$$\frac{U}{k_B T}=\frac{S_E}{\hbar} \tag{12.2.11}$$

式（12.2.11）的 T 就是磁性行为由经典的热激活过渡到量子隧穿时的交界温度 T_Q，于是

$$T_Q=\frac{\hbar U}{k_B S_E} \tag{12.2.12}$$

上述式（12.2.11）及式（12.2.12）适用于磁化强度宏观量子效应的三种机制，可是由于势垒形式和隧穿方式的不同，三种机制的 P 和 T_Q 与宏观磁性参数的关系也不完全相同，下面分别讨论不同情况：

1. 单畴颗粒内磁化强度的宏观量子效应[16]

单畴颗粒内，铁磁交换作用通常都大于磁各向异性几个数量级，因此颗粒内的所有原子磁矩，假设都将一致地改变方向，或者说一致地隧穿能垒。虽然当颗粒尺寸相当小时，其表面原子所占的比例增大，但在粗略近似下，可忽略表面的影响。在不考虑耗散时，磁化强度 M 遵守半经典的运动方程

$$\frac{\mathrm{d}M}{\mathrm{d}t}=-\gamma M\frac{\partial E}{\partial M} \tag{12.2.13}$$

式中，$\gamma \equiv ge/2mc$ 为回磁比，g 为朗德因子，E 为单畴颗粒的能量。由于单畴颗粒内 M 的数量不变，故按半经典图像，$M(t)$ 被束缚在 $M(t)=M_0$ 的球面上运动。令 θ，ϕ 为 M 在球坐标系中的极角和方位角，则单畴颗粒的拉氏量密度为

$$L=\left(\frac{M_0}{\gamma}\right)\dot{\phi}\cos\theta-E(\theta,\ \phi) \tag{12.2.14}$$

由于单畴颗粒内磁矩一致取向，交换能为常数，且忽略退磁能，故颗粒的能量只包含下列形式的各向异性能，即

$$E(\theta,\ \phi)=K_{\perp}M_z^2+K_{/\!/}M_y^2=K_{\perp}\cos^2\theta+K_{/\!/}\sin^2\theta\sin^2\phi \tag{12.2.15}$$

式中，$K_{\perp}>K_{/\!/}>0$，$K_{\perp}$ 与 $K_{/\!/}$ 为垂直和平行于易磁化轴的磁晶各向异性常数。由式（12.2.15）可见，易磁化轴为 X 轴，XOY 面为易磁化面，M 的两个基态为 X 轴的正、反方向，即 $\theta=\pi/2$，$\phi=0$ 和 π。若 M 在两个基态 M_1（$\pi/2$，0）和 M_2（$\pi/2$，π）之间隧穿（图 12.2.2），引进虚时间变数 $\tau=\mathrm{i}t$，由式（12.2.13）、式（12.2.15）和隧穿速率

$$P\propto\exp\left(\frac{-S_E}{\hbar}\right)=\left[(1-\sqrt{\lambda}/(1+\sqrt{\lambda})\right]^{M_0/\hbar\gamma} \tag{12.2.16}$$

式中，$\lambda\equiv K_{/\!/}/K_{\perp}$。通常，$M_0/\hbar\gamma$ 的数量较大，因此欲想观测到量子隧穿效应，便要求 $\lambda\ll1$，即垂直易轴的各向异性常数 $K_{\perp}$ 要相当大，迫使 M 在 XOY 平面内改变方向。

当 $\lambda\ll1$ 时，由式（12.2.16）得 WKB 指数为

$$B=\frac{S_E}{\hbar}=\left(\frac{2M_0}{\hbar\gamma}\right)\left(\frac{K_{/\!/}}{K_{\perp}}\right)^{1/2} \tag{12.2.17}$$

另外，由式（12.2.15）得势垒高度 $U=K_{/\!/}$，与式（12.2.17）代入式（12.2.12）得交界温度

$$T_Q=\left(\frac{\hbar\gamma}{2k_B M_0}\right)\left(\frac{K_{/\!/}}{K_{\perp}}\right)^{1/2} \tag{12.2.18}$$

以上为未加磁场的情况，若易磁化轴改为 Z 轴，并沿易轴方向加一磁场 H，单畴颗粒的总能量用球坐标表示为

$$E(\theta,\phi)=(K_{/\!/}+K_{\perp}\sin^2\phi)\sin^2\theta-\mu_0 M_0 H(1-\cos\theta) \tag{12.2.19}$$

式（12.2.19）中 $K_{/\!/}$、$K_{\perp}>O$，描述了 Z 为易磁化轴，XOZ 为易磁化面，H 在负 Z 方向的情况。当 $\phi=0$ 时，E（θ，0）随 θ 的变化如图 12.2.11 所示。由图可见，M 由 $\theta=0$ 的起始态，隧穿势垒到达 θ_2 后，便会自动地转到 $\theta=\pi$ 的方向上去（M 由 θ_2 至 π 为经典的实时间运动）。

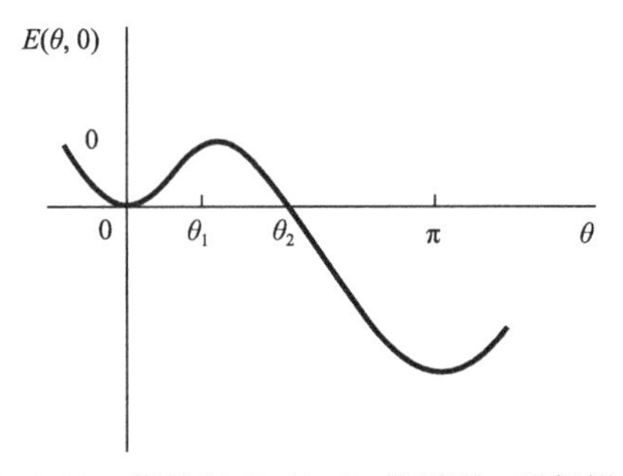

图 12.2.11 能量以 E（θ,0）的图形，磁扬沿易轴

与上述做法相似，可得 M 在式（12.2.19）的能量下的隧道效应速率为

$$P\propto\exp\left[-\left(\frac{8M_0}{3\hbar\gamma}\right)\left(\frac{K_{/\!/}}{K_{\perp}}\right)^{1/2}\epsilon^{3/2}\right] \tag{12.2.20}$$

式中，$\epsilon=1-H/H_K$，$H_K=2K_{/\!/}/\mu_0 M_0$。由式（12.2.19）得势垒高度 $U=K_{/\!/}\epsilon^2$，这样便得交界温度

$$T_Q=\left(\frac{3\hbar\gamma}{8k_B M_0}\right)(K_{/\!/}K_{\perp}\epsilon)^{1/2} \tag{12.2.21}$$

2. 磁化强度反转的量子形核[37]

大块材料内，反磁化核的量子形核和长大，都要通过隧道效应来完成，因此它是比较复杂的问题，迄今未有普遍的解决办法。如果讨论的是磁化强度的均匀（uniform）反转，则隧穿的概率和相应的交界温度，就是前述的式（12.2.20）和式（12.2.21）。如果讨论的是磁化强度的非均匀（nonuniform）反转，则目前只有薄膜内的量子形核，方能得到下述结果。

如图 12.2.12 所示，薄膜平面 XY 与易磁化轴 Z 垂直，薄膜厚度 D 比反磁化核 的临界尺寸（$\delta_0/\sqrt{\epsilon}$，$\delta_0=$（$\alpha M_0^2/2K_{/\!/}$）$^{1/2}$，α 为交换耦合强度）小得多，因此可将三维空间的问题当作二维来处理。当外场 H 在负 Z 方向时，由于磁化强

度的非均匀转向，产生一个圆柱形的反磁化核，需要考虑的能量除式（12.2.19）外，还有一项交换能

$$E_e=\left(\frac{\alpha}{2}\right)\left(\frac{\partial M_i}{\partial x_j}\right)^2=\left(\frac{\alpha M_0^2}{2}\right)\left[(\nabla\theta)^2+\sin^2\theta(\nabla\phi)^2\right] \tag{12.2.22}$$

设 $K_{/\!/}\gg 2\pi M_0^2$，并略去退磁能，则体系的能量便是式（12.2.19）与式（12.2.22)之和，M 的运动方程虽然仍是式（12.2.13)，但是因为在总能量中多了交换能，使式（12.2.10）的作用量只能数值求解。经计算得出交界温度为

$$T_Q=\left(\frac{0.62\hbar\gamma}{k_B M_0}\right)(K_{/\!/}K_{\perp}\in)^{1/2} \tag{12.2.23}$$

式（12.2.23）除数字与式（12.2.21）稍有不同外，其他表征性能的参数完全相同，说明交界温度取决于材料的内禀参数。

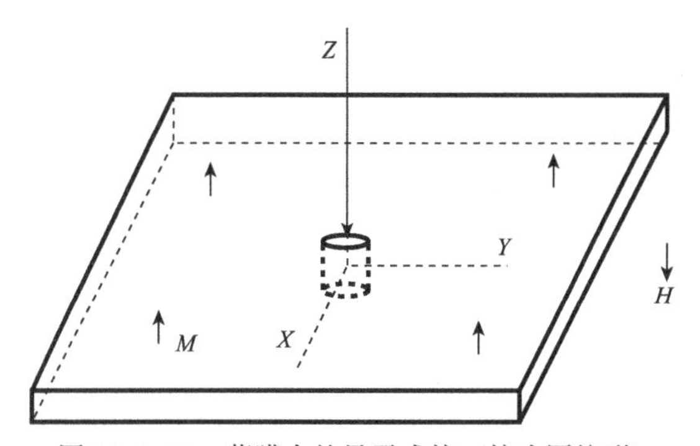

图 12.2.12　薄膜内的量子成核（核为圆柱形）

3. 畴壁的（量子）隧穿

畴壁的量子移动，可看成是畴壁隧穿亚稳态的势垒，使其位置发生不连续的改变的结果。由于畴壁内的原子磁矩是按一定的方式排列的，因此畴壁的量子移动相当于畴壁扫过的体积内，所有原子磁矩不同程度的方向改变，畴壁的隧穿速率原则上可按上述各节的方法计算。但是畴壁平面的性质和移动时碰到的势垒与位置有关，使计算复杂化，目前仍无法作出普遍处理，这里介绍的是一种简化方法[18]。

设畴壁如图 12.2.13 所示的二维平面（图中的影线），其移动速度很小，隧穿的是平面缺陷造成的势垒，畴壁面积 A_w 和缺陷面积都很小，并且数值相同。

在假设一定形式的面缺陷的能量分布后，算出 WKB 指数为

$$B=\frac{48\gamma H_c}{5\omega}\overline{W}^{3/2}h_c^{1/4}\in^{5/4}N \tag{12.2.24}$$

式中，$\overline{W}$ 为缺陷能量分布形状特征的参数，ω 为瞬子频率，$\omega=\gamma H_K\left[(1+K_{\perp}/K_{/\!/})^{1/2}-1\right]$，$H_K=2K_{/\!/}/\mu_0M_0$，$N=M_0A_W\delta/\mu_B$ 为参加隧穿的总自旋数，$\in=1-h/h_c$，$h=2M_0H\delta/\sigma_0$，σ_0 和 δ 分别为畴壁静止时的能量和厚度。同时算出交界温度为

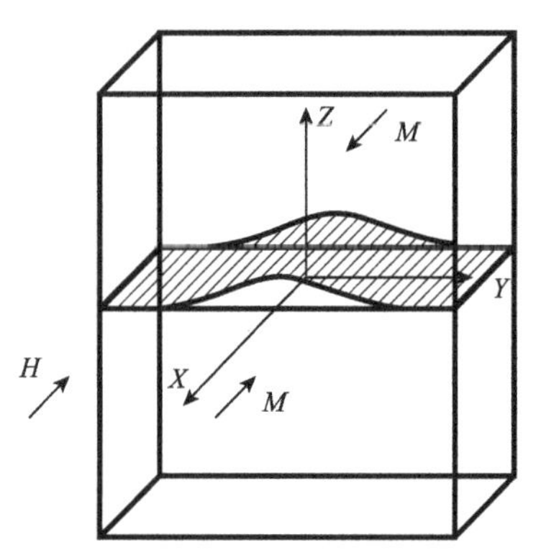

图 12.2.13 畴壁（阴影线）脱离 XY 平面上的面缺陷

$$T_Q=\left(\frac{5\sqrt{2}}{36k_B}\right)\hbar\omega\,\overline{W}^{-1/2}h_c^{1/4}\in^{1/4} \tag{12.2.25}$$

若畴壁与平面缺陷的耦合面积较大，则先有一小部分畴壁由于隧穿而脱离缺陷的钉扎，然后再扩大到整块畴壁脱离缺陷，这时用量纲分析法得出

$$B=\left(\frac{2^{1/4}\gamma H_c}{\omega}\right)\beta\,\overline{W}^{3/2}h_c^{1/4}\in^{5/4}N \tag{12.2.26}$$

$$T_Q=\left(\frac{12\times2^{1/4}}{5k_B\beta}\right)\hbar\omega\,\overline{W}^{-1/2}h_c^{1/4}\in^{1/4} \tag{12.2.27}$$

式中，$\beta\sim1$ 为积分值，$N=M_0 lY_n\beta/\mu_B$ 为参加隧穿的总自旋数，l 为缺陷在易磁化轴 X 方向上的长度，Y_n 为核的尺寸。由式（12.2.26）、式（12.2.27）与式（12.2.24）和式（12.2.25）对比可见，不论缺陷的尺寸如何，畴壁量子隧穿时，它们的 WKB 指数和交界温度与材料的磁性参数的关系不变，只是比例常数不同而已。

4. 反铁磁小颗粒的隧穿效应[17]

反铁磁体的磁晶格，由磁化强度数量相同（M_0）、方向相反（$-M_1=M_2$）的两个铁磁次晶格组成，用单位长度的 Neel 矢量 I 来表征反铁磁有序最合适，$I=(M_1-M_2)/2M_0$。

与单畴颗粒内磁化强度的宏观量子效应一节的讨论相似，在无外场的单轴反铁磁小颗粒中，I 在两个能量对称的极小态之间隧穿，因此是相干效应，此时，算出 WKB 指数和交界温度为

$$B=2\,\frac{(\chi_{\perp}K)^{1/2}}{\hbar\gamma} \tag{12.2.28}$$

$$T_Q=\left(\frac{\hbar\gamma}{2k_B}\right)\left(\frac{K}{\chi_{\perp}}\right)^{1/2} \tag{12.2.29}$$

式中，$\chi_{\perp}$ 为垂直于易轴的磁化率，K 为各向异性常数。由式（12.2.29）与式（12.2.18)的比较可见，反铁磁小颗粒的交界温度比铁磁的单畴颗粒高 1～2 个量级。这从下述代换中看得更清楚：每个原子的各向异性能和交换能分别为 $\varepsilon_a\sim$

$\hbar\gamma K/M_0$ 和 $\varepsilon_e \sim k_B/T_N$，另外 $\chi_\perp \sim \gamma\hbar M_0/k_B T_N$[38]，将这些关系代入式（12.2.29）得反铁磁颗粒的 $T_Q^{AFM} \sim (\varepsilon_\alpha/\varepsilon_e)^{1/2} T_N$。

对铁磁颗粒，每个原子的交换能和各向异性能分别为 $\varepsilon_e \sim k_B T_c$ 和 $\bar{\varepsilon}_\alpha \sim \hbar\gamma \bar{K}/M_0$，$\bar{\varepsilon}_\alpha$ 为垂直和平行易轴的各向异性的平均值，于是式（12.2.18）简化为铁磁颗粒的 $T_Q^{FM} \sim (\bar{\varepsilon}_\alpha/\varepsilon_e)\ T_c$。

通常 ε_e 比 ε_α 高 3～4 个量级，故 T_Q^{AFM} 比 T_Q^{FM} 高 1～2 个量级，因此观测反铁磁物质的磁宏观量子效应，所需的温度较高，在实验上比较容易实现。

5. 指数前因子 A 和耗散

以上各节集中讨论了 WKB 指数和交界温度，而忽略了式（12.2.9）中的指数前因子 A。关于 A 的计算比较复杂，但结果大体相同，对不同的模型都得出

$$A \sim B^{1/2}\omega = \omega - 10\omega$$

式中，B 为 WKB 指数，ω 为微观特征频率。

耗散对隧穿速率的影响，存在不同看法。一般认为，在金属材料中传导电子的耗散对隧穿速率的影响较大，但在绝缘体中磁振子的影响较大。总体来说，考虑耗散后对结果不发生重大的影响，但也值得注意，特别是在很低势垒时。

12.2.4　结语

磁性的宏观量子效应是非常重要并有广阔应用前景的磁性新现象，在探索该现象的过程中，理论起了突破性的作用，有些问题仍在深入，有兴趣者可参阅长篇评述论文[31]。有关的实验与理论的进展见 1994 年 8 月 *ICM* 会议文集[32]，另外，对本文第二部分某些实验现象的解释，少数人持有不同看法[33]，这里从略。但是自 1996 年 Friedman 等和 Hernandez 等对 Mn_{12} - Ac（12 核锰醋酸配合物，分子式为 $Mn_{12}O_{12}\ (CH_3COO)_{16}\ (H_2O)_4 \cdot 2CH_3COOH \cdot 4\ (H_2O)$ 在 1.7～3.0K 的磁化曲线和磁滞回线发表开始，便从实验上完全证明了磁性宏观量子效应[39]。这些曲线上的台阶称为量子台阶，这类曲线称为量子磁化曲线和量子磁滞回线，有关工作又深入了一步[36,40,41]。

12.3　纳 米 磁 性

在三维的强磁物质中，只要有一维的尺寸达到纳米（10^{-9}m）量级——10～100nm，而且磁性和功能又发生了新的变化，便可称为纳米磁性（nanoscale magnetism)[①]。例如1988年研制成功的纳米晶软磁（$Fe_{73.5}Cu_1Nb_3Si_{13.5}B_9$）和同是1988年在Fe-Cr多层膜上发现的巨磁电阻，便是纳米磁性的优越性突出的例子。

纳米磁性的优越性是由其中存在的磁性效应决定的，这些效应包括：单畴的磁化和反磁化，无规各向异性，超顺磁性，界面上的交换耦合，交换作用长度，自旋相关散射等。下面先讨论界面上的交换耦合。

12.3.1 界面上的交换耦合

本节讨论的交换耦合（exchange coupling）指的是两种不同性质的磁性物质具有各自清析的理想界面，当它们彼此接触或被一层很薄（≤6nm）的非磁性层隔开，这两种不同性质的磁性物质的自旋信息仍能传导，从而使它们的磁矩有一优先的特殊取向。

1. 铁磁性与反铁磁性的交换耦合

铁磁—反铁磁的交换耦合，在本书的磁各向异性中讨论交换各向异性时（7.2.1.7节）曾经论及。实际的样品是钴（Co）的颗粒（直径约为20nm）上有一层氧化钴（CoO），钴的原子磁矩是铁磁性的，氧化钴中钴的原子磁矩是反铁磁性排列的。当外磁场的方向与样品冷却通过T_N时所加的磁场方向平行时（$H_{/\!/}$），所得的$M-H_{/\!/}$回线向负磁场方向发生了位移，由此可定出交换耦合场H_{ex}和矫顽力H_c。当外磁场的方向与样品冷却时所加的磁场方向垂直时（$H_{\perp}$），所得$M-M_{\perp}$曲线是一条折线，由此可定出各向异性场H_a。以上结果见图12.3.1（a）和（b），图中的磁化强度M实际上只是金属钴的磁化强度，因为在弱磁物中反铁磁性的氧化钴基本上是不被磁化的。图12.3.2为Co-CoO的磁滞回线。实验还发现CoO层厚度小于某一临界值时交换场H_{ex}消失，并且在正常情况下出现转动磁滞，这是Stoner-Wohlfarth简单转动模型所不能解释的。

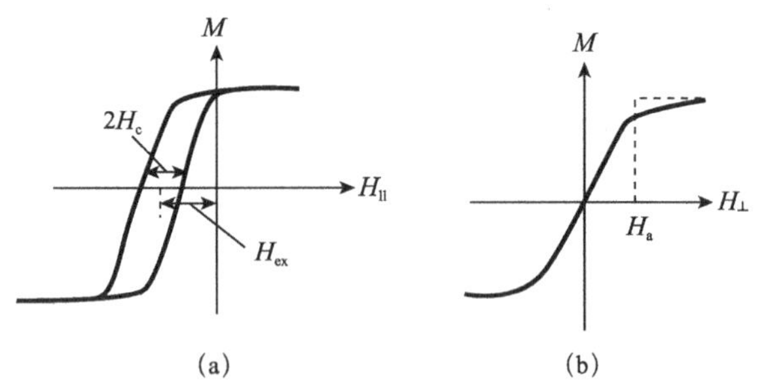

图12.3.1 Co-CoO磁滞回线示意图

① 现在推广为，凡是纳米晶体组成的或纳米晶复合的、磁性发生重大变化的都泛指为纳米磁性。nano一词于20世纪八九十年代开始在美国流行，1990年初，钱学森先生与人商定，将nano定名为纳米。——见甘子钊，往事回首，物理，2013，42（N9）：643

关于铁磁性与反铁磁性交换耦合的微观图像，早先认为在交界面上金属钴的自旋与氧化钴的自旋方向是平行的［见本书7.2.1.7节］。现在认为这种排列不是能量最低的状态，实际的情况应该是当外加磁场为零时，金属钴的自旋与氧化钴的自旋方向是相互垂直的，具体图像见图12.3.3。图中$y>0$为铁磁性层（或软磁层），$y<0$为反铁磁性层，XZ面为交界平面。铁磁与反铁磁交换耦合的交换场H_{ex}沿$+Z$方向。由于H_{ex}是单向的，故反铁磁层内的自旋虽是反平行排列，但却都向$+Z$方向稍作倾斜，只有这样才是能量最低的组态。

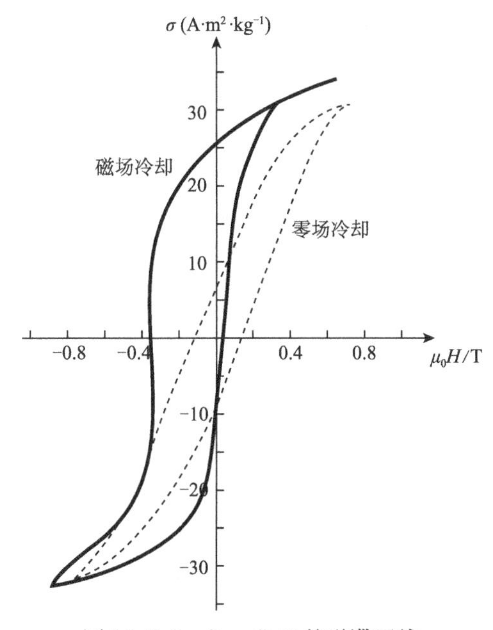

图12.3.2 Co－CoO的磁滞回线

当加上一个与H_{ex}方向相反的较小或中等的外磁场H后，反铁磁层与铁磁层的自旋排列将发生变化：在界面上（即$y\sim0$）的自旋仍按交换场H_{ex}的方向排列，但离界面逐渐远距离的自旋则会渐渐改变方向，从而出现与大块材料内畴壁一样的扭线（图12.3.3）为什么扭线会出现在铁磁层中？原因是：①铁磁层中的磁晶各向异性较小；②外磁场作用在反铁磁层自旋上的扭转力矩之和为零。此时若外磁场变小直至为零，则扭线中的自旋便会逐渐变回原来的方向，从而出现磁滞回线位移的现象。

若铁磁层的厚度比畴壁厚度小，或者小于交换长度，则扭线不会在外磁场的作用下出现，这时若在x方向加上外磁场，则外磁场的作用除使铁磁层磁化外，对反铁磁层自旋的影响又分两种情况：①当$J\gg K_{AF}t_{AF}$时，反铁磁层中的自旋都朝外磁场方向（x）方向稍作倾斜；②当$J\ll K_{AF}t_{AF}$时，反铁磁层内远离界面的自旋保持原来的方向，邻近界面的自旋才都向外场方向稍作倾斜。具体图像见图

12.3.4（J—交换作用常数，K_{AF}—反铁磁层的磁各向异性常数，t_{AF}—反铁磁层的厚度）。

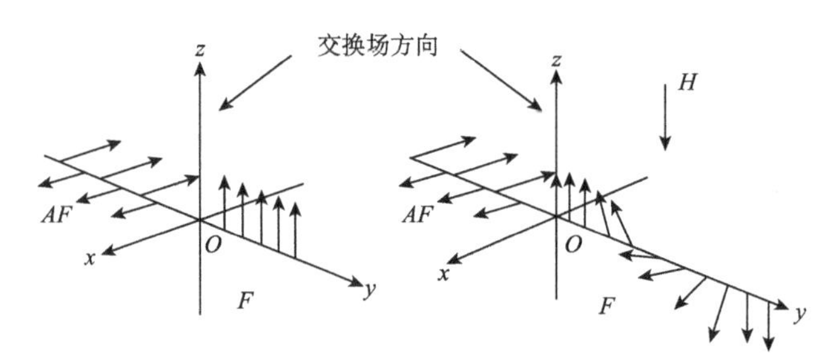

图 12.3.3　Co-CoO 界面附近的自旋排列

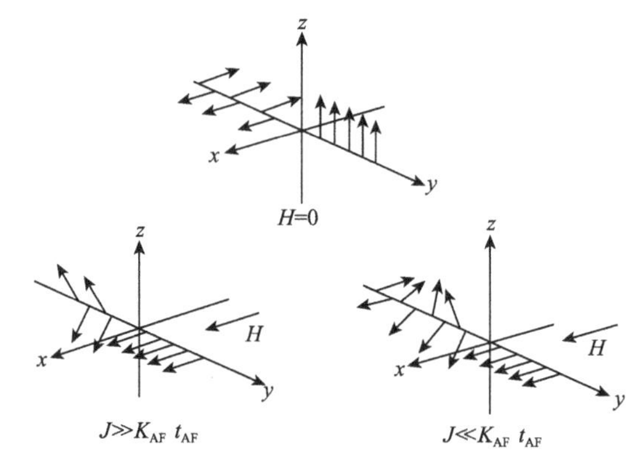

图 12.3.4　Co-CoO 界面附近自旋的三种组态

若反铁层的厚度不够厚，则外磁场可使反铁磁层中的所有自旋，都反转到一个能量较低的状态，于是交换耦合的单向性被打破，变成为单轴性。在坡莫合金与 Fe-Mn（反铁磁）的薄膜中，就观测到当 Fe-Mn 膜厚小于 50Å 时，交换场 H_{ex} 消失。

为进一步分析上述铁磁与反铁磁交换耦合对样品磁化和反磁化的影响，再假设 K_F 和 t_F 分别代表铁磁层的各向异性常数和铁磁层的厚度。当 $J \gg K_{AF}t_{AF}$，即反铁磁层的单轴各向异性较弱时，外磁场对铁磁层和反铁磁层的自旋方向都有影响，由此可确定不出现交换耦合时，反铁磁层的厚度 t_{AF}^c，[见式（12.3.1)] 由实验得出。

前已提及在坡莫合金与 Fe-Mn 的双层膜中，t_{AF}^c 约为 50Å，这便说明若 $K_{AF} \approx 2\times10^7 \mathrm{mJ/m^3}$，$J \approx 0.1 \mathrm{mJ/m^2}$，便符合这一条件，即反铁磁层中的磁矩因与铁磁层中的磁矩存在强的耦合，使其离开易磁化轴，导致单向各向异性不复存在。

$$t_{AF} \leqslant \frac{J}{K_{AF}} = t_{AF}^c \tag{12.3.1}$$

当 $J \ll K_{AF}t_{AF}$ 即反铁磁层的单轴各向异性较强时，反铁磁层整个厚度的自旋都对样品的矫顽力产生影响，扭线将发生在反铁磁层中。

对图12.3.3所示的反铁磁层与铁磁层的交换耦合图像（外磁场在 $+Z$ 方向）可写出体系的能量如下：

$$\frac{E}{面积}=K_F t_F \sin^2\theta - J\cos\theta - \mu_0 H M_F t_F \cos\theta \tag{12.3.2}$$

式中，θ 表示铁磁层的磁化强度 M_F 与外磁场 H 的夹角（外磁场沿 $+Z$ 方向），等式右边第一项代表铁磁层的单轴各向异性能量，第二项代表交换各向异性能量，第三项式代表外磁场能量。

由于铁磁层和反铁磁层都是单畴，故磁化与反磁化过程只有磁矩的转向。这时求式（12.3.2）的极值，并运用磁矩在外磁场作用下转向过程的分析步骤，可得交换作用场 H_{ex} 和矫顽力 H_c 以及磁滞回线位移的现象。

$$H_{ex}=\frac{-J}{\mu_0 M_F t_F} \tag{12.3.3}$$

用 $M_F=5\times10^5\,\mathrm{A/m}$，$J=0.075\mathrm{mJ/m^2}$，$t_F=4\times10^{-8}\,\mathrm{m}$ 代入式（12.3.3）算得 $H_{ex}=2985\mathrm{A/m} \triangleq 37.5\mathrm{Oe}$，此值与实验值大体相合。

现将外磁场 H 加到 x 方向，仍令 θ 为外磁场与铁磁层的磁化强度 M_F 的夹角，则体系的总能量为

$$\frac{E}{面积}=-\mu_0 H M_F t_F \cos\theta + K_F t_F \sin^2\left(\frac{\pi}{2}-\theta\right) - J\cos\left(\frac{\pi}{2}-\theta\right) \tag{12.3.4}$$

式中第一项为外磁场能量，第二项为单轴各向异性能量，第三项为交换各向异性能量。对式（12.3.4）求极值，分析在外磁场作用下，磁矩转向过程的结果，可得磁化和反磁化过程是一条没有磁滞的折线，由折线的转折点（图12.3.1）可得各向异性场 H_a：

$$H_a=\frac{2K_F t_F}{\mu_0 M_F t_F}+\frac{J}{\mu_0 M_F t_F}=\frac{2K_F}{\mu_0 M_F}+\frac{J}{\mu_0 M_F t_F} \tag{12.3.5}$$

若取 $K_F=5\times10^3\,\mathrm{J/m^3}$，$J=0.1\mathrm{mJ/m^2}$，$t_F=4\times10^{-8}\,\mathrm{m}$，$M_F=5\times10^5\,\mathrm{A/m}$ 代入式（12.3.5）得出各向异性场 H_a 的值只与实验值同一量级。

关于矫顽力公式的推导，可从式（12.3.2）出发得到，但需分别考虑三种情况下的磁矩转向过程：①在 $J \gg K_{AF}t_{AF}$ 时，磁矩绕 K_F 的各向异性轴转动，②在 $J \gg K_{AF}t_{AF}$ 时，磁矩绕 K_{AF} 的各向异性轴转动，③在 $J \ll K_{AF}t_{AF}$ 时，磁矩绕 K_{AF} 的各向异轴转动。在上述三种情况下分别相应得出矫顽力的表达式如下：

$$H_c \leqslant \frac{2K_F}{\mu_0 M_F} \tag{12.3.6}$$

$$H_C \leqslant \frac{2K_{AF}t_{AF}}{\mu_0 M_F t_F} \tag{12.3.7}$$

$$H_c \leqslant \frac{2K_{AF}\delta_{AF}}{\mu_0 M_F t_F} \tag{12.3.8}$$

式中，δ_{AF}为反铁磁层中畴壁的厚度，约为 1nm 的量级。

最近的研究表明铁磁与反铁磁层界面的交换耦合不完全是上述图示的微观图像，H_c 和 H_{ex} 都不是简单的调和函数，它们都含有高次项，因此交换耦合机理的细节有待进一步研究。

2. 铁磁性与另一铁磁性的交换耦合

磁性不同的两种铁磁性物质的界面附近，自旋之间的交换耦合及其取向，与大块材料内的畴壁相似，但有两种情况需要特别注意，由此将产生磁化与反磁化的不同效果。

第一种情况是两种铁磁物质的易磁化轴都与界面平行，自旋从一种铁磁物质经过界面到另一种铁磁物质的方向改变，就在界面的平面内进行，交换作用长度 $L_{ex}^{\parallel}$ 表示为

$$L_{ex}^{\parallel}=(\sqrt{A/K})_i \quad (i=1,2) \tag{12.3.9}$$

第二种情况是两种铁磁物质的易磁化轴互相垂直，一种与界面平行，另一种与界面垂直。自旋要离开界面，在界面的垂直方向有投影，才能逐渐转到另一种铁磁物质的易轴方向。这时在界面上便产生磁荷，出现退磁场，交换作用长度 $L_{ex}^{\perp}$ 表示为

$$L_{ex}^{\perp}=(\sqrt{A/(K\pm 2\pi\mu_0\Delta M_{\perp}^2)})_i \quad (i=1,2) \tag{12.3.10}$$

式（12.3.9）和式（12.3.10）中的 A 为交换作用常数，K 为各向异性常数，$\Delta M_{\perp}$ 磁化强度的垂直分量之差。表 12.4 为 Fe、Co、Ni 按式（12.3.9）和式（12.3.10）算出的交换作用长度。

表 12.4 Fe、Co、Ni 的交换作用长度*

品名 $\mu_0 M_s^2 \frac{1}{2}$ $10^5\mathrm{J\cdot m^{-3}}$	K/（$\times10^3\mathrm{J\cdot m^{-3}}$）	$L_{ex}^{\parallel}$/nm	$L_{ex}^{\perp}$/nm
Fe 19	48	14	2.3
Co 12	410	5	2.9
Ni 1.5	4.5	47	8.2

* 计算时 $A=10^{-11}\mathrm{J\cdot m^{-1}}$，计算 $L_{ex}^{\perp}$ 时忽略 K，用 $\frac{1}{2}\mu_0 M_s^2$ 代 $2\pi\mu_0\Delta M_{\perp}^2$

交换长度的效应是把磁化强度方向从某一区域传到相距几个纳米的另一区域，从而可以有效地改变磁性，或者改变缺陷的影响范围。

3. 间接交换耦合（Indirect exchange coupling）

在两个铁磁层之间插入非铁磁层时，铁磁层之间的交换耦合称为间接交换耦合。由于交换耦合的性质随非铁磁层的厚度发生周期性变化，而且强度逐渐减小，故把它称为振荡式交换耦合。图 12.3.5 为 Fe－Cr－Fe 多层膜的饱和磁化场随 Cr 层厚度的变化。由图可见，当 Cr 层的厚度为 10Å、24Å、和 45Å 时饱和场很大（依次为 17.5kOe、5kOe 和 3kOe）；在 Cr 层厚度为 17Å 和 35Å 时饱和场

却降为 3kOe 和 2kOe。饱和场的升降说明交换耦合性质的变化：饱和场的增加说明 Fe 与 Fe 的间接交换耦合是反铁磁性的，饱和场的减小说明 Fe 与 Fe 的间接交换耦合是铁磁性的。但不管哪一种性质的耦合，耦合强度都随 Cr 层厚度的增加而减小。

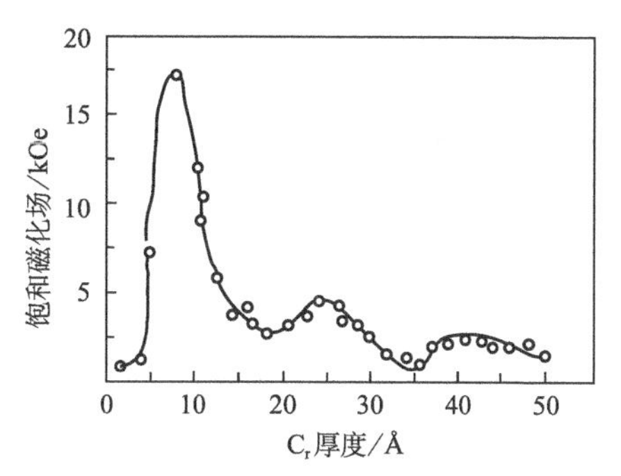

图 12.3.5　Fe－Cr－Fe 膜的饱和磁化场随 Cr 厚度变化

图 12.3.6 为 CoFe－Ru－CoFe 三层膜的交换耦合性质随 Ru（钌）层厚度的振荡变化。由图可见，当钌的厚度为 0.5 和 1.0nm 时交换耦合为零。当钌层厚度由 0.5nm 逐渐增加时，铁磁层间的交换耦合在反铁磁性与铁磁性之间振荡变化。由此得到的铁磁性交换耦合的人工反铁磁体与理想的反铁磁体的性质一样具有横向磁化率和自旋触发（Spin flop）。表 12.5 为由间接交换耦合得到最大反铁磁性的一些数据。

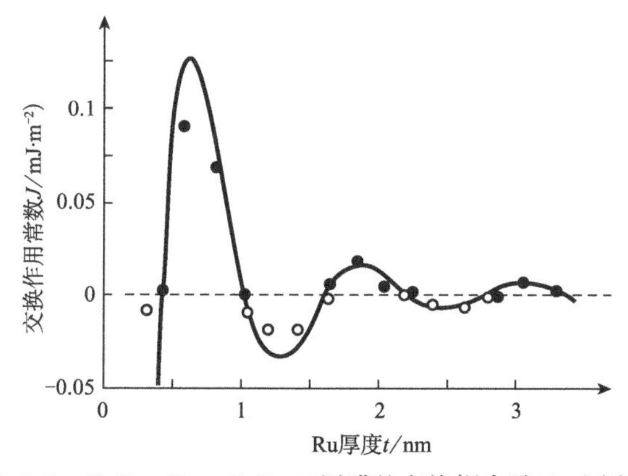

图 12.3.6　CoFe－Ru－CoFe 三层膜的交换耦合随 Ru 厚度变化

上述间接交换耦合中，耦合性质随非磁层的厚度增加，发生振荡式的变化，在某种程度上类似于 RKKY 相互作用。但是目前尚未发现，铁磁膜与反铁磁膜中间有一非磁层时，交换耦合性质随非磁层厚度振荡变化的现象。

表 12.5　由间接交换耦合得到最大反铁磁性的一些数据

铁磁层	非磁层物质厚度/nm	交换作用常数 J/（mJ・m^{-2}）
Fe	Cu　1.0	−0.3
Fe	Cr　0.9	−0.6
Co	Cu　0.9	−0.4
Co	Ag　0.9	−0.2
Co	Ru　0.7	−5.0
$Ni_{80}Fe_{20}$	Ag　1.1	−0.01

4. 偶极耦合（dipolar coupling）

理想的磁膜具有光滑表面，且均匀磁化，没有弥散磁场，因此不会出现磁偶极之间的耦合。但是粗糙的表面却会产生偶极磁场，出现偶极耦合如图 12.3.7 所示。表面粗糙度 δ_s 与偶极耦合强度 J_d 的关系为

$$J_d=\frac{\pi^2}{\sqrt{2}}\frac{\delta_s^2}{l}\mu_0 M_s^2 \exp\left(-2\pi\sqrt{2}t_s/l\right) \tag{12.3.11}$$

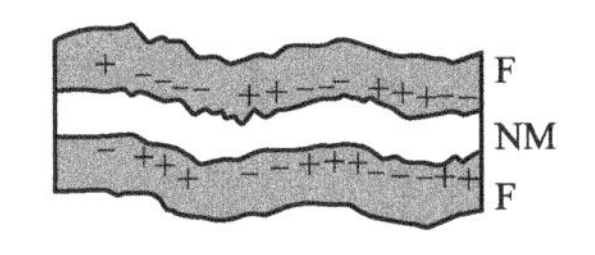

图 12.3.7 薄膜粗糙度示意图
F—铁磁层，NM—非磁层

式中，l 是粗糙度周期，t_s 是分隔层的厚度。表面粗糙的薄膜的典型数据是 $t_s=5\text{nm}$，$\delta_s=1\text{nm}$，$l=20\text{nm}$。对 $\mu_0 M_s=1\text{T}$ 的薄膜而言，由式(12.3.11) 算得 $J_d=0.03\text{mJ}\cdot\text{m}^{-2}$，此值与间接交换耦合的常数相比小一个量级，如 Fe－Cu－Fe 的 $J=-0.3\text{mJ}\cdot\text{m}^{-2}$。

12.3.2 薄膜

一般而言，薄膜与块材在内禀磁性—饱和磁化强度、居里点、磁晶各向异性，磁致伸缩等都很不相同，其主要原因是同一物质的薄膜表面和界面原子与块材内部的原子不同。薄膜的表面和界面原子不但在配位数和晶格常数（特别是在与表面垂直的方向）等方面与块材内部不同，而且外层电子（3d，4s）的分布也不相同。更不用说薄膜在制造过程中的工艺因素（衬底应力、晶格匹配、温度等等）的影响了。

图 12.3.8 是 Fe 的薄膜和块材的磁致伸缩系数的比较。当膜厚为 20nm 时磁致伸缩系数改变符号（由负变正），膜厚在几十纳米以后才慢慢与块材靠近。另外薄膜的晶体结构也与块材不同，譬如在（100）铜的衬底上生长的 Fe 膜是面心立方（f. c. c）结构，但 Fe 的块材却是体心立方（b. c. c）结构。

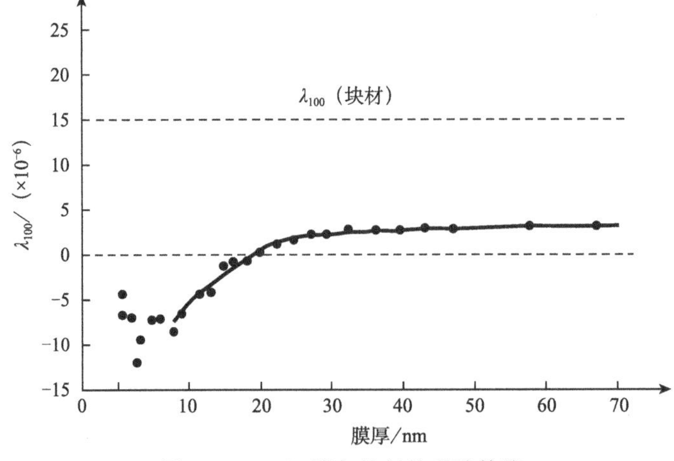

图 12.3.8 Fe 膜与块材的磁致伸缩

1. 磁性的改变与居里点

薄膜的厚度只有几层时，其磁性的性质与块材差别很大。如钒（V）和铑（Rh）在块材时是无磁性的，但在 1～2 的单层膜中却是铁磁性的。又如金属钯（Pd）只有增强的顺磁磁化率，但当它淀积在 Fe 和 Ni 的衬底上时却变成铁磁性了。图 12.3.9（a）为 Ni 膜的原子磁矩随厚度的变化（Ni 分别淀积在 Cu 的（001）面上和（111）面上。

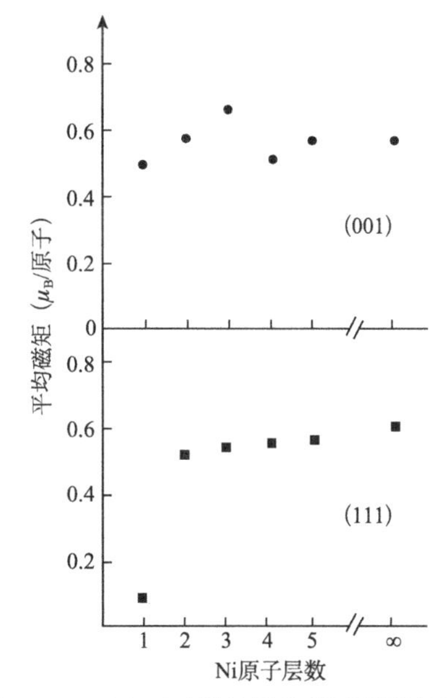

图 12.3.9（a） Ni 膜的原子磁矩随厚度变化

Fe 的磁性变化非常丰富，它不但与晶格结构有关，还与晶格常数有关，又与淀积薄膜时的条件有关。当 Fe 的晶格结构为体心立方（b. c. c）时的是铁磁性的；但当 Fe 的晶格结构是面心立方（f. c. c）时，它的磁性却随晶格常数变化，可以是无磁性的、反铁磁性的、再成为铁磁性的。若 Fe 膜在面心立方（f. c. c）铜的衬底上外延生长时，其磁性与衬底温度有关：室温下得出的面心立方（f. c. c）的 Fe 是铁磁性的，当衬底温度冷却时得出的 Fe 膜却是反铁磁性的。Fe 的原子磁矩的数值与所处状态有关，当 Fe 原子是孤立状态时，原子磁矩为 4.0μ_B，当 Fe 原子在线链状态时降为 3.3μ_B，若为平面状态时再降为 3.0μ_B，直至块体状态时为 2.25μ_B。这也符合表面原子磁矩比内部增强的效应。

衬底的 d 电子轨道的杂化，也会对界面上的磁性发生很大影响。譬如在体心立方（b. c. c）钨（W）的（100）面上生长的一层 Fe 膜是反铁磁性的，原子磁矩为 0.9μ_B；但当溅积到第二层时，Fe 膜却变成是铁磁性的。

居里温度和临界行为在物体由三维变至二维时都会发生变化，按一般规律居里温度会降低，但也有例外，例如在稀土中就有许多例子，它们的薄膜表面原子由于能带的窄化，反而使居里点略有增加。

2. 表面和界面的磁各向异性（见本书 7.2.1.8 节）

3. 磁致伸缩（磁弹性耦合）

图 12.3.8 表示 Fe 膜与块材磁致伸缩系数的不同。图 12.3.9（b）表示多晶坡莫合金薄膜（NiFe/Ag/Si）的磁致弹性耦合系数 B^{eff} 随坡莫合金薄膜厚度 t 的变化。图中的 $B^{\mathrm{eff}}(t)=B^{\mathrm{bulk}}+B^{\mathrm{surf}}/(t-t_0)$。取 $B^{\mathrm{bulk}}=-0.78\times10^{-5}\,Nm^{-2}$，$B^{\mathrm{surf}}=1.4\times10^{-4}\,\mathrm{N\cdot m^{-1}}$ 和 $t_0=0.7\mathrm{nm}$，则整体的值为 $|B^{\mathrm{bulk}}|<1.0\times10^{-5}\,\mathrm{N\cdot m^{-2}}$ 是可以接受的，它与 $+0.3\times10^{-6}$ 的磁致伸缩系数对应。

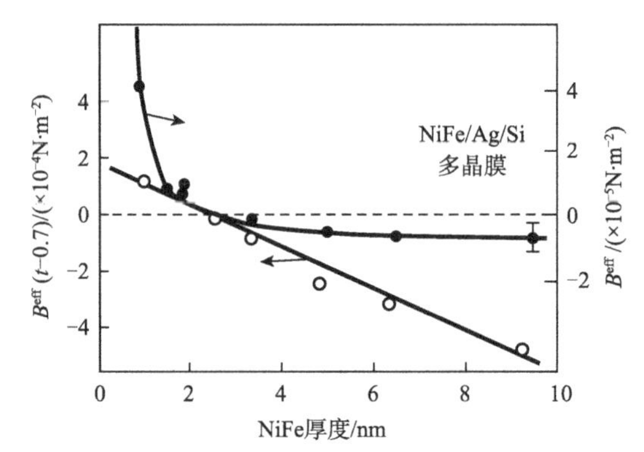

图 12.3.9（b） 多晶坡莫合金薄膜（NiFe/Ag/Si）的有效磁弹耦合系数 B^{eff} 随膜厚度的变化（黑点），以及 B^{eff}（$t-0.7$）随膜厚的变化（圆圈）。纵坐标 B^{eff} 的刻度 $1\times10^{-5}\,N\cdot m^{-2}$ 相当于大约 0.5×10^{-6} 的磁致伸缩

在开发高灵敏度的应变传感器、加速度仪等方面，利用应力通过磁弹耦合来控制各向异性是非常有利的。

4. 磁畴结构

薄膜内的磁畴结构与块材相比，形式并没有特殊，但其畴壁却可能出现奈耳型壁，或者出现 180°布洛赫壁与薄膜平面的交界处有一层奈耳“帽”（磁矩与表面平行）。当薄膜磁化是均匀时，它对外不产生弥散磁场。因为薄膜平面的退磁因子 $N_x=0$，$N_y=0$，故退磁场 $H_x=-N_xM=0$，$H_y=-N_yM=0$；在薄膜的垂直方向，退磁因子 $N_z=1$，退磁场 $H_z=-N_zM=-M$，磁感应强度 $B_z=\mu_0(H_z+M)=\mu_0(-M+M)=0$ 对外也没有磁通线。

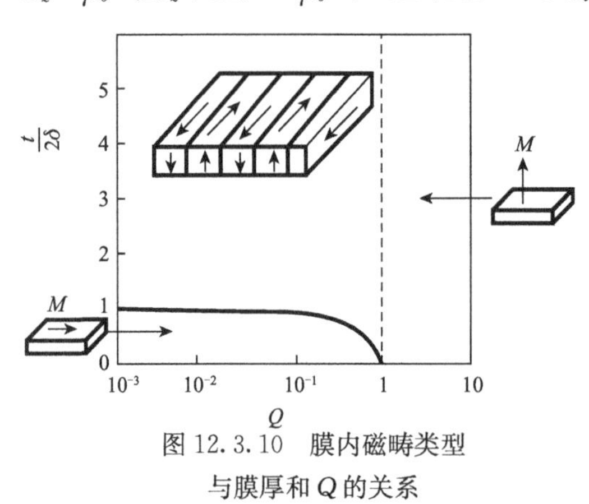

图 12.3.10 膜内磁畴类型与膜厚和 Q 的关系

薄膜内的磁畴形状除与膜厚有关外，还与磁各向异性的比值有关。设 K_u 为薄膜的垂直各向异性常数，K_{sp} 为形状各向异性常数（$K_{sp}=-\frac{1}{2}\mu_0M_s^2$）。$Q=K_u/K_{sp}$，$t$ 为膜厚，δ 为畴壁厚度，则薄膜内的磁畴类型与各向异性的比 Q 和膜厚 $t/2\delta$ 的关系如图 12.3.10 所示。由图可见，薄膜内将出现三种类型的磁畴结构：当膜的相对厚度 $t/2\delta<1$ 时，各向异性之比 $Q<1$ 时，磁膜为单畴状态，其磁化强度与薄膜平面平行；当 $Q>1$ 时，无论膜厚多少，磁膜也为单畴状态，但其磁化强度却与膜面垂直；还有一种磁畴结构是条形畴，其磁化强度与膜面倾斜，故出现与膜面垂直的分量，此分量 M_z 可在膜面的 x 方向（或 y 方向）发生正向、反向的交替变化（图中所示为在 y 方

向的正、反变化）。

图 12.3.11 为在 Cu（001）上生长的 200nm 厚的 Ni 膜的磁畴结构和磁滞回线。磁场分别与膜面平行和垂直。

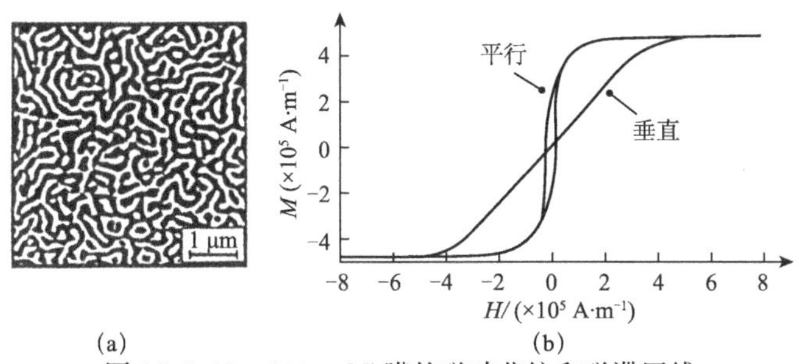

图 12.3.11　200nmNi 膜的磁畴花纹和磁滞回线

（a）用磁力显微镜测得的磁畴花纹；（b）用振动样品磁强计测得的磁滞回线

5. 巨磁电阻（见本书 11.9.4 节）

12.3.3　纳米粒子、纳米线

物体达到纳米尺寸时，明显的特征是其表面（界面）原子所占的百分数增大。设 a 表示原子间距，则膜厚为 t 的薄膜，表面原子所占的百分比为 $2a/t$；半径为 r 的纳米线，表面原子所占的百分比为 $2\pi ra/(\pi r^2)=2a/r$；半径为 R 的纳米颗粒，表面原子所占的百分比为 $4\pi R^2a/\left(\frac{4}{3}\pi R^3\right)=3a/R$。若 $a=0.25$nm，则在 10nm 的尺寸内，表面原子所占的百分比，对应于薄膜、纳米线、纳米颗粒分别为 5%、10%和 15%。这些表面原子将对材料的磁性发生很大的影响。

纳米尺寸的磁体，可能已成为单畴，也可能仍是多畴。多畴之间组成闭合磁路，以便达到能量最小的状态。图 12.3.12 为可能出现的磁性布局。图 12.3.13 为原子磁矩的排列：（a）无表面各向异性、（b）和（c）垂直表面的各向异性逐渐增加、（d）平行表面各向异性时的布局。

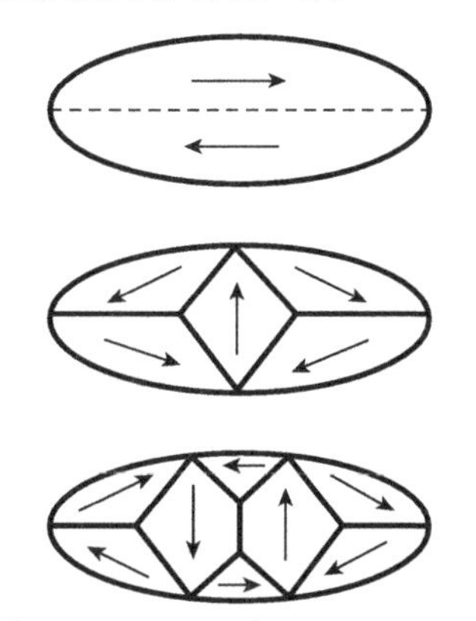

图 12.3.12　坡莫合金薄膜内磁矩的涡旋布局

1. 超顺磁性

当颗粒的尺寸比单畴尺寸小，达到超顺磁性颗粒的尺寸时，由这些颗粒组成的磁体的磁化曲线与普通的顺磁性相似，不出现磁滞回线，矫顽力为零。由于该颗粒的磁矩比普通顺磁性原子磁矩大得多，故称为超顺磁性。

根据超顺磁性颗粒的磁矩吸收热能而越过各向异性能垒改变方向的条件，可求出超顺磁性颗粒的临界尺寸（直径）d_c。设颗粒在吸收热能时的概律服从玻尔

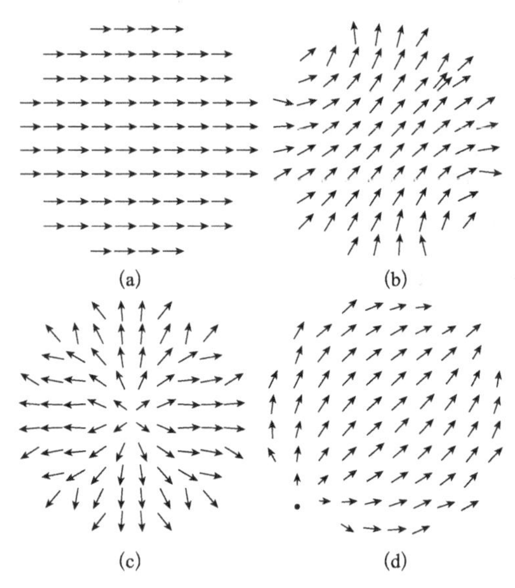

图 12.3.13　原子磁矩的布局

(a) 无表面各向异性时的一致取向态；(b) 垂直表面各向异性存在时的“调节态”；(c) 垂直表面各向异性更强时的“刺猬态”；(d) 平行表面各向异性存在时的“人工节流态”

兹曼统计分布律：

$$\tau=\tau_0\exp\ (K_uV/k_BT) \tag{12.3.12}$$

式中，τ 为弛豫时间，τ_0^{-1} 为尝试频率，数量级为 1GHz 与铁磁共振频率相同量级，K_u 为颗粒的磁各向异性常数，V 为颗粒的体积，k_B 为玻尔兹曼常数，T 为绝对温度。

若取 $\tau=100$s（一般的仪器在此时间内都能观测完信号），$\tau_0=10^{-9}$s，则由式（12.3.12）得出超顺磁颗粒临界尺寸的条件为

$$K_uV=25k_BT \tag{12.3.13}$$

若颗粒为球形，则超顺磁性颗粒的临界直径 d_c 为

$$d_c=\left(\frac{48k_BT}{K_u}\right)^{1/3} \tag{12.3.14}$$

表 12.6 中列出了一些材料的磁性特征长度，其中含有超顺磁性颗粒的临界半径 R_b 供参考。

2. 针状纳米颗粒与纳米线

20 世纪 60 年代广泛使用的磁记录介质就是用针状的纳米 $\gamma-Fe_2O_3$ 和 CrO_2 制造的，它们的长径比大体是 10：1，典型尺寸是 30nm×30nm×300nm，或长 100nm，直径 10nm。矫顽力机制是形状各向异性，若把针状颗粒看成长椭球，则形状各向异性常数 $K_{形状}=[(1-3N)/4]\mu_0M_s^2$，$N$ 为退磁因子。对细长的纳米线而言，退磁因子 $N\approx0$，$K_{形状}=\dfrac{1}{4}\mu_0M_3^2$，矫顽力的最大值等于各向异性磁场

$H_K=2K_{形状}/\mu_0M_s=M_s/2$。实际上的矫顽力总也达不到这一数值。例如在 CrO_2 的粒子中，$M_s=0.5\times10^6A\cdot m^{-1}$，$N=0.05$，由此可得 $K_{形状}=[(1-3\times0.05)/4]4\pi\times10^{-7}(0.5\times10^6)^2=67kJ\cdot m^{-3}$，各向异性磁场 $H_K=2K_{形状}/\mu_0M_s=2\times67\times10^3/[4\pi\times10^{-7}\times(0.5\times10^6)]=213\times10^3A\cdot m^{-1}$（2675Oe）。但是商品的 CrO_2 磁粉的矫顽力只有 $50\times10^3A\cdot m^{-1}$（628Oe）这是因为实际的 CrO_2 粒子内的反磁化过程不是磁矩的一致转向，而是涡旋转向或者出现了反磁化核之故。

针状的纳米颗粒和纳米线内，一般都是单畴，但是在它们末端可能出现反向畴，这时便发生两畴的磁矩正向相对或反向相背的情况，因而形成两类畴壁，不论是布洛赫壁或奈耳壁，其中一类畴壁的中心的磁化强度取向必须与磁畴的横截面一致，另一类畴壁的中心的磁化强度则是涡旋取向。这两类畴壁在条形畴内的示意图见图12.3.14。在外磁场或自旋极化电流的作用下，畴壁发生移动，速度高达100m/s。

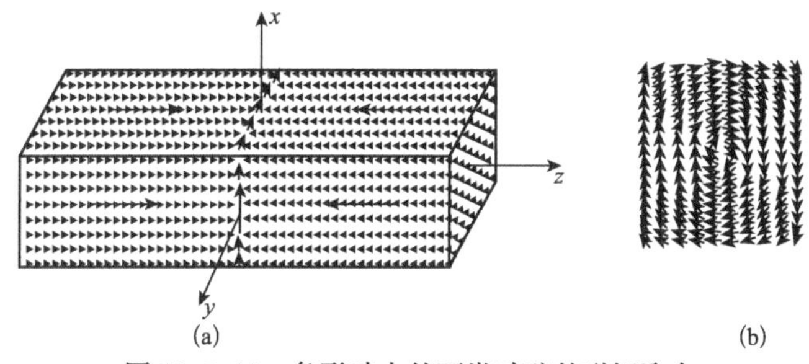

图 12.3.14 条形畴内的两类畴壁的磁矩取向

（a）畴壁中心的磁矩取向与畴的横截面一致；

（b）畴壁中心的磁矩取向是涡旋式的

纳米粒子和纳米线的制造方法有很多种，大体有三类。一类是化学法，如制造 $\delta-Fe_2O_3$ 粒子的共沉淀法，制造 Cr_2O_2 粒子的高压水热法。二类是物理化学法，如对薄膜进行光刻制成颗粒或纳米线；在聚合物模板的微孔（纳米尺度）内，用电沉积工艺制成磁性多层的纳米线；三类是合金固溶体的脱溶分解法。这种方法最有趣的是出现在制造各向异性的铝镍钴合金上。稀土永磁出现以前，铝镍钴合金的品质独居永磁材料各品牌之上几十年（1930～1970年）。各向异性的铝镍钴合金是将多元的复相固溶体自1250℃冷却至750～850℃时，由于失稳分解得出富Fe-Co和富Ni-Al的针状细长颗粒而成的，颗粒直径～10nm，长度～100nm。这些特征符合纳米磁性的范畴，可称为纳米永磁。铝镍钴各向异性永磁的矫顽力机理仍是形状各向异性，故其矫顽力不高。若能找到磁晶各向异性高的多元合金，又能固溶分解成单相或多相晶粒的话，则永磁品种便会出现新的局面。

12.3.4 纳米磁性材料举例

从广泛的意义上理解“纳米磁性”的含义，把纳米晶粒组成的磁体、性能又有突破者称为纳米磁性材料的话，则这些材料的例子如下：

例 1 纳米晶合金软磁。

纳米晶软磁以 1988 年研制成功的 $Fe_{73.5}CuNb_3Si_{13.5}B_9$ 为代表，现在发展为几乎各类软磁合金中都有纳米晶软磁，其磁性特征和结构可参见本书 9.9.2 节。

例 2 纳米晶交换耦合永磁合金。

利用饱和磁化强度 M_s 大的 m 相和磁各向异性 K_u 高的 K 相，在交换长度的范围内发生交换耦合，从而获得优异永磁磁性的设想是在 1991 年由 Kneller • E 及其博士生 Hawig 提出来的，理论上考虑用 Fe－Co 纳米晶与 $Sm_2Fe_{17}N_x$ 纳米晶交换耦合，其最大磁能积理论值 $(B \cdot H)_{max}$ 可达 $1000kJ \cdot m^{-3}$ (125MH • Oe)，但实验上只能达到约一半的值，详情参见本书 10.9.3 节。

例 3 磁致伸缩几乎为零的 Co－Nb－B 合金。

将 Co－Nb－B 非晶合金在不同温度下退火，可得出磁致伸缩接近于零，且饱和磁化强度相当大、机械性能好又抗腐蚀的纳米软磁材料。图 12.3.15 为 $Co_{84}Nb_{10}B_6$ 非晶合金在不同温度下退火 1h 后的矫顽力 H_c 与晶粒直径 d 的关系。由图可见，高于 700℃的退火，H_c 随 $\frac{1}{d}$ 下降；低于 700℃的退火，则 H_c 随 d^6 下降，这与解释纳米晶软磁的 Herzer 理论相符（见本书 9.9.2.3 节）。

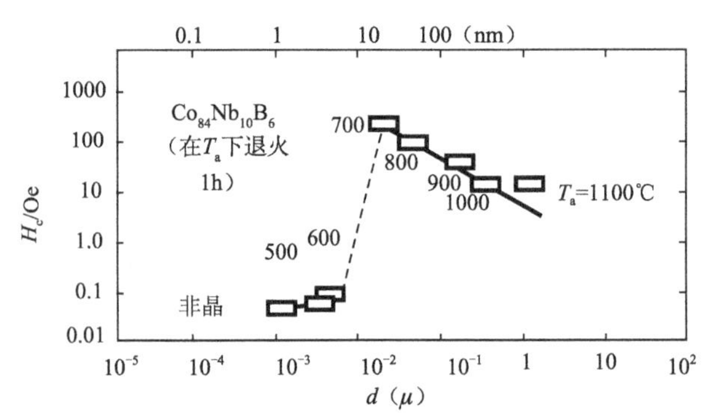

图 12.3.15 $Co_{84}Nb_{10}B_6$ 非晶合金在不同温度 T_a 下退火 1h 的矫顽力与晶粒直径的关系

例 4 磁记录介质 CoCrTa－(pt) 薄膜。

作为磁记录介质的 CoCrTa 膜，在含 Cr 小于 18%时是六角晶体，具有高的各向异性和大的矫顽力，晶粒较小（Ta 的加入可抑制晶粒生长）等，这些都可满足记录介质的要求。这种记录介质是在 Co－Cr 的柱状晶的底层上，再溅射沉积一层约 30nm 厚的 Co－Cr－Ta 膜，生成结构为六角晶体，易磁化轴 C 轴在膜面内。

例 5 饱和磁化强度很高、磁致伸缩很小的 $(Fe, Co)_{81}M_9C_{10}$ (M＝Ta, Hf, Zr, Nb, …)

这些薄膜合金具有很高的饱和磁化强度和相当小的磁致伸缩，难熔合金 Ta，Hf，…的加入使这些合金的强度、稳定性和耐腐蚀性增加。

Hasegawa 等[44]利用亚稳态的非晶过渡金属碳合金的失稳分解，获得了通式为（Fe，Co)$_{81}$Ta$_9$C$_{10}$的纳米晶合金。550℃下退火 20min 得到 α—Fe（或 α—Fe-Co）的初始结晶，晶粒直径 5～10nm；以及分散在晶粒边缘三边联结处的碳化钽，尺寸为 1～4nm。与 FeCuNbSiB 纳米晶软磁不同，并不存在残余的非晶相。因此初始的 α-Fe（或 α-FeCo）结晶共用晶粒边界，使晶粒间的交换耦合更强，改善了软磁性能。

图 12.3.16 为 Fe-M-C（M=Ta，Zr，Nb）的饱和磁极化强度 μM_s 随退火温度的变化，M_s 的增加是由于初始相 α-Fe 的析出，其百分比可以看成是非晶母相转变为初始 α-Fe（或 α-FeCo）相的百分比。图 12.3.17 为 $Fe_{81.4}Ta_{8.3}C_{10.3}$在不同温度退火 20 分钟后的磁致伸缩 λ_s 随退火温度的变化。在 870°K退火 20min 后，磁致伸缩 $\lambda_s \approx 0$。

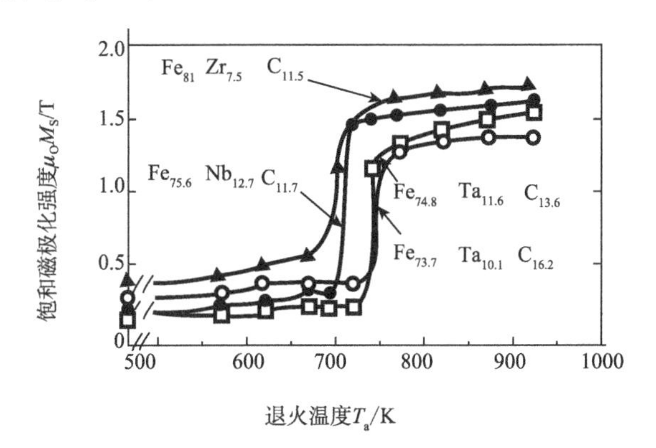

图 12.3.16　Fe-M-C（M=Zr、Nb、Ta）的 $\mu_0 M_s$ 随退火温度 T_a 的变化，退火时间 20min

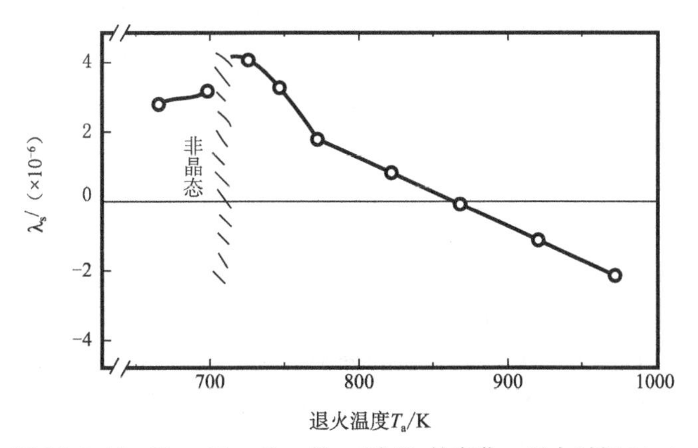

图 12.3.17　$Fe_{81.4}Ta_{8.3}C_{10.3}$的 λ_s 随 T_a 的变化，退火时间 20min

另外，饱和磁通密度超过 20kG，磁导率 2000～4000 的纳米晶合金也在 $Fe_{44}Co_{44}Zr_{17}B_4Cu_1$ 中得到[45]。

在讨论纳米磁性时，涉及一些非常重要的“长度”，如交换作用长度、畴壁厚度、单畴粒子半径等，表 12.6 为一些材料的这些长度的数值。

表 12.6 一些材料的磁性特征长度*（单位：nm）

特征长度	Fe	Co	Ni	NiFe	$Fe_{90}Ni_{10}B_{20}^{*}$	CoPt	$Nd_2Fe_{14}B$	$SmCo_5$	$Sm_2Fe_{17}N_3$	CrO_2	$CoFe_2O_4$	$BaFe_{12}O_{19}$	Fe_3O_4
ℓ_{ex}	2.4	3.4	5.1	3.4	2.5	3.5	1.9	3.6	2.5	4.4	5.2	5.8	4.9
δ_w	64	24	125	800	900	4.5	3.9	2.6	3.7	44	20	14	73
R_{sd}	10	56	24	1.6	0.7	310	110	560	190	48	160	280	38
R_{coh}	12	17	25	17	12	17	9.7	18	12	21	26	28	24
R_{eq}	0.8	0.8	1.2	1.0	0.9	1.0	0.9	1.0	0.9	1.3	1.2	1.3	1.2
R_b	8	4	17	55	63	1.7	1.7	1.1	1.4	11	5	4	13
κ	0.12	0.45	0.13	0.01	0.01	2.47	1.54	4.3	2.13	0.36	0.84	1.35	0.21

交换作用长度 $\ell_{ex}=\sqrt{A/\mu_0M_s^2}$，畴壁厚度 $\delta_w=\pi\sqrt{A/K_1}$，单畴半径 $R_{sd}=36\kappa l_{ex}$。单畴半径（一致转动）$R_{coh}=\sqrt{24}l_{ex}$，颗粒半径（在 $1T$ 和 300K 下，当 $\mu B=k_BT$ 时）$R_{eq}=3k_BT/4\pi BM$。超顺磁性粒子半径 $R_b=(6k_BT/K_1)^{1/3}$，磁硬度 $\kappa=\sqrt{|K_1|/\mu_0M_s^2}$。* 成分存疑—引者注

12.3.5 量子点和分子磁体

1. 量子点

在纳米磁性中，量子点（quantum dots）属于超“零维”的，它可以小到只包含几个电子，甚至只有一个电子。众所诸知，半径为 r 的球，其电容 $C=4\pi\varepsilon_0 r$，在球上一个电子的电势 $V=e/c$。若 $r=14.4$nm，则其电势 $V=e/c=1.602\times10^{-19}C/(4\pi\times8.85\times10^{-12}F\cdot m^{-1}\times14.4\times10^{-9}m)=100mV$。这一库仑势加到荷电的纳米点电容器上作为库仑阻塞是早就知道的。

量子点实际上是一人工原子，具有矩形势阱而不是库仑势。在低温下量子点的未配对自旋，可能使非磁性电极中的电子变成 Kondo 单态。自旋极化的电子通过调节阀门的电位有规律地通过。量子盒的电子含量受隧穿电子的控制，同时对邻近铁磁电极的偏压进行调整。这是一个磁性的单电子晶体管（magnetic singte-electron transistor），这些成对的磁性量子点（magnetic quantum dots）就是量子计算机 q—位计算的元件。

2. 分子磁体[46]

分子磁体（molecular magnets）是磁性离子与有机分子为基块结合的分子基磁体，又称有机磁性物质，典型的化学式是 $MC_{p_2}^*$（M=Fe、Ni、Co、Mn、Cr），$C_{p_2}^*$ 表示五甲基茂基 $C_5H_5(CH_3)_5$，是有机的分子基块。磁性离子是广义的，包括铁磁性（Fe $C_{p_2}^*$）、亚铁磁性（MnTPP 四氰基乙烯）、反铁磁性（Ni $C_{p_2}^*$ 四氰基苯醌）、变磁性（Fe $C_{p_2}^*$ 四氰基苯醌）和顺磁性（Co $C_{p_2}^*$ 四氰基乙烯）。

分子磁体在低能耗的低温条件下合成，易于通过分子剪裁来调节其结构和功能，并易于和生物体相容，磁能密度和质量密度都较小。这些与传统的磁性材料（如坡莫合金、NdFeB、硅钢、$SmCo_5$ 等）很不相同，因为传统磁性材料的原子（离子）是在高温下通过熔炼或烧结而成的合金或化合物，它们是由金属键或离子键结合而成的无机磁体，又称原子基磁体。

分子磁体按组成分类，大体分三类

（1）有机化合物：CH 化合物及其衍生物称为有机化合物，它含有未成对电子的有机自由基，磁性弱、密度小。

（2）分子聚合物：主要是 C_{60} 衍生物等低维聚合物，磁性也弱、且不稳定。

（3）配合物：它是由有机配体（如 $C_{p_2}^*$）围绕磁性金属离子而成的一类化合物。这类材料兼具无机和有机材料的特点，只要分子设计合理，通过调控不同的有机配体，可以调控磁体的结构和性质。配合物的磁性主要来自带有较大自旋 S 的中心磁性离子，因此磁性比纯粹有机材料强得多。如 12 核锰醋酸配合物 Mn_{12}－AC（分子式为 $Mn_{12}O_{12}$ $(CH_3COO)_{16}$ $(H_2O)_4$）便含有 12 个 Mn 离子，其中 8 个是 Mn^{3+}、4 个是 Mn^{4+}，三价和四价离子之间是很强的反铁磁耦合，故每个分子的净自旋 $S=(8\times2-4\times3/2)=10$，分子团的磁矩为 $20\mu_B$，像一个磁畴，但尺寸只有 1～5nm。Mn_{12}－AC 在低温下（1.7～3.0K）的磁化曲线和磁滞回线是证明磁性宏观量子效应的量子磁化曲线和量子磁滞回线。[47]。

分子磁体有可能成为兼备光、热、电、磁等功能的多功能材料。

12.4　物质磁性的分类简介

人们认识事物总是由表及里，由现象到本质，人们对磁的认识也是一样，先认识磁的现象，然后再研究磁是什么。最早显现磁的现象是它的吸引和排斥性质。我国春秋时期的管仲（卒于公元前 645 年）便描述了磁石吸铁的现象，我国古代把磁石称为“慈石”，它是自然界磁性氧化物的总称，这些磁性矿物以 Fe 为基，计有 $\gamma-Fe_2O_3$，$FeO-TiO_2\cdot Fe_2O_3$，FeS_{1+x} 和磁铁矿 Fe_3O_4 等，当时所以称为“慈石”、是因为它们吸引铁金属犹如母子相恋。东汉（公元25～220年）时期的高诱在《吕氏春秋》中有“慈石，铁之母也，故能引其子”的记载。

Shen Kuo，沈括（1031－1095）

磁的另一现象是其指示方向的性质，这是我国最早的发明，约在公元前四世纪，我国便利用磁石制成了指南器——司南（近代的复原图见下）。在《鬼谷子》和韩非子（公元前 280 年～前 233 年）上都有磁石指向地球地极的记载，东汉的王充（公元 27～97 年）在《论衡》中更明确指出："司南之勺，投之于地，其柢指南。"①

北宋时期的沈括（音夸，公元 1031～1095 年见上图），在《梦溪笔谈》（1088 年成书）中精确记载："方家以磁石磨针锋，则能指南，然常微偏东，不全南也"。此说比欧洲哈特曼（Hartmann）在 1544 年发现磁偏角早 450 余年。（磁偏角的数值，各地稍有不同，北京为南偏东约 5°。）

磁的现象还表现在其他方面，如磁的极性（同极相斥，异极相吸），磁与电流的作用，磁铁运动产生电流等。这些内容在电磁学中已有论述。

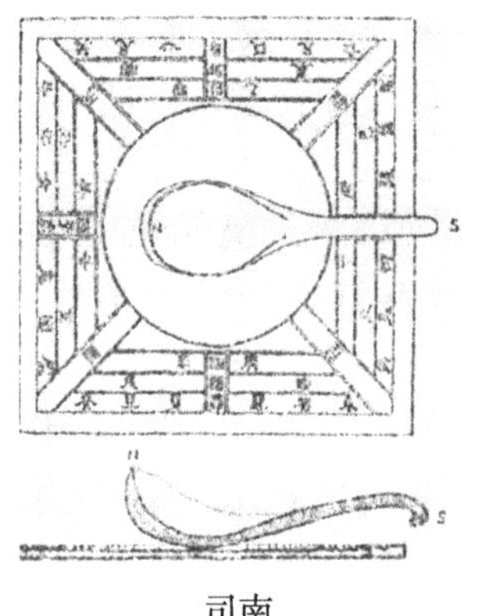

司南

15 世纪的罗盘

磁性的英文为 magnetism，这是因为国外的第一块磁体取自锡普鲁斯（sipytus）山的矿石，此山靠近小亚细亚的玛格尼西亚（Magnesia）城，从此，城的名称 Magnesia 便转意为 Magnetism 和 Magnetite 的来源。

本节讨论物质磁性的类型，其根据是它们在外磁场和温度变化中的表现。这些内容与本书上册的部分内容有重复之处，但又需了解，学过的读者权当温习罢了。

任何物质都有磁性②，小至基本粒子，大至宇宙空间都有磁性，只是大小不同而已，根据物质在外磁场和温度变化中的表现，物质磁性大体可分 5 类：抗磁性、顺磁性、反铁磁性、亚铁磁性和铁磁性。前三者的磁性较弱为弱磁性，后二者的磁性较强为强磁性。另外后三者的原子磁矩是有序排列的故又统称为磁有序物质。

下面分述 5 类磁性物质的表现。

---

① 详见 537 页的注。

② 在基本粒子中，现在认为 π 介子没有磁性，中微子是否有磁性尚不清楚。中子不带电，但却具有磁性，其值为 $-1.9\mu_n$（μ_n 为核磁矩单位）。中子具有磁矩的原因是由于中子的结构造成的，因为中子是由一个正夸克和二个负夸克组成，一个正夸克的电荷为 $+\frac{2}{3}e$（e 为电子电荷），一个负夸克的电荷为 $-\frac{1}{3}e$，所以中子的总电荷为零，但正、负夸克的磁矩没有抵消（可能是因为角动量没有抵消），结果便造成中子具有磁矩。

12.4.1 抗磁性

抗磁性物质在外磁场中的表现是反抗外磁场，向磁场减小的方向移动。它的磁化强度与外磁场的方向相反，故磁化率 χ 为负值，数量级 10^{-5}，典型的抗磁性物质有惰性气体，若干金属（如 Cu，Ag，Au，Zn，Cd，Ga 等）和非金属（如 Si，P，S 等）。还有一种特殊的抗磁性物质是表现超导的物质，这种物质内部的磁化率 $\chi=-1$。所有典型的抗磁物质的磁化率都不随温度变化。图 12.4.1 是抗磁物质的磁化曲线（a）和磁化率 χ 随温度的变化（b）。

抗磁性物质的原子自身没有磁矩，但在外磁场的作用下可以感生一个磁矩（通过改变电子的运动速度达到），其方向与外磁场相反，故磁化率为负，用半经典的物理模型，可计算抗磁性磁化率。

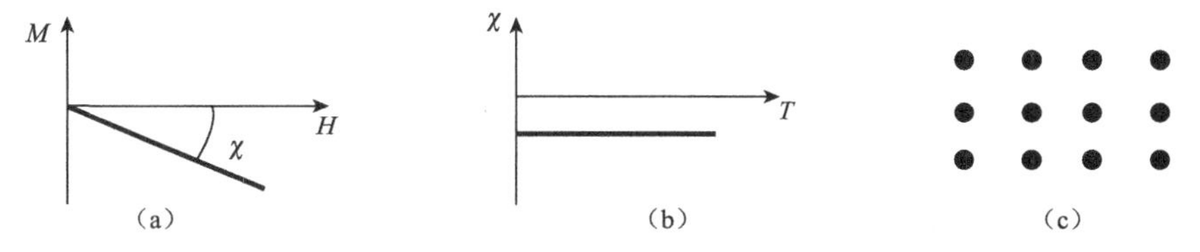

图 12.4.1 （a）抗磁物质的磁化曲线；（b）磁化率随温度的变化；（c）原子无固有磁矩

半经典理论认为，原子中的电子在作轨道运动时，遇到磁场的变化（加上磁场或取消磁场）会改变轨道运动的速度，亦即轨道电流发生变化，这一轨道速度变化得到的电流将产生磁矩，又称感生磁矩。

在最简单的情况下，设电子的的轨道运动具有球对称的性质，当磁场 H 加上时的运动图像如图 12.4.2 所示，v，r 分别为电子运动速度和轨道半径。

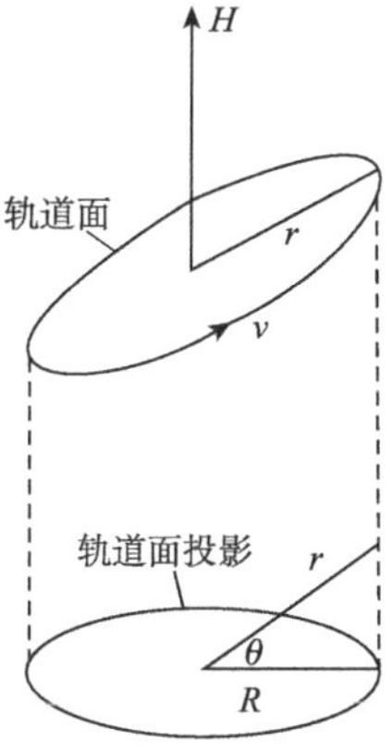

根据法拉第感应定律，当 H 加上时，与 H 垂直的电子轨道面投影圆环上的感生电动势为

$$\mathscr{E}=-\frac{\mathrm{d}\Phi}{\mathrm{d}t}=-\frac{\mathrm{d}(\pi R^2 B)}{\mathrm{d}t} \qquad (12.4.1)$$

式中，R 为电子轨道面投影的半径，B 为磁感应强度，设 E 为电子轨道面投影圆环上的感生电场强度，则

$$\mathscr{E}=2\pi RE \qquad (12.4.2)$$

图 12.4.2 电子的轨道运动速度受磁场的影响

感生电场强度 E 使电子轨道运动的速度 v 有一改变（加速或减速视电子的运动方向与磁场的方向来确定）Δv，由牛顿第二定律得

$$(-e)E=m_{\mathrm{e}}\frac{\mathrm{d}v}{\mathrm{d}t} \qquad (12.4.3)$$

式中，m_e 为电子质量，$-e$ 为电子电荷，由式（12.4.1）～式（12.4.3）得

$$\frac{dv}{dt} = \frac{eR}{2m_e}\frac{dB}{dt}, \text{积分后 } \Delta v = \frac{eR}{2m_e}B \tag{12.4.4}$$

用角速度 ω 与线速度 Δv 的关系：$\Delta v = 2\pi Rf = \omega R$，$f$ 为频率，得出电子轨道运动速度改变的角频率为

$$\omega = \frac{eB}{2m_e} = \frac{e\mu_0 H}{2m_e} \tag{12.4.5}$$

式中，μ_0 为磁性常数，ω 又称为拉莫尔（Larmor）进动频率，它是磁场 H 加上后产生的电子轨道运动的进动，因而只要 H 存在，进动便继续（假设电子作轨道运动时没有电阻）；取消 H，进动消失。

由拉莫尔进动产生的感应电流 i 和相应的磁矩 $\Delta\mu$ 为

$$i = \frac{-e\omega}{2\pi}, \quad \Delta\mu = i \cdot s = \frac{e^2 H\mu_o}{4\pi m_e}\pi\overline{R}^2 \tag{12.4.6}$$

式中，s 为感应电流 i 所包围的面积，$\overline{R}^2$ 为对时间求平均。

设电子轨道运动，具有球对称性质，故 $R = r\cos\theta$，式中 θ 为电子轨道半径 r 与轨道面投影半径 R 间的角度（图 12.4.2），在电子轨道运动具有球对称的情况下，θ 在空间有一分布，R^2 对空间需要求平均值；

$$\overline{R}^2 = \frac{1}{2\pi}\int_0^{\pi}(r\cos\theta)^2\sin\theta d\theta\int_0^{2\pi}d\zeta = \frac{2}{3}\overline{r}^2 \tag{12.4.7}$$

将式（12.4.7）代入式（12.4.6）得一个电子由于轨道运动速度的变化（外磁场加上）产生的磁矩为

$$\Delta\mu = -\frac{\mu_0 e^2\overline{r}^2}{6m_e}H \tag{12.4.8}$$

若一个原子内有 Z 个电子，则一个原子的感生磁矩为

$$\mu = \sum_{i=1}^{z}\Delta\mu_i = -\frac{\mu_0 e^2 H}{6m_e}\sum_{i=1}^{z}\overline{r}_i^2 \tag{12.4.9}$$

1mol 的原子或离子中有 N 个原子（$N = 6.023\times10^{23}$ 为阿伏伽德罗常量）故 1mol 物质的磁化率 χ_{mol} 为$\left(\text{在 SI 制中 } \chi = \frac{M}{H} = \frac{J}{\mu_0 H}\right)$

$$\chi_{mol^{-1}} = \frac{N\mu}{\mu_0 H} = -\frac{e^2 N}{6m_e}\sum_{i=1}^{z}\overline{r}_i^2 \tag{12.4.10}$$

将电子有关数值（$e = 1.6\times10^{-19}$C，$m_e = 9.1\times10^{-31}$kg，$\overline{r}^2 \sim 10^{-20}$m）和 $N = 6.023\times10^{23}\text{mol}^{-1}1$ 代入式（12.4.10）可估计 $\chi_{mol^{-1}} \sim -10^{-6}Z$，由式（12.4.10）得出的定性结论为：①抗磁磁化率随原子中电子数目 Z 的增加而增大。②抗磁磁化率正比于各电子轨道半径的平方。由于原子核的正电荷对电子的吸引，导致电子轨道半径的减小，故抗磁磁化率随原子核上的电荷数的增加而减小，如表 12.7 和表 12.8 所示。③抗磁磁矩总是与外磁场 H 的方向相反，而且存在于所有物质中，由于其数值较小，常常被其他磁性掩盖。

表 12.7 惰性气体的抗磁磁化率 χ 的实验值与理论值

气体名称		He	Ne	Ar	Kr	Xe
磁化率 χ/（$\times10^{-6}$emu·mol^{-1}）	实验	−2.02	−6.96	−19.23	−28.01	−42.40
	理论	−1.86	−5.8，−7.46，−7.48	−18.8	−31.7	−48.0

表 12.8 抗磁磁化率随原子中的电子数与原子核上的电荷数的变化 χ

（单位：$\times10^{-6}$emu·mol^{-1}）

原子中的电子数	原子核上的电荷数			
Z	$Z-1$	Z	$Z+1$	$Z+2$
2		He −2.02	Li^{+} −0.7	
10	F^{-} −9.4	Ne −6.96	Na^{+} −6.1	Mg^{++} −4.3
18	Cl^{-} −24.2	Ar −19.2	K^{+} −14.6	Ca^{++} −10.7
36	Br −34.5	Kr −28	Rb^{+} −22	Sr^{++} −18
54	I^{-} −50.6	Xe −42	Cs^{+} −35.1	Ba^{++} −29

最后，由式（12.4.10）中可见，由于电子的电荷 e 和质量 m_e 以及电子数目 Z 均与温度无关，而且阿伏伽德罗常数 N 和电子轨道运动的半径 r 又与温度的关系很弱，所以，抗磁磁化率与温度无关，这点与图 12.4.1（b）的实验一致。

12.4.2 顺磁性和超顺磁性

顺磁性物质的原子、离子和分子自身具有磁矩，在忽略磁矩间相互作用的情况下，原子磁矩的方向是无规则的（图 12.4.3（a））。但在外磁场的作用下，它们的方向有趋向磁场的倾向，磁化强度与磁场同一方向；磁化率为正，温度愈高，磁化强度随磁场的变化愈接近于直线（图 12.4.3（b）），磁化率的数量级在常温下为 $10^{-3}\sim10^{-5}$，但随着温度的升高下降很快，磁化率倒数与温度的关系为一斜线 [图 12.4.3（c）]，这就是居里定律。

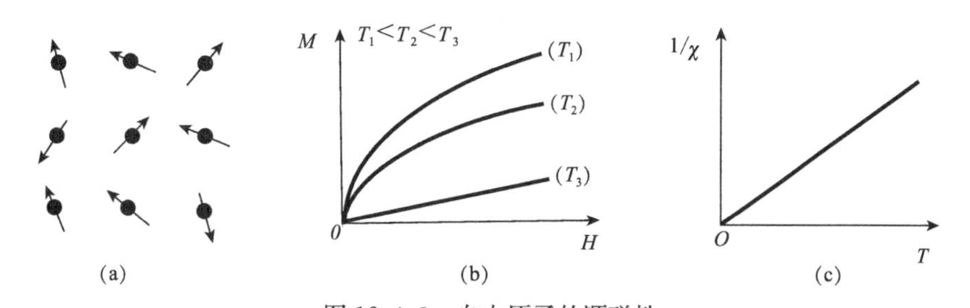

图 12.4.3 自由原子的顺磁性

（a）原子磁矩排列；（b）磁化曲线；（c）磁化率倒数与温度的关系

顺磁性的物质有：①原子或分子中的电子数目为奇数的，如 Na 原子、NO 分子、自由基等；②原子或离子中的电子壳层未填满的，如过渡族和稀土族的离子；③少数含有偶数个电子的分子，如 O_2、双自由基；④金属中的传导电子。

实验发现大多数顺磁物质的磁化率都与温度的关系很大，几乎都遵从居里定律（1859 年由居里提出）：

$$\chi=\frac{C}{T} \tag{12.4.11}$$

式中，C 为居里常数，T 为温度用绝对温标 K 作单位。

测量顺磁物质的磁化率是开展磁化学研究的重要方面。对顺磁盐的研究（如稀上离了的盐、稀土半导体金属化合物 R_5（SiGe)$_4$，R 为稀土元素）不但可提供原子磁性的知识，还能获取可用于产生极低温物质的信息，以及提供制造微波量子放大 器物质的信息。

朗之万（P. Langevin，1872～1946）经典顺磁理论（1905 年提出）：

假定每一原子的磁矩都为 μ，它们之间没有相互作用，在空间的取向是无规的，故未加磁场时磁化强度 $M=0$。加上外磁场后，原子磁矩的方向有趋向磁场的方向，但是由于热运动的影响，扰乱了磁矩的取向，使第 i 个原子磁矩在平衡状态下与外磁场成一角度 θ_i，磁化强度 M 为

$$M=\sum_{i=1}^{n}\mu_i\cos\theta_i=n\mu\overline{\cos\theta} \tag{12.4.12}$$

式中，n 为单位体积的原子数，$\overline{\cos\theta}$为在单位体积内求平均。

原子磁矩 μ 与外磁场 H 的作用能量 $E=-\mu_0\mu H\cos\theta$，μ_0 为磁性常数。原子磁矩在外磁场和热扰动的共同作用下，其取向遵从平衡态的玻耳兹曼能量统计分布，故 $\cos\theta$ 的平均值用下式计算：

$$\overline{\cos\theta}=\frac{\iint\cos\theta\exp(\mu_0\mu H\cos\theta/kT)\sin\theta\mathrm{d}\theta\mathrm{d}\varphi}{\iint\exp(\mu_0\mu H\cos\theta/kT)\sin\theta\mathrm{d}\theta\mathrm{d}\varphi} \tag{12.4.13}$$

式中，k 为玻尔兹曼常量，φ 为方位角。

令，$x=\cos\theta$，$\alpha=\mu_0\mu H/kT$，式（12.4.13）化简为

$$\overline{\cos\theta}=\frac{\int_{-1}^{1}x\exp(\alpha x)\mathrm{d}x}{\int_{-1}^{1}\exp(\alpha x)\mathrm{d}x}=\frac{\partial}{\partial\alpha}\left[\ln\int_{-1}^{1}\exp(\alpha x)\mathrm{d}x\right]=\frac{\partial}{\partial\alpha}\left[\ln(\mathrm{e}^{\alpha}-\mathrm{e}^{-\alpha})\frac{1}{\alpha}\right]$$

$$=\frac{\mathrm{e}^{\alpha}+\mathrm{e}^{-\alpha}}{\mathrm{e}^{\alpha}-\mathrm{e}^{-\alpha}}-\frac{1}{\alpha}=\coth(\alpha)-\frac{1}{\alpha}=L(\alpha) \tag{12.4.14}$$

式中，L（α）称为朗之万函数。

将式（12.4.14）代入式（12.4.12）可得顺磁物质的磁化强度为

$$M(M,T)=n\mu L(\alpha) \tag{12.4.15}$$

当磁场很强（$\sim10^7$ A/m）和/或温度很低（<10K）时，即 $\alpha\gg1$ 时，朗之万函数 L（α）$\to1$，由式（12.4.15）得

$$M=n\mu=M_s \tag{12.4.16}$$

即此时的物体完全饱和磁化，M_s 为饱和磁化强度。

在一般情况下（如室温和相当大的磁场下）或对磁化曲线的起始部分而言，$\alpha\ll1$ 的条件得到满足，这时朗之万函数可按下式展开：

$$L\ (\alpha)\ =\coth\alpha-\frac{1}{\alpha}=\frac{1}{\alpha}\left(1+\frac{\alpha^2}{3}-\frac{\alpha^4}{45}+\cdots\right)-\frac{1}{\alpha}\approx\frac{1}{\alpha}+\frac{\alpha}{3}-\frac{1}{\alpha}=\frac{\alpha}{3} \tag{12.4.17}$$

将式（12.4.17）代入式（12.4.15）便得一般情况下顺磁物质的磁化强度：

$$M=\frac{n\mu\alpha}{3}=\frac{n\mu_0\mu^2 H}{3kT} \tag{12.4.18}$$

相应的磁化率 χ 为

$$\chi=\frac{n\mu_0\mu^2}{3k}\ \frac{1}{T}=\frac{C}{T},\ C\equiv\frac{n\mu_0\mu^2}{3k} \tag{12.4.19}$$

式中，C 为居里常数，这个公式便从经典理论的角度说明了居里定律。实验上测量磁化率随温度的变化，定出居里常数，再联系式（12.4.19）便可确定原子磁矩。图 12.4.4 为三个顺磁性盐的磁化曲线随 H/T 的变化[48]。由图可见对 同一物质而言，不同温度下的实验结果都在同一条曲线上，但却与朗之万函数不一致。原因是朗之万的经典顺磁理论没有考虑到原子磁矩在空间的取向是量子化的（空间量子化的概念在 1913 年才出现）。若考虑了原子磁矩在空间的量子化，则代替式（12.4.15）中的朗之万函数 L（α）的是布里渊函数 B_J（α）：

$$B_J\ (\alpha)\ =\frac{2J+1}{2J}\coth\left(\frac{2J+1}{2J}\alpha\right)-\frac{1}{2J}\coth\left(\frac{1}{2J}\alpha\right),\ \alpha=\frac{Jg_J\mu_B\mu_0 H}{kT}$$

式中，J 为总角动量量子数，g_J 为朗德因子。

图 12.4.4 中的实线便是考虑磁矩空间量子化后的理论曲线，可见与实验结果符合很好。

补充：**超顺磁性**　在永磁材料的生产中，要求颗粒为单畴尺寸，但有些粒子小于此尺寸而成为超顺磁粒子（每个粒子的磁矩比顺磁性原子的磁矩大得多），这些粒子的存在使矫顽力大大降低，因为顺磁性粒子是没有矫顽力的。

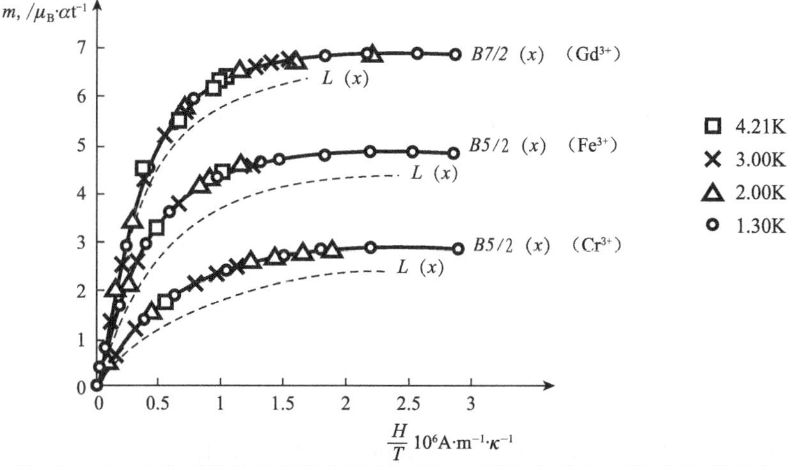

图 12.4.4　三个顺磁性盐的磁化强度（以 μ_B/原子为单位）随 H/T 的变化

顺磁性盐为：铬钾矾 $CrK(SO_4)_2\cdot 12H_2O$，铁铵矾 $Fe(NH_4)_2\cdot 12H_2O$，钆酸盐 $Gd_2(SO_4)_3\cdot 8H_2O$

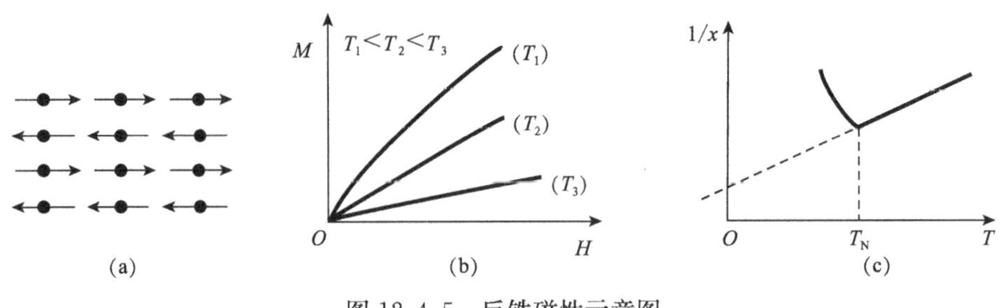

图 12.4.5 反铁磁性示意图

(a) 原子磁矩排列；(b) 磁化曲线；(c) 磁化率倒数与温度的关系，T_N 为奈尔温度

12.4.3 反铁磁性

反铁磁性物质的原子本身具有磁矩，磁化强度与外磁场的关系很像顺磁性（图 12.4.5 (b)），磁化率为正，且数值很小。但磁化率倒数与温度的关系出现极小值，与极小点对应的温度称为奈尔温度 T_N（图 12.4.5 (c)），这是因为在 T_N 以下，原子磁矩之间的相互作用，使近邻原子磁矩反平行排列（图 12.4.5 (a)），在没有外磁场时原子磁矩相互抵消，磁化强度为零。这种近邻原子之间的相互作用属于量子力学性质的静电交换作用，它使近邻原子磁矩反平行排列，故又称负交换作用。

在奈尔温度以下，磁化率随热扰动的减少而减小（热扰动是反对原子磁矩反铁磁有序排列的），即磁化率倒数随温度下降而增大。当温度高于 T_N 时，热扰动完全克服了负交换作用，原子磁矩便像顺磁性一样，磁化率倒数随温度升高而增大。综合起来可见磁化率倒数随温度的变化在 T_N 处出现极小。T_N 又称反铁磁有序的临界温度。

许多过渡金属的氧化物（如 MnO，FeO，CoO，NiO 等）、氟化物（如 MnF_2，FeF_2，CoF_2，NiF_2 等）和氯化物（如 $FeCI_2$，$CoCl_2$，$NiCI_2$ 等）都是反铁磁物质，金属铬和 γ—Mn 也是反铁磁物质。反铁磁性的发现是先有理论预言（1936 年奈尔提出），后来才在实验上证实的（1938 年斯快尔（sguire）、比泽特（Bizerte）和蔡柏龄在 MnO 上的实验）。反铁磁性的发现在理论上是很有意义的，尽管目前的反铁磁物质在实际应用上未有特殊价值，但这种理论概念导致亚铁磁性的发现和铁氧体材料的广泛应用，以及许多器件的设计理念基础（如多层膜中反铁磁耦合的自旋阀、传感器等），充分地显示出磁性理论的指导作用。

将反铁磁性的晶体看成是相互交错的两套亚晶格 A 和 B，每一套亚晶格的格点上原子磁矩数值相同，方向一致，而亚晶格 A，B 之间的原子磁矩数值相同，方向相反，原子磁矩 AA，BB，AB 之间的交换相互作用看成是等效的磁场——分子场，通过简单的计算便可得出图 12.4.5 所示的特性。这就是通常所说的奈尔反铁磁性分子场理论。

12.4.4　亚铁磁性

亚铁磁性在原子磁矩的排列上与反铁磁性相似，相邻原子磁矩的方向相反但数值不同（图 12.4.6（a）），因此不能相互抵消，在介观的尺寸（纳米数量级）上自发磁化强度不为零（未加外磁场时，由交换作用产生的磁化强度称为自发磁化强度）。由此便使其宏观性质与铁磁性（见下）相似，现在广泛应用的铁氧体材料，不论软磁铁氧体、永磁铁氧体、微波铁氧体、矩磁铁氧体、压磁铁氧体等，凡是带有铁氧体名称的，在物质磁性的分类上都属亚铁磁性之列。

亚铁磁性物质由于存在自发磁化强度，故其磁化曲线（图 12.4.6（b））与反铁磁性不同，当温度低于 T_C 时，（图 12.4.6（b）中的 T_1）磁化曲线在低磁场下便升高很快，即磁化率很大（数量级 $10\sim10^4$），当温度高于 T_C 时，（图 12.4.6（b）中的 T_2）磁化曲线与顺磁性相同。温度 T_C 是亚铁磁性的有序温度，又称居里温度或居里点，在居里温度处自发磁化强度为零（图 12.4.6（d）），磁化率倒数与温度的关系在 T 轴上相交（图 12.4.6（c））。

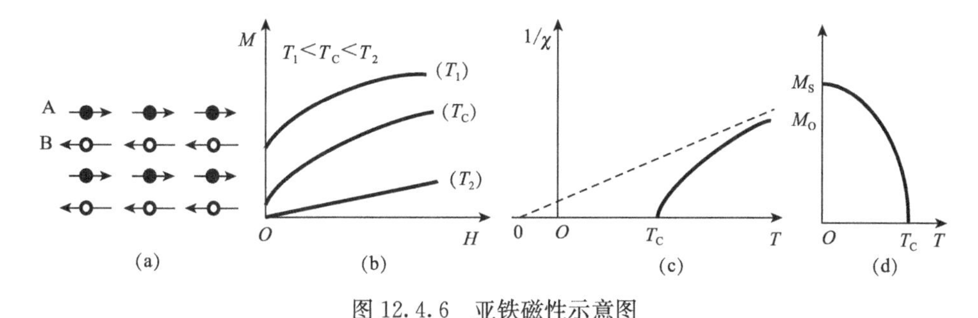

图 12.4.6　亚铁磁性示意图

（a）原子磁矩排列；（b）磁化曲线；（c）磁化率倒数与温度的关系；

（d）自发磁化强度与温度的关系。T_C 为居里温度

用两套亚晶格 A 和 B 的磁矩反平行排列，但不相互抵消的分子场理论，可说明亚铁磁性的内禀特性，其中自发磁化强度随温度的变化除了单调地随温度升高而下降至居里温度 T_C 时为零的形式外（图 12.4.6（d）），还有两种其他形式（圆 12.4.7（a）和（b））：一种是在某一温度范围内自发磁化强度随温度的升高而增大，经过一个不很明显的极大后才继续减小至零（$T=T_C$ 时），这种特性常用于改善磁性的温度系数；另一种是在某一温度下自发磁化强度为零，此后随着温度的升高自发磁化强度重新出现，直至居里温度时再为零。前一个自发磁化强度为零的原因是两套亚晶格的磁矩在此温度下数值相等、方向相反，即两套亚晶格的磁矩在此温度下相互抵消，因此称该温度为补偿温度 T_{comp} 又称补偿点（抵消点），显然补偿温度总是小于居里温度（$T_{comp}<T_C$）。

亚铁磁性和铁磁性物质都是强磁物质，它们在外磁场作用下表现的特性是磁

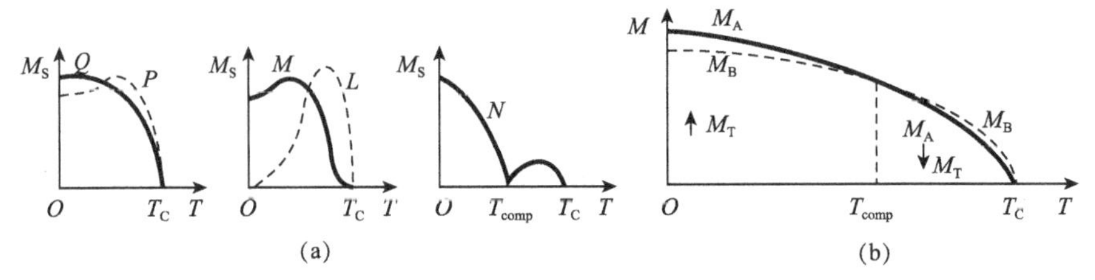

图 12.4.7 亚铁磁性的自发磁化强度随温度变化的特有形式

(a) 某一温度范围内 M_s 上升（P 型曲线）；(b) 出现补偿点 T_{comp}（N 型曲线）

性材料广泛应用的基础，磁性材料技术性能的改善与否，最直接的表现形式就是测量起始磁化曲线（图 12.4.8 的实线）和磁滞回线（图 12.4.8 中的虚线）。样品经过很好退磁后，放在外磁场中，然后测量磁化强度随外磁场的变化，所得的曲线便是起始磁化曲线。若外磁场在两个饱和值$\pm H_s$之间连续变化，所得的磁化强度与外磁场的关系便是不可逆的曲线，称为饱和磁滞回线。在饱和磁滞回线上与磁场为零对应的磁化强度称为剩余磁化强度，简称剩磁 M_r；在饱和磁滞回线上与磁化强度为零对应的磁场称为内禀矫顽力 H_{cm}。

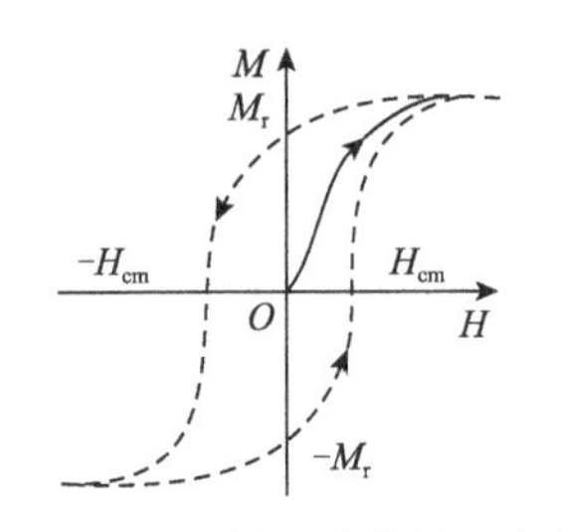

图 12.4.8 起始磁化曲线（实线）和饱和磁滞回线（虚线）示意图

前已提到铁氧体的磁性为亚铁磁性，因此，可用两套（或多套）亚晶格的分子场理论来解释其内禀磁性，具体计算时需要了解铁氧体的晶体结构，以便划分几个亚晶格，已知铁氧体的晶体结构有：尖晶石型（$MeFe_2O_4$，Me 为二价金属离子）、磁铅石型（$MFe_{12}O_{19}$，M 为半径与氧离子相近的阳离子，如 Ba、Sr、Pb 等）、石榴石型（$R_3Fe_5O_{12}$，R 为稀土元素及 Y）、钙钛石型（$RFeO_3$）、铁钛石型（$FeTiO_3$、钨青铜型（$Ba_4Gd_2Nb_8Fe_2O_4$）和氯化钠型（$Li_3O\cdot Fe_2O_3$）等，前四种晶体结构依次作为软磁、永磁、微波和庞磁电阻的材料，后三种晶体结构的磁性研究较少，尚待开发。

12.4.5 铁磁性

铁磁性的原子磁矩在介观尺度内同一方向排列（图 12.4.9（a）），自发磁化强度不为零。导致原子磁矩同向排列的原因是正的交换作用，当温度达到某一值时，原子磁矩的有序排列被破坏，自发磁化强度为零，这一温度称为居里温度 T_C（图 12.4.9（d））。在居里温度以上，自发磁化消失，铁磁性转变为顺磁性，故磁化率倒数与温度的关系如图 12.4.9（c）所示，它不像顺磁性那样通过原点，而是在 $T=T_C$ 处与 T 轴相交，这种关系又称为居里－外斯定律：

$$\chi=\frac{C}{T-T_C} \tag{12.4.20}$$

式中，C 为居里常数，T_C 为顺磁居里点，有时写为 θ_p。

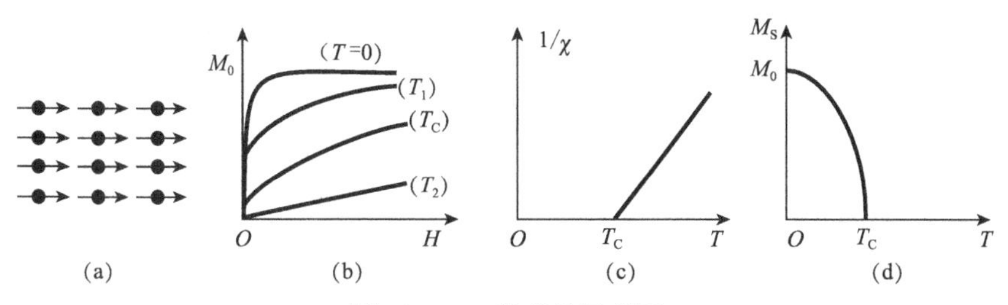

图 12.4.9　铁磁性示意图

(a) 原子磁矩排列；(b) 磁化曲线；(c) 磁化率倒数随温度的变化；(d) 自发磁化强度与温度的关系

既然铁磁性的原子磁矩，在居里温度以下同方向排列，为什么一块铁磁样品在没有外磁场时，磁化强度又为零呢？这是因为样品内形成了多个磁畴——自发磁化的小区域（详情已见第 7 章）。每个磁畴虽然都有自己的磁矩方向，但不同磁畴的磁矩方向彼此不同，导致样品的整体磁化强度为零。

铁磁性物质的磁化曲线（图 12.4.9（b））与亚铁磁物质的同类曲线相似，在一般情况下，当温度低于居里点时，铁磁物质的磁化强度比较容易达到饱和值 M_s。铁磁性物质也与亚铁磁物质一样出现起始磁化曲线和磁滞回线（图 12.4.8）。

12.5　磁性材料的分类及其他

前面论述了物质磁性分为：抗磁性、顺磁性、反铁磁性、亚铁磁性和铁磁性五大类，它们是按原子磁矩的有无和排列方式的不同以及在磁场和温度中的不同表现来分类的。如果按原子磁矩间的相互作用性质来分类的话，则前两者的原子磁矩的相互作用是无规的（抗磁性的原子虽无磁矩，但在磁场下存在感生磁矩），称为无序磁性物质。后三者的原子磁矩间存在有序的相互作用，称为有序磁性物质，简称为序磁物质。在序磁物质中，除了上述的反铁磁性、亚铁磁性和铁磁性外，还有散铁磁性，散反铁磁性和散亚铁磁性等。市场上和应用上所说的磁性材料，主要指的是亚铁磁性和铁磁性物质，它们又称强磁性物质（材料），本节叙述的磁性材料都是强磁性材料，内容涉及分类、结构、矩磁性、磁记录等。

在哲学上的物质和精神两大范畴中，材料属于物质产品，它是人类一切生产和生活活动的物质基础，历来是社会生产力的标志。习惯上把已有的材料按物质的属性分为金属（合金）、有机高分子、无机非金属（包括陶瓷、半导体……以及不属于前两类的其他材料）等三大门类，以及它们的复合材料。若按使用时，性能的侧重点来分，则又可把材料分为结构材料和功能材料两类。前者主要用于产品或工程的结构部件，着重点是材料的强度、韧性等力学性质：后者侧重利用材料的电、磁、光、声、热等的特性和效应来实现某种功能。而磁性材料是利用其固有的磁性和效应来实现磁的各种功能的，所以磁性材料属于功能材料。

磁性材料的技术性能，主要有饱和磁感应强度（饱和磁通密度）B_s、矫顽力H_c、初始磁导率μ_i、剩磁B_r、损耗P等，它们的数值随材料不同而异，它们在室温下的最佳值参见本书的导言，下面对这些技术性能进行较详细的叙述：

饱和磁感应强度 B_s B_s的数值由普通铁氧体的0.2T（2000G）至35%Co-Fe合金的2.43T（24300G），最高值为2.90T（29000G）的$Fe_{16}N_2$。就整个磁性材料而言，B_s的数值变化范围达到10～15倍，变化不很大的原因是B_s主要取决于材料的成分和晶格结构，与制造工艺过程基本无关，属于结构不灵敏量。一般而言，所有铁氧体的B_s都比金属和合金低，但电阻率却比金属高6～10个量级。常用的金属α—Fe的B_s都比35% Co-Fe的B_s低10%左右，硅钢片的B_s又比α—Fe低10%左右，约为2.0T（20000G）。纯Ni的B_s只有α—Fe的30%（～0.6T（6000G）），但是具有重要应用的坡莫合金（含35% Ni以上的Fe—Ni合金统称坡莫合金），其B_s却有0.75～1.00T（7500～10000G）。纯Co的B_s虽然较高（～1.76T（17600G）），但未见实际使用，原因是资源缺乏、力学性能不好和价格偏高。

矫顽力 H_c 矫顽力H_c的数值，随材料的不同，变化范围很大。可以从坡莫合金的0.4A·m^{-1}（5×10^{-3}Oe）变到稀土永磁的10^{6}A·m^{-1}（1.2×10^{4}Oe），两者相差1千万倍。形象地说，若用1cm的宽度绘制矫顽力最小的磁滞回线，则矫顽力最大的磁滞回线宽度可达100km，H_c变化范围如此之大的原因，是因为H_c数值不仅依赖于材料的成分，晶格结构、还依赖于冶炼、烧结、热处理、球磨、加工等的制造工艺。含Ni量高的坡莫合金（78% Ni）的H_c最低（～0.4A·m^{-1}）；含Ni量居中的坡莫合金的H_c稍大（～5～30A·m^{-1}）。硅钢片和α—Fe的矫顽力在10～200A·m^{-1}。铁氧体软磁材料的矫顽力介于5～10^{3}A·m^{-1}。通常，将H_c≥10kA·m^{-1}的材料，定义为永磁材料，于是几种常见的永磁材料，其H_c的范围是：铝镍钴的H_c的20～150kA·m^{-1}，Fe-Co-Cr合金的H_c为25～50kA·m^{-1}与铝镍钴同一量级，稀土永磁的H_c通常高达1500kA·m^{-1}，是常用的永磁材料中最高的，铁氧体永磁材料的H_c也较高，处于223～318kA·m^{-1}。

初始磁导率 μ_i 在同一材料中，初始磁导率的数值与矫顽力的数值，正好相反；即初始磁导率大时，矫顽力小，反之亦然。μ_i是软磁材料的重要指标，在所有软磁材料中，不同材料的μ_i的变化范围可达三个量级；但即使同一成分，若工艺不同，μ_i也可以差别很大，如超坡莫合金，若受到简单的轻微冷轧，μ_i的值可从13×10^{4}降至1×10^4，若再经强烈冷轧又不退火，μ_i甚至降为100。

损耗 P（损耗功率密度、铁损） 损耗 P 指的是单位体积（质量）、单位时间、平均消耗的功，常用单位为 $W \cdot kg^{-1}$（瓦千克$^{-1}$），损耗 P 的右下角标，指的是测量时的磁感应强度和频率，如 $P_{15/50}$ 便代表测量时的磁感应强度为15000G，频率为50Hz。常用的几种软磁材料的铁损（Wkg^{-1}）如下：工业纯铁5～10，热轧硅钢片1～3，冷轧硅钢片0.3～0.6，50% Ni－Fe合金0.2，65% Ni－Fe合金（磁场退火）0.06。

12.5.1 磁性材料的类别

从性能和应用角度看，磁性材料大致分为以下九类：

1. 软磁材料

软磁材料的磁滞回线为狭长形（见导言的图1（1）），磁导率 μ 和磁感应强度 $\boldsymbol{B}$ 都高，矫顽力 H_c 要小。软磁材料常用于电能的传输与转换，无线和有线电信息的传送，以及各种电器上。典型产品为硅钢片、坡莫合金、非晶带、纳米晶带和软磁铁氧体等。

2. 永（硬）磁材料

永磁材料的磁滞回线为肥胖形（见导言的图1（2）），要求矫顽力 H_c、剩磁 B_r 和最大磁积 $(\boldsymbol{B} \cdot \boldsymbol{H})_{max}$ 都要高，而剩磁的温度系数 α_{B_r} 却要低（即通常所说的“三高一低”）。永磁材料常用于电声器件、仪表、电机、磁悬浮、磁性耦合器、选磁机、磁疗等一切需要无源恒定磁场和磁力的场所。典型产品有磁钢、铝镍钴、铁钴铬、稀土钴、钕铁硼、钐铁氮、钡铁氧体等。

3. 磁记录材料

磁记录材料要求矫顽力 H_c 适中，记录密度高。常用于录音、录相以及各种信息的记录。典型产品有 $\gamma-Fe_2O_3$、包Co的 $\gamma-Fe_2O_3$、CrO_2、各种薄膜及钡铁氧体磁粉等。

4. 矩磁材料

矩磁材料的磁滞回线为矩形（见导言的图1（3）），矫顽力 H_c 小，从 $+B_r$ 到 $-B_r$ 的磁矩反转时间要快。常用于各种存储器，自动控制器、磁随机存取器等。典型产品有Mg－Mn铁氧体、坡莫合金薄带（膜）、Fe/Cr多层膜等。

5. 旋磁材料

旋磁材料要求旋磁性能（如法拉第旋转角、阻隔比等）好、共振线宽小等。常用于各种微波器件（波长0.3～300cm，频率 $10^8 \sim 10^{11}$ Hz的器件）。典型产品为铁氧体，如尖晶石型的Mn－Mg、Ni－Zn，柘榴石型的钇铁柘榴石（YIG）等，它们又合称为微波铁氧体。

6. 压磁材料

压磁材料又称磁致伸缩材料，它要求磁致伸缩和强制磁致伸缩以及磁弹性耦合系数都要大，使换能效率高；但杨氏模量要合适。常用于电能与机械能的快速转换、超声器件、超精密加工（250Å 内）、液体和阀门控制等（见 7.2.2.6 节）典型产品为镍、$Tb_{0.27}Dy_{0.73}Fe_{1.9}$（商品名为 Terfenol－D）以及 Fe－Ga 合金等。

7. 半硬磁材料

半硬磁材料又称磁滞材料，它要求矫顽力 H_c 适中（23～32kA·m^{-1}（289～402Oe）），磁滞回线形状特殊。常用于磁滞电机。典型产品为 Fe－Co（50%）－V（15%～30%）－Cr（0～6%）。

8. 磁电子学材料

磁电子学材料是 20 世纪末发现的材料，它要求磁电阻或磁电感在有、无磁场时的变化要大。目前根据磁电阻变化原理制作的器件主要有：各类传感器、自旋晶体管、读出磁头、计算机内存的磁随机存储器等，所用材料为 Fe/Cr，Co/Cu、Fe－Ni/Cu 等多层膜。还有一类磁电子学材料是半金属磁体[49]，它是用自旋极化率来定义的，自旋极化率 80%～90%以上的称为半金属磁体，典型物质有半赫斯勒合金、钙钛锰矿等，这些物质正在研究开发中。

9. 其他磁性材料

利用磁或其相关效应作为某种应用，而又不属于上述 8 种材料之列的，称为其他磁性材料。例如，作为磁致冷的 RAl_2 和磁蓄冷的 RNi_2、Er_3Ni（R—稀土金属），以及储氢材料 $LaNi_5$ 等。这些材料有的正在研究，有的用途也在扩展，如原有的磁致冷金属钆，便发展为 $Gd_5(Si_{1-x}Ge_x)_4$ 化合物（$x \leqslant 0.5$），储氢材料除作为氢容器和制取纯氢外，还可作电池、热泵等。

磁性材料的上述分类不是一成不变的，有些类别叙述过简，有些专题尚未论述现补充如下：

12.5.2 软磁金属（合金）材料的结构

我们按照组分和结构来区分以下类型的软磁金属材料：晶态、非晶态和纳米晶。而且还应该指出与粉末铁芯材料相应的粉末复合物以及磁膜。但这些材料既不新又不是不同的材料，只是具有特别的铁芯形式和部件而已。

早期所有的金属软磁材料都基于铁，在电气时代的开始阶段，铁甚至是唯一应用的软磁材料，称其为“软铁”或“钢”。在 1900 年左右才开始系统地发展软磁材料，初期是加入一些 Si，产生了硅钢片。到 1900 年左右发展出 NiFe 合金，后来的几十年才发展出有很宽范围的许多特殊材料类别来。特别是后期的非晶态和纳米晶金属，扩大了软磁材料的范围。

1. 晶态材料

晶态金属中包含大量的颗粒或晶粒，各个晶粒的点阵取向都不同。软磁合金最普通的点阵结构是立方体，颗粒尺寸随各种合金而异，通常在 0.01～10mm。在某些合金中，可通过特殊的加工过程得到颗粒取向（织构）。

Fe，Co，Ni是晶态材料主要的组成成分。加一些Cu，Mo或Cr是为了去改善一些物理量，如磁各向异性、磁致伸缩或电阻率等，从而优化特定的软磁性能。加很少量的Mn或Ca是为了改善可加工性等技术原因。SiFe是个特殊情况，这里加入1%～3.5%的Si是为了增加电阻，降低涡流损耗。

2. 非晶态材料

作为快速固化技术的结果之一，就是获得一类新的非晶态金属材料。

非晶态金属不具有有序的点阵结构，因此就没有晶粒或颗粒边界。它仅有短程序，其最普通的图像就如同四面体，它常构成团簇存在。其结构与液态和玻璃态相似，因此又称金属玻璃。

用具有不同原子直径的几个元素，最易制得非晶态合金，比如由过渡族金属（T），如Fe，Co，Ni和类金属（M），如B，C，P构成的合金。类金属优先占有金属原子间的较大的空隙，同时起玻璃形成体的作用。非晶态软磁合金组分的通用分子式为T_xM_{100-x}，$70\leqslant x\leqslant 80$。由于非晶态合金中含有相当量的非磁性类金属，其饱和极化强度J_s就显然比晶态金属要低。比如：

晶态：$Fe_{97}Si_3$①的$J_s=2.03T$。

非晶态：Fe_{80}（B，Si，C）$_{20}$（at.%）的$J_s=1.6T$。

非晶态是一种亚稳态。因此，上限的连续可工作的温度就要比晶态材料低。这可通过稳定化退火处理，从根本上减少材料中的自由体积，消除可能的弛豫效应，从而获得一定的改善。

非晶态与晶态金属的区别可以用一种模型来作说明，如果用两种不同尺寸的球按80∶20之比混合，我们就可得到无序结构的非晶态。相反如果用同样尺寸的球相互混合，则得到的是具有“颗粒”和“颗粒边界”的有序结构（图12.5.1）。

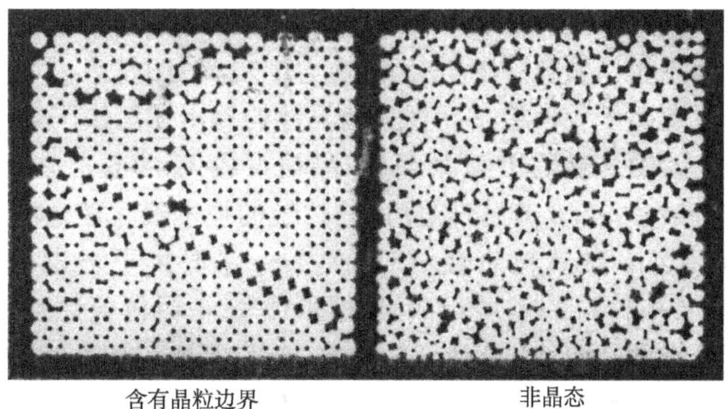

含有晶粒边界　　　　非晶态

(a) 同样尺寸的原子形成具有“颗粒边界”的晶态结构　　(b) 不同尺寸的原子构成非晶态结构

图12.5.1　晶态与非晶态模型

---

① 相当于$Fe_{94.2}Si_{5.8}$（at.%）。

从X射线衍射线条可看到最明显的区别：对有序点阵，如晶体，由于原子的精确有序而得到尖锐的强度峰（图12.5.2（a））；而非晶态金属的无序结构表现出的是和液态一样的散漫的强度极大（图12.5.2（b））。

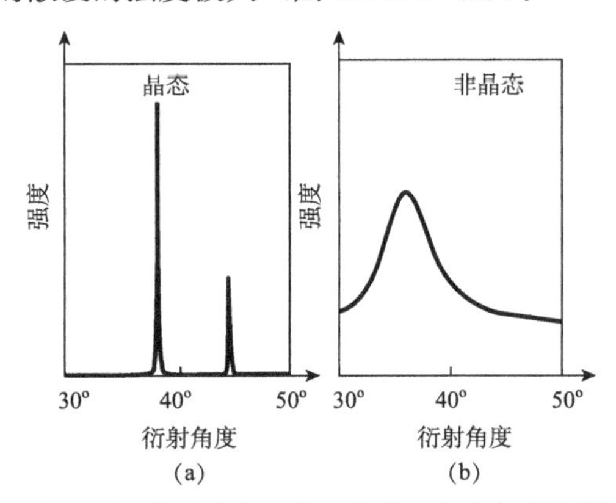

图12.5.2 （a）晶态合金；（b）非晶态合金的X射线衍射图

3. 纳米晶材料

在快速固化技术的研究工作中，发现并研究了晶体结构在很宽范围内的变化，这个范围从通常大小的晶体，到非常细小的微晶和纳米晶，直至非晶态金属。在纳米晶FeSiB合金中加入Cu和Nb便得到了极好的软磁性（见9.9.2节）。图12.5.3半示意地表示了纳米晶金属的结构。还有软磁薄膜也属于软磁材料。

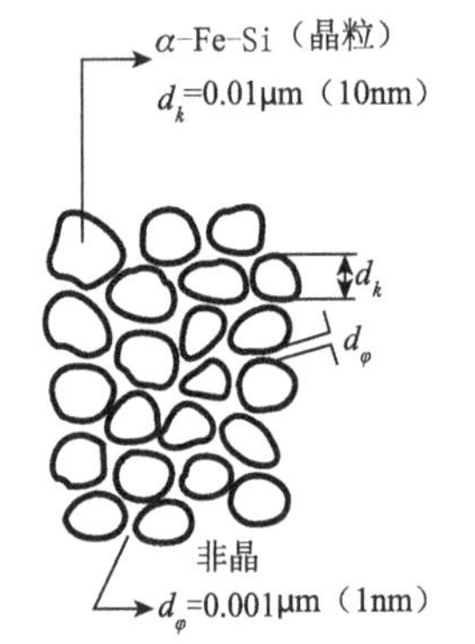

图12.5.3 纳米晶材料的二维模型

矫顽力与颗粒尺寸关系很大，早期的技术磁化理论认为晶粒（颗粒）的直径d_k愈大，矫顽力H_c愈小，但是纳米晶发现后与传统看法发生矛盾，后来无规各向异性的提出才解决了这一矛盾，按无规各向异性理论，纳米晶的矫顽力H_c与晶粒直径d_k的6次方成正比：$H_c \propto d_k^6$（参见7.2.1.9和9.9.2.3节），除此以外传统的技术磁化理论仍是正确的。图12.5.4为矫顽力H_c与晶粒直径d_k的关系，它汇集了坡莫合金，50NiFe、6.5SiFe以及纳米晶材料的实验结果。按图12.5.4颗粒或晶粒直径在100nm左右时可得到最大的H_c。这正是颗粒直径d_k与Bloch壁厚δ_B相当时的情形。从图12.5.4可明显看出纳米晶材料处于非晶态材料和d_k＝100～200nm的晶态材料之间。

金属软磁材料的主要品种有热轧和冷轧硅钢片、碳钢、铁镍合金、坡莫合金、非晶软磁、纳米晶软磁等。硅钢片的世界产量约为700万吨/年，约占全球钢产量的1%。此外，还有钴铁合金、粉末铁芯和其他特殊合金等。

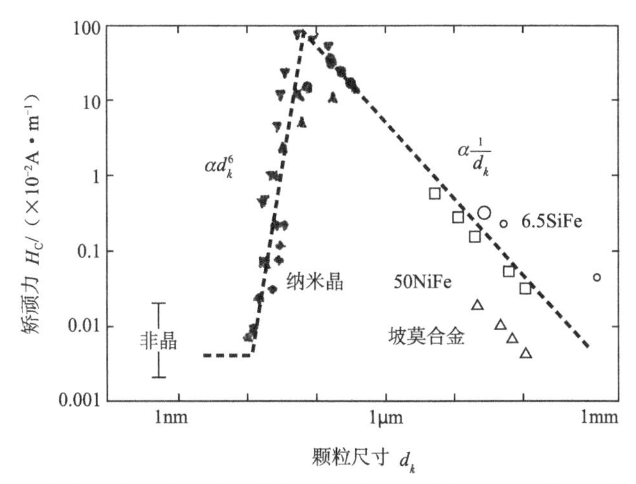

图 12.5.4　晶态、非晶态和纳米晶软磁材料的矫顽力 H_c 与颗粒尺寸 d_k 的关系

12.5.3　软磁铁氧体的分类

铁氧体材料属陶瓷材料，过去也称磁性瓷，俗称“黑瓷”，其制备工艺为陶瓷工艺，制备过程大致分 4 步：①粉料制备；②成型；③烧结；④后加工成产品。其中每步又分若干细步，且都对性能产生影响，当然对性能影响最大的是在粉料制备和烧结上，这里并不叙述。本节只讨论软磁铁氧体材料分类。

软磁铁氧体材料，通常有以下的分类：①按材料的主成分划分，如 MnZn 系、NiZn 系、NiCuZn 系、MgZn 系、LiZn 系、六角晶系等；②按材料用途和特征划分，如高 μ 材料、高频低功损耗材料、高 B_s 低功耗材料、偏转磁芯用材料；③按使用频段划分，如低频用磁材、高频用磁材、甚高频用磁材等。这些分法互有重叠，界限也不很明确。而据我国 ST/T—1766—1997（软磁铁氧体材料分类）标准，它等效采用 IEC1332：1995 标准，是目前较科学的分类办法。

软磁铁氧体材料的分类标准

ST/T－1766－1997 标准是通过下列基本参数进行分类：

——起始磁导率及相关的工作频率和/或应用的最高频率；

——起始磁导率与温度的关系；

——可应用的最大磁通密度和/或振幅磁导率；

——在给定频率、温度、磁通密度下的功率损耗。

该标准类别有三种：

——在开路磁路中，低磁通密度下使用的 OP 类材料；

——在闭路中，低磁通密度下使用的 CL 类材料；

——在高磁通密度（功率应用）下使用的 PW 类材料。

这里，“OP”为 OPEN（开路）缩写；“CL”为 CLOSE（闭路）缩写；

"PW"为 POWER（功率）缩写。

每类又分若干小类："OP"类有 OP1～OP9、"CL"类有 CL1～CL12、"PW"类有 PW1～PW5 等，见表 12.9～表 12.11。

表 12.9 OP 类铁氧体材料分类

小类	起始磁导率 μ_i (25℃)	温度系数 α /（$\times10^{-6}$℃$^{-1}$）(25～55℃)	相对损耗因数 $\tan\delta/\mu_i$ /$\times10^{-6}$	频率 f /MHz	居里温度 /℃
OP1	＜20	0～250	400～800	10	＞300
OP2	20～50	0～50	150～250	10	200～450
OP3	50～100	5～40	100～130	10	200～300
OP4	100～300	5～30	30～100	1	200～300
OP5	300～400	35～40	25～70	0.1	100～150
OP6	300～500	0～15	15～30	0.1	150～300
OP7	500～800	10～20	10～30	0.1	120～200
OP8	800～1000	1～6	10～30	0.1	100～150
OP9	1000～1500	2～10	5～20	0.1	100～200

注：f 系测量 $\tan\delta/\mu_i$ 时的频率

表 12.10 CL 类铁氧体材料分类

小类	起始磁导率 μ_i (25℃)	温度系数 α /（$\times10^{-6}$℃$^{-1}$）(25～55℃)	相对损耗因数 $\tan\delta/\mu_i$ /$\times10^{-6}$	频率 f /MHz	居里温度 /℃
CL1	＜100	0～2	50～150	10	400～600
CL2	100～400	0～10	20～30	1	250～450
CL3	400～800	0～10	15～50	0.1	150～250
CL4	800～1200	0～10	1～10	0.1	120～200
CL5	1200～2000	0～15	1～10	0.1	100～120
CL6	1200～2500	0～10	2～7	0.1	150～250
CL7	1500～2500	（−1）～2	3～5	0.1	＞150
CL8	2500～3500	0～6	2～10	0.1	140～220
CL9	3500～6000	0～3	2～25	0.01	120～180
CL10	6000～8000	0～3	10～20	0.01	120～150
CL11	8000～12000	0～3	10～20	0.01	100～130
CL12	12000～16000	0～4	10～40	0.01	90～120

注：f 系测量 $\tan\delta/\mu_i$ 时的频率

表 12.11　PW 类铁氧体材料分类

小类	最高工作频率 f_{max}①/kHz	工作频率 f/kHz	磁通密度 B②/mT	振幅磁导率 μ_a③	性能因子 $B\cdot f$/(mT·kHz)	功率损耗 k/(W·m^{-3})④	起始磁导率 μ_i⑤ (25℃)
PW1a PW1b	100	15	300	>2500	4500 (300×15)	≤300 ≤200	2000
PW2a PW2b	200	25	200	>2500	5000 (200×25)	≤300 ≤150	200
PW3a PW3b	300	100	100	>3000	10000 (100×100)	≤300 ≤150	2000
PW4a PW4b	1000	300	50	>2000	15000 (50×300)	≤300 ≤150	1500
PW5a PW5b	3000	1000	25	>1000	25000 (25×1000)	≤300 ≤150	800

①f_{max}是相对一个给定材料小类的可应用的最大频率；②B 是相对一个给定材料小类的可应用的磁通密度；③μ_a 是 100℃下，表 12.11 中 B 和 f 情况下的振幅磁导率；④功率损耗是在 100℃下和表 12.11 中的 B 和 f 情况下测量；⑤μ_i 是在 25℃下的起始磁导率

OP 类主要在棒、管、针、螺纹和工形磁芯中应用；CL 类主要用于环形、罐形、RM 型、EP 型和 E 型磁芯；PW 类主要适用于 RM 型、ETD 型、EC 型和 E 型磁芯。三个表里的参数，在本书中大都涉及，只有性能因子 $B\cdot f$ 需要解释一下，作为功率变压器能通过的功率，Mulder 在 1986 年提出下述公式：

$$P_{th}=W_d\cdot C_d\cdot f\cdot B \tag{12.5.1}$$

式中，P_{th}为通过的功率（W），W_d 为绕线参数，C_d 为磁芯设计参数，f 为工作频率，B 为工作磁通密度。

式（12.5.1）表明一只电感或变压器通过的功率 P_{th}与性能因子 $B\cdot f$ 成正比，其比例常数由磁芯结构 C_d 及绕线结构 W_d 所决定。高频大功率，小型化是电感器或变压器的发展方向，也是当前各企业研发的重点课题和产品的追求。

12.5.4　永磁材料实例

磁性材料以矫顽力 H_c 来分类的话，大体可以分为三类：①软磁材料，$H_c\lesssim$ 10A/cm（12.6Oe）；②永磁材料，$H_c\gtrsim$100A/cm（126Oe）；③半硬磁材料，10A/cm$\lesssim H_c\lesssim$100A/cm，根据这一国际上逐渐采用的分类，目前永磁材料产量最大的是铁氧体永磁和钕铁硼合金，其次为 Alnico 和稀土钴等。现将它们的有关性质分述如下。

（1）铝镍钴合金　铝镍钴合金是以铁为基的含 Al，Ni，Co 和大约 3％ Cu 的一大类多元复相合金。有时为了提高合金的矫顽力，还加入少量的 Ti 和（或）Nb。铝镍钴合金的机械性质硬而脆，因此生产时，既可用铸造方法，也可采用粉末烧结的办法。一般说来，烧结的合金机械性质更好，但磁性较差，对形状复杂的产品往往采用粉末烧结的办法。采用铸造法和粉末烧结法制造的铝镍钴永磁，分别简称为铸造铝镍钴和烧结铝镍钴。

铝镍钴合金在约 1250℃时是属于体心立方的单相固溶体。当冷至 750～850℃时，固溶体 Spinodal 分解[①]为晶格常数稍有差别的两个另外的体心立方相 α 和 α'。富 Ni，Al 的母相 α，其磁性比富 Fe，Co 的 α' 相差。针状形的 α' 相趋向于〈100〉方向，其直径约 100Å，长度约 1000Å。随着温度的下降，两相成分的偏离更加明显，因而饱和磁化强度之差更大。

铝镍钴合金的矫顽力机理，通常都认为是 α' 相的单畴针状颗粒，在形状各向异性的控制下，磁矩的非一致转动。因此，颗粒的长径比越大、表面愈光滑、两相的饱和磁化强度差愈大，矫顽力便愈高。Ti 的加入能够提高铝镍钴合金矫顽力的原因，可能就是由于 Ti 能使针状颗粒的长径比增加和表面更光滑之故。

当合金在居里温度（890℃）以下发生 Spinodal 分解时，加上大约 1kOe 的外磁场的话，则针状的分解物便沿最接近外磁场的〈100〉方向择优取向，从而在该方向的 B_r，H_c 和 $(B \cdot H)_m$ 都有明显提高，这就是各向异性的铝镍钴合金。如果合金在浇铸时，采取定向凝固的话，则便形成〈100〉织构的柱状晶体，再经磁场热处理后，性能可以更高。根据磁性和制备工艺的不同，铝镍钴合金可以分成各向同性、各向异性、高 H_c 的和柱晶取向的四大类，它们的有关性能见表 12.12。

（2）*铁氧体永磁* 铁氧体永磁是金属氧化物的陶瓷材料，化学分子式是 $MO \cdot 6Fe_2O_3$，其中 M 可以是 Ba，Sr 和少量的 Pb；结晶结构属磁铅石型的单轴六角晶系，磁晶各向异性常数相当大，室温时，$K_{u1} = 3.3 \times 10^6 \text{erg/cm}^3$（对钡铁氧体而言）。矫顽力的机理是磁晶各向异性控制下的磁矩转动。由于 K_{u1} 大，M_s 又较低（4700G），所以矫顽力相当高。

铁氧体永磁的制备工艺是陶瓷工艺，过程是把氧化亚铁（或铁鳞粉）和氧化钡或氧化锶（用碳酸钡或碳酸锶代替相应的氧化物亦可）以及适量的碳酸钙高岭土等添加剂，充分混合，均匀后造粒（ϕ7～10mm），通过连蓖机向回转窑输送，温度逐渐上升，最高控制在 1050～1300℃，球粒在最高温区内回转前进约 2h，通过固相反应形成铁氧体永磁晶粒，以上工序称为“预烧”，其产物又称预烧料，有些公司专门生产预烧料供应后续单位制成产品。后续单位制成产品的工序大致如下：将预烧料经粉碎和细磨并加入适当的添加剂和粘合剂，在磁场下干式或湿式成型后在 1200～1300℃下烧结。烧结后体积缩小 17%（⊥C 轴）和 26%～32%（∥C 轴），烧成品的密度只有真正固体密度的 90%。这就是各向异性的铁氧体永磁。

烧结的温度要适当控制，不能太高，以免晶粒尺寸超出了单畴的临界尺寸，影响矫顽力。一般说来，粉末愈细、粒度分布愈窄、再烧结温度愈低，晶粒便愈小，从而矫顽力愈高，但剩磁偏低。

铁氧体永磁和铝镍钴永磁是两类性质不同的永磁材料，前者矫顽力高、剩磁低，后者矫顽力低、剩磁高（高 H_c 的铝镍钴品种除外）；前者的磁性随温度的

---

① spinodal 分解是指固溶体分解时，不是通过成核长大，而是直接形成新相。此词过去有人译为纺锤分解、拐点分解、不稳分解、调幅分解和失稳分解等，目前统一为失稳分解。

变化大（剩磁的温度系数为－0.19%/℃，内禀顽力随温度的下降以0.2～0.5%/℃的速率减小），后者的磁性随温度的变化小（剩磁的温度系数为－0.02%/℃，矫顽力随温度的变化很小）；前者的原料来源丰富，纯度要求不高，后者的原料中含有资源缺少的钴、镍，且纯度要求较高，所有这些都使铁氧体的价格大大低于铝镍钴。而且在磁路设计（见第13章）时，磁路结构也不相同。

表12.12　永磁材料的性能

名 称	符号或牌号	成 分（wt%）
17%钴钢		18.5Co，3.75Cr，5w，0.75C，余Fe
36%钴钢		38Co，3.8Cr，5W，0.75C，余Fe
铸造铝镍钴11	* LNG$_{11}$（AlNiCo1）	12Al，21Ni，5Co，3Cu，余Fe
铸造铝镍钴13	LNG$_{13}$（AlNiCo2）	10Al，19Ni，13Co，3Cu，余Fe
铸造铝镍10	LN$_{10}$（AlNiCo3）	12Al，25Ni，3Cu，余Fe
铸造铝镍钴44	LNG$_{44}$（AlNiCo5）	8Al，14Ni，24Co，3Cu，余Fe
等轴晶铝镍钴52	LNGT$_{52}$（AlNiCo5DG）	8Al，14Ni，24Co，3Cu，余Fe
柱状晶铝镍钴60	LNGT$_{60}$（AlNiCo5col.）	8Al，14Ni，24Co，3Cu，余Fe
高矫顽力铝镍钴	LNGT32J（AlNiCo8HC）	8Al，14Ni，24Co，3Cu，8Ti，余Fe
铸造铝镍钴72	LNGT$_{72}$（AlNiCo9）	7Al，15Ni，35Co，4Cu，5Ti，余Fe
柱晶高矫顽力铝镍钴	（col. AlNiCoHC）	7Al，14Ni，40Co，3Cu，7.5Ti，余Fe
柱晶高矫顽力铝镍钴	（col. AlNiCoHC）	7Al，14Ni，39Co，3Cu，8Ti，余Fe
烧结铝镍钴12	FLNG12（S. AlNiCo2）	10Al，19Ni，13Co，3Cu，余Fe
烧结镭镍钴31	FLNG31（S. AlNiCo5）	8Al，14Ni，24Co，3Cu，余Fe
烧结高矫顽铝镍钴	FLNGT32（S. AlNiCo8）	7Al，15Ni，35Co，4Cu，5Ti，余Fe
烧结高矫顽铝镍钴	FLNGT36J（S. AlNiCo8HC）	7Al，14Ni，38Co，3Cu，8Ti，余Fe
铁氧体永磁（同性）		MO.6Fe_2O_3
铁氧体永磁（异性）		MO.6Fe_2O_3
铁氧体永磁（异性）		MO.6Fe_2O_3　M为金属Ba，Sr、Pb或它们的组合
铁氧体永磁（异性）		MO.6Fe_2O_3
铁氧体永磁（异性）		MO.6Fe_2O_3
粘结铁氧体永磁（同性）		热塑树脂加铁氧体永磁粉
粘结铁氧体永磁（异性）		上述原料在磁场中成型
单畴铁钴微粉磁体	ESD 31	20.7Fe，11.6Co，67.7Pb
单畴铁钴微粉磁体	ESD 32	18.3Fe，10.3Co，72.4Pb
铜镍铁可加工永磁	CuNiFe	60Cu，20Ni，20Fe
铁钴钒可加工永磁	Vicalloy	10V，52Co，余Fe
铁钴钼永磁	Remalloy	12Co，15Mo，余Fe
稀土钴永磁12	R－Co 12	
稀土钴永磁15	R－Co 15	R由Sm，Pr或CeMM与Co组成合金
稀土钴永磁18	R－Co 18	
稀土钴永磁	SmCo$_5$	35Sm，65Co
稀土钴永磁	Sm（Co，Cu，Fe）	25.5Sm，8Cu，15Fe，1.5Zr，50Co
铁铬钴永磁	Fe－Cr－Co	10Co，30Cr，1Si，余Fe
铁铬钴永磁	Fe－Cr－Co	23Co，31Cr，1Si，余Fe
铁铬钴永磁	Fe－Cr－Co	15Co，28Cr，1/4Zr，1Al，余Fe
铁铬钴永磁	Fe－Cr－Co	11.5Co，33Cr，余Fe
铁铬钴永磁	Fe－Cr－Co	5Co，30Cr，余Fe
锰铝碳永磁	Mn－Al－C	70Mn，29.5Al，0.5C
钕铁硼永磁	Nd－Fe－B	15Nd，77Fe，8B

续表

特性									
B_r	H_c		$(B\cdot H)_m$		有用回复能 E_{rec} /(×10⁶G·Oe	回复磁导率 μ_r	温度系数 α%/℃	比重	最高工作温度 /℃
T /(×10⁴G)	kA/m	Oe	kJ/m³	×10⁶G·Oe					
1.07	13	163	5.5	0.7	0.2	15	−0.01	8.35	150
1.04	18	226	7.8	1.0	0.3	12	−0.01	8.2	150
0.72	37	465	11.0	1.4	0.7	6.4	−0.02	7.1	450
0.75	45	565	13.5	1.7					
0.70	38	476	10.7	1.3					
1.28	51	641	44.0	5.5	1.5	4.1	−0.02	7.3	550
1.33	53	666	52.0	6.5	—	4.0	—	7.3	550
1.35	59	741	60.0	7.5	2.1	3.0	—	7.3	550
0.72	150	1885	40.0	5.0	2.3	2.0	—	7.3	550
1.05	120	1508	72.0	9.0	3.6	1.3	—	7.3	550
0.97	150	1885	91.5	11.5					
0.88	170	2136	77.0	9.7					
0.71	44	553	12.0	1.5					
1.09	49	616	31.0	3.9					
0.74	120	1508	32.0	4.0					
0.67	140	1759	36.0	4.5					
0.23	150/260**	1885/3267	8.4	1.1	1.0	1.15	−0.19	4.7	400
0.38	190	2388	27.0	3.4	1.7	1.05	−0.19	5.0	400
0.34	260/320	3267/4021	22.0	2.8					
0.38	235/240	2953/3016	28.0	3.5	1.7	1.05	−0.19	5.0	400
0.25	180/300	2263/3770	12.0	1.5					
0.16	110/240	1382/3016	4.4	0.5					
0.24	170/215	2136/2702	11.0	1.4					
0.50	80	1005	18.0	2.3					
0.68	76	955	24.0	3.0					
0.55	42	528	11.0	1.4	0.5	3.7	—	8.6	350
0.75	20	251	6.4	0.8	—	—	−0.01	8.2	450
0.97	20	251	8.0	1.0	—	—	—	8.4	500
0.72	520/800	6534/10053	96.0	12					
0.80	560/1120	7037/14074	119.0	15					
0.87	640/1600	8042/20106	143.0	18					
0.90	675/1200	8482/15079	160.0	20					
1.10	510/520	6408/6534	240.0	30.1					
1.17	46	578	34.0	4.3					
1.25	52	653	40.0	5.0					
0.95	37	465	15.0	1.9					
1.20	60	754	42.0	5.3					
1.34	42	528	42.0	5.3					
0.56	180	2262	44.0	5.5		1.0—	−0.11	5	
1.23	880/1115	11000/14000	290/476	36.4/59.6		1.2	−0.11	7.4/7.6	

* LNG 为我国对铝镍钴的符号，我国永磁合金国家标准规定，合金的牌号采用合金主要化学成分的汉语拼音第一个字母和最大磁能积表示。如 LNGT 52 便是铝镍钴钛合金，其磁能积为 52kJ/m³。

** 第二个数字皆表示内禀矫顽力，将 kA/m 换成 Oe 需乘 4π，如 $13\text{kA/m}\times4\pi=163\text{Oe}$. 将 kJ/m³ 换成 G·Oe 需乘 $4\pi10^4$

（3）稀土钴永磁　稀土钴永磁是20世纪60年代末问世的一大类永磁合金或化合物．它的矫顽力和最大磁能积都是目前永磁材料产品中很高的。对这类材料的研究开发，尽管仍在进行，但已有相当批量的生产了。

RCo_5 和 R_2Co_{17} 是目前生产稀土钴永磁的基础，其中R是Sm、Pr或（和）混合稀土MM。它们的晶体结构都是六角晶系，磁晶各向异性常数很大（10^7～10^8 erg/cm^3），饱和磁化强度中等（$4\pi M_s$～10^4G）因而可望有很高的矫顽力和很大的磁能积。稀土钴永磁的生产工艺基本上是粉末冶金工艺，由于合金的制取可采用熔炼和还原扩散两种办法，因此稀土钴永磁的生产工艺也可分为熔炼和还原扩散两种。稀土钴永磁的类型有：

$SmCo_5$ 型单相磁体。它是目前稀土钴永磁中生产最多的磁体，可以是 $SmCo_5$，也可以是（Sm，Pr）Co_5，还可以是混合稀土（CeMM）Co_5。混合稀土（CeMM）的价格较低，成分约为55% Ce，25% La，13% Nd和5% Pr。$SmCo_5$ 型单相磁体的矫顽力机理，主要是在晶粒表面或晶粒间界上的形核，而畴壁的钉扎也有一定的作用。具体情况可参阅10.5.3节。实验室中制得的 $SmCo_5$ 单相磁体的磁性为 B_r=1T（10^4G），H_{cm}= 3200kA/m（40kOe），$(B\cdot H)_m$=200kJ/m^3（25×10^6G·Oe）

Sm（Co，Cu）$_{7.5}$型脱溶硬化合金。当 $SmCo_5$，中的Co被部分的Cu置换时，在温度较低（400～500℃）下，便会有微小物（约100Å）的脱溶。脱溶物的成分为 Sm_2Co_{17} 时矫顽力最高，因此矫顽力的机理与单相磁体不同是由于畴壁在脱溶物上的均匀钉扎。由此看来，块状材料也可能有很大的矫顽力，而且像柱晶铝镍钴一样，Sm（Co，Cu）$_{7.5}$合金也可以定向浇铸冷却以提高磁性。不过，目前的生产仍采用粉末冶金，而不是浇铸，因为粉末冶金的产品机械性能较好，体形精度高，内部均匀，原材料利用率也高，况且通过粉末的一致取向亦可改善磁性。

在Sm（Co，Cu）$_{7.5}$中加入Fe和少量的Zr，不但可以提高饱和磁化强度，而且还能保持相当高的矫顽力，从而使最大磁能积显著增加。例如 $Sm(Co_{0.68}Cu_{0.10}Fe_{0.21}Zr_{0.01})_{7.4}$ 脱溶合金的性能为 B_r=1.1T（11000G），H_{cm}=530kA/m（6.6kOe），$(B\cdot H)_m$=240kJ/m^3（30.2×10^6G）。为了提高稀土钴脱溶硬化型合金的磁能积，除了改变过渡金属的组元和成分以外，还可以调整稀土的组成，如用Y，Pr，Nd适当地与Sm组合。当时比较好的研究结果是，对10.9Sm－1.2Y－59.1 Co－19.3Fe－8.8Cu－0.6Hf的合金而言，B_r=11.3kG，H_{ecm}=5.6kOe，$(B\cdot H)_m$=30.8×10^6G·Oe。1980年以来，又研制了高矫顽力的2∶17型磁体，如25Sm－15Fe－2Zr－4Cu－54Co的 H_{cm}=15.5kOe，B_r=12.2kG，$(B\cdot H)_m$=34×10^6G·Oe。

粘结的稀土钴永磁。将稀土钴粉末与耐热树脂调和混合，固化成型，便可得到粘结的稀土钴永磁。这类磁体的加工性能好，尺寸精度高，又能快速生产，故受到特别重视。以前由于粘合剂的固化温度低，使永磁体的工作温度受到限制，只能< 120℃。现在新发展的硼硅环氧乙烷（BP）粘合剂，在400℃时仍能应用，从而使粘结磁性体的温度系数在 T≤180℃下与烧结磁体相同，大大扩大了粘结磁体的使用范围。

若采用 $SmCo_5$ 粉末，并且加以取向的话，粘结磁体的性能可达 $B_r=0.64\sim0.7T$（6400～7000G），$H_{cm}=720\sim780kA/m$，（9.0～9.8kOe），$(B\cdot H)=80\sim96kJ/m^3$（$10\sim12\times10^6G\cdot Oe$）。若采用 Sm_2Co_{17} 型粉末则 $(B\cdot H)_m$ 可以更高。

由上可见，各类稀土钴永磁的磁性都比其他永磁优越，但由于稀土元素的价格较贵，且又含有资源缺乏的钴，故稀土永磁的价格比铝镍钴要贵好多倍。今后稀土永磁从实用角度的研究开发，似应从以下几方面进行：①继续提高 $(B\cdot H)_m$ 值；②降低温度系数（$SmCo_5$ 的温度系数为−0.04%/℃）；③改善机械性能；④研究廉价的稀土永磁。

（4）**铁铬钴合金**　铁铬钴合金是1971年以后发展起来的一类永磁材料，其磁性与铝镍钴合金相似，但机械性能很好，可进行压延拉拔等冷加工。早期的Fe−Cr−Co合金有三个品种，即高钴的品种，其Co含量为23～15，Cr含量为25～31，余为Fe；中钴的品种，其Co含量为12～15，Cr含量为22～25，余为Fe；低钴的品种，其Co含量为2～9，Cr含量为27～33，余为Fe（均为重量百分比）。现在高钴的品种已被淘汰，着重发展含钴量较少，性能又相当好的品种（见表12.12）。

铁铬钴合金在1200℃以上是单相的体心立方固溶体 α，在700～1200℃时 α 相与非磁性的面心立方 γ 相共存，当含Cr量较高时，脆性的 σ 相也会在这一温度范围内出现．显然，γ 相和 σ 相的出现都是不利的。在合金中添加少量的Zr，Nb，Al或V，Ti可使 γ 区缩小，若将固溶温度提高到1300℃，则可避免 γ 相的出现。

欲使铁铬钴合金的永磁性能提高，需进行如下的热处理：高温固溶后淬火的合金，在650℃附近保温，使合金由 α 相通过Spinodal分解成富Fe的 α_1 相和富Cr的 α_2 相，然后再经多级回火缓冷至室温，使这两相的饱和磁化强度差别增大，尺寸适当（约300Å），并且形成组元浓度周期起伏的调幅结构（Spinodal分解温度随Co含量的减少而下降，从高Co的650℃下降至Fe−Cr二元系的550℃）。在进行Spinodal分解时，若进行磁场处理，或Spinodal分解后，将样品拉伸，则都可使分解物的形状伸长，造成各向异性的永磁体。后一工艺又称形变时效工艺。

铁铬钴合金的矫顽力机理，目前仍在研究，有人认为是单畴粒子的形状各向异性控制的磁矩转动[51]；有人认为是畴壁的钉扎[52,53]，即畴壁在跨越 α_1 和 α_2 相时，两相的饱和磁化强度的差，对畴壁发生了钉扎。看来后一种说法证据较多，

我们的研究也支持畴壁钉扎是铁铬钴合金的矫顽力机理。[53a]

（5）锰铝碳永磁　锰铝碳合金是不含稀缺贵重材料（如稀土和钴）的永磁合金．各向异性的 70Mn－29.5Al－0.5C 合金，实验室水平为 B_r＝0.61T（6100G），H_{cB}＝220kA/m（2.8kOe），$(B\cdot H)_m$＝56kJ/m^3（7×10^{6}G·Oe）。合金的各向异性是通过中温挤压达到的，即圆柱体的合金铸锭在1100℃固溶处理后，淬火至500℃，再升温到600℃，最后在700℃挤压并于同一温度下老化。

锰铝碳永磁的比重与铁氧体相当，而 $(B\cdot H)_m$ 较高，按单位重量计算的最大磁能积，比各向异性的铝镍钴5还高，而且可进行车削等机械加工，这些都使锰铝碳合金发展前途很大。目前已有少量产品用于扬声器、继电器、旋转传感元件等。

同样不含稀缺贵重金属的锰铋（MnBi）合金，仍在研究开发，室温下 $(B\cdot H)_m$＝61kJ/m^3（7.7MG·Oe），400K 时为 37kJ/m^3（4.6MG·Oe）。[54]

（6）钕铁硼永磁　在 Nd－Fe－B 三元系中制成了高性能永磁体，其性能为 B_r＝1.23T（12300G），H_{cm}＝960～2388kA/m（12～30kOe），H_{cB}＝880～1115kA/m（11～14kOe），$(B\cdot H)_m$＝290～446kJ/m^3（36.4～56×10^{6}G·Oe），居里点 T_C＝312℃，密度为7.4～7.6g/cm^3．目前的 $(B\cdot H)_m$ 已达到 476kJ/m^3（59.6×10^{6}G·Oe）。合金属四方晶体结构，晶格常数 a＝8.86Å，C＝12.23Å。

以上我们讨论了用量最大的和具有发展前途的六类永磁材料，它们的性能和退磁曲线分别列于表12.12和图12.5.4′，为了比较和查找方便起见，我们还在同一图表上列出了其他永磁材料的性能。

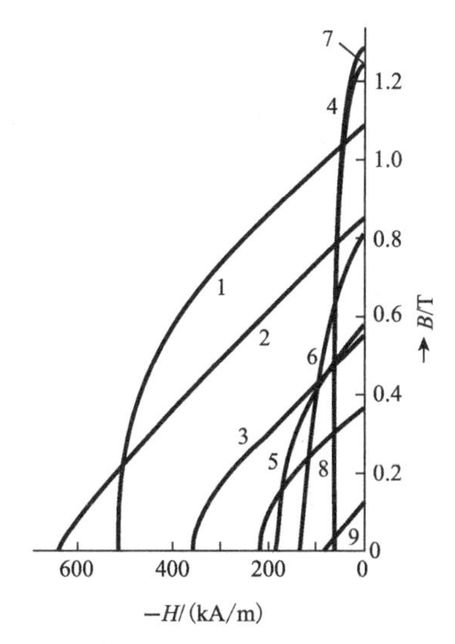

图 12.5.4′　永磁材料的退磁曲线

1：Sm（Co，Cu，Fe，Zr）$_{7.4}$；2：SmCo5；3：粘结 SmCo5；4：AlNiCo5；5：Mn－Al－C；6：AlNiCo8；7：Fe－Cr－Co；8：铁氧体永磁；9：粘结铁氧体永磁

12.5.5 矩磁性

在以上各章论述技术磁化理论时，我们曾经对如何提高起始磁导率、最大磁导率和如何降低损耗说明了这一理论的应用，同时亦从理论的角度说明了永磁性能提高的方向。为了同一目的，我们在这一节说明一下有关于矩磁的问题。

1. 矩磁的一般特性

矩磁性是指正常磁滞回线的形状接近矩形的特性。矩磁材料是指正常磁滞回线接近矩形而矫顽力又比较小的（几个奥斯特以下）磁性材料，图 12.5.5 示出几种矩磁材料的磁滞回线。矩磁材料除用作记忆元件、自动控制元件和磁放大器外，还有多种用途，如移位寄存器、计数器、模拟器件和多孔（或多磁路）磁芯等。尽管矩磁材料在各种具体的应用场合中有一些特定的要求，但更重要的是有一些共同的要求，这些共同要求的物理量主要是：

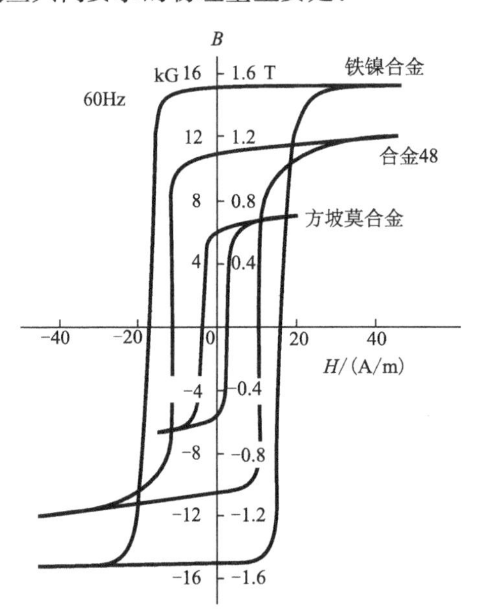

图 12.5.5 三种牌号的合金矩磁材料的磁滞回线

(1) 剩磁比 为了表述矩形回线的矩形性质，可以用不同的参数，其中之一就是剩磁比。在指定的最大磁场 H_m 下，剩余磁通密度 B_{rm} 与最大磁通密度 B_m 的比值称为剩磁比 R_r，

$$R_r=\frac{B_{rm}}{B_m}, \tag{12.5.2}$$

剩磁比 R_r 的值与 B_r/B_S 值很相近（B_r 为剩磁，B_S 为饱和磁通密度）。在有的文献（资料）上曾把剩磁比称为开关矩形比．通常要求剩磁比 $R_r \gtrsim 0.9$。

对应于最大磁场 H_m 及其负半值（$-H_m/2$）下的磁通密度 B_m 和 $B_{-H_m}/2$ 的

关系，亦可表示回线的矩形性，这就是所谓存贮（记忆）矩形比 R_S：

$$R_S = B_{-H_m/2}/B_m \tag{12.5.3}$$

通常要求 $R_S > 0.8$，而 $H_m \approx 1.6 H_{cB}$。

（2）开关时间 这是描述矩磁材料从（$+B_r$）状态转变到（$-B_r$）状态所需时间长短的一个物理量。由于磁化状态的改变是通过磁化电流（产生的外磁场）的改变来达到的，而且磁化状态的改变又是通过感应电压来检测的，所以开关时间 τ_s 的定义是：从磁化电流上升到其最大值的 10%（10%I_m）的时刻算起，直到感应电压下降到它的最大值的 10%（10%e_1）的时刻为止的时间间隔。开关时间的图解可参看图 12.5.6。

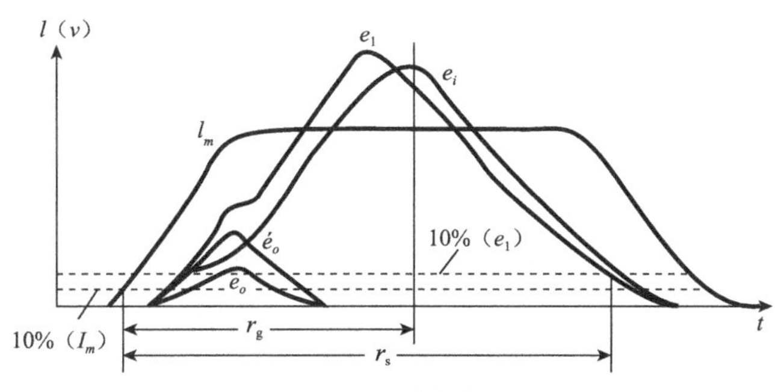

图 12.5.6 磁芯动态参数示意图

开关时间 τ_s 与脉冲磁场 H_m 有一重要的关系：

$$(H_m - H_0)\ \tau_s = S_w \tag{12.5.4}$$

式中，H_0 为临界场（它与矫顽力的联系和差别见 10.1 节和 10.3 节），S_w 为开关系数．S_w 与材料本身的物理性质密切相关，常用的矩磁铁氧体材料，其 S_w 为 0.5～1.5Oe・μs。通常要求 S_w 愈小愈好。

（3）温度稳定性 矩磁材料的特性，在使用温度的范围内变化越小越好。这种变化通常以某一特性的温度系数来表示，如铁氧体矩磁磁芯的感应电压（在计算机术语中称为未经打扰的读“1”电压 uv_1）的温度系数是在某一温度范围内，保持 uv_1 为一常数时、驱动电流变化的百分比。温度系数随所选的温度范围不同而有所改变，温度愈高，它的值愈大。

2. 提高矩磁材料主要特性的原则

前面谈到了矩磁材料的一般特性，关于矫顽力的控制因素和温度系数的影响，已在前面有关的章节中叙述，因此这里着重讨论如何提高剩磁比和开关时间的问题。

1）提高剩磁比 R_r 的原则

由剩磁比的定义可知，欲提高剩磁比就是设法使 B_r 的值接近乎 B_S。从反磁化过程的角度来考虑，就是要分析反磁化时，畴结构的各种不可逆变化，看看它们与什么因素有关，然后在制造材料的工艺上采取相应的措施。关于畴结构的不可逆变化，我们曾经讨论过磁矩的不可逆转动、畴壁的不可逆移动和反磁化核的长大，下面分析它们对剩磁比的影响。

(1) *磁矩不可逆转动对剩磁比的影响* 由 9.10 节和 10.3 节的讨论中可以知道，材料中的各种各向异性是控制磁矩不可逆转动的因素，现说明这些因素如何利用和避免。

磁晶各向异性的影响表现在材料成分的选择和晶粒状态上。因为在多晶材料中，根据 10.8 节的计算，只有 $K_1<0$ 的多晶体才能获得较大的剩磁（$B_r=0.87B_S$）。如果选用 $K_1<0$、气孔率低、晶粒较小、并且均匀的材料，再考虑到 $B_m<B_S$，则使剩磁比 $R_r=\frac{B_{rm}}{B_m}\geqslant 0.9$ 是比较容易的。但 $|K_1|$ 的值不能太大，否则将使 H_c 的值增大$\left(H_c=\frac{4}{3}\frac{|K_1|}{\mu_0 M_s}\right)$，导致驱动电流 I_m 增加、功率消耗加重等的不利方面。

应力各向异性的影响视应力的性质而定。如果应力是有规则的张力或压力，则利用应力可以提高剩磁比；如果应力是无规分布的，则应力将影响剩磁比的提高。根据 7.2 节的讨论已知，因为应力 σ 的存在，便使材料内部有一应力能 $-\frac{3}{2}\lambda_S\sigma\cos^2\theta$（见式 7.2.75）。在这一能量起主要作用的情况下，磁矩的方向受这一能量控制。若材料的 $\lambda_S<0$，应力为压力（$\sigma<0$）的话，欲使应力能量最小，则磁矩的取向必须与压力方向一致（$\theta=0$，或 π）。这时如果在压力方向加上外磁场，便可获得矩形回线，而且 $B_r\approx B_S$。若材料的 $\lambda_S>0$，应力为张力（$\sigma>0$），则和上述情况相似，也可得矩形回线。所以我们说，有规则的应力可以提高剩磁比。铁氧体磁芯的 $\lambda_S<0$，烧结工艺中的淬火，目的就是要在沿圆环的方向上造成一个压力，使得磁芯的剩磁比很容易提高到 $R_r>0.9$。如果应力是无规则分布的话，则应力所造成的各向异性便相当于单轴各向异性的多晶体，根据 10.8 节的计算，这时的 $B_r=0.5B_S$，也就是说，剩磁比也只能在 0.5 左右。因此这种各向异性必须设法避免。最简单的方法是选择材料的成分，使其 [111] 方向的磁致伸缩系数 $\lambda_{111}=0$，以便应力能也总是为零，从而无法实现应力各向异性。（为什么只要考虑 λ_{111}，而不要考虑 λ_{100}，其原因在 10.8.2 节中已经讨论。）

形状各向异性和感生各向异性的影响，往往通过反磁化核的长大和不可逆的壁移表现出来，具体情况见下面的讨论。

(2) *畴壁不可逆移动对剩磁比的影响* 合金的矩磁材料，往往是通过冷加工形变再结晶造成结晶织构，或通过磁场热处理造成感生各向异性来达到的。这些工艺的目的是在材料内部形成 180°的畴壁，如果在反磁化过程中只有 180°壁的不可逆移动，而且每块壁的临界场大体一致，则剩磁比可达 0.99。作为矩磁材料的合金多是铁一镍合金。如 50Ni 的矩磁合金就是通过形变再结晶产生〈001〉{100} 立方织构而获得矩磁性的，又如1J34合金（Ni 34，Co 29，Mo 3，余Fe)，则是通过纵向磁场处理（磁场与样品条带的长度方向一致）来获得矩磁性的。

（3）*反磁化核的长大对剩磁比的影响*　我们已经知道，在晶粒间界上、脱溶物上以及晶体缺陷上，都可能比较容易形成反磁化核。当磁状态从 B_m 至 B_{rm} 的过程中，若出现反磁化核，则剩磁比将降低。反磁化核出现得越多、长大得越快，剩磁比便降低愈多。因此，需要尽量避免反磁化核的形成和长大。下面从分析反磁化核形成和长大的条件中，寻找避免或抑制反磁化核成长的因素。

对铁氧体磁芯而言，晶粒间界是容易形成反磁化核的地点，现考虑在晶粒间界上产生反磁化的情况。如图12.5.7所示，设在晶粒间界面积 D^2 上产生一个半长轴为 l，半短轴为 R 的旋转椭球形的反磁化核。由于两晶粒的易磁化轴有一夹角，使得两晶粒的自发磁化强度 M_{S1} 和 M_{S2} 在晶粒间界法线上的分量不同，因而在界面上出现磁荷，从而产生了退磁能。晶粒间界的面积愈大，退磁能愈大。如果在晶粒间界上出现反磁化核，则这一退磁能可以降低，但却增加了反磁化核出现时所需要的能量．若前者大于后者，则出现反磁化核在能量上是有利的。

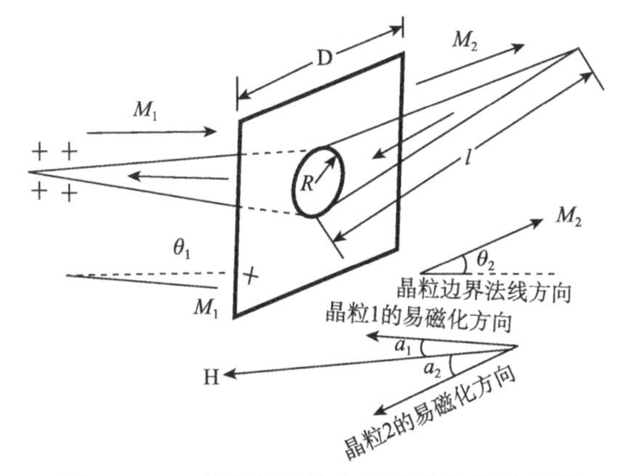

图12.5.7　晶粒间界处产生反磁化核示意图

由10.4节的讨论可知，反磁化核出现前后的能量差 ΔE 为

$$\Delta E = (\sigma_0 - \sigma_n)A_S - n[\gamma S + 2\mu_0 N M_s^2 V - \mu_0 H M_s(\cos\alpha_1 + \cos\alpha_2)V + E_p + E_{np}] \quad (12.5.5)$$

式中右边第一项为反磁化核出现前后、晶粒间界面上的能量差（由磁荷变化引起的)；第二项为反磁化核自身成长带来的能量变化。式中各符号的意义是：σ_0，σ_n 为晶粒间界总面积 A_S 上、反磁化核出现前后的表面能密度，$n=A_S/D^2$ 为 A_S 上的反磁化核的数目；S，V，N，γ 分别是一个反磁化核的面积、体积、长轴退磁因子和畴壁能密度；M_S 为样品的饱和磁化强度，α_1，α_2 为外磁场 H 与晶粒1，2的夹角；E_p 为畴壁上的磁荷与晶粒间界面上的磁荷之间的相互作用能；E_{np} 为畴壁上的磁荷与近邻畴壁上的磁荷之间的相互作用能。

为了进一步计算式（12.5.5），需对 E_{np}，和 E_p 有一估计。令 $b=D/R$，$c=R/l$，则在 $c\ll 1$ 和 $R<D$ 的条件下，古登纳夫[55]算得

$$E_p \approx 8\pi^2\left(\frac{b^2}{2}-1\right)|\omega^*|M_S cR^3 \tag{12.5.6}$$

式中，$\omega^*=\mu_0 M_S(\cos\theta_1-\cos\theta_2)$ 是晶粒间界上的磁荷面密度，显然在反磁化核所占的界面上（$0\lesssim r'\lesssim R$），$\omega^*=-|\omega^*|$；在其他界面上（$R\lesssim r'\lesssim D$），$\omega^*=+|\omega^*|$。

假设畴壁有四个近邻，近邻间的距离为 D，而且在 $bc\ll 1$ 和 θ_1 与 θ_2 较小的条件下，上述作者还算得

$$E_{np}=\Phi\left(\ln\frac{2}{c}\right)M_s^2 cR^3\mu_0 \tag{12.5.7}$$

将式（12.5.6），式（12.5.7）代入式（12.5.5），考虑到 $\Phi\left(\ln\frac{2}{c}\right)$与 R 的关系在 $c\ll 1$ 时，可以认为与 R 无关，因此，利用 $\partial(\Delta E)/\partial R=0$ 的条件，可解得函数 $\Phi\left(\ln\frac{2}{c}\right)$的关系式。将此关系式再代入式（12.5.5）中，最后利用总能量极小的条件和假定 $\sigma_n\ll\sigma_0$，便得形成反磁化核的形核场 H_n 为

$$H_n\simeq\frac{3b^2\left[\frac{3\pi\gamma}{2b^2c}-\frac{\sigma_0}{\pi}\right]}{4\mu_0 M_s l(\cos\alpha_1+\cos\alpha_2)} \tag{12.5.8}$$

我们认为反磁化核能否成长，不但与 H_n 的数值有关，而且也与 H_n 的方向有关。若规定 $H_n>0$ 时，反磁化核的 M_s 方向便与 H_n 的方向一致的话，则 $H_n>0$ 便达到高剩磁比的条件。因为材料的磁状态从 B_m 至 B_{rm}的过程中，只要所有反磁化核的形核场都大于零（$H_{ni}>0$），便意味着所有反磁化核的 M_s 都与 H_n 同一方向，亦即与外场同一方向。这就是说，从 B_m 至 B_{rm}的过程中，实际上没有反磁化核出现，即 $B_{rm}\approx B_m$，剩磁比当然也就很高了。

式（12.5.8）的分母总是大于零的，所以欲使 $H_n>0$，便要求分子大于零

$$3b^2\left(\frac{3\pi\gamma}{2b^2c}-\frac{\sigma_0}{\pi}\right)>0 \tag{12.5.9}$$

假定 $c=1/30$，$b\approx 2.66$，则由式（12.5.9）得

$$\frac{\sigma_0}{\pi}<\frac{3\pi\gamma}{2b^2c}=20\gamma \tag{12.5.10}$$

由晶粒间界上的磁荷面密度 ω^*，可以计算反磁化核出现前的晶粒间界上的表面能密度 σ_0，

$$\sigma_0=\frac{-\mu_0}{2}\int_0^L \boldsymbol{H}\cdot\boldsymbol{M}_s\mathrm{d}z \tag{12.5.11}$$

选 z 轴与晶粒间界垂直并通过晶粒间界中心，磁荷面密度 ω^* 在 z 轴上产生的磁场 H_z 为

$$H_z = -\int \frac{\omega^* \, \mathrm{d}s}{4\pi\mu_0 z^2[1+(r'/2)^2]^{3/2}}$$

$$= -\frac{2\pi\omega^*}{4\pi\mu_0}\left[1-\frac{z}{(z^2+L'^2/4)^{1/2}}\right] \qquad (12.5.12)$$

式中，r'为从 z 轴至面积元 $\mathrm{d}s$ 的距离．由式（12.5.11），式（12.5.12）可得

$$\sigma_0 \cong \pi\omega^{*2} L \cdot \frac{1}{3}\,\frac{1}{4\pi\mu_0} \qquad (12.5.13)$$

将式（12.5.13）代入式（12.5.10），得到

$$\frac{1}{4\pi\mu_0}\omega^{*2} L < 60\gamma = 240\sqrt{A_1(K_1+\lambda_S\sigma_i)}$$

或

$$\frac{\mu_0}{4\pi}M_s^2\ (\cos\theta_1-\cos\theta_2)^2 L < 240\sqrt{A_1(K_1+\lambda_S\sigma_i)}, \qquad (12.5.14)$$

式中，λ_S 为各向同性的磁致伸缩常数，σ_i 为内应力，L 为晶粒的平均直径。

式（12.5.14）就是在铁氧体磁芯中形核场 $H_n>0$ 的条件，也就是提高剩磁比的条件。这一条件如何在生产实践中达到呢？由于还要考虑到磁芯的其他性能指标，故满足式（12.5.14）的合适条件是：①使（$\cos\theta_1-\cos\theta_2$）^{2} 的值尽量小，即 θ_1 与 θ_2 的值很接近，就是说在工艺上采用晶粒取向法，使各晶粒的易磁化轴基本一致；②使晶粒的平均直径 L 较小，即晶粒要细化；③减小 M_s，但 M_s 不能过低，否则信号电压太小，不易检测和影响抗干扰本领；④适当提高 K_1 和 $\lambda_S\sigma_i$，但它们都对矫顽力密切有关，而且根据前面的分析，无规分布的应力将降低剩磁比，因此要持中考虑。

上面我们从反磁化核成长的角度出发，讨论了提高剩磁比的条件，而没有讨论磁滞回线的膝部是否具有 90°的转折。如果回线的膝部不是或不接近是直角，而是锐角、钝角或鼓包，则材料都将失去矩磁材料的意义。为了使回线的膝部达到或接近直角，必须使形核场 H_n 稍大于临界场 H_0：

$$H_n \geqslant H_0 \qquad (12.5.15)$$

因为临界场 H_0 表示畴壁作不可逆移动的磁场，所以式（12.5.15）便告诉我们，一旦反磁化核形成以后，便能立即开始不可逆的壁移，使磁滞回线的膝部达到或接近直角。显然，在多晶材料中，H_n 和 H_0 的分布范围愈小，愈容易使回线的膝部成为直角。

关于不可逆壁移的临界场 H_0，我们在 9.10 节，10.2 节和 10.5 节等章节都进行过讨论，这里仍以图 12.5.7 为例来作些分析。为简化起见，设反磁化核为圆柱体。在临界场 H_0 的作用下，圆柱体的体积增加 ΔV 所带来的静磁能的变化，正好与晶粒间界上表面能的变化相等时，便达到平衡

$$D^2\Delta\sigma = 2\mu_0 \boldsymbol{H}_0 \boldsymbol{M}_s \Delta V = \mu_0 H_0 M_s(\cos\alpha_1+\cos\alpha_2)\Delta V \qquad (12.5.16)$$

式中 $\Delta\sigma$ 为晶粒间界上表面能密度的变化，ΔV 为圆柱形的反磁化核由于半径 r 的变

化而引起的体积变化，$\Delta V=\Delta[l_m\pi r^2\ (\cos\theta_1+\cos\theta_2)]=l_m\pi(\cos\theta_1+\cos\theta_2)\ \Delta r^2$，把 ΔV 的表式代入式（12.5.16），便得

$$\begin{aligned}H_0&=\frac{D^2}{\mu_0 M_s(\cos\alpha_1+\cos\alpha_2)l_m\pi(\cos\theta_1+\cos\theta_2)}\frac{\Delta\sigma}{\Delta r^2}\\&=\frac{D^2}{\mu_0\pi l_m M_s(\cos\alpha_1+\cos\alpha_2)(\cos\theta_1+\cos\theta_2)}\frac{\mathrm{d}\sigma}{\mathrm{d}r^2}\end{aligned}\tag{12.5.17}$$

当晶粒间界面积 D^2 上有一半径为 r，半长为 l_m 的圆柱体的反磁化核时，晶粒间界上的表面能密度可以表示为

$$\sigma=\sigma_0\left|\frac{2\pi r^2}{D^2}-1\right|+\text{周期变化项}\tag{12.5.18}$$

由上式得

$$\frac{\mathrm{d}\sigma}{\mathrm{d}r^2}=\frac{2\pi\sigma_0}{D^2}+\text{周期变化项}\simeq\frac{2\pi\sigma_0}{D^2}\tag{12.5.19}$$

将式（12.5.19）代入式（12.5.17）便得

$$H_0\simeq\frac{2\sigma_0}{\mu_0 l_m M_s\ (\cos\alpha_1+\cos\alpha_2)\ (\cos\theta_1+\cos\theta_2)}\tag{12.5.20}$$

在 α_1，α_2，θ_1，θ_2 都较小的情况，而且 σ_0 用式（12.5.13）表示，并令 $l_m=L$ 则式（12.5.20）便变为

$$H_0\approx\frac{1}{6}\ \frac{\pi}{4\pi}M_s\ \langle\ (\cos\theta_1-\cos\theta_2)^2\rangle\tag{12.5.21}$$

一般情况下，式（12.5.21）应是 $H_0\approx10^{-3}M_s$，即矫顽力的数量级是 $10^{-3}M_s$。

将式（12.5.21）和式（12.5.8）代入式（12.5.15），可以看到所得的条件与满足式（12.5.14）所要求的条件是一致的。这就是说，提高剩磁比和使磁滞回线的膝部接近直角的条件是一致的。综合起来，这些条件便是：各晶粒的易磁化轴基本一致，晶粒较小而均匀、饱和磁化强度 M_s 适当（数量级为 10^5A/m 或 10^2G），磁晶各向异性常数 $K_1\approx10^2$J/m^3 或 10^3erg/cm^3，磁致伸缩常数 $\lambda_{111}\approx0$。一般说来，目前铁氧体矩磁材料的研制和生产工艺、配方都是按照上述条件进行的。

对于合金矩磁材料，由于样品的内禀磁特性和组织状态都与铁氧体不同，具体工艺差别很大，但获得高剩磁比和回线的膝点接近直角的要求仍是相同的。也就是说，$H_n>0$ 和 $H_n\geqslant H_0$ 的要求仍必须满足。不过在合金中，需用 10.4 节讨论过的发动场 H_s 来代替这里的形核场 H_n。根据式（10.4.16）

$$H'_S=H_0+\frac{5\pi\gamma}{8M_s}\frac{1}{\mu_0}\frac{1}{d}$$

对 $1J34$ 合金而言，$4\pi M_s=15500\times10^3$A/m（15500G），$\gamma=0.2\times10^{-3}$J/m^2（0.2erg/cm^2），$H_c\leqslant0.35\times10^3/4\pi$A/m（0.35Oe）。把这些值代入上式，得到

$$H'_s = H_0 + 0.32 \times \frac{10^{-2}}{4\pi}\ \frac{1}{d}$$

由此可见，只要反磁他核的短轴 $d_0 \gtrsim 0.1\text{cm}$，则 $H'_S \gtrsim H_0$ 的条件便可满足，即回线的膝部便可接近直角。若 $d_0 \lesssim 10^{-3}\text{cm}$，则 $H'_S \gtrsim H_0$ 的条件不能满足，磁滞回线的膝部便不是直角，而可能是鼓包。

2）缩短开关时间的原则

设铁氧体矩磁磁芯原磁化状态为（$+B_r$），当受到（$-I_m$）（即反向磁场 H_m）作用后，磁芯的磁化状态变为（$-B_r$），这一过程是通过磁矩转动或畴壁移动完成的。用开关系数 S_w 可描述过程的特征，磁状态的变化，在不同情况下，或者以磁矩转动为主，或者以畴壁移动为主，对于铁氧体磁芯，认为是以畴壁移动为主。对于薄膜认为是以磁矩转动为主。下面我们先讨论在畴壁移动过程情况下 S_w 的大小。

（1）由畴壁移动过程决定的 S_w　磁芯是由多晶铁氧体材料制成，每个小晶粒内可能有好几个畴。在正脉冲磁场 $+H_m$ 作用后，磁矩 M_s 方向与（$+H_m$）方向相近的磁畴体积长大，反方向的磁畴的体积基本减小到零。当负脉冲磁场（$-H_m$）作用时，在晶粒间界面上产生反磁化核，其磁矩与原来（$+H_m$）方向相反，同时这些反磁化畴体积长大。为便于说明问题，图 12.5.8 示出了一个 180°畴壁，左边的反磁化磁畴体积很小，右边的畴体积很大，在（$-H_m$）作用下，左边的畴体积长大，长大的速度由畴壁向右移动速度 v 决定。设畴壁由 $x=0$ 处移到 $x=d$（即两个畴的宽度）所花的时间 t 就是畴壁移动过程的反转磁化时间，即

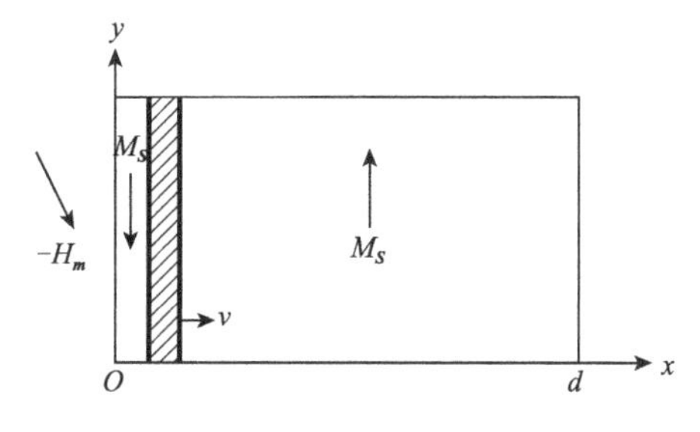

图 12.5.8　畴壁均匀移动示意图

$$t = \frac{d}{v}$$

由于磁芯内有很多小晶粒，各个晶粒大小及畴的大小不同，畴壁移动速度也不相同，所以磁芯的反转磁化时间是各个畴壁移动的平均时间

$$\tau = \frac{\langle d \rangle}{\langle v \rangle} \tag{12.5.22}$$

$\langle d \rangle$ 和 $\langle v \rangle$ 表示畴壁移动的平均距离和平均速度，利用交变场下畴壁的运动方程可求出 $\langle d \rangle$ 和 $\langle v \rangle$，而对 τ 的大小可做出理论上的估计。畴壁在 x 轴方向运动，其方程为［参见本书第 11 章的畴壁运动方程（式 11.4.3）］：

$$m_w \frac{\mathrm{d}^2 x}{\mathrm{d}t^2} + \beta \frac{\mathrm{d}x}{\mathrm{d}t} + \alpha x = 2\mu_0 \boldsymbol{H}_m \cdot \boldsymbol{M}_s \tag{12.5.23}$$

如果畴壁有效质量 m_w。很小，或者速度是均匀的，则式（12.5.23）中加速度项可忽略，于是有

$$\beta v+\alpha x=2\mu_0\boldsymbol{H}_m\cdot\boldsymbol{M}_s$$

$$\beta v=2\mu_0\boldsymbol{H}_m\cdot\boldsymbol{M}_s-\alpha x \tag{12.5.24}$$

αx 为弹性回复力，在 x 由 0 变到 d 的过程中一直在起作用，它相当于临界场 $\boldsymbol{H}_0$ 和 $\boldsymbol{M}_s$ 的乘积，这样式（12.5.24）又可以写成

$$\beta v=2\mu_0\boldsymbol{H}_m\cdot\boldsymbol{M}_s-2\mu_0\boldsymbol{H}_0\cdot\boldsymbol{M}_s$$

如 $\boldsymbol{H}_0$ 和 $\boldsymbol{H}_m$ 方向基本一致，则因畴壁运动方向和 $\boldsymbol{H}_m$ 的夹角与 $\boldsymbol{M}_s$ 和 $\boldsymbol{H}_m$ 的夹角 θ 互为余角，可以证明

$$\beta\langle v\rangle=2\mu_0(H_m-H_0)M_s\langle\cos\theta\rangle^2$$

由此得到

$$\frac{1}{\langle v\rangle}=\beta/[2\mu_0(H_m-H_0)M_s\langle\cos\theta\rangle^2] \tag{12.5.25}$$

把式（12.5.25）代入式（12.5.22），得到

$$\tau=\beta\langle d\rangle/[2\mu_0(H_m-H_0)M_s\langle\cos\theta\rangle^2] \tag{12.5.26}$$

其中 $\langle d\rangle$ 为畴的平均大小，由式（12.5.4）和式（12.5.26），并设 $\tau\approx\tau_s$ 便得

$$S_w=\frac{\beta\langle d\rangle}{2\mu_0M_s\langle\cos\theta\rangle^2} \tag{12.5.27}$$

其中，β 是阻尼系数，与材料中的弛豫机制有关。在考虑了磁矩进动阻尼机制后，得到 β 与 $[(K+\lambda_S\sigma)/A]^{\frac{1}{2}}$ 成正比。$\langle d\rangle$ 的大小与铁氧体磁芯内的晶粒大小成正比。设晶粒平均直径为 $\langle D\rangle$，如 $\langle D\rangle$ 比较大，则相应 $\langle d\rangle$ 也比较大。因此，人们可以通过测量 τ 与 $\langle D\rangle$ 的关系来研究 τ 与 $\langle d\rangle$ 的关系。结果表明，式（12.5.26）和式（12.5.27）是合理的，实验结果和理论预期是一致的。

从式（12.5.26）和式（12.5.27）可以看到，磁畴比较宽（即 $\langle d\rangle$）比较大），τ 就大（S_w 大）；M_s 大，τ 或 S_w 就小。但是 M_s 太大对剩磁比 R_r 不利，因而要求 M_s 值要适当。在 $\langle D\rangle$ 小于一定尺寸后（不能太小），可以提高剩磁比和减少 τ 或 S_w 的数值。图 12.5.9 示出了锂铁氧体晶粒大小 $\langle D\rangle$ 与开关时间 τ 的

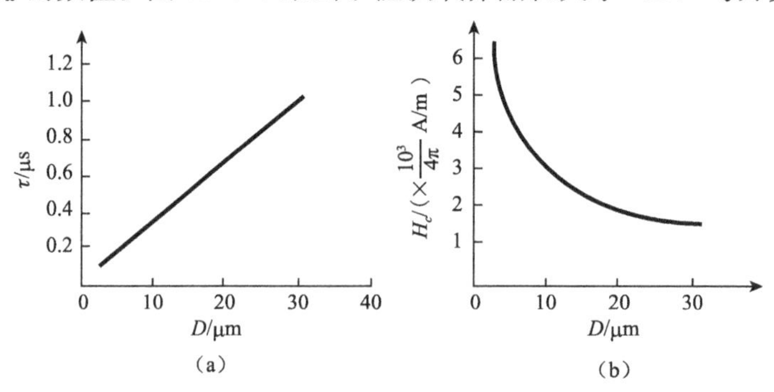

图 12.5.9 τ 和 H_c 与晶粒尺寸的关系图

关系曲线，及矫顽力 H_c 与〈D〉的关系曲线。从图 12.5.9（b）可以看到，〈D〉不能太小，否则 H_c 大了，这不利于降低脉冲磁化电流 I_m 的数值。图 12.5.9 说明式（12.5.26）是正确的。总的要求是晶粒大小要适当，尺寸大的磁芯要求晶粒大一些，反之小一些，目的是控制脉冲电流 I_m 不能过大。表 12.13 给出了磁芯的尺寸和 H_c 的参考数值。虽然 H_c 大了很多，但 I_m 只差 10%～20%。同时可以看到，τ 的变化较大，尺寸小的，τ 较小。

表 12.13 宽温磁芯的一些物理性能参考数值

外径/mm	H_c/（Oe・A・m^{-1}）	B_rG/T	T_c/℃	I_m/mA	τ/μs	e_1'. mV	e_0'/mV
0.3	8.0（637）	1500（0.15）	602	860	0.1	30	6
0.5	4.8（372）	1600（0.16）	600	860	0.2	47	6
0.8*	2.4（186）	1000（0.10）	290	750	0.4	50	6
0.8	2.4（186）	1500（0.15）	620	740	0.47	56	7
1.25*	1.2（93）	1300（0.13）	290	550	0.90	60	7
1.25	1.6（127）	1500（0.15）	620	750	0.95	70	7

* Mg－Mn 磁芯，其他为 Li－Mn 磁芯

（2）由磁矩转动过程决定的 S_w　设磁芯中的所有磁矩方向基本平行一致，并朝着（$+H_m$）作用后的磁化方向。现在磁矩 M_s 受到反向磁场（$-H_m$）作用，通过转动方式变到（$-H_m$）方向（即由（$+B_r$）状态变到（$-B_r$）状态）。设（$+H_m$）为（$+z$）方向，（$-H_m$）作用后，M_s 由（$+z$）方向以进动的方式逐渐转向（$-z$）方向，如图 12.5.10 所示。由于 $\boldsymbol{M}_s$ 受到力矩 $\gamma\,[\boldsymbol{M}_s\times\boldsymbol{H}_m]$ 作用，以及阻尼 $\frac{\alpha}{M_s}\boldsymbol{M}_s\times\frac{\mathrm{d}\boldsymbol{M}}{\mathrm{d}t}$ 的作用，因而产生进动，在磁化过程的讨论里，我们只提到 $\boldsymbol{M}_s$ 转动的结果，而没有具体讨论 $\boldsymbol{M}_s$ 是以什么方式由原磁化方向（$+z$）转到反磁化方向（$-z$）的。现在因讨论反转磁化过程的速度问题时，就要牵涉到具体的转动方式，因而要用到进动的概念和形式。由于在反磁化过程中，$\frac{\mathrm{d}\boldsymbol{M}}{\mathrm{d}t}$ 的大小是不均等的，阻尼大小和方向也随着发生变化，因此，在阻尼不大的情况下，采用下述进动方程：

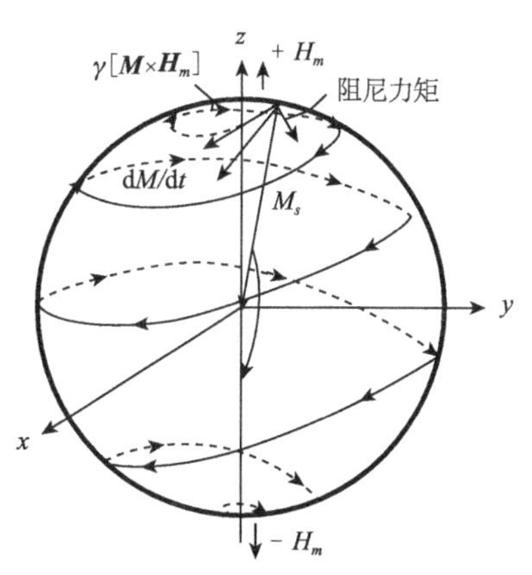

图 12.5.10 $\boldsymbol{M}_s$ 由（$+z$）方向转向（$-z$）方向进动过程示意图

$$\frac{\mathrm{d}\boldsymbol{M}}{\mathrm{d}t}=-\gamma[\boldsymbol{M}\times\boldsymbol{H}]+\frac{\alpha}{M_s}\boldsymbol{M}\times\frac{\mathrm{d}\boldsymbol{M}}{\mathrm{d}t} \tag{12.5.28}$$

其中，α 为阻尼系数，$\alpha=\lambda/\gamma M_s$，$\lambda$ 就是本书所讨论的弛豫频率，由于 $\boldsymbol{M}$ 的大小

不变，当$\boldsymbol{M}$在进动时，其顶端总是在半径为$|M_s|$的球面上，因此，$\boldsymbol{M}$的轨迹是螺旋线形状。

解式（12.5.28）可得

$$S_w = A\left(\frac{1+\alpha^2}{\alpha}\right)\frac{2}{\gamma} \tag{12.5.29}$$

其中，A是与磁矩具体转动模型有关的量。从式（12.3.29）可以看出，只在$\alpha=1$的情况下（即$\lambda=\gamma M_s$），S_w才有极小值，这表示α很小时，反转磁化时间较长，即经过较长的进动时间（进动圈数很多）M_s才由（$+z$）转到（$-z$）方向；a很大时，进动圈数比较少，但每进动一圈所花的时间比较长，因而总的结果使反转磁化时间也比较长。

式（12.5.29）中A的大小只在一定转动模型情况下才能求出。对于简单转动模型，不考虑退磁场的效应，可以得出$A\approx1$，因而得到最小的S_w值为

$$S_w = \frac{4}{\gamma} \approx 20\mu s \cdot A \cdot m^{-1} \tag{12.5.29$'$}$$

对于磁膜的情况下，可以得到$S_w \cong 500 m\mu s \cdot A \cdot m^{-1}$。但实验值却为$S_w \approx 8\mu s \cdot A \cdot m^{-1}$，即使这样也比磁芯的壁移情况要小好几倍。

3. 矩磁材料概要

矩磁材料分合金和铁氧体两大类，目前常用的铁氧体磁芯以 Mg、Mn 和 LiMn 两个系列为主。特别是 LiMn 铁氧体性能较好。合金矩磁材料则多为 Fe—Ni 系合金，现将它们的有关性能分述如下。

（1）Mg Mn 复合铁氧体　Mg Mn 复合铁氧体磁芯的化学式为$xMnFe_2O_4 \cdot (0.85-x)MgFe_2O_4 \cdot 0.15Mn_3O_4$，其中$x$的变化范围很广，一种是$x=0\sim0.1$，另一种是$x=0.6\sim0.8$。对于$x$较小的情况，在工艺上比较好控制。对于$x$较大的情况，由于 Mn 较多，工艺上要很好控制烧结气氛，使$MnFe_2O_4$不发生分解，以免影响性能。

目前生产的ϕ1.2mm 常温磁芯的配方为：Fe_2O_3 822.5g，$MnCO_3$ 624g，MgO 61g，ZnO 42.5g，La_2O_4 10.4g。如果认为 Mn 以二价的形式出现，则有化学式：$Zn_{0.1}Mn_{0.98}Mg_{0.28}Fe_{1.9}La_{0.012}O_4$。

由于烧结是在 1300℃进行的，且需保温 40～50min，然后在炉内冷到 1000℃淬火，因此，Mn 的离子不可能仅有Mn^{2+}还可能出现Mn_2O_3和Mn_3O_4。特别是Mn_3O_4的出现使晶粒较细，故对矩形性是有利的。

另一类 Mg—Mn 复合铁氧体含 MnO 量较高，其化学分子式为：

$$xZnFe_2O_4 \cdot (0.762-x)MgFe_2O_4 \cdot 0.065MnFe_2O_4 \cdot 0.173Mn_3O_4$$

表 12.14 列出了不同x情况下S_w和H_0的数值，当x增大时，S_w减小，但温度稳定性也逐渐变坏。这是由于居里点较低引起的。

表 12.14 不同成分的 Mg—Mn—Zn 铁氧体的 S_w 和 H_0 值

x	S_w		H_0	
	Oe・μs	A・μs・m^{-1}	Oe	A・m^{-1}
0	1.03	82	0.5	39.8
0.10	1.01	80.5	0.45	35.8
0.25	0.91	72.4	0.4	31.8
0.40	0.80	63.7	0.37	29.4
0.50	0.67	53.3	0.33	26.3
0.70	0.33	24.3	0.15	11.9

(2) Li-Mn 复合铁氧体　Li-Mn 铁氧体磁芯温度稳定性较好，在－50～＋120℃都可使用，常用宽温磁芯配方和工艺有以下几种：

(a) 配方的化学分子式为

$$Mn_{0.09}Li_{0.54}Fe_{2.40}La_{0.02}O_4$$

其工艺过程主要为：在680℃预烧3h后淬火，经二次球磨和成型后，用箱式炉在1000℃烧结，保温90min后淬火。

(b) 配方的化学分子式为

$$Li_{0.52}Mn_{0.086}Fe_{2.29}Bi_{0.018}La_{0.10}Cd_{0.016}O_4$$

烧结工艺为：700℃预烧保温3h后，用箱式炉在1120℃保温20min左右，在炉内冷到700℃再保温40min后淬火，使Li离子在八面体中有序排列，以提高性能。

Li—Mn 复合铁氧体的配方首先保证材料具有较高的居里点，K_1 的大小在 10^3 J/m^3 (10^4 erg/cm^3) 以上，并使磁致伸缩系数 $\lambda_S<0$。La^{3+} 的作用是使晶粒细化，以提高矩形比 R_S 和降低 S_w 值。

淬火有几种有利的作用，但对不同材料，其作用亦不同。就Li-Mn铁氧体来说，淬火增加了磁芯圆周方向的应力各向异性，从而增加了矩形比 R_s 的大小，其原因在前面已经论述过。

磁芯尺寸的大小对存贮器的体积影响很大，因此，减小磁芯体积是非常必要的。目前已生产出尺寸很小的磁芯，即 ϕ0.3mm外径，高为0.08mm。由于尺寸小，驱动电流 I_m 也可以有所降低，开关时间 τ 也减小了不少。但减小磁芯尺寸会给穿线带来困难，因而磁芯尺寸不能过分减小。

(3) Li-Ni 复合铁氧体　$Li_{0.47}Ni_{0.06}Fe_{2.47}O_4$ 铁氧体具有较高的居里点，$K_1\approx 10^4$ J/m^3 (～10^5 erg/cm^3)，$\lambda_{111}\approx -1\times10^{-6}$，由于 λ_{111} 比较小，可以获得较高的剩磁比 R_r，为了要提高开关速度和降低驱动电流，在保证一定 R_r 情况下，在Li-

Ni 系中加入少量 Co^{2+} 和 Zn^{2+}，可以降低 K_1 值，并相应降低 H_c。例如成分为下式的铁氧体：

$$Li_{0.41-x/2}Co_xZn_{0.12}Ni_{0.06}Fe_{2.41-x/2}O_4.$$

当 $x=0.10$ 时，获得开关时间 $\tau=180\mathrm{m}\mu\mathrm{s}$，读“1”电压（即 e'_1）$=48\mathrm{mV}$，破“0”电压（即 e'_0）$=6.5\mathrm{mV}$。

（4）Ni-Mn 复合铁氧体　主要是 $x\mathrm{NiFe_2O_4}\cdot y\mathrm{MnFe_2O_4}\cdot z\mathrm{Fe_3O_4}$ 三元系材料，其中 x 在 0.5～0.70，y 在 0.05～0.30，z 在 0.10～0.30 范围内，材料具有较好的矩形磁滞回线。配方的原则是使 $\lambda_{111}\approx 0$。以下是两个具体的化学成分

（a）$Ni_{0.55}Mn_{0.30}Fe_{0.15}Fe_2O_4$；

（b）$Ni_{0.50}Mn_{0.35}Fe_{0.15}Fe_2O_4$，

其物理参数为：$S_w=111.4\mu\mathrm{s}\cdot\mathrm{A/m}$（$1.5\mathrm{Oe}\cdot\mu\mathrm{s}$），$H_c\approx 119.4\mathrm{A/m}$（～1.6Oe），$R_S\approx 0.78$。

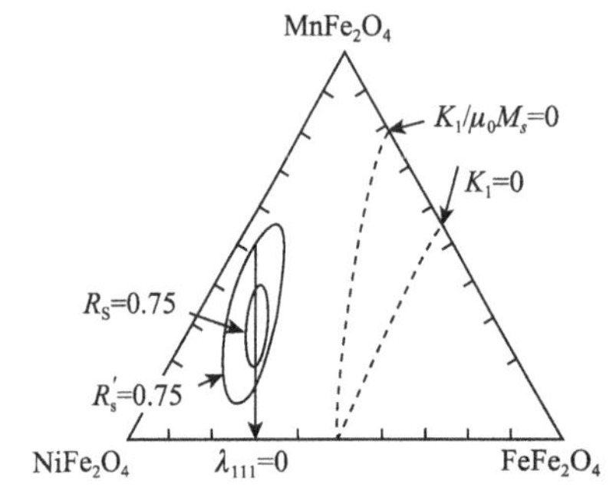

图 12.5.11　铁、镍、锰铁氧体三元相图

图 12.5.11 示出了三元系成分相图，图上给出了 $\lambda_{111}=0$，$K_1=0$。以及 $H_k=0$ 的区域。并给出了 R_S 和 R'_S 较大的区域。R'_S 的定义是 $R'_S=(B_{-0.6H_m})/B_m$。

（5）合金矩磁材料　合金矩磁材料多是 Fe-Ni 系为基的合金，矩形回线的获得是通过晶体织构或磁畴织构造成的，因此沿易磁化方向（即织构的方向）磁化和反磁化时，便出现矩形的磁滞回线。合金矩磁材料的磁导率和饱和磁感应强度都比铁氧体矩磁高，所以合金矩磁材料适于作中小功率的高灵敏度磁放大器、磁调制器及中小功率的脉冲变压器等。

这类合金的晶体织构是通过大的冷轧压下率（＞95%）得到冷轧织构，然后再进行高温退火便获得再结晶织构。退火的温度不能超过二次再结晶温度（一般为 1050～1100℃），保温时间不宜过长（一般为 1h），否则晶粒取向遭到破坏，剩磁比急剧下降。保温后以 100～200℃/h 的速度冷却至 300℃出炉。如果要获得磁畴织构，则在高温热处理后再在居里温度以下进行适当的磁场热处理。（磁场为 15～20Oe，冷却速度为 30～100℃/h，冷至 200℃出炉）。表 12.15 列出几种矩磁合金磁性能，前几种牌号是国外商品，后几种是我国品种。由于生产制备工艺是不断改进的，本节所述工艺条件仅供参考。

表 12.15　合金矩磁材料的性能

名　称	化学成分	B_S，T/G	B_r，T/G	B_{rm}/B_m	H_c，		T_c/℃	电阻率 μΩ·cm	密度 g/cm³	备　注
					A/cm**	Oe				
Square permalloy	79Ni，4Mo，余 Fe	0.8 (8000)	0.66 (6600)	0.80	0.024	0.03	460	58	8.74	带厚 0.05mm
Orthomumetal	4Mo，5Cu 77Ni，余 Fe	0.8 (8000)	0.66 (6600)	0.80	0.024	0.03	400	58	8.74	带厚 0.015mm
Permaxz	3Mo，65Ni，余 Fe	1.25 (12500)	1.05 (10500)	0.94	0.02	0.025	520	60	8.50	带厚 0.05mm
Deltamax	50Ni，余 Fe	1.60 (16000)	1.50 (15000)	0.95	0.08	0.10	500	45	8.25	带厚 0.05mm
Silectron	3Si，38—42Ni，余 Fe	2.03 (20300)	1.63 (16300)	0.85	0.32	0.40	730	50	7.65	带厚 0.1mm
Supermendur	2v，49Co，余 Fe	2.30 (23000)	2.00 (20000)	0.90	0.16	0.20	940	26	8.15	带厚 0.1mm
1J61*	50Ni，余 Fe	1.48 (14800)	1.32 (13200)	0.95	0.11	0.145	500	45	8.2	带厚 0.05mm
1J52	50Ni，2Mo，余 Fe	1.38 (13800)	1.20 (12000)	0.93	0.10	0.127	500	60	8.25	带厚 0.05mm
1J34	34Ni，29Co，3Mo，余 Fe	1.47 (14700)	1.40 (14000)	0.97	0.06	0.082	610	50	8.7	带厚 0.05mm

* 1J□□为我国部颁的软磁合金代号，1J 表示精密合金第一类，即软磁合金，由于各部间所用的符号不统一，国家标准已经制订请参考，以新标准为准

** 将 A/cm 换算成 O_e，需除以 0.7958

[注] 闻人军，《论衡》司南新考："投之于地"系"投之于池"之误。这段话的意思是：叫作司南的勺形磁性指向器，投入盛有适量水银的容器中，它的柄必然自动指向南方。见《北京晨报》，2017，3，26，A12 版。

12.5.6 磁记录

磁记录作为记录与重现音、像、数据等的技术，已有一个多世纪的历史，早在1898年便用钢丝或钢盘作为记录介质，1930年改用磁带，开始是直流偏磁，后在1938年改为交流偏磁。磁粉用了γFe_2O_3，视频的记录始于1956年，1963年有了音频和视频的结合，1976年后发展很快，记录密度每二年增加一倍。存储1bit信息的体积越来越小，折合的原子数愈来愈少，由1950年的约10^{19}个，减少到1990年的约10^9个，到2010年便只需10^3个了（相当于半径1nm的粒子），这就到达了超顺磁性的颗粒尺寸，再往下走，室温下的信息记录就会丢失。

磁记录涉及磁的器件是磁头（写入、读出）和存储（磁带、硬盘、磁随机存储器），有关技术磁化理论的内容不多，但市场价值却很大，估计现在为万亿美元，可以说占磁性材料价格的第一位，本小节只讨论技术磁性的原理与磁记录联系的内容，磁记录材料和薄膜巨磁电阻的磁随机存储器原理。

1. 磁记录的原理

磁记录的原理很简单，就是将需要的音像，数据等的信号通过写入磁头记录在存储部件（如磁带、硬、软盘、各类存储器等）上，再经过读出磁头将所需信号放送出来。这一简单过程所需的技术却相当复杂，需要许多部件的配合才能达到人们满意的要求。下面讨论写入和读出磁头以及记录介质的情况。

A. 写入磁头

图12.5.12为纵向数字记录的写入过程的示意图。写入磁头为环形有缝隙的磁性材料，其理想的$M-H$回线为折线（图12.5.13（b））写入磁头间隙周围的磁场$H_y(x,y)$和$H_x(x,y)$由Karlqvist推出的近似方程表示：

$$H_x(x,y)=\frac{H_g}{\pi}\left[\arctan\left(\frac{x+g}{y}\right)-\arctan\left(\frac{x-g}{y}\right)\right] \tag{12.5.30}$$

$$H_y(x,y)=-\frac{H_g}{2\pi}\ln\frac{(x+g)^2+y^2}{(x-g)^2+y^2} \tag{12.5.31}$$

式中，H_g为磁头间隙为$2g$时，$x=y=0$处的磁场，图12.5.14为磁头缝隙截面的坐标系，及缝隙磁场H_x和H_y随位置的变化。磁场强度随y的增加，减小很快，当$y=1$时，H_x和H_y随x的变化如图12.5.14（b）所示。

B. 读出磁头

读出磁头需将记录介质上的所需信号全部探测出来，因此要求材料的磁导率极高，矫顽力很小。磁头的噪声要小。读出磁头与记录介质（磁带、磁盘等）相对移动，与介质表面的距离很小，约为40nm，为避免摩擦损伤记录介质，要求介质的平整度很高，且常在介质表面上涂上一层类金刚石的碳涂层（DLC）来保护。同时对介质厚度的均匀性、磁头的接触摩擦、磁头与介质的支撑稳定性等都有严格要求。

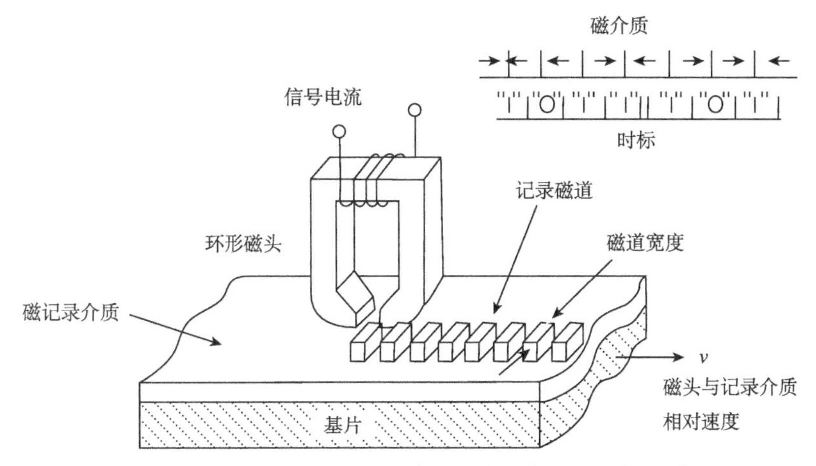

图 12.5.12　纵向磁记录写入过程示意图。右上方的插图描述纵向记录的比特信息（上部），作为二进制的信息被读出（下部）

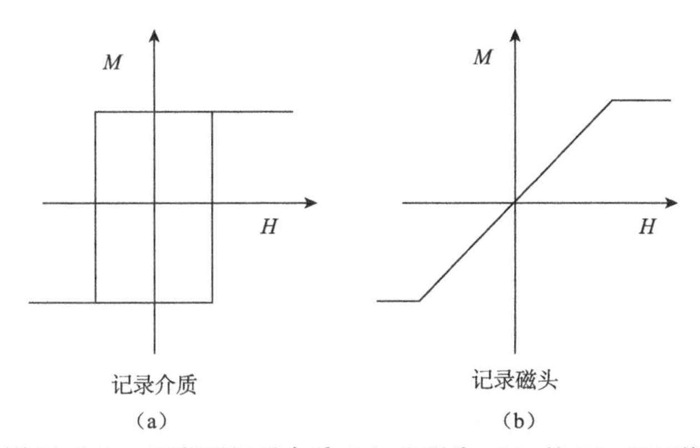

图 12.5.13　理想磁记录介质（a）和磁头（b）的 $M-H$ 回线

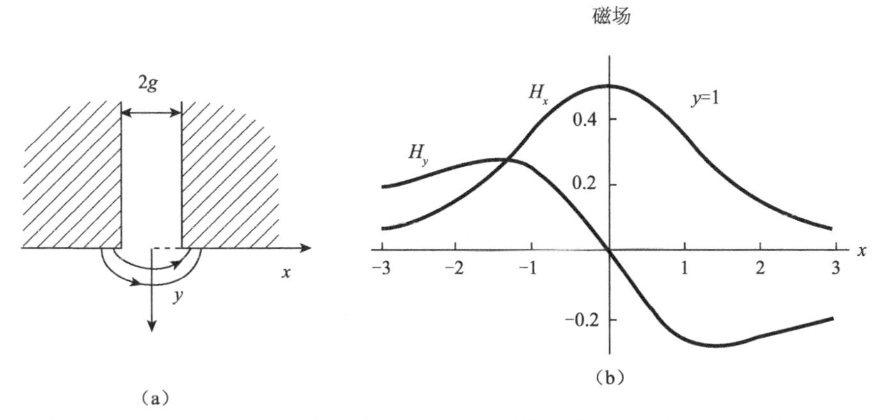

图 12.5.14　记录磁头缝隙为 $2g$ 时，计算周围磁场的坐标系（a），缝隙周围磁场 H_x，H_y 随位置的变化（b）。x 和 y 对 g 归一化

当然写入磁头在去磁状态（$i_{coil}=0$）也可以完成读出功能，但写入和读出分开还是有好处的。若记录方式改为垂直记录的话，磁头的设计需另外考虑。

C. 记录介质

记录介质的磁滞回线要求是矩形回线，如图 12.5.13（a）所示，记录介质的材料有颗粒（晶粒）和薄膜两大类。最常用的针状颗粒与聚合物基质（包括胶粘剂，增塑剂、溶剂和润湿剂）混合后涂复在基片上，从而形成磁带、软盘等。

表 12.16 为颗粒记录介质的有关特性，其中 $\gamma-Fe_2O_3$ 是成熟的产品且成本较低，包 Co 的 $\gamma-Fe_2O_3$ 的 H_c 增加了，$\alpha-Fe$ 颗粒的 M_s 和 H_c 都增加了，Ba-铁氧体是作为垂直磁记录介质开发的，市场份额并不大。

表 12.16 几种颗粒记录介质的性质

颗粒种类	维度（长度）/mm	磁各向异性	M_s/Gs	H_c/Oe	用途
$\gamma-Fe_2O_3$	针状 10∶1	形状	350	350	声频和低密度数据
CrO_2	针状	形状和磁晶	350±50～90	550±50	声频/视频和数据磁带
$Co^{2+}-\gamma-Fe_2O_3$	针状 10∶1 (0.1—0.25)	形状	350	900±100	声频/视频
$\alpha-Fe$	针状 10∶1 (0.1—0.25)	形状	750—900	1500	8mm 视频和数字声频
$Ba0.6Fe_2O_3$	六方片状 (0.01×0.1)	磁晶	300	宽（500—1200）	垂直记录

多种成分的薄膜用于磁记录介质，早在 1952 年使用电化学沉淀的钴薄膜作为磁记录介质，其矫顽力小于 300Oe。后来在电解质中加入磷使 H_c 提高 6 倍，原因是磷偏析在晶界上使晶粒成为单畴颗粒。在 Co-P 中加入 Ni，可使晶粒细化和提高抗腐蚀性。后来在制造工艺上又有许多改进，形成了低入射角度（对法线 70°）高沉积率（1～10μm/s）制造金属气化磁带（MET）。表 12.17 为一些薄膜记录介质的性能比较。

表 12.17 一些薄膜磁记录介质的性能

薄膜组成	H_c/Oe	基片性质	M_s/Gs	厚度/mm	制造方法或应用
CoP	1000	塑料	—	0.3	电镀
MET*	1500	聚酯	—	—	气化
CoNiCr					Sony 8mm 视频
$\gamma-Fe_2O_3$	1000	NiP/Al	250	0.12	溅射
CoNiPt	900	NiP/Al	800	0.03	溅射
Co	1000	Cr/NiP/Al	—	—	溅射
CoCrTa	1400	Cr/NiP/Al	—	—	溅射
CoCrM**	—	Cr/NiP/Al	—	0.05	溅射
CoNiCr	2000	CrGd/NiP/Al	—	—	RF—偏溅射

* 金属气化带

** M=Pt，Ta，Zr

现今的互联网时代，各种信息量非常巨大，各类存储器也陆续出现，但磁存储器仍是存储数据和音像的主要技术，它历史悠久、价格低廉、容量大、性能好，特别是信息的不易失性（断电后信息能长期保存）等都使磁存储占有很大的市场份额，不但用于各种类型的计算机内存，而且在音频、视频、智能器件、教育部门、游戏机终端、数据卡等领域，都有广泛应用，与我们的生活息息相关。

1988 年在多层薄膜上发现巨大的磁电阻效应后，这一效应便迅速引入到磁记录技术中，首先用在磁头上，1998 年记录密度为大于 5Gbits/in^2，实验室达到 20Gbits/in^2，超微型磁头尺寸为 1.25mm×1.0mm×0.3mm。磁头生产工艺较复杂，从晶片切割到生产出磁头，需要经过 77 道工序。[58] 记录密度为 260Gbits/in^2，介质中粒子尺寸为 5nm。

下面示例性的简单介绍初期的巨磁电阻的磁随机存取存储器。

2. 磁电阻随机存取存储器（magnetoresistiue random access memory，MRAM）

像所有的磁记录一样，磁电阻随机存取存储器也是利用处于不同磁化状态的磁介质存储信息，并通过磁电阻效应读出被写入的信息的。其优点是没有移动部件。实现 MRAM 具有多种可能的技术方案。一般情况下，它是由一系列基本存储单元按一定的方式排列，如矩阵形式，当字线（word line）和感线（sense line）同时作用于某一存储单元时，才完成对此单元的读或写。

在各种设计方案中，主要是基于巨磁电阻（含自旋阀结构）和隧道磁电阻效应两大类。

GMR 型的 MRAM

GMR 元件采用标准的光刻工艺加工成阵列，获得在速度和密度上都接近于半导体而又非易失性的存储器。图 12.5.15 示出了这种阵列结构的一个实例。

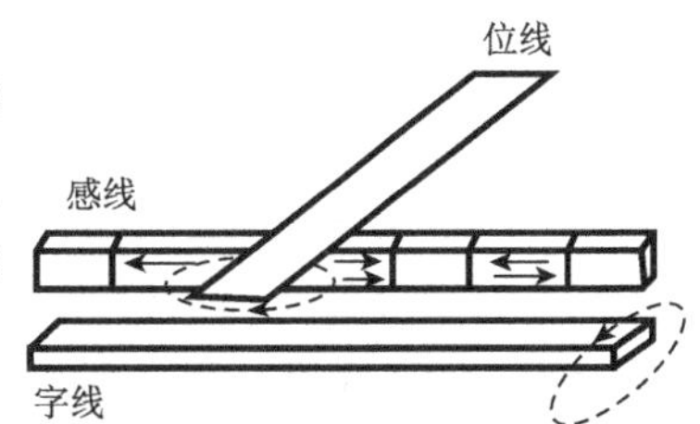

图 12.5.15　由串联的 GMR 元件构成的 MRAM 示意图

GMR 元件用光刻线串联起来以形成感线。感线存储信息的电阻为各元件电阻之和。电流通过感线，由在感线端部的放大器测出 GMR 元件的电阻变化。由置于 GMR 元件上、下的附加的特定光刻线，提供调制元件磁化状态所需要的磁场，并且与排列成 XY 栅格形式的感线相交叉于每一个 GMR 信息存储元件上。

这些单独的网络线在电学上是完全绝缘的，但当电流脉冲通过其中时，将产生磁场并作用在磁性元件上。

典型的寻址方式通过上敷（overlay）和下敷（underlay）线（通过称为字线

和位线（bit line））的电流脉冲实现半选（half-select），即字线电流脉冲产生的磁场是使 GMR 元件磁化反转的磁场的半值。但是，在 XY 栅格任意两条线相交叉的地方，两半选脉冲产生的合成磁场足以选择性地使软磁层或在更大的电流脉冲下使硬磁层的磁化发生反转。典型地，第一个脉冲使磁层磁化转动 90°，第二个脉冲再转动余下的 90°，以完成整个反转过程。通过此栅格结构。阵列中任一元件可以被编址为存储信息或为询问元件（interrogation element）。

一个确切的信息存储和寻址可能具有多种方式。一种方式是将信息存入一软磁层内，并采用“破坏”和“恢复”过程进行询问。另一种方式是制成一单独的 GMR 元件，以便通过高电流脉冲将信息存入硬磁层内，然后采用一低电流脉冲来“摆动”（wiggle）软磁层，通过检测电阻的变化来询问元件，故无需“破坏”或“恢复”信息。当然还有其他多种可能的方式。一个适当的存储和寻址方式取决于对信息存储的特定要求，如功率消耗、读出和写入速度、信息存储密度以及制备成本等因素加以综合考虑，针对每一特定应用选择一最优方式。

a. MRAM 的写入和读出

现以 Brown 和 Pohm 设计的具有 GMR 存储单元的 1Mb 存储芯片的 MRAM 为例，说明其读出和写入过程[59]。

设计的目标为：

(a) 存储密度能与 1Mb-DRAM（动态随机存储器）相竞争；

(b) 读出速度为 250ns；

(c) 写入速度为 100ns；

(d) 运行在商用可行的温区内；

(e) 可采用成熟的半导体工艺加以制作。

● **存储单元的材料、设计、制作及操作过程**

1Mb-MRAM 设计最关键的是存储单元部分。因为 MRAM 是一新型技术，自然地，最好能沿用传统的半导体工艺。为了尽可能使设计具有可行性，芯片采用双冗余度（dual redundancy）的设计，即每个逻辑存储单元包含两个 MRAM 存储单元。外围电子学都设计成只要一个 MRAM 单元是工作的就能正常运行。

MRAM 存储单元是由磁电阻材料制成的，在外磁场下磁性材料的电阻将发生变化。基于磁滞效应存储信息，而通过磁电阻效应读出存储单元中的信息。常规的 AMR 材料的名义面电阻约为 10Ω/□（沉积在半导体基底上），磁场下最大磁电阻约为 2%。在读出操作时，只利用了其中的 1/4，其信号值小于 1mV，从而导致 AMR 材料制作的芯片的读取速度很低，为此必须将存储单元制作得较大，以便提取足够大的信号，这势必以牺牲存储密度为代价。

新型的 GMR 材料具有较大的磁电阻效应，其面电阻远大于 AMR 材料，这样将允许在集成电路的一半空间上制成具有 80Ω 电阻的存储单元，因此，在 1Mb 芯片设计的 MRAM 单元是选用 GMR 材料。

存储单元的名义电阻为 80Ω，在 0 和 1 状态下电阻差为 1.2Ω，每个单元在读出操作时给出＋/－3mV 的信号值。

GMR 存储单元的制作是这样的：在平整的半导体 Si 基片上沉积上呈反铁磁（AF）交换耦合的三明治结构的 GMR 材料。GMR 层厚约 5nm，中间非磁导电层约 3nm，这是产生 GMR 所要求的。然后，在外磁场下退火，使铁磁层形成单轴各向异性，于是两铁磁层的磁化方向具有两种不同的取向，GMR 膜是静磁耦合的，上层膜和下层膜沿相反的取向被磁化。

沉积在 Si 晶片上的 GMR 材料被蚀刻（图形化）成一个个小存储单元，其顶视图和侧视图如图 12.5.16 所示。一对箭头分别表示上层 GMR 膜（实线）和下层 GMR 膜（虚线）的磁场方向。左侧的一对箭头取向代表“1”，右侧代表“0”存储状态。小单元上方作掩膜处理，采用标准的集成电路（IC）工艺，将其用低阻导线连接起来形成感线。去掉掩膜，实施绝缘，最后在存储单元上边镀以与感线正交的低阻字线，并形成分离的磁性材料单元，以便存储信息。图 12.5.17 为在此工艺步骤下的存储单元的顶视图和侧视图。

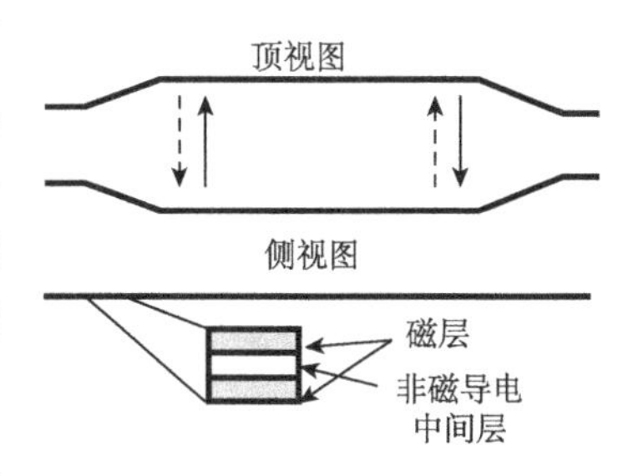

图 12.5.16　图形化的 GMR 材料作为存储单元

用金属 I 连接在一起的一连串存储单元被称为感线。当存储单元工作时，电流通过感线以产生磁场，从而改变存储单元的磁化状态。为了实施存储，还需要来自字线的第二个电流，因此再沉积上金属 II。字线在感线之上并垂直于感线，相互之间进行绝缘。如上所述，由于字线和感线电流的共同作用结果，使相交处的 MRAM 存储单元实现磁化反转。图 12.5.18 为一制成的 MRAM 存储单元。

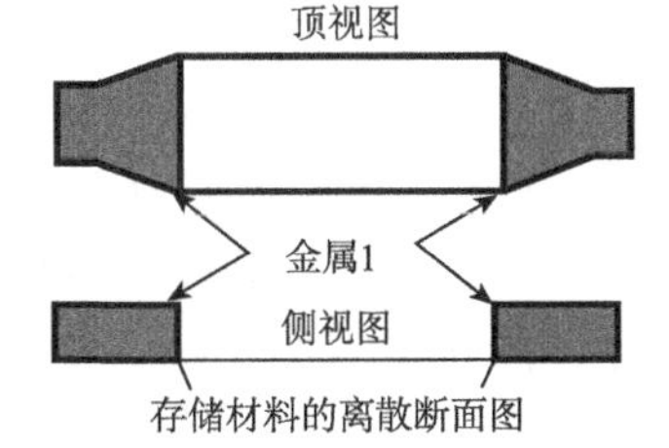

图 12.5.17　金属 I 沉积后的存储单元

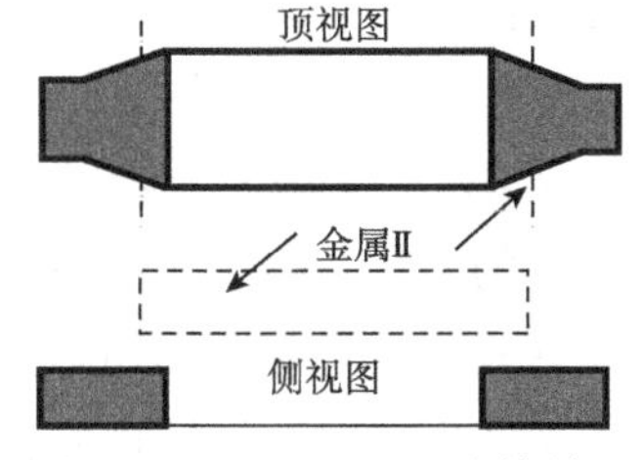

图 12.5.18　MRAM 存储单元

- **MRAM 的写入操作过程**

写入过程字线电流（≈30mA）先于感线电流（≈2.5mA）接通，也先于感线电流结束，字线电流为正向，并保持恒定，写入 1 或 0 靠改变感线电流方向实现。

现在以开始处于 0 状态上如何写入 1 为例分析写入过程。

如图 12.5.19 所示，始态（（a）图）为 0 状态，施加字线电流，进行偏置磁化（（b）图），使上铁磁层磁化方向沿顺时针方向，下铁磁层磁化方向沿逆时针方向发生转动；随后接通的感线电流磁场也开始启动。由于感线电流在 MRAM 存储单元上、下铁磁层处的磁场是反向的，故上、下铁磁层的磁化方向将分别进一步朝顺时针和逆时针方向转动（（c）图），且感线电流后于字线电流被关断，直到上、下两铁磁层的磁化方向均被反转了，这样便写入了 1（（d）图）。

与上述相似可以写入 0，但此时感线电流为负。

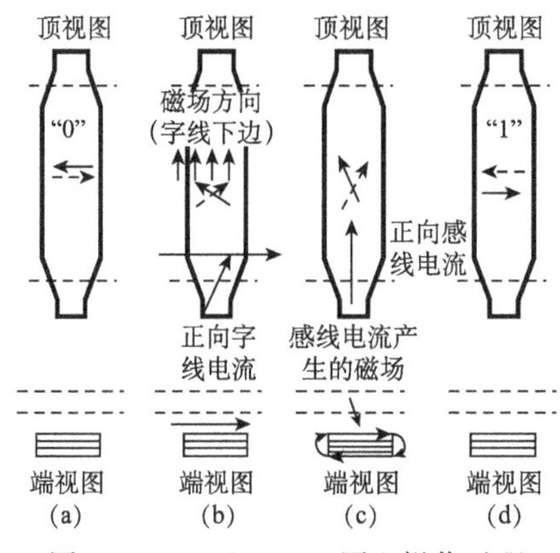

图 12.5.19 MRAM 写入操作过程

- **MRAM 单元的读出操作过程**

在读出过程中字线电流恒定为负，感线电流恒定为正。字线电流先于感线电流接通，后于感线电流结束。

读出也是利用材料的 GMR 效应，即当存储单元上、下铁磁层间呈反平行耦合时，处于高电阻态。施加外磁场，两磁膜磁化取向间的夹角变小，从而存储单元的电阻下降。在完全反平行和完全平行态之间电阻约呈线性变化。如图 12.5.20 所示，存储单元开始处于 1 状态（图 12.5.20（a）），反向的字线电流偏置存储单元的磁化，在字线电流磁场的单独作用下，其上铁磁层的磁化方向朝顺时针方向转动，而下铁磁层的磁化方向朝逆时针方向转动（图 12.5.20（b））。随后施加感线电流时，感线电流磁场力图使存储单元回到原来的磁化状态（图 12.2.20（c）），即上铁磁层的磁化方向朝逆时针方向往回转动，下铁磁层的磁化方向朝顺时针方向往回转动，故仍处于高电阻态，信息 1 被读出。当感线和字线电流依次消失后，存储元件的磁化方方向又回到始态，状态 1 得以保存。

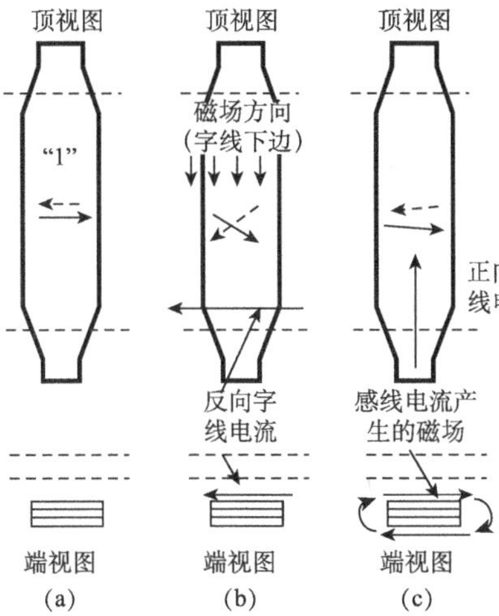

图 12.5.20　读 1 操作

图 12.5.21 所示为读 0 的操作过程，这时感线电流磁场偏置磁化方向使其力图偏离于始态，而不是回到始态，这导致低阻态，即读出 0。同样；当存储单元的电阻被放大器读出后，感线和字线电流先后被切断，回到原来的磁化状态（0 态）。这种非破坏的读出特性特别适用于那些要求高度可靠性的应用领域。

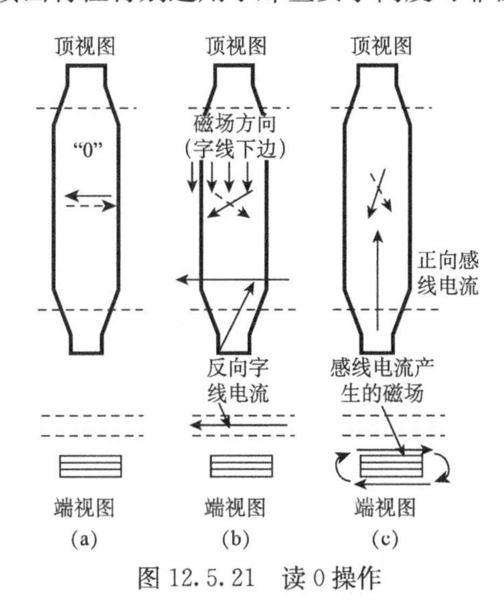

图 12.5.21　读 0 操作

实验结果表明，在读写速度、总容量及面密度上已达到上述设计指标，GMR 型的 MRAM 是与 DRAM 可比拟的新型存储器件。

b. 感线设计

美国 NVE 公司设计的 1Mb 芯片的感线具有相互串联的 8 个 MRAM 存储单元，构成 U 形结构，以实现双冗余作用。这样一来，字线可以与每个感线上的两个 MRAM 单元相正交，每个感线具有 4 个逻辑单元。沉埋在每个感线下面的是两个并联 N 通道晶体管，以便开关通过选择感线的分流。感线端部的名义电阻为 850Ω，包含两个 N 通道晶体管和金属 I 连接导线。

感线是成对出现实施读出操作的，其中一个包含相关的存储单元，另一个作为传感放大器的参照基准。当外加感线电流时，存储单元将产生温升。用于存储单元的 GMR 材料的电阻温度系数约为 1.5×10^{-3}。当感线电流加热薄膜时，将引起明显的温升。为了将存储单元信号和热感生的电阻变化分离开，感线是成对接通的。读操作时，感线在一定的时间周期内将受到字线电流磁场的影响，但作为参照基准的感线不受此影响，只是为传感放大器提供一个温度补偿的参考电压，以便使放大器将存储单元的真实信号和热感生的温升效应分离开来。

c. 感线驱动电路

两个相邻的感线阵列用置于每个 2K 存储节中心的相同电路加以驱动。该电路的框图示于图 12.5.22。它由两组感线分别提供正向和反向电流（2.5mA）。驱动电路采用两组 50/1P 通道晶体管和两组 25/0.8N 通道晶体管，以推—挽（push-pull）形式驱动两个方向下的感线。P 通道门极电压通过带有传感放大器和反馈电路加以设定，通过仔细的控制，使 P 通道产生 2.5mA±2.5%的电流。取决于逻辑信号控制电路，晶体管可沿正方向、反方向驱动感线或完全不加驱动。当所有的感线电流被切断时，发射门极关断 P 通道驱动器的控制电压，并且另一个小的 P 通道器件将每个驱动晶体管的门极与 VDDA 接通。

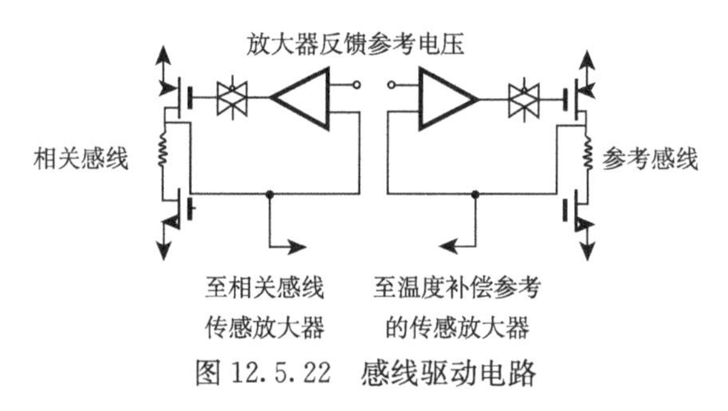

图 12.5.22 感线驱动电路

此感线驱动电路与以前的 MRAM 驱动电路相比，只占据芯片较小的面积，这有助于实现阵列和外围电路各占芯片面积 50%的设计目标。

d. 字线驱动电路

字线驱动器将提供一驱动电流（最大为 30mA），以便为 MRAM 单元实施磁场偏置。字线电流应远大于感线电流，因为字线距 MRAM 单元较远，为产生相同的影响，其源磁场应具有更高的值。

字线驱动电路是比较简单的，采用较大的 P 通道发射晶体管和 N 通道接收器，并在驱动器之间设置一列 N 通道开关以便调节进入给定字线内的电流大小或单独或一起接通 P 通道，从而产生不同的字线电流。为了防止接通字线电流时产生瞬态噪声，晶片背面镀金，并通过管壳接地，以减小引线的感应效应。

e. 传感放大器设计

传感放大器采用两阶段读出操作，以确定存储单元所处的状态。在两个阶段通以极性相反的传感电流。变换传感电流的极性，以便使存储单元在第一阶段呈真实值，在第二阶段为补偿值。第一阶段接收到的信号被放大，然后暂态地存储到一电容器上；第二读出阶段的接收信号被放大，从中减去第一阶段的信号大小，从而确定存储单元所处的状态。

传感放大器采用三级式设计，如图 12.5.23 所示。

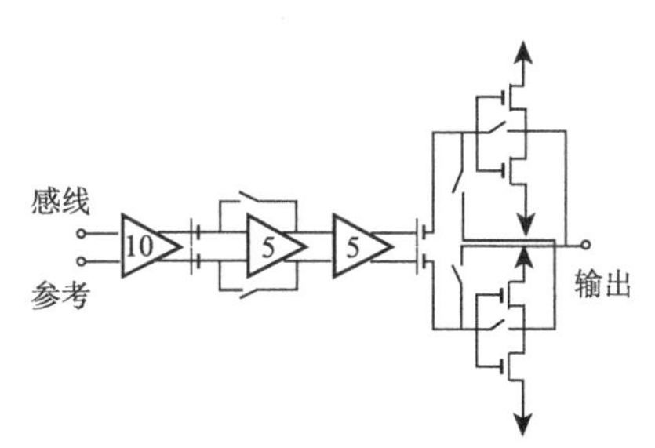

图 12.5.23　传感放大器示意图

以上简略介绍了初期的巨磁电阻随机存取存储器，同时出现的还有自旋阀型的和隧道磁电阻型的 MRAM。

习题

1. 只有一块畴壁的样品中，其磁滞回线随外磁场的变化，将出现几种图像？这些图形是否具有普遍性？试分析之。

2. 实验上发现一个单畴粒子内，磁矩的反转方式有几种？

3. 一个单畴粒子的动力学性质包含什么内容？试讨论这些内容对将来的应用有何启示。

4. 试述磁性的宏观量子效应。并简述它可能的应用前景。

5. 解释铁磁性的元磁化。

6. 什么是纳米磁性？试从强磁性的基本现象的角度，分析纳米晶软磁材料性能优越的原因。

7. 根据物质在外磁场和温度变化中的表现，物质磁性可分几类？试画出它们的磁化曲线和磁矩排列的草图。

8. 计算 1mol Na^{+}、Li^{+} 的抗磁磁化率。

9. 亚铁磁性的自发磁化强度随温度的变化，与铁磁性的同类变化相比有何特点？这些特点在实际应用中起什么作用？对技术磁性有何重要影响？试简述之。

10. 矩磁性的一般特性是什么？试简要说明提高剩磁比和缩短开关时间的原则。

11. 在写入磁头的间隙中部（$x=0$），当 $y=0$、g 和 $2g$ 时，估算约化的 Karlqvist 场 $h_x=H_x(x, y)/H_g$。

12. 说明六种序磁物质（反铁磁、亚铁磁、铁磁、散反铁磁、散亚铁磁、散铁磁）中的原子磁矩的排列方式，并画出图示。

参考文献

[1] Coey J M D. Whether magnetic materials? J. Magn. Magn. Mat.，1999：196～197

[2] Mangin S，et al. Magnetic behavior and resistivity of the domain-wall junction GdFe（1000Å）/TbFe/GdFe（500Å）. Phys. Rev. B，1998，58（5）：2748～2757

[3] Mangin S，et al. Magnetic relaxation in GdFe/TbFe/GdFe trilayers：Dynamic study of the propagation of a 180°. domain wall through an artificial energy barrier. Phys. Rev. B，1999，60（2）：1204～1210

[4] Mangin S，et al. Dynamical measurements of nucleation and propagation in a domain wall junction at low temperature. Europhys. Lett.，1997，39（6）：675～680

[5] Xu Y B，et al. Magnetoresistance of a domain wall at a submicron junction. Phys. Rev. B，2000，61（22）：14901～14904

[6] Wernsdorfer W，et al. dc-SQUID magnetization measurements of single magnetic particles. J. Magn. Magn. Mat.，1995，145：33～39

[7] 钟文定. 技术磁学（上册）. 北京：科学出版社，2009：291～292

[8] Wernsdorfer W，et al. Experimental evidence of the Neel-Brown model of magnetion reversal. Phys. Rev. Lett.，1997，78（9）：1791～1794

[9] Cowburn R P，et al. Single-domain circular nanomagnets. Phys. Rev. Lett.，1999，83（5）：1042～1045

[10] Gunther L，Barbara B. Quantum tunneling across a domain-wall junction. Phys. Rev. B，1994，49（6）：3926～3933；Kurkijarvi J. Intrinsic fluctuation in a supcrconducting ring closed with a Josephson junction. Phys. Rev. B，1972，6（3）：832～835

[11] Awschalom D D，Divincenzo D P，Smyth J F. Macroscopic Quantum Effects in Nanometer-Scale Magnets. Science，1992，258：414

[12] Gunther L，Barbara B. Quantum tunneling across a domain-wall junction. Phys Rev B，1994，49：3926；Braun H B，Loss D. Bloch states of a Bloch wall. J Appl Phys，1999，6（7）：6～10

[13] Stamp P. Nature，1992，359：365

[14] Gunther L. Phys. World，1990，12：28

[15] Bean Q P，Livingston J D. J. Appl. Phys.，1959，30：1205；Weil L，

Chem. J. Phys., 1954, 51: 715

[16] Enz M, et al. Quantum tunneling of magnetization in small ferromagnetic particles. Phys. Rev. Lett., 1988, 60: 661

[17] Barbara B, Chudnovsky E M. Macroscopic quantum tunneling in antiferromagnets. Phys. Lett. A, 1990, 145: 205

[18] Garg A, Kim G H. Macroscopic magnetization tunneling and coherence: Calculation of tunneling-rate prefactors. Phys. Rev. B, 1992, 45: 12921; Chudnovsky E, Lglesias O, Stamp P. Quantum tunneling of domain walls in ferromagnets. Phys. Rev. B, 1992, 46: 5392

[19] Loss D, Divincenzo D P, Grinstein G. Suppression of tunneling by interference in half-integer-spin particles. Phys. Rev. Lett., 1992, 69: 3232; von Delft J, Henley C L. Destructive quantum interference in spin tunneling problems. ibid, 3236

[20] Awschalom D D, Smyth J F, Grinstein G, et al. Macroscopic quantum tunneling in magnetic proteins. Phys. Rev. Lett., 1992, 68: 3092

[21] Barbara B, Paulsen C, Uehara M. Quantum tunneling in magnetic systems of various sizes. J. Appl. Phys., 1993, 73: 6703

[22] Tejada J, Zhang X X, Balcells LL. Nonthermal viscosity in magnets: Quantum tunneling of the magnetization. J. Appl. Phys., 1993, 73: 6709; Chudnovsky E M. Macroscopic quantum tunneling of the magnetic moment. ibid, 1993, 73: 6997

[23] Uehara M, Barbara B, et al. Staircase behaviour in the magnetization reversal of a chemically disordered magnet at low temperature. Phys. Lett. A, 1986, 114: 23; Zhong W D, et al. Intrinsic pinning of domain walls in Dy$(Fe_{1-x}M_x)_2$ (M=Ga, Al; $x\leqslant 0.2$). J. Magn. Magn. Mater., 1988, 74: 39

[24] Arnaudas J I, et al. Observation of mesoscopic quantum tunneling of the magnetization in systems with strong random magnctic anisotropy. Phys. Rev. B, 1993, 47: 11924

[25] Zhang X X (张西祥) et al. Time-dependent phenomena at low temperature in magnetic digital compact cassette tape. J. Appl. Phys., 1994, 75: 5637; Kodama R H, et al. Low-temperature magnetic relaxation of organic coated $NiFe_2O_4$ particles. ibid, 1994, 75: 5639

[26] Zhang X X (张西祥) et al. Quantum exponential relaxation of antiferromagnetic domain walls in $FeTbO_3$ single crystal. J. Magn. Magn. Mater., 1994, 137: L235

[27] Clarke J, et al. Quantum Mechanics of a Macroscopic Variable: The Phase Difference of a Josephson Junction. Science, 1988, 239: 992

[28] 钟文定，等. Dy（$Fe_{1-x}Ga_x$）$_2$ 中畴壁的内禀钉扎和宏观量子隧道效应. 物理学报，1995，44（9）：1516. Zhong W. D. et al. The quantum effect of domain walls motion in pseudolinary intermetallic compounds Dy（$Fe_{1-x}Ga_x$）$_2$（$x\leqslant0.3$）at low temperatures. Proc. Inter Symp. Phys. Magn. Mater.，Beijing，1992，30；ibid，Seoul，1995：60

[29] Gonzalez J M，et al. Computer-simulation study of magnetic relaxation in anisotropic magnetic systems. Phys. Rev. B，1994，49：3867-3873

[30] Oshea M J，et al. Evidence for quantum mesoscopic tunncling in rare-earth layers. J. Appl. Phys.，1994，76：6174

[31] Stamp P，et al. Quantum tunneling of magnetization in solids. J. Mod. Phys. B，1992，6：1355

[32] Magn J. Experiments in quantum magnetic relaxation Magnetic tunneling；Mesoscopic quantum tunneling of the magnetization；Scaling analysis of magnetic relaxation and magnetization quantum tunneling in amorphous Tb_2Fe；Magnetic relaxation and quantum tunneling in nanocrystalline particles；Numerical calculation of a domain wall junction；Macroscopic quantum tunneling of a domain wall in metallic ferromagnets. Magn. MaterPart 3，1995，140～144：1815；1821；1825；1851；1853；1859；1883

[33] Garg A，Dissipation in macroscopic quantum tunneling and coherence in magnetic particles. J. Appl. Phys.，1994，76：6168；Barbara B，et al. Two-variables scaling of the magnetic viscosity in Ba-ferrite nano-particles. J. Magn. Magn. Mater.，1994，136：183

[34] 钟文定. 铁磁学（中册）. 北京：科学出版社，2000

[35] Enz M，Schilling R. J. Phys. C，1986，19：1765，L711

[36] Tatara G，Fukuyama H. Quantum cotherence in biaxial nanomagnets with a large transverse magnetic field. Phys. Rev. Lett.，1994，72：722；Kim G H，Shin M. Magnetic relaxation measurements of α-Fe_2O_3 antiferromagnetic particles below 1 K. Phys. Rev. B，2001，64：064409；E. d Barcoetal，ibid，2002，65：052404

[37] Chudnovsky E M，Gunther L. Quantum theory of nucleation in ferromagnets. Phys. Rev. B，1988，37：9455

[38] Baryakhter V G，et al. Sov. Phys. Usp.，1985，28：563

[39] Friedman J R，et al. Macroscopic Measurement of Resonant Magnetization Tunneling in High-Spin Molecules. Phys. Rev. Lett.，1996，76：3830；Hernandez J M et al. Field tuning of thermally activated magnetic quantum tun-

nelling in Mn_{12}-Ac molecules. Europhys. Lett.，1996，35：301

[40] Caneschi A，et al. Quantum tunneling of the magnetic moment in manganese and iron molecular clusters. J. Magn. Magn. Mater.，1998，177～181：1330；Kou S P，等 . Crossover from thermal hopping to quantum tunneling in Mn_{12}Ac. Phys. Rev. B，1999：596309

[41] 钟文定，等 . Dy（$Fe_{0.8}Al_{0.2}$）$_2$ 单晶体的宏观量子效应 . 物理学报，1999，48：204

[42] O'handley R C. Modern magnetic materials：Principles and Applications. John Wiley & Sons，Inc. 2000；中译本：奥汉德利 R C. 现代磁性材料：原理和应用 . 北京：化学工业出版社，2002

[43] Coey J M. D. Magnetism and magnetic materials. Cambridge，First pub. 2009；3rd print，2012

[44] Hasegawa N，et al. J. Appl. Phys.，1991，70：6253

[45] Willard M A，et al. J. Appl. phys.，1998，84：1

[46] 王天维，游效曾 . 分子磁体 . 物理，2008，37（N11）：761

[47] Friedman J R，et al. Macroscopic measurements of resonant magnetingatim tunneling in high-spin molecules. Phys. Rev. Lett.，1996，76：3830

[48] Henry W E. Spin paramagnetism of Cr^{3+}，Fe^{3+} and Gd^{3+} at liquid Helium temperatures and in strong magnetic fields. Phys. Rev.，1952，88：559

[49] 钟文定 . 技术磁学（下册）. 北京：科学出版社，2009：498

[50] Boll R. 软磁金属与合金：材料科学与技术丛书：金属与陶瓷的电子及磁学性质Ⅱ（第 3B 卷）. 赵见高译校 . 北京：科学出版社，2001

[51] Rossiter，et al. Phys. State sol.，1976，47（a）：597

[52] Mahajan S，et al. Appl. Phys. Lett.，1978，32：688

[53] Jones W R，et al. Magnetism Lett.，1980，1：157

[53a] 钟文定，Fe-Cr-Co 永磁合金的矫顽力，第五届全国磁学会议文摘，1983：76

[54] Yang J B，et al. Magnetic properties of MnBi intermetallic compound. Appl. Phys. Lett.，2001，79（12）：1846

[55] Goodenongh J. Phys. Rev.，95，1954：917

[56] 见 [42] Chap 17：674—692；中译本第 17 章：663—683

[57] 见 [43] Chap. 14. 6：530—539

[58] Parkin S S P. 7th Inter. Conf. on Magnetic Recording Media，Aug. 31—Sep. 2，1998

[59] Brown J L，Pohm A V，IEEE Trans on Components. Packaging and Manufacturing Technology-Part A，1994，17：373

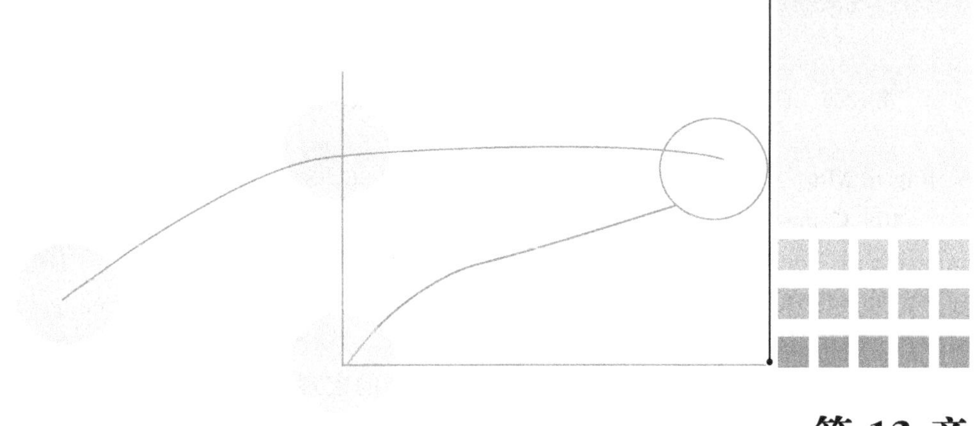

第 13 章 磁路设计原理

13.0 导　　言

13.0.1　磁路与电路的异同、磁力应用工程

磁路指的是磁力线（磁通量）所经过的路径，与电流经过的路径——电路相比，它们有许多相似之处，磁路也有欧姆定律、基尔霍夫第一、第二定律等，但**磁路与电路却是不同的**，最大的差别有二：一是电路中导电材料与绝缘材料的电阻率可以相差 10^{14}～10^{16}最高达 10^{18}量级，因此电流只沿导线运行。但磁路中一般没有“绝缘材料”，导磁材料与非导磁材料磁导率之差最多只有 6 个量级，所以磁力线除沿导磁材料“走”之外，也沿非导磁材料（如空气）“走”，因此磁路有许多路径，其中不希望的路径统称为漏磁。二是电路中的电阻是线性的，而磁路中的磁阻通常都是非线性的（磁导率随磁场改变），这是因为磁化曲线具有非线性的特征。

按不同的标准，可将磁路分成各式各样，但按激（励）磁方式，只有两类磁路：一类为永磁磁路，即只用永磁材料作为磁场来源的磁路。另一类为电磁磁路，即用电流产生的磁场作为磁场来源的磁路。永磁磁路又分静态和动态，电磁磁路也分直流、交流或交直流磁路等。

凡应用磁场和磁力为主的工程称为磁力应用工程[8]，其中的磁力既有永磁力也有电磁力，因而都涉及磁路设计。李文彬等的书中主要提出六个方面的磁力工程。

（1）磁力制造工程：磁场切削、磨床上采用永磁吸盘、磁场焊接、磁力铸造（用细铁粒代替型砂）；

（2）磁力国防工程：磁悬浮列车、热核聚变反应、磁流体发电、电磁炮、航天技术（如宇宙服和各类轴承）中的磁液密封；

（3）磁力机械工程：磁性联动器、打捞器、磁选机；

（4）磁力农业工程：磁性化肥、磁化水对作物的增产、磁针园艺（用磁针插入植物周围土壤，若磁场为 50～80Oe 便能改变土壤酸性，促进肥料吸收和有机物分解）；

（5）磁力医疗工程：人和生物都处于地球磁场中，磁场对人和生物的影响值得研究，现有各式各样的磁疗，如镇痛、消炎、造影、磁牙、磁载体药物、穴磁疗法等；

（6）磁力其他工程：磁门、磁锁、磁力牙刷等。

下面叙述磁路设计中的各种关系、相关术语、退磁曲线和回复曲线的近似计算。

13.0.2　磁路与电路术语、定律、公式的对比

表 13.1 为磁路与电路术语、定律、公式的对比，由表可见它们的相似之处，便于利用。

表 13.1　磁路与电路术语、定律、公式的对比

电路	电动势	电流	电导率	电阻	电位降	欧姆定律	基尔霍夫第一定律	基尔霍夫第二定律
	E	I	σ	$R=\frac{1}{\sigma}\frac{l}{S}$	IR	$I=\frac{E}{R}$	$\sum I=0$	$\sum IR=\sum E$
磁路	磁动势	磁通量	磁导率	磁阻	磁位降	$\Phi=\frac{F_m}{R_m}$	$\sum\Phi=0$	$\sum\Phi R_m=\sum F_m$
	F_m	Φ	μ	$R_m=\frac{1}{\mu}\frac{l_m}{S_m}$	ΦR_m $H_m l_m$			

13.0.3　磁路设计和计算的任务

（1）给定工作气隙的体积 V_g 及要求的磁场 $H_g=B_g/\mu_0$，试设计磁路结构（型式、尺寸）及所用的永磁材料（或电磁线圈）。

（2）给出磁性材料的性能及磁路结构，试设计磁体尺寸、工作气隙磁场（或吸引力）。

（3）已知磁路结构及工作气隙磁场，求选择最合适的永磁材料。

13.0.4　磁路结构与磁体性能的关系

一种新性能的磁体，必须有一种新的磁路结构与之相适应。

一种固定的磁路结构，必须找出一种性能合适的磁体与之相匹配。以便做

到：①最大限度地利用材料的性能；②小型化、轻量化；③价格优惠。总之，磁路设计师，类似于服装设计师、景观设计师、永磁新应用的开发工程师，以便做到性能与磁路结构的最佳匹配，和满足固定磁路结构的最恰当的磁体牌号。

13.0.5 磁路的欧姆定律

在用软磁材料的圆环上均匀绕制线圈（螺绕环见图 13.0.1），线圈通以电流 i 的装置，可得出磁路的欧姆定律。

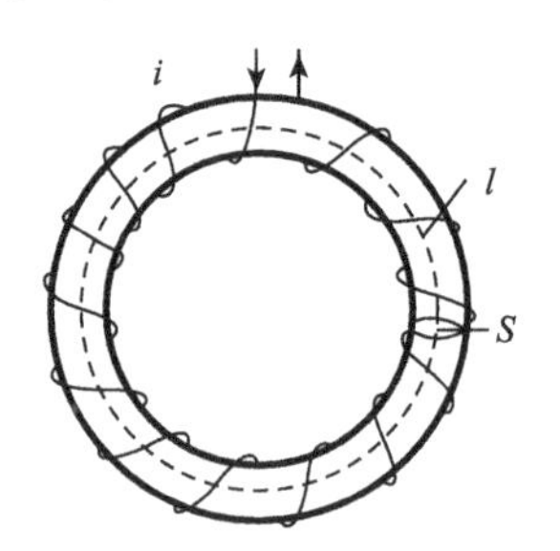

图 13.0.1 螺绕环

螺绕环通电流之后，产生的磁场 H 为（在圆周的切线方向）

$$H=\frac{Ni}{l}\ (\mathrm{A\cdot m^{-1}}),\qquad H=0.4\pi\frac{N}{l}i\ (\mathrm{Oe})$$

式中，N 为螺绕环上线圈的总匝数，l 为软磁圆环的平均周长。

软磁圆环被磁化后，环内的总磁通量 Φ 为（均匀磁化）

$$\Phi=BS$$

式中，B 为圆环内的磁感应强度，S 为圆环的横截面积。

在软磁圆环内有

$$B=\mu_0\mu H$$

式中，μ_0 为磁性常数，μ 为磁导率，故

$$\Phi=\mu_0\mu HS=\mu_0\mu\frac{Ni}{l}S=\frac{Ni}{\dfrac{l}{\mu_0\mu S}}=\frac{F_m}{R_m}$$

上式即为磁路的欧姆定律，F_m 为磁动势，$R_m=\dfrac{1}{\mu_0\mu}\dfrac{l}{S}$ 为磁阻，Φ 为磁通（流）。与电路的欧姆定律 $i=E/R$ 相对应。

磁路的串、并联与电路的串、并联相似，即串联磁路的总磁阻为各磁阻 R_{m1} 和 R_{m2} 之和：

$$R_m=R_{m1}+R_{m2}$$

并联磁路的总磁阻的倒数，为各分路磁阻倒数之和：

$$\frac{1}{R_m}=\frac{1}{R_{m1}}+\frac{1}{R_{m2}}$$

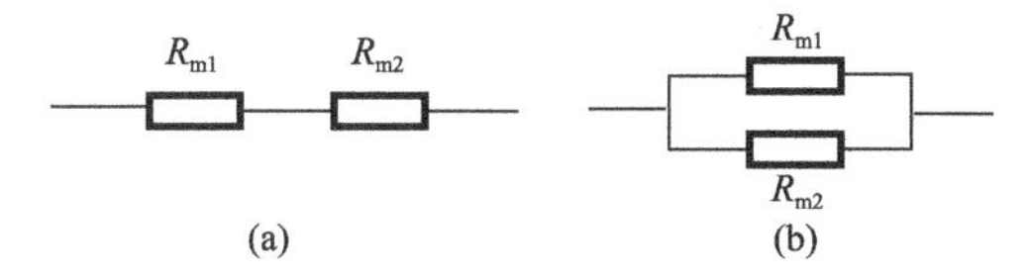

图 13.0.2 磁阻的串联（a）和并联（b）

13.0.6 退磁曲线和回复曲线的近似计算

1. 退磁曲线的近似计算公式

在磁路设计时，要求知道材料的退磁曲线，但有时厂家只提供了永磁材料的 B_r、H_c 和 $(\boldsymbol{B}\cdot\boldsymbol{H})_{max}$，而未提供退磁曲线，这就需要设计者推导出该材料的退磁曲线。由于材料品种甚多，退磁曲线形状各异，迄今未能有普适的退磁曲线公式，只能提供近似的经验公式。也可用作图法求出退磁曲线。

（1）对于大多数各向同性的永磁材料而言，退磁曲线的经验公式为

$$B=B_r\frac{H_c-H}{H_c-\alpha H}$$

式中，H_c 为磁感矫顽力，B_r 为剩磁，α 为与退磁曲线形状有关的系数。

$$\alpha=2\sqrt{\frac{B_rH_c}{(\boldsymbol{B}\cdot\boldsymbol{H})_{max}}}-\frac{B_rH_c}{(\boldsymbol{B}\cdot\boldsymbol{H})_{max}}$$

α 的表达式是从 B 的上述经验公式中推出的。证明如下：

由

$$\boldsymbol{B}\cdot\boldsymbol{H}=B_r\frac{H_c-H}{H_c-\alpha H}H$$

对上式微分 $\frac{d(\boldsymbol{B}\cdot\boldsymbol{H})}{dH}=0$ 可解出 $(\boldsymbol{B}\cdot\boldsymbol{H})_{max}$ 的条件为

$$\alpha B_rH^2-2B_rH_cH+B_rH_c^2=0$$

由此解出 $H_d=\frac{1\pm\sqrt{1-\alpha}}{\alpha}H_c$

另外，将退磁曲线的经验公式改写为

$$H=H_c\frac{B_r-B}{B_r-\alpha B}\Rightarrow BH=H_c\frac{B_r-B}{B_r-\alpha B}B$$

对 $\frac{d(\boldsymbol{B}\cdot\boldsymbol{H})}{dB}=0$，又可解出 $(\boldsymbol{B}\cdot\boldsymbol{H})_{max}$ 的条件为

$$\alpha H_cB^2-2H_cB_rB+H_cB_r^2=0$$

由此解出

$$B_d=\frac{1\pm\sqrt{1-\alpha}}{\alpha}B_r$$

由 H_d 和 B_d 的表达式相除得

$$\frac{B_d}{H_d}=\frac{B_r}{H_c}$$

这就是通常从退磁曲线上作 B_r 的水平延长线和 H_c 的垂直延长线的交点与原点的直线联线上求 $(\boldsymbol{B}\cdot\boldsymbol{H})_{max}$ 的理论根据（连线与退磁曲线的交点）。
从 B 的经验公式中解出

$$\alpha=\frac{\dfrac{B}{B_r}+\dfrac{H}{H_c}-1}{\dfrac{H}{H_c}\,\dfrac{B}{B_r}}$$

在最大磁能点处 $B=B_d$，$H=H_d$，而且

$$\frac{B_d}{H_d}=\frac{B_r}{H_c}$$

故数 α 改写为

$$\alpha=\frac{\dfrac{B_d}{B_r}+\dfrac{H_d}{H_c}-1}{\dfrac{H_d}{H_c}\,\dfrac{B_d}{B_r}}=\frac{\dfrac{B_d}{B_r}+\dfrac{B_d}{B_r}-1}{\dfrac{H_dB_d}{H_cB_r}}=\frac{2\,\dfrac{B_d}{B_r}-1}{\dfrac{H_dB_d}{H_cB_r}}$$

由于$\dfrac{B_d}{B_r}=\dfrac{H_d}{H_c}$故$\dfrac{B_d}{B_r}$可写成$\sqrt{\dfrac{B_d}{B_r}\,\dfrac{H_d}{H_c}}$，于是

$$\alpha=\frac{2\sqrt{\dfrac{B_dH_d}{B_rH_c}}-1}{\dfrac{B_dH_d}{B_rH_c}}=2\sqrt{\frac{B_rH_c}{B_dH_d}}-\frac{B_rH_c}{B_dH_d}$$

$$=2\sqrt{\frac{B_rH_c}{(\boldsymbol{B}\cdot\boldsymbol{H})_{max}}}-\frac{B_rH_c}{(\boldsymbol{B}\cdot\boldsymbol{H})_{max}}$$

此式与前述的 α 表达式完全一致。

(2) 用作图法求各向同性磁性材料的退磁曲线（图 13.0.3）。首先，利用提供的 B_r，H_c 和 $(\boldsymbol{B}\cdot\boldsymbol{H})_{max}$ 算出系数 α，然后在 HOB 的平面图上作坐标为 H_c/α 和 B_r/α 的 A 点，再作坐标为 H_c，B_r 的 A_1 点，A 点和 A_1 点与原点 O 的联线必在同一直线上（因为斜率相同）。

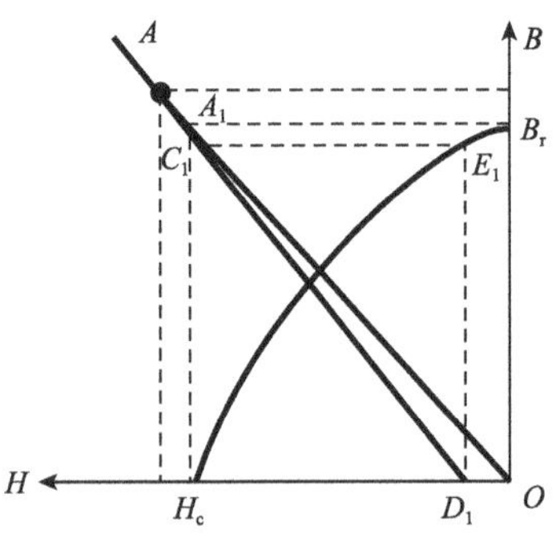

图 13.0.3 用作图法求退磁曲线

其次，在 OH 轴上选 $H_1=OD_1$ 的一段线段，作 AD_1 的连线，此线与 A_1H_c 相交于 C_1，C_1 的纵坐标为 B_1，B_1 就是磁场为 H_1 时磁体的磁通，因此由 B_1、H_1 的点 E_1 便是退磁曲线上的一个点，因为它符合经验公式，证明如下：

由直线 AD_1 和 C_1D_1 的斜率相等得

$$\frac{(B_r/\alpha)}{(H_c/\alpha)-H_1}=\frac{B_1}{H_c-H_1}$$

整理后得

$$B_1=B_r\frac{H_c-H_1}{H_c-\alpha H_1}\Rightarrow B=B_r\frac{H_c-H}{H_c-\alpha H}$$

重复上述步骤，又可得退磁曲线上的另一点，如此反复便得出该材料的退磁曲线。

（3）高矫顽力和凸出系数大的各向异性材料的退磁曲线经验公式。

前述各向同性材料的退磁曲线的经验公式，对中等磁能积和中等矫顽力的各向异性材料而言误差较大，特别是对铁氧体和稀土钴时误差更大，以至于该公式不适用，对 NdFeB 是否适用还需进一步检验。

对高矫顽力和凸出系数大的各向异性材料，其退磁曲线的经验公式为

$$B=B_rk\frac{H_{cm}-H}{kH_{cm}-H}-\mu_0H$$

$$k=\frac{(g+c)(d+f-c)-d}{g+f-1}$$

$$H_{cm}=H\frac{1-\dfrac{d}{k}}{1-d}$$

式中各系数为 $c=\mu_0H_d/B_r$，$d=\dfrac{\mu_0H_c}{B_r}$，$g=B_d/B_r$，$f=H_d/H_c$，B_d，H_d 为最大磁能积点的坐标，H_{cm}为内禀矫顽力。

（4）对大部分钡铁氧体（BaM）和稀土钴（R－Co）永磁，由于它们的退磁曲线近似直线，故按直线方程表述为

$$B=B_r\left(1-\frac{H}{H_c}\right)$$

2. 回复曲线的近似计算公式

在动态磁路的设计时要用回复曲线，这是在退磁曲线上的局部磁滞回线，由于其开度很小，故以一直线来近似代替，此直线的斜率称为回复磁导率 μ_{rec}，所以回复曲线转化为回复磁导率的计算。

实践证明 μ_{rec}的公式为

$$\mu_{rec}=1+\frac{B_r}{\mu_0H_{cm}}ab$$

$$a=0.635\left(\frac{k-1}{k}\right)^{0.423},\quad b=0.80+h\,[0.289+h\,(1.38-2.08h)]$$

$$h=k\frac{H_{cm}-H}{kH_{cm}-H}$$

k 和 H_{cm}的公式与上页的1（3）小节相同。

13.1 理想的静态磁路及永磁体的选择

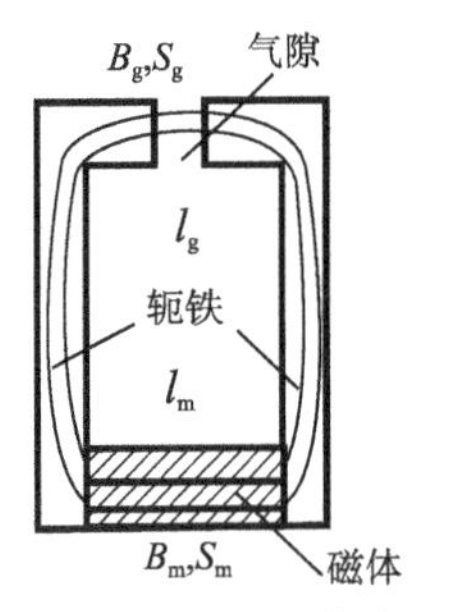

图 13.1.1 理想的静态磁路

本节论述磁路设计好坏的判据以及如何求出气隙磁通 B_g。

气隙磁场不变的磁路称静态磁路，若再无漏磁，则是理想的静态磁路，如图 13.1.1 所示。

13.1.1 用漏磁系数法的设计原则

(1) 选择一个磁体的最佳工作点。

(2) 根据二个基本方程。

(3) 按照三个要素（最大限度发挥磁体性能，小型化，价格）。

(4) 遵循四个步骤（a. 结构、b. 假定漏磁系数 σ 和磁阻系数 f 下确定磁体尺寸、c. 算总磁导、d. 验算）。

提示：已知磁路结构时，用计算机可算出磁通分布。但反过来，计算机却无能为力，故以下讨论仍十分重要。

13.1.2 磁路设计的两个基本方程

两个基本方程即基尔霍夫第一定律和第二定律。

第一定律即磁通连续原理；磁路的任一结点处，进入该处的磁通与离开该处的磁通的代数和为零 $\sum_i \Phi_i=0$，即

$$B_mS_m=B_gS_g \tag{13.1.1}$$

式中，右下脚标 m 代表磁体，g 代表气隙。

第二定律即安培环路定律：在磁路的任一闭合回路中，各部分磁位差的代数和等于所有磁动势的代数和：$\sum_i \Phi_i R_{mi}=\sum_i H_i l_i=\sum_i N_i I$。在永磁磁路中，电流 $I=0$，故 $\sum_i H_i l_i=0$，于是

$$H_m l_m+H_g l_g=0, \quad H_m l_m=-H_g l_g \tag{13.1.2}$$

式中，负号表示 H_m 与 H_g 的方向相反，在计算数量时可以去掉，而写成

$$H_m l_m=H_g l_g$$

式（13.1.1）与式（13.1.2）相乘得

$$B_g^2=\mu_0\ (-B_mH_m)\ \frac{V_m}{V_g} \tag{13.1.3}$$

$V_m=S_ml_m$ 为磁体体积，$V_g=S_gl_g$ 为气隙体积，式（13.1.3）表示当气隙磁密 B_g 确定后，若选磁体工作点（$\boldsymbol{B}_m\cdot\boldsymbol{H}_m$）=（$\boldsymbol{B}\cdot\boldsymbol{H}$）$_{max}$在最大磁能积点上，则磁体体积 V_m 可以减少，或者说 V_g，V_m 确定后，磁路设计者使磁体工作在最大磁能积点上（选择不同形式结构和磁体尺寸）则气隙的磁密 B_g 最高。所以最大磁能积（$\boldsymbol{B}\cdot\boldsymbol{H}$）$_{max}$的高低是判别永磁体品质优劣的参数之一。

式（13.1.1）除以式（13.1.2）得

$$\frac{B_m}{H_m}=\frac{\mu_0S_g}{l_g}\ \frac{l_m}{S_m}$$

可见气隙不变时，磁体的工作点决定于磁体的尺寸，若尺寸合适则工作点可在最大磁能积点上。

我们曾经证明（见钟文定《铁磁学》（中册），科学出版社，1987，420页），若退磁曲线为抛物线则 $B_m/H_m=B_r/H_c$ 即为最大磁能积点，于是

$$\frac{B_r}{H_c}=\frac{\mu_0S_g}{l_g}\ \frac{l_m}{S_m} \tag{13.1.4}$$

上式说明 B_r 高、H_c 小的材料（如 Alnico）磁体尺寸比（l_m/S_m）可选择大些，反之，B_r 低，H_c 大的材料（如钡铁氧体 BaM），尺寸比则应选择小些。

式（13.1.3）乘式（13.1.4）得

$$l_m^2=\left(\frac{B_gl_g}{\mu_0}\right)^2\frac{B_r}{H_c\ (\boldsymbol{B}_m\cdot\boldsymbol{H}_m)_{max}} \tag{13.1.5}$$

式（13.1.3）除以式（13.1.4）得

$$S_m^2=\ (B_gS_g)^2\frac{H_c}{B_r\ (\boldsymbol{B}_m\cdot\boldsymbol{H}_m)_{max}} \tag{13.1.6}$$

式（13.1.5）和式（13.1.6）就是已知气隙要求（B_g，S_g，l_g）和材料性能（B_r，H_c、（$\boldsymbol{B}\cdot\boldsymbol{H}$）$_{max}$）下，求磁体最佳尺寸的公式。

13.1.3 从磁体性能、尺寸和气隙尺寸求气隙磁通

若磁体尺寸（S_m，l_m）和气隙尺寸（S_g，l_g）以及磁体的退磁曲线已知，欲求气隙磁场 H_g 和（或）磁密 B_g，如图13.1.2所示，方法是：式（13.1.1）除以式（13.1.2）

$$\frac{B_mS_m}{H_ml_m}=\frac{B_gS_g}{H_gl_g}=\frac{\mu_0H_gS_g}{H_gl_g}$$

在气隙中，$B_g=\mu_0\mu H_g=\mu_0H_g$，于是又得

$$\frac{B_m}{\mu_0H_m}=\frac{S_gl_m}{l_gS_m}$$

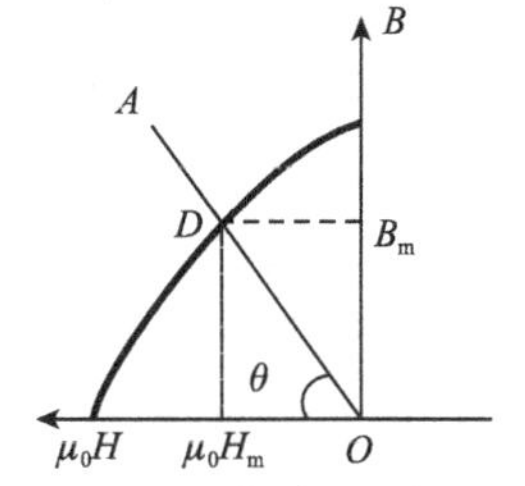

图13.1.2 已知磁体和气隙尺寸，从磁体退磁曲线上求气隙磁通

由于右边为已知数，故由 $\tan\theta$ 可知，令

$$\tan\theta=\frac{B_m}{\mu_0 H_m}=\frac{S_g l_m}{l_g S_m}$$

在第二象限中作直线 OA（斜率$=\tan\theta$）与退磁曲线相交于 D 点，D 点的 B_m 可从图 13.1.2 上查出，代入式（13.1.1）可得

$$B_g=\frac{B_m S_m}{S_g} \quad 或 \quad H_g=\frac{B_m S_m}{\mu_0 S_g}$$

13.1.4 磁路结构的利用系数

设计一个好的磁路结构，涉及磁体的形状、磁体在磁路中的位置、与磁轭的搭配及所用材料的性能，在满足三个要素（最大限度发挥磁体性能、小型化、价格低）的前提下，评判磁路结构的合理性是利用系数

$$\varepsilon=\frac{B_g^2 V_g}{V_m\ (\boldsymbol{B}\cdot\boldsymbol{H})_{max}} \tag{13.1.7}$$

ε 越大越好，通常希望 ε 在 30%～60%。前已谈到磁体工作点在最大磁能积点的理由，若从稳定性（时间、温度）考虑，**实践证明工作点选在最大磁能积点的上方更有利。**

13.1.5 根据设计要求选择磁体性能、尺寸及在磁路中的位置、方式的原则

1. 对磁体性能的选择（包括极帽材料）

(1) 在小气隙时（$L_g/D_m<0.15$，D_m 为磁体直径，或短边长），选 B_s 高的软磁材料，如 Fe－Co 合金或低碳钢作为极帽放在磁体前面，可改善气隙磁场。

(2) 在中等气隙时（$0.15<L_g/D_m<0.5$）磁体选高 B_r 的 Alnico 或 FeCrCo。

(3) 在大气隙时（$L_g/D_m>0.5$）磁体选高 H_c 的钡铁氧体 BaM 或稀土永磁。

2. 对磁体尺寸的选择

(1) 对 $H_c<0.5B_r$（CGS 制）的材料，L_m/D_m 必须大于 1，对 $H_c>0.5B_r$ 的高矫顽力材料，L_m/D_m 可以小于 1。

(2) $L_m>2L_g$（对小气隙），$L_m>L_g$（对大气隙）。

(3) 在保证达到 B_g 的前提下，应使 L_m/D_m 尽量小，但不能过分小，以至影响稳定性，因为稳定性一般与 L_m/D_m 成正比。

3. 对磁体在磁路中的形态、位置的选择

1）内磁式与外磁式

内磁式与外磁式如图 13.1.3 所示。

2）组合式与聚磁技术

组合式指品种不同的永磁材料组合在一起以增强气隙磁通（图 13.1.4）。聚

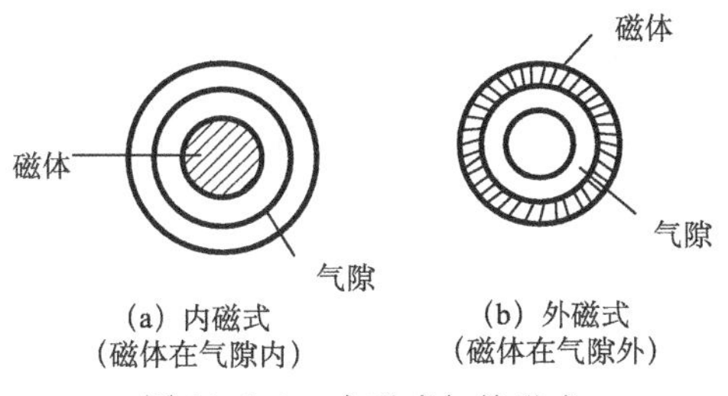

图 13.1.3 内磁式与外磁式

磁技术指不同品种的永磁体、轭铁等磁路元件合理配置以增强气隙磁通（图13.1.5）。

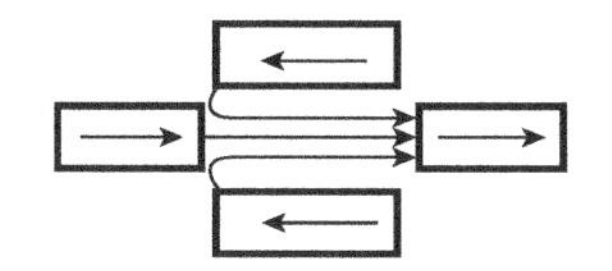
图 13.1.4 磁体的组合

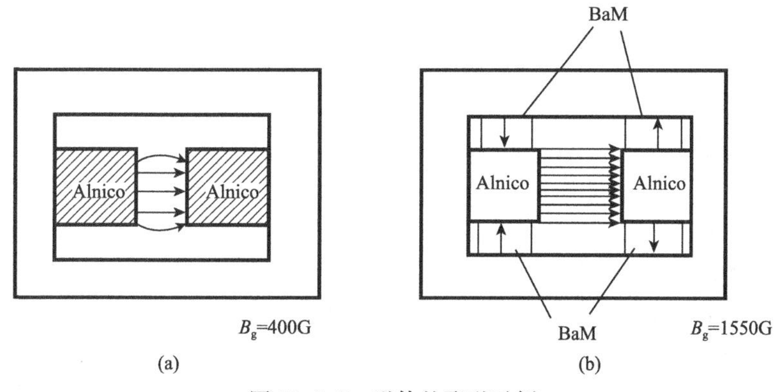

图 13.1.5 磁体的聚磁示例

永磁体如图13.1.4排列时，则磁体内围的磁场增强，外部空间的磁场减弱。

图13.1.5中，(a) 为两块Alnico组成的普通磁路，B_g 只有400G。(b) 为相同的两块Alnico的侧面加上四块钡铁氧体BaM的聚合磁路，B_g 便为1550G，若在装备好后，再在极间脉冲冲磁，B_g 可提高到1750G。

3）磁体的串联与并联

磁体的串、并联、粗略地说相当于电池的串、并联（图13.1.6)。高 H_c 的材料，由于内部磁阻（$r=l_m/\mu_0\mu S_m$）很大，内部磁位降也很大，因此增长磁体虽能增加磁动势 F_m，但扣除内部磁位降后，有用磁动势几乎不变，故 H_c 大的材料常采用扁平的形状。

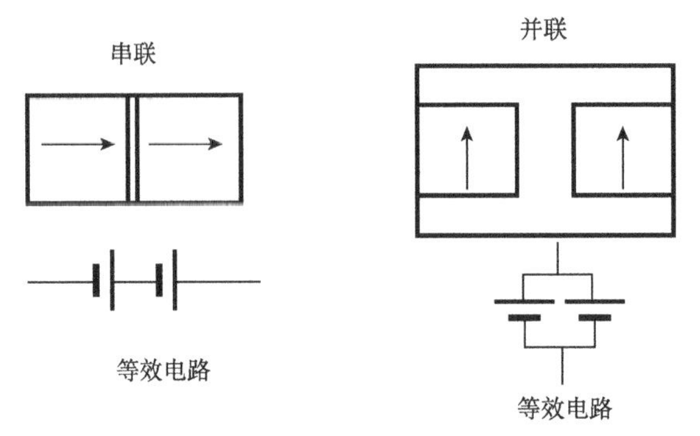

图 13.1.6　磁体的串、并联

13.2　实际的静态磁路

13.2.1　实际磁路的两个基本方程

由于实际磁路存在漏磁和磁阻（磁位损失），式（13.1.1），式（13.1.2）需改写：

$$B_m S_m = \sigma B_g S_g, \ \Phi_m = \sigma \Phi_g \tag{13.2.1}$$

式中，Φ_m 为磁体磁通，Φ_g 为工作气隙磁通。

$$H_m l_m = -f H_g l_g \tag{13.2.2}$$

式中，σ 为漏磁系数，不同磁路结构的数值可以差别很大，从 2.5～10 或 2～20 均可，**磁路设计的难点之一是计算 $\boldsymbol{\sigma}$**。f 为磁阻系数（磁势损失系数）数值在 1.05～1.45，σ 和 f 在 SI 制和 CGS 制中数值相同。

σ 的大小取决于磁路结构，而磁路结构则取决于设计人员的聪明才智，它不能用电子计算机求解，在磁路结构确定的情况下如何计算 σ? 以下是较详细的分析。

13.2.2　用磁导法计算漏磁系数

用磁导法计算漏磁系数 σ，需将图 13.2.1（a）的磁路等效成图 13.2.1（b）的电路，然后计算磁路各部分的磁导，再根据基本方程式（13.2.1）和式（13.2.2)便可算得 σ。由图（13.2.1（b）根据等效电路的计算可得出下述基尔霍夫方程组。

$$\Phi = \frac{F}{r + R + \dfrac{1}{p}}$$

$$p = \frac{1}{R_g} + \frac{1}{R_b} + \frac{1}{R_j} \tag{13.2.3}$$

$$=p_g+p_b+p_j$$

$$F=\Phi\ (r+R)\ +\Phi_g R_g \tag{13.2.4}$$

式中，Φ、F、r 为磁体的总磁通、总磁动势和内阻，R 为磁体与轭铁的接触磁阻以及轭铁本身的磁阻，p 为总磁导，R_b 为气隙上、下边沿的磁阻，R_g 为气隙磁阻，R_j 为磁体外侧面的磁阻。

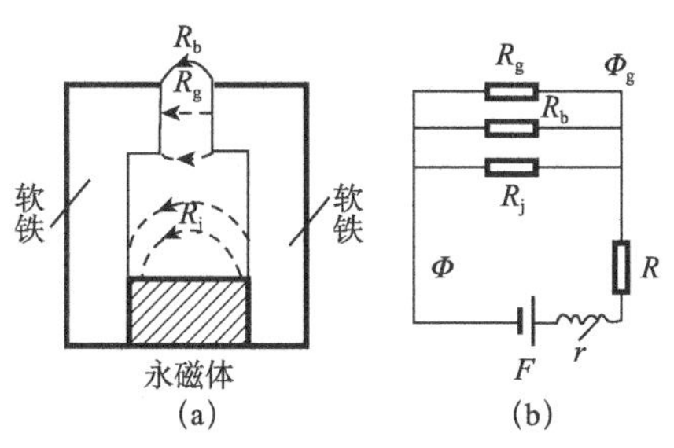

图 13.2.1　一种实际的静态磁路（a）及其等效电路（b）

由式（13.2.3）和式（13.2.4）的 F 相等得

$$\frac{\Phi}{\Phi_g}=\frac{p}{p_g}=1+\frac{p_b+p_j}{p_g}$$

由式（13.2.1）$\Phi=\sigma\Phi_g$，得 $\sigma=1+\dfrac{p_b+p_j}{p_g}$，即只要求出各磁路的磁导便可得出漏磁系数 σ。

由于漏磁系数 σ 与磁体和各磁路元件的形状尺寸有关，因此没有统一的公式，一般采用经验公式和查阅曲线以及计算磁导法，现将后者的计算原理论述如下。

13.2.3　计算磁导的原理

1. 根据第 i 条磁路的磁通 Φ_i 与磁动势（磁位差）F_i 之比算磁导 p_i

因为 $\Phi_i=\dfrac{F_i}{R_i}=F_i p_i$，所以 $p_i=\Phi_i/F_i$。

例 13.2.1　求圆柱体表面间气隙的磁导 p_g（图 13.2.2）。

解　由于图柱体径向的磁通密度是不均匀的，即 B 是圆柱半径 r 的函数，而圆柱体轴向的磁通密度则是均匀的，由图 13.2.2 可见，在圆柱体表面的气隙内，通过任意半径的总磁通都相等，于是可得气隙表面总磁通 Φ_g 和总磁动势 F_g 为

$$\Phi_g=B_g\ (r)\ r\alpha w=\mu_0\mu H_g\ (r)\ r\alpha w=\mu_0 H_g\ (r)\ r\alpha w$$

$$F_g=\int_{r_0}^{r_0+L_g}H_g(r)\mathrm{d}r=\int\frac{\Phi_g}{\mu_0\alpha w}\frac{\mathrm{d}r}{r}=\frac{\Phi_g}{\mu_0\alpha w}\ln\left(\frac{r_0+L_g}{r_0}\right)$$

故

$$p_g=\Phi_g/F_g=\frac{\mu_0\alpha w}{\ln\left(\frac{r_0+L_g}{r_0}\right)}$$

α 为圆柱体径向张开的角度（以弧度为单位），w 为圆柱体的轴向长度。

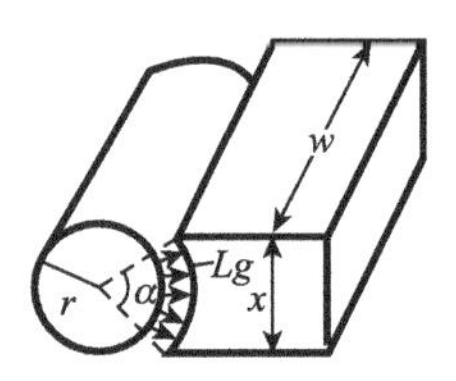

图13.2.2　圆柱体表面间气隙磁导的计算

2. 根据磁路的体积与长度的平方比算磁导 p_i（图 13.2.3）

$$p_i=\frac{\Phi_i}{F_i}=\frac{B_iS_i}{H_il_i}=\frac{\mu_0\mu H_iS_i}{H_il_i}=\mu_0\frac{S_il_i}{l_i^2}=\mu_0\frac{V_i}{l_i^2}\quad（气隙中 \mu=1）$$

例 13.2.2　求长方形磁极间表面上的磁导（首先求出磁力线经过的体积和磁力线长度，然后根据上式算 p_i）。

解　椭圆面积 $S=\pi bd$，b 为半短轴，d 为半长轴，半焦距 $f^2=d^2-b^2$。

设坐标原点选在气隙的中间（图 13.2.3），则以焦点 f 和 f' 的椭圆群，可用来近似地描述磁极表面上的磁力线。也就是说，椭圆群的长、短轴虽有变化，但椭圆群的焦点不变。

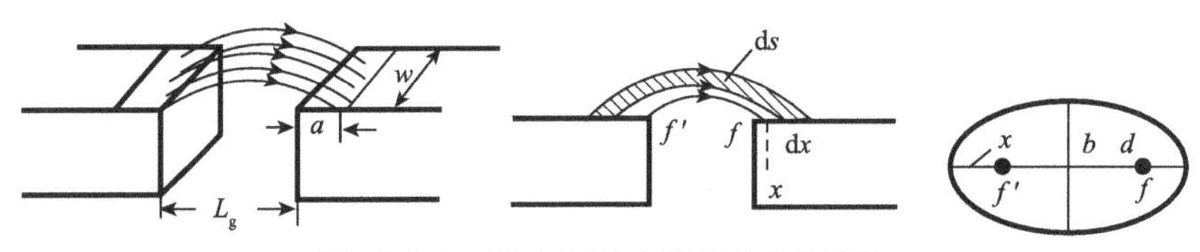

图 13.2.3　长方形磁极表面磁导的计算

把磁力线看成半椭圆的边长，上下两磁力线之间的面积看成两个半椭圆面积之差 ds。选焦点 f 在气隙的端点，则半焦距 $f=L_g/2$，而半长轴 $d=\frac{L_g}{2}+x$，半短轴 $b=\sqrt{x^2+xL_g}$，（由焦点 f 与半短轴 b 的连线为 d 再据勾股弦定理可推出），那么相邻两个椭圆的长短轴和面积分别是：

第一个椭圆	第二个椭圆
半长轴 $\frac{L_g}{2}+x$	$\frac{L_g}{2}+x+dx$
半短轴 $\sqrt{x^2+xL_g}$	$\sqrt{(x+dx)^2+L_g\ (x+dx)}$

第一个椭圆面积 $S_1=\pi\left(\frac{L_g}{2}+x\right)\ (\sqrt{x^2+xL_g})$

第二个椭圆面积 $S_2=\pi\left(\frac{L_g}{2}+x+dx\right)\ (\sqrt{(x+dx)^2+L_g\ (x+dx)})$

$ds=\frac{S_2-S_1}{2}=\frac{\pi}{2}\frac{\left[\left(\frac{L_g}{2}+x\right)^2+x^2+xL_g\right]dx}{\sqrt{x^2+xL_g}}$，由于极面宽度为 W，故上述面积为 ds 引起的体积元 dv 为 $dv=dsW$。

另外，半长轴 $d=\frac{L_g}{2}+x$，半短轴 $b=\sqrt{x^2+xL_g}$ 的椭圆，其半周长近似为 $l=(\pi/\sqrt{2})\sqrt{(L_g/2+x)^2+x^2+xL_g}$，将 dv 和 l 代入公式 $P_i=\mu_0 V_i/l_i^2$ 中得

$$\frac{p}{\mu_0}=\frac{v}{l^2}=\int_0^a\frac{dv}{l^2}=\frac{w}{\pi}\int_0^a\frac{dx}{\sqrt{x^2+xL_g}}=\frac{w}{\pi}\ln\left[1+\frac{2a+2\sqrt{a^2+aL_g}}{L_g}\right]$$

3. 用等效磁荷球求磁导（估算退磁因子的一种方法）

有些磁体独立工作，无明确的气隙，也无其他部件与之配合。为了计算这些孤独磁体的磁导及其工作点，可以运用等效磁荷球的原理。这一原理是把某一个形状的孤独磁体，看成带正磁荷和负磁荷的两个球，当这两个球的表面积与孤独磁体的表面积相等时，两个球的磁导便是孤独磁体的磁导。下面先计算等效磁荷球的磁导，然后讨论轴上磁化的圆柱体的磁导及其退磁因子的估算。将一个孤独磁体（图 13.2.4（a））分成两个磁荷球（图 13.2.4（b），（c）），球的半径为 r，它向空间辐射磁力线的形式与带电体辐射电力线相同，根据定义磁阻

$$R=\frac{1}{\mu_0\mu}\frac{\text{磁路长}\,l}{\text{磁路截面积}\,A}$$

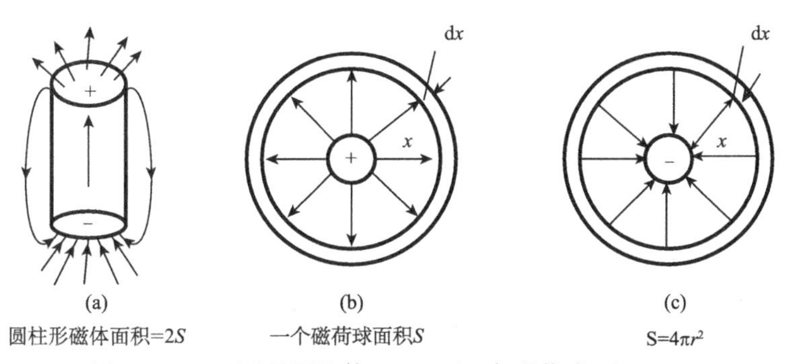

图 13.2.4　孤独的圆柱体（a），正、负磁荷球（b）、（c）

正磁荷球向空间辐射磁力线的半径由 x 变到 $x+dx$ 时，磁阻的变化为 $dR_+=\frac{1}{\mu_0\mu}\frac{dx}{4\pi x^2}$，当正磁荷球的半径由 $x=r$ 变到 $x=nr$（$n\gg1$）时正磁荷球的磁阻 R_+ 为

$$R_+=\int_r^{nr}dR_+=\frac{1}{4\pi\mu_0\mu}\int_r^{nr}x^{-2}dx=\frac{1}{4\pi\mu_0\mu}\left(\frac{1}{r}-\frac{1}{nr}\right)\approx\frac{1}{4\pi\mu_0}\frac{1}{r}\quad(\text{空间}\ \mu=1)$$

同理，负磁荷球的磁阻为

$$R\ =\frac{1}{4\pi\mu_0}\frac{1}{r}$$

正、负磁荷球总磁阻为

$$R=R_{+}+R_{-}=\frac{1}{2\pi\mu_0 r}$$

正、负磁荷球总磁导为

$$p=\frac{1}{R}=2\pi\mu_0 r，或\frac{p}{\mu_0}=2\pi r$$

r 为磁荷球的半径，它与球面积的关系为

$$S=4\pi r^2，r=\sqrt{S/4\pi}$$

使正、负磁荷球的总磁导与孤立磁体的总磁导相等，便得孤立磁体的总磁导

$$\frac{p}{\mu_0}=2\pi\sqrt{\frac{S}{4\pi}}=\sqrt{\pi S} \tag{13.2.5}$$

这里的 S 为孤立磁体的一半面积。

例如：求轴上磁化的圆柱体（半径$=r$，长度$=L$）磁体的总磁导（图 13.2.5（a））。圆柱体面积为

$$2S=2\pi r^2+2\pi rL=2\pi r(r+L)$$

故

$$S=\pi r(r+L)$$

于是轴上磁化的圆柱体的总磁导为

$$\frac{p}{\mu_0}=\sqrt{\pi s}=\pi\sqrt{r(r+L)}$$

运用等效磁荷球的原理，还可计算薄片、方形棒、圆筒形和多极转子的磁导（文献［1a］480－484 页）。

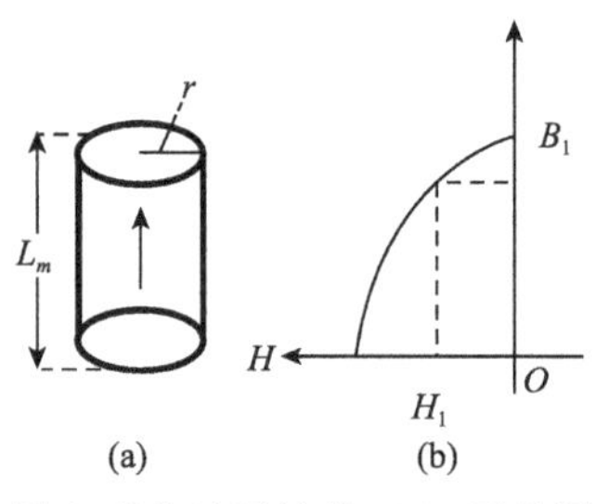

图 13.2.5　轴上磁化的圆柱体（a）及其退磁曲线（b）

例 13.2.3　求圆柱体轴方向上的退磁因子 N（运用磁导法中等效磁荷球的原理近似求解）。

解　永磁体磁化以后的工作点处于退磁曲线上某一点，此点的磁场就是退磁场，退磁场与退磁因子有关。另外，永磁体磁化以后的工作点又与总磁导有关。根据上述两方面可近似求退磁因子 N。设磁体的长度为 L_m，截面积为 S_m，工作点为 $\boldsymbol{B}_1\cdot\boldsymbol{H}_1$，按磁导的定义，圆柱体轴上磁化的磁导为

$$p=\frac{\Phi}{F}=\frac{B_1S_m}{H_1L_e}=\frac{B_1S_m}{H_1\times 0.7L_m}$$

式中 L_e 为磁路长，只有 $\mu=1$ 时 $L_e=L_m$，通常磁体内 $\mu>1$，故 $L_e=0.7\,L_m$。上式改写为

$$\frac{B_1}{\mu_0H_1}=\frac{0.7L_m}{S_m}\frac{p}{\mu_0}=\frac{0.7L_m}{S_m}\pi\sqrt{r(r+L_m)} \tag{13.2.6}$$

（将例13.2.2中运用等效磁荷原理求得的圆柱体的磁导 $\frac{p}{\mu_0}=\pi\sqrt{r(r+L_m)}$ 代入）

另外，由退磁曲线图13.2.5（b）又得

$$\frac{B_1}{-\mu_0H_1}=\frac{\mu_0(H_1+M_1)}{-\mu_0(-NM_1)}=\frac{\mu_0(M_1-NM_1)}{-\mu_0(-NM_1)}=\frac{1-N}{N} \tag{13.2.7}$$

于是由式（13.2.6），式（13.2.7）得

$$\frac{1-N}{N}=\frac{0.7L_m}{S_m}\pi\sqrt{r(r+L_m)},\qquad N=\frac{1}{1+\frac{\pi\times 0.7L_m}{S_m}\sqrt{r(r+L_m)}}$$

对圆柱形磁体，因为 $S_m=\pi r^2$，所以

$$N=\frac{1}{1+\frac{0.7L_m}{r^2}\sqrt{r(r+L_m)}} \tag{13.2.8}$$

式（13.2.8）便是圆柱体沿轴方向上的退磁因子的近似公式。

式（13.2.8）的验证：

当 $L_m=2r$ 时，由式（13.2.8）得　$N=0.292$　（实验值为0.27）。

当 $L_m=4r$ 时，由式（13.2.8）得 $N=0.138$　（实验值为0.14）。

可见，式（13.2.8）的理论值与实验值符合很好，故可作为圆柱体轴向的退磁因子的近似公式。若圆柱样品不是永磁体，它在外磁场的作用下磁化，也处于工作状态，故用上述方法求出的退磁因子公式（13.2.8）仍能可用。

对于其他形状的退磁因子，原则上亦可用上述方式，近似求解，但理论公式是否正确，误差如何，需经实验验证。

13.2.4　磁系统的结构

前已述及磁通量经过的路径（永磁体、轭铁、非导磁材料、气隙等）称为磁路。

磁系统指的是电磁或永磁、电磁与永磁联合组成的磁路具有能量转换的系统。磁系统可以有不同分类标准，但按激（励）磁方式不同来分类的话，可分为永磁磁路、电磁磁路、永磁电磁组合磁路，永磁磁路又分静态磁路和动态磁路（图13.2.6），按磁体在气隙内、外或磁体被磁路磁通包围与否区分内磁式和外磁式，静态磁路中的磁场不变，动态磁路中磁场可变，电磁磁路分直流电磁磁

路、交流电磁磁路、交直流电磁磁路。图 13.2.6 和图 13.2.7 表示永磁磁系统和电磁磁系统的图解。

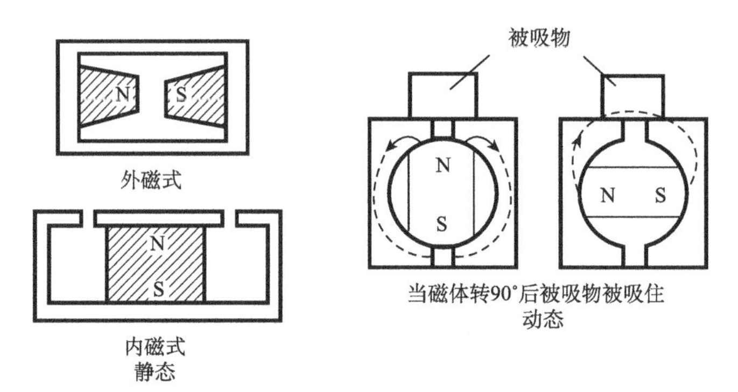

图 13.2.6　永磁磁系统

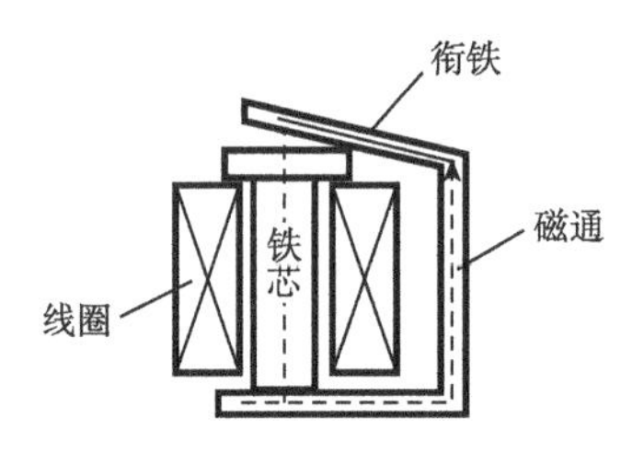

图 13.2.7　电磁磁系统

13.2.5　静态磁路设计的一般步骤

如何选择最佳磁路类型、确定最佳磁路尺寸、挑选最适宜的磁性材料是磁路设计的目的。设计方法有漏磁系数法（磁导法、经验公式法、查阅曲线法）和利用自退磁概念法。

1. 常见的永磁磁路类型

甲型：气隙位于两磁轭（磁极）之间，或者磁体的中性面与该回路中磁体的几何对称面相重合（图 13.2.8）。

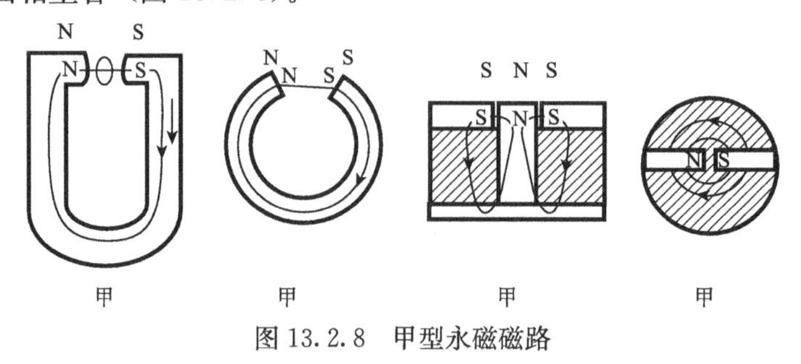

图 13.2.8　甲型永磁磁路

乙型：在同一个磁回路中，有两块永磁体，并且两磁体的中性面与空气隙的横截面相重合（图 13.2.9）。

丙型：在同一个磁回路中，只有一块永磁体，且磁体的一端就是该磁回路的一个磁极（图 13.2.9）。

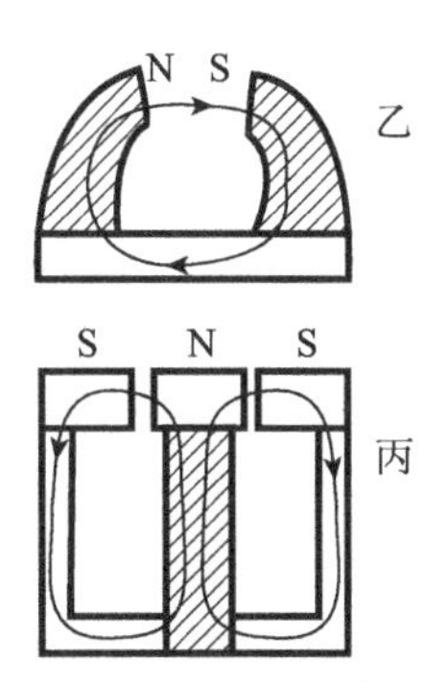

图 13.2.9　乙、丙型永磁磁路

丁型：在同一个磁回路中，包含两块永磁体，且空气隙位于两磁体的磁极端面之间（图 13.2.10）。

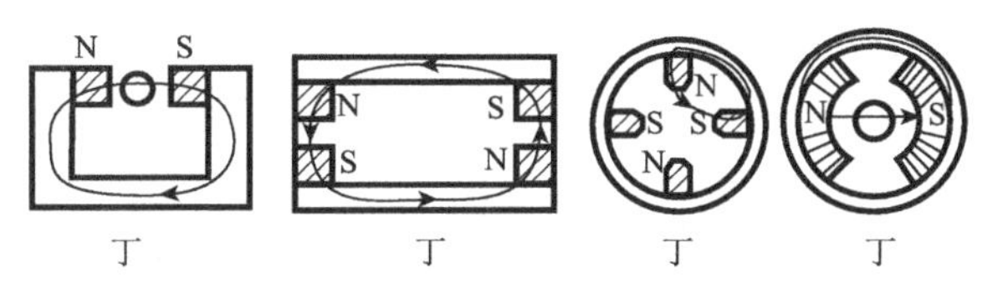

图 13.2.10　丁型永磁磁路

戊型：在同一个磁回路中，包含一块永磁体和两个空气隙，且空气隙位于该磁回路磁体的极面上（图 13.2.11）。

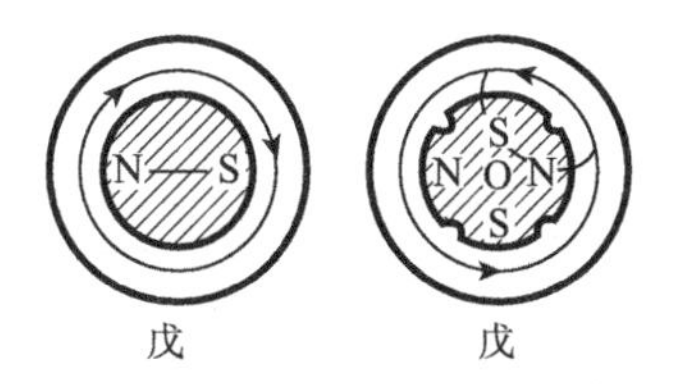

图 13.2.11　戊型永磁磁路

以上为常见的磁路类型，其他型式见后面相应章节。

2. 确定磁路尺寸的步骤

已知磁路类型、工作气隙尺寸（L_g，S_g）、气隙磁感应强度 B_g、材料的磁性，求磁路的尺寸。步骤如下：

（1）根据选用磁路类型，大致画出磁路草图。

（2）根据选用永磁材料的性能找出最大磁能点的坐标（B_d，H_d）及其坐标比 $K=H_d/B_d$。

(3) 初步估计一个永磁体中性面的面积 S_m。

(4) 把初估的 S_m 和已知的 L_g，S_g 代入有关公式，求出气隙长度修正系数 L_{go}（L_{go}的公式见下，皆为经验公式)。

(5) 将求出的 L_{go}及选取的磁路类型常数 Q 代入 $\varepsilon=\dfrac{1}{QL_{go}+1}$算出磁通利用系数 ε，$\varepsilon=\dfrac{1}{\sigma}$，$\sigma$ 为漏磁系数。

(6) 把初估的 S_m 和已知的 S_g 及已求出的 ε、B_d（$=B_m$）等代入 $B_g S_g=\varepsilon B_m S_m$ 便可求出 B_g。若求得的 B_g 与原来要求的 B_g 相符，则说明初估的磁体中性面积 S 是正确的，否则需重新估计 S_m 的值并重复 (3) ～ (6) 的步骤。直至求出的 B_g 与原来要求的 B_g 一致或相近为止。通常经过 2～3 次反复就会得出好的结果。因而便确定了永磁体的中性面面积 S_m。

(7) 根据已求出的磁体工作点坐标比 K，在 K-A 关系曲线（图 13.2.12）上查出磁路尺寸比例系数 A（K 与 A 的定义及论述见 13.2.8 节）。

$$K=\frac{0.41}{A^{(1+0.05A)}} \tag{13.2.9}$$

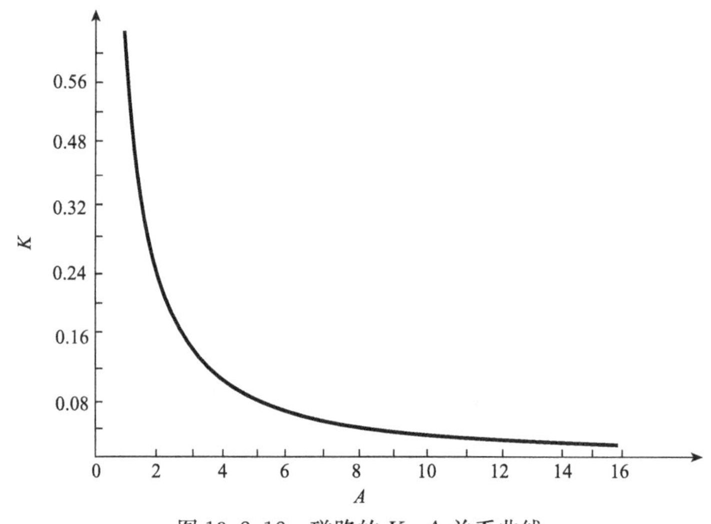

图 13.2.12 磁路的 K-A 关系曲线

(8) 把 S_g，S_m，ε，$f'$$\left[\text{磁阻系数（磁势损失系数）} f \text{ 的倒数，} f'=\dfrac{1}{f}\right]$，$A$ 代入磁路尺寸比例系数 A 的公式中便可求得永磁体的长度 L_m。

$$A^{(1+0.05A)}=0.41\,\frac{S_g L_m f'}{S_m L_g \varepsilon} \tag{13.2.10}$$

以上是求永磁体尺寸 S_m，L_m 的步骤，下面再求磁轭的尺寸。

(9) 根据所选的磁轭材料的参数 B_i（磁化曲线膝部的磁感应强度，此处的

磁导率最大）和已求出的 B_m，S_m 代入 $B_i=\frac{B_m S_m}{S_i}$，可求出磁轭的截面积 S_i。

（10）磁轭长度需根据磁路类型来确定，但磁轭太长会造成漫散磁通使气隙磁通降低同时也不紧凑，一般按图 13.2.13 来选择。

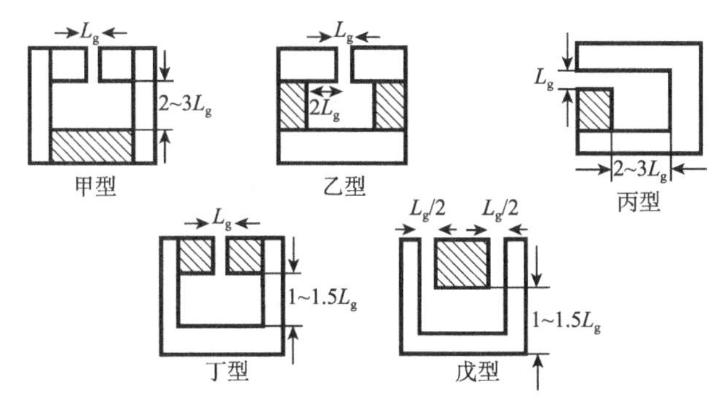

图 13.2.13　不同类型磁路中，磁轭的选择

至此永磁体尺寸和磁轭尺寸均已求得，磁路设计初步完成。

3. 确定最合适的永磁材料的步骤

已知磁路类型和磁路各部分的尺寸及工作气隙的磁感应强度即 L_m，S_m，L_g，S_g，B_g 都已知，问选择哪种永磁材料最合适？

解决此问题的步骤如下：

（1）将已知的 L_m，S_m，L_g，S_g 代入相关磁路类型的磁路尺寸比例系数 A 的计算公式，求出 A 值（不同类型的磁路，A 点的公式见后）。

（2）将 A 值代入 $K=0.41/A^{(1+0.05A)}$ 式中，求出磁路工作点坐标比 K。

（3）将 S_m，L_g，S_g 代入相关的气隙长度修正系数 L_{go} 的公式中，求 L_{go}。

（4）将 L_{go} 和所取的磁路类型常数 Q（如何取值是关键）代入 $\varepsilon=1/(QL_{go}+1)$ 中，求磁通利用系数 ε。

（5）将 S_m，S_g，B_g 和 ε 代入 $B_g S_g=\varepsilon B_m S_m$，求出磁体的视在剩余磁感应强度 B_m。

（6）在画有若干退磁曲线的图上（图 13.2.14），通过坐标原点作斜率为 $1/K$ 的负载线，并在该图上作 $B=B_m$ 的水平线，两线的交点即为磁路的工作点 D。最大磁能点与之相合或相近的退磁曲线，即为所选的最合适的永磁材料（图 13.2.14 的曲线 4，即为所选的材料，因其最大磁能点与工作点 D 最近）。

4. 确定最小永磁体体积的磁路类型的步骤

已知磁路的 L_g，S_g，B_g 和所选永磁体的退磁曲线，求哪种磁路类型所用永磁体体积最小。解决步骤如下：

（1）由基尔霍夫定律和磁通利用系数 ε 与磁路类型常数 Q 和气隙长度修正系数 L_{go} 的关系可得

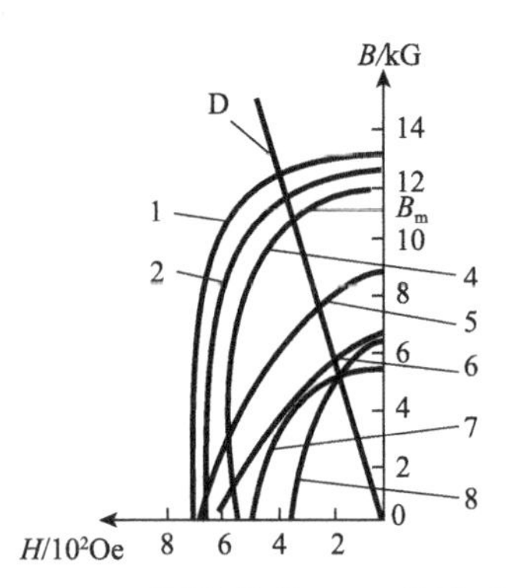

图 13.2.14　不同牌号的 *LNG* 的退磁曲线

1. *LGN*52，2. *LNG*40，3. *LNG*40，4. *LNG*35，5. *LNG*20，6. *LNG*13，7. *LNG*10，8. *LNG*8

$$\varepsilon=\frac{B_g S_g}{B_m S_m}=\frac{1}{1+QL_{go}} \tag{13.2.11}$$

试选甲型图 13.2.8 和丁型图 13.2.10 磁路来对比（L_{go}的公式是经验公式，Q 的取值也凭经验）。

对甲型磁路取 $Q=15$，而

$$L_{go}=\frac{L_g\ (1+0.04L_{gs}\sqrt[3.2]{S_{ms}L_u}}{S_g}$$

式中，L_{gs}为气隙长度几何值，S_{ms}为磁体中性面面积几何值。L_u 为单位长度(cm)。

将 Q 和 L_{go}代入式（7.2.11）整理后得

$$B_g S_g+15B_g L_g\ (1+0.04L_{gs})\ \sqrt[3.2]{S_{ms甲}L_u}-B_m S_{ms甲}=0$$

对丁型磁路取 $Q=6$，而

$$L_{go}=\frac{L_g\ (1+0.04L_{gs})\ \sqrt[3.2]{a_{ms}^2}L_u}{S_g}$$

式中，a_{ms}为磁体中性面等效边长的几何值。将 Q 和 L_{go}代入式（13.2.11）整理后得（永磁横截面积是正方形时 $a_{ms}^2=S_{ms}$）

$$B_g S_g+6B_g L_g(1+0.04L_{gs})\ \sqrt[3.2]{S_{ms_丁}L_u}-B_m S_{m_丁}=0$$

如果已知 S_g，L_g，B_g，则从上述两方程中可分别解出甲型和丁型磁路的磁体中性面的面积 $S_{m甲}$和 $S_{m丁}$。

(2) 从已知的永磁体退磁曲线上找出最大磁能点并作为最佳工作点。

(3) 由最佳工作点求得工作点的坐标比 K。

(4) 在 K-A 关系曲线上查出与 K 对应的磁路尺寸比例系数 A。

(5) 通过 A 与不同磁路类型的关系式：

$$2L_{m甲}=A_甲\sqrt{S_{m甲}}+L_g-2\sqrt{S_{m甲}}-\left(\frac{S_g}{2L_g\sqrt{S_{m甲}}}-1\right)L_u^*$$

$$2L_{m丁}=A_{丁}\sqrt{S_{m丁}}+2L_g-\left(\frac{S_g}{2L_g\sqrt{S_{m丁}}}-1\right)L_u^*$$

若以上两式的括号内为负值，则此项无意义，可看作零。

(6) 把已知的 S_g，L_g 和求出的 A，$S_{m甲}$，$S_{m丁}$ 分别代入上式便解得磁体长度 $L_{m甲}$ 或 $L_{m丁}$。

(7) 于是甲型和丁型磁路的永磁体体积为

$$V_{m甲}=S_{m甲}L_{m甲}，\quad V_{m丁}=S_{m丁}L_{m丁}$$

(8) 比较两种类型的永磁体体积，便可决定采取何种类型的磁路。当然，通过上述步骤也可比较其他类型的磁路以便得到最佳的磁路类型。

13.2.6　用磁导法设计静态磁路实例

试设计内磁式扬声器，内芯直径 $D_p=18\text{mm}$，夹板厚度 $t=4.5\text{mm}$，要求 $L_g=0.90\text{mm}$ 时 $B_g=8500\ G$。

设计步骤为：

第一步，选磁体材料及工作点。选 Alnico，工作点在 $(\boldsymbol{B}\cdot\boldsymbol{H})_{max}$ 上方，从退磁曲线上查得 $B_d=10600\text{G}$，$H_d=510\text{Oe}$。

第二步，假定 $\sigma=2.42$，$f=1.20$，根据二个基本方程式（13.2.1）和式（13.2.2）粗算出磁体尺寸、圆柱体长为

$$L_m=\frac{fH_gL_g}{H_d}=1.8\text{cm}$$

圆柱体直径（气隙 $L_g/2$ 处为 B_g，相应的 $S_g=2\pi\left(\frac{D_p+L_g}{2}\right)t$）

$$D_m=2\sqrt{\frac{\sigma B_gt\ (D_p+L_g)}{B_d}}=2.57\text{cm}$$

第三步，根据磁体初步尺寸和三个要素设计磁路结构图（图 13.2.15）进行磁路分析，计算总磁导、从磁路分析中可知总磁导由五部分组成（图 13.2.17）：

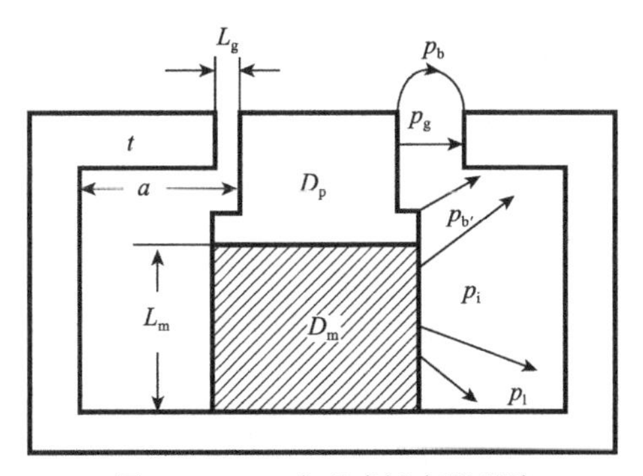

图 13.2.15　内磁式扬声器磁路

①气隙磁导 p_g，根据 $p=\Phi/F$ 的原则，算得

$$\frac{p_g}{\mu_0}=\frac{2\pi t}{l\text{n}\left(\frac{D_p+2L_g}{D_p}\right)}=\frac{2\pi\times 0.45}{l\text{n}\left(\frac{1.8+0.18}{1.8}\right)}=20.67$$

D_p 为内芯直径为 1.8cm。

②内芯表面与磁轭表面之间磁导 p_b，根据 $p=\mu_0\frac{V}{l^2}$原则算出

$$\frac{p_b}{\mu_0}=(D_p+L_g)\left(0.75+\ln\frac{L_g+2b}{L_g}\right)$$

$$=(1.8+0.09)\left(0.75+\ln\frac{0.09+1.5}{0.09}\right)=6.84$$

式中，b 为内芯至磁轭距离，$b=0.75$cm。

③气隙下边缘磁导 p'_b，根据与②相同的原则算出

$$\frac{p'_b}{\mu_0}=(D_p+L_g)\left(0.75+2\ln\frac{L_g+\frac{4}{5}b}{L_g}\right)=9.12$$

④内腔中磁轭内表面与内芯之间的磁导 p_i（证明较繁只给出结果）

$$\frac{p_i}{\mu_0}=\frac{2\pi}{m}\left[\left(\frac{n}{m}-\frac{D_p}{2}\right)\ln\left(\frac{mL_g+n}{am+n}\right)+a-L_g\right]=10.03$$

式中，a 为内芯至磁轭距离，$a=0.75$cm，

$$m=\frac{1}{a-L_g}\left[a\sqrt{1+(1+V)^2}-\sqrt{2}L_g\right]=1.73$$

$$n=\frac{aL_g}{a-L_g}\left[\sqrt{2}-\sqrt{(1+(1+V)^2}\right]=-0.028,\qquad V=\frac{a^2-L_g^2}{aD_p}=0.36$$

⑤磁体侧表面与磁轭内表面之间的磁导 p_l，按等效磁荷球原理算得

$$\frac{p_l}{\mu_0}=\pi\sqrt{\frac{D_m L_m}{2}}=4.78$$

故内磁式扬声器磁路总磁导为

$$\frac{p}{\mu_0}=\frac{P_g+p_b+p'_b+p_i+p_l}{\mu_0}$$

$$=29.67+6.84+9.12+10.03+4.78$$

$$=60.44$$

而漏磁系数为

$$\sigma=\frac{p}{p_g}=\frac{60.44}{29.67}=2.04$$

又因为

$$p=\frac{\Phi}{F}=\frac{B_1 S_m}{H_1 L_m}$$

所以

$$\frac{B_1}{\mu_0 H_1}=\frac{L_m}{S_m}\frac{P}{\mu_0}=\frac{1.8}{5.19}\times 60.44=20.96$$

在图 13.2.16 所示 Alnico$_5$ 的退磁曲线上找 $\tan\theta=20.96$，$\theta=87.3^\circ$直线的交点 B_1，H_1，得

$$B_1=10580\text{G}，H_1=505\text{Oe}$$

第四步验算。根据磁路结构画出等效磁路，按磁路定律进行验算。磁路结构与相应的等效磁路见图 13.2.15 和图 13.2.17。

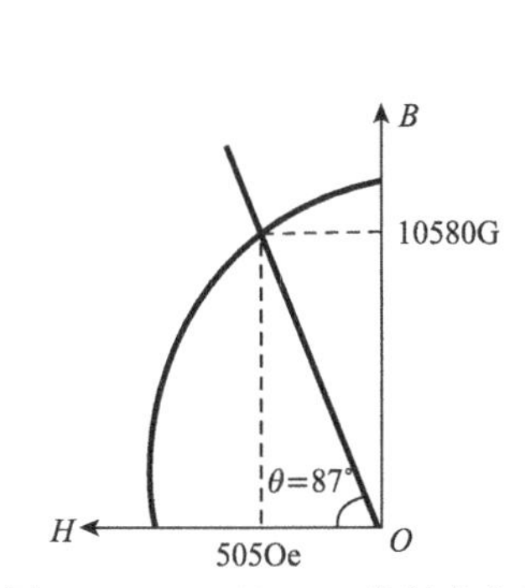

图 13.2.16　Alnico$_5$ 的退磁曲线

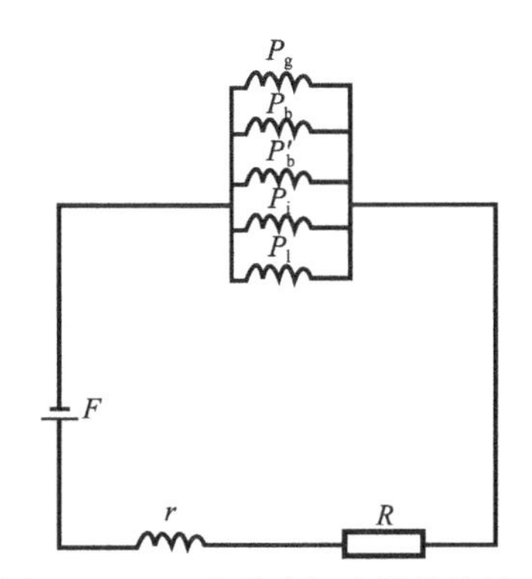

图 13.2.17　内磁式扬声器的等效磁路

根据磁路欧姆定律

$$\Phi=\frac{F}{r+R+\frac{1}{p}},\qquad \frac{\Phi}{\Phi_g}=\sigma$$

$$\sigma\Phi_g=\frac{F}{r+R+\frac{1}{p}},\qquad \Phi_g=B_g S_g$$

$$\begin{aligned}B_g&=\frac{F}{\sigma S_g\left(r+R+\frac{1}{p}\right)}=\frac{H_1 L_m}{\sigma S_g\left(r+R+\frac{1}{p}\right)}\\&=\frac{505\times 1.8}{2.04\times 2.67\left(0.0167+0.008+\frac{1}{60.44}\right)\times\frac{1}{2}}\\&=8092\text{G}\end{aligned}$$

设计原要求 $B_g=8500$ G，现结果为 8092 G，相差的百分比为

$$\frac{8500-8092}{8500}=0.048=4.8\%$$

即设计结果与要求相差约 5%，故设计可用。磁路结构的利用系数为

$$\varepsilon=\frac{B_g^2 V_g}{V_m\ (\boldsymbol{B}\cdot\boldsymbol{H})_{max}}=\frac{(8100)^2 2.67\times 0.09}{\pi\ (1.285)^2\times 1.8\times 5\times 10^6}=33.8\%$$

13.2.7 用漏磁系数设计磁路的另外方法

设计磁系统可以根据漏磁系数的概念，也可以根据自退磁的概念，前者的困难是计算漏磁系数，后者的关键是确定磁系统中磁体的工作点，以下分述有关方法。

1. 经验公式法

求漏磁系数σ，有磁导法、经验公式法和查阅曲线法，磁导法已如前述。查阅曲线法见后，现谈经验公式法，此法的要点是加工一批尺寸比可变的磁体、磁轭、按不同的磁路类型装配起来，然后测量气隙磁通密度与磁路各部分尺寸的关系，得出计算σ的经验公式，此法的一种特点是：对同一类型的磁路结构，若采用不同类型的永磁材料，则σ的计算公式不同（公式后注明）。公式中a，b，c，h，代表磁系统各部件的长度（图 13.2.18～图 13.2.28），U_a，U_b，U_c代表各部件截面的周长，如U_a是a部件截面的周长，当a部件为长方形的截面时，若两垂直边各为 2.9cm 和 0.9cm，则周长$U_a=2(2.9+0.9)=7.6$ cm。不同的磁系统对应不同的漏磁系数的经验公式如下（在某一磁路结构的图下，即为计算该磁路结构漏磁系教σ的公式）：

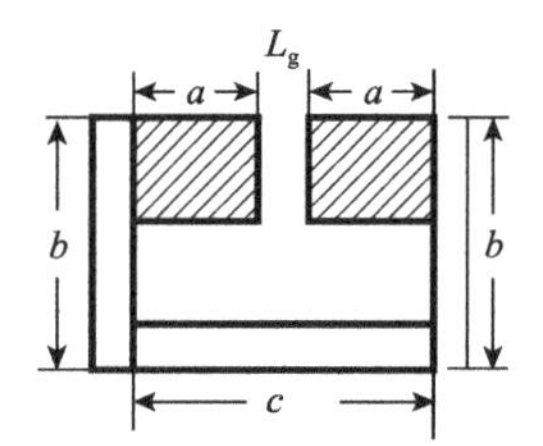

图 13.2.18 磁路结构的一类

$$\sigma=1+\frac{L_g}{S_g}\left[1.1U_a\frac{0.67a}{0.67a+L_g}\left(1+\frac{L_g}{a}\right)\right] \quad (\text{对 LNG}) \qquad (13.2.12)$$

$$\sigma=1+\frac{L_g}{S_g}\left[1.1U_a\left(\frac{0.67a}{0.67a+L_g}+\frac{L_g}{2a}\right)\right] \quad (\text{对 BaM}) \qquad (13.2.12')$$

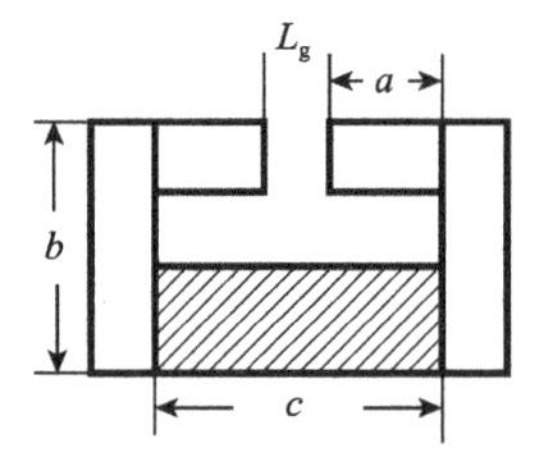

图 13.2.19 磁路结构的一类

$$\sigma=1+\frac{L_g}{S_g}\left[1.7U_a\frac{a}{a+L_g}+1.4b\sqrt{\frac{U_b}{c}+0.25}+0.33U_c\right] \quad (\text{对 LNG}) \qquad (13.2.13)$$

$$\sigma=1+\frac{L_g}{S_g}\left[1.7U_a\frac{a}{a+L_g}+1.4b\sqrt{\frac{U_b}{c}}+0.67U_c\right]\quad(对\ \mathrm{BaM})\tag{13.2.13'}$$

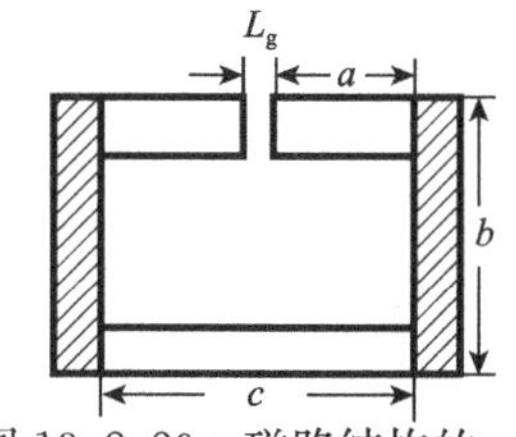

图 13.2.20　磁路结构的一类

$$\sigma=1+\frac{L_g}{S_g}\left[1.7U_a\frac{a}{a+L_g}+0.64b\sqrt{\frac{U_b}{c}+0.25}+0.33U_b\right]\quad(对\ \mathrm{LNG})\tag{13.2.14}$$

$$\sigma=1+\frac{L_g}{S_g}\left[1.7U_a\left(\frac{a}{a+L_g}\right)+0.67\left(1.4\times0.67b\sqrt{\frac{U_b}{c}}+\frac{c}{2b}U_c\right)\right]\quad(对\ \mathrm{BaM})\tag{13.2.14'}$$

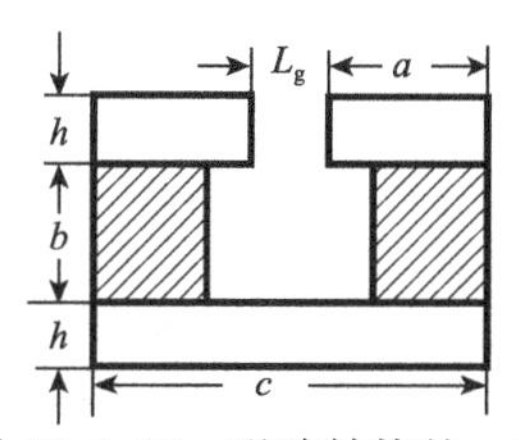

图 13.2.21　磁路结构的一类

$$\sigma=1+\frac{L_g}{S_g}\left[1.7U_a\frac{a}{a+L_g}+1.4h+0.94b\sqrt{\frac{U_b}{c}+0.25}\right]\quad(对\ \mathrm{LNG})\tag{13.2.15}$$

$$\sigma=1+\frac{L_g}{S_g}\left[1.7U_a\left(\frac{a}{a+L_g}\right)+1.4\sqrt{\frac{U_c}{b}}\ (h+0.45b)\ +\frac{0.67cU_b}{2\ (b+2h)}\right]\quad(对\ \mathrm{BaM})\tag{13.2.15'}$$

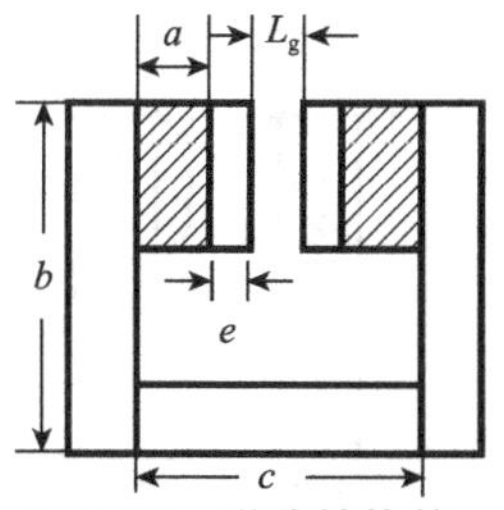

图 13.2.22　磁路结构的一类

$$\sigma=1+\frac{L_g}{S_g}1.7U_a\left[\frac{e}{e+L_g}+0.67\frac{0.67a}{0.67a+L_g+2e}\left(1+\frac{L_g+2e}{a}\right)\right] \quad (对\ \mathrm{LNG}) \tag{13.2.16}$$

$$\sigma=1+\frac{L_g}{S_g}\left[1.7U_a\left(\frac{e}{e+L_g}+0.67\frac{0.67a}{0.67a+L_g+2e}+0.67\frac{L_g}{2a}\right)\right] \quad (对\ \mathrm{BaM}) \tag{13.2.16'}$$

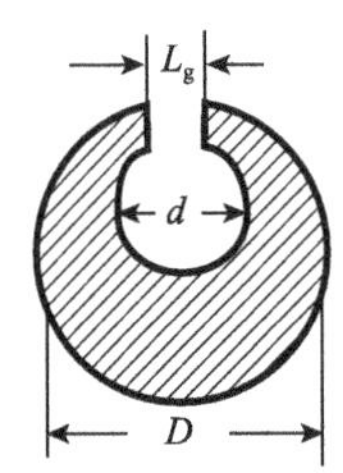

图 13.2.23 磁路结构的一类

$$\sigma=1+\frac{L_g}{S_g}\left[1.1U_a\frac{0.67a}{0.67a+L_g}\left(1+\frac{L_g}{a}\right)\right] \quad (对\ \mathrm{LNG}) \tag{13.2.17}$$

$$a=\frac{\pi}{6}(D+d-2L_g)$$

式中 U_a 是截面周长的平均值。

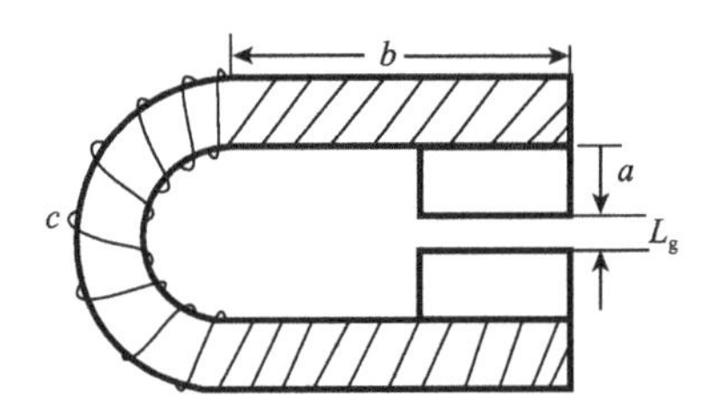

图 13.2.24 磁路结构的一类

$$\sigma=1+\frac{L_g}{S_g}\left[1.7U_a\frac{a}{a+L_g}+0.94b\sqrt{\frac{U_b}{c}+0.25}\right] \quad (对\ \mathrm{LNG}) \tag{13.2.18}$$

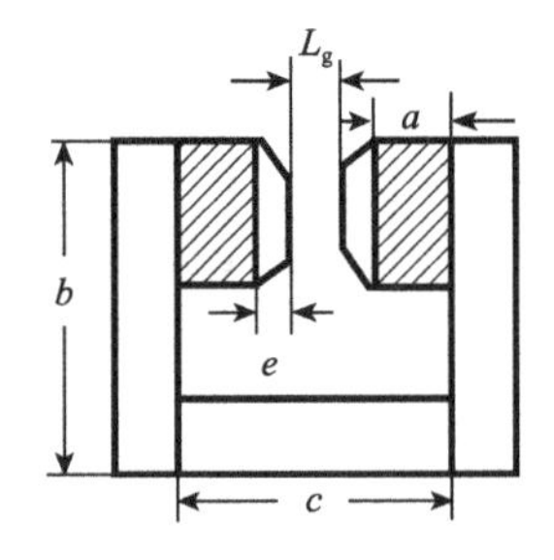

图 13.2.25 磁路结构的一类

$$\sigma=1+\frac{L_g}{S'_g}\left[1.7U_a\left(\frac{e}{e+L_g}+0.67\frac{0.67}{0.67a+L_g+2e}+0.67\frac{L_g}{2a}\right)\right]\quad（对 BaM）$$

（13.2.19）

式中，S'_g 为台形气隙的截面积。

以下三种类型的磁路系统，图 13.2.26～图 13.2.28 的漏磁系数 σ 的公式，并未注明适用于何种磁体，从磁体形状看，用合金永磁较合适。

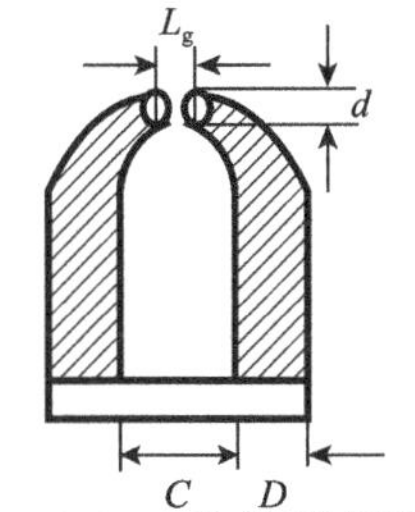

图 13.2.26　牛角型磁路结构

无极靴时

$$\sigma=1+\frac{L_g}{S_g}\times0.75L_m\sqrt{\frac{U_m}{c}+0.25}\qquad(13.2.20)$$

有极靴时

$$\sigma=1+\frac{L_g}{S_g}\left(\frac{1.7U_bb}{b+L_g}+0.75L_m\sqrt{\frac{U_m}{c}+0.25}\right)\qquad(13.2.20')$$

式中，L_m 为牛角形磁体的全长，U_m 为磁体平均截面的周长，U_b 为极靴的横截面周长，b 为极靴的厚度。

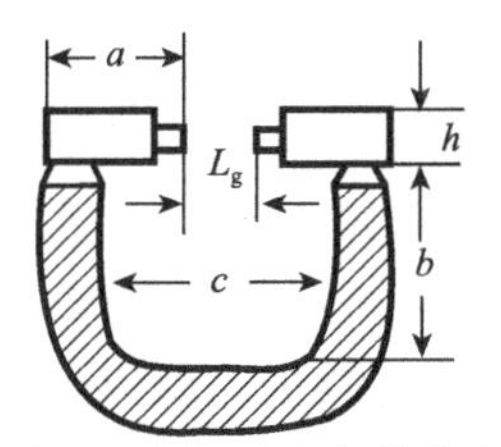

图 13.2.27　马蹄形磁路

$$\sigma=1+\frac{L_g}{S_g-0.4S_{go}}\left(\frac{1.7U_aa}{a+L_g}+1.4h+0.94b\sqrt{\frac{U_b}{c}+0.25}\right)\qquad(13.2.21)$$

式中，U_a 为极靴平均横截面周长，S_{go} 为极靴孔面积，U_b 为磁体 b 部的平均横截面周长。

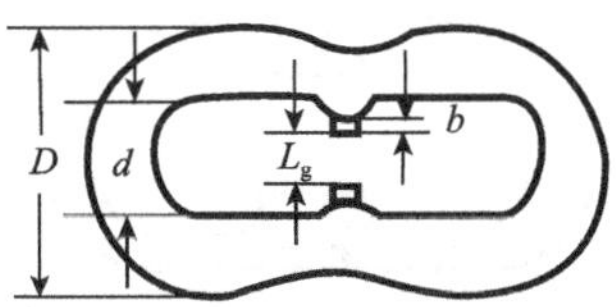

图 13.2.28　双马蹄形磁路

$$\sigma=1+\frac{L_g}{S_g-0.4S_{go}}\left[\frac{1.7U_b b}{b+L_g}+\frac{2.2U_m\times 0.67a}{0.67a+L_g+2b}\times\left(1+\frac{L_g}{a}\right)\right] \quad (13.2.22)$$

式中 U_b 为极靴平均横截面周长，S_{go} 为极靴孔面积，$a=\frac{\pi}{6}(D+d-2L_g)$，$U_m$ 为磁体平均横截面周长。

利用经验公式法设计磁路的步骤：

(1) 根据设计要求（B_g，S_g，L_g 等）和已知永磁性能，选择磁路结构。在选择磁路结构时需结合材料特性来考虑永磁体的尺寸。对磁轭的选择需考虑其磁通密度与最大磁导率 μ_{max} 对应，并尽量使永磁体靠近工作气隙。

(2) 选工作点在最大磁能点上，求出对应的磁体的 B_m 和 H_m。

(3) 假定一个磁势损失系数 f，从下式中求出磁体长度 L_m。$L_m=fH_g L_g/H_m$。

(4) 假定磁体中性面的面积 S_m，然后根据磁体的尺寸 S_m 和 L_m 作出磁路结构的初步安排，并画出磁路草图。

(5) 针对画出的磁路草图，利用经验公式，计算漏磁系数 σ。

(6) 将算出的 σ 和工作点的 B_m 代入 $S'_m=\sigma B_g S_g/B_m$ 中，求出磁体中性面的面积 S'_m，若 S'_m 与原假定的 S_m 相同或相近，则设计便可用。若两值相差太大，则应按 S'_m 的值重新画磁路草图，重复步骤 (5)，(6) 直到前后两次的结果相近为止。

例 13.2.4 用经验公式法设计磁控管磁路。

解 (1) 磁控管是微波技术和镀膜技术中的一种高功率源，磁路是磁控管的重要组成部分，其磁场要求分布合适和均匀，稳定性要求高，故需选用居里点高的材料，为使结构紧凑，漏磁小，选用双 E 形磁路结构（图 13.2.29）。

已知 $L_g=1.2\text{cm}$，极靴端面直径 $D_g=1.9\text{cm}$，极靴内孔直径 $D_{go}=0.45\text{cm}$，气隙平均磁通密度 $B_g=4800\text{G}$。

(2) 选 LNG 永磁，为得到高的稳定性，工作点选在最大磁能点的上方，即 $B_m/H_m=21$，$B_m=8700\text{G}$，$H_m=410\text{Oe}$。

(3) 对含有极靴的双 E 形磁路，尽管工作气隙不大，但除了磁体中性面有一对接触面外，软铁极头也会引起磁势损失，所以磁阻系数 f 一般要取在 1.3～1.4，这里取 $f=1.35$，由此算好磁体平均长度为

$$L_m=\frac{fH_g L_g}{H_m}=\frac{1.35\times 4800\times 1.2}{410}=19\text{cm}$$

(4) 假定磁体的中性面积 $S_m=17.2\text{cm}^2$ 和由步骤 (3) 算出的磁体长度 $L_m=19\text{cm}$ 画出图 13.2.29，图 13.2.30 的磁路结构草图。

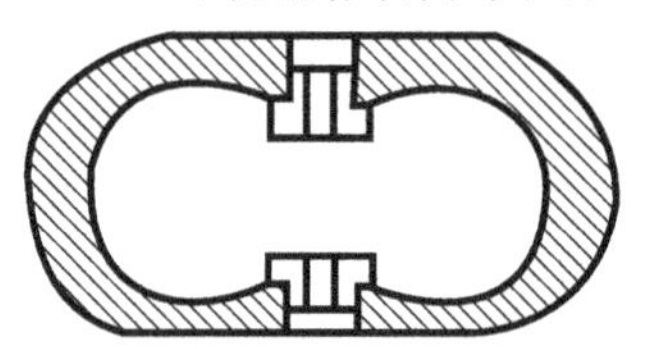

图 13.2.29 双 E 形磁路整体草图

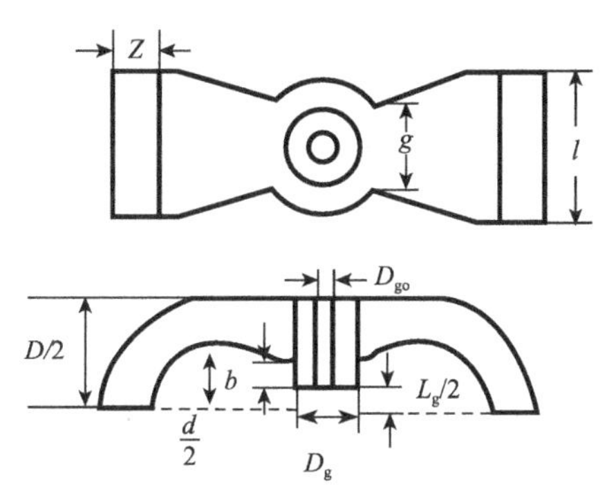

图 13.2.30　双 E 形磁路局部草图

$D=8.2$cm，$D_g=1.9$cm，$D_{go}=0.45$cm，$d=4.6$cm，$b=0.53$cm，$L_g=1.2$cm，
$Z=2$cm，$g=3.1$cm，$l=4.4$cm，$S_g=\pi\ (D_g/2)^2=2.84\text{cm}^2$

磁体平均横截面周长

$$U_m=\frac{2\ (l+z)\ +2\ (g+D_g)}{2}=11.4\text{cm}$$

极靴的平均横截面周长

$$U_b=2\pi D_g/2=\pi\times1.9=5.96\text{cm}$$

极靴孔的面积

$$S_{go}=\pi\ (D_{go}/2)^2=\pi\ (0.45)^2/4=0.15\text{cm}^2$$

式（13.2.22）中的

$$a=\frac{\pi}{6}\ (D+d-2L_g)\ =\frac{\pi}{6}\ (8.2+4.6-2\times1.2)\ =5.45\text{cm}$$

（5）将上述数据代入图 13.2.28 双马蹄形磁路的漏磁系数 σ 的公式

$$\sigma=1+\frac{L_g}{S_g-0.4S_{go}}\left[\frac{1.7U_bb}{b+L_g}+\frac{2.2U_m\times0.67a}{0.67a+L_g+2b}\left(1+\frac{L_g}{a}\right)\right]$$

$$=1+\frac{1.2}{2.84-0.4\times0.15}\times\left[\frac{1.7\times5.96\times0.53}{0.53+12}+\frac{2.2\times11.4\times0.67\times5.45}{0.67\times5.45+1.2+2\times0.53}\right.$$

$$\left.\times\left(1+\frac{1.2}{5.45}\right)\right]=1+0.43\times\left(3.10+\frac{91.58}{5.91}\times1.22\right)=10.50$$

（6）将算出的 σ 和工作点的 $B_m=8700$G 代入

$$S'_m=\frac{\sigma B_gS_g}{B_m}=\frac{10.50\times4800\times2.84}{8700}=16.45\text{cm}^2$$

S'_m 的值 16.45cm² 与原假定的 $s=17.2\text{cm}^2$ 只差 4%，说明上述设计可行。

由上可见，用经验公式法设计磁路也是一个迭代计算过程，这样的迭代，有时要 2～3 次，甚至更多，是否有其他方法简化这种迭代？回答是：若在 σ 的公式中和磁体截面积 S_m 的公式中都只剩下相同的一个未知数时，便不需迭代，一

次计算便可确定 S_m。下面以无极靴的牛角形磁路为例说明这点。

例如，无极靴的牛角形磁路，图 13.2.26 的漏磁系数为

$$\sigma=1+\frac{L_g}{S_g}\times 0.75L_m\sqrt{\frac{U_m}{c}+0.25}$$

磁体平均截面周长为

$$U_m=2\pi\frac{(R+r)}{2}=\pi\ (R+r)$$

式中，R 为磁体最大截面半径，r 为磁体端面（气隙）的半径。

将 U_m 代入 σ 中得

$$\sigma=1+\frac{L_g}{S_g}\times 0.75L_m\sqrt{\frac{\pi\ (R+r)}{c}+0.25}$$

另外，磁体中性面面积与最大截面半径 R 的关系为 $S_m=\pi R^2$，从基尔霍夫第一定律中知 $B_mS_m=\sigma B_gS_g$，将 S_m 和 σ 代入上式便可解出 R，因此一次便能确定磁体中性面面积。

2. 查阅曲线法

查阅曲线法是通过作图和查阅曲线定出漏磁系数 σ 的方法，对设计人员而言，此法比磁导法和经验公式法简单。但是，不同类型磁路的漏磁系数与气隙的系数是经过他人计算得到的。

图 13.2.31 为三种结构形式的磁路，⇠表示磁极方向，→表示磁体的磁化方向。图 13.2.31（a）为永磁体磁化方向和气隙磁场反向平行；（b）图为永磁体磁化方向与气隙磁场相互垂直，（c）图为永磁体磁化方向与气隙磁场同向平行。

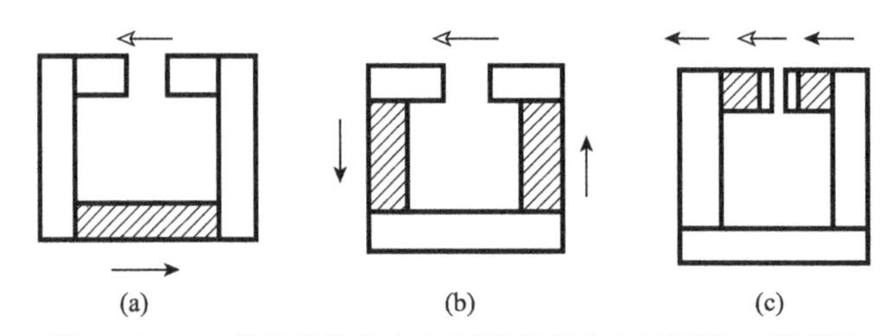

图 13.2.31 磁体磁化方向与气隙磁场方向不同的三种磁路

从图 13.2.32 的曲线找漏磁系数 σ 的步骤：

（1）根据已知条件作出磁路结构的草图。

（2）在磁路结构图上作大、小两个圆。大圆面积与磁路外边沿包围的面积大约相等。小圆面积与内边沿面积也大约相等，求出大、小两圆的直径比 n=大圆直径/小圆直径。

（3）判定磁路结构形式是属于图 13.2.31（a），（b），（c）中哪一种。

（4）在选定的结构形式上，作 On 直线（O 为原点，n 为步骤（2）算出的值。）

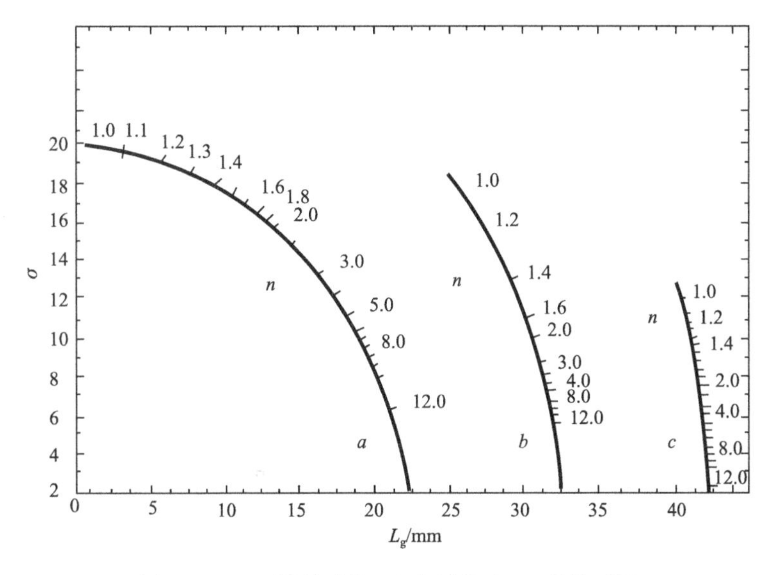

图 13.2.32　漏磁系数 σ 与气隙长度 L_g 的关系图

(5) 由已知的 L_g 作垂线与 On 相交于 R 点，此点对应的 σ 便是欲求的漏磁系数。漏磁系数 σ 确定后，其他设计便好办了，求磁体最佳尺寸、选用何种永磁材料和求气隙磁通密度的问题都比较好解决了。

例 13.2.5　用查阅曲线法求仪表磁路中选用 LNG 永磁时气隙磁通密度 B_g。

解　图 13.2.33 为仪表磁路结构，永磁体两端嵌有磁极，气隙为圆形（两端有缺口），外径 1.9cm，内径 1.5cm，$L_g=1.9-1.5=0.4$（cm）。按下述步骤求漏磁系数 σ。

(1) 磁路结构草图见图 13.2.33（图中以 mm 为单位）。

(2) 在草图上作大、小两个圆 ϕ 为 6.3cm 和 ϕ 为 2.25cm，求出它们的直径比 $n=6.3/2.25=2.8$。

(3) 此磁路中永磁体的磁化方向与磁极的磁化方向是相互垂直的。故属于图 13.2.31 的 b 型磁路，应在图 13.2.32（σ-L_g 图）的 b 曲线上找漏磁系数 σ。

(4) 在 b 曲线的 $n=2.8$ 处与原点连线。

(5) 在 $L_g=0.4$cm 处作垂线与 ON 线相交，此点对应的纵坐标 $\sigma=3$ 使是欲求的漏磁系数。

如果欲求气隙磁通密度 B_g，还需知道永磁体的长度 L_m 和截面积 S_m 以及气隙面积 S_g，磁势损失系数 f（设 $f=1.35$）。

由图 13.2.33 的具体尺寸可得（气隙中有两个缺口处的面积需扣除，故乘以因子 143/180 并加上两处各 1mm 的修正）

$$L_m=2\times20+25+\pi\times10=96.4\text{mm}=9.64\text{cm}$$

$$S_g = \text{气隙两半圆之间的截面积}$$
$$= 2\pi r/2 \times \text{厚度}$$
$$= \frac{143}{180}\ \frac{1}{2}\pi\left(\frac{19+15}{2}\times 20\right)$$
$$= \left(\frac{143}{360}\pi\times 17+2\times 1\right)\times 20 = 464\text{mm}^2 = 4.64\text{cm}^2$$

磁体工作点的负载线斜率为

$$\frac{B_m}{H_m}=\frac{\sigma S_g L_m}{f S_m L_g}=\frac{3\times 4.64\times 9.64}{1.35\times 4\times 0.4}=62.12$$

在 LNG35 的退磁曲线上作斜率为 62.12 的负载线，可查得 $B_m=11600\text{G}$ 最后由右式求得气隙磁通密度 $B_g=\frac{B_m S_m}{\sigma S_g}=\frac{11600\times 4}{3\times 4.64}=3333\text{G}$。所以选用 LNG35 作为永磁体时，图 13.2.33 仪表磁路中，气隙磁通密度 B_g 为 3333G（0.3333T）。

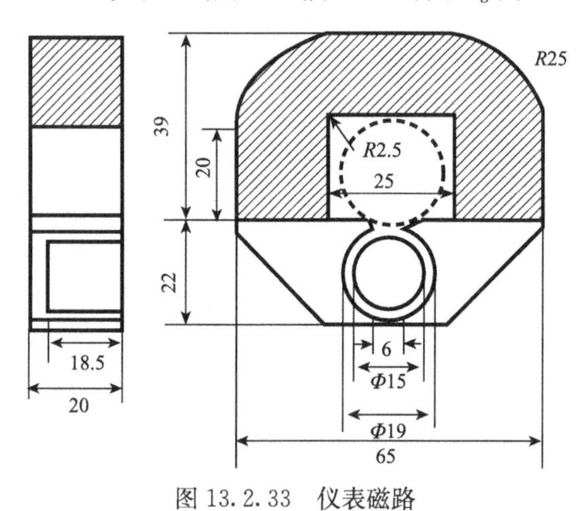

图 13.2.33　仪表磁路

13.2.8　用自退磁现象设计磁路

一个含有永磁体的磁路，在工作时都是有气隙的。也就是说，永磁体本身不是闭合的，因此便有一退磁场，使永磁体的磁感应强度不在剩磁 B_r 上，而是比 B_r 小的 B_d 上，此点就是磁路的工作点，磁路设计的一个关键就是确定这个工作点。因为这个点与磁路尺寸、磁体、磁轭尺寸、性能都有关系。在具体讨论磁路设计前先讨论几个参数，以利确定合适的磁路结构和选用合适的永磁材料。

1. 磁路工作点坐标比

设在永磁材料的退磁曲线上有一点 D，此点的坐标为 H_d，B_d 则坐标比 $K=H_d/B_d$。D 点与原点 o 的连线 OP 便是负载线，负载线的斜率为 $1/K$。由于 K 与退磁因子有关，退磁因子又与永磁体的形状有关，故 K 便又与磁路的几何尺寸和形状有关，当后者确定后，K 也就确定了。

实践证明：各部件尺寸完全相同的磁路其负载线是同一条直线，据此可合理地选择永磁材料。如图13.2.34中某磁路的负载线为OP_1，它与三种材料的退磁曲线相交，交点与最大磁能点最相近的材料便是要选择的材料。

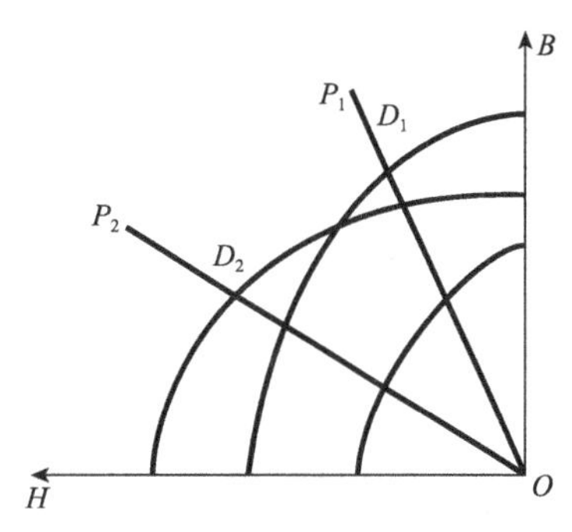

图13.2.34　磁路尺寸和材料对磁路工作点的影响

如果永磁材料已经确定，欲使K正好是最大磁能点的坐标比，则需设计合理的磁路结构和磁路各部分的尺寸，下面讨论影响K的各个因素。

根据有漏磁的两个基本方程

$$S_mB_m=\sigma S_gB_g,\quad S_gB_g=\varepsilon S_mB_m \tag{13.2.23}$$

$$H_mL_m=fH_gL_g,\quad H_gL_g=f'H_mL_m \tag{13.2.24}$$

式中，$\varepsilon=\dfrac{1}{\sigma}$为磁通利用系数，$f'=\dfrac{1}{f}$为磁阻系数倒数。

式（13.2.23）和式（13.2.24）两式相除得

$$\frac{H_m}{B_m}=\frac{H_gL_gS_m}{B_gL_mS_g}\frac{\varepsilon}{f'} \tag{13.2.25}$$

永磁体内的磁场H_m即为退磁场H_d，磁体内的磁通即为$B_m=B_d$，另外，在气隙中$B_g=\mu_0\mu H_g=H_g$（CGS单位，空气中$\mu=1$，$\mu_0=1$），故式（13.2.25）为

$$K=\frac{H_d}{B_d}=\frac{L_gS_m}{L_mS_g}\frac{\varepsilon}{f'}\quad（\text{CGS单位}） \tag{13.2.26}$$

可见，影响K的因素除磁体和气隙尺寸外，还有ε/f'。

ε/f'取决于磁路的类型，不同类型的磁路，有不同的ε/f'值。因而各种磁路，计算K的公式都不相同，下面讨论K的计算。

设对**磁路工作点坐标比K有影响的所有因素统称为磁路尺寸比例系数A**并令

$$A^{(1+0.05A)}=0.41\frac{S_gL_m}{S_mL_g}\frac{f'}{\varepsilon} \tag{13.2.27}$$

式（13.2.27）与K联立可得

$$K=\frac{0.41}{A^{(1+0.05A)}} \tag{13.2.28}$$

可见，只要求出磁路尺寸比例系数A便可算得K。式（13.2.27）和式（13.2.28）就是前面引用过的式（13.2.10）和式（13.2.9）。

2. 磁路尺寸比例系数

磁路尺寸比例系数A定义为磁通所经过的平均路径$L_{m\phi}$与永磁体断面的等效边长a_m之比，即

$$A=\frac{L_{m\phi}}{a_m} \tag{13.2.29}$$

而磁路中磁通所经过的平均路径$L_{m\phi}$又是磁体有效长度L_m和磁轭有效长度L_ϕ

之和

$$L_{m\phi}=L_m+L_\phi \tag{13.2.30}$$

于是

$$A=\frac{L_m+L_\phi}{a_m} \tag{13.2.31}$$

磁轭的有效长度 L_ϕ 并不是磁轭的实际长度。当两块永磁体之间连以轭铁时，无论轭铁多长，磁轭有效长度均看作零，即 $L_\phi=0$。当磁体的一端附有磁轭时，磁轭的有效长度极限值为 a_m 或 $\sqrt{S_m}$（对实际的 $L_\phi \geqslant a_m$ 或 $\sqrt{S_m}$ 而言），或者磁轭的有效长度就是磁轭的实际长度（对实际长度 $L_\phi < a_m$ 或 $\sqrt{S_m}$ 时）。永磁体断面的等效边长 a_m（图 13.2.35）的计算规则如下：

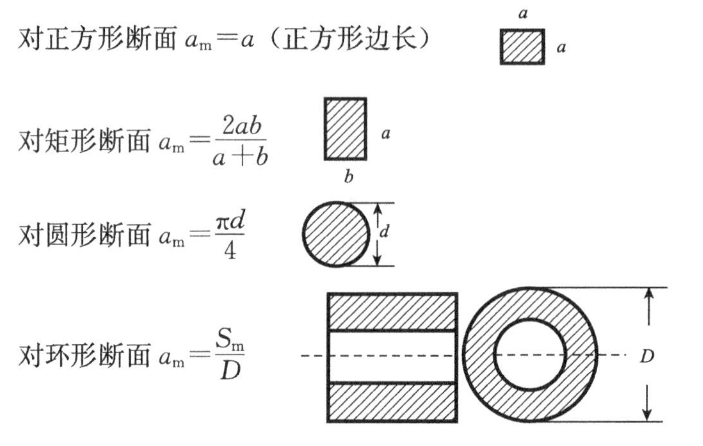

图 13.2.35 四种永磁体断面等效边长 a_m 的计算

式中，S_m 为环形断面面积，D 为环形断面外径。在某些情况下为使磁通集中而增加磁轭和使磁体的形状改变，如 C 形磁路、马蹄形磁路等，这些磁路的特点是：①磁体有效长度 L_m 较长，磁极形状与磁体中性面的形状无关；②两个异性极靠得很近，使退磁效应减弱。由于这两点使磁路尺寸比例系数 A 的表达式中多了一个附加修正项 L_{mg}，

$$L_{mg}=A_g L_u \tag{13.2.32}$$

式中，A_g 为气隙尺寸比，L_u 为单位长度（cm），当其为负值时取零（此处的 $\mathbf{A_g}$ **并不是气隙面积**）

$$A_g=\frac{S_g}{2L_g\sqrt{S_m}}-1 \tag{13.2.33}$$

这时磁路尺寸比例系数 A 便表示为

$$A=\frac{L_m+L_\phi+L_{mg}}{\sqrt{S_m}} \tag{13.2.34}$$

对于下列不同类型的磁路（图 13.2.36），磁路尺寸比例系数 A 的公式如下：

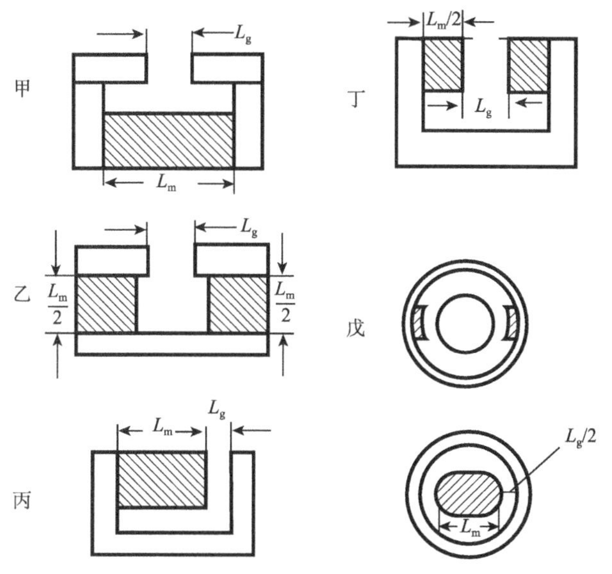

图 13.2.36　五种不同类型的磁路中磁路尺寸比例系数 A 的计算

$$A_{甲}=\frac{L_m+(L_m-L_g)^*+2\sqrt{S_m}+A_gL_u}{\sqrt{S_m}} \tag{13.2.35}$$

* 表示此项若为负值时则取零。

$$A_{乙}=\frac{L_m+2\sqrt{S_m}+(\sqrt{S_m}-L_g)^*+A_gL_u}{\sqrt{S_m}} \tag{13.2.36}$$

$$A_{丙}=\frac{L_m+(L_m-L_g)+\sqrt{S_m}+A_gL_u}{\frac{1}{2}(a_m+\sqrt{S_m})} \tag{13.2.37}$$

$$A_{丁}=\frac{L_m+(L_m-2L_g)^*+A_gL_u}{a_m} \tag{13.2.38}$$

* 此项只取正值，若为负时则取零。

$$A_{戊}=\frac{L_m+(L_m-2L_g)^*+A_gL_u}{\frac{1}{2}(a_m+\sqrt{S_m})} \tag{13.2.39}$$

上述公式中的符号意义为：L_m 为磁体的有效长度（cm），L_g 为气隙的长度（cm），S_m 为磁体中性面的面积（cm^2），S_g 为气隙截面积（cm^2），a_m 为磁体横断面的等效边长（cm），A_g 为气隙尺寸比，$A_g=\frac{S_g}{2L_g\sqrt{S_m}}-1$，$L_u$ 为单位长度（cm）。A_g 只取正值，若为负值则取零。

在有磁轭的磁路中不能无限制的把磁体缩短，而仅靠附加磁轭来提高工作点的磁通，因此在这种磁路中磁体长度不应小于磁体断面的等效边长（$\mathbf{L}_{\mathrm{m}} \not< a_{\mathrm{m}}$）或中性面面积的平方根（$L_{\mathrm{m}} \not< \sqrt{S_{\mathrm{m}}}$）。

在台锥形磁体中，其中性面位置约在离小端面的 2/3 处（图 13.2.37），其有效长度 L_{m} 为

$$L_{\mathrm{m}}=\frac{V_{\mathrm{m}}}{S_{\mathrm{m}}} \tag{13.2.40}$$

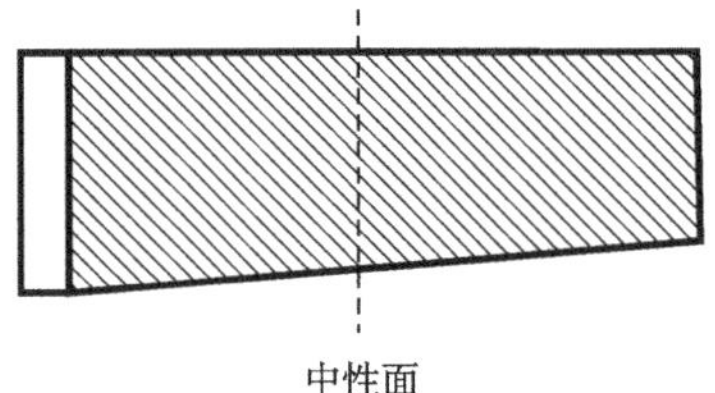

图 13.2.37 台锥形磁体的中性面示意图

还有几种非典型磁路，它们虽可以归入甲、乙、丙型，但毕竟有所区别（图 13.2.38），故磁路尺寸比例系数 A 的经验公式也不尽同（公式中带 * 的项若为负值时则取零）。

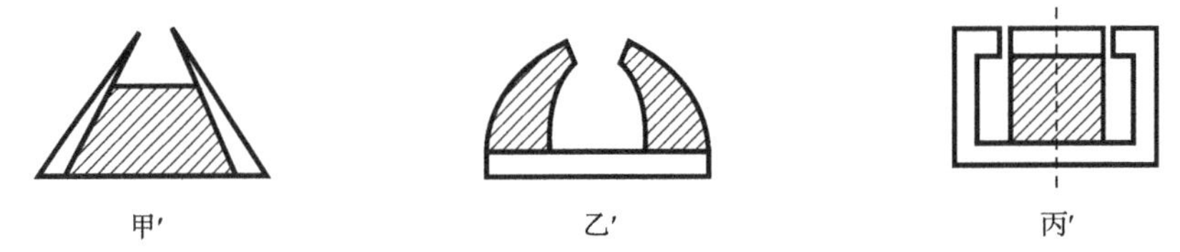

图 13.2.38 三种类型磁路中磁路尺寸比例系数 A 的计算

$$A_{甲'}=\frac{L_{\mathrm{m}}+2\sqrt{S_{\mathrm{m}}}+A_{\mathrm{g}}L_{\mathrm{u}}}{\sqrt{S_{\mathrm{g}}}} \tag{13.2.41}$$

$$A_{乙'}=\frac{L_{\mathrm{m}}+(\sqrt{S_{\mathrm{m}}}-L_{\mathrm{g}})^{*}+A_{\mathrm{g}}L_{\mathrm{u}}}{\sqrt{S_{\mathrm{m}}}} \tag{13.2.42}$$

$$A_{丙'}=\frac{L_{\mathrm{m}}+(\sqrt{S_{\mathrm{m}}}-L_{\mathrm{g}})^{*}+\sqrt{S_{\mathrm{m}}}+A_{\mathrm{g}}L_{\mathrm{u}}}{\sqrt{S_{\mathrm{m}}}} \tag{13.2.43}$$

例 13.2.6 试计算某仪表磁路的工作点坐标比 K（磁路结构见图 13.2.39）

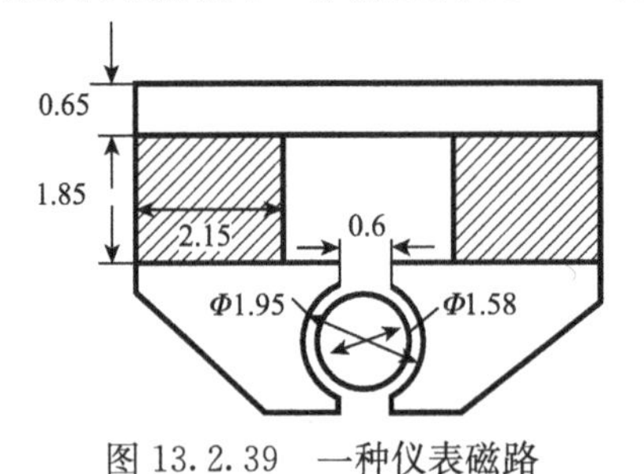

图 13.2.39 一种仪表磁路

解　由图 13.2.39 可算出

$$L_m=2\times1.85=3.7\ (\mathrm{cm})$$

$$S_m=2.15\times2.15=4.62\ (\mathrm{cm}^2)$$

$$L_g=1.95-1.58=0.37\ (\mathrm{cm})$$

$$S_g=(\text{半圆周长}-\text{缺口长})\times\text{厚度}$$

$$=\left(\pi\times\frac{1.95}{2}-0.6\right)\times2.15=5.3(\mathrm{cm}^2)$$

该磁路为图 13.2.36 的乙型磁路，

$$A_{\text{乙}}=\frac{L_m+2\sqrt{S_m}+(\sqrt{S_m}-L_g)^*+A_gL_u}{\sqrt{S_m}}$$

$$=\frac{3.7+2\sqrt{4.62}+(\sqrt{4.62}-0.37)+2.33\times1}{\sqrt{4.62}}=5.632$$

$$A_g=\left(\frac{S_g}{2L_g\sqrt{S_m}}-1\right)=\frac{5.3}{2\times0.37\sqrt{4.62}}-1=2.33$$

故磁路工作点坐标比 K 为

$$K=\frac{0.41}{A^{(1+0.05A)}}=\frac{0.41}{(5.632)^{1.28}}=\frac{0.41}{9.12}=0.045$$

由 K（A）的关系式可见，已知 A 容易算出 K，但反过来则较难，因为，方程成为超越方程，故常采用 K-A 曲线。由 K 值去找对应的 A（图 13.2.12）。

3. 磁通利用系数 ε 与气隙长度修正系数 L_{go}

磁通利用系数 ε 是漏磁系数 σ 的倒数$\left(\varepsilon=\frac{1}{\sigma}\right)$，它常用%表示，故又称为磁通利用率，对影响磁通利用系数的因素进行归纳，可以得出它与气隙长度修正系数 L_{go} 和磁路类型常数 Q 有关，它们的关系为

$$\varepsilon=\frac{1}{QL_{go}+1}\tag{13.2.44}$$

式（13.2.44）就是前述的式（13.2.11）。只要不是十分离奇的磁路，气隙长度修正系数 L_{go} 都有经验公式（适用于计算气隙的平均磁通），Q 也能选定，故由式（13.2.44）可算出磁通利用系数 ε。对图 13.2.36 所述的甲、乙型磁路

$$L_{go}=\frac{L_g\sqrt[3.2]{S_{ms}}L_u}{S_g}$$

选

$$Q_{\text{甲}}=15,\quad Q_{\text{乙}}=11\tag{13.2.45}$$

对图 13.2.36 的丙型磁路

$$L_{go}=\frac{L_g\sqrt[3.2]{S_{ms}+a_{ms}^2}L_u}{S_g}\tag{13.2.46}$$

选 $Q_{丙}=11$。

对图 13.2.36 的丁型磁路

$$L_{go}=\frac{L_g\sqrt[3.2]{a_{ms}^2}L_u}{S_g} \tag{13.2.47}$$

选 $Q_{丁}=6$。

对图 13.2.36 的戊型磁路

$$L_{go}=\frac{L_g/2\sqrt[3.2]{a_{ms}^2}L_u}{S_g} \tag{13.2.48}$$

选 $Q_{戊}=5.5$。

在式（13.2.45～13.2.48）中 S_{ms} 为磁体中性面面积的几何值，a_{ms} 为中性面等效边长几何值。磁路类型常数 Q，也可用下述选值：

对图 13.2.38 甲′的 $Q=11\sim6$（视磁极头伸出长度而变化）。

对图 13.2.38 乙′的 $Q=8.5\sim6$（视磁极端面面积与磁体中性面面积的接近程度）。对于用稀土钴做成的磁路，Q 值又有不同。

对图 13.2.36 丙型磁路（不包括内磁式）

$$Q=4\ \left(L_g\leqslant\frac{1}{2}a_m\right)\quad 或\quad Q=\frac{11+\dfrac{L_g}{a_m}}{3}\quad\left(L_g>\frac{1}{2}a_m\right)$$

对图 13.2.36 丁型磁路

$$Q=1\ \left(L_g\leqslant\frac{1}{2}a_m\right)\quad 或\quad Q=\frac{2L_g}{a_m}\quad\left(L_g>\frac{1}{2}a_m\right)$$

对图 13.2.36 戊型磁路

$$Q=\frac{1}{3}\left(5.5+\frac{L_g}{a_m}\right)$$

4. 用自退磁现象设计磁路的例子

如何确定磁路结构的最佳尺寸？以磁控管磁路为例。试设计图 13.2.36 丁型的磁控管磁路，要求气隙磁通密度 $B_g=1900\text{G}$，气隙面积 $S_g=63.5\text{cm}^2$、气隙长度 $L_g=9.3\text{cm}$，所用永磁材料为 LNG 其退磁曲线见图 13.2.40（b），求磁路结构其他部件的尺寸。

设计步骤如下：

（1）画出丁型磁路的草图，见图 13.2.40（a）；

（2）在退磁曲线上找出最大磁能点 $B_d=10000\text{G}$，$H_d=550\text{Oe}$ 坐标比

$$K=\frac{H_d}{B_d}=0.055$$

（3）初步估计永磁体面积 S_m 假设与气隙面积相同，即 $S_m=S_g=63.5\text{cm}^2$；

（4）求气隙长度修正系数 L_{go}。

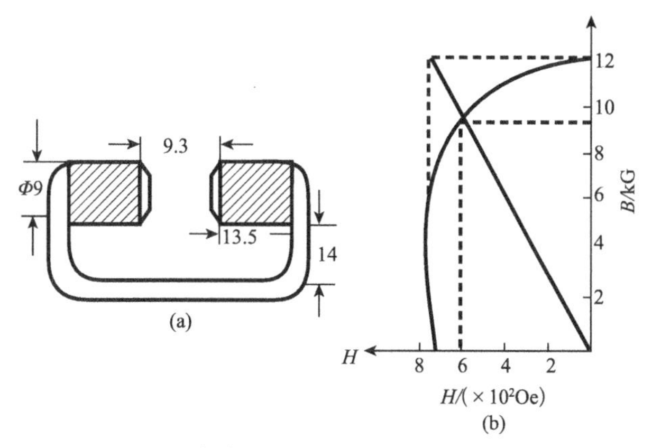

图 13.2.40　磁控管磁路（a）及 Alnico_5 退磁曲线（b）

丁型磁路

$$L_{go}=\frac{L_g\sqrt[3.2]{a_{ms}^2}L_u}{S_g}=\frac{9.3\sqrt[3.2]{49.87}}{63.5}=\frac{9.3\times3.39}{63.5}=0.496$$

$$a_{ms}=\frac{\pi}{4}d=\sqrt{\frac{\pi}{4}S_m}=\sqrt{\frac{\pi}{4}\times63.5}=\sqrt{49.87}$$

（5）算出磁通利用系数

$$\varepsilon=\frac{1}{1+QL_{go}}=\frac{1}{1+6\times0.496}=0.25$$

丁型磁路的 Q 为 6。

（6）求气隙磁通密度

$$B_g=\frac{\varepsilon B_m S_m}{S_g}=\frac{0.25\times10\ 000\times63.5}{63.5}=2\ 500\text{G}$$

此气隙磁通密度 2500G 比原要求 1900G 大 30%，原因是计算丁型磁路时所用的气隙长度修正系数公式不大准确（算的是气隙磁场平均值，而不是气隙的中间磁场），对气隙的中间磁场而言，L_{go}的公式为

$$L_{go}=\frac{L_g\ (1+0.04L_{gs})\ \sqrt[3.2]{a_m^2}L_u}{S_g}=0.68$$

$$\varepsilon=\frac{1}{1+QL_{go}}=\frac{1}{1+6\times0.68}=0.196$$

$$B_g=\frac{\varepsilon B_m S_m}{S_g}=\frac{0.196\times10000\times63.5}{63.5}=1960\text{G}$$

与设计要求 1900G 相近。

（7）根据磁体工作点的坐标比 $K=0.055$，在 $K-A$ 曲线上查出对应的磁路尺寸比例系数 $A\approx5$；

（8）由丁型磁路的磁路尺寸比例系数的公式

$$A_{丁}=\frac{L_m+\ (L_m-2L_g)^*+\left(\frac{S_g}{2L_g\sqrt{S_m}}-1\right)^*L_u}{a_m}$$

可求

$$L_m=\frac{1}{2}\left[a_m A_{丁}+2L_g-\left(\frac{S_g}{2L_g\sqrt{S_m}}-1\right)L_u\right]$$

$$=\sqrt{\frac{\pi}{4}63.5}\times 5+2\times 9.3-[63.5/(2\times 9.3\times\sqrt{63.5})-1]^*=27\text{cm}$$

方括号内为负数（−0.57），故取为零。

（9）磁轭的尺寸可根据所选磁轭材料磁化曲线的膝点对应的 B_i（纯铁或电工钢 B_i=14000G，Fe-Co 合金 B_i=18000～20000G）以及已知的 S_m，B_m 求出

$$S_i=\frac{S_m B_m}{B_i}=\frac{63.5\times 10000}{14000}=45.4\text{cm}^2$$

（10）磁轭的长度对丁型磁路而言是等于气隙的 1～1.5 倍，这里选 1.5 故

$$L_i=1.5\times L_g=1.5\times 9.3\approx 14\text{cm}$$

（11）将设计所得的磁体尺寸 $S_m=63.5\text{cm}^2$，$L_m=27\text{cm}$ 和磁轭尺寸 $S_i=45.4\text{cm}^2$，$L_i=14\text{cm}$ 填入磁路草图中便完成了设计。

适用于计算图 13.2.36 气隙中间磁通的气隙长度修正系数 L_{go} 的公式，还有对甲、乙型磁路

$$L_{go}^{甲、乙}=L_g\ (1+0.04L_{gs})\ \sqrt[3.2]{S_{ms}}L_u/S_g \qquad (13.2.49)$$

对丙型磁路

$$L_{go}^{丙}=\ [L_g\ (1+0.04L_{gs})\ \sqrt[3.2]{(S_{ms}+a_{ms}^2)\ /2}L_u/S_g] \qquad (13.2.50)$$

对丁型磁路

$$L_{go}^{丁}=L_g\ (1+0.04L_{gs})\ \sqrt[3.2]{a_{ms}^2}L_u/S_g \qquad (13.2.51)$$

对戊型磁路

$$L_{go}^{戊}=\frac{1}{2}L_g\ (1+0.04L_{gs})\ \sqrt[3.2]{a_{ms}^2}L_u/S_g \qquad (13.2.52)$$

式（13.2.49）～式（13.2.52）与对应的前面所述的式（13.2.45）～式（13.2.48）相比稍有不同。视不同情况，作出抉择。式中的 L_{gs} 表示气隙长度的纯几何数学值。

13.3 磁的吸引力与排斥力

吸引与排斥是强磁的现象，最早为人们认识和利用。理论上两块永磁体同性相斥、异性相吸的力是相同的，但实验结果往往是吸引力大于排斥力（约大18%），原因是作排斥实验时，永磁体内的磁化强度方向往往发生倾斜。为简单

计，在理论计算时还是认为相同磁体的吸引力与排斥力相等。

13.3.1　磁力的计算

按力学原理，一体系在某一方向 i 的力 F_i 或力矩 T_i 等于此体系的能量在该方向的梯度：

$$F_i=-\frac{\partial E}{\partial q_i} \tag{13.3.1}$$

$$T_i=-\frac{\partial E}{\partial \theta_i} \tag{13.3.2}$$

式中，E 为体系能量，q_i 为在 i 方向的坐标，F_i 为 i 方向的力，T_i 为作用在 i 方向的力矩，θ_i 为在 i 方向的转角。

现讨论一块永磁体对软磁的吸引力（图 13.3.1），设永磁与软磁距离为 L_g，气隙面积为 S_g，气隙内磁密为 B_g，求永磁体对软磁的吸引力：

体系能量＝气隙能量＝气隙体积×单位体积的磁能

即

$$E=L_gS_g\cdot B_g\frac{H_g}{2}=\frac{1}{2}\frac{L_gS_gB_g^2}{\mu_0} \tag{13.3.3}$$

故在 L_g 方向的力

$$F=-\frac{\partial E}{\partial L_g}=\frac{B_g^2S_g}{2\mu_0}\quad (\text{SI 单位}) \tag{13.3.4}$$

式（13.3.4）取消负号表示力是向 L_g 减小的方向，式中 F 的单位为牛顿（N），B_g 的单为特斯拉（T），S_g 的单位为平方米（m^2）。

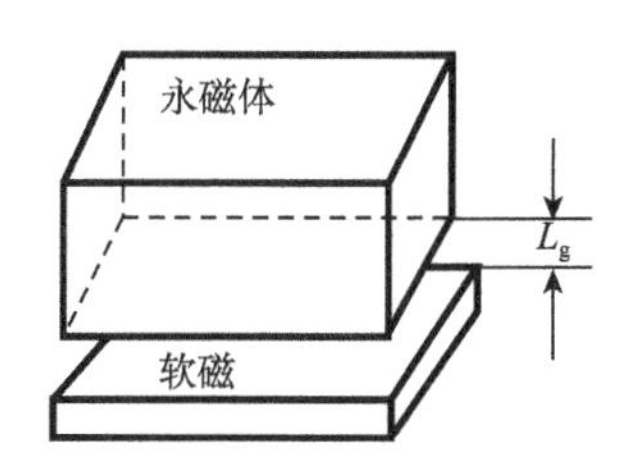

图 13.3.1　永磁体对软磁的吸引示意图

若用 CGS 单位则式（13.3.4）为

$$F=\frac{B_g^2S_g}{8\pi}\quad (\text{CGS 单位}) \tag{13.3.5}$$

式中，F 单位为达因（dyn），B_g 单位为高斯（G），S_g 单位为平方厘米（cm^2）。有些资料上力的单位为千克力（kgf）则式（13.3.5）换算为（1kg＝9.8N，1N＝0.102kg）

$$F=\frac{B_g^2}{8\pi\times980\times1000}S_g=\left(\frac{B_g}{4963}\right)^2S_g\approx\left(\frac{B_g}{5000}\right)^2S_g\quad (\text{CGS 单位}) \tag{13.3.6}$$

式中，F 单位为千克力（kgf），B_g 单位为高斯（G），S_g 单位为平方厘米（cm^2），式（13.3.6）在设计上常用。

若气隙较大，B_g 不是常数而是随位置发生变化 $B_g(x, y, z)$，则体系能量需用积分计算

$$E=\frac{1}{2\mu_0}\iiint B_g^2(x,y,z)\mathrm{d}V \quad (\text{SI 单位}) \tag{13.3.7}$$

或

$$E=\frac{1}{8\pi}\iiint B_g^2(x,y,z)\mathrm{d}V \ (\text{CGS 单位制}) \tag{13.3.8}$$

气隙中磁通密度随位置变化的函数 $B_g(x, y, z)$ 有时不容易求出，而气隙又较大，不能把 B_g 看成均匀常数，因此需加一修正系数，用以改正 B_g 的不均匀引起的误差，这时式（13.3.6）便修正为

$$F=\frac{1}{1+\alpha L_g}\left(\frac{B_g}{5000}\right)^2 S_g \quad (\text{CGS 单位}) \tag{13.3.9}$$

式中，α 为修正系数，经验上 α 取值为 3～5，其余符号意义单位与式（13.3.6）同。

13.3.2 两块永磁体的吸引力

在永磁体性能、形状完全相同的情况下，两块永磁体的吸引力等于一块永磁体的两倍。因此两块永磁体相距 L_g 的吸力，归结为计算一块永磁体在 L_g 处的吸力。按式（13.3.6）首先需要计算 L_g 处的磁密 B_g。

设圆环磁体的内、外半径为 r_1 和 r_2，厚度为 h（图 13.3.2），它在轴线上离中心距离 L_g 处的磁场的轴向分量 H_z 计算如下：

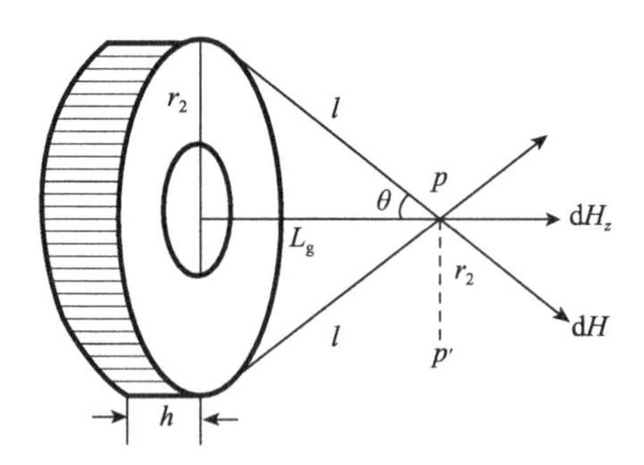

图 13.3.2 圆环磁体轴向磁场的计算

根据库仑定律和矢量叠加原理，半径为 r 和 $r+\mathrm{d}r$ 的两个圆面积差上的磁荷对 p 点产生的磁场的轴向分量 $\mathrm{d}H_z$ 为

$$\mathrm{d}H_z=\frac{\sigma_m 2\pi r\mathrm{d}r}{4\pi\mu_0 l^2}\cos\theta=\frac{\sigma_m r\mathrm{d}r}{2\mu_0 l^2}\frac{L_g}{l}$$

$$= \frac{\sigma_m L_g r\mathrm{d}r}{2\mu_0 (r^2 + L_g^2)^{3/2}}$$

$l=\sqrt{r^2+L_g^2}$，σ_m 为面磁荷密度。

整个磁体在轴向的磁场 H_z 为上式的积分，即

$$H_z = \frac{\sigma_m L_g}{2\mu_0}\int_{r_1}^{r_2}\frac{r\mathrm{d}r}{(r^2+L_g^2)^{\frac{3}{2}}} = \frac{\sigma_m L_g}{2\mu_0}\left[\frac{1}{(r_1^2+L_g^2)^{\frac{1}{2}}} - \frac{1}{(r_2^2+L_g^2)^{\frac{1}{2}}}\right]$$

$$= \frac{\mu_0 M_m L_g}{2\mu_0}\left[\frac{1}{(r_1^2+L_g^2)^{\frac{1}{2}}} - \frac{1}{(r_2^2+L_g^2)^{\frac{1}{2}}}\right],\quad \sigma_m = \mu_0 M_m$$

在空气中

$$H_z = \frac{B_z}{\mu_0} \tag{13.3.10}$$

式中，M_m 为磁体的表面磁化强度，在无外场下 $\mu_0 M_m = B_r$。

$$B_z = \frac{1}{2}\ (B_r)\ \left[\frac{L_g}{(r_1^2+L_g^2)^{\frac{1}{2}}} - \frac{L_g}{(r_2^2+L_g^2)^{\frac{1}{2}}}\right] \tag{13.3.11}$$

显然，过 p 点并与轴线垂直的平面上各点的磁场都将小于 H_z，其中离 p 距离为 r_2 时的 p' 点上的磁场约小 8%，因此作为近似可将上述垂直平面上的磁场视为 p 点和 p' 点的平均值 $\overline{H}_z = \frac{1}{2}$ $[H_z + (1-8\%)\ H_z] = 0.96H_z$ 或 $\overline{B}_z = 0.96B_z$。若将另一尺寸相同的圆环磁体的中心置于 p 点，则两磁环的气隙磁密 B_g 为

$$B_g = 2\overline{B}_z = 2\times 0.96B_z = 0.96B_r\left[\frac{L_g}{(r_1^2+L_g^2)^{\frac{1}{2}}} - \frac{L_g}{(r_2^2+L_g^2)^{\frac{1}{2}}}\right] \tag{13.3.12}$$

当两磁体为圆饼时，$r_1=0$，$r_2=r=$磁体半径，式（13.3.12）改为

$$B_g = 0.96B_r\left[1 - \frac{L_g/r}{\sqrt{1+\ (L_g/r)^2}}\right] \tag{13.3.13}$$

式（13.3.13）就是两块圆饼磁体相距 L_g 时气隙内的磁密。

如果是一块圆柱形磁体，距离磁体表面 L_g 处的磁密，便只有上式的 1/2，若 $L_g=0$（即就在磁体的表面上）则磁密 B'_g 为

$$B'_g = \frac{B_g}{2} = \frac{0.96B_r}{2} < \frac{B_r}{2} \tag{13.3.14}$$

式（13.3.14）就是通常说的**磁体的表面磁场最大不会超过 $B_r/2$** 的证明。

实验上发现，磁体的矫顽力 H_{cb} 对气隙磁密 B_g 也有影响，因此经验上把 $B_r = \sqrt{B_r H_{cb}}$ 看待，于是式（13.3.13）变为

$$B_g = 0.96\sqrt{B_r H_{cb}}\left[1 - \frac{L_g/r}{\sqrt{1+\ (L_g/r)^2}}\right] \tag{13.3.15}$$

用式（13.3.6）和式（13.3.15）可算出不同 L_g/r 下的两块磁体的吸引力 F。

表 13.2 两块钡铁氧体圆环在不同 L_g/r 下的吸引力的计算值与实验值对比。磁体尺寸：外半径 $r_2=2.5\text{cm}$，内半径 $r_1=1.6\text{cm}$，厚度 $L_m=1.5\text{cm}$，有效半径 $r=r_2-r_1=0.9\text{cm}$，磁体性能：$B_r=3500\text{G}$，$H_{cb}=2250\text{Oe}$，气隙面积 $S_g=\pi(r_2^2-r_1^2)=11.59\text{cm}^2$。

由表 13.2 可见 L_g/r 越大，计算值与实验值偏差越大，原因是式（13.3.15）有误差。

表 13.2 两块钡铁氧体圆环的吸引力

L_g/r		0.111	0.222	0.333	0.444	0.5
F/kgf	计算	2.66	2.06	1.57	1.19	1.03
	测量	2.60	2.10	1.75	1.50	1.40
$(F/S_g)/(\text{kgf}\cdot\text{cm}^{-2})$	计算	0.229	0.178	0.135	0.102	0.09
	测量	0.224	0.181	0.151	0.129	0.121

13.3.3 两块永磁体的排斥力

完全相同的两块永磁体，理论上认为排斥力与吸引力相等，但实验表明吸引力大于排斥力，原因之一是磁体内的磁化强度方向受反向磁场作用而倾斜。表 13.3 是两块 RCo_5 圆环用式（13.3.6），式（13.3.15）算出的 $L_g/r-F/S_g$（单位面积排斥力）。

磁体性能，$B_r=8000\text{G}$，$H_{cb}=7000\text{Oe}$，磁体尺寸外径 23.40mm，内径 9.20mm，厚度 6.40mm。

表 13.3 两块 RCo_5 圆环的排斥力

L_g/mm		1	2	4	5	6
L_g/r		0.1408	0.2817	0.5634	0.7042	0.8450
$(F/S)_g/(\text{kgf}\cdot\text{cm}^{-2})$	计算	1.53	1.096	0.535	0.371	0.259
	测量	1.20	0.90	0.54	0.45	0.37

由表 13.2 和表 13.3 可见，无论是两磁体的吸力或斥力，它们随 L_g 的变化都是指数衰减形式，故通常选 L_g/r 取 0.4～0.5 为宜。

13.3.4 磁悬浮轴承中磁体的排斥力的计算

利用磁的吸引力或排斥力，使轴承中的轴与轴瓦之间没有摩擦和发热、发声，从而不但大大增加轴承的使用寿命和仪表的精确度与稳定度并且节能、环保。这就是磁悬浮轴承的显著优点。

磁悬浮轴承中磁体的设计是多种多样的，视轴承的结构形状不同而采用不同的磁体，下面以推力轴承为例说明磁体的计算。

磁推力轴承是利用磁的排斥力，将转动部件悬浮起来，以达到无摩擦运转的目的，图 13.3.3 示出电度表中磁推力轴承的结构简图。由于磁力不能使磁体处于平衡状态（轴向虽然稳定，但径向不稳定），因此在转动部件两端需用导针加以定位。磁路设计的目的是要解决采用何种牌号的磁体，在多大的磁体尺寸下，才能将一定重量的转动部件悬浮起来？

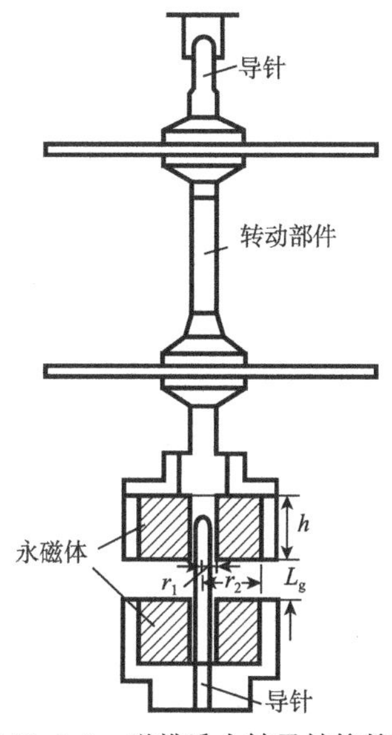

图 13.3.3　磁排斥力轴承结构简图

两块形状一样的磁体之间，同极相对一定距离时的排斥力，可以看成是一块磁体与衔铁之间的距离与前面相同时的吸引力的 2 倍。因此，排斥力的计算，归结为磁体与衔体之间吸引力的计算。

式（13.3.4）说明，吸引力与气隙的面积 S_g、气隙内的磁场 H_g、磁通密度 B_g 都成正比。在气隙面积不变的情况下，欲增加吸引力，则需增大 B_g 和 H_g。在磁推力轴承的情况下，为了增大推力，便需增加 H_g 和 S_g，因此，需要采用矫顽力高的材料，这样即使采用面积大、厚度薄的磁体尺寸，也仍能使磁体工作点处于最大磁能点的上方。

若选混合稀土钴（MM $(CoCuFe)_5$）作为永磁体，其 $B_r=0.7T\approx7000G$，$H_c=4500Oe$，$(\boldsymbol{B}\cdot\boldsymbol{H})_{max}=12\times10^6G\cdot Oe$，其退磁曲线见图 13.3.4。工作点选在靠近最大磁能点的上方，即 $B_d=3145$ G，$H_d=3700$ Oe。

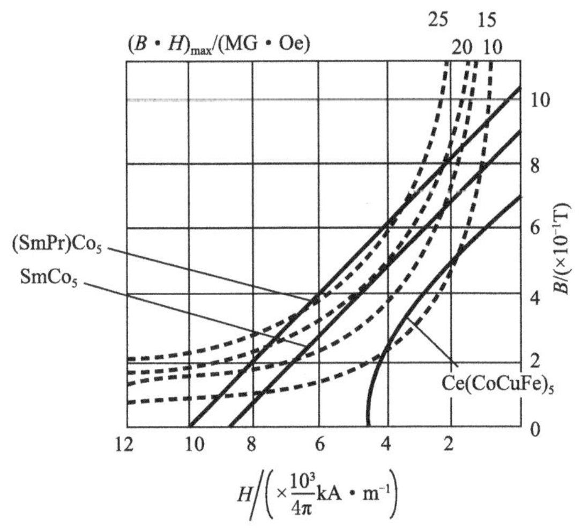

图 13.3.4　几种稀土钴永磁材料的退磁曲线

另外，由等效磁荷球的方法（式 13.2.5），可求出圆环薄片的单位磁导$\frac{B}{\mu_0 H}$与圆环的尺寸关系如下：

$$\frac{B}{\mu_0 H}=\frac{h\sqrt{2}}{r_2^2-r_1^2}\sqrt{r_2 h+r_2^2-r_1^2+r_1 h}$$

式中，r_1，r_2 分别为圆环的内、外半径，h 为厚度。

设圆环的尺寸为 $r_2=0.5$ cm，$r_1=0.2$ cm，$h=0.22$cm，则

$$\frac{B}{\mu_0 H}=\frac{0.22\sqrt{2}}{0.25-0.04}\sqrt{0.5\times 0.22+0.25-0.04+0.2\times 0.22}=0.89$$

单位磁导的值 0.89 与工作点的比值

$$\frac{B_{\mathrm{d}}}{\mu_0 H_{\mathrm{d}}}=\frac{0.3145}{\mu_0 3700\times\frac{10^3}{4\pi}}=0.85$$

非常相近，说明这种尺寸的混合稀土钴磁体真正工作在最大磁能点的上方，换句话说，选择这样尺寸的磁体是正确的。

将磁体尺寸和工作点的值代入式（13.3.10）的 H_z，可得

$$H_z=\frac{1}{2}ML_{\mathrm{g}}\left[\frac{1}{\sqrt{r_1^2+L_{\mathrm{g}}^2}}-\frac{1}{\sqrt{r_2^2+L_{\mathrm{g}}^2}}\right]$$
$$=859\times 10^3\times(4\pi)^{-1}\mathrm{A}\cdot\mathrm{m}^{-1}$$

计算时用

$$4\pi M=6845\times 10^3\,\mathrm{A}\cdot\mathrm{m}^{-1}$$

$$M=\frac{B_{\mathrm{d}}}{\mu_0}+H_{\mathrm{d}}=\frac{0.3145}{\mu_0}+\frac{3700\times 10^3}{4\pi}=6845\times\frac{10^3}{4\pi}\mathrm{A}\cdot\mathrm{m}^{-1}$$

$$L_{\mathrm{g}}=0.1\mathrm{cm},\ r_2=0.5\mathrm{cm},\ r_1=0.2\mathrm{cm}$$

磁体对衔铁的吸引力为

$$F=\frac{\mu_0(0.96H_z)^2}{2}S_g=\frac{(0.96\times 859\times 10^3/4\pi)^2\mu_0}{2}$$
$$\times(0.5\times 10^{-2})^2\pi=0.21251\text{N}$$
$$=21.7\times 10^{-3}\text{kgf}$$

前面已谈到，尺寸完全相同的两个磁体同极相对时的排斥力可看成是磁体与衔铁吸引力的两倍，因此，内、外半径为 2mm 和 5mm，厚度为 2.2mm 的两个混合稀土钴圆环，当它们相距 1mm 时的总排斥力为

$$f=2F=2\times 21.7=43.4\text{gf}$$

在上述推斥力的计算中假定磁荷面密度 σ_m 在磁体表面上都是均匀的，而且都等于 μ_0M，实际上磁荷面密度并不均匀，磁体中心可以为 μ_0M，但边缘却小于 μ_0M，因此，上述计算的推斥力与实际情况比较起来有些偏大，但推斥力无论如何也比磁体自身的重量大得多。(设磁体密度为 $7\text{g}\cdot\text{cm}^{-3}$)，则磁体的质量为

$$W=V\times\rho=\pi\ (r_2^2-r_1^2)\ h\cdot\rho=1.01\text{g}$$

图 13.3.5 是各向异性钡铁氧体（a）和稀土钴永磁（b）在一定尺寸时，两块磁体的排斥力与它们之间距离的关系，从图 13.3.5 可看出，间距越小，排斥力越大，而且稀土钴永磁的排斥力比钡铁氧体要大 3～4 倍（当磁体尺寸和极间距离相同时）。

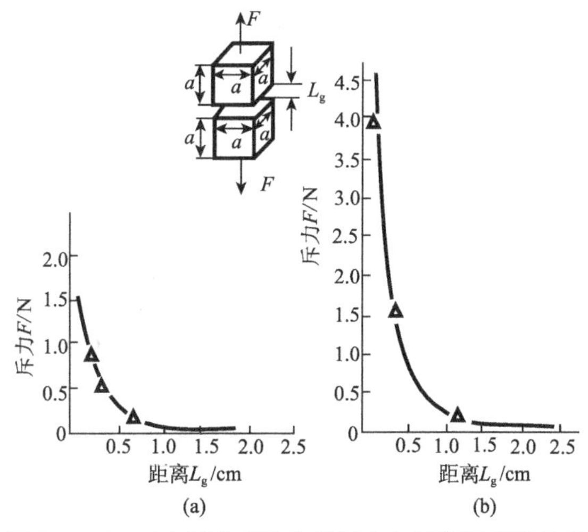

图 13.3.5　正方形永磁体的排斥力与极间距离的关系

(a) 钡铁氧体；(b) 稀土钴永磁

磁悬浮轴承（或称磁力轴承、永磁轴承）采用稀土钴永磁材料制作以后，显示出很大的优越性，因此这种轴承的设计近来有所发展。图 13.3.6 为径向磁力轴承和轴向磁力轴承的示意图，它们各自均可用径向磁化的磁环或轴向磁化的磁环组成。

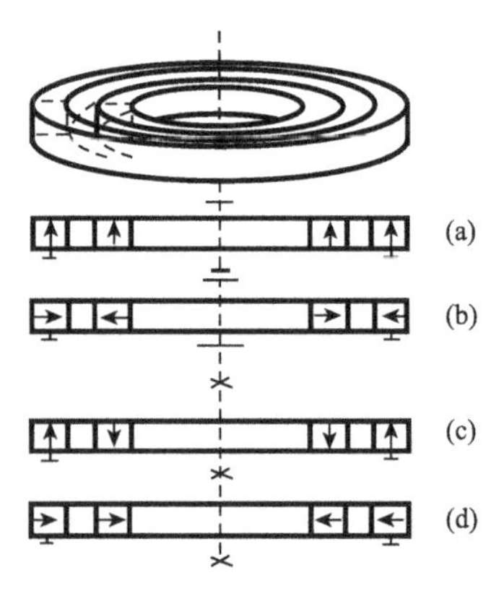

图 13.3.6 磁力轴承

(a)，(b) 为径向磁力轴承；(c)，(d) 为轴向磁力轴承

由于轴承的对称性，轴承上的力只有两个分量：径向力 F_r 和轴上力 F_z。在通常的情况下，轴承中所用磁环的平均半径要比磁环的截面尺寸和气隙大得多。因此，计算作用力时，曲率效应可以忽略。两磁环之间的作用力便可以看成是两无限长磁体之间的作用力。

理论分析指出，理想轴承应由轴向截面积相同的环形磁体组成（图 13.3.7）。当两圆环的磁化方向平行时，轴承上的作用力 F_z 和径向劲度 K_r 为

$$K_r=-\frac{dF_r}{dr}=\frac{-\sigma^2}{8\pi\mu_0}p[2f(d)]-f(d+h)-f(d-h)]$$

式中，函数 $f(z)$ 是

$$f(z)=\ln\frac{[(c+l)^2+z^2][(c-l)^2+z^2]}{(c^2+z^2)^2}$$

轴承的轴向力为

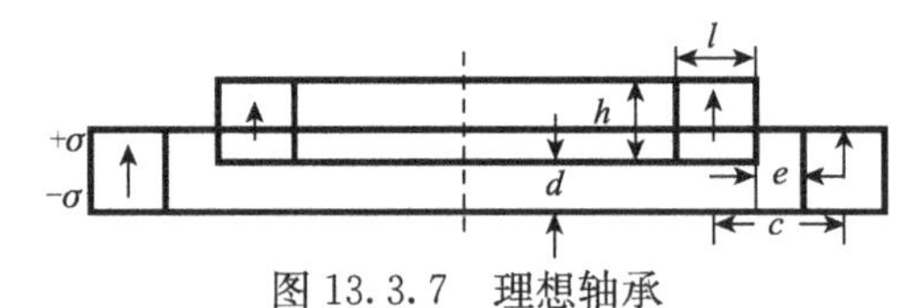

图 13.3.7 理想轴承

两磁环的轴向截面相同，厚度为 h，宽度为 l

$$F_z=\frac{-\sigma^2}{2\pi\mu_0}p\left[2\Phi(d)-\Phi(d+h)-\Phi(d-h)\right]$$

式中，函数 $\Phi(z)$ 为

$$\Phi(z)=\Big\{(c+l)\arctan\frac{c+l}{z}-2c\arctan\frac{c}{z}$$
$$+(c-l)\arctan\frac{c-l}{z}-\frac{z}{2}[\ln((c+l)^2+z^2)-2\ln c^2+\ln((c-l)^2+z^2)]\Big\}$$

上述参数的意义是：σ 为磁体的面磁极密度，$\sigma=\boldsymbol{J}\cdot\boldsymbol{n}$，$\boldsymbol{J}$ 为磁极化强度，n 为磁

体表面法线，p 为轴承的平均周长，h 为磁体的厚度，l 为磁体的宽度，d 为轴向位移，c 为磁体截面中心的径向距离（$c=l+e$，e 为缝隙）。

若采用 $SmCo_5$，（$J=0.82T$）磁环，按图 13.3.7 制作径向磁力轴承，当内环的内外半径和厚度分别为 10.8mm，13.3mm 和 8.1mm，外环的相应值分别为 13.8mm，16.3mm 和 8.1mm 时，利用上述公式，可计算出径向劲度和轴向力。由磁环的尺寸可知，$h=8.1\times10^{-3}$m，$l=2.5\times10^{-3}$m，$c=3.0\times10^{-3}$m，于是在中心位置上（d=0），有

$$\begin{aligned}K_r &= \frac{-\sigma^2}{4\pi\mu_0}p[f(0)-f(h)] \\ &= \frac{-(0.82)^2}{4\pi\mu_0}2\pi\times13.5\times10^{-3}(-2.3712-0.1259) \\ &= 0.90\times10^4\,\mathrm{Nm^{-1}} = 9\,\mathrm{Nmm^{-1}} \\ F_z &= 0\end{aligned}$$

同理，亦可计算磁环沿轴向移动时（即 $d\neq0$），轴承的 K_r 和 F_z，图 13.3.8 是 F_z 随 d 的变化（磁体的性能、尺寸同上）。由图可见，测量值和计算值非常符合，说明推导公式时所用的近似是正确的，而且整条曲线表明，径向轴承在轴向是不稳定的。由此推得，轴向轴承在径向也是不稳定的。这就是为什么需用导针，使轴示的转动部分，加以定位的原因（见图 13.3.6 的记号><、一、=）。

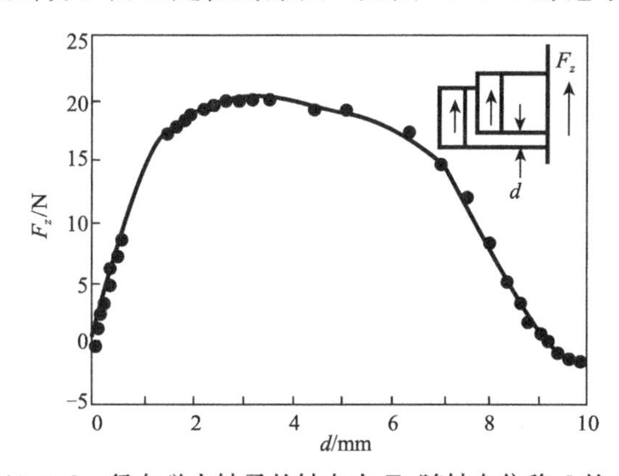

图 13.3.8　径向磁力轴承的轴向力 F_z 随轴向位移 d 的变化

$SmCo_5$ 的 $J=0.82T$，内环尺寸 $\phi26.6mm\times\phi21.6mm\times8.1mm$；外环尺寸 $\phi32.6mm\times\phi27.6mm\times8.1mm$

为使轴承的设计最佳，还需讨论磁体截面尺寸（h，l）和缝隙 e 对径向劲度的影响以及在一定的径向劲度下，磁体体积最小的问题。

由（$\partial K_r/\partial h$）=0 得

$$h_{max}^2=2l^2+6le+3e^2$$

这就是说，当 l 和 e 一定时，磁体的厚度不能大于 h_{max}，否则磁体体积的增大，不但不能使 K_r 增加，反而会使 K_r 减小。因此，上式只能确定 h 的上限，并不

是最佳尺寸。最佳尺寸需从 K_r 和 K_r/V（磁体总体积）随 h/e 与 l/e 变化的图中确定，在达到设计要求的 K_r 值的情况下，欲使 K_r/V 的值最大（即磁力轴承中两磁环的总体积最小），往往采用正方形截面（$h=l$）或矩形截面（$h=2l$）的磁环。此外，当轴承高速旋转时，由于离心力和涡流的影响，需注意解决永磁环的碎裂和发热的问题。

13.4 动态磁路

上面讨论了静态磁路中永磁体的设计原理、要求和几个实际例子。归纳起来在设计静态磁路时，需要把握以下四点关键：①选择最佳的工作点；②灵活运月两个基本方程；③设法满足设计三要素；④认真遵循设计的四个步骤，这样，便可以得到一个比较理想的静态磁路设计。同理，在设计动态磁路时，这四个关键也同样是重要的。只是在选择最佳的工作点时，不是像静态那样，选在最大磁能点的上方，而是选在下方。因为在动态磁路中，永磁体的磁能转换为机械能或电能是以有用回复能量来计算的，工作点选在下方，相应的有用回复能量最大。关于有用回复能量的定义及在何种情况下其数值最大，下面再详细讨论。

13.4.1 回复曲线、回复磁导率与有用回复能量

气隙磁场发生变化的磁路称为动态磁路，气隙磁场的变化可以是由于气隙尺寸距离的变化引起的，也可以是由于其他干扰磁场引起的；或者是这两个因素同时引起的。举重磁铁的磁路属于前者，永磁发电机的磁路属于后者。动态磁路中永磁体的工作状态在回复曲线上是有变化的。所谓回复曲线指的是，永磁体的内磁场减小时（磁场数值指绝对值——下同），磁通密度随内磁场的变化曲线（永磁体内磁场的减小，可以是因为磁路磁导的增加，也可以是因为外界磁场的变化）。此曲线的斜率称为回复磁导率 μ_{rec}（recoil permeability）。现以举重磁铁为例，说明永磁体的工作状态在回复曲线上的变化。

图 13.4.1 (a) 是一举重磁铁的示意图。永磁体的两臂为软铁磁轭，前面的衔铁即为待举的重物，当衔铁远离时，永磁体的磁通全部通过磁轭两臂间的缺口（图 13.4.1 (b)），此时永磁体的工作点以退磁曲线上的 A 点表示（图 13.4.1 (d)）。如果衔铁被吸引到与磁轭接合（图 13.4.1 (c)），且接合面很平没有缝隙，则可认为永磁体内没有退磁场，其工作点即为 D（图 13.4.1 (d)），这时永磁体的磁通全部通过衔铁。显然，衔铁从远离磁轭到与磁轭接合的过程中，永磁体的工作状态从 A 点沿箭头方向达到 D 点，$\overset{\frown}{AD}$ 线就是回复曲线。反过来，如果把衔铁从接合处拉开很远，则永磁体的工作状态，便由 D 沿另一线段移到 A，这是回复曲线的另一支。两段曲线接合起来的小回线称为回复回线。由于回复曲线来

回两支很接近，一般就以 A，D 两点间的直线来代表回复曲线。A，D 两点间的直线的斜率定为回复磁导率 μ_{rec}（磁场用绝对值表示，下同），$(B_1，H_1)$ 为 A 点的坐标，$(B_2，0)$ 为 D 点的坐标。一般说来，在同一种材料的退磁曲线上，各不同点（A，A_1，A_2，…）的回复曲线的斜率是相等的，即 μ_{rec}是相同的。

$$\mu_{\text{rec}}=\frac{B_2-B_1}{\mu_0 H_1} \tag{13.4.1}$$

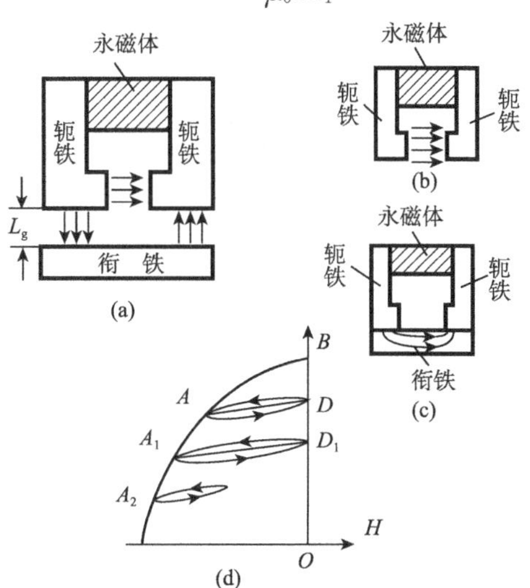

图 13.4.1　举重磁铁工作过程示意图

永磁体开始吸引衔铁（a），衔铁离开永磁体（b），衔铁完全被永磁体吸引（c）和回复曲线（d）

当衔铁处于图 13.4.1（a）的位置时，永磁体内的磁通量分为两部分，一部分通过衔铁，称为有用磁通量 Φ_{u}，另一部分不经过衔铁，而由磁轭缺口中漏过，称为漏去磁通量 Φ_{L}。设有用磁通密度为 B_{u}，漏去磁通密度为 B_{L}，总磁通密度为 B_{m}，则

$$\Phi=B_{\text{m}}S_{\text{m}}=\Phi_{\text{u}}+\Phi_{\text{L}}=(B_{\text{u}}+B_{\text{L}})S_{\text{m}} \tag{13.4.2}$$

式中，S_{m} 为永磁体的截面积。这时磁轭缺口的漏磁导 P_{L} 为

$$P_L=\frac{\Phi_{\text{L}}}{F_{\text{L}}}=\frac{B_{\text{L}}S_{\text{m}}}{H_{\text{m}}L_{\text{m}}} \tag{13.4.3}$$

式中，H_{m}，L_{m} 为永磁体的磁场［当衔铁在图 13.4.1（a）位时］和长度。如果衔铁远离磁轭，则磁轭缺口的漏磁导 P_{L} 又可表示为

$$P_{\text{L}}=\frac{B_1 S_{\text{m}}}{H_1 L_{\text{m}}} \tag{13.4.4}$$

将式（13.4.3），式（13.4.4）对比可得

$$\frac{B_{\text{L}}}{H_{\text{m}}}=\frac{B_1}{H_1} \tag{13.4.5}$$

以上情况用图形表示如图 13.4.2 所示。就是说，当衔铁远离磁轭时，永磁

体的工作点处在退磁曲线的 A 点（H_1，B_1），当衔铁处于图 13.4.1（a）的位置时，永磁体的工作点沿回复线 AD 来到 E 点（B_m，H_m），这时的磁通密度 B_m 分为有用磁密 B_u 和漏去磁密 B_L 两部分（$B_m=B_u+B_L$）。根据式（13.4.5），漏去磁密 B_L 就是线段 FG，因而有用磁密 B_u 即为线段 EF。由此可见，OA 线把 EG 线截为两段，一段代表 B_u，另一段代表 B_L。不论 E 点处在 AD 线上哪一处都是这样。

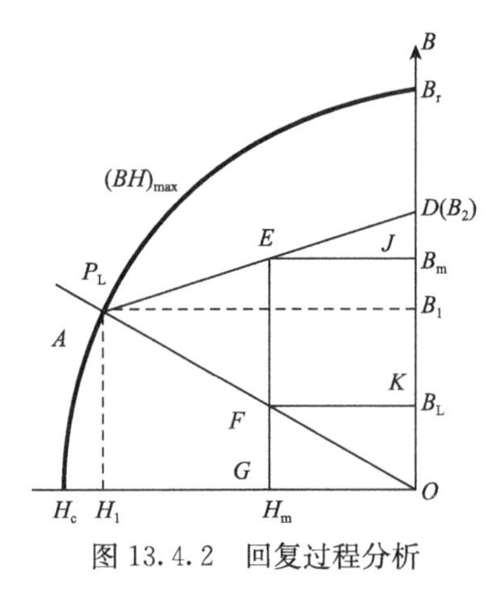

图 13.4.2 回复过程分析

永磁体工作点中的有用磁密 B_u 和退磁场强度 H_m 的乘积称为有用回复能或回复磁能积 E_{rec}：

$$E_{rec}=\boldsymbol{B}_u\cdot\boldsymbol{H}_m=EJKF\text{的面积} \tag{13.4.6}$$

又因

$$\begin{aligned}B_u&=B_1+(B_m-B_1)-B_L\\&=B_1+\frac{B_m-B_1}{H_1-H_m}\times(H_1-H_m)-\frac{B_L}{H_m}H_m\\&=B_1+\mu_0\mu_{rec}(H_1-H_m)-\frac{B_1}{H_1}H_m\end{aligned} \tag{13.4.7}$$

将式（13.4.7）代入式（13.4.6）得

$$\begin{aligned}E_{rec}&=\left[\boldsymbol{B}_1+\mu_0\mu_{rec}(\boldsymbol{H}_1-\boldsymbol{H}_m)-\frac{B_1}{H_1}\boldsymbol{H}_m\right]\cdot\boldsymbol{H}_m\\&=(B_1+\mu_0\mu_{rec}H_1)H_m-\left(\frac{B_1}{H_1}+\mu_0\mu_{rec}\right)H_m^2\end{aligned} \tag{13.4.8}$$

由式（13.4.8）的 $\dfrac{\partial E_{rec}}{\partial H_m}=0$，可解得以 A 为始点的回复线上最大有用回复能 $(E_{rec})_{max}^A$ 相应的坐标，即

$$H_m=\frac{1}{2}H_1 \tag{13.4.9}$$

这就是说，当 E 点正好处于 AD 线的中点时，以 A 为始点的有用回复能最

大，即

$$(E_{\text{rec}})_{\max}^{A}=\frac{1}{4}\ (B_1H_1+\mu_0\mu_{\text{rec}}H_1^2)$$

$$=\left(\frac{1}{2}B_2\right)\left(\frac{1}{2}H_1\right)=\frac{1}{2}\times\text{（三角形 }OAD\text{ 的面积）}\qquad(13.4.10)$$

从式（13.4.10）可看出，有用回复能的最大值随A点的位置发生变化，也就是说，随三角形OAD的面积发生变化，如果A点的位置选择恰当，则有用回复能的最大值便达到极大。计算表明，A点的位置选在最大磁能点的下方最合适。图13.4.3和图13.4.4（a）、(b）为各向异性钡铁氧体和LNG40及LNG32的有用回复能的等能线及退磁曲线。从图中可看出，A点的位置都是在最大磁能点$(\boldsymbol{B}\cdot\boldsymbol{H})_{\max}$的下方，才能使最大有用回复能的数值达到极大。否则，最大有用回复能将受到损失，永磁材料的性能就没有最大限度地利用起来。

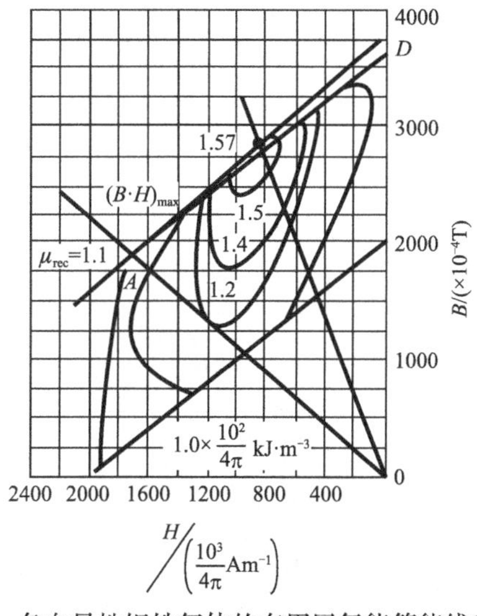

图13.4.3 各向异性钡铁氧体的有用回复能等能线和退磁曲线

当A点就是最大磁能点，且近似地认为$B_1/H_1=B_r/H_c$时，则

$$(E_{\text{rec}})_{\max}^{A}=\frac{(\boldsymbol{B}\cdot\boldsymbol{H})_{\max}}{4}\left(1+\mu_0\mu_{\text{rec}}\frac{H_c}{B_r}\right)\qquad(13.4.11)$$

对于理想的永磁材料，其$B_r=\mu_0H_c$，$\mu_{\text{rec}}=1$，则

$$(E_{\text{rec}})_{\max}=\frac{1}{2}\ (\boldsymbol{B}\cdot\boldsymbol{H})_{\max}$$

这说明永磁材料在动态下工作时，磁能的利用最大地只有静态磁路的一半。假如动态磁路中还有外界磁场的干扰（如电枢中的电流产生的磁场），则磁能的利用更低，往往只及静态磁路的1/4。

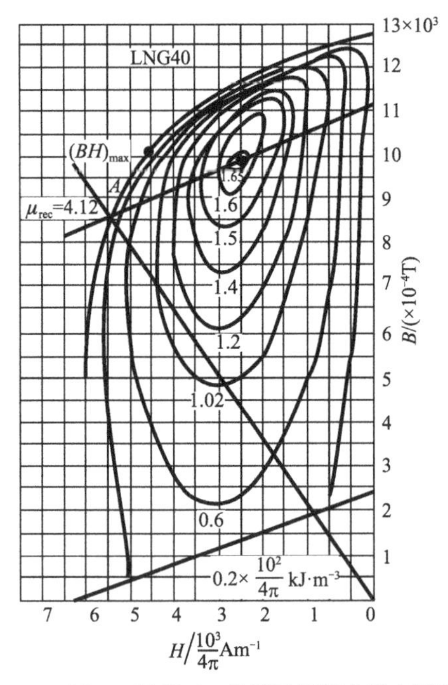

图 13.4.4 (a)　LNG 40 有用回复能曲线与退磁曲线

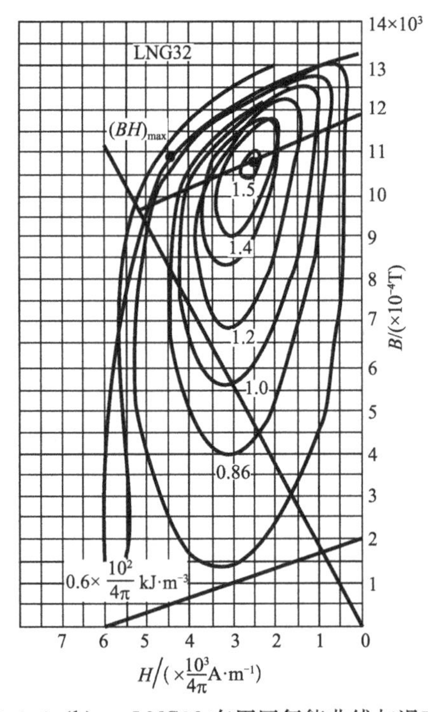

图 13.4.4 (b)　LNG32 有用回复能曲线与退磁曲线

13.4.2　有用回复能量与机械功的关系

在静态磁路中，讨论磁悬浮轴承的设计时，我们已经得到吸引力 F 与气隙条件的关系为

$$F=\frac{B_g H_g}{2}S_g=\frac{B_g^2}{2\mu_0}S_g$$

式中，B_g，H_g，S_g 为气隙的磁密、磁场和面积。若吸引力 F 使衔铁移动距离 L_g，则吸力做功 W 为

$$W=F\times L_g=\frac{B_g^2}{2\mu_0}S_g L_g \tag{13.4.12}$$

这就是永磁体吸引衔铁所做的机械功。

另外，在分析回复过程时，已经知道永磁体的总磁通在图 13.4.1（a）的情况下分为两部分，其中有用磁通 Φ_u 是全部通过衔铁的，根据磁通量连续的原理，Φ_u 应与通过衔铁与磁轭间的气隙 S_g 的总磁通相等，即

$$\Phi_u=B_u S_m=B_g S_g \tag{13.4.13}$$

而且永磁体中的磁位与气隙磁位的关系，由静态磁路的基本方程得

$$H_m L_m=f H_g L_g \tag{13.4.14}$$

将式（13.4.13），式（13.4.14）代入式（13.4.12），可得

$$W=\frac{1}{2}\ \frac{1}{f}\ B_u H_m V_m=\frac{V_m}{2f}E_{rec} \tag{13.4.15}$$

式中，V_m 为永磁体的体积，f 为磁阻系数，由式（13.4.15）可见，**在动态磁路中磁体所做的机械功 W 与有用回复能量 E_{rec} 成正比**，有用回复能量越大，机械功也将越大。因此，在设计动态磁路时，为了最大限度地利用永磁材料的性能，需把工作点选在有用回复能最大的相应位置上，即选在最大磁能点的下方（参见图 13.4.3 和图 13.4.4）。

13.4.3　动态磁路的设计举例

动态磁路的设计原则和步骤与静态磁路相同，因此在设计动态磁路时，同样需要遵循静态磁路的设计关键。可是，由于动态磁路中，永磁体的工作点是在回复线上变化的，永磁体的能量利用就不可能总是处于有用回复能量最大的地方。这样，在具体考虑动态磁路时，又与静态磁路有所区别，下面以具体的例子加以说明。

1. 牵引磁体和磁力吸盘

牵引磁体和磁力吸盘的应用非常广泛，小至锁扣，大至磁力分离装置，都需要使用它们。动作原理都是使用磁体的吸力，但要求不同。牵引磁体一般要求在一定的距离下有多大的牵引力，磁力吸盘则要求距离为零时有多大的吸引力。

从图 13.4.2 可以看出，有用磁密 B_u 为

$$B_u = B_m - B_L = B_2 - B_L - (B_2 - B_m)$$
$$= B_2 - \frac{B_L}{H_m} H_m - \mu_0 \mu_{rec} H_m = B_2 - \left(\frac{B_1}{H_1} + \mu_0 \mu_{rec}\right) H_m \tag{13.4.16}$$

利用式（13.4.14）的关系，将式（13.4.16）的 H_m 消去后代入式（13.4.13）可得

$$B_g = \frac{B_2}{\frac{S_g}{S_m} + \left(\mu_0 \mu_{rec} + \frac{B_1}{H_1}\right) \frac{f L_g}{\mu_0 L_m}} \tag{13.4.17}$$

由图 13.4.2 还可看到，$B_2 = B_1 + \mu_{rec} \mu_0 H_1$。因此，从式（13.4.17）中可见，气隙磁密 B_g 在气隙条件确定后（即 S_g，L_g 确定），完全由永磁体的性能（回复线的始点 B_1，H_1 和 μ_{rec}）和尺寸（S_m，L_m）决定。

将式（13.4.17）代入牵引力 F 的公式中，便得

$$F = \frac{S_g}{2\mu_0} B_g^2 = \frac{S_g}{2\mu_0} \left[\frac{B_1 + \mu_0 \mu_{rec} H_1}{\frac{S_g}{S_m} + \left(\mu_0 \mu_{rec} + \frac{B_1}{H_1}\right) \frac{f L_g}{\mu_0 L_m}}\right]^2 \tag{13.4.18}$$

如果永磁体的尺寸和工作点都已确定，而且 S_g 也已确定的话，则 F 与 L_g 的关系由式（13.4.18）可得

$$F = \frac{1}{(a + b L_g)^2} \tag{13.4.19}$$

式中

$$a = \frac{S_g}{S_m} \left[\sqrt{\frac{S_g}{2\mu_0}} \left(\frac{B_1}{H_1} + \mu_0 \mu_{rec}\right) H_1\right]^{-1}, \quad b = \frac{f}{\mu_0 L_m} \left(\sqrt{\frac{S_g}{2\mu_0}} H_1\right)^{-1}$$

由式（13.4.19）看出，随着常数 a，b 的不同，吸引力 F 与 L_g 的关系曲线形状不同，但总是随 L_g 的平方而衰减。图 13.4.5 示出重量相同但形状不同的 LNG40 磁体及其相应的 $F-L_g$ 曲线，由图可见，棒形磁体 A 型的牵引力随 L_g 的变化较慢（曲线 A），就是说，牵引力虽然较小，但作用范围较大（L_g 较大）；而曰字型磁路的牵引力则随 L_g 的变化很陡（曲线 C），就是说，当 L_g 很小时，牵引力可以很大，每种形式的磁路虽然各自都有自己的 $F-L_g$ 曲线，但在同一形式的磁路中，各部件按同一比例尺寸放大以后，其 $F-L_g$ 曲线的形状则不变，只不过坐标分度增大而已。这一性质给设计工作带来很大的方便，因为小型模拟试验的可靠性就可以很高了。图 13.4.6 示出同一形状的三种磁体（尺寸不同）的 $F-L_g$ 曲线，由图可见，三条曲线只是按比例的放大而已，曲线的形状并不改变。

$F-L_g$ 曲线上的每一点的坐标的乘积 FL_g 便表示功，曲线上总有一个点的功是最大的，此点即与永磁体的最大有用回复能的极大值相应。如果定义下述两个参数（永磁体的效率 E 和永磁体的功常数 E_0）：

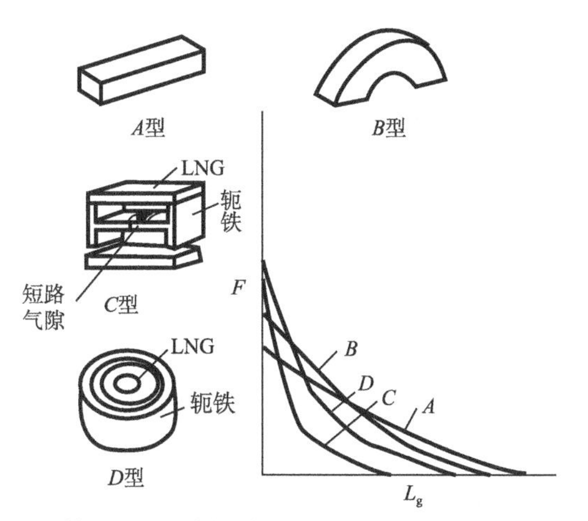

图 13.4.5　永磁体的重量相同，但形状不同时牵引力 F 与气隙 L_g 的关系

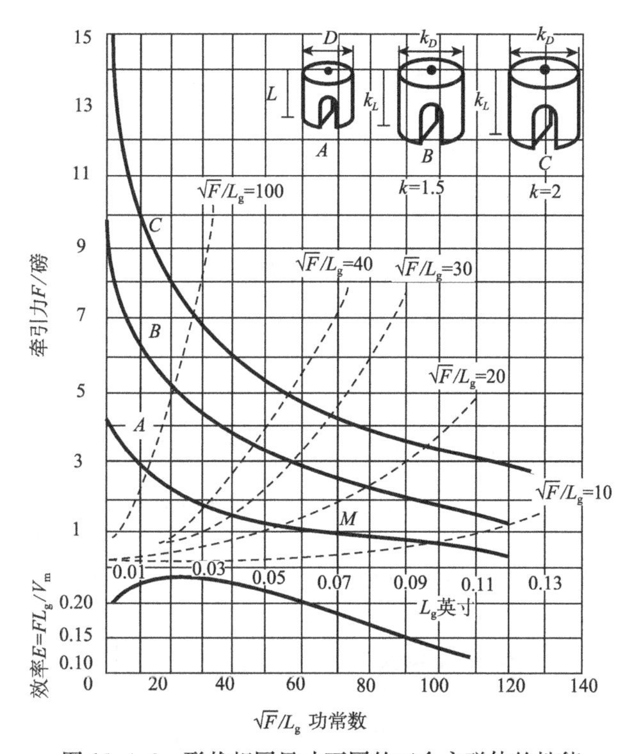

图 13.4.6　形状相同尺寸不同的三个永磁体的性能

永磁体的效率＝每单位体积（或每单位重量）的永磁体所做的功为

$$\frac{FL_g}{V_m}=E \quad 或 \quad \frac{FL_g}{W}=E \tag{13.4.20}$$

永磁体的功常数为

$$\frac{\sqrt{F}}{L_g}=E_0 \tag{13.4.21}$$

则同一形式的磁路，不管其尺寸按比例放大多少，其效率和功常数都将不变，因为 F 与放大倍数 K^2 成正比，L_g 与放大倍数 K 成正比，V_m 与放大倍数 K^3 成正比，所以，它们之间按式（13.4.20）和式（13.4.21）的表示便与 K 无关了。这样，对不同形式的磁路又可作出效率 E 与功常数$\sqrt{F}/L_g$ 的曲线。利用这些曲线便可对牵引磁体和磁力吸盘进行设计，而不必作繁复的计算。图 13.4.7～图 13.4.10 分别示出各向同性和各向异性的钡铁氧体的不同形式的磁路及其相应的 E-$\sqrt{F}/L_g$ 曲线。

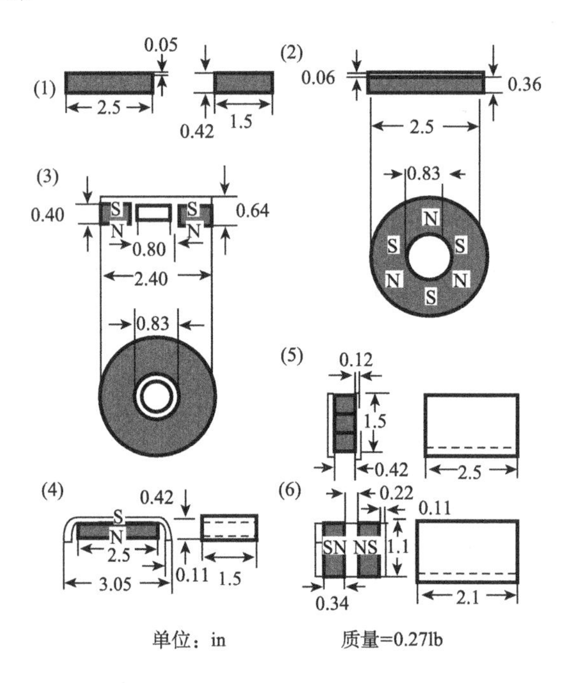

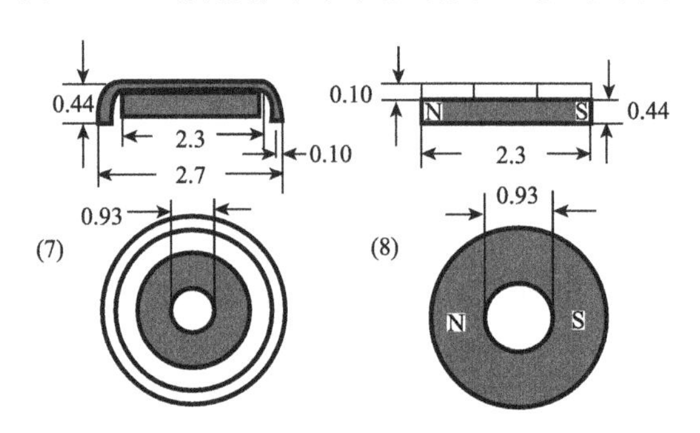

图 13.4.7 各向同性钡铁氧体的标准磁路（吸引用）

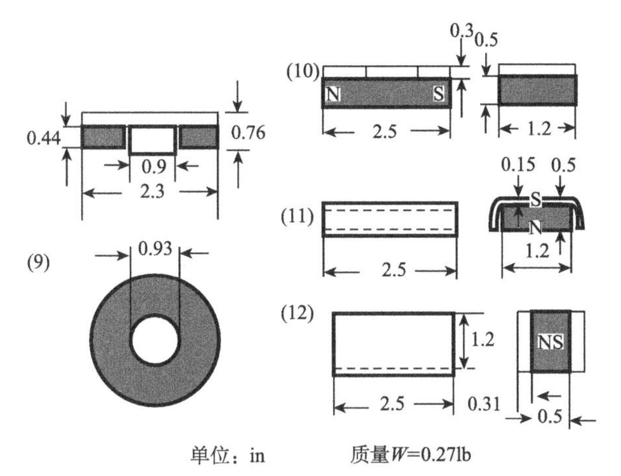

图 13.4.8　各向同性钡铁氧体的标准磁路（吸引用）

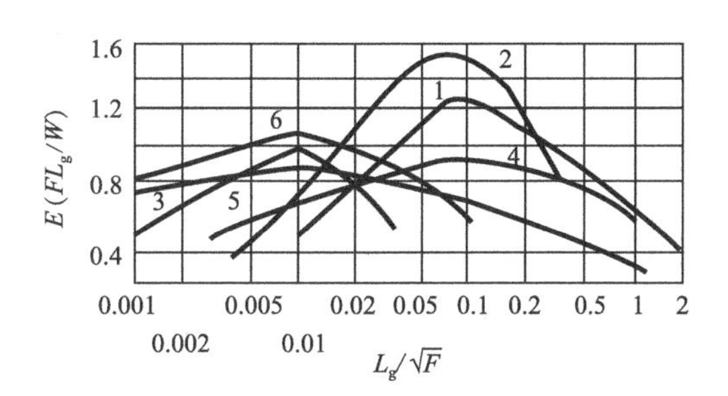

图 13.4.9　图 13.4.7 中的标准磁路性能

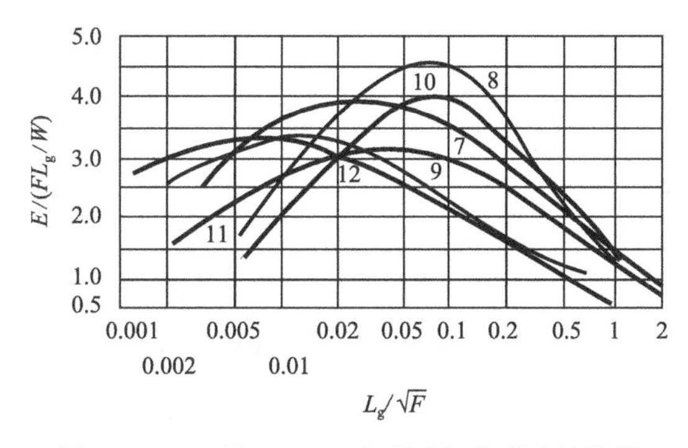

图 13.4.10　图 13.4.8 中所示标准磁路的性能

各向异性钡铁氧体性能：B_r=3800G，H_c=1800Oe；$(\boldsymbol{B}\cdot\boldsymbol{H})_{max}=3.1\times10^6$GOe。

例 13.4.1　欲在 0.05in 的气隙下产生 9lb 的牵引力，求需用多大尺寸的各向同性的钡铁氧体（B_r=2200G，H_c=2000Oe，$(\boldsymbol{B}\cdot\boldsymbol{H})_m=1.0\times10^6$GOe）?

解　已知 L_g=0.05in，F=9lb，则 $L_g/\sqrt{F}=\dfrac{0.05}{\sqrt{9}}=0.0166$。为了使永磁体

在最高效率下工作，需从图 13.4.9 上查出，对应于

$$\frac{L_g}{\sqrt{F}}=0.0166$$

时，哪一种形状的钡铁氧体磁体的效率 E 最大，由图 13.4.9 可见，曲线 2、5、6 的 E 部在 $(L_g/\sqrt{F})=0.0166$ 处有较大的值，但从磁体的结构看以曲线 2 最简单，因此我们选定曲线 2 的磁体形状，见图 13.4.7（2），由图 13.4.9 查得曲线 2 在 $(L_g/\sqrt{F})=0.0166$ 时的 $E=1.0$。根据永磁体效率的定义 $E=(F\cdot L_g/W)$（W 为新磁体的质量），可得 $W=F\cdot L_g/E=9\times0.05/1=0.45lb$，那么新老磁体的比例系数 $K=(W/\omega)^{1/3}=(0.45/0.27)^{1/3}=1.186$。（$\omega$ 为老磁体的质量，在图 13.4.7 和图 13.4.8 中 $\omega=0.27$lb）这样新磁体的尺寸便是老磁体的尺寸乘上系数 K，即

$$外径=2.5\times1.186=2.965\text{in}$$

$$厚度=0.36\times1.186=0.427\text{in}$$

$$轭铁夹板厚度=0.06\times1.186=0.071\text{in}$$

例 13.4.2 欲用各向同性的钡铁氧体设计一个磁力吸盘，它在气隙为零时的吸引力为 36lb，求磁体的尺寸。

解 从表 13.4（615 页）上查到 4 型号磁体的吸引力与 36lb 最接近，因此选用（4）号磁体的设计，其功常数 $E_0=1000$。由式（13.4.20）和式（13.4.21）可知，当 $E=1$ 时，可得

$$W=\frac{F^{3/2}}{E_0}=\frac{36^{3/2}}{1000}=0.216lb$$

而新磁体与（4）号磁体尺寸倍数 K 为

$$K=\left(\frac{W}{\omega}\right)^{1/3}=\left(\frac{0.216}{0.27}\right)^{1/3}=0.926$$

所以新磁体的尺寸为

$$长=2.5\times0.926=2.32\text{in}$$

$$宽=1.5\times0.926=1.39\text{in}$$

$$厚=0.42\times0.926=0.389\text{in}$$

$$轭铁厚度=0.11\times0.926=0.102\text{in}$$

例 13.4.3 试设计吸重 500kg 的 NdFeB 永磁磁力吊[9]。

解 设计原理是利用磁力叠加和消减来达到起吊和卸载（图 13.4.11）。

已知气隙面积 $S_g=22\times3\times2\text{cm}^2$，设计步骤是：

(1) 由式（13.3.6）$F=\left(\frac{B_g}{5000}\right)^2 S_g$ 假定 $F=800$kg，先估计

$$B_g=\sqrt{\frac{800}{22\times3\times2}}\times5000=12309\text{G}$$

（2）根据静态磁路的设计步骤，设计出合适的 B_g；

（3）根据上述要求，确定选用高内禀矫顽力的 NdFeB，其性能为 $(B \cdot H)_{Max} = 30\text{MGOe}$，$B_r = 11000\text{G}$，$H_{cm} = 25120\text{Oe}$ 磁体尺寸为 $22 \times 12\text{cm}^2 = S_m$，$L_m = 0.45\text{cm}$，共两块；

（4）用式（13.4.19）$F = \dfrac{1}{(a+bL_g)^2}$进行验算，磁体工作点的始点为 $B_1 = 5500\text{G}$，$H_1 = 5300\text{Oe}$，式中（用 CGS 单位）

$$a = \frac{5000\sqrt{S_g}}{S_m}\frac{1}{B_1 + \mu_{rec}H_1} = \frac{5000\sqrt{22\times3\times2}}{22\times12\times2}\frac{1}{5500+\mu_{rec}5300} = 0.01 \qquad (\mu_{rec}=1)$$

$$b = \frac{5000}{\sqrt{S_g}}\frac{f}{L_m}\frac{1}{H_1} = \frac{5000}{\sqrt{22\times3\times2}}\frac{1.2}{0.45}\frac{1}{5300} = 0.219$$

于是

$$F = \frac{1}{(0.01+0.219L_g)^2} = \frac{1}{(0.01+0.219\times0.1)^2} = 982.6\text{kg}, \quad 取\ \mu_{rec}=1, \quad L_g = 0.1$$

设计验算结果吸力为 982.6 kg，而设计要求的吸引力只要 500kg，故上述设计可用。但是，若有 1/20 的磁通由轭铁漏出，则此时仍能在 $L_g = 0.1\text{cm}$ 时吸住 20 kg 的重物。

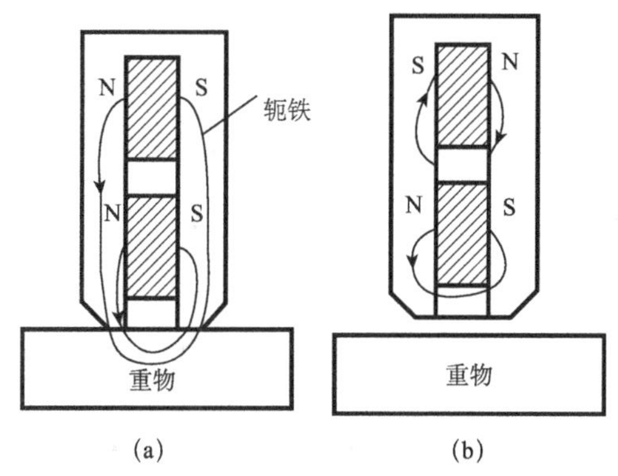

图 13.4.11　永磁磁力吊磁路结构

（a）起吊状态；（b）卸载状态

（以手动方式使上磁体转向以达到起吊和卸载）

2. 磁性耦合器（永磁联轴器）

磁性耦合器是利用磁体之间的作用力传递力矩，实现无机械联结的耦合器件，其结构形式有多种，图 13.4.12是圆环轴向式磁性耦合器的结构示意。圆环式的两块磁体上有几对磁极，两圆环相距为轴向 L_g，当主动轴旋转时，由于两块磁体间的轴向磁力和切向磁力（圆环的切线方向）的作用，便带动被动轴也同步旋转。显然，这种联结方式的特点是：主动轴与被动轴之间没有机械的联结，而且有一间隙，运转过程中如果超过负荷，则主动轴与被动轴会自动脱扣，减轻负荷后，

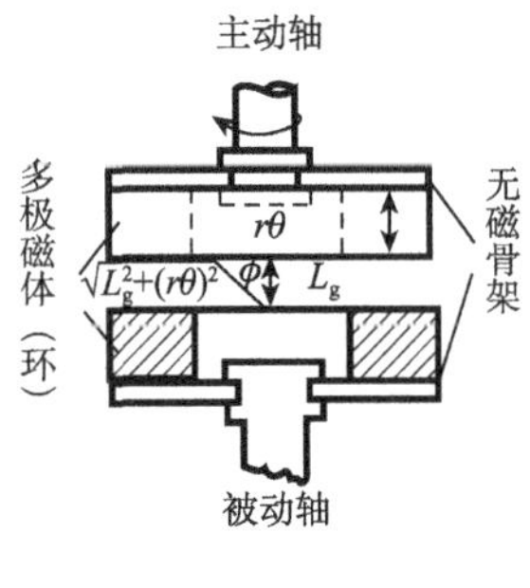

图 13.4.12　圆环轴向式磁性耦合器结构示意图

又可复原，对机件没有任何损害。因此，磁性耦合器特别适用于高压系统，绝对密封系统（如危险性、腐蚀性、高洁净度等）和高真空系统中的传动机构。

磁性耦合器的性能指标是传递力矩的数值和同步性能的好坏，以及高的性能价格比，运动的稳定性等。设计目的是选择何种类型和何种尺寸的磁体，才能达到所要求的传递力矩和同步程度以及其他要求等。

关于磁性耦合器传递力矩的大小和同步性能的好坏是受很多因素影响的，如磁体的尺寸，磁体上磁极的搭配，两磁体之间的距离和主动轴与被动轴相对位移的角度（即平滑角）等都对力矩的大小有很大的影响。至于同步性能的好坏，情况也相当复杂，因为不但牵涉到轴向力和切向力的大小相对关系，还牵涉主动轴与被动轴的转动摩擦系数。由此可见，磁性耦合器的传递力矩和同步性能的理论分析都是相当复杂的，在许多方面还停留在经验数据或经验公式的阶段。下面讨论在理想情况下（图 13.4.13），磁性耦合器传递力矩的计算。

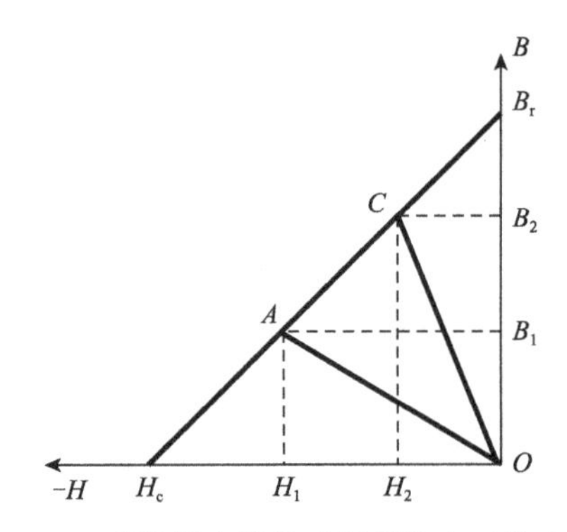

图 13.4.13　磁性耦合器的理想磁体上工作点的变化

当主动轴与被动轴的磁体静止时，设磁体的工作点为 A（根据 13.4.1 节的讨论，A 点应选在最大磁能点的下方，从静态磁路设计中便可得到工作点为 A 时的磁路结构）。当主动轴相对于被动轴旋转 θ 角（平滑角）时，主动轴便带动被动轴旋转，即磁性耦合器开始工作，这时磁体的工作点便由 C 到达 A，若磁体为理想永磁体（$\mu_{rec}=1$，$B_r=\mu_0$，$H_c=J_s$），则磁体由 C 到达 A 所做的功为（参见图 13.4.13）

$$W=\triangle OAC \text{ 的面积} \times \text{磁体体积}$$

$$=(\triangle OAB_r \text{ 的面积} - \triangle OCB_r \text{ 的面积}) \times \text{磁体体积} = \frac{1}{2}B_r(H_1-H_2)V_m \tag{13.4.22}$$

式中的磁体体积是包括主动轴与被动轴上的磁体总体积，故 $V_m = 2S_mL_m$，其中 S_m，L_m 为主动轴上的磁体面积和高度。H_1，H_2 为 A，C 点相应的磁场。

表 13.4　图 13.4.7 和图 13.4.8 中的各种磁路在不同气隙下的吸引力*

磁体材料	磁路型号	质量/lb		不同气隙下的牵引力/lb										E_0
		磁体重	磁路重	0.00	0.002	0.005	0.01	0.02	0.04	0.08	0.15	0.3	0.6	
各向同性钡铁氧体	1	0.27	0.33	8.5	—	—	—	6.2	4.8	3.5	2.1	0.8	—	92
	2	0.27	0.35	12	—	—	—	9.1	7.1	4.8	2.7	0.8	—	150
	3	0.27	0.66	61	40	30	20	13	7.0	3	—	—	—	1800
	4	0.27	0.43	42	23	17.2	13.5	9.9	5.5	2.2	—	—	—	1000
	5	0.27	0.55	77	46	39	25	12	6.0	20	—	—	—	2500
	6	0.27	0.55	90	55	44	30	16	8.0		—	—	—	3200
各向异性钡铁氧体	7	0.27	0.54	100	—	—	48	36	24	13	7.0	2.0	—	3700
	8	0.27	0.50	26	—	—	—	21.6	17.7	12.8	8.0	3.7	0.9	490
	9	0.27	0.72	100	—	66	54	39	22	11.0	4.0	1.0	—	3700
	10	0.27	0.53	20	—	—	—	17.6	14.5	11.0	7.5	3.2	0.8	300
	11	0.27	0.57	75	—	52	40	28	18	11.0	6.0	2.0	—	2400
	12	0.27	0.83	150	—	103	75	41	22	10.0	—	—	—	6800

* 如果磁体不是永磁体而是电磁铁，在不考虑漏磁的情况下，吸引力（kg）可用下式算出：

$$F = \left(\frac{B}{5000}\right)^2 \cdot S_m$$

式中，B 为气隙内的磁通密度，以 G 为单位，S_m 为电磁铁的截面积，以 cm^2 为单位。对于吸合时间短（3μs 左右）动作快（100 次 · s^{-1}）的电磁铁或继电器，除要求较高的 B_s 外，还应有较高的 μ 和电阻率以及较低的 H_c，否则在吸合和脱离时会出现滞后效应。通常选用电工纯铁作电磁铁，对于特殊要求的可用 1J50 合金或硅钢，后者有较大的电阻率

磁体在 A 点时，由静态磁路的基本方程（13.2.1）和式（13.2.2）可得

$$B_1 S_m = \sigma^{(1)} B_g^{(1)} S_g, \qquad H_1 L_m = f^{(1)} H_g^{(1)} L_g \tag{13.4.23}$$

磁体在 C 点时，同理可得

$$B_2 S_m = \sigma^{(2)} B_g^{(2)} S_g$$

和

$$H_2 L_m = f^{(2)} H_g^{(2)} \sqrt{L_g^2 + (r\theta)^2} \tag{13.4.24}$$

式中，r 为磁体的平均半径。当主动轴转动 θ 后，在平均半径处扫过的弧长为 $r\theta$，因此气隙中的磁路长便变为

$$\sqrt{L_g^2 + (r\theta)^2}$$

令 $\tan\phi = r\theta / L_g$，则

$$\sqrt{L_g^2 + (r\theta)^2} = \frac{L_g}{\cos\phi}$$

于是式（13.4.24）便可改写为

$$B_2 S_m = \sigma^{(2)} B_g^{(2)} S_g$$

和

$$H_2L_m=\frac{f^{(2)}H_g^{(2)}L_g}{\cos\phi} \tag{13.4.24′}$$

在圆环式的磁性耦合器中，可以认为主动轴的磁体面积与气隙面积相等，即 $S_g=S_m$，而且气隙中的 $B_g^{(1)}=\mu_0H_g^{(1)}$，$B_g^{(2)}=\mu_0H_g^{(2)}$，于是由式（13.4.23）和式（13.4.24′）可分别得

$$B_1=\frac{\sigma^{(1)}}{f^{(1)}}\frac{H_1L_m\mu_0}{L_g} \tag{13.4.25}$$

$$B_2=\frac{\sigma^{(2)}}{f^{(2)}}\frac{H_2L_m\mu_0}{L_g/\cos\phi} \tag{13.4.26}$$

在理想的退磁曲线上（$\mu_{rec}=1$，$B_r=\mu_0H_c=J_s$），B 与 H 呈直线关系，

$$B=B_r-\mu_0H \tag{13.4.27}$$

于是在 A，C 两点上，由式（13.4.27）可得

$$B_1=B_r-\mu_0H_1 \tag{13.4.28}$$

$$B_2=B_r-\mu_0H_2 \tag{13.4.29}$$

将式（13.4.25）与式（13.4.28），式（13.4.26）和式（13.4.29）联立，可得

$$\mu_0H_1=\frac{B_r}{1+\frac{\sigma^{(1)}}{f^{(1)}}\frac{L_m}{L_g}} \tag{13.4.30}$$

$$\mu_0H_2=\frac{B_r}{1+\frac{\sigma^{(2)}}{f^{(2)}}\frac{L_m}{L_g}\cos\phi} \tag{13.4.31}$$

把式（13.4.30），式（13.4.31）代入式（13.4.22）便得磁体由 C 到 A 所做的功为

$$W=\frac{1}{2}\frac{V_m}{\mu_0}B_r^2\left[\left(1+\frac{\sigma^{(1)}}{f^{(1)}}\frac{L_m}{L_g}\right)^{-1}-\left(1+\frac{\sigma^{(2)}}{f^{(2)}}\frac{L_m}{L_g}\cos\phi\right)^{-1}\right] \tag{13.4.32}$$

磁性耦合器的力矩（转矩）为

$$T=-\frac{\partial W}{\partial\theta}=\frac{1}{2}\frac{V_m}{\mu_0}B_r^2\frac{\sigma^{(2)}}{f^{(2)}}\frac{rL_m}{L_g^2}\times\frac{\sin\phi\cos^2\phi}{\left(1+\frac{\sigma^{(2)}}{f^{(2)}}\frac{L_m}{L_g}\cos\phi\right)^2} \tag{13.4.33}$$

在不考虑漏磁的理想情况下（即 $\sigma^{(2)}/f^{(2)}=1$），欲得到最大的转矩 T_m，则由式（13.4.33）确定的条件是 $\phi_m=50.4°$，$L_m/L_g=3$，将这些值代入式（13.4.33）可得

$$T_m=\frac{1}{2}\frac{2S_mL_m}{\mu_0}\frac{rL_m}{L_g^2}B_r^2\times\frac{\sin 50.4°\cos^2 50.4°}{\left(1+\frac{L_m}{L_g}\cos 50.4°\right)}=1.32\times10^5\cdot rB_r^2S_m\ (\text{N}\cdot\text{m}) \tag{13.4.34}$$

式中，r，S_m 分别为主动轴磁体的平均半径［m］，总面积［m^2］，B_r 为磁体的剩磁（T）。

在进行磁性耦合器的具体设计时，可根据设计要求（如耦合器的转矩 T，主、被动轴的间隙 L_g），由式（13.4.34）和

$$\tan 50.4° = \frac{r\theta}{L_g}, \quad \frac{L_m}{L_g} = 3$$

初步决定磁体的尺寸和 B_r，然后根据静态磁路设计的四个步骤进行反复验证，直到满意为止。

式（13.4.33）表明，当磁性耦合器尺寸（V_m，S_m，L_m，L_g）一定时，力矩 T 是 ϕ 的函数，由 $\partial T/\partial\phi = 0$ 可求出下式：

$$\rho\cos^3\phi + 3cos^2\phi = 0, \quad \rho = (\sigma/f)(L_m/L_g)$$

令 $\sigma/f=1$，则 $\rho=L_m/L_g$，改变 L_g 即改变 ρ。由上式解得与 ρ 相应的 ϕ_m，再将 ϕ_m 代入力矩公式便得最大转矩，结果见表 13.5。

表 13.5 不同 L_g 时的 $\cos\phi$ 以及相应的最大转矩 T

L_g/m		0.0020	0.0025	0.0030	0.0035	0.0040
$\cos\phi$		0.6565	0.6777	0.6937	0.7063	0.7165
T/（N·m）	计算	0.8183	0.6841	0.5819	0.5017	0.4375
	实测	0.7820	0.6780	0.5640	0.4750	0.4120
	误差/%	4.65	2.86	3.17	5.62	5.42

利用表 13.5，可设计自动旋紧瓶盖的拧紧机器，这时调节 L_g 可调节转矩，即瓶盖的旋紧程度。

现在磁性耦合器的型式已经很多，按工作原理大致分为四类，即同步式（图 13.4.12 为其中之一）、磁滞式、涡电流式和磁阻式。[10]

同步式磁性耦合器，是在主动轴与被动轴的工件上，按一定规律布置永磁体，主动轴带动被动轴同步转动，但有一角度差（平滑角）。同步式中根据静止时磁体作用力的方向不同，又分为轴向式（图 13.4.12）、径向式（图 13.4.14）、轴上径上混合式等（图 13.4.15）。

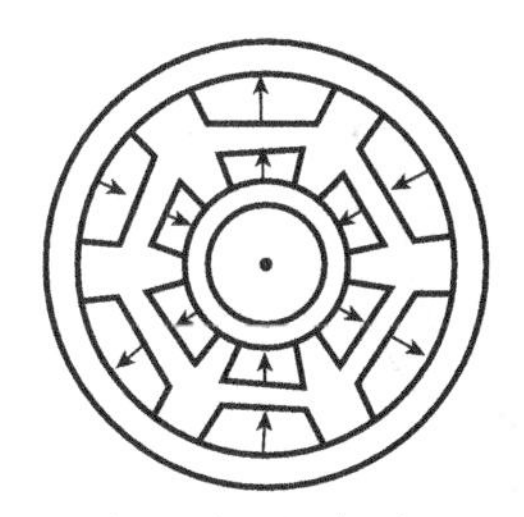

图 13.4.14 径向式磁性耦合器的磁体排列

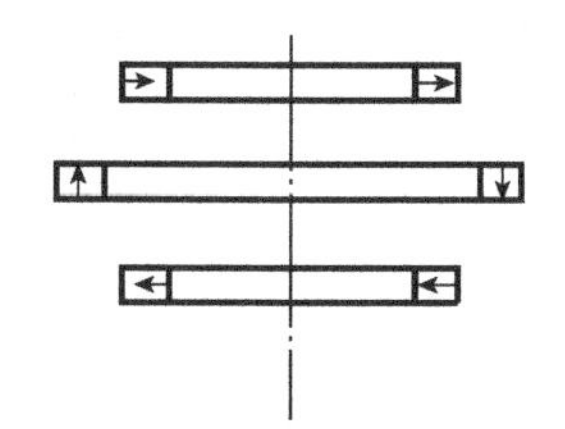

图 13.4.15 混合式磁性耦合器
径向磁化的两磁圈装在主动轴上，
轴上磁化的磁圈装在被动轴上

磁滞式磁性耦合器，是永磁体与磁滞材料（又称半硬磁材料）组合，利用磁

滞材料在工作过程中可处于反复磁化的特点，制成永磁．磁滞耦合器或离合器。由于是永磁与磁滞材料的组合，其吸力比永磁对永磁的组合要小，但容易改变相对转角，故常用于变扭矩的联结。

涡电流式磁性耦合器，是将同步式耦合器的被动轴的磁体改为铜条，而主动轴的结构基本不变，其工作原理与鼠笼式异步电动机相同，即当主动轴在外力驱动下旋转，产生旋转磁场时，被动轴上的铜条会因切割磁力线而产生感应电流，感应电流的磁场和主动轴上永磁体的磁场相互作用，使被动轴随主动轴转动而传递扭矩。此种耦合器的优点是：被动轴中无永磁体，因此可在封闭的液体内转动，输送温度较高（国外有的达 450℃）的介质。其缺点是：主被动轴不同步，故只能用于要求不严格的传动中。

磁阻式磁性耦合器，也是为处理高温介质而设计的，它的主动轴与同步耦合器的径向式相同，但被动轴上却不用磁体而改为软磁材料的凸轮，其工作原理是利用主动轴上的永磁体，对被动轴上的凸极软磁材料的吸力，使被动轴旋转。显然，这种结构，传动扭矩小，故只能用于小型磁力传动装置中。

总之，磁性耦合器磁路结构的设计，要考虑脱开力矩大、惯性小、总体尺寸，紧凑、性能价格比高等因素。因此磁路结构中永磁体的排布，除上述外，还有径向式的切向排列，即磁体的磁化方向沿圆环的切线方向；以及径向式的渐进排列，即每块磁体的磁化方向沿圆周逐渐改变，在每一极中有几块磁体，每块磁体的磁化方向与相邻磁体的磁化方向是逐渐变化的，图 13.4.16。表示一对磁极的磁化方向。计算指出，这种磁化方向的布置，可使气隙磁通增大。

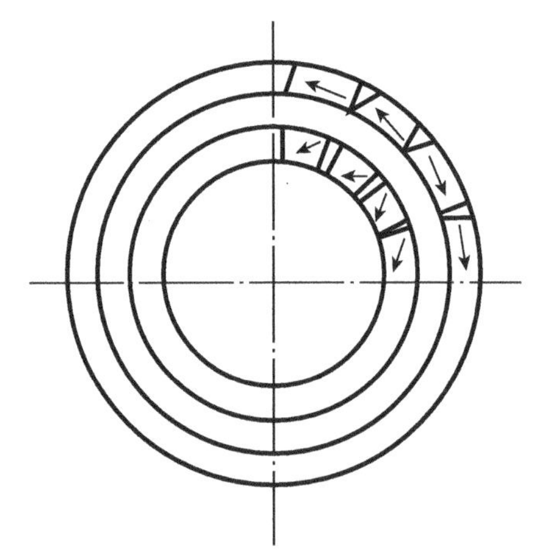

图 13.4.16　磁体磁化方向渐进式变化（1/4 简图）

图中为一对磁极的磁化方向

13.5　空心线圈和铁芯线圈的磁路设计

13.5.1　引言

1. 线圈与永磁体的异同，线圈设计的理念

空心线圈指的是用导线绕制成圆筒形或扁圆筒形或其他形状的线圈。铁芯线圈指的是在空心线圈的内腔中，填以软磁材料的线圈。这两类线圈通以电流后，都能产生磁场、磁力。

空心线圈产生的磁场比较容易计算，假定线圈是无限长（或者是螺绕环）的话则产生的磁场为

$$H=ni\ (\mathrm{A\cdot m^{-1}})\qquad (\text{SI 制}) \tag{13.5.1}$$

式中，n 为每米长度的匝数，i 为电流（A）。或

$$H=0.4\pi ni\ (\mathrm{Oe})\ (\text{CGS 制}) \tag{13.5.2}$$

式中，n 为每厘米长度的匝数，i 为电流（A）。实际的线圈并不是无限长的，因此上两式所表达的磁场又称为理想磁化场，或者说实际上产生的磁场总是比理想磁场低。对有限长的螺线管，单层绕制时（图 13.5.1），离轴线中心 x 处的磁场为

$$H=\frac{1}{2}ni\left[\frac{l+x}{\sqrt{r^2+(l+x)^2}}+\frac{l-x}{\sqrt{r^2-(l-x)^2}}\right]\ (\mathrm{A\cdot m^{-1}})\ (\text{SI 制}) \tag{13.5.3}$$

式中，n 为每米长度的匝数，i 为电流（A），l 为线圈的一半长度，r 为线圈的半径。或

$$H=\frac{1}{2}\times 0.4\pi ni\left[\frac{l+x}{\sqrt{r^2+(l+x)^2}}+\frac{l-x}{\sqrt{r^2+(l-x)^2}}\right]\qquad (\mathrm{Oe})\ (\text{CGS 制}) \tag{13.5.4}$$

式中，n 为每厘米长度的匝数，其余符号的意义同式（13.5.3）。

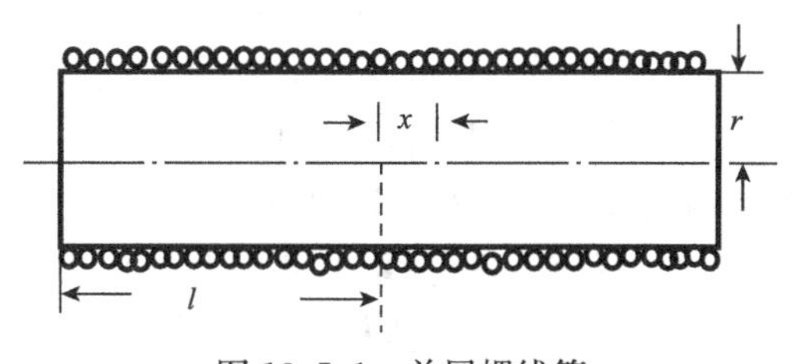

图 13.5.1　单层螺线管

实际上线圈产生的磁场是靠通过电流 i 来实现的，因此，设计线圈时还需考虑供电电压和线圈散热的问题，而且线圈形状不同，导线的截面积还有圆和矩形

之别，所以，线圈的设计只靠上述公式是不够的。

为使永磁磁路设计的理念，用于空心线圈和铁芯线圈磁路的设计，不妨分析一下永磁体和空心线圈与铁芯线圈的异同：线圈通以电流后产生磁场和磁感应强度的性质与永磁体磁化后（去掉外磁场）产生磁场和磁感应强度的性质是相同的。线圈与永磁体不同之处是线圈需要外部电源供给它电流，而永磁体不需要外部供给电流。至于用永磁体内的“分子电流”，来说明永磁体磁化后，去掉外磁场仍能保留磁性的原因，只是一种观点而已。实际上并不存在“分子电流”，这已为近代物理学所证明。**永磁体和线圈最大不同之处，是永磁体在磁路设计中要用到它的退磁曲线，但线圈却没有退磁曲线**。因此必须找出线圈的“退磁曲线”来，才能将永磁磁路的设计理念用于线圈磁路的设计。

2. 等值退磁曲线——空心线圈和铁芯线圈的假想退磁曲线

对空心线圈而言，由于空气中的磁导率 $\mu=1$，故线圈中任一点的磁感应强度 B 与该点的磁场强度 H 的关系为 $B=\mu_0\mu H=\mu_0 H$ 在 CGS 单位制中 $\mu_0=1$，于是 $B=H$，即线圈中任一点的磁场强度与磁感应强度相等，B 与 H 的关系为正方形的对角线（图 13.5.2），此线亦可想象为线圈的磁化曲线，若将磁场 H 看成是无限长螺线管产生的，则

$$H=0.4\pi ni$$

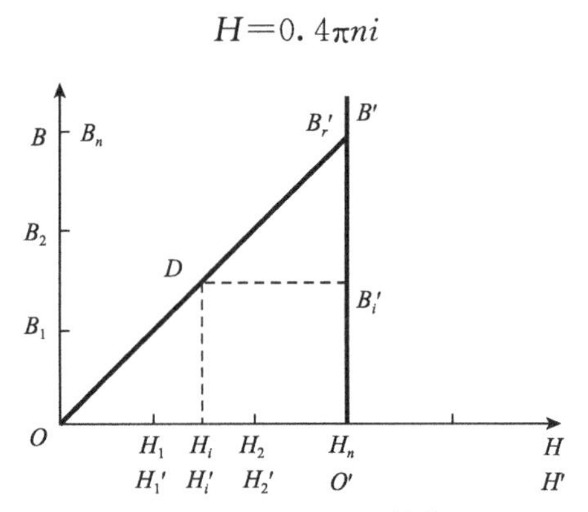

图 13.5.2 线圈磁化曲线和等值退磁曲线

当电流 i 由小至大到某一值 i_n 时，磁场 H 和磁感应强度 B 也由小至大到某一值 H_n 和 B_n，如果将横坐标的零点移至 H_n，纵坐标的标度不变，即将原来的坐标系 BOH 变为新的坐标系 $B'O'H'$ 时，在原来坐标系中的设想磁化曲线便变为新坐标系中的假想退磁曲线，由于在新旧坐标系中 B 轴的数值并未因坐标系的变化而改变，故 B 与 H 的关系在新坐标系中又称为等值退磁曲线。所谓“等值”指的是磁感应强度 B 的值，在新旧两个坐标系中数值相等。

按永磁磁路的设计理念，退磁曲线上的任意一点都可作为永磁体的工作点，视磁路设计的要求不同，工作点的选择也可不同。同理，在空心线圈的等值退磁曲线上的任意一点也可作为线圈的工作点，由于线圈的具体尺寸、绕组、外加电

流、线圈内的磁感应强度等的要求不同（具体数值不同），工作点的位置也就不同。设工作点的位置为 D（B_i'，H_i'），则工作点的坐标比

$$K=\frac{H_i'}{B_i'} \quad (\text{CGS 制}) \tag{13.5.5}$$

在新旧两个坐标系中，磁感应强度的数值表示是相同昀，即 $B_i=B_i'$，但磁场的数值表示却是不同的。因为坐标原点的不同，在新坐标系中的 H_i' 便是旧坐标系中的 H_n-H_i，即 $H_i'=H_n-H_i$，由于 H_n 是无限长螺线管通以电流 i_n 后产生的，且此电流对线图设计而言是不变的，故取消右角标 n 即把 $H_n=H$，则

$$H_i'=H_n-H_i=H-H_i$$

在旧的坐标系中 $H_i=B_i$，而在旧坐标系中的 B_i 与新坐标系中的 B'_i 是相等的即 $B_i=B_i'$，于是等值退磁曲线上工作点的坐标比式（13.5.5）改为

$$K=\frac{H_i'}{B_i'}=\frac{H-H_i}{B'_i}=\frac{H-B_i}{B'_i}=\frac{H-B_i'}{B'_i} \quad (\text{CGS 制}) \tag{13.5.6}$$

或者

$$B_i'=\frac{H}{K+1} \quad (\text{CGS 制}) \tag{13.5.7}$$

式（13.5.7）B_i' 说明线圈内的磁感应强度 B_i' 总是小于无限长线圈的磁场 H，只有当 $K=0$ 时，B_i' 才与 H 相等。由于工作点坐标比 K 与退磁因子 N 的关系为 $K=N/(4\pi-N)$（见永磁磁路设计中等效磁荷球的章节，式（13.2.7）换成 CGS 制后）因此 $K=0$ 便意味着退磁因子 $N=0$，这就是无限长螺线管的情况。或者说只有退磁因子 $N=0$ 时，线圈的磁场才与磁感应强度相等，表现在新坐标系中就是 O' 点（新坐标系中 H' 的零点）对应的 B_r' 点。

参照永磁体中磁场与退磁场的关系，可把线圈中磁场的关系式 $H_i'=H-H_i$，$H_i=H-H_i'$ 的物理意义表述如下：H 为无限长螺线管产生的外磁场，又称理论磁化场。H_i 为实际螺线管的等效真实磁场，H_i' 为实际螺线管的等效退磁场。由于实际线圈并非是无限长的，其真实磁场不能用无限长线圈的公式（$H=0.4\pi ni$）来计算，所以引进一个等效退磁场 H_i'，以便从无限长线圈的磁场（又称理论磁化场）中减去，来得到实际线圈的磁场 $H_i=H-H_i'=0.4\pi ni-H_i'$。

以上讨论了空心线圈的等值退磁曲线，下面讨论铁芯线图的等值退磁曲线（图 13.5.3）。电磁磁路中铁芯线圈的等值退磁曲线是从铁芯的磁化曲线经与上述相似的坐标变换得到的。方法是将 OB 轴向右平移到 $O'B'$ 轴，使在旧坐标系 BOH 中的磁化曲线，成为在新标系 $B'O'H'$ 中的等值退磁曲线（图 13.5.3）。由于软磁材料的磁化曲线有起始磁化曲线和基本磁化曲线之分，故前者经坐标变换后得到的等值退磁曲线常用于直流电磁磁路，后者经坐标变换后得到的等值退磁曲线则用于交流电磁磁路。铁芯电磁磁路工作点坐标比 K 为

$$K=\frac{H_i'}{B_i'}=\frac{H-H_i}{B_i} \quad (\text{CGS 制}) \tag{13.5.8}$$

注意与空心电磁磁路式（13.5.6）的区别）.

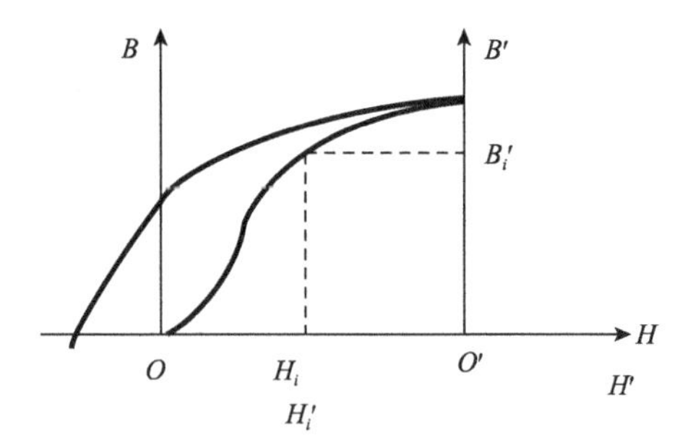

图 13.5.3 铁芯线圈的磁化曲线和等值退磁曲线

在空心和铁芯线圈中，随着理论磁化场 H（即无限长螺线管产生的磁场）的不同，等值退磁曲线上的工作点和曲线都不相同，于是最大磁能积 $(\boldsymbol{B}\cdot\boldsymbol{H})'_{\max}$ 也不同，图 13.5.4 为理论磁化场不同时相应的等值退磁曲线上各点的磁能积 $(\boldsymbol{B}\cdot\boldsymbol{H})'$ 随 B 的变化。由图可见，理论磁化场 H 为 50Oe，100Oe，240Oe 和 500Oe 时，相应的最大磁能积 $(\boldsymbol{B}\cdot\boldsymbol{H})'_{\max}$ 为 0.35MG・Oe，1.05MG・Oe，3.4MG・Oe 和 7.4MG・Oe。

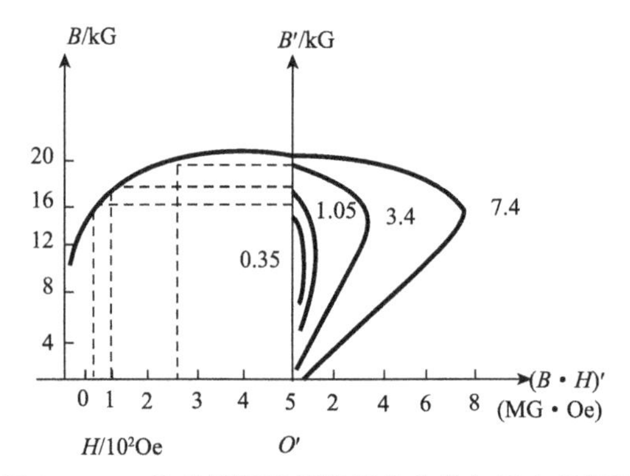

图 13.5.4 铁芯线圈的等值退磁曲线与最大磁能积

理论磁化场 H 的不同，在外加电流 i 不变时，意味着线圈总匝数不同。理论磁化场的增大、表示线圈匝数的增大，即铜线的增多，也就是所用的铜的质量要增加，所以在设计线圈时，如何节约铜材料来达到目的也需考虑。

3. 铁芯线圈最大磁能积与线圈铜重的关系

下面讨论铁芯重量不变，其磁化曲线已知时，线圈的最大磁能积 $(\boldsymbol{B}\cdot\boldsymbol{H})'_{\max}$ 与线圈所需的铜的重量 W_{Cu} 之间的关系，以便找出线圈的最佳利用率，求得一个合理的设计。

设线圈长度为 L，导线直径为 d。电流密度为 j，导线的密度为 ρ 等固定，铁芯的磁化曲线（经坐标变换后变为等值退磁曲线）不变。当理论磁化场不同时，便意味着线圈有不同的最大磁能积 $(\boldsymbol{B}\cdot\boldsymbol{H})'_{\max}$，如对某一铁芯线圈而言，理论磁化场 $H=50\mathrm{Oe}$，$100\mathrm{Oe}$，$250\mathrm{Oe}$，$500\mathrm{Oe}$ 时，对应的最大磁能积为

$$(\boldsymbol{B}\cdot\boldsymbol{H})'_{\max}=1\mathrm{MG}\cdot\mathrm{Oe},\ 2.7\mathrm{MG}\cdot\mathrm{Oe},\ 8.7\mathrm{MG}\cdot\mathrm{Oe},\ 19\mathrm{MG}\cdot\mathrm{Oe}$$

由于理论磁化场

$$H=0.4\pi ni=0.4\pi\frac{N}{L}js=0.4\pi\frac{N}{L}j\ \frac{\pi d^2}{4}\ (\mathrm{Oe})$$

设 $H=50\mathrm{Oe}=H_1$ 时，$N=N_1$，则 $H=100\mathrm{Oe}=H_2$ 时，$N=2N_1$，$H=250\ \mathrm{Oe}=H_3$ 时，$N=5N_1$，$H=500\mathrm{Oe}=H_4$ 时，$N=10N_1$，线圈中导线所用的铜的质量 W_{Cu} 由下式计算：

$$W_{\mathrm{Cu}}=\text{铜线的体积}\ V_{\mathrm{Cu}}\times\text{铜的密度}\ \rho=\text{导线总长度}\times\text{导线面积}\times\rho$$

$$=\text{总匝数}\ N\times\text{每匝的长度}\ l\times\frac{\pi d^2}{4}\times\rho=N\times\pi\ (D+e)\ \times\pi d^2\rho/4$$

D 为线圈的内直径，e 为线圈绕线的厚度。假定 $D/e=2$，即 $D=2e=2e_1$，则理论磁化场 $H_1=50\ \mathrm{Oe}$ 时对应的铜重为

$$W_{\mathrm{Cu}_1}=\frac{3e_1N_1\pi^2d^2\rho}{4}$$

$H_z=100\mathrm{Oe}$ 时对应的铜重为

$$W_{\mathrm{Cu}_2}=\frac{8e_1N_1\pi^2d^2\rho}{4}$$

$H_3=250\mathrm{Oe}$ 时对应的铜重为

$$W_{\mathrm{Cu}_3}=\frac{5N_1\pi\ (2e_1+5e_1)\ \pi d^2\rho}{4}$$

$$=\frac{35e_1N_1\pi^2d^2\rho}{4}$$

$H_4=500\mathrm{Oe}$ 时对应的铜重为

$$W_{\mathrm{Cu}_4}=\frac{10N_1\pi\ (2e_1+10e_1)\ \pi d^2\rho}{4}$$

$$=\frac{120e_1N_1\pi^2d^2\rho}{4}$$

4 个（不同）理论磁化场时铜重之比为

$$W_{\mathrm{Cu}_1}:W_{\mathrm{Cu}_2}:W_{\mathrm{Cu}_3}:W_{\mathrm{Cu}_4}=1:2.57:11.7:40$$

当 $D/e_1=5$ 时（说明线圈的内直径 D 变大），同样上述 4 个理论磁化场时铜重之比为 1∶2.33∶8.33∶25。

同理也可得 $D/e_1=10$ 和 $D/e_1=50$ 时同样上述 4 个理论磁化场时之比，见表 13.6。

表 13.6 $(B\cdot H)'_{max}$与W_{Cu}的关系

H/Oe	$(B\cdot H)'_{max}$/（MG·Oe）	N	e	$\frac{D}{e_1}=2$	5	10	50	
50	1.0	N_1	e_1	1	1	1	1	铜重W_{cu}之比
100	2.7	$2N_1$	$2e_1$	2.67	2.33	2.18	2.04	
250	8.7	$5N_1$	$5e_1$	11.7	8.33	6.28	5.39	
500	19.0	$10N_1$	$10e_1$	40.0	25.0	18.2	11.8	

由表13.6可见，随着理论磁化场H的增大，线圈的最大磁能积$(B\cdot H)'_{max}$也增大，导线所用的铜的重量也增大。但是铜重的增大趋势却与线圈的直径D有关即与D/e_1有关。当$D/e_1=2$时，在4个理论磁化场下，铜重的增加率要比$(B\cdot H)'_{max}$的增加率大。相反当$D/e_1=50$时，在同样的4个理论磁化场下，铜重的增加率要比$(B\cdot H)'_{max}$的增加率要小。说明理论磁化场较大时，采用大直径的线圈有利，因为此时铜重的增加率较小。

13.5.2 空心单个线圈的具体设计

空心线圈的设计任务，通常有两类，一类是已知线圈的内腔截面积、磁场强度及均匀度、供电电压，求线圈的几何尺寸，线圈的匝数、导线的直径和线圈的温升；另一类是已知线圈的磁路结构和尺寸，线圈总的安匝数，求工作气隙的磁场强度。下面用例子来说明这两类问题的设计过程。

例 13.5.1 试设计内径$D=22$mm，中心磁感应强度$B_i=13$G，最大容许温升为65℃的空心线圈，电源电压为220V。

解 按设计要求就是求出绕线总匝数，线圈的尺寸和导线的直径。根据13.4节的讨论，把线圈的设计，看成是永磁体的设计，因此有关永磁磁路设计的公式都可借用，设计步骤如下：

1）假定工作点坐标比K

K值的选择原则是：均匀区要求较长时，K应选小一些，均匀区要求无限长时$K=0$。线圈长度越长，K越小，线圈长度越短，K越大，无严格要求时$K=1$，这里选$K=0.52$。

2）计算线圈单位长度的安匝数ni

在引言中已推出式（13.5.7）

$$B'_i=\frac{H}{K+1},\qquad H=0.4\pi ni$$

故

$$ni=\frac{13\ (0.52+1)}{0.4\pi}=15.73\qquad (\mathrm{A\cdot mm^{-1}})$$

3）计算线圈厚度（即绕线的厚度）e

设导线的外皮直径和铜芯直径分别为 d' 和 d 则单位长度（mm）和匝数 $n=$ 单层的匝数$\frac{1}{d'}\times$层数$\frac{e}{d'}=\frac{e}{d'^2}$

$$ni=\frac{1}{d'}\frac{e}{d'}j\pi\left(\frac{d}{2}\right)^2=\frac{1}{\frac{d'}{d}}\frac{e}{\frac{d'}{d}}j\frac{\pi}{4}=\frac{1}{\alpha}\frac{e}{\alpha}\frac{j\pi}{4}=\frac{\pi j}{4\alpha^2}e$$

所以

$$e=\frac{4\alpha^2 ni}{\pi j}=\frac{4\ (1.125)^2\times 15.73}{\pi\times 3}=8.45\text{mm},\qquad \alpha=\frac{d'}{d}=1.125$$

α 为导线外皮直径和铜芯直径之比。

电流密度 j 取为长期工作时的标准：

$$j=3\text{A}\cdot\text{mm}^{-2}=300\text{A}\cdot\text{cm}^{-2}$$

4）计算线圈长度 L_N

按磁路尺寸比例系数式（13.2.29）$A=L_N/a_N$，a_N 为线圈横截面的等效边长，对圆形线圈而言

$$a_N=\frac{\pi}{4}\ (D+e)$$

已知 $K=0.52$，由 $K-A$ 曲线（图 13.2.12）查得 $A\approx 0.8$，于是

$$L_N=\frac{\pi}{4}A\ (D+e)\ =\frac{\pi}{4}\times 0.8\ (22+8.45)\ =19.13\text{mm}$$

5）求线圈的总匝数 N

线圈在电源电压 $U=220\text{V}$ 下的电流 $i=U/R$，R 为线圈的总电阻：

$$R=\rho\frac{Nl_0}{\pi\frac{d^2}{4}}$$

式中，l_0 为每匝线圈的长度，$l_0=\pi\ (D+e)\ =\pi\ (22+8.45)\ =\ 95.66\text{mm}$。

又 $i=jS=j\ \frac{\pi d^2}{4}$，由 $i=U/R$ 和 $i=jS$ 得

$$j\ \frac{\pi d^2}{4}=\frac{220}{\frac{\rho N l_0}{\frac{\pi d^2}{4}}}$$

故

$$N=\frac{220}{\rho l_0 j}=\frac{220}{0.02339\times 95.66\times 3\times 10^{-3}\times 11}$$
$$=2979.5\approx 2980\ \text{匝}$$

计算 N 时，取温升 65℃加上环境温度 40℃，共 105℃时铜的电阻率 $\rho=0.02339\Omega\cdot\text{mm}^2\cdot\text{m}^{-1}$，并将前面求得的 l_0 和 j 以及电源电压代入便得。在求线圈总匝数 N 的

分母中多了 11 的原因是希望减小总匝数 N、增加导线截面积 S 和激磁电流 i。

6）计算激磁电流 i（将 2，4，5 步求得的 ni、L_N 和 N 代入）

$$i=\frac{niL_N}{N}=\frac{15.73\times19.13}{2980}=0.101\ (\text{A})$$

7）求导线直径 d

$$d=2\sqrt{\frac{i}{\pi j}}=2\sqrt{\frac{0.101}{3\pi}}=0.207\text{mm}$$

8）验算

①检验线圈的温升 Q。

$$Q=\frac{U^2}{R\alpha_S S'}$$

式中，R 为线圈总电阻，S'为线圈的散热面积。α_S 为散热系数，U 为电源电压。

$$R=\rho\frac{Nl_0}{S}=0.02339\frac{2980\times95.66\times10^{-3}}{\frac{\pi}{4}\ (0.207)^2}=198.07\Omega$$

散热系数 α_S 与温升有关。见表 13.8，通常在 0.001～0.0013W・℃$^{-1}$・cm^{-2}。

线圈温升 65℃，故取 $a_S=12.04\times10^{-4}$W・℃$^{-1}$・cm^{-2}，散热面积 S'与线圈结构有关，在空心线圈时为线圈内、外表面积之和

$$S'=(\pi D_{内}+\pi D_{外})\ L_N=\pi\ (22+22+2\times8.45)\ 19.13=36.59\text{cm}^2$$

将 U，R，α_S，S'代入温升 Q 的式中得

$$Q=\frac{U^2}{R\alpha_S S'}=\frac{(220)^2}{198.07\times12.04\times10^{-4}\times36.6}\approx55.5℃$$

可见温升未到达 65℃，故线圈合格。

②检验线圈的额定电流。

由线圈的总电阻 R 和供电电压 220V 可求出线圈的额定电流 $i=220/198.07=1.11$A，可见线圈的额定电流 1.11A 比激磁电流 0.101A 大得多，即设计合理。

③检验线圈中心的磁场。

理论磁化场 $H=0.4\pi\ (N/L_N)\ i=0.4\pi\times2980\times0.101/19.13=19.77$Oe。线圈中心的磁场（线圈的磁感应强度）$B_i=\frac{H}{(1+K)}=19.77\frac{1}{1+0.52}=13\text{G}=13$Oe。与原设计要求相合。

由上例可见，对这类空心线圈的设计步骤归纳如下：

（1）假定磁路工作点坐标比 K。

（2）计算线圈的安匝数 Ni 或单位长度的安匝数 ni，$ni=B_i\ (1+K)\ /0.4\pi$。

（3）计算线圈的绕线厚度 e 和线圈长 L_N。

对于圆形导线 $e=4\alpha^2ni/\pi j$，α 为导线外皮直径和裸线直径之比；

对于扁形导线 $e=\alpha^2ni/j$，j，i 为激磁电流密度和激磁电流。

j 的选择原则如下：

对长期工作制时　$j=2\sim4\text{A}\cdot\text{mm}^{-2}$；

对反复短期工作制时　$j=5\sim12\text{A}\cdot\text{mm}^{-2}$；

对短时工作制时　$j=13\sim30\text{A}\cdot\text{mm}^{-2}$；

对圆形线圈　$L_N=A(D+e)\dfrac{\pi}{4}$；

对长方形截面的线圈 $L_N=2A\dfrac{(a+e)(b+e)}{a+b+2e}$。

A 为磁路尺寸比例系数由图13.2.12的 K-A 曲线上查得。D 为圆形线圈内腔直径，a，b 分别为长方形线圈的内腔的长、宽。

(4) 求线圈的总匝数 N。

$$N=U/\rho j l_0$$

式中，U 为电源电压，ρ 为导线电阻率，l_0 为每匝线圈导线的平均长度。

(5) 计算激磁电流 i。由 $i=niL_N/N$ 计算出。

(6) 求导线直径 d，由 $d=2\sqrt{\dfrac{i}{\pi j}}$（对圆导线而言），$ab=\dfrac{i}{j}$（对扁导线而言），$a$，$b$ 为扁导线截面的两边长。

(7) 验算（根据设计要求进行）。

还有一类线圈的设计是已知线圈的形状及各部分尺寸、线圈的总匝数、导线的直径以及电源电压，求线圈中心一点的磁感应强度 B_i，对这类问题的解决步骤如下：

①求磁路尺寸比例系数 A。

$$A=L_N/a_N$$

式中，L_N 为线圈长度，a_N 为线圈横截面的等效边长 $a_N=\pi(D+e)/4$，圆形线圈直径为 D，圆形线圈绕线厚度为 e。$a_N=2(a+e)(b+e)/(a+b+2e)$，方形线圈内腔的长、宽分别为 a 和 b。

②求磁路工作点坐标比 K。

$$K=\frac{0.41}{A^{1+0.05A}}$$

③求磁路的激磁电流 i。$i=U/R$

式中，U 为电源电压，R 为线圈总电阻。

对导线直径为 d 的圆形线圈 $R=\rho N l_0/S$，l_0 为每匝导线的平均长度，S 为导线截面积 $S=\pi d^2/4$，ρ 为导线电阻率。

④求理论磁化场 H。

$$H=0.4\pi\frac{Ni}{L_N}\ (\text{Oe})$$

⑤求线圈内的磁感应强度 B_i。

$$B_i=\frac{H}{1+K}$$

表 13.7 铜导线在不同温度下的电阻系数 ρ

（单位：$\Omega \cdot mm^2 \cdot m^{-1}$）

工作温度/℃	20	35	40	90	105	120
电阻系数	0.01754	0.01857	0.01991	0.02236	0.02339	0.02443

表 13.8 线圈的散热系数 α_s 与线圈温升的经验值

线圈温升/℃		40	45	50	55	60	65	70	75	80	85
散热系数 α_s ($\times 10^{-4}$W·℃$^{-1}$·cm^{-2})	A^*类	11.00	11.20	11.41	11.62	11.80	12.04	12.25	12.46	12.68	12.89
	B类	9.84	10.01	10.19	10.37	10.54	10.72	10.99	11.17	11.35	11.52

* A类一般适用于直流线圈，B类适用于交流线圈

例 13.5.2 已知单个空心线圈的具体尺寸如图 13.5.5 所示，线圈的总匝数 $N=9000$ 匝，当供电电流 $i=5$A 时，求线圈内中心一点的磁场强度是多少？

解 按上述对这类问题的解决步骤，分析如下：

(1) 求磁路尺寸比例系数 A

$$A=\frac{L_N}{a_N}=\frac{8}{\frac{\pi}{4}\ (D+e)}=\frac{8}{\frac{\pi}{4}\ (3+2)}=\frac{8}{3.927}=2.037$$

(2) 求磁路工作点坐标比 K

$$K=\frac{0.41}{A^{(1+0.05A)}}=\frac{0.41}{2.037^{(1+0.05\times 2.037)}}=\frac{0.41}{2.307^{(1.10185)}}=\frac{0.41}{2.19}=0.187$$

(3) 求理论磁化场 H

$$H=0.4\pi\frac{N}{L_N}i=0.4\pi\frac{9000}{8}\times 5=7069\text{Oe}$$

(4) 求线圈内的磁感应强度 B_i

$$B_i=\frac{H}{1+K}=\frac{7069}{1+0.187}=5955\text{G}$$

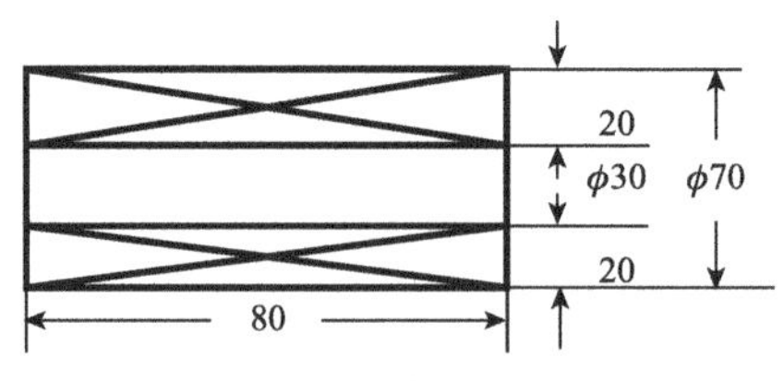

图 13.5.5 单个空心线圈

因为线圈是空心的，其磁感应强度在 CGS 制中与磁场强度相同，故线圈内中心一点的磁场强度为 5955Oe。

13.5.3　空心组合线圈的设计

空心组合线圈是指两个或两个以上的空心线圈的组合而成的电磁磁路。这种设计是为了得到磁场均匀区的范围较大，而导线（即铜重）又较节约的一种设计。

1. 亥姆霍兹线圈（Helmholtz coil）

这是在较大的空间内产生很均匀磁场的一对空心线圈，图13.5.6为亥姆霍兹线圈的理想结构，线圈的半径为r，两线圈中心之间的距离也为r，每个线圈的匝数为N，两线圈串联相接，则两线圈中心联线的中间一点O的磁场为

$$H=0.8997\frac{Ni}{r}\ (\text{Oe})\qquad (\text{CGS 制})\tag{13.5.9}$$

式中，i为通过线圈的电流，以安培为单位。若以O为原点，以两线圈轴线为x轴，过O点作x轴的垂线为y轴，则空间任一点C（x，y）的磁场的x分量H_x和y分量H_y为

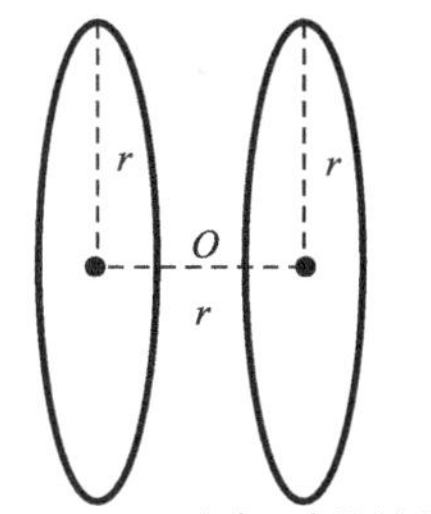

图13.5.6　亥姆霍兹线圈

$$H_x=0.8997\frac{Ni}{r}\left[1-0.144\frac{1}{r^4}\left(8x^4-24x^2y^2+3y^4\right)+\cdots\right]\qquad (\text{CGS 制})\tag{13.5.10}$$

$$H_y=0.0517\frac{Niy}{r^5}\left[x\left(4x^2-3y^2\right)+\cdots\right]\qquad (\text{CGS 制})\tag{13.5.11}$$

由式（13.5.10）和式（13.5.11）可见H_y比H_x小得多，故可忽略，使空间的磁场都沿x方向，且很均匀，在线圈中心处（即O点）与轴长为$0.2r$，半径为$0.1r$的空间内的磁场均匀度为3×10^{-4}。亥姆霍兹线圈虽能在较大空间内产生很均匀的磁场，但磁场强度并不是很大，通常只10^2 Oe的量级（图13.5.7）。因此需要强磁场，且均匀区要求一般的场合，还需设计两个线圈以上的组合电磁磁路。

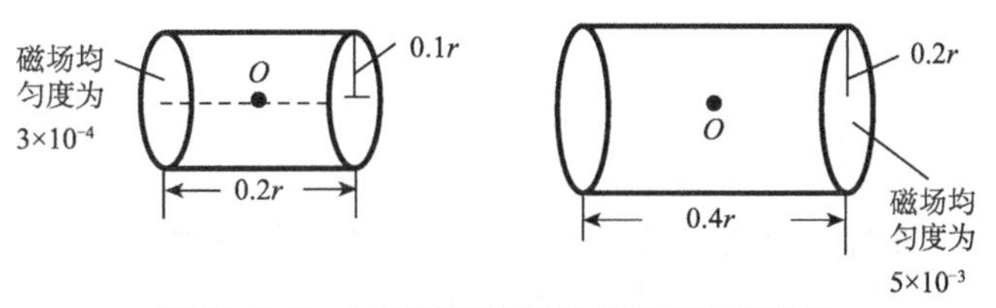

图13.5.7　亥姆霍兹线圈的磁场均匀度范围

2. 空心组合电磁线圈

两个或两个以上的空心线圈，组成的磁回路称为组合电磁磁路。采用这种形式的磁路有利于在面积大、长度小的空间内获得较强和较均匀的磁场。

在组合电磁路中，当两线圈之间的距离 L_g 较小，两线圈的磁通方向相同时，磁通密度是相互叠加的；当两线圈之间的距离增大至某一临界值 L_{gr}时，两线圈的磁通便相互不受影响了。图 13.5.8 为两个空心线圈在同一轴线上改变距离时，磁感应强度 B 随线圈一端至另一端的变化，两个线圈的尺寸和结构是完全相同的（$L=14\text{cm}$，$K=0.55$，内腔面积$=14.2\times17.2\text{cm}^2$），$L_{gr}=9\text{cm}$。图中曲线分别代表两线圈之间的距离 L_g，则

$$1-L_g=\frac{L_{gr}}{5}=1.8\text{cm},\ 2-L_g=\frac{L_{gr}}{2}=4.5\text{cm},\ 3-L_g=L_{gr}=9\text{cm}$$

$$4-L_g=\frac{3L_{gr}}{2}=13.5\text{cm}$$

由此可见，组合电磁路中线图的设计与单个空心线圈的设计并不是简单的叠加。在组合电磁路中，各有关参数的关系如下：

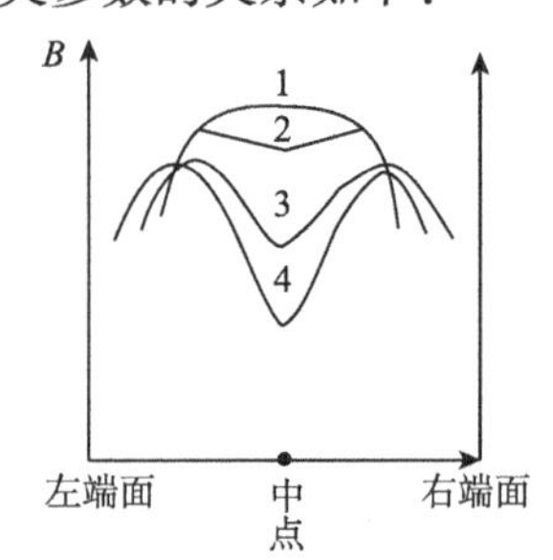

图 13.5.8 两个空心组合线圈，轴线上的磁通密度与线圈间距的关系

（1）磁路尺寸比例系数 A=磁通所经过的平均路径/磁体断面的等效边长

$$A=\frac{mL_N+L_{g1}+L_{g2}+\cdots+L_{g(m-1)}}{a_N} \tag{13.5.12}$$

式中，m 为组合磁路中线圈的个数，L_N 为每个线圈的长度（cm），L_{g1}，L_{g2}，…，$L_{g(m-1)}$为每两个线圈的间距，a_N 为线圈断面的等效边长（cm）。

（2）组合电磁路的工作点的坐标比。

$$K=\frac{0.41}{A^{(1+0.05A)}}$$

（3）磁场强度的理论值。

$$H=0.4\pi i\frac{mL_Nn}{mL_N+L_{g1}+L_{g2}+\cdots+L_{g(m-1)}} \tag{13.5.13}$$

当两线圈之间的距离为临界距离 L_{gr}，而且视在磁感应强度也相同时，即 $B_{i1}=B_{i2}$时，两线圈的工作负载线 H_1K_1 和 H_2K_2 在等值退磁曲线上相交一点如图 13.5.9 所示，于是图中各量之关系由式（13.5.7）可写为

$$B_i=\frac{H_1}{1+K_1}=\frac{H_2}{1+K_2} \tag{13.5.14}$$

或

$$H_2=\frac{H_1(1+K_2)}{1+K_1} \tag{13.5.15}$$

和

$$K_2=\frac{H_2(1+K_1)-H_1}{H_1} \tag{13.5.16}$$

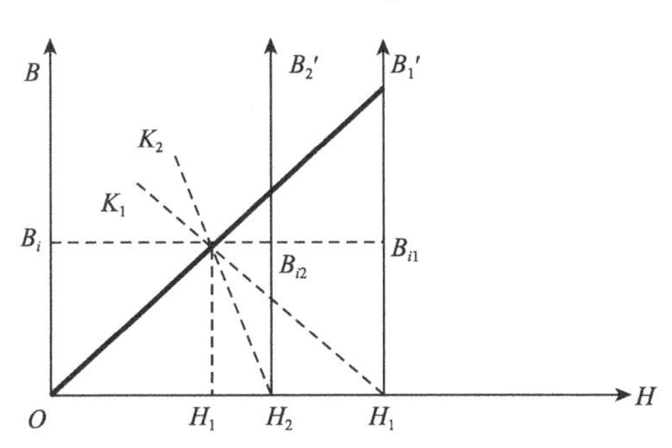

图 13.5.9　两个空心组合线圈电磁路的工作点

利用以上各式，可设计出单个线圈，初步估计并验算 K_2 和 H_2，进而求出 L_{gr}。通常，求 L_{gr} 不是目的，只是为了较正确地估计 K_2 而作的。在具体设计时，根据要求，大致确定 L_g 的范围，由此利用前述公式，估算磁路的各有关参数。下面以设计两线圈之间气隙的磁感应强度 B_g 为例，进一步说明设计的步骤。

（1）假定 K_1，K_2 值，选最佳值即 $K_1=1$。

（2）求解三元联立方程组，以便得出每个线圈的长度 L_N，以及单位长度的安匝数 nI 和组合电磁路的理论磁化场 H_2。

三元联立方程组，是根据以前所谈的理论、经验和分析、综合所得到的，推导过程大致如下：

式（13.2.1）或式（13.2.11）已谈及，磁通利用系数的倒数

$$\frac{1}{\varepsilon}=\frac{\text{磁路内磁体中性面的磁通 }\phi_m}{\text{磁路内气隙的（工作）磁通 }\phi_g}$$

即

$$\varepsilon=\frac{\Phi_g}{\Phi_m}=\frac{B_gS_g}{B_mS_m}$$

S_g 为气隙面积，S_m 为磁体面积。

当两个空心线圈相互平行时，磁体面积就是气隙面积，故 $S_m=S_g$ 于是 $B_g=\varepsilon B_m$ 或 $B_g=\varepsilon B_i$，B_i 为视在磁感应强度。另外，在 13.2.8 节利用自退磁效应设计磁路的一节中，磁通利用系数 ε 又表示为

$$\varepsilon=\frac{1}{QL_{go}+1}$$

式中，L_{go}为气隙长度修正系数，不同类型的磁路，有不同的公式。Q为磁路类型常数，不同类型的磁路数值不同。

对戊型（图 13.2.36）磁路，Q的公式为

$$Q=\frac{5.5+L_g/a_{ms}}{3}\text{（戊型）或 }Q_{戊}=5.5$$

对于空心线圈，由于没有磁轭、衔铁等，故很像永磁磁路中的戊型磁路；其中L_{go}为

$$L_{go}=\frac{L_g/2\sqrt[3.2]{a_{ms}^2}L_u}{S_g}$$

式中，L_g 为两线圈的间距（cm），L_u 为单位长度（cm），取 $L_u=1$。S_g（线圈横截面积 cm^2）$=\frac{\pi\ (D+e)\ 2}{4}$，D为线圈内腔直径（cm），e为线圈厚度（cm）。

a_{ms}（线圈横断面的等效边长 cm）$=\frac{\pi\ (D+e)}{4}$

由式（13.5.2），线圈厚度e的公式为

$$e=\frac{4\alpha^2ni}{\pi J}$$

式中，α为导线外皮直径与裸线直径之比，J为电流密度。

将以上数值代入ε的式中，得

$$\varepsilon=\frac{1}{\dfrac{Q\left[\dfrac{L_g}{2}\sqrt[3.2]{\dfrac{\pi}{4}\left(D+\dfrac{4\alpha^2ni}{\pi J}\right)^2}\right]}{\dfrac{\pi}{4}\left(D+\dfrac{4\alpha^2ni}{\pi J}\right)^2}+1}=\frac{1}{0.5474QL_g\left(D+\dfrac{4\alpha^2ni}{\pi J}\right)^{-\frac{11}{8}}+1}$$

将上式ε的表达式和$B_i=H_2/$（$1+K_2$）代入$B_g=\varepsilon B_i$，得

$$B_g=\frac{H_2}{1+K_2}\frac{1}{0.5474QL_g\left(D+\dfrac{4\alpha^2ni}{\pi J}\right]^{-\frac{11}{8}}+1}$$

或

$$H_2=B_g\ (1+K_2)\ \left[0.5474QL_g\left(D+\frac{4\alpha^2ni}{\pi J}\right)^{-\frac{11}{8}}+1\right]\qquad(13.5.17)$$

对两个线圈的理论磁化场而言，可从两个无限长线圈的理论磁化场中求出，即

$$H_2=0.4\pi i\frac{2L_Nn}{2L_N+L_g}=\frac{0.8\pi L_Nni}{2L_N+L_g}$$

式中，L_N为每个线圈的长度（cm）。于是有

$$ni=\frac{H_2\ (2L_N+L_g)}{0.8\pi L_N} \tag{13.5.18}$$

由磁路尺寸比例系数式（13.2.29）$A=L_N/a_{ms}$，可求出每个线圈的长度

$$L_N=Aa_{ms}=\frac{A\pi\ (D+e)}{4}=\frac{\pi A}{4}\left(D+\frac{4\alpha^2 ni}{\pi J}\right) \tag{13.5.19}$$

根据设计要求，通常 L_g，A，J，α 和 Q 都为已知数，因此由联立方程（13.5.17），方程 13.5.18）和方程（13.5.19）可解出每个线圈的长度 L_N，单位长度的安匝数 ni 和组合电磁路的理论磁场 H_2。

（3）计算线圈的厚度 e。

计算方法有两种，一种是上述步骤 2 用过的公式（对圆导线和圆形线圈）

$$e=\frac{4\alpha^2 ni}{\pi J}$$

另一种是根据线圈尺寸比例系数 A 和线圈的几何尺寸中求出

$$e=\frac{4L_N}{\pi A}-D$$

式中，L_N 为线圈长度，D 为线圈内腔的直径，A 为线圈尺寸比例系数，可由 K 与 A 的关系式（13.2.9）或 K-A 曲线图 13.2.12 中求。

[注：由 $A=\frac{L_N}{a_N}=\frac{L_N}{\frac{\pi}{4}\ (D+e)}$，可推出 $e=\frac{4L_N}{\pi A}-D$]

（4）计算每个线圈的匝数 N。

$$N=U/\ (\rho J l_0)$$

式中，U 为电源电压，J 为电流密度，ρ 为导线电阻率，l_0 为线圈每匝的平均长度。

上式的推导如下：

圆形线圈每匝的平均长度（$l_0=\pi\ (D+e)$，每个线圈的电阻 $R=\left(\frac{l}{S}\right)\rho=\rho\frac{Nl_0}{S}$，$S=\pi\left(\frac{d}{2}\right)^2$。每个线圈上的欧姆定律$\frac{U}{R}=I$，$U=IR=I\rho N\frac{l_0}{S}$由电流与电流密度的关系 $J=\frac{I}{S}$，$S=I/J$ 代入上式便得 $N=\frac{U}{\rho J l_0}$。

（5）求线圈内的电流 i。

$Ni=niL_N$，$i=\frac{niL_N}{N}$，ni，L_N 在步骤 2 中求出，N 在步骤 4 中求出。

（6）求导线直径 d。

由电流 i 和电流密度 J 的关系中得 $d=2\sqrt{\frac{i}{\pi J}}$，求 d。

（7）验算。

看选择的电流密度 J 是否满足线圈温升的要求。

如由步骤 6 求出的导线直径 d 是否与所选的导线外皮直径和裸线直径之比的系数 α 一致。否则便需要重新估计 J 和 α 值，再按上述步骤重新设计。

例 13.5.3 有一超导线圈由两个空心线圈组成，结构和尺寸如图 13.5.10 所示。线圈总匝数为 19000 匝，求线圈通过电流 30A 时，在 2cm 气隙中的磁感应强度 B_g。

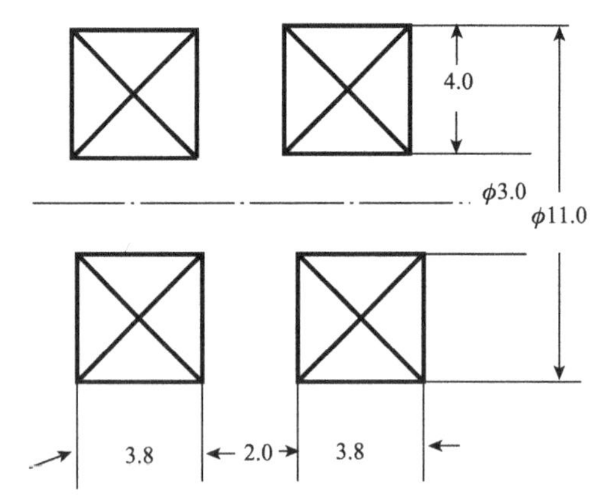

图 13.5.10 两个空心超导线圈的结构、尺寸（单位：cm）

解 这个问题比较简单，解决步骤与单个空心线圈的同类问题相似，解决步骤如下：

(1) 由两个组合线圈电磁磁路的总长度：

$$L_m = 2L_N + L_g = 2\times 3.8 + 2.0 = 9.6\text{cm}$$

和线圈横断面的等效边长 a_N（即前面的 a_m。）

$$a_N = \pi\frac{D+e}{4} = \pi\frac{3.0+4.0}{4} = 5.498\text{cm}$$

得出此电磁磁路的磁路尺寸比例系数 A 为

$$A = \frac{L_m}{a_N} = \frac{9.6}{5.498} = 1.746$$

(2) 此电磁路的磁路工作点坐标比 K 为

$$K = \frac{0.41}{A^{(1+0.05A)}} = \frac{0.41}{1.746^{(1+0.05\times 1.746)}} = 0.2237$$

(3) 磁路的理论磁化场 H 为

$$H = 0.4\pi\frac{NI}{L_m} = 0.4\pi\frac{19000\times 30}{9.6} = 74613\text{Oe}$$

(4) 在 2cm 气隙中间的磁感应强度为

$$B_g = \frac{H}{1+K} = \frac{74613}{1+0.224} = 60973\text{G} = 6.0973\text{T}$$

13.5.4　铁芯线圈的设计

1. 铁芯线圈电磁路的特点与类型

带铁芯的线圈的优点是在铁芯的磁化曲线未饱和以前，用较小的磁场获得较高的有用磁通，因此这种磁路用途非常广泛，各种类型的电磁铁、继电器、开关和变压器等的设计原理都属于铁芯电磁磁路。

铁芯线圈含有激磁线圈和铁芯，其结构形式比永磁磁路和空心线圈复杂，为分析计算方便，提出以下九种铁芯线圈的电磁磁路类型，见图 13.5.11，这些都是有气隙的磁路，至于无气隙的变压器磁路就不叙述了。

甲型铁芯线圈磁路，只有一个线圈和铁芯，铁芯的两端均有磁轭。此种结构使铁芯中的磁力线向磁轭延伸，以减弱退磁效应。这种磁路的磁中性面处有较高的视在磁感应强度 B_m，但漏磁也较多，故磁通利用系数 ε 较小。

乙型铁芯线圈磁路，有两个激磁线圈，铁芯的长度是两个铁芯插入线圈内的长度之和。此种磁路，一般说来铁重和铜重之比较小，磁路中视在工作气隙的磁密较低，铁芯呈坐式，故便于安放。

丙型铁芯线圈磁路，与甲型磁路一样也只有一个线圈，视在磁密较高。工作气隙处于铁芯的一端，使一部分漏磁通被利用，这种磁路的衔铁多为转动式。

丙-甲型铁芯线圈磁路是介于丙型和甲型之间的磁路，即磁通利用系数的计算与甲型磁路相同，而磁路尺寸比例系数的计算则与丙型磁路相同。丙-甲型磁路结构的形式有多种，图 13.5.11 中仅提出三种。丙-甲型磁路的气隙平均磁密，在行程相同时小于丙型磁路，但是把它作为接触类的电磁吸力机构使用，则具有手动的特点，其吸力面为气隙面积的二倍，使丙-甲型磁路的总吸力通常大于丙型磁路的吸力。丙-甲型磁路的工作气隙长度为行程的两倍，故行程不宜太大。

丁型铁芯线圈磁路是长宽比稍大于 1 的磁路，其视在工作点很低，但与戊型磁路比较，在视在工作点相同的情况下，仍能在较长的工作气隙中获得较高的气隙磁密 B_g，所以尽管在相同的视在磁密 B_m 下，铜重或铜重和铁重都较大，仍有使用价值。

戊型铁芯线圈磁路也是长宽比稍大于 1 的磁路，其磁路的视在工作点也很低。

己型铁芯线圈磁路比较容易获得较高的视在磁密 B_m，磁通利用系数与丁型磁路相同，所以可能具有较大的气隙磁密 B_g。由于己型磁路的气隙在螺线管内，故气隙磁密 B_g 由铁芯产生在气隙中的磁密 $B_{g铁}$ 和单独的空心线圈产生在气隙中的磁场 H_g 之和，即

$$B_g = B_{g铁} + H_g \quad (\text{CGS 制}) \tag{13.5.20}$$

而 H_g 就是式（13.5.7）的 B_i'，

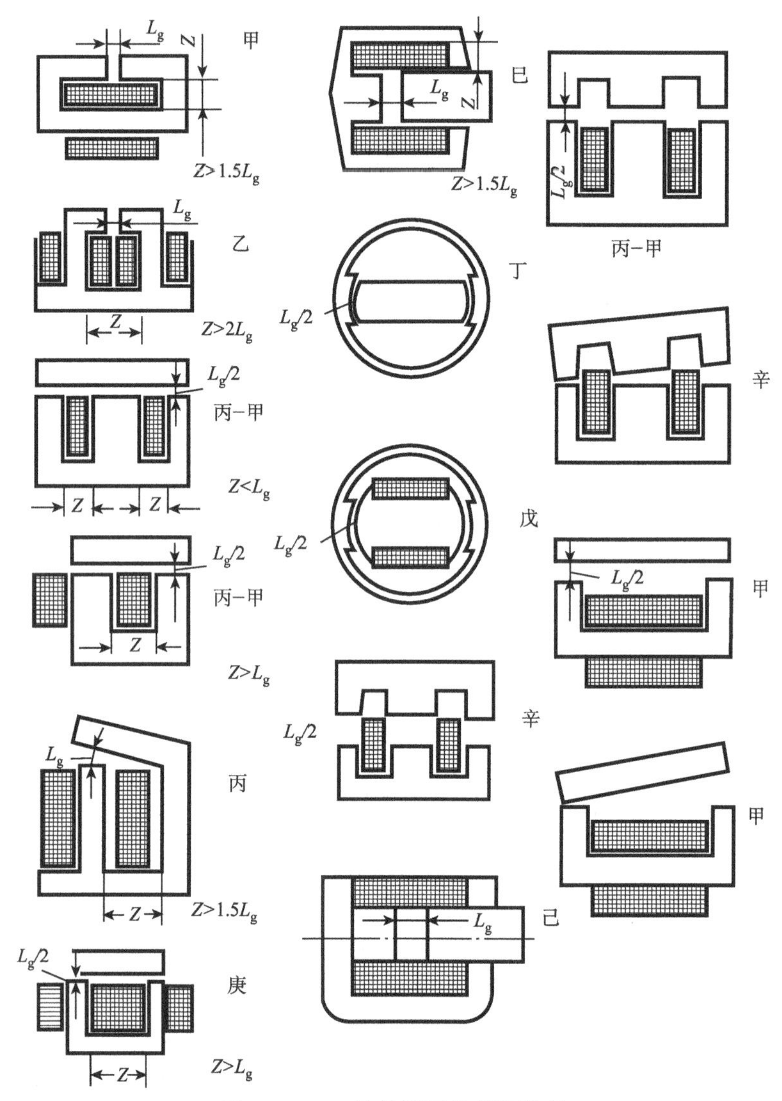

图 13.5.11 铁芯线圈的磁路类型

$$B_i' = H_g = \frac{H}{1+K} \quad \text{(CGS 制)} \tag{13.5.21}$$

式（13.5.21）中的 K 为单独的空心线圈的工作点的坐标比，H 为理论磁化场。

$$H = 0.4\pi \frac{NI}{L_N} \quad \text{(CGS 制)} \tag{13.5.22}$$

式中，N 为线圈的总匝数，L_N 为线圈的长度（cm），I 为激磁电流（A）。

庚型铁芯线圈磁路的特点是有两组线圈和两个气隙，两气隙的磁密均匀，合力的作用点在衔铁的中间。线圈的厚度大于或等于单个气隙的长度。

辛型铁芯线圈磁路的特点是既可以获得较高的视在磁密 B_m，又可以得到较大的磁通利用系数，并且其吸合面积为铁芯截面的两倍，但其气隙也为行程的两倍，故此磁路不宜用于大行程的机构中。

2. 用自退磁现象设计铁芯线圈电磁路

在 13.2.8 节中讨论过用自退磁现象设计永磁磁路，其要点是首先归纳出各种磁路类型，然后写出磁路工作点坐标比 K，磁路尺寸比例系数 A 和磁通利用系数 ε 等的经验公式，按照这些公式及已知的条件，便可完成设计任务。本节讨论用自退磁现象设计铁芯线圈的电磁磁路，其要点和 13.2.8 节相同，因此我们也首先归纳了 9 种磁路类型（图 13.5.11），然后将在下面写出各种磁路尺寸比例系数 A 和磁通利用系数 ε 的经验公式，最后讨论设计步骤和设计电磁振动台和电磁铁的例子。

1）磁路尺寸比例系数 A 的经验公式

根据不同的电磁磁路，磁路尺寸比例系数 A 也不相同，按图 13.5.11 的磁路类型，它们相应的磁路尺寸比例系数 $A_{甲}$，$A_{乙}$，$A_{丙}$，…的经验公式如下：

$$A_{甲}=\frac{L_i+(L_i-L_g)^{①}+2\sqrt{S_i}+\left(\dfrac{S_g}{2L_g\sqrt{S_i}}-1\right)^{①}L_u}{\sqrt{S_i}} \tag{13.5.23}$$

$$A_{乙}=\frac{L_i+2\sqrt{S_i}+\left(\dfrac{S_g}{2L_g\sqrt{S_i}}-1\right)^{①}L_u}{\sqrt{S_i}} \tag{13.5.24}$$

$$A_{丙}=A_{丙-甲}=\frac{L_i+(L_i-L_g)^{①}+\sqrt{S_i}+\left[\dfrac{(\sqrt{S_i}+a_i)S_g}{4L_gS_i}-1\right]^{①}L_u}{\dfrac{1}{2}(\sqrt{S_i}+a_i)} \tag{13.5.25}$$

$$A_{丁}=A_{戊}=\frac{L_i+\left(\dfrac{a_iS_g}{2L_gS_i}-1\right)^{①}L_u}{a_i} \tag{13.5.26}$$

$$A_{己}=\frac{2L_i-L_g+\left(\dfrac{a_iS_g}{2L_gS_i}-1\right)L_u}{a_i} \tag{13.5.27}$$

$$A_{庚}=\frac{\dfrac{1}{2}L_i+\left(\dfrac{1}{2}L_i-L_g\right)^{①}+\left(\dfrac{a_iS_g}{2L_gS_i}-1\right)^{①}L_u}{a_i} \tag{13.5.28}$$

当 $(L_i/2-L_g)\leqslant a_i$ 时，此项用 a_i 代替。

---

① 表示括弧内只取正数，若为负数，则取零。

$$A_{辛}\frac{2\ (L_{i1}+L_{i2})\ +\sqrt{S_i}+\left(\frac{S_g}{2L_g\sqrt{S_i}}-1\right)L_u}{\sqrt{S_i}} \tag{13.5.29}$$

上述各式中的符号意义如下：

L_i 为铁芯长度，即线圈长度（cm），L_{i1} 为铁芯插入线圈的固定长度（cm），L_{i2} 为活动铁芯插入线圈的长度（cm），数值可正可负，L_g 为工作气隙长度（cm），S_i 为铁芯截面积（cm^2），S_g 为工作气隙截面积（cm^2），a_i 为铁芯的等效边长（cm），L_u 为单位长度（cm）。

对于圆形截面 $a_i=\frac{\pi}{4}d$，d 为直径。对于矩形截面 $a_i=\frac{2S_i}{a+b}$，a、b 分别为矩形的边长。

磁路工作点坐标比 K 的公式与式（13.2.28）相同即

$$K=\frac{0.41}{A^{(1+0.05A)}}$$

2）磁通利用系数 ε 的经验公式

对图 13.5.11 的 9 种铁芯线圈电磁磁路而言，磁通利用系数 ε 的经验公式，可以写成

$$\varepsilon=\frac{1}{Q\times\frac{L_g}{S_g}\sqrt[3.2]{S_{is}}L_u+1} \tag{13.5.30}$$

式中，Q 为磁路类型常数，不同的磁路有不同的取值。S_{is} 为与铁芯截面积 S_i 和铁芯的等效边长 a_i 有关的数值，也随不同的磁路类型而异。其余符号的意义与式（13.5.23）～式（13.5.29）相同。图 13.5.11 中不同类型磁路的 Q 和 S_{is} 的取值和公式如下：

$Q_{甲}$、$Q_{丙-甲}$ 建议取 15，$S_{is}=S_i$；

$Q_{乙}$ 建议取 11，$S_{is}=S_i$；

$Q_{丙}$ 建议取 11，$S_{is}=\frac{1}{2}\ (S_i+a_i^2)$；

$Q_{丁}$ 建议取 6，$S_{is}=a_i^2$；

$Q_{戊}$ 建议取 3，$S_{is}=a_i^2$；　　(13.5.31)

$Q_{己}$ 建议取 6，$S_{is}=a_i^2$；

$Q_{庚}$ 建议取 8，$S_{is}=a_i^2$；

$Q_{辛}$ 建议取 6，$S_{is}=a_i^2$。

3）电磁振动台的设计

例 13.5.4 图 13.5.12 为电磁振动台的结构，其磁化线圈有 1 个，总匝数为 4840，工作电流为 4A。铁芯材料采用工业纯铁 DT_1，其磁化曲线见图 13.5.13。求电磁振动台的气隙磁感应强度 B_g。

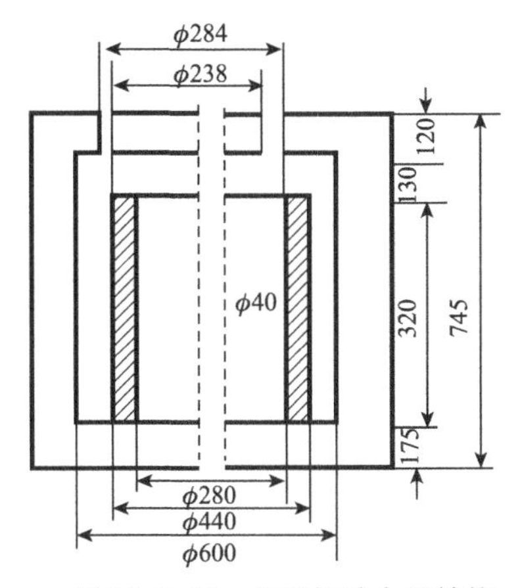

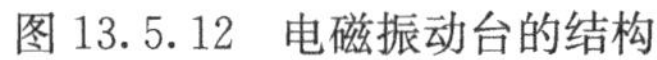
图 13.5.12　电磁振动台的结构

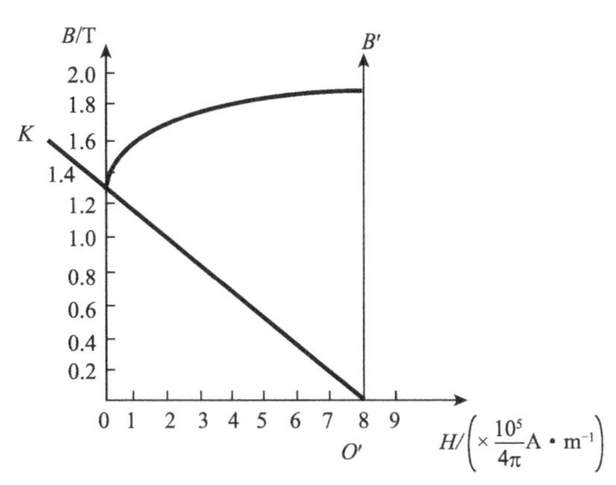

图 13.5.13　工业纯铁 DT_1 的磁化曲线

解　计算分析步骤如下：

（1）判断电磁振动台的磁路类型。

根据图 13.5.12 的结构，电磁振动台有一个线圈，线圈中有铁芯，两边有磁轭，故这种结构与图 13.5.11 的甲型磁路相似，属于甲型磁路。

（2）求磁路尺寸比例系数 A。

由式（13.5.23）知

$$A_{甲}\frac{L_i+(L_i-L_g)^*+2\sqrt{S_i}+\left(\dfrac{S_g}{2L_g\sqrt{S_i}}-1\right)^*L_u}{\sqrt{S_i}}$$

根据图 13.5.12，已知

$$L_i=32\text{cm},\quad L_g=\frac{1}{2}(28.4-23.8)=2.3\text{cm}$$

$$S_i=\frac{1}{4}\pi d^2=\frac{1}{4}\pi(28)^2=615.75\text{cm}^2$$

$$S_g=\pi\left(\frac{D_1+D_2}{2}\right)h=\pi\left(\frac{28.4+23.8}{2}\right)\times12=983.9\text{cm}^2$$

将以上数值代入公式 $A_{甲}$，得

$$A_{甲}=\frac{32+(32-2.3)+2\sqrt{615.75}+[983.9/(2\times2.3\times\sqrt{615.75})-1]}{\sqrt{615.75}}$$

$$=\frac{32+29.7+2\times24.8+7.62}{24.8}=4.795$$

（3）计算磁路工作点坐标比 K。

$$K=\frac{0.41}{A^{(1+0.05A)}}=\frac{0.41}{4.795^{(1+0.05\times4.795)}}=\frac{0.41}{4.795^{1.24}}=\frac{0.41}{6.985}=0.058695\simeq0.0587$$

（4）计算磁化线圈的理论磁化场 H。

$$H=\frac{0.4\pi NI}{L}=\frac{0.4\pi\times4840\times4}{32}=760.26\ \mathrm{Oe}$$

（5）求磁路工作点视在磁感应强度 B_{mil}。

在图 13.5.13 工业纯铁 $\mathrm{DT_1}$ 的磁化曲线上，横坐标 $H=760.26\mathrm{Oe}$ 处的 O' 点，作一垂直于横坐标的直线 $B'O'$，则原来的磁化曲线在新坐标系 $B'O'H$ 中便成为等值退磁曲线，由磁路工作点坐标比 K，可确定磁路工作点的视在磁感应强度 B_{mi}，当 $K=0.0587$ 时，在等值退磁曲线上找出相应的磁路工作点的视在磁感应强度 $B_{\mathrm{mi1}}=12947\mathrm{G}$。

（6）求磁轭上工作点的视在磁感应强度 B_{mi2}。

根据铁芯内的总磁通与磁轭上的总磁通相等得

$$B_{\mathrm{mi1}}S_{\mathrm{i}}=B_{\mathrm{mi2}}S_{\mathrm{i}}'$$

式中，S_{i}'为磁轭的截面积（$\mathrm{cm^2}$）。

$$B_{\mathrm{mi2}}=\frac{B_{\mathrm{mi1}}S_{\mathrm{i}}}{S_{\mathrm{i}}'}=\frac{12947\times615.75}{\frac{1}{4}\pi\ (23.8)^2}=17919\mathrm{G}$$

（7）计算磁通利用系数 ε。

根据式（13.5.30），取 $Q_{甲}=15$，$S_{\mathrm{is}}=S_{\mathrm{i}}$ 得

$$\varepsilon=\frac{1}{Q\frac{L_{\mathrm{g}}}{S_{\mathrm{g}}}\sqrt[3.2]{S_{\mathrm{i}}}L_{\mathrm{u}}+1}=\frac{1}{15\times\frac{2.3}{983.9}\sqrt[3.2]{615.75}+1}=0.793$$

（8）求电磁振动台的气隙磁感应强度 B_{g} 根据式（13.2.23），得

$$B_{\mathrm{g}}=\frac{\varepsilon B_{\mathrm{im2}}S_{\mathrm{i}}'}{S_{\mathrm{g}}}=\frac{0.793\times17919\times\frac{\pi}{4}\ (23.8)^2}{983.9}=6425\ \mathrm{G}$$

实际测量时，该电磁振动台的气隙磁感应强度 B_{g} 为 6200G，故上述分析计算是正确的。

4）电磁铁的设计

在图 13.5.11 的铁芯线圈磁路中，有许多类型都可作为电磁铁的磁路结构。但是在满足共同要求的情况下，哪一种磁路结构最佳！这是人们关心的问题。表 13.9 是满足共同要求下，8 种类型电磁铁磁路各参数的计算结果。

直流电磁铁的共同要求是：

（1）线圈内腔面积 $S_{\mathrm{i}}'=2.2\mathrm{cm}\times2.2\mathrm{cm}$；

（2）铁芯、磁轭、衔铁等均用 $\mathrm{DT_2}$ 工业纯铁，其截面积 $S_{\mathrm{i}}=2\mathrm{cm}\times2\mathrm{cm}$；

（3）气隙长度 $L_{\mathrm{g}}=1\mathrm{cm}$，气隙截面积 $S_{\mathrm{g}}=4\mathrm{cm^2}$；

（4）线圈厚度 $e=0.8\mathrm{cm}$，线圈磁场 $H=200\ \mathrm{Oe}$；

（5）铁芯的磁感应强度 $B_{\mathrm{i}}=13000\mathrm{G}$；

（6）磁路尺寸比例系数 A 均选定为 $A=9.5$（通过改变铁芯外轮廓的尺寸 a，

b 和线圈长度 L_N 来实现 $A=9.5$）。

表 13.9　8 类电磁铁的磁路各参数的计算结果

磁路类型	L_g/cm	S_g/cm²	a/cm	b/cm	L_i/cm	ε	B_g/Gs	ϕ_g/Mx	V_{Fe}/cm³	V_{Cu}/cm³	ϕ_{gv}/(Mx·cm⁻³)
甲	1	4	5.5	12	8	0.147	1916	7665	104	76.8	42.3
乙	1	4	11.5	6	15	0.191	2500	9900	104	144	39.8
丙	1	4	14	5.5	9	0.191	2500	9900	120	86.4	48
丙一甲	2	8	14.5	6	9	0.08	1040	8300	124	91	38.6
丁	1	4	5.5	24	19	0.302	3920	15700	200	182	41.08
已	1	4	5.5	15.5	10.5	0.302	4108	16432	128	110.41	68.93
庚	2	8	15.5	6	21	0.178	2300	14600	132	202	43.8
辛	2	8	13.75	6	8.75	0.178	2300	18500	118	93.6	87.5

注：$1\text{Mx}=10^{-8}\text{Wb}$

由表 13.9 可见，从磁通利用系数 ε 和气隙磁通密度 B_g 来看，丁型和已型的电磁铁磁路的磁通利用系数最高，ε 的值均达到 30.2%，而气隙磁通密度 B_g 则分别达到 3920G 和 4108G，也是 8 个类型中最高的，不过单位体积材料在气隙中产生的磁通 ϕ_{gV}（指铁材和线圈体积的和去除气隙磁通）却不是最高的，只有 41.08Mx·cm⁻³ 和 68.93Mx·cm⁻³。下面分别计算图 13.5.14 中某种电磁铁磁路的各种参数。

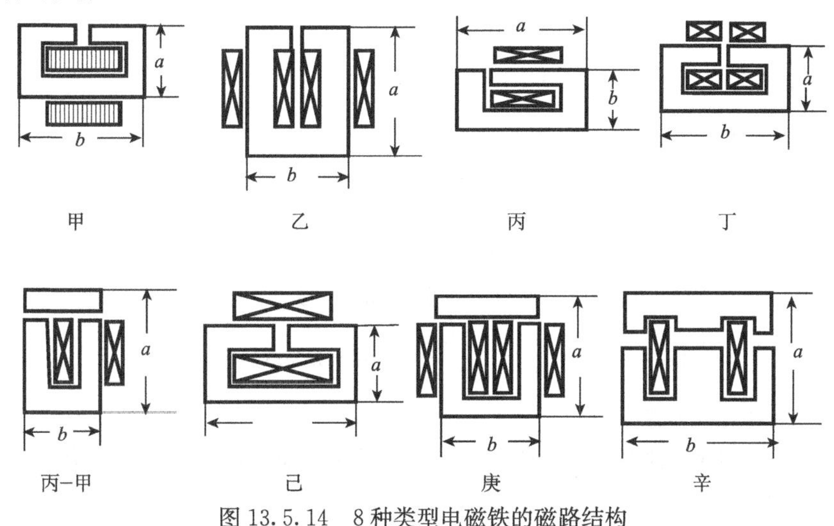

图 13.5.14　8 种类型电磁铁的磁路结构

（1）对甲型电磁铁磁路。

甲型电磁铁磁路结构见图 13.5.14 甲，根据已知条件求磁路各参数。

①由已知 $A_{甲}=9.5$，$S_i=S_g=2\times2\text{cm}^2$，$L_g=1\text{cm}$，$L_u=\text{cm}$ 代入式（13.5.23），

得铁芯长度 L_i 为

$$L_i=\frac{1}{2}\left[A_{甲}\sqrt{S_i}+L_g-2\sqrt{S_i}-\left(\frac{S_g}{2L_g\sqrt{S_i}}-1\right)L_u\right]$$

$$=\frac{1}{2}\left[9.5\sqrt{4}+1-2\sqrt{4}-\left(\frac{4}{2\times1\times\sqrt{4}}-1\right)\right]=8\text{cm}$$

由此定出甲型磁路的外轮廓尺寸为 $a=2\times2+1.5=5.5\text{cm}$，$b=2\times2+L_i=4+8=12\text{cm}$.

②由磁路的外轮廓尺寸，算出铁芯和磁轭的体积 V_{Fe}。

$V_{Fe}=S_iL_\phi$，L_ϕ 为铁芯和磁轭的长度：

$$L_\phi=2\times12-1+2\ (5.5-4)\ =26\text{cm}$$

$$V_{Fe}=4\times26=104\text{cm}^3$$

③由线圈尺寸算出线圈的体积 V_{Cu}。

$$V_{Cu}=L_N(S_{外}-S_{内})$$

式中，$S_{外}$ 为线圈外腔面积，$S_{内}$ 为线圈内腔面积，L_N 为线圈长度，这里便是铁芯长度。

$$V_{Cu}=8\ [\ (2.2+1.6)\ \times\ (2.2+1.6)\ -2.2\times2.2]$$

$$=8\times\ (14.44-4.84)\ =8\times9.6=76.8\text{cm}^3$$

④求磁通利用系数 ε。

根据式（13.5.30），取 $Q_{甲}=15$，$S_{is}=S_i=4\text{cm}^2$ 以及已知条件得

$$\varepsilon=\frac{1}{Q\dfrac{L_g}{S_g}\sqrt[3.2]{S_i}L_u+1}=\frac{1}{15\times\dfrac{1}{4}\times\sqrt[3.2]{4}+1}=0.1474$$

⑤求气隙磁通 ϕ_g 和磁通密度 B_g。

$$\phi_g=S_iB_i\varepsilon=4\times13000\times0.1474=7665\text{Mx}$$

$$B_g=\frac{\phi_g}{S_g}=\frac{7665}{4}=1916\text{G}$$

⑥求单位体积材料，在气隙中产生的磁通 ϕ_{gV}。

$$\phi_{gV}=\frac{\phi_g}{V_{Fe}+V_{Cu}}=\frac{7665}{104+76.8}=42.39\text{Mx}\cdot\text{cm}^{-3}$$

（2）对丁型电磁铁磁路。

丁型电磁铁磁路结构见图 13.5.14 丁，根据已知条件，计算磁路各参数：

①由式（13.5.26）求出铁芯长度 L_i。

$$L_i=a_iA_{丁}-\left(\frac{a_iS_g}{2L_gS_i}-1\right)L_u$$

a_i 为铁芯的等效边长，对正方形截面 a_i＝正方形的边长＝2cm。

将其他已知数值代入上式得

$$L_i=2\times9.5-\left(\frac{2\times4}{2\times1\times4}-1\right)=19\text{cm}$$

由此定出丁型磁路的外轮廓尺寸，$a=4+1.5=5.5\text{cm}$，$b=4+19+1=24\text{cm}$。

②由磁路的外轮廓尺寸，算出铁芯和磁轭的体积 V_{Fe}。

$$V_{Fe}=S_iL_\phi=S_i\times[(2b-L_g]+2(a-4)]=4\times[(2\times24-1)+2\times(5.5-4)]=200\text{cm}^3$$

③由线圈尺寸，算出线圈体积 V_{Cu}。

$$V_{Cu}=L_N\ (S_{外}-S_{内})\ =19\ (14.44-4.84)\ =19\times9.6=182.4\text{cm}^3$$

④求磁通利用系数 ε。

根据式（13.5.30），取 $Q_丁=6$，$S_i=a_i^2=4\text{cm}^2$，以及已知条件得

$$\varepsilon=\frac{1}{Q\times\frac{L_g}{S_g}\sqrt[3.2]{S_i}L_u+1}=\frac{1}{6\times\frac{1}{4}\sqrt[3.2]{4}+1}=0.3018$$

⑤求气隙磁通 ϕ_g 和磁通密度 B_g。

$$\phi_g=S_iB_i\varepsilon=4\times13000\times0.3018=15694\text{Mx}$$

$$B_g=\frac{\phi_g}{S_g}=\frac{15694}{4}=3923\ \text{G}$$

⑥求单位体积材料在气隙中产生的磁通 ϕ_{gV}。

$$\phi_{gV}=\frac{\phi_g}{V_{Fe}+V_{Cu}}=\frac{15694}{200+182}=41.08\text{Mx}\cdot\text{cm}^{-3}$$

（3）对己型电磁铁磁路。

己型电磁铁的磁路结构见图13.5.14己，此结构的气隙在线圈的内腔中，故气隙磁通是铁芯和线圈在气隙中产生的磁通之和，其余计算方法与上述相同。

①由式（13.5.27）求出铁芯长度 L_i。

$$L_i=\frac{1}{2}\left[a_iA_己+L_g-\left(\frac{a_iS_g}{2L_gS_i}-1\right)L_u\right]=\frac{1}{2}\left[2\times9.5+1-\left(\frac{2\times4}{2\times1\times4}-1\right)\right]=10.5\text{cm}$$

由此定出己型磁路的外轮廓尺寸 $a=4+1.5=5.5\text{cm}$，$b=4+10.5+1=15.5\text{cm}$。

②由磁路的外轮廓尺寸，计算出铁芯和磁轭的体积 V_{Fe}。

$$V_{Fe}=S_iL_\phi=S_i\ [2b-1+2\ (a-4)]\ =4\times\ [2\times15-1+2\times\ (5.5-4)]\ =128\text{cm}^3$$

③由线圈尺寸计算出线圈体积 V_{Cu}。

$$V_{Cu}=L_N\ (S_{外}-S_{内})\ =\ (10.5+1)\ \times\ (14.44-4.84)\ =11.5\times9.6=110.4\text{cm}^3$$

④求磁通利用系数 ε。

根据式（13.5.30），取 $Q_己=6$，$S_i=4\text{cm}^2$，以及已知条件得

$$\varepsilon=\frac{1}{Q\frac{L_g}{S_g}\sqrt[3.2]{S_i}L_u+1}=\frac{1}{\frac{6\times1}{4}\sqrt[3.2]{4}+1}=0.3018$$

⑤求气隙磁通 $\phi_{g己}$ 和磁通密度 $B_{g己}$。

由于己型电磁铁的气隙在线圈的内腔中，因此己型电磁铁的气隙磁通 $\phi_{g己}$ 是

铁芯在气隙中产生的通 ϕ_g 和线圈在气隙中产生的磁通 ϕ_H 之和：

$$\phi_{g己}=\phi_g+\phi_H$$

气隙中的磁通密度 $B_{g己}$ 也是铁芯在气隙中产生的磁通密度 B_g 和线圈在气隙中产生的磁场 H_g 之和：

$$B_{g己}=B_g+H_g$$

这样，欲求 $\phi_{g己}$ 和 $B_{g己}$，必须求出 B_g 和 H_g。B_g 的算法比较简单（见上节），H_g 的算法稍复杂一些，现分析如下。

首先，求空心线圈的磁路尺寸比例系数 A_N。

H_g 为空心线圈在气隙中产生的磁场，根据空心线圈产生磁场的公式(13.5.7)，它与线圈工作点的坐标比 K 和理论磁化场 H 有关，现 $H=200$Oe 为已知，故只需求 K，而 K 又与线圈的磁路尺寸比例系数 A_N 有关（见式（13.2.28)），所以需要算出 A_N。

按式（13.2.29)，线圈的磁路尺寸比例系数 A_N 为

$$A_N=\frac{\text{线圈长度}}{\text{线圈横截面的等效边长}}=\frac{L_N}{a_N}=\frac{L_i+L_g}{a_N}$$

已知线圈截面为正方形的框，其边长为内腔截面边长与外框边长之和再求平均，故依照 13.2.8 节的讨论，正方形截面的等效边长与正方形的边长相等即 $a_N=\frac{2.2+0.8+0.8+2.2}{2}$，于是

$$A_N=(L_i+L_g)/a_N=(10.5+1)/3=3.833。$$

其次，求空心线圈的工作点坐标比 K_N：

$$K_N=\frac{0.41}{A_N^{(1+0.05A_N)}}=\frac{0.41}{3.833^{(1+0.05\times3.833)}}=0.083$$

再次，求空心线圈在气隙中产生的磁场 H_g：

$$H_g=\frac{H}{1+K_N}=\frac{200}{1+0.083}=184.6\text{Oe}$$

于是已型电磁铁的气隙磁通 $\phi_{g己}$ 和磁通密度 $B_{g己}$ 为

$$\phi_{g己}=\phi_g+\phi_H=\varepsilon B_i S_i+H_g S_g=0.3018\times13000\times4+184.6\times4=16432\text{Mx}$$

$$B_{g己}=B_g+H_g=0.3018\times13000+184.6=4108\ \text{G}$$

⑥求单位体积材料在气隙中产生的磁通 ϕ_{gV}

$$\phi_{gV}=\frac{\phi_{g己}}{V_{Fe}+V_{Cu}}=\frac{16432}{128+110.4}=68.93\text{Mx}\cdot\text{cm}^{-3}$$

对于图 13.5.14 中其他类型的电磁铁磁路各参数的计算，与上述甲、丁、已型电磁铁的计算步骤相同，兹不赘述，现将电磁铁磁路设计的一般步骤归纳如下。

(4) 电磁铁磁路设计的一般步骤：

电磁铁磁路设计，通常是给定气隙磁通、尺寸以及工作电压和工作行程或吸

引力等，要求设计出电磁铁的类型、尺寸、线圈匝数、工作电流和采用何种导线等等。下面叙述设计的一般步骤。

①按要求初步画出磁路类型草图，大致选定气隙磁感应强度 B_g 和气隙截面积 S_g。

②确定理论磁化物 H。

在直流情况下，有

$$H=0.4\pi\frac{NI}{L_i}=0.4\pi nI$$

式中，N 为线圈总匝数，L_i 为线圈长度（cm），I 为电流（A），n 为单位长度（cm）的线圈匝数。

根据工作行程和工作温度初步估计电流密度 j（参考 13.5.2 节），选择导线外皮直径与裸线（铜、铝芯）直径之比例系数 α，则用圆导线做成的线圈厚度 e 据 13.5.2 节为

$$e=\frac{4\alpha^2 nI}{\pi j}\ (\mathrm{cm})$$

式中，n 为每厘米的匝数，j 为电流密度（$\mathrm{A\cdot cm^{-2}}$）

于是

$$H=0.1\left(\frac{\pi}{\alpha}\right)^2 ej \quad (\text{用圆导线制成的线圈})$$

③选择磁路工作点的视在磁感应强度 B_{mi}。

B_{mi}的值常选在磁化曲线膝点以下，以便能量消耗降至最小。对直流工作下的电工纯铁和 50Hz 交流下的硅钢片而言，B_{mi}可选在 1.1～1.4T；铁钴合金的 B_{mi}可选 1.8～2.0T，中镍成分的坡莫合金 B_{mi}可选在 1.0～1.1T。当然 B_{mi}的具体选值也与何种类型的磁路有关，通常对甲型、丙型和丙－甲型磁路，B_{mi}可选在中上限的值：丁型、戊型、庚型磁路，B_{mi}选在下限；其他类型的磁路，B_{mi}选在中间的范围。

④求铁芯的长度 L_i。

由磁路尺寸的比例系数 A 的经验公式（13.5.23）～式（13.5.29）中，求铁芯长度 L_i 的步骤是：

首先根据所选的理论磁化场 H，磁路工作点视在磁感应强度 B_{mi}以及在铁芯的等值退磁曲线上与 B_{mi}对应的磁场 H_i 上，决定磁路工作点坐标比 K 为

$$K=\frac{H-H_i}{B_{mi}}$$

其次，由 K 值，据下式定出磁路尺寸比例系数 A（或由图 13.2.12 的 $K-A$ 曲线上查出）

$$A^{(1+0.05A)}=\frac{0.41}{K}$$

再次，把初步估计的磁路气隙截面积 S_g，铁芯截面积 S_i（通常 $S_i=S_g$）和给定的气隙长度 L_g，代入磁路尺寸比例系数 A 的经验公式中，不同类型的磁路有不同的公式（式（13.5.23）～式（13.5.29）），由此便可算出铁芯长度 L_i，如果考虑到线圈骨架的壁厚 h，则铁芯的实际长度 L_{ih}应为

$$L_{ih}=L_i+2h$$

⑤求激磁线圈的总匝数 N。

在直流的情况下，计算线圈的总匝数 N，与 13.5.2 节相同，即

$$N=\frac{U}{\rho l_0 j}$$

式中，U 为电源电压（V），ρ 为导线工作温度时的电阻率，j 为电流密度，l_0 为每匝线圈的平均长度。

在交流频率为 f 的情况下，由于线圈产生感抗，电感电压

$$U_L=2\pi f\phi_m N\times 10^{-8}=2\pi f\,S_i B_{mi} N\times 10_{\phi}^{-8},\qquad \phi_m=S_i B_{mi}$$

式中，ϕ_m 是铁芯线圈内的磁通量，S_i 是铁芯的截面积，B_{mi}是铁芯的视在磁感应强度。

由于实际上存在误差，通常把 B_{mi}乘上一个系数 0.9，故

$$U_L=2\pi f S_i B_{mi}\times 0.9N10^{-8}=1.8\pi f S_i B_{mi} N\times 10^{-8}$$

因为

$$U=\sqrt{U_R^2+U_L^2}=N\sqrt{(\rho l_0 j)^2+(1.8\pi f S_i S_{mi}\times 10^{-8})^2}$$

所以

$$N=\frac{U}{\sqrt{(\rho l_0 j)^2+(1.8\pi f S_i B_{mi}\times 10^{-8})^2}}$$

⑥确定激磁线圈的额定电流 I。

由步骤②得

$$I=\frac{HL_i}{0.4\pi N}=\frac{L_i}{0.4\pi N}\times\frac{0.1ej}{(\alpha/\pi)^2}=\frac{\pi ejL_i}{4N\alpha^2}$$

式中，L_i 为线圈长度，一般情况下与铁芯长度相同。

⑦求导线直径 d。

对圆形截面的导线而言

$$d=2\sqrt{\frac{I}{\pi j}}$$

⑧决定磁路的残留气隙长度 L_{gB}。

若电磁铁作为吸力机构（如继电器）使用时，还需考虑磁路的残留气隙长度，否则磁系统在电流切断后仍不能释放衔铁。

根据弹簧的反作用力和磁路的吸引力，可决定磁系统在电流切断后的视在磁感应强度 B_{mi}。

据式（13.3.6），磁系统的吸引力 F 为：

对直流而言 $F=\left(\dfrac{B_{mi}}{5000}\right)^2 S_g$；

对交流而言 $F_0=\dfrac{1}{2}\left(\dfrac{B_{mi}}{5000}\right)^2 S_g$。

其中，F 的单位为 kgf，B_{mi}的单位为 G，S_g 的单位为 cm^2。

在铁芯的等值退磁曲线上，过 B_{mi}点作垂直于 H 轴的垂线与等值退磁曲线相交于K_B 点，此点的坐标比 K 为

$$K=\frac{H'_e}{B_{mi}}$$

这也是切断电流后，磁路在残留气隙长度 L_{gB}下，磁路所具有的工作点的坐标比。当 L_{gB}很小时，图 13.5.14 各种类型磁路的磁路尺寸比例系数 A 的经验公式（13.5.23）～（13.5.29）可简化为

$$A=\frac{L_\phi+\left(\dfrac{S_g}{2L_{gB}\sqrt{S_i}}-1\right)^a L_u}{\sqrt{S_i}}$$

整理后得

$$L_{gB}=\frac{S_g L_u}{2\sqrt{S_i}\ (A\sqrt{S_i}-L_\phi+L_u)}$$

式中，S_g 为气隙截面积（cm^2），S_i 为铁芯的截面积（cm^2），A 为磁路尺寸比例系数（气隙很小时或闭合时），L_ϕ 为磁系统展开后的平均长度（cm），L_u 为长度单位（cm）。

⑨验算。

检查上述结果是否符合设计要求，如果哪个参数不太合适，则需重复计算，直到满意为止。

习题

1. 试述电路与磁路的异同，静态磁路与动态磁路的差异。

2. 静态磁路设计的基本要求是什么？为什么静态磁路中永磁体的工作点要选在最大磁能积点的上方一点点？

3. 用磁导法计算漏磁系数 σ，利用 13. 2.3 节的原理，试推出内磁式扬声器（图 13.2.15）的气隙导 p_g 为

$$\frac{p_g}{\mu_u}=\frac{2\pi t}{\ln\left(\dfrac{D_p+2L_g}{D_p}\right)}$$

式中，t，L_g 为气隙的高度和距离，D_p 为场芯直径。

4. 运用等效磁荷球的原理（13.2.3 节），求证长方形截面的棒形磁体，沿棒

的长度方向上的退磁因子

$$N=\frac{1}{1+\frac{0.7L}{ab}\sqrt{\pi\ (ab+aL+bL)}}$$

式中，a，b 分别为长方形截面的边长，L 为棒的长度。

5. 试计算两块烧结 NdFeB 圆饼的吸引力，设圆饼的直径 $r=10$mm，厚度 $L_m=2$mm，两圆饼平面间距 $L_g=1$mm，圆饼的磁性 $B_r=13000$G，$H_c=1200$Oe。

6. 解释回复曲线，回复磁导率与有用回复能量。

7. 假定磁路设计都达到了最佳要求，试问静态磁路和动态磁路中对磁能的利用进行比较的话，哪一种磁路比较高？试加以证明。

8. 设计空芯线圈和铁芯线圈与设计静态的永磁磁路有何异同？试简述之。

参考文献

[1] Yonnet J P. Analytical calculation of magnetic learing，Proc. 5th lnter. Workshop REPM，1981，199－216

[1a] 钟文定，铁磁学中册，北京：科学出版社，2000

[2] Parker，studders. Permanent magnets and their application. 1962

[3] Hadfield. Permanent magnetis and magnetism. 1962

[4] 牧野升编．永久磁石的设计与应用．1975

[5] 岩间义郎．饭田修一等．硬质磁性材料，丸善株式会社，1976

[6] 1978—1980 国内有关学术会议资料

[7] 软磁合金手册，第八章，1975

[8] 李文彬等．磁力应用工程．北京：兵器工业出版社，1991

[9] 徐志锋等．磁性材料及器件．2000，31 (3)：57

[10] 王玉良，孙春一．磁性材料及器件．2005，36 (4)：9

[11] 林其壬，赵佑民．磁路设计原理．北京：机械工业出版社，1987

本书的参考文献除上述各章列出之外，尚有下列书籍：

[1] 北京大学物理系《铁磁学》编写组，铁磁学，北京：科学出版社，1976.

[2] Вонсовскии С. В щур，Я. С. ферромагнетнзм. москв А огиз，1948

[3] Kneller E. Ferromagnetismus. Berlin Springer-Verlag，1962

[4] Morrish A H. The Physical Principles of Magnetism. 1965

[5] Carlin R L，Van Duyneveldt，A J. Magnetie Properties of Transition Metal Compounds. 1977

[6] Craik D J (Editor) . Magnetic Oxides. Part I & part II. 1975

[7] Crangle J. The Magnetic Properties of Solids. 1977

[8] Craik D J. Tebble R S. Ferromagnetism and Ferromagnetic Domains. 1965

[9] Bobeck A H. Della Torre E. Magnetic Bubbles. 1975

[10] Chin G Y (陈煜耀) Wernick J H. Magnetic Materials, Bulk. [in Ency clopedia of Chemical Technology (Wiley—Interscieuce, New York, 1981)]

[11] 郭贻诚．铁磁学．北京：高等教育出版社，1965

[12] Smit J. Magnetic Properties of Materials. 1971 [中译本：施密特：材料的磁性 1978].

[13] 软磁合金手册（内部发行 1975).

[14] O' Dell T H. Ferromagneto Dynamics. 1981

[15] Watson J K. Applicacion of Magnetism. 1980

[16] Stewarr K H. Ferromagnetic Domains. Cambridge Trinity College, 1954 (中译本：斯图阿，铁磁畴)

[17] Wohlfarth E P (Editor) . Ferromagnetic Materials, Volume I、II & III. Amsterdam North-Holland, 1980

[18] Chen C W. Magnetism and Metallurgy of Soft Magnetic Materials. 1977

[19] Bozorth R M. Ferromagnetism. Toronto-New York-London, D. Van Nostrand Company, Inc. , 1951

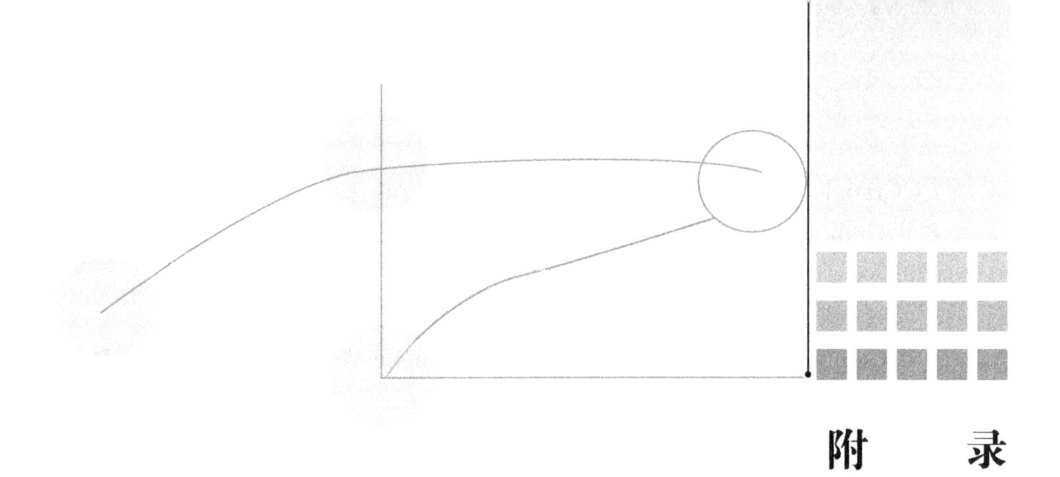

附　　录

附表Ⅰ　磁学基本公式在 SI（MKSA）制和 CGS 制中的表示

公式说明	CGS 制	SI 制
磁极间的力	$F=\frac{m_1m_2}{r^2}$	$F=\frac{m_1m_2}{4\pi\mu_0 r^2}$
磁荷产生的磁场	$H=\frac{m}{r^2}$	$H=\frac{m}{4\pi\mu_0 r^2}$
B，H，J，M 之间的关系	$\boldsymbol{B}=\boldsymbol{H}+4\pi\boldsymbol{M}$	$\boldsymbol{B}=\mu_0\boldsymbol{H}+\boldsymbol{J}=\mu_0(\boldsymbol{H}+\boldsymbol{M})$
磁化率	$x=\frac{M}{H}$	$x=\frac{M}{H}=\frac{J}{\mu_0 H}$
磁导率	$\mu=\frac{B}{H}=1+4\pi x$	$\mu=\frac{B}{\mu_0 H}=1+x$
退磁场	$H_d=-NM$	$H_d=-N\frac{J}{\mu_0}=-NM$
磁介质中的能量密度	$E_m=\frac{1}{8\pi}(B\cdot H)$	$E_m=\frac{1}{2}(\boldsymbol{B}\cdot\boldsymbol{H})$
物体在外磁场中的能量密度	$E_H=-\boldsymbol{H}_e\cdot\boldsymbol{M}$	$E_H=-\mu_0\boldsymbol{H}_e\cdot\boldsymbol{M}$
退磁能密度	$E_d=\frac{1}{2}NM^2$	$E_d=\frac{\mu_0}{2}NM^2$
单轴和三轴晶体的磁晶各向异性场	$H_K=\frac{2K_1}{M_s}$	$H_K=\frac{2K_1}{\mu_0 M_s}$
单匝圆线圈中心的磁场	$H=\frac{0.2\pi I}{r}$，I（安培）	$H=\frac{I}{2r}$
无限长螺线管中的磁场	$H=0.4\pi nI$，I（安）	$H=nI$
无限长直导线产生的磁场	$H=\frac{0.2I}{r}$，I（安）	$H=\frac{I}{2\pi r}$
电流小回路的磁矩	$M_m=I\Delta A\times10^{-1}$，$I$（安）	$M_m=I\Delta A$，$(J_m=\mu_0 M_m)$
磁滞损耗	$W_h=\frac{1}{4\pi}\oint H\mathrm{d}B$	$W_h=\oint H\mathrm{d}B$
磁动势、磁通、磁阻的关系	$F_m=\phi R_m$	$F_m=\phi R_m$

附表Ⅱ　主要磁学量在两种单位制中的换算表

磁学量	SI 制	CGS 制	换算比（SI 制的数量乘以此数便成为 CGS 制的数量）
磁场强度 H	安·米$^{-1}$（$A \cdot m^{-1}$）	奥斯特（Oe）	$4\pi \cdot 10^{-3}$
磁感［应强度］、磁通密度 B	特［斯拉］(T)	高斯（Gs，G）	10^4
磁通［量］ϕ	韦［伯］(Wb)	麦克斯韦（Mx）	10^8
磁极化强度 J	韦［伯］·米$^{-2}$（$Wb \cdot m^{-2}$）	高斯（Gs，G）	$10^4/4\pi$
磁化强度 M	安·米$^{-1}$（$A \cdot m^{-1}$）	高斯（Gs，G）	10^{-3}
比磁化强度 σ	安·米^2·千克$^{-1}$（$A \cdot m^2 \cdot kg^{-1}$）	磁矩·克$^{-1}$（$emu \cdot g^{-1}$）	1
磁化率（相对）x			$1/4\pi$
磁导率（相对）μ			1
磁极强度 m	韦［伯］(Wb)		$10^8/4\pi$
磁偶极矩 j_m	韦［伯］·米（$Wb \cdot m$）	（磁矩）	$10^{10}/4\pi$
磁矩 M_m	安·米^2（$A \cdot m^2$）	（磁矩）emu	10^3
磁势 ϕ_m			
磁动势 V_m	安匝	奥·厘米（$Oe \cdot cm$）	$4\pi \times 10^{-1}$
退磁因子 N			4π
磁阻 R_m	安匝/韦伯	奥·厘米·麦壳斯韦$^{-1}$	$4\pi \times 10^{-9}$
		（$Oe \cdot cm \cdot Mx^{-1}$）	
磁导 P	韦伯/安匝	麦克斯韦·奥·厘米$^{-1}$	$10^9/4\pi$
		（$Mx \cdot Oe^{-1} \cdot cm^{-1}$）	
磁性常数 μ_0	$4\pi \times 10^{-7}$	1	$10^7/4\pi$
（真空磁导率）			
能量密度 E、磁晶各向异性常数 K	焦［耳］·米$^{-3}$（$J \cdot m^{-3}$）	尔格·厘米$^{-3}$（$erg \cdot cm^{-3}$）	10
磁致伸缩系数 λ			1
旋磁比 γ	米·安$^{-1}$·秒$^{-1}$（$m \cdot A^{-1} \cdot s^{-1}$）	奥$^{-1}$秒$^{-1}$（$Oe^{-1}s^{-1}$）	$10^3/4\pi$
最大磁能积 $(B \cdot H)_m$	$Wb \cdot A \cdot m^{-3}$，	高奥（GOe）	$4\pi \times 10$
	$J \cdot m^{-3}$，$T \cdot A \cdot m^{-1}$		

附表Ⅲ 常用物理常数表

物理常数	SI 制	CGS 制
电子电荷 e	1.6021×10^{-19}C	4.803×10^{-10}静电单位
电子质量 m_e	9.1095×10^{-31}kg	9.1095×10^{-28}g
普朗克常数 h	6.6261×10^{-34}J・s	6.6261×10^{-27}erg・s
磁常数 μ_0	$4\pi\times10^{-7}$H・m^{-1}	1.0000
(真空磁导率)		
电常数 ε_0	8.8541×10^{-12}F・m^{-1}	1.0000
(真空介电常数)		
真空中光速 c	2.9979245×10^{8}m・s^{-1}	2.9979245×10^{10}cm・s^{-1}
玻尔磁子 μ_B	$\frac{\mu_0 e\hbar}{2m_e}=1.16530\times10^{-29}$Wb・m (Jm・A^{-1})*	$\frac{e\hbar}{2m_e c}=9.2740\times10^{-21}$erg・Oe^{-1} (emu)
旋磁比 r	$\frac{\mu_0 e}{2m_e}g=1.1051\times10^{5}$gm・A^{-1}・s^{-1}	$\frac{e}{2m_e c}g=8.795\times10^{6}$g・Oe^{-1}・g^{-1}
	(其中 g 是朗德因子)	(其中 g 是朗德因子)
玻耳兹曼常量 k	$1.38066\times^{-23}$焦耳・度$^{-1}$ (J・K^{-1})	1.38066×10^{-16} erg・K^{-1}
阿伏伽德罗常量		
N	6.02204×10^{23}mol^{-1}	6.02204×10^{23}mol^{-1}

* $\hbar=\frac{h}{2\pi}$,表中的玻尔磁子 μ_B 值是磁偶极矩的数值,相应的磁矩值是 $e\hbar/(2m_e c)=9.2740\times10^{-24}$ 安・米^2 (焦耳/特)

附表Ⅳ 一些磁性物质（材料）的结构、属性、交换作用、磁性电子和内禀磁性

物质（材料）	结构	属性	交换作用	磁有序*	磁性电子	T_c/K	$m_0(\mu_B/fu)$	$\mu_0 M_s$/T	$K_1/(kJ \cdot m^{-3})$
Fe	立方	金属	+	f	$3d$	1044	2.22	2.15	48
$Fe_{0.65}Co_{0.35}$	立方	金属	+	f	$3d$	1210	2.46	2.45	18
$Fe_{0.20}Ni_{0.80}$	立方	金属	+	f	$3d$	843	1.02	1.04	−2
α-$Fe_{0.40}Ni_{0.40}B_{0.20}$	非晶	金属	+	f	$3d$	535	0.90	0.82	≈0
Co	六角	金属	+	f	$3d$	1360	1.71	1.81	410
CoPt	四方	金属	+	f	$3d$	840	2.35	1.01	4900
MnBi	六角	金属	+	f	$3d$	633	3.12	0.73	99
NiMnSb	立方	金属	+	f	$3d$	730	3.92	0.84	13
Mn	立方	金属	−	af	$3d$	95	0.76	—	
$IrMn_3$	立方	金属	−	af	$3d$	960	—		
Cr	立方	金属	−	af	$3d$	310	0.43	—	
Dy	六角	金属	+/−	he/f	$4f$	179/85	10.4	3.84[a]	−55000[a]
$SmCo_5$	六角	金属	+	f	$3d$ $4f$	1020	8.15	1.07	17200
$Nd_2Fe_{14}B$	四方	金属	+	f	$3d$ $4f$	588	37.7	1.61	4900
Y_2Co_{17}	六角	金属	+	f	$3d$	1167	26.8	1.26	−340
$TbFe_2$	立方	金属	+	f	$3d$ $4f$	698	6.0	1.10	−6300
$Gd_{0.25}Co_{0.75}$	非晶	金属	+/−	fi	$3d$ $4f$	≈700	0.6	0.10	≈0
Fe_4N	立方	金属	+	f	$3d$	769	8.9	1.89	−29
$Sm_2Fe_{17}N_3$	菱形（六面体）	金属	+	f	$3d$	749	39.0	1.54	8600
									(cont)

续表

物质（材料）	结构	属性	交换作用	磁有序*	磁性电子	T_c/K	$m_0(\mu_B/\text{fu})$	$\mu_0 M_s$/T	$K_1/(\text{kJ}\cdot\text{m}^{-3})$
EuO	立方	半导体	+	f	4*f*	69	7.00	2.36[a]	44[a]
CrO_2	四方	半金属	+	f	3*d*3*d*	396	2.00	0.49	37
$SrRuO_3$	正交	金属	+	f	4*d*	165	1.40	0.25[a]	640[a]
$(La_{0.70}Sr_{0.30})MnO_3$	菱形（六面体）	金属/半导体	+	f	3*d*3*d*	250	3.60	0.55	−2
Sr_2FeMoO_6	正交	金属	+	f	3*d* 4*f*	425	3.60	0.25	28
NiO	立方	绝缘体	−	af	3*d*	525	(2.0)	—	
$\alpha-Fe_2O_3$	菱形（六面体）	绝缘体	−	caf	3*d*	960	(5.0)	0.003	−7
$\gamma-Fe_2O_3$	立方	绝缘体	−	fi	3*d*	985	3.0	0.54	
Fe_3O_4	立方	半导体	−	fi	3*d*	860	4.0	0.60	−13
$Y_3Fe_5O_{12}$	立方	绝缘体	−	fi	3*d*	560	5.0	0.18	−0.5
$BaFe_{12}O_{19}$	六角	绝缘体	−	fi	3*d*	740	19.9	0.48	330
MnF_2	四方	绝缘体	−	af	3*d*	68	(5.0)	—	
$a-FeF_3$	非晶	绝缘体	−	sp	3*d*	29	(5.0)	—	
Fe_7S_8	单斜	半导体	−	fi	3*d*	598	3.16	0.19	320
$Cu_{0.99}Mn_{0.01}$	立方	金属	+/−	sg	3*d*	6	0.03	—	
$(Ga_{0.92}Mn_{0.08})As$	立方	半导体	+	f	3*d*	170	0.28	0.07[a]	2
US	立方	金属	+	f	5*f*	177	1.55	0.66[a]	43000[a]
O_2	单斜	绝缘体	−	af	2*p*	24	(0.3)	—	4600[a]
有机铁磁体	正交	绝缘体	+	f	2*p*	0.6	0.5	0.02	

* 符号意义：f—铁磁；af—反铁磁；fi—亚铁磁；caf—中心反铁磁；he—螺磁；sg—自旋玻璃；sp—散反铁磁；a. $T=0$ 时

名词索引

D

K

O

P

Q

Y

Z

其他